1600 | 1700

Descartes

Newton

Leibniz

Euler

- J. Kepler (1571-1630)
- R. Descartes (1596-1650)
- B. Pascal (1623-1662)
- I. Newton (1642-1727)
- G. Leibniz (1646-1716)
- L'Hôpital (1661-1704)
- J. Bernoulli (1667-1748)
- L. Euler (1707-1783)
- M. Agnesi (1718

Kepler

Pascal

L'Hôpital

Bernoulli

Contributors to Calculus

[Calculus is] the outcome of a dramatic intellectual struggle which has lasted for twenty-five hundred years.

—*Richard Courant*

- **1609** Kepler's laws of planetary motion
- **1637** Descartes' analytic geometry
- **1665** Newton discovers calculus
- **1696** First calculus text (L'Hôpital)
- **1728** Euler introduces e

1800

1900

Other Contributors

Pierre de Fermat (1601-1665)
Michel Rolle (1652-1719)
Brook Taylor (1685-1731)
Colin Maclaurin (1698-1746)
Thomas Simpson (1710-1761)
Pierre-Simon de Laplace (1749-1827)
George Green (1793-1841)
George Gabriel Stokes (1819-1903)

Lagrange

Gauss

Cauchy

Riemann

Lebesgue

)

range (1736-1813)

C. Gauss (1777-1855)

A. Cauchy (1789-1857)

K. Weierstrass (1815-1897)

G. Riemann (1826-1866)

J. Gibbs (1839-1903)

S. Kovalevsky (1850-1891)

H. Lebesgue (1875-1941)

Agnesi

Weierstrass

Kovalevsky

Gibbs

756 — ge begins *anique* *ytique*

1799 — Gauss proves Fundamental Theorem of Algebra

1821 — Precise notion of limit (Cauchy)

1854 — Riemann integral

1873 — e is transcendental (Hermite)

1902 — Lebesgue integral

FORMULAS FROM GEOMETRY

Triangle

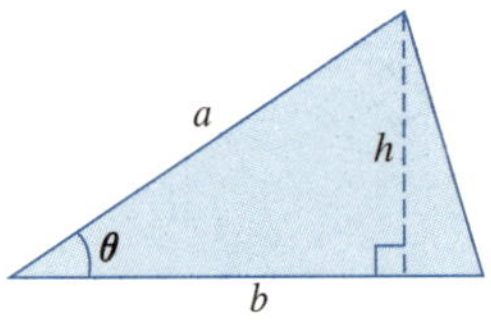

$$\text{Area} = \frac{1}{2}bh$$

$$\text{Area} = \frac{1}{2}ab\sin\theta$$

Parallelogram

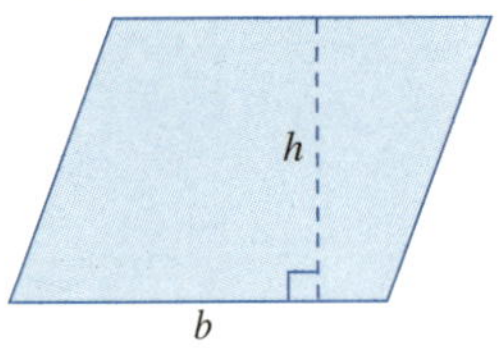

$$\text{Area} = bh$$

Trapezoid

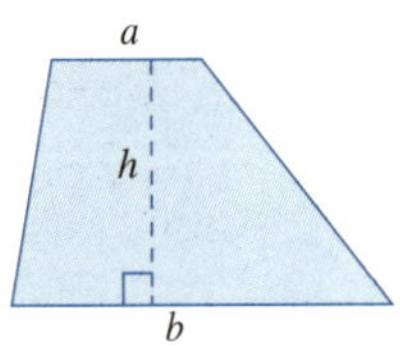

$$\text{Area} = \frac{a+b}{2}h$$

Circle

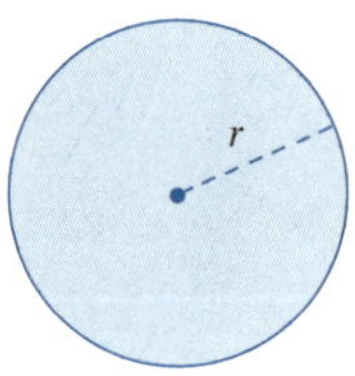

$$\text{Circumference} = 2\pi r$$

$$\text{Area} = \pi r^2$$

Sector of Circle

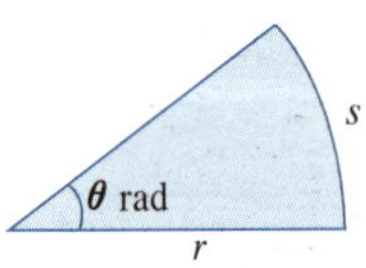

$$\text{Arc length } s = r\theta$$

$$\text{Area} = \frac{1}{2}r^2\theta$$

Polar Rectangle

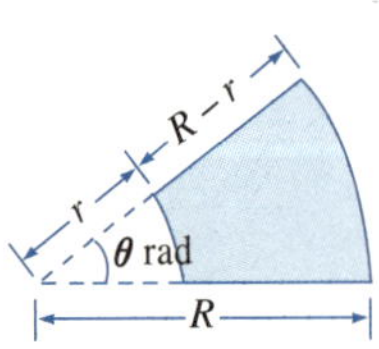

$$\text{Area} = \frac{R+r}{2}(R-r)\theta$$

Right Circular Cylinder

$$\text{Lateral area} = 2\pi rh$$

$$\text{Volume} = \pi r^2 h$$

Ball

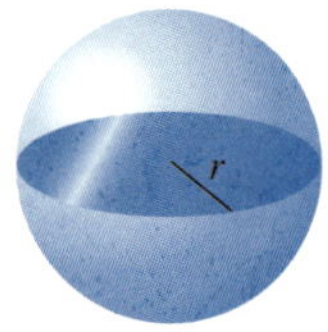

$$\text{Area} = 4\pi r^2$$

$$\text{Volume} = \frac{4}{3}\pi r^3$$

Right Circular Cone

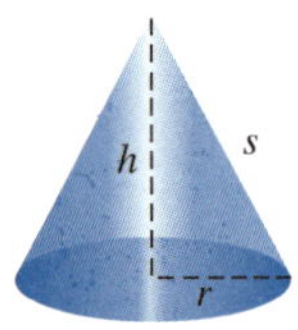

$$\text{Lateral area} = \pi rs$$

$$\text{Volume} = \frac{1}{3}\pi r^2 h$$

Frustum of Right Circular Cone

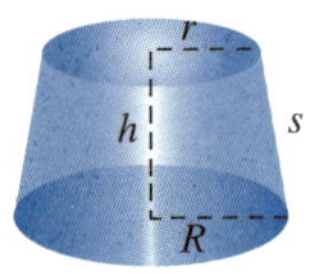

$$\text{Lateral area} = \pi s(r+R)$$

$$\text{Volume} = \frac{1}{3}\pi(r^2 + rR + R^2)h$$

General Cone

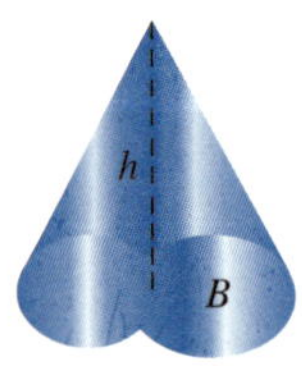

$$\text{Volume} = \frac{1}{3}(\text{area } B)h$$

Wedge

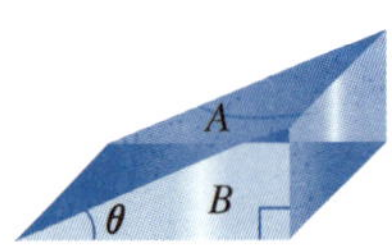

$$\text{Area } A = (\text{area } B)\sec\theta$$

CALCULUS

미분적분학

박재명 · 정세영 · 부덕훈 지음

KYOWOOSA 教友社

머리말

미분적분학은 여러 가지 현상에서 일어나는 물체의 운동과 변화를 다루는 수학의 한 분야이다. 인공위성을 발사하거나 우주탐사를 계획하는 등의 연구를 하는 데는 미분적분학이 이용된다. 특히, 현대과학과 공학에서는 물리적인 현상을 연구하기 위하여 여러 가지 물리 법칙을 수학적인 용어로 설명하고 미분적분학을 이용하고 있다.

Isaac Newton(1642~ 1727)과 Gottfried Wilhelm Leibniz(1646~1716)는 미분적분학의 기본정리들과 많은 연산공식을 체계화하여 각각 독자적으로 미분적분학을 과학으로 발전시켰다. 그 후 미분적분학은 여러 수학자들에 의하여 많은 발전을 가져왔다.

금세기의 위대한 수학자 John von Neuman(1903~1957)은 "미분적분학은 현대수학 중에서 최고의 작품이며 그 중요성을 평가한다는 것은 쉬운 일이 아니다"라고 하였다. 이것은 현대수학에서 미분적분학의 중요성을 잘 말해주고 있다.

본 교재는 자연과학이나 공학 또는 이와 관련된 분야를 전공하는 학생들이 전공을 공부하기 위해서 필요한 기본적인 미분적분학의 내용을 다루고 있으며 주당 3시간씩 두 학기에 걸쳐서 학습하기에 알맞은 분량으로 구성되어 있다. 그리고 학생들이 내용을 쉽게 이해할 수 있도록 풀이와 함께 많은 예제와 다양한 문제를 수록하여 스스로 공부할 수 있도록 하는데 최선을 다하였다. 또, 좀 더 깊이 있는 내용과 응용에 관심이 있는 학생들을 위하여 필요한 보충자료를 각장의 끝에 수록하였다.

보충자료에는 본문에서 생략한 정리의 증명과 본문과 관련된 응용문제를 일부 수록하였으며 ε-δ방법에 의한 극한의 정의, 다변수함수의 미분의 정의 등 본문에서는 다루지 않은 어려운 개념들을 찾아볼 수 있도록 하였다.

끝으로 교우사 편집부 여러분을 비롯하여 본 교재의 출판을 위하여 도움을 주신 많은 분들께 진심으로 감사의 말씀을 드린다.

저자 일동

차 례

제 1 장 함수와 극한

제 2 장 도함수

제 3 장 도함수의 응용

제 4 장 적 분

제 5 장 적분의 응용

제 6 장 초월함수

제 7장 적분법과 특이적분

제 1 장 함수와 극한

1.1 함수와 그래프

원의 넓이 S는 원의 반지름 r에 따라서 $S=\pi r^2$으로 결정된다. 각각의 양의 수 r에 대하여 S의 하나의 값이 대응된다. 이때, S는 r의 함수라고 부른다. 함수는 수학에서 가장 기본적인 개념으로서 특히 미적분학에서 중요한 역할을 한다.

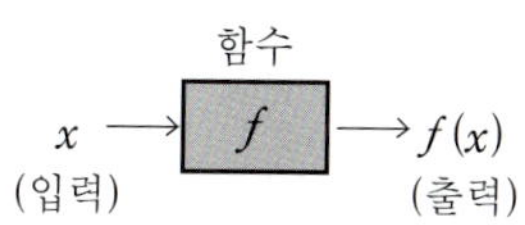

그림 1

정의 1 (함수)

집합 X, Y에 대하여 집합 X의 각 원소 x에 집합 Y의 하나의 원소 y를 대응시키는 규칙을 X에서 Y로의 **함수**(function)라고 하고, 이 함수 f를 기호 $f: X \to Y$로 나타낸다.

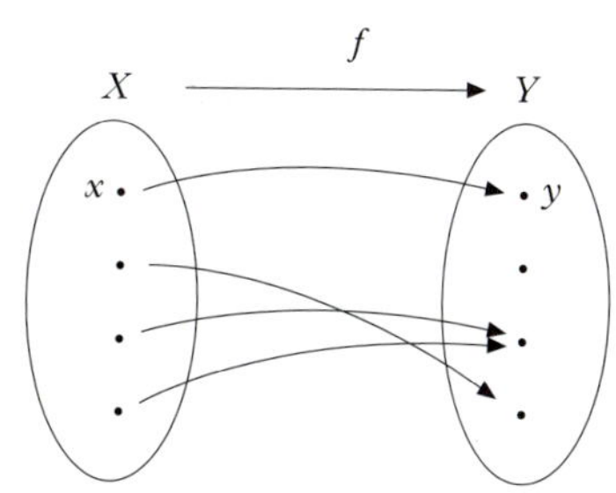

그림 2

정의역과 치역

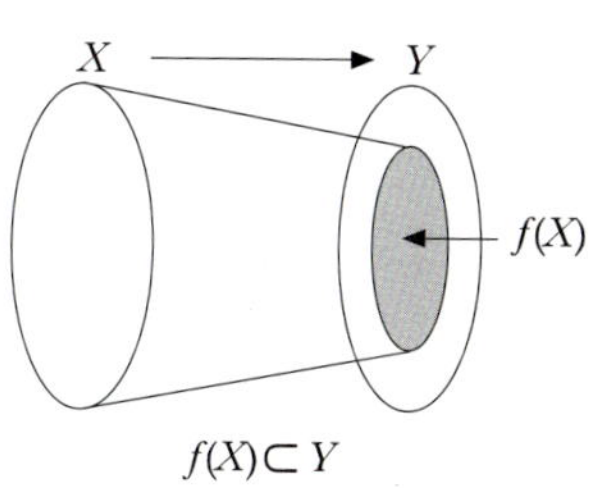

그림 3

위의 함수의 정의에서 집합 X를 함수 f의 **정의역**(domain), 집합 Y를 함수 f의 **공역**(codomain)이라고 한다.

또, X의 원소 x에 대응되는 Y의 원소 $f(x)$를 f에 의한 x의 **값**(value) 또는 **상**(image)이라고 한다. X의 각 원소에 대응된 Y의 원소들 전체의 집합

$$f(x)=\{f(x) \mid x \in X\}$$

를 f의 **치역**(range)이라고 하고, $f(X)$로 나타낸다.

또 함수 f를 $y=f(x)$로 나타내기도 한다. 이때 x를 **독립변수**(independent variable), y를 **종속변수**(dependent variable)라고 한다.

함수 f의 정의역이 명확히 주어져 있지 않은 경우에는 f가 정의될 수 있는 최대의 집합을 f의 정의역으로 한다.

함수의 그래프

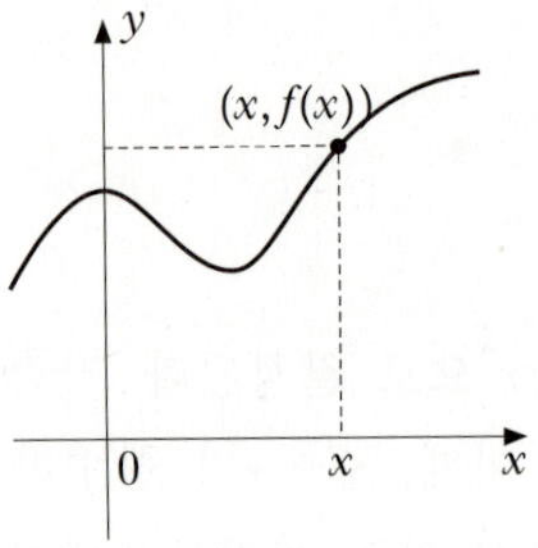

그림 4

함수 f의 정의역이 X일 때 순서쌍의 집합

$$\{(x, f(x)) \mid x \in X\}$$

을 함수 f의 **그래프**(graph)라고 한다. 즉, 함수 f의 그래프는 정의역 내의 점 x에 대하여 $y=f(x)$가 되는 좌표평면 상의 모든 점 (x, y)로 이루어져 있다.

예제 1 다음 함수의 그래프를 그리고 정의역과 치역을 구하여라.

(1) $y=2x-1$

(2) $f(x)=\sqrt{x-2}$

풀이 (1) 기울기가 2이고 y절편이 -1인 직선이므로 정의역과 치역은 모두 실수 전체의 집합 R이다.

(2) 함수 f는 $x-2 \geq 0$인 모든 x에 대해서 정의되므로 정의역은

$$\{x \mid x-2 \geq 0\} = \{x \mid x \geq 2\}$$

또, 치역은 $\{y \mid y \geq 0\}$. ■

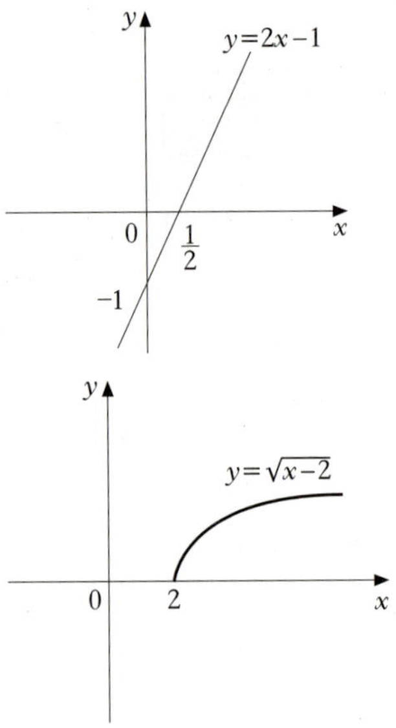

그림 5

단사함수와 전사함수

함수 $f : X \rightarrow Y$에 대하여 정의역의 서로 다른 원소 x_1, x_2에 대응하는 함수값도 다를 때, 즉

$$x_1 \neq x_2 \text{이면,} \quad f(x_1) \neq f(x_2)$$

일 때, 이 함수 f를 **단사함수**(injective function) 또는 **일대일함수**(one to one function)라고 한다. 또, 치역이 공역과 같을 때, 즉

$$f(X)=Y$$

일 때, f를 **전사함수**(surjective function) 또는 **위로의 함수**(onto function)라고 한다. 그리고 함수 f가 단사함수이고 전사함수일 때, **전단사함수**(bijective function) 또는 **일대일대응**(one to one correspondence)라고 한다.

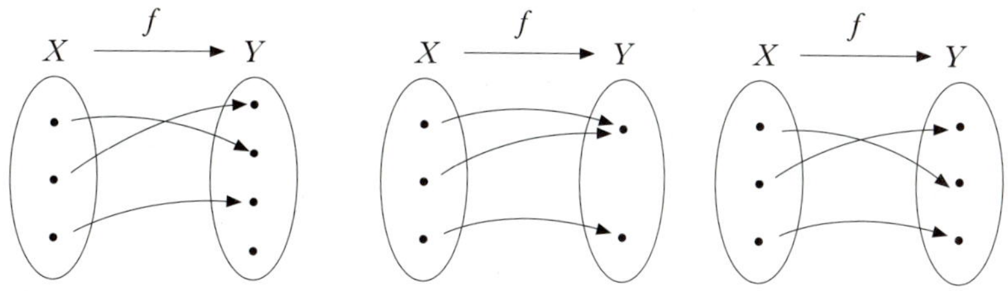

그림 6

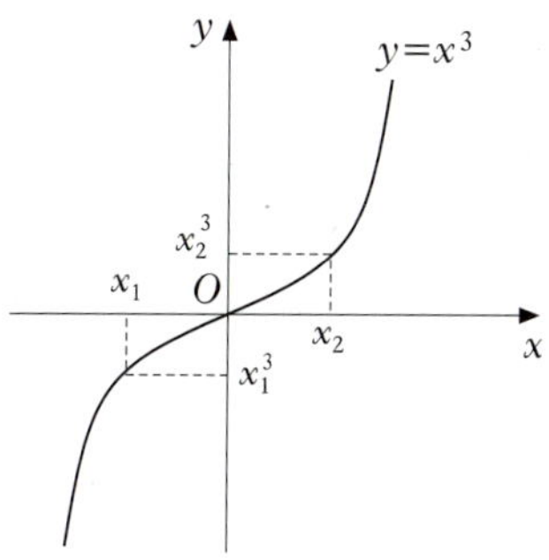

그림 7

예제 2 함수 $f: R \to R$가 $f(x)=x^3$으로 정의될 때, 이 함수는 전단사함수임을 보여라.

풀이 임의의 x_1, x_2에 대하여

$$x_1 \neq x_2 \text{이면,} \quad x_1^3 \neq x_2^3$$

이므로, f가 단사함수인 것은 분명하다. 또, 치역이 실수 전체의 집합 R과 같으므로 f는 전사함수이다. 따라서, f는 전단사함수이다. ■

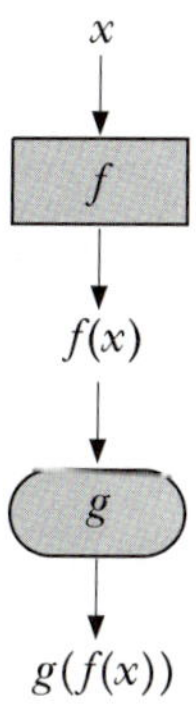

그림 8

정의 2 (합성함수)

함수 f의 치역이 함수 g의 정의역에 포함되면 f의 정의역의 원소 x를 $g(f(x))$에 대응시키는 새로운 함수를 얻는다. 이 함수를 f와 g의 합성함수(composite function)라 하고, $g \circ f$로 나타낸다. 즉,

$$(g \circ f)(x) = g(f(x)).$$

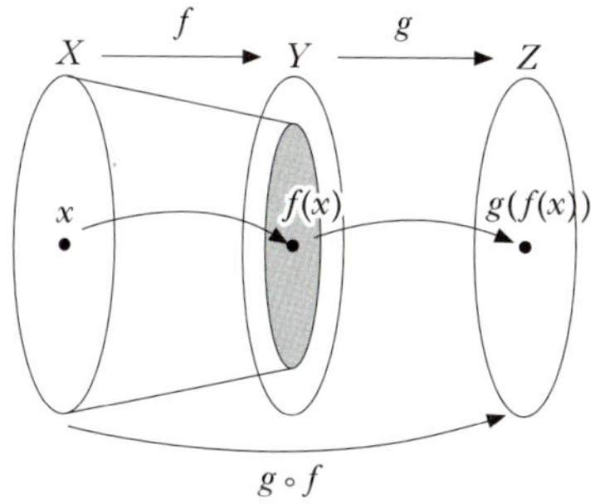

그림 9

일반적으로,

$$f \circ g \neq g \circ f$$

예제 3 $f(x)=x^2$, $g(x)=x-1$일 때, 합성함수 $f \circ g$와 $g \circ f$를 구하여라.

풀이 $(f \circ g)(x) = f(g(x)) = f(x-1) = (x-1)^2$,

$(g \circ f)(x) = g(f(x)) = g(x^2) = x^2 - 1.$ ■

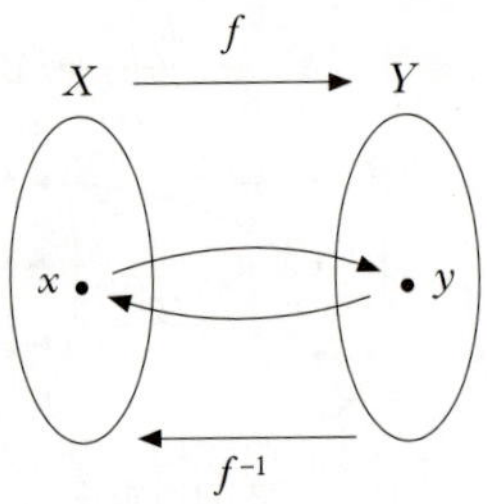

그림 10

정의 3 (역함수)

함수 $f: X \to Y$가 전단사함수일 때, f의 **역함수**(inverse function) f^{-1}는 정의역 Y와 치역 X를 가지며, 임의의 $y \in Y$에 대하여

$$f^{-1}(y) = x \Leftrightarrow f(x) = y$$

로 정의된다.

함수 $f: X \to X$가 모든 $x \in X$에 대하여

$$f(x) = x$$

로 정의될 때 이 함수 f를 **항등함수**(identity function)라고 하고, I_X로 나타낸다.

함수 $f: X \to Y$의 역함수가 존재할 때

$$\text{모든 } x \in X\text{에 대하여 } f^{-1}(f(x)) = x$$
$$\text{모든 } y \in Y\text{에 대하여 } f(f^{-1}(y)) = y$$

이므로,

$$f^{-1} \circ f = I_X, \qquad f \circ f^{-1} = I_Y$$

임을 알 수 있다.

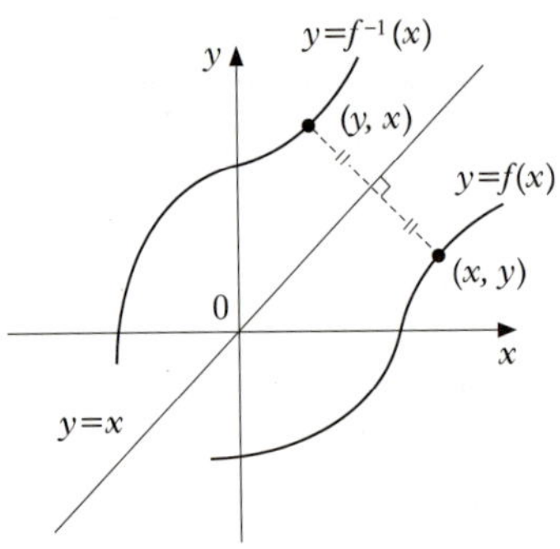

그림 11

함수 $y = f(x)$가 역함수를 가질 때 $f(x) = y$일 필요충분조건은 $f^{-1}(y) = x$이므로 점 (x, y)가 f의 그래프 위에 있을 필요충분조건은 점 (y, x)가 점 f^{-1}의 그래프 위에 있는 것이다.

그런데 점 (y, x)와 점 (x, y)는 직선 $y = x$에 관하여 대칭이므로 역함수 f^{-1}의 그래프와 함수 f의 그래프는 직선 $y = x$에 관하여 대칭이 된다.

예제 4 함수 $f(x) = x^3 + 2$의 역함수를 구하고 $f^{-1}(1)$의 값을 구하여라.

풀이 $y = x^3 + 2$라 두고, 이것을 x에 관하여 풀면,

$$x^3 = y - 2 \quad \text{즉,} \quad x = \sqrt[3]{y-2}$$

x와 y를 바꾸면

$$y = \sqrt[3]{x-2}$$

따라서, 역함수는 $f^{-1}(x)=\sqrt[3]{x-2}$ 이고, $f^{-1}(1)=-1$ ■

우함수와 기함수

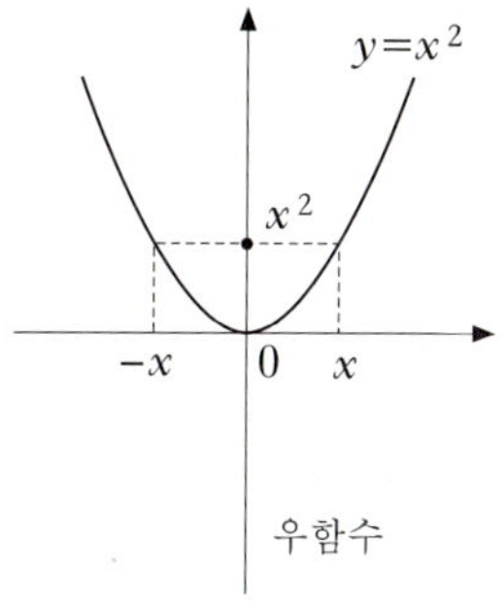

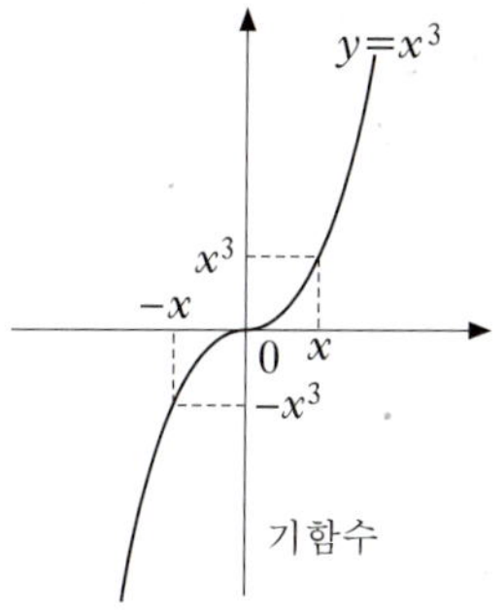

그림 12

함수 f의 정의역 내의 모든 x에 대하여

$$f(-x)=f(x)$$

일 때, f를 **우함수**(even function)라고 하고,

$$f(-x)=-f(x)$$

일 때, f를 **기함수**(odd function)라고 한다.

우함수의 그래프는 y축에 관하여 대칭이고, 기함수의 그래프는 원점에 관하여 대칭이다.

예제 5 함수 $f(x)=x^2$은 우함수이고, 함수 $g(x)=x^3$은 기함수임을 보여라.

풀이 $f(-x)=(-x)^2=x^2=f(x)$

$g(-x)=(-x)^3=-x^3=-g(x)$

이므로, f는 우함수이고 g는 기함수이다. ■

함수의 연산

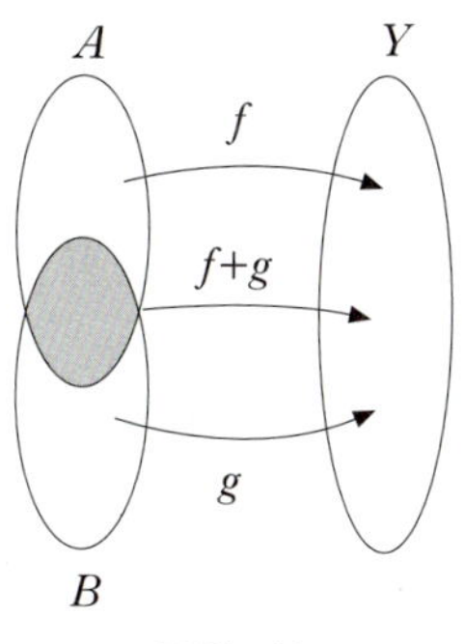

그림 13

실수의 경우와 마찬가지로, 두 함수 $f: A \to Y$, $g: B \to Y$에 대하여 함수의 연산을 다음과 같이 정의한다.

$$(f+g)(x)=f(x)+g(x)$$
$$(f-g)(x)=f(x)-g(x)$$
$$(fg)(x)=f(x)g(x)$$
$$\left(\frac{f}{g}\right)(x)=\frac{f(x)}{g(x)}$$

이때, $f+g$, $f-g$, fg의 정의역은 $A\cap B$이고, $\dfrac{f}{g}$의 정의역은 $\{x \in A\cap B \mid g(x)\neq 0\}$ 이다.

예제 6 두 함수 $f(x)=\sqrt{x}$, $g(x)=\sqrt{1-x}$ 에 대하여 $f+g$, $f-g$, fg, $\dfrac{f}{g}$를 식으로 나타내고, 정의역을 구하여라.

$[0, \infty) \cap (-\infty, 1] = [0, 1]$

풀이 f의 정의역은 $[0, \infty)$이고, g의 정의역은 $(-\infty, 1]$이므로 $f+g$, $f-g$, fg의 정의역은 모두 $[0, 1]$이다. 이때

$$(f+g)(x) = \sqrt{x} + \sqrt{1-x}$$
$$(f-g)(x) = \sqrt{x} - \sqrt{1-x}$$
$$(fg)(x) = \sqrt{x(1-x)}$$

또, $g(1)=0$이므로 $\frac{f}{g}$의 정의역은 $[0, 1]$에서 1을 제외한 구간 $[0, 1)$이다. 이때,

$$\left(\frac{f}{g}\right)(x) = \frac{\sqrt{x}}{\sqrt{1-x}}$$ ■

대수함수

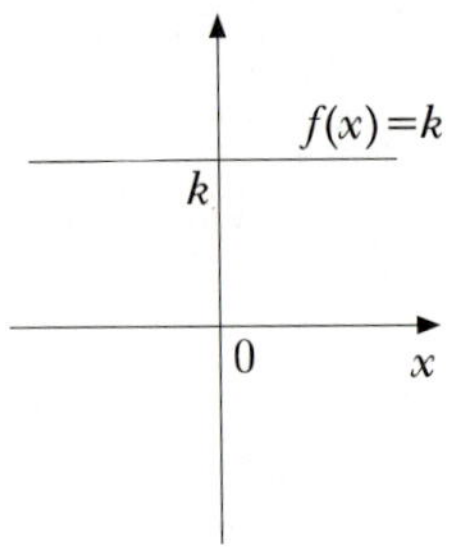

그림 14

모든 x에 대하여 $f(x)=k$(단, k는 상수)가 되는 함수를 **상수함수**(constant function)라고 한다. 상수함수와 항등함수의 연산에 의하여

$$f(x) = a_n x^n + a_{n-1}x^{n-1} + \cdots + a_1 x + a_o$$

와 같이 다항식의 꼴로 나타내어지는 함수를 **다항함수**(polynomial function)라고 하고, $a_n \neq 0$일 때, n을 다항함수의 **차수**(degree)라고 한다. 또, 분모와 분자가 다항함수인 분수의 꼴로 나타내어진 함수 즉,

$$f(x) = \frac{a_n x^n + a_{n-1}x^{n-1} + \cdots + a_1 x + a_o}{b_m x^m + b_{m-1}x^{m-1} + \cdots + b_1 x + b_o}$$

를 **유리함수**(rational function)라고 한다. 단, 유리함수의 분모는 0이 아니다.

다항함수들의 대수연산 즉 사칙연산과 제곱근연산에 의하여 만들어지는 함수를 **대수함수**(algebraic function)라 한다. 이를테면,

$$f(x) = \sqrt{x^2+1}, \quad g(x) = \frac{x^4 - 16x^2}{x + \sqrt{x}} + (x-2)\sqrt[3]{x+1}$$

등은 모두 대수함수이다. 대수함수가 아닌 함수를 **초월함수**(transcendental function)라고 한다.

연습문제 1.1

1. 다음 각 함수의 정의역과 치역을 구하고, 그 그래프를 그려라.

(1) $y=\sqrt{9-x^2}$ (2) $y=|x|$

(3) $y=\dfrac{1}{x-2}$ (4) $y=4-x^2$

2. 다음 함수 f와 g의 정의역을 구하여라. 또 함수 $f+g$, $f-g$, fg, $\dfrac{f}{g}$와 그 정의역을 구하여라.

(1) $f(x)=x$ $g(x)=\sqrt{x-1}$

(2) $f(x)=\dfrac{1}{x-2}$ $g(x)=\dfrac{1}{\sqrt{x-1}}$

3. $f(x)=\sqrt{x^2-4}$, $g(x)=|x+1|$일 때 다음 함수를 구하여라.

(1) $f\circ g$ (2) $g\circ f$

4. $f(x)=x^2$, $g(x)=\sqrt{x+3}$일 때, 다음 값을 구하여라.

(1) $(f+g)(0)$ (2) $(f\circ g)(1)$

(3) $\left(\dfrac{f}{g}\right)(2)$ (4) $(f\circ g)(-1)$

5. 다음 함수 중에서 우함수와 기함수를 각각 골라라.

(1) $f(x)=\sin x$ (2) $f(x)=x^4-4x^2$

(3) $f(x)=x^2+x$ (4) $f(x)=x^3-x$

6. $f(x)=\sqrt{x^2-1}$, $g(x)=\dfrac{2}{x}$일 때, $(g\circ f)(x)$의 정의구역을 구하여라. 또, 이를 f의 정의구역, g의 정의구역과 비교하여라.

7. $f(x)=\dfrac{ax+b}{cx-a}$라고 하자. $a^2+bc\neq 0$이고 $x\neq a/c$일 때, $f(f(x))=x$임을 보여라.

8. $f(x)=\dfrac{x-3}{x+1}$이라고 하자. $x\neq\pm 1$일 때, $f(f(f(x)))=x$임을 보여라.

9. 함수 F의 정의역에 x가 속하면 $-x$도 반드시 속한다고 하자. 다음을 증명하여라.

(1) $F(x)-F(-x)$는 기함수이다.

(2) $F(x)+F(-x)$는 우함수이다.

(3) F는 항상 기함수와 우함수의 합으로 표현할 수 있다.

10. 어떤 상품의 단위 가격 P와 수요 D 사이에는 다음 공식이 성립한다.

$$P=\sqrt{29-3D+D^2}$$

한편, 지금부터 t년 후의 수요는 공식 $D=2+\sqrt{t}$에 따라서 증가하였다.

(1) P를 t의 함수로 나타내어라.

(2) $t=15$일 때 P를 구하여라.

11. 그림과 같이 20cm×12cm인 판자의 네 귀퉁이를 한 변의 길이가 $x$cm인 정사각형으로 잘라 내어 접어 오려만든 뚜껑 없는 상자가 있다. 상자의 부피를 x의 함수로 표현하고, 정의역을 구하여라.

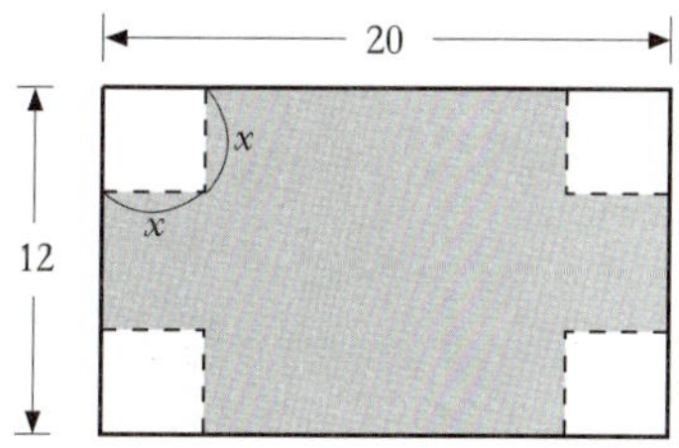

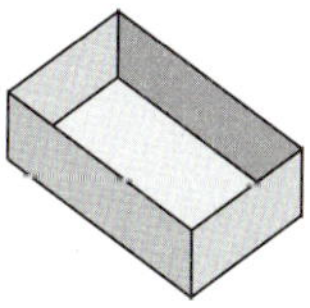

12. 함수 f의 정의역이 $[-3, 3]$이고 그래프의 일부가 아래에 그려져 있다.

(1) f가 우함수일때 그래프를 완성하여라.

(2) f가 기함수일때 그래프를 완성하여라.

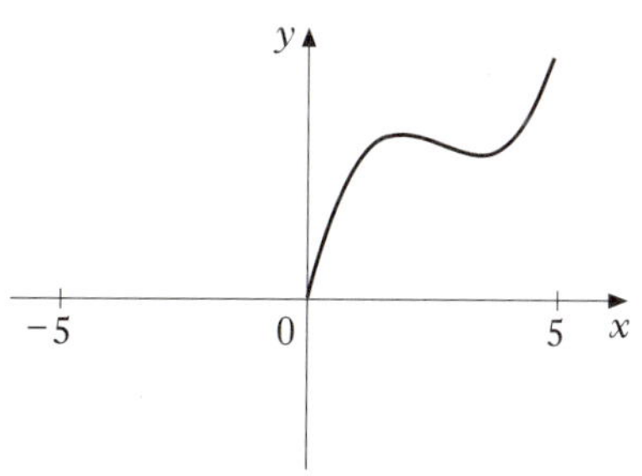

1.2 함수의 극한

x	$f(x)$
1.9	3.9
1.99	3.99
1.999	3.999
1.9999	3.9999
1.99999	3.99999
↓	↓
2	4
↑	↑
2.00001	4.00001
2.0001	4.0001
2.001	4.001
2.01	4.01
2.1	4.1

x가 어떤 값 a에 접근할 때 함수값 $f(x)$의 변화를 조사하여 보자.

극한의 직관적 의미

오른쪽 그림은 함수 $f(x)=\dfrac{x^2-4}{x-2}$에서 x가 2의 왼쪽과 오른쪽에서 2에 접근할 때 $f(x)$의 값은 4에 접근함을 나타내고 있다.

실제로 x를 2에 충분히 접근시킴으로써 우리가 원하는 만큼 4에 가까운 $f(x)$의 값을 얻을 수 있다. 이때, x가 2에 접근할 때 $f(x)$의 극한은 4라고 하고

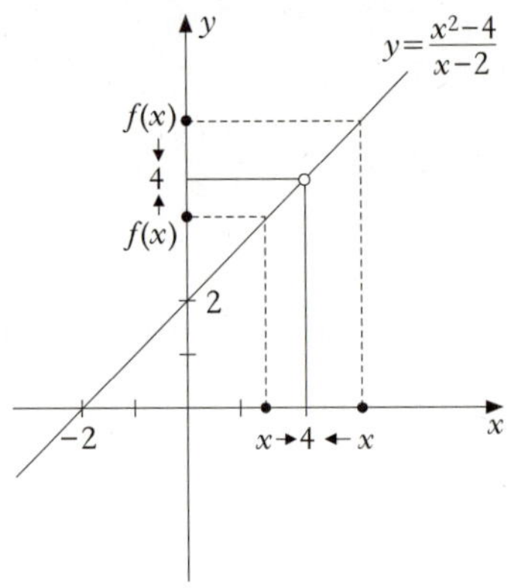

그림 1

$$\lim_{x\to 2}\frac{x^2-4}{x-2}=4$$

로 나타낸다.

이때, x가 2에 접근한다는 것은 2가 아니면서 2에 가까이 가는 것을 의미하므로 $x-2\neq 0$이다.

따라서, 분자를 인수분해한 후 $x-2$를 소거하여 다음과 같이 계산할 수 있다.

$$\begin{aligned}\lim_{x\to 2}\frac{x^2-4}{x-2}&=\lim_{x\to 2}\frac{(x+2)(x-2)}{x-2}\\&=\lim_{x\to 2}(x+2)\\&=2+2\\&=4\end{aligned}$$

정의 1 (극한)

x가 a에 접근할 때 $f(x)$의 값이 L에 접근하면

$$\lim_{x\to a}f(x)=L$$

로 나타내고 L을 f의 극한(limit)이라고 한다.

$\lim_{x \to a} f(x) = L$
$\Leftrightarrow x \to a$일 때 $f(x) \to L$

$\lim_{x \to a} f(x) = L$은 x가 a에 점점 가까이 갈 때 $f(x)$의 값은 L에 점점 가까이 감을 의미한다. 이것을

$$x \to a \text{일 때} \quad f(x) \to L$$

로 나타내기도 한다.

x가 a에 접근한다는 것은 x가 a가 아닌 값으로서 a의 양쪽에서 a에 가까이 가는 것을 뜻한다. 따라서 $x = a$에서 함수가 정의되지 않은 경우에도 극한은 존재할 수 있다.

다음의 그림에서 $x = a$에서 모두 극한이 존재하고, $\lim_{x \to a} f(x) = L$이다.

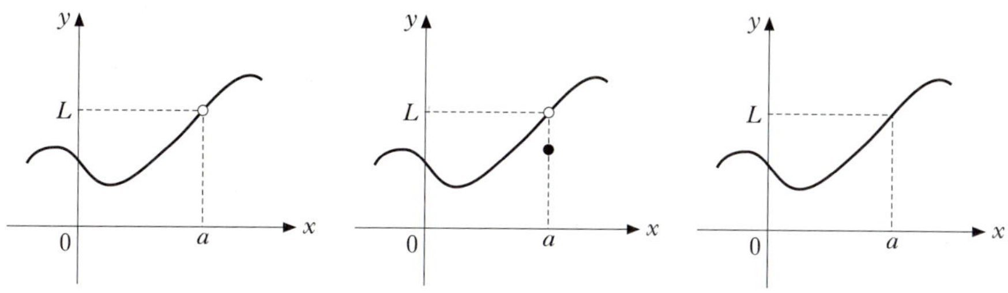

그림 2

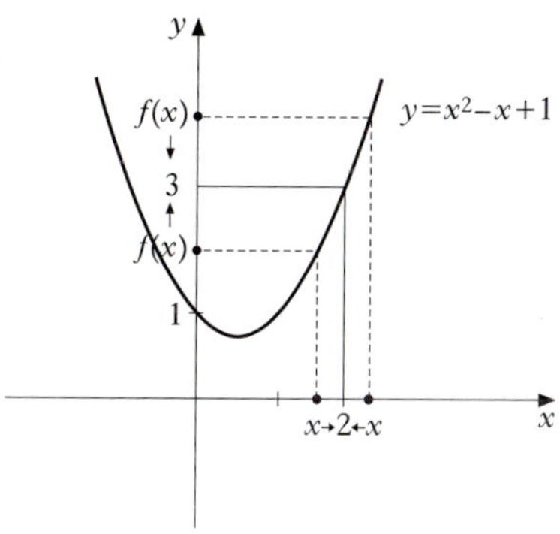

그림 3

예제 1 $\lim_{x \to 2} (x^2 - x + 1)$을 구하여라.

풀이 x가 2에 가까이 갈 때, $x^2 - x + 1$는 $2^2 - 2 + 1 = 3$에 가까이 가므로

$$\lim_{x \to 2} (x^2 - x + 1) = 3..$$

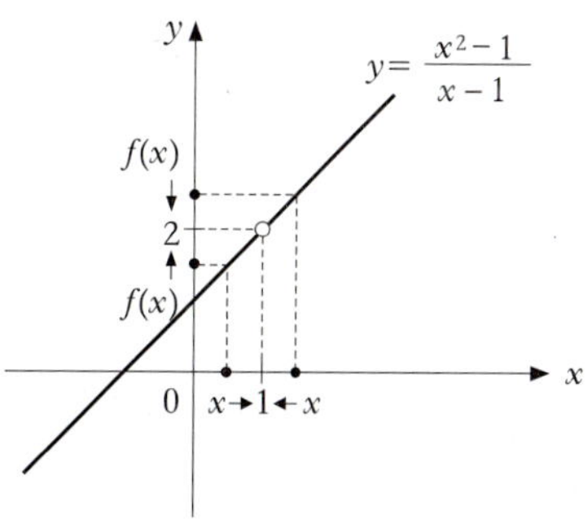

그림 4

예제 2 $\lim_{x \to 1} \dfrac{x^2 - 1}{x - 1}$을 구하여라.

풀이 $x = 1$에서 $\dfrac{x^2 - 1}{x - 1}$은 정의되지 않는다. 그러나 $x \neq 1$일 때

$$\frac{x^2 - 1}{x - 1} = \frac{(x+1)(x-1)}{x-1} = x + 1$$

이므로, $x \to 1$일 때 $\dfrac{x^2 - 1}{x - 1}$의 극한은 $x + 1$의 극한과 같다. 따라서

$$\lim_{x \to 1} \frac{x^2 - 1}{x - 1} = \lim_{x \to 1} (x + 1) = 2.$$

좌극한과 우극한

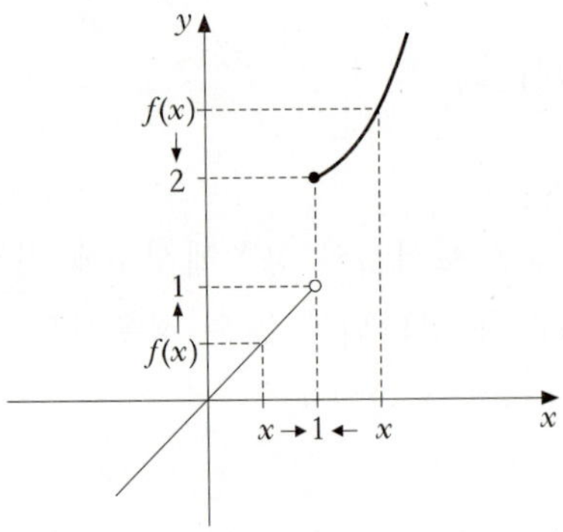

그림 5

함수 f를 다음과 같이 정의해 보자.

$$f(x)=\begin{cases}(x-1)^2+2 & (x \geq 1\text{일 때})\\ x & (x<1\text{일 때})\end{cases}$$

이 함수에서 x가 왼쪽에서 1에 접근할 때 $f(x)$는 1에 접근한다. 또, x가 오른쪽에서 1에 접근할 때 $f(x)$는 2에 접근한다. 이것을 각각

$$\lim_{x\to 1^-} f(x)=1, \quad \lim_{x\to 1^+} f(x)=2$$

로 나타낸다.

일반적으로, x가 a의 왼쪽에서 a에 접근할 때 $f(x)$의 값이 L에 접근하면

$$\lim_{x\to a^-} f(x)=L$$

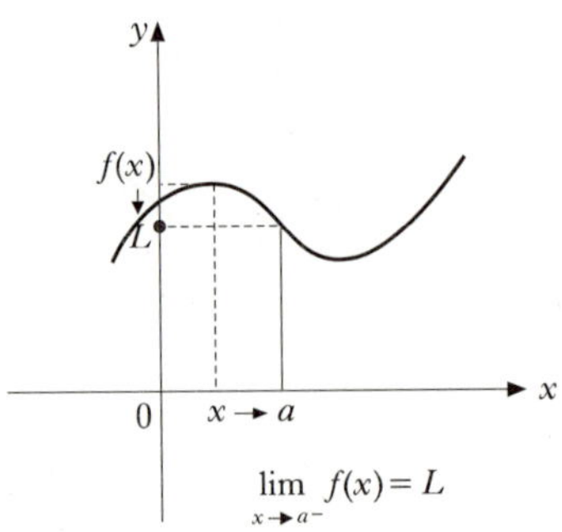

그림 6

로 나타내고, L을 $x\to a^-$일 때의 $f(x)$의 좌극한(left hand limit)이라고 한다. 또, x가 a의 오른쪽에서 a에 접근할 때 $f(x)$의 값이 L에 접근하면

$$\lim_{x\to a^+} f(x)=L$$

로 나타내고, L을 $x\to a$일 때의 $f(x)$의 우극한(left hand limit)이라고 한다.

함수의 극한의 의미로부터 다음 정리를 얻는다.

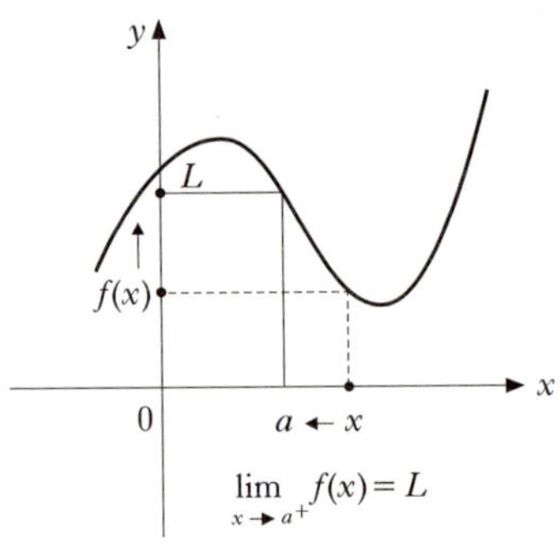

그림 7

> **정리 1**
>
> $\lim_{x\to a} f(x)=L$일 필요충분조건은
>
> $$\lim_{x\to a^-} f(x)=L=\lim_{x\to a^+} f(x)$$

예제 3 $\lim_{x\to 2^+}[x]$, $\lim_{x\to 2^-}[x]$를 각각 구하여라. $\lim_{x\to 2}[x]$가 존재하는가?

(단, $[x]$는 x를 넘지 않는 최대의 정수를 의미한다.)

풀이 x가 2보다 작은 수로서 2에 가까운 수일 때는 $[x]=1$이고, x가 2보다 큰 수로서 2에 가까운 수일 때는 $[x]=2$이므로

$$\lim_{x\to 2^-}[x]=1, \quad \lim_{x\to 2^+}[x]=2$$

따라서 $\lim_{x\to 2^-}[x]\neq\lim_{x\to 2^+}[x]$이므로, $\lim_{x\to 2}[x]$는 존재하지 않는다. ■

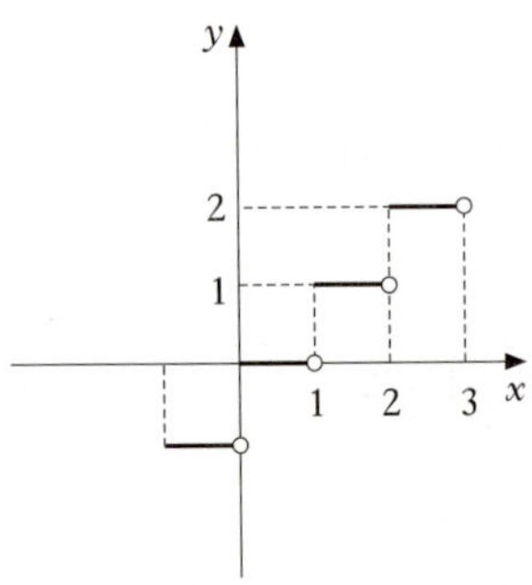

그림 8

예제 4 함수 f의 그래프가 오른쪽 그림과 같을 때, 다음 극한을 구하여라.

(1) $\lim_{x \to 1^-} f(x)$

(2) $\lim_{x \to 1^+} f(x)$

(3) $\lim_{x \to 1} f(x)$

(4) $\lim_{x \to 3^-} f(x)$

(5) $\lim_{x \to 3^+} f(x)$

(6) $\lim_{x \to 3} f(x)$

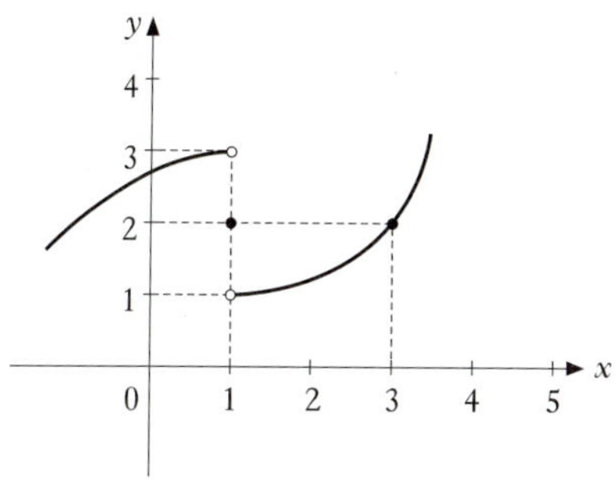

그림 9

풀이 (1) $\lim_{x \to 1^-} f(x) = 3$

(2) $\lim_{x \to 1^+} f(x) = 1$

(3) $\lim_{x \to 1^-} f(x) \neq \lim_{x \to 1^+} f(x)$이므로, $\lim_{x \to 1} f(x)$는 존재하지 않는다.

(4) $\lim_{x \to 3^-} f(x) = 2$

(5) $\lim_{x \to 3^+} f(x) = 2$

(6) $\lim_{x \to 3} f(x) = \lim_{x \to 3} f(x) = 2$이므로, $\lim_{x \to 3} f(x) = 2$ ■

연습문제 1.2

1. 다음 극한을 구하여라.

(1) $\lim_{x \to 2} (3x - 6)$ (2) $\lim_{x \to -1} (x^2 - 2x + 3)$

(3) $\lim_{x \to 5} \dfrac{x^2 - 25}{x + 5}$ (4) $\lim_{x \to 0} \dfrac{5x^3 + 8x^2}{3x^4 - 16x^2}$

(5) $\lim_{t \to 1} \dfrac{t^2 - 3t + 2}{t^2 - 1}$ (6) $\lim_{x \to a} \dfrac{x^3 - a^3}{x^4 - a^4}$

2. 다음 그림의 함수 f에 대하여 다음 극한이 존재하면 그것을 구하여라.

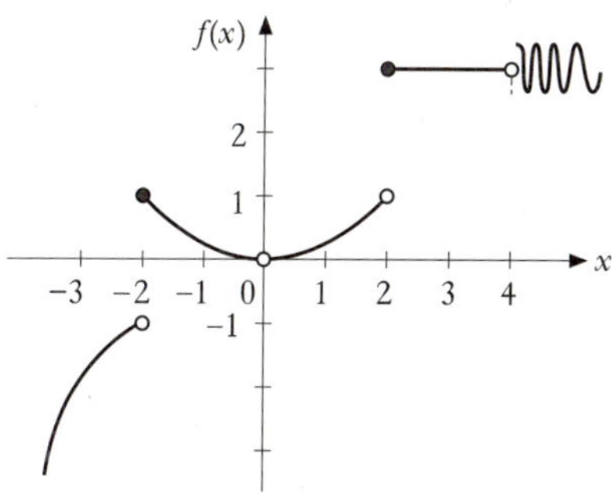

(1) $\lim_{x \to -2^-} f(x)$ (2) $\lim_{x \to -2^+} f(x)$

(3) $\lim_{x \to -2} f(x)$ (4) $\lim_{x \to 0} f(x)$

(5) $\lim_{x \to 2^-} f(x)$ (6) $\lim_{x \to 2^+} f(x)$

3. $f(x)=[x]$의 그래프를 그리고 다음을 구하여라. (단, $[x]$는 x를 넘지 않는 최대의 정수를 나타낸다.)

(1) $\lim_{x\to 2^-} f(x)$ (2) $\lim_{x\to 2^+} f(x)$

(3) $\lim_{x\to 2} f(x)$ (4) $f(1)$

(5) $f(2)$ (6) $\lim_{x\to 3} f(x)$

4. (1) 다음 함수의 그래프를 그려라.

$$f(x)=\begin{cases}1-x & (x\le 0\text{일 때})\\ 1 & (x>0\text{일 때})\end{cases}$$

(2) 다음 극한이 존재하면 그것을 구하여라.

(a) $\lim_{x\to 0^-} f(x)$ (b) $\lim_{x\to 0^+} f(x)$

(c) $\lim_{x\to 0} f(x)$

5. 다음 함수의 그래프를 그려라.

$$g(x)=\begin{cases}-x+1 & (x<1\text{일 때})\\ x-1 & (1<x<2\text{일 때})\\ 5-x^2 & (x\ge 2\text{일 때})\end{cases}$$

그리고 다음을 각각 구하여라.

(1) $\lim_{x\to 1} g(x)$ (2) $g(1)$

(3) $\lim_{x\to 2} g(x)$ (4) $\lim_{x\to 2^+} g(x)$

6. 함수 $f(x)=x-[x]$의 그래프를 그려라. 그리고 다음을 각각 구하여라.

(1) $f(0)$ (2) $\lim_{x\to 0} f(x)$

(3) $\lim_{x\to 0^-} f(x)$ (4) $\lim_{x\to 1/2} f(x)$

7. $f(x)$를 다음과 같이 정의하자.

$$f(x)=\begin{cases}x & (x\text{가 유리수일 때})\\ -x & (x\text{가 무리수일 때})\end{cases}$$

다음 값이 존재한다면 구하여라.

(1) $\lim_{x\to 1} f(x)$ (2) $\lim_{x\to 0} f(x)$

8. $f(x)$를 다음과 같이 정의하자.

$$f(x)=\begin{cases}x^2 & (x\text{가 유리수일 때})\\ x^4 & (x\text{가 무리수일 때})\end{cases}$$

이때, a의 어떠한 값에 대해서 $\lim_{x\to a} f(x)$가 존재하는가?

9. 다음 함수의 그래프를 그리고 $\lim_{x\to a} f(x)$가 존재하도록 a를 정하여라.

$$f(x)=\begin{cases}2-x & x<-1\\ x & -1\le x<1\\ (x-1)^2 & x\ge 1\end{cases}$$

1.3 극한의 성질

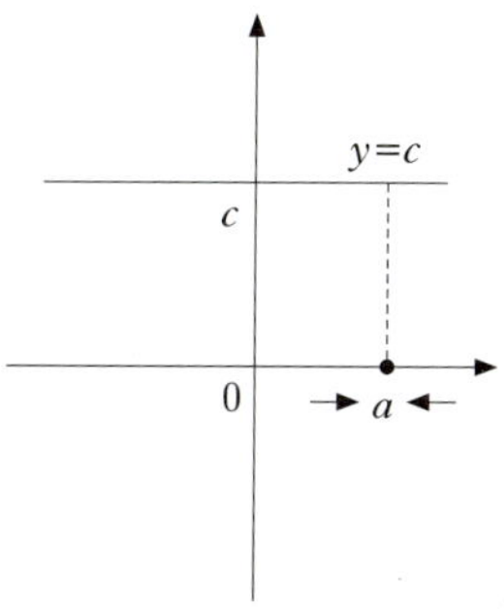

그림 1

함수의 극한을 계산하는데 편리한 극한의 여러 가지 성질을 알아보자.

상수함수 $f(x)=c$는 모든 x에 대하여 함수값이 c이므로, $x\to a$일 때 $f(x)$의 극한은 c이다.

또, 항등함수 $f(x)=x$는 $x\to a$일 때 $f(x)\to a$이므로, 다음 정리를 얻는다.

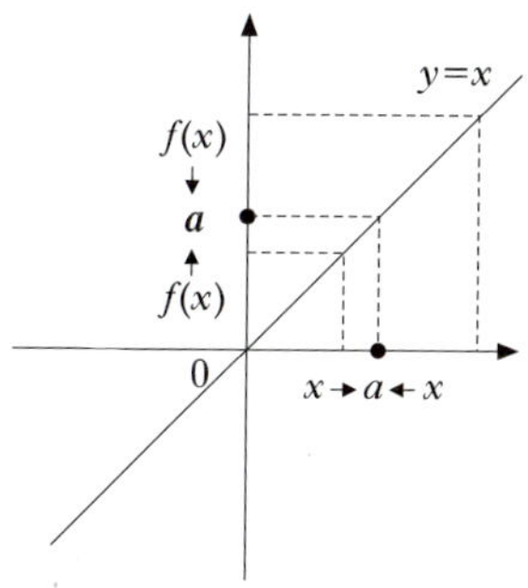

그림 2

정리 1

(1) $\lim_{x\to a} c=c$ (2) $\lim_{x\to a} x=a$

함수의 극한에는 다음 여러 가지 성질이 있다.

정리 2

$\lim_{x\to a} f(x)$와 $\lim_{x\to a} g(x)$가 존재한다고 하자. 그러면

(1) $\lim_{x\to a}[f(x)+g(x)]=\lim_{x\to a} f(x)+\lim_{x\to a} g(x)$

(2) $\lim_{x\to a} cf(x)=c\lim_{x\to a} f(x)$ (단, c는 상수)

(3) $\lim_{x\to a}[f(x)-g(x)]=\lim_{x\to a} f(x)-\lim_{x\to a} g(x)$

(4) $\lim_{x\to a} f(x)g(x)=\lim_{x\to a} f(x)\cdot\lim_{x\to a} g(x)$

(5) $\lim_{x\to a}\dfrac{f(x)}{g(x)}=\dfrac{\lim_{x\to a} f(x)}{\lim_{x\to a} g(x)}$ (단, $\lim_{x\to a} g(x)\neq 0$)

(6) $\lim_{x\to a}[f(x)]^n=\left[\lim_{x\to a} f(x)\right]^n$

(단, n은 정수이고 n이 음수일 때 $\lim_{x\to a} f(x)\neq 0$)

(7) $\lim_{x\to a}\sqrt[n]{f(x)}=\sqrt[n]{\lim_{x\to a} f(x)}$

(단, n은 양의 정수이고, n이 짝수일 때 $\lim_{x\to a} f(x)\geq 0$)

(1)과 (2)에 의해서

$\lim_{x\to a}[f(x)-g(x)]$

$=\lim_{x\to a}[f(x)+(-1)g(x)]$

$=\lim_{x\to a} f(x)+\lim_{x\to a}(-1)g(x)$

$=\lim_{x\to a} f(x)+(-1)\lim_{x\to a} g(x)$

$=\lim_{x\to a} f(x)-\lim_{x\to a} g(x)$

예제 1 $\lim_{x \to 1} f(x) = -1$이고 $\lim_{x \to 1} g(x) = 2$일 때, 다음 극한을 구하여라.

(1) $\lim_{x \to 1} [f(x) + 3g(x)]$ (2) $\lim_{x \to 1} [f(x)g(x)]$

(3) $\lim_{x \to 1} \dfrac{f(x)}{g(x)}$

풀이 (1) $$\lim_{x\to1}[f(x)+3g(x)] = \lim_{x\to1} f(x) + \lim_{x\to1}[3g(x)] = \lim_{x\to1} f(x) + 3\lim_{x\to1} g(x) = -1 + 3\cdot 2 = 5$$

(2) $$\lim_{x\to1}[f(x)g(x)] = [\lim_{x\to1} f(x)][\lim_{x\to1} g(x)] = (-1)\cdot 2 = -2$$

(3) $$\lim_{x\to1} \frac{f(x)}{g(x)} = \frac{\lim_{x\to1} f(x)}{\lim_{x\to1} g(x)} = -\frac{1}{2}$$ ■

n이 양의 정수일 때
$\lim_{x\to a} x^n = \left[\lim_{x\to a} x\right]^n = a^n$

예제 2 $\lim_{x \to 4} (3x^2 - 5x + 2)$를 구하여라.

풀이 $$\lim_{x\to4}(3x^2-5x+2) = \lim_{x\to4} 3x^2 - \lim_{x\to4} 5x + \lim_{x\to4} 2 = 3\lim_{x\to4} x^2 - 5\lim_{x\to4} x + 2 = 3\left[\lim_{x\to4} x\right]^2 - 5\cdot4 + 2 = 3\cdot4^2 - 20 + 2 = 30$$ ■

예제 3 $\lim_{x \to 3} \dfrac{\sqrt[3]{x^2-1}}{x}$를 구하여라.

풀이 $$\lim_{x\to3} \frac{\sqrt[3]{x^2-1}}{x} = \frac{\lim_{x\to3}\sqrt[3]{x^2-1}}{\lim_{x\to3} x} = \frac{\sqrt[3]{\lim_{x\to3}(x^2-1)}}{3} = \frac{1}{3}\sqrt[3]{\lim_{x\to3} x^2 - \lim_{x\to3} 1} = \frac{1}{3}\sqrt[3]{(\lim_{x\to3} x)^2 - 1} = \frac{1}{3}\sqrt[3]{3^2-1} = \frac{2}{3}.$$ ■

정리 2의 극한의 성질을 이용하면 다음 정리들을 쉽게 증명할 수 있다.

정리 2의 (6)에서
$f(x)=x$라 두면

$$\lim_{x\to a} x^n = \left[\lim_{x\to a} x\right]^n = a^n$$

정리 3 (다항함수의 극한)

함수 f가 다항함수이면,

$$\lim_{x\to a} f(x) = f(a)$$

$$\lim_{X\to a} \frac{f(x)}{g(x)} = \frac{\lim_{x\to a} f(x)}{\lim_{x\to a} g(x)} = \frac{f(a)}{g(a)}$$

정리 4 (유리함수의 극한)

함수 $f(x)$와 $g(x)$가 다항함수이면,

$$\lim_{x\to a} \frac{f(x)}{g(x)} = \frac{f(a)}{g(a)} \quad (\text{단, } g(a)\neq 0)$$

예제 4 $\lim_{x\to -2} \dfrac{x^3+2x^2-1}{5-3x}$을 구하여라.

풀이 $$\lim_{x\to -2} \frac{x^3+2x^2-1}{5-3x} = \frac{(-2)^3+2(-2)^2-1}{5-3\times(-2)} = -\frac{1}{11}$$ ■

예제 5 $\lim_{x\to 1} \dfrac{x^3-1}{x-1}$을 구하여라.

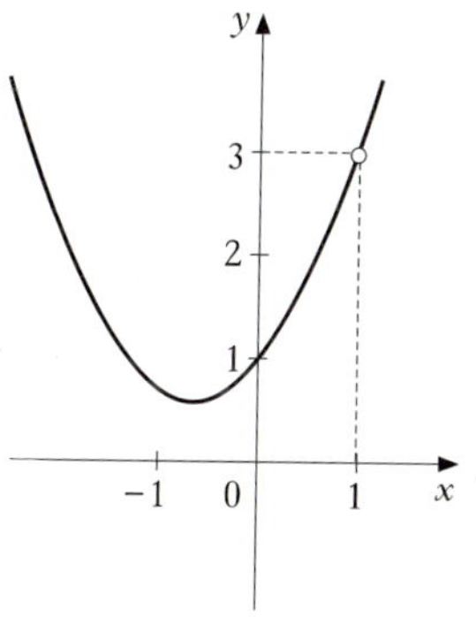
그림 3

풀이 $x=1$일 때는 분모가 0이 되므로 정리 4를 이용할 수 없다.
$x\to 1$일 때는 $x\neq 1$이므로

$$\frac{x^3-1}{x-1} = \frac{(x-1)(x^2+x+1)}{x-1} = x^2+x+1$$

따라서 간단한 계산을 하여 분모가 0이 되지 않게 고쳐서 계산한다.

$$\lim_{x\to 1} \frac{x^3-1}{x-1} = \lim_{x\to 1} \frac{(x-1)(x^2+x+1)}{x-1} = \lim_{x\to 1} (x^2+x+1) = 1+1+1=3.$$ ■

$$f(x)\le g(x)\le h(x)$$
$$\downarrow \qquad\qquad \downarrow$$
$$L \qquad\qquad L$$
$$\Rightarrow g(x)\to L$$

정리 5 (Sandwich 정리)

x가 a의 근방에서$(x\neq a)$

$$f(x)\le g(x)\le h(x)$$

이고 $\lim_{x\to a} f(x) = \lim_{x\to a} h(x) = L$이면

$$\lim_{x\to a} g(x) = L$$

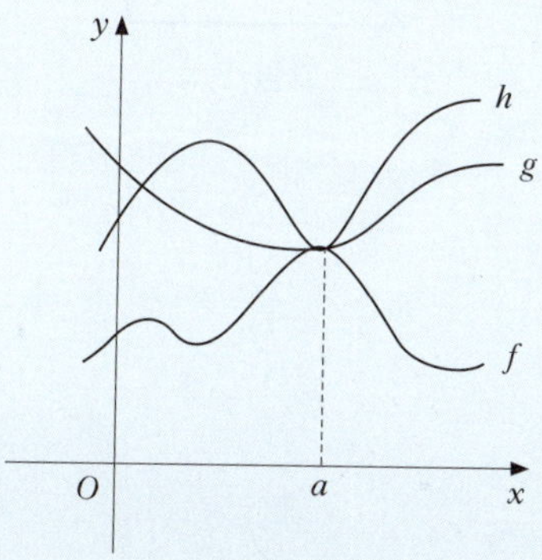

그림 4

위의 Sandwich정리는 Squeeze정리라고도 한다. 이 정리는 a의 근방에서 $g(x)$가 $f(x)$와 $h(x)$ 사이에 있고, 함수 f와 h가 a에서 극한이 다 같이 L이면 g도 a에서 같은 극한 L을 가짐을 보여준다. 이 정리의 증명은 보충자료 (1.6절)에서 찾아볼 수 있다.

예제 6 $\lim_{x \to 0} x \sin \frac{1}{x} = 0$임을 증명하여라.

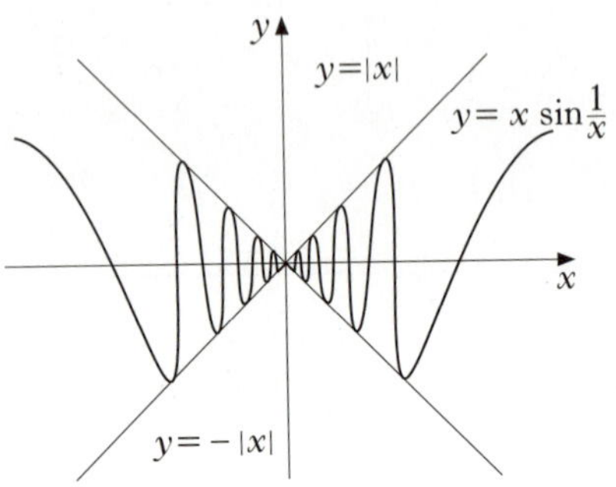

그림 5

증명 $\lim_{x \to 0} \sin \frac{1}{x}$은 존재하지 않기 때문에

$$\lim_{x \to 0} x \sin \frac{1}{x} = \lim_{x \to 0} x \cdot \lim_{x \to 0} \sin \frac{1}{x}$$

은 성립하지 않는다. 그러나 $-1 \le \sin \frac{1}{x} \le 1$이고, $-|x| \le x \le |x|$이므로

$$-|x| \le x \sin \frac{1}{x} \le |x|$$

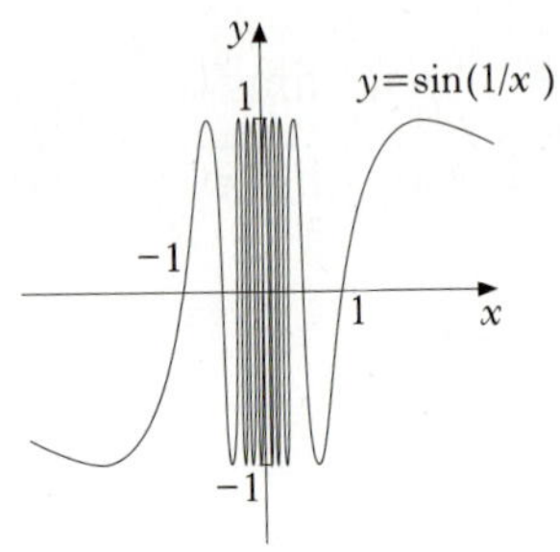

그림 6

그런데 $\lim_{x \to 0} |x| = 0$이고 $\lim_{x \to 0} (-|x|) = 0$이므로, Sandwich정리에 의하여

$$\lim_{x \to 0} x \sin \frac{1}{x} = 0$$

■

예제 7 $\lim_{\theta \to 0} \frac{\sin \theta}{\theta} = 1$임을 증명하여라.

반지름 r, 중심각 θ인 부채꼴의 면적 S는

$$S = \frac{1}{2} r^2 \theta$$

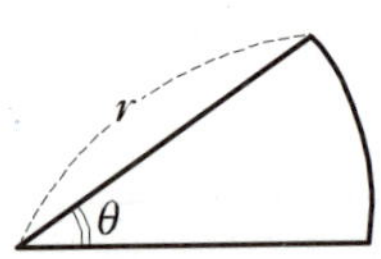

그림 7

증명 $0 < \theta < \frac{\pi}{2}$이라고 가정하자.
오른쪽 그림에서, 선분 OP의 연장선과 점 A에서의 원의 접선이 만나는 점을 T라고 하면

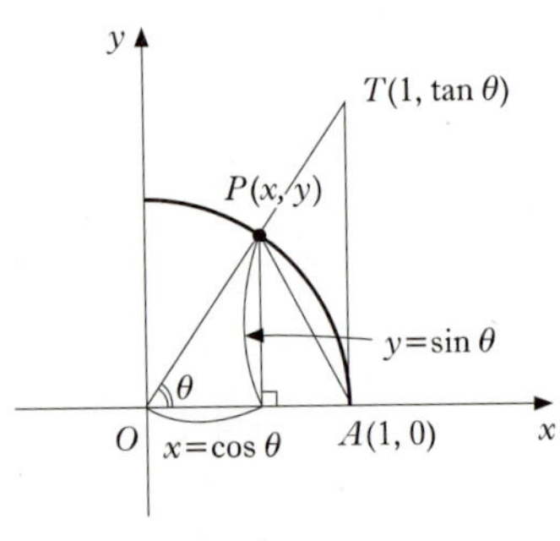

그림 8

$$\triangle OAP\text{의 면적} \le \text{부채꼴 } OAP\text{의 면적} \le \triangle OAT\text{의 면적}$$

그런데

$$\triangle OAP\text{의 면적} = \frac{1}{2} \cdot 1 \cdot 1 \cdot \sin \theta = \frac{1}{2} \sin \theta$$

$$\text{부채꼴 } OAP\text{의 면적} = \frac{1}{2} \cdot 1^2 \cdot \theta = \frac{1}{2} \theta$$

$$\triangle OAT\text{의 면적} = \frac{1}{2} \cdot 1 \cdot \tan \theta = \frac{1}{2} \tan \theta$$

따라서, $\frac{1}{2} \sin \theta \le \frac{1}{2} \theta \le \frac{1}{2} \tan \theta$.

양변을 양수 $\frac{1}{2}\sin\theta$로 나누면

$$1 \le \frac{\theta}{\sin\theta} \le \frac{1}{\cos\theta}$$

따라서

$$\cos\theta \le \frac{\sin\theta}{\theta} \le 1$$

$-\frac{\pi}{2} < \theta < 0$일 때, $0 < -\theta < \frac{\pi}{2}$이므로

$\sin(-\theta) = -\sin\theta$
$\cos(-\theta) = \cos\theta$

$$\cos(-\theta) \le \frac{\sin(-\theta)}{-\theta} \le 1$$

곧, $\cos\theta \le \frac{\sin\theta}{\theta} \le 1.$

따라서 $-\frac{\pi}{2} < \theta < \frac{\pi}{2}$이고 $\theta \ne 0$인 모든 θ에 대하여

$$\cos\theta \le \frac{\sin\theta}{\theta} \le 1$$

$\theta \to 0$일 때 $\cos\theta \to 1$이므로 Sandwich 정리에 의하여

$$\lim_{\theta\to 0} \frac{\sin\theta}{\theta} = 1.$$

예제 8 $\lim_{x\to 0} \frac{\sin 3x}{2x}$를 구하여라.

풀이
$$\lim_{x\to 0} \frac{\sin 3x}{2x} = \lim_{3x\to 0} \frac{\sin 3x}{3x} \cdot \frac{3}{2} = \frac{3}{2} \lim_{3x\to 0} \frac{\sin 3x}{3x} = \frac{3}{2}$$

연습문제 1.3

1. 다음 극한을 구하여라.

(1) $\lim_{x\to 2} (7x-8)$

(2) $\lim_{x\to 1} (2x+5)(x^2-1)$

(3) $\lim_{x\to 3} \frac{5x}{2x^2-16}$

(4) $\lim_{x\to 2} \sqrt[3]{\frac{3x^2+4}{3x^2-4}}$

(5) $\lim_{x\to 3} \sqrt{2x-5}$

(6) $\lim_{y\to -2} (y^3+6)^{10}$

2. 다음 극한을 구하여라.

(1) $\lim_{x\to 2}\frac{x+2}{x+1}$ (2) $\lim_{x\to 4}\frac{x^2-16}{x+4}$

(3) $\lim_{x\to 0}\frac{3x^2+5x}{2x^3-15x}$ (4) $\lim_{t\to 2}\frac{t^2+t-6}{t-2}$

(5) $\lim_{x\to 1}\frac{x^2-3x+2}{x^2-1}$ (6) $\lim_{x\to a}\frac{x^4-a^4}{x^3-a^3}$

3. $\lim_{x\to 3}f(x)=4$, $\lim_{x\to 3}g(x)=8$일 때, 다음 극한을 구하여라.

(1) $\lim_{x\to 3}\left[f^2(x)\sqrt[3]{g(x)}\right]$ (2) $\lim_{x\to 3}\sqrt{f^2(x)+g^2(x)}$

4. $\lim_{x\to 0}\frac{\sin x}{x}=1$임을 이용하여, 다음 극한을 구하여라.

(1) $\lim_{\theta\to 0}\frac{\tan\theta}{\theta}$ (2) $\lim_{x\to 0^+}\frac{\sin x}{|x|}$

(3) $\lim_{x\to 0}\frac{\sin 5x}{\sin 3x}$ (4) $\lim_{t\to 0}\frac{2\sin t\cos t}{t}$

5. 0의 근방에서 0이 아닌 x에 대하여

$$1-\frac{x^2}{6}\le\frac{\sin x}{x}\le 1$$

이 알려져 있다. 이것을 이용하여 $\lim_{x\to 0}\frac{\sin x}{x}=1$임을 보여라.

6. $\lim_{\theta\to 0}\frac{\cos\theta-1}{\theta}$을 구하여라.

7. $\lim_{x\to -2}\frac{3x^2+ax+a+3}{x^2+x-2}$이 존재하도록 하는 a가 있는가? 있으면 a와 이 극한값을 구하여라.

8. 모든 x에 대해서 $f(x)g(x)=1$이고, $\lim_{x\to a}g(x)=0$이라고 하자. 그러면 $\lim_{x\to a}f(x)$는 존재하지 않음을 보여라.

9. Q는 $(\pm x, 0)$과 $(0, \pm 1)$을 꼭지점으로 가지는 사각형이고, R은 그 변의 중점들을 연결해서 만든 직사각형이다. 이때 다음을 구하여라.

$$\lim_{x\to 0^+}\frac{R\text{의 둘레 길이}}{Q\text{의 둘레 길이}}$$

10. 다음 그림과 같이 방정식 $(x-1)^2+y^2=1$의 그래프인 원 C_1과 원점을 중심으로 반지름이 r인 줄어드는 원 C_2가 있다. 점 P의 좌표가 $(0, r)$, 점 Q가 두 원의 위쪽 교점, R이 직선 PQ와 x축과의 교점이라 할 때 C_2가 줄어들어 $r\to 0^+$이면 R의 위치는 어떻게 되겠는가?

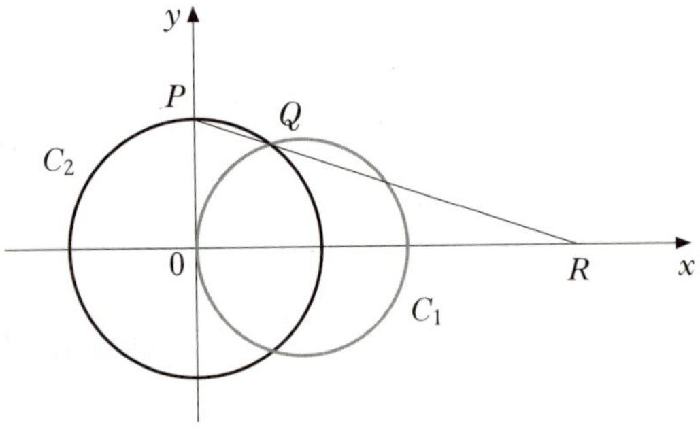

1.4 무한대와 극한

실수 x가 한없이 커질 때 이것을 간단히 $x \to \infty$로 나타낸다. 또, x가 한없이 작아질 때 $x \to -\infty$로 나타낸다. 이때, ∞와 $-\infty$는 실수가 아니고 각각 한없이 크고 작은 상태를 나타내는 의미로 사용된다.

x	$\frac{1}{x}$
1	1
10	0.1
100	0.01
1000	0.001
10000	0.0001
⋮	⋮
↓	↓
∞	0

x	$\frac{1}{x}$
-1	-1
-10	-0.1
-100	-0.01
-1000	-0.001
-10000	-0.0001
⋮	⋮
↓	↓
$-\infty$	0

함수 $y=\frac{1}{x}$에서 x가 한없이 커지면 $\frac{1}{x}$의 값은 한없이 0에 가까워진다. 즉,

$$x \to \infty \text{일 때} \quad \frac{1}{x} \to 0$$

이 된다. 이것을 기호로

$$\lim_{x \to \infty} \frac{1}{x} = 0$$

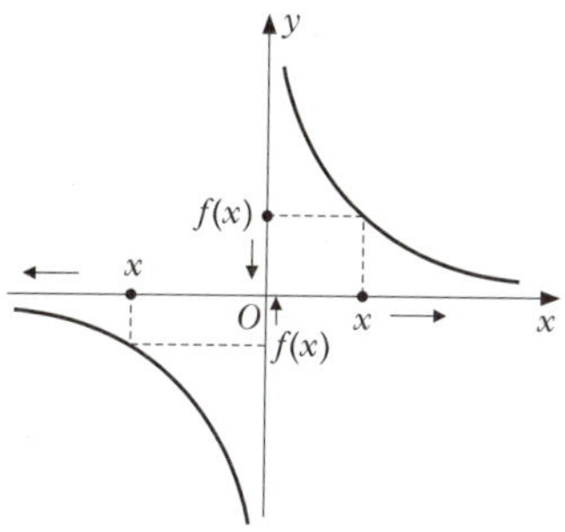

그림 1

으로 나타낸다. 또, x가 한없이 작아질 때 $\frac{1}{x}$의 값도 0에 가까워지므로

$$x \to -\infty \text{일 때} \quad \frac{1}{x} \to 0$$

이 된다. 이것을 기호로

$$\lim_{x \to -\infty} \frac{1}{x} = 0$$

으로 나타낸다.

$x \to +\infty$일 때의 극한

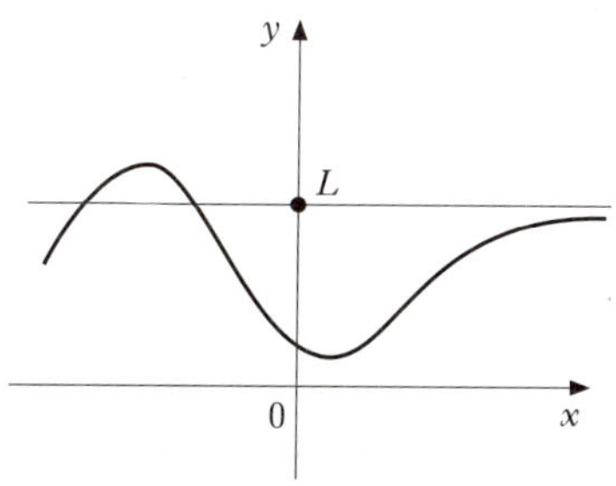

그림 2

정의 1 ($x \to \infty$일 때의 극한)

$x \to \infty$일 때 $f(x) \to L$이면 기호

$$\lim_{x \to \infty} f(x) = L$$

로 나타내고, L을 $x \to \infty$일 때의 함수 f의 극한(limit)이라고 한다.

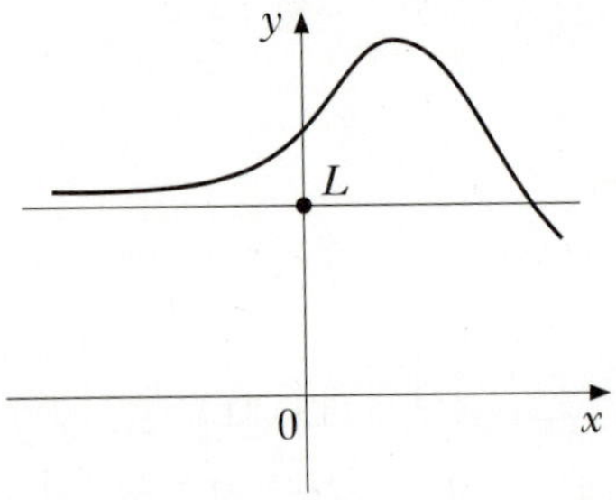

그림 3

> **정의 2** ($x \to -\infty$일 때의 극한)
>
> $x \to -\infty$일 때 $f(x) \to L$이면 기호
>
> $$\lim_{x \to -\infty} f(x) = L$$
>
> 로 나타내고, L을 $x \to -\infty$일 때의 함수 f의 극한(limit)이라고 한다.

$x \to \pm\infty$일 때의 극한에 대해서도 $x \to a$일 때의 극한의 성질 1.3절(정리 2)이 성립한다.

> **정리 1** ($x \to \infty$일 때 극한의 성질)
>
> c가 상수이고 $\lim_{x \to \infty} f(x)$와 $\lim_{x \to \infty} g(x)$가 존재할 때
>
> (1) $\lim_{x \to \infty} [f(x)+g(x)] = \lim_{x \to \infty} f(x) + \lim_{x \to \infty} g(x)$
>
> (2) $\lim_{x \to \infty} [cf(x)] = c \lim_{x \to \infty} f(x)$
>
> (3) $\lim_{x \to \infty} [f(x)-g(x)] = \lim_{x \to \infty} f(x) - \lim_{x \to \infty} g(x)$
>
> (4) $\lim_{x \to \infty} [f(x)g(x)] = \lim_{x \to \infty} f(x) \cdot \lim_{x \to \infty} g(x)$
>
> (5) $\displaystyle \lim_{x \to \infty} \frac{f(x)}{g(x)} = \frac{\lim_{x \to \infty} f(x)}{\lim_{x \to \infty} g(x)}$ (단, $\lim_{x \to \infty} g(x) \neq 0$)

예제 1 다음 극한을 구하여라.

(1) $\displaystyle \lim_{x \to \infty} \frac{3x^2-4x}{2x^3+1}$ (2) $\displaystyle \lim_{x \to -\infty} \frac{2x^2-x+5}{5x^2+6x-1}$

n이 양의 정수일 때

$$\lim_{x \to \infty} \frac{1}{x^n} = 0$$

$$\lim_{x \to -\infty} \frac{1}{x^n} = 0$$

풀이 (1) $\displaystyle \lim_{x \to \infty} \frac{3x^2-4x}{2x^3+1} = \lim_{x \to \infty} \frac{\frac{3}{x} - \frac{4}{x^2}}{2 + \frac{1}{x^3}} = \frac{0-0}{2+0} = 0$

(2) $\displaystyle \lim_{x \to -\infty} \frac{2x^2-x+5}{5x^2+6x+1} = \lim_{x \to -\infty} \frac{2 - \frac{1}{x} + \frac{5}{x^2}}{5 + \frac{6}{x} - \frac{1}{x^s}} = \frac{2-0+0}{5+0-0} = \frac{2}{5}$ ■

예제 2 $\lim_{x \to \infty} (\sqrt{x^2+1} - x)$를 구하여라.

$$(\sqrt{x^2+1}+x)(\sqrt{x^2+1}-x)$$
$$=(\sqrt{x^2+1})^2-x^2$$
$$=(x^2+1)-x^2$$
$$=1$$

풀이 $$\lim_{x\to\infty}(\sqrt{x^2+1}-x)=\lim_{x\to\infty}(\sqrt{x^2+1}-x)\frac{\sqrt{x^2+1}+x}{\sqrt{x^2+1}+x}$$
$$=\lim_{x\to\infty}\frac{(\sqrt{x^2+1})^2-x^2}{\sqrt{x^2+1}+x}$$
$$=\lim_{x\to\infty}\frac{1}{\sqrt{x^2+1}+x}$$
$$=0$$

x	$\frac{1}{x}$
1	1
0.1	10
0.01	100
0.001	1000
0.0001	10000
⋮	⋮
↓	↓
0	∞

x	$\frac{1}{x}$
-1	-1
-0.1	-10
-0.01	-100
-0.001	-1000
-0.0001	-10000
⋮	⋮
↓	↓
0	$-\infty$

무한대인 극한

함수 $y=\frac{1}{x}$에서 x가 양수로서 0에 가까이 가면 $\frac{1}{x}$의 값은 한없이 커지고, 음수로서 0에 가까이 가면 $\frac{1}{x}$의 값은 한없이 작아진다. 즉,

$$x\to0^+\text{일 때}\quad \frac{1}{x}\to\infty$$
$$x\to0^-\text{일 때}\quad \frac{1}{x}\to-\infty$$

이다. 이것을 기호로

$$\lim_{x\to0^+}\frac{1}{x}=\infty,\qquad \lim_{x\to0^-}\frac{1}{x}=-\infty$$

와 같이 나타낸다.

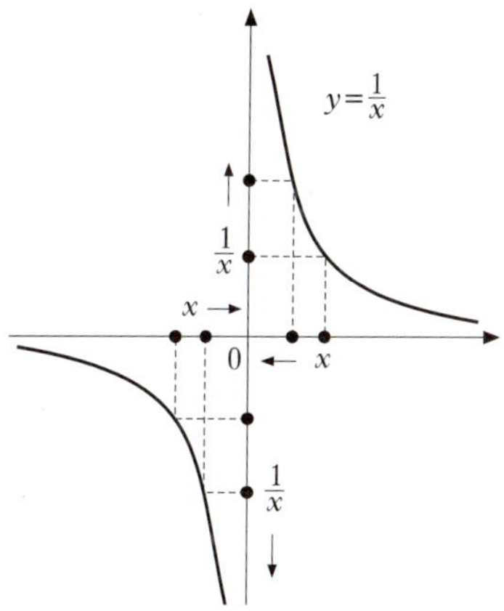

그림 4

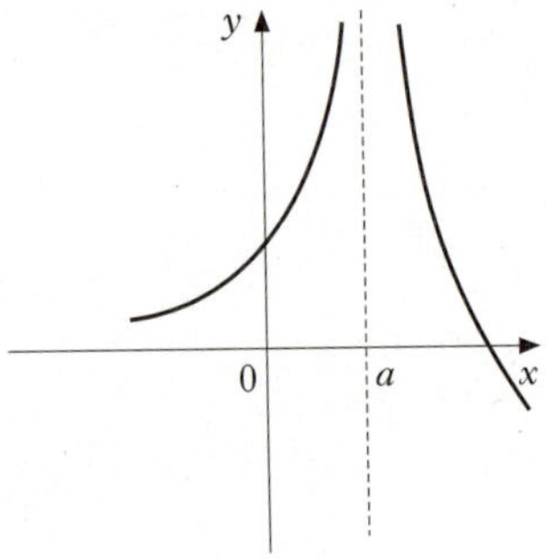

그림 5

> **정의 3 (무한대인 극한)**
>
> $x \to a^+$일 때 $f(x) \to \infty$이면 기호
>
> $$\lim_{x \to a^+} f(x) = \infty$$
>
> 로 나타내고, $x \to a^-$일 때 $f(x) \to \infty$이면 기호
>
> $$\lim_{x \to a^-} f(x) = \infty$$
>
> 로 나타낸다.

$\lim_{x \to a^+} f(x) = -\infty$, $\lim_{x \to a^-} f(x) = -\infty$도 같은 방법으로 정의한다.

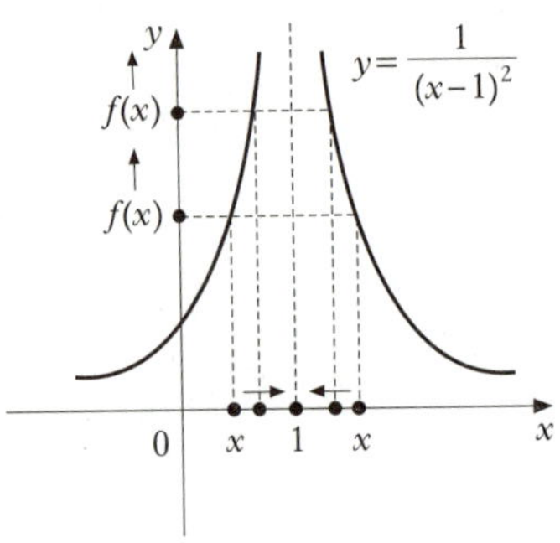

그림 6

예제 3 $\lim_{x \to 1^+} \frac{1}{(x-1)^2}$과 $\lim_{x \to 1^-} \frac{1}{(x-1)^2}$을 구하여라.

풀이 $x \to 1^+$일 때 분모는 양수로서 0에 가까워지고, 분자는 모든 x에 대하여 언제나 1이다. 따라서 $x \to 1^+$일 때 $\frac{1}{(x-1)^2}$의 값은 한없이 커지므로

$$\lim_{x \to 1^+} \frac{1}{(x-1)^2} = \infty$$

또, $x \to 1^-$일 때도 분모는 양수로서 0에 가까워지고, 분자는 모든 x에 대하여 언제나 1이므로

$$\lim_{x \to 1^-} \frac{1}{(x-1)^2} = \infty$$

점근선

함수 $y=f(x)$의 그래프 위의 한 점 P가 원점으로부터 점점 멀어지면서 그래프 위를 움직일 때 점 P가 어떤 직선에 점점 가까워지는 경우가 있다. 이때, 이 직선을 함수 f의 **점근선**(aymptote)이라고 한다.

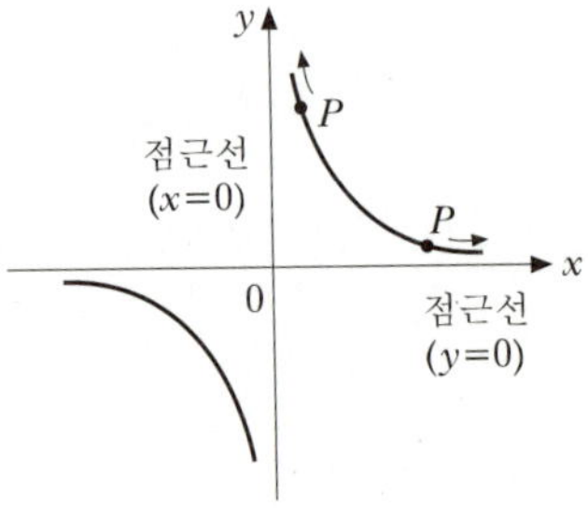

그림 7

이를테면, 함수 $y=\frac{1}{x}$에서

$$\lim_{x \to \infty} \frac{1}{x} = 0, \quad \lim_{x \to -\infty} \frac{1}{x} = 0$$

이므로, 한 점 P가 곡선을 따라서 한없이 크거나 작아지면 x축에 가까워진다. 따라서, 직선 $y=0$이 점근선이다. 또,

$$\lim_{x\to 0^+}\frac{1}{x}=\infty,\quad \lim_{x\to 0^-}\frac{1}{x}=-\infty$$

이므로, 직선 $x=0$도 점근선이 된다.

일반적으로 점근선을 다음과 같이 정의한다.

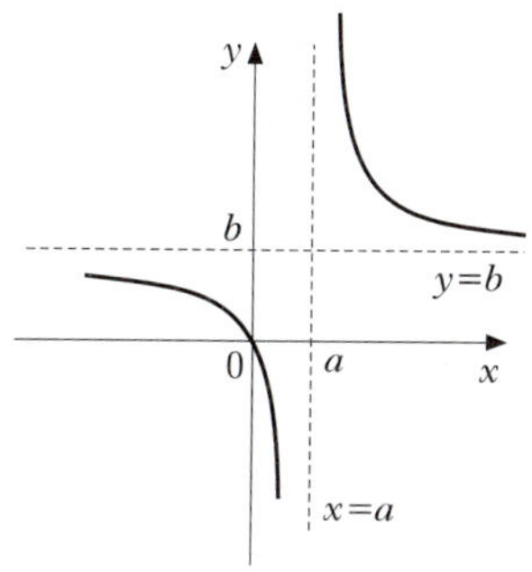

그림 8

정의 4 (점근선)

함수 $y=f(x)$에서

(1) $\lim_{x\to a^+} f(x)=\pm\infty$ 또는 $\lim_{x\to a^-} f(x)=\pm\infty$일 때, 직선 $x=a$를 함수 f의 수직점근선(vertical asymptote)이라 한다.

(2) $\lim_{x\to\infty} f(x)=b$ 또는 $\lim_{x\to-\infty} f(x)=b$일 때, 직선 $y=b$를 함수 f의 수평점근선(horizontal asymptote)이라 한다.

예제 4 함수 $f(x)=3+\dfrac{2}{x-1}$의 그래프의 점근선을 구하여라.

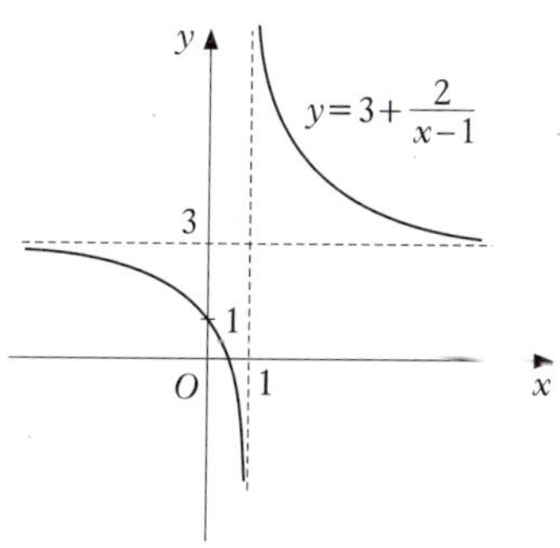

그림 9

풀이

$$\lim_{x\to 1^-}\left(3+\frac{2}{x-1}\right)=-\infty$$

$$\lim_{x\to 1^+}\left(3+\frac{2}{x-1}\right)=\infty$$

이므로, 직선 $x=1$은 수직점근선이다. 또,

$$\lim_{x\to\infty}\left(3+\frac{2}{x-1}\right)=3$$

$$\lim_{x\to-\infty}\left(3+\frac{2}{x-1}\right)=3$$

이므로, 직선 $y=3$은 수평점근선이다. ■

연습문제 1.4

1. 다음 극한을 구하여라.

(1) $\lim_{x\to\infty}\dfrac{2x}{7x+3}$ (2) $\lim_{x\to\infty}\dfrac{x^2-x+2}{3x^2+5}$

(3) $\lim_{x\to-\infty}\dfrac{4x+3}{2x^2-1}$ (4) $\lim_{x\to-\infty}\dfrac{x^2-3}{7x+3}$

(5) $\lim_{x\to 1^+}\dfrac{1}{x-1}$ (6) $\lim_{x\to 2^-}\dfrac{1}{x^2-4}$

2. 다음 극한을 구하여라.

(1) $\lim_{x\to\infty}\dfrac{3\sqrt{x^3}+3x}{\sqrt{2x^3}}$ (2) $\lim_{x\to\infty}\sqrt{\dfrac{\pi x^3+3x}{\sqrt{2}\,x^3+7x}}$

(3) $\lim_{x\to\infty} \frac{2x+1}{\sqrt{x^2+3}}$ (4) $\lim_{x\to\infty} \frac{\sqrt{2x+1}}{x+4}$

(5) $\lim_{x\to\infty} \left(\sqrt{2x^2+3}-\sqrt{2x^2-5}\right)$

(6) $\lim_{x\to\infty} \left(\sqrt{x^2+2x}-x\right)$

(7) $\lim_{x\to 5^-} \frac{x^2}{(x-5)(3-x)}$ (8) $\lim_{\theta\to\pi^+} \frac{\theta^2}{\sin\theta}$

3. 다음 함수의 그래프의 수평점근선과 수직점근선을 구하여라.

(1) $y=\frac{x}{x-1}$ (2) $y=\frac{8}{4-x^2}$

(3) $y=\frac{3}{x+1}$ (4) $y=2+\frac{4}{3-x^2}$

4. 다음 극한을 구하여라.

(1) $\lim_{x\to 3^-} \frac{x^2}{x-3}$ (2) $\lim_{\theta\to(\pi/2)^+} \frac{\pi\theta}{\cos\theta}$

(3) $\lim_{x\to 0^+} \frac{[x]}{x}$ (4) $\lim_{x\to 0^-} \frac{[x]}{x}$

(5) $\lim_{x\to 0^-} \frac{|x|}{x}$ (6) $\lim_{x\to 0^+} \frac{|x|}{x}$

(7) $\lim_{x\to 0^-} \frac{1+\cos x}{\sin x}$ (8) $\lim_{x\to\infty} \frac{\sin x}{x}$

5. 다음 함수의 그래프의 수평점근선과 수직점근선을 구하여라.

(1) $f(x)=\frac{3}{(x+1)^2}$ (2) $F(x)=\frac{2x}{x-3}$

(3) $f(x)=\frac{3}{9-x^2}$ (4) $g(x)=-\frac{2x}{\sqrt{x^2+5}}$

6. 직선 $y=ax+b$에 대하여 $\lim_{x\to\infty}[f(x)-(ax+b)]=0$ 또는 $\lim_{x\to-\infty}[f(x)-(ax+b)]=0$이면, $y=ax+b$도 함수 $f(x)$의 점근선이 된다. 이와 같은 방법으로 다음 함수의 점근선을 모두 구하여라.

(1) $y=\frac{x^2-3}{2x-4}$ (2) $y=x+\frac{1}{x}$

7. 함수 $f(x)=\frac{\sqrt{2x^2+1}}{3x-5}$의 그래프를 그려라. 몇 개의 수평, 수직점근선이 있는가? 그래프를 이용하여 $\lim_{x\to\infty}\frac{\sqrt{2x^2+1}}{3x-5}$와 $\lim_{x\to-\infty}\frac{\sqrt{2x^2+1}}{3x-5}$를 구하여라.

8. 아인슈타인(Einstein)의 특수 상대성 이론에 따르면, 어떤 물체의 질량 $m(v)$는 그 물체 의 속력 v와 다음과 같은 관계가 성립한다.

$$m(v)=\frac{m_0}{\sqrt{1-v^2/c^2}}$$

여기서 m_0는 정지 질량이고, c는 빛의 속력이다. $\lim_{v\to c^-} m(v)$는 얼마인가?

1.5 함수의 연속성

어떤 구간의 모든 점에서 함수가 연속이라는 것은 그 구간의 어디에서도 함수가 끊어져 있지 않다는 것을 의미한다. 즉, 종이에서 연필을 떼지 않고 그 함수의 그래프를 그릴 수 있으면 연속이 된다.

연속의 정확한 정의를 알아보자.

연속의 정의

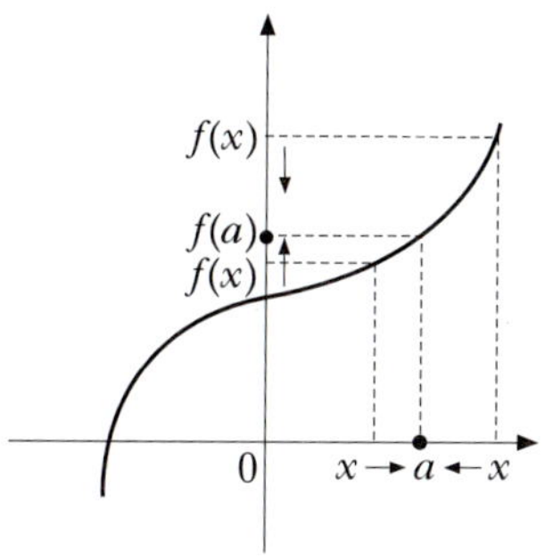

그림 1

정의 1 (연속)

함수 f가 a를 포함하는 한 개구간에서 정의되고

$$\lim_{x \to a} f(x) = f(a)$$

일 때, f는 a에서 **연속**(continuous)이라고 한다.

정의로부터 함수 f가 a에서 연속이라는 것은 다음 3가지 조건이 만족되어야 함을 알 수 있다.

(1) $\lim_{x \to a} f(x)$가 존재한다.

(2) $f(a)$가 존재한다.

(3) $\lim_{x \to a} f(x) = f(a)$.

함수 f가 a에서 연속이 아닐 때, f는 a에서 **불연속**(discontinuous)이라고 한다. 따라서 위의 세 가지 조건 중 어느 하나라도 만족되지 않으면 그 함수는 불연속이 된다.

다음 그림에서 (a), (b), (c)는 모두 a에서 불연속이다. 그러나 (d)는 위의 세 가지 조건을 모두 만족하므로 연속이 된다.

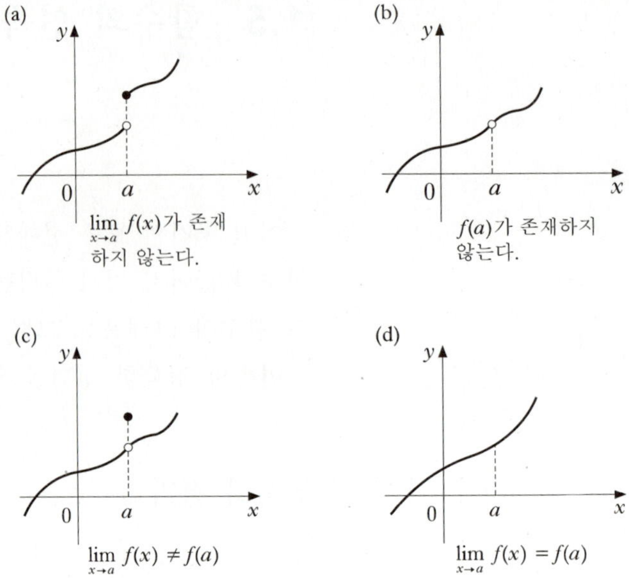

그림 2

$x \neq 1$일 때

$$\frac{x^2+x-2}{x-1} = \frac{(x+2)(x-1)}{x-1} = x+2$$

예제 1 다음 함수의 연속성을 조사하여라.

(1) $f(x) = \dfrac{x^2-x-2}{x-2}$

(2) $f(x) = \begin{cases} \dfrac{1}{x} & (x \neq 0\text{일 때}) \\ 1 & (x = 0\text{일 때}) \end{cases}$

(3) $f(x) = \begin{cases} \dfrac{x^2-x-2}{x-2} & (x \neq 2\text{일 때}) \\ 1 & (x = 2\text{일 때}) \end{cases}$

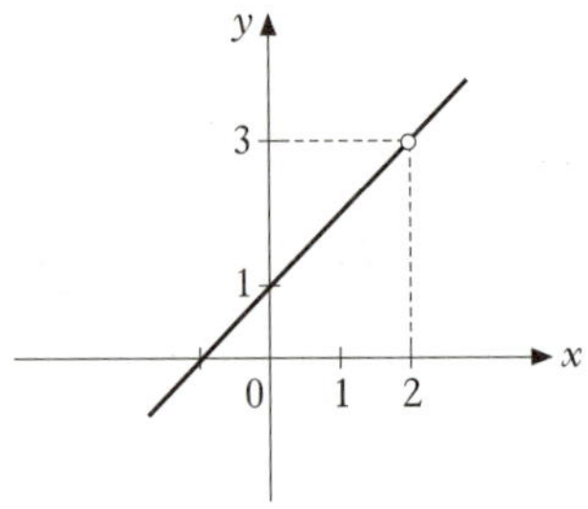

그림 3

$$\lim_{x\to 0^+} \frac{1}{x} = \infty$$

$$\lim_{x\to 0^-} \frac{1}{x} = -\infty$$

풀이 (1) $f(2)$가 존재하지 않는다. 따라서, f는 2에서 불연속이다(그림 3).

(2) $f(0)=1$은 존재하지만 $\lim_{x\to 0} \dfrac{1}{x}$은 존재하지 않는다. 따라서, f는 0에서 불연속이다(그림 4).

(3) $f(2)=1$은 존재한다.

또, $\lim_{x\to 2} \dfrac{x^2-x-2}{x-2} = \lim_{x\to 2} (x+1) = 3$도 존재한다(그림 5).

그러나 $\lim_{x\to 2} f(x) \neq f(2)$이므로, f는 2에서 불연속이다. ■

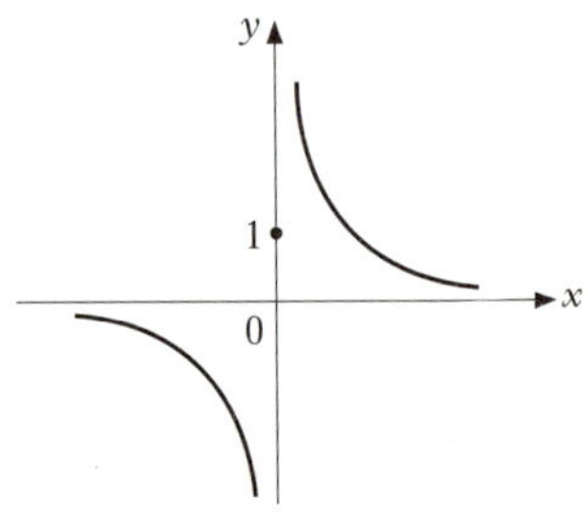

그림 4

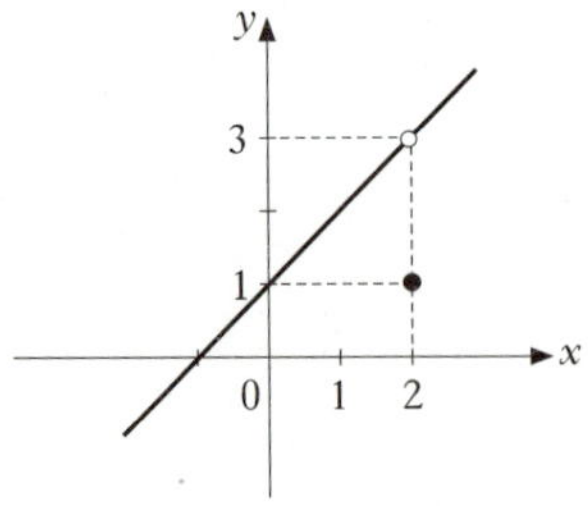

그림 5

f가 1에서 연속일 때
$f(1)=\lim_{x\to 1} f(x)$

예제 2 함수 $f(x)=\dfrac{x^2+x-2}{x-1}$가 1에서 연속이 되려면, $f(1)$의 값을 어떻게 정의하여야 하는가?

풀이 $\lim_{x\to 1}\dfrac{x^2+x-2}{x-1}=\lim_{x\to 1}\dfrac{(x+2)(x-1)}{x-1}=\lim_{x\to 1}(x+2)=3$이므로, $f(1)=3$으로 정의하여야 $\lim_{x\to 1} f(x)=f(1)$가 되어 1에서 연속이 된다. ■

정의 2 (좌연속과 우연속)

$$\lim_{x\to a^-} f(x)=f(a)$$

일 때, f는 a에서 **좌연속**(continuous from the left)이라고 한다. 또,

$$\lim_{x\to a^+} f(x)=f(a)$$

일 때, f는 a에서 **우연속**(continuous from the right)이라고 한다.

f가 a에서 연속
$\Leftrightarrow f$가 a에서 좌연속이고 우연속

예제 3 함수 $f(x)=[x]$은 모든 정수점에서 우연속이지만 좌연속은 아님을 보여라. (단, $[x]$는 x를 넘지 않는 최대의 정수를 나타낸다.)

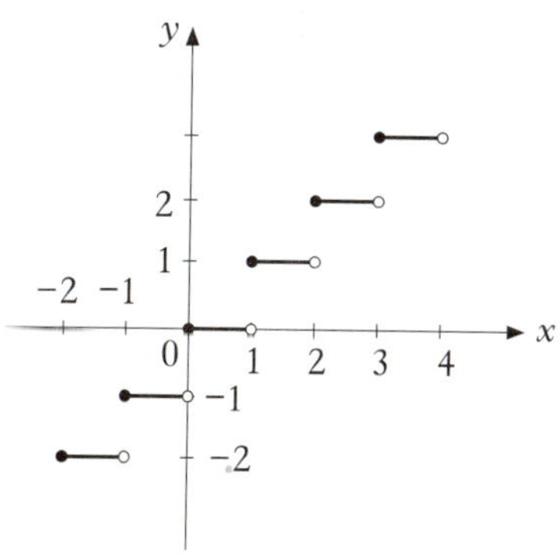

그림 6

풀이 n이 정수일 때

$$\lim_{x\to n+} f(x)=\lim_{x\to n+}[x]=n=f(n)$$
$$\lim_{x\to n-} f(x)=\lim_{x\to n-}[x]=n-1\neq f(n)$$

따라서, f는 모든 정수점에서 우연속이지만 좌연속은 아니다. ■

정의 3 (구간에서 연속)

함수 f가 (a, b)의 모든 점에서 연속이면 f는 **개구간**(a, b)**에서 연속**이라고 한다. 또, 개구간 (a, b)의 모든점에서 연속이고 a에서 우연속, b에서 좌연속이면 f는 **폐구간**$[a, b]$**에서 연속**이라고 한다.

f가 $[a, b)$에서 연속
$\Leftrightarrow$ f가 (a, b)에서 연속이고, a에서 우연속

함수의 연산과 연속

정리 1

f와 g가 a에서 연속이고 c가 상수일 때, 함수

$$f+g, \quad f-g, \quad cf, \quad fg, \quad \frac{f}{g} \quad (\text{단}, \ g(a)\neq 0)$$

는 모두 a에서 연속이다.

f가 a에서 연속일 때

$$\lim_{x\to a} cf(x) = c\lim_{x\to a} f(x) = cf(a)$$

이므로, cf는 a에서 연속이다.

증명 극한의 성질을 이용하여 쉽게 증명할 수 있으므로 $f+g$의 연속성만 증명하기로 한다.

f와 g가 a에서 연속이므로

$$\lim_{x\to a} f(x) = f(a), \quad \lim_{x\to a} g(x) = g(a).$$

따라서 정리 1에 의하여

$$\begin{aligned}\lim_{x\to a}(f+g)(x) &= \lim_{x\to a}[f(x)+g(x)] \\ &= \lim_{x\to a} f(x) + \lim_{x\to a} g(x) \\ &= f(a)+g(a) \\ &= (f+g)(a)\end{aligned}$$

그러므로 $f+g$는 a에서 연속이다. ■

다항함수와 유리함수의 연속

1.3절의 정리 3과 정리 4를 이용하면 다항함수와 유리함수의 연속성에 관한 다음 정리를 얻는다.

$\lim_{x\to a} c = c$ (c는상수)

$\lim_{x\to a} x^n = a^n$ (n은 자연수)

정리 2

다항함수는 모든 점에서 연속이다. 또, 유리함수는 그 함수가 정의되는 모든 점에서 연속이다.

예제 4 $\displaystyle\lim_{x\to -2} \frac{x^3+2x^2-1}{5-3x}$을 구하여라.

풀이 $f(x) = \dfrac{x^3+2x^2-1}{5-3x}$은 분모가 0이 되지 않는 모든 점에서 연속이므로 $x=-2$에서 연속이다. 따라서,

$$\lim_{x\to-2}\frac{x^3+2x^2-1}{5-3x}=\lim_{x\to-2}f(x)=f(-2)=\frac{(-2)^3+2(-2)^2-1}{5-3(-2)}=-\frac{1}{11}.$$ ■

n승근 함수의 연속성

1.3절의 정리 2에 의해서 다음 정리를 얻는다.

$$\lim_{x\to a}\sqrt[n]{x}=\sqrt[n]{\lim_{x\to a}x}=\sqrt[n]{a}$$
(단, n이 짝수일 때 $a\geq 0$)

정리 3

n이 짝수이면, $f(x)=\sqrt[n]{x}$는 $[0, \infty)$에서 연속이다.
n이 홀수이면, $f(x)=\sqrt[n]{x}$는 $(-\infty, \infty)$에서 연속이다.

예제 5 $\lim_{x\to 1}\frac{2|x|-\sqrt{x}}{1+\sqrt[3]{x}}$을 구하여라.

풀이 $f(x)=\frac{2|x|-\sqrt{x}}{1+\sqrt[3]{x}}$라 하면, 분모함수와 분자함수는 모두 1에서 연속이다. 또, $x=1$일 때 분모가 0이 아니므로 $f(x)$는 1에서 연속이다. 따라서

$$\lim_{x\to1}\frac{2|x|-\sqrt{x}}{1+\sqrt[3]{x}}=\lim_{x\to1}f(x)=f(1)=\frac{2-1}{1+1}=\frac{1}{2}.$$ ■

연속함수의 합성

연속인 두 함수 f와 g의 합성함수 $f\circ g$도 연속임을 보일 수 있다. 이것은 다음 정리의 결과이다.

정리 4

f가 b에서 연속이고, $\lim_{x\to a}g(x)=b$이면

$$\lim_{x\to a}f(g(x))=f(b)=f(\lim_{x\to a}g(x))$$

이 정리는 $x\to a$이면 $g(x)\to b$이고, f가 b에서 연속이므로 $g(x)\to b$이면 $f(g(x))\to f(b)$임을 나타낸다.

정리 5

g가 a에서 연속이고 f가 $g(a)$에서 연속이면 $f\circ g$는 a에서 연속이다.

증명 g가 a에서 연속이므로

$$\lim_{x \to a} g(x) = g(a).$$

또, f가 $b = g(a)$에서 연속이므로 정리 7에 의해서

$$\lim_{x \to a} f(g(x)) = f(g(a)).$$ ■

예제 6 함수 $y = \sin(x^2 + x - 2)$는 모든 점에서 연속임을 보여라.

풀이

$$f(x) = x^2 + x - 2, \qquad g(x) = \sin x$$

라 두면

$$y = (g \circ f)(x)$$

이고, f와 g는 모든 점에서 연속인 함수이므로 정리 8에 의해서 주어진 함수는 모든 점에서 연속이다. ■

연속함수의 성질

다음 두 정리는 폐구간에서 연속인 함수가 갖는 중요한 성질이다. 이것의 증명은 어려우므로 생략하기로 한다.

정리 6

함수 f가 폐구간 $[a, b]$에서 연속이면 $[a, b]$ 내의 모든 x에 대하여

$$f(x_1) \le f(x) \le f(x_2)$$

을 만족하는 x_1, x_2가 $[a, b]$ 내에 존재한다.

위의 정리에서 점 x_1, x_2는 개구간 (a, b) 내의 점일 수도 있고 끝점이 될 수도 있다.

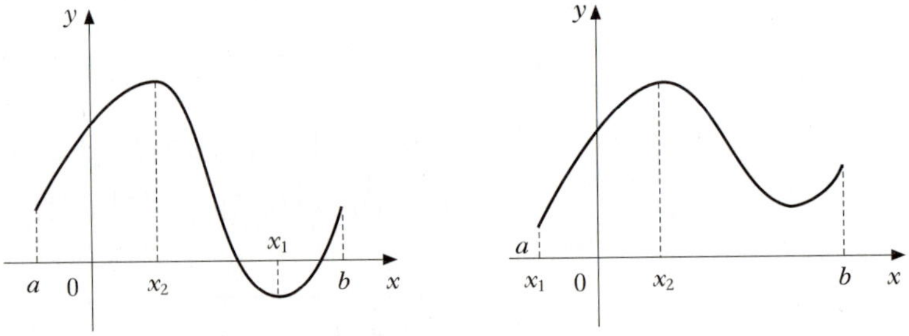

그림 7

정리 7 (중간값정리)

함수 f가 폐구간 $[a, b]$에서 연속이면 $f(a)<N<f(b)$인 N에 대하여

$$f(c)=N$$

이 되는 점 c가 (a, b) 내에 적어도 하나 존재한다.

중간값정리로부터, 연속함수는 $f(a)$와 $f(b)$ 사이에 있는 모든 값을 함수값으로 취함을 알 수 있다.

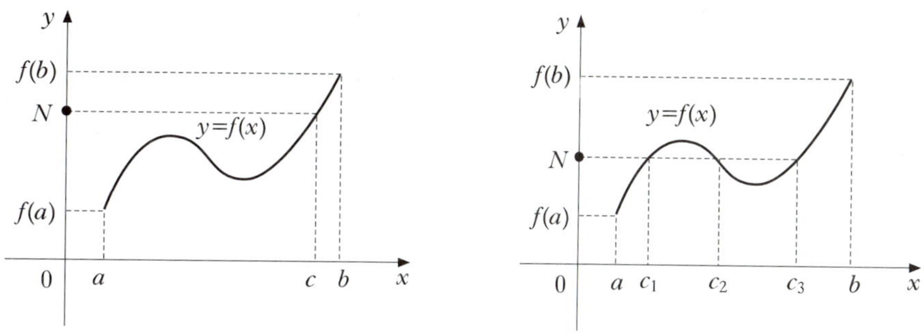

그림 8

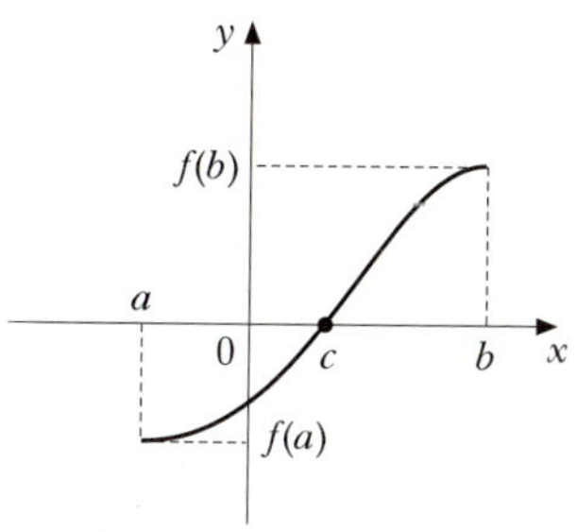

그림 9

특히, $f(a)<0$이고 $f(b)>0$ (또는 $f(a)>0$이고 $f(b)<0$)이면 $f(c)=0$이 되는 c가 (a, b) 내에 적어도 하나 존재한다. 곧, $f(a)$와 $f(b)$의 부호가 서로 다르면 f의 그래프는 a와 b 사이에서 x축과 만난다. 이것을 이용하여 방정식의 근의 존재성을 알아낼 수 있다.

예제 7 방정식 $x-\cos x=0$의 근이 0과 $\frac{\pi}{2}$ 사이에 존재함을 보여라.

풀이 $f(x)=x-\cos x$라 두면, $f(x)$는 $\left[0, \frac{\pi}{2}\right]$에서 연속이고

$$f(0)=0-\cos 0=-1<0$$

$$f\left(\frac{\pi}{2}\right)=\frac{\pi}{2}-\cos\frac{\pi}{2}=\frac{\pi}{2}>0.$$

따라서, 중간값 정리에 의해서 $f(c)=0$이 되는 c가 구간 $\left(0, \frac{\pi}{2}\right)$ 내에서 적어도 하나 존재한다. 이때, c가 방정식 $x-\cos x=0$의 근이다. ■

연습문제 1.5

1. 오른쪽 그림의 함수에서 함수가 연속인 구간을 말하여라.

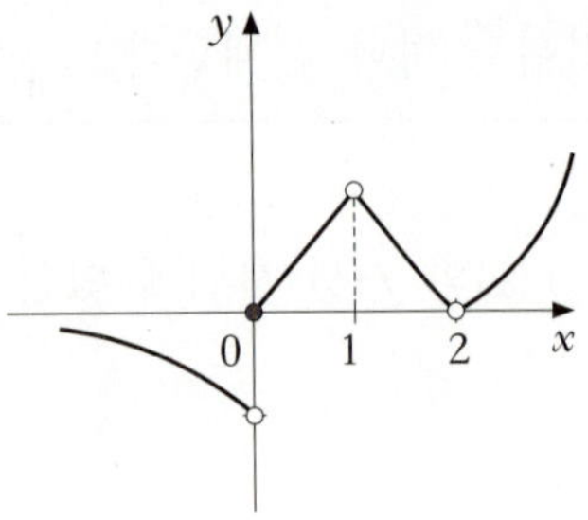

2. 다음 함수에서 불연속인 점을 구하여라. 또, 그 점에서 연속이 되게 하려면 어떻게 정의하여야 하는가?

(1) $f(x)=\dfrac{x^2-2x-8}{x+2}$ (2) $f(x)=\dfrac{x^3+64}{x+4}$

(3) $f(x)=\dfrac{3-\sqrt{x}}{9-x}$ (4) $f(x)=\dfrac{x^2-9}{x-3}$

3. f와 g가 $f(3)=5$이고 $\lim\limits_{x\to 3}[2f(x)-g(x)]=4$인 연속함수일 때 $g(3)$를 구하여라.

4. 다음 함수 f가 주어진 점 a에서 연속임을 보여라.

(1) $f(x)=x^2+\sqrt{7-x}$, $a=4$

(2) $f(x)=(x+2x^3)^4$, $a=-1$

5. c가 어떤 값일 때, 다음 함수는 $(-\infty, \infty)$에서 연속이 되는가?

$$f(x)=\begin{cases} cx+1 & (x\le 3) \\ cx^2-1 & (x>3) \end{cases}$$

6. 중간값정리를 이용하여 $x^3+3x-2=0$의 근이 0과 1 사이에 존재함을 보여라.

7. $f(x)=x^3-x^2+x$일 때, $f(c)=10$이 되는 c가 존재함을 보여라.

8. 중간값의 정리를 이용하여, $x^2=2$가 되는 양의 실수 x가 존재함을 보여라.

9. 함수

$$f(x)=\begin{cases} x+2, & x<0 \\ e^x, & 0\le x\le 1 \\ 2-x, & x>1 \end{cases}$$

의 불연속인 점들을 모두 구하여라. 이 점들 중의 어느 점들에서 f가 우연속이고 좌연속인가?

10. 지구의 중심에서 거리가 r만큼 떨어진 단위질량에 미치는 지구의 중력은

$$F(r)=\begin{cases} \dfrac{GMr}{R^3}, & r<R \\ \dfrac{GM}{r^2}, & r\ge R \end{cases}$$

이다. 여기서 M은 지구의 질량, R은 지구의 반지름, G는 중력상수이다. F는 r의 연속함수인가?

11. 다음 함수가 모든 곳에서 연속이 되도록, a와 b의 값을 결정하여라.

$$f(x)=\begin{cases} x+1, & x<1 \\ ax+b, & 1\le x<2 \\ 3x, & x\ge 2 \end{cases}$$

12. $f(x)=\dfrac{1}{x-1}$이라 하자. 그러면 $f(-2)=-\dfrac{1}{3}$이고 $f(2)=1$. 중간값정리에 따라서 $f(c)=0$이 되는 수 c가 -2와 2 사이에 존재하는가? 설명하여라.

13. $(\cos t)t^3+6\sin^5 t-3=0$은 0과 2π 사이에서 실수근을 가짐을 중간값정리를 써서 증명하여라.

14. 방정식 $x^5+4x^3-7x+14=0$은 적어도 한 개의 실수근을 가짐을 보여라.

15. 모든 실수 x, y에 대하여 $f(x+y)=f(x)+f(y)$라 하자. 그리고 f는 $x=0$에서 연속이라고 하자.

(1) f는 모든 곳에서 연속임을 보여라.

(2) 어떤 상수 m이 있어서, 모든 실수 t에 대해서 $f(t)=mtR$임을 보여라.

1.6 보충자료

앞의 1.2절에서는 극한을 직관적으로 정의하였으나 이 절에서는 좀 더 엄밀하게 ϵ-δ방법으로 극한을 정의하여 보자.

극한의 정의

함수

$$f(x)=\begin{cases} 2x-1 & (x\neq 2) \\ 5 & (x=2) \end{cases}$$

에서, $\lim_{x\to 2} f(x)=3$이다. 이것은 x를 2에 충분히 가깝게 잡으면, $f(x)$와 3과의 차이를 얼마든지 작게 할 수 있음을 뜻한다.

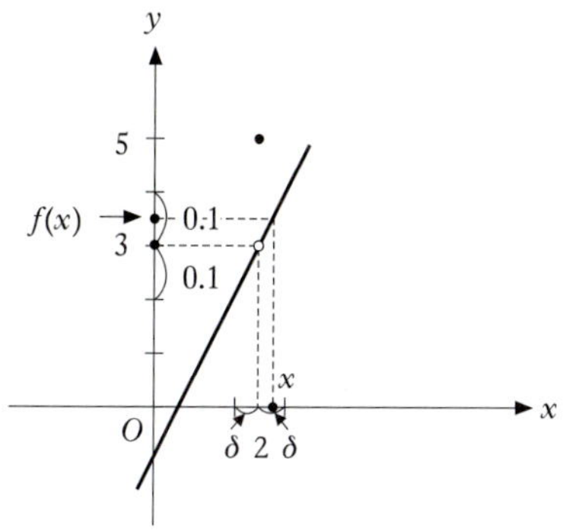

그림 1

이때, "$f(x)$와 3과의 차이를 0.1보다 작게 하려면 x를 2에 얼마나 가까이 잡아야 하는가?"라는 문제를 생각해 보자.

$f(x)$와 3과의 차이가 0.1보다 작다는 것은

$$|f(x)-3|<0.1$$

$|f(x)-3|<0.1$
$\Leftrightarrow -0.1<f(x)-3<0.1$
$\Leftrightarrow 2.9<f(x)<3.1$

을 뜻하고, $f(x)$가 구간 (2.9, 3.1) 내에 있음을 나타낸다. 또, x가 2가 아니면서 2에 가까이 있다는 것은

$$0<|x-2|<\delta$$

$x\neq 2 \Leftrightarrow |x-2|>0$
$|x-2|<\delta \Leftrightarrow -\delta<x-2<\delta$
$\Leftrightarrow 2-\delta<x<2+\delta$
따라서, $0<|x-2|<\delta$
$\Leftrightarrow x\neq 2$이고
$2-\delta<x<2+\delta$

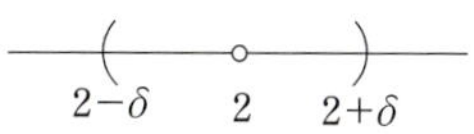

을 만족하는 작은 양수 δ가 존재함을 의미한다. 따라서 위의 문제는

$$0<|x-2|<\delta \Rightarrow |f(x)-3|<0.1$$

를 만족하는 δ를 구하는 것과 같다. 그런데 $x\neq 2$일 때

$$\begin{aligned}|f(x)-3|<0.1 &\Leftrightarrow (2x-1)-3<0.1 \\ &\Leftrightarrow 2|x-2|<0.1 \\ &\Leftrightarrow |x-2|<0.05\end{aligned}$$

이므로

$$0<|x-2|<0.05 \Rightarrow |f(x)-3|<0.1$$

즉, $\delta=0.05$이므로 x가 2로부터 0.05보다 작은 거리에 있으면 $f(x)$와 3과의 차이는 0.1보다 작음을 알 수 있다.

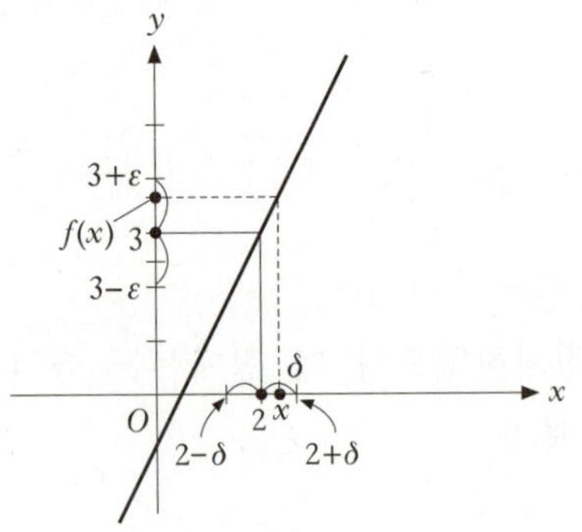

그림 2

또, $f(x)$와 3과의 차이를 각각 0.01, 0.001, ⋯보다 작게 하려면 δ를 각각 0.005, 0.0005, ⋯으로 두면 된다. 즉,

$$0<|x-2|<0.005 \Rightarrow |f(x)-3|<0.01$$
$$0<|x-2|<0.0005 \Rightarrow |f(x)-3|<0.001$$
$$\vdots \qquad\qquad \vdots$$

위의 결과를 $f(x)$와 3과의 거리를 나타내는 임의의 양수 ϵ과 그것에 대응하는 양수 δ $\left(\delta=\dfrac{\epsilon}{2}\right)$를 써서

$$0<|x-a|<\delta \Rightarrow |f(x)-3|<\epsilon$$

와 같이 나타낼 수 있다.

일반적으로 극한의 엄밀한 정의는 다음과 같다.

$\lim_{x\to a} f(x)=L$
$\Leftrightarrow \ \forall\epsilon>0,\ \exists\delta>0:$
$0<|x-a|<\delta$
$\Rightarrow |f(x)-L|<\epsilon$
∀ : "임의의"라는 뜻의 전칭기호 (Arbitrary의 첫 글자에서 따온 기호)
∃ : "존재한다"라는 뜻의 존재기호 (Exist의 첫 글자에서 따온 기호)

정의 1 (극한)

임의의 양수 ϵ에 대하여 적당한 양수 δ가 존재하여

$$0<|x-a|<\delta\text{인 모든 } x\text{에 대하여 } |f(x)-L|<\epsilon$$

일 때, L을 $x=a$에서 f의 극한(limit)이라고 하고 $\lim_{x\to a} f(x)=L$로 나타낸다.

위의 정의를 $\epsilon-\delta$ 방법($\epsilon-\delta$ method)이라고 하며 그림으로 나타내면 다음과 같다.

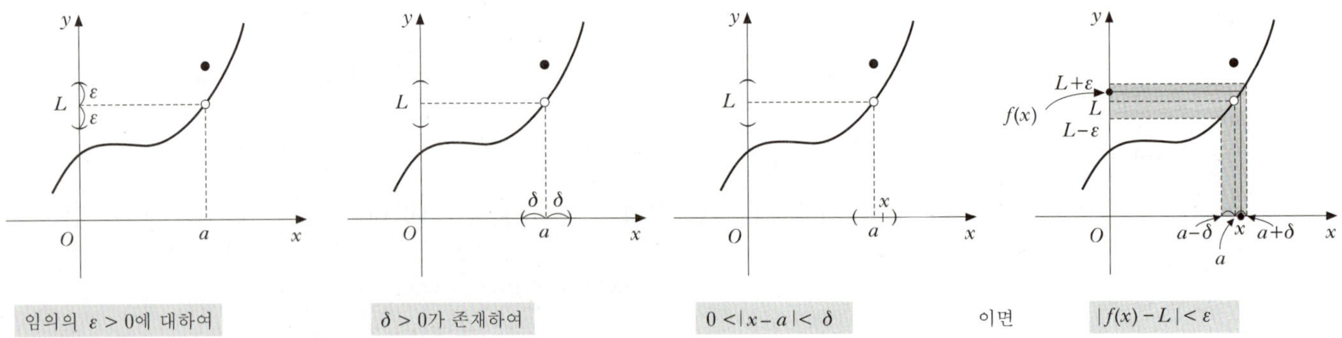

그림 3

예제 1 $\lim_{x\to 3}(4x-5)=7$임을 증명하여라.

증명 임의의 $\epsilon>0$에 대하여

$$0<|x-3|<\delta \Rightarrow |(4x-5)-7|<\epsilon$$

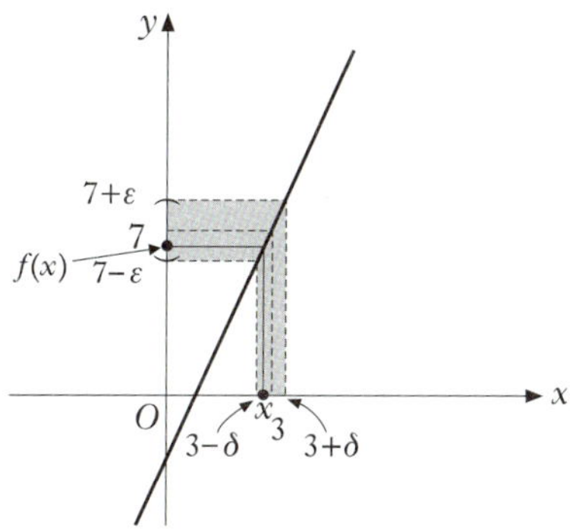

그림 4

인 δ를 찾아야 한다. 그런데

$$\begin{aligned}|(4x-5)-7|<\epsilon &\Leftrightarrow |4x-12|<\epsilon\\ &\Leftrightarrow 4|x-3|<\epsilon\\ &\Leftrightarrow |x-3|<\frac{\epsilon}{4}\end{aligned}$$

이므로 $\delta=\frac{\epsilon}{4}$로 하면 됨을 알 수 있다.

따라서, $\epsilon>0$에 대하여 $\delta=\frac{\epsilon}{4}$으로 두자. 그러면

$$\begin{aligned}0<|x-3|<\delta \Rightarrow |(4x-5)-7|&=4|x-3|\\ &<4\delta=4\cdot\frac{\epsilon}{4}=\epsilon.\end{aligned}$$

따라서, 극한의 정의에 의해 $\lim_{x\to3}(4x-5)=7$. ■

예제 2 $\lim_{x\to2}(x^2+1)=5$임을 증명하여라.

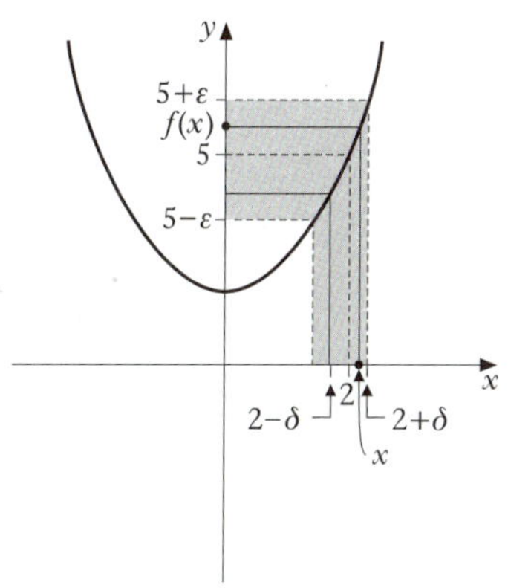

그림 5

증명 임의의 $\epsilon>0$에 대하여

$$0<|x-2|<\delta \Rightarrow |(x^2+1)-5|<\epsilon$$

인 δ를 찾아야 한다. 그런데

$$\begin{aligned}|(x^2+1)-5|&=|x^2-4|\\ &=|x+2||x-2|\end{aligned}$$

x가 2 근방에 있을 때만 생각하면 되므로 x와 2와의 거리가 1보다 작은 경우 즉, $|x-2|<1$일 때

$$\begin{aligned}|x+2|&=|(x-2)+4|\\ &\le|x-2|+4<5\end{aligned}$$

따라서,

$$\begin{aligned}|(x^2+1)-5|&=|x+2||x-2|\\ &<5|x-2|\end{aligned}$$

이므로, $5|x-2|<\epsilon$이면,

$$|(x^2+1)-5|<5|x-2|<\epsilon$$

이 된다. 이때, $|x-2|<\frac{\epsilon}{5}$을 얻는다.

두 부등식 $|x-2|<1$과 $|x-2|<\frac{\epsilon}{5}$을 동시에 만족해야 하므로 $\delta=\min\left\{1,\ \frac{\epsilon}{5}\right\}$으로 택하면

$\delta = \min\left\{1, \frac{\epsilon}{5}\right\}$이면 δ는 1과 $\frac{\epsilon}{5}$ 중에서 작은값이므로

$$\delta \le 1 \text{이고 } \delta \le \frac{\epsilon}{5}$$

$$\begin{aligned} 0 < |x-2| < \delta \Rightarrow |(x^2+1)-5| &= |x+2||x-2| \\ &< 5|x-2| \\ &< 5\delta \le 5 \cdot \frac{\epsilon}{5} = \epsilon \end{aligned}$$

따라서, $\lim_{x \to 2}(x^2+1) = 5.$ ■

우극한과 좌극한의 정의

우극한과 좌극한의 직관적인 정의는 다음과 같이 엄밀히 정의된다.

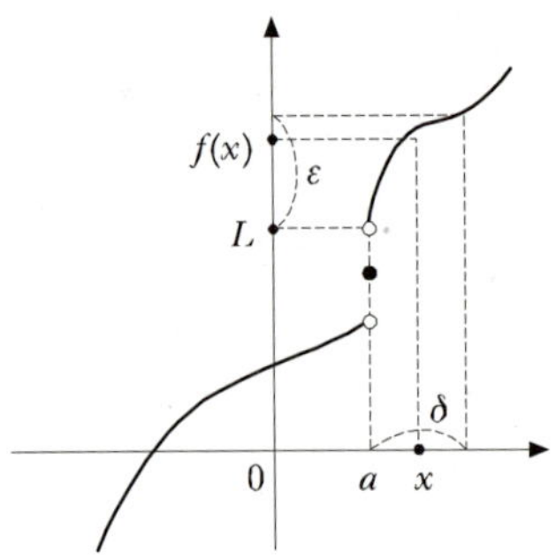

그림 6

정의 2 (우극한)

임의의 양수 ϵ에 대하여 적당한 $\delta > 0$가 존재하여

$0 < x - a < \delta$인 모든 x에 대하여 $|f(x) - L| < \epsilon$

일 때, L을 $x = a$에서 f의 우극한(right hand limit)이라고 하고 $\lim_{x \to a^+} f(x) = L$로 나타낸다.

좌극한도 우극한과 같은 방법으로 정의한다.

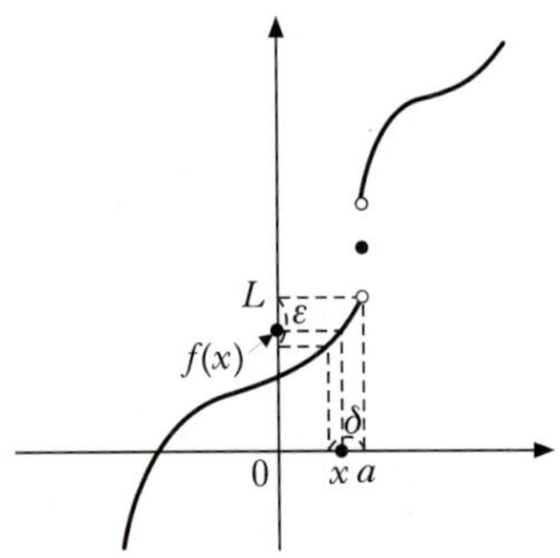

그림 7

정의 3 (좌극한)

임의의 양수 ϵ에 대하여 적당한 $\delta > 0$가 존재하여

$0 < a - x < \delta$인 모든 x에 대하여 $|f(x) - L| < \epsilon$

일 때, L을 $x = a$에서 f의 좌극한(left hand limit)이라고 하고 $\lim_{x \to a^-} f(x) = L$로 나타낸다.

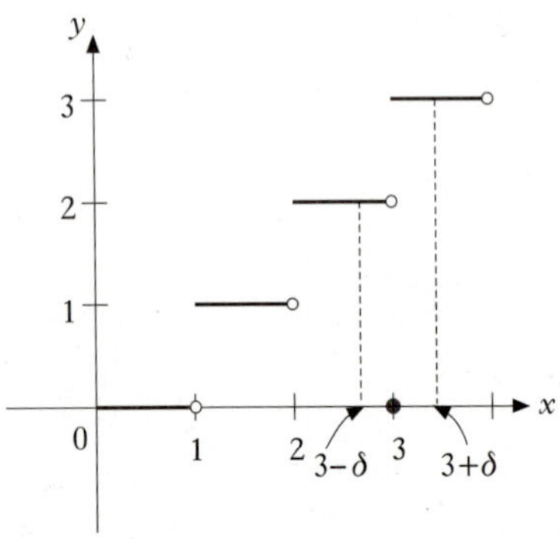

그림 8

예제 3 $\lim_{x \to 3^+}[x] = 3$, $\lim_{x \to 3^-}[x] = 2$임을 증명하여라(단, $[x]$는 x를 넘지 않는 최대의 정수를 나타낸다).

풀이 δ가 1보다 작은 양수일 때

$$3 < x < 3+\delta \ (0 < x-3 < \delta) \text{이면, } [x] = 3$$
$$3-\delta < x < 3 \ (0 < 3-x < \delta) \text{이면, } [x] = 2$$

그러므로 임의의 $\epsilon > 0$에 대하여 $0 < \delta < 1$인 δ를 택하면,

$$0<x-3<\delta \Rightarrow |[x]-3|=0<\epsilon$$
$$0<3-x<\delta \Rightarrow |[x]-2|=0<\epsilon$$

따라서 $\lim_{x\to 3^+}[x]=3,\quad \lim_{x\to 3^-}[x]=2.$ ■

앞의 1.3절의 극한의 성질 중 쉽게 증명할 수 있는 것만 $\epsilon-\delta$방법으로 증명하여 보자. 나머지 성질들도 증명할 수 있으나 어려우므로 생략하기로 한다.

정리 1 (극한의 성질)

$\lim_{x\to a}f(x)$와 $\lim_{x\to a}g(x)$가 존재한다고 하자. 그러면

(1) $\lim_{x\to a}k=k$ (단, k는 상수)

(2) $\lim_{x\to a}x=a$

(3) $\lim_{x\to a}[f(x)+g(x)]=\lim_{x\to a}f(x)+\lim_{x\to a}g(x)$

(4) $\lim_{x\to a}cf(x)=c\lim_{x\to a}f(x)$ (단, c는 상수)

(5) $\lim_{x\to a}[f(x)-g(x)]=\lim_{x\to a}f(x)-\lim_{x\to a}g(x)$

증명 (1) $f(x)=k$라 두면,

임의의 $\epsilon>0$에 대하여, δ를 어떤 양수로 놓더라도

$$0<|x-a|<\delta \Rightarrow |f(x)-k|=|k-k|=0<\epsilon$$

따라서, $\lim_{x\to a}k=k.$

(2) $f(x)=x$라 두자.

임의의 $\epsilon>0$에 대하여, $\delta=\epsilon$로 놓으면

$$0<|x-a|<\delta \Rightarrow |f(x)-a|=|x-a|<\delta=\epsilon$$

따라서, $\lim_{x\to a}x=a.$

(3) $\lim_{x\to a}f(x)=L$, $\lim_{x\to a}g(x)=M$이라고 하자.

임의의 $\epsilon>0$에 대하여

$$0<|x-a|<\delta \Rightarrow |[f(x)+g(x)]-(L+M)|<\epsilon$$

이 되는 δ를 찾아야 한다.

$\lim_{x\to a}f(x)=L$이므로 $\frac{\epsilon}{2}$에 대응하는 $\delta_1>0$이 존재하여

$$0<|x-a|<\delta_1 \Rightarrow |f(x)-L|<\frac{\epsilon}{2}$$

또, $\lim_{x\to a} g(x)=M$이므로, $\delta_2>0$이 존재하여

$$0<|x-a|<\delta_2 \Rightarrow |g(x)-M|<\frac{\epsilon}{2}$$

여기서 $\delta=\min\{\delta_1, \delta_2\}$라 두면,

$$\begin{aligned} 0<|x-a|<\delta &\Rightarrow 0<|x-a|<\delta_1 \text{이고 } 0<|x-a|<\delta_2 \\ &\Rightarrow |f(x)-L|<\frac{\epsilon}{2} \text{ 이고 } |g(x)-M|<\frac{\epsilon}{2} \end{aligned}$$

따라서, $0<|x-a|<\delta$이면

$$\begin{aligned} |[f(x)+g(x)]-(L+M)| &= |(f(x)-L)+(g(x)-M)| \\ &\le |f(x)-L|+|g(x)-M| \\ &< \frac{\epsilon}{2}+\frac{\epsilon}{2}=\epsilon \end{aligned}$$

정의에 의하여

$$\lim_{x\to a}[f(x)+g(x)]=L+M=\lim_{x\to a} f(x)+\lim_{x\to a} g(x).$$

$c=0$일 때
$\lim_{x\to a} cf(x)=0=c\lim_{x\to a} f(x)$

(4) $c=0$이면 분명하므로 $c\neq 0$이라고 가정하자. $\lim_{x\to a} f(x)=L$이므로 임의의 $\epsilon>0$에 대하여 $\delta>0$가 존재하여

$$0<|x-a|<\delta \Rightarrow |f(x)-L|<\frac{\epsilon}{|c|}$$

따라서

$$0<|x-a|<\delta \Rightarrow |cf(x)-cL|=|c|\,|f(x)-L|<|c|\frac{\epsilon}{|c|}=\epsilon$$

이므로 정의에 의해서,

$$\lim_{x\to a} cf(x)=cL=c\lim_{x\to a} f(x)$$

(5) 위의 (3), (4)의 결과를 이용하여 쉽게 증명할 수 있다.

$$\begin{aligned} \lim_{x\to a}[f(x)-g(x)] &= \lim_{x\to a}[f(x)+(-1)g(x)] \\ &= \lim_{x\to a} f(x)+\lim_{x\to a}(-1)g(x) \\ &= \lim_{x\to a} f(x)+(-1)\lim_{x\to a} g(x) \\ &= \lim_{x\to a} f(x)-\lim_{x\to a} g(x) \end{aligned}$$

■

다음 Sandwich정리를 ϵ-δ방법으로 증명할 수 있다.

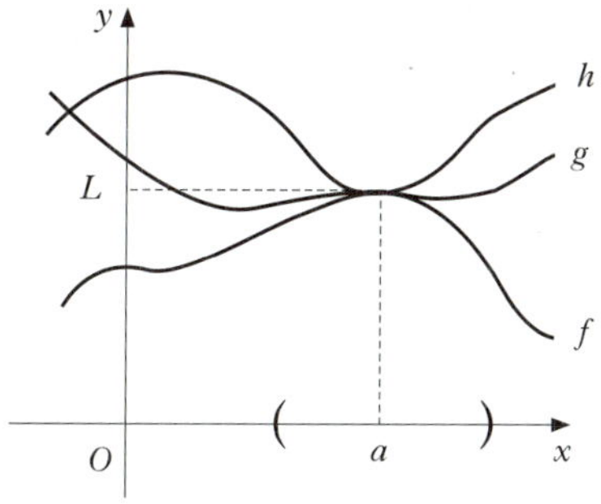

그림 9

> **정리 2 (Sandwich 정리)**
>
> x가 a의 근방에서 $(x \neq a)$
>
> $$f(x) \le g(x) \le h(x) \text{이고 } \lim_{x \to a} f(x) = \lim_{x \to a} h(x) = L$$
>
> 이면
>
> $$\lim_{x \to a} g(x) = L$$

증명 $\epsilon > 0$이 주어졌다고 하자. $\lim_{x \to a} f(x) = L$이므로 다음을 만족하도록 δ_1을 잡을 수 있다.

$$0 < |x-a| < \delta_1 \Rightarrow L - \epsilon < f(x) < L + \epsilon$$

$f(x) \le g(x) \le h(x)$
$\downarrow \qquad \downarrow$
$L \qquad L$
$\Rightarrow g(x) \to L$

또, $\lim_{x \to a} h(x) = L$이므로 다음을 만족하는 δ_2를 잡을 수 있다.

$$0 < |x-a| < \delta_2 \Rightarrow L - \epsilon < h(x) < L + \epsilon$$

그리고 a의 근방에서 $f(x) \le g(x) \le h(x)$이므로 다음을 만족하는 δ_3를 잡을 수 있다.

$$0 < |x-a| < \delta_3 \Rightarrow f(x) \le g(x) \le h(x)$$

$L - \epsilon < g(x) < L + \epsilon$
$\Leftrightarrow |g(x) - L| < \epsilon$

이제 $\delta = \min\{\delta_1, \delta_2, \delta_3\}$이라 하면

$$0 < |x-a| < \delta \Rightarrow L - \epsilon < f(x) \le g(x) \le h(x) < L + \epsilon$$
$$\text{즉, } L - \epsilon < g(x) < L + \epsilon.$$

그러므로 $\lim_{x \to c} g(x) = L$이다. ■

무한대와 극한

$x \to \infty$이거나 $f(x) \to -\infty$인 경우의 극한의 정의를 알아보자.

$\lim_{x \to \infty} f(x) = L$
$\Leftrightarrow \forall \epsilon, \exists M > 0$:
$x > M \Rightarrow |f(x) - L| < \epsilon$

> **정의 4 ($x \to \infty$일 때의 극한)**
>
> 임의의 $\epsilon > 0$에 대하여 그것에 대응하는 적당히 큰 수 $M > 0$이 존재하여
>
> $$x > M \Rightarrow |f(x) - L| < \epsilon$$
>
> 이면, L을 $x \to \infty$일 때 f의 극한(limit)이라 하고 $\lim_{x \to \infty} f(x) = L$로 나타낸다.

위의 정의에서 M은 ϵ에 따라서 결정된다. 일반적으로 ϵ이 작아지면 M은 커진다.

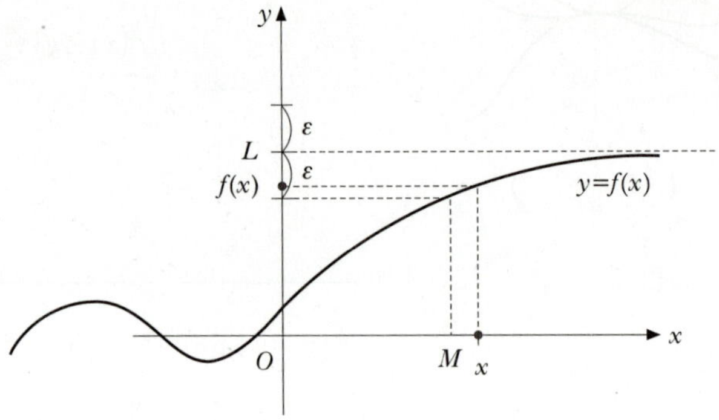

그림 10

$\lim_{x\to-\infty} f(x)=L$

$\Leftrightarrow \forall\epsilon,\ \exists M>0:$

$x<-M \Rightarrow |f(x)-L|<\epsilon$

정의 5 ($x\to-\infty$일 때의 극한)

임의의 $\epsilon>0$에 대하여 그것에 대응하는 적당히 큰 수 $M>0$이 존재하여

$$x<-M \Rightarrow |f(x)-L|<\epsilon$$

이면, L을 $x\to-\infty$일 때 f의 극한(limit)이라 하고 $\lim_{x\to-\infty} f(x)=L$로 나타낸다.

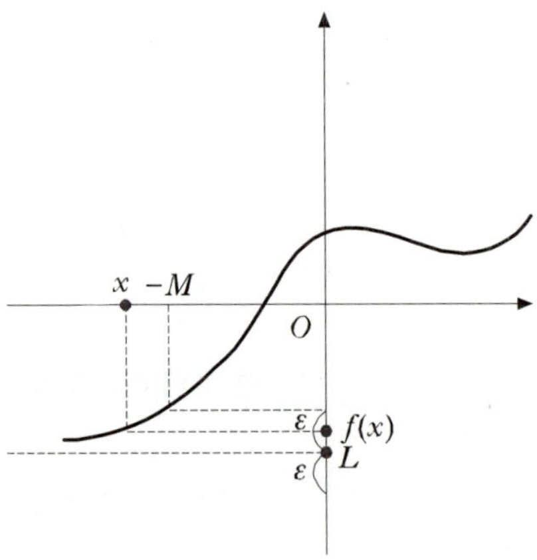

그림 11

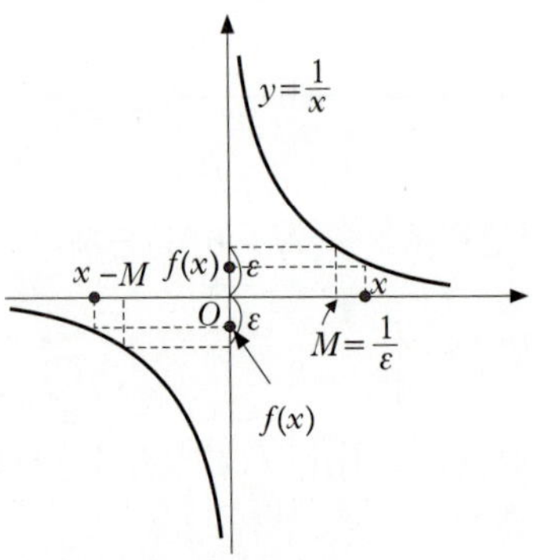

그림 12

예제 4 $\lim_{x\to\infty}\frac{1}{x}=0,\ \lim_{x\to-\infty}\frac{1}{x}=0$임을 증명하여라.

증명 임의의 $\epsilon>0$에 대하여 $M=\frac{1}{\epsilon}$로 두자.

$$x>M \Rightarrow \left|\frac{1}{x}-0\right|=\left|\frac{1}{x}\right|=\frac{1}{x}<\frac{1}{M}=\epsilon$$

따라서, $\lim_{x\to\infty}\frac{1}{x}=0$. 그리고

$$x<-M \Rightarrow \left|\frac{1}{x}-0\right|=\left|\frac{1}{x}\right|=-\frac{1}{x}<\frac{1}{M}=\epsilon$$

따라서, $$\lim_{x\to-\infty}\frac{1}{x}=0.$$

정의 6 ($f(x)\to\infty$인 극한)

임의의 $M>0$에 대하여 그것에 대응하는 $\delta>0$이 존재하여

$$0<x-a<\delta \Rightarrow f(x)>M$$

일때, $\lim_{x\to a^+}f(x)=\infty$로 나타낸다.

$\lim_{x\to a^-}f(x)=\infty$
$\Leftrightarrow \forall M>0,\ \exists\delta>0$:
$0<a-x<\delta$
$\Rightarrow f(x)>M$

$\lim_{x\to a^+}f(x)=-\infty$, $\lim_{x\to a^-}f(x)=\infty$, $\lim_{x\to a^-}f(x)=-\infty$도 같은 방법으로 정의한다.

$y=M$일 때, $\frac{1}{(x-2)^2}=M$

$(x-2)^2=\frac{1}{M}$ $\quad x-2=\pm\frac{1}{\sqrt{M}}$

$\therefore\ x=2\pm\frac{1}{\sqrt{M}}$

예제 5 $\lim_{x\to 2^+}\frac{1}{(x-2)^2}=\infty$, $\lim_{x\to 2^-}\frac{1}{(x-2)^2}=\infty$임을 증명하여라.

증명 임의의 $M>0$에 대하여 $\delta=\frac{1}{\sqrt{M}}$로 두자.

$$0<x-2<\delta$$
$$\Rightarrow f(x)=\frac{1}{(x-2)^2}>\frac{1}{\delta^2}=M$$

또,

$$0<2-x<\delta$$
$$\Rightarrow f(x)=\frac{1}{(x-2)^2}>\frac{1}{\delta^2}=M$$

따라서, $\lim_{x\to2^+}\frac{1}{(x-2)^2}=\infty$, $\lim_{x\to2^-}\frac{1}{(x-2)^2}=\infty$.

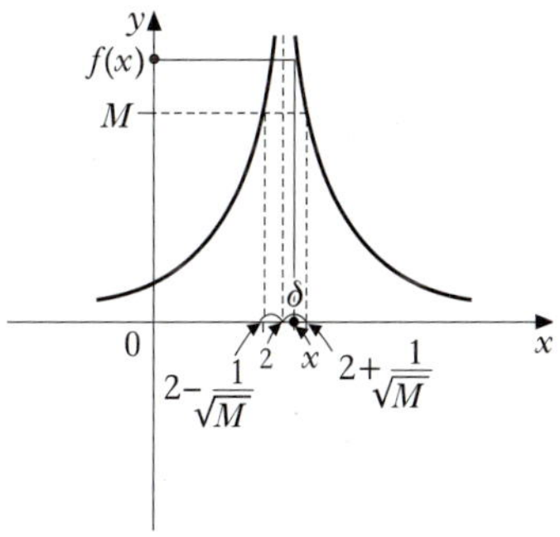

그림 13

함수의 연속성

함수의 연속의 정의를 $\epsilon-\delta$방법을 써서 나타낼 수 있다.

$\lim_{x \to a} f(x) = f(a)$
$\Leftrightarrow \forall \epsilon, \exists \delta > 0:$
$|x-a| < \delta \Rightarrow |f(x)-f(a)| < \epsilon$

f가 a에서 연속이면
$\lim_{x \to a} f(x) = f(a)$
$= f(\lim_{x \to a} x)$

정의 7 (함수의 연속)

임의의 $\epsilon > 0$에 대하여 적당한 $\delta > 0$가 존재하여

$$|x-a| < \delta \Rightarrow |f(x)-f(a)| < \epsilon$$

일 때, f는 a에서 **연속**(continuous)이라고 하고 $\lim_{x \to a} f(x) = f(a)$로 나타낸다.

정리 3 (함수의 연속)

f가 b에서 연속이고, $\lim_{x \to a} g(x) = b$이면

$$\lim_{x \to a} f(g(x)) = f(b) = f(\lim_{x \to a} g(x))$$

증명 f가 b에서 연속이므로, 임의의 $\epsilon > 0$에 대하여 $\delta_1 > 0$이 존재하여

$$|t-b| < \delta_1 \Rightarrow |f(t)-f(b)| < \epsilon \quad \cdots (1)$$

그런데 $\lim_{x \to a} g(x) = b$이므로 정하여진 $\delta_1 > 0$에 대하여 $\delta_2 > 0$가 존재하여

$$0 < |x-a| < \delta_2 \Rightarrow |g(x)-b| < \delta_1 \quad \cdots (2)$$

(1), (2)로부터 $0 < |x-a| < \delta_2 \Rightarrow |f(g(x))-f(b)| < \epsilon$

따라서, $\lim_{x \to a} f(g(x)) = f(b) = f(\lim_{x \to a} g(x))$. ■

위의 정리를 이용하여 연속인 두 함수 f와 g의 합성함수 $f \circ g$도 연속임을 보일 수 있다.

$\lim_{x \to a} f(g(x)) = f(\lim_{x \to a} g(x))$
$= f(g(a))$

정리 4

g가 a에서 연속이고 f가 $g(a)$에서 연속이면 $f \circ g$는 a에서 연속이다.

증명 g가 a에서 연속이므로

$$\lim_{x \to a} g(x) = g(a)$$

또, f가 $b = g(a)$에서 연속이므로 정리 10에 의해서

$$\lim_{x \to a} f(g(x)) = f(g(a)).$$

따라서, $f \circ g$는 a에서 연속이다. ■

연습문제 1.6

1. $8x-5$와 11과의 차가 다음 값보다 작기 위해서는 x는 2에 얼마나 가까이 있어야 하는가?

(1) 0.01 (2) 0.001

(3) 0.0001

2. $\epsilon-\delta$방법으로 다음 극한을 증명하여라.

(1) $\lim_{x\to2}(3x-2)=4$ (2) $\lim_{x\to4}(5-2x)=-3$

(3) $\lim_{x\to3}(x^2+x-5)=7$ (4) $\lim_{x\to-2}(x^2-1)=3$

(5) $\lim_{x\to0^+}\sqrt{x}=0$ (6) $\lim_{x\to2}[x]=1$

3. 기호 ϵ과 δ를 써서, 다음 표현의 엄밀한 정의를 제시하여라.

(1) $\lim_{x\to c^+}f(x)=-\infty$ (2) $\lim_{x\to c^-}f(x)=\infty$

4. 양의 실수 M과 N을 써서, 다음 표현의 엄밀한 정의를 제시하여라.

(1) $\lim_{x\to\infty}f(x)=\infty$ (2) $\lim_{x\to-\infty}f(x)=\infty$

5. 다음 각 경우의 $\epsilon-\delta$정의를 제시하여라.

(1) $\lim_{u\to a}g(u)=M$ (2) $\lim_{x\to a^-}f(x)=L$

6. $\lim_{x\to c}(mx+b)=mc+b$임을 보여라.

7. $c>0$이면 $\lim_{x\to c}\sqrt{x}=\sqrt{c}$임을 보여라.

8. $\epsilon-\delta$방법으로 다음 극한을 증명하여라.

(1) $\lim_{x\to1}(2x^2+1)=3$ (2) $\lim_{x\to1}\dfrac{14x^2-20x+6}{x-1}=8$

(3) $\lim_{x\to5}\dfrac{x^2-25}{x-5}=10$ (4) $\lim_{x\to5}\dfrac{2x^2-11x+5}{x-5}=9$

(5) $\lim_{x\to4}\dfrac{\sqrt{2x-1}}{\sqrt{x-1}}=\sqrt{7}$ (6) $\lim_{x\to1}\dfrac{14x^2-20x+6}{x-1}=8$

9. 다음을 증명하여라.

(1) $\lim_{x\to a}f(x)=L$이고 $\lim_{x\to a}f(x)=M$이면, $L=M$.

(2) $\lim_{x\to a}f(x)=b$이면, $\lim_{x\to a}|f(x)|=|b|$.

(3) $\lim_{x\to c}f(x)=0$이면, $\lim_{x\to c}|f(x)|=0$.

(4) $\lim_{x\to c}|x|=|c|$임을 보여라.

10. 함수 f가 다음과 같이 정의된다고 하자.

$$f(x)=\begin{cases}0, & x\text{가 유리수}\\ 1, & x\text{가 무리수}\end{cases}$$

이때, $\lim_{x\to0}f(x)$는 존재하지 않음을 증명하여라.

11. 만약 $|x-a|<1$이면 $|f(x)|<B$이고, $\lim_{x\to a}g(x)=0$이면, $\lim_{x\to a}f(x)g(x)=0$임을 보여라.

12. a근방의 어떤 구간(a는 제외)에 속하는 모든 x에 대해서 $f(x)\le g(x)$라 하자. 만약 $\lim_{x\to a}f(x)=L$이고 $\lim_{x\to a}g(x)=M$이면, $L\le M$임을 보여라.

13. 다음 극한에 대해서 ϵ, δ를 써서 말하여라.

$$\lim_{x\to3}\frac{x+6}{x^4-4x^3+x^2+x+6}=-1$$

우선 $\dfrac{x+6}{x^4-4x^3+x^2+x+6}+1$을 $(x-3)(g(x))$형태로 놓자.

(1) $g(x)$를 구하여라.

(2) 어떤 n에 대해서 $\delta=\min(1,\epsilon/n)$이라 놓을 수 있는가? 설명하여라.

(3) $\delta=\min\left(\dfrac{1}{4},\epsilon/m\right)$이라 놓으려면, 사용할 수 있는 가장 작은 양의 정수 m은?

제 2 장 도함수

2.1 접선과 속도

곡선의 접선

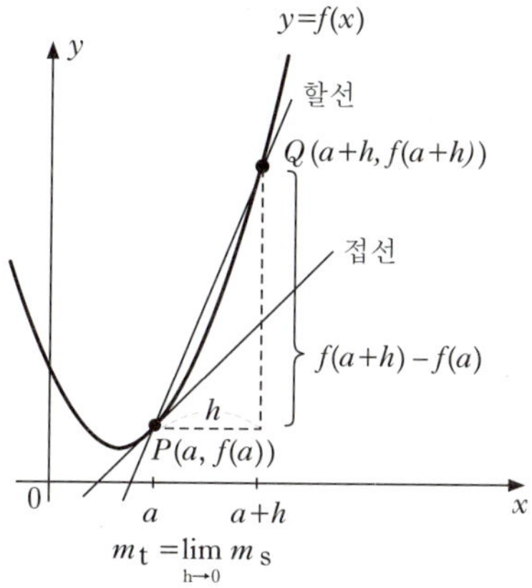

그림 1

곡선 위의 한 점을 P라 하고 이 점과 가까운 점 Q가 곡선을 따라서 움직인다고 하자. 이때, 두 점 P와 Q를 지나는 직선을 **할선**(secant line)이라고 하고, 점 Q가 곡선을 따라서 점 P에 가까이 갈 때 할선의 극한의 위치가 존재한다면 이것을 **접선**(tangent line)이라고 한다.

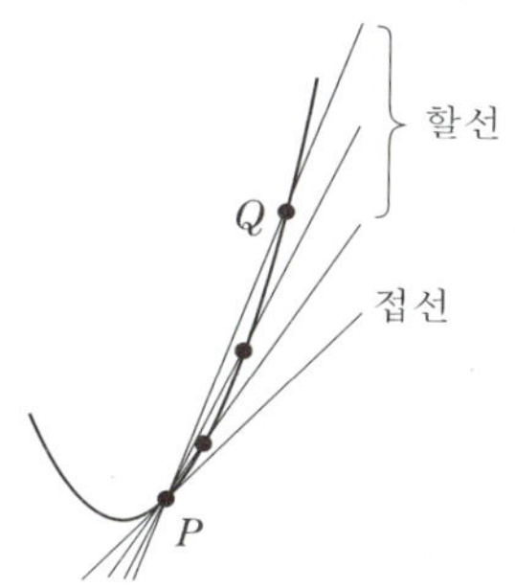

그림 2

곡선 $y=f(x)$ 위의 점 $P(a, f(a))$와 점 $Q(a+h, f(a+h))$를 지나는 할선의 기울기 m_s는

$$m_s = \frac{f(a+h)-f(a)}{h}$$

와 같다.

앞에서 배운 극한의 개념을 써서 다음과 같이 접선을 정의한다.

> **정의 1 (접선)**
>
> 곡선 $y=f(x)$ 위의 점 $P(a, f(a))$에서의 접선은 점 P를 지나고 기울기 m_t가
>
> $$m_t = \lim_{h\to 0} m_s = \lim_{h\to 0} \frac{f(a+h)-f(a)}{h}$$
>
> 인 직선이다.

예제 1 곡선 $y=x^2$ 위의 점 $(2, 4)$에서의 접선의 방정식을 구하여라.

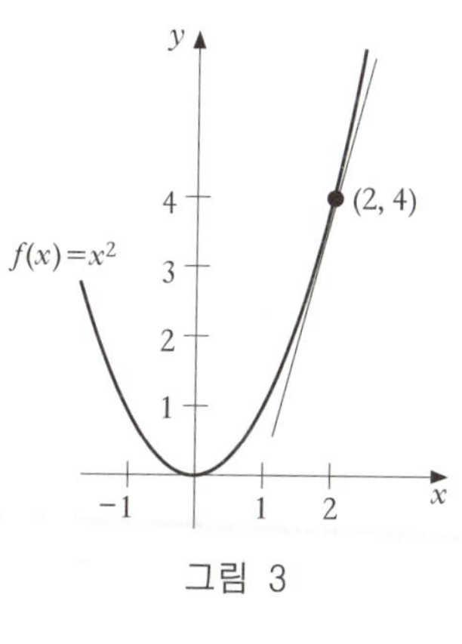

그림 3

풀이 $f(x)=x^2$라 두고 접선의 기울기 m_t를 구하면

$$\begin{aligned} m_t &= \lim_{h\to 0} \frac{f(2+h)-f(2)}{h} \\ &= \lim_{h\to 0} \frac{(2+h)^2-2^2}{h} \\ &= \lim_{h\to 0} \frac{4+4h+h^2-4}{h} \end{aligned}$$

$$= \lim_{h \to 0} (4+h)$$

$$= 4$$

따라서, 접선의 방정식은 기울기가 4이고 점(2, 4)을 지나는 직선이므로

$$y-4=4(x-2) \quad \therefore\ y=4x-4$$

■

순간속도

진공상태에서 공을 자유낙하시킬 때 t초 후의 낙하거리 s는

$$s=4.9t^2\,(\mathrm{m})$$

로 주어진다고 하자.

이때, $t=1$에서 $t=2$ 사이의 물체의 평균속도는

$$\frac{4.9\times 2^2-4.9\times 1}{2-1}=14.7$$

또, $t=1$에서 $t=1.5$ 사이의 평균속도는

$$\frac{4.9\times 1.5^2-4.9\times 1}{1.5-1}=12.25$$

같은 방법으로 $t=1$에서 $t=1.1$ 사이 그리고 $t=1$에서 $t=1.01$ 사이의 평균속도를 계산해보면

$$\frac{4.9\times 1.1^2-4.9\times 1}{1.1-1}=10.29$$

$$\frac{4.9\times 1.01^2-4.9\times 1}{1.01-1}=9.849$$

위의 계산에서 시간 간격이 짧을수록 평균속도의 값은 9.8에 가까워짐을 알 수 있다.

일반적으로, 직선 위를 움직이는 물체의 시간 t일 때의 위치가 $s=f(t)$로 주어질 때 $t=a$에서 $t=a+h$ 사이의 **평균속도**(average velocity)는

$$v_a=\frac{f(a+h)-f(a)}{h}$$

이다. 이때, $t=a$에서의 순간속도는 다음과 같이 정의된다.

정의 2 (순간속도)

직선 위를 움직이는 물체의 시간 t일 때의 위치가 $f(t)$로 주어질 때 시간 $t=a$에서의 순간속도(instantaneous velocity)는

$$v=\lim_{h\to 0} v_a=\lim_{h\to 0}\frac{f(a+h)-f(a)}{h}$$

위의 정의에서 극한이 존재하고 ∞ 또는 $-\infty$가 아닐 때 순간 속도가 정의된다.

시간 t일 때의 위치가 $f(t)=4.9t^2$로 주어지는 물체의 $t=1$일 때의 순간 속도는

$$\begin{aligned} v&=\lim_{h\to 0}\frac{f(1+h)-f(1)}{h}\\ &=\lim_{h\to 0}\frac{4.9(1+h)^2-4.9\times 1^2}{h}\\ &=\lim_{h\to 0} 4.9(2+h)\\ &=9.8 \end{aligned}$$

예제 2 시간 t일 때의 위치가 $f(t)=16t^2$으로 주어지는 물체의 $t=2$일 때의 순간속도를 구하여라.

풀이

$$\begin{aligned} v&=\lim_{h\to 0}\frac{f(2+h)-f(2)}{h}\\ &=\lim_{h\to 0}\frac{16(2+h)^2-16\times 2^2}{h}\\ &=\lim_{h\to 0} 16(4+h)\\ &=64 \end{aligned}$$

■

평균변화율과 순간변화율

속도는 시간에 대한 거리의 변화율이다. 함수에 대해서도 평균변화율과 순간변화율을 각각 다음과 같이 정의한다.

정의 3 (평균변화율, 순간변화율)

구간 $[a, a+h]$에 대한 함수 $y=f(x)$의 평균변화율은

$$\frac{f(a+h)-f(a)}{h}$$

또, 한 점 a에서의 순간변화율은

$$\lim_{h\to 0}\frac{f(a+h)-f(a)}{h}$$

위의 정의에서 함수의 순간변화율은 평균변화율의 극한으로 정의됨을 알 수 있다.

예제 3 구의 반지름이 r에서 $r+\Delta r$로 변할 때 구의 체적의 평균변화율을 구하여라. 또, 반지름이 r일 때의 체적의 순간변화율을 구하여라.

풀이 반지름이 r인 구의 체적 V는

$$V=\frac{4}{3}\pi r^3$$

이므로, 평균변화율은

$$\begin{aligned}\frac{\Delta V}{\Delta r}&=\frac{V(r+\Delta r)-V(r)}{\Delta r}\\&=\frac{4}{3}\pi\frac{(r+\Delta r)^3-r^3}{\Delta r}\\&=\frac{4}{3}\pi\frac{3r^2\Delta r+3r(\Delta r)^2+(\Delta r)^3}{\Delta r}\\&=\frac{4}{3}\pi\{3r^2+3r\Delta r+(\Delta r)^2\}\end{aligned}$$

따라서, 순간변화율은

$$\lim_{\Delta r\to 0}\frac{\Delta V}{\Delta r}=\lim_{\Delta r\to 0}\frac{4}{3}\pi\{3r^2+3r\Delta r+(\Delta r)^2\}=4\pi r^2$$

즉, 구의 체적의 순간변화율은 반지름 r인 구의 표면적과 같다. ■

반지름 r인 구의 체적 V와 표면적 S는

$$V=\frac{4}{3}\pi r^3$$

$$S=4\pi r^2$$

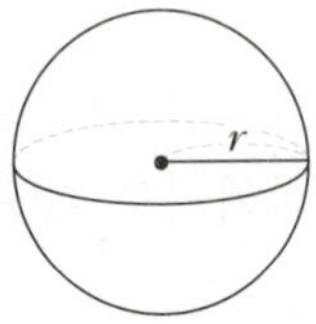

그림 4

연습문제 2.1

1. 다음 각 곡선 $y=f(x)$에 대하여 $x=3$에서 접선의 기울기 m와 접선의 방정식을 구하여라.

   (1) $f(x)=x^2$ (2) $f(x)=2x+3$

   (3) $f(x)=\dfrac{1}{x}$ (4) $f(x)=\dfrac{1}{2x+1}$

   (5) $f(x)=\sqrt{2x+3}$ (6) $f(x)=\dfrac{1}{\sqrt{x}}$

2. $y=1-x^2$에 대하여

   (1) 그래프를 그려라.

   (2) 곡선 위의 두 점 (0, 1)과 (1, 0)을 이은 할선의 기울기를 구하여라.

   (3) (1, 0)에서 접선의 기울기를 구하여라.

   (4) (1, 0)에서 접선의 방정식을 구하여라.

3. $y=\dfrac{1}{x}$의 그래프를 그리고 (1, 1)과 (−1, −1)에서 접선의 기울기를 구하여라.

4. $y=x^3$의 그래프를 그리고 x좌표가 각각 $x=-1, 0, 1, 2$인 곡신위의 점에서 접선의 방정식을 구하여라.

5. a, b, c가 상수이고

$$f(t)=at^2+bt+c \text{일 때}$$

$$f'(t)=\lim_{\Delta t\to 0}\frac{f(t+\Delta t)-f(t)}{\Delta t}=2at+b$$

   임을 보여라.

6. 초속 10m로 수직 상방으로 던진 공의 지상으로 부터의 거리 s는 다음 공식 $s=10t-5t^2$으로 주어진다.

   (1) 지상에 다시 떨어졌을 때의 속도를 구하여라.

   (2) 속도가 0이 될 때의 시간을 구하여라.

7. t초 동안에 t^2+t만큼 불어나는 어떤 종류의 박테리아를 배양중이다.

   (1) $2\le t\le 3$ 사이의 평균증가율을 구하여라.

   (2) $t=2$에서의 변화율을 구하여라.

8. (1) 원의 반지름이 r에서 $r+\Delta r$로 변한다면 반지름에 관한 원의 면적의 평균 변화율을 구하여라.

   (2) 반지름에 관한 면적의 순간 변화율을 구하여라.

9. 어떤 원추의 반지름 r와 높이 h가 언제나 같다. h에 관한 체적 $V=\dfrac{1}{3}\pi r^2h$의 변화율을 구하여라.

10. t는 시간(초), s는 변위(m)를 나타낼 때, 어떤 입자가 직선 위를 $s=t^2-8t+18$과 같이 움직이고 있다.

    (1) 다음 시간구간에서 평균속도를 구하여라.

    (a) [3, 4] (b) [3.5, 4]

    (c) [4, 5] (d) [4, 4.5]

    (2) $t=4$일 때, 순간속도를 구하여라.

    (3) t의 함수 S의 그래프를 그려서 기울기가 (1)의 평균속도와 같은 할선들과, 기울기가 (2)의 순간속도와 같은 접선을 나타내 보아라.

11. 어떤 상품의 x개의 생산가(원)는

$$C(x)=2000+10x+0.05x^2$$

    이라 한다.

    (1) 다음과 같이 생산량이 변할 때 C의 평균변화율을 구하여라.

    (a) $x=100$에서 $x=105$

    (b) $x=100$에서 $x=101$

    (2) $x=100$일 때, x에 관한 C의 변화율을 구하여라.

2.2 도함수

앞 절에서 접선의 기울기, 물체의 순간속도, 그리고 함수의 순간변화율은 모두 같은 형태의 극한으로 표현됨을 보았다. 이러한 형태의 극한을 일반화하여 다음과 같이 미분계수를 정의한다.

$$f'(a)=\lim_{h\to 0}\frac{f(a+h)-f(a)}{h} = \lim_{\Delta x\to 0}\frac{f(a+\Delta x)-f(a)}{\Delta x}$$

정의 1 (미분계수)

함수 $y=f(x)$에 대하여 극한

$$\lim_{h\to 0}\frac{f(a+h)-f(a)}{h}$$

이 존재할 때, 함수 f는 a에서 미분가능(differentiable)하다고 한다. 또, 그 극한을 a에서의 함수 f의 미분계수(differential coefficient)라 하고 $f'(a)$로 나타낸다.

위의 정의에서 $x=a+h$라 놓으면 $h=x-a$이고

$$h\to 0 \Leftrightarrow x\to a$$

이므로, 미분계수는 다음과 같은 식으로도 구할 수 있다.

$$f'(a)=\lim_{x\to a}\frac{f(x)-f(a)}{x-a}$$

예제 1 $f(x)=x^2+1$일 때, $f'(1)$을 구하여라.

풀이

$$\begin{aligned} f'(1) &= \lim_{h\to 0}\frac{f(1+h)-f(1)}{h} \\ &= \lim_{h\to 0}\frac{\{(1+h)^2+1\}-(1+1)}{h} \\ &= \lim_{h\to 0}\frac{1+2h+h^2+1-2}{h} \\ &= \lim_{h\to 0}\frac{2h+h^2}{h} \\ &= \lim_{h\to 0}(2+h)=2 \end{aligned}$$

■

주어진 함수 $y=f(x)$의 미분가능한 모든 점에서 그 미분계수를 생각할

수 있으므로 새로운 함수 $f'(x)$를 얻을 수 있다.

정의 2 (도함수)

함수 $y=f(x)$의 **도함수**(derivative) f'은 f가 미분가능한 점들 전체의 집합을 정의역으로 하는 다음 함수로 정의된다.

$$f'(x)=\lim_{h\to 0}\frac{f(x+h)-f(x)}{h}$$

함수 $y=f(x)$의 도함수는 다음과 같은 여러 가지 기호로 나타낸다.

$$f'(x),\quad y',\quad \frac{dy}{dx},\quad \frac{df}{dx},\quad D_x f$$

또, $x=a$에서의 함수 $y=f(x)$의 미분계수도

$$f'(a),\quad \left.\frac{dy}{dx}\right|_{x=a},\quad y'(a),\quad D_x f(a)$$

등으로 나타낸다.

예제 2 함수 $f(x)=\sqrt{x-3}$의 도함수 f'과 그 정의역을 구하여라.

풀이 함수 f의 정의역은 $[3, \infty)$이므로, $x>3$일 때

$$\begin{aligned} f'(x) &= \lim_{h\to 0}\frac{f(x+h)-f(x)}{h} \\ &= \lim_{h\to 0}\frac{\sqrt{x+h-3}-\sqrt{x-3}}{h} \\ &= \lim_{h\to 0}\frac{1}{\sqrt{x+h-3}+\sqrt{x-3}} \\ &= \frac{1}{2\sqrt{x-3}} \end{aligned}$$

따라서, $x>3$일 때 도함수 $f'(x)$가 존재하고 그 정의역은 $(3, \infty)$이다. ■

정의 3 (구간에서 미분가능)

함수 f가 구간 (a, b) (또는 (a, ∞), $(-\infty, a)$, $(-\infty, \infty)$) 내의 모든 점에서 미분가능할 때, f는 그 **구간에서 미분가능**하다고 한다.

예제 3 함수 $f(x)=|x|$은 $x=0$에서 미분불가능함을 보여라.

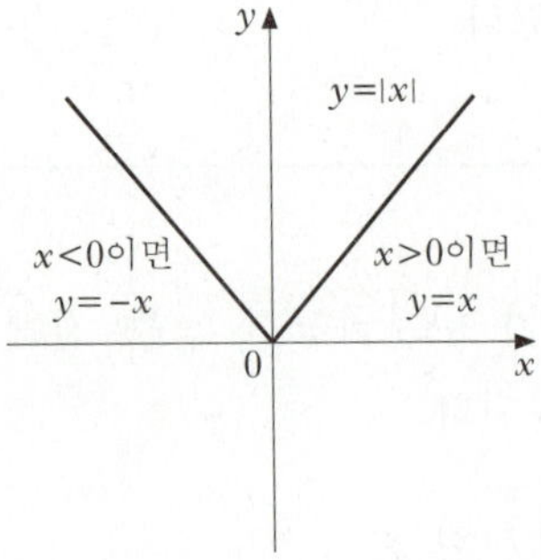

그림 1

풀이 $h>0$일 때 $|h|=h$이므로

$$\lim_{h\to 0^+}\frac{f(0+h)-f(0)}{h}=\lim_{h\to 0^+}\frac{|h|}{h}=\lim_{h\to 0^+}\frac{h}{h}=1$$

$h<0$일 때 $|h|=-h$이므로

$$\lim_{h\to 0^-}\frac{f(0+h)-f(0)}{h}=\lim_{h\to 0^-}\frac{|h|}{h}=\lim_{h\to 0^-}\frac{-h}{h}=-1$$

좌극한과 우극한이 다르므로, $f'(0)$은 존재하지 않는다. 따라서, f는 $x=0$에서 미분불가능하다. ■

다음 정리는 미분가능성과 연속성 사이의 관계를 보여준다.

정리 1

함수 f가 a에서 미분가능하면 a에서 연속이다.

증명 함수 f가 $x=a$에서 연속임을 보이려면

$$\lim_{x\to a}f(x)=f(a)$$

임을 보이면 충분하다. 따라서

$$\begin{aligned}\lim_{x\to a}f(x)&=\lim_{x\to a}\left[f(a)+\frac{f(x)-f(a)}{x-a}(x-a)\right]\\&=\lim_{x\to a}f(a)+\lim_{x\to a}\frac{f(x)-f(a)}{x-a}\cdot\lim_{x\to a}(x-a)\\&=f(a)+f'(a)\cdot 0\\&=f(a)\end{aligned}$$

■

$f(x)=|x|$일 때

$$\begin{aligned}\lim_{x\to 0}f(x)&=\lim_{x\to 0}|x|\\&=0\\&=f(0)\end{aligned}$$

위의 정리의 역은 성립하지 않는다. 앞의 예제 4의 함수 $f(x)=|x|$은 0에서 연속이지만 0에서 미분불가능하다.

연습문제 2.2

1. 미분계수의 정의에 의해서 $f'(1)$을 구하여라.

(1) $f(x)=x^2-2x$　(2) $f(x)=\sqrt{2x+1}$

(3) $f(x)=\dfrac{x}{x-5}$　(4) $f(x)=\dfrac{x}{x^2+1}$

(5) $f(x)=x^2-x$　(6) $f(x)=\dfrac{x-1}{x+1}$

(7) $f(x)=|2x-1|$　(8) $f(x)=\dfrac{1}{x^2+x}$

(9) $f(x) = x + |x|$ (10) $f(x) = \dfrac{1}{\sqrt{x+1}}$

2. 아래 극한은 a에서 함수 f의 미분계수를 나타낸 것이다. f와 a를 각각 구하여라.

(1) $\displaystyle\lim_{h\to 0}\frac{(1+h)^{10}-1}{h}$ (2) $\displaystyle\lim_{h\to 0}\frac{\sqrt[4]{16+h}-2}{h}$

(3) $\displaystyle\lim_{x\to 5}\frac{2^x-32}{x-5}$ (4) $\displaystyle\lim_{x\to\frac{\pi}{4}}\frac{\tan x-1}{x-\frac{\pi}{4}}$

(5) $\displaystyle\lim_{h\to 0}\frac{\cos(\pi+h)+1}{h}$ (6) $\displaystyle\lim_{t\to 1}\frac{t^2+t-2}{t-1}$

3. 함수 $s=f(t)$에 따라 어떤 입자가 직선상을 움직이고 있다. (단, s는 m, t는 초) $t=2$일 때 속도를 구하여라.

(1) $f(t)=t^2-6t-5$ (2) $f(t)=2t^3-t+1$

4. 함수 $f(x)$가 다음과 같이 정의되었을 때 $f'(1)$이 존재하는가?

(1) $f(x)=\begin{cases} x^3 & (x\geq 1) \\ x^2 & (x<1) \end{cases}$

(2) $f(x)=\begin{cases} (x-1)^3 & (x\geq 1) \\ (x-1)^2 & (x<1) \end{cases}$

5. 모든 x, y에 대해서 $f(x+y)=f(x)f(y)$가 성립한다고 하자. 만약 $f'(0)$이 존재하면, $f'(a)$도 존재하고 $f'(a)=f(a)f'(0)$임을 보여라.

6. $f(x)=\begin{cases} mx+b & x<2\text{일 때} \\ x^2 & x\geq 2\text{일 때} \end{cases}$

라고 하자. f가 모든 점에서 미분가능하도록, m과 b의 값을 결정하여라.

7. $f(x)=\sqrt[3]{x}$라 하자.

(1) $a\neq 0$일 때 $f'(a)$를 구하여라.

(2) $f'(0)$은 존재하지 않음을 보여라.

(3) $y=\sqrt[3]{x}$에서 수직 접선을 가짐을 보여라.

8. 함수 $f(x)=|x-6|$는 6에서 미분가능하지 않음을 보여라. f'의 식을 구하고, 그 그래프를 그려 보아라.

9. 정의역 상의 모든 x에 대하여 함수 f는 $f(-x)=f(x)$일 때 우함수, $f(-x)=-f(x)$일 때 기함수라고 한다. 다음을 증명하여라.

(1) 우함수의 도함수는 기함수이다.

(2) 기함수의 도함수는 우함수이다.

10. (1) $g(x)=x^{\frac{2}{3}}$일 때 $g'(0)$은 존재하지 않음을 보여라.

(2) $a\neq 0$일 때 $g'(a)$를 구하여라.

(3) $y=x^{\frac{2}{3}}$은 $(0,\ 0)$에서 수직접선을 가짐을 보여라.

(4) $y=x^{\frac{2}{3}}$의 그래프를 그려서 (3)를 예시하여라.

2.3 미분공식

도함수를 구하는데 편리한 여러 가지 공식을 알아보자.

상수함수 $f(x)=c$의 그래프는 기울기가 0인 x축에 평행한 직선이다. 따라서 $f'(x)=0$이 되어야 한다.

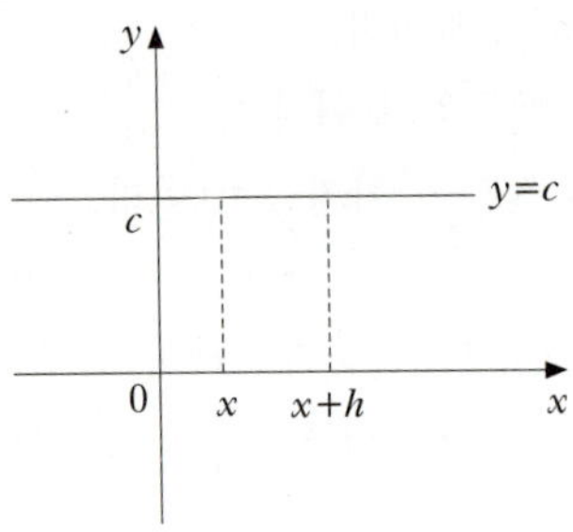

그림 1

> **정리 1 (상수함수의 도함수)**
>
> $f(x)=c$ (c는 상수)이면, $f'(x)=0$

증명 $f'(x)=\lim_{h\to 0}\dfrac{f(x+h)-f(x)}{h}=\lim_{h\to 0}\dfrac{c-c}{h}=\lim_{h\to 0}0=0$ ■

> **정리 2 (거듭제곱의 도함수)**
>
> $f(x)=x^n$ (n은 양의 정수)이면, $f'(x)=nx^{n-1}$

증명

$$\begin{aligned} f'(x)&=\lim_{h\to 0}\frac{f(x+h)-f(x)}{h}=\lim_{h\to 0}\frac{(x+h)^n-x^n}{h}\\ &=\lim_{h\to 0}\frac{\left(x^n+nx^{n-1}h+\dfrac{n(n-1)}{2}x^{n-2}h^2+\cdots+nxh^{n-1}+h^n\right)-x^n}{h}\\ &=\lim_{h\to 0}nx^{n-1}+\lim_{h\to 0}\left[\frac{n(n-1)}{2}x^{n-2}h+\cdots+nxh^{n-2}+h^{n-1}\right]\\ &=nx^{n-1}\end{aligned}$$

따라서, $f'(x)=nx^{n-1}$. ■

> **정리 3 (상수배의 도함수)**
>
> f가 미분가능한 함수이고, c가 상수이면
>
> $$(cf)'(x)=cf'(x).$$

증명

$$\begin{aligned}(cf)'(x)&=\lim_{h\to 0}\frac{cf(x+h)-cf(x)}{h}\\ &=c\lim_{h\to 0}\frac{f(x+h)-f(x)}{h}\\ &=cf'(x)\end{aligned}$$ ■

예제 1 곡선 $y=2x^3$ 위의 점(1, 2)에서 접선의 방정식을 구하여라.

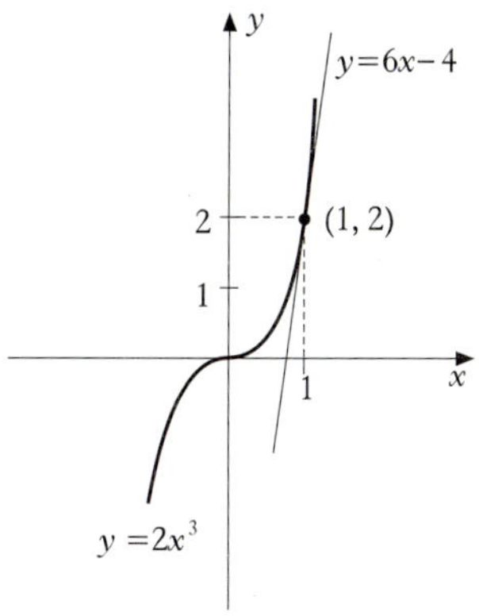

그림 2

풀이 곡선 $f(x)=2x^3$ 위의 점(1, 2)에서 접선의 기울기는 $f'(1)$이다.

$$f'(x)=2\cdot 3x^2=6x^2$$
$$f'(1)=6.$$

따라서, 접선은 기울기 6이고 점(1, 2)를 지나는 직선이므로

$$y-2=6(x-1)$$

■

정리 4 (합의 도함수)

f와 g가 미분가능한 함수이면

$$(f+g)'(x)=f'(x)+g'(x)$$

증명
$$\begin{aligned}(f+g)'(x)&=\lim_{h\to 0}\frac{[f(x+h)+g(x+h)]-[f(x)+g(x)]}{h}\\&=\lim_{h\to 0}\left\{\frac{f(x+h)-f(x)}{h}+\frac{g(x+h)-g(x)}{h}\right\}\\&=\lim_{h\to 0}\frac{f(x+h)-f(x)}{h}+\lim_{h\to 0}\frac{g(x+h)-g(x)}{h}\\&=f'(x)+g'(x)\end{aligned}$$

■

정리 5 (차의 도함수)

f와 g가 미분가능한 함수이면

$$(f-g)'(x)=f'(x)-g'(x)$$

증명
$$\begin{aligned}(f-g)'(x)&=(f+(-1)g)'(x)\\&=f'(x)+(-1)g'(x)\\&=f'(x)-g'(x)\end{aligned}$$

■

$$\begin{aligned}&(f-g)'(x)\\&=\lim_{h\to 0}\frac{[f(x+h)-g(x+h)]-[f(x)-g(x)]}{h}\\&=\lim_{h\to 0}\left\{\frac{f(x+h)-f(x)}{h}-\frac{g(x+h)-g(x)}{h}\right\}\\&=\lim_{h\to 0}\frac{f(x+h)-f(x)}{h}\\&\quad-\lim_{h\to 0}\frac{g(x+h)-g(x)}{h}\\&=f'(x)-g'(x)\end{aligned}$$

예제 2 $y=2x^4-3x^3+x^2-5$의 도함수를 구하여라.

풀이
$$\begin{aligned}y'&=(2x^4-3x^3+x^2-5)'\\&=(2x^4)'-(3x^3)'+(x^2)'-(5)'\\&=2(x^4)'-3(x^3)'+(x^2)'-0\\&=8x^3-9x^2+2x\end{aligned}$$

■

정리 6 (곱의 도함수)

f와 g가 미분가능한 함수이면

$$(fg)'(x) = f(x)g'(x) + f'(x)g(x)$$

증명
$$\begin{aligned}(fg)'(x) &= \lim_{h\to 0}\frac{f(x+h)g(x+h)-f(x)g(x)}{h}\\ &= \lim_{h\to 0}\frac{f(x+h)g(x+h)-f(x+h)g(x)+f(x+h)g(x)-f(x)g(x)}{h}\\ &= \lim_{h\to 0}\left[f(x+h)\cdot\frac{g(x+h)-g(x)}{h}+\frac{f(x+h)-f(x)}{h}\cdot g(x)\right]\\ &= \lim_{h\to 0}f(x+h)\cdot\lim_{h\to 0}\frac{g(x+h)-g(x)}{h}+\lim_{h\to 0}\frac{f(x+h)-f(x)}{h}g(x)\end{aligned}$$

미분가능한 함수 f는 연속이므로

$$\lim_{h\to 0}f(x+h) = f(x)$$

따라서, $(fg)'(x) = f(x)g'(x) + f'(x)g(x)$. ■

예제 3 곡선 $y=(x^4-3x^2+2x)(x^3-2x+3)$에서 $x=0$에서의 접선의 기울기를 구하여라.

풀이
$$\begin{aligned}y' &= (x^4-3x^2+2x)'(x^3-2x+3)+(x^4-3x^2+2x)(x^3-2x+3)'\\ &= (4x^3-6x+2)(x^3-2x+3)+(x^4-3x^2+2x)(3x^2-2)\end{aligned}$$

에서, $y'(0) = 2\cdot 3 + 0\cdot(-2) = 6$이므로, 접선의 기울기는 6이다. ■

정리 7 (몫의 도함수)

f와 g가 미분가능한 함수이고, $g(x)\neq 0$이면

$$\left(\frac{f}{g}\right)'(x) = \frac{f'(x)g(x)-f(x)g'(x)}{\{g(x)\}^2}$$

증명
$$\begin{aligned}\left(\frac{f}{g}\right)'(x) &= \lim_{h\to 0}\frac{\dfrac{f(x+h)}{g(x+h)}-\dfrac{f(x)}{g(x)}}{h}\\ &= \lim_{h\to 0}\frac{g(x)f(x+h)-f(x)g(x+h)}{h}\cdot\frac{1}{g(x)g(x+h)}\\ &= \lim_{h\to 0}\left\{g(x)\cdot\frac{f(x+h)-f(x)}{h}-f(x)\cdot\frac{g(x+h)-g(x)}{h}\right\}\cdot\lim_{h\to 0}\frac{1}{g(x)g(x+h)}\end{aligned}$$

함수 g는 연속이므로

$$\lim_{h\to 0} g(x+h)=g(x)$$

따라서, $\left(\dfrac{f}{g}\right)'(x)=\dfrac{f'(x)g(x)-f(x)g'(x)}{\{g(x)\}^2}$. ■

예제 4 $y=\dfrac{3x-1}{x^2+1}$의 도함수를 구하여라.

풀이 $y'=\dfrac{(x^2+1)(3x-1)'-(x^2+1)'(3x-1)}{(x^2+1)^2}$

$=\dfrac{(x^2+1)\cdot 3-2x(3x-1)}{(x^2+1)^2}$

$=\dfrac{-3x^2+2x+3}{(x^2+1)^2}$ ■

예제 5 n이 음의 정수일 때, 다음이 성립함을 보여라.

$$(x^n)'=nx^{n-1}$$

풀이 $n=-m$(단, m은 양의 정수)라 두면

$x^{-n}=\dfrac{1}{x^n}$

$$(x^n)'=(x^{-m})'=\left(\frac{1}{x^m}\right)'=\frac{0\cdot x^m-1\cdot mx^{m-1}}{x^{2m}}=-mx^{-m-1}=nx^{n-1}$$ ■

예제 6 다음 함수의 도함수를 구하여라.

(1) $y=x^{-2}$ (2) $y=\dfrac{1}{x}+\dfrac{2}{x^3}$

풀이 (1) $y'=-2x^{-3}=-\dfrac{2}{x^3}$

(2) $y=x^{-1}+2x^{-3}$이므로

$$y'=-x^{-2}+2\cdot(-3)x^{-4}$$

$$=-\frac{1}{x^2}-\frac{6}{x^4}$$ ■

연습문제 2.3

1. 다음 함수의 도함수 $\dfrac{dy}{dx}$를 구하여라.

(1) $y=(5-x)(4-3x^2)$ (2) $y=(\sqrt{x}+x)(3x^2+2x)$

(3) $y=(x-1)^3(x+2)^4$ (4) $y=[(x+1)(4-3x)]^2$

(5) $y=(x+1)^2(x^2+1)^{-2}$ (6) $y=(2x-1)^3(x+7)^{-3}$

(7) $y=\dfrac{2x+1}{x^2-1}$ (8) $y=\left(\dfrac{x+1}{x-1}\right)^4$

(9) $y=\dfrac{x^2}{(x+1)^3}$ (10) $y=\dfrac{5}{(2x-3)^3}$

(11) $y=\dfrac{2x}{(x+1)^2(x-1)^2}$

(12) $y=\dfrac{x^2}{(x+1)(2x+1)(3x+1)}$

(13) $y=(x^2+1)^5$ (14) $y=(x^2-x)^4$

(15) $y=(2x^3+x^2-1)^{-1}$ (16) $y=(x^{-1}+2x)^{-3}$

2. $u(x)$, $v(x)$가 $x=0$에서 미분가능하고, $u(x)=5$, $u'(x)=-3$, $v(0)=-1$, $v'(0)=2$일 때 $x=0$에서 다음 도함수의 값을 구하여라.

(1) $\dfrac{d}{dx}(u-v)$ (2) $\dfrac{d}{dx}\left(\dfrac{u}{v}\right)$

(3) $\dfrac{d}{dx}\left(\dfrac{v}{u}\right)$ (4) $\dfrac{d}{dx}u^3$

3. $f(0)=4$, $f'(0)=-1$, $g(0)=-3$, $g'(0)=5$일 때, 다음을 구하여라.

(1) $(f\cdot g)'(0)$ (2) $(f+g)'(0)$

(3) $(f/g)'(0)$

4. $f(3)=7$, $f'(3)=2$, $g(3)=6$, $g'(3)=-10$일 때, 다음을 구하여라.

(1) $(f-g)'(3)$ (2) $(fg)'(3)$

(3) $(g/f)'(3)$

5. 곱의 미분 공식을 써서, $D_x[f(x)]^2=2\cdot f(x)\cdot D_x f(x)$임을 보여라.

6. $y=x^3-x^2$의 그래프에서 접선이 수평이 되는 점들을 모두 찾아라.

7. $y=\dfrac{1}{3}x^3+x^2-x$의 그래프에서 접선의 기울기가 1이 되는 점들을 모두 찾아라.

8. 어떤 공의 지면으로부터의 높이 s(m)가 시간 t(초)의 함수로서, $s=-16t^2+40t+100$으로 주어졌다.

(1) $t=2$일 때의 순간 속도는?

(2) 순간 속도가 0이 되는 때는?

9. 곡선 $y=4x-x^2$의 접선들 중에 점 (2, 5)를 지나는 것은 두 개가 있다. 그 두 개의 방정식을 구하여라.

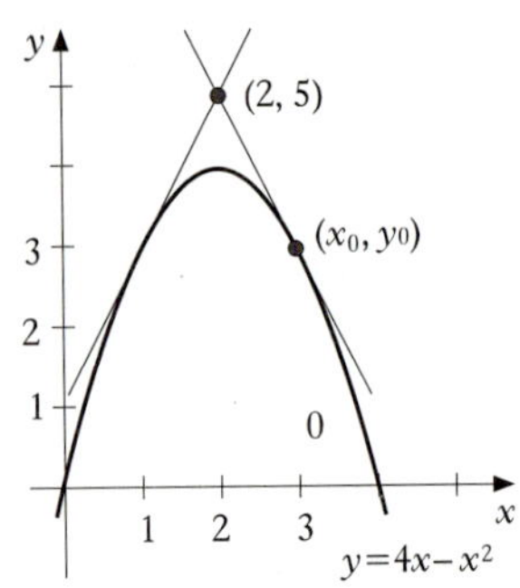

10. 점 $P(a, b)$는 곡선 $y=1/x$의 1사분면 부분에 놓여 있는 점이라 하고, P에서 접하는 접선이 x축과 만나는 점을 A라 하자. 삼각형 AOP는 이등변 삼각형임을 보이고, 그 넓이를 구하여라.

2.4 연쇄법칙

함수 f와 g가 미분가능한 함수이면, 합성함수 $f \circ g$도 미분가능하고 그 도함수는 f의 도함수와 g의 도함수의 곱으로 표시된다.

즉, $$(f \circ g)'(x) = f'(g(x))g'(x)$$

이것을 $y=f(u)$, $u=g(x)$로 나타내면

$$\frac{dy}{dx} = \frac{dy}{du}\frac{du}{dx}$$

로 표시된다. 이것을 **연쇄법칙**(chain rule)이라고 한다.

정리 1 (연쇄법칙)

함수 $y=f(u)$, $u=g(x)$에서 $u=g(x)$가 x에서 미분가능하고, $y=f(u)$가 $g(x)$에서 미분가능하면 합성함수 $f \circ g$도 x에서 미분가능하고

$$(f \circ g)'(x) = f'(g(x))g'(x)$$

증명 이 정리의 부분적인 증명만 알아보고 완전한 증명은 2.8절의 보충자료에서 소개한다.

x의 증분 Δx에 대응하는 u와 y의 증분을 각각 Δu, Δy라고 하면

$$\Delta u = g(x+\Delta x) - g(x)$$
$$\Delta y = f(u+\Delta u) - f(u)$$

이때, $\Delta u \neq 0$이라고 하면

$$\frac{dy}{dx} = \lim_{\Delta x \to 0} \frac{\Delta y}{\Delta x} = \lim_{\Delta x \to 0} \frac{\Delta y}{\Delta u}\frac{\Delta u}{\Delta x}$$
$$= \lim_{\Delta x \to 0} \frac{\Delta y}{\Delta u} \cdot \lim_{\Delta x \to 0} \frac{\Delta u}{\Delta x}$$

그런데 g는 연속함수이므로

$$\Delta x \to 0 \text{일 때} \quad \Delta u \to 0$$

따라서, $$\frac{dy}{dx} = \lim_{\Delta u \to 0} \frac{\Delta y}{\Delta u} \cdot \lim_{\Delta x \to 0} \frac{\Delta u}{\Delta x} = \frac{dy}{du}\frac{du}{dx}$$ ■

예제 1 $y=\sqrt{x^2+1}$의 도함수를 구하여라.

풀이(1) $f(u)=\sqrt{u}$, $g(x)=x^2+1$로 놓으면

$$y=\sqrt{x^2+1}=(f\circ g)(x)$$

이고, $f'(u)=\dfrac{1}{2\sqrt{u}}$, $g'(x)=2x$. 따라서

$$y'=f'(g(x))g'(x)=\frac{1}{2\sqrt{g(x)}}\cdot 2x=\frac{x}{\sqrt{x^2+1}}$$

풀이(2) $u=x^2+1$, $y=\sqrt{u}$라 두면

$$\frac{dy}{dx}=\frac{dy}{du}\frac{du}{dx}=\frac{1}{2\sqrt{u}}\cdot 2x=\frac{1}{2\sqrt{x^2+1}}\cdot 2x=\frac{x}{\sqrt{x^2+1}}$$ ■

멱함수 미분법

$u=g(x)$가 미분가능한 함수이고, n이 정수일 때 $y=[g(x)]^n$의 도함수를 구하여 보자.

$f(u)=u^n$라 두면

$$y=[g(x)]^n=(f\circ g)(x)$$

이고 $f'(u)=nu^{n-1}$이므로, 연쇄법칙에 의하여

$$y'=f'(g(x))g'(x)=n[g(x)]^{n-1}g'(x)$$

따라서, 다음 정리를 얻는다.

정리 2
$u=g(x)$가 미분가능한 함수이고 n이 정수일 때

$$\frac{d}{dx}[g(x)]^n=n[g(x)]^{n-1}g'(x)$$

예제 2 $y=(x^2-2x-1)^{30}$의 도함수를 구하여라.

풀이 $g(x)=x^2-2x-1$이라 두면

$$y=[g(x)]^{30}\text{이고,}\quad g'(x)=2x-2$$

이므로, 연쇄법칙에 의해서

$$\begin{aligned} y' &= 30[g(x)]^{29}g'(x) \\ &= 30(x^2-2x-1)^{29}(2x-2) \\ &= 60(x^2-2x-1)^{29}(x-1) \end{aligned}$$ ■

예제 3 $y=(2x+1)^5(x^3-x+1)^4$의 도함수를 구하여라.

풀이

$$\begin{aligned} \frac{dy}{dx} &= (x^3-x+1)^4\frac{d}{dx}(2x+1)^5+(2x+1)^5\frac{d}{dx}(x^3-x+1)^4 \\ &= (x^3-x+1)^4\cdot 5(2x+1)^4\frac{d}{dx}(2x+1)+(2x+1)^5\cdot 4(x^3-x+1)^3\frac{d}{dx}(x^3-x+1) \\ &= 10(x^3-x+1)^4(2x+1)^4+4(2x+1)^5(x^3-x+1)^3(3x^2-1) \\ &= 2(2x+1)^4(x^3-x+1)^3\{5(x^3-x+1)+2(2x+1)(3x^2-1)\} \\ &= 2(2x+1)^4(x^3-x+1)^3(17x^3+6x^2-9x+3). \end{aligned}$$ ■

연쇄법칙의 반복

세 함수 $y=f(u)$, $u=g(x)$, $x=h(t)$가 모두 미분가능하면 합성함수 $y=(f\circ g\circ h)(t)=f(g(h(t)))$도 미분가능하다.

$y=((f\circ g)\circ h)(t)$로 생각하면 연쇄법칙에 의해서

$$\frac{dy}{dt}=\frac{dy}{dx}\frac{dx}{dt}$$

그런데 $y=(f\circ g)(x)$에서

$$\frac{dy}{dx}=\frac{dy}{du}\frac{du}{dx}$$

이므로

$$\frac{dy}{dt}=\frac{dy}{du}\frac{du}{dx}\frac{dx}{dt}$$

예제 4 $y=\dfrac{1}{(x^2+x+1)^3}$의 도함수를 구하여라.

풀이 $y=f(u)=\dfrac{1}{u}$, $u=g(v)=v^3$, $v=h(x)=x^2+x+1$이라 두면

$$y=\frac{1}{(x^2+x+1)^3}=(f\circ g\circ h)(x)$$

따라서,

$$\frac{dy}{dx}=\frac{dy}{du}\frac{du}{dv}\frac{dv}{dx}$$

$$= \left(-\frac{1}{u^2}\right) \cdot 3v^2 \cdot (2x+1)$$

$$= \left(-\frac{1}{v^6}\right) \cdot 3v^2 \cdot (2x+1)$$

$$= -\frac{3}{v^4} \cdot (2x+1)$$

$$= -\frac{3(2x+1)}{(x^2+x+1)^4}$$ ■

연쇄법칙을 이용하여 역함수의 도함수를 구하여 보자.

정리 3 (역함수의 도함수)
미분가능한 함수 f의 역함수 $g=f^{-1}$도 미분가능하고 $f'(g(x)) \neq 0$일 때

$$g'(x) = \frac{1}{f'(g(x))}$$

증명 $f \circ g$는 항등함수이므로, 모든 x에 대하여

$$f(g(x)) = x$$

역함수 g도 미분가능하므로 연쇄법칙에 의해서

$$f'(g(x))g'(x) = 1$$

$f'(g(x)) \neq 0$이므로

$$g'(x) = \frac{1}{f'(g(x))}$$ ■

예제 5 $f(x) = x^3 + 1$의 역함수를 $g(x)$라 할 때, $g'(2)$를 구하여라.

풀이 f는 전단사함수이므로 역함수 g를 갖고

$$g'(2) = \frac{1}{f'(g(2))}$$

$x = g(2)$라 하면 $f(x) = 2$이므로

$$x^3 + 1 = 2, \quad x^3 = 1$$

이 식을 풀면 $x = 1$이므로, $g(2) = 1$이 된다.
또, $f'(x) = 3x^2$이므로

$$g'(2) = \frac{1}{f'(g(2))} = \frac{1}{f'(1)} = \frac{1}{3}.$$ ■

연습문제 2.4

1. 연쇄법칙을 이용하여 $\frac{dy}{dt}$를 구하여라.

(1) $y=\sqrt{u}$, $u=t^2+t^{-2}$

(2) $y=4-x^{-2}$, $x=(1+t)^3$

(3) $y=\frac{x^2}{x^2+1}$, $x=\sqrt{2t+1}$

(4) $y=x^2+3x-1$, $x=2t+1$

(5) $y=w^2-w^{-1}$, $w=t^2+1$

(6) $y=(x^2+x+1)^3$, $x=\sqrt{t}$

(7) $y=\frac{1}{u+u^{-1}}$, $u=\sqrt{t+1}$

(8) $y=\frac{1}{(x^2-x+1)^2}$, $x=t^{-1}$

(9) $y=\frac{x-1}{x+1}$, $x=\sqrt{t^2+1}$

(10) $y=\sqrt{2x^3+x+1}$, $x=t^{-1}$

2. 연쇄법칙을 이용하여 $\frac{dy}{dx}$를 구하여라.

(1) $y=(x^3-2x^2+1)^5$

(2) $y=\frac{1}{(x^2+1)^6}$

(3) $y=\frac{(x^2-1)^4}{(x+4)}$

(4) $y=\sqrt{\frac{x^2-1}{x^2+1}}$

3. $F(x)=f(g(x))$, $g(3)=6$, $g'(3)=4$, $f'(3)=2$, $f'(6)=7$일 때 $F'(3)$을 구하여라.

4. $w=u\circ v$, $u(0)=1$, $v(0)=2$, $u'(0)=3$, $u'(2)=4$, $v'(0)=5$, $v'(2)=6$일 때 $w'(0)$을 구하여라.

5. $z=w^2-w^{-1}$, $w=3x$에서 dz/dx를 구하여라.

6. $y=2v^3+2v^{-3}$, $v=(3x+2)^{2/3}$에서 dy/dx를 구하여라.

7. $r=(s+1)^{1/2}$, $s=16t^2-20t$에서 dr/dt를 구하여라.

8. $(1, 32)$에서 $y=(x^2+1)^3(x^4+1)^2$에 접하는 접선의 방정식을 구하여라.

9. $f(0)=0$이고 $f'(0)=2$라고 하자. 함수 $f(f(f(f(x))))$의 $x=0$에서의 도함수를 구하여라.

10. 공 모양의 풍선에다 공기를 초당 3cm^3의 일정한 비율로 펌프질해 넣고 있다. 부피가 60cm^3일 때, 풍선의 반지름은 얼마나 빨리 커지는가?

2.5 삼각함수의 도함수

이 절에서는 여러 가지 삼각함수의 도함수를 구하여 보자.

앞에서 다음 극한이 성립함을 알고 있다.

$$\lim_{\theta \to 0} \frac{\sin \theta}{\theta} = 1$$

이 식과 함께 다음은 삼각함수의 도함수를 구하기 위하여 필요한 극한식이다.

> **정리 1**
>
> (1) $\lim_{\theta \to 0} \sin \theta = 0$ (2) $\lim_{\theta \to 0} \cos \theta = 1$
>
> (3) $\lim_{\theta \to 0} \frac{\cos \theta - 1}{\theta} = 0$

증명 (1) $0 < \theta < \frac{\pi}{2}$인 경우를 생각해보자. 아래 그림과 같이 반지름이 1이고 중심각이 θ인 부채꼴을 생각하자. 선분 BC의 길이가 호 AB의 길이보다 작으므로

$$0 < \sin \theta \leq \theta.$$

그런데 $\lim_{\theta \to 0^+} \theta = 0$이므로 Sandiwich 정리에 의해서

$$\lim_{\theta \to 0^+} \sin \theta = 0$$

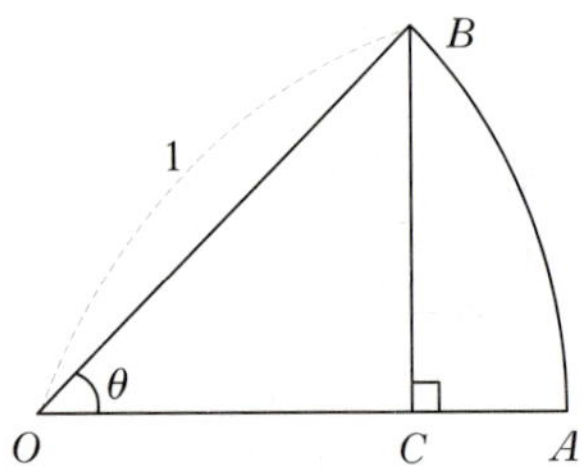

그림 2

반지름 r, 중심각 θ인 부채꼴의 호의 길이 l는

$$l = r\theta$$

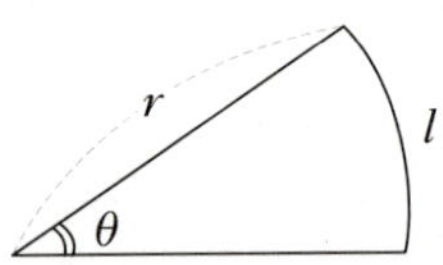

그림 1

한편, $-\frac{\pi}{2} < \theta < 0$인 경우, $0 < -\theta < \frac{\pi}{2}$이므로

$$0 < \sin(-\theta) \leq -\theta$$

이고, $\sin(-\theta) = -\sin \theta.$

따라서, $\theta \leq \sin \theta < 0.$

그런데 $\lim_{\theta \to 0^-} \theta = 0$이므로 Sandiwich 정리에 의해

$$\lim_{\theta \to 0^-} \sin \theta = 0$$

따라서, $\lim_{\theta \to 0} \sin\theta = 0.$

(2) $-\frac{\pi}{2} < \theta < \frac{\pi}{2}$ 이면 $\cos\theta = \sqrt{1-\sin^2\theta}.$

따라서,

$$\lim_{\theta \to 0} \cos\theta = \lim_{\theta \to 0} \sqrt{1-\sin^2\theta} = \sqrt{\lim_{\theta \to 0}(1-\sin^2\theta)} = 1$$

(3)
$$\lim_{\theta \to 0} \frac{\cos\theta - 1}{\theta} = \lim_{\theta \to 0} \frac{\cos\theta - 1}{\theta} \cdot \frac{\cos\theta + 1}{\cos\theta + 1} = \lim_{\theta \to 0} \frac{\cos^2\theta - 1}{\theta(\cos\theta + 1)} = \lim_{\theta \to 0} \frac{\sin\theta}{\theta} \cdot \frac{-\sin\theta}{\cos\theta + 1} = 1 \cdot \frac{0}{1+1} = 0$$

$\lim_{\theta \to 0} \frac{\sin\theta}{\theta} = 1$

$\lim_{\theta \to 0} \sin\theta = 0$

$\lim_{\theta \to 0} \cos\theta = 1$

위의 극한을 이용하여 다음 삼각함수의 도함수를 구하여 보자.

$\tan x = \frac{\sin x}{\cos x}$

$\sec x = \frac{1}{\cos x}$

$\csc x = \frac{1}{\sin x}$

$\cot x = \frac{1}{\tan x} = \frac{\cos x}{\sin x}$

정리 2 (삼각함수의 도함수)

(1) $\frac{d}{dx}\sin x = \cos x$ (2) $\frac{d}{dx}\cos x = -\sin x$

(3) $\frac{d}{dx}\tan x = \sec^2 x$ (4) $\frac{d}{dx}\csc x = -\csc x \cot x$

(5) $\frac{d}{dx}\sec x = \sec x \tan x$ (6) $\frac{d}{dx}\cot x = -\csc^2 x$

증명 (1), (2)만 증명하기로 한다. 나머지는 몫의 미분공식을 이용하여 쉽게 구할 수 있다.

(1)
$$\frac{d}{dx}\sin x = \lim_{h \to 0} \frac{\sin(x+h) - \sin x}{h} = \lim_{h \to 0} \frac{\sin x \cos h + \cos x \sin h - \sin x}{h} = \lim_{h \to 0} \frac{\sin x(\cos h - 1) + \cos x \sin h}{h}$$
$$= \lim_{h \to 0} \frac{\sin x(\cos h - 1)}{h} + \lim_{h \to 0} \frac{\cos x \sin h}{h} = \sin x \lim_{h \to 0} \frac{\cos h - 1}{h} + \cos x \lim_{h \to 0} \frac{\sin h}{h} = \cos x.$$

$\lim_{h \to 0} \frac{\cos h - 1}{h} = 0$

$\lim_{h \to 0} \frac{\sin h}{h} = 1$

(2) $$\frac{d}{dx}\cos x=\lim_{h\to0}\frac{\cos(x+h)-\cos x}{h}$$
$$=\lim_{h\to0}\frac{\cos x\cos h-\sin x\sin h-\cos x}{h}$$
$$=\lim_{h\to0}\frac{\cos x(\cos h-1)-\sin x\sin h}{h}$$
$$=\cos x\lim_{h\to0}\frac{\cos h-1}{h}-\sin x\lim_{h\to0}\frac{\sin h}{h}$$
$$=-\sin x$$ ■

예제 1 다음 함수의 도함수를 구하여라.

(1) $y=2\sin x-3\cos x$　　(2) $y=x^2\sin 2x$

(3) $y=3\cos^2(2x)$　　(4) $y=2\sin\sqrt{x}$

$(\sin x)'=\cos x$
$(\cos x)'=-\sin x$

풀이 (1) $$\frac{d}{dx}(2\sin x-3\cos x)=2\cos x+3\sin x$$

(2) $$\frac{d}{dx}(x^2\sin 2x)=(\sin 2x)\frac{d}{dx}x^2+x^2\frac{d}{dx}(\sin 2x)$$
$$=2x\sin 2x+2x^2\cos 2x$$

(3) $$\frac{d}{dx}(3\cos^2(2x))=6\cos(2x)(-\sin 2x)\cdot 2$$
$$=-12\sin 2x\cos 2x$$

(4) $$\frac{d}{dx}(2\sin\sqrt{x})=2\cos\sqrt{x}\frac{d}{dx}(\sqrt{x})$$
$$=2\cos\sqrt{x}\cdot\frac{1}{2\sqrt{x}}=\frac{\cos\sqrt{x}}{\sqrt{x}}$$ ■

예제 2 다음 함수의 도함수를 구하여라.

(1) $y=\tan(x^2)$　　(2) $y=\cot(4x)$

(3) $y=\sec\sqrt{2x+1}$　　(4) $y=\csc(\sqrt{x}+x)$

$(\tan x)'=\sec^2x$
$(\cot x)'=-\csc^2x$
$(\sec x)'=\sec x\tan x$
$(\csc x)'=-\csc x\cot x$

풀이 (1) $$\frac{d}{dx}(\tan(x^2))=\sec^2(x^2)\left(\frac{d}{dx}x^2\right)=2x\sec^2(x^2).$$

(2) $$\frac{d}{dx}(\cot(4x))=-\csc^2(4x)\frac{d}{dx}(4x)=-4\csc^2(4x).$$

(3) $$\frac{d}{dx}(\sec\sqrt{2x+1})=\sec\sqrt{2x+1}\tan\sqrt{2x+1}\frac{d}{dx}\sqrt{2x+1}$$
$$=\sec\sqrt{2x+1}\tan\sqrt{2x+1}\frac{1}{2\sqrt{2x+1}}\frac{d}{dx}(2x+1)$$
$$=\frac{\sec\sqrt{2x+1}\tan\sqrt{2x+1}}{\sqrt{2x+1}}$$

(4) $$\frac{d}{dx}\csc(\sqrt{x}+x)=-\csc(\sqrt{x}+x)\cot(\sqrt{x}+x)\frac{d}{dx}(\sqrt{x}+x)$$
$$=-\csc(\sqrt{x}+x)\cot(\sqrt{x}+x)\left[\frac{1+2\sqrt{x}}{2\sqrt{x}}\right]$$

$$= -\frac{(1+2\sqrt{x})\csc(\sqrt{x}+x)\cot(\sqrt{x}+x)}{2\sqrt{x}}$$

$$= -\frac{(2\sqrt{x}+1)\cos(\sqrt{x}+x)}{2\sqrt{x}\sin^2(\sqrt{x}+x)}$$ ■

예제 3 함수 $f(x)=2\sin(3x)$의 그래프 위의 점 $\left(\frac{\pi}{3}, 0\right)$에서의 접선의 방정식을 구하여라.

풀이 $f'(x)=2\cos(3x)\frac{d}{dx}(3x)=6\cos(3x)$

이므로, 접선의 기울기는

$$f'\left(\frac{\pi}{3}\right)=6\cos\pi=-6$$

따라서, 접선의 방정식은

$$y-0=-6\left(x-\frac{\pi}{3}\right) \quad \text{즉,} \quad y=-6x+2\pi.$$ ■

연습문제 2.5

1. 다음 각 함수의 도함수 $\frac{dy}{dx}$를 구하여라.

(1) $y=\sin^3 x^2$ (2) $y=x\cos 2x$

(3) $y=x\sin x+\frac{1}{x}\tan x$ (4) $y=\sin^4 2x+\cos^4 2x$

(5) $y=\frac{2x}{\cos 3x}$ (6) $y=\cot\sqrt{x^2+1}$

(7) $y=\sqrt{2+\cos 2x}$ (8) $y=\frac{\sec(x+1)}{x+1}$

(9) $y=\frac{\csc x^2}{x^2+1}$ (10) $y=\tan\sqrt{x^2+1}$

(11) $y=\sec^2 x$ (12) $y=-\csc^2 x$

2. 다음에 주어진 (a), (b) 두 함수의 도함수가 같음을 보여라.

(1) (a) $y=\sin^2 x$ (b) $y=-\frac{\cos 2x}{2}$

(2) (a) $y=\sin^4 x$ (b) $y=\cos^4 x-2\cos^2 x$

(3) (a) $y=\sqrt{\frac{1+\cos x}{2}}$ (b) $y=\cos\frac{x}{2}$

3. 다음 (1)~(3) 곡선에서 $x=\frac{\pi}{4}$에서 접선과 법선의 방정식을 구하여라.

(1) $y=\sin x$ (2) $y=\cos 2\left(x-\frac{\pi}{4}\right)+1$

(3) $y=\tan x+1$

4. $f(x)=x-\sin x$라고 하자. $y=f(x)$의 그래프에서 접선이 수평이 되는 점들을 모두 찾아라. $y=f(x)$의 그래프에서 접선의 기울기가 2가 되는 점들을 모두 찾아라.

5. 곡선 $y=\sqrt{2}\sin x$와 $y=\sqrt{2}\cos x$는 구간 $0<x<\pi/2$의 어떤 점에서 서로 직교함을 보여라.

6. 곡선 $y=\sin x$와 $y=\sin 2x$가 교차하는 가장 작은 양수 x를 x_0라 하자. x_0을 구하고, x_0에서 두 곡선이 교차하는 예각을 구하여라.

7. 반지름이 20cm인 바퀴가 초속 1라디안의 각속도로 반시계 방향으로 돌고 있다. 바퀴 위의 한 입자가 $t=0$일 때 (20, 0) 지점에 있다.
   (1) $t=\pi/6$일 때 그 좌표는?
   (2) $t=\pi/6$일 때 얼마나 빨리 (수직으로) 올라가고 있는가?
   (3) 가장 빨리 올라갈 때 얼마나 빨리 (수직으로) 올라가고 있는가?

8. 그림은 중심각 θ에 대응하는 길이가 s인 원호와 길이가 d인 현을 나타낸다.

$$\lim_{\theta \to 0} \frac{s}{d}$$

를 구하여라.

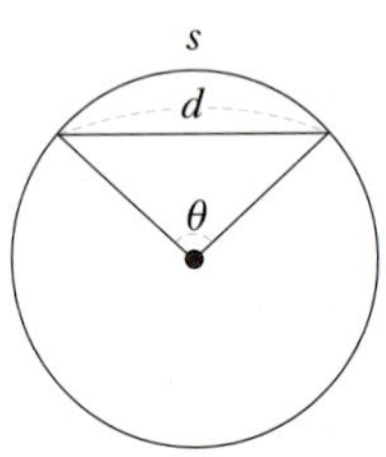

9. 아래 그림과 같이 이등변삼각형에다 반원을 붙여 놓았다. 삼각형 AOB의 넓이를 D라 하고, 어둡게 칠한 영역의 넓이를 E라 하자. D/E를 t로써 나타내는 공식을 구하고, 다음 극한을 구하여라.

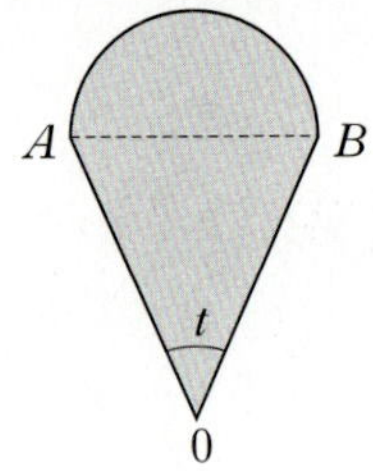

(1) $\lim_{t \to 0^+} \frac{D}{E}$　　(2) $\lim_{t \to \pi^-} \frac{D}{E}$

2.6 음함수의 미분법

앞 절에서 우리는 함수

$$y=\sqrt{x^2-1}, \quad y=x+\sin x$$

등과 같이 $y=f(x)$의 형태로 나타내어지는 함수의 도함수에 대하여 공부하였다.

그러나 방정식

$$y^3+7y=x^3$$

은 $y=f(x)$와 같이 y를 x의 식으로 나타내기가 어렵다. 그렇지만 각각의 x에 대하여 단 하나의 y가 대응한다. 이를테면

$x=2$일 때

$$y^3+7y=8$$

을 만족하는 y의 값은 1이다. 이때, y는 x의 **음함수**(implicit function)로 나타내어진다고 한다. 이것을 $y(x)$로 나타내면

$$[y(x)]^3+7y(x)=x^3$$

와 같이 쓸 수 있다. 이 방정식의 양변을 x에 관하여 미분하면

$$\frac{d}{dx}(y^3)+\frac{d}{dx}(7y)=\frac{d}{dx}(x^3)$$

$$3y^2\frac{dy}{dx}+7\frac{dy}{dx}=3x^2$$

$$(3y^2+7)\frac{dy}{dx}=3x^2$$

$3y^2+7\neq 0$이므로

$$\frac{dy}{dx}=\frac{3x^2}{3y^2+7}$$

위와 같은 방법으로, $y=f(x)$와 같이 y를 x로 나타내지 않고 도함수를 구하는 방법을 **음함수 미분법**(implicit differentiation)이라고 한다.

예제 1 $x^3+y^3=2-3y$일 때, $\dfrac{dy}{dx}$를 구하여라.

풀이 주어진 식의 양변을 x에 관하여 미분하면

$$3x^2+3y^2\frac{dy}{dx}=-3\frac{dy}{dx}$$

$$x^2+y^2\frac{dy}{dx}=-\frac{dy}{dx}$$

$$(y^2+1)\frac{dy}{dx}=-x^2$$

따라서, $$\frac{dy}{dx}=-\frac{x^2}{y^2+1}.$$ ■

예제 2 $3x^2y+2y=x^3-1$일 때, $\dfrac{dy}{dx}$를 구하여라.

풀이(1) 주어진 방정식을 y에 관하여 풀면

$$(3x^2+2)y=x^3-1$$

$$y=\frac{x^3-1}{3x^2+2}$$

따라서, 몫의 미분법을 써서 미분하면

$$\frac{dy}{dx}=\frac{3x^2(3x^2+2)-(x^3-1)(6x)}{(3x^2+2)^2}$$

$$=\frac{9x^4+6x^2-6x^4+6x}{(3x^2+2)^2}$$

$$=\frac{3x(x^3+2x+2)}{(3x^2+2)^2}$$

풀이(2) 음함수 미분법을 써서 주어진 식의 양변을 x에 관하여 미분하면

$$\frac{d}{dx}(3x^2y+2y)=\frac{d}{dx}(x^3-1)$$

$$6xy+3x^2\frac{dy}{dx}+2\frac{dy}{dx}=3x^2$$

$$(3x^2+2)\frac{dy}{dx}=3x^2-6xy$$

따라서, $$\frac{dy}{dx}=\frac{3x^2-6xy}{3x^2+2}.$$

이 식에 $y=\dfrac{x^3-1}{3x^2+2}$를 대입하면 풀이(1)과 같은 결과를 얻는다. ■

예제 3 다음 곡선 위의 점 (0, 1)에서의 접선의 방정식을 구하여라.

$$2y^3 - xy^2 - \sin xy = 2$$

풀이 주어진 식의 양변을 미분하면

$$6y^2y' - y^2 - 2xyy' - (\cos xy)(y + xy') = 0$$
$$(6y^2 - 2xy - x\cos xy)y' = y^2 + y\cos xy$$

$6y^2 - 2xy - x\cos xy \neq 0$일 때, $y' = \dfrac{y^2 + y\cos xy}{6y^2 - 2xy - x\cos xy}$

$x = 0,\ y = 1$일 때, $y' = \dfrac{1}{3}$이므로 접선의 방정식은

$$y - 1 = \frac{1}{3}(x - 0)$$
$$y = \frac{1}{3}x + 1$$

■

예제 4 r을 임의의 유리수라고 할 때, 다음 미분공식을 증명하여라.

$$\frac{d}{dx}(x^r) = rx^{r-1}$$

증명 r이 유리수이므로 $r = \dfrac{p}{q}$로 쓸 수 있다. 여기서 $p,\ q$는 정수이며 $q > 0$라 하자.

$$y = x^r = x^{\frac{p}{q}}$$

라 하면 $y^q = x^p$이므로 양변을 x에 관하여 미분하면

$$qy^{q-1}\frac{dy}{dx} = px^{p-1}$$

따라서,

$$\frac{x^n}{x^m} = x^{n-m}$$

$$\frac{dy}{dx} = \frac{p}{q} \cdot \frac{x^{p-1}}{y^{q-1}} = \frac{p}{q} \cdot \frac{x^{p-1}}{(x^{p/q})^{q-1}} = \frac{p}{q} \cdot \frac{x^{p-1}}{x^{p-p/q}} = \frac{p}{q}x^{p/q-1} = rx^{r-1}$$

■

연습문제 2.6

1. 다음 함수의 도함수 $\dfrac{dy}{dx}$를 구하여라.

(1) $y^2 = \dfrac{x-1}{x+1}$ (2) $\dfrac{1}{y} + \dfrac{1}{x} = 1$

(3) $\sqrt{x} + \sqrt{y} = 1$ (4) $x^{2/3} + y^{2/3} = 1$

(5) $x^2 = \dfrac{x-y}{x+y}$ (6) $y = \sqrt{x} + \sqrt[3]{x} + \sqrt[4]{x}$

(7) $y^2 = \dfrac{x^2-1}{x^2+1}$ (8) $x^2y^2 = x^2 + y^2$

2. 다음 함수에서 $\dfrac{dy}{dx}$와 $\dfrac{d^2y}{dx^2}$을 구하고 그래프의 개형을 그려라.

(1) $x^3 + y^3 = 1$ (2) $x^{2/3} + y^{2/3} = 1$

(3) $xy + y^2 = 1$ (4) $2x^3 - 3y^2 = 7$

3. 다음 주어진 점 P에서 곡선의 접선과 법선의 방정식을 구하여라.

(1) $x^2 + xy + y^2 = 7$ $P(1,\ 2)$

(2) $y^2 + 6x^2 + 4y + 19 = 0$ $P(2,\ 1)$

(3) $x^2y^2 = 9$ $P(-1,\ 3)$

(4) $(y-x)^2 = 2x + 4$ $P(6,\ 2)$

(5) $\dfrac{x-y}{x-2y} = 2$ $P(3,\ 1)$

4. 곡선 $y^2 = x^3$을 그리고 $\dfrac{dy}{dx}$를 구하여라. 또 $\dfrac{dy}{dx}$가 존재하지 않는 점이 있으면 그 점을 구하여라.

5. 곡선 $x^3 + y^3 = 3xy$ 위의 점 $\left(\dfrac{3}{2},\ \dfrac{3}{2}\right)$에서의 법선은 원점을 지남을 보여라.

6. $2x^2 + y^2 = 6$의 그래프와 $y^2 = 4x$의 그래프는 서로 직교함을 보여라.

7. 음함수 미분법을 사용하여 타원 $\dfrac{x^2}{a^2} + \dfrac{y^2}{b^2} = 1$ 위의 점 $(x_0,\ y_0)$에서의 접선방정식은 $\dfrac{x_0x}{a^2} + \dfrac{y_0y}{b^2} = 1$임을 보여라.

8. 질량이 m인 입자가 x축을 따라 움직일 때 그 위치 x와 속도 $v = dx/dt$가 다음을 만족한다.

$$m(v^2 - v_0^2) = k(x_0^2 - x^2)$$

여기서 v_0, x_0, k는 상수들이다. $v \neq 0$일 때, 음함수 미분법을 써서, $m\dfrac{dv}{dt} = -kx$임을 보여라.

9. 다음 그림과 같이 램프가 y축의 오른쪽으로 3만큼 떨어져 있고 그림자는 $x^2 + 4y^2 \leq 5$의 타원영역이 된다. 만약 $(-5,\ 0)$가 그림자의 한변 위에 있다면 램프는 x축의 위쪽으로부터 얼마나 떨어져 있는가?

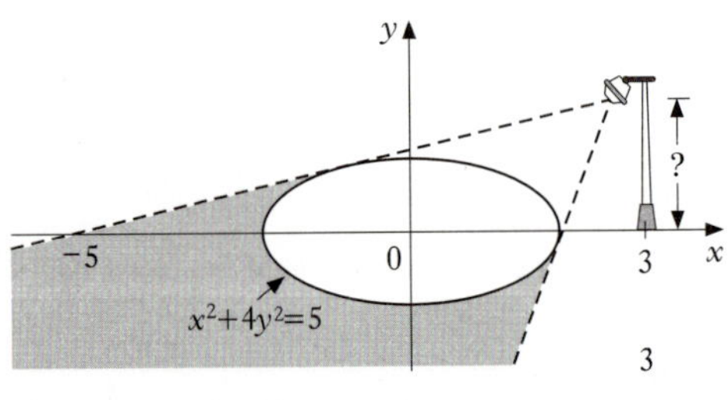

2.7 매개변수 곡선의 접선

곡선 위의 점 P의 좌표 (x, y)가 두 함수 f와 g에 의하여

$$x=f(t), \quad y=g(t)$$

와 같이 표시될 때 이것을 이 곡선의 **매개방정식**(parametric equation)이라고 하고 t를 **매개변수**(parameter)라 한다. 점 $P(x, y)$가 운동하는 물체의 위치를, 매개변수 t가 시각을 나타낸다고 하면 매개방정식은 점 P의 x, y좌표를 결정한다.

이때 x와 y가 t에 관하여 미분가능함수이고 dx/dt가 어떤 구간 I에서 0이 아니면 $x=f(t)$의 역함수 $t=f^{-1}(x)$가 존재하고 $t=f^{-1}(x)$도 미분가능한 함수이다. 따라서 연쇄법칙에 의하여 $g\circ f^{-1}$도 미분가능함수이다. 또,

$$y=g(t)=g(f^{-1}(x))$$

이고 $y=g(f^{-1}(x))$는 위의 매개방정식에서 t를 소거한 곡선의 **직교방정식**(recrangular equation)이 된다. 이 함수의 양변을 t에 관하여 미분하면 연쇄법칙에 의하여

$$\frac{dy}{dt}=\frac{dy}{dx}\,\frac{dx}{dt}$$

그런데 $dx/dt\neq 0$이므로 양변을 dx/dt로 나누면

$$\frac{dy}{dx}=\frac{dy}{dt}\bigg/\frac{dx}{dt}$$

가 되고 dy/dx는 곡선 위의 점 $P(x, y)$에서 접선의 기울기를 나타낸다.

정리 1

두 함수 f, g가 구간 I에서 미분가능하고 $f'(t)\neq 0$, $t\in I$이면 매개방정식

$$x=f(t), \; y=g(t)$$

에 의하여 표시되는 곡선 위의 점 (x, y)에서 곡선의 기울기는 다음과 같다.

$$\frac{dy}{dx}=\frac{dy}{dt}\bigg/\frac{dx}{dt}$$

예제 1 폐구간 $[0, 2\pi]$에서 정의된 매개방정식

$$x = 2\sin t, \quad y = \sqrt{3}\cos t$$

에서

(1) t를 소거하여 직교방정식으로 나타내어라.

(2) $t = \frac{\pi}{6}$에 대응되는 곡선 위의 점에서 접선의 방정식을 구하여라.

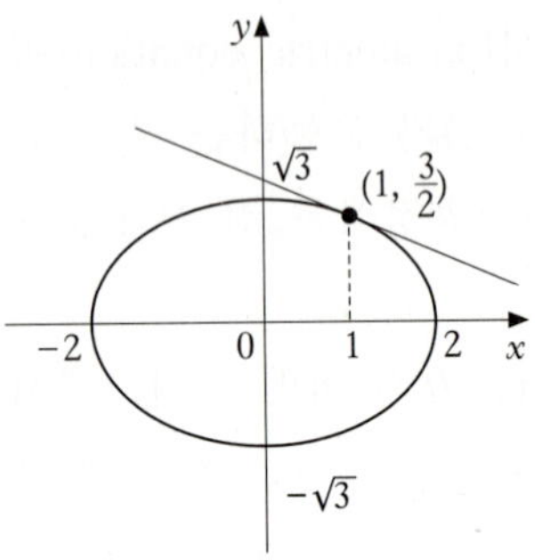

그림 1

풀이 (1) 주어진 매개방정식에서

$$\sin t = \frac{x}{2}, \quad \cos t = \frac{y}{\sqrt{3}}$$

이므로, $\sin^2 t + \cos^2 t = 1$을 이용하여 t를 소거하면 직교방정식은 다음 타원의 방정식이 된다.

$$\frac{x^2}{4} + \frac{y^2}{3} = 1$$

(2) $t = \frac{\pi}{6}$일 때 $x = 2\sin\frac{\pi}{6} = 1$, $y = \sqrt{3}\cos\frac{\pi}{6} = \frac{3}{2}$이므로 대응되는 곡선 위의 점은 $\left(1, \frac{3}{2}\right)$이다.

x, y는 구간 $\left(0, \frac{\pi}{2}\right)$에서 미분가능하고

$$\frac{dx}{dt} = 2\cos t \neq 0,$$

$$\frac{dy}{dt} = -\sqrt{3}\sin t$$

따라서,

$$\frac{dy}{dx} = \frac{dy}{dt}\Big/\frac{dx}{dt} = -\frac{\sqrt{3}\sin t}{2\cos t} = -\frac{\sqrt{3}}{2}\tan t.$$

곡선 위의 점 $\left(1, \frac{3}{2}\right)$에서 접선의 기울기는

$$\left.\frac{dy}{dx}\right|_{t=\frac{\pi}{6}} = -\frac{\sqrt{3}}{2}\tan\frac{\pi}{6} = -\frac{\sqrt{3}}{2}\cdot\frac{1}{\sqrt{3}} = -\frac{1}{2}$$

따라서, 곡선 위의 점 $\left(1, \frac{3}{2}\right)$에서의 접선의 방정식은

$$y - \frac{3}{2} = -\frac{1}{2}(x-1)$$

매개방정식 $x = f(t)$, $y = g(t)$에서 $y' = \frac{dy}{dx}$가 x에 관하여 미분가능할 때

y의 2계도함수는

$$\frac{d^2y}{dx^2}=\frac{d}{dx}\left(\frac{dy}{dx}\right)=\frac{dy'}{dx}=\frac{dy'}{dt}\bigg/\frac{dx}{dt}$$

예제 2 매개방정식 $x=3\sin\theta,\ y=5-9\cos\theta\left(0<\theta<\frac{\pi}{2}\right)$에서 $\frac{dy}{dx},\ \frac{d^2y}{dx^2}$를 구하여라.

$\frac{d}{d\theta}(\tan\theta)=\sec^2\theta$

풀이 $x,\ y$는 구간 $\left(0,\ \frac{\pi}{2}\right)$에서 미분가능하고

$$dx/d\theta=3\cos\theta\neq 0,$$
$$\frac{dy}{dx}=\frac{dy}{d\theta}\bigg/\frac{dx}{d\theta}=\frac{9\sin\theta}{3\cos\theta}=3\tan\theta$$

따라서, $y'=3\tan\theta$이므로

$$\frac{d^2y}{dx^2}=\frac{dy'}{dx}=\frac{dy'}{d\theta}\bigg/\frac{dx}{d\theta}=\frac{3\sec^2\theta}{3\cos\theta}=\sec^3\theta$$

연습문제 2.7

1. 다음의 매개방정식을 식교방정식으로 나타내고 곡선의 개형을 그려라.
   (1) $x=\sqrt{1-t^2},\ y=t\quad(-1\le t\le 1)$
   (2) $x=\sin t,\ y=\cos t\quad\left(-\frac{\pi}{2}\le t\le\frac{\pi}{2}\right)$
   (3) $x=2\sec t,\ y=3\tan t\quad\left(-\frac{\pi}{2}<t<\frac{\pi}{2}\right)$
   (4) $x=t^2+2t,\ y=t-3\quad(-2\le t\le 3)$
   (5) $x=2t+1,\ y=t^2\quad(0\le t\le 2)$

2. 다음 각 곡선의 주어진 점에서 접선의 방정식을 구하여라.
   (1) $x=t^2,\ y=t^3\quad(t=2)$
   (2) $x=\sec t,\ y=\tan t\quad\left(t=\frac{\pi}{3}\right)$
   (3) $x=t+\frac{1}{t},\ y=t-\frac{1}{t}\quad(t=2)$

3. 다음 매개방정식에서 $\frac{dy}{dx},\ \frac{d^2y}{dx^2}$를 구하여라.
   (1) $x=t^2,\ y=t^3$
   (2) $x=2t-\frac{3}{6},\ y=2t+\frac{3}{5}\quad(t\neq 0)$
   (3) $x=\frac{t-1}{t+1},\ y=\frac{t+1}{t-1}\quad(t\neq -1)$

4. 다음 각 곡선을 매개방정식으로 나타내어라.
   (1) $x^2+y^2=2$　　(2) $y=x^2-1$
   (3) $y^2=x^3-x$

5. $x=4t-5$와 $y=t^2$일 때 $t=2$에서 dy/dx의 값을 구하여라.

6. $x=3t^2+2,\ y=2t^4-1$일 때 $t=1$에서 dy/dx의 값을 구하여라.

7. 점 (2, 1)에서 곡선

$$x=\frac{1}{t}+t^2,\quad y=t^2-t+1$$

의 접선의 방정식을 구하여라.

8. $x=80t$와 $y=64t-16t^2$이 주어졌을 때 $dy/dx=0$인 t의 값을 구하여라.

9. 한 점이 원 $x^2+y^2=25$을 따라 움직이고, 이 점이 (3, 4)에 도달할 때 $dx/dt=4$이다. 이 점에서 dy/dt를 구하여라.

2.8 보충자료

앞의 2.4절에서 연쇄법칙을 소개하고 부분적인 증명을 소개하였다. 다음에 연쇄법칙의 증명을 자세하게 소개한다.

정리 1

함수 $y=f(x)$에서 x의 증분 Δx에 대한 y의 변화량을 Δy라고 하면

$$\Delta y=f'(x)\Delta x+\epsilon\Delta x \quad (\text{단, } \Delta x\to 0\text{일 때 } \epsilon\to 0)$$

증명 $y=f(x)$에서 x의 증분 Δx에 대한 y의 변화량은

$$\Delta y=f(x+\Delta x)-f(x)$$

이므로, 도함수의 정의에 의해서

$$\lim_{\Delta x\to 0}\frac{\Delta y}{\Delta x}=f'(x)$$

$$\lim_{\Delta x\to 0}\frac{\Delta y}{\Delta x}=\lim_{\Delta x\to 0}\frac{f(x+\Delta x)-f(x)}{\Delta x}=f'(x)$$

따라서, $\epsilon=\dfrac{\Delta y}{\Delta x}-f'(x)$라 두면

$$\Delta y=f'(x)\Delta x+\epsilon\Delta x$$

이때,

$$\lim_{\Delta x\to 0}\epsilon=\lim_{\Delta x\to 0}\left(\frac{\Delta y}{\Delta x}-f'(x)\right)=f'(x)-f'(x)=0.$$ ■

정리 2 (연쇄법칙)

함수 $y=f(u)$, $u=g(x)$에서 $u=g(x)$가 x에서 미분가능하고, $y=f(u)$가 $g(x)$에서 미분가능하면 합성함수 $f\circ g$도 x에서 미분가능하고

$$(f\circ g)'(x)=f'(g(x))g'(x)$$

증명 x의 증분 Δx에 대한 u와 y의 증분을 각각 Δu, Δy라고 하면 정리 1에 의해서

$$\Delta u=g'(x)\Delta x+\epsilon_1\Delta x=[g'(x)+\epsilon]\Delta x \quad \cdots (1)$$

여기서 $\Delta x\to 0$일 때 $\epsilon_1\to 0$이다. 같은 방법으로

$$\Delta y = f'(g(x))\Delta u + \epsilon_2 \Delta u = [f'(g(x)) + \epsilon_2]\Delta u \qquad \cdots (2)$$

여기서 $\Delta u \to 0$일 때 $\epsilon_2 \to 0$이다. 식 (1)을 식 (2)에 대입하면

$$\Delta y = [f'(g(x) + \epsilon_2][g'(x) + \epsilon_1]\Delta x$$

따라서,

$$\frac{\Delta y}{\Delta x} = [f'(g(x) + \epsilon_2][g'(x) + \epsilon_1].$$

식 (1)에서

$$\Delta x \to 0 \text{이면 } \Delta u \to 0$$

이다. 따라서,

$$\Delta x \to 0 \text{일 때 } \epsilon_1 \to 0 \text{이고 } \epsilon_2 \to 0$$

이다. 그러므로

$$\begin{aligned} \frac{dy}{dx} &= \lim_{\Delta x \to 0} [f'(g(x) + \epsilon_2][g'(x) + \epsilon_1] \\ &= f'(g(x))g'(x) \end{aligned}$$

■

제 3 장 도함수의 응용

3.1 최대값과 최소값

일상생활에서 일어나는 여러 가지 중요한 문제 중의 하나가 가장 좋은 방법을 찾는 최적화 문제(optimization problem)이다. 이러한 최적화 문제는 함수의 최대값과 최소값을 찾는 문제와 관계가 있다.

먼저 함수의 최대, 최소값의 정의를 알아보자.

정의 1 (최대값과 최소값)

함수 f의 정의역이 D이고, c가 D의 한 원소라고 하자. 이때,

(1) D에 속하는 모든 x에 대하여

$$f(c) \geq f(x)$$

이면, f는 $x=c$에서 **최대값**(maximum value) $f(c)$를 갖는다고 한다.

(2) D에 속하는 모든 x에 대하여

$$f(c) \leq f(x)$$

이면, f는 $x=c$에서 **최소값**(minimum value) $f(c)$를 갖는다고 한다.

다음 그림의 함수들은 모두 폐구간 $[a, b]$에서 연속이다. 이 함수들은 $x=c$에서 최대값 $f(c)$를 갖고, $x=d$에서 최소값 $f(d)$를 갖는다.

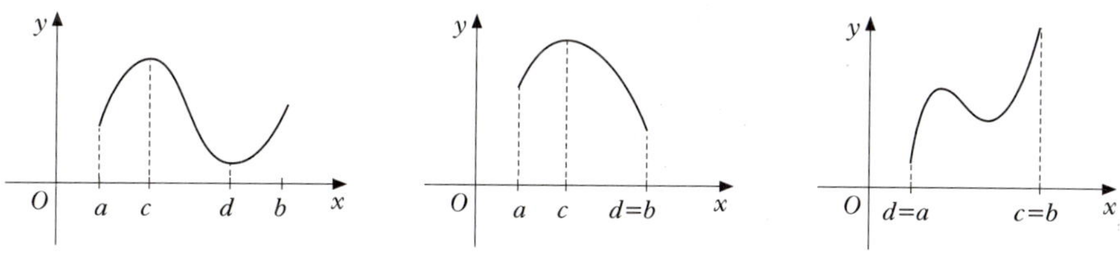

그림 1

그러나 모든 함수가 최대값과 최소값을 갖는 것은 아니다. 오른쪽 그림의 함수 f는 최대값 $f(1)=3$을 갖지만 최소값은 존재하지 않는다. 이 함수는 폐구간 $[0, 2]$에서 정의되지만 연속이 아니다.

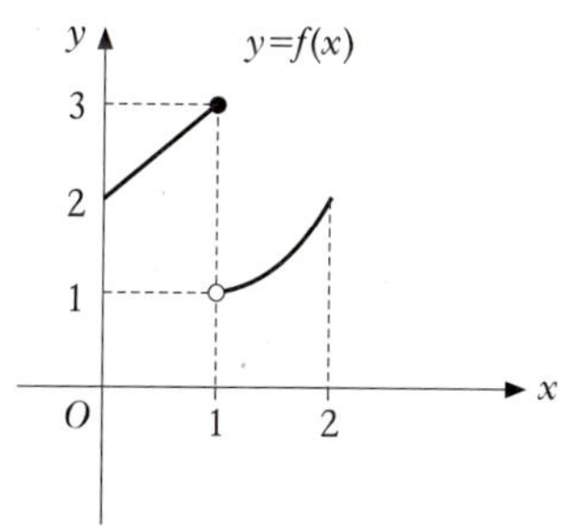

그림 2

또, 오른쪽 그림의 함수 g는 최소값 $g(0)=1$을 갖지만 최대값은 존재하지 않는다. 이

함수가 연속인 구간 [0, 2)는 폐구간이 아니다.

그러나, 1.5절의 정리 9에 의하여 폐구간에서 연속인 함수는 반드시 최대값과 최소값을 가짐을 알 수 있다.

이 정리를 최대·최소값의 정리라고 한다.

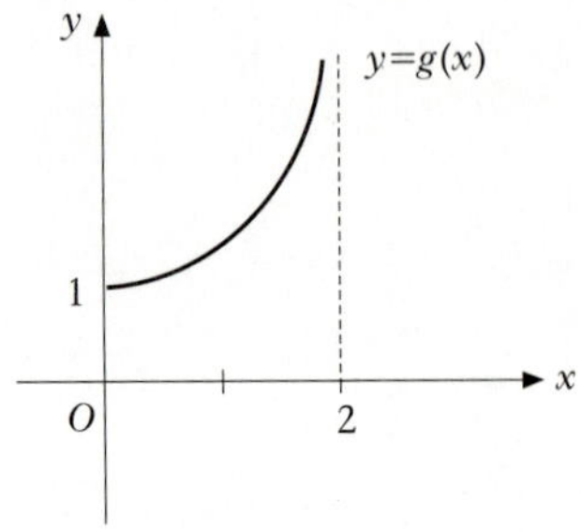

그림 3

> **정리 1 (최대·최소값의 정리)**
>
> 함수 f가 폐구간 $[a, b]$에서 연속이면 최대값과 최소값을 갖는다.

위의 정리에서 함수 f는 반드시 연속이어야 하고, 구간이 폐구간이어야 한다는 것이 중요하다.

예제 1 다음 구간에서 함수 $f(x)=x^2-3$의 최대값과 최소값을 구하여라.

(1) 구간 $(-\infty, \infty)$

(2) 구간 $(-2, 2)$

(3) 구간 $[-2, 2]$

풀이 (1) 함수 f의 그래프를 보면 f는 최소값 $f(0)=-3$을 갖지만 최대값은 존재하지 않는다.

(2) 함수 f의 그래프를 보면 f는 최소값 $f(0)=-3$을 갖지만 끝점 -2와 2가 포함되지 않으므로 최대값은 존재하지 않는다.

(3) 구간의 끝점 -2와 2가 포함되므로 최대값은 $f(-2)=f(2)=1$을 가진다. 또, 최소값은 $f(0)=-3$이다. ■

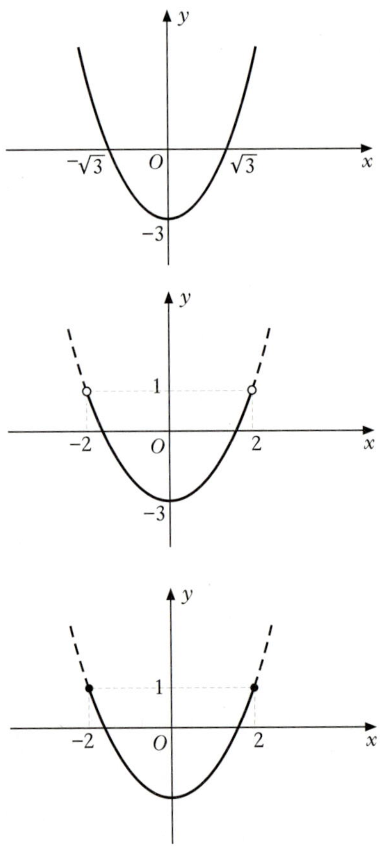

그림 4

오른쪽 그림의 함수 f에서 정의역을 $D=[a, e]$라고 하면 f는 $x=b$에서 최소값 $f(b)$를 갖고 $x=e$에서 최대값 $f(e)$를 갖는다. 한편, $x=d$에서는 최소값을 갖지는 않지만 $x=d$ 근방에서는 가장 작은 값을 가짐을 알 수 있다. 이때 f는 극소값 $f(d)$를 갖는다고 한다.

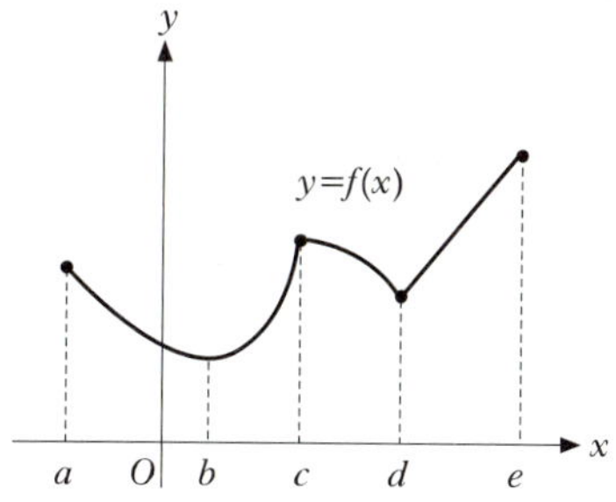

그림 5

또, $x=c$ 근방에서는 최대값을 갖지는 않지만 이 점의 근방에서 가장 큰 값을 갖는다. 이때 f는 극대값 $f(c)$를 갖는다고 한다.

일반적으로 극대값과 극소값을 다음과 같이 정의한다.

정의 2 (극대값과 극소값)

함수 f의 정의역이 D이고, c가 D의 한 원소라고 하자. 이때

(1) c를 포함하는 어떤 개구간 내의 모든 x에 대하여

$$f(c) \geq f(x)$$

일 때, f는 $x=c$에서 **극대값**(local maximum value) $f(c)$를 갖는다고 한다.

(2) c를 포함하는 어떤 개구간 내의 모든 x에 대하여

$$f(c) \leq f(x)$$

일 때, f는 $x=c$에서 **극소값**(local minimum value) $f(c)$를 갖는다고 한다.

(3) $x=c$에서 극대값 또는 극소값을 가질 때, f는 **극값**(extreme value) $f(c)$를 갖는다고 한다.

예제 2 함수 $f(x)=4-x^2$의 모든 극값을 구하고 극값을 갖는 점에서의 미분계수를 구하여라.

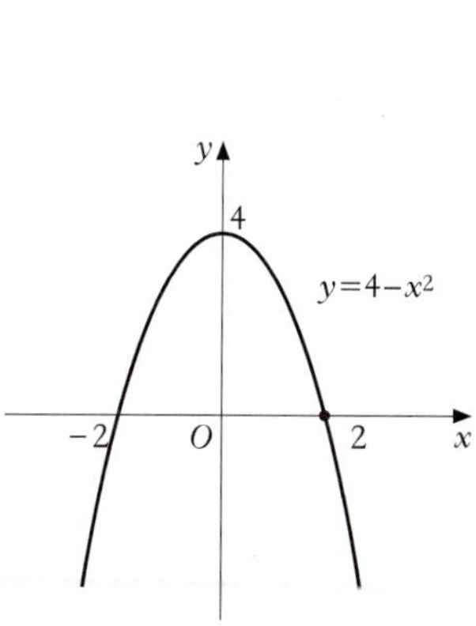

그림 6

풀이 함수 f의 그래프에서 이 함수는 $x=0$에서 극대값 $f(0)=4$를 가짐을 알 수 있다. 또, $f'(x)=-2x$이므로, $f'(0)=0$이고 $x=0$에서 함수 f는 수평접선을 갖는다. ■

함수 f가 한 점 x에서 도함수 $f'(x)$를 가지면 그 점에서 도함수는 접선의 기울기를 나타내므로 극값을 갖는 점에서는 수평접선을 갖는다. 따라서

극값을 갖는 점에서는 $f'(x)=0$이 됨을 알 수 있다.

다음 정리는 미분가능한 함수에서 이것이 항상 성립함을 보여준다.

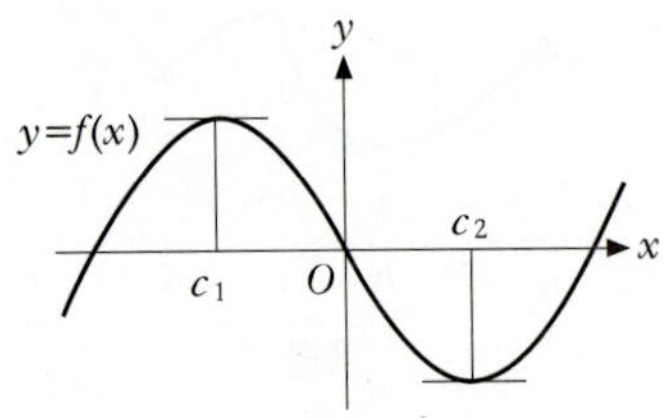

그림 7

정리 2 (Fermat의 정리)

구간 (a, b)에서 정의된 함수 f가 한 점 $c\in(a, b)$에서 극값을 갖고 $f'(c)$가 존재하면 $f'(c)=0$이다.

증명 우선 $f(x)$가 $x=c$에서 극대값을 갖는다고 하자. 극대값의 정의에 의해 $x=c$ 근방의 모든 x에 대하여

$$f(c)\geq f(x)$$

이므로 아주 작은 값 h(양수 혹은 음수)에 대하여 $f(c)\geq f(c+h)$이다. 첫째, $h>0$인 경우에는

$$\frac{f(c+h)-f(c)}{h}\leq 0$$

$$\begin{aligned} f'(c) &= \lim_{h\to 0}\frac{f(c+h)-f(c)}{h} \\ &= \lim_{h\to 0^+}\frac{f(c+h)-f(c)}{h} \\ &= \lim_{h\to 0^-}\frac{f(c+h)-f(c)}{h} \end{aligned}$$

이므로

$$\lim_{h\to 0^+}\frac{f(c+h)-f(c)}{h}=f'(c)\leq 0$$

이다. 둘째, $h<0$인 경우에는

$$\frac{f(c+h)-f(c)}{h}\geq 0$$

이므로

$$\lim_{h\to 0^-}\frac{f(c+h)-f(c)}{h}=f'(c)\geq 0$$

이다. 따라서 첫째와 둘째에 의하여 $f'(c)=0$이다. 극소값에 대한 증명도 비슷하다. ■

예제 3 함수 $f(x)=2x^3-3x^2-12x+4$의 극값을 구하여라.

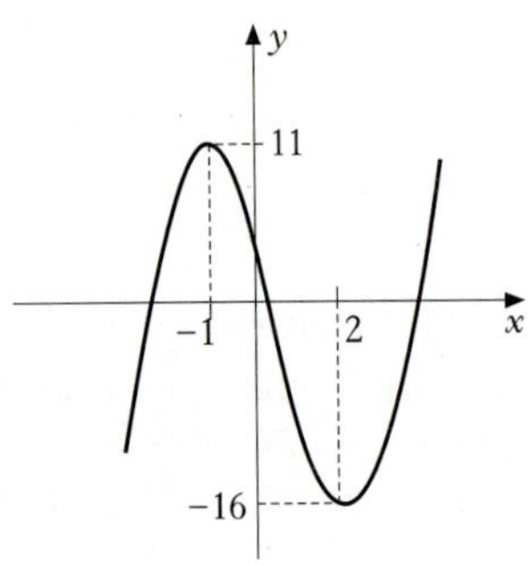

그림 8

풀이

$$\begin{aligned} f'(x) &= 6x^2-6x-12 \\ &= 6(x^2-x-2) \\ &= 6(x-2)(x+1) \end{aligned}$$

이므로, $f'(x)=0$이라 두면

$$x=2,\quad -1$$

왼쪽 그래프에서 $x=-1$에서 극대값 $f(-1)=11$과 $x=2$에서 극소값 $f(2)=-16$임을 알 수 있다. ■

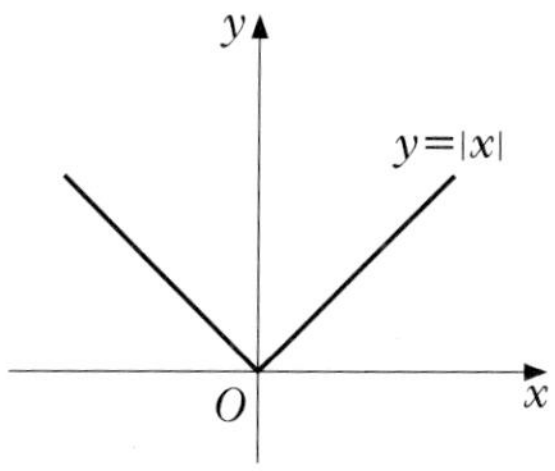

그림 9

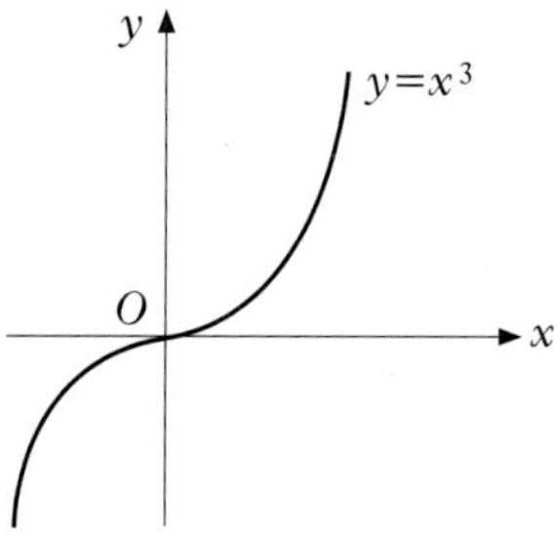

그림 10

위의 정리 4는 만약 함수 f가 한 점 c에서 극대값 또는 극소값을 갖고 그 점에서 미분가능하면 $f'(c)=0$이 된다는 것을 의미한다. 하지만 주어진 함수가 미분불가능한 점에서도 극값을 가질 수 있다.

함수 $f(x)=|x|$는 $x=0$에서 미분불가능하지만 $x=0$에서 극소값 0을 가짐을 알 수 있다.

일반적으로 정리 4의 역은 성립하지 않는다. 이를테면 함수 $f(x)=x^3$에서 $f'(x)=3x^2$이므로 $f'(0)=0$이지만 f는 $x=0$에서 극대값이나 극소값을 갖지 않는다. 단지 원점 (0, 0)에서 수평인 접선을 가짐을 의미한다.

따라서, $f'(c)=0$이더라도 $x=c$에서 극값을 가질 필요는 없다.

함수 f가 폐구간 $[a, b]$에서 정의된 함수라고 하자. 이때, 점 a와 b를 이 구간의 **끝점**(end point)이라고 한다. 또, $f'(c)=0$인 점 c를 **정점**(stationary point)이라고 하는데, 이 점에서는 f는 수평인 접선을 갖는다. 그리고 f'이 존재하지 않는 구간 내부의 점 c를 **특이점**(singular point)이라고 하고 이 점에서는 함수의 그래프가 뾰쪽한 모서리를 갖거나, 접선이 수직이 되거나, 점프(jump) 또는 이 점 근방에서 심한 진동이 일어난다. 이 세 종류의 끝점, 정점, 특이점을 함수 f의 **임계점**(critical point)이라고 한다.

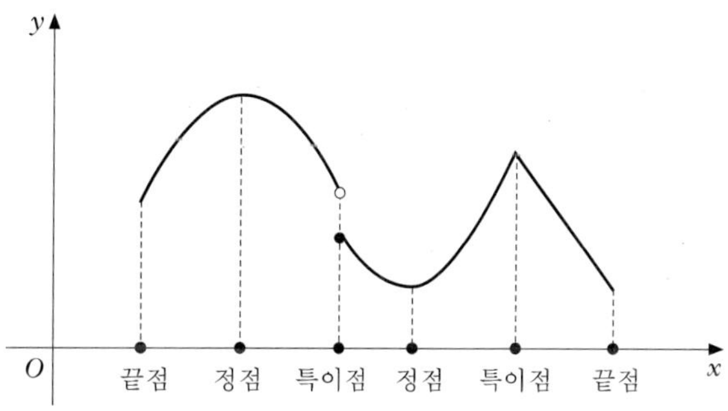

그림 11

다음 정리로부터 폐구간에서 정의된 함수는 임계점 중에서 최대값과 최소값을 가짐을 알 수 있다.

정리 3 (임계점 정리)

함수 f가 폐구간 I에서 정의되고 c가 I 내의 점일 때 $f(c)$가 최대값이나 최소값이면 c는 임계점이다. 즉, c는 다음 세 점 중 하나이다.

(1) I의 끝점　　　(2) 정점

(3) 특이점

증명 먼저 $f(c)$가 구간 I에서 최대값인 경우를 생각해 보자.

점 c가 끝점도 아니고 특이점도 아니라고 가정하고 c가 정점임을 보이자. $f(c)$가 최대값이므로 구간 I에 속하는 모든 x에 대하여 $f(x) \le f(c)$이므로

$$f(x) - f(c) \le 0$$

따라서, $x < c$이면

$$\frac{f(x)-f(c)}{x-c} \ge 0 \quad \cdots\cdots \text{①}$$

또, $x > c$이면

$$\frac{f(x)-f(c)}{x-c} \le 0 \quad \cdots\cdots \text{②}$$

그런데 c는 특이점이 아니므로, $f'(c)$가 존재한다. 따라서, ①에서 $x \to c^-$이면

$$f'(c) \ge 0$$

이고, ②에서 $x \to c^+$이면

$$f'(c) \le 0.$$

그러므로 $f'(c) = 0$ 즉, c는 정점이다. $f(c)$가 구간 I에서 최소값인 경우에도 같은 방법으로 증명된다. ■

특히, 함수 f가 폐구간 I에서 연속함수일 때, f는 최대값과 최소값을 반드시 가지므로 이 값들을 다음 순서로 구할 수 있다.

폐구간에서 연속인 함수의 최대, 최소값

함수 f가 폐구간 $[a, b]$에서 연속일 때

1. 폐구간 $[a, b]$에서 f의 임계점을 찾는다.
2. 각각의 임계점에서 f의 값을 계산한다.
3. 이 값들 중에서 가장 큰 값이 최대값이고, 가장 작은 값이 최소값이다.

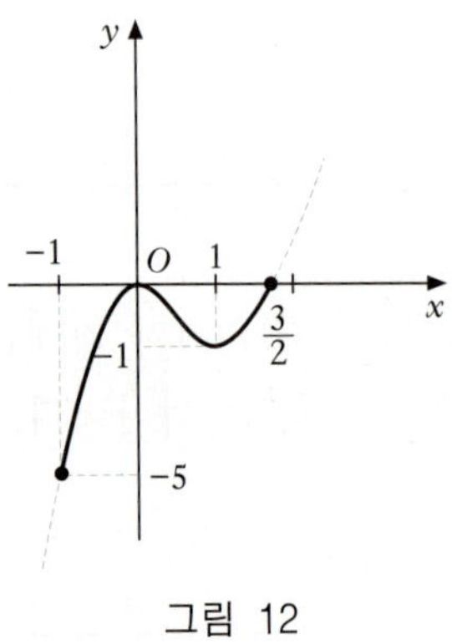

그림 12

예제 4 구간 $\left[-1, \frac{3}{2}\right]$에서 함수 $f(x) = 2x^3 - 3x^2$의 최대값과 최소값을 구하여라.

풀이 끝점은 -1과 $\frac{3}{2}$이다. 정점을 구하기 위하여

$$f'(x) = 6x^2 - 6x = 0$$

을 풀면, $x = 0, 1$이다. 특이점은 없으므로 임계점은

$$-1,\quad 0,\quad 1,\quad \frac{3}{2}$$

이때,

$$f(-1)=-5,\quad f(0)=0,\quad f(1)=-1,\quad f\left(\frac{3}{2}\right)=0$$

이므로, 최대값은 0이고 최소값은 -5이다.

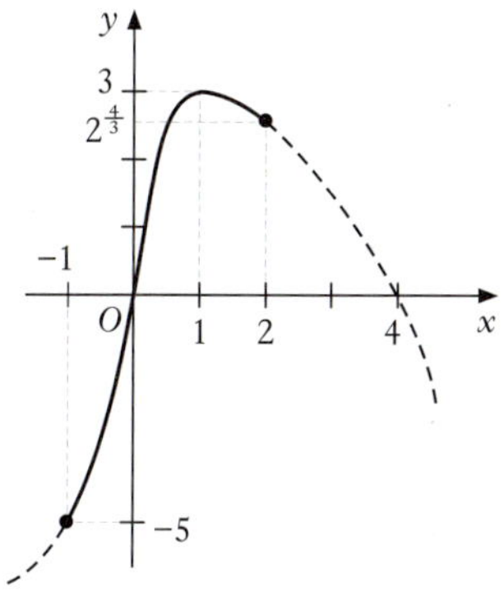

그림 13

예제 5 구간 $[-1, 2]$에서 함수 $f(x)=x^{\frac{1}{3}}(4-x)$의 최대값과 최소값을 구하여라.

풀이 함수 f를 미분하면

$$\begin{aligned} f'(x) &= \frac{1}{3}x^{-\frac{2}{3}}(4-x)+x^{\frac{1}{3}}\cdot(-1) \\ &= \frac{4-x}{3x^{2/3}}-x^{\frac{1}{3}} \\ &= \frac{4-x-3x}{3x^{2/3}} \\ &= \frac{4(1-x)}{3x^{2/3}} \end{aligned}$$

이므로, $f'(1)=0$이고 $f'(0)$은 존재하지 않는다. 따라서 1은 정점이고, 0은 특이점이다. 또, -1과 2는 끝점이므로, 임계점은

$$-1,\quad 0,\quad 1,\quad 2$$

이때, $f(-1)=-5, f(0)=0, f(1)=3, f(2)=2^{\frac{4}{3}}$이므로, 최대값은 3이고, 최소값은 -5이다.

연습문제 3.1

1. 다음 주어진 구간에서 각 함수의 최대값과 최소값을 구하여라.
   (1) $f(x)=|x|+2,\quad -2\le x\le 1$
   (2) $f(x)=\begin{cases} x^2+1, & -1\le x\le 0 \\ 1-x^2, & 0\le x\le 1 \end{cases}$
   (3) $f(x)=\sqrt{10-x^2},\quad -1\le x\le 2$

2. 함수 $f(x)=\dfrac{1}{2}(|\cos x|+\cos x),\ 0\le x\le 2\pi$의 그래프를 그리고 극대값과 극소값을 구하여라.

3. 함수 $f(x)=[x+2]$에서 모든 정수가 임계점임을 보여라. 단, $[x]$는 x를 넘지 않는 최대정수이다.

4. 함수 $f(x)=\begin{cases} x^2+mx+b, & x<0 \\ x+4, & x\ge 0 \end{cases}$가 연속이고 미분가능

하도록 각각 상수 m과 b를 구하여라.

5. 만약 $f(x)$가 $x=c$에서 최대값을 가진다면 $g(x)=-f(x)$는 $x=c$에서 최소값을 가짐을 증명하여라.

6. $f(x)=-x^3+3x^2+2$ 각 $\left[-\frac{1}{3}, 3\right]$에서 정의되었을 때 $f(x)$의 임계점을 모두 구하고 최대값과 최소값을 구하여라.

7. 모든 양수 x에 대하여 $ax^2+\frac{b}{x}\ge c$이면 $27ab^2-4c^3\ge 0$임을 보여라. (단, $a, b>0$)

8. 함수 $f(x)=|x-5|+|x+2|+|x+5|+|x+10|$가 최소값을 가질 때의 x의 값과 그 최소값을 구하여라.

9. 더하면 10이 되는 음이 아닌 두 수 중에서 곱하면 최대가 되는 수를 찾아라.

10. 둘레의 길이가 k로서 일정한 직사각형들 중에서, 넓이가 최대인 것은 정사각형임을 보여라.

11. 농부가 180m의 담장 재료를 가지고, 헛간 한쪽 면에 우리를 붙이고 싶다. 우리의 넓이를 최대가 되게 하려면 가로와 세로의 거리를 각각 얼마로 하여야 하는가?

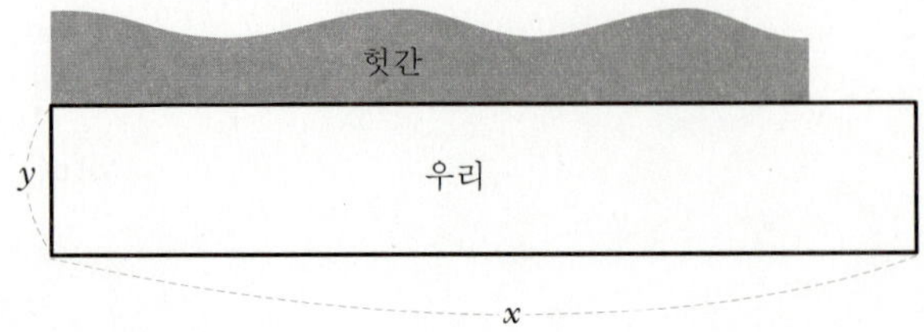

12. 직사각형의 두 꼭지점이 x축에 놓여 있으며, 다른 두 꼭지점은 포물선 $y=12-x^2$의 $y\ge 0$인 부분에 놓여 있다. 이 직사각형의 넓이가 최대가 될 때의 가로와 세로의 길이를 구하여라.

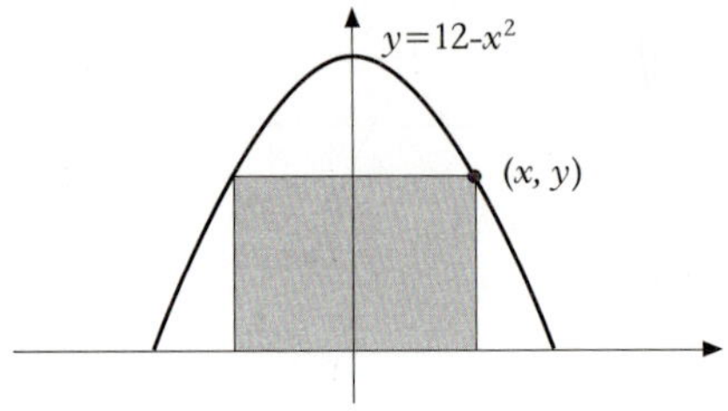

13. 반지름이 r인 반원에 직사각형이 내접해 있다. 그 넓이가 최대가 되려면, 직사각형의 가로와 세로의 길이는 얼마여야 하는가?

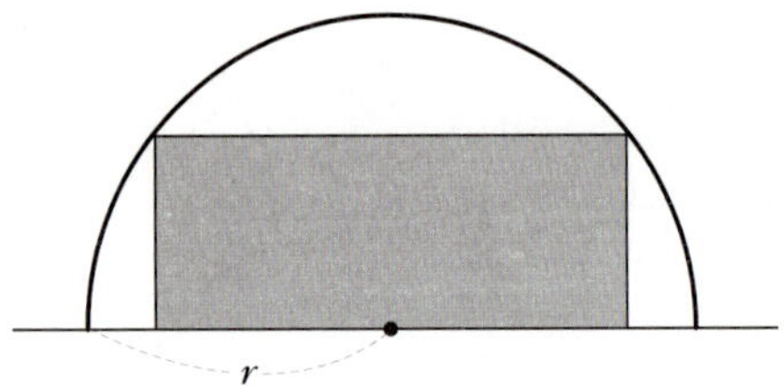

14. 곡선 $y=x^2/4$, $0\le x\le 2\sqrt{3}$에 있는 점들 중에서, 점 $(0, 4)$와 가장 가까운 점 P와 가장 먼 점 Q를 찾아라.

3.2 평균값정리

미분가능한 곡선 $y=f(x)$가 x절편의 두 점 사이에 x축과 수평인 접선을 갖는 점이 적어도 하나 존재한다는 것은 기하학적으로 명백하다. 그러나 곡선이 미분불가능한 뾰족한 점을 가질 때에는 이것은 성립하지 않는다.

다음 정리는 이러한 문제를 명확히 설명해 준다.

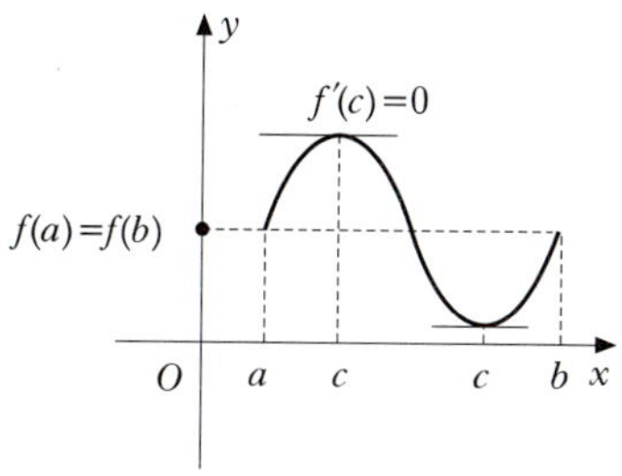

그림 1

정리 1 (Rolle의 정리)

f가 폐구간 $[a, b]$에서 연속이고, 개구간 (a, b)에서 미분가능한 함수라고 하자. 이때,

$$f(a)=f(b)$$

이면, $f'(c)=0$이 되는 c가 a와 b 사이에 적어도 하나 존재한다.

증명 함수 f가 상수함수이면 모든 x에 대하여 $f'(x)=0$이므로 $f'(c)=0$이 되는 c가 a와 b 사이에 너무나 많이 존재한다.

함수 f가 $[a, b]$에서 상수함수가 아니라고 하자. 그러면 f는 3.1절의 정리 3에 의하여 최대값과 최소값을 갖는다. 그런데 f는 상수함수가 아니므로 최대값과 최소값이 동시에 $f(a)$가 될 수는 없다.

만약, 최대값 $f(c)$가 $f(a)$가 아니라고 하면 $f(b)$도 될 수 없으므로

$$a<c<b$$

이어야 한다. 즉, c는 구간 $[a, b]$의 끝점이 아니다. 또, f는 (a, b)에서 미분가능하므로 c는 특이점도 아니다. 따라서, 임계점 정리에 의하여 c는 정점이 되어야 하므로 $f'(c)=0$이 된다. ■

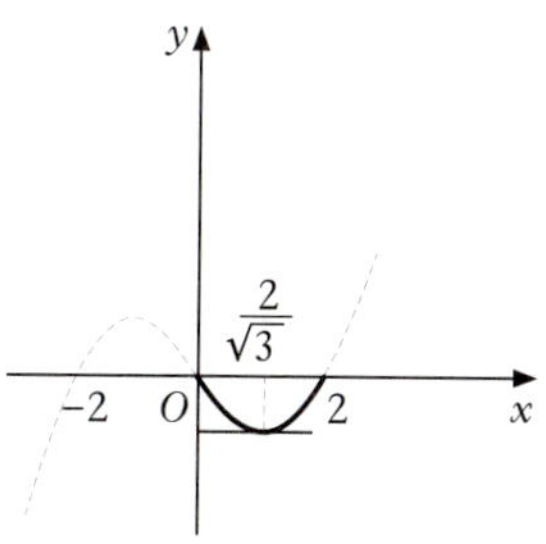

그림 2

예제 1 함수 $f(x)=x^3-4x$에 대하여 구간 $[0, 2]$에서 Rolle의 정리를 만족하는 점 c를 구하여라.

풀이 함수 f는 $[0, 2]$에서 연속이고, $(0, 2)$에서 미분가능하다. 또, $f(0)=f(2)=0$이므로, Rolle의 정리에 의하여 $f'(c)=0$이 되는 c가 0과 2 사이에 존재한다. 이 점을 구하기 위하여

$$f'(x)=3x^2-4=0$$

을 풀면, 0과 2 사이의 수는 $\frac{2}{\sqrt{3}}$이므로 $c=\frac{2}{\sqrt{3}}$. 즉,

$$f'\left(\frac{2}{\sqrt{3}}\right)=0$$

■

예제 2 방정식 $x^3+2x-1=0$은 단 하나의 실근을 가짐을 보여라.

풀이 $f(x)=x^3+2x-1$이라 두면 $f(0)=-1<0$이고 $f(1)=2>0$이므로 중간값정리에 의하여 $f(x)=0$인 점이 0과 1 사이에 있다. 즉, $x^3+2x-1=0$은 0과 1 사이에서 실근을 갖는다.

다음에는 실근이 하나임을 보이자. $x=a$와 $x=b\,(a\neq b)$가 서로 다른 실근이라고 가정하면 $f(a)=f(b)=0$이다. $f(x)$는 다항식이므로 연속함수이고 또한 미분가능한 함수이다. 따라서 Rolle의 정리의 가정을 만족하므로 $f'(c)=0$인 c가 a와 b 사이에 존재하여야 한다. 그러나

$$f'(x)=3x^2+2>0$$

이므로, $f'(x)=0$인 c가 존재하지 못한다. 따라서 모순이 되므로 실근의 수는 1개이다. ■

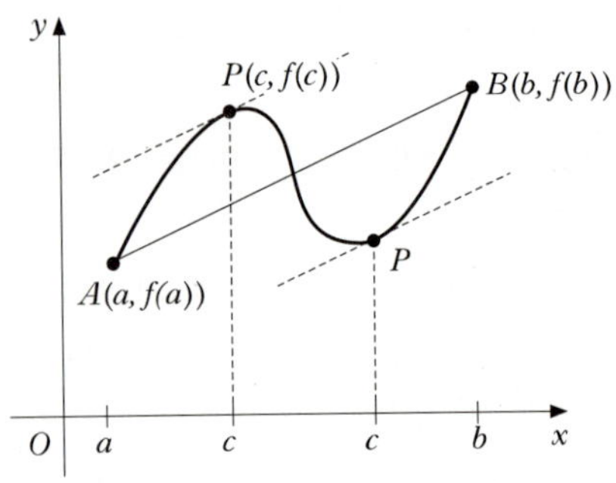

그림 3

미분가능한 함수 $y=f(x)$ 위의 두 점 $A(a, f(a))$와 $B(b, f(b))$를 지나는 할선 AB의 기울기는

$$\frac{f(b)-f(a)}{b-a}$$

이다. 이때 곡선 위의 한 점 $P(c, f(c))$에서의 접선의 기울기 $f'(c)$이 할선 AB의 기울기와 같은 점 P가 적어도 하나 존재함을 보일 수 있다. 이것을 **평균값정리**(Mean Value Theorem)라 하고 Rolle의 정리를 이용하여 증명할 수 있다.

정리 2 (평균값정리)

함수 f가 폐구간 $[a, b]$에서 연속이고 개구간 (a, b)에서 미분가능하면

$$\frac{f(b)-f(a)}{b-a}=f'(c)$$

을 만족하는 점 c가 a와 b 사이에 적어도 하나 존재한다.

증명 다음 그림 4에서 a와 b 사이의 임의의 점 x에서의 곡선과 할선 사이의 거리는

$$RQ=PR-PQ$$

이다. 할선 AB는 두 점 $A(a, f(a))$와 $B(b, f(b))$를 지나는 직선이므로

$$y-f(a)=\frac{f(b)-f(a)}{b-a}(x-a)$$

즉,

$$y=\frac{f(b)-f(a)}{b-a}(x-a)+f(a)$$

그러므로

$$RQ=f(x)-\left\{\frac{f(b)-f(a)}{b-a}(x-a)+f(a)\right\}$$

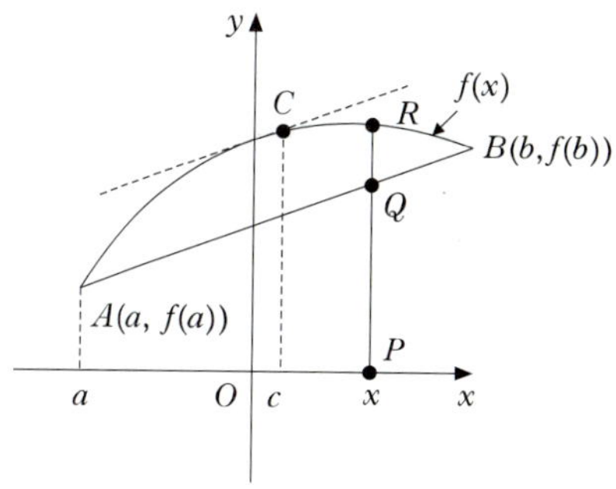

그림 4

따라서, x에서의 곡선과 할선 사이의 거리 RQ를 $F(x)$라 두면

$$F(x)=f(x)-\left\{\frac{f(b)-f(a)}{b-a}(x-a)+f(a)\right\}.$$

f가 $[a, b]$에서 연속이고, (a, b)에서 미분가능하므로 F도 같은 구간에서 연속이고 미분가능하다. 또, $F(a)=F(b)=0$이므로 Rolle의 정리에 의하여 $F'(c)=0$인 c가 a와 b 사이에 존재한다.

즉,

$$F'(c)=f'(c)-\frac{f(b)-f(a)}{b-a}=0$$

이므로, $\dfrac{f(b)-f(a)}{b-a}=f'(c)$인 $c\in(a, b)$가 존재한다. ■

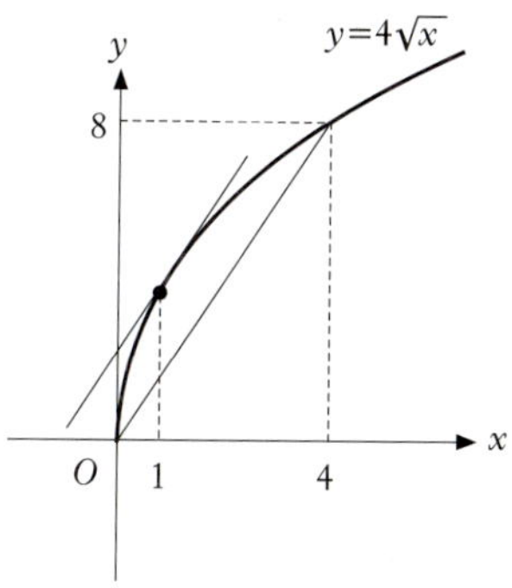

그림 5

예제 3 $f(x)=4\sqrt{x}$가 $[0, 4]$에서 정의되었을 때 평균값정리를 만족하는 점 c를 구하여라.

풀이 $[0, 4]$에서 정의된 함수 $f(x)=4\sqrt{x}$는 평균값정리의 가정을 모두 만족시키며 $f'(x)=\dfrac{2}{\sqrt{x}}$이다. 따라서

$$2=\frac{f(4)-f(0)}{4-0}=f'(c)=\frac{2}{\sqrt{c}}.$$

그러므로 $c=1$. ■

예제 4 폐구간$[-8, 27]$에서 정의된 함수 $f(x)=\dfrac{1}{2}x^{2/3}$가 있다. 평균값정리의 성립여부를 밝히고 만약 성립하지 않는다면 그 이유를 설명하여라.

풀이 $x\neq 0$일 때, $f'(x)=\dfrac{1}{3}x^{-1/3}$이고

$$\frac{f(27)-f(-8)}{27-(-8)}=\frac{\frac{9}{2}-\frac{4}{2}}{35}=\frac{1}{14}$$

이므로, $f'(c)=\frac{1}{3}c^{-1/3}=\frac{1}{14}$을 풀면 $c=\left(\frac{14}{3}\right)^3 \fallingdotseq 101.6$이다. 이때, c는 $(-8, 27)$ 범위 내에 있지 않다. 따라서 평균값정리를 만족하는 c가 존재하지 않는데 그 이유는 오른쪽 그림에서와 같이 $f(x)$가 $(-8, 27)$에서 미분가능하지 않으므로 평균값정리를 적용할 수 없기 때문이다. ■

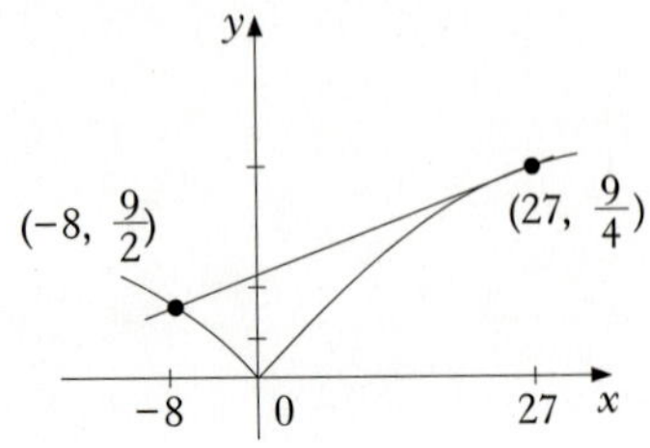

그림 6

예제 5 모든 실수 x에 대하여

$$|\sin x| \leq |x|$$

임을 보여라.

풀이 함수 $f(x)=\sin x$는 모든 구간에서 연속이고 미분가능하다. $\sin 0=0$이므로, 모든 실수 x에 대하여

$$|\sin x|=|\sin x-\sin 0|$$

0이 아닌 실수 x에 대하여 평균값정리를 적용하면 0과 x 사이의 적당한 c에 대하여

$$\frac{\sin x-\sin 0}{x-0}=f'(c)=\cos c$$

가 성립한다. 양변에 x를 곱하고 절대값을 취하면

$$|\sin x|=|\sin x-\sin 0|=|\cos c||x-0|=|\cos c||x|$$

그러나 모든 실수 c에 대하여 $|\cos c| \leq 1$이므로

$$|\sin x|=|\cos c||x| \leq |x|$$

$x=0$일 때는 $|\sin 0|=0=|0|$이므로 분명하다. ■

평균값정리를 이용하여 다음 정리를 증명하여 보자.

정리 3

$f(x)$가 $[a, b]$에서 연속이고 (a, b) 내의 모든 x에 대하여 $f'(x)=0$이면 $f(x)$는 상수함수이다.

증명 $x_1, x_2 (a \leq x_1 < x_2 \leq b)$을 $[a, b]$ 내의 임의의 두 점이라 하자. 그러면 $[x_1, x_2]$

에서 정의되는 함수 $f(x)$는 평균값정리의 가정을 모두 만족시킨다. 따라서 평균값정리에 의하여

$$\frac{f(x_2)-f(x_1)}{x_2-x_1}=f'(c)$$

인 c가 x_1과 x_2 사이에 존재한다. 그런데 (a, b) 사이의 모든 x에 대한 도함수가 0이므로 $f'(c)=0$이다. 따라서 $f(x_2)-f(x_1)=0$이다. 즉, $f(x)$는 $[a, b]$ 내의 임의의 두 점에서 그 함수값이 같으므로 $f(x)$는 $[a, b]$에서 상수이다. ■

따름정리 4

$f(x)$, $g(x)$가 $[a, b]$에서 연속이고 (a, b) 내의 모든 x에 대하여 $f'(x)=g'(x)$이면 적당한 상수 c가 있어, $[a, b]$ 내의 모든 x에 대하여

$$f(x)=g(x)+c$$

이다.

증명 $h(x)=f(x)-g(x)$라 두면 (a, b) 내의 모든 x에 대하여 $h'(x)=f'(x)-g'(x)=0$이다. 따라서, 정리 3에 의하여 $h(x)=f(x)-g(x)$는 상수함수이다. 즉

$$h(x)=f(x)-g(x)=c,\ x\in(a, b).$$

따라서, $$f(x)=g(x)+c.$$

단, c는 상수이다. ■

연습문제 3.2

1. 다음에 주어진 함수들은 주어진 구간에서 평균값정리의 가정을 모두 만족시킴을 보이고 평균값정리를 만족하는 모든 c를 구하여라.
   (1) $f(x)=1-2x^2$, $[0, 2]$
   (2) $f(x)=x^3-6x+5$, $[1, 4]$
   (3) $f(x)=2\cos x$, $[0, 2\pi]$
   (4) $f(x)=x^{\frac{2}{3}}$, $[0, 2]$

2. 함수 $f(x)=|x-1|$는 구간 $[0, 3]$에서 평균값정리를 만족시키는 c가 존재하지 않음을 보이고 그 이유를 말하여라.

3. 방정식 $x^7+5x^3+x-4=0$은 단 하나의 실근만을 가짐을 보여라.

4. 만약 구간 (a, b)의 모든 x에 대해서 $|f'(x)|\le M$이고, x_1과 x_2가 구간 (a, b)의 임의의 두 점이면,
   $$|f(x_2)-f(x_1)|\le M|x_2-x_1|$$
   임을 보여라.

5. 평균값정리를 써서, 다음을 보여라.

$$\lim_{x\to\infty}(\sqrt{x+2}-\sqrt{x})=0$$

6. 평균값정리를 써서, 다음을 보여라.

$$|\sin x-\sin y|\le|x-y|$$

7. 다항식 함수 $f(x)$가 $f(a)\cdot f(b)<0$이고 모든 $x\in(a,\ b)$에 대하여 $f'(x)\ne 0$이면 $f(x)=0$은 a와 b 사이에서 단 하나의 실근만을 가짐을 보여라.

8. 미분가능한 함수 f가 $|f'(x)|\le 1$이고 $f(-3)=-3$, $f(3)=3$일 때 $f(0)$의 값을 구하여라.

9. 평균값정리를 이용하여 $|\cos b-\cos a|\le|b-a|$임을 보여라.

10. (1) 모든 x에 대하여 $-\frac{1}{2}\le\frac{x}{1+x^2}\le\frac{1}{2}$임을 보여라.

(2) $f'(x)=\frac{x}{1+x^2}$인 함수 $f(x)$는

$$|f(b)-f(a)|\le\frac{1}{2}|b-a|$$

을 만족함을 보여라.

11. $f(x)=\frac{1}{x}$이고, $g(x)=\begin{cases}\frac{1}{x} & x>0\\ 1+\frac{1}{x} & x<0\end{cases}$

이라 할 때

(1) $f'(x)=g'(x)$, $x\ne 0$임을 보여라.

(2) $f(x)-g(x)$에 대하여 따름정리 4가 성립하지 않음을 보이고 그 이유를 말하여라.

12. Rolle의 정리를 이용하여 삼차방정식 $x^3+ax+b=0$이 서로 다른 세 실근을 가질 필요충분조건을 구하여라.

13. 평균값의 정리를 이용하여 $\sqrt{1.1}$의 근사값을 추정하여라.

3.3 증가함수와 감소함수

어떤 구간에서 x의 값이 증가함에 따라 함수값 $f(x)$도 증가하면 함수 f는 그 구간에서 **증가한다**(increasing)고 한다. 또, x의 값이 증가함에 따라 함수값 $f(x)$가 감소하면 함수 f는 그 구간에서 **감소한다**(decreasing)고 한다.

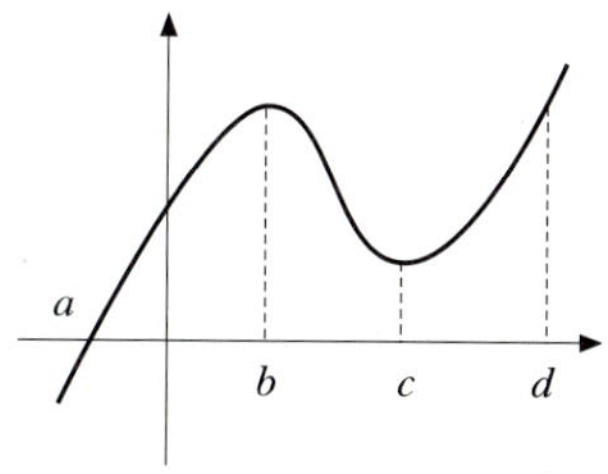

그림 1

오른쪽 그림에서 함수 f는 구간 $[a, b]$에서 증가하고 구간 $[b, c]$에서 감소한다. 또, 구간 $[c, d]$에서 증가한다.

일반적으로 함수의 증가와 감소를 다음과 같이 정의한다.

정의 1 (함수의 증가, 감소)

구간 I 내의 모든 x_1, x_2에 대하여

(1) $x_1 < x_2$이면 $f(x_1) < f(x_2)$일 때 구간 I에서 함수 f는 **증가한다**고 한다.

(2) $x_1 < x_2$이면 $f(x_1) > f(x_2)$일 때 구간 I에서 함수 f는 **감소한다**고 한다.

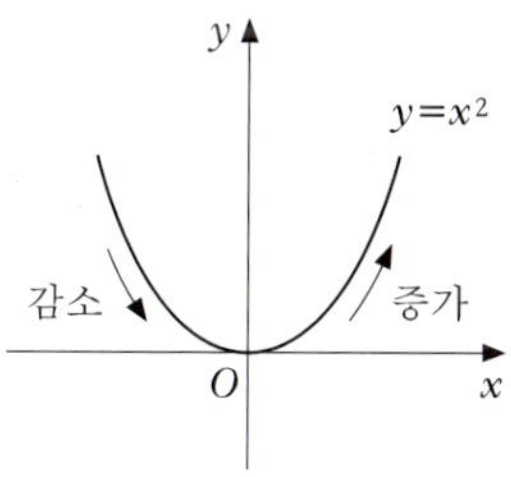

그림 2

예제 1 함수 $f(x)=x^2$은 구간 $(-\infty, 0]$에서 감소하고 구간 $[0, \infty)$에서는 증가하는 함수이다.

함수 f의 도함수 $f'(x)$는 f의 그래프 위의 점 $(x, f(x))$에서의 접선의 기울기를 나타내므로 $f'(x) > 0$이면 접선은 오른쪽 위로 올라가고 $f'(x) < 0$이면 접선은 오른쪽으로 아래로 내려간다.

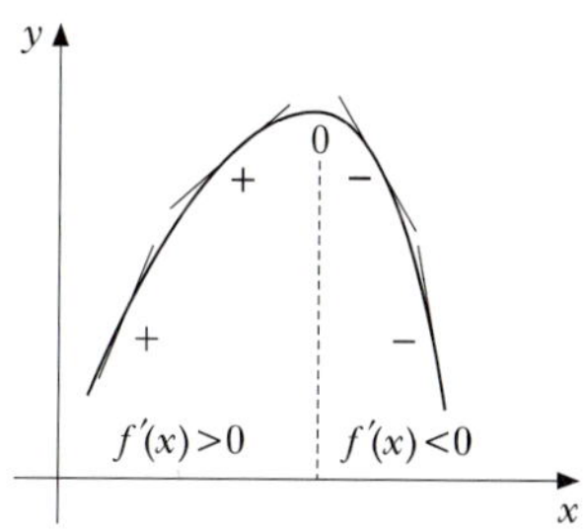

그림 3

일반적으로 다음 정리를 얻는다.

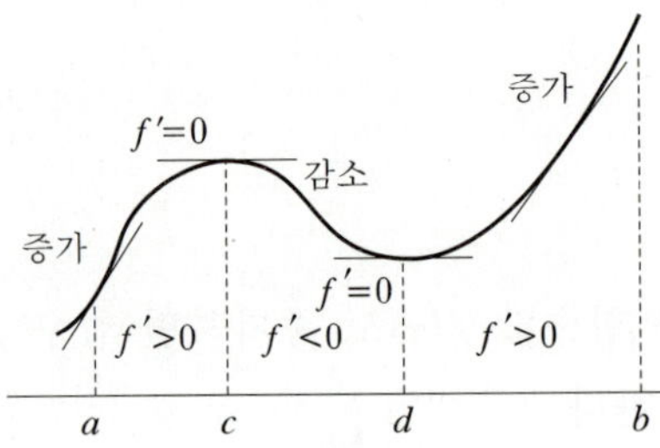

그림 4

정리 1 (단조성정리)

함수 f가 구간 $[a, b]$에서 연속이고 구간 (a, b)에서 미분가능할 때

(1) (a, b) 내의 모든 x에 대하여 $f'(x)>0$이면 f는 구간 $[a, b]$에서 증가하고,

(2) (a, b) 내의 모든 x에 대하여 $f'(x)<0$이면 f는 구간 $[a, b]$에서 감소한다.

증명 (1) 구간 $[a, b]$ 내의 임의의 두 점을 $x_1, x_2(x_1<x_2)$라 하면 함수 $f(x)$는 구간 $[x_1, x_2]$에서 평균값정리의 모든 가정을 만족시키므로

$$\frac{f(x_2)-f(x_1)}{x_2-x_1}=f'(c)$$

인 $c\in(x_1, x_2)$가 존재한다. 그런데 $f'(x)>0,\ x\in(a, b)$이므로 $f'(c)>0$이다. 따라서, $f(x_2)-f(x_1)=(x_2-x_1)f'(c)>0$이다. 즉, 구간 $[a, b]$ 내의 임의의 두 점 $x_1<x_2$에 대하여 $f(x_1)<f(x_2)$이므로 $f(x)$는 구간 $[a, b]$에서 증가한다.

(2)도 같은 방법으로 증명된다. ■

예제 2 $f(x)=2x^3+3x^2-12x+3$일 때 $f(x)$가 증가 또는 감소하는 구간을 구하여라.

풀이 $f(x)$의 도함수 $f'(x)$를 구하면

$$f'(x)=6x^2+6x-12=6(x+2)(x-1).$$

$f'(x)=6(x+2)(x-1)>0$을 풀면

$$x>1 \quad \text{또는} \quad x<-2$$

또, $f'(x)<0$을 풀면

$$-2<x<1.$$

따라서, 구간 $[1, \infty)$ 또는 $(-\infty, -2]$에서 $f(x)$는 증가한다. 또 구간 $[-2, 1]$에서 $f(x)$는 감소한다. ■

함수 f가 $x=c$에서 극값을 가지면 $x=c$는 임계점임을 알고 있다. 그러나 모든 임계점에서 f는 극값을 갖는 것은 아니다.

다음 정리는 임계점에서 극값을 판정하는 방법을 보여준다.

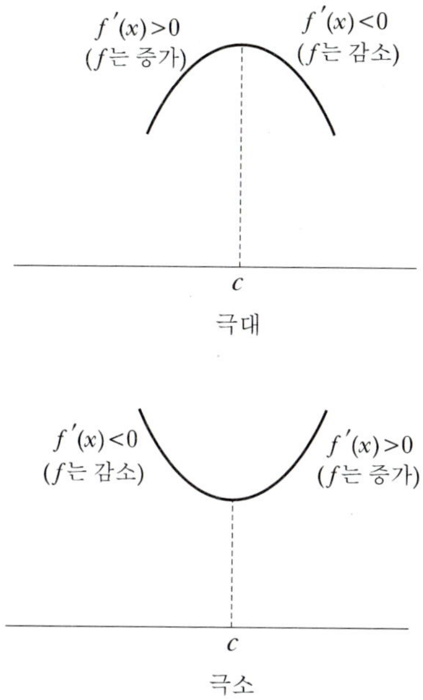

그림 5

정리 2 (1계도함수 판정법)

점 c를 연속함수 f의 한 임계점이라고 하자.

(1) c 근방에서 c를 경계로 하여 f'의 부호가 양에서 음으로 바뀌면 f는 c에서 극대값을 갖는다.

(2) c 근방에서 c를 경계로 하여 f'의 부호가 음에서 양으로 바뀌면 f는 c에서 극소값을 갖는다.

(3) c 근방에서 c를 경계로 하여 부호가 바뀌지 않으면 f는 c에서 극값을 갖지 않는다.

증명 (1) $(c-\delta, c)$에서 $f'(x)>0$이므로 단조성정리(정리 2)에 의하여 $f(x)$는 $(c-\delta, c]$에서 증가한다. 따라서 모든 $x\in(c-\delta, c]$에 대해 $f(c)\geq f(x)$이다. 또한 $(c, c+\delta)$에서 $f'(x)<0$이므로 $f(x)$는 $[c, c+\delta)$에서 감소하고 $f(c)\geq f(x)$이다. 따라서, $(c-\delta, c+\delta)$에서 $f(c)\geq f(x)$이다. 그러므로 $f(x)$는 $x=c$에서 극대값을 갖는다.

(2)와 (3)의 증명도 (1)과 유사하다. ■

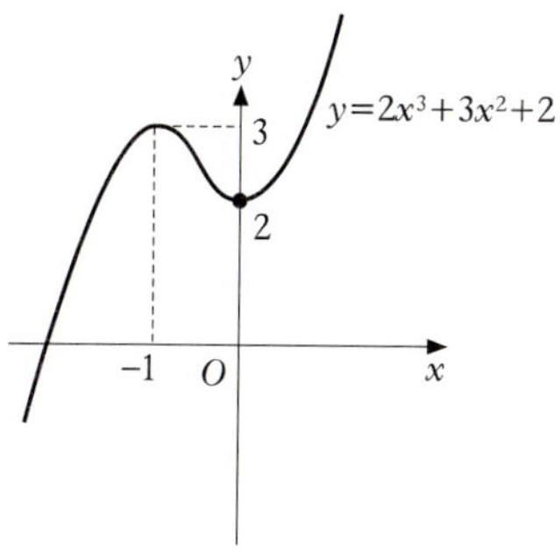

그림 6

예제 3 $f(x)=2x^3+3x^2+2$의 극값을 구하여라.

풀이 $f'(x)=6x^2+6x=6x(x+1)$이므로 $x=0, -1$만이 $f(x)$의 임계점이다. 구간 $(-\infty, -1)$과 $(0, \infty)$에서는 $f'(x)>0$이고 $(-1, 0)$에서는 $f'(x)<0$이다.

따라서, $f(x)$는 $x=-1$에서 극대값 $f(-1)=3$을 갖고 $x=0$에서 극소값 $f(0)=2$를 갖는다. ■

예제 4 함수 $f(x)=x^{\frac{5}{3}}-3x^{\frac{2}{3}}$의 극값을 구하여라.

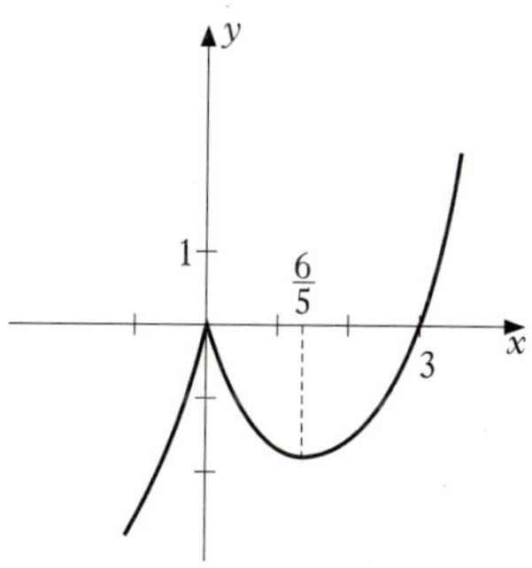

그림 7

풀이

$$f'(x)=\frac{5}{3}x^{\frac{2}{3}}-3\cdot\frac{2}{3}x^{-\frac{1}{3}}$$
$$=\frac{5x-6}{3x^{\frac{1}{3}}}$$

이므로, $f'\left(\frac{6}{5}\right)=0$이고 $f'(0)$은 존재하지 않는다.

따라서, 임계점은 $x=\frac{6}{5}$, 0이다.

이 때, $(-\infty, 0)$, $\left(\frac{6}{5}, \infty\right)$에서 $f'(x)>0$,

$\left(0, \frac{6}{5}\right)$에서 $f'(x)<0$

이므로, f는 $x=0$에서 극대값 $f(0)=0$을 갖고 $x=\frac{6}{5}$에서 극소값

$$f\left(\frac{6}{5}\right)=\left(\frac{6}{5}\right)^{\frac{5}{3}}-3\left(\frac{6}{5}\right)^{\frac{2}{3}}=-\frac{9}{5}\left(\frac{6}{5}\right)^{\frac{2}{3}}$$ 을 갖는다. ■

연습문제 3.3

1. 다음 함수에 대하여 증가, 감소하는 구간을 구하고 극대값과 극소값을 구하여라.
   (1) $f(x)=2-2x-x^2$ (2) $f(x)=x^3+x+5$
   (3) $f(x)=x^4-4x^3-8x^2+1$ (4) $f(x)=x^{1/5}(x+1)$

2. 모든 $x>0$에 대하여 $(1+2x)^n \ge 1+2nx$ (단, $n\ge 1$)임을 보여라.

3. 함수 $f(x)=x^3+ax^2+bx+1$이 $x=-1$에서 극소값을 $x=-3$에서 극대값을 가질 때 a와 b의 값을 구하여라.

4. $f(x)$와 $g(x)$가 양의 값을 갖는 증가함수이면 $f(x)\cdot g(x)$도 증가함수임을 보여라.

5. 방정식 $f(x)=x^{99}+x^{41}+2x-2=0$는 몇 개의 실근을 갖는가?

6. $f(x)=x+\cos x$의 임계점을 모두 구하고 $f(x)$는 극소, 극대값이 없음을 보여라.

7. $a+\dfrac{1}{a}<b+\dfrac{1}{b}$ 은 모든 $1<a<b$에 대하여 성립함을 보여라.

8. $x=-2$에서 극대값 3, $x=1$에서 극소값 0을 가지는 삼차함수 $f(x)=ax^3+bx^2+cx+d$를 구하여라.

9. $0<x<\pi/2$에서 $\tan x>x$임을 증명하여라.

10. (1) $x\ge 0$에서 $e^x\ge 1+x$임을 증명하여라.
    (2) $x\ge 0$에서 $e^x\ge 1+x+\dfrac{1}{2}x^2$임을 증명하여라.
    (3) 수학적 귀납법을 이용하여, 임의의 $x\ge 0$와 양의 정수 n에 대해서 다음의 부등식이 성립함을 보여라.
    $$e^x\ge 1+x+\frac{x^2}{2!}+\frac{x^3}{3!}+\cdots+\frac{x^n}{n!}$$

11. 함수 $f(x)=ax^3+bx^2+cx+d$가 항상 증가하려면, a, b, c는 어떤 조건을 만족해야 하는가?

12. 구간 $I=[-2,\ 4]$에서 $f'(x)=x^3-5x^2+2$라 하자. I의 어디에서 f가 증가하는가?

3.4 함수의 오목성

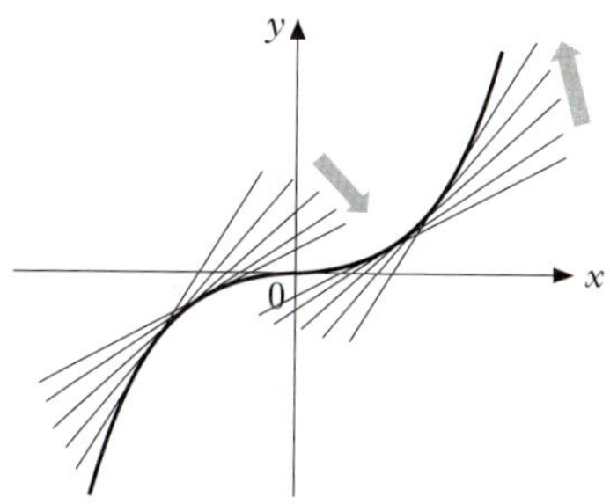

그림 1

함수 $y=f(x)$의 그래프를 따라 왼쪽에서 오른쪽으로 이동할 때 접선의 방향이 어떻게 변하는지 알아보자.

함수의 그래프를 따라 왼쪽에서 오른쪽으로 이동할 때 어떤 구간에서 접선이 시계 방향으로 회전하면 그래프는 **아래로 오목**(concave down)하다고 한다. 이때 접선의 기울기는 감소한다. 또, 접선이 반시계 방향으로 회전하면 **위로 오목**(concave up)하다고 한다. 이때 접선의 기울기는 증가한다.

일반적으로 미분을 이용해서 함수의 오목성을 다음과 같이 정의한다.

> **정의 1 (함수의 오목성)**
> 함수 f가 개구간 I에서 미분가능하다고 하자.
> (1) f'가 I에서 증가하면 f는 I에서 **위로 오목**하다고 한다.
> (2) f'가 I에서 감소하면 f는 I에서 **아래로 오목**하다고 한다.

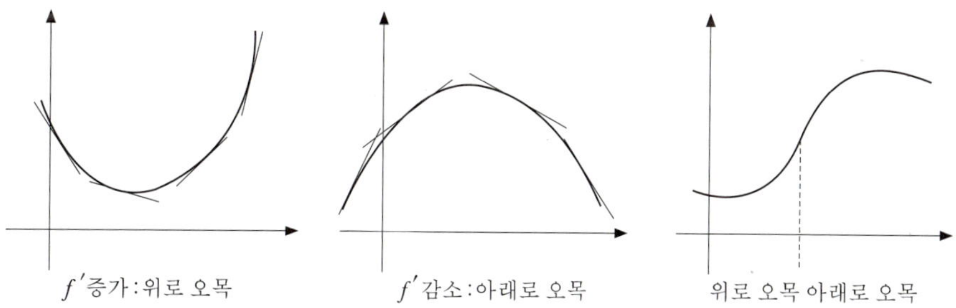

그림 2

함수의 오목성은 2계도함수를 이용하여 다음과 같이 판정할 수 있다.

정리 1 (오목성의 정리)

함수 f가 개구간 I에서 두 번 미분가능하다고 하자.

(1) I에 속하는 모든 x에 대하여 $f''(x)>0$이면 f는 I에서 위로 오목하다.

(2) I에 속하는 모든 x에 대하여 $f''(x)<0$이면 f는 I에서 아래로 오목하다.

증명 (1) $f''=(f')'$이므로 구간 I에서 $f''(x)>0$이면 I에서 f'는 증가함수이므로 이 구간에서 f는 위로 오목하다.

(2) 구간 I에서 $f''(x)<0$이면 I에서 f'는 감소함수이므로 이 구간에서 f는 아래로 오목하다. ■

함수 f가 c에서 연속이고 c를 경계로 한쪽에서는 위로 오목하고 다른 쪽에서는 아래로 오목할 때 점 $(c, f(c))$를 **변곡점**(inflection point)이라고 한다. 따라서, 함수 f가 두 번 미분가능하면 한쪽에서는 f''의 값이 양이 되고 다른 쪽에서는 음의 값을 갖는다.

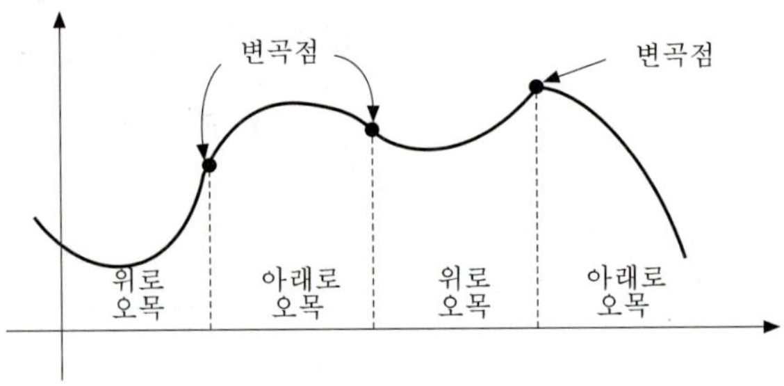

그림 3

만약 f''이 연속함수이고 $(c, f(c))$이 변곡점이라면 $f''(c)=0$이 된다. 그러나 $f''(c)=0$이라 하더라도 c는 변곡점의 후보이지 반드시 변곡점이 되는 것은 아니다.

이를테면, 함수 $f(x)=x^4$에서 $f''(x)=12x^2$은 연속함수이고 $f''(0)=0$이지만 $x=0$의 양쪽에서 f''의 부호가 모두 양이 되므로 $x=0$ 근방에서 위로 오목하다. 따라서, 점 (0, 0)은 변곡점이 아니다.

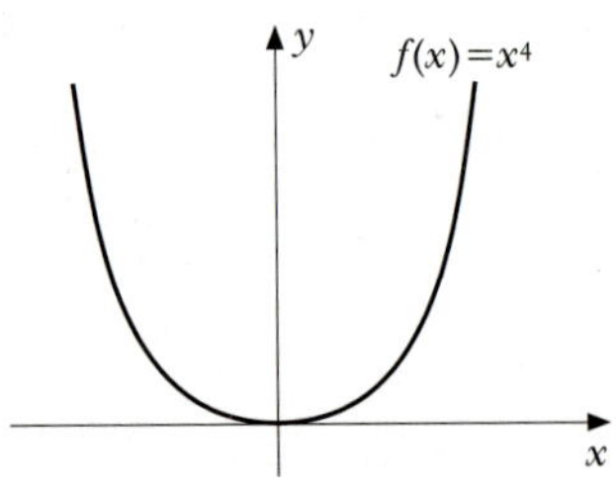

그림 4

함수 f의 2계도함수를 이용하여 극대값과 극소값을 판정할 수 있다.

정리 2 (2계도함수 판정법)

함수 f가 c의 근방에서 두 번 미분가능하고, $f'(c)=0$이라고 하자. 이때,

(1) $f''(c)<0$이면 f는 c에서 극대값 $f(c)$를 갖는다.

(2) $f''(c)>0$이면 f는 c에서 극소값 $f(c)$를 갖는다.

$f''=(f')'$

증명 (1) $f'(c)=0$이므로

$$f''(c)=\lim_{x\to c}\frac{f'(x)-f'(c)}{x-c}=\lim_{x\to c}\frac{f'(x)}{x-c}<0$$

따라서, c에 충분히 가까운 x에 대하여

$$\frac{f'(x)}{x-c}<0$$

이때, $x<c$이면 $f'(x)>0$이므로 f는 증가하고, $x>c$이면 $f'(x)<0$이므로 f는 감소한다. 따라서 f는 c에서 극대값을 갖는다.

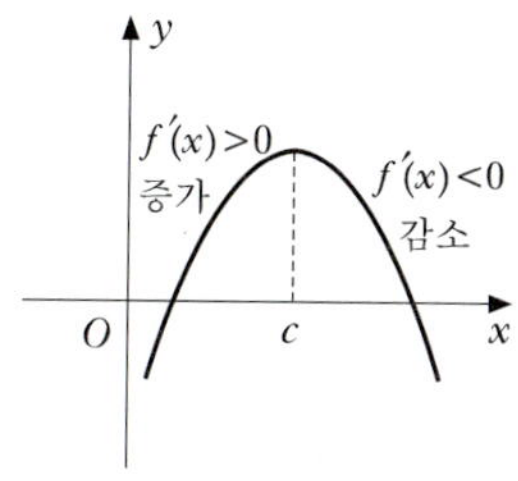

그림 5

(2) (1)과 같은 방법으로 증명된다. ■

예제 1 함수 $f(x)=x^4-8x^2+10$의 극값을 구하여라.

풀이

$$\begin{aligned} f'(x) &= 4x^3-16x \\ &= 4x(x^2-4) \\ &= 4x(x+2)(x-2) \end{aligned}$$

이므로, 임계점은 $x=0, -2, 2$이다.

또, $f''=12x^2-16$이고

$$f''(0)=-16<0,\quad f''(-2)=32>0,\quad f''(2)=32>0$$

따라서, 극대값은 $f(0)=10$이고 극소값은 $f(-2)=f(2)=-6$이다. ■

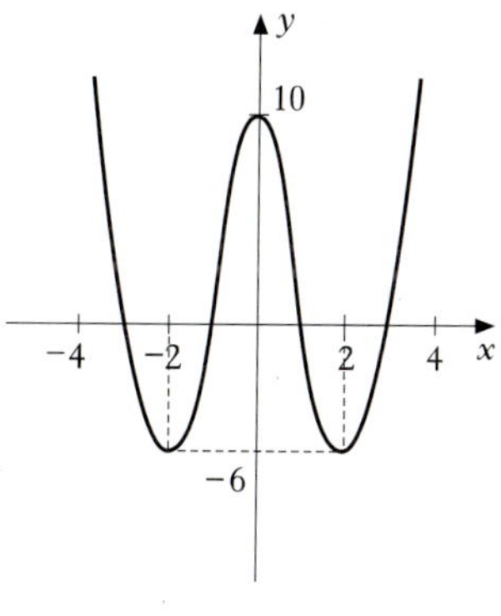

그림 6

위의 2계도함수 판정법에서 함수 f의 1계도함수가 존재하지 않는 점이거나, $f'(c)=0$이고 $f''(c)=0$인 점 c에 대해서는 극대값과 극소값을 판정할 수가 없다.

이를테면, 함수 $f(x)=x^3$에서 $f'(0)=0$, $f''(0)=0$이고 0에서 극값을 갖지 않는다. 그러나 함수 $g(x)=x^4$에서는 $g'(0)=0$, $g''(0)=0$이지만 0에서 극소값 $g(0)=0$을 갖는다.

연습문제 3.4

1. 다음 함수들에 대하여 극값과 변곡점, 위로 오목과 아래로 오목인 구간을 구하여라.

(1) $f(x)=x^3+x$ (2) $f(x)=x^4-6x^2$

(3) $f(x)=\sin^2 x$ (4) $f(x)=x+\sin x$

(5) $f(x)=x^2-\dfrac{1}{x^2}$ (6) $H(x)=\dfrac{x^2}{x^2+1}$

(7) $g(x)=x\sqrt{x-2}$ (8) $f(x)=x^{2/3}(1-x)$

2. 구간 $I=[-2,\ 3]$에서 $f''(x)=x^4-5x^3+4x^2+4$라 하자. I의 어디서 f가 아래로 오목한가?

3. 함수 f의 2계도함수 f''의 그래프가 다음과 같이 주어졌다고 하자. 이때, f의 변곡점의 x좌표를 말하고, 그 이유를 설명하여라.

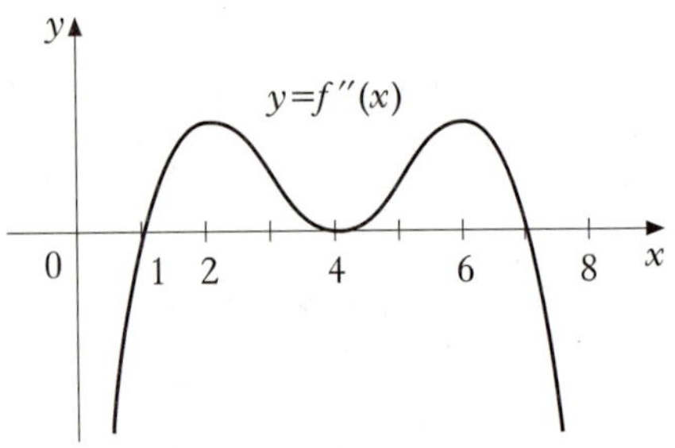

4. 함수 f의 1계도함수 f'의 그래프가 다음과 같이 주어졌다고 하자.

(1) f가 증가하는 구간을 구하여라.

(2) f가 극대값이나 극소값을 가지는 x의 값을 구하여라.

(3) f가 위로 오목하거나 아래로 오목한 구간을 구하여라.

(4) f의 변곡점의 x좌표를 구하여라.

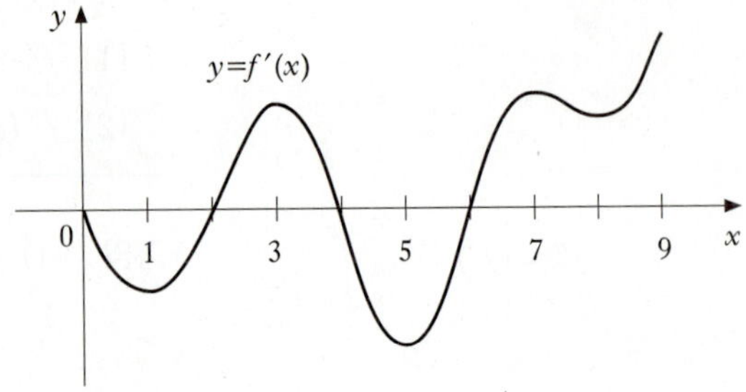

5. $f(x)=x|x|$는 $(0,\ 0)$에서 변곡점을 갖지만 $f''(0)$는 존재하지 않음을 보여라.

6. $f(x)=\dfrac{1}{\sin x}+\dfrac{1}{\cos x}\ \left(0<x<\dfrac{\pi}{2}\right)$의 최대값과 최소값이 존재한다면 구하여라.

7. $f(x)$가 $(a,\ b)$에서 양수이고 위로 오목이면 $f^2(x)$도 위로 오목임을 보여라.

8. $f'(x)=4(x+1)(x-2)^2(x-3)^3(x-5)^4$일 때 $f(x)$가 극대값과 극소값을 갖는 x의 값을 구하여라.

9. 점 $(a,\ 0)$에서 가장 가까운 곡선 $y=\sqrt{x}$ 위의 점을 구하여라 (단, $a>\dfrac{1}{2}$).

10. $f(x)=2\cos x+\sin 2x$의 그래프의 개형을 그려라.

11. 함수 $f(x)=a\sqrt{x}+\dfrac{b}{\sqrt{x}}$가 점 $(4,\ 13)$을 변곡점으로 가지려면, a와 b는 얼마여야 하는가?

12. 삼차함수 $f(x)$가 세 개의 실근 $r_1,\ r_2,\ r_3$을 가진다고 하자. 이 때, 변곡점의 x좌표는 $(r_1+r_2+r_3)/3$임을 보여라.

3.5 극대, 극소의 응용

우리는 일상생활에서 어떤 일을 효과적으로 하기 위하여 최선의 방법을 찾아야 할 때가 자주 있다. 예를 들면 사업가는 어떤 제품을 생산하는데 최소의 비용을 들여서 최대의 이윤을 얻기를 원하고, 의사는 병을 치료하기 위하여 최소의 약의 복용량을 알고 싶어한다. 이러한 종류의 문제들은 함수로 공식화해서 변수가 어떤 특정한 영역에 있을 때 함수의 최대값이나 최소값을 구하는 문제로 생각할 수 있다.

이 절에서는 일상생활에서 일어날 수 있는 여러 가지 문제들을 함수의 극대, 극소값을 이용하여 해결하는 방법을 알아보자.

예제 1 한 변의 길이가 a인 정사각형 모양인 양철의 네 모퉁이로부터 작은 정사각형을 잘라내고 측면을 접어서 위쪽이 열린 상자를 만들려고 한다. 이때 이 상자의 부피를 최대로 하기 위하여 어떻게 하여야 하는가?

풀이 잘라내는 작은 정사각형의 한 변의 길이를 x라 하자.

이 상자의 부피를 v라 하면

$$v = x(a-2x)^2, \quad 0 < x < \frac{a}{2}.$$

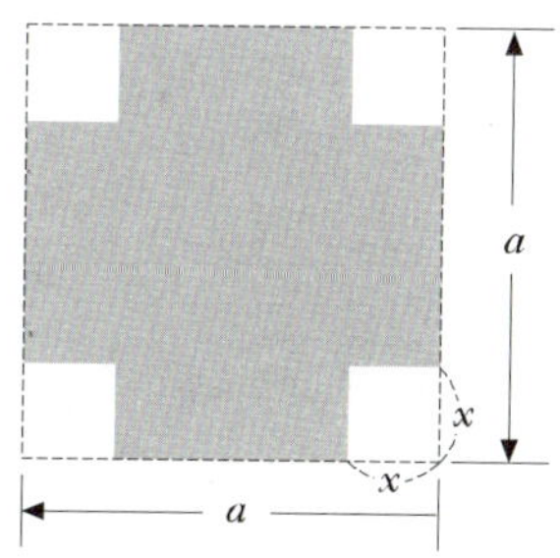

그림 1

v는 $\left(0, \dfrac{a}{2}\right)$에서 연속이고 미분가능한 함수이다. 따라서

$$v'(x) = 12x^2 - 8ax + a^2 = (6x-a)(2x-a).$$

$$v'(x) = 0 \Leftrightarrow x = \frac{a}{6} \quad \text{또는} \quad x = \frac{a}{2}$$

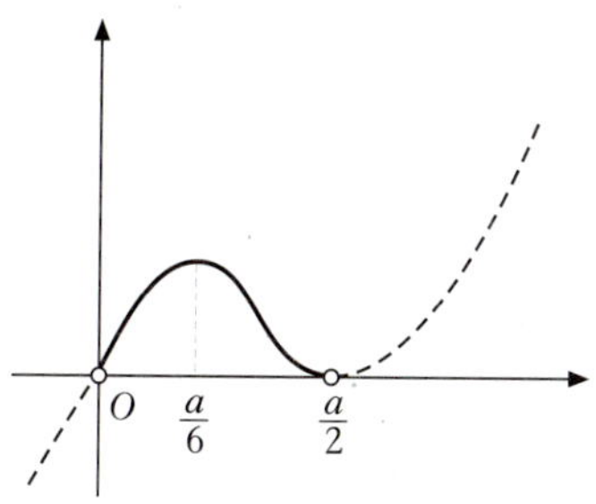

그림 2

또, $v''(x) = 24x - 8a$이므로

$$v''\left(\frac{a}{6}\right) = 4a - 8a = -4a < 0, \quad v''\left(\frac{a}{2}\right) = 12a - 8a = 4a > 0.$$

따라서, v는 $x = \dfrac{a}{6}$에서 극대값 $v\left(\dfrac{a}{6}\right) = \dfrac{2}{27}a^3$을 갖는다. 그런데 $v(0) = v\left(\dfrac{a}{2}\right) = 0$이므로 한 변이 a인 정사각형으로부터 한 변의 길이가 $\dfrac{a}{6}$인 작은 정사각형을 네 모퉁이로부터 떼어내고 만든 상자가 가장 큰 부피를 갖는다.

예제 2 광고지에 490cm^2에 해당하는 광고내용을 직사각형으로 인쇄하려고 한다. 이때 광고지의 위쪽과 아래쪽은 각각 5cm의 여백을, 좌우는 각각 2cm의 여백이 있게 하고 싶다. 이때 종이의 사용을 최소화하는 광고지의 치수를 구하여라.

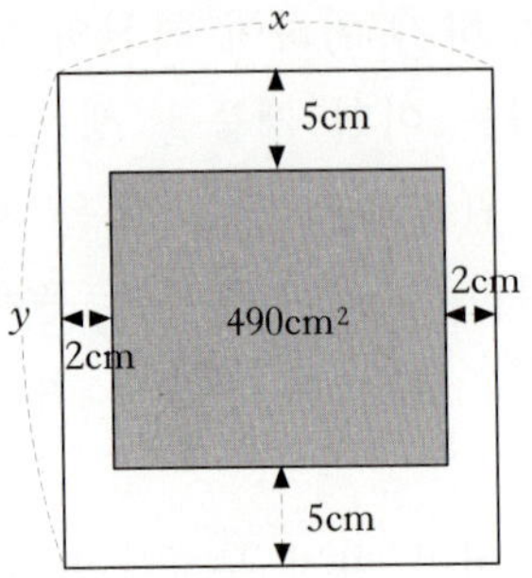

그림 3

풀이 광고지의 가로를 $x$cm, 세로를 $y$cm라 하면 광고지의 면적 A는

$$A = xy$$

인쇄할 부분은 한 변이 각각 $x-4$와 $y-10$인 직사각형이므로

$$(x-4)(y-10) = 490, \quad x > 4, \quad y > 10$$

따라서,

$$y = \frac{490}{x-4} + 10, \quad x > 4$$

A를 x의 식으로 표시하면

$$A = x\left(\frac{490}{x-4} + 10\right) = \frac{490x}{x-4} + 10x, \quad x > 4$$

정의역 $(4, \infty)$에서 A는 미분가능하므로

$$\begin{aligned}\frac{dA}{dx} &= 490\left\{\frac{(x-4)-x}{(x-4)^2}\right\} + 10 \\ &= \frac{10(x-18)(x+10)}{(x-4)^2}, \quad x > 4\end{aligned}$$

따라서, $f'(x) = 0$인 점은 $x = 18$ 또는 $x = -10$이다. $x > 4$이므로 $x = 18$만이 유효하며, $x = 18$ 근방의 $\dfrac{dA}{dx}$의 부호를 비교함으로써 $x = 18$에서 A는 극소값을 가짐을 알 수 있다. 또 다른 극점이 존재하지 않으므로 $x = 18$(cm), $y = 45$(cm)일 때 A는 최소값을 갖는다. ■

예제 3 주어진 직원뿔에 내접하는 직원기둥 중에서 부피가 최대인 것을 구하여라.

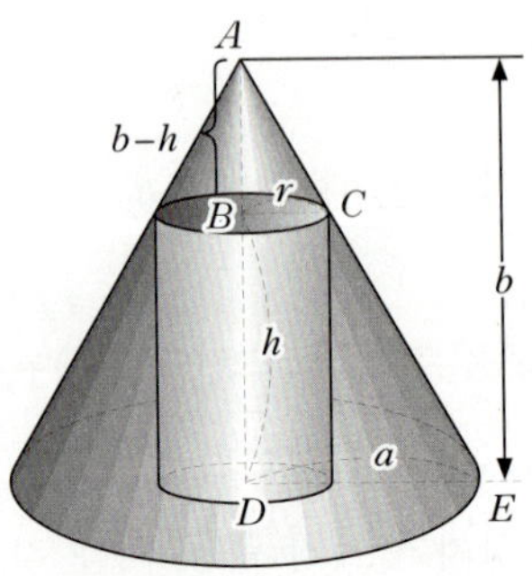

그림 4

풀이 주어진 원뿔의 반지름을 a, 높이를 b라고 하자. 또, 내접하는 원기둥의 반지름을 r, 높이를 h라고 하면 부피 V는

$$V = \pi r^2 h$$

한편, $\triangle ABC \backsim \triangle ADE$이므로

$$\frac{b-h}{r} = \frac{b}{a}$$

따라서, $h=b-\frac{b}{a}r$을 얻는다. 이것을 부피 V를 나타내는 식에 대입하면

$$V=\pi r^2\left(b-\frac{b}{a}r\right)=\pi br^2-\frac{\pi b}{a}r^3,\quad 0<r<a$$

따라서,

$$\frac{dV}{dr}=2\pi br-\frac{3\pi b}{a}r^2=\pi br\left(2-\frac{3r}{a}\right)$$

$\frac{dV}{dr}=0$에서 두 정점 $r=0$과 $r=\frac{2a}{3}$를 얻는다. 그런데 $0<r<a$이므로 $r=\frac{2a}{3}$에서 최대값이 된다. 이때,

$$h=b-\frac{br}{a}=b-\frac{b}{a}\cdot\frac{2a}{3}=\frac{b}{3}$$

따라서, 내접하는 원기둥의 부피가 최대가 되는 것은 반지름이 원뿔의 반지름의 $\frac{2}{3}$이고, 높이가 원뿔의 높이의 $\frac{1}{3}$일 때이다. ■

예제 4 어떤 공장에서 제품 x개를 1개당 가격 $P=300-0.1x$원으로 판매할 수 있다고 한다. 이때, x개의 생산비용이 $E=20x+10000$원 들어간다고 할 때, 이윤을 가장 많게 하려면 제품을 몇 개 생산하는 것이 좋은가?

풀이 제품 x개를 판매하여 얻은 총 매상고는

$$xP=300x-0.1x^2$$

이고, 이윤 T는 매상고에서 생산비용을 뺀 것과 같으므로

$$\begin{aligned}T&=xP-E\\&=(300x-0.1x^2)-(20x+10000)\\&=-0.1x^2+280x-10000\ (x\geq 0)\end{aligned}$$

T는 미분가능하고

$$\frac{dT}{dx}=280-0.2x$$

이므로, $\frac{dT}{dx}=0$에서 $x=1400$을 얻는다. $x=0$일 때 $T<0$이므로 1400개의 제품을 생산할 때 최대 이윤이 남는다. ■

연습문제 3.5

1. 합이 30이고 곱이 최대가 되는 두 양의 정수를 구하여라.

2. 두 수의 곱이 -16이고, 그 제곱들의 합이 최소가 되는 두 수를 찾아라.

3. 포물선 $y=x^2$ 위의 점들 중에, 점 $(0, 5)$에 가장 가까운 것을 찾아라.

4. 직선모양의 호숫가에서 3km 떨어진 섬이 있다. 그리고 섬에서 가장 가까운 호숫가의 지점 P에서 호숫가를 따라 15km 떨어진 지점에 도시 Q가 있다. 보트로는 시속 2km, 육로로는 시속 4km로 움직일 때 가장 짧은 시간에 도시 Q에 도착하려면 어느 지점에 상륙하여야 하는가?

5. 반지름 r인 구에 내접하는 직원기둥의 최대 부피를 구하여라.

6. 직각삼각형의 직각을 낀 두 변이 각각 x, y이고 빗변이 10일 때 $3x+4y$의 최대값을 구하여라.

7. 주어진 원에 내접하는 직사각형들 중에 둘레 길이가 최대인 것은 정사각형임을 보여라.

8. 반지름이 r인 구에 내접하는 직원뿔이 가질 수 있는 최대부피를 구하여라.

9. 한 점이 곡선 $3x^2-2y^2=16$ 위를 움직이고 있다. 이때, y좌표가 초당 5m의 비율로 증가하면 $x=4$일 때 x좌표의 변화율은 얼마인가?

10. 공기가 단열 팽창할 때 압력 P와 부피 V의 관계는 $PV^{\frac{7}{5}}=c$ (c는 상수)이다. 어떤 순간의 압력이 60Ib/cm^2, 부피는 30cm^{3}이다. 부피가 5cm^3/초의 비율로 감소하고 있을 때 압력의 변화율은 얼마인가?

11. 연을 날리는데 그 높이가 500m이다. 바람이 30m/초의 비율로 연을 수평으로 날린다. 연이 연을 날리는 사람으로부터 600m 떨어져 있을 때 실은 얼마만큼 빨리 풀어 주어야 하는가?

12. 구의 표면적이 8πcm^2/sec의 비율로 변하고 있다. 그 표면적이 64πcm^{2}가 될 때 구의 체적의 변화율을 구하여라.

13. 타원 $\frac{x^2}{a^2}+\frac{y^2}{b^2}=1$ 위의 한 점 (x, y)에서 이 타원의 접선의 기울기는 $-\frac{b^2x}{a^2y}$임을 보여라.

14. 용수철에 연결한 추가 x축을 따라서 움직이는데, 시간 t일 때 그 x좌표는 다음과 같다.

$$x=\sin 2t+\sqrt{3}\cos t$$

이 추는 원점으로부터 얼마나 멀리 갈 수 있는가?

15. 반지름이 r이고 꼭지각의 크기가 θ인 부채꼴 모양으로 화단을 만들려고 한다. 넓이가 상수 A일 때, 둘레 길이가 최소가 되게 하는 r과 θ를 구하여라.

16. 100m 높이의 절벽에서 어떤 물체를 던졌더니, 곡선 $y=-\frac{x^2}{10}+x+100$을 따라서 움직였다. 관찰자가 절벽의 아래에서 2m 떨어진 곳에 서 있다.
    (1) 그 물체가 관찰자와 가장 가까울 때의 위치를 구하여라.
    (2) 그 물체가 관찰자와 가장 먼 때의 위치를 구하여라.

3.6 L'Hospital의 법칙

극한을 구하는 문제에서 두 함수 f와 g에 대하여

$$\lim_{x\to a} f(x) = \lim_{x\to a} g(x) = 0$$

일 때 $\lim_{x\to a}\frac{f(x)}{g(x)}$와 같은 극한을 $\frac{0}{0}$꼴의 **부정형**이라고 한다. 또,

$$\lim_{x\to a} f(x) = \lim_{x\to a} g(x) = \pm\infty$$

일 때 $\lim_{x\to a}\frac{f(x)}{g(x)}$와 같은 극한을 $\frac{\infty}{\infty}$꼴의 부정형이라고 한다.

이 절에서는 $\frac{0}{0}$, $\frac{\infty}{\infty}$, $0\cdot\infty$, $\infty-\infty$와 같은 꼴의 부정형이 되는 여러 가지 극한 문제를 푸는 방법을 공부한다.

$\frac{0}{0}$ 형태의 극한

정리 1 (L'Hospital의 법칙($\frac{0}{0}$꼴))

함수 f와 g가 a를 포함하는 개구간 I에서 미분가능하고 a를 제외한 I 내의 모든 x에 대하여 $g'(x)\neq 0$이라고 하자. $\lim_{x\to a}\frac{f(x)}{g(x)}$가 $\frac{0}{0}$꼴의 부정형이고 $\lim_{x\to a}\frac{f'(x)}{g'(x)}=A$ (A는 실수 또는 $\pm\infty$)로 존재하면

$$\lim_{x\to a}\frac{f(x)}{g(x)} = \lim_{x\to a}\frac{f'(x)}{g'(x)}$$

증명 $g'(a)\neq 0$, f'와 g'가 I에서 연속인 경우만 증명한다. 보다 일반적인 증명은 고등미적분학에서 다룬다.

도함수의 정의에서

$$f'(a) = \lim_{x\to a}\frac{f(x)-f(a)}{x-a}, \quad g'(a) = \lim_{x\to a}\frac{g(x)-g(a)}{x-a}$$

이고, f'와 g'가 $x=a$에서 연속이므로

$$\lim_{x\to a}\frac{f'(x)}{g'(x)}=\frac{f'(a)}{g'(a)}=\frac{\lim\limits_{x\to a}\dfrac{f(x)-f(a)}{x-a}}{\lim\limits_{x\to a}\dfrac{g(x)-g(a)}{x-a}}$$

$$=\lim_{x\to a}\frac{\dfrac{f(x)-f(a)}{x-a}}{\dfrac{g(x)-g(a)}{x-a}}=\lim_{x\to a}\frac{f(x)-f(a)}{g(x)-g(a)}$$

그런데 f와 g는 $x=a$에서 연속이므로

$$f(a)=\lim_{x\to a}f(x)=0,\quad g(a)=\lim_{x\to a}g(x)=0$$

따라서, $$\lim_{x\to a}\frac{f'(x)}{g'(x)}=\lim_{x\to a}\frac{f(x)-f(a)}{g(x)-g(a)}=\lim_{x\to a}\frac{f(x)}{g(x)}.$$ ■

위의 정리는 $x\to a^+$, $x\to a^-$, $x\to\infty$, $x\to-\infty$인 경우에도 성립한다.

예제 1 $\lim\limits_{x\to 0}\dfrac{1-\cos x}{x^2+x}$를 구하여라.

$(\cos x)'=-\sin x$

풀이 $1-\cos x$와 x^2+x는 0을 포함하는 구간에서 미분가능하고
$\lim\limits_{x\to 0}(1-\cos x)=0$, $\lim\limits_{x\to 0}(x^2+x)=0$이므로, $\dfrac{0}{0}$꼴의 부정형이다.
따라서, L'Hôspital의 법칙에 의해

$$\lim_{x\to 0}\frac{1-\cos x}{x^2+x}=\lim_{x\to 0}\frac{(1-\cos x)'}{(x^2+x)'}=\lim_{x\to 0}\frac{\sin x}{2x+1}=\frac{0}{1}=0.$$ ■

예제 2 $\lim\limits_{x\to 1}\dfrac{x-1}{x^2-1}$을 구하여라.

$$\lim_{x\to 1}\frac{x-1}{x^2-1}=\lim_{x\to 1}\frac{x-1}{(x-1)(x+1)}=\lim_{x\to 1}\frac{1}{x+1}=\frac{1}{2}$$

풀이 $\lim\limits_{x\to 1}(x-1)=\lim\limits_{x\to 1}(x^2-1)=0$이므로 $\dfrac{0}{0}$꼴의 부정형이다.
따라서, L'Hôspital의 법칙에 의해서

$$\lim_{x\to 1}\frac{x-1}{x^2-1}=\lim_{x\to 1}\frac{(x-1)'}{(x^2-1)'}=\lim_{x\to 1}\frac{1}{2x}=\frac{1}{2}.$$ ■

위의 L'Hospital의 법칙은 $\dfrac{0}{0}$꼴의 극한

$$\lim_{x\to a}\frac{f(x)}{g(x)}$$

에서 $\dfrac{0}{0}$꼴이 계속되는 한 연속적으로 이 법칙을 사용할 수 있음을 의미한다. 즉, 분자, 분모의 어느 한 함수의 도함수가 0이 아닐 때까지 연속적으

로 미분하여 극한값을 구한다.

예제 3 $\lim_{x \to 0} \frac{1-\cos x}{x^2+3x^3}$ 을 구하여라.

$(\cos x)' = -\sin x$

풀이 $\frac{0}{0}$ 꼴의 부정형이 계속되므로 L'Hopital의 법칙을 반복하여 사용하면

$$\lim_{x \to 0} \frac{1-\cos x}{x^2+3x^3} = \lim_{x \to 0} \frac{\sin x}{2x+9x^2} = \lim_{x \to 0} \frac{\cos x}{2+18x} = \frac{1}{2}$$

예제 4 $\lim_{x \to 0} \frac{\tan x - x}{x^3}$ 를 구하여라.

$(\tan x)' = \sec^2 x$
$(\sec x)' = \sec x \tan x$

풀이 $\frac{0}{0}$ 꼴의 부정형이 계속됨으로 L'Hospital의 법칙을 반복하여 사용하면

$$\lim_{x \to 0} \frac{\tan x - x}{x^3} = \lim_{x \to 0} \frac{\sec^2 x - 1}{3x^2} = \lim_{x \to 0} \frac{2\sec^2 x \tan x}{6x}$$
$$= \lim_{x \to 0} \frac{4\sec^2 x \tan^2 x + 2\sec^4 x}{6} = \frac{2}{6} = \frac{1}{3}.$$

$\frac{\infty}{\infty}$ 형태의 극한

다음 정리는 L'Hospital의 법칙이 $\frac{0}{0}$ 형태의 극한 뿐 아니라 $\frac{\infty}{\infty}$ 형태의 극한에도 적용될 수 있음을 보여준다. 이 정리의 증명은 생략하기로 한다.

정리 2 (L'Hospital의 법칙($\frac{\infty}{\infty}$ 꼴))

함수 f와 g가 a를 포함하는 개구간 I에서 미분가능하고 a를 제외한 I 내의 모든 점에서 $g'(x) \neq 0$이라고 하자.

$\lim_{x \to a} \frac{f(x)}{g(x)}$가 $\frac{\infty}{\infty}$ 꼴의 부정형이고 $\lim_{x \to a} \frac{f'(x)}{g'(x)} = A$ (A는 실수 또는 $\pm\infty$)로 존재하면

$$\lim_{x \to a} \frac{f(x)}{g(x)} = \lim_{x \to a} \frac{f'(x)}{g'(x)}$$

위의 정리는 $x \to a^+$, $x \to a^-$, $x \to \infty$, $x \to -\infty$인 경우에도 성립한다.

예제 5 $\lim_{x\to\infty} \dfrac{x+3x^2}{4x+7x^3}$를 구하여라.

풀이 $\lim_{x\to\infty}(x+3x^2)=\lim_{x\to\infty}(4x+7x^3)=\infty$이다. 따라서, L'Hospital의 법칙을 사용하면

$$\lim_{x\to\infty} \frac{x+3x^2}{4x+7x^3} = \lim_{x\to\infty} \frac{1+6x}{4+21x^2} = \lim_{x\to\infty} \frac{6}{42x} = 0$$ ■

$0\cdot\infty$와 $\infty-\infty$꼴의 극한

부정형 $0\cdot\infty$와 $\infty-\infty$꼴의 극한은 대수적으로 식을 $\dfrac{0}{0}$ 또는 $\dfrac{\infty}{\infty}$꼴로 변형하여 L'Hospital의 법칙을 적용한다.

예제 6 $\lim_{x\to\frac{\pi}{2}} \left(x-\dfrac{\pi}{2}\right)\tan x$를 구하여라.

$\cot x = \dfrac{1}{\tan x}$

$(\cot x)' = -\csc^2 x$

$\csc x = \dfrac{1}{\sin x}$

풀이 $\lim_{x\to\frac{\pi}{2}} \left(x-\dfrac{\pi}{2}\right)=0$이고 $\lim_{x\to\frac{\pi}{2}} |\tan x|=\infty$이다. 따라서, $0\cdot\infty$꼴이지만

$$\left(x-\frac{\pi}{2}\right)\tan x = \frac{x-\frac{\pi}{2}}{\cot x}$$

로 다시 바꾸어 쓰면 이것은 $\dfrac{0}{0}$꼴이다. 따라서

$$\begin{aligned}\lim_{x\to\frac{\pi}{2}} \left(x-\frac{\pi}{2}\right)\tan x &= \lim_{x\to\frac{\pi}{2}} \frac{x-\frac{\pi}{2}}{\cot x} = \lim_{x\to\frac{\pi}{2}} \frac{1}{-\csc^2 x} \\ &= \lim_{x\to\frac{\pi}{2}} (-\sin^2 x) \\ &= -1\end{aligned}$$ ■

예제 7 $\lim_{x\to 0} \left(\dfrac{1}{x}-\dfrac{1}{\sin x}\right)$를 구하여라.

풀이 $\dfrac{1}{x}-\dfrac{1}{\sin x}$는 $x\to 0^+$일 때는 $\infty-\infty$꼴이고, $x\to 0^-$일 때는 $-\infty-(-\infty)$꼴로 어느 경우에도 부정형이다. 그러나

$(\sin x)' = \cos x$

$(\cos x)' = -\sin x$

$$\frac{1}{x}-\frac{1}{\sin x} = \frac{\sin x - x}{x\sin x}$$

$(f(x)g(x))' = f'(x)g(x)+f(x)g'(x)$

는 $\dfrac{0}{0}$꼴이다. 따라서, L'Hospital의 법칙을 사용하면

$$\begin{aligned}\lim_{x\to 0}\left(\frac{1}{x}-\frac{1}{\sin x}\right)&=\lim_{x\to 0}\frac{\sin x - x}{x\sin x}\\&=\lim_{x\to 0}\frac{\cos x-1}{\sin x+x\cos x}\\&=\lim_{x\to 0}\frac{-\sin x}{\cos x+\cos x-x\sin x}\\&=\frac{0}{2}=0\end{aligned}$$

연습문제 3.6

1. 다음의 극한을 구하여라.

(1) $\lim_{x\to 1}\frac{x^2-1}{x-1}$ (2) $\lim_{x\to\infty}\frac{3x+7}{6x-2}$

(3) $\lim_{x\to 0}\frac{\sin x^2}{x\cos x}$ (4) $\lim_{x\to 0}\frac{\cos x-1}{2x^2}$

(5) $\lim_{x\to 0}\frac{2x(\cos x-1)}{\sin x-x}$ (6) $\lim_{x\to 0}\left(\frac{1}{x}-\frac{1}{\sqrt{x}}\right)$

(7) $\lim_{x\to\infty}(x-\sqrt{x^2+x+1})$ (8) $\lim_{x\to\frac{\pi}{2}}(\sec x-\tan x)$

2. 다음의 극한을 구하는데 L'Hôspital의 법칙의 적용여부를 밝히고 극한값을 구하여라.

(1) $\lim_{x\to\infty}\frac{\sqrt{2x+1}}{\sqrt{x+2}}$ (2) $\lim_{x\to\infty}\frac{4x+\sqrt{x}}{x+\sqrt{7x+1}}$

(3) $\lim_{x\to\infty}-\frac{2x+1}{x+\sqrt{x+2}}$

3. 두 함수

$$f(x)=\begin{cases}2x+2 & x\neq 0\\ 0 & x=0\end{cases},\quad g(x)=\begin{cases}x+5 & x\neq 0\\ 0 & x=0\end{cases}$$

에 대하여 $\lim_{x\to 0}\frac{f'(x)}{g'(x)}$와 $\lim_{x\to 0}\frac{f(x)}{g(x)}$를 구하고 L'Hôspital 법칙의 성립여부를 밝혀라.

4. $\lim_{x\to 0}\frac{\int_0^x \sin t^2 dt}{x^3+\sin x}$를 구하여라.

5. n이 양의 정수일 때 $\lim_{x\to\infty}\frac{e^x}{x^n}=\infty$을 증명하라.

6. 다음 그림은 중심각이 θ인 부채꼴이다. $A(\theta)$를 현 PR과 호 PR에 의해서 생긴 부분의 면적이라 하자. 또, $B(\theta)$를 삼각형 PQR의 면적이라 할 때 $\lim_{\theta\to 0}A(\theta)/B(\theta)$을 구하여라.

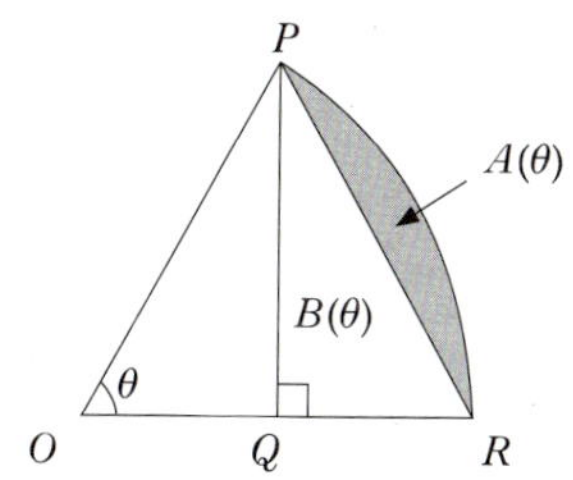

7. f'가 연속일 때, L'Hôspital의 법칙을 이용하여

$$\lim_{h\to 0}\frac{f(x+h)-f(x-h)}{2h}=f'(x)$$

임을 보여라.

제 4 장 적 분

4.1 합과 Σ기호

여러 개의 수의 합으로 나타내어진 식을 그리스 문자 Σ(sigma)를 사용하여 간단히 나타내면 편리하다. 이를테면 n개의 수의 합

$$a_1+a_2+a_3+\cdots+a_n$$

을 $\sum_{i=1}^{n} a_i$와 같이 나타낸다. 즉,

$$\sum_{i=1}^{n} a_i = a_1+a_2+a_3+\cdots+a_n$$

예를 들면,

$$\sum_{i=1}^{100} i = 1+2+3+\cdots+100$$

$$\sum_{j=2}^{10} \frac{1}{j} = \frac{1}{2}+\frac{1}{3}+\frac{1}{4}\cdots+\frac{1}{10}$$

$$\sum_{k=1}^{5} a_k b_k = a_1b_1+a_2b_2+\cdots+a_5b_5$$

$$\sum_{i=m}^{n} f(i) = f(m)+f(m+1)+\cdots+f(n) \quad (\text{단, } n \ge m)$$

또, c_i들이 모두 c와 같을 때

$$\sum_{i=1}^{n} c_i = \overbrace{c+c+c+\cdots+c}^{n\text{개}} = nc$$

즉, 다음 결과를 얻는다.

$$\sum_{i=1}^{n} c = nc$$

$$\sum_{i=1}^{5} 3 = 3+3+3+3+3$$
$$= 5\cdot 3$$
$$= 15$$

예를 들면,

$$\sum_{i=1}^{5} 3 = 5\cdot 3 = 15, \quad \sum_{j=1}^{10} (-2) = 10\cdot(-2) = -20$$

기호 Σ는 다음과 같은 기본 성질을 갖는다.

정리 1 (Σ의 성질)

a_i, $b_i (i=1, 2, \cdots, n)$가 실수이고, c가 상수일 때 다음이 성립한다.

(1) $\sum_{i=1}^{n} ca_i = c \sum_{i=1}^{n} a_i$.

(2) $\sum_{i=1}^{n} (a_i + b_i) = \sum_{i=1}^{n} a_i + \sum_{i=1}^{n} b_i$

(3) $\sum_{i=1}^{n} (a_i - b_i) = \sum_{i=1}^{n} a_i - \sum_{i=1}^{n} b_i$

증명 Σ기호의 정의에 의하면

(1)
$$\begin{aligned}\sum_{i=1}^{n} ca_i &= ca_1 + ca_2 + \cdots + ca_n \\ &= c(a_1 + a_2 + \cdots + a_n) \\ &= c \sum_{i=1}^{n} a_i.\end{aligned}$$

(2)
$$\begin{aligned}\sum_{i=1}^{n} (a_i + b_i) &= (a_1 + b_1) + \cdots + (a_n + b_n) \\ &= (a_1 + \cdots + a_n) + (b_1 + \cdots + b_n) \\ &= \sum_{i=1}^{n} a_i + \sum_{i=1}^{n} b_i\end{aligned}$$

(3)은 (2)와 마찬가지 방법으로 증명된다. ■

예제 1 $\sum_{i=1}^{100} a_i = 50$, $\sum_{i=1}^{100} b_i = 25$일 때, $\sum_{i=1}^{100} (2a_i + 3b_i - 4)$를 구하여라.

풀이 Σ의 성질에 의해서

$$\begin{aligned}\sum_{i=1}^{100} (2a_i + 3b_i - 4) &= \sum_{i=1}^{100} 2a_i + \sum_{i=1}^{100} 3b_i + \sum_{i=1}^{100} (-4) \\ &= 2\sum_{i=1}^{100} a_i + 3\sum_{i=1}^{100} b_i + \sum_{i=1}^{100} (-4) \\ &= 2 \cdot 50 + 3 \cdot 25 + (-4) \cdot 100 \\ &= -225\end{aligned}$$
■

다음 특수한 합의 공식은 여러 가지 계산에서 사용되는 편리한 공식이다.

정리 2 (합의 공식)

모든 자연수 n에 대해 다음 식들이 성립한다.

(1) $\displaystyle\sum_{i=1}^{n} i = \frac{n(n+1)}{2}$

(2) $\displaystyle\sum_{i=1}^{n} i^2 = \frac{n(n+1)(2n+1)}{6}$

(3) $\displaystyle\sum_{i=1}^{n} i^3 = \left\{\frac{n(n+1)}{2}\right\}^2$

증명 (1) $$\sum_{i=1}^{n} i = 1+2+3+\cdots+(n-2)+(n-1)+n$$

의 합의 순서를 뒤부터 합하면

$$\sum_{i=1}^{n} i = n+(n-1)+(n-2)+\cdots+3+2+1$$

이 두 식을 순서대로 항별로 합하면

$$\begin{aligned}2\sum_{i=1}^{n} i &= (1+n)+(2+n-1)+(3+n-2)+\cdots \\ &\quad +(n-2+3)+(n-1+2)+(n+1) \\ &= \overbrace{(n+1)+(n+1)+(n+1)+\cdots+(n+1)+(n+1)+(n+1)}^{n\text{개}} \\ &= n(n+1)\end{aligned}$$

따라서, $\displaystyle\sum_{i=1}^{n} i = \frac{n(n+1)}{2}$

(2) 수학적 귀납법으로 증명한다.

$n=1$일 때 $\displaystyle\sum_{i=1}^{1} i^2 = 1 = \frac{1\cdot 2\cdot 3}{6}$이므로, 성립한다.

$n=k$일 때 (2)가 성립한다고 가정하면

$$\sum_{i=1}^{k} i^2 = \frac{k(k+1)(2k+1)}{6}$$

따라서, $n=k+1$일 때,

$$\begin{aligned}\sum_{i=1}^{k+1} i^2 &= \sum_{i=1}^{k} i^2 + (k+1)^2 \\ &= \frac{k(k+1)(2k+1)}{6} + (k+1)^2 \\ &= (k+1)\left[\frac{k(2k+1)}{6} + k+1\right]\end{aligned}$$

$$= (k+1)\frac{2k^2+7k+6}{6}$$

$$= \frac{(k+1)(k+2)(2k+3)}{6}$$

이므로, $n=k+1$일 때도 (2)가 성립한다. 그러므로 수학적 귀납법에 의해 (2)는 모든 자연수 n에 대해 성립한다.

(3)식도 마찬가지로 수학적 귀납법에 의해 증명된다. ■

예제 2 $\sum_{i=1}^{n}(i+2)(i-5)$를 계산하여라.

$\sum_{i=1}^{n} i = \frac{n(n+1)}{2}$

$\sum_{i=1}^{n} i^2 = \frac{n(n+1)(2n+1)}{6}$

풀이 $\sum$의 성질과 공식 (1), (2)를 이용하면

$$\sum_{i=1}^{n}(i+2)(i-5) = \sum_{i=1}^{n}(i^2-3i-10) = \sum_{i=1}^{n} i^2 - 3\sum_{i=1}^{n} i - \sum_{i=1}^{n} 10$$

$$= \frac{n(n+1)(2n+1)}{6} - 3\cdot\frac{n(n+1)}{2} - 10n$$

$$= \frac{n}{6}(2n^2+3n+1-9n-9-60)$$

$$= \frac{n(n^2-3n-34)}{3}$$ ■

예제 3 $\sum_{i=1}^{n} i(4i^2-3)$을 계산하여라.

$\sum_{i=1}^{n} i^3 = \left\{\frac{n(n+1)}{2}\right\}^2$

풀이 $\sum$의 성질과 합의 공식을 이용하면

$$\sum_{i=1}^{n} i(4i^2-3) = \sum_{i=1}^{n}(4i^3-3i)$$

$$= 4\sum_{i=1}^{n} i^3 - 3\sum_{i=1}^{n} i$$

$$= 4\left(\frac{n(n+1)}{2}\right)^2 - 3\cdot\frac{n(n+1)}{2}$$

$$= n(n+1)\left(n^2+n-\frac{3}{2}\right).$$ ■

연습문제 4.1

1. 다음 식들을 $\sum$를 써서 나타내어라.

(1) $\sqrt{2}+\sqrt{3}+\cdots+\sqrt{10}$

(2) $\dfrac{1}{2}+\dfrac{2}{3}+\dfrac{3}{4}+\cdots+\dfrac{19}{20}$

(3) $x+x^2+\cdots+x^n$

(4) $\cos x+\cos\dfrac{x^2}{2}+\cdots+\cos\dfrac{x^n}{n}$

(5) $f(c_1)+f(c_2)+\cdots+f(c_n)$

(6) $f(w_1)\Delta x+f(w_2)\Delta x+\cdots+f(w_n)\Delta x$

2. 다음을 계산하여라.

(1) $\sum_{i=1}^{5}(3i^2-2)$ (2) $\sum_{i=1}^{5}i(i^2+1)$

(3) $\sum_{i=1}^{n}(3+i)^2$ (4) $\sum_{i=1}^{n}i(i+1)(i+2)$

(5) $\sum_{i=1}^{n}(i^3-i^2+2i)$ (6) $\sum_{i=1}^{n}(\sqrt{i}-\sqrt{i-1})$

3. $\sum_{i=1}^{10}a_i=40$, $\sum_{i=1}^{10}b_i=50$일 때, 다음을 계산하여라.

(1) $\sum_{i=1}^{10}(a_i+b_i)$ (2) $\sum_{n=1}^{10}(3a_n+2b_n)$

(3) $\sum_{p=0}^{9}(a_{p+1}-b_{p+1})$ (4) $\sum_{q=1}^{10}(a_q-b_q-q)$

4. 수학적 귀납법을 이용하여 정리 2의 (3)을 증명하여라.

5. 다음의 극한을 구하여라.

(1) $\lim_{n\to\infty}\sum_{i=1}^{n}\left[\left(\dfrac{i}{n}\right)^2+\dfrac{i}{n}\right]\dfrac{1}{n}$ (2) $\lim_{n\to\infty}\sum_{i=1}^{n}\left(\dfrac{i}{n}\right)^3\dfrac{1}{n}$

(3) $\lim_{n\to\infty}\sum_{i=1}^{n}\left[\left(\dfrac{i}{n}\right)^3+\dfrac{5i}{n}\right]\dfrac{1}{n}$ (4) $\lim_{n\to\infty}\sum_{i=1}^{n}\left[\left(\dfrac{2i}{n}\right)^2+1\right]\dfrac{2}{n}$

6. 다음 각각의 합을 구하여라.

(1) $\sum_{i=1}^{40}\left(\dfrac{1}{k}-\dfrac{1}{k+1}\right)$ (2) $\sum_{k=1}^{10}(2^k-2^{k-1})$

(3) $\sum_{k=3}^{20}\left(\dfrac{1}{(k+1)^2}-\dfrac{1}{k^2}\right)$ (4) $\sum_{k=3}^{m+1}(a_k-a_{k-1})$

7. 어떤 수열 $x_1, x_2, \cdots, x_n$의 평균 $\bar{x}$와 분산 s^2을 다음과 같이 정의한다.

$$\bar{x}=\frac{1}{n}\sum_{i=1}^{n}x_i,\quad s^2=\frac{1}{n}\sum_{i=1}^{n}(x_i-\bar{x})^2$$

다음 수열에 대해서 $\bar{x}$와 s^2을 구하여라.

2, 5, 7, 8, 9, 10, 14

8. 항등식 $(i+1)^4-i^4=4i^3+6i^2+4i+1$을 써서, 합의 공식 (3)을 증명하여라.

$$1^3+2^3+\cdots+n^3=\left[\frac{n(n+1)}{2}\right]^2$$

9. 항등식 $(i+1)^5-i^5=5i^4+10i^3+10i^2+5i+1$을 써서, 합의 공식 (4)를 증명하여라.

$$1^4+2^4+\cdots+n^4=\frac{n(n+1)(6n^3+9n^2+n-1)}{30}$$

10. 12일 동안의 크리스마스라는 노래를 보면, 사랑하는 사람이 나에게 선물을 주는 데, 첫날은 1개를 주고, 둘째 날은 1+2개를 셋째날은 1+2+3개를 주고, 이런 식으로 12일 동안 계속 선물을 준다.

(1) 12일 동안 주는 선물의 총 개수는?

(2) 처음 n일 동안 준 선물의 총 개수 T_n을 나타내는 간단한 공식을 구하여라.

4.2 평면도형의 면적

이 절에서는 여러 가지 평면도형의 면적을 구하는 방법을 알아보자.

평면도형 R이 다각형일 때는 다각형을 몇 개의 직사각형이나 삼각형으로 나누고 각각의 직사각형과 삼각형의 면적을 합하면 다각형의 면적 $A(R)$을 구할 수 있다.

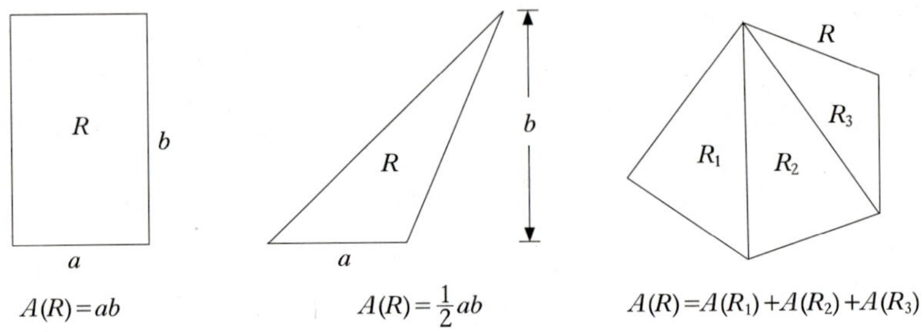

그림 1

그러나 도형 R가 곡선으로 둘러싸여 있는 경우에는 간단하지가 않다. 이와 같은 경우에는 도형 R의 면적은 이 도형에 내접 또는 외접하는 다각형의 면적의 극한으로 구할 수 있다.

예를 들면, 원에 내접하는 다각형의 변의 수를 점점 늘려나가면 다각형의 면적은 원의 면적에 접근함을 알 수 있다. 즉, 내접하는 n각형 R_n의 변의 수 n을 한없이 증가시킬 때 다각형의 면적의 극한값이 원의 면적이 되므로 원의 면적 $A(R)$는

$$A(R)=\lim_{n\to\infty} A(R_n)$$

으로 구할 수 있다.

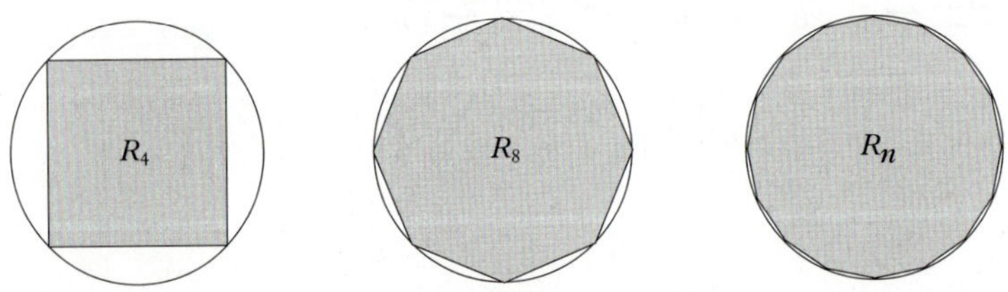

그림 2

또, 다음 그림과 같이 원에 외접하는 다각형을 생각하고 다각형의 변의 수를 한없이 늘려나가면 외접하는 다각형의 면적이 점점 원의 면적에 접근함을 알 수 있다. 따라서 원의 넓이는 외접하는 다각형의 면적의 극한값으

로도 구할 수 있다.

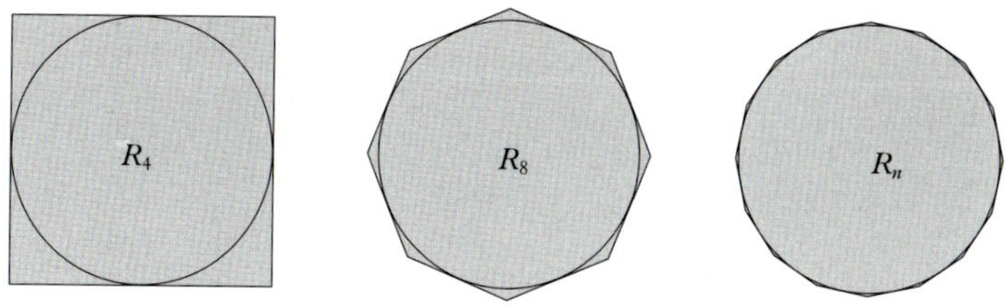

그림 3

예제 1 반지름 r인 원의 면적을 구해보자.

풀이 반지름 r인 원에 내접하는 정n각형 R_n의 면적 $A(R_n)$을 구하여 보자. R_n은 n개의 이등변 삼각형으로 구성되어 있으므로(그림 4)

$$A(R_n) = n \cdot \frac{1}{2} \cdot r \cdot r \sin \frac{2\pi}{n}$$
$$= \frac{r^2}{2} n \sin \frac{2\pi}{n}$$

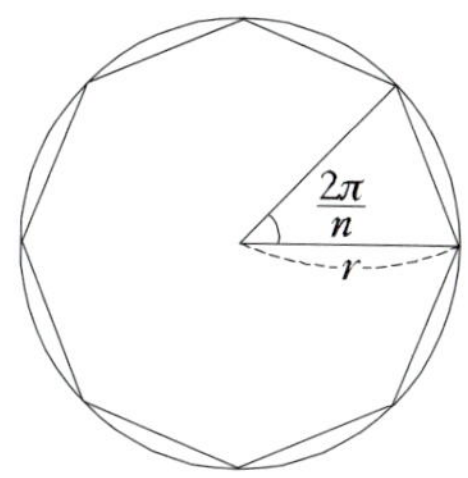

그림 4

원에 내접하는 정다각형의 변의 수를 무한히 증가시킬 때 다각형의 면적의 극한값을 구하면

$$\lim_{n\to\infty} A(R_n) = \lim_{n\to\infty} \frac{r^2}{2} n \sin \frac{2\pi}{n}$$
$$= \frac{r^2}{2} \lim_{n\to\infty} n \sin \frac{2\pi}{n} = \pi r^2$$

$$\lim_{n\to\infty} n \sin \frac{2\pi}{n}$$
$$= \lim_{n\to\infty} 2\pi \left(\frac{\sin \frac{2\pi}{n}}{\frac{2\pi}{n}} \right)$$
$$= 2\pi \lim_{n\to\infty} \frac{\sin \frac{2\pi}{n}}{\frac{2\pi}{n}}$$

$\left(t = \frac{2\pi}{n}\right.$라 두면 $\left. n \to \infty \right.$일때 $\left. t \to 0 \right)$

$$= 2\pi \lim_{t\to 0} \frac{\sin t}{t}$$
$$= 2\pi \times 1 = 2\pi$$

따라서, 원의 면적은 πr^2임을 알 수 있다. ■

예제 2 함수 $f(x) = x^2$의 그래프와 x축, $x = 1$로 둘러싸인 영역 R의 면적을 구하여라.

풀이 폐구간 $[0, 1]$을 n등분하여 길이가 같은 n개의 소구간 $[x_{i-1}, x_i]$, $i = 1, \cdots, n$으로 분할하면,

$$x_i = \frac{i}{n}, \quad i = 0, \cdots, n$$

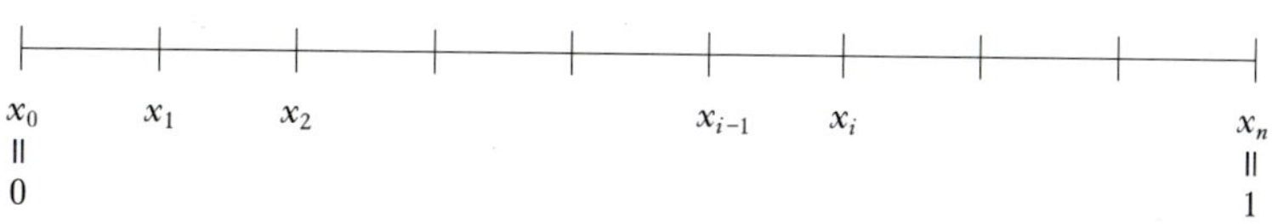

그림 5

(방법 1) 밑변이 $[x_{i-1}, x_i]$이고 높이가 $f(x_{i-1})$, $1 \le i \le n$인 n개의 직사각형들을 생각하자. n개의 직사각형들은 영역 R에 내접하는 다각형 R_n을 이룬다. R_n의 면적 S_n은

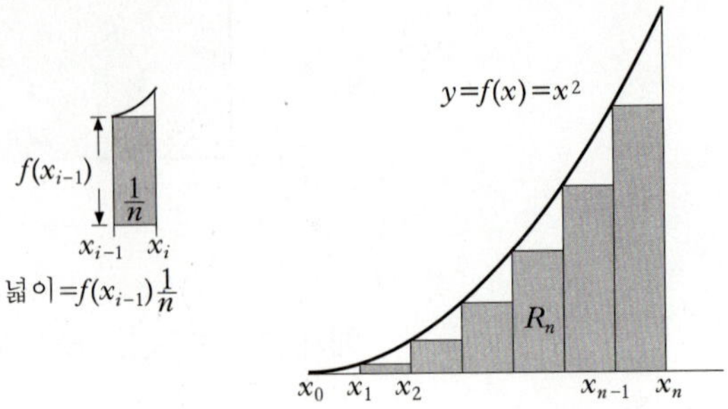

그림 6

$$
\begin{aligned}
S_n &= \frac{1}{n} f(x_0) + \frac{1}{n} f(x_1) + \cdots + \frac{1}{n} f(x_{n-1}) \\
&= \frac{1}{n} \cdot 0^2 + \frac{1}{n} \cdot \left(\frac{1}{n}\right)^2 + \cdots + \frac{1}{n} \cdot \left(\frac{n-1}{n}\right)^2 \\
&= \frac{1}{n^3} \{1^2 + 2^2 + \cdots + (n-1)^2\} \\
&= \frac{1}{n^3} \sum_{i=1}^{n-1} i^2
\end{aligned}
$$

이므로

$$\sum_{i=1}^{n-1} i^2 = \frac{(n-1)n(2n-1)}{6}$$

$$S_n = \frac{1}{n^3} \frac{(n-1)n(2n-1)}{6} = \frac{2n^3 - 3n^2 + n}{6n^3}.$$

그림 6을 관찰해 보면 영역 R의 면적 $A(R)$은 S_n보다 크다. 그러나 n이 점점 커질수록 $A(R)$과 S_n의 차이가 점점 작아짐을 알 수 있다. 즉,

$$A(R) = \lim_{n \to \infty} S_n$$

그런데

$$\lim_{n \to \infty} S_n = \lim_{n \to \infty} \frac{2n^3 - 3n^2 + n}{6n^3} = \frac{1}{3}$$

이므로 영역 R의 면적 $A(R)$은 $\frac{1}{3}$임을 알 수 있다.

(방법 2) 밑변이 $[x_{i-1}, x_i]$이고 높이가 $f(x_i)$, $1 \le i \le n$인 n개의 직사각형들을 생각하자. n개의 직사각형들은 영역 R에 외접하는 다각형 R_n'을 이룬다. R_n'의 면적 T_n은

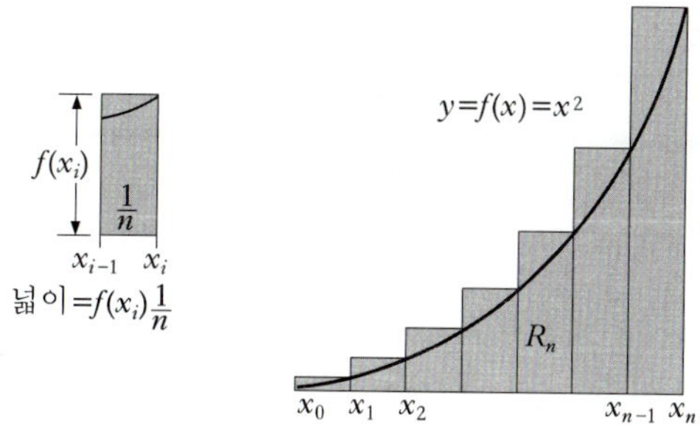

그림 7

$$\begin{aligned}T_n &= \frac{1}{n}f(x_1)+\frac{1}{n}f(x_2)+\cdots+\frac{1}{n}f(x_n)\\ &= \frac{1}{n}\cdot\left(\frac{1}{n}\right)^2+\frac{1}{n}\cdot\left(\frac{2}{n}\right)^2+\cdots+\frac{1}{n}\cdot\left(\frac{n}{n}\right)^2\\ &= \frac{1}{n^3}(1^2+2^2+\cdots+n^2)\\ &= \frac{1}{n^3}\sum_{i=1}^{n} i^2\end{aligned}$$

이므로

$\sum_{i=1}^{n} i^2 = \frac{n(n+1)(2n+1)}{6}$

$$T_n = \frac{1}{n^3}\,\frac{n(n+1)(2n+1)}{6} = \frac{2n^3+3n^2+n}{6n^3}.$$

$S_n \le (R$의 면적$) \le T_n$

그림 7을 관찰해 보면 영역 R의 면적 $A(R)$은 T_n보다 작다. 그러나 n이 점점 커질수록 $A(R)$과 T_n의 차이가 점점 작아짐을 알 수 있다. 즉,

$$A(R) = \lim_{n\to\infty} T_n$$

그런데

$$\lim_{n\to\infty} T_n = \lim_{n\to\infty}\frac{2n^3+3n^2+n}{6n^3} = \frac{1}{3}$$

이므로 영역 R의 면적 $A(R)$은 $\frac{1}{3}$임을 알 수 있다. ■

연습문제 4.2

1. 다음 주어진 내접다각형 또는 외접다각형의 면적을 구하여라.

(1)

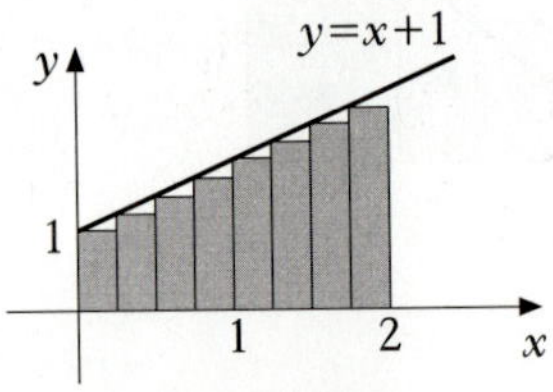

(2)

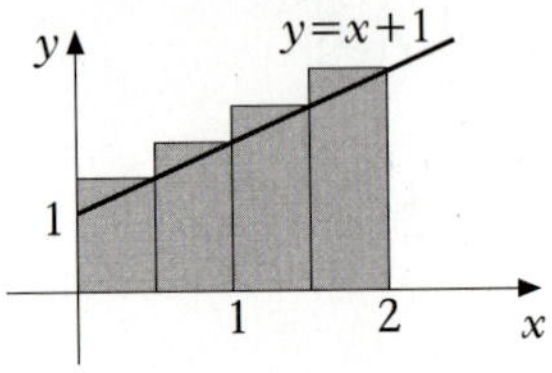

(3)

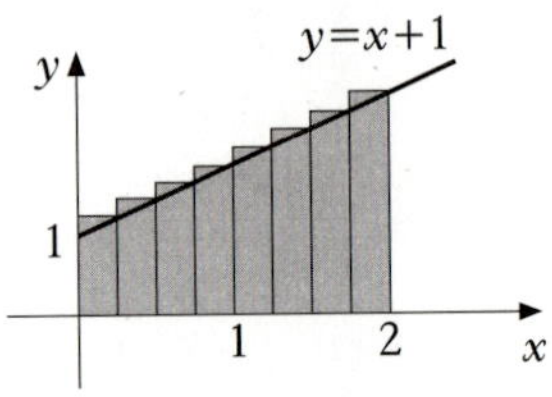

(4)

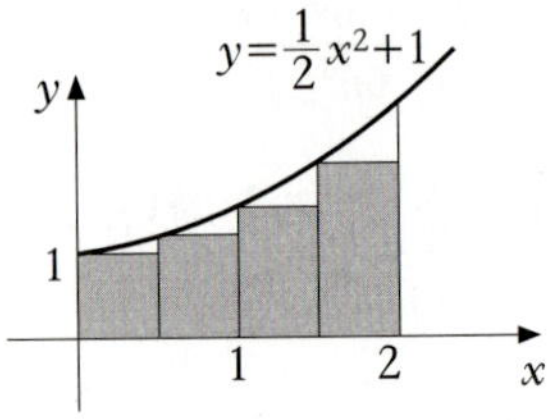

2. 다음 주어진 함수의 그래프와 직선들로 둘러싸인 영역의 면적을 구하여라.

(1) $y=x+2$, x축, $x=0$, $x=1$

(2) $y=2x+2$, x축, $x=-1$, $x=1$

(3) $y=x^2+1$, x축, $x=0$, $x=1$

(4) $y=-x^2+2$, x축, $x=0$, $x=1$

(5) $y=x^3$, x축, $x=1$

(6) $y=-x^3+1$, x축, $x=0$, $x=1$

3. 구간 $[a, b]$에서 곡선 $y=x^2$의 아래 영역의 넓이를 S_a^b로 나타내자.

(1) $S_0^b=b^3/3$임을 증명하여라.

(2) $S_a^b=b^3/3-a^3/3$임을 보여라. (단, $a \geq 0$)

4. 어떤 물체가 좌표축을 따라서 움직이는데, 시간 t초일 때 그 속도는 초속 $v=t^2$m이다. $t=3$에서 $t=5$ 사이 동안 얼마나 멀리 움직이는가?

5. 반지름이 r인 원에 외접하는 정 n각형의 넓이는 $S=nr^2\tan(\pi/n)$임을 보이고, 이것을 이용하여 원의 넓이를 구하여라.

6. 영역의 넓이가 다음의 극한과 같아지는 영역을 결정하여라.

$$\lim_{n\to\infty}\sum_{i=1}^{n}\frac{\pi}{4n}\tan\frac{i\pi}{4n}$$

7. (1) 0으로부터 1까지 곡선 $y=x^3$ 아래의 넓이를 극한으로서 나타내어라.

(2) (1)에서 극한을 계산하여라.

4.3 정적분

정적분의 정의

함수 f를 폐구간 $[a, b]$에서 정의된 유계함수라고 하자. 구간 $[a, b]$에서 다음의 점

$$a = x_0 < x_1 < x_2 < \cdots < x_n = b$$

을 잡으면 $[a, b]$는 n개의 작은 구간들로 나누어진다. 이와 같이 하나의 폐구간 $[a, b]$를 여러 개의 작은 구간들로 나누는 것을 구간 $[a, b]$를 **분할한다**고 하고

$$P = \{a = x_0 < x_1 < x_2 < \cdots < x_n = b\}$$

를 구간 $[a, b]$의 **분할**(partition)이라고 한다. 또, 각각의 작은 구간 $[x_{i-1}, x_i]$의 길이를 Δx_i로 나타낸다. 이때, 작은 구간의 길이 중에서 가장 긴 길이를 분할 P의 **크기**(norm)라고 하고 $\|P\|$로 나타낸다.

$$\Delta x_i = x_i - x_{i-1},\ i = 1,\ 2,\ \cdots,\ n$$
$$\|P\| = \max\{\Delta x_1,\ \Delta x_2,\ \cdots,\ \Delta x_n\}$$

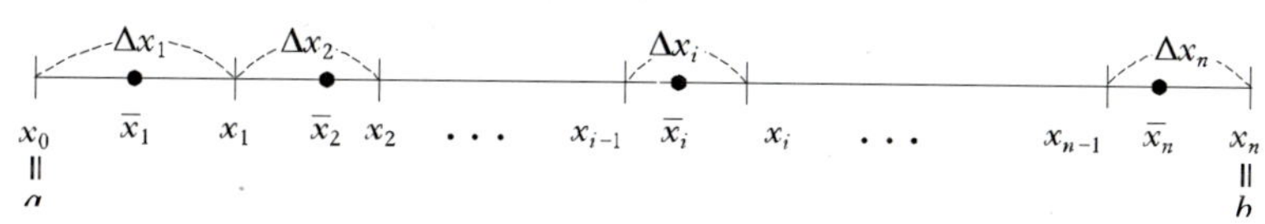

그림 1

위의 그림과 같이 각각의 작은 구간 $[x_{i-1}, x_i]$에서 임의로 한 점 $\overline{x_i}$를 잡는다. 이것을 i번째 작은 구간의 **표본점**(sample point)이라고 한다. 이때, 다음 합

$$S(f,\ P,\ \overline{x_i}) = \sum_{i=1}^{n} f(\overline{x_i})\Delta x_i$$

을 분할 P에 대한 함수 f의 **리만 합**(Riemann sum)이라고 한다.

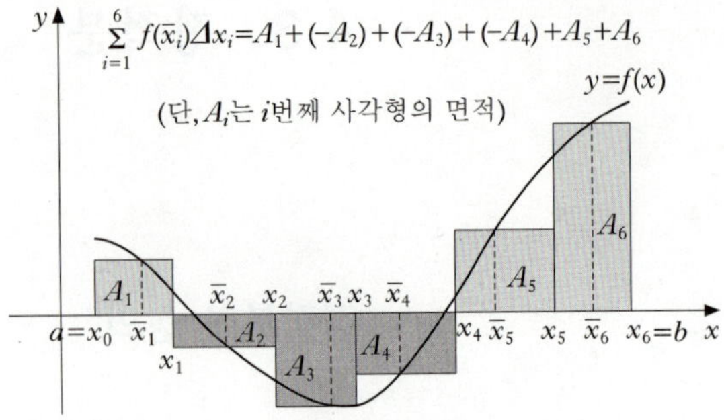

그림 2

분할 P의 크기 $\|P\|$가 0에 가까워지면 분할 P는 더욱 잘게 나누어진다. 이때, 표본점의 선택에 관계없이 리만 합의 극한이 존재할 때 함수 f는 구간 $[a, b]$에서 **적분가능하다**(integrable)고 한다. 그리고 그 극한을 $\int_a^b f(x)dx$로 나타내고 함수 f의 **정적분**(definite integral)이라고 한다. 즉,

$$\int_a^b f(x)dx = \lim_{\|P\| \to 0} \sum_{i=1}^{n} f(\overline{x_i})\Delta x_i.$$

또, 정적분에 관하여 다음을 약속한다.

$$\int_a^a f(x)dx = 0$$

$$\int_a^b f(x)dx = -\int_b^a f(x)dx.$$

예제 1 폐구간 $[0, 1]$에서 함수 f를 다음과 같이 정의하자.

$$f(x) = \begin{cases} 0 & (x\text{가 유리수일 때}) \\ 1 & (x\text{가 무리수일 때}) \end{cases}$$

그러면 f는 $[0, 1]$에서 적분가능하지 않음을 보여라.

증명 구간 $[0, 1]$의 임의의 분할을 $P = \{0 = x_1 < x_2 < \cdots < x_n = 1\}$라고 하자. 각각의 작은 구간 $[x_{i-1}, x_i]$에는 언제나 유리수와 무리수가 포함되어 있다. 이때, 표본점 $\overline{x_i}$를 모두 유리수로 선택하면 $f(\overline{x_i}) = 0$이므로

$$S(f, P, \overline{x_i}) = \sum_{i=1}^{n} f(\overline{x_i})\Delta x_i = 0.$$

또, 표본점 $\overline{x_i}$를 모두 무리수로 선택하면 $f(\overline{x_i}) = 1$이므로

$$S(f, P, \overline{x_i}) = \sum_{i=1}^{n} f(\overline{x_i})\Delta x_i = \sum_{i=1}^{n} \Delta x_i = 1.$$

따라서, 임의의 분할 P에 대하여 표본점 $\overline{x_i}$를 선택하는 방법에 따라 리만 합이 0이나 1이 될 수 있다. 그러므로 분할을 아무리 잘게 나누어도 리만 합이 표본점에 관계없이 어떤 특정한 값으로 수렴할 수가 없다. 즉, $\lim_{\|P\| \to 0} \sum_{i=1}^{n} f(\overline{x_i}) \Delta x_i$이 존재하지 않으므로 함수 f는 구간 $[0, 1]$에서 적분가능하지 않다. ■

적분가능성

앞의 예제 1의 함수와 같이 적분이 가능하지 않은 함수도 많이 있다. 그러면 어떤 함수들이 적분가능한지 알아보자.

함수 f가 구간 I에서 정의된 함수라고 하자. 구간 I 내의 모든 점 x_1, x_2에 대하여

$$x_1 < x_2 \text{일 때 } f(x_1) \le f(x_2)$$

이면 f를 **단조증가**(monotone increasing)한다고 하고,

$$x_1 < x_2 \text{일 때 } f(x_1) \ge f(x_2)$$

이면 f를 **단조감소**(monotone decreasing)한다고 한다. 또, 단조증가하거나 단조감소하는 함수를 **단조함수**(monotone function)라고 한다.

다음 두 정리는 단조함수와 연속함수는 모두 적분가능함을 보여준다. 이 정리의 증명은 고등미적분에서 다룬다.

정리 1 (단조함수와 적분가능성)

함수 f가 구간 $[a, b]$에서 단조함수이면 f는 $[a, b]$에서 적분가능하다.

정리 2 (연속함수와 적분가능성)

함수 f가 구간 $[a, b]$에서 유계이고 많아야 유한개의 점을 제외한 모든 점에서 연속이면 함수 f는 $[a, b]$에서 적분가능하다.

특히, f가 구간 $[a, b]$ 내의 모든 점에서 연속이면 f는 $[a, b]$에서 적분가능하다.

예제 2 함수 $f(x) = [x]$는 임의의 폐구간 $[a, b]$에서 적분가능함을 보여라. 단, $[x]$은 x를 넘지 않는 가장 큰 정수이다.

풀이 함수 f의 그래프는 다음과 같다.

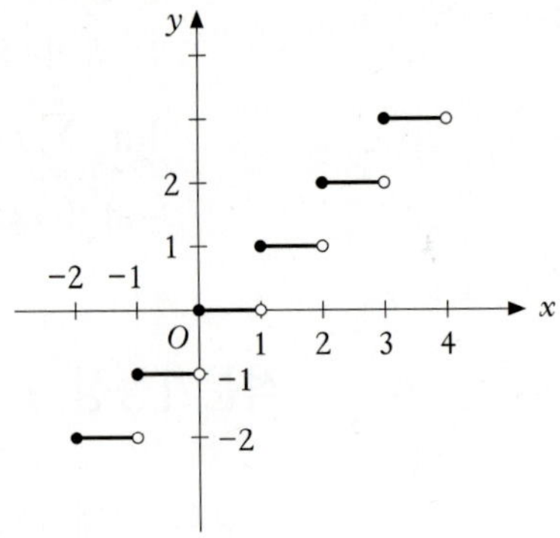

그림 3

따라서, 함수 f는 실수 전체에서 단조증가함수임을 알 수 있다. 그러므로 정리 1에 의해 함수 f는 임의의 구간 $[a, b]$에서 적분가능하다.

예제 3 다항함수 $f(x)=a_nx^n+a_{n-1}x^{n-1}+\cdots+a_1x+a_0$은 임의의 폐구간 $[a, b]$에서 적분가능함을 보여라.

풀이 다항함수는 실수 전체에서 연속이므로 임의의 폐구간 $[a, b]$에서도 연속이다. 따라서, 정리 2에 의해서 다항함수 f는 임의의 구간 $[a, b]$에서 적분가능하다.

예제 4 함수 $f(x)=\begin{cases} 2x+1, & 1\le x\le 2 \\ x-3, & 2<x\le 3 \end{cases}$ 은 구간 $[1, 3]$에서 적분가능함을 보여라.

풀이 함수 f는 구간 $[1, 3]$에서 $x=2$를 제외한 모든 점에서 연속이다. 따라서 정리 2에 의해 함수 f는 구간 $[1, 3]$에서 적분가능하다.

정적분과 면적

우리는 4.2절에서 여러 가지 도형의 면적을 구하는 방법을 알아 보았다. 이제 폐구간 $[a, b]$에서 $f(x)\ge 0$인 함수 f의 그래프 아래 부분 R의 면적을 구하는 방법을 알아보자.

폐구간 $[a, b]$의 분할 P와 표본점 $\overline{x_i}$에 대한 함수 f의 리만 합

$$S(f, P, \overline{x_i})=\sum_{i=1}^{n} f(\overline{x_i})\Delta x_i$$

는 영역 R의 면적과 가까운 다각형 R_P의 면적을 나타낸다.

이때, 분할 P의 크기 $\|P\|$가 0에 가까워짐에 따라 다각형 R_P의 면적은 영역 R의 면적에 접근한다. 따라서, 함수 f가 적분가능하면 리만 합 $S(f, P, \overline{x_i})$의 극한이 존재하고 그 극한이 영역 R의 면적이 되므로 다음 정리를 얻는다.

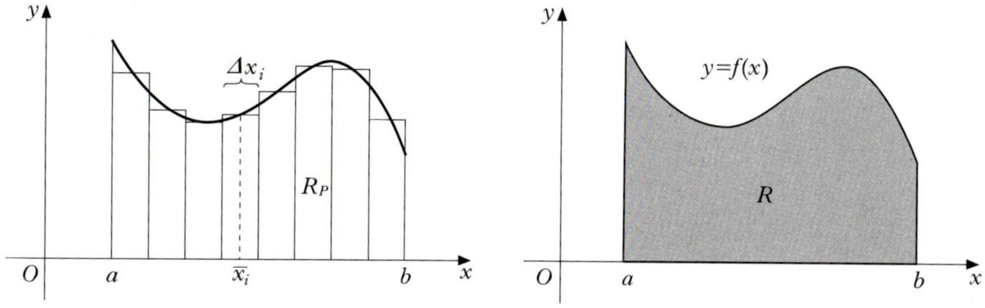

$$R_P = \sum_{i=1}^{n} f(\overline{x_i})\Delta x_i \qquad R = \int_a^b f(x)dx = \lim_{\|P\| \to 0} R_p$$

그림 4

> **정리 3 (정적분과 면적)**
> 함수 f가 구간 $[a, b]$에서 적분가능하고 모든 점에서 $f(x) \geq 0$이면 구간 $[a, b]$에서 함수 f의 그래프 아래 부분의 면적은 정적분 $\int_a^b f(x)dx$와 같다.

구분구적법

구간 $[a, b]$를 같은 크기의 작은 구간들로 나누는 분할을 **정칙분할**(regular partition)이라고 한다.

정적분을 계산하기 위해서는 구간의 분할을 생각하고 표본점을 정한 후에 리만 합을 구해야 한다. 그러나 임의의 분할에 대하여 리만 합을 계산하는 것은 불편한 점이 많다. 이때, 구간을 등분하는 정칙분할을 사용하면 편리하다. 함수가 적분가능하면 임의의 분할에 대하여 표본점의 선택에 관계없이 리만합이 수렴하므로 정칙분할에 대하여 특정한 표본점을 선택하더라도 이것에 대한 리만 합은 같은 값으로 수렴한다. 따라서, 이 극한값을 구하여 정적분을 구할 수 있다.

정리 4 (구분구적법)

함수 f가 구간 $[a, b]$에서 적분가능하면 정적분의 값은 다음과 같다.

$$\int_a^b f(x)dx = \lim_{n\to\infty}\frac{b-a}{n}\sum_{i=1}^{n} f\left(a+i\frac{b-a}{n}\right)$$
$$= \lim_{n\to\infty}\frac{b-a}{n}\sum_{i=1}^{n} f\left(a+(i-1)\frac{b-a}{n}\right)$$

증명 함수 f는 구간 $[a, b]$에서 적분가능하므로 임의의 분할 P와 임의의 표본점 $\overline{x_i}\in[x_{i-1}, x_i]$에 대하여 다음 식이 성립한다.

$$\int_a^b f(x)dx = \lim_{\|P\|\to 0}\sum_{i=1}^{n} f(\overline{x_i})\,\Delta x_i.$$

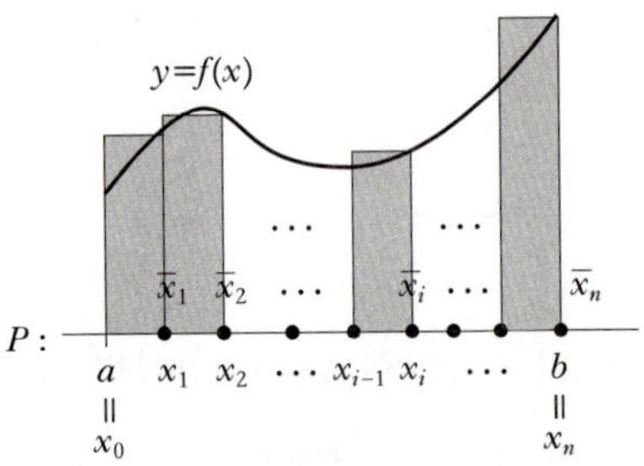

그림 5

이때, 분할 $P=\{a=x_0<x_1<\cdots<x_n=b\}$를 구간 $[a, b]$를 n등분하는 정칙분할을 택하면 각각의 작은 구간의 길이는 $\dfrac{b-a}{n}$이므로

$$\Delta x_i = \frac{b-a}{n}$$

$$x_i = a+\frac{i}{n}(b-a),\quad i=0, 1, 2, \cdots, n$$

그리고 표본점 $\overline{x_i}$를 각각의 작은 구간의 오른쪽 끝점으로 선택하면

$$\overline{x_i} = a+\frac{i}{n}(b-a),\quad i=1, 2, \cdots, n$$

또, $\|P\|=\dfrac{b-a}{n}$이므로 $\|P\|\to 0$일 때 $n\to\infty$가 된다. 따라서,

$$\int_a^b f(x)dx = \lim_{\|P\|\to 0}\sum_{i=1}^{n} f(\overline{x_i})\,\Delta x_i$$
$$= \lim_{n\to\infty}\frac{b-a}{n}\sum_{i=1}^{n} f\left(a+i\,\frac{b-a}{n}\right)$$

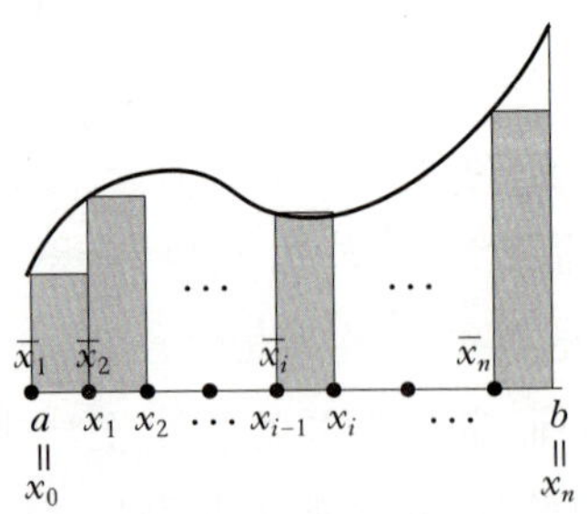
그림 6

한편, 표본점 $\overline{x_i}$를 각각의 작은 구간의 왼쪽 끝점으로 선택하고 같은 방법으로 계산하면 두 번째 식을 얻을 수 있다. ■

예제 5 $\displaystyle\int_1^2 (x^2+x)dx$를 구하여라.

풀이 $y=x^2+x$는 연속함수이므로 적분가능하다. 구간 $[1, 2]$ 위에서 정칙분할 $P=\{1=x_0<x_1<\cdots<x_n=2\}$를 택하고 표본점 $\overline{x_i}$를 오른쪽 끝점으로 선택하면

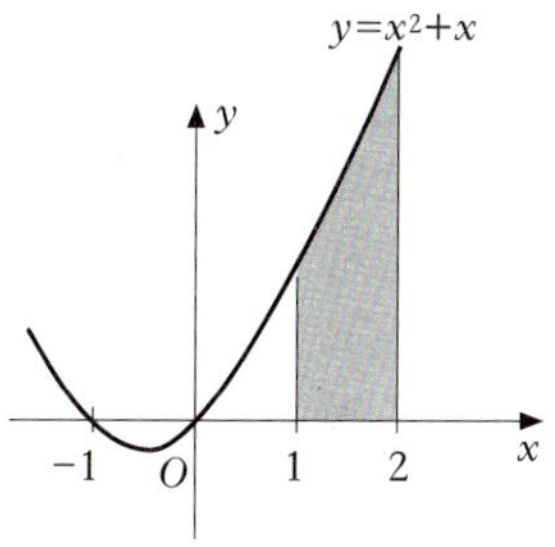

그림 7

$$x_i = 1+\frac{i}{n},\quad i=0,\ 1,\ \cdots,\ n$$

$$\overline{x_i} = 1+\frac{i}{n},\quad i=1,\ 2,\ \cdots,\ n$$

따라서,

$$\begin{aligned}\int_1^2 (x^2+x)dx &= \lim_{n\to\infty}\frac{1}{n}\sum_{i=1}^{n} f\left(1+\frac{i}{n}\right)\\ &= \lim_{n\to\infty}\frac{1}{n}\sum_{i=1}^{n}\left[\left(1+\frac{i}{n}\right)^2+\left(1+\frac{i}{n}\right)\right]\\ &= \lim_{n\to\infty}\frac{1}{n}\sum_{i=1}^{n}\left[\frac{i^2}{n^2}+\frac{3i}{n}+2\right]\\ &= \lim_{n\to\infty}\frac{1}{n}\left[\frac{1}{n^2}\sum_{i=1}^{n} i^2+\frac{3}{n}\sum_{i=1}^{n} i+\sum_{i=1}^{n} 2\right]\\ &= \lim_{n\to\infty}\frac{1}{n}\left[\frac{n(n+1)(2n+1)}{6n^2}+\frac{3n(n+1)}{2n}+2n\right]\\ &= \frac{23}{6}.\end{aligned}$$

■

예제 6 $\int_0^1 (x^3-1)dx$를 구하여라.

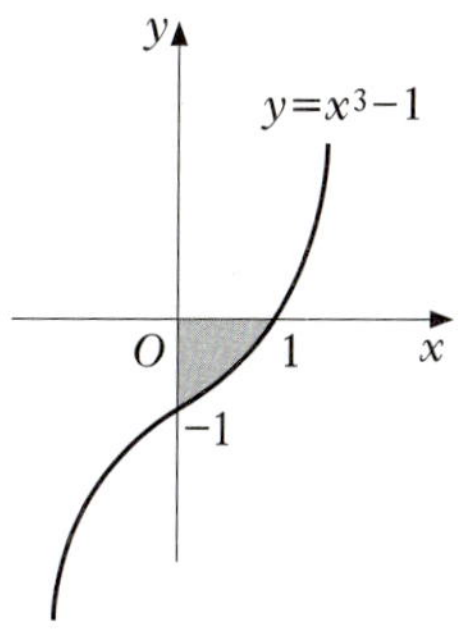

그림 8

풀이 $y=x^3-1$는 연속함수이므로 적분가능하다. 구간 $[0,\ 1]$ 위에서 정칙분할 $P=\{0=x_0<x_1<\cdots<x_n=1\}$를 택하고 표본점 $\overline{x_i}$를 왼쪽 끝점으로 선택하면

$$x_i = \frac{i}{n},\quad i=0,\ 1,\ \cdots,\ n$$

$$\overline{x_i} = \frac{i-1}{n},\quad i=1,\ 2,\ \cdots,\ n$$

따라서,

$$\begin{aligned}&\int_0^1 (x^3-1)dx\\ &= \lim_{n\to\infty}\frac{1}{n}\sum_{i=1}^{n} f\left(\frac{i-1}{n}\right)\\ &= \lim_{n\to\infty}\frac{1}{n}\sum_{i=1}^{n}\left\{\left(\frac{i-1}{n}\right)^3-1\right\}\\ &= \lim_{n\to\infty}\frac{1}{n}\sum_{i=1}^{n}\left(\frac{i^3-3i^2+3i-1}{n^3}-1\right)\\ &= \lim_{n\to\infty}\frac{1}{n}\left\{\frac{1}{n^3}\left(\sum_{i=1}^{n} i^3-3\sum_{i=1}^{n} i^2+3\sum_{i=1}^{n} i-\sum_{i=1}^{n} 1\right)-\sum_{i=1}^{n} 1\right\}\\ &= \lim_{n\to\infty}\frac{1}{n}\left\{\frac{n^2(n+1)^2}{4n^3}-\frac{3n(n+1)(2n+1)}{6n^3}+\frac{3n(n+1)}{2n^3}-\frac{1}{n^2}-n\right\}\end{aligned}$$

$$= -\frac{3}{4}.$$ ■

예제 7 구간 [1, 3]에서 $y=x^2+3x$로 둘러싸인 영역의 면적을 구하여라.

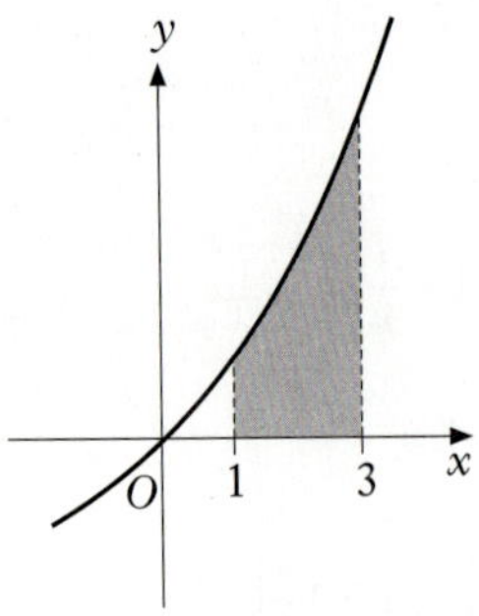

그림 9

풀이 $f(x)=x^2+3x$는 연속함수이므로 적분가능하다. 그리고 [1, 3]에서 $f(x) \geq 0$이므로 구하는 영역의 면적 A는 정적분으로 주어진다. 따라서,

$$\begin{aligned} A &= \int_1^3 (x^2+3x)dx \\ &= \lim_{n\to\infty} \frac{2}{n} \sum_{i=1}^{n} f\left(1+\frac{2i}{n}\right) \\ &= \lim_{n\to\infty} \frac{2}{n} \sum_{i=1}^{n} \left[\left(1+\frac{2i}{n}\right)^2 + 3\left(1+\frac{2i}{n}\right)\right] \\ &= \lim_{n\to\infty} \frac{2}{n} \sum_{i=1}^{n} \left[\frac{4i^2}{n^2} + \frac{10i}{n} + 4\right] \\ &= \lim_{n\to\infty} \frac{2}{n} \left[\frac{4}{n^2}\sum_{i=1}^{n} + \frac{10}{n}\sum_{i=1}^{n} i + \sum_{i=1}^{n} 4\right] \\ &= \lim_{n\to\infty} \frac{2}{n} \left[\frac{4n(n+1)(2n+1)}{6n^2} + \frac{10n(n+1)}{2n} + 4n\right] \\ &= \frac{62}{3}. \end{aligned}$$ ■

연습문제 4.3

1. 다음 주어진 값을 이용하여 리만합 $\sum_{i=1}^{n} f(\bar{x}_i)\Delta x_i$을 계산하여라.

   (1) $f(x)=x-1$; $P=\{2<3.75<4.25<5.5<6<7\}$
   $\bar{x}_1=3,\ \bar{x}_2=4,\ \bar{x}_3=4.75,\ \bar{x}_4=6,\ \bar{x}_5=6.5$

   (2) $f(x)=-x/2+3$; $P=\{-3<-1.3<0<0.9<2\}$
   $\bar{x}_1=-2,\ \bar{x}_2=-0.5,\ \bar{x}_3=0,\ \bar{x}_4=2$

2. 다음의 극한식을 정적분으로 나타내어라.

   (1) $\lim_{n\to\infty} \sum_{i=1}^{n} \frac{i^4}{n^5}$ (2) $\lim_{n\to\infty} \frac{1}{n} \sum_{i=1}^{n} \frac{1}{1+\left(\frac{i}{n}\right)^3}$

   (3) $\lim_{n\to\infty} \frac{2}{n} \sum_{i=1}^{n} \left[\left(1+\frac{2i}{n}\right)^3 + 2\right]$

   (4) $\lim_{n\to\infty} \frac{\pi}{n} \sum_{i=1}^{n} \sin\frac{\pi i}{n}$

3. 다음 정적분을 구하여라.

   (1) $\int_0^1 (ax+b)dx$ (2) $\int_0^b (2x+1)dx$

   (3) $\int_1^2 (x^2+2)dx$ (4) $\int_a^b (Px^2+Qx+R)dx$

   (5) $\int_1^2 (Px^3+Qx^2)dx$ (6) $\int_0^1 (x^3+x-1)dx$

4. $\int_4^9 \sqrt{x}\,dx = \frac{38}{3}$일 때 $\int_9^4 \sqrt{t}\,dt$는 얼마인가?

5. $\int_1^1 x^2 \cos x dx$를 계산하여라.

6. 다음 주어진 극한을 정적분 $\int_a^b f(x)dx$로 나타내어라.

(1) $\lim_{\|P\|\to 0} \sum_{i=1}^{n} \bar{x}_i^3 \Delta x_i$; $a=1,\ b=3$

(2) $\lim_{\|P\|\to 0} \sum_{i=1}^{n} (\bar{x}_i+1)^3 \Delta x_i$; $a=0,\ b=2$

(3) $\lim_{\|P\|\to 0} \sum_{i=1}^{n} \dfrac{\bar{x}_i^2}{1+\bar{x}_i} \Delta x_i$; $a=-1,\ b=1$

(4) $\lim_{\|P\|\to 0} \sum_{i=1}^{n} (\sin \bar{x}_i)^2 \Delta x_i$; $a=0,\ b=\pi$

7. f는 기함수, g는 우함수이다. 그리고 $\int_0^1 |f(x)|dx = \int_0^1 g(x)dx = 3$이라고 하자. 가하학적으로 추론해서, 다음 각각을 구하여라.

(1) $\int_{-1}^{1} f(x)dx$　　(2) $\int_{-1}^{1} g(x)dx$

(3) $\int_{-1}^{1} |f(x)|dx$　　(4) $\int_{-1}^{1} [-g(x)]dx$

(5) $\int_{-1}^{1} xg(x)dx$　　(6) $\int_{-1}^{1} f^3(x)g(x)dx$

8. 도형의 넓이를 이용하여 다음 극한을 구하여라.

(1) $\int_{-2}^{2} \sqrt{4-x^2}\,dx$　　(2) $\int_{-3}^{0} (1+\sqrt{9-x^2})dx$

(3) $\int_{-2}^{2} (1-|x|)dx$　　(4) $\int_{0}^{3} |3x-5|dx$

9. f의 그래프가 다음과 같이 주어졌다. 다음의 각 적분을 넓이로 설명함으로써 그것을 계산하여라.

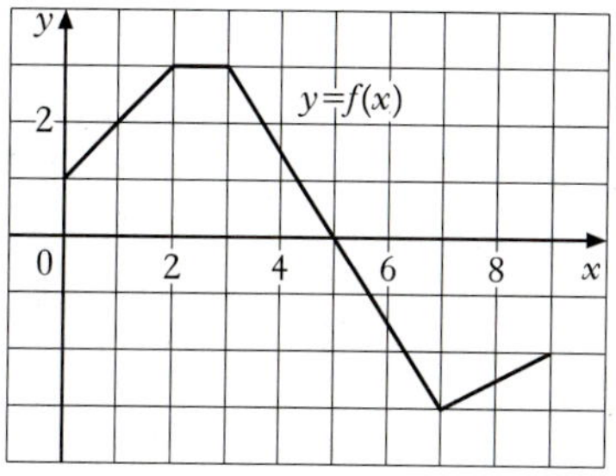

(1) $\int_{0}^{2} f(x)dx$　　(2) $\int_{0}^{5} f(x)dx$

(3) $\int_{5}^{7} f(x)dx$　　(4) $\int_{0}^{9} f(x)dx$

4.4 정적분의 성질

앞 절에서는 정적분을 정의하고 구분구적법을 이용하여 정적분을 계산해 보았다. 이 절에서는 정적분의 계산에서 유용하게 쓰이는 정적분의 기본적인 성질을 알아보자.

정리 1 (정적분의 성질(1))

두 함수 f와 g가 구간 $[a, b]$에서 적분가능하고 c가 임의의 상수일 때, 함수 $cf, f+g, f-g$도 적분가능하고 다음 식이 성립한다.

(1) $\int_a^b c\,dx = c(b-a)$

(2) $\int_a^b cf(x)dx = c\int_a^b f(x)dx$

(3) $\int_a^b \{f(x)+g(x)\}dx = \int_a^b f(x)dx + \int_a^b g(x)dx$

(4) $\int_a^b \{f(x)-g(x)\}dx = \int_a^b f(x)dx - \int_a^b g(x)dx$

풀이 구간 $[a, b]$의 임의의 분할 $P=\{x_0<x_1<\cdots<x_n\}$에 대하여 임의의 표본점 $\overline{x_i}$를 $[x_{i-1}, x_i]$에서 선택한다.

(1) 상수함수 c는 연속함수이므로 적분가능하다. 그리고

$$\int_a^b c\,dx = \lim_{\|P\|\to 0}\sum_{i=1}^{n} c\Delta x_i = c\lim_{\|P\|\to 0}\sum_{i=1}^{n}\Delta x_i = c(b-a).$$

(2) 함수 f는 $[a, b]$에서 적분가능하므로

$$\begin{aligned}\lim_{\|P\|\to 0}\sum_{i=1}^{n} cf(\overline{x_i})\Delta x_i &= \lim_{\|P\|\to 0} c\sum_{i=1}^{n} f(\overline{x_i})\Delta x_i\\ &= c\lim_{\|P\|\to 0}\sum_{i=1}^{n} f(\overline{x_i})\Delta x_i\\ &= c\int_a^b f(x)dx\end{aligned}$$

그러므로 cf는 적분가능하고 다음 식이 성립한다.

$$\int_a^b cf(x)dx = c\int_a^b f(x)dx$$

(3) 함수 f, g는 $[a, b]$에서 적분가능하므로

$$\begin{aligned}\lim_{\|P\|\to 0}\sum_{i=1}^{n}(f+g)(\overline{x_i})\Delta x_i &= \lim_{\|P\|\to 0}\sum_{i=1}^{n}(f(\overline{x_i})+g(\overline{x_i}))\Delta x_i \\ &= \lim_{\|P\|\to 0}\sum_{i=1}^{n}f(\overline{x_i})\Delta x_i + \lim_{\|P\|\to 0}\sum_{i=1}^{n}g(\overline{x_i})\Delta x_i \\ &= \int_a^b f(x)dx + \int_a^b g(x)dx\end{aligned}$$

따라서, $f+g$는 적분가능하고 다음 식이 성립한다.

$$\int_a^b \{f(x)+g(x)\}dx = \int_a^b f(x)dx + \int_a^b g(x)dx$$

(4) $f-g=f+(-g)=f+(-1)g$이므로 (2)와 (3)에 의해 함수 $f-g$는 적분가능하다. 그리고

$$\begin{aligned}\int_a^b \{f(x)-g(x)\}dx &= \int_a^b f(x)dx + \int_a^b (-1)g(x)dx \\ &= \int_a^b f(x)dx + (-1)\int_a^b g(x)dx \\ &= \int_a^b f(x)dx - \int_a^b g(x)dx\end{aligned}$$

■

예제 1 앞의 4.2절의 예제 2를 이용하여 다음 정적분의 값을 구하여라.

$$\int_0^1 (2+3x^2)dx$$

풀이 $\int_0^1 (2+3x^2)dx = \int_0^1 2dx + \int_0^1 3x^2dx$ (성질 (3))

$= 2(1-0)+3\int_0^1 x^2dx$ (성질 (1)(2))

$= 2+3\cdot\frac{1}{3} = 3$ ■

함수 f가 $[a, b]$에서 적분가능하고 $f(x)\geq 0$인 경우를 생각하자. 정리 3에 의해 $\int_a^b f(x)dx$는 $[a, b]$에서 함수 f의 그래프로 둘러싸인 영역의 면적과 같다. 따라서 $a<c<b$이면 다음이 성립한다(그림 1).

$$\int_a^b f(x)dx = \int_a^c f(x)dx + \int_c^b f(x)dx$$

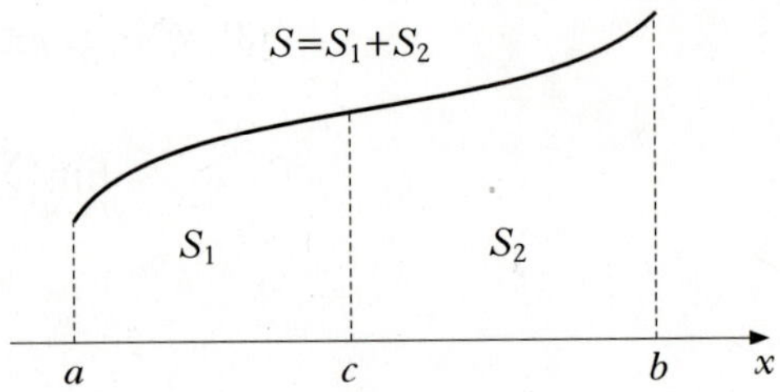

그림 1

정리 2 (정적분의 성질(2))

함수 f가 a, b, c를 포함하는 구간에서 적분가능하면

$$\int_a^b f(x)dx=\int_a^c f(x)dx+\int_c^b f(x)dx$$

예제 2 $\int_0^{10} f(x)dx=7$이고 $\int_0^3 f(x)dx=5$일 때 $\int_3^{10} f(x)dx$를 구하여라.

풀이 $\int_3^{10} f(x)dx=\int_0^{10} f(x)dx-\int_0^3 f(x)dx$

$=7-5=2$ ■

구간 $[a, b]$에서 적분가능한 두 함수 f, g가 $f\geq g\geq 0$을 만족하면 구간 $[a, b]$ 위에서 함수 f로 둘러싸인 영역의 면적이 함수 g로 둘러싸인 영역의 면적보다 크다(그림 18). 즉

$$\int_a^b f(x)dx\geq\int_a^b g(x)dx$$

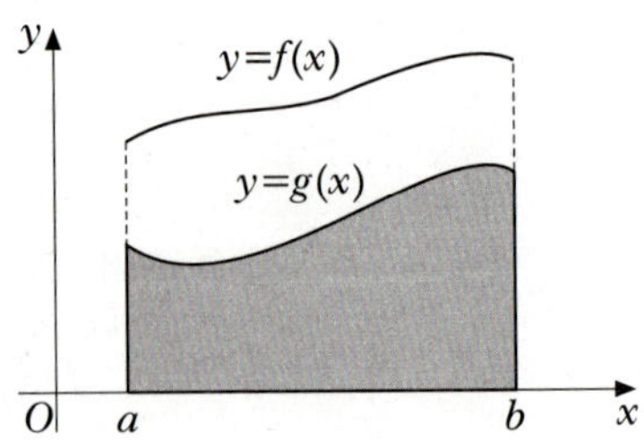

그림 2

정리 3 (정적분의 성질(3))

두 함수 f와 g가 구간 $[a, b]$에서 적분가능할 때

(1) $f(x) \geq 0$이면 $\int_a^b f(x)dx \geq 0$

(2) $f(x) \geq g(x)$이면 $\int_a^b f(x)dx \geq \int_a^b g(x)dx$

증명 구간 $[a, b]$의 임의의 분할 $P = \{x_0 < x_1 < \cdots < x_n\}$에 대하여 임의의 표본점 $\overline{x_i}$를 $[x_{i-1}, x_i]$에서 선택한다.

(1) 함수 f는 구간 $[a, b]$에서 적분가능하므로

$$\int_a^b f(x)dx = \lim_{\|P\| \to 0} \sum_{i=1}^{n} f(\overline{x_i}) \triangle x_i$$

이다. 여기서 $f(x_i) \geq 0$, $\triangle x_i \geq 0$이므로 $\lim_{\|P\| \to 0} \sum_{i=1}^{n} f(\overline{x_i}) \triangle x_i \geq 0$이다.

따라서, $\int_a^b f(x)dx \geq 0$

(2) 함수 f, g가 구간 $[a, b]$에서 적분가능하므로 $f-g$도 적분가능하고 $(f-g)(x) \geq 0$이다. 그러므로 (1)에 의해

$$\int_a^b f(x)dx - \int_a^b g(x)dx = \int_a^b \{f(x) - g(x)\}dx$$
$$= \int_a^b (f-g)(x)dx \geq 0.$$

따라서, $\int_a^b f(x)dx \geq \int_a^b g(x)dx$ ■

정리 4 (정적분의 성질(4))

함수 f가 구간 $[a, b]$에서 적분가능하고 $m \leq f(x) \leq M$이면

$$m(b-a) \leq \int_a^b f(x)dx \leq M(b-a)$$

증명 f가 구간 $[a, b]$에서 적분가능하고 $m \leq f(x) \leq M$이므로, 정리 3에 의해

$$\int_a^b m\, dx \leq \int_a^b f(x)dx \leq \int_a^b M dx$$

이므로

$$m(b-a) \leq \int_a^b f(x)dx \leq M(b-a)$$ ■

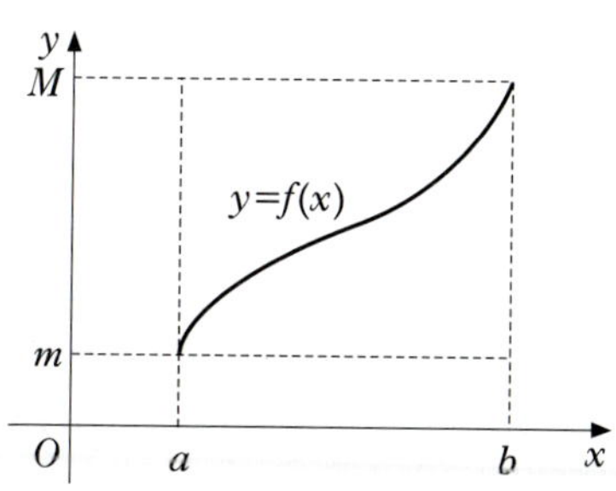

그림 3

예제 3 $3 \le \int_0^3 (x^2-2x+2)dx \le 15$임을 증명하여라.

$\int_a^b cdx = c(b-a)$

풀이 $0 \le x \le 3$이면 $0 \le x^2-2x+2 \le 5$이다. 따라서,

$$3 = \int_0^3 1\ dx \le \int_0^3 (x^2-2x+2)dx \le \int_0^3 5\ dx = 15$$ ■

적분의 평균값정리

아래의 그림 20을 보면 함수의 그래프로 둘러싸인 도형의 면적이 한 직사각형의 면적으로 나타낼 수 있음을 보여준다. 이러한 사실이 일반적으로 성립함을 적분의 평균값정리에서 증명한다.

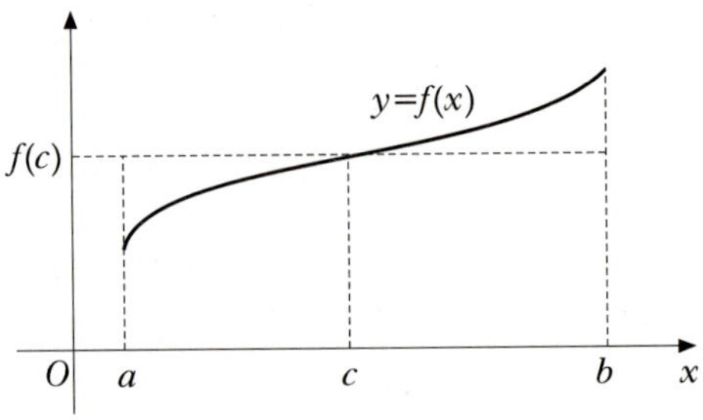

그림 4

정리 5 (적분의 평균값 정리)
구간 $[a, b]$에서 f가 연속이면

$$\frac{1}{b-a}\int_a^b f(x)dx = f(c)$$

인 $c \in (a, b)$가 존재한다.

증명 f가 구간 $[a, b]$에서 연속이므로 최소값 m과 최대값 M을 갖는다. 즉, 모든 $x \in [a, b]$에 대하여

$$m \le f(x) \le M$$

정리 4에 의하여

$$m(b-a) \le \int_a^b f(x)dx \le M(b-a)$$

따라서, $m \le \frac{1}{b-a}\int_a^b f(x)dx \le M$을 얻는다. f는 연속함수이므로 중간값정리에 의해서

$$f(c)=\frac{1}{b-a}\int_a^b f(x)dx$$

인 $c\in(a, b)$가 존재한다. ■

예제 4 함수 $f(x)=3x^2$에 대하여

(1) $\int_0^2 f(x)dx$를 구하여라.

(2) 적분의 평균값 정리를 만족하는 c를 구하여라.

풀이 (1) $\displaystyle\int_0^2 f(x)dx=\lim_{n\to\infty}\frac{2}{n}\sum_{i=1}^{n} f\left(\frac{2}{n}i\right)$

$$=\lim_{n\to\infty}\frac{2}{n}\sum_{i=1}^{n} 3\left(\frac{2}{n}i\right)^2$$

$$=\lim_{n\to\infty}\frac{24}{n^3}\sum_{i=1}^{n} i^2$$

$$=\lim_{n\to\infty}\frac{24}{n^3}\cdot\frac{n(n+1)(2n+1)}{6}$$

$$=8$$

(2) $\displaystyle\frac{1}{2}\int_0^2 f(x)dx=f(c)$인 c를 구하면

$$\frac{1}{2}\cdot 8=3c^2,\quad c^2=\frac{4}{3}$$

따라서, $c=\dfrac{2}{\sqrt{3}}\in(0, 2)$ ■

연습문제 4.4

1. 다음의 부등식을 적분계산을 하지 않고 증명하여라.

(1) $\int_0^1 x\,dx \geq \int_0^1 x^2 dx$

(2) $\int_1^2 x\,dx \leq \int_1^2 x^2 dx$

(3) $\int_0^{\frac{\pi}{2}} \sin x\,dx \geq \int_0^{\frac{\pi}{2}} \sin^2 x\,dx$

(4) $\int_0^1 x\,dx \geq \int_0^1 \sin x\,dx$

(5) $\int_1^2 (3x^3-2)dx \geq \int_1^2 (2x^3-1)dx$

(6) $\int_1^2 \sqrt{5-x}\,dx \geq \int_1^2 \sqrt{x+1}\,dx$

(7) $1 \leq \int_0^1 \sqrt{1+x}\,dx \leq \sqrt{2}$

2. $\int_0^1 f(x)dx = 2$, $\int_1^2 f(x)dx = 3$, $\int_0^1 g(x)dx = -1$, $\int_0^2 g(x)dx = 4$일 때, 다음 적분을 계산하여라.

(1) $\int_0^2 [2f(x)+g(x)]dx$ (2) $\int_0^1 [2f(s)+g(s)]ds$

(3) $\int_2^1 [2f(s)+5g(s)]ds$ (4) $\int_1^1 [3f(x)+2g(x)]dx$

(5) $\int_0^2 [3f(t)+2g(t)]dt$

(6) $\int_0^2 [\sqrt{3}f(t)+\sqrt{2}g(t)+\pi]dt$

3. 다음 각 함수에 대하여 $\int_0^4 f(x)dx$를 구하여라.

(1) $f(x) = \begin{cases} x^2, & 0 \leq x < 2\text{인 경우} \\ x, & 2 \leq x \leq 4\text{인 경우} \end{cases}$

(2) $f(x) = \begin{cases} 1, & 0 \leq x < 1 \\ x, & 1 \leq x < 2 \\ 4-x, & 2 \leq x \leq 4 \end{cases}$

(3) $f(x) = |x-2|$ (4) $f(x) = 3+|x-3|$

4. 다음 부분들의 합을 하나의 적분 $\int_a^b f(x)dx$로 나타내어라.

(1) $\int_1^3 f(x)dx + \int_3^6 f(x)dx + \int_6^{12} f(x)dx$

(2) $\int_1^{10} f(x)dx - \int_2^7 f(x)dx$

5. $\int_2^8 f(x)dx = 1.7$이고 $\int_5^8 f(x)dx = 2.5$일 때, $\int_2^5 f(x)dx$를 구하여라.

6. $\int_0^1 f(t)dt = 2$, $\int_0^4 f(t)dt = -6$이고 $\int_3^4 f(t)dt = 2$일 때, $\int_1^3 f(t)dt$를 구하여라.

7. 정적분의 성질을 이용하여 다음 식을 증명하여라.

$$\int_0^{\frac{\pi}{2}} \sin^2 x\,dx = \int_0^{\frac{\pi}{2}} \cos^2 x\,dx = \frac{\pi}{4}$$

8. 함수 f가 $[a, b]$에서 연속이고 $[a, b]$의 모든 점에서 $f(x) > 0$이면 $\int_a^b f(x)dx > 0$임을 증명하여라.

9. 함수 f가 $[a, b]$에서 적분가능하고 $|f(x)| \leq M$이라 하자. 함수

$$g(x) = \int_a^x f(t)dt,\ a \leq x \leq b$$

가 $[a, b]$에서 연속임을 증명하여라.

10. f'가 적분 가능이고, 모든 x에 대해서 $|f'(x)| \leq M$이라고 하자. 그러면 $|f(x)| \leq |f(a)| + M|x-a|$임을 보여라.

4.5 미적분학의 기본정리

함수의 식이 복잡한 경우에는 정의에 의하여 정적분을 계산하는 것이 어렵거나 불가능한 경우가 있다. 이 절에서는 역도함수를 이용하여 정적분을 비교적 쉽게 계산할 수 있는 방법을 알아보자.

적분으로 정의된 함수

적분가능한 함수의 적분으로 정의된 함수는 처음 주어진 함수의 역도함수가 됨을 알 수 있다.

정리 1

구간 $[a, b]$에서 f가 연속일 때 함수 $F(x)$를

$$F(x)=\int_a^x f(t)dt$$

로 정의하면, F는 (a, b)에서 미분가능하고 $F'(x)=f(x)$이다.

증명 (a, b) 내의 임의의 점 x에 대하여

$$\begin{aligned}\lim_{h\to 0}\frac{F(x+h)-F(x)}{h} &= \lim_{h\to 0}\frac{1}{h}\left[\int_a^{x+h} f(t)dt-\int_a^x f(t)dt\right]\\ &= \lim_{h\to 0}\frac{1}{h}\left[\int_a^{x+h} f(t)dt+\int_x^a f(t)dt\right]\\ &= \lim_{h\to 0}\frac{1}{h}\int_x^{x+h} f(t)dt\end{aligned}$$

적분의 평균값정리(4.4절 정리 5)에 의해서 x와 $x+h$ 사이의 적당한 수 c에 대하여

$$\frac{1}{h}\int_x^{x+h} f(t)=f(c)$$

가 성립한다. $h\to 0$일 때 $c\to x$이고 f는 연속함수이므로

$$\lim_{h\to 0}\frac{1}{h}\int_x^{x+h} f(t)dt=\lim_{c\to x}f(c)=f(x)$$

따라서, F는 미분가능하고 $F'(x)=f(x)$이다. ■

위의 정리의 증명에서 $x=a$(또는 $x=b$)인 경우에는 $h>0$(또는 $h<0$)인 경우를 생각하면

$$\lim_{h\to 0^+}\frac{F(a+h)-F(a)}{h}=f(a)$$

$$\lim_{h\to 0^-}\frac{F(b+h)-F(b)}{h}=f(b)$$

이므로, F는 a에서 우미분가능하고 b에서 좌미분가능하다. 따라서, F는 a에서 우연속이고 b에서 좌연속이므로, 함수 F는 폐구간 $[a, b]$에서 연속임을 알 수 있다.

따름정리 2

함수 f가 구간 $[a, b]$에서 연속일 때

$$\frac{d}{dx}\int_a^x f(t)dt=f(x)$$

예제 1 $F(x)=\int_1^x (t^2-t+2)dt$일 때, $F'(x)$를 구하여라.

풀이 $f(t)=t^2-t+2$는 연속함수이므로

$$F'(x)=f(x)=x^2-x+2$$ ■

예제 2 $F(x)=\int_2^{x^2}\sin t\, dt$일 때, $F'(x)$를 구하여라.

풀이 $u(x)=x^2$으로 두면

$$F(x)=\int_2^{u(x)}\sin t\, dt$$

따라서, 연쇄법칙에 의해서

$$\begin{aligned}F'(x)&=\sin u(x)\frac{du}{dx}\\&=(\sin x^2)\cdot 2x\\&=2x\sin x^2\end{aligned}$$ ■

예제 3 $F(x)=\int_{-x}^{x^2}\sqrt{t^2+1}\,dt$일 때, $F'(x)$를 구하여라.

풀이

$$F(x) = \int_{-x}^{0} \sqrt{t^2+1}\,dt + \int_{0}^{x^2} \sqrt{t^2+1}\,dt$$
$$= -\int_{0}^{-x} \sqrt{t^2+1}\,dt + \int_{0}^{x^2} \sqrt{t^2+1}\,dt$$

이므로, 연쇄법칙에 의해서

$$F'(x) = -\sqrt{(-x)^2+1}\,\frac{d}{dx}(-x) + \sqrt{(x^2)^2+1}\,\frac{d}{dx}(x^2)$$
$$= \sqrt{x^2+1} + 2x\sqrt{x^4+1}$$

■

미적분학의 기본정리

두 함수 f와 F가 $[a, b]$에서 연속이고 (a, b)에서 $F'(x) = f(x)$를 만족할 때 F를 $[a, b]$ 위의 f의 **역도함수**(anti-derivative)라 한다. 미분의 성질에 의해 함수 f의 역도함수는 유일하지 않으며 서로 상수만큼 차이가 난다.

정리 3 (미분적분학의 기본정리)

함수 f가 $[a, b]$에서 연속이고 F가 $[a, b]$에서 f의 역도함수이면

$$\int_a^b f(t)dt = F(b) - F(a)$$

증명 다음 함수 G를 생각하자.

$$G(x) = \int_a^x f(t)dt, \quad x \in [a, b].$$

정리 1에 의해 함수 G는 $[a, b]$에서 f의 한 역도함수다. F도 $[a, b]$에서 f의 역도함수이므로 (a, b)의 임의의 점 x에서

$$G'(x) = F'(x)$$

이다. 따라서 적당한 상수 c가 존재하여

$$F(x) = G(x) + c, \quad c \in [a, b]$$

이므로

$$F(b) - F(a) = G(b) - G(a)$$
$$= \int_a^b f(t)dt.$$

■

예제 4 $\int_1^2 (x^2 - 2x)dx$를 계산하여라.

풀이 $f(x)=x^2-2x$은 $[1, 2]$에서 연속이고 $F(x)=\frac{x^3}{3}-x^2$은 f의 한 역도함수이다. 따라서 미적분학의 기본정리에 의해

$$\int_1^2 (x^2-2x)dx = F(2)-F(1) = -\frac{2}{3}$$ ■

다음의 기호

$$[F(x)]_a^b = F(b)-F(a)$$

를 사용하면 미적분학의 기본정리는 다음과 같이 표현할 수 있다.

함수 F가 연속함수 f의 $[a, b]$에서의 역도함수이면

$$\int_a^b f(x)dx = [F(x)]_a^b$$

예제 5 $[0, \pi]$에서 $f(x)=\sin x$에 의해 둘러싸인 영역의 면적을 구하여라.

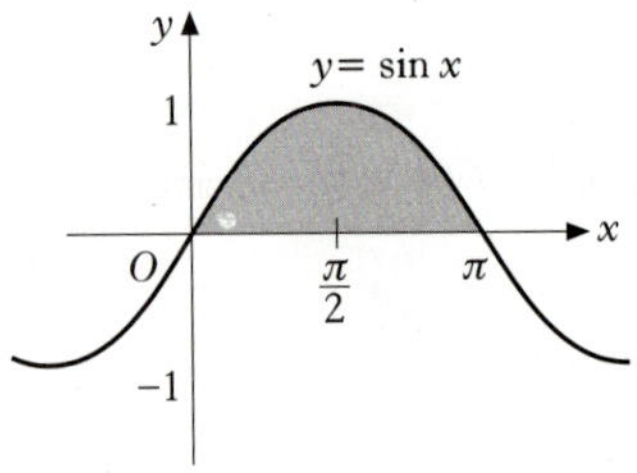

그림 1

풀이 $y=\sin x$ 함수는 $[0, \pi]$에서 음이 아닌 값을 가지므로 이 곡선으로 둘러싸인 영역의 면적은 $\int_0^\pi \sin x\, dx$이다.

$F(x)=-\cos x$는 $f(x)=\sin x$의 한 역도함수이므로 미적분학의 기본정리에 의해 아래와 같이 계산한다.

$$\begin{aligned}\int_0^\pi \sin x dx &= [F(x)]_0^\pi \\ &= [-\cos x]_0^\pi \\ &= -\cos\pi-(-\cos 0)=2\end{aligned}$$ ■

> **정의 1**
>
> 함수 F가 f의 역도함수일 때
>
> $$\int f(x)dx = F(x)+c$$
>
> 를 f의 **부정적분**이라고 한다. 여기서 c는 임의의 상수(적분상수)이다.

예제 6 부정적분 $\int 3x^2dx$를 구하여라.

풀이 $(x^3)'=3x^2$이므로, x^3이 $3x^2$의 역도함수이다.

따라서, $\int 3x^2dx = x^3+c$ ■

미적분학의 기본정리를 부정적분을 이용하여 표현하면 다음과 같다. 함수 f가 폐구간 $[a, b]$에서 연속이면

$$\int_a^b f(x)dx = \left[\int f(x)dx\right]_a^b$$

예제 7 $\int_1^4 (2x^3-5x)dx$를 계산하여라.

풀이 $\int (2x^3-5x)dx = \frac{x^4}{2} - \frac{5x^2}{2} + c$ (c는 상수)이므로

$$\int_1^4 (2x^3-5x)dx = \left[\frac{x^4}{2} - \frac{5x^2}{2}\right]_1^4 = 90$$

연습문제 4.5

1. 미적분학의 기본정리를 이용하여 다음 정적분을 계산하여라.

(1) $\int_0^1 x^2 dx$　(2) $\int_1^2 (2x^2-x+3)dx$

(3) $\int_0^2 \sqrt{x}\,dx$　(4) $\int_{-2}^{-1}\left(x+\frac{1}{x^2}\right)dx$

(5) $\int_0^{\pi} \cos x dx$　(6) $\int_0^1 \frac{d}{dt}e^{t^2}dx$

(7) $\int_1^0 \sqrt{2x+1}\,dx$　(8) $\int_2^4 \sqrt{3x+2}\,dx$

2. 다음을 계산하여라.

(1) $\frac{d}{dx}\int_0^{\tan x} t^2 dt$　(2) $\frac{d}{dx}\int_0^{x^3} \sqrt{1+t^2}\,dt$

(3) $\frac{d}{dx}\int_1^{x^2} \sin t dt$　(4) $\frac{d}{dx}\int_{x^2}^{x} \frac{t^2}{1+t^2}dt$

3. 다음 함수에서 $\int_a^b f(x)dx = f(c)(b-a)$를 만족하는 c를 구간에서 찾아라.

(1) $f(x) = \sqrt{x+1}$, $[0, 3]$

(2) $f(x) = x^2$, $[-1, 1]$

(3) $f(x) = |x|$, $[0, 2]$

(4) $f(x) = |x|$, $[-2, 2]$

4. 다음 극한을 정적분으로 나타내고 그 적분을 구하여라.

(1) $\lim_{n\to 0}\sum_{i=1}^{n}\left(\frac{3i}{n}\right)^2\frac{3}{n}$

(2) $\lim_{n\to 0}\sum_{i=1}^{n}\left(\frac{2i}{n}\right)^3\frac{2}{n}$

(3) $\lim_{n\to 0}\sum_{i=1}^{n}\left[\sin\left(\frac{\pi i}{n}\right)\right]\frac{\pi}{n}$

(4) $\lim_{n\to 0}\sum_{i=1}^{n}\left[1+\frac{2i}{n}+\left(\frac{2i}{n}\right)^2\right]\frac{2}{n}$

5. $g(x) = \int_0^x f(t)dt$로 놓자. 여기에서 f는 아래의 그림으로 보여지는 그래프를 갖는 함수이다.

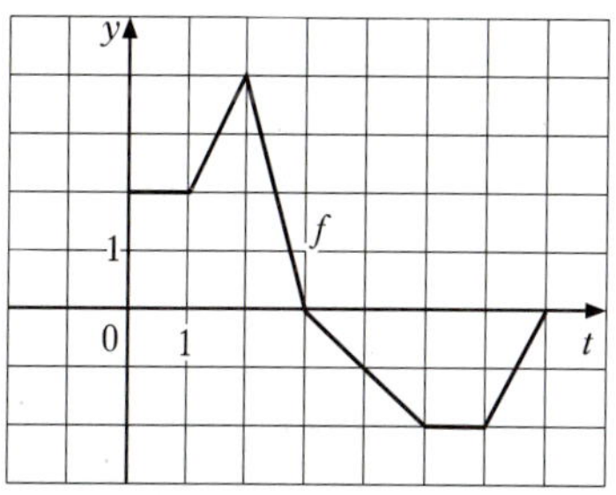

(1) $g(0)$, $g(1)$, $g(2)$, $g(3)$, $g(6)$를 계산하여라.

(2) 어느 구간 위에서 g는 증가하는가?

(3) g는 어느 곳에서 최대값을 갖는가?

(4) g의 그래프의 개형을 그려라.

6. 다음 함수의 도함수를 구하여라.

(1) $h(x)=\int_0^{x^2}\sqrt{1+r^3}\,dr$ (2) $y=\int_3^{\sqrt{x}}\frac{\cos t}{t}dt$

(3) $g(x)=\int_{2x}^{3x}\frac{u^2-1}{u^2+1}du$ (4) $y=\int_{\cos x}^{5x}\cos(u^2)du$

7. $f(x)=\begin{cases}0, & x<0\\ x, & 0\le x\le 1\\ 2-x, & 1<x\le 2\\ 0, & x>2\end{cases}$

이고 $g(x)=\int_0^x f(t)dt$라 하자.

(1) $f(x)$와 유사하게 $g(x)$에 대한 표현을 구하여라.

(2) f와 g의 그래프를 그려라.

(3) f는 어느 곳에서 미분 가능한가? g는 어느 곳에서 미분 가능한가?

8. $x\ge 0$인 모든 x에 대하여

$$6+\int_a^x\frac{f(t)}{t^2}dt=2\sqrt{x}$$

를 만족하는 함수 f와 수 a를 구하여라.

4.6 정적분 계산법

미적분학의 기본정리를 이용하여 정적분을 계산하기 위해서는 먼저 적분하려는 함수의 부정적분을 구해야 한다. 그러나 단순히 미분을 이용해서 부정적분을 구할 수 없는 경우가 많이 있다. 다소 복잡한 형태의 부정적분을 구할 때 다음의 **치환적분**을 이용하면 편리한 경우가 있다. 이것은 미분의 연쇄법칙을 이용한 것이다.

$u=g(x)$일 때
$du=g'(x)dx$

정리 1 (부정적분과 치환적분)
함수 $y=f(u)$가 구간 I에서 연속일 때 미분가능한 함수 $u=g(x)$의 치역이 I에 포함되고 $g'(x)$가 연속이면

$$\int f(g(x))g'(x)dx=\int f(u)du$$

증명 구간 I에서 f의 역도함수를 F라고 하면 $F'=f$이므로

$$\frac{d}{dx}F(g(x))=F'(g(x))g'(x)=f(g(x))g'(x)$$

따라서, $u=g(x)$이므로

$$\begin{aligned}\int f(g(x))g'(x)dx&=F(g(x))+c\\&=F(u)+c\\&=\int f(u)du\end{aligned}$$

■

예제 1 $\int x^2\sin(x^3+1)dx$를 구하여라.

풀이 $u=x^3+1$라 두자. 그러면 $du=3x^2dx$이다. 따라서,

$$\begin{aligned}\int x^2\sin(x^3+1)dx&=\frac{1}{3}\int \sin u\,du\\&=-\frac{1}{3}\cos u+c\\&=-\frac{1}{3}\cos(x^3+1)+c\end{aligned}$$

■

예제 2 $\int \sqrt{2x+1}\,dx$를 구하여라.

풀이 $u=2x+1$이라 두자. 그러면 $du=2dx$이다. 따라서

$$\begin{aligned}\int \sqrt{2x+1}\,dx &= \frac{1}{2}\int \sqrt{u}\,du \\ &= \frac{1}{3}u^{3/2}+c \\ &= \frac{1}{3}(2x+1)^{3/2}+c\end{aligned}$$

■

예제 3 $\int x\sin^3(x^2)\cos(x^2)dx$를 구하여라.

풀이 $u=\sin(x^2)$이라 하자. $du=2x\cos(x^2)dx$. 이제

$$\begin{aligned}\int x\sin^3(x^2)\cos(x^2)dx &= \frac{1}{2}\int \sin^3(x^2)2x\cos(x^2)dx \\ &= \frac{1}{2}\int u^3du \\ &= \frac{1}{2}\frac{u^4}{4}+c \\ &= \frac{1}{8}\sin^4(x^2)+c\end{aligned}$$

■

치환적분을 이용하여 정적분을 계산하는 방법은 두 가지가 있다. 첫째 방법은 부정적분을 먼저 구한 뒤에 정적분을 계산하는 방법이다. 그리고 두 번째 방법은 다음 정리와 같이 정적분을 새로운 형태로 변형시켜서 계산하는 방법이다.

정리 2 (정적분과 치환적분)

함수 g'가 구간 $[a, b]$에서 연속이고 함수 f가 g의 치역에서 연속이면

$$\int_a^b f(g(x))g'(x)dx = \int_{g(a)}^{g(b)} f(u)du$$

증명 $u=g(x)$라 하면 정리 1에 의해

$$\int f(g(x))g'(x)dx = \int f(u)du$$

따라서, 미적분학의 기본정리에 의해

$$\int_a^b f(g(x))g'(x)dx = \left[\int f(g(x))g'(x)dx\right]_a^b$$

$$= \left[\int f(u)du\right]_{x=a}^{b}$$
$$= \left[\int f(u)du\right]_{u=g(a)}^{g(b)}$$
$$= \int_{g(a)}^{g(b)} f(u)du.$$

■

예제 4 $\int_{-1}^{0} 3x^2(x^3+1)^9 dx$를 구하여라.

풀이 $u=x^3+1$이라 두면 $du=3x^2dx$. 또,

$x=-1$일 때 $u=0$
$x=0$일 때 $u=1$

이므로

$$\int_{-1}^{0} 3x^2(x^3+1)^9 dx = \int_0^1 u^9 du = \left[\frac{u^{10}}{10}\right]_0^1 = \frac{1}{10}$$

■

예제 5 $\int_0^2 \frac{x+1}{(x^2+2x+2)^2}dx$를 구하여라.

$\left(\frac{1}{u}\right)' = -\frac{1}{u^2}$

풀이 $u=x^2+2x+2$이라 두면 $du=2(x+1)dx$. 또, $x=0$일 때 $u=2$, $x=2$일 때 $u=10$이므로

$$\int_0^2 \frac{x+1}{(x^2+2x+2)^2}dx = \int_2^{10} \frac{1}{u^2}\frac{1}{2}du = \left[-\frac{1}{2u}\right]_2^{10} = \frac{1}{5}$$

■

대칭함수의 적분

우함수는 모든 x에 대하여 $f(-x)=f(x)$를 만족하는 함수이고, 기함수는 $f(-x)=-f(x)$를 만족하는 함수이다. 따라서, 우함수는 y축에 관하여 대칭이고, 기함수는 원점에 관하여 대칭이다. 다음 정리는 이러한 함수들의 적분에 유용한 정리이다.

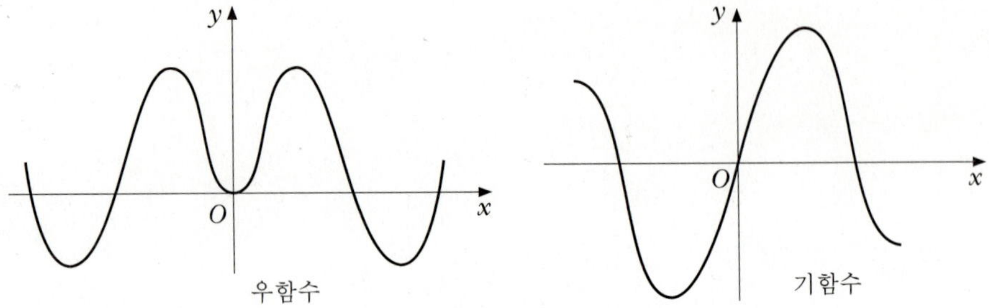

그림 1

정리 3 (대칭함수의 적분)

함수 f는 $[-a, a]$에서 연속이라고 하자.

(1) f가 우함수이면, $\int_{-a}^{a} f(x)dx = 2\int_{0}^{a} f(x)dx$

(2) f가 기함수이면, $\int_{-a}^{a} f(x)dx = 0$

증명 적분의 성질에 의해서

$$\begin{aligned}\int_{-a}^{a} f(x)dx &= \int_{-a}^{0} f(x)dx + \int_{0}^{a} f(x)dx \\ &= -\int_{0}^{-a} f(x)dx + \int_{0}^{a} f(x)dx\end{aligned}$$

$u=-x$라 하면 $du=-dx$이고, $x=-a$이면 $u=a$이므로

$$\begin{aligned}-\int_{0}^{-a} f(x)dx &= -\int_{0}^{a} f(-u)(-du) \\ &= \int_{0}^{a} f(-u)du\end{aligned}$$

그러므로

$$\int_{-a}^{a} f(x)dx = \int_{0}^{a} f(-u)du + \int_{0}^{a} f(x)dx$$

(1) f가 우함수이면 $f(-u)=f(u)$이므로

$\int_{0}^{a} f(u)du = \int_{0}^{a} f(x)dx$

$$\begin{aligned}\int_{-a}^{a} f(x)dx &= \int_{0}^{a} f(-u)du + \int_{0}^{a} f(x)dx \\ &= \int_{0}^{a} f(u)du + \int_{0}^{a} f(x)dx \\ &= 2\int_{0}^{a} f(x)dx\end{aligned}$$

(2) f가 기함수이면 $f(-u)=-f(u)$이므로

$$\int_{-a}^{a} f(x)dx = \int_{0}^{a} f(-u)du + \int_{0}^{a} f(x)dx$$
$$= -\int_{0}^{a} f(u)du + \int_{0}^{a} f(u)du$$
$$= 0$$

예제 6 정적분 $\int_{-2}^{2} (x\sin^2 x - x^4 + 4x^3)dx$를 구하여라.

$\left(\frac{x^5}{5}\right)' = x^4$

풀이 함수 $x\sin^2 x$와 $4x^3$은 기함수이고, x^4는 우함수이므로

$$\int_{-2}^{2} (x\sin^2 x - x^4 + 4x^3)dx = \int_{-2}^{2} (x\sin^2 x + 4x^3)dx - \int_{-2}^{2} x^4 dx$$
$$= 0 - 2\int_{0}^{2} x^4 dx$$
$$= -2\left[\frac{x^5}{5}\right]_0^2 = -\frac{64}{5}$$

예제 7 $\int_{-1}^{1} \frac{\sin x}{x^2+1} dx$를 구하여라.

$\sin(-x) = -\sin x$이므로 $\sin x$는 기함수이다.

$\frac{\text{기함수}}{\text{우함수}}$는 기함수

풀이 $f(x) = \frac{\sin x}{x^2+1}$은 기함수이다. 따라서,

$$\int_{-1}^{1} \frac{\sin x}{x^2+1} dx = 0$$

주기함수의 적분

$\sin(x+2\pi) = \sin x$
$\cos(x+2\pi) = \cos x$
$\tan(x+2\pi) = \tan x$

함수 f의 정의구역에 속하는 x와 $x+p$에 대해 $f(x)=f(x+p)$가 성립하는 p가 존재할 때 함수 f를 **주기함수**(periodic function)라 한다. 위의 성질을 만족하는 p들 중에서 가장 작은 양수 p를 주기함수 f의 **주기**(period)라고 한다. 예를 들면 $y=\sin x$와 $y=\cos x$는 주기가 2π인 주기함수이고 $y=\tan x$는 주기가 π인 주기함수이다.

정리 4 (주기함수의 적분)
함수 f는 $[a, b]$에서 연속이고 주기가 p인 주기함수이면

$$\int_{a+p}^{b+p} f(x)dx = \int_{a}^{b} f(x)dx$$

증명 $u=x-p$라 하면 $du=dx$이고, $x=a+p$일 때 $u=a$, $x=b+p$일 때 $u=b$

따라서, 치환적분에 의해서

$$\int_{a+p}^{b+p} f(x)dx = \int_a^b f(u+p)du$$
$$= \int_a^b f(u)du$$

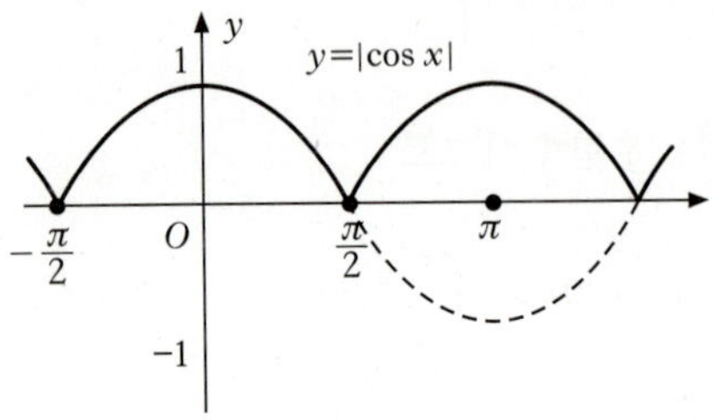

그림 2

예제 8 $\int_0^{2\pi} |\cos x|dx$를 구하여라.

풀이 $f(x)=|\cos x|$는 주기 π인 주기함수이다. 따라서

$$\int_0^{2\pi} |\cos x|dx = \int_0^{\pi} |\cos x|dx + \int_{\pi}^{2\pi} |\cos x|dx$$
$$= \int_0^{\pi} |\cos x|dx + \int_0^{\pi} |\cos x|dx$$
$$= 2\int_0^{\pi} |\cos x|dx$$
$$= 2\left[\int_0^{\pi/2} \cos x dx + \int_{\pi/2}^{\pi} (-\cos x)dx\right]$$
$$= 2\{[\sin x]_0^{\pi/2} - [\sin x]_{\pi/2}^{\pi}\}$$
$$= 4$$

연습문제 4.6

1. 치환적분을 이용하여 다음 정적분을 계산하여라.

(1) $\int_0^1 \sqrt{2x+4}\,dx$ (2) $\int_1^2 x\sqrt{x^2+1}\,dx$

(3) $\int_0^{\pi} \sin 3x dx$ (4) $\int_0^{\pi/6} \cos 3x dx$

(5) $\int_0^1 \frac{1}{(2x+1)^2}dx$ (6) $\int_1^3 \frac{x+3}{(x^2+6x)^2}dx$

(7) $\int_0^2 \frac{x+2}{(x^2+4x+2)^2}dx$ (8) $\int_0^1 \frac{t}{(t^2+1)^2}dt$

(9) $\int_0^1 \frac{x^2}{\sqrt{x^3+1}}dx$ (10) $\int_1^4 \frac{1}{\sqrt{t}(\sqrt{t}+1)^3}dt$

2. 함수의 대칭성을 이용하여 다음 정적분을 계산하여라.

(1) $\int_{-\pi}^{\pi} (\sin x + \cos x)dx$ (2) $\int_{-\pi/4}^{\pi/4} \frac{\tan x}{1+\cos x}dx$

(3) $\int_{-1}^{1} (|x|^3 + x^3)dx$ (4) $\int_{-\pi}^{\pi} x^2 \sin x dx$

3. 연속함수 f가 주기 p인 주기함수일 때

$$\int_a^{a+p} f(x)dx = \int_0^p f(x)dx$$

가 성립함을 증명하여라. 또, 이것을 이용하여 $\int_1^{1+\pi} |\sin x|dx$를 구하여라.

4. 다음을 증명하여라.

$$\int_a^b f(-x)dx = \int_{-b}^{-a} f(x)dx$$

5. 어떤 날의 기온 T가

$$T(t) = 70 + 8\sin\left[\frac{\pi}{12}(t-9)\right]$$

를 만족한다. 여기서 t는 자정 이후의 시간 수를 나타낸다. 오전 6시에서 오후 6시까지의 평균 기온을 구하여라.

6. f가 연속함수이고 $\int_0^4 f(x)dx = 10$일 때, $\int_0^2 f(2x)dx$를 구하여라.

7. f가 연속함수이고 $\int_0^9 f(x)dx = 4$일 때, $\int_0^3 xf(x^2)dx$를 구하여라.

8. 함수 f가 일직선 $\mathbb{R}$ 위에서 연속이라고 가정하자.

$$\int_a^b f(x+c)dx = \int_{a+c}^{b+c} f(x)dx$$

임을 증명하여라.

9. a와 b가 양수이면,

$$\int_0^1 x^a(1-x)^b dx = \int_0^1 x^b(1-x)^a dx$$

임을 밝혀라.

10. 박테리아의 수가 400개에서 시간당 함수 $r(t) = (450.268)e^{1.12546t}$로 증가한다. 박테리아는 3시간 후에 얼마나 많아지는가?

제 5 장 적분의 응용

5.1 곡선 사이의 면적

함수 f가 구간 $[a, b]$에서 적분가능하고 $f(x) \geq 0$이면 곡선 $y=f(x)$와 x축 및 직선 $x=a$, $x=b$로 둘러싸인 영역의 면적 A는

$$A=\int_a^b f(x)dx$$

로 나타내어짐을 알고 있다.

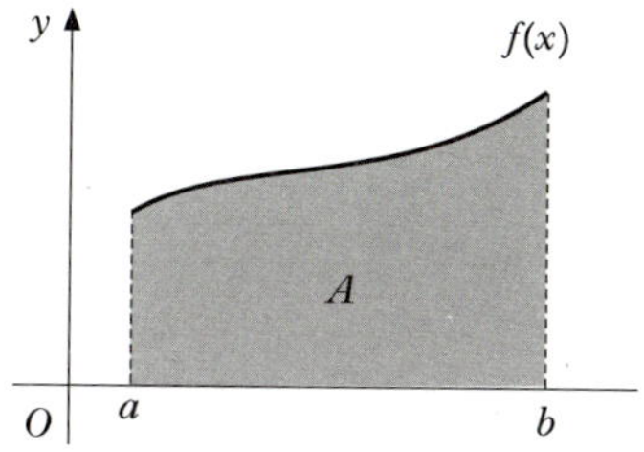

그림 1

따라서, 오른쪽 그림과 같이 두 함수 f와 g가 모두 양일 때 두 곡선으로 둘러싸인 영역의 면적은 곡선 $y=f(x)$ 아래 부분의 면적에서 곡선 $y=g(x)$ 아래 부분의 면적을 뺀 것과 같으므로

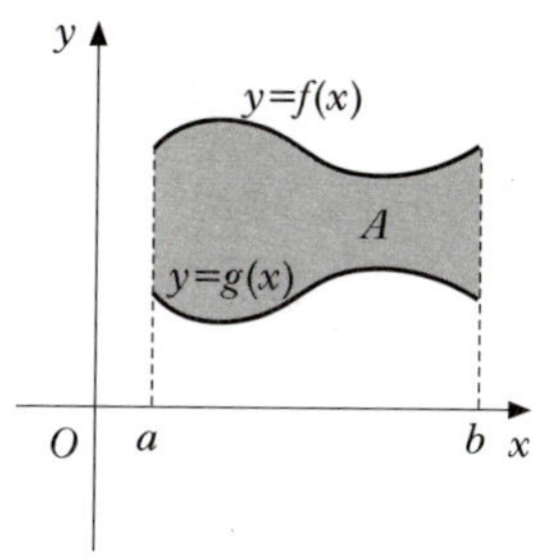

그림 2

$$\begin{aligned} A &= \int_a^b f(x)dx - \int_a^b g(x)dx \\ &= \int_a^b \{f(x)-g(x)\}dx \end{aligned}$$

로 나타내어진다.

그러나 곡선의 그래프가 x축 아래에 있으면 그 부분의 적분은 음수가 되므로 면적이 될 수 없다. 아래 왼쪽 그림과 같이 두 함수 f와 g가 구간 $[a, b]$에서 적분가능하고 $f(x) \geq g(x)$일 때 두 곡선으로 둘러싸인 영역의 면적 A를 구하는 방법을 알아보자.

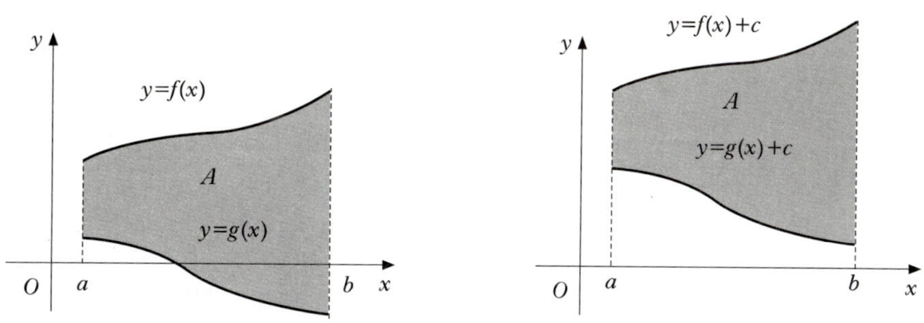

그림 3

이때, 위의 오른쪽 그림과 같이 두 곡선이 모두 x축 위에 있도록 y축의 방향으로 적당한 실수 c만큼 평행이동하면

$$f(x)+c \geq 0, \quad g(x)+c \geq 0$$
$$f(x)+c \geq g(x)+c$$

이므로, 두 곡선 $f(x)+c$와 $g(x)+c$ 사이의 면적도 A와 같음을 알 수 있다. 따라서,

$$A=\int_a^b \{f(x)+c\}dx-\int_a^b \{g(x)+c\}dx$$
$$=\int_a^b [\{f(x)+c\}-\{g(x)+c\}]dx$$
$$=\int_a^b \{f(x)-g(x)\}dx$$

정리 1 (두 곡선 사이의 면적)
두 함수 f와 g가 구간 $[a, b]$에서 적분가능하고 $f(x) \geq g(x)$일 때 $[a, b]$ 위에서 두 곡선 사이의 면적 A는

$$A=\int_a^b \{f(x)-g(x)\}dx$$

예제 1 곡선 $y=2-x^2$과 직선 $y=-x$로 둘러싸인 영역의 면적을 구하여라.

풀이 두 그래프의 교점의 x좌표를 구하기 위하여

$$2-x^2=-x$$

를 풀면, $x=-1, 2$. 또, 구간 $[-1, 2]$에서 $2-x^2 \geq -x$이므로 구하는 면적은

$$\int_{-1}^2 \{(2-x^2)-(-x)\}dx=\int_{-1}^2 (2-x^2+x)dx$$
$$=\left[2x-\frac{x^3}{3}+\frac{x^2}{2}\right]_{-1}^2$$
$$=\frac{9}{2}$$

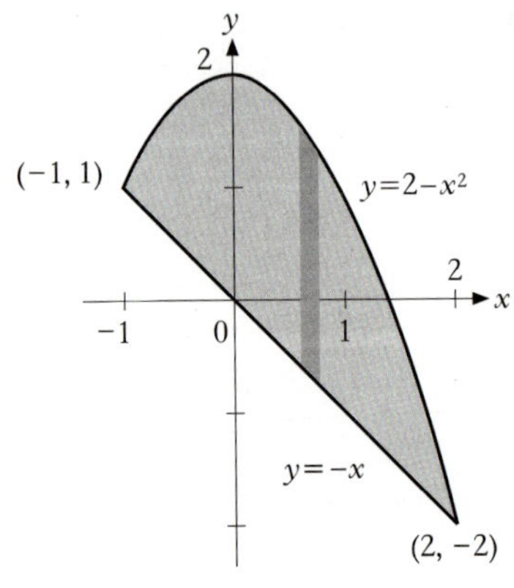

그림 4

앞에서와 같은 방법으로 두 연속함수 $x=f(y)$, $x=g(y)$와 직선 $y=c$, $y=d$로 둘러싸인 영역의 면적은 다음과 같이 나타내어짐을 알 수 있다.

$$A=\int_c^d \{f(y)-g(y)\}dy$$

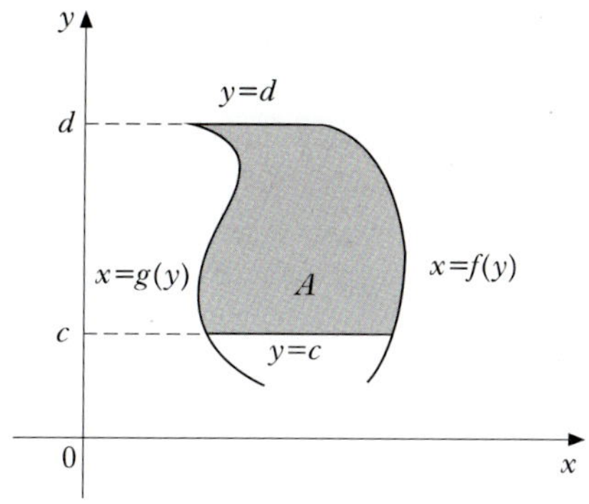

그림 5

예제 2 포물선 $y^2=2x+6$과 직선 $y=x-1$로 둘러싸인 영역의 면적을 구하여라.

풀이 두 그래프의 교점을 구하면

$$(-1,\ -2),\ (5,\ 4).$$

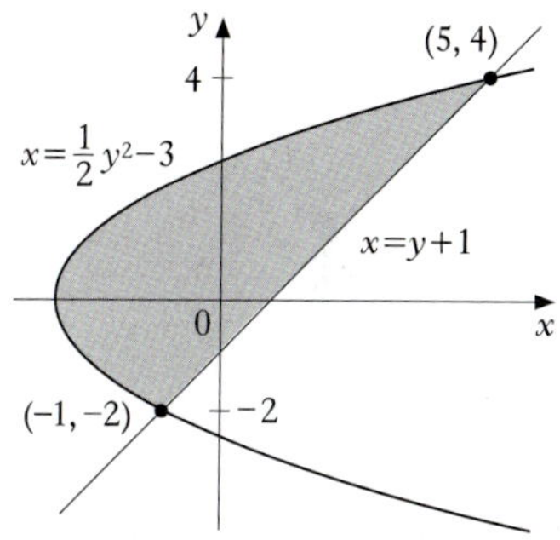

그림 6

두 식을 x에 관하여 풀면

$$x=\frac{1}{2}y^2-3,\ x=y+1$$

따라서, 구하는 면적은

$$\begin{aligned}&\int_{-2}^{4}\left[(y+1)-\left(\frac{1}{2}y^2-3\right)\right]dy\\&=\int_{-2}^{4}\left(-\frac{1}{2}y^2+y+4\right)dy\\&=\left[-\frac{1}{2}\frac{y^3}{3}+\frac{y^2}{2}+4y\right]_{-2}^{4}\\&=\left(-\frac{1}{6}\cdot 64+8+16\right)-\left(\frac{4}{3}+2-8\right)\\&=18\end{aligned}$$

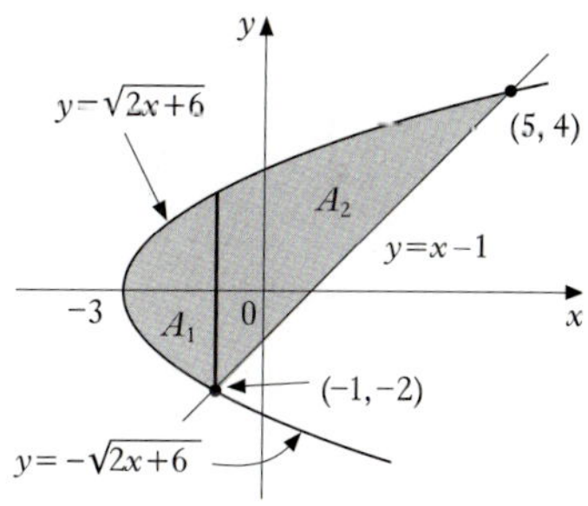

그림 7

그림 7과 같이 영역을 두 부분으로 나누어 x축에 관하여 적분하면 면적은 다음과 같이 나타내어진다.

$$\begin{aligned}A&=A_1+A_2\\&=\int_{-3}^{-1}\{\sqrt{2x+6}+\sqrt{2x+6}\}dx+\int_{-1}^{5}\{\sqrt{2x+6}-(x-1)\}dx\end{aligned}$$

그러나 이 방법보다는 위와 같이 y축에 관하여 적분하는 계산이 훨씬 편리함을 알 수 있다. ■

매개방정식으로 표시된 영역의 면적

함수 F가 $F(x) \ge 0$을 만족할 때 a에서 b까지 곡선 $y=F(x)$ 아래 영역의 면적은

$$A=\int_a^b F(x)dx$$

로 나타내어진다. 만일 이 곡선이 매개변수 방정식

$$x=f(t), \quad y=g(t), \quad \alpha \le t \le \beta$$

로 주어진다고 하면 주어진 영역의 넓이는 다음과 같이 계산할 수 있다.

$$A=\int_a^b y\,dx=\int_\alpha^\beta g(t)f'(t)dt$$

예제 3 다음 매개방정식으로 주어지는 곡선 아래의 넓이를 구하여라.

$$x=r(\theta-\sin\theta),\ y=r(1-\cos\theta),\ 0\le\theta\le 2\pi$$

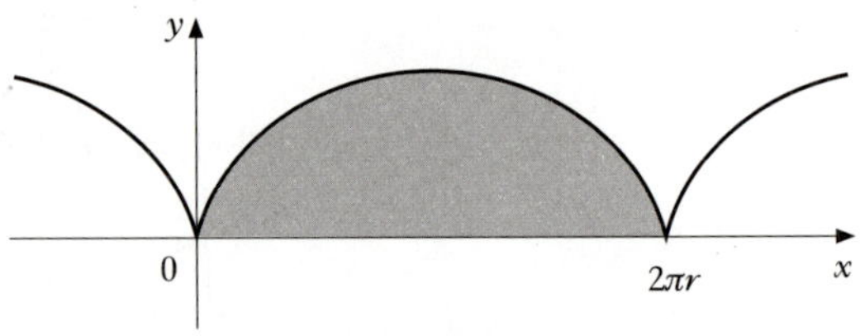

그림 8

$\dfrac{dx}{d\theta}=r(1-\cos\theta)$

풀이 $y=r(1-\cos\theta)$, $dx=r(1-\cos\theta)d\theta$ 이므로

$$\begin{aligned}
A&=\int_0^{2\pi r} y\,dx\\
&=\int_0^{2\pi} r(1-\cos\theta)\cdot r(1-\cos\theta)d\theta\\
&=r^2\int_0^{2\pi}(1-\cos\theta)^2 d\theta\\
&=r^2\int_0^{2\pi}(1-2\cos\theta+\cos^2\theta)d\theta\\
&=r^2\int_0^{2\pi}\left\{1-2\cos\theta+\frac{1}{2}(1+\cos 2\theta)\right\}d\theta\\
&=r^2\left[\frac{3}{2}\theta-2\sin\theta+\frac{1}{4}\sin 2\theta\right]_0^{2\pi}\\
&=r^2\left(\frac{3}{2}\cdot 2\pi\right)=3\pi r^2
\end{aligned}$$

$\cos^2\theta=\dfrac{1+\cos 2\theta}{2}$

■

연습문제 5.1

1. 다음 방정식들의 그래프들로 둘러싸인 영역의 면적을 구하여라.

   (1) x축, $y=2x-x^2$　　(2) y축, $x=y^2-y^3$

   (3) $y^2=x$, $x=4$　　(4) $y=2x-x^2$, $y=-3$

   (5) $x=y^2$, $x=y+2$　　(6) $y=\sin\left(\frac{\pi x}{2}\right)$, $y=x$

   (7) $x=y^2$, $x=-2y^2+3$　　(8) $y=x^2-4x$, $y=-x^2$

2. $y=x$와 $y=x^3$ 사이의 면적을 $x=-1$부터 $x=1$까지에서 구하여라.

3. $y=x+6$, $y=x^3$, $2y+x=0$으로 둘러싸인 영역의 면적을 구하여라.

4. 타원 $\frac{x^2}{a^2}+\frac{y^2}{b^2}=1$의 면적을 다음 두 가지 방법으로 구하여라.

   (1) x축에 관한 적분　　(2) y축에 관한 적분

5. $y=x+6$, $y=x^3$, $x=0$으로 둘러싼 영역 R을 그리고 그 넓이를 구하여라.

6. 꼭지점이 $(-1, 4)$, $(2, -2)$, $(5, 1)$인 삼각형의 넓이를 적분으로 구하여라.

7. 곡선 $y=\frac{1}{x^2}$을 구간 $1\le x\le 6$에서 다음을 구하여라.

   (1) 이 곡선 아래 부분의 넓이를 계산하여라.

   (2) 직선 $y=c$가 이 넓이를 이등분하도록, c를 결정하여라.

   (3) 직선 $x=d$가 이 넓이를 이등분하도록, d를 결정하여라.

8. 아래 그림의 넓이 A, B, C, D를 계산하여라. $A+B+C+D$를 한 적분으로 계산하여서, 검산해 보아라.

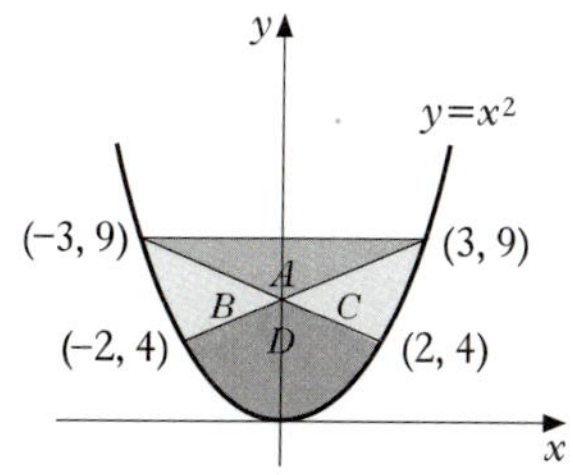

9. 그림과 같이 반지름이 각각 r, R인 두 원으로 둘러싸인 초승달과 같은 영역의 넓이를 적분으로 나타내어라.

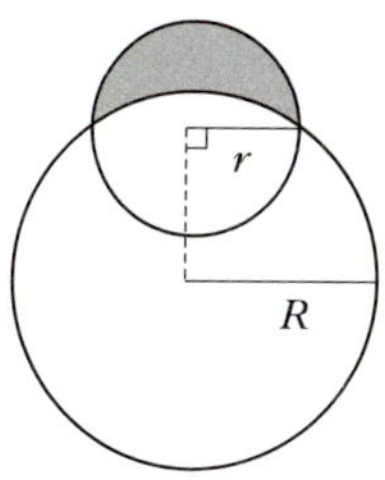

10. 타원의 매개변수 방정식 $x=a\cos\theta$, $y=b\sin\theta$, $0\le\theta\le 2\pi$를 이용하여 타원 내부의 넓이를 구하여라.

11. 포물선 $y=x^2-c^2$과 $y=c^2-x^2$으로 둘러싸인 영역의 넓이가 567일 때 c의 값을 구하여라.

12. 곡선 $y=x^2$과 $y=4$로 둘러싸인 영역을 $y=b$가 이등분할 때 b의 값을 구하여라.

5.2 거 리

미적분학의 기본정리를 이용하여 움직이는 물체의 이동거리를 구하여 보자.

어떤 운동체가 직선 위의 한 점을 출발하여 시간이 t일 때 속도 $v=f(t)$로 움직인다고 하자. 또, 속도함수 $f(t)$가 적분가능하고 음이 아닌 함수라고 하자. 속도가 음이 아니라는 것은 물체가 한 방향으로만 움직인다는 것을 의미한다. 이때 $t=a$와 $t=b$ 사이에서 물체가 이동한 거리를 구하여 보자.

시간이 t일 때 운동체가 이동한 거리를 $s(t)$라고 하면 거리를 미분하면 속도가 되므로

$$\frac{ds}{dt}=f(t)$$

이때, 함수 f의 한 부정적분을 F라고 하면 다음 식이 성립한다.

$$s(t)=F(t)+c, \quad a\le t\le b \quad (\text{단, } c\text{는 상수})$$

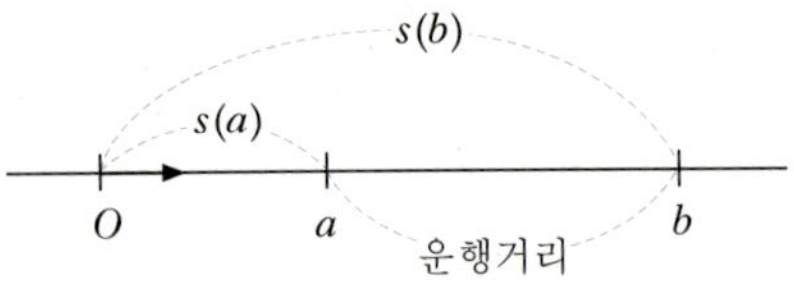

그림 1

따라서, $t=a$에서 $t=b$까지의 운행거리는

$$s(b)-s(a)=\{F(b)+c\}-\{F(a)+c\}=F(b)-F(a)$$

한편, $\int_a^b f(t)dt=[F(t)]_a^b=F(b)-F(a)$이므로, $t=a$에서 $t=b$까지의 운행거리는

$$\int_a^b f(t)dt$$

예제 1 한 개의 돌덩이가 $t=0$에서 절벽에서 떨어질 때 t초 후의 속도가

$$v=9.8t+10(\mathrm{m/sec})$$

이다. 이때, 처음 5초 동안 이 돌이 낙하한 거리를 구하여라.

풀이 속도가 음이 아니므로 낙하한 거리는

$$\begin{aligned}\int_0^5(9.8t+10)dt&=[4.9t^2+10t]_0^5\\&=122.5+50\\&=172.5(\mathrm{m})\end{aligned}$$

■

이제 속도함수 $f(t)$가 항상 양이 되지는 않는 일반적인 경우를 생각하여 보자.

속도 $f(t)$의 부호가 변하면 운동체는 반대방향으로 움직이게 된다. 따라서, 적분값 $\int_a^b f(t)dt$는 시간 $t=a$일 때의 운동체의 위치와 시간 $t=b$일 때의 위치 사이의 거리가 된다. 이것을 이 시간 구간 $[a, b]$에서의 운동체의 **변위**(displacement)라고 한다.

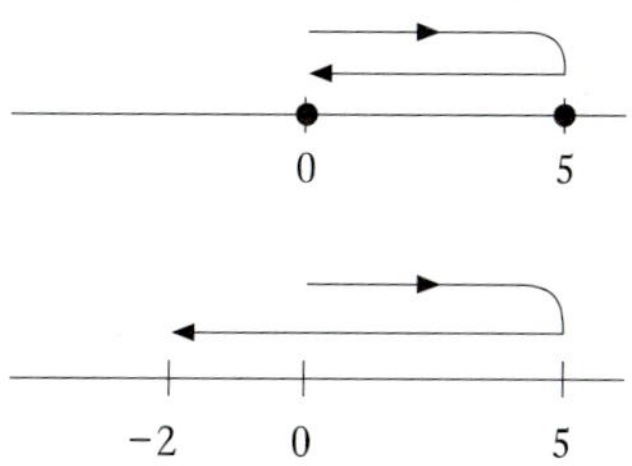

그림 2

일반적으로 속도의 부호가 변하면 변위는 운행거리와 일치하지 않는다. 이를테면, 운동체가 앞으로 5m 움직이고 그 다음 뒤로 5m 움직이면 총 10m를 운행하였으나 변위는 0m가 된다. 또, 앞으로 5m 움직이고 그 다음 뒤로 7m 움직이면 운행거리는 모두 12m이나 변위는 −2m이다. 따라서, 운행거리는 속도의 절대값을 적분하여 계산하면 된다. 즉, 시간 구간 $[a, b]$에서의 운행거리는

$$\int_a^b |f(t)|dt$$

속도의 절대값 $|f(t)|$를 운동체의 **속력**(speed)이라고 한다. 따라서, 운행거리는 물체의 속력을 시간에 관하여 적분한 값이다.

정리 1 (변위와 운행거리)

운동체의 속도함수 $f(t)$가 구간 $[a, b]$에서 적분가능하면 $[a, b]$에서 운동체의 변위와 운행거리는 다음과 같다.

$$\text{변위} = \int_a^b f(t)dt$$

$$\text{운행거리} = \int_a^b |f(t)|dt$$

예제 2 직선 위를 운동하는 질점의 속도가 다음 식을 만족한다.

$$\frac{ds}{dt} = v(t) = 5\cos \pi t \, (\text{m/sec}), \quad s(0) = 2.$$

위치함수 $s(t)$를 구하여라. 또 $t=0$에서 $t=\frac{3}{2}$까지 질점의 운행거리와 변위를 구하여라.

풀이 $\frac{ds}{dt} = 5\cos \pi t$를 만족하는 함수 $s(t)$를 구하면

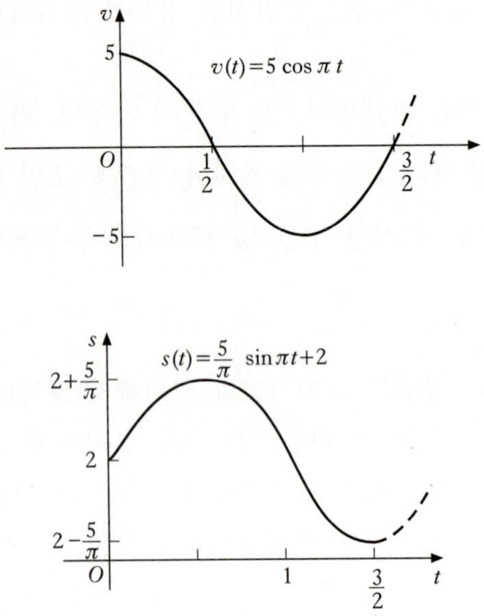

그림 3

$$s(t)=\frac{5}{\pi}\sin\pi t+c,\quad c\text{는 상수}$$

$s(0)=0+c=2$이므로 $c=2$이다. 그러므로 시간 t에 대한 질점의 위치는 다음과 같다(그림 11).

$$s(t)=\frac{5}{\pi}\sin\pi t+2.$$

시간 $t=0$부터 $t=\frac{3}{2}$까지의 운행거리와 변위는 다음과 같다.

$$\begin{aligned}\text{운행거리}&=\int_0^{3/2}|5\cos\pi t|dt\\&=\int_0^{1/2}5\cos\pi t dt+\int_{1/2}^{3/2}(-5\cos\pi t)dt\\&=\left[\frac{5}{\pi}\sin\pi t\right]_0^{1/2}+\left[-\frac{5}{\pi}\sin\pi t\right]_{1/2}^{3/2}\\&=\frac{15}{\pi}\,(\text{m})\end{aligned}$$

$$\begin{aligned}\text{변 위}&=\int_0^{3/2}5\cos\pi t dt\\&=\left[\frac{5}{\pi}\sin\pi t\right]_0^{3/2}\\&=-\frac{5}{\pi}\,(\text{m})\end{aligned}$$

■

연습문제 5.2

1. 함수 $v=f(t)$는 시간 t(초)의 함수로서 운동체의 속도를 나타낸다. 주어진 구간에서 운동체의 변위와 운행거리를 구하여라.
   (1) $v=2t+1,\ 0\le t\le 2$
   (2) $v=t-\frac{8}{t^2},\ 1\le t\le 3$
   (3) $v=6\sin 3t,\ 0\le t\le\frac{\pi}{2}$
   (4) $v=\sin t+\cos t,\ 0\le t\le\pi$

2. 함수 $a=f(t)$는 운동체의 가속도(m/sec^2)이고 v_0는 $t=0$일 때의 속도이다. $t=0$에서 $t=2$ 사이에 운동체의 운행거리를 구하여라.
   (1) $a=\sin t,\ v_0=2$
   (2) $a=g$(상수), $v_0=0$
   (3) $a=\sqrt{4t+1},\ v_0=-\frac{13}{3}$
   (4) $a=\frac{1}{\sqrt{4t+1}},\ v_0=1$

3. 어떤 물체가 직선을 따라서 움직이는 데, 시간 t일 때의 속도가 $v(t)=3t^2-24t+36$(m/sec)이다. 시간 $-1\le t\le 9$ 동안 이 물체의 변위와 운행거리를 구하여라.

4. 속도가 $v(t)=\frac{1}{2}+\sin 2t$일 때, 시간 $0\le t\le\frac{3\pi}{2}$ 사이에

물체의 변위와 운행거리를 구하여라.

5. $x=0$일 때 $s=0$에서 출발하여, 어떤 물체가 직선을 따라서 움직이는데, 시간 t일 때의 속도가 $v(t)=2t-4$ (cm/sec)이다. $s=12$에 이르기까지 시간이 얼마나 걸리는가? 또, 움직인 총 거리가 12cm가 되기까지는 시간이 얼마나 걸리는가?

6. 두 대의 자동차 A, B가 정지상태에서 동시에 출발하여 가속한다, 다음 그림은 두 자동차의 속도함수에 대한 그래프를 나타낸다.

(1) 1분 후에 어떤 차가 앞서는가? 설명하여라.

(2) 색칠한 영역의 넓이가 무엇을 의미하는가?

(3) 두 대의 자동차가 다시 만나는 시간을 계산하여라.

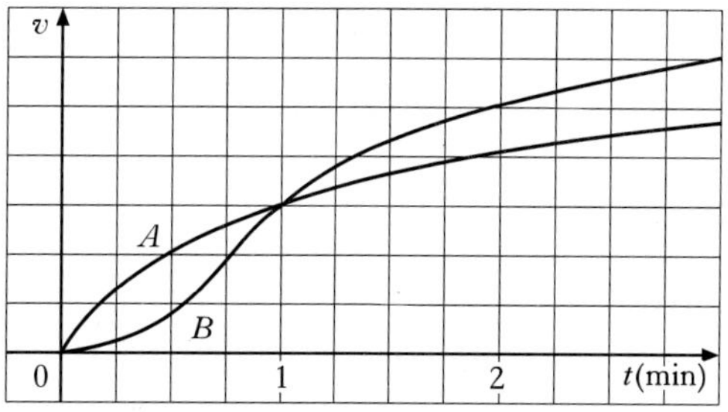

5.3 입체도형의 체적

x축 위의 점 $x(a \le x \le b)$에서 x축에 수직인 평면으로 자른 단면적이 $A(x)$인 입체도형의 체적을 구하여 보자.

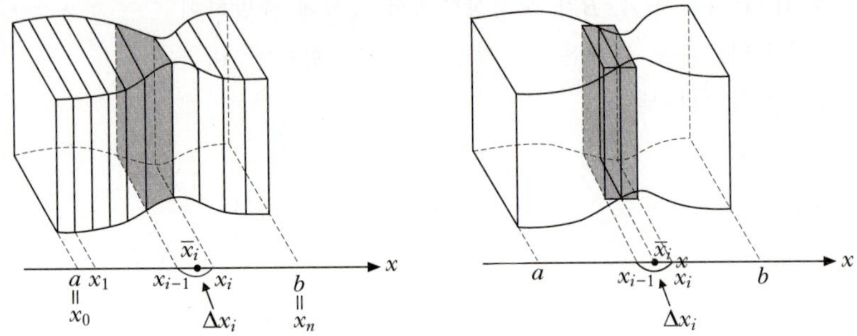

그림 1

먼저 구간 $[a, b]$의 분할 $P=\{a=x_0<x_1<\cdots<x_n=b\}$을 선택하고 각각의 소구간 $[x_{i-1}, x_i]$에서 표본점 $\overline{x_i}$를 잡는다. 또, x축에 수직이고 각각의 점 x_i를 지나는 평면으로 입체를 자르면 얇은 평판들이 생긴다. 이때, 한 평판의 체적 ΔV_i의 근사값으로 밑면의 면적이 $A(\overline{x_i})$이고 높이가 $\Delta x_i=x_i-x_{i-1}$인 기둥의 체적을 택한다. 즉,

$$\Delta V_i \approx A(\overline{x_i})\Delta x_i$$

각 평판의 근사값을 합하면 입체도형의 체적 V의 근사값을 얻는다. 즉,

$$V \approx \sum_{i=1}^{n} A(\overline{x_i})\Delta x_i$$

여기서 분할의 크기 $\|P\|$을 0으로 접근시키면 이 근사값은 점점 입체의 체적 V에 가까워진다. 따라서, $A(x)$가 구간 $[a, b]$에서 적분가능하면 다음 식을 얻는다.

$$V=\lim_{\|P\|\to 0}\sum_{i=1}^{n} A(\overline{x_i})\Delta x_i=\int_a^b A(x)dx$$

정리 1 (Cavalieri 정리)

x축에 수직으로 자른 단면적이 $A(x)(a \le x \le b)$인 입체도형의 체적 V는

$$V = \int_a^b A(x)dx$$

예제 1 $y = \sqrt{x}$, x축 그리고 $x=4$로 둘러싸인 영역을 x축을 회전축으로 하여 회전시킬 때 생기는 회천제의 체적을 구하여라.

풀이 회전체의 단면적의 식은 다음과 같다.

$$A(x) = \pi(\sqrt{x})^2 = \pi x, \quad 0 \le x \le 4.$$

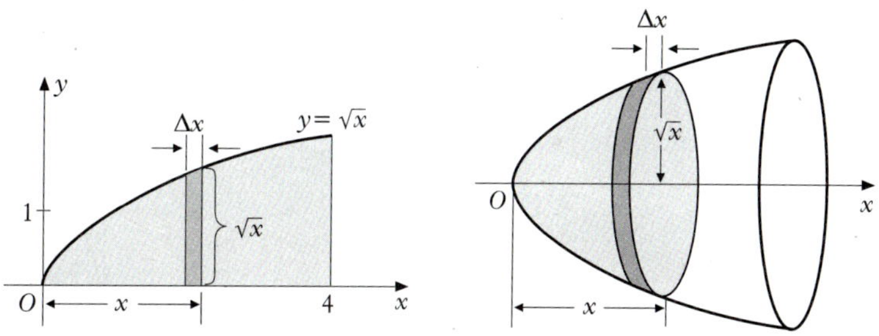

그림 2

따라서, 체적은

$$V = \int_0^4 \pi x dx = \pi \left[\frac{x^2}{2} \right]_0^4 = 8\pi.$$

예제 2 곡선 $y = x^3$, y축 및 직선 $y=3$으로 둘러싸인 영역을 y축을 회전축으로 하여 회전시킬 때 생기는 회전체의 체적을 구하여라.

풀이 회전체의 단면적의 식은 다음과 같다.

$$A(y) = \pi(y^{1/3})^2 = \pi y^{2/3}, \quad 0 \le y \le 3.$$

따라서, 체적은

$$V = \int_0^3 \pi y^{2/3} dy = \pi \left[\frac{3}{5} y^{5/3} \right]_0^3 = \frac{9\sqrt[3]{9}}{5}\pi.$$

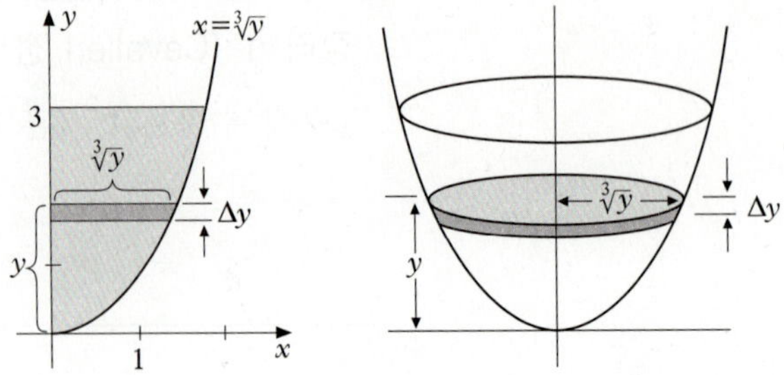

그림 3

예제 3 두 포물선 $y=x^2$과 $y^2=8x$로 둘러싸인 영역을 x축을 회전축으로 하여 회전시킬 때 생기는 회전체의 체적을 구하여라.

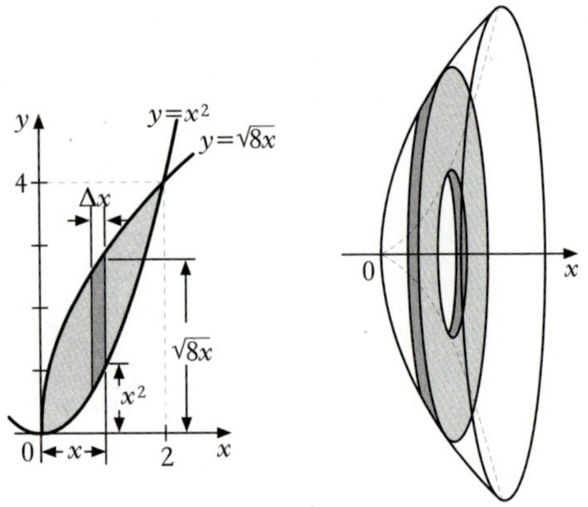

그림 4

풀이 회전체의 단면적의 식은 다음과 같다.

$$A(x)=\pi\{(\sqrt{8x})^2-(x^2)^2\}=\pi(8x-x^4),\quad 0\le x\le 2.$$

따라서, 체적은

$$V=\pi\int_0^2(8x-x^4)dx=\pi\left[\frac{4x^2}{2}-\frac{x^5}{5}\right]_0^2=\frac{48\pi}{5}$$

예제 4 곡선 $y=4-x^2$과 x축으로 둘러싸인 부분을 다음 직선을 회전축으로 하여 회전시킬 때 생기는 회전체의 체적을 구하여라.

(1) 직선 $x=3$ (2) 직선 $y=-3$

풀이 (1) $y=4-x^2$을 x에 관하여 풀면 $x=\pm\sqrt{4-y}$. 따라서, 회전축으로부터 포물선의 왼쪽 부분까지의 거리는 $3+\sqrt{4-y}$이고 포물선의 오른쪽 부분까지의 거리는 $3-\sqrt{4-y}$이므로, 단면적의 식은

$$A(y)=\pi\{(3+\sqrt{4-y})^2-(3-\sqrt{4-y})^2\}$$

따라서,

$$V=\int_0^4 \pi\{(3+\sqrt{4-y})^2-(3-\sqrt{4-y})^2\}dy=12\pi\int_0^4\sqrt{4-y}\,dy=64\pi$$

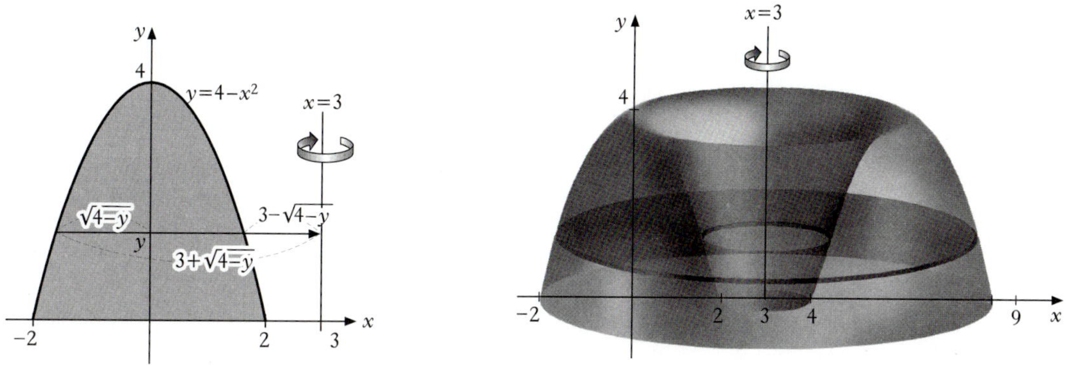

그림 5

(2) 회전축으로부터 곡선 $y=4-x^2$까지의 거리는

$$(4-x^2)-(-3)=7-x^2$$

이고, 회전축으로부터 x축과의 거리는 3이므로 단면적의 식은

$$A(x)=\pi\{(7-x^2)^2-3^2\}$$

따라서,

$$V=\int_{-2}^{2}\pi\{(7-x^2)^2-3^2\}dx-\frac{1472}{15}\pi$$

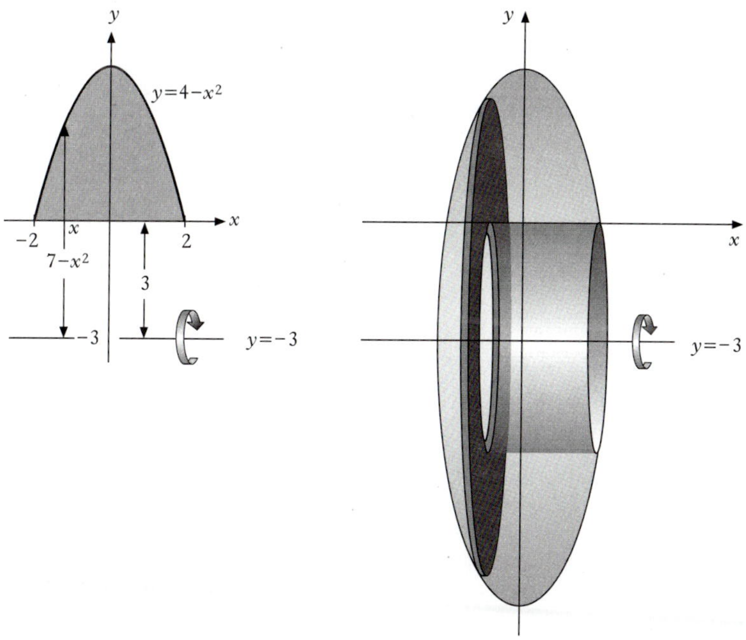

그림 6

지금까지는 단면이 원인 입체의 체적을 구하였으나 단면이 삼각형이거나 사각형 등 일반적인 경우에도 같은 방법으로 체적을 구할 수 있다.

예제 5 곡선 $y=1-\frac{x^2}{4}$, $x \geq 0$, x축, y축으로 둘러싸인 영역을 밑면으로 하는 입체도형이 있다. x축에 수직으로 자른 도형의 단면이 정사각형일 때 이 입체도형의 체적을 구하여라.

풀이 x좌표가 x인 점에서 입체도형을 x축에 수직되게 자르면 단면은 한 변의 길이가 $1-\frac{x^2}{4}$인 정사각형이 된다. 그러므로 입체도형의 단면적의 식은 다음과 같다.

$$A(x)=\left(1-\frac{x^2}{4}\right)^2, \quad 0 \leq x \leq 2.$$

따라서, 구하는 체적은

$$\begin{aligned} V &= \int_0^2 \left(1-\frac{x^2}{4}\right)^2 dx \\ &= \int_0^2 \left(1-\frac{x^2}{2}+\frac{x^4}{16}\right) dx \\ &= \left[x-\frac{x^3}{6}+\frac{x^5}{80}\right]_0^2 \\ &= \frac{16}{15}. \end{aligned}$$

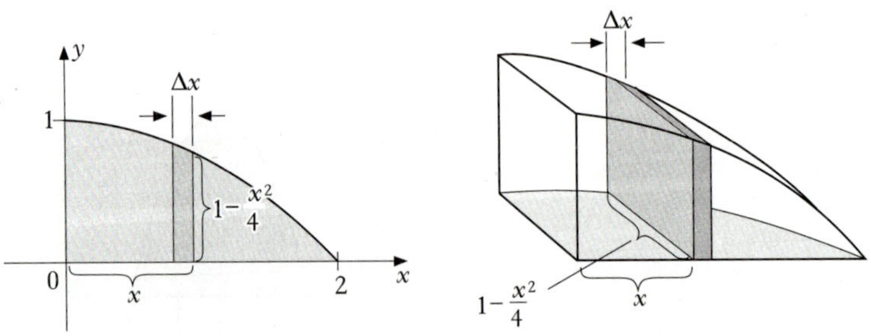

그림 7

예제 6 함수 $y=\sin x\ (0 \leq x \leq \pi)$의 그래프와 x축으로 둘러싸인 영역을 밑면으로 하는 입체도형이 있다. x축에 수직으로 자른 단면이 정삼각형일 때 이 입체도형의 체적을 구하여라.

$\sin^2 x = \dfrac{1-\cos 2x}{2}$

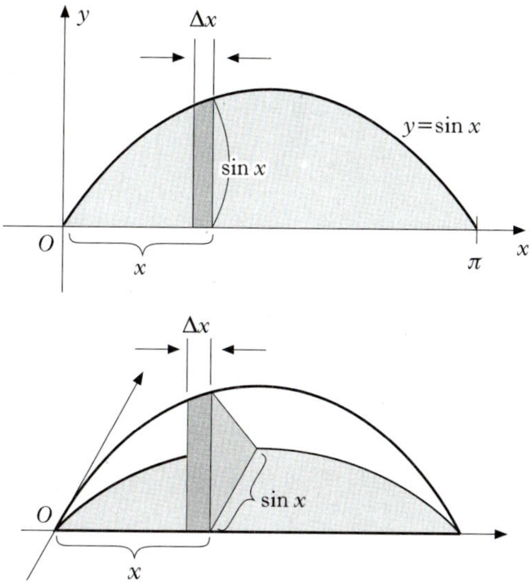

그림 8

풀이 입체도형을 x축에 수직하게 자르면 단면은 한 변의 길이가 $\sin x$인 정삼각형이 된다. 그러므로 입체도형의 단면적의 식은 다음과 같다.

$$\begin{aligned} A(x) &= \frac{1}{2}\sin x \cdot \sin x \cdot \sin\frac{\pi}{3} \\ &= \frac{\sqrt{3}}{8}(1-\cos 2x), \quad 0 \le x \le \pi. \end{aligned}$$

따라서, 구하는 체적은

$$\begin{aligned} V &= \frac{\sqrt{3}}{8}\int_0^{\pi}(1-\cos 2x)dx \\ &= \frac{\sqrt{3}}{8}\left[x-\frac{1}{2}\sin 2x\right]_0^{\pi} \\ &= \frac{\sqrt{3}}{8}\pi. \end{aligned}$$

연습문제 5.3

1. 다음 그림의 영역을 x축을 회전축으로 하여 회전시킬 때 생기는 회전체의 체적을 구하여라.

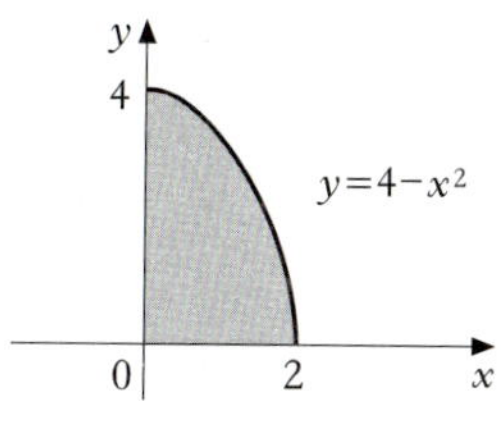

2. (1) 다음 그림의 영역을 x축을 회전축으로 하여 회전시킬 때 생기는 회전체의 체적을 구하여라.

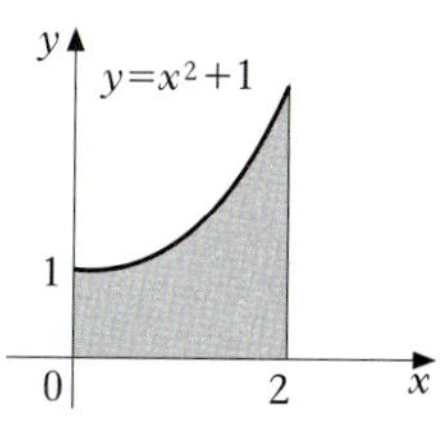

(2) 그림의 영역을 y축을 회전축으로 하여 회전시킬 때 생기는 회전체의 체적을 구하여라.

3. 다음의 방정식들의 그래프들로 둘러싸인 영역을 x축을 회전축으로 하여 회전시킬 때 생기는 회전체의 체적을 구하여라.

(1) $y=\dfrac{x^2}{4}$, $\quad x=4,\ y=0$

(2) $y=\dfrac{1}{x}$, $\quad x=1,\ x=4,\ y=0$

(3) $y=\sqrt{4-x^2}$, $\quad y=0,\ x=-1,\ x=2$

4. 다음의 방정식들의 그래프들로 둘러싸인 영역을 y축을 회전축으로 하여 회전시킬 때 생기는 회전체의 체적을 구하여라.

(1) $x=y^2$, $\quad x=0,\ y=2$

(2) $x=\sqrt{y}$, $\quad y=4,\ x=0$

(3) $x=y^{3/2}$, $\quad y=4,\ x=0$

5. 타원 $\dfrac{x^2}{a^2}+\dfrac{y^2}{b^2}=1$ $(0<b<a)$의 윗부분과 x축으로 둘러싸인 영역을 x축을 회전축으로 하여 회전시킬 때 생기는 회전체의 체적을 구하여라.

6. 직선 $x-2y=0$과 포물선 $y^2-2x=0$으로 둘러싸인 영역을 x축을 회전축으로 하여 회전시킬 때 생기는 회전체의 체적을 구하여라.

7. 직선 $y=4x$와 포물선 $y=4x^2$으로 둘러싸인 영역을 y축을 회전축으로 하여 회전시킬 때 생기는 회전체의 체적을 구하여라.

8. 원 $x^2+y^2=4$의 내부를 밑면으로 하는 입체도형이 있다. x축에 수직으로 자른 단면이 정사각형일 때 입체도형의 체적을 구하여라.

9. 함수 $y=\sqrt{\cos x}$, $-\frac{\pi}{2} \le x \le \frac{\pi}{2}$의 그래프와 x축으로 둘러싸인 영역을 밑면으로 하는 입체도형이 있다. x축에 수직으로 자른 단면이 정사각형일 때 입체도형의 체적을 구하여라.

10. (1) 제 1사분면 내에서 곡선 $y^2=x^3$, 직선 $x=4$ 그리고 x축으로 둘러싸인 영역을 직선 $x=4$를 회전축으로 하여 회전시킬 때 생기는 회전체의 체적을 구하여라.
(2) 위 영역을 직선 $y=8$을 회전축으로 하여 회전시킬 때 생기는 회전체의 체적을 구하여라.

11. 반지름이 r인 두 구의 중심이 각각 다른 구의 표면 위에 놓여 있을 때 두 구가 공유하고 있는 입체의 부피를 구하여라.

12. 지름이 30cm인 반구모양의 용기 속에 지름이 10cm인 공을 넣고 물을 $h$cm 깊이로 채웠을 때, 용기속의 물의 부피를 구하여라.

13. (1) 다음 그림과 같이 반지름이 r, R인 원환체(torus), (도넛형태의 입체)의 부피를 구하는 적분식을 구하여라.
(2) 적분식을 넓이로 해석하여 원환체의 부피를 구하여라.

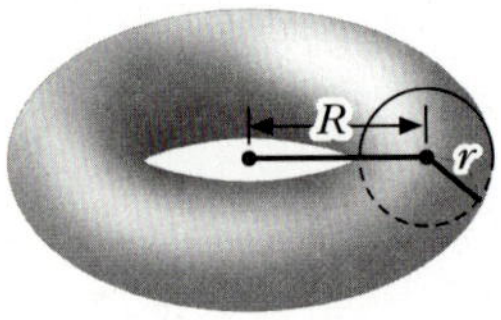

5.4 원주각에 의한 체적

오른쪽 그림과 같이 포물선 $y=4-x^2$과 x축으로 둘러싸인 영역을 직선 $x=3$을 회전축으로 하여 회전시킨 회전체의 체적 V는

$$V=\int_0^4 \pi\left\{(3+\sqrt{4-y})^2-(3-\sqrt{4-y})^2\right\}dy$$

로 구하였다(5.3절 예제 4). 이와 같이 y에 관하여 적분하는 것보다는 x에 관하여 적분하여 보다 쉽게 체적을 구할 수 있는 방법을 알아보자.

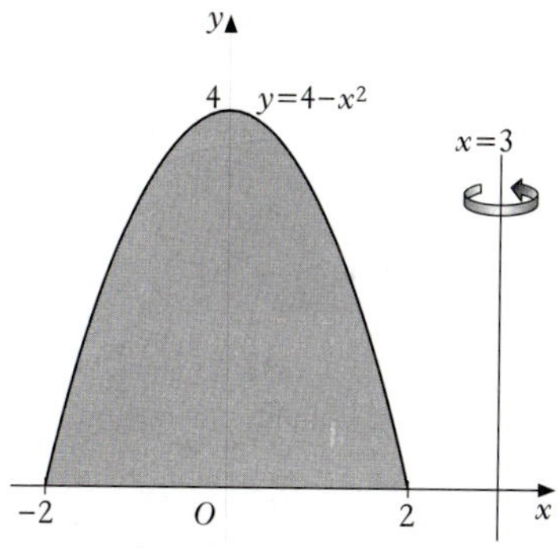

그림 1

영역 R이 구간 $[a, b]$ 위에서 곡선 $y=f(x)$와 x축으로 둘러싸여 있고 $f(x)\geq 0$일 때 이 영역을 y축을 회전축으로 하여 회전한 회전체의 체적을 구하여 보자.

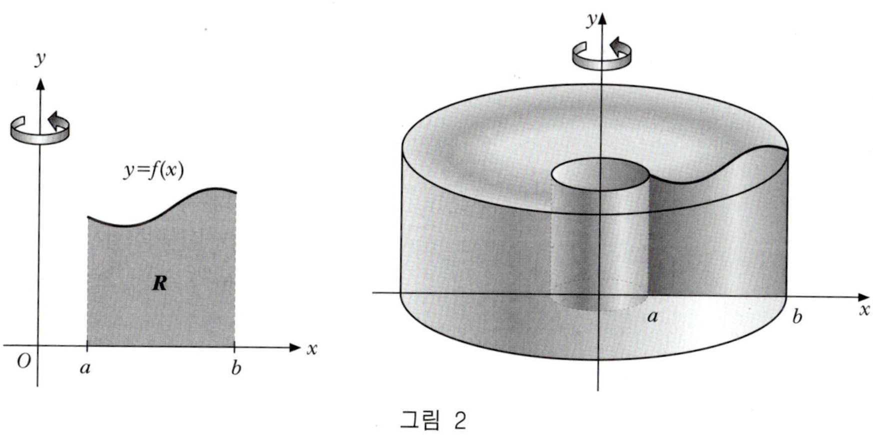

그림 2

먼저 구간 $[a, b]$의 분할 $P=\{x_0=a<x_1<x_2<\cdots<x_n=b\}$를 택하고 각 소구간 $[x_{i-1}, x_i]$에서 표본점 $\bar{x}_i$를 잡는다. 또, $f(\bar{x}_i)$를 높이로 하는 직사각형을 만들고 이것을 y축에 관하여 회전시키면 다음 그림과 같이 원주각이 된다.

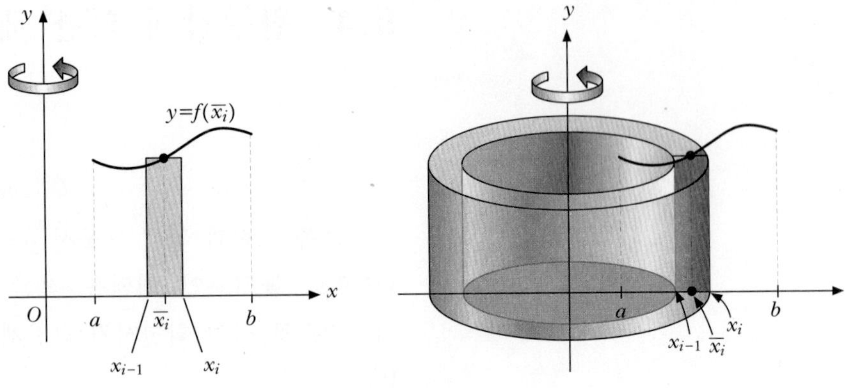

그림 3

이 원주각의 옆을 세로로 잘라 펼치면 얇은 직사각형판과 가까운 모양이 된다. 이때, 원주각의 둘레는 펼쳐진 얇은 직사각형판의 가로의 길이와 같고 그 길이는 $2\pi\overline{x}_i$가 된다.

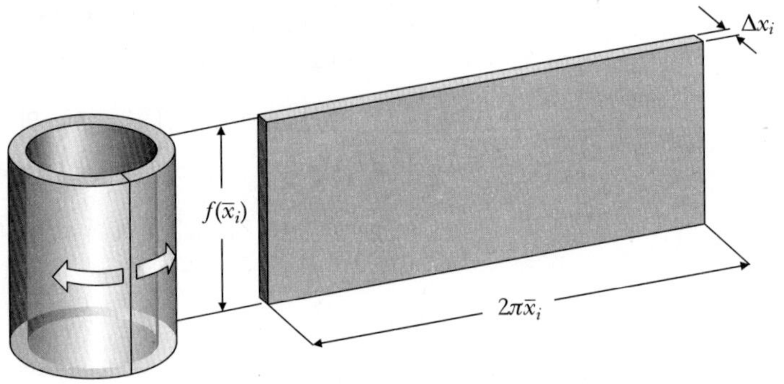

그림 4

따라서, i번째 소구간 $[x_{i-1}, x_i]$에 대한 원주각의 체적 V_i의 근사값은

$$V_i \approx \underset{\text{가로}}{(2\pi\overline{x_i})} \times \underset{\text{높이}}{f(\overline{x_i})} \times \underset{\text{두께}}{\Delta x_i}$$

이므로, 회전체 V의 근사값을 구하면

$$V=\sum_{i=1}^{n} V_i \approx \sum_{i=1}^{n} 2\pi\overline{x_i} f(\overline{x_i})\Delta x_i$$

여기서 $\|P\| \to 0$일 때 원주각의 체적의 합은 회전체의 체적 V에 점점 가까워지므로 정적분의 정의에 의해서 다음 식을 얻는다.

$$V=\lim_{\|P\|\to 0} \sum_{i=1}^{n} 2\pi\overline{x_i} f(\overline{x_i})\Delta x_i=\int_a^b 2\pi x f(x)dx$$

$$=2\pi\int_a^b \underset{\substack{\uparrow \\ \text{반지름}}}{\underline{x}}\ \underset{\substack{\uparrow \\ \text{높이}}}{\underline{f(x)}}\ \underset{\substack{\uparrow \\ \text{두께}}}{\underline{dx}}$$

정리 1 (회전체의 체적)

구간 $[a, b]$에서 적분가능한 함수 $y=f(x)$와 x축 및 두 직선 $x=a$, $x=b$로 둘러싸인 영역을 y축을 회전축으로 하여 회전시킬 때 생기는 회전체의 체적 V는

$$V=2\pi\int_a^b xf(x)dx.\ (\text{단, } f(x)\geq 0,\ a\leq x\leq b)$$

예제 1 제1사분면 내에서 직선 $y=x$와 곡선 $y=x^2$에 의하여 둘러싸인 영역을 y축을 회전축으로 하여 회전할 회전체의 체적을 구하여라.

풀이 직선 $y=x$와 곡선 $y=x^2$의 교점의 x좌표는 $x=0$, $x=1$이므로 구하는 체적은

$$\begin{aligned} V &= 2\pi\int_0^1 x(x-x^2)dx \\ &= 2\pi\int_0^1 (x^2-x^3)dx \\ &= 2\pi\left[\frac{x^3}{3}-\frac{x^4}{4}\right]_0^1 \\ &= \frac{\pi}{6}. \end{aligned}$$

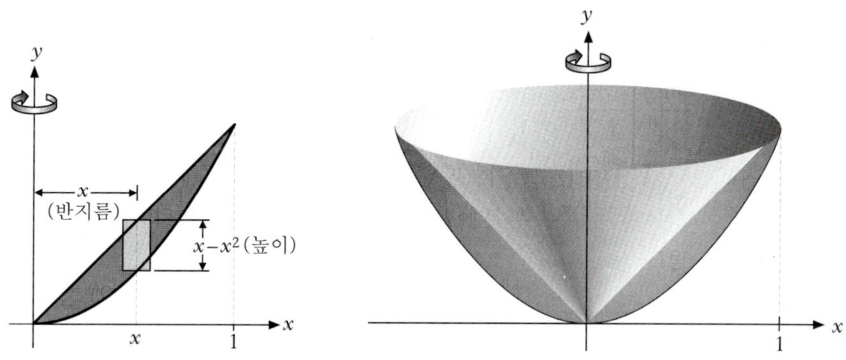

그림 5

예제 2 포물선 $y=4-x^2$과 x축에 의하여 둘러싸인 영역을 직선 $x=3$을 회전축으로 회전시켰을 때 생기는 회전체의 체적을 구하여라.

풀이 원주각의 반지름은 회전축 $x=3$으로부터 원주각까지의 거리이므로 $3-x$이다. 따라서, 회전체의 부피는

$$V = 2\pi\int_{-2}^{2}(3-x)(4-x^2)dx$$

$$= 2\pi\int_{-2}^{2}(x^3 - 3x^2 - 4x + 12)dx$$

$$= 64\pi$$

■

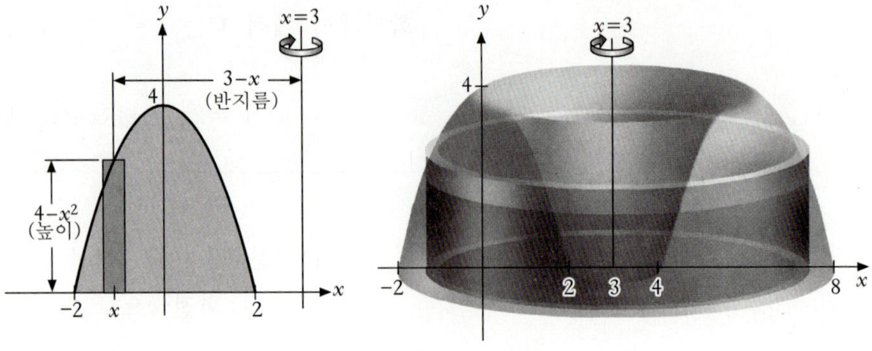

그림 6

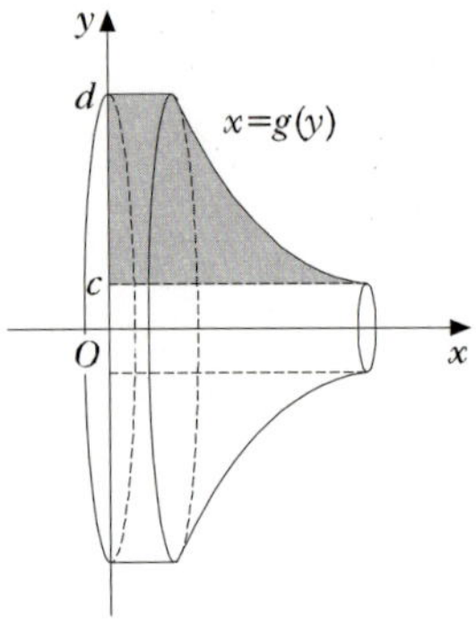

그림 7

주어진 영역을 x축을 회전축으로 하여 회전시킬 때 생기는 회전체의 체적을 구할 때에도 y축을 회전축으로 하는 경우와 같은 방법으로 그 체적을 구할 수 있다. 즉, 함수 $x=g(y)$와 y축 및 두 직선 $y=c$, $y=d$로 둘러싸인 부분을 x축을 회전축으로 하여 회전시킬 때 생기는 회전체의 체적은 다음 식으로 구할 수 있다.

$$V = 2\pi\int_{c}^{d} y\,g(y)dy$$

예제 3 직선 $y=\dfrac{r}{h}x$, $(r>0,\ h>0)$, x축 및 직선 $x=h$로 둘러싸인 영역을 x축을 회전축으로 하여 회전시킬 때 생기는 회전체(원뿔)의 체적을 구하여라.

풀이 구하는 체적은

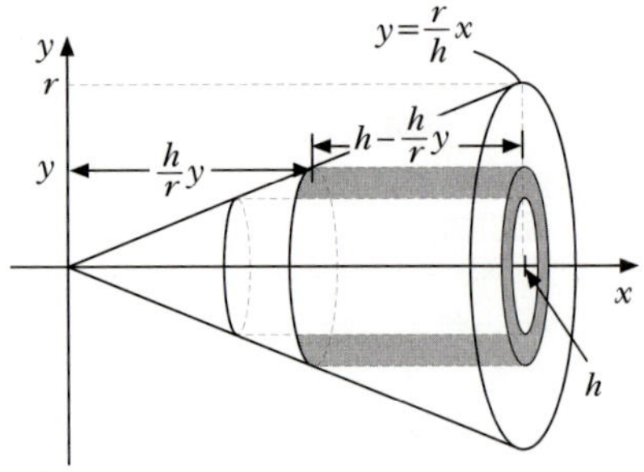

그림 8

$$V = 2\pi\int_{0}^{r} y\left(h - \frac{h}{r}y\right)dy$$

$$= 2\pi h\int_{0}^{r}\left(y - \frac{y^2}{r}\right)dy$$

$$= 2\pi h\left[\frac{y^2}{2} - \frac{y^3}{3r}\right]_0^r$$

$$= 2\pi h\left[\frac{r^2}{2} - \frac{r^2}{3}\right]$$

$$= \frac{1}{3}\pi r^2 h$$

■

연습문제 5.4

1. 다음 곡선들에 의하여 둘러싸인 영역을 지정한 축이나 직선을 회전축으로 하여 회전시킬 때 생기는 회전체의 체적을 구하여라.

(1) $y=\dfrac{4}{x}$, $x=1$, $x=4$, $y=0$; y축

(2) $y=\sqrt{x}$, $x=4$, $y=0$; y축

(3) $y=\sqrt{x}$, $x=4$, $y=0$; $x=4$

(4) $y=\dfrac{1}{4}x^3-2$, $y=2-x$, $x=2$; y축

(5) $x=y^2$, $y=2$, $x=0$; x축

(6) $x=y^2$, $y=2$, $x=0$; $y=2$

2. 아래 그림의 영역을 다음을 회전축으로 하여 회전시킬 때 생기는 회전체의 체적을 구하기 위한 식을 세워라.

(1) x축 (2) y축

(3) 직선 $x=a$ (4) 직선 $x=b$

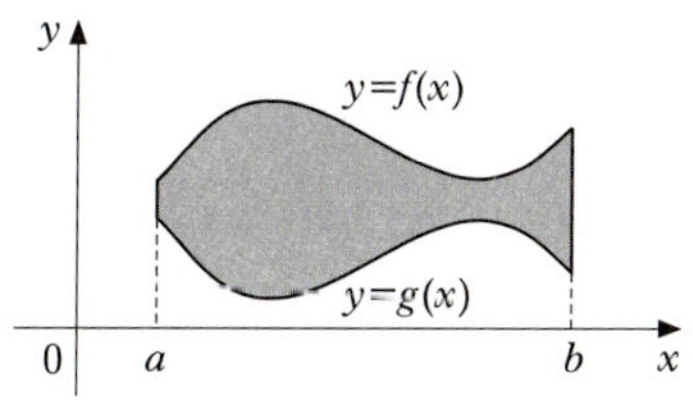

3. 곡선 $y=\dfrac{1}{x^3}$, $x=1$, $x=3$ 그리고 $y=0$으로 둘러싸인 영역 R의 그림을 그리고 다음을 구하기 위한 식을 구하여라.

(1) R의 면적

(2) R을 y축을 회전축으로 하여 회전시킬 때 생기는 회전체의 체적

(3) R을 직선 $y=-1$을 회전축으로 하여 회전시킬 때 생기는 회전체의 체적

(4) R을 직선 $x=4$를 회전축으로 하여 회전시킬 때 생기는 회전체의 체적

4. 두 곡선 $x=\sqrt{y}$와 $x=\dfrac{y^3}{32}$에 의하여 둘러싸인 영역을 x축을 회전축으로 하여 회전시킬 때 생기는 회전체의 체적을 구하여라.

5. 반지름이 b인 구의 중심을 지나는 직선을 축으로 하는 반지름 a인 둥근 구멍을 뚫었을 때 남는 입체의 체적을 구하여라. (단, $a<b$)

6. 제 1사분면 내에 있는 $x=0$, $y=\sin(x^2)$, $y=\cos(x^2)$으로 둘러싸인 영역을 y축에 대하여 회전시킨 입체의 부피를 구하여라.

7. R은 $y=x^2$과 $y=x$로 둘러싸인 영역이다. R을 다음에 대해 회전시켰을 때 생기는 입체의 부피를 구하여라.

(1) x축 (2) 직선 $y=2$축

5.5 평면곡선의 길이

정적분을 이용하여 여러 가지 평면곡선의 길이를 구하는 방법을 알아보자.

곡선이 여러 개의 선분으로 이루어진 절선으로 되어 있으면 이 선분들의 길이를 구하여 더함으로써 곡선의 길이를 구할 수 있다. 그러나 일반적인 곡선의 경우에는 한 절선을 접근시킨 후에 선분의 수를 늘려나가면 절선의 길이는 점점 주어진 곡선의 길이에 가까워진다. 따라서, 곡선의 길이는 이러한 절선의 길이의 극한으로 정의한다.

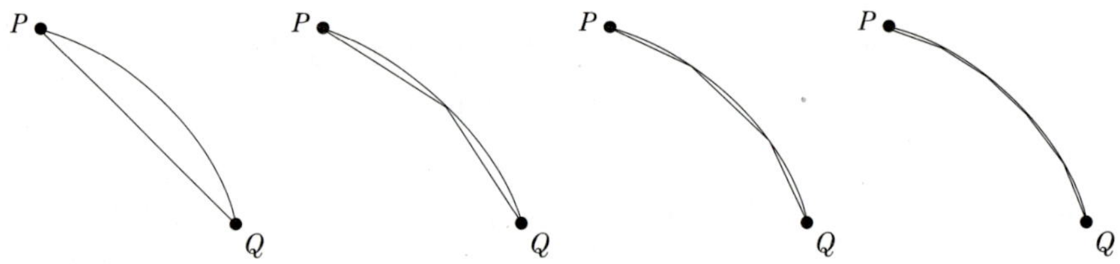

그림 1

다음과 같이 매개방정식으로 나타내어진 곡선 C의 길이를 구하여 보자.

$$C : x=f(t), \quad y=g(t), \quad a \le t \le b.$$

여기서 함수 f와 g는 구간 $[a, b]$에서 연속인 도함수를 갖는다고 가정한다. 구간 $[a, b]$의 분할 $P=\{a=t_o<t_1<\cdots<t_n=b\}$을 택하면 곡선 C는 점 $Q_i(f(t_i), g(t_i))$, $i=0, 1, \cdots, n$에 의하여 n개의 부분으로 나누어진다.

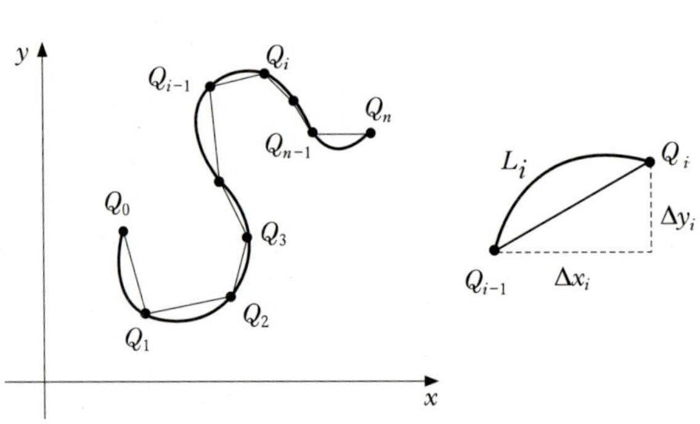

그림 2

여기서

$$\Delta t_i = t_i - t_{i-1},$$
$$\Delta x_i = f(t_i) - f(t_{i-1}),$$

$$\Delta y_i = g(t_i) - g(t_{i-1}), \quad i = 1, 2, \cdots, n.$$

라 두고 선분 $\overline{Q_{i-1}Q_i}$의 길이를 구하면

$$\overline{Q_{i-1}Q_i} = \sqrt{(\Delta x_i)^2 + (\Delta y_i)^2}.$$

이제 곡선 $\widehat{Q_{i-1}Q_i}$의 길이 L_i의 근사값으로 선분 $\overline{Q_{i-1}Q_i}$를 택하면

$$L_i \approx \sqrt{(\Delta x_i)^2 + (\Delta y_i)^2}$$

따라서, 곡선 C의 길이를 L이라고 하면

$$L = \sum_{i=1}^{n} L_i \approx \sum_{i=1}^{n} \sqrt{(\Delta x_i)^2 + (\Delta y_i)^2}.$$

한편, 함수 f와 g는 구간 $[a, b]$에서 미분가능하므로 평균값정리에 의하여 다음 식을 만족하는 c_i와 d_i가 소구간 $[t_{i-1}, t_i]$ 내에 존재한다.

$$\Delta x_i = f(t_i) - f(t_{i-1}) = f'(c_i)\Delta t_i$$
$$\Delta y_i = g(t_i) - g(t_{i-1}) = g'(d_i)\Delta t_i$$

따라서,

$$L \approx \sum_{i=1}^{n} \sqrt{[f'(c_i)]^2 + [g'(d_i)]^2}\, \Delta t_i.$$

이때, 함수 f와 g는 연속인 도함수를 가지므로 함수

$$\sqrt{[f'(t)]^2 + [g'(t)]^2}$$

은 적분가능하고, 분할의 크기 $\|P\|$가 0에 가까워지면 선분의 길이의 합은 곡선의 길이 L에 가까워지므로 다음 식으로 나타내어진다는 것이 알려져 있다.

$$\begin{aligned} L &= \lim_{\|P\| \to 0} \sum_{i=1}^{n} \sqrt{[f'(c_i)]^2 + [g'(d_i)]^2}\, \Delta t_i \\ &= \int_a^b \sqrt{[f'(t)]^2 + [g'(t)]^2}\, dt \end{aligned}$$

따라서, 곡선의 길이 L을 다음 식으로도 나타낼 수 있다.

$$L = \int_a^b \sqrt{\left(\frac{dx}{dt}\right)^2 + \left(\frac{dy}{dt}\right)^2}\, dt$$

한편, 평면곡선의 식이 구간 $[a, b]$에서 연속인 도함수를 갖는 함수

$y=f(x)$로 주어졌을 때에는 다음과 같은 매개방정식으로 나타낼 수 있다.

$$C : x=t, \quad y=f(t), \quad a \le t \le b.$$

따라서, 곡선의 길이 L은 다음과 같이 나타내어진다.

$$\int_a^b \sqrt{1+[f'(t)]^2}\,dt = \int_a^b \sqrt{1+[f'(x)]^2}\,dx$$

$$L=\int_a^b \sqrt{\left(\frac{dx}{dt}\right)^2+\left(\frac{dy}{dt}\right)^2}\,dt = \int_a^b \sqrt{1+[f'(t)]^2}\,dt$$

정리 1 (곡선의 길이)

(1) 곡선 C가 다음 매개방정식으로 주어진다고 하자.

$$C : x=f(t), \quad y=g(t), \quad a \le t \le b.$$

이때, 함수 f와 g가 구간 $[a, b]$에서 연속인 도함수를 가지면 곡선 C의 길이 L은

$$L=\int_a^b \sqrt{\left(\frac{dx}{dt}\right)^2+\left(\frac{dy}{dt}\right)^2}\,dt$$

(2) 곡선 C가 연속인 도함수를 갖는 함수 $y=f(x)$로 주어지면 곡선의 길이 L은

$$L=\int_a^b \sqrt{1+[f'(x)]^2}\,dx$$

예제 1 원 $x^2+y^2=a^2$의 둘레의 길이를 구하여라.

$x=a\cos t,\ y=a\sin t$

$$x^2+y^2=a^2\cos^2 x+a^2\sin^2 t = a^2(\cos^2 t+\sin^2 t) = a^2$$

풀이 원의 매개방정식은 다음과 같다.

$$x=a\cos t, \quad y=a\sin t, \quad 0 \le t \le 2\pi$$

그러므로

$$\frac{dx}{dt}=-a\sin t, \quad \frac{dy}{dt}=a\cos t.$$

따라서,

$$L=\int_0^{2\pi} \sqrt{a^2\sin^2 t+a^2\cos^2 t}\,dt = \int_o^{2\pi} a\,dt = 2\pi a$$

■

예제 2 시간 t에서 위치가

$$x=\sin^2 t, \quad y=\cos^2 t$$

인 질점 $P(x, y)$가 $0 \le t \le \frac{\pi}{2}$에서 움직이는 거리를 구하여라.

풀이 $\frac{dx}{dt}=2\sin t\cos t$, $\frac{dy}{dt}=-2\cos t\sin t$이므로

$\sin 2t=2\sin t\cos t$

$$\begin{aligned} L &= \int_0^{\pi/2}\sqrt{\left(\frac{dx}{dt}\right)^2+\left(\frac{dy}{dt}\right)^2}\,dt \\ &= \int_0^{\pi/2}\sqrt{8\sin^2 t\cos^2 t}\,dt \\ &= \int_0^{\pi/2}2\sqrt{2}\sin t\cos t\,dt \\ &= \int_0^{\pi/2}\sqrt{2}\sin 2t\,dt \\ &= \left[-\frac{\sqrt{2}}{2}\cos 2t\right]_0^{\pi/2}=\sqrt{2} \end{aligned}$$

■

예제 3 $x=0$에서 $x=3$까지 곡선 $y=\frac{2}{3}x^{\frac{3}{2}}$의 길이를 구하여라.

풀이 $y=\frac{2}{3}x^{\frac{3}{2}}$에서 $\frac{dy}{dx}=x^{\frac{1}{2}}$이므로

$$\begin{aligned} L &= \int_0^3\sqrt{1+(x^{\frac{1}{2}})^2}\,dx \\ &= \int_0^3\sqrt{1+x}\,dx \\ &= \left[\frac{2}{3}(1+x)^{\frac{3}{2}}\right]_0^3 \\ &= \frac{14}{3} \end{aligned}$$

■

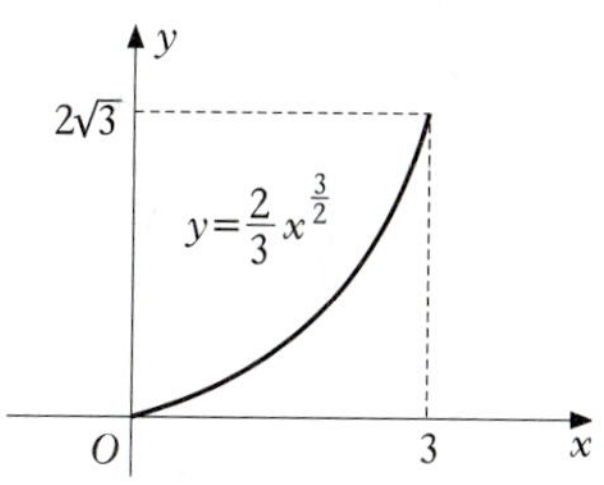

그림 3

연습문제 5.5

1. 다음 곡선의 길이를 구하여라.

(1) $y=\frac{1}{3}(x^2+2)^{\frac{1}{2}}$, $0\le x\le 3$

(2) $x=\frac{y^4}{16}+\frac{1}{2y^2}$, $-2\le y\le -1$

(3) $9x^2=4y^3$, $2\sqrt{2}\le x\le 2\sqrt{3}$

(4) $(y+1)^2=4x^3$, $0\le x\le 1$

2. 다음 매개방정식들의 그래프를 그리고 그 길이를 구하여라.

(1) $x=t^3$, $y=t^2$, $0\le t\le 4$

(2) $x=3\sin t$, $y=3\cos t-3$, $0\le t\le \pi$

(3) $x=a\sin^3 t$, $y=a\cos^3 t$, $0\le t\le 2\pi$

(4) $x=a(t-\sin t)$, $y=a(1-\cos t)$, $0\le t\le 2\pi$

3. 단위원의 매개변수 방정식은 $x=\cos t$, $y=\sin t$, $0\le t\le 2\pi$이다. 이 방정식을 이용하여 단위원의 둘레 길이를 구하여라.

4. 네 개의 뾰족한 끝을 가지는 하이포사이클로이드(hypocycloid) $x=a\sin^3 t$, $y=a\cos^3 t$, $0\le t\le 2\pi$의 그래프를 그리고 그 길이를 구하여라.

5. 다음 곡선의 길이를 구하여라.

(1) $y=\int_1^x \sqrt{u^3-1}\,du$, $1\le x\le 2$

(2) $x=t-\sin t$, $y=1-\cos t$, $0\le t\le 4\pi$

6. 고도 180m에서 15m/s의 속도로 날고 있는 매가 실수로 떨어뜨린 먹이가 땅에 닿을 때까지 다음과 같은 방정식으로 포물선 궤도를 그렸다.

$$y=180-\frac{x^2}{45}$$

(y는 땅에서부터 높이이고 x는 미터 단위로 측정한 수평거리이다.) 먹이를 처음 떨어뜨린 순간부터 닿을 때까지 먹이가 이동한 거리를 계산하여라.

7. 성망형

$$x=a\cos^3\theta,\ y=a\sin^3\theta,\ 0\le\theta\le 2\pi$$

에서 곡선의 길이를 구하여라.

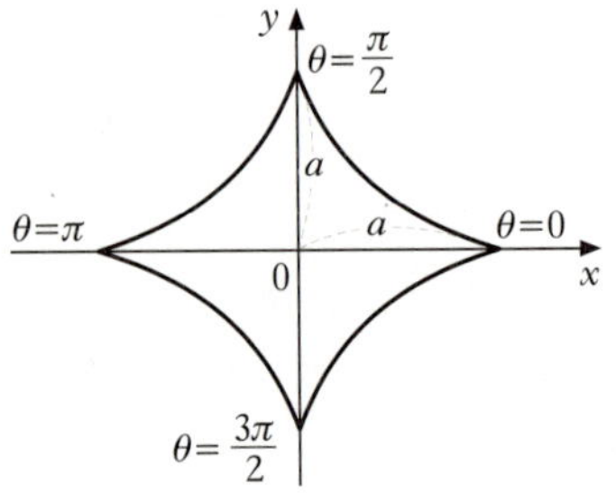

8. 시간 t에서 질점 $P(x, y)$의 위치가

$$x=\cos t,\quad y=t+\sin t$$

일 때 $t=0$부터 $t=\pi$까지 운행거리를 구하여라.

9. 어떤 시간 t에서 질점 $P(x, y)$의 위치가 다음과 같이 주어졌을 때 $t=0$과 $t=3$ 사이의 운행거리를 구하여라.

$$x=\frac{1}{3}(2t+3)^{3/2},\quad y=\frac{t^2}{2}+t$$

5.6 회전체의 표면적

다음 매개방정식으로 나타내어진 평면곡선 C가 주어져 있다고 하자.

$$C: x=f(t),\quad y=g(t),\quad a \le t \le b.$$

여기서 구간 $[a, b]$에서 $g(t) \ge 0$이고 함수 f와 g는 연속인 도함수를 갖는다고 가정한다. 곡선 C를 x축을 회전축으로 하여 회전시킬 때 생기는 회전체의 표면적 A를 구하여 보자.

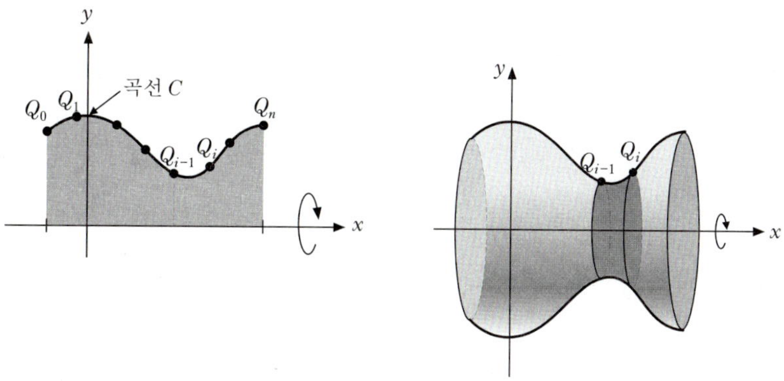

그림 1

구간 $[a, b]$의 분할 $P=\{a=t_0<t_1<\cdots<t_n=b\}$를 택하면 곡선 C는 점 $Q_i(f(t_i), g(t_i))$, $i=0, 1, 2, \cdots, n$에 의하여 n개의 작은 부분으로 나누어진다. 여기서 다음 기호를 사용하여 작은 선분이 회전하여 생긴 표면적을 구하여 보자.

$$\begin{aligned}
&\Delta t_i = t_i - t_{i-1},\\
&\Delta x_i = f(t_i) - f(t_{i-1})\\
&\Delta y_i = g(t_i) - g(t_{i-1}),\quad i=1, 2, \cdots, n.
\end{aligned}$$

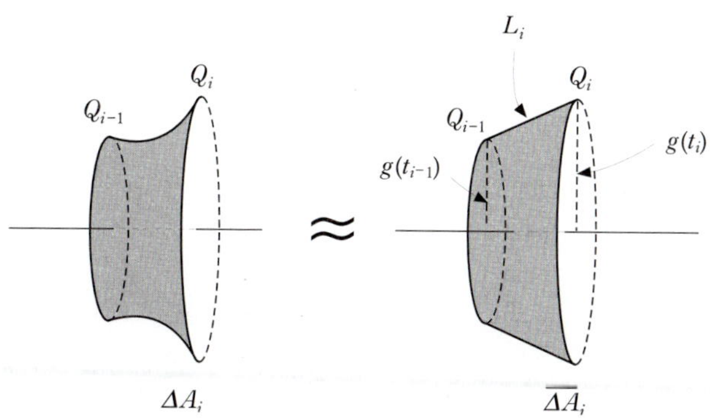

그림 2

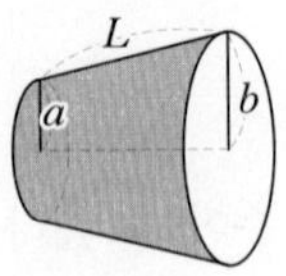

원뿔대의 옆면적
$A=\pi(a+b)L$
그림 3

곡선 $\overset{\frown}{Q_{i-1}Q_i}$를 x축을 회전축으로 하여 회전시켜 얻은 곡면의 면적을 ΔA_i로 나타내고, 선분 $\overline{Q_{i-1}Q_i}$를 x축을 회전축으로 하여 회전시켜 얻은 곡면의 면적을 $\overline{\Delta A_i}$로 나타내자. 선분 $\overline{Q_{i-1}Q_i}$의 길이가 L_i일 때 면적 $\overline{\Delta A_i}$를 구하면

$$\begin{aligned}\overline{\Delta A_i}&=\pi[g(t_i)+g(t_{i-1})]L_i=2\pi\left[\frac{g(t_i)+g(t_{i-1})}{2}\right]L_i\\&=2\pi\left[\frac{g(t_i)+g(t_{i-1})}{2}\right]\sqrt{(\Delta x_i)^2+(\Delta y_i)^2}.\end{aligned}$$

한편, 함수 f와 g는 구간 $[a, b]$에서 미분가능하므로 평균값정리에 의하여 다음 식을 만족하는 c_i와 d_i가 소구간 $[t_{i-1}, t_i]$ 내에 존재한다.

평균값 정리에서
$\dfrac{f(t_i)-f(t_{i-1})}{\Delta t_i}=\dfrac{f(t_i)-f(t_{i-1})}{t_i-t_{i-1}}$
$=f'(c_i)\ (t_{i-1}\le c_i\le t_i)$

$$\begin{aligned}\Delta x_i&=f(t_i)-f(t_{i-1})=f'(c_i)\Delta t_i\\\Delta y_i&=g(t_i)-g(t_{i-1})=g'(d_i)\Delta t_i\end{aligned}$$

따라서,

$$\overline{\Delta A_i}=2\pi\left[\frac{g(t_i)+g(t_{i-1})}{2}\right]\sqrt{[f'(c_i)]^2+[g'(d_i)]^2}\,\Delta t_i$$

이때, 곡면의 면적 ΔA_i의 근사값으로 $\overline{\Delta A_i}$를 택하면

$$\begin{aligned}A&=\sum_{i=1}^{n}\Delta A_i\approx\sum_{i=1}^{n}\overline{\Delta A_i}\\&=2\pi\sum_{i=1}^{n}\left[\frac{g(t_i)+g(t_{i-1})}{2}\right]\sqrt{[f'(c_i)]^2+[g'(d_i)]^2}\,\Delta t_i\end{aligned}$$

여기서 함수 f와 g는 연속인 도함수를 갖고, 분할의 크기 $\|P\|$가 0에 가까워지면 근사값은 회전체의 표면적 A에 가까워지므로 다음 식이 성립한다.

$$\begin{aligned}A&=\lim_{\|P\|\to 0}\sum_{i=1}^{n}\overline{\Delta A_i}\\&=2\pi\lim_{\|P\|\to 0}\sum_{i=1}^{n}\left[\frac{g(t_i)+g(t_{i-1})}{2}\right]\sqrt{[f'(c_i)]^2+[g'(d_i)]^2}\,\Delta t_i\\&=2\pi\int_a^b g(t)\sqrt{[f'(t)]^2+[g'(t)]^2}\,dt\end{aligned}$$

한편, 평면곡선이 구간 $[a, b]$에서 연속인 도함수를 갖는 함수 $y=f(x)$로 주어지고 $f(x)\ge 0$일 때에는 이것을 다음 매개방정식으로 나타낼 수 있다.

$$C: x=t,\quad y=f(t),\quad a\le t\le b.$$

따라서, 이때 회전체의 표면적은 다음과 같다.

$$A = 2\pi \int_a^b f(x)\sqrt{1+[f'(x)]^2}\,dx$$

정리 1 (회전체의 표면적)

(1) 곡선 $C : x=f(t),\ y=g(t),\ a \le t \le b$를 x축을 회전축으로 하여 회전시킨 회전체의 표면적 A는

$$A = 2\pi \int_a^b g(t)\sqrt{[f'(t)]^2+[g'(t)]^2}\,dt$$

단, $[a, b]$에서 $g(t) \ge 0$이고 f와 g는 연속인 도함수를 갖는다.

(2) 구간 $[a, b]$에서 연속인 도함수를 갖는 함수 $y=f(x)$로 나타내어지는 곡선 C를 x축을 회전축으로 회전시킨 회전체의 표면적 A는

$$A = 2\pi \int_a^b f(x)\sqrt{1+[f'(x)]^2}\,dx$$

단, $[a, b]$에서 $f(x) \ge 0$이다,

예제 1 cycloid $x=a(t-\sin t),\ y=a(1-\cos t),\ 0 \le t \le 2\pi$을 x축을 회전축으로 하여 회전시킬 때 생기는 회전체의 표면적을 구하여라.

풀이 $\dfrac{dx}{dt} = a(1-\cos t),\ \dfrac{dy}{dt} = a\sin t$이므로

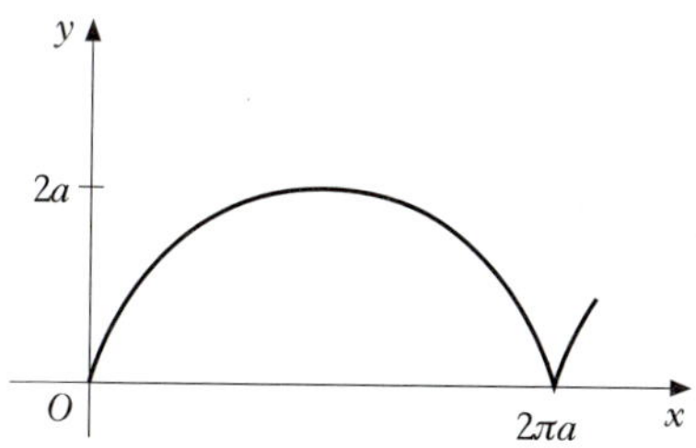

그림 4

$$\begin{aligned} A &= 2\pi \int_0^{2\pi} a(1-\cos t)\sqrt{a^2(1-\cos t)^2+a^2\sin^2 t}\,dt \\ &= 2\pi a^2 \int_0^{2\pi} (1-\cos t)\sqrt{2-2\cos t}\,dt \\ &= 2\sqrt{2}\,\pi a^2 \int_0^{2\pi} (1-\cos t)^{3/2} dt. \end{aligned}$$

$\cos 2\theta = 1 - 2\sin^2\theta$

$1 - \cos t = 2\sin^2\left(\frac{t}{2}\right)$ 이므로

$$A = 2\sqrt{2}\pi a^2 \int_0^{2\pi} \left[2\sin^2\left(\frac{t}{2}\right)\right]^{3/2} dt$$
$$= 8\pi a^2 \int_0^{2\pi} \sin^3\left(\frac{t}{2}\right) dt$$
$$= 8\pi a^2 \int_0^{2\pi} \left[1 - \cos^2\left(\frac{t}{2}\right)\right] \sin\left(\frac{t}{2}\right) dt$$

여기서 $u = \cos\left(\frac{t}{2}\right)$로 치환하면

$$du = -\frac{1}{2}\sin\left(\frac{t}{2}\right) dt$$

$t=0$일 때 $u=1$이고, $t=2\pi$일 때 $u=-1$이다. 따라서

$$A = -16\pi a^2 \int_1^{-1} (1-u^2)\, du$$
$$= -16\pi a^2 \left[u - \frac{u^3}{3}\right]_1^{-1} = \frac{64\pi a^2}{3}.$$

■

예제 2 곡선 $y = \sqrt{x}$, $0 \le x \le 4$를 x축을 회전축으로 하여 회전시킬 때 생기는 회전체의 표면적을 구하여라.

풀이 $f(x) = \sqrt{x}$ 이므로 $f'(x) = \frac{1}{2\sqrt{x}}$ 이다. 따라서 곡면의 표면적은 다음과 같다.

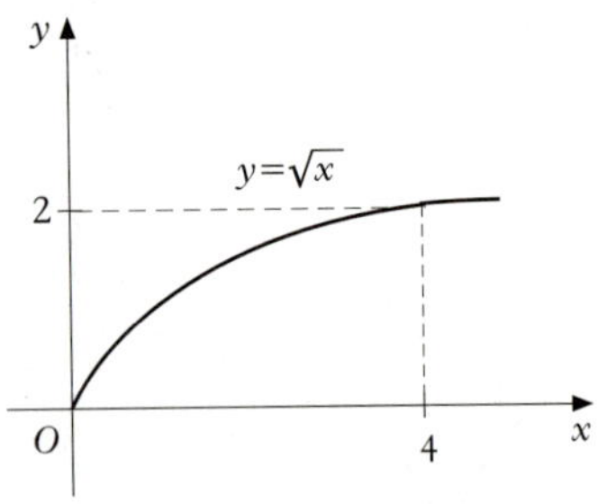

그림 5

$$A = 2\pi \int_0^4 \sqrt{x}\sqrt{1 + \frac{1}{4x}}\, dx$$
$$= \pi \int_0^4 \sqrt{4x+1}\, dx$$
$$= \pi \left[\frac{1}{4}\frac{2}{3}(4x+1)^{3/2}\right]_0^4$$
$$= \frac{\pi}{6}(17^{3/2} - 1)$$

■

주어진 곡선을 y축을 회전축으로 하여 회전시킬 때에도 x축을 회전축으로 회전시킬 때와 같은 방법으로 그 표면적을 구할 수 있다.

정리 2 (회전체의 표면적)

(1) 곡선 $C: x=f(t),\ y=g(t),\ a \le t \le b$를 y축을 회전축으로 하여 회전시킨 회전체의 표면적 A는

$$A=2\pi\int_a^b f(t)\sqrt{[f'(t)]^2+[g'(t)]^2}\,dt.$$

단, $[a, b]$에서 $f(t) \ge 0$이고 f와 g는 연속인 도함수를 갖는다.

(2) $[a, b]$에서 연속인 도함수를 갖는 함수 $x=g(y)$로 나타내어지는 곡선을 y축을 회전축으로 회전시킨 회전체의 표면적 A는

$$A=2\pi\int_a^b g(y)\sqrt{1+[g'(y)]^2}\,dy.$$

단, $[a, b]$에서 $g(y) \ge 0$이다.

예제 3 곡선 $x=\sqrt{a^2-y^2},\ -a \le y \le a$를 y축을 회전축으로 하여 회전시킬 때 생기는 회전체의 표면적, 즉 반지름 a인 구의 표면적을 구하여라.

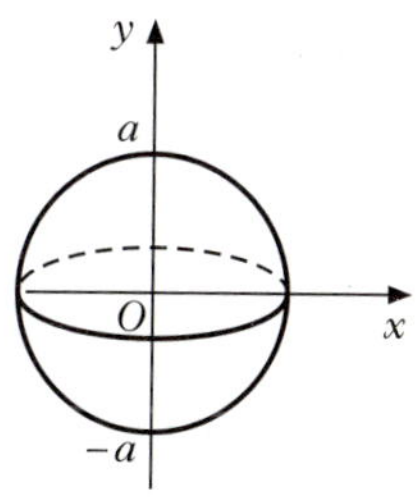

그림 6

풀이 $x=g(y)=\sqrt{a^2-y^2}$ 이므로

$$g'(y)=\frac{-y}{\sqrt{a^2-y^2}}.$$

따라서

$$\begin{aligned} A &= 2\pi\int_{-a}^{a}\sqrt{a^2-y^2}\sqrt{1+\frac{y^2}{a^2-y^2}}\,dy \\ &= 2\pi\int_{-a}^{a}\sqrt{a^2}\,dy \\ &= 2\pi a\,[y]_{-a}^{a}=4\pi a^2 \end{aligned}$$

연습문제 5.6

1. 다음 곡선들을 지정된 축 주위로 회전시킬 때 생기는 회전면의 표면적을 구하여라.

(1) $y=6x,\ 0 \le x \le 1$; x축

(2) $y=\sqrt{25-x^2},\ -2 \le x \le 3$; x축

(3) $x=y^2,\ 0 \le y \le 1$; y축

(4) $y=\frac{1}{2}x^2-1,\ 0 \le x \le 2\sqrt{2}$; y축

(5) $x=t,\ y=t^3,\ 0 \le t \le 1$; x축

2. 다음 곡선들을 지정된 직선을 회전축으로 하여 회전시

킬 때 생기는 회전면의 표면적을 구하기 위한 식을 세워라.

(1) $y=\sin x,\ 0\le x\le\pi;\ y=-1$

(2) $y=\sin x,\ 0\le x\le\pi;\ y=0$

(3) $y=\sqrt{x^2+x},\ 2\le x\le 4;\ x=2$

(4) $x=t^2,\ y=\sin t,\ 0\le t\le\pi;\ y=-1$

3. 곡선 $y=\dfrac{x^3}{3}+\dfrac{1}{4x},\ 1\le x\le 3$을 $y=-1$를 회전축으로 하여 회전시킬 때 생기는 곡면의 면적을 구하여라.

4. 곡선 $x=\cos t,\ y=1+\sin t,\ 0\le t\le 2\pi$를 x축을 회전축으로 하여 회전시킬 때 생기는 곡면의 면적을 구하여라.

5. 곡선 $9y^2=x(3-x)^2,\ 0\le x\le 3$을 x축을 회전축으로 하여 회전시킬 때 생기는 곡면의 면적을 구하여라.

6. 밑면의 반지름이 r, 사면의 길이가 l인 원뿔의 표면을 사면을 따라 잘라서 펼치면 반지름이 l이고 중심각이 θ인 부채꼴이 된다.

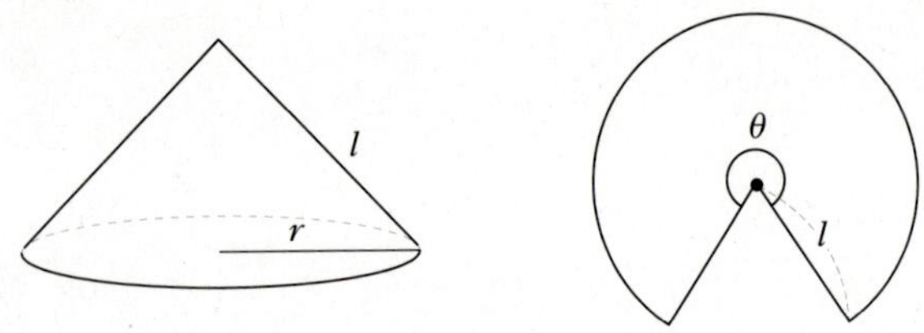

(1) $\theta=\dfrac{2\pi r}{l}$ radian임을 밝혀라.

(2) 반지름이 l이고 중심각이 θ인 부채꼴의 면적은 $\dfrac{1}{2}l^2\theta$임을 이용하여 원뿔의 표면적이 πrl이 됨을 밝혀라.

(3) (2)의 결과를 이용하여 반지름이 각각 $r_1,\ r_2$이고 사면의 높이가 l인 원뿔대의 면적이 $A=2\pi\left\{\dfrac{r_1+r_2}{2}\right\}l$임을 밝혀라.

제 6 장 초월함수

6.1 자연로그함수

양의 실수 전체의 집합을 정의역으로 하는 새로운 **자연로그함수**(natural logarithmic function) $\ln x$를 다음과 같이 적분으로 정의한다.

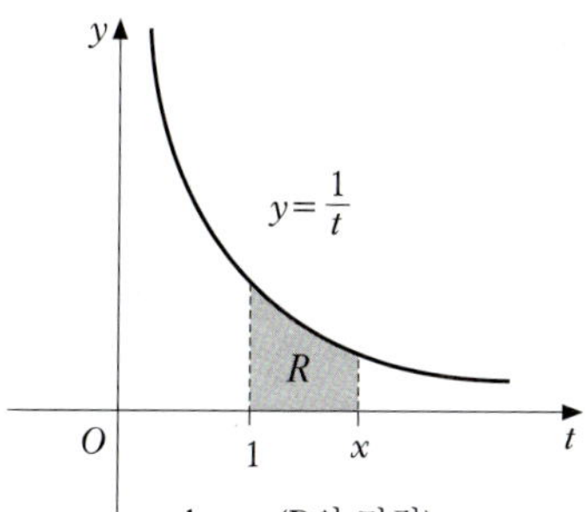

$\ln x=$(R의 면적)

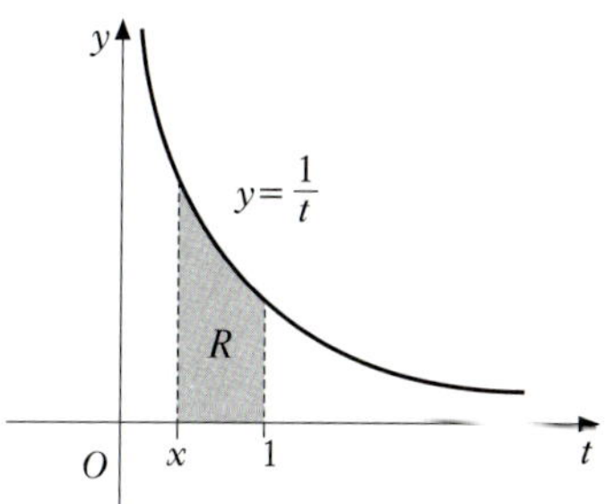

$\ln x=-$(R의 면적)

그림 1

정의 1 (자연로그함수)

$$\ln x=\int_1^x \frac{1}{t}dt,\ x>0$$

위의 정의에서, $x=1$일 때

$$\ln 1=\int_1^1 \frac{1}{t}dt=0$$

이 된다. 또, $x>1$일 때는 1에서 x까지의 곡선 $y=\frac{1}{t}$의 아래 부분의 면적을 나타내고, $0<x<1$일 때는 그 넓이의 음수가 된다.

이 새로운 함수의 도함수를 알아보자.

자연로그함수의 도함수

4.5절의 정리 1에 의하여 연속함수 $\ln x$는 미분가능하고 그 도함수는 다음과 같다.

$$\frac{d}{dx}\ln x=\frac{1}{x},\ x>0$$

$$\frac{d}{dx}\left(\int_1^x f(t)dt\right)=f(x)$$

또, $u=f(x)>0$이고 f가 미분가능한 함수이면 연쇄법칙에 의해서

$$\frac{d}{dx}\ln u=\frac{1}{u}\frac{du}{dx} \quad \text{또는} \quad \frac{d}{dx}\ln f(x)=\frac{f'(x)}{f(x)}$$

예제 1 $y=\ln(x^2+3)$의 도함수를 구하여라.

풀이 연쇄법칙에 의해서

$$\frac{d}{dx}\ln(x^2+3) = \frac{1}{x^2+3}\frac{d}{dx}(x^2+3)$$
$$= \frac{2x}{x^2+3}$$
■

예제 2 $x \neq 0$일 때 다음이 성립함을 보여라.

$$\frac{d}{dx}\ln|x| = \frac{1}{x}$$

증명 $x>0$일 때 $|x|=x$이므로

$$\frac{d}{dx}\ln|x| = \frac{d}{dx}\ln x = \frac{1}{x}$$

또, $x<0$일 때 $|x|=-x$이므로

$$\frac{d}{dx}\ln|x| = \frac{d}{dx}\ln(-x)$$
$$= \frac{1}{-x}\frac{d}{dx}(-x)$$
$$= \left(\frac{1}{-x}\right)(-1) = \frac{1}{x}$$

따라서, $x \neq 0$인 모든 x에 대하여 $\frac{d}{dx}\ln|x| = \frac{1}{x}$가 성립한다. ■

> $x \neq 0$일 때
>
> $$\frac{d}{dx}\ln|x| = \frac{1}{x}$$

위의 공식으로부터 다음 적분공식을 얻는다.

> $$\int \frac{1}{x}dx = \ln|x| + c \quad (\text{단, } x \neq 0,\ c\text{는 상수})$$

예제 3 $\int_1^2 \frac{2x}{3-x^2}dx$를 구하여라.

풀이 $u = 3-x^2$라 두면 $du = -2xdx$.
따라서,

$$\int \frac{2x}{3-x^2}dx = \int \frac{1}{u}(-du) = -\int \frac{1}{u}du$$
$$= -\ln|u| + c = -\ln|3-x^2| + c$$

미적분학의 기본정리에 의해서

$$\int_1^2 \frac{2x}{3-x^2}dx = [-\ln|3-x^2|]_1^2$$
$$= -\ln 1 + \ln 2 = \ln 2$$

예제 4 $\int \tan x dx$를 구하여라.

풀이 $u = \cos x$라 두면 $du = -\sin x dx$이므로

$$\int \tan x dx = \int \frac{\sin x}{\cos x}dx = -\int \frac{1}{u}du$$
$$= -\ln|u| + c = -\ln|\cos x| + c$$

자연로그함수의 성질

자연로그함수의 여러 가지 성질을 알아보자.

정리 1

x와 y가 양의 실수이고, r이 유리수이면

(1) $\ln(xy) = \ln x + \ln y$

(2) $\ln\left(\frac{x}{y}\right) = \ln x - \ln y$

(3) $\ln x^r = r \ln x$

증명 (1) 양의 실수 a에 대하여

$$\frac{d}{dx}(\ln ax) = \frac{1}{ax}\frac{d}{dx}(ax) = \frac{1}{ax}\cdot a = \frac{1}{x}$$
$$\frac{d}{dx}(\ln x) = \frac{1}{x}$$

이므로, $\ln ax$와 $\ln x$는 같은 도함수를 갖는다. 그러므로

$$\ln ax = \ln x + c$$

인 상수 c가 존재한다. c를 구하기 위하여 양변에 $x = 1$을 대입하면

$$\ln a = \ln 1 + c = 0 + c = c$$

따라서,

$$\ln ax = \ln x + \ln a$$

이 식에서 $a = y$라 놓으면

$$\ln(xy) = \ln x + \ln y$$

(2) 위의 식 (1)에 $x = \dfrac{1}{y}$를 대입하면

$$\ln\frac{1}{y} + \ln y = \ln\left(\frac{1}{y}\cdot y\right) = \ln 1 = 0$$

이므로, $\ln\dfrac{1}{y} = -\ln y$가 성립한다. 따라서,

$$\ln\left(\frac{x}{y}\right) = \ln\left(x\cdot\frac{1}{y}\right) = \ln x + \ln\frac{1}{y} = \ln x - \ln y$$

(3)
$$\frac{d}{dx}(\ln x^r) = \frac{1}{x^r}\frac{d}{dx}(x^r) = \frac{1}{x^r}\cdot rx^{r-1} = \frac{r}{x},$$

$$\frac{d}{dx}(r\ln x) = r\cdot\frac{1}{x} = \frac{r}{x}$$

이므로, $\ln x^r$과 $r\ln x$은 같은 도함수를 갖는다. 따라서,

$$\ln(x^r) = r\ln x + c$$

인 상수 c가 존재한다. 이 식의 양변에 $x=1$을 대입하면 $c=0$을 얻는다. 따라서,

$$\ln(x^r) = r\ln x.$$ ■

예제 5 $y = \ln\sqrt[3]{\dfrac{x^2}{x-1}}$ ($x>1$)의 도함수를 구하여라.

풀이 자연로그의 성질을 이용하면

$$\begin{aligned} y = \ln\sqrt[3]{\frac{x^2}{x-1}} &= \ln\left(\frac{x^2}{x-1}\right)^{\frac{1}{3}} \\ &= \frac{1}{3}[\ln x^2 - \ln(x-1)] \\ &= \frac{1}{3}[2\ln x - \ln(x-1)] \end{aligned}$$

$\ln(xy) = \ln x + \ln y$

$\ln\left(\dfrac{x}{y}\right) = \ln x - \ln y$

$\ln x^r = r\ln x$

이므로

$$\frac{dy}{dx} = \frac{1}{3}\left(\frac{2}{x} - \frac{1}{x-1}\right) = \frac{x-2}{3x(x-1)}$$ ■

곱, 몫, 거듭제곱, 거듭제곱근 등을 포함한 복잡한 함수의 도함수는 양변에 자연로그를 취하고 그 성질을 이용하여 간단히 구할 수 있다.

예제 6 $y=\dfrac{x^3\sqrt{x^2+1}}{(2x+1)^3}$의 도함수를 구하여라.

풀이 양변의 절대값에 자연로그를 취하면

$\dfrac{d}{dx}\ln|x|=\dfrac{1}{x}\quad(x\neq 0)$

$$\ln|y|=\ln\frac{|x|^3\sqrt{x^2+1}}{|2x+1|^3}$$
$$=3\ln|x|+\frac{1}{2}\ln(x^2+1)-3\ln|2x+1|$$

$x^2+1>0$이므로
$|x^2+1|=x^2+1$

이 식의 양변을 x에 관하여 미분하면

$$\frac{1}{y}\frac{dy}{dx}=\frac{3}{x}+\frac{1}{2}\frac{2x}{x^2+1}-3\frac{2}{2x+1}$$

따라서,

$$\frac{dy}{dx}=y\left(\frac{3}{x}+\frac{x}{x^2+1}-\frac{6}{2x+1}\right)$$
$$=\frac{x^3\sqrt{x^2+1}}{(2x+1)^3}\left(\frac{3}{x}+\frac{x}{x^2+1}-\frac{6}{2x+1}\right)$$

자연로그함수의 그래프

자연로그함수 $y=\ln x$의 그래프를 알아보자. 자연로그함수의 정의에 의해서 이 함수는 정의역이 모든 양의 실수 전체의 집합인 연속함수이다. 또, $x>0$에 대해서

$$\frac{dy}{dx}=\frac{1}{x}>0,\quad \frac{d^2y}{dx^2}=-\frac{1}{x^2}<0$$

이므로, $y=\ln x$의 그래프는 정의역 $(0,\infty)$에서 증가하고 아래로 오목하다.

특히, 정수 n에 대하여 $x=2^n$이고 $n\to\infty$(즉, $x\to\infty$)일 때

$$y=\ln x=n\ln 2\to\infty$$

한편, $x=\dfrac{1}{t}$이고 $t\to\infty$(즉, $x\to 0^+$)일 때

$$y=\ln x=\ln\frac{1}{t}=-\ln t\to-\infty$$

이므로, 이 함수의 치역은 $(-\infty,\infty)$이다. 또, $\ln 1=0$이므로 점 $(1, 0)$을 지난다.

그리고 $y=\ln x$는 연속인 증가함수이므로 중간값정리에 의해서

$$\ln x = 1$$

이 되는 x가 존재한다. 이 x의 값을 e로 나타낸다. 즉,

$$\ln e = 1$$

이러한 여러 가지 성질로부터 다음 $y = \ln x$의 그래프를 얻는다.

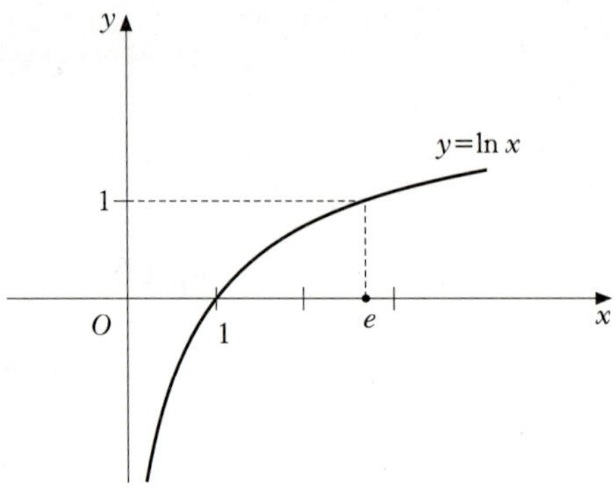

그림 2

여기서 e는 무리수로서 그 값을 계산해보면

$$e = 2.718281828459045\cdots\cdots$$

가 된다.

연습문제 6.1

1. $\ln 2 = 0.693$, $\ln 3 = 1.099$일 때, 다음을 계산하여라.
   (1) $\ln 12$ (2) $\ln 2\sqrt{2}$
   (3) $\ln e^{\sqrt{2}}$ (4) $\ln \dfrac{4}{9}$
   (5) $\ln 0.25$ (6) $\ln \sqrt[3]{2}$

2. 다음 표현을 한 개의 로그로 나타내어라.
   (1) $2\ln(x+1) - \ln x$
   (2) $\dfrac{1}{2}\ln(x-9) + \dfrac{1}{2}\ln x$
   (3) $\ln(x-2) - \ln(x+2) + 2\ln x$
   (4) $\ln(x^2-9) - 2\ln(x-3) - \ln(x+3)$

3. 다음 함수의 도함수를 구하여라.
   (1) $y = x\ln x - x$ (2) $y = \ln(2-x-x^2)$
   (3) $y = \ln(\sqrt{x} - \sqrt{x-1})$ (4) $y = x^2\ln(1-x^2)$
   (5) $y = \ln\ln x$ (6) $y = \ln x^3 + (\ln x)^3$
   (7) $y = \ln(\tan x + \sec x)$
   (8) $y = x[\sin(\ln x) + \cos(\ln x)]$

4. 다음 적분을 구하여라.
   (1) $\displaystyle\int \frac{dx}{2x-1}$ (2) $\displaystyle\int_0^1 \frac{1}{x+1}\,dx$
   (3) $\displaystyle\int \frac{x}{4x^2+1}\,dx$ (4) $\displaystyle\int \frac{(\ln x)^2}{x}\,dx$

(5) $\int \frac{\sin x}{1+\cos x}dx$ (6) $\int x\ln x dx$

(7) $\int_4^9 \frac{dx}{\sqrt{x}(1+\sqrt{x})}$ (8) $\int \frac{4x-4}{x^2-2x+5}dx$

5. 자연로그의 성질을 이용하여 다음 함수의 도함수를 구하여라.

(1) $y=\sqrt{\frac{x^2+1}{x+1}}$ (2) $y^2=x(x+1)\ (x>0)$

(3) $y=\frac{(x^3+1)^4\sin^2 x}{\sqrt[3]{x}}$ (4) $y=\sqrt[3]{\frac{x(x-2)}{x^2+1}}\ (x>2)$

(5) $y^5=\sqrt{\frac{(x+1)^5}{(x+2)^{10}}}$

6. 다음 함수의 그래프를 그려라.

(1) $y=\ln\left(\frac{1}{x}\right)$ (2) $y=|\ln x|$

(3) $y=\ln|x|$

7. (1) x축, $y=\tan x$, $x=\frac{\pi}{3}$로 둘러싸인 영역의 넓이를 구하여라.

(2) (1)의 영역을 x축에 관한 회전한 회전체의 체적을 구하여라.

8. $f(x)=2x+\ln x$의 역함수를 g라 할 때 $g'(2)$를 구하여라.

9. 함수 $f(x)=2x^2\ln x-x^2$의 정의역 내에서 모든 극값을 구하여라.

10. $\lim_{x\to\infty}\int_x^{2x}\frac{1}{t}dt$를 구하여라.

11. 다음을 x에 관하여 풀어라.

$$\int_{1/3}^{x}\frac{1}{t}\,dt=2\int_1^x\frac{1}{t}\,dt$$

12. $\lim_{n\to\infty}\left[\frac{1}{n+1}+\frac{1}{n+2}+\cdots+\frac{1}{2n}\right]$을 구하여라.

13. 다음을 증명하여라.

(1) $t>1$에 대하여 $\frac{1}{t}<\frac{1}{\sqrt{t}}$ 이고, $x>1$에 대해서 $\ln x<2(\sqrt{x}-1)$.

(2) $\lim_{x\to\infty}\frac{\ln x}{x}=0$

14. $y=(x^2+4)^{-1}$, $y=0$, $x=1$, $x=4$로 둘러싼 영역을 y축에 대해 회전시켜서 입체를 만들었다. 그 부피를 구하여라.

15. 곡선 $y=\frac{x^2}{4}-\ln\sqrt{x}\ (1\le x\le 2)$의 길이를 구하여라.

16. $y=\frac{1}{x}$의 그래프를 이용하여, 다음을 보여라.

$$\frac{1}{2}+\frac{1}{3}+\cdots+\frac{1}{n}<\ln n<1+\frac{1}{2}+\frac{1}{3}+\cdots+\frac{1}{n-1}$$

17. 다음 네이피어(Napier) 부등식을 증명하여라.

$0<x<y$에 대해서,

$$\frac{1}{y}<\frac{\ln y-\ln x}{y-x}<\frac{1}{x}$$

6.2 자연지수함수

자연로그함수 $y=\ln x$는 정의역이 $(0, \infty)$이고 치역이 $(-\infty, \infty)$인 증가함수이므로 그 역함수 $\ln^{-1}x$가 존재한다. 또, 자연로그함수는 미분가능하므로 역함수 $\ln^{-1}x$도 미분가능하다.

그런데 모든 유리수 r에 대하여

$$\ln e^r = r\ln e = r$$

이므로, 역함수의 정의에 의하여

$$\ln^{-1} r = \ln^{-1}(\ln e^r) = e^r$$

임을 알 수 있다. 그리고 $\ln x$의 역함수 $\ln^{-1}x$는 모든 실수 x에 대하여 정의되므로 $\ln^{-1}x$는 e^x로 정의할 수 있다.

정의 1

$\ln x$의 역함수를 e^x로 나타낸다. 즉,

$$e^x = \ln^{-1}x,$$
$$y=e^x \Leftrightarrow x=\ln y$$

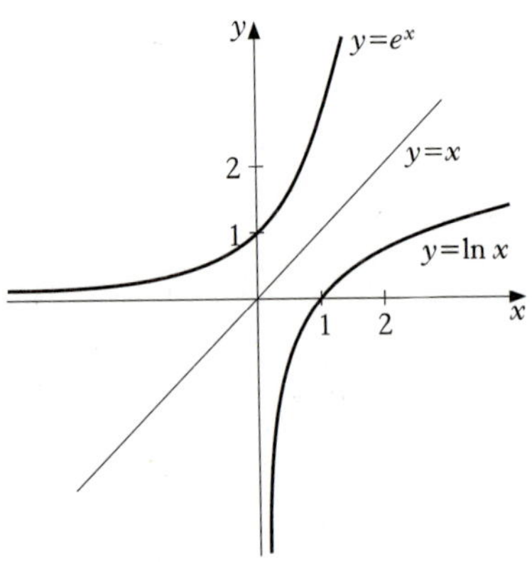

그림 1

$f(x)=\ln x$, $f^{-1}(x)=e^x$이므로
$e^{\ln x}=f^{-1}(f(x))=x$
$\ln(e^x)=f(f^{-1}(x))=x$

함수 $y=e^x$를 **자연지수함수**(natural exponential function)라고 한다.

자연지수함수 $y=e^x$의 그래프는 $y=\ln x$의 그래프와 직선 $y=x$에 관하여 대칭이 된다. 또, 정의역은 $(-\infty, \infty)$이고 치역은 $(0, \infty)$이다. 특히, 모든 실수 x에 대하여 $e^x>0$이고

$$\lim_{x\to-\infty} e^x = 0, \quad \lim_{x\to\infty} e^x = \infty$$

임을 알 수 있다.

$y=e^x$와 $y=\ln x$는 서로 역함수이므로

$$e^{\ln x} = x, \quad x>0$$

이고, 모든 실수 x에 대하여

$$\ln(e^x) = x$$

가 된다.

예제 1 다음 값을 구하여라.

(1) $e^{\ln 3}$ (2) $\ln e^{\sin x}$

$e^{\ln x} = x$
$\ln e^x = x$

풀이 e^x와 $\ln x$는 서로 역함수이므로

(1) $e^{\ln 3} = 3$

(2) $\ln e^{\sin x} = \sin x$

예제 2 다음 식을 y에 관하여 풀어라.

(1) $e^{2y} = 3 + \sin x$ (2) $\ln(y+1) = \ln y + 2x$

$\ln e = 1$

풀이 (1) 양변에 자연로그를 취하면

$$\ln e^{2y} = \ln(3+\sin x), \quad 2y = \ln(3+\sin x)$$

따라서,

$$y = \frac{1}{2}\ln(3+\sin x)$$

(2) $$\ln(y+1) - \ln y = 2x, \quad \ln\left(\frac{y+1}{y}\right) = 2x$$

양변을 e의 지수로 취하면

$$e^{\ln\left(\frac{y+1}{y}\right)} = e^{2x}, \quad \frac{y+1}{y} = e^{2x}$$

따라서, $$y = \frac{1}{e^{2x}-1}.$$

다음 정리는 자연지수함수의 성질을 보여준다.

정리 1

a와 b가 실수일 때

(1) $e^a e^b = e^{a+b}$ (2) $\dfrac{e^a}{e^b} = e^{a-b}$

증명 (1) $e^a e^b = e^{\ln(e^a e^b)} = e^{\ln(e^a)+\ln(e^b)} = e^{a+b}$

(2) $\dfrac{e^a}{e^b} = e^{\ln\left(\frac{e^a}{e^b}\right)} = e^{\ln(e^a)-\ln(e^b)} = e^{a-b}$ ■

정리 2

$$\lim_{h\to 0}(1+h)^{\frac{1}{h}} = e,\quad \lim_{n\to\infty}\left(1+\frac{1}{n}\right)^n = e$$

증명 $f(x) = \ln x$라 두면 $f'(x) = \dfrac{1}{x}$이므로, $f'(1) = 1$이다.

따라서, 도함수의 정의에 의해서

$$\begin{aligned} 1 = f'(1) &= \lim_{h\to 0}\frac{f(1+h)-f(1)}{h} \\ &= \lim_{h\to 0}\frac{\ln(1+h)-\ln 1}{h} = \lim_{h\to 0}\frac{1}{h}\ln(1+h) \\ &= \lim_{h\to 0}\ln(1+h)^{\frac{1}{h}} \end{aligned}$$

f의 역함수 $f^{-1}(x) = e^x$는 연속이므로

$$\begin{aligned} e = f^{-1}(1) &= f^{-1}\left(\lim_{h\to 0}\ln(1+h)^{\frac{1}{h}}\right) \\ &= \lim_{h\to 0}f^{-1}(\ln(1+h)^{\frac{1}{h}}) \\ &= \lim_{h\to 0}e^{\ln(1+h)^{\frac{1}{h}}} \\ &= \lim_{h\to 0}(1+h)^{\frac{1}{h}} \end{aligned}$$

따라서,

$$\lim_{h\to 0}(1+h)^{\frac{1}{h}} = e$$

두 번째 식은 첫 번째 식에서 $n = \dfrac{1}{h}$로 놓으면

$$h\to 0^+ \text{일 때 } n\to\infty$$

이므로

$$\lim_{n\to\infty}\left(1+\frac{1}{n}\right)^n = e$$ ■

e^x의 도함수

자연지수함수 $y=e^x$의 도함수를 구하여 보자.

$y=e^x$의 양변에 자연로그를 취하면

$$\ln y = x$$

이 식의 양변을 x에 관하여 미분하면

$$\frac{1}{y}\frac{dy}{dx}=1$$

이므로,

$$\frac{dy}{dx}=y=e^x$$

따라서, e^x의 도함수는 e^x가 됨을 알 수 있다.

$$\frac{d}{dx}(e^x)=e^x$$

만약, $u=f(x)$가 미분가능한 함수이면 연쇄법칙에 의해서

$$\frac{d}{dx}(e^u)=e^u\frac{du}{dx}$$

예제 3 다음 함수의 도함수를 구하여라.

(1) $y=e^{2\sqrt{x}}$ (2) $y=e^{x^2\ln x}$

풀이 (1) $y'=e^{2\sqrt{x}}\frac{d}{dx}(2\sqrt{x})=e^{2\sqrt{x}}\cdot 2\frac{1}{2\sqrt{x}}=\frac{e^{2\sqrt{x}}}{\sqrt{x}}$

(2) $y'=e^{x^2\ln x}\frac{d}{dx}(x^2\ln x)$

$$=e^{x^2\ln x}\left(2x\ln x+x^2\frac{1}{x}\right)$$

$$=e^{x^2\ln x}(2x\ln x+x)$$

$$=xe^{x^2\ln x}(1+2\ln x)$$

e^x의 적분

e^x의 도함수의 공식 $\frac{d}{dx}e^x=e^x$에 의해서 다음 적분공식을 얻는다.

$$\int e^x dx = e^x + c \quad (\text{단, } c\text{는 상수})$$

예제 4 $\int xe^{-x^2}dx$를 구하여라.

풀이 $u=-x^2$으로 놓으면 $du=-2xdx$이므로

$$\int xe^{-x^2}dx = -\frac{1}{2}\int e^u du = -\frac{1}{2}e^u + c = -\frac{1}{2}e^{-x^2}+c$$ ■

예제 5 $x=0$에서 $x=a(a>0)$까지 곡선 $y=e^{-2x}$ 아래 부분의 면적을 구하고, $a\to\infty$일 때의 면적의 극한값을 구하여라.

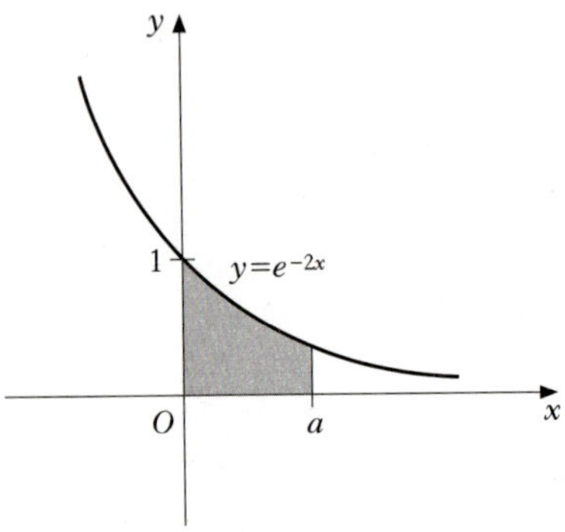

그림 2

풀이 $x=0$에서 $x=a$까지의 면적은

$$\int_0^a e^{-2x}dx = \left[-\frac{1}{2}e^{-2x}\right]_0^a = \frac{1}{2}(1-e^{-2a})$$

이고,

$$\lim_{a\to\infty}\frac{1}{2}(1-e^{-2a}) = \frac{1}{2}$$ ■

연습문제 6.2

1. 다음 식을 간단히 하여라.
   (1) $\ln e^{2x}$ (2) $e^{-\ln(x^2)}$
   (3) $\ln\left(\frac{1}{e^x}\right)$ (4) $e^{\ln 2+\ln x}$
   (5) $e^{3\ln x}$ (6) $e^{-2\ln x}$
   (7) $\ln e^{\cos x}$ (8) $\ln e^{-2x-3}$
   (9) $\ln(x^3e^{-3x})$ (10) $e^{x-\ln x}$
   (11) $e^{\ln 3+2\ln x}$ (12) $e^{\ln x^2-y\ln x}$

2. 다음 함수의 도함수를 구하여라.
   (1) $y=e^{x+2}$ (2) $y=e^{2x^2-x}$
   (3) $y=e^{\sqrt{x+2}}$ (4) $y=e^{-1/x^2}$
   (5) $y=e^{2\ln x}$ (6) $y=e^{x/\ln x}$
   (7) $y=x^3e^x$ (8) $y=e^{x^3\ln x}$
   (9) $y=\sqrt{e^{x^2}}+e^{\sqrt{x^2}}$ (10) $y=e^{1/x^2}+1/e^{x^2}$

3. 다음 적분을 구하여라.
   (1) $\int e^{3x+1}dx$ (2) $\int xe^{x^2-3}dx$
   (3) $\int_0^1 \frac{e^x-1}{e^{2x}}dx$ (4) $\int \frac{e^x+1}{e^x}dx$
   (5) $\int (x+3)e^{x^2+6x}dx$ (6) $\int \frac{e^x}{e^x-1}dx$
   (7) $\int \frac{e^{-1/x}}{x^2}dx$ (8) $\int e^{x+e^x}dx$
   (9) $\int_0^1 e^{2x+3}dx$ (10) $\int_1^2 \frac{e^{3/x}}{x^2}dx$

4. $y=e^x$, $y=0$, $x=0$ 그리고 $x=\ln 3$으로 둘러싸인 영역을

x축을 회전축으로 하여 회전시킬 때 생기는 회전체의 체적을 구하여라.

5. 함수 $y=e^{\sin x}$ $(-\pi \le x \le 2\pi)$의 극대, 극소점과 최대, 최소점을 구하여라.

6. 함수 $y=e^x-2e^{-x}$의 아래로 오목한 구간을 구하여라.

7. $y=e^{-x^2}$, $y=0$, $x=0$, $x=1$로 둘러싼 영역을 y축에 대해 회전시켰다. 이때 생기는 입체의 부피를 구하여라.

8. 곡선 $y=e^{-x}$와, 점 $(0, 1)$과 $(1, 1/e)$을 지나는 직선으로 둘러싼 영역의 넓이를 구하여라.

9. 함수 $f(x)=\dfrac{x}{e^x-1}-\ln(1-e^{-x})$는 $x>0$에서 감소함을 보여라.

10. 다음 매개변수로 주어진 곡선의 길이를 구하여라.

$$x=e^t \sin t, \quad y=e^t \cos t, \quad 0 \le t \le \pi$$

11. R은 $x=0$, $y=e^x$, 그리고 $y=e^x$의 접선으로서 원점을 지나는 것으로 둘러싼 도형이라고 하자. 다음을 구하여라.
 (1) R의 넓이
 (2) R을 x축에 대해 회전시켰을 때, 생기는 입체의 부피

12. $\displaystyle\lim_{n\to\infty}\frac{e^{1/n}+e^{2/n}+\cdots+e^{n/n}}{n}$을 구하여라.

6.3 지수함수와 로그함수

π^e, $(\sqrt{2})^\pi$, π^π 등과 같이 임의의 양의 실수 a와 x에 대하여 a^x의 의미를 생각해 보자.

양수 a와 유리수 r에 대하여

$$a^r = e^{\ln a^r} = e^{r \ln a}$$

이므로, 모든 실수 x에 대하여 a를 밑으로 하는 지수함수(exponential function with the base a)를 다음과 같이 정의한다.

정의 1

$$a^x = e^{x \ln a} \quad (\text{단, } a > 0)$$

함수 $y = a^x$의 정의역과 치역은 자연지수함수 $y = e^x$의 정의역 $(-\infty, \infty)$, 치역 $(0, \infty)$와 같다. 또, 위의 정의의 양변에 자연로그를 취하면

$$\ln(a^x) = \ln(e^{x \ln a}) = x \ln a$$

가 성립한다.

다음 정리는 지수함수의 여러 가지 성질을 보여준다.

정리 1 (지수함수의 성질)

$a > 0$, $b > 0$이고 x와 y가 실수이면

(1) $a^x a^y = a^{x+y}$

(2) $\dfrac{a^x}{a^y} = a^{x-y}$

(3) $(a^x)^y = a^{xy}$

(4) $(ab)^x = a^x a^x$

(5) $\left(\dfrac{a}{b}\right)^x = \dfrac{a^x}{b^x}$

증명 (2)와 (4)만 증명한다. 나머지도 같은 방법으로 증명할 수 있다.

(2) $\dfrac{a^x}{a^y} = e^{\ln\left(\frac{a^x}{a^y}\right)} = e^{\ln a^x - \ln a^y} = e^{x \ln a - y \ln a} = e^{(x-y)\ln a} = a^{x-y}$

(4) $(ab)^x = e^{x \ln(ab)} = e^{x(\ln a + \ln b)} = e^{x \ln a + x \ln b} = e^{x \ln a} e^{x \ln b} = a^x b^x$ ■

예제 1 $x>0$일 때 임의의 실수 r에 대하여 다음이 성립함을 보여라.

$$\frac{d}{dx}(x^r) = rx^{r-1}$$

증명 지수함수의 정의에 의하여

$$y = x^r = e^{r\ln x}$$

이므로

$$\frac{d}{dx}(x^r) = \frac{d}{dx}(e^{r\ln x}) = e^{r\ln x}\frac{d}{dx}(r\ln x)$$
$$= e^{r\ln x}\frac{r}{x} = x^r\frac{r}{x} = rx^{r-1}$$

지수함수 a^x의 미분과 적분

$a^x = e^{x\ln a}$

지수함수 $a^x = e^{x\ln a}$의 양변을 x에 관하여 미분하면

$$\frac{d}{dx}(a^x) = \frac{d}{dx}(e^{x\ln a}) = e^{x\ln a}\frac{d}{dx}(x\ln a) = a^x \ln a$$

특히, $a\neq 1$, $a>0$이면

$$\frac{d}{dx}\left(\frac{a^x}{\ln a}\right) = a^x$$

이므로, 다음 공식을 얻는다.

정리 2 (지수함수의 미분과 적분)

$$\frac{d}{dx}a^x = a^x \ln a$$

$$\int a^x dx = \frac{a^x}{\ln a} + c \quad (a\neq 1,\ a>0)$$

$a>0$이고 $u=f(x)$가 미분가능한 함수일 때 연쇄법칙에 의해서

$$\frac{d}{dx}a^u = a^u \ln a\frac{du}{dx}$$

예제 2 $\dfrac{d}{dx}(2^{\sqrt{x}})$를 구하여라.

풀이 $u=\sqrt{x}$라 두면, $\dfrac{du}{dx}=\dfrac{1}{2\sqrt{x}}$이므로

$$\frac{d}{dx}(2^{\sqrt{x}})=\frac{d}{du}(2^u)\frac{du}{dx}=2^u\ln 2\frac{1}{2\sqrt{x}}=\frac{2^{\sqrt{x}-1}\ln 2}{\sqrt{x}}$$ ■

예제 3 $y=(1+\ln x)^{\pi}+\pi^{\sin x}\,(x>0)$의 도함수를 구하여라.

$\dfrac{d}{dx}\ln x=\dfrac{1}{x}$

풀이 $$\frac{dy}{dx}=\pi(1+\ln x)^{\pi-1}\frac{d}{dx}(1+\ln x)+\pi^{\sin x}\ln\pi\frac{d}{dx}(\sin x)$$
$$=\frac{\pi}{x}(1+\ln x)^{\pi-1}+\pi^{\sin x}\cos x\ln\pi$$ ■

예제 4 $\displaystyle\int x2^{x^2}dx$를 구하여라.

풀이 $u=x^2$으로 두면 $du=2xdx$이므로

$$\int x2^{x^2}dx=\frac{1}{2}\int 2^u du$$
$$=\frac{1}{2}\frac{2^u}{\ln 2}+c=\frac{1}{2}\frac{2^{x^2}}{\ln 2}+c$$
$$=\frac{2^{x^2-1}}{\ln 2}+c$$ ■

로그함수 $\log_a x$

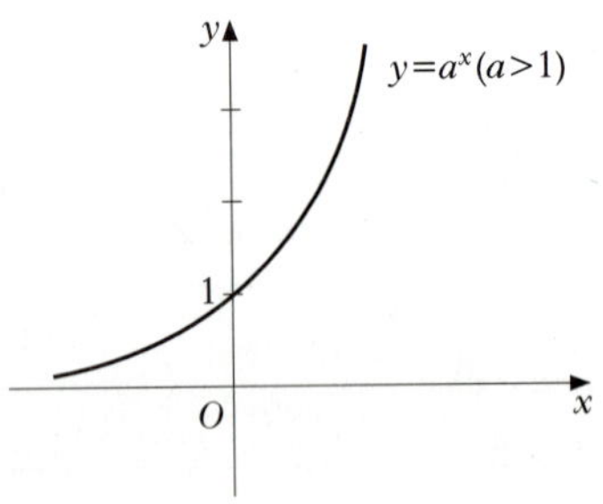

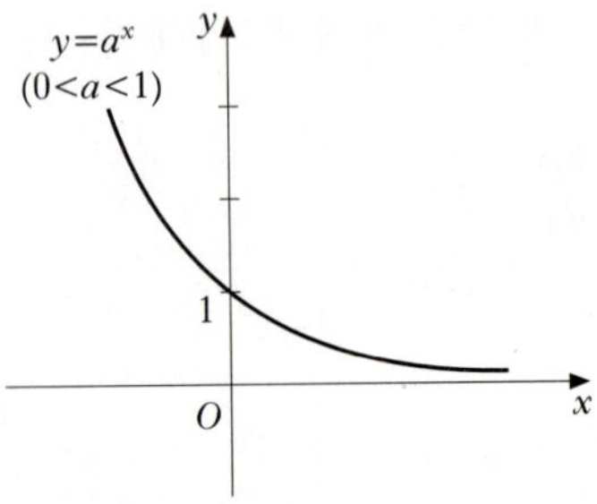

그림 1

$a>1$이면 $\ln a>0$이므로

$$\frac{d}{dx}a^x=a^x\ln a>0$$

이므로 함수 $y=a^x$는 증가함수이다. 또, $0<a<1$이면 $\ln a<0$이므로 $y=a^x$는 감소함수이다.

따라서, $a>0,\ a\neq 1$이면 $y=a^x$의 역함수가 존재하고 미분가능하다. 이 역함수를 a를 밑으로 하는 로그함수(logarithmic function with the base a)라고 하고 $\log_a x$로 나타낸다.

정의 2

a가 1이 아닌 양수일 때

$$y = \log_a x \Leftrightarrow x = a^y \quad (x > 0)$$

위의 정의에서 $a = e$일 때 $y = \log_e x$의 역함수는 자연지수함수 $y = e^x$가 된다. 그런데 $y = e^x$의 역함수는 자연로그함수 $y = \ln x$이므로

$$\log_e x = \ln x$$

임을 알 수 있다.

$\log_a x$의 도함수

$y = \log_a x$로부터 $x = a^y$이므로

$$\ln x = \ln a^y = y \ln a$$

따라서, $y = \dfrac{\ln x}{\ln a}$가 된다. 즉,

$$\log_a x = \frac{\ln x}{\ln a}$$

이 식으로부터 함수 $\log_a x$의 도함수를 구하면

$$\frac{d}{dx}(\log_a x) = \frac{d}{dx}\left(\frac{\ln x}{\ln a}\right) = \frac{1}{x \ln a}$$

$$\frac{d}{dx}(\log_a x) = \frac{1}{x \ln a}$$

예제 5 $y = \log_{10}(x^2 + \sin x)$의 도함수를 구하여라.

풀이 $u = x^2 + \sin x$라 두면 $\dfrac{du}{dx} = 2x + \cos x$이므로

$$\frac{dy}{dx} = \frac{d}{du}(\log_{10} u)\frac{du}{dx} = \frac{1}{u \ln 10}(2x + \cos x)$$

$$= \frac{2x + \cos x}{(x^2 + \sin x) \ln 10}$$

밑도 변수이고 지수도 변수인 함수의 도함수를 구하여 보자.

예제 6 $y=x^x\,(x>0)$의 도함수를 구하여라.

풀이 (방법 1) 지수함수의 정의에 의해서

$$y=x^x=e^{x\ln x}$$

연쇄법칙에 의해서 미분하면

$$\begin{aligned}\frac{dy}{dx}&=e^{x\ln x}\frac{d}{dx}(x\ln x)=e^{x\ln x}\left(x\cdot\frac{1}{x}+\ln x\right)\\&=x^x(1+\ln x)\end{aligned}$$

(방법 2) $y=x^x$의 양변에 자연로그를 취하면

$$\ln y=\ln x^x=x\ln x$$

양변을 x에 관하여 미분하면

$$\frac{1}{y}\frac{dy}{dx}=x\cdot\frac{1}{x}+\ln x$$

따라서, $\dfrac{dy}{dx}=y(1+\ln x)=x^x(1+\ln x)$ ■

연습문제 6.3

1. 다음 각 식을 x에 관하여 풀어라.
   (1) $\log_2 x=3$ (2) $3^{x+2}=m$
   (3) $5^{\log_5 2x}=6$ (4) $2^x=17$
   (5) $5^{2x-3}=4$ (6) $\log_3^{(2x-1)}=2$
   (7) $2\log_9\left(\frac{x}{3}\right)=1$ (8) $\log_4\left(\frac{1}{2x}\right)=3$
   (9) $\log_2(x+3)-\log_2 x=2$ (10) $\log_5(x+3)-\log_5 x=1$

2. 다음 함수의 도함수를 구하여라.
   (1) $y=2^{3x}+x^e$ (2) $y=x^{\sin x}\quad(x>0)$
   (3) $y=\log_{10}e^x$ (4) $y=2^x\log_2^x$
   (5) $y=5^{2x}$ (6) $y=3^{2x^2-3x}$
   (7) $y=10^{(x^2)}+(x^2)^{10}$ (8) $y=\sin^2 x+2^{\sin x}$
   (9) $y=x^{\pi+1}+(\pi+1)^x$ (10) $y=2^{(e^x)}+(2^e)^x$
   (11) $y=(x^2+1)^{\ln x}$ (12) $y=(\ln x^2)^{2x+3}$

3. 다음 적분을 구하여라.
   (1) $\int x\cdot 3^{x^2}dx$ (2) $\int 5^{-x}dx$
   (3) $\int \frac{10^{\sqrt{x}}}{\sqrt{x}}dx$ (4) $\int_1^{\sqrt{2}} x2^{-x^2}dx$
   (5) $\int 10^{5x-1}dx$ (6) $\int_0^1(10^{3x}+10^{-3x})dx$

4. $\lim\limits_{x\to 0^+}\log_{10}(\tan^2 x)$을 구하여라.

5. 큰 자연수 n에 대하여 $n!$의 근사값은 $n!\approx\sqrt{2\pi n}\left(\frac{n}{e}\right)^n$ 이라는 것이 Stirling의 공식이다. 위의 공식을 이용하여

10!의 근사값을 구하고 정확한 10!의 값과 비교하여라.

6. 방정식 $4^x - 2^{x+3} + 12 = 0$을 풀어라.

7. 계산기를 사용치 않고 두 수 $\log_{10}99$와 $\log_9 82$ 중 큰 수를 결정하여라.

8. 양의 실수 x, y와 임의의 실수 r에 대하여 다음 식들이 성립함을 보여라.

   (1) $\log_a(xy) = \log_a x + \log_a y$ (2) $\log_a\left(\frac{x}{y}\right) = \log_a x - \log_a y$

   (3) $\log_a(x^r) = r\log_a x$

9. 함수 $f(x) = \frac{a^x - 1}{a^x + 1}$는 역함수를 가짐을 보이고, $f^{-1}(x)$의 식을 구하여라. (단, $a > 0$, $a \neq 1$)

10. 상수 $a > 1$에 대해서, 구간 $[0, \infty)$에서 $f(x) = \frac{x^x}{a^x}$라 하자. 이때, 다음을 보여라.

    (1) $\lim_{x\to\infty} f(x) = 0$

    (2) $f(x)$는 $x_0 = \frac{a}{\ln a}$에서 최대값을 가진다.

    (3) $x^a = a^x$는 $a \neq e$일 때 두 개의 양수근을 가지고, $a = e$일 때 한 개의 양수근을 가진다.

    (4) $\pi^e < e^\pi$

6.4 지수함수와 로그함수의 응용

생물의 생태학적 현상, 방사성 원소의 붕괴현상, 분자의 화학반응 등 많은 자연현상 중에는 지수함수와 로그함수로 나타내어지는 것이 많이 있다. 이 절에서는 지수함수와 로그함수를 이용하여 자연현상의 여러 가지 문제를 풀어 보자.

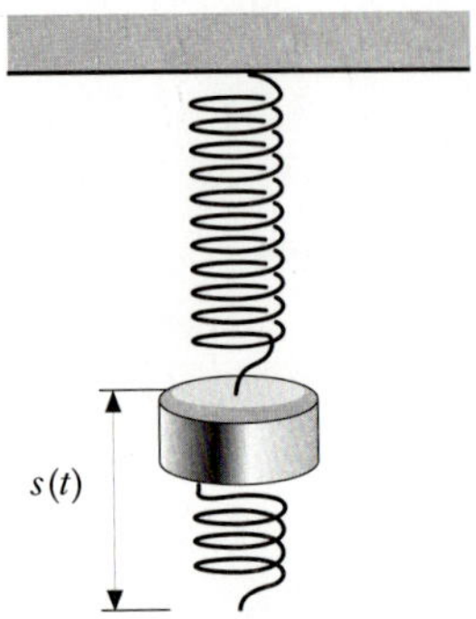

그림 1

예제 1 용수철 질량계의 용수철에 매달려 있는 물체의 수직변위는

$$s(t) = e^{-t}\cos t$$

로 나타내어진다고 한다. 이때, 이 물체의 시간 t일 때의 속도 $v(t)$를 구하여라. 또, $t = \frac{\pi}{2}$일 때의 속도를 구하여라.

풀이 물체의 속도는 $v(t) = s'(t)$으로 주어지므로

$$\begin{aligned} v(t) &= \cos t \frac{d}{dt}(e^{-t}) + e^{-t}\frac{d}{dt}(\cos t) \\ &= -e^{-t}\cos t - e^{-t}\sin t \\ &= -e^{-t}(\cos t + \sin t) \end{aligned}$$

따라서, $t = \frac{\pi}{2}$일 때의 속도는 $v\left(\frac{\pi}{2}\right) = -e^{-\frac{\pi}{2}}$. ■

예제 2 100만원을 투자했을 때 그 가치가 매년 두 배로 복리로 늘어난다고 하면 t년 후에는

$$p(t) = 100 \cdot 2^t \text{ (만원)}$$

이 된다고 한다. 이때, 2년 후의 가치의 순간변화율을 구하여라.

풀이 순간변화율은 도함수로 나타내어지므로

$$p'(t) = 100 \cdot 2^t \ln 2$$

따라서, 2년 후의 순간변화율은

$$p'(2) = 100 \cdot 2^2 \ln 2 = 400 \ln 2 \text{ (만원)}$$ ■

예제 3 어떤 화학물질의 촉매반응이 일어난 t초 후의 농도 x는

$$x(t) = \frac{5}{3e^{-10t}+1}$$

로 주어진다고 한다. 이때, $x'(t)>0$임을 보이고 이 화학물질의 농도는 5를 넘을 수 없음을 보여라.

풀이 $x(t) = 5(3e^{-10t}+1)^{-1}$으로 나타내고 연쇄법칙을 이용하면

$$\begin{aligned} x'(t) &= -5(3e^{-10t}+1)^{-2}\frac{d}{dt}(3e^{-10t}+1) \\ &= -5(3e^{-10t}+1)^{-2}(-30e^{-10t}) \\ &= \frac{150e^{-10t}}{(3e^{-10t}+1)^2} \end{aligned}$$

모든 t에 대하여 $e^{-10t}>0$이므로, $x'(t)>0$이다.

또, $x'(t)>0$ 이므로 농도는 증가하고 극한값 $\lim_{t\to\infty} x(t)$을 넘지 못한다. 그런데

$\lim_{t\to\infty} e^{-10t} = \lim_{t\to\infty} \frac{1}{e^{10t}} = 0$

$$\lim_{t\to\infty} x(t) = \lim_{t\to\infty} \frac{5}{3e^{-10t}+1} = \frac{5}{0+1} = 5$$

이므로 농도는 5를 넘을 수 없다. ■

여러 가지 자연 현상 중에는 어떤 양의 변화율이 현재의 양에 비례하는 경우가 많이 있다. 이를테면, 시간 t에서의 인구수를 $y(t)$라고 할 때 인구의 증가율이 현재의 인구수 y에 비례한다고 하자. 즉,

$$\frac{dy}{dt} = ky$$

단, k는 상수이다. 이때, k가 양이면 인구는 증가하고 음이면 감소한다. 이 식을 만족하는 y를 구하기 위하여 양변을 y로 나누고 t에 관하여 적분하면

$$\int\left(\frac{1}{y}\frac{dy}{dt}\right)dt = \int kdt$$

연쇄법칙에 의해서

$$\frac{d}{dt}(\ln|y|) = \frac{1}{y}\frac{dy}{dt}$$

이고, $y>0$이므로

$$\ln|y| = \ln y = kt + c$$

따라서,

$$y = e^{kt+c} = e^c e^{kt} = Ae^{kt}$$

단, $A = e^c$이다. $t = 0$일 때의 인구수를 $y(0)$라고 하면 $A = y(0)$이므로

$$\boxed{y(t) = y(0)e^{kt}}$$

가 된다.

예제 4 처음 박테리아의 수는 2000이었고 2시간 후의 박테리아의 수는 5000으로 증가하였다. 박테리아의 증가율은 그 당시의 수에 비례할 때, 6시간 후의 박테리아의 수를 구하여라.

풀이 시간 t일 때의 박테리아의 수를 $y(t)$라고 하면

$$y(0) = 2000, \quad y(2) = 5000$$

위의 식으로부터

$$y(t) = y(0)e^{kt} = 2000e^{kt}$$

$y(2) = 5000$으로부터

$$y(2) = 2000e^{2k} = 5000$$

따라서,

$$e^{2k} = 2.5, \quad 2k = \ln(2.5) \quad \text{즉, } k = \frac{1}{2}\ln(2.5)$$

$t = 6$일 때

$$\begin{aligned} y(6) &= 2000e^{\frac{1}{2}\ln(2.5)\cdot 6} = 2000e^{3\ln(2.5)} \\ &= 2000(2.5)^3 = 31{,}250 \end{aligned}$$

■

예제 5 주어진 양의 반이 감소되는 기간을 그 물질의 반감기라 한다. 라듐의 반감기는 1590년이고, 그 붕괴율은 그 당시 물질의 양에 비례한다. 처음 라듐의 양이 200mg이었다면 1000년 후에는 얼마나 남아 있는가? 또, 얼마 후에 60mg이 남아 있겠는가?

풀이 t년 후의 양을 $y(t)$라고 하면

$$y(t) = y(0)e^{kt}$$

$y(0) = 200$이므로

$$y(t) = 200e^{kt}$$

반감기가 1590년이므로

$$100 = 200e^{1590k},\ e^{1590k} = \frac{1}{2} \quad \text{즉},\ k = -\frac{\ln 2}{1590}$$

따라서,

$$y(t) = 200e^{-\frac{\ln 2}{1590}t}$$

$t = 1000$이면

$$y(1000) = 200e^{-\frac{\ln 2}{1590}\cdot 1000} \approx 130(\text{mg})$$

$y(t) = 60$이 되는 t를 구하기 위하여

$$y(t) = 200e^{-\frac{\ln 2}{1590}t} = 60$$

을 풀면

$$e^{-\frac{\ln 2}{1590}t} = 0.3,\quad -\frac{\ln 2}{1590}t = \ln(0.3)$$

따라서,

$$t = -1590\cdot\frac{\ln(0.3)}{\ln 2} \approx 2762(\text{년})$$

연습문제 6.4

1. 초기의 박테리아 수가 500이었으나 3시간 후에는 8000이 되었다. 그 수의 증가율은 그 당시의 수에 비례할 때 다음에 답하여라.
   (1) t시간 후의 박테리아 수 $y(t)$를 식으로 표현하여라.
   (2) 4시간 후의 박테리아 수를 구하여라.
   (3) 박테리아 수가 30,000 되려면 몇 시간 후인가?

2. 1985년 어떤 도시의 인구는 30만 명이었고 매년 인구의 증가율은 2%이다. 이 도시의 1995년 인구는 얼마가 되는가?

3. 어떤 방사성 물질의 반감기가 1.4×10^{-4}초이다.
   (1) 초기에 50mg이 있었다면 t초 후의 남은 양 $y(t)$를 구하여라.
   (2) 0.01초 후에 남은 물질의 양을 구하여라.
   (3) 40mg이 남아 있을 때는 몇 초 후인가?

4. 어떤 방사성 물질의 반감기가 700년이다. 원래 10그램이 있었다면, 300년 후에는 얼마가 남아 있겠는가?

5. 지구의 대기압 P의 고도 h에 따라 변하는 율은 온도가 일정하다면 그 당시 고도에서의 대기압 P에 비례한다. 15℃, $h=0$에서의 기압이 101.3kpa이고 $h=1000$m에서는 87.14kpa이었다. 해발 6187m인 산 정상에서의 대기

압을 구하여라.

6. 좌표평면 위의 한 점 (0, 5)를 지나는 곡선의 임의의 점 P에서의 기울기는 점 P의 y좌표값의 2배이다. 이 곡선의 방정식을 구하여라.

7. 어떤 방사성 물질이 2일 동안 방사능의 15%를 잃었다. 반감기는 얼마인가?

8. x가 작으면, $\ln(1+x) \approx x$. 이 사실을 이용하여, 이자율 p%로 매년 복리로 계산해 주면, 돈이 2배가 되기까지 약 $70/p$년이 걸림을 보여라.

9. 어느 나라의 GNP가 년 4%로 증가하고 있을 때 GNP가 현재의 배가 되려면 몇 년 후인가?

10. 연 14%, 매달 복리로 500만원을 빌렸을 때 2년 후에 갚아야 할 금액을 구하여라.

6.5 역삼각함수

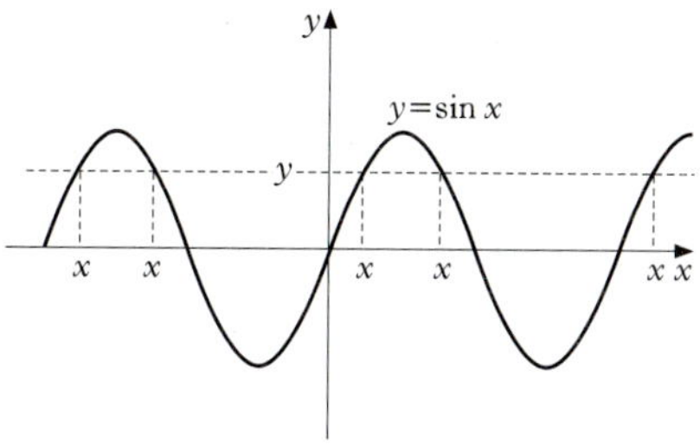

그림 1

함수 f가 일대일대응 함수일 때 그 역함수 f^{-1}가 존재한다. 삼각함수는 일대일대응 함수가 아니므로 역함수가 존재하지 않는다. 치역에 속하는 각각의 y에 대하여 그것에 대응하는 정의역의 원소 x가 무수히 많이 존재하기 때문이다. 그러나 정의역을 적당히 제한하면 일대일 대응이 되게 할 수 있고 따라서 역함수가 존재한다.

이 절에서는 **역삼각함수** 즉, 삼각함수의 역함수를 정의하고 그 성질을 알아보자.

$\sin x$의 역함수

함수 $y = \sin x$의 정의역을 $\left[-\dfrac{\pi}{2}, \dfrac{\pi}{2}\right]$로 제한하면 이 함수는 일대일대응이고 그 역함수가 존재한다.

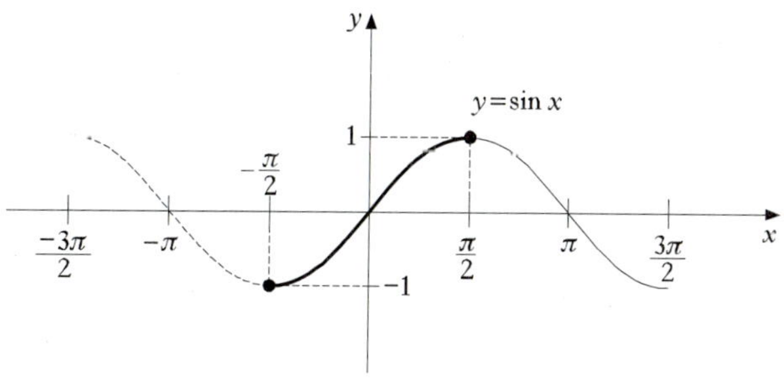

그림 2

함수 $y = \sin x\left(-\dfrac{\pi}{2} \le x \le \dfrac{\pi}{2}\right)$의 역함수를

$$y = \sin^{-1}x \quad \text{또는} \quad y = \arcsin x$$

로 나타낸다. 이때, 역함수 $y = \sin^{-1}x$의 정의역은 $[-1, 1]$이고 치역은 $\left[-\dfrac{\pi}{2}, \dfrac{\pi}{2}\right]$이다.

$y = \sin^{-1}x$의 그래프는 $y = \sin x$의 그래프와 직선 $y = x$에 관하여 대칭이다.

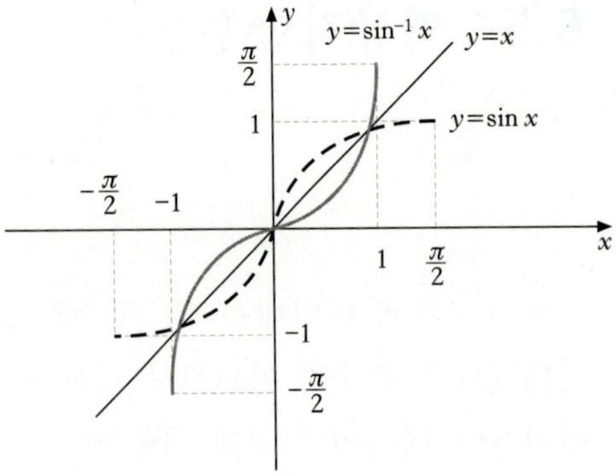

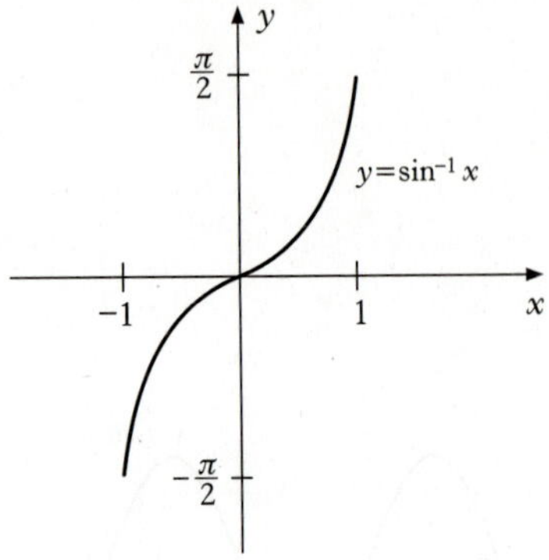

그림 3

역함수의 정의로부터 다음을 얻는다.

정의 1

$$y=\sin^{-1}x \ (-1 \le x \le 1)$$
$$\Leftrightarrow x=\sin y\left(-\frac{\pi}{2} \le y \le \frac{\pi}{2}\right)$$

예제 1 다음을 계산하여라.

(1) $\sin^{-1}\left(\frac{1}{2}\right)$ (2) $\sin^{-1}\left(\frac{\sqrt{3}}{2}\right)$ (3) $\sin^{-1}(2.4)$

풀이 (1) $\sin y=\frac{1}{2}\left(-\frac{\pi}{2} \le y \le \frac{\pi}{2}\right)$이 되는 y는 $\frac{\pi}{6}$이므로

$$\sin^{-1}\left(\frac{1}{2}\right)=\frac{\pi}{6}$$

(2) $\sin y=\frac{\sqrt{3}}{2}\left(-\frac{\pi}{2} \le y \le \frac{\pi}{2}\right)$이 되는 y는 $\frac{\pi}{3}$이므로

$$\sin^{-1}\left(\frac{\sqrt{3}}{2}\right)=\frac{\pi}{3}$$

(3) 2.4는 $\sin^{-1}x$의 정의역 $[-1, 1]$에 속하지 않으므로 $\sin^{-1}(2.4)$는 존재하지 않는다. ■

예제 2 다음을 계산하여라.

(1) $\sin\left(\sin^{-1}\frac{2}{3}\right)$ (2) $\sin^{-1}\left(\sin\frac{3\pi}{2}\right)$

$f(f^{-1}(x))=x$

풀이 (1) 역함수의 성질에 의해서

$$\sin\left(\sin^{-1}\frac{2}{3}\right)=\frac{2}{3}$$

(2) $\sin\frac{3\pi}{2}=-1$은 $[-1, 1]$ 내에 있고 $\sin^{-1}(-1)=-\frac{\pi}{2}$이므로

$$\sin^{-1}\left(\sin\frac{3\pi}{2}\right)=-\frac{\pi}{2}$$

$\cos x$의 역함수

$y=\cos x$의 그래프도 정의역을 $[0, \pi]$로 제한하면 일대일대응 함수가 되어 역함수가 존재하게 된다. 이 역함수를

$$y=\cos^{-1}x \quad \text{또는} \quad y=\arccos x$$

로 나타낸다. 이 때, $y=\cos^{-1}x$의 정의역은 $[-1, 1]$이고 치역은 $[0, \pi]$이다. 또, $y=\cos^{-1}x$의 그래프는 $y=\cos x$의 그래프와 직선 $y=x$에 관하여 대칭이다.

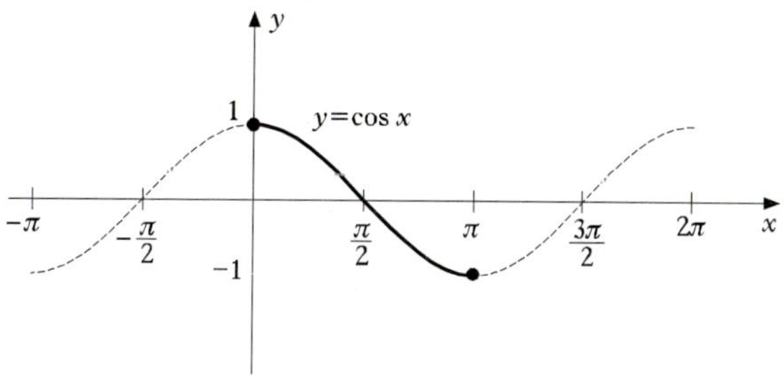

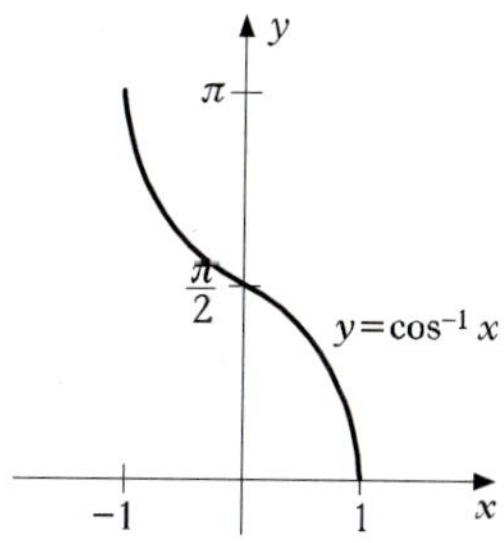

그림 4

정의 2

$$y=\cos^{-1}x\ (-1\le x\le 1) \Leftrightarrow x=\cos y(0\le y\le \pi)$$

예제 3 다음을 계산하여라.

(1) $\cos^{-1}\left(-\frac{1}{2}\right)$ (2) $\cos^{-1}\left(\frac{\sqrt{3}}{2}\right)$ (3) $\cos\left(\cos^{-1}\frac{3}{4}\right)$

풀이 (1) $\cos y=-\frac{1}{2}$ $(0\le y\le\pi)$이 되는 y는 $\frac{2\pi}{3}$이므로

$$\cos^{-1}\left(-\frac{1}{2}\right)=\frac{2\pi}{3}$$

(2) $\cos y = \dfrac{\sqrt{3}}{2} (0 \le y \le \pi)$ 이 되는 y는 $\dfrac{\pi}{6}$이므로

$$\cos^{-1}\left(\frac{\sqrt{3}}{2}\right) = \frac{\pi}{6}$$

(3) 역함수의 성질에 의해서

$f(f^{-1}(x)) = x$

$$\cos\left(\cos^{-1}\frac{3}{4}\right) = \frac{3}{4}$$

tan x의 역함수

$y = \tan x$의 정의역을 $\left(-\dfrac{\pi}{2}, \dfrac{\pi}{2}\right)$로 제한하면 일대일대응 함수가 되어 그 역함수 $y = \tan^{-1}x$가 존재한다. 이 역함수의 정의역은 실수전체이고 치역은 $\left(-\dfrac{\pi}{2}, \dfrac{\pi}{2}\right)$가 된다. 또, $y = \tan^{-1}x$의 그래프는 $y = \tan x$의 그래프와 직선 $y = x$에 관하여 대칭이므로 다음 그림과 같다.

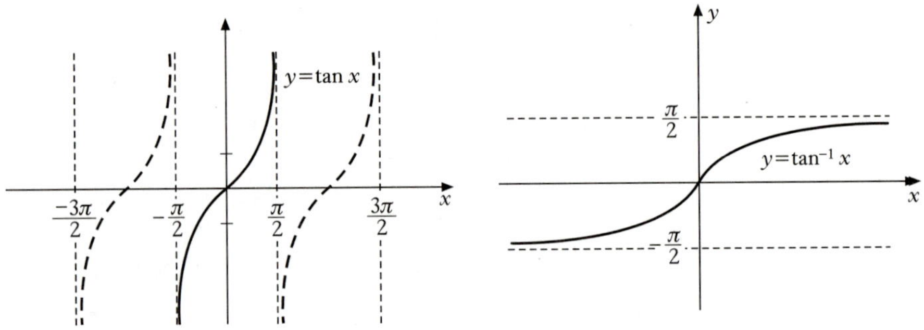

그림 5

정의 3

$$y = \tan^{-1}x \Leftrightarrow x = \tan y\left(-\frac{\pi}{2} \le y \le \frac{\pi}{2}\right)$$

$y = \tan^{-1}x$의 그래프는 원점에 관하여 대칭이므로 기함수이고 직선 $y = \dfrac{\pi}{2}$와 $y = -\dfrac{\pi}{2}$는 수평점근선이 된다. 즉,

$$\lim_{x \to \infty} \tan^{-1}x = \frac{\pi}{2}, \quad \lim_{x \to -\infty} \tan^{-1}x = -\frac{\pi}{2}$$

예제 4 다음을 계산하여라.

(1) $\tan^{-1}(-1)$　　　　(2) $\cos\left(\tan^{-1}\left(\frac{1}{\sqrt{3}}\right)\right)$

풀이 (1) $\tan y = -1\left(-\frac{\pi}{2} < y < \frac{\pi}{2}\right)$이 되는 y를 구하면 $-\frac{\pi}{4}$이므로

$$\tan^{-1}(-1) = -\frac{\pi}{4}$$

(2) $\tan y = \frac{1}{\sqrt{3}}\left(-\frac{\pi}{2} < y < \frac{\pi}{2}\right)$이 되는 y는 $\frac{\pi}{6}$이므로

$$\tan^{-1}\frac{1}{\sqrt{3}} = \frac{\pi}{6}$$

따라서,

$$\cos\left(\tan^{-1}\left(\frac{1}{\sqrt{3}}\right)\right) = \cos\frac{\pi}{6} = \frac{\sqrt{3}}{2}$$ ■

그 밖의 삼각함수들의 역함수

함수 $y = \sec x$, $y = \csc x$, $y = \cot x$도 다음과 같이 정의역을 적당히 제한하여 그 역함수를 정의할 수 있다.

정의 4

$$y = \sec^{-1}x\ (|x| \geq 1) \Leftrightarrow x = \sec y\left(0 \leq y \leq \pi,\ y \neq \frac{\pi}{2}\right)$$

$$y = \csc^{-1}x\ (|x| \geq 1) \Leftrightarrow x = \csc y\left(|y| \leq \frac{\pi}{2},\ y \neq 0\right)$$

$$y = \cot^{-1}x\ (x \in R) \Leftrightarrow x = \cot y\ (0 < y < \pi)$$

위의 역함수들의 그래프는 다음과 같다.

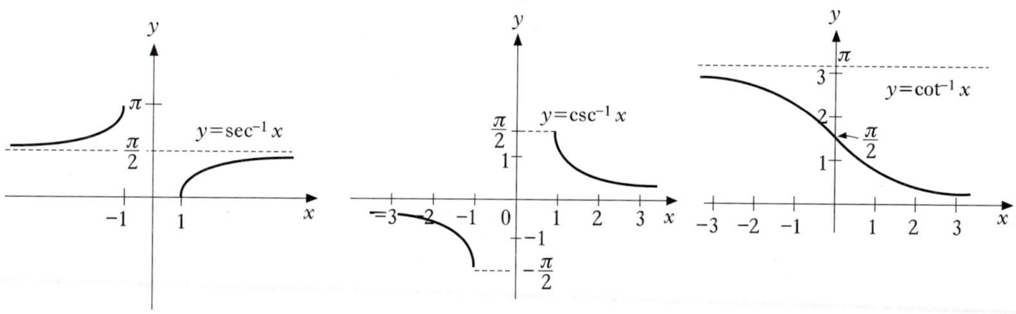

그림 6

예제 5 다음을 계산하여라.

(1) $\cot^{-1}1$　　　　(2) $\sec^{-1}\dfrac{2}{\sqrt{3}}$

$\cot y = \dfrac{1}{\tan y}$

$\csc y = \dfrac{1}{\sin y}$

$\sec y = \dfrac{1}{\cos y}$

풀이 (1) $\cot y = 1 (0 < y < \pi)$이 되는 y는 $\tan y = 1$이 되는 y와 같으므로 $\dfrac{\pi}{4}$가 된다. 따라서,

$$\cot^{-1}1 = \frac{\pi}{4}$$

(2) $\sec y = \dfrac{2}{\sqrt{3}}\left(0 \le y \le \pi,\ y \ne \dfrac{\pi}{2}\right)$이 되는 y는 $\dfrac{\pi}{6}$이므로

$$\sec^{-1}\frac{2}{\sqrt{3}} = \frac{\pi}{6}$$

■

다음은 역삼각함수들을 포함하는 유용한 항등식들이다.

정리 1

(1) $\sin(\cos^{-1}x) = \sqrt{1-x^2}$

(2) $\cos(\sin^{-1}x) = \sqrt{1-x^2}$

(3) $\sec(\tan^{-1}x) = \sqrt{1+x^2}$

(4) $\tan(\sec^{-1}x) = \begin{cases} \sqrt{x^2-1} & (x \ge 1) \\ -\sqrt{x^2-1} & (x \le -1) \end{cases}$

증명 (1)과 (3)만 증명하기로 한다. 나머지도 같은 방법으로 증명할 수 있다.

(1) $y = \cos^{-1}x$라 두면 $x = \cos y (0 \le y \le \pi)$이다. 한편, $\sin^2 y + \cos^2 y = 1$에서 $\sin y \ge 0$이므로

$$\sin y = \sqrt{1-\cos^2 y}$$

따라서,

$$\sin(\cos^{-1}x) = \sin y = \sqrt{1-\cos^2 y} = \sqrt{1-x^2}$$

(3) $y = \tan^{-1}x$라 두면 $x = \tan y\left(-\dfrac{\pi}{2} < y < \dfrac{\pi}{2}\right)$이다. 한편, $\sec^2 y = 1 + \tan^2 y$에서 $\sec y > 0$이므로

$$\sec y = \sqrt{1+\tan^2 y}$$

따라서,

$$\sec(\tan^{-1}x) = \sec y = \sqrt{1+\tan^2 y} = \sqrt{1+x^2}$$

■

예제 6 다음을 계산하여라.

(1) $\sin\left(\cos^{-1}\dfrac{3}{5}\right)$ (2) $\cos\left(\tan^{-1}\left(-\dfrac{1}{2}\right)\right)$

풀이 (1) 정리 5의 (1)에 의해서

$$\sin\left(\cos^{-1}\frac{3}{5}\right) = \sqrt{1-\left(\frac{3}{5}\right)^2} = \frac{4}{5}$$

$\sec y = \dfrac{1}{\cos y}$

(2)
$$\cos(\tan^{-1}x) = \frac{1}{\sec(\tan^{-1}x)} = \frac{1}{\sqrt{1+x^2}}$$

이므로

$$\cos\left(\tan^{-1}\left(-\frac{1}{2}\right)\right) = \frac{1}{\sqrt{1+\left(-\frac{1}{2}\right)^2}} = \frac{2}{\sqrt{5}}$$

연습문제 6.5

1. 다음을 구하여라.

(1) $\cos^{-1}\left(\dfrac{1}{2}\right)$ (2) $\sin^{-1}\left(\dfrac{\sqrt{3}}{2}\right)$

(3) $\arctan(1)$ (4) $\tan^{-1}(-\sqrt{3})$

(5) $\csc^{-1}\sqrt{2}$ (6) $\arccos\left(\dfrac{\sqrt{3}}{2}\right)$

(7) $\sin(\sin^{-1}0.3)$ (8) $\tan^{-1}\left(\tan\dfrac{4}{3}\pi\right)$

(9) $\cos\left(\sin^{-1}\dfrac{\sqrt{3}}{2}\right)$ (10) $\sec(\arctan 1)$

(11) $\sin\left(2\cos^{-1}\dfrac{2}{3}\right)$ (12) $\cos\left[\sin^{-1}\dfrac{3}{4}+\cos^{-1}\dfrac{1}{4}\right]$

(13) $\sin\left[\cos^{-1}\left(\dfrac{3}{5}\right)+\cos^{-1}\left(\dfrac{5}{13}\right)\right]$

(14) $\sec^{-1}2-\sec^{-1}(-2)$

2. $\lim\limits_{x\to 2^+}\arctan\left(\dfrac{2}{x-2}\right)$을 구하여라.

3. $\lim\limits_{x\to 1^-}\sin^{-1}x$을 구하여라.

4. $\cos(2\sin^{-1}x) = 1-2x^2$ $(|x|\le 1)$을 증명하여라.

5. 다음 그림에서 θ를 x의 식으로 표현하여라.

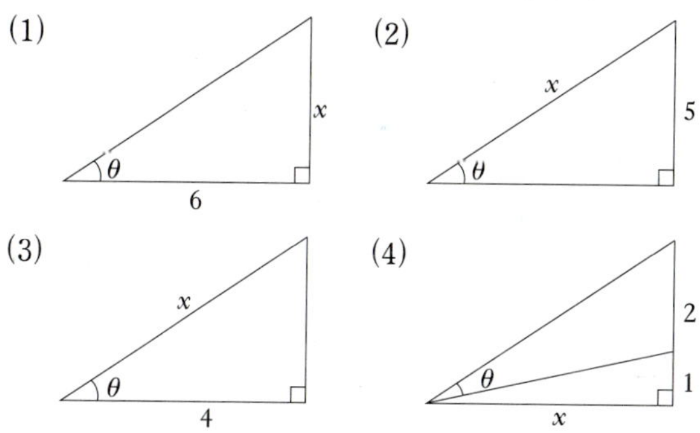

6. 다음 그림에서 α를 구하여라.

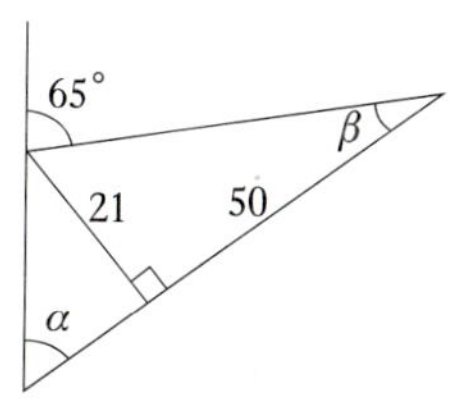

7. $\sin^{-1}x+\cos^{-1}x = \dfrac{\pi}{2}$임을 보여라.

8. $\cos^{-1}x+\cos^{-1}(-x) = \pi$임을 보여라.

9. 함수 $f(x)=3\sin 2x$의 정의역을 제한하여 역함수 $f^{-1}(x)$를 구하여라.

10. 함수 $f(x)=\frac{1}{3}\tan 2x$의 정의역을 제한하여 역함수 $f^{-1}(x)$를 구하여라.

11. 다음 식을 증명하여라.

(1) $\tan(\sin^{-1}x)=\frac{x}{\sqrt{1-x^2}}$ (2) $\sin(\tan^{-1}x)=\frac{x}{\sqrt{1+x^2}}$

(3) $\cos(2\sin^{-1}x)=1-2x^2$ (4) $\tan(2\sin^{-1}x)=\frac{2x}{1-x^2}$

6.6 역삼각함수의 미분

삼각함수들은 모두 미분가능하므로 역함수의 정리에 의하여 모든 역삼각함수들도 미분가능하다.

여러 가지 역삼각함수들의 도함수를 구하여 보자.

$\sin^{-1}x$의 도함수

함수 $y=\sin^{-1}x$는 구간 $(-1, 1)$에서 미분가능하다. 역함수의 정의로부터 $y=\sin^{-1}x(-1<x<1)$는 $x=\sin y\left(-\frac{\pi}{2}<y<\frac{\pi}{2}\right)$와 동치이므로 $x=\sin y$의 양변을 x에 관하여 미분하면

$$1=\cos y\frac{dy}{dx}$$

한편, $-\frac{\pi}{2}<y<\frac{\pi}{2}$일 때 $\cos y>0$이므로 $\sin^2 y+\cos^2 y=1$로부터

$$\cos y=\sqrt{1-\sin^2 y}=\sqrt{1-x^2}$$

따라서,

$$\frac{dy}{dx}=\frac{1}{\sqrt{1-x^2}}(-1<x<1)$$

$$\frac{d}{dx}(\sin^{-1}x)=\frac{1}{\sqrt{1-x^2}}\quad(-1<x<1)$$

$u=f(x)$가 미분가능한 함수일 때 연쇄법칙에 의해서

$$\frac{d}{dx}(\sin^{-1}u)=\frac{1}{\sqrt{1-u^2}}\frac{du}{dx}$$

예제 1 $y=\sin^{-1}(2x^2-3)$의 도함수를 구하여라.

풀이 $u=2x^2-3$이라 두면 연쇄법칙에 의해서

$$\begin{aligned}\frac{dy}{dx}&=\frac{d}{du}(\sin^{-1}u)\frac{du}{dx}\\&=\frac{1}{\sqrt{1-u^2}}(4x)=\frac{4x}{\sqrt{1-(2x^2-3)^2}}\end{aligned}$$ ■

$\sec^{-1}x$의 도함수

함수 $y=\sec^{-1}x$는 $|x|>1$일 때 미분가능하다. 그 도함수를 구하기 위하여 $x=\sec y$의 양변을 x에 관하여 미분하면

$\sec(\sec^{-1}x)=x$

$\tan(\sec^{-1}x)=\begin{cases}\sqrt{x^2-1} & (x>1)\\ -\sqrt{x^2-1} & (x<1)\end{cases}$

$$\begin{aligned}1&=\sec y\tan y\frac{dy}{dx}\\&=\sec(\sec^{-1}x)\tan(\sec^{-1}x)\frac{dy}{dx}\\&=\begin{cases}x\sqrt{x^2-1}\,\dfrac{dy}{dx} & (x>1)\\ x(-\sqrt{x^2-1})\dfrac{dy}{dx} & (x<-1)\end{cases}\\&=|x|\sqrt{x^2-1}\,\frac{dy}{dx}\end{aligned}$$

따라서,

$$\frac{d}{dx}(\sec^{-1}x)=\frac{dy}{dx}=\frac{1}{|x|\sqrt{x^2-1}}$$

$$\frac{d}{dx}(\sec^{-1}x)=\frac{1}{|x|\sqrt{x^2-1}}\quad(|x|>1)$$

$u=f(x)$가 미분가능한 함수일 때 연쇄법칙에 의해서

$$\frac{d}{dx}(\sec^{-1}u)=\frac{1}{|u|\sqrt{u^2-1}}\frac{du}{dx}$$

예제 2 $y=\sec^{-1}(x^3-1)$의 도함수를 구하여라.

풀이 $u=x^3-1$라 두면 연쇄법칙에 의해서

$$\begin{aligned}\frac{dy}{dx}&=\frac{d}{du}(\sec^{-1}u)\frac{du}{dx}\\&=\frac{1}{|u|\sqrt{u^2-1}}(3x^2)=\frac{3x^2}{|x^3-1|\sqrt{(x^3-1)^2-1}}\end{aligned}$$

■

위와 같은 방법으로 나머지 역삼각함수들의 도함수들을 구하면 다음과 같다.

$$\frac{d}{dx}\sin^{-1}x = \frac{1}{\sqrt{1-x^2}}\,(|x|<1), \qquad \frac{d}{dx}\csc^{-1}x = \frac{-1}{|x|\sqrt{x^2-1}}\,(|x|>1)$$

$$\frac{d}{dx}\cos^{-1}x = \frac{-1}{\sqrt{1-x^2}}\,(|x|<1), \qquad \frac{d}{dx}\sec^{-1}x = \frac{1}{|x|\sqrt{x^2-1}}\,(|x|>1)$$

$$\frac{d}{dx}\tan^{-1}x = \frac{1}{1+x^2}, \qquad \frac{d}{dx}\cot^{-1}x = \frac{-1}{1+x^2}$$

예제 3 다음 함수의 도함수를 구하여라.

(1) $y = 2x\cos^{-1}\sqrt{x}$ (2) $y = (\tan^{-1}x)^2$

풀이 (1) $\displaystyle \frac{dy}{dx} = 2\cos^{-1}\sqrt{x} + 2x\frac{-1}{\sqrt{1-(\sqrt{x})^2}}\frac{d}{dx}\sqrt{x}$

$$= 2\cos^{-1}\sqrt{x} - \frac{2x}{\sqrt{1-x}}\frac{1}{2\sqrt{x}}$$

$$= 2\cos^{-1}\sqrt{x} - \frac{\sqrt{x}}{\sqrt{1-x}}$$

$$\frac{d}{dx}(\tan^{-1}x) = \frac{1}{1+x^2}$$

(2) $\displaystyle \frac{dy}{dx} = (2\tan^{-1}x)\frac{d}{dx}(\tan^{-1}x) = \frac{2\tan^{-1}x}{1+x^2}$ ■

예제 4 바닷가 100m 높이의 절벽 바로 아래로부터 보트가 초속 5m의 속도로 멀어져 가고 있다. 보트가 절벽으로부터 50m 거리에 있는 순간 보트에 타고 있는 사람이 절벽 꼭대기를 올려다보는 각의 변화율을 구하여라.

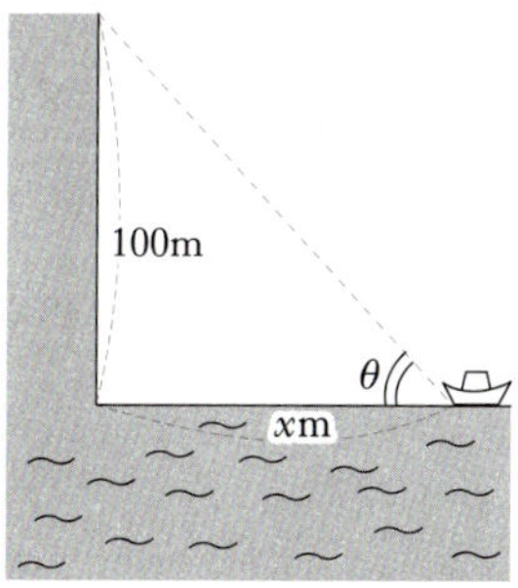

그림 1

풀이 절벽 바로 아래로부터 보트까지의 거리를 x m라고 하고 보트에서 절벽 꼭대기를 올려다 본 각을 θ라고 하면

$$\tan\theta = \frac{100}{x}$$

이므로

$$\theta = \tan^{-1}\left(\frac{100}{x}\right)$$

양변을 t에 관하여 미분하면

$$\frac{d\theta}{dt} = \frac{1}{1+\left(\frac{100}{x}\right)^2}\frac{-100}{x^2}\frac{dx}{dt} = \frac{-100}{x^2+10000}\frac{dx}{dt}$$

$\dfrac{dx}{dt} = 5$이므로, $x = 50$일 때

$$\frac{d\theta}{dt} = \frac{-100}{50^2+10000}\cdot 5 = -0.04(\text{rad/s})$$ ■

앞의 미분공식으로부터 다음 적분공식을 얻는다.

$$\int \frac{1}{\sqrt{1-x^2}}dx = \sin^{-1}x + c$$

$$\int \frac{1}{1+x^2}dx = \tan^{-1}x + c$$

$$\int \frac{1}{x\sqrt{x^2-1}}dx = \sec^{-1}|x| + c$$

예제 5 $\int \frac{1}{\sqrt{1-9x^2}}dx$를 구하여라.

풀이 $u = 3x$라 두면 $du = 3dx$이므로

$$\int \frac{1}{\sqrt{1-9x^2}}dx = \frac{1}{3}\int \frac{1}{\sqrt{1-u^2}}du$$
$$= \frac{1}{3}\sin^{-1}u + c = \frac{1}{3}\sin^{-1}(3x) + c$$

예제 6 $\int \frac{1}{x^2+a^2}dx$를 구하여라.(단, $a \neq 0$)

풀이

$$\int \frac{1}{x^2+a^2}dx = \frac{1}{a^2}\int \frac{1}{\left(\frac{x}{a}\right)^2+1}dx$$

$u = \frac{x}{a}$라 두면 $du = \frac{1}{a}dx$이므로

$\tan^{-1}0 = 0$

$$\int \frac{1}{x^2+a^2}dx = \frac{1}{a^2}\int \frac{a}{1+u^2}du = \frac{1}{a}\int \frac{1}{1+u^2}du$$
$$= \frac{1}{a}\tan^{-1}u + c = \frac{1}{a}\tan^{-1}\left(\frac{x}{a}\right) + c$$

예제 7 $\int_0^{\sqrt{3}} \frac{x}{x^4+9}dx$를 구하여라.

풀이 $u = x^2$으로 두면 $du = 2xdx$이다. 예제 6을 이용하면

$$\int \frac{x}{x^4+9}dx = \frac{1}{2}\int \frac{du}{u^2+3^2}$$
$$= \frac{1}{2}\frac{1}{3}\tan^{-1}\left(\frac{u}{3}\right) + C$$
$$= \frac{1}{6}\tan^{-1}\left(\frac{x^2}{3}\right) + C$$

따라서,

$$\int_0^{\sqrt{3}} \frac{x}{x^4+9}dx = \frac{1}{6}\left[\tan^{-1}\left(\frac{x^2}{3}\right)\right]_0^{\sqrt{3}}$$
$$= \frac{1}{6}(\tan^{-1}1 - \tan^{-1}0)$$
$$= \frac{1}{6}\frac{\pi}{4} = \frac{\pi}{24}$$

연습문제 6.6

1. $\dfrac{d}{dx}(\cos^{-1}x) = -\dfrac{1}{\sqrt{1-x^2}}$ $(-1<x<1)$을 증명하여라.

2. $\dfrac{d}{dx}(\tan^{-1}x) = \dfrac{1}{1+x^2}$을 증명하여라.

3. $\dfrac{d}{dx}(\cot^{-1}x) = -\dfrac{1}{1+x^2}$을 증명하여라.

4. $f(x) = \tan^{-1}x + \cot^{-1}x$일 때
   (1) $f'(x)$를 구하여라.
   (2) $\tan^{-1}x + \cot^{-1}x = \dfrac{\pi}{2}$임을 보여라.

5. 다음 주어진 함수들의 도함수를 구하여라.
   (1) $f(x) = \sin^{-1}(2x^2-1)$　(2) $y = (\sin^{-1}x)^2$
   (3) $g(x) = \tan^{-1}(e^x)$　(4) $h(x) = (\sin^{-1}x)\ln x$
   (5) $y = \csc^{-1}(x^2+1)$　(6) $y = (1+\sqrt{x})\tan^{-1}x$
   (7) $y = \tan^{-1}(\sin x)$
   (8) $G(t) = \sin^{-1}t + \ln\sqrt{\dfrac{t-a}{t+a}}$
   (9) $y = \cot^{-1}\dfrac{2}{x} + \tan^{-1}\dfrac{x}{2}$
   (10) $y = \tan^{-1}(x - \sqrt{1+x^2})$
   (11) $y = \dfrac{\sin^{-1}x}{\cos^{-1}x}$　(12) $y = \sec^{-1}\sqrt{1+x^2}$

6. 다음 적분을 구하여라.
   (1) $\displaystyle\int_{2/\sqrt{3}}^{2/\sqrt{2}} \frac{1}{x\sqrt{x^2-1}}dx$　(2) $\displaystyle\int \frac{1}{1+4x^2}dx$
   (3) $\displaystyle\int \frac{e^x}{e^{2x}+1}dx$　(4) $\displaystyle\int \frac{\tan^{-1}x}{1+x^2}dx$
   (5) $\displaystyle\int \frac{dx}{\sqrt{x}\sqrt{1-x}}$　(6) $\displaystyle\int \frac{\sin x}{1+\cos^2 x}dx$
   (7) $\displaystyle\int_0^{1/2} \frac{\sin^{-1}x}{\sqrt{1-x^2}}dx$　(8) $\displaystyle\int \frac{2(x-1)}{\sqrt{1-(x-1)^4}}dx$

7. $\displaystyle\int \frac{dx}{\sqrt{a^2-x^2}} = \sin^{-1}\frac{x}{a} + c$임을 보여라. (단, $a>0$, c는 상수)

8. 점 (x, y)에서 기울기가 $\dfrac{1}{x\sqrt{x^2-1}}$이고 $(-2, -2)$, $(\sqrt{2}, 0)$을 지나는 곡선을 구하여라.

9. $\displaystyle\int \sqrt{a^2-x^2}\,dx = \frac{x}{2}\sqrt{a^2-x^2} + \frac{a^2}{2}\sin^{-1}\frac{x}{a} + c$임을 증명하여라. (단, $a>0$, c는 상수)

10. 곡선 $x^2y+y-2=0$, $x=0$, $x=1$ 및 $y=0$으로 둘러싸인 부분의 면적을 구하여라.

정리 2 (쌍곡선함수의 성질)

(1) $\sinh(x \pm y) = \sinh x \cosh y \pm \cosh x \sinh y$

(2) $\cosh(x \pm y) = \cosh x \cosh y \pm \sinh x \sinh y$

(3) $\tanh(x \pm y) = \dfrac{\tanh x \pm \tanh y}{1 \pm \tanh x \tanh y}$

(4) $\tanh^2 x + \operatorname{sech}^2 x = 1$

(5) $\coth^2 x - \operatorname{csch}^2 x = 1$

증명 (1)번 식의 일부만 증명한다.

$$\begin{aligned}\sinh x \cosh y + \cosh x \sinh y &= \frac{e^x - e^{-x}}{2}\frac{e^y + e^{-y}}{2} + \frac{e^x + e^{-x}}{2}\frac{e^y - e^{-y}}{2} \\ &= \frac{1}{4}[e^{x+y} + e^{x-y} - e^{-x+y} - e^{-(x+y)} + e^{x+y} - e^{x-y} \\ &\quad + e^{-x+y} - e^{-(x+y)}] \\ &= \frac{e^{x+y} - e^{-(x+y)}}{2} \\ &= \sinh(x+y)\end{aligned}$$

■

자연지수함수 $y = e^x$의 도함수에 대한 성질을 이용하면 쌍곡선 함수의 미분을 쉽게 구할 수 있다. 다음 정리에서 쌍곡선 함수의 미분공식을 소개한다.

$\dfrac{d}{dx}e^x = e^x$

정리 3 (쌍곡선함수의 미분)

(1) $\dfrac{d}{dx}\sinh x = \cosh x$ (2) $\dfrac{d}{dx}\cosh x = \sinh x$

(3) $\dfrac{d}{dx}\tanh x = \operatorname{sech}^2 x$ (4) $\dfrac{d}{dx}\operatorname{csch} x = -\operatorname{csch} x \coth x$

(5) $\dfrac{d}{dx}\operatorname{sech} x = -\operatorname{sech} x \tanh x$ (6) $\dfrac{d}{dx}\coth x = -\operatorname{csch}^2 x$

정리 3에 의하면

$$(\sinh x)' = \cosh x > 0$$
$$(\cosh x)'' = \cosh x > 0$$
$$(\tanh x)' = \operatorname{sech}^2 x > 0$$

따라서 $\sinh x$와 $\tanh x$는 증가함수이고 $\cosh x$는 위로 오목하다.

예제 1 함수 $y=\sinh x \cosh x$의 도함수를 구하여라.

풀이 $(\sinh x)' = \cosh x$, $(\cosh x) = \sinh x$이므로

$$\begin{aligned}\frac{dy}{dx} &= (\sinh x \cosh x)' \\ &= \cosh x \cosh x + \sinh x \sinh x \\ &= \cosh^2 x + \sinh^2 x \\ &= \frac{e^{2x}+e^{-2x}}{2} = \cosh 2x\end{aligned}$$

■

예제 2 $\int \tanh x\, dx$를 구하여라.

풀이 $u = \cosh x$라 하면 $du = \sinh x\, dx$이므로

$$\begin{aligned}\int \tanh x\, dx &= \int \frac{\sinh x}{\cosh x} dx \\ &= \int \frac{du}{u} = \ln|u| + c \\ &= \ln(\cosh x) + c \quad (\text{단, } c\text{는 상수})\end{aligned}$$

■

쌍곡선함수 $\sinh x$와 $\tanh x$ 증가함수이므로 역함수가 존재한다. 그리고 $\cosh x$의 정의역을 $x \geq 0$로 제한하면 $\cosh x$는 증가함수이므로 이들의 역함수가 존재한다.$\sinh x$의 역함수를 구하여 보자.

$y = \sinh x$의 역함수를 $y = \sinh^{-1} x$라 하면 $x = \sinh y$이므로

$$x = \sinh y = \frac{e^y - e^{-y}}{2} = \frac{e^{2y}-1}{2e^y}$$

따라서

$$e^{2y} - 2e^y x - 1 = 0.$$

$e^y > 0$이므로 이차방정식의 근의 공식에 의하여

$$e^y = x + \sqrt{x^2+1}$$

따라서

$$y = \ln(x + \sqrt{x^2+1})$$

그러므로 $\sinh x$의 역함수를 다음과 같이 표시할 수 있다.

$$\sinh^{-1} x = \ln(x + \sqrt{x^2+1})$$

같은 방법으로, 쌍곡선함수의 역함수 $\cosh^{-1}x$, $\tanh^{-1}x$를 자연로그함수를 이용하여 나타낼 수 있다.

정리 4 (쌍곡선함수의 역함수)

(1) $\sinh^{-1}x = \ln(x + \sqrt{x^2+1})$

(2) $\cosh^{-1}x = \ln(x + \sqrt{x^2-1})$, $x \geq 1$

(3) $\tanh^{-1}x = \dfrac{1}{2}\ln\dfrac{1+x}{1-x}$, $-1 < x < 1$

역함수의 그래프는 원래 함수의 그래프와 $y = x$ 에 대하여 대칭이므로 쌍곡선함수의 역함수의 그래프는 다음 그림과 같다.

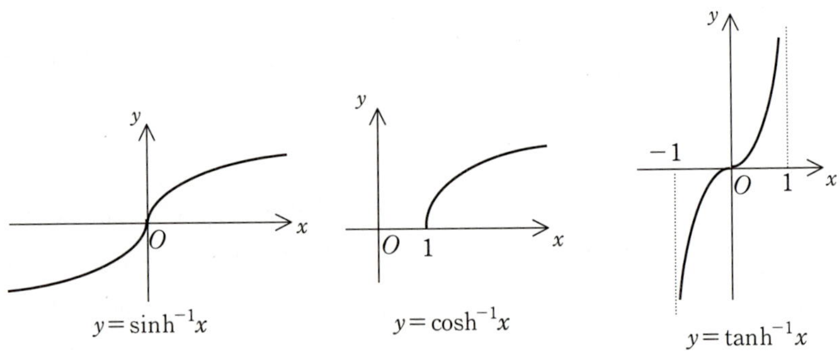

그림 2

미분가능함수의 역함수는 미분가능하므로 쌍곡선함수의 역함수도 미분가능하다. 다음 정리에서 쌍곡선함수의 역함수들의 미분을 소개한다.

정리 5 (쌍곡선함수의 역함수의 미분)

(1) $\dfrac{d}{dx}\sinh^{-1}x = \dfrac{1}{\sqrt{x^2+1}}$

(2) $\dfrac{d}{dx}\cosh^{-1}x = \dfrac{1}{\sqrt{x^2-1}}$, $x > 1$

(3) $\dfrac{d}{dx}\tanh^{-1}x = \dfrac{1}{1-x^2}$, $-1 < x < 1$

증명 (1)식 만 증명한다. 정리 3에 의하면 $\sinh^{-1}x$는 자연로그함수로 표시되므로 자연로그함수의 미분을 이용하여 증명할 수 있다. 그리고 역함수의 성질을 이용하여 미분을 구하는 방법도 있다. 여기서는 역함수를 이용하는 방법으로 구해보자.

$y=\sinh^{-1}x$이므로 $x=\sinh y$에 음함수 미분법을 적용하면

$$1=\cosh y\frac{dy}{dx}$$

$\cosh^2 x-\sinh^2 x=1$, $\cosh y>0$ 이므로

$$\cosh y=\sqrt{1+\sinh^2 y}$$

따라서 $\sinh y=x$를 대입하면

$$1=\cosh y\frac{dy}{dx}=\sqrt{1+\sinh^2 y}\frac{dy}{dx}=\sqrt{1+x^2}\frac{dy}{dx}$$

그러므로

$$\frac{dy}{dx}=\frac{1}{\sqrt{1+x^2}}$$

■

예제 3 $\int_{-2}^{1}\frac{1}{\sqrt{1+x^2}}dx$를 구하여라.

풀이 $(\sinh^{-1}x)=\frac{1}{\sqrt{1+x^2}}$이므로

$$\int_{-2}^{1}\frac{1}{\sqrt{1+x^2}}dx=\left[\sinh^{-1}x\right]_{-2}^{1}=\sinh^{-1}1-\sinh^{-1}(-2)$$

$\sinh^{-1}x=\ln(x+\sqrt{x^2+1})$이므로

$$\int_{-1}^{3}\frac{1}{\sqrt{1+x^2}}dx=\sinh^{-1}1-\sinh^{-1}(-2)$$
$$=\ln(1+\sqrt{2})-\ln(-2+\sqrt{5})$$
$$=\ln\frac{1+\sqrt{2}}{-2+\sqrt{5}}$$

■

예제 4 현수선 $y=a\cosh\frac{x}{a}$ $(-a\leqq x\leqq a)$의 길이를 구하여라.

풀이 (5.5절 정리 1)을 이용하여 현수선의 길이 L을 구하면

$$L=\int_{-a}^{a}\sqrt{1+\left(\frac{dy}{dx}\right)^2}dx=\int_{-a}^{a}\sqrt{1+\sinh^2\left(\frac{x}{a}\right)}dx$$
$$=\int_{-a}^{a}\sqrt{\cosh^2\left(\frac{x}{a}\right)}dx=\int_{-a}^{a}\cosh\left(\frac{x}{a}\right)dx$$
$$=2\int_{0}^{a}\cosh\left(\frac{x}{a}\right)dx=\left[2a\sinh\left(\frac{x}{a}\right)\right]_{0}^{a}$$

$$= 2a(\sinh 1 - \sinh 0)$$
$$= 2a \sinh 1$$
$$= a(e - e^{-1})$$

연습문제 6.7

※ (1~4) 다음의 값을 구하여라.

1. $\sinh(\ln 3)$
2. $\sinh^{-1}\frac{4}{3}$
3. $\cosh^{-1}\frac{11}{9}$
4. $\tanh^{-1}\left(-\frac{4}{7}\right)$

※ (5~8) 다음을 간단히 하여라.

5. $\sinh^{-1}\left(\frac{1-x^2}{2x}\right)$
6. $\sinh(2\ln x)$
7. $2\cosh(\ln x)$
8. $\tanh(\ln x)$

※ (9~18) 다음이 성립함을 증명하여라.

9. $\sinh 2x = 2\sinh x \cosh x$
10. $\cosh 2x = \cosh^2 x + \sinh^2 x$
11. $\sinh u \cosh v = \frac{1}{2}[\sinh(u+v) + \sinh(u-v)]$
12. $\cosh u \cosh v = \frac{1}{2}[\cosh(u+v) + \cosh(u-v)]$
13. $\sinh u \sinh v = \frac{1}{2}[\cosh(u+v) - \cosh(u-v)]$
14. $\sinh 3x = \sinh^3 x + 3\cosh^2 x \sinh x$
    $= 3\sinh x + 4\sinh^3 x$
15. $\cosh 3x = \cosh^3 x + 3\sinh^2 x \cosh x$
    $= 4\cosh^3 x - 3\cosh x$
16. $(\cosh x + \sinh x)^n = \cosh nx + \sinh nx$
17. $\operatorname{sech}^{-1} x = \ln\left(\frac{1+\sqrt{1-x^2}}{x}\right)$, $0 < x \le 1$
18. $\frac{d}{dx}\operatorname{sech}^{-1} x = \frac{-1}{x\sqrt{1-x^2}}$, $0 < x < 1$

※ (19~26) 다음 함수의 도함수를 구하여라.

19. $y = \sinh 2x$
20. $y = \tanh 3x$
21. $y = \coth(\tan x)$
22. $y = \tanh^2 x$
23. $y = \sinh^{-1}(x^2)$
24. $y = \cosh^{-1}(x^2)$
25. $y = x^2 \sinh x$
26. $y = x^{-1}\cosh x$

※ (27~34) 다음의 적분을 구하여라.

27. $\int \operatorname{csch}^2 3x\, dx$
28. $\int \cosh^2 3x\, dx$
29. $\int e^x \sinh e^x\, dx$
30. $\int \frac{\cosh\sqrt{x}}{\sqrt{x}}\, dx$
31. $\int \cos x \sinh(\sin x) dx$
32. $\int \sinh \frac{x}{1+\cosh x} dx$
33. $\int \frac{1}{\sqrt{x^2+a^2}}\, dx$
34. $\int \frac{x}{9x^4-1}\, dx$
35. 곡선 $y = \cosh 2x$, $y = 0$, $x = 0$및 $x = \ln 3$ 으로 둘러싸인 영역의 면적을 구하여라.
36. 예제 4의 현수선을 x축을 회전축으로 하여 얻은 회전체의 표면적을 구하여라.
37. 정리 1을 증명하여라.
38. 정리 2를 증명하여라.
39. 정리 3을 증명하여라.
40. 정리 4를 증명하여라.
41. 정리 5를 증명하여라.

제 7 장 적분법과 특이적분

7.1 기본적인 적분 공식

함수 $F(x)$가 $f(x)$의 역도함수 즉 $F'(x)=f(x)$라면 부정적분의 정의에 의하여

$$\int f(x)dx = F(x)+C$$

이다. 따라서 지금까지 배운 미분공식에 의하여 기본적인 적분공식들을 유도할 수 있다. 예를 들어

$$\begin{cases} \dfrac{d}{du}\dfrac{u^{n+1}}{n+1} = u^n, \ n \neq -1 \\ \dfrac{d}{du}\ln|u| = \dfrac{1}{u} \end{cases}$$

이므로

$$\int u^n du = \begin{cases} \dfrac{u^{n+1}}{n+1} + C, \ n \neq -1 \\ \ln|u| + C \ , \ n = -1 \end{cases}$$

이다.

이런 기본적인 적분공식을 기억하고 활용하여야만 다음에 배울 다양한 적분 기법을 효과적으로 사용할 수 있다.

적분의 기본 공식

다항식의 적분

(1) $\int k\,du = ku + C$

(2) $\int u^n du = \begin{cases} \dfrac{u^{n+1}}{n+1} + C, \ n \neq -1 \\ \ln|u| + C, \ n = -1 \end{cases}$

삼각함수의 적분

(3) $\int \sin u\,du = -\cos u + C$ (4) $\int \cos u\,du = \sin u + C$

(5) $\int \sec^2 u\,du = \tan u + C$ (6) $\int \csc^2 u\,du = -\cot u + C$

(7) $\int \sec u \tan u\, du = \sec u + C$ (8) $\int \csc u \cot u\, du = -\csc u + C$

(9) $\int \tan u\, du = -\ln|\cos u| + C$ (10) $\int \cot u\, du = \ln|\sin u| + C$

지수함수의 적분

(11) $\int e^u du = e^u + C$

$(a^u)' = a^u \ln a$

(12) $\int a^u du = \dfrac{a^u}{\ln a} + C\ (a \neq 1,\ a > 0)$

원시함수가 역삼각 함수인 함수의 적분

(13) $\int \dfrac{1}{\sqrt{a^2-u^2}} du = \sin^{-1}\left(\dfrac{u}{a}\right) + C = -\cos^{-1}\left(\dfrac{u}{a}\right) + C$

(14) $\int \dfrac{1}{a^2+u^2} du = \dfrac{1}{a}\tan^{-1}\left(\dfrac{u}{a}\right) + C$

(15) $\int \dfrac{1}{u\sqrt{u^2-a^2}} du = \dfrac{1}{a}\sec^{-1}\left|\dfrac{u}{a}\right| + C$

연습문제 7.1

※ (1~18) 기본공식을 이용하여 다음 적분을 구하여라.

1. $\int \sqrt{x}\, dx$
2. $\int (2x+1)^2 dx$
3. $\int \dfrac{1}{\sqrt{x}} dx$
4. $\int \dfrac{2}{2x+1} dx$
5. $\int 3x^4 - 3x^3 - 2dx$
6. $\int \sqrt[5]{x}\, dx$
7. $\int x^2 + \dfrac{1}{x^4} dx$
8. $\int_3^{11} \sqrt{x-2}\, dx$
9. $\int \sin(3x-1) dx$
10. $\int 3^x dx$
11. $\int \tan 2x\, dx$
12. $\int \sin^2 x dx$
13. $\int_0^{1/2} \dfrac{1}{1-x^2} dx$
14. $\int x^{2/3} dx$
15. $\int \dfrac{1}{9+4x^2} dx$
16. $\int \dfrac{1}{\sqrt{16-x^2}} dx$
17. $\int \dfrac{1}{x\sqrt{x^2-9}} dx$
18. $\int \dfrac{1}{x\sqrt{4x^2-9}} dx$

※ (19~24) 다음 적분공식을 증명하여라.

19. $\int \dfrac{1}{x\sqrt{x^2-1}} dx = \sec^{-1}|x| + c$
20. $\int \dfrac{1}{x\sqrt{x^2-1}} dx = -\csc^{-1}|x| + c$
21. $\int \dfrac{1}{1+x^2} dx = \tan^{-1} x + c$
22. $\int \dfrac{1}{\sqrt{a^2-x^2}} dx = \sin^{-1}\dfrac{x}{a} + c,\ a > 0$
23. $\int \dfrac{1}{a^2+x^2} dx = \dfrac{1}{a}\tan^{-1}\dfrac{x}{a} + c,\ a \neq 0$
24. $\int \dfrac{1}{x\sqrt{x^2-a^2}} dx = \dfrac{1}{a}\sec^{-1}\dfrac{|x|}{a} + c,\ a > 0$

7.2 치환적분

대부분의 적분에 7장 1절의 기본 공식을 그대로 적용할 수는 없다. 예를 들어

$$\int x^2 \sqrt{1+x^3}\,dx$$

를 계산하기 위해서는 기본공식을 그대로 적용할 수 없다. 근호 안의 $1+x^3$를 새로운 변수 u라고 치환하면 즉 $u=1+x^3$라고 하면 u의 미분은 $du=3x^2dx$이다. 따라서 x의 미분은 $dx=du/3x^2$이고 이를 대입하면

$$\int x^2\sqrt{1+x^3}\,dx=\int x^2\sqrt{u}\,\frac{1}{3x^2}du=\frac{1}{3}\int \sqrt{u}\,du$$

가 되어 기본공식 (2)를 이용할 수 있다. 이런 적분법을 치환적분이라고 하는데 우리는 이미 4장 6절 정리 1, 정리 2에서 배운 바 있다. 4장 6절 정리 1에 의하면 적당한 조건하에서

$$\int f(g(x))g'(x)dx=\int f(u)du,\ u=g(x)$$

이 성립한다. 이 치환적분의 요체는 치환 $u=g(x)$을 하면 적분에 등장하는 미분 dx, du의 관계가

$$du=g'(x)dx$$

이고 이를 대수적으로 처리해도 된다는 것이다. 이제 이 기법을 사용하는 예를 다룰 것이다.

예제 1 $\int x^2\sqrt{1+x^3}\,dx$를 구하여라.

풀이 $u=g(x)$라고 치환하면 $du=g'(x)dx$이므로 $g'(x)$가 피적분함수에 포함되도록 u를 정하여야 한다. 두 가지 서로 다른 치환에 대하여 알아보자.

방법 1 : $u=x^3$라고 하면 $du=3x^2dx$이다. 따라서

$$\int x^2\sqrt{1+x^3}\,dx=\int x^2\sqrt{1+u}\,\frac{1}{3x^2}du=\frac{1}{3}\int \sqrt{1+u}\,du$$

이다. 다시 한 번 치환 $v=1+u$을 하면 $du=dv$이므로

$$\int x^2\sqrt{1+x^3}\,dx = \frac{1}{3}\int \sqrt{1+u}\,du = \frac{1}{3}\int \sqrt{v}\,dv$$
$$= \frac{1}{3}\cdot\frac{2}{3}v^{\frac{3}{2}}+C = \frac{2}{9}(1+u)^{\frac{3}{2}}+C = \frac{2}{9}(1+x^3)^{\frac{3}{2}}+C$$

이다.

방법 2 : $u=1+x^3$라고 치환하면 $du=3x^2dx$이므로

$$\int x^2\sqrt{1+x^3}\,dx = \frac{1}{3}\int \sqrt{u}\,du = \frac{1}{3}\cdot\frac{2}{3}u^{\frac{3}{2}}+C$$
$$= \frac{2}{9}(1+x^3)^{\frac{3}{2}}+C$$

이다. ■

예제 1에서 보듯이 치환하는 방법은 여러 가지가 있을 수 있고 어느 방법이든지 결과는 동일하지만 과정은 다르다. 올바른 또는 상대적으로 쉬운 치환을 찾으려면 기본공식을 확실하게 기억한 뒤에 많은 연습과 시행착오가 필요하다.

예제 2 다음 적분을 구하여라.

$$\int \frac{1}{\sqrt{9+8x-x^2}}dx$$

풀이 $-x^2+8x+9=5^2-(x-4)^2$이므로 주어진 적분을

$$\int \frac{1}{\sqrt{9+8x-x^2}}dx = \int \frac{1}{\sqrt{5^2-(x-4)^2}}dx$$

로 고쳐 쓰자. 치환 $u=x-4$를 하면 $du=dx$이고 따라서

$$\int \frac{1}{\sqrt{9+8x-x^2}}dx = \int \frac{1}{\sqrt{5^2-u^2}}dx$$

이다. 기본 공식 13)에 의하여

$$\int \frac{1}{\sqrt{9+8x-x^2}}dx = \int \frac{1}{\sqrt{5^2-u^2}}dx = \sin^{-1}\frac{u}{5}+C$$
$$= \sin^{-1}\frac{x-4}{5}+C$$

이다. ■

예제 3 다음 정적분을 구하여라.

$$\int_0^{\pi/2} \frac{\cos\theta}{\sqrt{9+8\sin\theta-\sin^2\theta}}d\theta$$

풀이 $x=\sin\theta$라고 하면 $dx=\cos\theta\, d\theta$이고 $\theta=0,\ \pi/2$일 때 x는 각각 $x=0,\ 1$이다. 따라서 주어진 정적분은

$$\int_0^{\pi/2} \frac{\cos\theta}{\sqrt{9+8\sin\theta-\sin^2\theta}}d\theta = \int_0^1 \frac{1}{\sqrt{9+8x-x^2}}dx$$

이다. 예제 4의 결과를 이용하면

$$\begin{aligned}\int_0^{\pi/2} \frac{\cos\theta}{\sqrt{9+8\sin\theta-\sin^2\theta}}d\theta &= \int_0^1 \frac{1}{\sqrt{9+8x-x^2}}dx \\ &= \left[\sin^{-1}\frac{x-4}{5}\right]_0^1 \\ &= \sin^{-1}\left(-\frac{3}{5}\right)-\sin^{-1}\left(-\frac{4}{5}\right)\end{aligned}$$

이다. ■

예제 4 다음 적분을 구하여라.

$$\int \sec x dx$$

풀이 치환적분을 하기 위하여 피적분 함수의 분모, 분자에 동일한 함수를 곱하여 동치변형을 하여야 하는 특별한 경우이다. 주어진 적분을

$$\int \sec x dx = \int \sec x \frac{\sec x+\tan x}{\sec x+\tan x}dx = \int \frac{\sec^2 x+\sec x\tan x}{\sec x+\tan x}dx$$

로 변형하고 $u=\sec x+\tan x$라 하면 $du=(\sec^2 x+\sec x\tan x)dx$이다. 따라서

$$\begin{aligned}\int \sec x dx &= \int \frac{\sec^2 x+\sec x\tan x}{\sec x+\tan x}dx = \int \frac{1}{u}du \\ &= \ln|u|+C = \ln|\sec x+\tan x|+C\end{aligned}$$

이다. ■

연습문제 7.2

※ (1~32) 치환을 이용하여 다음 적분을 구하여라.

1. $\int \frac{\sin\sqrt{x}}{\sqrt{x}}dx$

2. $\int x(3x^2+1)^{20}dx$

3. $\int x\sqrt{1+x^2}\,dx$

4. $\int \sqrt{2x+4}\,dx$

5. $\int \cos(2t+5)dt$

6. $\int \frac{2x}{\sqrt{x-2}}dx$

7. $\int \frac{x+3}{(x^2+6x-7)^3}dx$

8. $\int xe^{x^2}dx$

9. $\int \frac{3}{\sqrt{4-9x^2}}dx$

10. $\int \frac{e^x}{1+e^{2x}}dx$

11. $\int \frac{1}{e^x+e^{-x}}dx$

12. $\int \frac{\ln x^3}{x}dx$

13. $\int \frac{2x-3}{x^2+1}dx$

14. $\int \frac{1}{\sqrt{5+4x-x^2}}dx$

15. $\int \frac{1}{10-6x+x^2}dx$

16. $\int \tan 3x\sec^2 3x dx$

17. $\int \frac{\sqrt{4\sqrt[3]{x^2}+7}}{\sqrt[3]{x}}dx$

18. $\int \sin x\cos x\sqrt{1+\cos^2 x}\,dx$

19. $\int \frac{1}{x\ln x}dx$

20. $\int \frac{1}{x\sqrt{\ln x}}dx$

21. $\int \sin x\cos^2 x dx$

22. $\int x\tan(x^2+1)dx$

23. $\int \frac{1}{\sqrt{x}(1+\sqrt{x})^3}dx$

24. $\int \frac{\cos^{-1}x}{\sqrt{1-x^2}}dx$

25. $\int \frac{\sin(\sec^{-1}x)}{x\sqrt{x^2-1}}dx$

26. $\int \frac{\ln x}{x}dx$

27. $\int \frac{1}{x^2+4x+13}dx$

28. $\int \frac{\cos x}{9+\sin^2 x}dx$

29. $\int \frac{(1-x^{2/3})^{3/2}}{x^{1/3}}dx$

30. $\int \frac{\sin x}{10-6\cos x+\cos^2 x}dx$

31. $\int \cos^3 x dx$

32. $\int \sin^5 x dx$

33. 두 직선 $x=0$, $x=4$ 사이에 있는 곡선 $y=\sqrt{x}$를 x축에 대하여 회전했을 때 생기는 회전체의 표면적을 구하여라.

7.3 부분적분

부분적분(integration by parts)은 피적분함수가 두 함수의 곱일 때 사용하는 방법으로 치환적분과 더불어 중요한 적분기법이다.

함수 $f(x)$, $g(x)$가 미분 가능하다면 곱의 미분 공식에 의하여

$$\frac{d}{dx}[f(x)g(x)] = f'(x)g(x) + f(x)g'(x)$$

이다. 즉, $f(x)g(x)$가 $f'(x)g(x)+f(x)g'(x)$의 원시함수이므로

$$\int [f'(x)g(x)+f(x)g'(x)]\,dx = f(x)g(x)+C$$

이다. 이로부터 공식

$$\int f(x)g'(x)dx = f(x)g(x) - \int f'(x)g(x)dx$$

을 얻는다. 위의 식에서 생략된 적분 상수 C는 $\int f'(x)g(x)dx$에 포함되어 있다고 생각하면 된다.

만약 $u=f(x)$, $v=g(x)$로 치환하면 $du=f'(x)dx$, $dv=g'(x)dx$이므로 또 다른 형태의 적분 공식

$$\int udv = uv - \int vdu$$

을 얻는다.

부분적분공식

(1) $\int f(x)g'(x)dx = f(x)g(x) - \int f'(x)g(x)dx$

(2) $\int udv = uv - \int vdu$

예제 1 $\int x\cos x\,dx$를 구하여라.

풀이 공식 (1)을 사용한 풀이 : 피적분 함수는 x와 $\cos x$의 곱이다. 만약 $f(x)=x$, $g'(x)=\cos x$라고 하면 $f'(x) - 1$, $g(x)=\sin x$이므로 식 (1)에 의하여

$$\int x\cos x\,dx = f(x)g(x) - \int f'(x)g(x)\,dx$$
$$= x\sin x - \int 1\cdot\sin x\,dx$$
$$= x\sin x + \cos x + C$$

이다. 하지만 $f(x)=\cos x$, $g'(x)=x$라 하면 $f'(x)=-\sin x$, $g(x)=x^2/2$이므로 $g(x)$는 쉽게 구할 수 있으나 (1)에 의하면

$$\int x\cos x\,dx = f(x)g(x) - \int f'(x)g(x)\,dx$$
$$= (\cos x)\frac{x^2}{2} - \int (-\sin x)\cdot\frac{x^2}{2}dx$$

이다. 이는 본래 주어진 적분 $\int x\cos x\,dx$보다 더 복잡한 적분 $\int x^2\sin x\,dx$을 구하여야 한다.

공식 (2)를 사용한 풀이 : $u=x$, $dv=\cos x\,dx$라고 하면 $du=dx$, $v=\sin x$이므로 식 (2)에 의하여

$$\int x\cos x\,dx = \int u\,dv = uv - \int v\,du$$
$$= x\sin x - \int \sin x\,dx$$
$$= x\sin x + \cos x + C$$

이다. ■

부분적분을 성공적으로 사용하려면 피적분함수를 두 함수의 곱으로 표시할 때 다음의 두 가지에 유의하여 $f(x)$, $g(x)$ 또는 u, dv을 결정하여야 할 것이다(예제 1 참고).

첫째, $g(x)$, v를 구하기 쉽도록 $g'(x)$, dv를 결정한다.
둘째, $\int$, $\int v\,du$가 본래의 적분 $\int f(x)g'(x)dx$, $\int u\,dv$보다는 간단한 형태이다.

다음 유형의 적분은 이러한 부분적분법의 조건을 만족하는 대표적인 예이다. 단, $k\geq 0$는 정수이다.

(a) $\int x^k e^{ax}dx$

치환 : $f(x)=x^k$, $g'(x)=e^{ax}$ 또는 $u=x^k$, $dv=e^{ax}dx$

(b) $\int x^k \ln x\,dx$

치환 : $f(x)=\ln x$, $g'(x)=x^k$ 또는 $u=\ln x$, $dv=x^k dx$

(c) $\int x^k \sin ax\,dx$

치환 : $f(x)=x^k$, $g'(x)=\sin ax$ 또는 $u=x^k$, $dv=\sin ax\,dx$

(d) $\int x^k \cos ax\,dx$

치환 : $f(x)=x^k$, $g'(x)=\cos ax$ 또는 $u=x^k$, $dv=\cos ax\,dx$

(e) $\int e^{ax}\sin bx\,dx$

치환 : $f(x)=e^{ax}$, $g'(x)=\sin bx$ 또는 $u=e^{ax}$, $dv=\sin bx\,dx$

(f) $\int e^{ax}\cos bx\,dx$

치환 : $f(x)=e^{ax}$, $g'(x)=\cos bx$ 또는 $u=e^{ax}$, $dv=\cos bx\,dx$

예제 2 $\int x^3 \ln x\,dx$을 구하여라.

풀이 $u=\ln x$, $dv=x^3dx$라 하면 $du=\dfrac{dx}{x}$, $v=\dfrac{x^{3+1}}{3+1}$이다. 따라서 식 (2)에 의하여

$$\begin{aligned}\int x^3\ln x\,dx &= \int u\,dv = uv-\int v\,du\\ &= (\ln x)\frac{x^4}{4}-\int\frac{x^4}{4}\frac{dx}{x}\\ &= \frac{1}{4}x^4\ln x-\frac{1}{16}x^4+C\end{aligned}$$

이다. ■

예제 3 $\int \tan^{-1}x\,dx$을 구하여라.

풀이 $u=\tan^{-1}x$, $dv=dx$라 하면

$\dfrac{d}{dx}\tan^{-1}x=\dfrac{1}{1+x^2}$

$$du=\frac{1}{1+x^2}dx,\ v=x$$

이다. 따라서 공식 (2)에 의하여

$$\int\tan^{-1}x\,dx=uv-\int v\,du=x\tan^{-1}x-\int x\cdot\frac{1}{1+x^2}dx$$

이다. 우변의 부정적분을 하기 위하여 $t=1+x^2$으로 치환하자. $dt=2xdx$이므로 이를 대입하고 계산하면 다음과 같다.

$$\begin{aligned}\int\tan^{-1}x\,dx &= x\tan^{-1}x-\int x\cdot\frac{1}{1+x^2}dx = x\tan^{-1}x-\int x\cdot\frac{1}{t}\frac{dt}{2x}\\ &= x\tan^{-1}x-\frac{1}{2}\int\frac{dt}{t} = x\tan^{-1}x-\frac{1}{2}\ln|t|+C\\ &= x\tan^{-1}x-\frac{1}{2}\ln(1+x^2)+C\end{aligned}$$

■

예제 4 $\int x^2 \sin x dx$를 구하여라.

풀이 $u = x^2$, $dv = \sin x dx$라 하면 $du = 2x dx$, $v = -\cos x$이다. 따라서 부분적분공식 (2)에 의하여

$$\begin{aligned}\int x^2 \sin x dx = \int u dv &= uv - \int v du = x^2(-\cos x) - \int (-\cos x) 2x dx \\ &= -x^2 \cos x + 2\int x \cos x dx \\ &= -x^2 \cos x + 2(x \sin x + \cos x) + C\end{aligned}$$

이다. 위에서 $\int x \cos x dx = x \sin x + \cos x + C$는 예제 1을 이용하였다. ■

예제 4에서처럼 부분적분을 하다 보면 과정중에서 또 다른 부분적분을 반복하여야 하는 경우가 종종 있다. 다음 예제 5도 그러한 경우이다.

예제 5 다음 점화식을 증명하여라. 단, $I_n = \int \cos^n x dx$.

$$I_n = \frac{1}{n}\cos^{n-1} x \sin x + \frac{n-1}{n} I_{n-2}, \quad n \geq 2$$
$$I_0 = x + C, \ I_1 = \sin x + C$$

풀이 $u = \cos^{n-1} x$, $dv = \cos x dx$라 하면

$$du = (1-n)\cos^{n-2} x \sin x dx, \quad v = \sin x$$

이다. 따라서 부분적분 공식 (2)에 의하여

$$\begin{aligned}I_n = \int \cos^n x dx = \int u dv &= uv - \int v du \\ &= \cos^{n-1} x(\sin x) - \int (\sin x)(1-n)\cos^{n-2} x \sin x dx \\ &= \cos^{n-1} x(\sin x) + (n-1)\int \sin^2 x \cos^{n-2} x dx \\ &= \cos^{n-1} x(\sin x) + (n-1)\int (1-\cos^2 x)\cos^{n-2} x dx \\ &= \cos^{n-1} x(\sin x) + (n-1)\left[\int \cos^{n-2} x dx - \int \cos^n x dx\right] \\ &= \cos^{n-1} x(\sin x) + (n-1)[I_{n-2} - I_n]\end{aligned}$$

이다. ■

예제 6 $\int_0^{\pi/2} \cos^9 x dx$를 구하여라.

미적분학의 기본정리
$F'(x) = f(x)$
$\Rightarrow \int_a^b f(x)dx = F(b) - F(a)$

풀이 예제 5의 결과와 미적분학의 기본정리를 사용하면 수열 $c_n = \int_0^{\pi/2} \cos^n x dx$ $(n \geq 2)$은 점화식

$$c_n = \int_0^{\pi/2} \cos^n x dx = \left[\frac{1}{n}\cos^{n-1}x \sin x\right]_0^{\pi/2} + \frac{n-1}{n}c_{n-2} = \frac{n-1}{n}c_{n-2}$$

을 만족한다. 따라서

$$\int_0^{\pi/2} \cos^9 x dx = c_9 = \frac{8}{9}c_7 = \frac{8}{9}\left(\frac{6}{7}c_5\right)$$
$$= \frac{8}{9}\cdot\frac{6}{7}\cdot\frac{4}{5}\cdot\frac{2}{3}\int_0^{\pi/2}\cos x dx$$
$$= \frac{8}{9}\cdot\frac{6}{7}\cdot\frac{4}{5}\cdot\frac{2}{3}\cdot 1 = \frac{384}{945}$$

이다. ■

연습문제 7.3

※ (1~22) 다음 적분을 구하여라.

1. $\int x^2 \cos x dx$
2. $\int e^x \sin x dx$
3. $\int x^2 e^x dx$
4. $\int x^2 \ln x dx$
5. $\int x^3 \sin 2x dx$
6. $\int x^2 \cos x dx$
7. $\int e^{-3x} \cos 2x dx$
8. $\int \sec^{-1} x dx$
9. $\int \cos^5 x dx$
10. $\int \sin^5 x dx$
11. $\int \sec^3 x dx$
12. $\int \sin^{-1} x dx$
13. $\int \cos^{-1} 2x dx$
14. $\int \ln(x^2 + x) dx$
15. $\int x(\ln x)^4 dx$
16. $\int \ln x dx$
17. $\int_1^9 \sqrt{x} \ln x dx$
18. $\int_0^1 (x^2 - 2)e^x dx$
19. $\int_{\pi/3}^{\pi/2} x \csc^2 x dx$
20. $\int_0^1 \tan^{-1} x dx$
21. $\int_0^1 x e^{-x} dx$
22. $\int_0^1 \cos^{-1} x dx$

23. 점화식

$$\int \sin^n x dx = -\frac{1}{n}\sin^{n-1}x \cos x + \frac{n-1}{n}\int \sin^{n-2} x dx,\ n \geq 2$$

을 증명하고 이를 이용하여

$$\int_0^{\pi/2} \sin^3 x dx,\quad \int_0^{\pi/2} \sin^4 x dx$$

를 구하여라.

※ (24~25) 예제 5와 문제 23을 이용하여 다음을 증명하여라.

24. $$\int_0^{\pi/2} \sin^{2n} x dx = \int_0^{\pi/2} \cos^{2n} x dx = \frac{1\cdot 3 \cdot \cdots \cdot (2n-1)}{2 \cdot 4 \cdot \cdots \cdot (2n)}\frac{\pi}{2},\ n = 1, 2, \cdots$$

25. $$\int_0^{\pi/2} \sin^{2n+1} x dx = \int_0^{\pi/2} \cos^{2n+1} x dx = \frac{2 \cdot 4 \cdot \cdots \cdot (2n)}{1 \cdot 3 \cdot \cdots \cdot (2n+1)},\ n = 1, 2, \cdots$$

※ (26~28) 다음 점화식을 증명하여라.

26. $\int \sec^n x dx = \frac{1}{n-1}\sec^{n-2}x \tan x + \frac{n-2}{n-1}\int \sec^{n-2} x dx$, $n \geq 2$

27. $\int (\ln x)^n dx = x(\ln x)^n - n\int (\ln x)^{n-1} dx$, $n \geq 1$

28. $\int x^n e^{ax} dx = \frac{x^n e^{ax}}{a} - \frac{n}{a}\int x^{n-1} e^{ax} dx,\ n \geq 1$

※ (29~31) 다음 적분을 구하여라.

29. $\int \sec^3 x dx$

30. $\int (\ln x)^3 dx$

31. $\int x^9 e^{2x} dx$

32. $\int_0^1 (\ln x)^n dx,\ n > 0$

※ (33~38) 부분적분을 이용하여 다음 적분을 구하여라. 단, m, n은 정수이다.

33. $\int \sin ax \cos bx dx,\ a \neq b$

34. $\int \sin ax \sin bx dx,\ a \neq b$

35. $\int \cos ax \cos bx dx,\ a \neq b$

36. $\int_0^\pi \sin mx \cos n dx$

37. $\int_0^\pi \sin mx \sin nx dx$

38. $\int_0^\pi \cos mx \cos nx dx,\ m \neq n$

7.4 삼각함수의 적분

몇몇 특별한 형태의 삼각함수의 적분을 하려면 우선 삼각함수에 대한 항등식, 치환법, 부분적분법을 이용하여 보다 다루기 쉬운 형태로 변형하고 이에 적분 기본 공식을 적용하면 되는데 본 절에서는 이것이 가능한 유형에 관하여 알아볼 것이다.

유형 1. $\int \sin^k x dx$ 또는 $\int \cos^k x dx$ (단, k는 자연수)

이런 유형은 부분적분을 이용하여 자연수 k에 대한 점화식으로 표시할 수 있음을 7장 3절(예제 5 참조)에서 배운 바 있다. 따라서 본 절에서는 부분적분이 아닌 치환과 삼각함수의 항등식을 이용하는 방법에 대하여 알아보자.

k가 홀수인 경우

$k=2n+1$이라 하자. $u=\cos x$라 치환하면 $du=-\sin x\,dx$이므로

$$\begin{aligned}\int \sin^k x dx &= \int \sin^{2n} x \sin x dx = -\int (1-\cos^2 x)^n \sin x dx \\ &= -\int (1-u^2)^n du\end{aligned}$$

이다. 따라서 다항식의 부정적분으로 바뀌었다. 마찬가지로 치환 $u=\sin x$에 의하여 다음이 성립한다.

$$\int \cos^{2n+1} x dx = \int (1-u^2)^n du, \quad u=\sin x$$

k가 짝수인 경우

$k=2n$이라 하자. 반각공식을 이용하면

$$\sin^{2n} x = \left(\frac{1-\cos 2x}{2}\right)^n = 2^{-n}(1-\cos 2x)^n$$

$$\cos^{2n} x = \left(\frac{1+\cos 2x}{2}\right)^n = 2^{-n}(1+\cos 2x)^n$$

이고 이를 전개하면 $\cos 2x$에 대한 다항식이다. 따라서 홀수 차 항의 적분은 위의 방법을 사용하고 짝수 차 항의 적분은 다시 반각공식의 적용을 되

풀이하면 된다.

예제 1 적분 $\int \sin^3 x dx$을 구하여라.

풀이 $u = \cos x$라 치환하면

$$\int \sin^3 x dx = -\int (1-u^2)\,du = -u + \frac{u^3}{3} + c$$
$$= -\cos x + \frac{1}{3}\cos^3 x + c$$

■

예제 2 적분 $\int \cos^3 2x dx$을 구하여라.

풀이 $u = \sin 2x$라 치환하면 $du = 2\cos 2x\,dx$이므로 다음을 얻는다.

$$\int \cos^3 2x dx = \frac{1}{2}\left(\sin 2x - \frac{\sin^3 2x}{3}\right) + c = \frac{\sin 2x}{2} - \frac{\sin^3 2x}{6} + c$$

■

예제 3 적분 $\int \cos^6 x dx$을 구하여라.

풀이 반각공식 $\cos^2 x = (1+\cos 2x)/2$를 이용하면

$$\int \cos^6 x dx = 2^{-3}\int (1+\cos 2x)^3 dx$$
$$= 2^{-3}\int (1+3\cos 2x + 3\cos^2 2x + \cos^3 2x)\,dx$$
$$= \frac{1}{8}\left(\int 1\,dx + 3\int \cos 2x\,dx + 3\int \cos^2 2x\,dx + \int \cos^3 2x\,dx\right)$$

이다. 다시 한 번 반각공식 $\cos^2 2x = (1+\cos 4x)/2$을 이용하면 우변의 세 번째 적분은

$$\int \cos^2 2x\,dx = \int \frac{1+\cos 4x}{2}dx = \frac{x}{2} + \frac{\sin 4x}{8} + c$$

이고 네 번째 적분에는 예제 2의 결과

$$\int \cos^3 2x dx = \frac{\sin 2x}{2} - \frac{\sin^3 2x}{6} + c$$

를 이용하면

$$\int \cos^6 x dx = \frac{1}{8}\left(x + 3\left(\frac{1}{2}\sin 2x\right) + 3\left(\frac{x}{2} + \frac{\sin 4x}{8}\right) + \left(\frac{\sin 2x}{2} - \frac{\sin^3 2x}{6}\right)\right) + c$$
$$= \frac{5}{16}x + \frac{1}{4}\sin 2x + \frac{3}{64}\sin 4x - \frac{1}{48}\sin^3 2x + c$$

을 얻는다.

■

유형 2. $\int \sin^k x \cos^m x dx$

k 또는 m이 홀수인 경우

$\sin x$ 또는 $\cos x$의 인수 한 개를 빼고 항등식 $\sin^2 x+\cos^2 x=1$과 치환을 이용하여 다항식의 적분으로 변환한다.

우선 $k=2n+1$인 경우 $u=\cos x$라 치환하면 $du=-\sin x dx$이므로

$$\begin{aligned}\int \sin^{2n+1} x \cos^m x dx &= \int \sin^{2n} x \cos^m x \sin x dx \\ &= \int (1-\cos^2 x)^n \cos^m x \sin x dx \\ &= -\int (1-u^2)^n u^m du\end{aligned}$$

이다. 따라서 다항식의 부정적분으로 변환되었다.

$m=2n+1$인 경우도 마찬가지로 $u=\sin x$의 치환에 의하여 다음이 성립한다.

$$\int \sin^k x \cos^{2n+1} x dx = -\int u^k (1-u^2)^n du, \quad u=\sin x$$

k와 m이 모두 짝수인 경우

반각공식을 이용하여 적분함수를 $\cos 2x$의 다항식으로 변환한 후 유형 1의 방법을 사용하여 부정적분을 한다.

$k=2l$, $m=2n$이라 하자.

$$\begin{aligned}\int \sin^{2l} x \cos^{2n} x dx &= \int \left(\frac{1-\cos 2x}{2}\right)^l \left(\frac{1+\cos 2x}{2}\right)^n dx \\ &= \frac{1}{2^{l+n}} \int (1-\cos 2x)^l (1+\cos 2x)^n dx\end{aligned}$$

이다. 피적분함수는 모두 $\cos^k \theta$의 꼴이므로 유형 1의 경우이다.

예제 4 적분 $\int \sin^3 x \cos^6 x dx$을 구하여라.

풀이 $u=\cos x$라 치환하면 $du=-\sin x dx$이므로 다음을 얻는다.

$$\begin{aligned}\int \sin^3 x \cos^6 x dx &= \int \sin^2 x \cos^6 x \sin x dx \\ &= \int (1-\cos^2 x)\cos^6 x (\sin x dx) \\ &= -\int (1-u^2) u^6 du = -\frac{u^7}{7}+\frac{u^9}{9}+c \\ &= -\frac{\cos^7 x}{7}+\frac{\cos^9 x}{9}+c\end{aligned}$$

예제 5 적분 $\int \sin^2 x \cos^4 x dx$을 구하여라.

풀이 반각공식을 이용하면

$$\begin{aligned}\int \sin^2 x \cos^4 x dx &= \int \frac{1-\cos 2x}{2}\left(\frac{1+\cos 2x}{2}\right)^2 dx \\ &= \frac{1}{8}\int (1+\cos 2x - \cos^2 2x - \cos^3 2x) dx \\ &= \frac{1}{8}\left[\int 1dx + \int \cos 2xdx - \int \cos^2 2xdx - \int \cos^3 2xdx\right]\end{aligned}$$

이므로 마지막 줄의 각 적분에 이미 배운 적당한 방법을 사용하면 다음을 얻는다.

$$\int \sin^2 x \cos^4 x dx = \frac{1}{8}\left(\frac{x}{2} - \frac{\sin 4x}{8} + \frac{\sin^3 2x}{6}\right) + c$$

■

유형 3. $\int \sin kx \cos mxdx$, $\int \sin kx \sin mxdx$, $\int \cos kx \cos mxdx$

삼각함수의 곱을 합 또는 차로 변환하는 공식을 이용한다.

예제 6 다음 적분을 구하여라.

$$\int \sin 3x \cos 5xdx$$

풀이 곱을 합으로 변환하는 공식

$$\sin\alpha\cos\beta = \frac{1}{2}[\sin(\alpha+\beta) + \sin(\alpha-\beta)]$$

을 사용하면

$$\begin{aligned}\int \sin 3x \cos 5xdx &= \frac{1}{2}\int [\sin 8x + \sin(-2x)]dx \\ &= \frac{1}{2}\left(\frac{-\cos 8x}{8} - \frac{\cos(-2x)}{-2}\right) + c \\ &= \frac{\cos 2x}{4} - \frac{\cos 8x}{16} + c.\end{aligned}$$

■

예제 7 다음을 증명하여라.

(1) $$\int_{-\pi}^{\pi} \cos kx \cos mxdx = \begin{cases} 0, & k \neq m \\ 2\pi, & k = m = 0 \\ \pi, & k = m \neq 0 \end{cases}$$

(2) $\int_{-\pi}^{\pi} \sin kx \sin mx dx = \begin{cases} 0, & k \neq m \\ \pi, & k = m \neq 0 \end{cases}$

(3) $\int_{-\pi}^{\pi} \cos kx \sin mx dx = 0$

풀이 곱을 합으로 변환하는 공식

$$\cos\alpha\cos\beta = \frac{1}{2}[\cos(\alpha+\beta)+\cos(\alpha-\beta)]$$

을 사용하면

$$\int \cos kx \cos mx dx = \frac{1}{2}\int [\cos(k+m)x+\cos(k-m)x]dx$$

이다. 따라서 $k \neq m$이면

$$\int_{-\pi}^{\pi} \cos kx \cos mx dx = \frac{1}{2}\left[\frac{1}{k+m}\sin(k+m)x+\frac{1}{k-m}\sin(k-m)x\right]_{-\pi}^{\pi} = 0$$

이고 $k = m$이면

$$\begin{aligned}\int_{-\pi}^{\pi} \cos kx \cos mx dx &= \frac{1}{2}\int_{-\pi}^{\pi} (\cos 2kx+1)dx \\ &= \begin{cases} 2\pi, & k = m = 0 \\ \frac{1}{2}\left[\frac{1}{2k}\sin 2kx+x\right]_{-\pi}^{\pi} = \pi, & k = m \neq 0 \end{cases}\end{aligned}$$

이다. 같은 방법으로 다음을 보일 수 있다.

$$\int_{-\pi}^{\pi} \sin kx \sin mx dx = \begin{cases} 0, & k \neq m \\ \pi, & k = m \neq 0 \end{cases}$$

$$\int_{-\pi}^{\pi} \cos kx \sin mx dx = 0$$

위의 예제 7의 결과는 적당한 조건을 만족하는 주기가 2π인 주기 함수 $f(x)$를 푸리에 급수(Fourier series)

$$f(x) = \frac{a_0}{2} + \sum_{k=1}^{\infty} [a_k \cos kx + b_k \sin kx]$$

로 표시할 때 사용한다. 이 식의 양변에 $\cos mx$를 곱하고 양변을 $-\pi$에서 π까지 적분하면 위의 예제 7의 결과에 의하여

$$a_m = \frac{1}{\pi}\int_{-\pi}^{\pi} f(x)\cos mx\, dx$$

이고 마찬가지로 양변에 $\sin mx$를 곱하고 양변을 $-\pi$에서 π까지 적분하면

위의 예제 7의 결과에 의하여

$$b_m = \frac{1}{\pi}\int_{-\pi}^{\pi} f(x)\sin mx\,dx$$

이다.

유형 4. $\int \tan^k x\,dx,\ \int \cot^k x\,dx\ (k = 2, 3, \cdots)$

항등식 $\tan^2 x = \sec^2 x - 1$을 사용하면 구하려는 적분은

$$\begin{aligned}\int \tan^k x\,dx &= \int \tan^{k-2}x\tan^2 x\,dx\\ &= \int \tan^{k-2}x(\sec^2 x - 1)dx\\ &= \int \tan^{k-2}x\sec^2 x\,dx - \int \tan^{k-2}x\,dx\end{aligned}$$

이다. 치환 $u = \tan x$을 하면 $du = \sec^2 x\,dx$이므로 이를 위 식 우변의 첫 번째 적분에 대입하면 점화식

$$\begin{aligned}\int \tan^k x\,dx &= \int u^{k-2}du - \int \tan^{k-2}x\,dx\\ &= \frac{\tan^{k-1}x}{k-1} - \int \tan^{k-2}x\,dx\end{aligned}$$

을 얻는다. 항등식 $\cot^2 x = \csc^2 x - 1$을 사용하여 마찬가지 방법으로 다음의 점화식을 유도할 수 있다.

$$\int \cot^k x\,dx = -\frac{\cot^{k-1}x}{k-1} - \int \cot^{k-2}x\,dx$$

예제 8 다음 적분을 구하여라.

$$\int \tan^3 x\,dx$$

풀이 $$\begin{aligned}\int \tan^3 x\,dx &= \int \tan x\tan^2 x\,dx\\ &= \int \tan x(\sec^2 x - 1)dx\\ &= \int \tan x\sec^2 x\,dx - \int \tan x\,dx\end{aligned}$$

첫 번째 적분, 두 번째 적분에 치환 $u = \tan x$와 $t = \cos x$를 각각 사용하면 다음의 결과를 얻는다.

$$\begin{aligned}\int \tan^3 x\,dx &= \int u\,du - \int \frac{1}{t}(-dt)\\ &= \frac{1}{2}u^2 + \ln|t| + C\\ &= \frac{1}{2}\tan^2 x + \ln|\cos x| + c\end{aligned}$$

연습문제 7.4

※ (1~18) 다음의 적분을 구하여라.

1. $\int \sin^5 x dx$
2. $\int \cos^4 x dx$
3. $\int \sin^2(3x-5)dx$
4. $\int_0^{\pi} \sec^3 x dx$
5. $\int_0^{\pi/2} \sin^4 x dx$
6. $\int \cos^5(3x-5)dx$
7. $\int \sin^5 3x dx$
8. $\int \cos^4 4x dx$
9. $\int \tan^4 x dx$
10. $\int \cot^4 x dx$
11. $\int \sin^5 x \cos^2 x dx$
12. $\int \sin^2 x \cos^3 x dx$
13. $\int \sin^3 x \cos^3 x dx$
14. $\int \sin^4 2x \cos^4 2x dx$
15. $\int \sin 3x \cos 5x dx$
16. $\int \sin 3x \sin 5x dx$
17. $\int \cos 3x \cos 5x dx$
18. $\int \cos 3x \sin 5x dx$

※ (19~24) 다음의 항등식을 이용하여 다음의 적분을 구하여라.

$$\cos^2 x = \frac{1+\cos 2x}{2},\quad \sin^2 x = \frac{1-\cos 2x}{2}$$

$$\sin^2 x + \cos^2 x = 1,\quad 1+\tan^2 x = \sec^2 x$$

19. $\int_0^{\pi} \sqrt{\cos 2x + 1}\,dx$
20. $\int_0^{\pi} \sqrt{1-\cos x}\,dx$
21. $\int_0^{\pi} \sqrt{1-\sin^2 x}\,dx$
22. $\int_{-\pi}^{\pi} (1-\cos^2 x)^{3/2} dx$
23. $\int \sqrt{1+\tan^2 3x}\,dx$
24. $\int \sqrt{\sec^2 x - 1}\,dx$

※ (25~28) 괄호안에 주어진 치환을 이용하여 다음의 적분을 구하라.

25. $\int \tan^3 x \sec^4 x dx$ $(u = \tan x)$
26. $\int \tan^{-1/3} x \sec^2 x dx$ $(u = \tan x)$
27. $\int \tan^3 x \sec^4 x dx$ $(u = \sec x)$
28. $\int \tan^5 x \sec^{1/2} x dx$ $(u = \sec x)$

※ (29~31) 예제 7의 결과를 이용하여 다음 함수의 푸리에 급수를 구하여라.

29. $f(x) = |x|$
30. $f(x) = x$
31. $f(x) = x^2$

7.5 삼각치환

적분하려는 함수에 제곱근이 있는 경우에는 치환과 더불어 삼각함수의 항등식을 이용하여 이 제곱근을 제거하는 방법 즉 유리화로 적분을 용이하게 할 수 있다. 이러한 유리화가 가능한 특별한 세 가지 형태에 대하여 알아보자.

1. $\sqrt{a^2-x^2}$: 치환 $x = a\sin u\,(-\pi/2 \le u \le \pi/2)$
2. $\sqrt{a^2+x^2}$: 치환 $x = a\tan u\,(-\pi/2 < u < \pi/2)$
3. $\sqrt{x^2-a^2}$: 치환 $x = a\sec u\,(0 \le u \le \pi,\ u \ne \pi/2)$

예를 들어 위의 첫 번째 형은 치환 $x = a\sin u\,(-\pi/2 \le u \le \pi/2)$와 항등식 $\sin^2 x + \cos^2 x = 1$을 사용하면

$$\sqrt{a^2-x^2} = \sqrt{a^2(1-\sin^2 u)} = a\cos u$$

와 같이 유리화가 되고 $dx = a\cos u\,du$를 대입하면 적분을 용이하게 할 수 있다.

예제 1 적분 $\int \sqrt{4-x^2}\,dx$를 구하여라.

풀이 치환 $x = 2\sin u\,(-\pi/2 \le u \le \pi/2)$을 하면 $dx = 2\cos u\,du$이고

$$\sqrt{4-x^2} = \sqrt{2^2(1-\sin^2 u)} = 2\cos u$$

이므로

$$\begin{aligned}\int \sqrt{4-x^2}\,dx &= \int 2\cos u\,(2\cos u\,du) = 4\int \cos^2 u\,du \\ &= 4\int \frac{1+\cos 2u}{2}\,du = \frac{4}{2}\left(u + \frac{1}{2}\sin 2u\right) + c \\ &= 2(u + \sin u\cos u) + c\end{aligned}$$

이다. 치환으로부터 얻은 식 $u = \sin^{-1}(x/2)$와 공식 $\cos(\sin^{-1}a) = \sqrt{1-a^2}$를 사용하면

$$\int \sqrt{4-x^2}\,dx = 2\left(\sin^{-1}\frac{x}{2} + \frac{x\sqrt{4-x^2}}{4}\right) + c$$

이다. ■

예제 2 적분 $\int \frac{1}{\sqrt{1+x^2}}dx$을 구하여라.

풀이 치환 $x = \tan u(-\pi/2 < u < \pi/2)$을 하면 $dx = \sec^2 u\,du$이고 $\sqrt{1+x^2} = \sqrt{1+\tan^2 u} = \sqrt{\sec^2 u} = \sec u$이므로

$$\int \frac{1}{\sqrt{1+x^2}}dx = \int \frac{\sec^2 u}{\sec u}du = \int \sec u\,du = \ln|\sec u + \tan u| + c$$

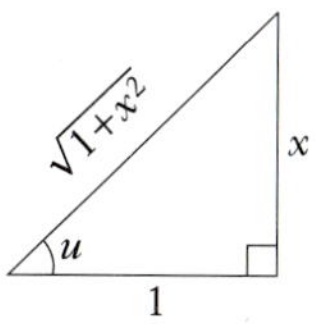

그림 1

이다. 그림 1을 이용하면 $\sec u = \sqrt{1+x^2}$임을 쉽게 알 수 있다. 따라서

$$\int \frac{1}{\sqrt{1+x^2}}dx = \ln|\sqrt{1+x^2} + x| + c$$

이다. ■

예제 3 적분 $\int \frac{1}{\sqrt{x^2-9}}dx$을 구하여라.

풀이 치환 $x = 3\sec u(0 < u < \pi/2)$을 하면

$$dx = 3\sec u \tan u\,du$$
$$\sqrt{x^2-9} = \sqrt{9\sec^2 u - 9} = \sqrt{9\tan^2 u} = 3\tan u$$

이므로

$$\int \frac{1}{\sqrt{x^2-9}}dx = \int \frac{3\sec u \tan u}{3\tan u}du = \int \sec u\,du = \ln|\sec u + \tan u| + c$$

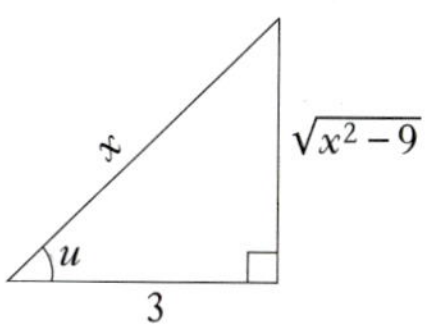

그림 2

이다. 그림 2를 이용하면 $\tan u = \sqrt{x^2-9}/3$임을 쉽게 알 수 있고 따라서

$$\int \frac{1}{\sqrt{x^2-9}}dx = \ln\left|\frac{x+\sqrt{x^2-9}}{3}\right| + c$$

이다. ■

예제 4 적분 $\int \frac{1}{\sqrt{5t^2-9}}dt$을 구하여라.

풀이 방법 1 : $x = \sqrt{5}t$라면 $dx = \sqrt{5}\,dt$이므로 주어진 적분을 다시 쓰고 예제 3의 결과를 이용하면

$$\int \frac{1}{\sqrt{5t^2-9}}dt = \frac{1}{\sqrt{5}}\int \frac{1}{\sqrt{x^2-9}}dx = \frac{1}{\sqrt{5}}\ln\left|\frac{x+\sqrt{x^2-9}}{3}\right| + c$$
$$= \frac{1}{\sqrt{5}}\ln\left|\frac{\sqrt{5}t+\sqrt{5t^2-9}}{3}\right| + c$$

이다.

방법 2 : 주어진 적분을 다시 쓰면

$$\int \frac{1}{\sqrt{5t^2-9}}dt = \frac{1}{\sqrt{5}}\int \frac{1}{\sqrt{t^2-(3/\sqrt{5})^2}}dx$$

이므로 치환 $t = \dfrac{3}{\sqrt{5}}\sec u\,(0<u<\pi/2)$을 하고 예제 3을 따라하면 동일한 결과를 얻는다. ■

예제 5 적분 $\displaystyle\int \frac{1}{\sqrt{5t^2-20t+11}}dt$를 구하여라.

풀이 근호 안의 이차다항식은 $5t^2-20t+11 = 5(t-2)^2-9$로 바꾸어 쓸 수 있다. 서로 다른 두 가지 방법으로 적분을 구하여 보자.

방법 1 : $x = \sqrt{5}(t-2)$라 치환하자. $dx = \sqrt{5}\,dt$와 예제 3의 결과를 이용하면

$$\begin{aligned}\int \frac{1}{\sqrt{5t^2-20t+11}}dt &= \int \frac{1}{\sqrt{5(t-2)^2-9}}dt = \frac{1}{\sqrt{5}}\int \frac{1}{\sqrt{x^2-9}}dx \\ &= \frac{1}{\sqrt{5}}\ln\left|\frac{x+\sqrt{x^2-9}}{3}\right|+c \\ &= \frac{1}{\sqrt{5}}\ln\left|\frac{\sqrt{5}(t-2)+\sqrt{5(t-2)^2-9}}{3}\right|+c\end{aligned}$$

이다.

방법 2 : 치환 $t-2 = (3/\sqrt{5})\sec u\,(0<u<\pi/2)$을 하고 예제 3을 따라하면 동일한 결과를 얻는다. ■

예제 4, 5에서 보았듯이 이차 다항식 ax^2+bx+c는 항등식

$$ax^2+bx+c = a\left(x+\frac{b}{a}\right)^2+\frac{4ac-b^2}{4a}$$

을 만족하므로 $\sqrt{ax^2+bx+c}$은 적당한 치환에 의하여 세 가지 유형

$$\sqrt{a^2-x^2},\ \sqrt{a^2+x^2},\ \sqrt{x^2-a^2}$$

중의 어느 하나로 변형할 수 있다.

예제 6 곡선 $y = 1/(x^2+9)$, 직선 $x=0$, $x=\sqrt{3}$, $y=0$으로 둘러싸인 영역을 x축으로 회전했을 때 생기는 입체의 체적을 구하여라.

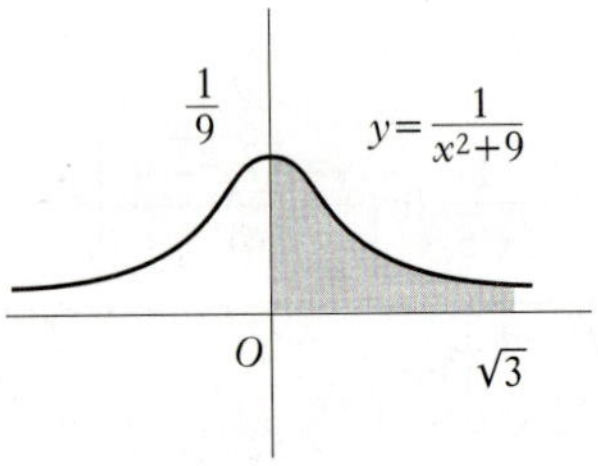

그림 3

풀이 회전체의 체적 공식(5.3절 정리 1)에 의하면

$$V = \pi\int_a^b y^2dx = \pi\int_0^{\sqrt{3}} \frac{1}{(x^2+9)^2}dx$$

이다. 치환 $x=3\tan t$ 즉 $t=\tan^{-1}\dfrac{x}{3}$을 하면

$$dx = 3\sec^2 t\,dt$$
$$x^2+9=(3\tan t)^2+9=9\sec^2 t$$
$$x=0 \Rightarrow t=\tan^{-1}\frac{0}{3}=0$$
$$x=\sqrt{3} \Rightarrow t=\tan^{-1}\frac{\sqrt{3}}{3}=\frac{\pi}{6}$$

이므로 이를 위의 적분에 대입하면 다음과 같다.

$$\begin{aligned} V &= \pi\int_0^{\sqrt{3}}\frac{1}{(x^2+9)^2}dx = \pi\int_0^{\pi/6}\frac{1}{(9\sec^2 t)^2}\cdot 3\sec^2 t\,dt \\ &= \frac{\pi}{27}\int_0^{\pi/6}\cos^2 t\,dt = \frac{\pi}{27}\int_0^{\pi/6}\frac{1+\cos 2t}{2}dt \\ &= \frac{\pi}{54}\left[t+\frac{1}{2}\sin 2t\right]_0^{\pi/6} \\ &= \frac{\pi}{54}\left[\frac{\pi}{6}+\frac{1}{2}\cdot\frac{\sqrt{3}}{2}\right] \end{aligned}$$

연습문제 7.5

※ (1~20) 다음 적분을 구하여라.

1. $\int\sqrt{9-x^2}\,dx$
2. $\int\sqrt{9-4x^2}\,dx$
3. $\int\dfrac{1}{\sqrt{4+x^2}}dx$
4. $\int\dfrac{x}{\sqrt{4-x^2}}dx$
5. $\int\dfrac{1}{\sqrt{16x^2-9}}dx$
6. $\int\dfrac{\sqrt{x^2-9}}{x}dx$
7. $\int\dfrac{1}{x^2\sqrt{x^2-1}}dx$
8. $\int\dfrac{1}{x^2\sqrt{16x^2-9}}dx$
9. $\int\dfrac{1}{x\sqrt{(\ln x)^2+1}}dx$
10. $\int\dfrac{1}{x^2\sqrt{x^2+1}}dx$
11. $\int\dfrac{x^2}{\sqrt{4-x^2}}dx$
12. $\int_0^1\dfrac{1}{(4-x^2)^{3/2}}dx$
13. $\int\dfrac{e^x}{\sqrt{4-e^{2x}}}dx$
14. $\int\dfrac{e^x}{(4+e^{2x})^{3/2}}dx$
15. $\int\dfrac{\sqrt{9-x^2}}{x^2}dx$
16. $\int_{\sqrt{2}}^2\dfrac{1}{x^3\sqrt{x^2-1}}dx$
17. $\int\dfrac{1}{\sqrt{x^2+2x+10}}dx$
18. $\int\dfrac{1}{\sqrt{-x^2+2x+8}}dx$
19. $\int\sqrt{3-2x-x^2}\,dx$
20. $\int\dfrac{x}{\sqrt{x^2+2x+10}}dx$

21. 타원 $\dfrac{x^2}{a^2}+\dfrac{y^2}{b^2}=1\,(a,\ b>0)$의 넓이를 구하여라.

22. 반지름이 r인 원의 넓이를 구하여라.

23. $x^2y+y-9=0$, $x=2$, x축, y축으로 둘러싸인 도형의 면적을 구하여라.

24. 곡선 $y=1/(x^2+2x+10)$ 직선 $x=-1$, $x=2$, $y=0$으로 둘러싸인 영역을 x축으로 회전했을 때 생기는 입체의 체적을 구하여라.

7.6 유리함수의 적분

이 절에서는 유리함수 즉 분모, 분자가 모두 다항식인 분수로 이루어진 함수 $f(x)=p(x)/q(x)$의 적분에 대하여 알아보자. 예를 들어

$$\int \frac{x-4}{x^2-5x+6}dx$$

를 구하여 보자. 유리함수인 피적분함수는

$$\frac{x-4}{x^2-5x+6}=\frac{2}{x-2}-\frac{1}{x-3}$$

처럼 부분분수(partial fraction)로 분해되므로 양변을 적분하면

$$\int \frac{x-4}{x^2-5x+6}dx = 2\int \frac{1}{x-2}dx - \int \frac{1}{x-3}dx$$

이다. 따라서 구하려는 적분은 결국 7장 1절의 기본 공식 2)

$$\int \frac{1}{x-a}dx = \ln|x-a|$$

를 사용하기만 하면 되고, 그 결과는

$$\begin{aligned}\int \frac{x-4}{x^2-5x+6}dx &= 2\int \frac{1}{x-2}dx - \int \frac{1}{x-3}dx \\ &= 2\ln|x-2| - \ln|x-3| + c\end{aligned}$$

이다.

위에서 설명한 예처럼 유리함수를 보다 간단한 부분분수의 합으로 표시하는 것을 **부분분수 분해**라고 하는데 이를 이용하여 주어진 유리함수를 적분하는 방법을 **부분분수법**이라고 한다.

예제 1 다음을 적분하여라.

$$\int \frac{x^3-6x^2+12x-10}{x^2-5x+6}dx$$

풀이 $x^3-6x^2+12x-10$을 x^2-5x+6으로 나누면 몫은 $x-1$이고 나머지는 $x-4$이다. 따라서

$$x^3-6x^2+12x-10=(x-1)(x^2-5x+6)+(x-4)$$

이고 이 식의 양변을 x^2-5x+6으로 나누면

$$\frac{x^3-6x^2+12x-10}{x^2-5x+6}=(x-1)+\frac{x-4}{x^2-5x+6}$$

을 얻는다. 이 식의 양변을 적분하면 된다.

$$\begin{aligned}\int\frac{x^3-6x^2+12x-10}{x^2-5x+6}dx&=\int(x-1)dx+\int\frac{x-4}{x^2-5x+6}dx\\&=\int(x-1)dx+\int\frac{2}{x-2}-\frac{1}{x-3}dx\\&=\frac{1}{2}(x-1)^2+2\ln|x-2|-\ln|x-3|+c\end{aligned}$$

예제 1에서처럼 분자의 차수가 분모의 차수보다 높은 모든 유리함수는 다항식과 진유리함수(분자의 차수가 분모의 차수보다 낮은 유리함수)의 합으로 표시할 수 있으므로 앞으로는 모든 유리함수는 진유리함수로 생각한다.

$q(x)$가 최고차항의 계수가 1인 n차 다항식이고 $k(k\le n)$개의 서로 다른 근 $r_1, r_2, \cdots, r_k$을 가지면

$$q(x)=(x-r_1)^{n_1}(x-r_2)^{n_2}\cdots(x-r_n)^{n_k}$$

으로 표시할 수 있다. 단, 각 $n_l\ge1$는 근 r_l의 중복도를 나타내는 자연수로 합하면 n 즉 $n_1+\cdots+n_k=n$이다. $q(x)$가 실계수 다항식일 때 하나의 근, 예를 들어 $r_1=a+bi$가 복소수이면 r_1의 켤레복소수 $\overline{r_1}=a-bi$도 근이므로 $q(x)$는 2차 다항식의 거듭제곱인

$$(x-r_1)^m(x-\overline{r_1})^m=[(x-a-bi)(x-a+bi)]^m=[x^2-2ax+(a^2+b^2)]^m$$

을 인수로 갖는다. m은 r_1의 중복도 즉 $m=n_1$이다. 그런데 이차다항식 $x^2-2ax+(a^2+b^2)$은

$$x^2-2ax+(a^2+b^2)=(x-a)^2+b^2$$

으로 기약 2차 다항식(실수범위에서는 더 이상 인수분해가 되지 않는 2차 다항식)이다. 따라서 이론적으로는 모든 실계수 다항식은 실계수 일차식과 기약 2차 다항식들의 곱으로 표시할 수 있다. 즉 모든 실계수 다항식의 인수는 다음 두 가지 형태 중의 하나이다(단, $m\ge1$).

$$(x-r)^m,\ (x^2+\alpha x+\beta)^m\ (\text{단, } \alpha^2-4\beta<0)$$

하지만 실제로는 다항식을 인수분해하는 것은 즉 다항식의 근을 구하는 것은 사실상 불가능할 때가 많다. 따라서 본 절에서는 유리함수의 분모 $q(x)$의 인수분해가 알려졌다고 가정하고 부분분수 분해를 이용하여 적분을 용이하게 하는 방법을 소개할 것이다.

부분분수 분해 방법

단계 1. 부분분수의 합으로 표시

[1] 실계수 일차식의 거듭제곱 $(x-r)^m$이 분모 $q(x)$의 인수에 포함되어 있는 경우 :

$$\frac{p(x)}{q(x)} = \frac{A_1}{x-r} + \frac{A_2}{(x-r)^2} + \cdots + \frac{A_m}{(x-r)^m}$$
$$+[q(x)\text{의 나머지 인수와 관계된 부분분수들}]$$

예 1. $\dfrac{5x^2-2x-9}{(x-1)(x+2)(x-3)} = \dfrac{A}{x-1} + \dfrac{B}{x+2} + \dfrac{C}{x-3}$

예 2. $\dfrac{x^3-x+5}{(x+2)^2(x-4)^3} = \dfrac{B_1}{x+2} + \dfrac{B_2}{(x+2)^2} + \dfrac{C_1}{x-4} + \dfrac{C_2}{(x-4)^2} + \dfrac{C_3}{(x-4)^3}$

예 3. $\dfrac{x^5-x+5}{(x-1)(x+2)^2(x-4)^3}$

$$= \frac{A}{x-1} + \frac{B_1}{x+2} + \frac{B_2}{(x+2)^2} + \frac{C_1}{x-4} + \frac{C_2}{(x-4)^2} + \frac{C_3}{(x-4)^3}$$

[2] 실계수 기약이차식의 거듭제곱 $(x^2+ax+b)^m$이 분모 $q(x)$의 인수에 포함되어 있는 경우 :

$$\frac{p(x)}{q(x)} = \frac{A_1x+B_1}{x^2+ax+b} + \frac{A_2x+B_2}{(x^2+ax+b)^2} + \cdots + \frac{A_mx+B_m}{(x^2+ax+b)^m}$$
$$+[q(x)\text{의 나머지 인수와 관계된 부분분수들}]$$

예 4. $\dfrac{x^3+1}{(x^2+2x+5)(x^2-4x+8)} = \dfrac{Ax+B}{x^2+2x+5} + \dfrac{Cx+D}{x^2-4x+8}$

예 5. $\dfrac{x^5+1}{(x^2+2x+5)^3(x^2-x+1)}$

$$= \frac{A_1x+B_1}{x^2+2x+5} + \frac{A_2x+B_2}{(x^2+2x+5)^2} + \frac{A_3x+B_3}{(x^2+2x+5)^3} + \frac{Cx+D}{x^2-x+1}$$

예 6. $\dfrac{x^4-x+5}{(x-1)(x^2-2x+5)^2} = \dfrac{C}{x-1} + \dfrac{A_1x+B_1}{x^2+2x+5} + \dfrac{A_2x+B_2}{(x^2+2x+5)^2}$

단계 2. 미정계수 구하기

단계 1의 양변에 피적분함수의 분모 $q(x)$를 곱하여 얻은 항등식의 계수를 비교하여 미정계수를 구한다.

예제 2 $\int \frac{5x^2-2x-9}{(x-1)(x+2)(x-3)}dx$를 구하여라.

풀이 피적분 함수를

$$\frac{5x^2-2x-9}{(x-1)(x+2)(x-3)} = \frac{A}{x-1}+\frac{B}{x+2}+\frac{C}{x-3}$$

처럼 부분분수의 합으로 표시한 다음 양변에 피적분함수의 분모 $(x-1)(x+2)(x-3)$을 곱하고 우변을 정리하면

$$\begin{aligned}5x^2-2x-9 &= A(x+2)(x-3)+B(x-1)(x-3)+C(x-1)(x+2)\\ &= (A+B+C)x^2+(-A-4B+C)x+(-6A+3B-2C)\end{aligned}$$

을 얻는다. 이는 항등식이므로 양변의 각 항의 계수들이 같아야 한다.

$$\begin{aligned}&A+B+C=5\\ &-A-4B+C=-2\\ &-6A+3B-2C=-9\end{aligned}$$

이 연립방정식을 풀면 $A=B=1$, $C=3$이다. 따라서

$$\begin{aligned}\int \frac{5x^2-2x-9}{(x-1)(x+2)(x-3)}dx &= \int \frac{1}{x-1}dx+\int \frac{1}{x+2}dx+\int \frac{3}{x-3}dx\\ &= \ln|x-1|+\ln|x+2|+3\ln|x-3|+c\end{aligned}$$

■

예제 3 $\int \sec x dx$를 구하여라.

풀이 피적분함수 $\sec x = 1/\cos x$의 분모, 분자에 각각 $\cos x$를 곱하고 $\sin^2 x+\cos^2 x=1$을 이용하면

$$\int \sec x dx = \int \frac{\cos x}{1-\sin^2 x}dx$$

이다. $u=\sin x$로 치환하면 $du=\cos x dx$이므로

$$\int \sec x dx = \int \frac{\cos x}{1-\sin^2 x}dx = \int \frac{1}{1-u^2}dx$$

이다. 피적분함수를 부분분수

$$\frac{1}{1-u^2} = \frac{A}{u+1}+\frac{B}{u-1}$$

로 분해하면 $A=1/2$, $B=-1/2$이다. 따라서

$$\begin{aligned}\int \sec x dx &= \int \frac{1}{1-u^2}dx \\ &= \frac{1}{2}\left(\int \frac{1}{u+1}du - \int \frac{1}{u-1}du\right) \\ &= \frac{1}{2}(\ln|u+1|-\ln|u-1|)+c = \frac{1}{2}\ln\left|\frac{u+1}{u-1}\right|+c \\ &= \frac{1}{2}\ln\left|\frac{\sin x+1}{\sin x-1}\right|+c = \frac{1}{2}\ln\left|\frac{(\sin x+1)^2}{\sin^2 x-1}\right|+c \\ &= \frac{1}{2}\ln\left|\frac{(\sin x+1)^2}{\cos^2 x}\right|+c = \frac{1}{2}\ln\left|\left(\frac{\sin x}{\cos x}+\frac{1}{\cos x}\right)^2\right|+c \\ &= \ln|\tan x+\sec x|+c\end{aligned}$$

■

예제 4 $\int \frac{3x^2-13x-2}{(x+2)(x-4)^2}dx$를 구하여라.

풀이 피적분 함수를

$$\frac{3x^2-13x-2}{(x+2)(x-4)^2} = \frac{A}{x+2}+\frac{B}{(x-4)}+\frac{C}{(x-4)^2}$$

처럼 부분분수의 합으로 표시한 다음 양변에 피적분함수의 분모 $(x+2)(x-4)^2$를 곱하고 우변을 정리하면

$$\begin{aligned}3x^2-13x-2 &= A(x-4)^2+B(x+2)(x-4)+C(x+2) \\ &= (A+B)x^2+(-8A-2B+C)x+(16A-8B+2C)\end{aligned}$$

을 얻는다. 이는 항등식이므로 양변의 각 항의 계수들이 같아야 한다.

$$\begin{aligned}&A+B=3 \\ &-8A-2B+C=-13 \\ &16A-8B+2C=-2\end{aligned}$$

이 연립방정식을 풀면 $A=1$, $B=2$, $C=-1$이다. 따라서

$$\begin{aligned}\int \frac{3x^2-13x-2}{(x+2)(x-4)^2}dx &= \int \frac{1}{x+2}dx+\int \frac{2}{x-4}dx+\int \frac{-1}{(x-4)^2}dx \\ &= \ln|x+2|+2\ln|x-4|+\frac{1}{x-4}+c\end{aligned}$$

■

수치 대입법

위의 예제들에서는 주어진 항등식의 양변의 계수를 비교하여 미정계수의 연립방정식을 구하였다. 또 다른 방법으로는 항등식이라는 사실을 이용

하여 적당한 x값을 대입하여 미정계수를 구하는 방법이 있는데 x값을 잘 택하면 때로는 연립방정식을 풀어야 하는 번거로움을 피할 수 있다. 예를 들어 예제 4에서 나오는 항등식

$$3x^2-13x-2 = A(x-4)^2+B(x+2)(x-4)+C(x+2)$$

의 양변에 $x=-2$, $x=4$를 대입하면 각각

$$3(-2)^2-13(-2)-2 = A(-2-4)^2$$
$$3(4)^2-13(4)-2 = C(4+2)$$

이므로 $A=1$, $C=-1$이다. 다시 $x=0$을 양변에 대입하면

$$-2 = 1(-4)^2+B(2)(-4)+(-1)(2)$$

이다. 따라서 $B=2$이다.

예제 5 부분분수를 이용하여 $\int \frac{3x^3+2x^2+3x+8}{(x-1)^2(x^2+2x+5)}dx$를 구하여라.

풀이 피적분 함수를

$$\frac{3x^3+2x^2+3x+8}{(x-1)^2(x^2+2x+5)} = \frac{A}{x-1}+\frac{B}{(x-1)^2}+\frac{Cx+D}{x^2+2x+5}$$

처럼 부분분수의 합으로 표시한 다음 양변에 피적분함수의 분모 $(x-1)^2(x^2+2x+5)$를 곱하고 우변을 정리하면

$$3x^3+2x^2+3x+8 = A(x-1)(x^2+2x+5)+B(x^2+2x+5)+(Cx+D)(x-1)^2$$

을 얻는다. $x=1$을 대입하면 $B=2$를 얻고 다시 $x=0$, $x=-1$, $x=2$를 대입하여 얻을 연립방정식

$$8 = -5A+10+D$$
$$4 = -6A+8+4(-C+D)$$
$$46 = 13A+26+2C+D$$

을 풀면 $A=1$, $C=2$, $D=3$이다. 따라서

$$\int \frac{3x^3+2x^2+3x+8}{(x-1)^2(x^2+2x+5)}dx = \int \left\{\frac{1}{x-1}+\frac{2}{(x-1)^2}+\frac{2x+3}{x^2+2x+5}\right\}dx$$
$$= \ln|x-1|-\frac{2}{x-1}+\int \frac{2x+3}{x^2+2x+5}dx$$

이다. 마지막 적분의 피적분함수는

$$\frac{2x+3}{x^2+2x+5}=\frac{2x+2}{x^2+2x+5}+\frac{1}{(x+1)^2+2^2}$$

이므로

$$\int\frac{2x+3}{x^2+2x+5}dx=\int\frac{2x+2}{x^2+2x+5}dx+\int\frac{1}{(x+1)^2+2^2}dx$$

이다. 우변의 첫 번째 적분은 치환 $u=x^2+2x+5$을 하고, 두 번째 적분은 치환 $u=x+1$을 한 다음 7장 1절의 기본 적분공식 (14)를 이용하면

$$\begin{aligned}\int\frac{2x+3}{x^2+2x+5}dx&=\int\frac{2x+2}{x^2+2x+5}dx+\int\frac{1}{(x+1)^2+2^2}dx\\&=\ln(x^2+2x+5)+\frac{1}{2}\tan^{-1}\left(\frac{x+1}{2}\right)+C\end{aligned}$$

이다. 따라서 다음을 얻는다.

$$\begin{aligned}&\int\frac{3x^3+2x^2+3x+8}{(x-1)^2(x^2+2x+5)}dx\\&\quad=\ln|x-1|-\frac{2}{x-1}+\ln(x^2+2x+5)+\frac{1}{2}\tan^{-1}\left(\frac{x+1}{2}\right)+C\end{aligned}$$ ■

예제 6 $\displaystyle\int\frac{x^3+2x^2+1}{(x-1)(x^2+1)^2}dx$를 구하여라.

풀이 피적분 함수를

$$\frac{x^3+2x^2+1}{(x-1)(x^2+1)^2}=\frac{A}{x-1}+\frac{Bx+C}{x^2+1}+\frac{Dx+E}{(x^2+1)^2}$$

처럼 부분분수의 합으로 표시한 다음 양변에 피적분함수의 분모 $(x-1)(x^2+1)^2$를 곱하고 우변을 정리하면

$$x^3+2x^2+1=A(x^2+1)^2+(Bx+C)(x-1)(x^2+1)+(Dx+E)(x-1)$$

을 얻는다. $x-1=0$이 되도록 $x=1$을 대입하면 $4A=4$ 즉 $A=1$을 얻고 다시 $x^2+1=0$이 되도록 $x=i$를 대입하면

$$-1-i=(-D-E)+(-D+E)i$$

이다. 실수부는 실수부끼리, 허수부는 허수부끼리 같아야 하므로 $-D-E=-1$, $-D+E=-1$ 즉 $D=1$, $E=0$이다. 계산의 편의를 위하여 $x=0$을 대입하면 $1=1-C$ 즉 $C=0$을 얻는다. 마지막 B를 구하기 위하여 예를 들어 $x=-1$을 대입하면 $B=-1$을 얻는다. 따라서

$$\int\frac{x^3+2x^2+1}{(x-1)(x^2+1)^2}dx=\int\frac{1}{x-1}-\frac{x}{x^2+1}+\frac{x}{(x^2+1)^2}dx$$

$$= \int \frac{1}{x-1}dx - \frac{1}{2}\int \frac{2x}{x^2+1}dx + \frac{1}{2}\int \frac{2x}{(x^2+1)^2}dx$$
$$= \ln|x-1| - \frac{1}{2}\int \frac{1}{u}du + \frac{1}{2}\int \frac{1}{u^2}du, \quad u = x^2+1$$
$$= \ln|x-1| - \frac{1}{2}\ln|u| - \frac{1}{2u} + c$$
$$= \ln|x-1| - \frac{1}{2}\ln(x^2+1) - \frac{1}{2(x^2+1)} + c$$

이다.

연습문제 7.6

※ (1~12) 다음 적분을 구하여라.

1. $\int \frac{3x-1}{x^2+x-6}dx$
2. $\int \frac{4x+1}{2x^2+x-1}dx$
3. $\int \frac{3x^2-2x-1}{(x-1)(x+2)(x-3)}dx$
4. $\int \frac{x^2+2x+4}{(x-1)(x+2)^2}dx$
5. $\int \frac{2x-4}{(x^2-1)(x+2)^2}dx$
6. $\int \frac{1}{(x-1)^3(x+2)^2}dx$
7. $\int \frac{2x-1}{(x-1)(x^2+2)}dx$
8. $\int \frac{2x}{x(x^2+1)^2}dx$
9. $\int \frac{5x^2-2x+4}{(x-1)^2}dx$
10. $\int \frac{x^3-1}{x^2+2x+2}dx$
11. $\int \frac{\sqrt{x}-1}{x-9}dx$
12. $\int \frac{\sin x}{\cos^2 x - 2\cos x - 8}dx$

13. $u = \tan\frac{x}{2}$일 때 배각공식을 이용하여 다음을 증명하여라.

(1) $\sin x = \frac{2u}{1+u^2}$ (2) $\cos x = \frac{1-u^2}{1+u^2}$

(3) $dx = \frac{2}{1+u^2}du$

※ (14~17) 치환 $u = \tan\frac{x}{2}$을 이용하여 다음 적분을 구하여라.

14. $\int \frac{1}{1+\sin x}dx$
15. $\int \frac{1}{5\sin x + 12\cos x}dx$
16. $\int \frac{1}{1+\sin x - \cos x}dx$
17. $\int \frac{\cos x}{1-\cos x}dx$

7.7 특이적분

지금까지 정적분

$$\int_a^b f(x)dx$$

을 정의할 때 첫째 적분 구간 $[a, b]$는 유한구간이고 즉 a, b 모두 유한한 수이고, 둘째 피적분함수 $f(x)$는 적분 구간 $[a, b]$에서 유계인 함수라고 가정하였다. 유한구간이고 유계함수여야 한다는 두 조건이 모두 만족되지 않는 경우까지 정적분을 확장할 필요가 있는데 이를 **특이적분**(Improper Integral)이라고 한다.

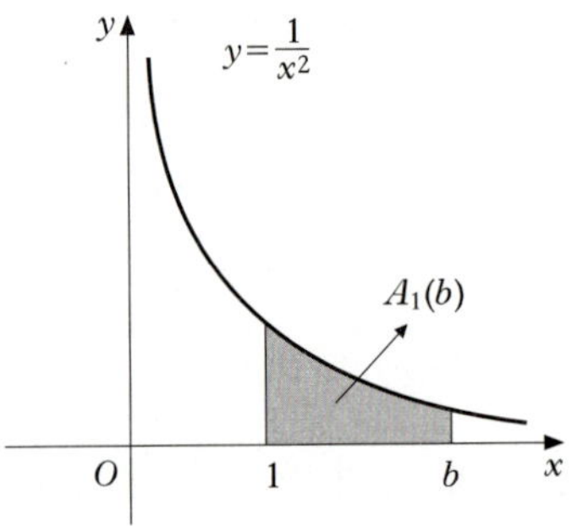

그림 1

적분구간이 무한인 특이적분

예를 들어 곡선 $y=1/x^2$, x축, 직선 $x=1$, $x=b$로 둘러싸인 영역의 면적(그림 1)을 $A_1(b)$라고 하면

$$A_1(b)=\int_1^b \frac{1}{x^2}dx=\left[-\frac{1}{x}\right]_1^b=1-\frac{1}{b}$$

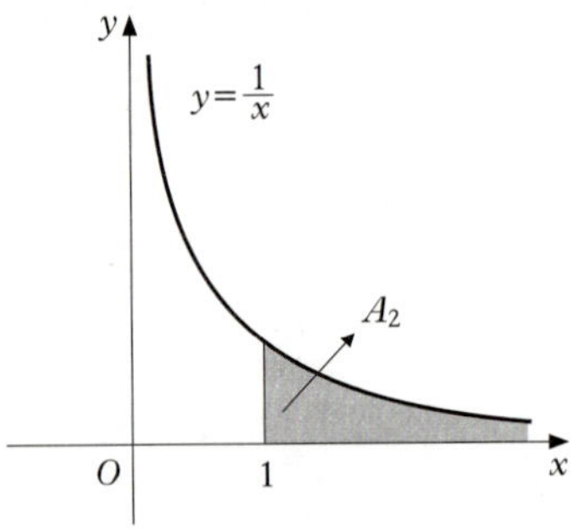

그림 2

이다. b가 무한대로 커질 때 이 영역의 면적의 극한값은

$$\lim_{b\to\infty} A_1(b)=\lim_{b\to\infty}\int_1^b \frac{1}{x^2}dx=\lim_{b\to\infty}\left(1-\frac{1}{b}\right)=1$$

이고 이를 곡선 $y=1/x^2$과 x축사이의 영역중에서 직선 $x=1$의 오른쪽 부분인 무한영역(그림 2)의 면적 A_1으로 정의한다. 우리는 실제로 구간이 무한인 정적분 $\int_1^\infty \frac{1}{x^2}dx$를 한 것이고 이를

$$\int_1^\infty \frac{1}{x^2}dx=\lim_{b\to\infty}\int_1^b \frac{1}{x^2}dx=\lim_{b\to\infty}\left(1-\frac{1}{b}\right)=1$$

로 정의하는 것은 자연스럽다.

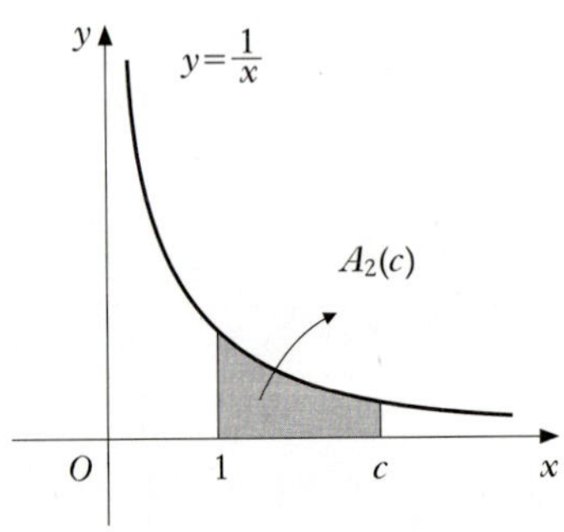

그림 3

이제 곡선 $y=1/x$, x축, 직선 $x=1$, $x=c$(그림 3)로 둘러싸인 영역의 면적을 $A_2(c)$라고 하면

$$A_2(c) = \int_1^c \frac{1}{x}dx = [\ln x]_1^c = \ln c$$

이다. c가 무한대로 커질 때 이 영역의 면적의 극한값은

$$\lim_{c\to\infty} A_2(c) = \lim_{c\to\infty} \int_1^c \frac{1}{x}dx = \lim_{c\to\infty} \ln c = \infty$$

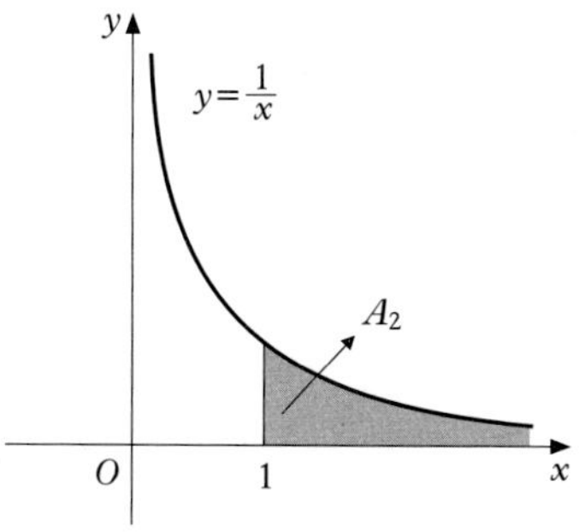

그림 4

로 발산하므로 곡선 $y = 1/x$과 x축 사이의 영역중에서 직선 $x = 1$의 오른쪽 부분인 무한영역(그림 4)의 면적 A_2는 무한대이다. 따라서 정적분 $\int_1^\infty \frac{1}{x}dx$는

$$\int_1^\infty \frac{1}{x}dx = \lim_{c\to\infty} \int_1^c \frac{1}{x}dx = \lim_{c\to\infty} \ln c = \infty$$

이므로 발산한다고 할 수 있다.

적분구간이 무한인 특이적분에는 다음과 같이 한 쪽 끝이 무한이거나 양쪽 끝이 모두 무한인 세 가지 경우가 있다.

1. 극한값 $\lim_{a\to-\infty} \int_a^b f(x)dx$이 존재하면 즉 유한이면 특이적분 $\int_{-\infty}^b f(x)dx$는 수렴한다고 하고 적분 값은

$$\int_{-\infty}^b f(x)dx = \lim_{a\to-\infty} \int_a^b f(x)dx$$

로 정의한다.

2. 극한값 $\lim_{b\to\infty} \int_a^b f(x)dx$이 존재하면 즉 유한이면 특이적분 $\int_a^\infty f(x)dx$는 수렴한다고 하고 적분 값은

$$\int_a^\infty f(x)dx = \lim_{b\to\infty} \int_a^b f(x)dx$$

로 정의한다.

3. 임의의 c에 대하여 두 특이적분 $\int_{-\infty}^c f(x)dx$, $\int_c^\infty f(x)dx$이 각각 수렴하면 특이적분 $\int_{-\infty}^\infty f(x)dx$는 수렴한다고 하고 적분 값은

$$\int_{-\infty}^\infty f(x)dx = \int_{-\infty}^c f(x)dx + \int_c^\infty f(x)dx$$

로 정의한다.

수렴하지 않는 특이적분은 **발산**한다고 한다.

예제 1 $\int_1^{\infty} xe^{-x^2}dx$를 구하여라.

풀이 치환 $u=x^2$을 하면 $du=2xdx$이고 $x=1$일 때 $u=1$, $x \to \infty$일 때 $u \to \infty$ 이므로

$$\int_1^{\infty} xe^{-x^2}dx = \lim_{b\to\infty}\int_1^b \frac{e^{-u}}{2}du = \lim_{b\to\infty}\left[-\frac{e^{-u}}{2}\right]_1^b$$
$$= \lim_{b\to\infty}\left[\frac{1}{2}(e^{-1}-e^{-b})\right] = \frac{1}{2e}$$

이다. 따라서 수렴하고 적분값은

$$\int_1^{\infty} xe^{-x^2}dx = \frac{1}{2e}$$

이다. ■

예제 2 $\int_{-\infty}^{\infty} xe^{-x^2}dx$를 구하여라.

풀이 주어진 특이적분은 정의에 따라

$$\int_{-\infty}^{\infty} xe^{-x^2}dx = \int_0^{\infty} xe^{-x^2}dx + \int_{-\infty}^{0} xe^{-x^2}dx$$

처럼 나타내자. 예제 1을 따라하면 우변의 첫 번째 특이적분은 수렴하고

$$\int_0^{\infty} xe^{-x^2}dx = \frac{1}{2}$$

임을 알 수 있다. 두 번째 적분은 치환 $u=-x$를 하면

$$\int_{-\infty}^{0} xe^{-x^2}dx = \int_{\infty}^{0}(-u)e^{-u^2}(-du) = -\int_0^{\infty} ue^{-u^2}du$$

이므로 수렴한다. 따라서 정의에 의하여 주어진 특이적분은 수렴하고

$$\int_{-\infty}^{\infty} xe^{-x^2}dx = \int_0^{\infty} xe^{-x^2}dx + \int_{-\infty}^{0} xe^{-x^2}dx = \frac{1}{2}+\left(-\frac{1}{2}\right) = 0$$

이다. ■

예제 3 특이적분 $\int_1^{\infty}\frac{1}{x^p}dx$가 수렴하기 위한 p를 구하여라.

풀이 $p=1$이면 발산함을 이미 알고 있으므로 $p \neq 1$이라고 가정하자.

$$\int_1^\infty \frac{1}{x^p}dx = \lim_{b \to \infty} \int_1^b \frac{1}{x^p}dx = \lim_{b \to \infty} \left[\frac{x^{-p+1}}{-p+1}\right]_1^b = \lim_{b \to \infty} \frac{b^{-p+1}-1}{1-p}$$

$$= \begin{cases} \dfrac{1}{p-1}, & p>1 \\ \infty, & p<1 \end{cases}$$

이다. 따라서 $p>1$이면 수렴하고 적분값은 $1/(p-1)$이다. $p \leq 1$이면 발산한다.

피적분함수가 유계가 아닌 특이적분

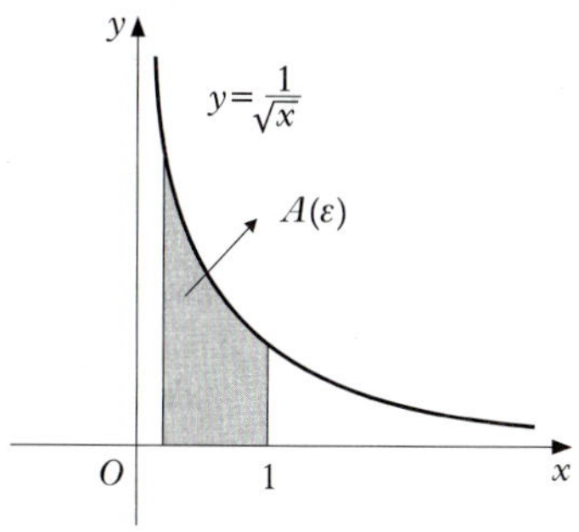

그림 5

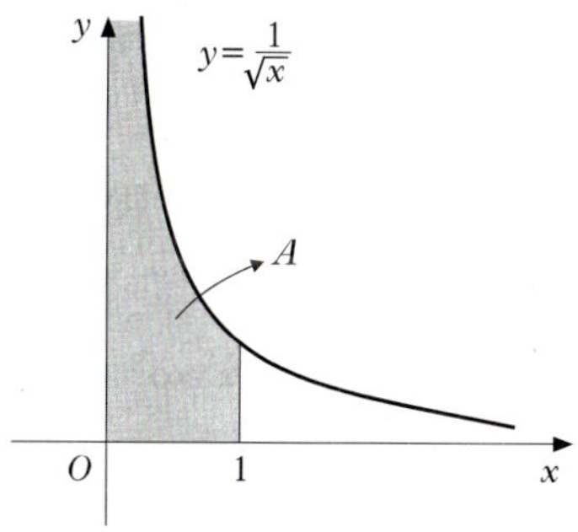

그림 6

예를 들어 곡선 $y=1/\sqrt{x}$, x축, 직선 $x=\epsilon(0<\epsilon<1)$, $x=1$로 둘러싸인 영역의 면적(그림 5)을 $A(\epsilon)$이라고 하면

$$A(\epsilon) = \int_\epsilon^1 \frac{1}{\sqrt{x}}dx = [2\sqrt{x}]_\epsilon^1 = 2-2\sqrt{\epsilon}$$

이다. $\epsilon \to 0^+$일 때 면적의 극한값은

$$\lim_{\epsilon \to 0^+} A(\epsilon) = \lim_{\epsilon \to 0^+} \int_\epsilon^1 \frac{1}{\sqrt{x}}dx = \lim_{\epsilon \to 0^+} (2-2\sqrt{\epsilon}) = 2$$

이므로 곡선 $y=1/\sqrt{x}$, x축, 직선 $x=0$, $x=1$로 둘러싸인 무한영역(그림 6)의 넓이는 2라고 정의하자. 이 과정에서 우리는 적분구간의 한 점 $x=0$에서 유계가 아닌 피적분함수를 적분한 것이고 이를

$$\int_0^1 \frac{1}{\sqrt{x}}dx = \lim_{\epsilon \to 0^+} \int_\epsilon^1 \frac{1}{\sqrt{x}}dx = \lim_{\epsilon \to 0^+} (2-2\sqrt{\epsilon}) = 2$$

로 정의하는 것은 자연스럽다.

피적분함수가 유계가 아닌 특이적분에는 다음과 같이 한 쪽 끝점이나 내부의 한 점에서 무한대인 세 가지 경우가 있다.

1. 피적분함수 $f(x)$가 구간 $[a, b]$의 왼쪽 끝점 a에서 무한대인 경우 극한값 $\lim_{c \to a^+} \int_c^b f(x)dx$이 존재하면 즉 유한이면 특이적분 $\int_a^b f(x)dx$는 수렴한다고 하고 적분 값은

$$\int_a^b f(x)dx = \lim_{c \to a^+} \int_c^b f(x)dx$$

로 정의한다.

2. 피적분함수 $f(x)$가 구간 $[a, b]$의 오른쪽 끝점 b에서 무한대인 경우 극한값 $\lim_{c \to b^-} \int_a^c f(x)dx$이 존재하면 즉 유한이면 특이적분 $\int_a^b f(x)dx$는 수렴한다고 하고 적분 값은

$$\int_a^b f(x)dx = \lim_{c \to b^-} \int_a^c f(x)dx$$

로 정의한다.

3. 피적분함수 $f(x)$가 내부의 한 점 c를 제외한 구간 $[a, b]$에서 유계이고 c에서 무한대인 경우 특이적분 $\int_a^c f(x)dx$, $\int_c^b f(x)dx$가 각각 수렴하면 특이적분 $\int_a^b f(x)dx$는 수렴한다고 하고 적분 값은

$$\int_a^b f(x)dx = \int_a^c f(x)dx + \int_c^b f(x)dx$$

로 정의한다.

예제 4 $\int_1^2 \frac{1}{(x-2)^{2/3}}dx$를 구하여라.

풀이 피적분 함수 $1/(x-2)^{2/3}$는 $x=2$에서 무한대이다. 따라서 특이적분의 정의에 의하여

$$\begin{aligned}\int_1^2 \frac{1}{(x-2)^{2/3}}dx &= \lim_{b \to 2^-} \int_1^b \frac{1}{(x-2)^{2/3}}dx \\ &= \lim_{b \to 2^-} [3(x-2)^{1/3}]_1^b = \lim_{b \to 2^-} [3(b-2)^{1/3} - 3(-1)^{1/3}] \\ &= 3\end{aligned}$$

이다. ■

예제 5 $\int_{-2}^2 \frac{1}{x}dx$를 구하여라.

풀이 피적분 함수 $1/x$는 내부의 한 점 $x=0$에서 유계가 아니므로 정의에 의하여 두 특이적분 $\int_{-2}^0 \frac{1}{x}dx$, $\int_0^2 \frac{1}{x}dx$의 수렴여부를 각각 판단하여야 한다. 정의에 의하여

$$\int_0^2 \frac{1}{x}dx = \lim_{a \to 0^+} \int_a^2 \frac{1}{x}dx = \lim_{a \to 0^+} [\ln|x|]_a^2 = \lim_{a \to 0^+} [\ln 2 - \ln a] = \infty$$

이므로 $\int_0^2 \frac{1}{x}dx$은 발산하고 따라서 $\int_{-2}^2 \frac{1}{x}dx$도 발산한다. ■

위의 예제 5의 해법으로 다음의 (a), (b) 두 방법 모두 틀린 방법임을 유의하여야 한다.

(a) $$\int_{-2}^2 \frac{1}{x}dx = \lim_{\epsilon \to 0}\left[\int_\epsilon^2 \frac{1}{x}dx + \int_{-2}^{-\epsilon}\frac{1}{x}dx\right]$$
$$= \lim_{\epsilon \to 0}\left([\ln|x|]_\epsilon^2 + [\ln|x|]_{-2}^{-\epsilon}\right)$$
$$= \lim_{\epsilon \to 0}(\ln 2 - \ln\epsilon + \ln\epsilon - \ln 2) = 0$$

(b) $$\int_{-2}^2 \frac{1}{x}dx = [\ln|x|]_{-2}^2 = 0$$

특이적분의 수렴판정법

아래의 예제 6에서처럼 때로는 피적분함수의 부정적분을 초등함수로 표시할 수 없기 때문에 정의에 의하여 특이적분의 수렴, 발산을 판단하기가 어려운 경우가 있다.

정리 1 (비교판정법)

두 함수 $f(x)$, $g(x)$가 모든 $x \geq a$에 대하여 $0 \leq f(x) \leq g(x)$를 만족한다고 하자. 이때

(1) $\int_a^\infty g(x)dx$가 수렴하면 $\int_a^\infty f(x)dx$도 수렴하고

(2) $\int_a^\infty f(x)dx$가 발산하면 $\int_a^\infty g(x)dx$도 발산한다.

예제 6 $\int_0^\infty e^{-x^2}dx$의 수렴여부를 판정하여라.

풀이 $F'(x) = e^{-x^2}$의 부정적분 $F(x)$는 초등함수가 아니므로 특이적분의 정의

$$\int_0^\infty e^{-x^2}dx = \lim_{b \to \infty}\int_0^b e^{-x^2}dx$$

에 의하여 적분값을 구할 수 없음은 물론 수렴 여부조차도 판정할 수 없다. 주어진 적분을

$$\int_0^\infty e^{-x^2}dx = \int_0^1 e^{-x^2}dx + \int_1^\infty e^{-x^2}dx$$

처럼 표시할 수 있으므로 우변의 두 번째 적분의 수렴 여부만 판정하면 될 것이다. 예제 1에 의하면 $\int_1^\infty xe^{-x^2}dx$는 수렴하고 $x \ge 1$일 때 $xe^{-x^2} \ge e^{-x^2}$이므로 정리 1의 비교판정법에 의하여 $\int_1^\infty e^{-x^2}dx$는 수렴한다. 따라서 주어진 특이적분은 수렴한다. ■

예제 6에서처럼 수렴하는 것이 알려지면 수치해석적 방법을 이용하여 적분의 근사값을 구할 수 있다.

연습문제 7.7

※ (1~20) 다음 각 적분의 수렴 여부를 판정하고, 수렴하면 그 값을 구하여라.

1. $\int_1^\infty \frac{1}{x^{1/3}}dx$
2. $\int_1^\infty \frac{1}{x^3}dx$
3. $\int_0^1 \frac{1}{x^{1/3}}dx$
4. $\int_0^\infty \frac{1}{x^{1/3}}dx$
5. $\int_{-\infty}^0 \frac{1}{x^2+1}dx$
6. $\int_1^\infty \frac{\ln x}{x^2}dx$
7. $\int_0^\infty e^{-x}dx$
8. $\int_0^\infty xe^{-x}dx$
9. $\int_{-\infty}^\infty x^2e^{-x^3}dx$
10. $\int_1^\infty \frac{1}{(x+2)^2}dx$
11. $\int_1^\infty \frac{1}{x}dx$
12. $\int_0^\infty \frac{1}{(x+2)(x^2+2)}dx$
13. $\int_0^\infty \cos x\,dx$
14. $\int_1^2 \frac{1}{(x-1)^{1/3}}dx$
15. $\int_0^\infty \frac{1}{\sqrt{x}(x+2)}dx$
16. $\int_1^2 \frac{1}{\sqrt{x-1}}dx$
17. $\int_1^5 \frac{1}{x-2}dx$
18. $\int_0^2 \ln x\,dx$
19. $\int_0^\infty \frac{2}{(x-1)(x^2+1)}dx$
20. $\int_3^6 \frac{1}{x\sqrt{x^2-9}}dx$

※ (21~30) 정리 1의 비교판정법과 다음의 극한비교판정법을 이용하여 다음 적분의 수렴 여부를 판정하여라.
극한비교판정법 : 구간 $[a, \infty]$에서 연속인 두 양함수 $f(x)$, $g(x)$의 비의 극한이 유한한 값이면 즉

$$0 < \lim_{x\to\infty}\frac{f(x)}{g(x)} = r < \infty$$

이면 $\int_a^\infty f(x)dx$, $\int_a^\infty g(x)dx$는 동시에 수렴하거나 발산한다.

21. $\int_1^\infty \frac{1}{1+x^2\sqrt{x}}dx$
22. $\int_1^\infty \frac{\cos^2 x}{1+x\sqrt{x}}dx$
23. $\int_2^\infty \frac{1}{\sqrt{x^2-1}}dx$
24. $\int_2^\infty \frac{1}{\sqrt{x-1}}dx$
25. $\int_0^1 \frac{e^{-x}}{\sqrt{x}}dx$
26. $\int_0^\infty \frac{1}{\ln x}dx$
27. $\int_1^\infty \frac{\sqrt{x}}{1+x^2}dx$
28. $\int_0^{\pi/2} \tan x\,dx$
29. $\int_{-\infty}^\infty \frac{1}{\sqrt{x^6+1}}dx$
30. $\int_1^\infty \frac{2+\sqrt{x+1}}{x^2}dx$

※ (31~35) 오일러의 감마함수 $\Gamma(x)$는 모든 $x>0$에 대하여 특이적분

$$\Gamma(x) = \int_0^\infty t^{x-1}e^{-t}dt$$

으로 정의된다. 다음에 답하여라.

31. $0<x<1$일 때 다음 특이적분이 수렴함을 보여라.

$$\int_0^1 t^{x-1}e^{-t}dt$$

32. 임의의 x에 대하여

$$0 < t^{x-1}e^{-t} \le t^{-2},\ t \ge L > 0$$

을 만족하는 양수 L이 존재함을 보이고 이 사실을 이용하여

$$\int_1^\infty t^{x-1}e^{-t}dt$$

이 수렴함을 보여라.

33. 감마 함수 $\Gamma(x)$는 모든 $x>0$에 대하여 수렴함을 보여라.

34. 모든 $x>0$에 대하여 다음이 성립함을 보여라.

$$\Gamma(1) = 1,\ \Gamma(x+1) = x\Gamma(x)$$

35. 음이 아닌 모든 정수 n에 대하여 $\Gamma(n+1) = n!$임을 보여라.

제 8 장 극좌표계

8.1 극좌표계

극좌표계를 이해하기 위하여 지금까지 사용한 xy 좌표계(xy coordinate system)에 대하여 간단히 알아보자. 이는 프랑스의 철학자이자 수학자인 데카르트(Rene Descartes, 1596~1650)가 도입하였으며 직교좌표계라고도 불리는데 평면 위에 직교하는 두 직선을 이용하여 평면 위의 임의의 점 P에 순서쌍 (x, y)를 대응시키는 방법이다. 우선 평면 위에 직교하는 두 직선중 하나를 수평으로 위치시키고 이를 x축이라고 하고 다른 직선을 y축이라고 한다. 단위길이를 정한 다음 임의의 점 P가 수직축으로부터 x만큼, 수평축으로부터 y만큼 떨어져 있을 때 점 P의 좌표를 (x, y)라고 한다(그림 1). x가 양수이면 수직축으로부터 오른쪽, 음수이면 왼쪽에 있음을 뜻하고 y가 양수이면 수평축으로부터 위쪽, 음수이면 아랫쪽에 있음을 뜻한다. 이런 방법에 의하면 임의의 점 P에는 오직 하나의 순서쌍 (x, y)가 대응된다는 것을 알 수 있다. 그러나 이 방법이 평면 위의 임의의 점 P에 순서쌍 (x, y)를 대응시키는 유일한 방법은 아니다. 또 다른 방법인 **극좌표계**(polar coordinate system)에서는 고정점 O와 이 고정점에서 시작하는 수평 반직선을 이용하여 평면 위의 임의의 점 P에 순서쌍 (r, θ)를 대응시키는 방법이다. 고정점 O를 **극**(pole) 또는 **원점**(origin), 반직선을 **극축**(polar axis) 또는 **기선**(initial line)이라고 한다. 선분 OP의 길이가 r이고 선분 OP와 기선이 만나서 이루는 각이 θ이면 점 P의 **극좌표**를 (r, θ)라고 한다(그림 2). 이때, r을 동경, θ를 **편각**(argument)이라고 한다.

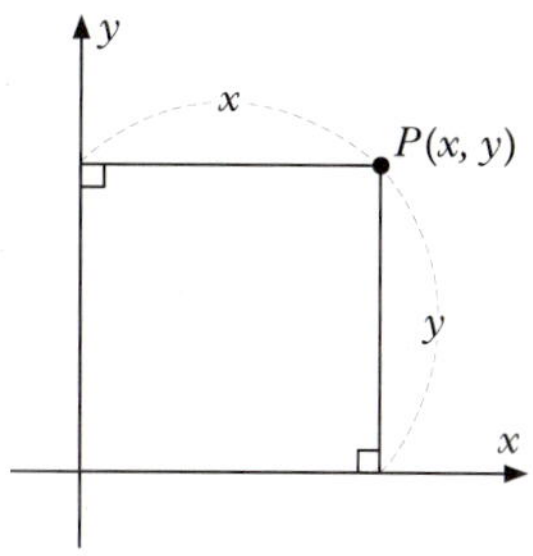

그림 1

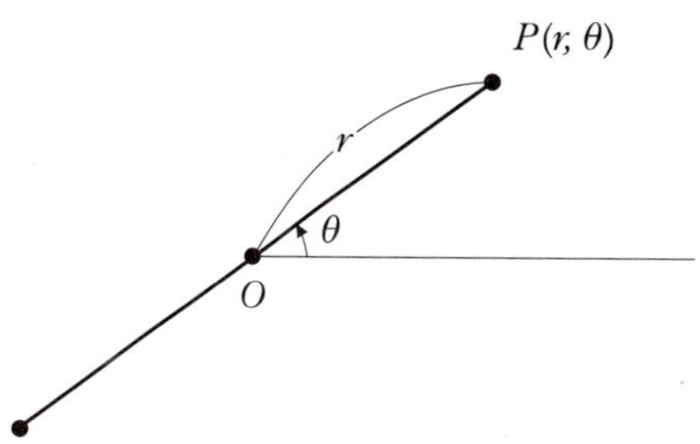

그림 2

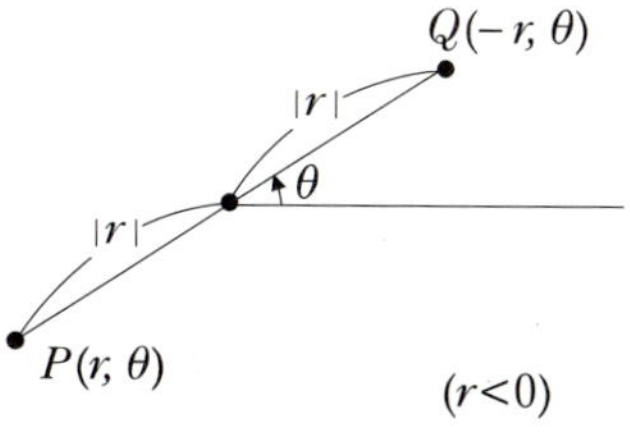

그림 3

이때 r이 음수이면 점 P는 기선과 만나서 이루는 각이 θ인 선분 OQ의 연장선상에 있으면서 극 O를 중심으로 하여 점 Q와 반대편에 있음을 뜻한다(그림 3).

극좌표 (r, θ)에 대응하는 평면상의 점은 유일함을 쉽게 알 수 있다. 하지만 한 점을 극좌표로 표시하는 방법은 수없이 많다. 이는 r이 음수일 수 있고, 또한 기선과 만나서 이루는 각이 θ와 $\theta+2n\pi$(n은 임의의 정수)인 두 개의 반직선은 동일하기 때문에 일어나는 현상이다. 예를 들어 다음의 극좌표들은 모두 동일한 점을 나타낸다(그림 4).

$$\left(4,\ \frac{\pi}{3}\right),\ \left(-4,\ \frac{\pi}{3}\right),\ \left(4,\ \frac{7\pi}{3}\right),\ \left(4,\ -\frac{5\pi}{3}\right)$$

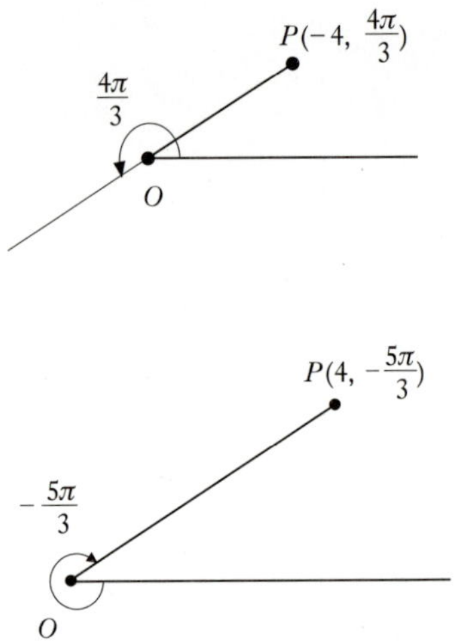

그림 4

극좌표와 직교좌표 사이의 변환

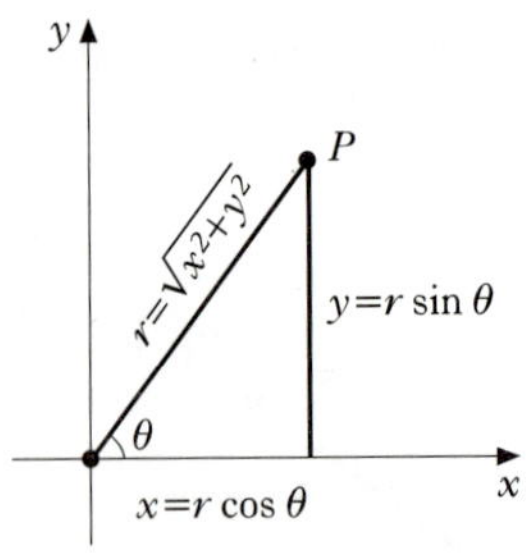

그림 5

평면상에서 극좌표와 직교좌표의 두 원점을 일치시키고 극축과 양의 x축이 일치하도록 하면 삼각함수의 정의에 의하여 P의 극좌표 $(r,\ \theta)$와 직교좌표 $(x,\ y)$는 다음을 만족한다(그림 5).

$$x = r\cos\theta$$
$$y = r\sin\theta$$
$$x^2+y^2 = r^2$$

예제 1 직교좌표는 극좌표로, 극좌표는 직교좌표로 변환하여라.

(1) $P(-2\sqrt{3},\ 2)$ (2) $Q\left(4,\ \frac{4\pi}{3}\right)$

풀이 (1) $r=\sqrt{(-2\sqrt{3})^2+2^2}=4$이고 $\tan\theta=\frac{y}{x}=-\frac{1}{\sqrt{3}}$이다. 점 P는 제2 사분면에 속하는 점이므로 $\theta=\frac{5\pi}{6}$이다. 따라서 극좌표는 $P\left(4,\ \frac{5\pi}{6}\right)$이다.

(2) $x=4\cos\frac{4\pi}{3}=-2$, $y=4\sin\frac{4\pi}{3}=-2\sqrt{3}$이므로 직교좌표는 $Q(-2,\ -2\sqrt{3})$이다. ■

예제 2 직교방정식은 극방정식으로, 극방정식은 직교방정식으로 변환하여라.

(1) $x = y$ (2) $x^2 + y^2 - 4y = 0$

(3) $r = \theta$ (4) $r = 9\cos\theta$

풀이 (1) 변환식 $x = r\cos\theta$, $y = r\sin\theta$을 $x = y$에 대입하면

$$r\cos\theta = r\sin\theta$$

즉 $\tan\theta = 1$이다. 따라서 극방정식은 $\theta = \pi/4$이다.

(2) $x = r\cos\theta$, $y = r\sin\theta$을 $x^2 + y^2 - 4y = 0$에 대입하면

$$(r\cos\theta)^2 + (r\sin\theta)^2 - 4r\sin\theta = 0$$

이고 이를 간단히 하면 극방정식은

$$r = 4\sin\theta$$

이다.

(3) $r = \theta$이므로 $\tan r = \tan\theta$이고 이 식에 변환관계식

$$r = \sqrt{x^2 + y^2}, \quad \tan\theta = \frac{y}{x}$$

을 대입하면 직교방정식은

$$\tan\sqrt{x^2 + y^2} = \frac{y}{x}$$

이다.

(4) $r = 9\cos\theta$의 양변에 r을 곱하고 변환관계식 $x^2 + y^2 = r^2$와 $x = r\cos\theta$을 대입하면

$$x^2 + y^2 = 9x$$

극방정식 $r = f(\theta)$의 그래프도 직교방정식처럼 방정식을 만족하는 점들을 부드럽게 잇는 방법으로 그릴 수 있다. 변환한 직교방정식이 이미 잘 알려진 경우라면 쉽게 그래프를 그릴 수도 있지만 예제 2의 (3)은 극방정식이 직교방정식보다 이해하기에 더 편리한 경우이고 예제 2의 (4)는 그 반대 경우이다.

예제 3 극방정식 $r = 4\sin\theta$의 그래프를 그려라.

풀이 θ의 적당한 값에 대한 r의 값을 다음과 같이 표로 만들고 이를 극좌표 평면상에 점으로 표시하고 이 점들을 부드러운 곡선으로 이으면 된다(그림 6). $\sin(\pi - \theta) = \sin\theta$이므로 $r - 4\sin\theta$의 그래프는 직선 $\theta = \pi/2$에 대하여 대칭이다(그림 7).

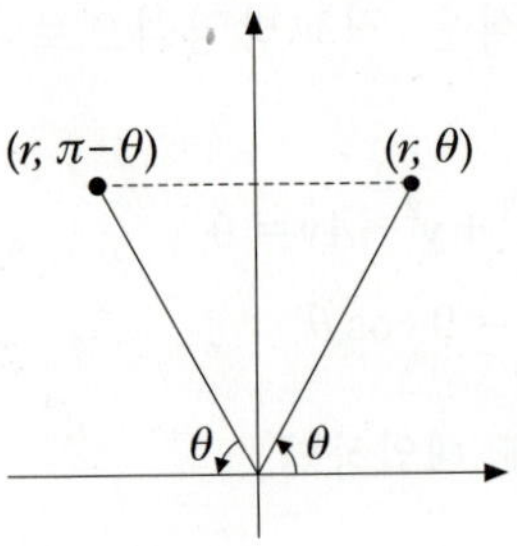

그림 7

θ	0	$\frac{\pi}{6}$	$\frac{\pi}{4}$	$\frac{\pi}{3}$	$\frac{\pi}{2}$
r	0	2	$2\sqrt{2}$	$2\sqrt{3}$	4

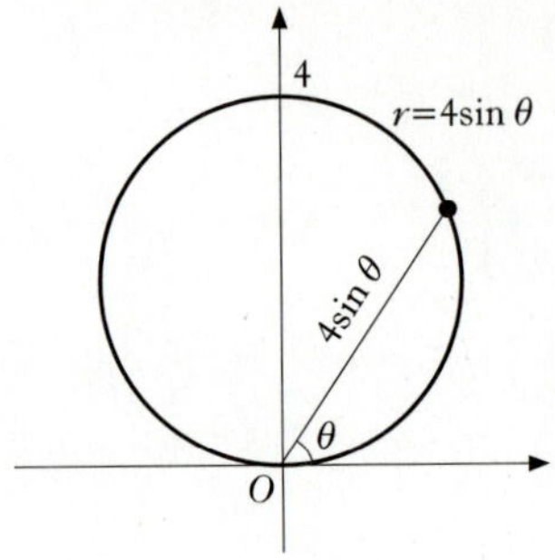

그림 6

직선의 극방정식

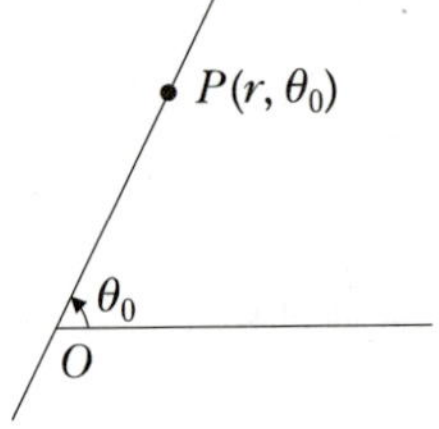

그림 8

극 O를 지나고 극선과 이루는 각이 θ_0인 직선상의 임의의 점을 $P(r, \theta)$라고 하면 $\theta = \theta_0$이고 r은 임의의 실수이다. 따라서 이 직선의 극방정식은

$$\theta = \theta_0$$

이다(그림 8).

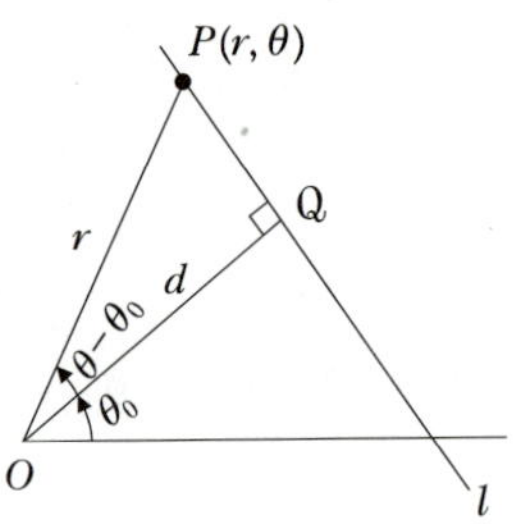

그림 9

극 O를 지나지 않고 극 O에서의 거리가 $d > 0$인 직선 l상의 임의의 점을 $P(r, \theta)$라고 하자. 극 O에서 직선 l에 내린 수선의 발을 Q, 수선 OQ가 극선과 이루는 각이 θ_0라고 하면 직각삼각형 OPQ에서 $\angle POQ = \theta - \theta_0$이고 $\cos(\theta - \theta_0) = d/r$이므로 이 직선의 극방정식은

$$r = \frac{d}{\cos(\theta - \theta_0)}$$

이다(그림 9). 직선 l이 극선과 수직 또는 평행이면 각각 $\theta_0 = 0$, $\theta_0 = \pi/2$이므로 이 경우 직선의 극방정식은 각각 다음과 같다.

$$\cos\theta = \frac{d}{r} \text{ (그림 10)}$$

$$\sin\theta = \frac{d}{r} \text{ (그림 11)}$$

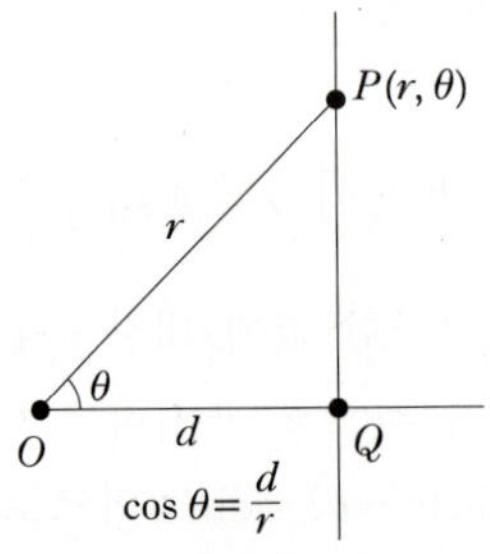

그림 10

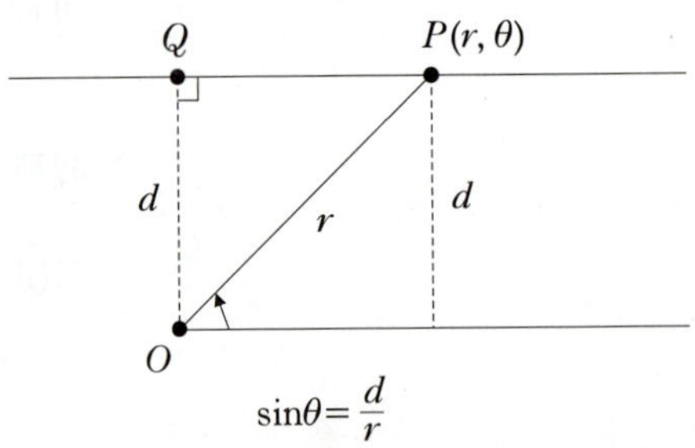

그림 11

예제 4 다음 직선의 극방정식을 구하여라.

(1) $y+\sqrt{3}x=0$　　　　(2) $x+y=4$

풀이 (1) 직선 $y+\sqrt{3}x=0$은 극을 지나고 기울기가 $-\sqrt{3}$ 즉 $\tan\theta_0=-\sqrt{3}$이므로 극방정식은 $\theta=2\pi/3$이다.

점 (x_0, y_0)에서 직선 $ax+by+c=0$까지의 거리 : $\dfrac{|ax_0+by_0+c|}{\sqrt{a^2+b^2}}$

(2) 직선 $x+y=4$의 기울기가 -1이므로 극 O에서 이 직선에 내린 수선의 기울기는 1이다. 따라서 $\tan\theta_0=1$ 즉 $\theta_0=\pi/4$이다. 또한 극 O에서 이 직선까지의 거리는 $2\sqrt{2}$이므로 극방정식은

$$r=\frac{2\sqrt{2}}{\cos(\theta-\pi/4)}$$

이다. ■

원의 극방정식

중심이 극 O에 있고 반지름이 a인 원 위의 임의의 점을 $P(r, \theta)$라고 하면 $r=a$이다. 따라서 이 원의 극방정식은 다음과 같다.

$$r=a$$

코사인법칙

$a^2=b^2+c^2-2bc\cos\theta$

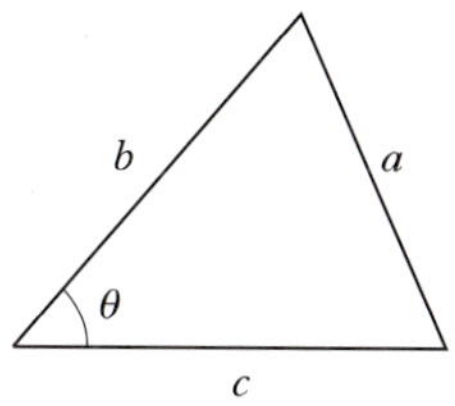

중심이 극 O가 아닌 점 $C(r_0, \theta_0)$이고 반지름이 a인 원 위의 임의의 점을 $P(r, \theta)$라고 하자. $\triangle OPC$에 코사인 법칙을 적용하면

$$a^2=\overline{OC}^2+\overline{OP}^2-2\,\overline{OC}\;\overline{OP}\cos(\theta-\theta_0)$$

즉

$$a^2=r_0^2+r^2-2rr_0\cos(\theta-\theta_0)$$

이다.

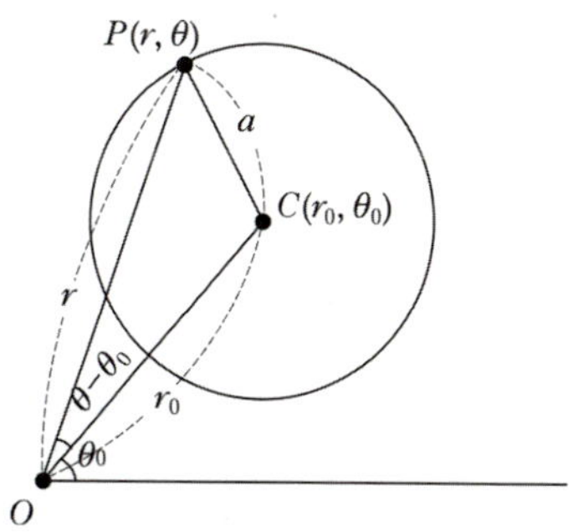

그림 12

반지름이 a인 원이 극을 지나면 중심이 $c(a, \theta_0)$이므로

$$r = 2a\cos(\theta - \theta_0)$$

이다. 중심이 극축 또는 극축과 수직인 직선 위에 있으면 위 식은 더욱 간단하게 되는데 예를 들어 중심이 $(a, 0)$, $(a, \pi/2)$이면 극방정식은 각각

$$r = 2a\cos\theta \ \text{(그림 13)}$$
$$r = 2a\cos(\theta - \pi/2) = 2a\sin\theta \ \text{(그림 14)}$$

이다.

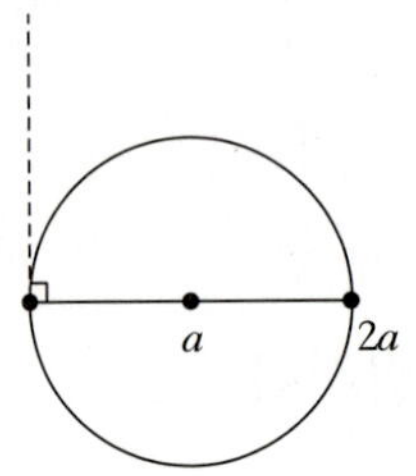

그림 13

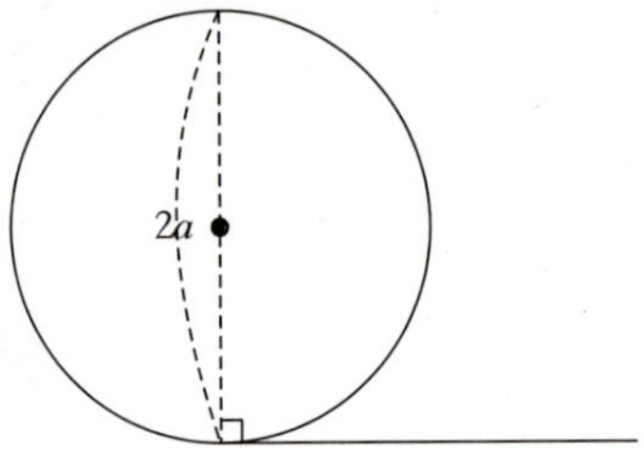

그림 14

예제 5 다음을 각각 구하여라.

(1) 중심이 $(4, \pi/4)$이고 반지름이 3인 원의 극방정식

(2) 원 $r = 6\sin\theta$의 중심과 반지름

풀이 (1) $a = 3$, $r_0 = 4$, $\theta_0 = \pi/4$이므로

$$3^2 = 4^2 + r^2 - 2r(4)\cos(\theta - \pi/4)$$

즉

$$r^2 - 8r\cos(\theta - \pi/4) + 7 = 0$$

이다.

(2) $r = 2\times 3\sin\theta$으로 고쳐 쓰면 중심이 $(3, \pi/2)$이고 반지름은 3임을 알 수 있다. ■

원추곡선의 극방정식

먼저 원추곡선(conic)을 정의하자. 평면상에 직선 l과 이 직선 위에 있지 않은 점 F가 주어졌을 때 직선 l까지의 거리와 점 F까지의 거리의 비율이 일정하도록 움직이는 점 P의 자취 즉 주어진 양의 상수 e에 대하여

$$\overline{PF} = e\,\overline{PQ}$$

을 만족하는 점 P의 집합을 **원추곡선**이라고 한다(그림 15). 직선 l을 준선

(directrix), 점 F를 **초점**(focus), 양의 상수 e를 **이심률**(eccentricity)이라고 한다.

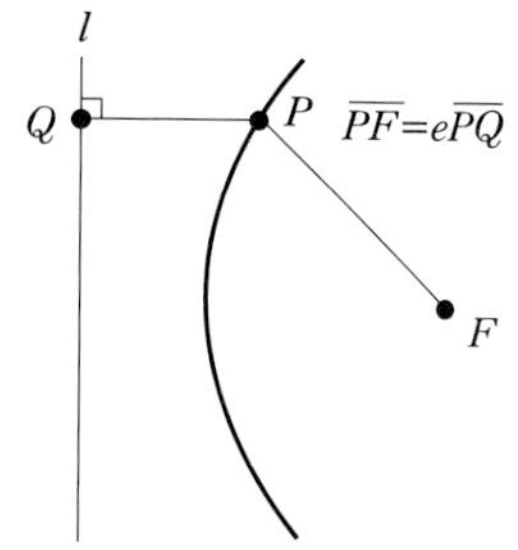

그림 15

또 이런 원추곡선은 이심률에 따라 특성이 판이하게 다르므로 다음과 같이 분류한다(그림 16).

타원(ellipse) : $0 < e < 1$
포물선(parabola) : $e = 1$
쌍곡선(hyperbola) : $e > 1$

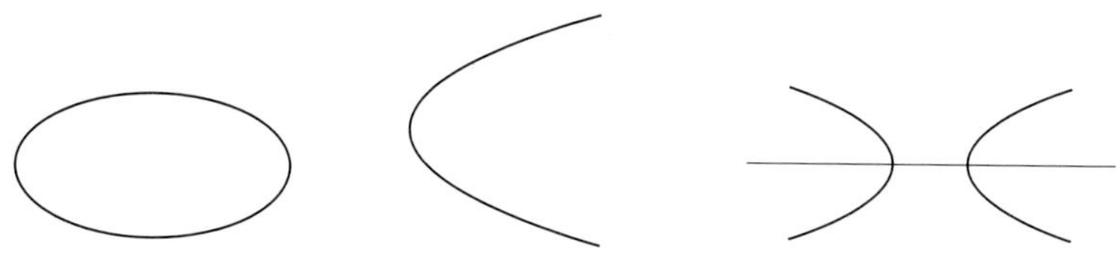

타원($0<e<1$)　　포물선($e=1$)　　쌍곡선($e>1$)

그림 16

원추곡선은 그림 17에서처럼 꼭지점과 축을 공유하는 동일한 두 개의 직원뿔을 지나는 한 평면이 만드는 교선으로 정의하기도 한다.

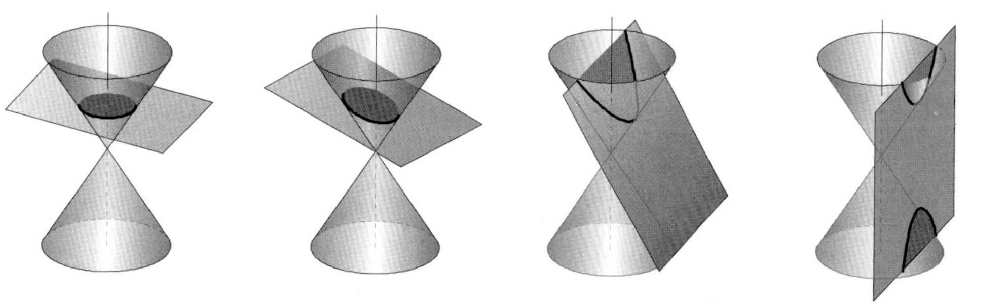

원 : 원뿔 축에 수직인 평면　　타원 : 원뿔 축에 비스듬한 평면　　포물선 : 원뿔의 옆면에 평행한 평면　　쌍곡선 : 원뿔 축에 평행인 평면

그림 17

이제 원추곡선의 극방정식을 구하자. 그림 18에서처럼 초점이 극과 일치하고 극에서 준선까지의 거리를 $d>0$, 극에서 준선에 내린 수선과 극축이 이루는 각이 θ_0라고 하면

$$\overline{PQ}=\overline{OB}-\overline{OA}=d-r\cos(\theta-\theta_0)$$

이다. 정의 $\overline{PF}=e\overline{PQ}$에 의하여 원추곡선의 극방정식은

$$r=e(d-r\cos(\theta-\theta_0))$$

또는

$$r=\frac{ed}{1+e\cos(\theta-\theta_0)}$$

이다.

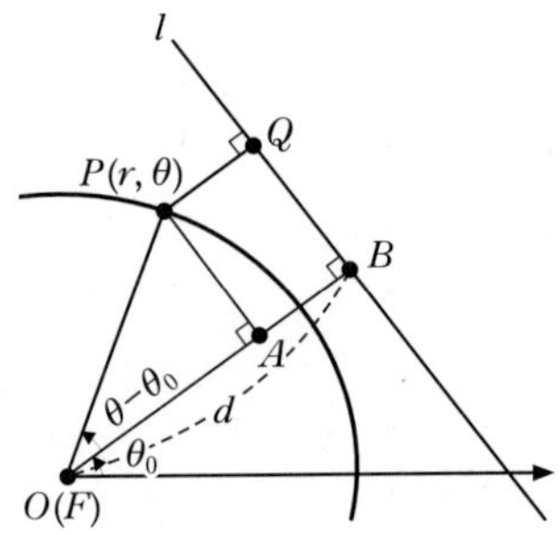

그림 18

특히, 준선이 극축과 수직이거나 평행 즉, $\theta_0=0$, $\theta_0=\pi/2$이면 극방정식은 각각

$$r=\frac{ed}{1+e\cos\theta}\ \text{(그림 19)}$$
$$r=\frac{ed}{1+e\sin\theta}\ \text{(그림 20)}$$

이다.

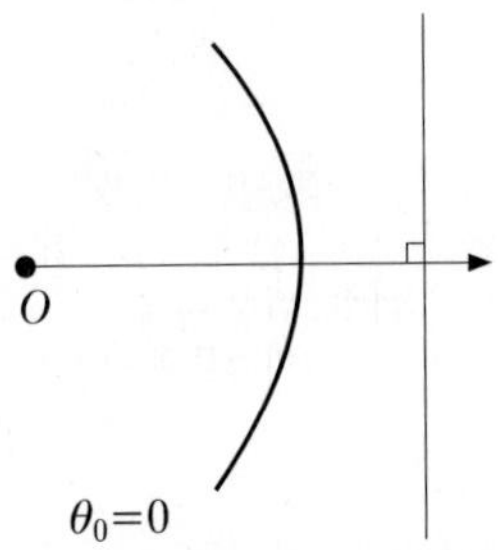

그림 19

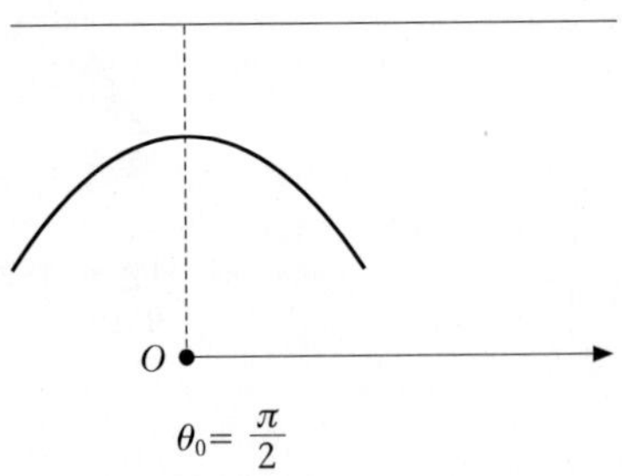

그림 20

예제 5 이심률이 2이고 준선이 $x=-3$인 쌍곡선을 구하여라.

풀이 $e=2$, $d=3$, $\theta_0=\pi$를 극방정식

$$r=\frac{ed}{1+e\cos(\theta-\theta_0)}$$

$\cos(\alpha-\beta)=\cos\alpha\cos\beta+\sin\alpha\sin\beta$

에 대입하면

$$r=\frac{6}{1-2\cos\theta}$$

이다. ■

예제 6 다음 원추곡선의 이심률, 준선, 종류를 구하여라.

(1) $r=\dfrac{7}{2+2\cos\theta}$ (2) $r=\dfrac{7}{2-\sin\theta}$

풀이 (1) $r=\dfrac{ed}{1+e\cos\theta}$처럼 표준화하면

$$r=\frac{7/2}{1+\cos\theta}$$

이므로 $e=1$, $d=7/2$이다. 따라서 준선이 $x=7/2$인 포물선이다.

(2) $r=\dfrac{ed}{1+e\sin\theta}$처럼 표준화하면

$$r=\frac{(0.5)7}{1+0.5\sin\theta}$$

이므로 $e=0.5$, $d=7$이다. 따라서 준선이 $y=7$인 타원이다. ■

예제 7 $r=\dfrac{2}{1-\cos\theta}$의 그래프를 그려라.

풀이 $r=\dfrac{2}{1-\cos\theta}$는 $r=\dfrac{2}{1+\cos(\theta+\pi)}$이므로 준선이 $x=-2$인 포물선이다. θ와 r의 대응값을 표로 만들고 이 점들을 극좌표평면상에 찍은 다음 연결하면 그림 21과 같다.

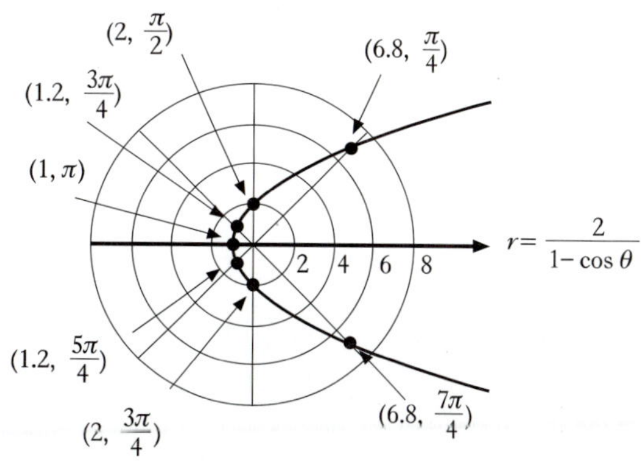

그림 21 ■

지금까지 다룬 직선, 원, 타원, 포물선, 쌍곡선의 직교방정식은 상수 a, b, c가 적어도 하나는 0이 아닌 경우의 x, y에 대한 이차식

$$ax^2+bxy+cy^2+dx+ey+f=0$$

으로 표시할 수 있다. 지금부터 이 절에서 다룰 곡선들은 직교방정식은 상당히 복잡하지만 극방정식으로 표시하면 간단하여 방정식을 보면 그 특징을 말할 수 있다. 이런 곡선들을 좀 더 잘 이해하기 위하여 극좌표계에서의 대칭성에 대한 판정법을 정리하자.

극좌표계에서의 대칭성 판정법

1. x축(극축)에 대한 대칭 : (r, θ) 대신 $(r, -\theta)$ 또는 $(-r, \pi-\theta)$를 대입해도 동일한 방정식인 경우(그림 22)
2. y축$(\theta=\pi/2)$에 대한 대칭 : (r, θ) 대신 $(-r, -\theta)$ 또는 $(r, \pi-\theta)$를 대입해도 동일한 방정식인 경우(그림 23)
3. 원점(극)에 대한 대칭 : (r, θ) 대신 $(-r, \theta)$ 또는 $(r, \theta+\pi)$를 대입해도 동일한 방정식인 경우(그림 24)

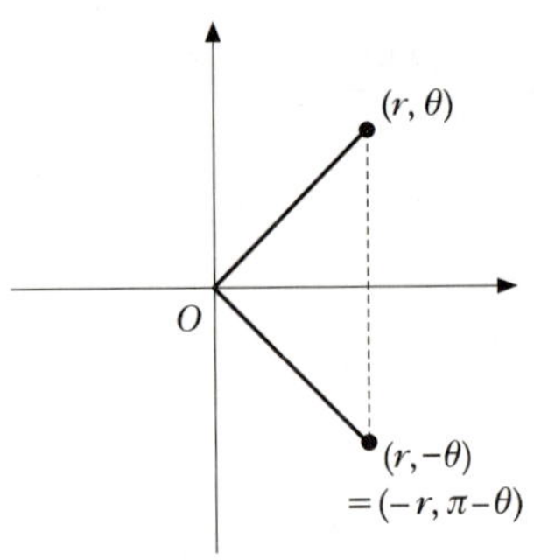

그림 22

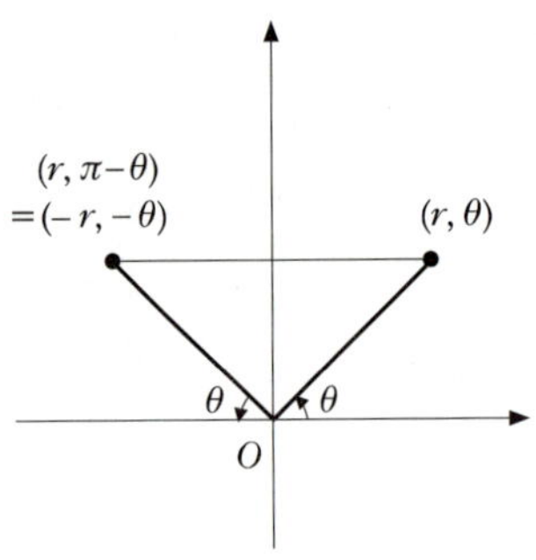

그림 23

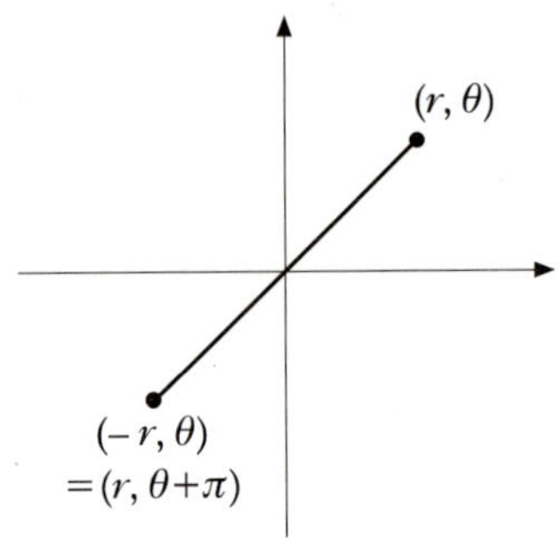

그림 24

와우선(limacon)과 심장형(cardioid)

와우선의 일반식은

$$r=a\pm b\cos\theta \text{ 또는 } r=a\pm b\sin\theta$$

이고 특히 $a=b$인 경우를 **심장형**이라고 한다. a와 b의 크기에 따라 각기 특징이 다른데 다음 세 가지가 $r=a+b\cos\theta$의 전형적인 그래프이다.

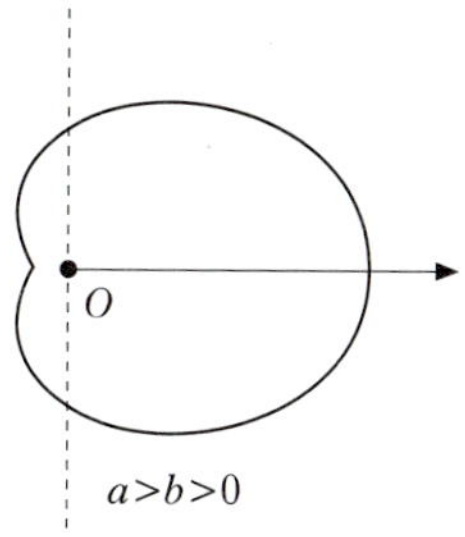

그림 25

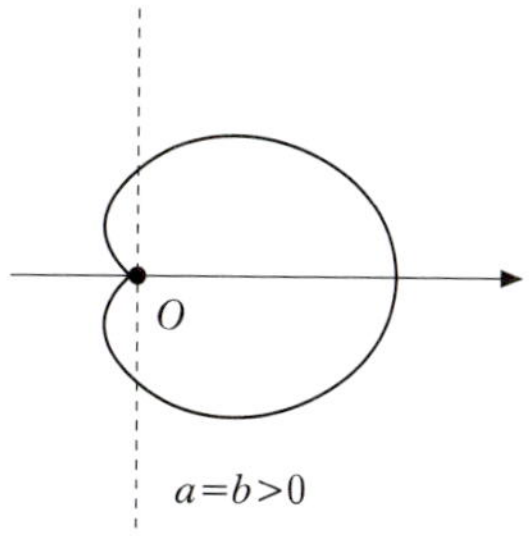

그림 26

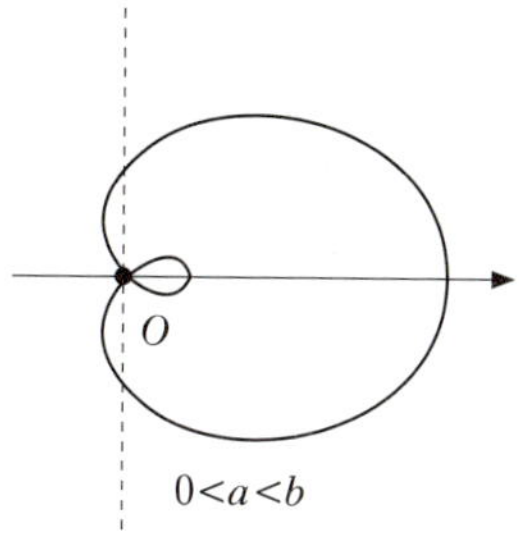

그림 27

예제 8 와우선 $r=2+4\cos\theta$의 그래프를 그려라.

풀이 $\cos(-\theta)=\cos\theta$이므로 극축에 대하여 대칭이다. 따라서 θ가 0에서 π까지 변할 때 θ와 r의 대응값을 표로 만들고 이 점들을 극좌표평면상에 찍은 다음 연결하고 θ가 π에서 2π까지 변할 때의 그래프는 극축에 대한 대칭성을 이용하여 그리면 그림 28과 같다. $\cos\theta$가 주기가 2π인 주기 함수이므로 θ가 2π만큼 변할 때마다 동일한 곡선을 반복함을 알 수 있다. ■

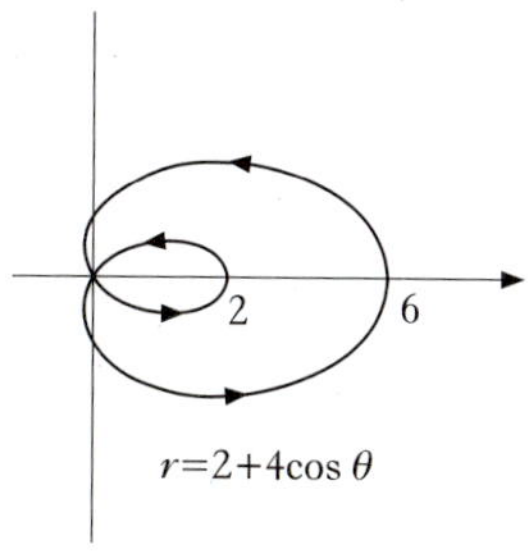

그림 28

예제 9 $r=1-\sin\theta$의 그래프를 그려라.

풀이 $\sin(\pi-\theta)=\sin\theta$이므로 $\theta=\pi/2$ 즉 y축에 대하여 대칭이다. 따라서 θ가 $-\pi/2$에서 $\pi/2$까지 변할 때 θ와 r의 대응값을 표로 만들고 이 점들을 극좌표평면상에 찍은 다음 연결하고 나머지 그래프는 y축에 대한 대칭성을 이용하여 그리면 그림 29와 같다. $\sin\theta$가 주기가 2π인 주기 함수이므로 θ가 2π만큼 변할 때마다 동일한 곡선을 반복함을 알 수 있다.

θ	r
$-\frac{\pi}{2}$	2
$-\frac{\pi}{3}$	$1+\frac{\sqrt{3}}{2}$
$-\frac{\pi}{6}$	$\frac{3}{2}$
0	1
$\frac{\pi}{6}$	$\frac{1}{2}$
$\frac{\pi}{3}$	$1-\frac{\sqrt{3}}{2}$
$\frac{\pi}{2}$	0

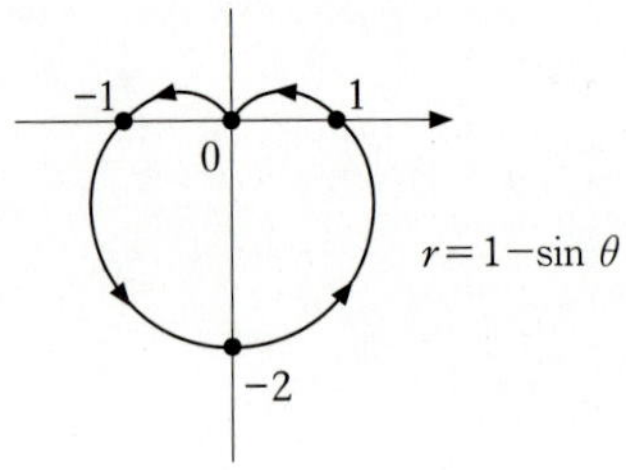

그림 29

장미(rose)

장미 꽃잎 모양의 곡선의 일반식은

$$r = a\cos k\theta \text{ 또는 } r = a\sin k\theta$$

이고 k가 홀수이면 k엽 장미, k가 짝수이면 $2k$엽 장미가 된다.

예제 10 삼엽 장미 $r=\cos 3\theta$의 그래프를 그려라.

풀이 $\cos 3(-\theta)=\cos 3\theta$이므로 극축에 대하여 대칭이다. 따라서 θ가 0에서 π까지 변할 때만 그리고 극축에 대한 대칭성을 이용한다.

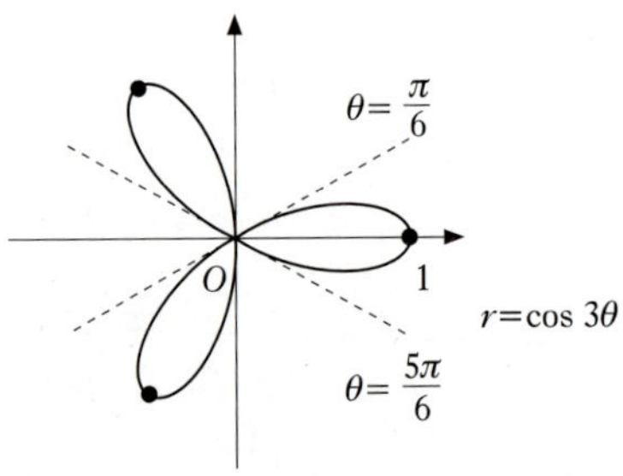

그림 30

연습문제 8.1

※ (1~8) 극좌표를 극좌표평면에 표시하여라.

1. $(3,\ \pi/3)$
2. $(-2,\ \pi/3)$
3. $(0,\ \pi)$
4. $(3,\ -\pi/3)$
5. $(-4,\ -\pi/2)$
6. $(-5,\ \pi)$
7. $(2,\ 2\pi/3)$
8. $(3,\ 10\pi/3)$

※ (9~16) 문제 1~8의 극좌표를 직교좌표로 변환하여라.

※ (17~20) 직교좌표를 극좌표로 나타내어라.

17. $(5\sqrt{3},\ 5)$
18. $(5,\ 5)$
19. $(-\sqrt{3},\ 1)$
20. $(1,\ -2)$

※ (21~28) 직교방정식을 극방정식으로 나타내어라.

21. $x=0$
22. $y=-4$
23. $x=y$
24. $x+y=1$
25. $x^2+y^2=1$
26. $x^2+(y-3)^2=1$
27. $x^2=4y$
28. $y^2=9x$

※ (29~33) 다음 극방정식을 직교방정식으로 나타내어라.

29. $r=4$
30. $\theta=\pi/4$
31. $r=4\cos\theta$
32. $r=\dfrac{5}{3\cos\theta-2\sin\theta}$
33. $r\cos(\theta-\pi/6)=3$

※ (34~38) 다음 조건을 만족하는 영역을 표시하여라.

34. $0\le r\le 3,\ 0\le\theta\le\pi$
35. $2\le r\le 3,\ \dfrac{\pi}{4}\le\theta\le\dfrac{3\pi}{4}$
36. $\dfrac{\pi}{4}\le\theta\le\dfrac{3\pi}{4}$
37. $-2\le r\le 3,\ \theta=\dfrac{3\pi}{4}$
38. $0\le r\le 4\cos\theta$

※ (39~43) 다음 직선의 극방정식을 구하여라.

39. 원점을 지나고 기울기가 -1인 직선
40. $x=4$
41. $y=-2$
42. 원점까지의 거리가 5이고 원점에서 이 직선에 내린 수선이 극축과 이루는 각이 $\dfrac{\pi}{6}$인 직선
43. 원점까지의 거리가 5이고 원점에서 이 직선에 내린 수선이 극축과 이루는 각이 $-\dfrac{\pi}{3}$인 직선

※ (44~49) 다음 원의 극방정식을 구하여라.

44. 중심이 $(0,\ 0)$이고 반지름이 2인 원
45. 중심이 $(2,\ 0)$이고 반지름이 2인 원
46. 중심이 $(-2,\ 0)$이고 반지름이 2인 원
47. 중심이 $(0,\ 3)$이고 반지름이 3인 원
48. 중심이 $(0,\ -3)$이고 반지름이 3인 원
49. 중심이 $(5\sqrt{3},\ 5)$이고 반지름이 4인 원

※ (50~57) 다음에 주어진 이심률과 준선을 가지는 원추곡선의 극방정식을 구하여라.

50. $e=0.7,\ x=3$
51. $e=0.5,\ y=-2$
52. $e=0.5,\ x+y=3$
53. $e=1,\ x=-2$
54. $e=1,\ y=3$
55. $e=1,\ x+y=3$
56. $e=2,\ y=-3$
57. $e=1,\ x+y=-3$

※ (58~71) 다음 극방정식이 나타내는 곡선의 종류를 말하고 원추곡선이면 이심률, 초점, 준선을 구하여라.

58. $\theta=2$
59. $r=2$
60. $r\cos\theta=5$
61. $r\sin\theta=-5$
62. $r=4\cos\theta$
63. $r=-4\sin\theta$
64. $r=4\sec(\theta-\pi/6)$
65. $r=8/(4+\cos\theta)$
66. $r=8/(3+3\sin\theta)$
67. $r=8/(2+3\cos\theta)$
68. $r=1/(1-\sin\theta)$
69. $r=1/(1+2\cos\theta)$
70. $r=\dfrac{6}{2+3\cos(\theta-\pi/4)}$
71. $r=\dfrac{6}{5+3\cos(\theta-\pi/6)}$

※ (72~79) 다음 와우선을 그려라.

72. $r=0.5+\cos\theta$
73. $r=-0.5+\cos\theta$
74. $r=0.5+\sin\theta$
75. $r=-0.5+\sin\theta$
76. $r=-1.5+\sin\theta$
77. $r=1.5+\cos\theta$
78. $r=3+\sin\theta$
79. $r=-3+\cos\theta$

※ (80~83) 다음 심장형을 그려라.

80. $r=2+2\cos\theta$
81. $r=-2-2\cos\theta$
82. $r=2-2\sin\theta$
83. $r=-2+2\sin\theta$

※ (84~87) 다음 장미를 그려라.

84. $r = 2\cos 3\theta$

85. $r = \sin 3\theta$

86. $r = \cos 2\theta$

87. $r = 4\sin 2\theta$

※ (88~91) **연주형**(lemniscate)이라 불리는 8자 모양의 곡선의 방정식은

$$r^2 = a\cos 2\theta \text{ 또는 } r^2 = a\sin 2\theta$$

이다. 다음 극방정식의 그래프를 그려라.

88. $r^2 = 9\cos 2\theta$

89. $r^2 = 4\sin 2\theta$

90. $r^2 = -9\cos 2\theta$

91. $r^2 = -4\sin 2\theta$

※ (92~93) **아르키메데스의 나선**(spiral of Archimedes)의 일반형은

$$r = a\theta$$

이다. 다음 극방정식의 그래프를 그려라.

92. $r = \theta$

93. $r = 2\theta \ (\theta \geq 0)$

8.2 극좌표계에서의 길이와 면적

이미 직교 방정식 또는 매개 변수 방정식으로 표현된 곡선의 길이와 평면도형의 넓이를 구하는 공식을 유도하였다. 예를 들어 넓이의 경우에는 아래와 같은 표준적인 과정을 따랐다.

(1) 대상 영역을 잘게 분할하고,
(2) 각 분할의 근사값을 구하고 합하여 전체영역의 근사값(예를 들어 작은 직사각형들의 합)을 구하고,
(3) 분할의 크기를 0에 수렴하도록 잘게 할 때 이 합의 극한값을 구한다.

이 모든 과정은 리만 적분을 정의하는 방법이고 따라서 넓이는 정적분으로 표시됨을 알 수 있었다. 이 절에서는 이런 문제를 극좌표체계에서 논의할 것이다.

곡선의 길이

극좌표계에서 곡선은

$$r = f(\theta),\ \alpha \le \theta \le \beta$$

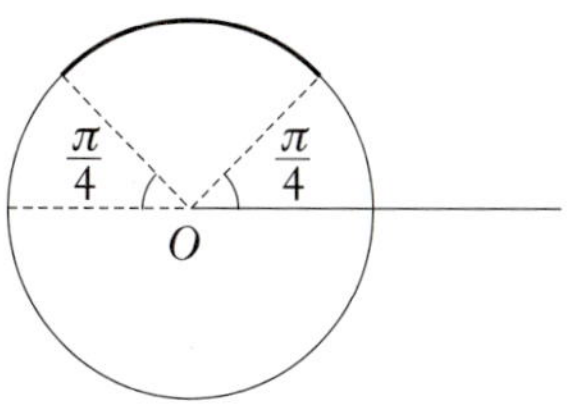

그림 1

로 표현된다. 예를 들어 $r=2,\ \pi/4 \le \theta \le 3\pi/4$는 반지름이 2이고 중심이 원점인 원의 일부이다(그림 1).

극좌표로 주어진 곡선의 식을 매개변수 방정식으로 표현하기 위하여 치환

$$x = r\cos\theta = f(\theta)\cos\theta$$
$$y = r\sin\theta = f(\theta)\sin\theta$$

을 하면

$$\frac{dx}{d\theta} = f'(\theta)\cos\theta - f(\theta)\sin\theta$$
$$\frac{dy}{d\theta} = f'(\theta)\sin\theta + f(\theta)\cos\theta$$

이다. 이 관계식을 매개변수 방정식으로 표현된 곡선의 길이에 대한 공식

$$L=\int_{\alpha}^{\beta}\sqrt{\left(\frac{dx}{d\theta}\right)^2+\left(\frac{dy}{d\theta}\right)^2}\,d\theta$$

에 대입하면 다음의 정리 1을 얻는다.

정리 1 (곡선 $r=f(\theta)$, $\alpha\le\theta\le\beta$의 길이)

도함수가 연속인 함수 $r=f(\theta)$, $\alpha\le\theta\le\beta$로 주어진 곡선의 길이는

$$L=\int_{\alpha}^{\beta}\sqrt{(f(\theta))^2+(f'(\theta))^2}\,d\theta$$

예제 1 반지름이 a인 원의 둘레를 구하여라.

풀이 중심이 극이고 반지름이 a인 원의 극방정식은

$$r=a,\ 0\le\theta\le 2\pi$$

이므로 $f(\theta)=a$이다. 따라서 원의 둘레의 길이 L은

$$L=\int_{0}^{2\pi}\sqrt{a^2+0^2}\,d\theta=2\pi a$$

이다. ■

예제 2 포물선

$$r=\frac{2}{1+\cos\theta},\ -\frac{\pi}{2}\le\theta\le\frac{\pi}{2}$$

의 길이를 구하여라(그림 2).

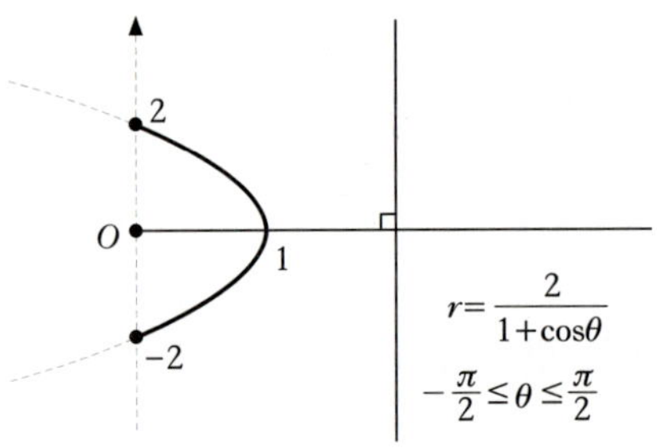

그림 2

풀이 $\cos(-\theta)=\cos\theta$이므로 극축에 대하여 대칭이다. 따라서 구하려는 곡선의 길이는 $0\le\theta\le\frac{\pi}{2}$일 때 길이의 2배이다.

$$f(\theta)=\frac{2}{1+\cos\theta},$$

$$f'(\theta)=\frac{2\sin\theta}{(1+\cos\theta)^2}$$

이므로

$$\begin{aligned}L&=2\int_{0}^{\pi/2}\sqrt{(f(\theta))^2+(f'(\theta))^2}\,d\theta\\&=2\int_{0}^{\pi/2}\sqrt{\left(\frac{2}{1+\cos\theta}\right)^2+\left(\frac{2\sin\theta}{(1+\cos\theta)^2}\right)^2}\,d\theta\end{aligned}$$

$1+\cos 2u = 2\cos^2 u$

$$= 4\sqrt{2}\int_0^{\pi/2}\sqrt{\frac{1}{(1+\cos\theta)^3}}\,d\theta$$

$$= 4\sqrt{2}\int_0^{\pi/2}\sqrt{\frac{1}{\left(2\cos^2\frac{\theta}{2}\right)^3}}\,d\theta$$

$$= 2\int_0^{\pi/2}\sec^3\frac{\theta}{2}\,d\theta$$

$$= 4\int_0^{\pi/4}\sec^3 x\,dx,\ (x=\theta/2)$$

이다. 부정적분 $\int \sec^3 x\,dx = \frac{1}{2}(\sec x\tan x + \ln|\sec x + \tan x|) + c$를 이용하면 다음의 길이를 얻는다.

$$L = 2[\sqrt{2} + \ln(1+\sqrt{2})].$$

영역의 넓이

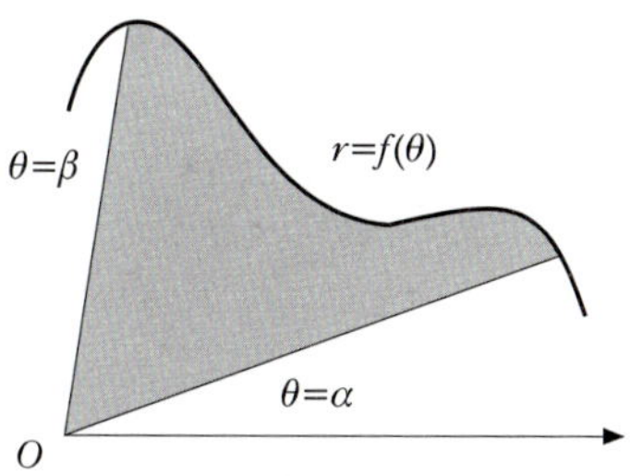

그림 3

극좌표계에서

$$r = f(\theta),\ \theta = \alpha,\ \theta = \beta$$

로 둘러 싸여 있는 영역 R의 넓이를 구하자. 함수 $f(\theta)$가 주어진 구간 $\alpha \le \theta \le \beta$에서 연속이고 $0 \le f(\theta)$이라고 가정하면 영역 R의 일반적 모습은 그림 3과 같다. 이제 직교좌표계에서 하였던 대로 다음의 세 과정으로 나누어 넓이를 구하는 공식을 구하자.

(1) 분할 : 구간 $\alpha \le \theta \le \beta$를 $P = \{\alpha = \theta_0 < \theta_1 < \cdots < \theta_n = \beta\}$로 분할하고 그림 4처럼 영역 R을

$$r = f(\theta),\ \theta = \theta_{i-1},\ \theta = \theta_i$$

로 둘러싸인 작은 영역 R_i들로 분할한다.

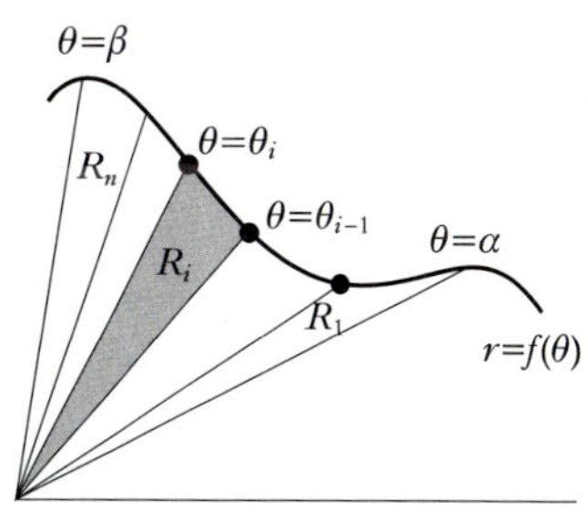

그림 4

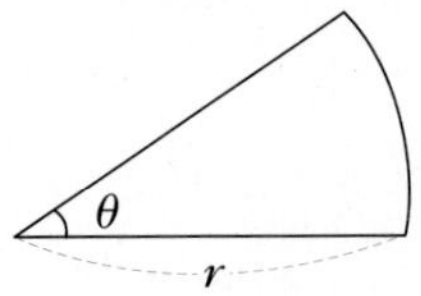

$A=\frac{1}{2}r^2\theta$

(2) **근사합 구하기** : 구간 $[\theta_{i-1}, \theta_i]$에서 표본점 $\overline{\theta_i}$ 를 임의로 택하면 그림 5처럼 중심각이 $\triangle\theta_i \equiv \theta_i - \theta_{i-1}$이고 반지름이 $f(\overline{\theta_i})$인 부채꼴의 넓이는 작은 영역 R_i의 넓이의 근사값이다. 즉,

$$A(R_i) \approx \frac{1}{2}\left(f(\overline{\theta_i})\right)^2 \triangle\theta_i$$

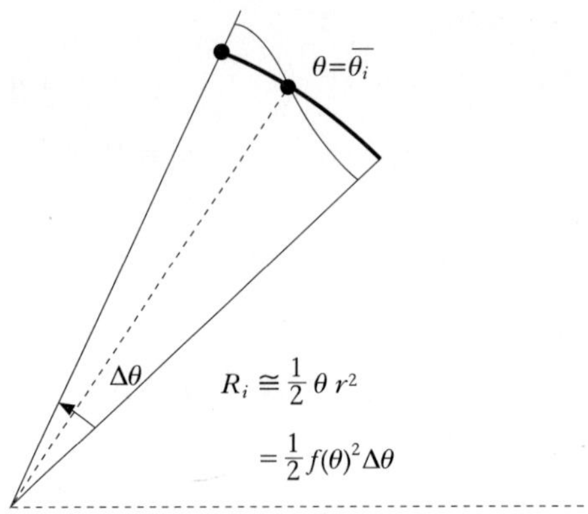

그림 5

이들의 합

$$\sum_{i=1}^{n}\frac{1}{2}\left(f(\overline{\theta_i})\right)^2 \triangle\theta_i$$

은 전체영역 R의 넓이의 근사값이다.

$$A \approx \sum_{i=1}^{n}\frac{1}{2}f(\theta_i)^2 \triangle\theta_i$$

(3) **적분으로 표시하기** : 정적분의 정의에 의하여 분할의 크기

$$\|P\| = \max\{\triangle\theta_i \mid i = 1,\ 2\cdots\ n\}$$

가 0으로 수렴할 때 과정 (2)의 근사값의 극한값은

$$\lim_{\|P\|\to 0}\sum_{i=1}^{n} f(\theta_i)^2 \triangle\theta_i = \frac{1}{2}\int_{\alpha}^{\beta}(f(\theta))^2 d\theta$$

이고, 이는 전체영역 R의 넓이이다.

정리 2 (극좌표계로 주어진 영역의 넓이)

$f(\theta)$가 구간 $\alpha \le \theta \le \beta$에서 연속이고 $f(\theta) \ge 0$이면 극좌표

$$r = f(\theta),\ \theta = \alpha,\ \theta = \beta$$

로 둘러 싸여 있는 영역 R의 면적은

$$A = \frac{1}{2}\int_{\alpha}^{\beta} (f(\theta))^2 d\theta$$

이다.

예제 3 심장형 $r = 1 - \sin\theta$로 둘러싸인 영역의 넓이를 구하여라.

풀이 $f(\theta) = 1 - \sin\theta$는 주기가 2π인 주기함수이므로 θ가 0에서 2π까지 변화할 때 심장형 $r = 1 - \sin\theta$의 그래프는 8장 1절의 그림 29와 같다. 따라서 넓이는

$$\begin{aligned} A &= \frac{1}{2}\int_0^{2\pi}(1-\sin\theta)^2 d\theta \\ &= \frac{1}{2}\int_0^{2\pi}(1-2\sin\theta+\sin^2\theta)d\theta \\ &= \frac{1}{2}\int_0^{2\pi}\left(1-2\sin\theta+\frac{1-2\cos 2\theta}{2}\right)d\theta \\ &= \frac{1}{2}\left[\theta+2\cos\theta+\frac{1}{2}\left(\theta-\frac{1}{2}\sin 2\theta\right)\right]_0^{2\pi} \\ &= \frac{3\pi}{2} \end{aligned}$$

이다. ■

예제 4 삼엽 장미 $r = \cos 3\theta$의 한 잎의 넓이를 구하여라.

풀이 삼엽 장미 $r = \cos 3\theta$의 세 잎은 합동이다. 따라서 극축에 대하여 대칭인 잎의 면적을 구하자(8장 1절 그림 30). θ가 0에서 $\pi/6$까지 변하면 극축에 대하여 대칭인 잎의 극축 윗부분이 완성되므로

$$\begin{aligned} A &= 2\left(\frac{1}{2}\int_0^{\pi/6}(\cos 3\theta)^2 d\theta\right) \\ &= \int_0^{\pi/6}\frac{1+\cos 6\theta}{2}d\theta \\ &= \frac{\pi}{12} \end{aligned}$$

■

예제 5 심장형 $r=1+\cos\theta$의 외부와 원 $r=2\sin\theta$의 내부의 공통부분 (그림 6)의 넓이를 구하여라.

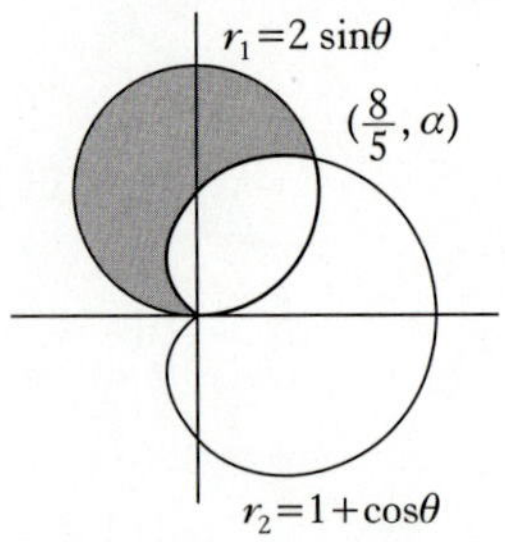

그림 6

풀이 원 $r_1=2\sin\theta$ 위의 점 (r_1, θ)는 θ가 0에서 π까지 변할 때 극점에서 출발하여 시계 반대방향으로 돌아서 출발점인 극으로 다시 돌아오고 심장형 $r_2=1+\cos\theta$ 위의 점 (r_2, θ)는 θ가 0에서 π까지 변할 때 점 (2, 0)에서 출발하여 시계반대방향으로 돌아서 극에 도착한다. 따라서 극이 아닌 두 곡선의 교점을 (r_0, α)라고 하면 구하려는 영역의 넓이는 영역

$$r_1=2\sin\theta,\ \theta=\alpha,\ \theta=\pi$$

의 넓이에서 영역

$$r_2=1+\cos\theta,\ \theta=\alpha,\ \theta=\pi$$

의 넓이를 빼면 된다. 즉

$$A=\frac{1}{2}\int_{\alpha}^{\pi} r_1^2 d\theta-\frac{1}{2}\int_{\alpha}^{\pi} r_2^2 d\theta$$
$$=\frac{1}{2}\int_{\alpha}^{\pi}[r_1^2-r_2^2]\,d\theta$$

이다. 두 곡선의 교점은 $r_1=r_2$ 즉

$$2\sin\theta=1+\cos\theta$$

의 해를 구하면 된다. 양변을 제곱하고 $\sin^2\theta=1-\cos^2\theta$를 대입하고 정리하면

$$(\cos\theta+1)(5\cos\theta-3)=0$$

이므로 $\theta=\pi$ 또는 $\theta=\cos^{-1}(3/5)$이다. 즉 $\alpha=\cos^{-1}(3/5)$이고 이는 예각이므로 $\sin\alpha=4/5$이다.

$$A=\frac{1}{2}\int_{\alpha}^{\pi}[(2\sin\theta)^2-(1+\cos\theta)^2]\,d\theta$$

$$\sin^2\theta=\frac{1-\cos 2\theta}{2}$$
$$\cos^2\theta=\frac{1+\cos 2\theta}{2}$$

$$= \frac{1}{2}\int_{\alpha}^{\pi}\left[\frac{1}{2} - 2\cos\theta - \frac{5}{2}\cos 2\theta\right]d\theta$$

$$= \frac{1}{2}\left[\frac{\theta}{2} - 2\sin\theta - \frac{5}{4}\sin 2\theta\right]_{\alpha}^{\pi}$$

$$= \frac{1}{2}\left[\frac{1}{2}(\pi-\alpha) + 2\sin\alpha + \frac{5}{4}\sin 2\alpha\right]$$

$$= \frac{1}{2}\left[\frac{1}{2}(\pi-\alpha) + 2\times\frac{4}{5} + \frac{5}{4}\times 2\times\frac{4}{5}\times\frac{3}{5}\right]$$

$$= \frac{1}{4}\left(\pi - \cos^{-1}\frac{3}{5}\right) + \frac{7}{5}$$

■

연습문제 8.2

※ (1~8) 다음 곡선의 길이를 구하여라.

1. 포물선 $r = \dfrac{2}{1+\sin\theta}$, $0 \le \theta \le \dfrac{\pi}{2}$
2. 심장형 $r = 1+\sin\theta$, $0 \le \theta \le 2\pi$
3. 심장형 $r = a(1-\cos\theta)$, $0 \le \theta \le 2\pi$
4. 포물선 $r = \dfrac{5}{1-\cos\theta}$, $0 \le \theta \le \pi$
5. 나선 $r = \theta$, $-7 \le \theta \le 7$
6. 곡선 $r = \sqrt{1+\sin 2\theta}$, $0 \le \theta \le \pi/2$
7. 로그나선 $r = e^{\theta}$, $0 \le \theta \le 2\pi$
8. 곡선 $r = 6\cos\theta + 8\sin\theta$, $0 \le \theta \le \pi$

※ (9~25) 다음 영역의 넓이를 구하여라.

9. 반지름이 r이고 중심각의 크기가 θ인 부채꼴
10. 리마송 $r = 1+2\cos\theta$에서 작은 고리
11. 리마송 $r = 1+2\cos\theta$에서 작은 고리의 외부와 큰 고리의 내부의 공통영역
12. 심장형 $r = 1+\cos\theta$의 내부와 원 $r = \sqrt{3}$의 외부의 공통부분
13. 리마송 $r = 3+2\cos\theta$
14. 사엽 장미 $r = \cos 2\theta$의 한 잎
15. 원 $r = 2$의 내부와 심장형 $r = 2+2\sin\theta$의 외부의 공통부분
16. 원 $r = 1$의 내부와 심장형 $r = 1-\cos\theta$의 내부의 공통부분
17. 원 $r = 3\cos\theta$의 내부와 심장형 $r = 1+\cos\theta$의 외부의 공통부분
18. 연주형 $r^2 = 4\cos 2\theta$
19. 두 심장형 $r = 1-\cos\theta$, $r = 1+\sin\theta$의 내부가 이루는 영역
20. 심장형 $r = 1-\cos\theta$의 외부와 심장형 $r = 1+\sin\theta$의 내부가 이루는 영역
21. 심장형 $r = 1-\cos\theta$의 외부와 심장형 $r = 1+\sin\theta$의 내부가 이루는 영역중에서 제1사분면에 있는 부분
22. 심장형 $r = 1-\cos\theta$의 외부와 심장형 $r = 1+\sin\theta$의 내부가 이루는 영역중에서 제4사분면에 있는 부분
23. 연주형 $r^2 = 6\cos 2\theta$의 내부와 원 $r = \sqrt{3}$의 외부의 공통부분
24. 반지름이 5인 원과 원의 중심으로부터의 거리가 3인 직선이 만나서 이루는 작은 영역
25. 두 원 $r = 2\cos\theta$와 $r = 4\sin\theta$로 둘러싸인 영역

※ (26~29) 다음 직교좌표로 주어진 곡선의 식을 극방정식으로 변형하고 이 곡선들로 둘러싸인 영역의 넓이를 구하여라.

26. $(x^2+y^2)^3 = 16x^2y^2$
27. $(x^2+y^2)^2 = 4(x^2-y^2)$
28. $y = 4x^2$, $y = x$
29. $x^2(3-x^2) = y^2(1+x^2)$

제 9 장 테일러 정리와 응용

예를 들어 $e^{0.6}$ 또는 $\sin 0.1$을 계산하여야 한다면 어떻게 할 것인가? 물론 계산기나 컴퓨터를 사용할 수 있겠지만 이는 근본적인 해결책은 아니다. 함수 e^x 또는 $\sin x$는 사칙연산만으로 정의할 수 없고 계산기나 컴퓨터도 인간과 마찬가지로 할 수 있는 계산은 기본적으로 사칙연산뿐이기 때문에 사칙연산만을 이용하여 이들 함수값의 근사값을 계산하도록 지시, 즉 프로그래밍하여야 한다. 또 다른 예로 정적분 함수

$$f(u) = \int_0^u e^{-x^2} dx, \ 0 \le u < \infty$$

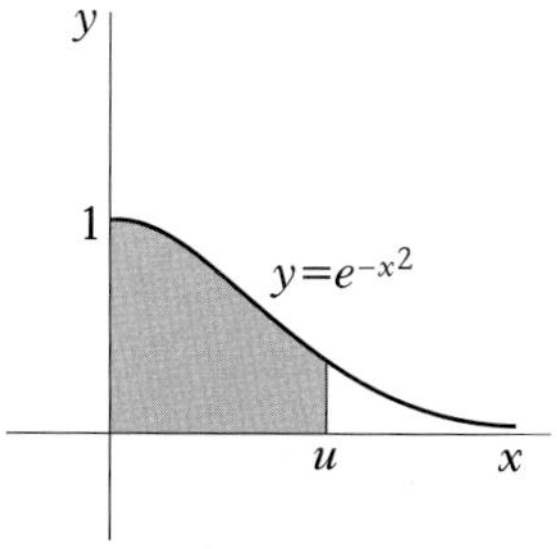

그림 1

의 값은 영역 $y = e^{-x^2}$, $x = 0$, $x = u$, $y = 0$(그림 1)의 넓이이므로 무한대가 아닌 모든 실수에 대하여 반드시 존재한다. 하지만 부정적분

$$\int e^{-x^2} dx$$

을 우리가 알고 있는 다항식, 유리함수, 삼각함수, 지수함수, 로그함수 등으로 표시할 수 없기 때문에 현 단계에서는 예를 들어 $f(1)$을 표현하는 유일한 방법은

$$\int_0^1 e^{-x^2} dx$$

이고 따라서 참값에 가까운 근사값과 오차의 한계를 구하는 방법을 알아야 한다.

위의 예에서 보았듯이 모든 함수들의 함수값을 정확히 계산할 수도 없고 많은 경우 원하는 만큼 정확한 근사값을 사용하는 것이 보다 실용적이다. 따라서 본 장에서는 근사값을 사칙연산만으로 구하는 방법 즉 주어진 함수 $f(x)$와 유사한 다항식 $p(x)$와 오차의 한계를 구하는 방법을 소개할 것이다.

9.1 테일러 다항식

점 a에서 미분가능한 함수 $f(x)$의 근사값을 구하는 방법중의 하나는 점 a에서의 접선

$$p_1(x) = f(a) + f'(a)(x-a)$$

을 이용하는 것이다.

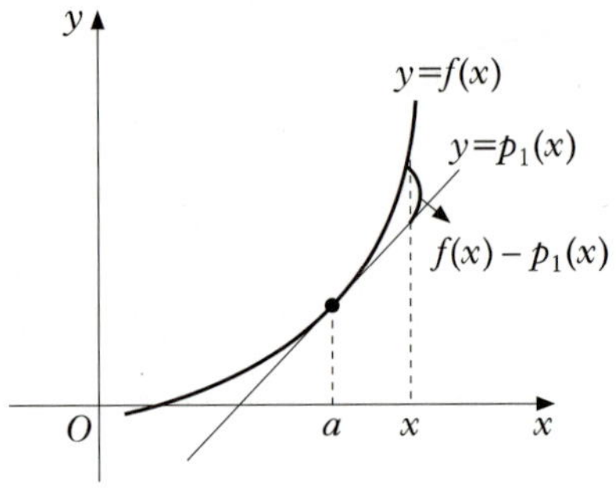

그림 2

그림 2에서 알 수 있듯이 x가 a에 가까울수록 $p_1(x)$는 $f(x)$의 훌륭한 근사값일 가능성이 높다. 이런 다항식 $p_1(x)$를 $f(x)$의 1계 **근사다항식**(Approximation of order 1) 또는 **1계 테일러 다항식**(Taylor polynomial of order 1)이라고 한다. $f'(a)=0$일 수도 있으므로 다항식 $p_1(x)$의 차수는 1 이하이기 때문에 1차라고 하지 않고 1계라고 하였다. 1계 테일러 다항식 $p_1(x)$는 점 a에서 1계 도함수까지 $f(x)$와 같은 값을 갖는다. 즉

$$f(a) = p_1(a),\ f'(a) = p_1{}'(a)$$

이다. 2계도함수가 존재한다면 $f(x)$의 2계 근사다항식을 구하는 것이 가능하다. 만약 이차 다항식

$$p_2(x) = a_0 + a_1(x-a) + a_2(x-a)^2$$

이 점 a에서 2계 도함수까지 $f(x)$와 같은 값을 갖는다면 즉

$$f(a) = p_2(a),\ f'(a) = p_1{}'(a),\ f''(a) = p_2{}''(a)$$

이면 점 a의 근방에서 $y=p_2(x)$의 그래프는 $y=p_1(x)$의 그래프보다 $y=f(x)$의 그래프와 더 유사할 것이다. 조건 $f(a)=p_2(a)$을 만족하려면

$$a_0 = f(a)$$

이고 $f'(a) = p_1'(a)$를 만족하려면

$$a_1 = f'(a)$$

이고, $f''(a) = p_2''(a)$를 만족하려면

$$a_2 = \frac{f''(a)}{2}$$

이다. 따라서 **이계 테일러 다항식**은

$$p_2(x) = f(a) + f'(a)(x-a) + \frac{f''(a)}{2!}(x-a)^2$$

이다. 더 높은 고계도함수가 존재한다면 더 높은 차수의 근사 다항식을 같은 방법으로 구할 수 있다.

함수 $f(x)$가 a를 포함하는 개구간 $(a-\epsilon, a+\epsilon)$ $(\epsilon > 0)$에서 n번 미분가능하면 즉 처음 n개의 도함수 $f', f'', \cdots, f^{(n)}$가 존재하면

$$f(x) \approx p_n(x) = f(a) + \frac{f'(a)}{1!}(x-a) + \cdots + \frac{f^{(n)}(a)}{n!}(x-a)^n$$

를 함수 $f(x)$의 **n계 근사다항식** 또는 **n계 테일러 다항식**(Taylor polynomial of order n)이라고 한다.

예제 1 $f(x) = \dfrac{1}{1+x}$의 3계 테일러 다항식을 $x=0$과 $x=1$ 근방에서 각각 구하여라.

풀이 3계 도함수까지 구하면 다음과 같다.

$$f'(x) = (-1)(1+x)^{-2}, \qquad f'(0) = -1, \quad f'(1) = -\frac{1}{4}$$

$$f''(x) = (-1)(-2)(1+x)^{-3}, \qquad f'(0) = 2, \quad f'(1) = \frac{1}{4}$$

$$f'''(x) = (-1)(-2)(-3)(1+x)^{-4}, \quad f'(0) = -6, \quad f'(1) = -\frac{3}{8}$$

따라서 $x=0$과 $x=1$ 근방에서의 3계 테일러 다항식 $p_3(x)$, $q_3(x)$는

$$\begin{aligned} p_3(x) &= 1 - x + \frac{2}{2!}x^2 + \frac{-6}{3!}x^3 \\ &= 1 - x + x^2 - x^3 \\ q_3(x) &= \frac{1}{2} - \frac{1}{4}(x-1) + \frac{1/4}{2!}(x-1)^2 + \frac{-3/8}{3!}(x-1)^3 \end{aligned}$$

$$= \frac{1}{2} - \frac{1}{4}(x-1) + \frac{1}{8}(x-1)^2 - \frac{1}{16}(x-1)^3$$

이다. ■

임의의 정수 $0 \le k \le n$에 대하여 정의한 기호

$$\binom{n}{k} = \begin{cases} \dfrac{n(n-1)(n-2)\cdots(n-k+1)}{k!}, & k \ge 1 \\ 1, & k = 0 \end{cases}$$

에서 정수 n을 임의의 실수 s로 확장하자. 즉 임의의 실수 s와 임의의 정수 $0 \le k$에 대하여 다음과 같이 정의하자.

$$\binom{s}{k} = \begin{cases} \dfrac{s(s-1)(s-2)\cdots(s-k+1)}{k!}, & k \ge 1 \\ 1, & k = 0 \end{cases}$$

예제 2 $\binom{1/2}{k}$를 구하여라.

풀이 정의에 의하여 $1 \le k$이면

$$\binom{1/2}{k} = \frac{\left(\frac{1}{2}\right)\left(\frac{1}{2}-1\right)\left(\frac{1}{2}-2\right)\cdots\left(\frac{1}{2}-k+1\right)}{k!}$$
$$= (-1)^{k-1}\frac{(1)(3)\cdots(2k-3)}{(k!)2^k}$$

이다. ■

예제 3 $f(x) = \sqrt{1+x}$의 n계 테일러 다항식을 $x=0$ 근방에서 구하여라.

풀이 3계 도함수까지 구하면 다음과 같다.

$$f(x) = (1+x)^{1/2}, \qquad f(0) = 1$$
$$f'(x) = \frac{1}{2}(1+x)^{-1/2}, \qquad f'(0) = \frac{1}{2}$$
$$f''(x) = \left(\frac{1}{2}\right)\left(-\frac{1}{2}\right)(1+x)^{-3/2}, \qquad f''(0) = \left(\frac{1}{2}\right)\left(-\frac{1}{2}\right)$$
$$f'''(x) = \left(\frac{1}{2}\right)\left(-\frac{1}{2}\right)\left(-\frac{3}{2}\right)(1+x)^{-5/2} \qquad f'''(0) = \left(\frac{1}{2}\right)\left(-\frac{1}{2}\right)\left(-\frac{3}{2}\right)$$

이를 일반화하면 $k \ge 1$에 대하여 다음과 같음을 알 수 있다.

$$f^{(k)}(x) = \left(\frac{1}{2}\right)\left(-\frac{1}{2}\right)\left(-\frac{3}{2}\right)\cdots\left(-\frac{2k-3}{2}\right)(1+x)^{-(2k-1)/2}$$
$$= (-1)^{k-1}\frac{(1)(3)\cdots(2k-3)}{2^k}(1+x)^{-(2k-1)/2}$$

$$f^{(k)}(0) = (-1)^{k-1}\frac{(1)(3)\cdots(2k-3)}{2^k}$$

예제 2의 결과를 이용하면 $f^{(k)}(0) = (k!)\binom{1/2}{k}$이다. 따라서 n계 테일러 다항식 $p_n(x)$는

$$p_n(x) = \sum_{k=0}^{n}\frac{f^{(k)}(0)}{k!}x^k = \sum_{k=0}^{n}\binom{1/2}{k}x^k$$

이다.

삼각함수의 테일러 다항식

예제 4 $\sin x$, $\cos x$의 테일러 다항식을 $x=0$ 근방에서 구하여라.

풀이 $f(x) = \sin x$의 처음 4계까지의 도함수와 $x=0$에서의 값을 구하면

$$\begin{aligned} f'(x) &= \cos x, & f'(0) &= 1 \\ f''(x) &= -\sin x, & f''(0) &= 0 \\ f'''(x) &= -\cos x, & f'(0) &= -1 \\ f^{(4)}(x) &= \sin x, & f^{(4)}(0) &= 0 \end{aligned}$$

이고 이런 패턴은 계속 되풀이 될 것이다. sine함수는 무한번 미분가능하므로 임의의 자연수 n에 대하여 테일러 다항식은

$$\sin x \approx x - \frac{x^3}{3!} + \frac{x^5}{5!} - \frac{x^7}{7!} + \cdots + (-1)^n\frac{x^{2n+1}}{(2n+1)!}$$

이다.

같은 방법으로 cosine함수의 테일러 다항식을 구하면

$$\cos x \approx 1 - \frac{x^2}{2!} + \frac{x^4}{4!} - \frac{x^6}{6!} + \cdots + (-1)^n\frac{x^{2n}}{(2n)!}$$

이다.

지수함수의 테일러 다항식

예제 5 $f(x) = e^x$의 테일러 다항식을 $x=0$ 근방에서 구하여라.

풀이 지수함수 $f(x) = e^x$의 도함수는 자기 자신이므로 음이 아닌 임의의 정수 k에 대하여

$$f^{(k)}(x) = e^x$$

이다. 따라서 $x=0$에서 테일러 다항식 $p_n(x)$는

$$p_n(x) = \sum_{k=0}^{n} \frac{x^k}{k!}$$

이다. ■

로그함수의 테일러 다항식

예제 6 $f(x) = \ln(1+x)$의 테일러 다항식을 $x=0$ 근방에서 구하여라.

풀이 로그함수 $f(x) = \ln(1+x)$의 도함수와 $x=0$에서의 값을 구하면

$$f'(x) = (1+x)^{-1}, \qquad f'(0) = 1$$
$$f''(x) = -(1+x)^{-2}, \qquad f''(0) = -1$$
$$f'''(x) = (-1)(-2)(1+x)^{-3}, \qquad f'''(0) = (-1)(-2)$$
$$\cdots\cdots\cdots\cdots\cdots\cdots$$
$$f^{(k)}(x) = (-1)(-2)\cdots(-k+1)(1+x)^{-k} = (-1)^{k-1}(k-1)!\,(1+x)^{-k},$$
$$f^{(k)}(0) = (-1)^{k-1}(k-1)!$$

이다. 따라서 테일러 다항식 $p_n(x)$는

$$p_n(x) = \sum_{k=1}^{n} (-1)^{k-1} \frac{x^k}{k}$$

이다. ■

9.2 테일러 다항식의 미분, 적분 및 연산

지금까지 몇몇 중요한 함수의 기본적인 형에 대한 테일러 다항식을 정의를 이용하여 구하였다. 그러나 정의만을 이용하여 구하는 것은 매우 어려운 경우가 많다. 이제부터는 이미 알려진 테일러 다항식을 이용하여 미분, 적분, 합, 차, 곱 또는 상의 테일러 다항식을 좀 더 쉽게 구하는 방법에 대하여 알아보자. 결론부터 이야기한다면 미분, 적분, 합, 차, 곱 또는 상의 테일러 다항식을 구하려면 원 함수의 테일러 다항식을 미분하고, 적분하고, 합하고, 빼고, 곱하고 또는 나누면 된다.

테일러 다항식의 합과 차

두 함수의 합 또는 차의 경우에는 자명하므로 설명 없이 결과만 기술한다.

정리 1 (합 또는 차의 테일러 다항식)
함수 $f(x)$, $g(x)$와의 n계 테일러 다항식을 각각 $p_n(x)$, $q_n(x)$라면 $f(x)\pm g(x)$의 n계 테일러 다항식은 $p_n(x)\pm q_n(x)$이다.

예제 1 함수 $f(x)=\dfrac{1}{1+x}+\sqrt{1+x}$의 3계 테일러 다항식을 0 근방에서 구하여라.

풀이 9장 1절의 예제 1과 3에 의하면 $\dfrac{1}{1+x}$와 $\sqrt{1+x}$의 3계 테일러 다항식은 각각

$$\frac{1}{1+x}\approx 1-x+x^2-x^3,$$

$$\sqrt{1+x}\approx 1+\frac{1}{2}x-\frac{1}{8}x^2+\frac{1}{16}x^3$$

이므로 함수 $f(x)$의 3계 테일러 다항식

$$(1-x+x^2-x^3)+\left(1+\frac{1}{2}x-\frac{1}{8}x^2+\frac{1}{16}x^3\right)=2-\frac{1}{2}x+\frac{7}{8}x^2-\frac{15}{16}x^3$$

이다. ■

테일러 다항식의 합성

먼저 함수 $f(x)$의 n계 테일러 다항식을 $p_n(x)$라고 하면

$$\lim_{x\to a}(f(x)-p_n(x)) = f(a)-p_n(a)=0,$$

$$\lim_{x\to a}(x-a)^n = 0$$

이므로 로피탈의 정리를 사용하면

$$\lim_{x\to a}\frac{f(x)-p_n(x)}{(x-a)^n}$$

$$=\lim_{x\to a}\frac{f'(x)-\left[f'(a)+f''(a)(x-a)+\cdots+\dfrac{f^{(n)}(a)}{(n-1)!}(x-a)^{n-1}\right]}{n(x-a)^{n-1}}$$

이고 다시 분모, 분자의 극한값이 0이므로 로피탈의 정리를 다시 사용할 수 있다. 이런 과정을 n번 반복하면

$$\lim_{x\to a}\frac{f(x)-p_n(x)}{(x-a)^n}=\lim_{x\to a}\frac{f^{(n)}(x)-f^{(n)}(a)}{n!}=0$$

임을 알 수 있다. 역으로 n차 다항식

$$p(x)=a_n(x-a)^n+a_{n-1}(x-a)^{n-1}+\cdots+a_1(x-a)+a_0$$

가

$$\lim_{x\to a}\frac{f(x)-p(x)}{(x-a)^n}=0$$

을 만족한다고 하자. 분모의 극한값이 0 즉 $\lim_{x\to a}(x-a)^n=0$이므로 분자의 극한값도 0 즉 $f(a)-a_0=\lim_{x\to a}(f(x)-p(x))=0$이어야 한다. 따라서 로피탈의 정리에 의하여 다시

$$\lim_{x\to a}\frac{f'(x)-\left[a_1+2a_2(x-a)+\cdots+na_n(x-a)^{n-1}\right]}{n(x-a)^{n-1}}=0$$

이고 같은 이유로 $a_1=f'(a)/1!$이다. 이를 반복하면

$$a_k=\frac{f^{(k)}(a)}{k!}$$

임을 알 수 있다. 따라서 테일러 다항식의 필요충분조건에 대한 정리 2가 성립한다.

정리 2 (테일러 다항식의 유일성)

함수 $f(x)$가 a를 포함하는 개구간 $(a-\epsilon, a+\epsilon)$ $(\epsilon>0)$에서 처음 $n+1$개의 도함수 $f', f'', \cdots, f^{(n+1)}$를 갖는다면

$$\lim_{x\to a}\frac{f(x)-p(x)}{(x-a)^n}=0$$

을 만족하는 유일한 n계 다항식은 n계 테일러 다항식이다.

함수 $f(x)$의 0 근방에서의 n계 테일러 다항식을 이용하여 $f(cx^k)$의 테일러 다항식을 구하자. 함수 $f(x)$의 n계 테일러 다항식을

$$p_n(x)=a_nx^n+a_{n-1}x^{n-1}+\cdots+a_1x+a_0$$

라고 하면 정리 2에 의하여

$$\lim_{x\to 0}\frac{f(x)-p_n(x)}{x^n}=0$$

이고, 한편

$$\lim_{x\to 0}\frac{f(x)-p_n(x)}{x^n}=\lim_{x\to 0}\frac{f(cx^k)-p_n(cx^k)}{(cx^k)^n}=\lim_{x\to 0}\frac{f(cx^k)-p_n(cx^k)}{c^nx^{nk}}$$

이므로

$$\begin{aligned}0&=\lim_{x\to 0}\frac{f(cx^k)-p_n(cx^k)}{c^nx^{nk}}\\&=\lim_{x\to 0}\frac{f(cx^k)-p_n(cx^k)}{x^{nk}}\end{aligned}$$

이다. 따라서 다시 정리 2에 의하여 $p_n(cx^k)$는 함수 $f(cx^k)$의 nk계 테일러 다항식이다.

정리 3 (합성함수의 테일러 다항식)

함수 $f(x)$의 0 근방에서의 n계 테일러 다항식이 $p_n(x)$라면 $f(cx^k)$의 nk계 테일러 다항식은 $p_n(cx^k)$이다.

예제 2 $g(x)=\dfrac{1}{1-x^2}$의 6계 테일러 다항식을 $x=0$ 근방에서 구하여라.

풀이 9장 1절의 예제 1에 의하면 $f(x)=\dfrac{1}{1+x}$의 $x=0$ 근방에서의 3계 테일러 다항식은

$$p_3(x)=1-x+x^2-x^3$$

이다. 따라서 함수 $g(x)$의 6계 테일러 다항식 $q_6(x)$는

$$\begin{aligned} q_6(x) &= p_3(-x^2)=1-(-x^2)+(-x^2)^2-(-x^2)^3 \\ &= 1+x^2+x^4+x^6 \end{aligned}$$

이다. ■

테일러 다항식의 곱셈과 나눗셈

이제 함수의 곱의 테일러 다항식을 구하는 방법에 대하여 알아보자. 함수 $f(x)$, $g(x)$와 두 함수의 곱 $h(x)=f(x)g(x)$의 n계 테일러 다항식을 각각

$$\begin{aligned} p_n(x) &= a_nx^n+a_{n-1}x^{n-1}+\cdots+a_1x+a_0 \\ q_n(x) &= b_nx^n+b_{n-1}x^{n-1}+\cdots+b_1x+b_0 \\ r_n(x) &= c_nx^n+c_{n-1}x^{n-1}+\cdots+c_1x+c_0 \end{aligned}$$

라고 하자. 정의에 의하여

$$a_k=\frac{f^{(k)}(a)}{k!},\quad b_k=\frac{g^{(k)}(a)}{k!},\quad c_k=\frac{h^{(k)}(a)}{k!}$$

이다. 연습문제 1에 의하면

$$h^{(k)}(a)=\sum_{i=0}^{k}\binom{k}{i}f^{(k-i)}(a)g^{(i)}(a)$$

이므로, $k\le n$이면

$$\begin{aligned} c_k=\frac{h^{(k)}(a)}{k!} &= \frac{\sum_{i=0}^{k}\binom{k}{i}f^{(k-i)}(a)g^{(i)}(a)}{k!} \\ &= \sum_{i=0}^{k}\frac{f^{(k-i)}(a)}{(k-i)!}\,\frac{g^{(i)}(a)}{i!} \\ &= \sum_{i=0}^{k}a_{k-i}b_i \end{aligned}$$

이다. 연습문제 2에 의하면 c_k는 두 테일러 다항식 $p_n(x)$, $q_n(x)$의 곱 $p_n(x)q_n(x)$의 x^k의 계수이고 따라서 $r_n(x)$는 $p_n(x)q_n(x)$의 n차 이하의 항

으로 만들어진 다항식이다.

정리 4 (곱셈의 테일러 다항식)

함수 $f(x)$, $g(x)$의 n계 테일러 다항식을 각각 $p_n(x)$, $q_n(x)$이라면 $h(x) = f(x)g(x)$의 n계 테일러 다항식은 $2n$차 다항식 $p_n(x)q_n(x)$의 n차 이하의 항으로 만들어진 다항식이다.

예제 3 $f(x) = e^x \sin x$의 3계 테일러 다항식을 $x = 0$ 근방에서 구하여라.

풀이 e^x와 $\sin x$의 테일러 다항식은 각각

$$e^x \approx \sum_{k=0}^{n} \frac{x^k}{k!}$$

$$\sin x \approx x - \frac{x^3}{3!} + \frac{x^5}{5!^2} + \cdots$$

이므로 함수 $f(x)$의 3계 테일러 다항식은 6차 다항식

$$\left(1 + \frac{x}{1!} + \frac{x^2}{2!} + \frac{x^3}{3!}\right)\left(x - \frac{x^3}{3!}\right) = x + x^2 + \frac{1}{3}x^3 - \frac{5}{12}x^5 - \frac{1}{36}x^6$$

에서 3차 이하의 항으로 만들어진

$$e^x \sin x \approx x + x^2 + \frac{1}{3}x^3$$

이다. ■

테일러 다항식의 나눗셈에 대하여는 예제를 이용하여 방법만을 소개하고 증명은 생략할 것이다.

예제 4 $f(x) = \dfrac{\sin x}{e^x}$의 5계 테일러 다항식을 $x = 0$ 근방에서 구하여라.

풀이 방법 1 : **미정 계수법**

$f(x)$의 테일러 다항식을

$$f(x) \approx a_0 + a_1 x + \cdots + a_n x^n + \cdots$$

라고 하면 $f(x)e^x = \sin x$이므로

$$\left(1 + \frac{x}{1!} + \frac{x^2}{2!} + \frac{x^3}{3!} + \cdots\right)\left(a_0 + a_1 x + \cdots + a_n x^n + \cdots\right) = x - \frac{x^3}{3!} + \frac{x^5}{5!} - \frac{x^7}{7!} + \cdots$$

이다. 양변의 계수를 비교하면

$$\begin{aligned}
&a_0 = 0,\\
&a_1+a_0 = 1,\\
&a_2+a_1+\frac{a_0}{2!} = 0,\\
&a_3+a_2+\frac{a_1}{2!}+\frac{a_0}{3!} = -\frac{1}{3!}\\
&a_4+a_3+\frac{a_2}{2!}+\frac{a_1}{3!}+\frac{a_0}{4!} = 0\\
&a_5+a_4+\frac{a_3}{2!}+\frac{a_2}{3!}+\frac{a_1}{4!}+\frac{a_0}{5!} = \frac{1}{5!}
\end{aligned}$$

이고 이를 풀면

$$a_0 = 0,\ a_1 = 1,\ a_2 = -1,\ a_3 = \frac{1}{3},\ a_4 = 0,\ a_5 = -\frac{1}{30}$$

이다. 따라서 5계 테일러 다항식은

$$\frac{\sin x}{e^x} \approx x - x^2 + \frac{1}{3}x^3 - \frac{1}{30}x^5$$

이다.

방법 2 : **나누기**

보통의 다항식 나눗셈을 하여 몫을 취한다.

$$\begin{array}{r|l}
 & x - x^2 + \frac{1}{3}x^3 - \frac{1}{30}x^5 \\ \hline
1+x+\frac{x^2}{2}+\frac{x^3}{6}+\frac{x^4}{24}+\frac{x^5}{120}+\cdots & x - \frac{x^3}{6} + \frac{x^5}{120} + \cdots \\
 & x + x^2 + \frac{x^3}{2} + \frac{x^4}{6} + \frac{x^5}{24} + \frac{x^6}{120} + \cdots \\ \cline{2-2}
 & -x^2 - \frac{2}{3}x^3 - \frac{x^4}{6} - \frac{4}{120}x^5 - \frac{x^6}{120} + \cdots \\
 & -x^2 - x^3 - \frac{x^4}{2} - \frac{x^5}{6} - \frac{x^6}{24} + \cdots \\ \cline{2-2}
 & \frac{1}{3}x^3 + \frac{1}{3}x^4 + \frac{2}{15}x^5 + \cdots \\
 & \frac{1}{3}x^3 + \frac{1}{3}x^4 + \frac{1}{6}x^5 + \cdots \\ \cline{2-2}
 & -\frac{1}{30}x^5 + \cdots
\end{array}$$

■

테일러 다항식의 미분과 적분

함수 $f(x)$, 도함수 $h(x)=f'(x)$, 역도함수 $F(x)=\int f(x)dx$의 테일러 다항식의 관계를 알아보자. 함수 $f(x)$, $h(x)=f'(x)$, $F(x)=\int f(x)dx$의 테일러 다항식을 각각

$$p(x)=a_0+a_1x+\cdots+a_kx^k+\cdots$$
$$q(x)=b_0+b_1x+\cdots+b_kx^k+\cdots$$
$$r(x)=c_0+c_1x+\cdots+c_kx^k+\cdots$$

이라고 하자. 테일러 다항식의 정의에 의하여

$$\begin{aligned} b_k &= \frac{h^{(k)}(a)}{k!}=\frac{f^{(k+1)}(a)}{k!} \\ &= (k+1)\frac{f^{(k+1)}(a)}{(k+1)!}=(k+1)a_{k+1} \end{aligned}$$

이므로 함수 $f(x)$의 n계 테일러 다항식을 미분하면 도함수 $h(x)=f'(x)$의 $(n-1)$계 테일러 다항식을 얻을 수 있다.

$f(x)=F'(x)$이므로 위의 사실을 이용하면

$$a_k=(k+1)c_{k+1}$$

이므로 함수 $f(x)$의 n계 테일러 다항식을 적분하면 $f(x)$의 부정적분 $F(x)=\int f(x)dx$의 $(n+1)$계 테일러 다항식을 얻을 수 있다.

정리 5 (미분과 적분의 테일러 다항식)

함수 $f(x)$의 테일러 다항식을 미분하면 도함수 $f'(x)$의 테일러 다항식이 되고, $f(x)$의 테일러 다항식을 적분하면 역도함수 $F(x)(F'(x)=f(x))$의 테일러 다항식이 된다. 즉, $f(x)$의 테일러 다항식을

$$f(x)\approx p_n(x)=a_0+a_1x+\cdots+a_nx^n$$

이라고 하면

$$f'(x)\approx p_n{}'(x)=a_1+2a_2x+3a_3x^2+\cdots+na_nx^{n-1}$$
$$F(x)\approx\int_0^x p_n(t)dt=a_0x+\frac{a_1}{2}x^2+\cdots+\frac{a_n}{n+1}x^{n+1}$$

이다.

예제 5 다음 함수의 테일러 다항식을 $x=0$ 근방에서 구하여라.

(1) $h(x)=\cos x$ (2) $F(x)=\tan^{-1}x$

풀이 (1) $h(x)=\cos x=\dfrac{d}{dx}\sin x$이고 10장 1절의 예제 4에 의하면 $\sin x$의 테일러 다항식은

$$\sin x \approx x-\frac{x^3}{3!}+\frac{x^5}{5!}-\frac{x^7}{7!}+\cdots+(-1)^n\frac{x^{2n+1}}{(2n+1)!}$$

이므로 정리 5에 의하여 이를 미분하면 코사인의 테일러 다항식

$$\cos x \approx 1-\frac{x^2}{2!}+\frac{x^4}{4!}-\frac{x^6}{6!}+\cdots+(-1)^n\frac{x^{2n}}{(2n)!}$$

을 얻는다.

(2) $F(x)=\tan^{-1}x$는 $f(x)=\dfrac{1}{1+x^2}$의 역도함수이고 $f(x)$의 테일러 다항식은

$$f(x)=\frac{1}{1+x^2}\approx p_n(x)=\sum_{k=0}^{n}(-1)^k x^{2k}$$

이므로 이 다항식을 적분하면 $F(x)=\tan^{-1}x$의 $(2n+1)$계 테일러 다항식

$$\begin{aligned} F(x)=\tan^{-1}x &\approx \sum_{k=0}^{n}(-1)^k\frac{x^{2k+1}}{2k+1} \\ &= x-\frac{x^3}{3}+\frac{x^5}{5}+\cdots(-1)^n\frac{x^{2n+1}}{2n+1} \end{aligned}$$

을 얻는다. ■

연습문제 9.2

1. 두 함수 $f(x)$, $g(x)$의 처음 n개의 도함수가 존재한다. 다음을 증명하여라.

$$\frac{d^k}{dx^k}(f(x)g(x))=\sum_{i=0}^{k}\binom{k}{i}f^{(k-i)}(x)g^{(i)}(x)$$

2. 차수가 n인 두 다항식

$$p(x)=a_nx^n+a_{n-1}x^{n-1}+\cdots+a_1x+a_0$$
$$q(x)=b_nx^n+b_{n-1}x^{n-1}+\cdots+b_1x+b_0$$

의 곱 $r(x)=p(x)q(x)$는

$$r(x)=\sum_{k=0}^{2n}c_kx^k,\quad c_k=\sum_{i=0}^{k}a_{k-i}b_i$$

이다. 단, $a_i,\ b_i=0,\ i=n+1,\ n+2\cdots\ 2n$.

※ (3~24) 다음에 주어진 함수의 a 근방에서의 n계 테일러 다항식을 구하여라.

3. $\dfrac{1}{1-x}$, $a=0$, $n=4$

4. $\dfrac{1}{(1-x)^2}$, $a=0$, $n=5$

5. $\dfrac{1}{(1-x^3)^2}$, $a=0$, $n=15$

6. $\dfrac{1+x}{(1-x)^2}$, $a=0$, $n=5$

7. $\dfrac{1}{4+2x}$, $a=0$, $n=5$

8. $\sin x^2$, $a=0$, $n=5$

9. $\displaystyle\int_0^x \sin t^2 dt$, $a=0$, $n=10$

10. $\int_0^x \cos t^2 dt,\ a=0,\ n=4$

11. $\tan x,\ a=0,\ n=7$

12. $e^{-x^2},\ a=0,\ n=10$

13. $\cosh x = \dfrac{e^x+e^{-x}}{2},\ a=0,\ n=10$

14. $\sinh x = \dfrac{e^x-e^{-x}}{2},\ a=0,\ n=10$

15. $\cos x \sin x,\ a=0,\ n=4$

16. $\sin^{-1}x = \int_0^x \dfrac{1}{\sqrt{1-t^2}}dt,\ a=0,\ n=4$

17. $\dfrac{\sin x}{\sqrt{1+x}},\ a=0,\ n=4$

18. $(1-x)^{2/3},\ a=0,\ n=4$

19. $(1+x^2)^{2/3},\ a=0,\ n=4$

20. $\int_0^x e^{-t^2}dt,\ a=0,\ n=6$

21. $\sec x,\ a=0,\ n=3$

22. $e^{\cos x},\ a=0,\ n=3$

23. $\dfrac{1}{1+x+x^2},\ a=0,\ n=4$

24. $\dfrac{1}{\sqrt{2-x}},\ a=0,\ n=4$

9.3 테일러 정리와 테일러 다항식의 오차

함수 $f(x)$를 근사다항식 $p_n(x)$로 대신할 때 오차를 계산할 수 있다면 매우 유용할 것이다.

정리 1 (테일러 정리)

함수 $f(x)$가 a를 포함하는 개구간 $(a-\epsilon, a+\epsilon)$ $(\epsilon>0)$에서 $n+1$번 미분가능하면 즉 처음 $n+1$개의 도함수 $f', f'', \cdots, f^{(n+1)}$가 존재하면 임의의 $x\in(a-\epsilon, a+\epsilon)$에 대하여

$$\begin{aligned} f(x) = f(a)+f'(a)(x-a)+\frac{f''(a)}{2!}(x-a)^2+\cdots \\ +\frac{f^{(n)}(a)}{n!}(x-a)^n+\frac{f^{(n+1)}(c)}{(n+1)!}(x-a)^{n+1} \end{aligned}$$

를 만족하는 c가 a와 x 사이에 존재한다.

증명 $x=a$이면 등식이 성립하므로 $x\neq a$라고 하자. x에 대한 다항식 $p_n(x)$와 함수 $q(t)$를 각각

$$p_n(x) = f(a)+f'(a)(x-a)+\frac{f''(a)}{2!}(x-a)^2+\cdots+\frac{f^{(n)}(a)}{n!}(x-a)^n$$

$$q(t) = f(t)+f'(t)(x-t)+\frac{f''(t)}{2!}(x-t)^2+\cdots+\frac{f^{(n)}(t)}{n!}(x-t)^n$$

라고 정의하자. 개구간 $(a-\epsilon, a+\epsilon)$에서 처음 $n+1$개의 도함수 $f', f'', \cdots, f^{(n+1)}$가 존재하므로 $q(t)$는 미분가능하고 따라서 함수

$$g(t) = [f(x)-q(t)]-[f(x)-p_n(x)]\frac{(x-t)^{n+1}}{(x-a)^{n+1}}$$

도 미분가능한 t의 함수이다. 또한 $q(a)=p_n(x)$, $q(x)=f(x)$이므로

$$\begin{aligned} g(a) &= [f(x)-q(a)]-[f(x)-p_n(x)]\frac{(x-a)^{n+1}}{(x-a)^{n+1}} \\ &= [f(x)-p_n(x)]-[f(x)-p_n(x)]=0 \\ g(x) &= [f(x)-q(x)]-[f(x)-p_n(x)]\frac{(x-x)^{n+1}}{(x-a)^{n+1}} \\ &= [f(x)-f(x)]=0 \end{aligned}$$

이다. 따라서 Rolle의 정리에 의하여 $g'(c)=0$을 만족하는 c가 a와 x 사이에 존재한다. $q'(t)=\frac{f^{(n+1)}(t)}{n!}(x-t)^n$를 이용하면

$$\begin{aligned} g'(t) &= -q'(t)+(n+1)[f(x)-p_n(x)]\frac{(x-t)^n}{(x-a)^{n+1}} \\ &= -\frac{f^{(n+1)}(t)}{n!}(x-t)^n+(n+1)[f(x)-p_n(x)]\frac{(x-t)^n}{(x-a)^{n+1}} \end{aligned}$$

이므로 $t=c$를 대입하면

$$0=-\frac{f^{(n+1)}(c)}{n!}(x-c)^n+(n+1)[f(x)-p_n(x)]\frac{(x-c)^n}{(x-a)^{n+1}}$$

즉

$$f(x)=p_n(x)+\frac{f^{(n+1)}(c)}{(n+1)!}(x-a)^{n+1}$$

이다. ■

정리 1의

$$\begin{aligned} R_n(x) &= f(x)-p_n(x) \\ &= \frac{f^{(n+1)}(c)}{(n+1)!}(x-a)^{n+1} \end{aligned}$$

를 잉여항(Remainder)이라고 하는데 이 값이 함수 $f(x)$와 n계 테일러 다항식 $p_n(x)$의 차, 즉 오차이다.

위의 정리 1은 평균값 정리를 일반화 한 것이다. 실제로 $n=1$이면 평균값 정리임을 쉽게 알 수 있다.

예제 1 $f(x)=\ln(1+x)$을 이용하여 ln 1.05의 근사값을 구하려고 한다. 다음에 답하여라.

(1) $f(x)=\ln(1+x)$의 2계 테일러 다항식을 이용하여 ln 1.05의 근사값과 오차의 한계를 구하여라.

(2) 오차가 10^{-7}보다 작은 근사값과 유효숫자를 구하여라.

풀이 $\ln 1.05=f(0.05)$이고 10장 2절의 예제 5에 의하면 테일러 다항식 $p_n(x)$과 도함수 $f^{(k)}(x)$는 각각

$$\begin{aligned} p_n(x) &= \sum_{k=1}^{n}(-1)^{k-1}\frac{x^k}{k}, \\ f^{(k)}(x) &= (-1)^{k-1}(k-1)!(1+x)^{-k} \end{aligned}$$

이다.

(1) 2계 테일러 다항식을 사용한 근사값은

$$f(0.05) \approx p_2(0.05) = 0.05 - \frac{(0.05)^2}{2} = 0.04875$$

이다. 테일러 정리에 의하면 오차 E 즉 잉여항의 절대값은

$$\begin{aligned} E = |R_2(0.05)| &= \left| \frac{f^{(2+1)}(c)}{(2+1)!} 0.05^3 \right| \\ &= \left| \frac{(-1)^{3-1}(3-1)!}{(1+c)^3} \frac{1}{(2+1)!} (0.05)^3 \right| \\ &= \left| \frac{(0.05)^3}{3(1+c)^3} \right| \end{aligned}$$

이다. 그런데 c는 $a=0$과 $x=0.05$ 사이의 값이므로 오차의 한계는

$$E = \left| \frac{(0.05)^3}{3(1+c)^3} \right| \le \frac{(0.05)^3}{3} = 0.00004166\cdots$$

이다. 따라서 근사값 0.04875는 소수 아래 네 자리까지는 유효숫자임을 알 수 있다.

(2) n계 테일러 다항식을 사용하면 테일러 정리에 의하여 오차의 한계는

$$E = \left| \frac{(0.05)^{n+1}}{(n+1)(1+c)^{n+1}} \right| \le \frac{(0.05)^{n+1}}{n+1}$$

이다. 따라서

$$E \le \frac{(0.05)^{n+1}}{n+1} \le 10^{-7}$$

을 만족하는 최소 자연수 n을 찾아야 한다.

$$E \le \frac{(0.05)^{n+1}}{n+1} = 1.5625 \times 10^{-6},\ n = 3$$

$$E \le \frac{(0.05)^{n+1}}{n+1} = 6.25 \times 10^{-8},\ n = 4$$

이므로 $n=4$이다. 4계 테일러 다항식을 사용한 근사값은

$$\begin{aligned} f(0.05) \approx p_4(0.05) &= 0.05 - \frac{(0.05)^2}{2} + \frac{(0.05)^3}{3} - \frac{(0.05)^4}{4} \\ &= 0.048793291666\cdots \end{aligned}$$

이다. 참값의 범위는

$$p_4(0.05) - 6.25 \times 10^{-8} \le f(0.05) \le p_5(0.05) + 6.25 \times 10^{-8}$$

즉

$$0.048793166\cdots \le f(0.05) \le 0.04879329166\cdots$$

이므로 근사값 0.048793229166…는 적어도 소수 아래 여섯 자리까지는 유효숫자임을 알 수 있다. ■

예제 2 $\sin x$의 3계 테일러 다항식을 이용하여 $\sin 43°$의 근사값과 이 근사값의 오차의 한계를 구하여라.

풀이 $43°$는 $\frac{\pi}{4}-\frac{\pi}{90}$라디안이므로 $a=\frac{\pi}{4}$ 근방에서 $f(x)=\sin x$의 3계 테일러 다항식을 구하자.

$$\begin{aligned} f(x) &= \sin x, & f(\pi/4) &= \frac{\sqrt{2}}{2} \\ f'(x) &= \cos x, & f'(\pi/4) &= \frac{\sqrt{2}}{2} \\ f''(x) &= -\sin x, & f''(\pi/4) &= -\frac{\sqrt{2}}{2} \\ f'''(x) &= -\cos x, & f'''(\pi/4) &= -\frac{\sqrt{2}}{2} \\ f^{(4)}(x) &= \sin x \end{aligned}$$

이므로 $a=\frac{\pi}{4}$ 근방에서 $f(x)=\sin x$의 3계 테일러 다항식 $p_3(x)$와 잉여항 $R_3(x)$는 각각

$$p_3(x)=\frac{\sqrt{2}}{2}\left[1+\left(x-\frac{\pi}{4}\right)-\frac{1}{2!}\left(x-\frac{\pi}{4}\right)^2-\frac{1}{3!}\left(x-\frac{\pi}{4}\right)^3\right]$$

$$R_3(x)=\frac{\sin c}{4!}\left(x-\frac{\pi}{4}\right)^4,\quad \frac{\pi}{4}-\frac{\pi}{90}<c<\frac{\pi}{4}$$

이다. $0<\sin 43°<\sin c<\sin 45°=\sqrt{2}/2$이므로

$$\begin{aligned} \sin 43° \approx p_3\left(\frac{\pi}{4}-\frac{\pi}{90}\right) &= \frac{\sqrt{2}}{2}\left[1+\left(-\frac{\pi}{90}\right)-\frac{1}{2!}\left(-\frac{\pi}{90}\right)^2-\frac{1}{3!}\left(-\frac{\pi}{90}\right)^3\right] \\ &= \frac{\sqrt{2}}{2}\left[1-\frac{\pi}{90}-\frac{1}{2!}\left(\frac{\pi}{90}\right)^2+\frac{1}{3!}\left(\frac{\pi}{90}\right)^3\right] \end{aligned}$$

$$E=|R_3(x)|=\left|\frac{\sin c}{4!}\left(\frac{\pi}{90}\right)^4\right|<\frac{\sqrt{2}}{2(24)}\left(\frac{\pi}{90}\right)^4$$

이다. ■

예제 3 $\sin x$의 근사값으로 $p_3(x)=x-x^3/3!$을 사용하고 오차의 한계는 10^{-7}이 되게 하고 싶다. 이 조건을 만족하는 x의 범위를 구하여라.

풀이 테일러 정리에 의하여

$$\sin x = x - \frac{x^3}{3!} + \frac{\cos c}{5!}x^5$$

이다(단, c는 0과 x 사이의 실수). 따라서 x는 부등식

$$\left|\frac{\cos c}{5!}x^5\right| \le \frac{|x^5|}{120} < 10^{-7}$$

즉

$$|x^5| < 1.2 \times 10^{-5} \text{ 또는 } |x| < \sqrt[5]{1.2} \times 10^{-1} \approx 0.103717\cdots$$

을 만족하여야 한다. 따라서 $|x| < 0.103717\cdots$인 모든 x에 대하여 예를 들어 $|x| \le 0.1$이면 오차가 10^{-7}보다 작다. ■

예제 4 테일러 정리를 이용하여 극한값 $\lim_{x \to 0} \frac{\cos x - 1}{x}$을 구하여라.

풀이 테일러 정리에 의하면

$$\cos x = 1 - \frac{x^2}{2!} + \frac{\cos c}{4!}x^4$$

를 만족하는 c가 0과 x 사이에 존재한다. $\lim_{x \to 0} \cos c = 1$이므로 극한값의 정리에 의하여

$$\lim_{x \to 0} \frac{\cos x - 1}{x} = \lim_{x \to 0} \frac{-\frac{x^2}{2!} + \frac{\cos c}{4!}x^4}{x} = \lim_{x \to 0}\left(-\frac{x}{2!} + \frac{\cos c}{4!}x^3\right) = 0$$

이다. ■

예제 5 다음 두 관계식과 $f(x) = \tan^{-1}x$의 테일러 다항식을 이용하여 π의 근사값을 구하고 이를 비교하여라.

(1) $\pi = 4\tan^{-1}1$

(2) $\pi = 12\tan^{-1}\left(\frac{1}{4}\right) + 4\tan^{-1}\left(\frac{5}{99}\right)$

풀이 $\tan(\pi/4) = 1$이므로 (1)은 자명하고 (2)는 탄젠트함수의 덧셈공식과 이로부터 유도되는 3배각공식

$$\tan(x+y) = \frac{\tan x + \tan y}{1 - \tan x \tan y}, \quad \tan(3x) = \frac{3\tan x - \tan^3 x}{1 - 3\tan^2 x}$$

를 이용하면 증명된다. 9장 2절의 예제 5에 의하면 $f(x) = \tan^{-1}x$의 테일러 다항식은

$$\tan^{-1}x \approx p_{2n+1}(x) = x - \frac{x^3}{3} + \frac{x^5}{5} + \cdots (-1)^n \frac{x^{2n+1}}{2n+1}$$

이므로

(1) $\pi = 4\tan^{-1}1 \approx a_{2n+1} \equiv 4\left(1 - \frac{1}{3} + \cdots + (-1)^n \frac{1}{2n+1}\right)$

(2) $\pi = 12\tan^{-1}\left(\frac{1}{4}\right) + 4\tan^{-1}\left(\frac{5}{99}\right)$

$$\approx b_{2n+1} \equiv 12\left(\frac{1}{4} - \frac{1}{3\cdot 4^3} + \cdots + (-1)^n \frac{1}{(2n+1)4^{2n+1}}\right)$$
$$+4\left(\frac{5}{99} - \frac{5^3}{3\cdot 99^3} + \cdots + (-1)^n \frac{5^{2n+1}}{(2n+1)99^{2n+1}}\right)$$

이다. 이는 임의의 n에 대하여 성립하므로 n을 충분히 크게 택한다면 근사값을 구할 수 있을 것이다. 실제로 계산한 결과는

(1) $a_{11} \approx 2.9760\cdots$, $a_{101} \approx 3.161198\cdots$, $a_{2001} \approx 3.14259\cdots$

(2) $b_1 \approx 3.202\cdots$, $b_5 \approx 3.1416\cdots$, $b_{11} \approx 3.1415926\cdots$

이다. ■

예제 5의 결과에서 알 수 있는 사실은 π를 나타내는 수학적으로 동치인 두 식 (1)과 (2)가 실제로 근사값을 구하는 방법으로는 더 이상 같지 않다는 것이다. 실제로 원주율을 구하는 방법에 대한 연구가 현재도 진행되고 있다.

예제 5의 결과를 보면 a_n 또는 b_n은 속도의 차이는 있지만 어떤 값으로 수렴하는 것 같은데 과연 그 어떤 값이 우리가 구하려고 하는 참값인가 즉 극한값

$$\tan^{-1}1 = \lim_{n\to\infty}\left(1 - \frac{1}{3} + \frac{1}{5} - \frac{1}{7} + \cdots + (-1)^n \frac{1}{2n+1}\right)$$
$$\tan^{-1}\frac{1}{4} = \lim_{n\to\infty}\left(\frac{1}{4} - \frac{1}{3\cdot 4^3} + \cdots + (-1)^n \frac{1}{(2n+1)4^{2n+1}}\right)$$
$$\tan^{-1}\frac{5}{99} = \lim_{n\to\infty}\left(\frac{5}{99} - \frac{5^3}{3\cdot 99^3} + \cdots + (-1)^n \frac{5^{2n+1}}{(2n+1)99^{2n+1}}\right)$$

이 성립하는가에 대한 대답을 하여야 한다. 더 나아가 어떤 범위의 x에 대하여

$$\tan^{-1}x = \lim_{n\to\infty}\left(x - \frac{x^3}{3} + \frac{x^5}{5} + \cdots (-1)^n \frac{x^{2n+1}}{2n+1}\right)$$
$$= \sum_{n=0}^{\infty} (-1)^n \frac{x^{2n+1}}{2n+1}$$

이 성립하는가에 대한 대답을 하여야 한다. 이를 더 일반화하면 어떤 범위의 x에 대하여 함수 $f(x)$의 테일러 다항식 $p_n(x)$가 함수 $f(x)$로 수렴하는가에 대한 문제 즉

$$f(x) = \lim_{x \to \infty} p_n(x)$$

의 성립 여부에 대한 논의로 이는 10장의 테일러 급수에서 다루어질 것이다.

연습문제 9.3

※ (1~9) 다음에 주어진 값의 근사값을 함수 $f(x)$의 $x=a$ 근방에서의 n계 테일러 다항식을 이용하여 구하고 그때의 오차의 한계를 구하여라.

1. $\ln 1.2$, $f(x) = \ln(1+x)$, $n=3$, $a=0$
2. $\sqrt{0.95}$, $f(x) = \sqrt{1+x}$, $n=2$, $a=0$
3. $\sin 0.1$, $f(x) = \sin x$, $n=1$, $a=0$
4. $\cos 0.1$, $f(x) = \cos x$, $n=2$, $a=0$
5. $e^{-0.2}$, $f(x) = e^x$, $n=1$, $a=0$
6. $\sin 48°$, $f(x) = \sin x$, $n=3$, $a = \frac{\pi}{4}$
7. $\cos 62°$, $f(x) = \cos x$, $n=4$, $a = \frac{\pi}{3}$
8. $1.02^{3/2}$, $f(x) = (1+x)^{3/2}$, $n=2$, $a=0$
9. $\frac{1}{\sqrt[3]{0.9}}$, $f(x) = (1+x)^{-1/3}$, $n=2$, $a=0$
10. 다음 함수 $q(t)$의 도함수는 $q'(t) = \frac{f^{(n+1)}(t)}{n!}(x-t)^n$임을 보여라.

$$q(t) = f(t) + f'(t)(x-t) + \frac{f''(t)}{2!}(x-t)^2 + \cdots + \frac{f^{(n)}(t)}{n!}(x-t)^n$$

※ (11~16) 함수 $f(x)$의 근사값을 $x=0$ 근방에서의 n계 테일러 다항식을 이용하여 구하려고 한다. 주어진 x의 범위에 대하여 오차의 한계를 구하여라.

11. $f(x) = e^x$, $n=2$, $|x| \le 0.1$
12. $f(x) = (1+x)^{-2/3}$, $n=3$, $|x| \le 0.05$
13. $f(x) = \sin x$, $n=3$, $|x| \le 0.2$
14. $f(x) = \ln(1+x)$, $n=3$, $|x| \le 0.05$
15. $f(x) = (1+x)^{-1/2}$, $n=2$, $|x| \le 0.1$
16. $f(x) = \cos x$, $n=4$, $|x| \le 0.5$

17. 오차가 10^{-6}보다 작도록 e의 근사값을 구하여라.

※ (18~20) 소수 아래 k자리까지 정확하게 구하려면 오차가 $5 \times 10^{-(k+1)}$보다 작게 하면 된다. 함수 $f(x)$의 근사값을 $x=a$ 근방에서의 n계 테일러 다항식을 이용하여 소수 아래 k자리까지 구하려고 한다. 이 조건을 만족하는 x의 범위를 구하여라.

18. $f(x) = e^x$, $a=0$, $n=2$, $k=3$
19. $f(x) = \sin x$, $a=0$, $n=3$, $k=3$
20. $f(x) = \cos x$, $a=0$, $n=4$, $k=6$

※ (21~25) 소수 아래 k자리까지 정확하게 구하려면 오차가 $5 \times 10^{-(k+1)}$보다 작게 하면 된다. 주어진 범위의 x에 대하여 함수 $f(x)$의 근사값을 $x=a$ 근방에서의 n계 테일러 다항식을 이용하여 소수 아래 k자리까지 구하려고 한다. 이 조건을 만족하는 n을 구하여라.

21. $f(x) = e^x$, $a=1$, $k=3$, $0.8 \le x \le 1.2$
22. $f(x) = \ln x$, $a=1$, $k=3$, $0.8 \le x \le 1.2$
23. $f(x) = \sin x$, $a = \frac{\pi}{6}$, $k=5$, $\frac{\pi}{6} - \frac{\pi}{36} \le x \le \frac{\pi}{6} + \frac{\pi}{36}$
24. $f(x) = \sin x$, $a=0$, $k=5$, $0 \le x \le \frac{\pi}{2}$
25. $f(x) = \cos x$, $a = \frac{\pi}{4}$, $k=5$, $\frac{\pi}{4} - \frac{\pi}{20} \le x \le \frac{\pi}{4} + \frac{\pi}{20}$
26. 아인슈타인의 특수상대성 이론에 의하면 정지상태에서 질량이 m_0인 물체가 v의 속도로 움직일 때 질량은

$$m = \frac{cm_0}{\sqrt{c^2 - v^2}}$$

이고 물체의 운동 에너지 K는 총에너지와 정지된 상태의 에너지의 차 즉

$$K = mc^2 - m_0c^2$$

이다. 단, $c = 3\times 10^8 m/\text{sec}$는 빛의 속도이다. 운동 에너지 K의 근사값으로

$$\frac{1}{2}m_0v^2$$

을 사용할 때의 상대오차의 한계를 구하여라. 단, $|v| \le 30\, m/\text{sec}$이다.

※ (27~30) 테일러 정리를 이용하여 다음의 극한값을 구하여라.

27. $\lim_{x\to 0} \dfrac{\sin x - x}{x^2}$

28. $\lim_{x\to 0} \dfrac{\sin x - x - x^3/6}{x^5}$

29. $\lim_{x\to 0} \dfrac{\cos x - 1 + x^2/2 - x^4/24}{x^5}$

30. $\lim_{x\to 0} \dfrac{1 + x - e^x \cos x}{x}$

제 10 장 무한수열

10.1 무한수열
10.2 무한급수
10.3 양항급수의 수렴판정법
10.4 일반급수의 수렴판정 : 교대급수와 절대수렴

10.1 무한수열

수열(sequence)은 글자 그대로 순서가 주어진 실수들을 나열한 것으로 첫 번째 수는 a_1, 두 번째 수는 a_2, 세 번째 수는 a_3, 그리고 n번째 수는 a_n 처럼 표시한다. 수열은

$$a_1, a_2, a_3, \cdots, a_n, \cdots$$

또는

$$\{a_n\}_{n=1}^{\infty}$$

과 같이 표시한다. 또 다른 여러 가지 방법으로 표시하기도 한다. 예를 들어 다음은 모두 동일한 수열이다.

(1) $1, 3, 5, 7, \cdots, 2n-1, \cdots$

(2) $\{2n-1\}_{n=1}^{\infty}$

(3) $a_n = 2n-1,\ n \geq 1$

(4) $\begin{cases} a_1 = 1 \\ a_n = a_{n-1}+2,\ n \geq 2 \end{cases}$

수열에서 $a_1, a_2, a_3, \cdots$를 각각 첫 번째 항, 두 번째 항, 세 번째 항이라 하고 일반적으로 a_n을 n번째 **항**(term) 또는 일반항이라고 한다.

이제 수열을 수학적으로 엄밀하게 정의하기 위하여 수열을 재해석하자. 수열은 임의의 자연수 n을 실수 a_n에 대응시키는 규칙임을 쉽게 알 수 있다. 즉 수열은 정의역이 자연수의 집합이고 치역이 실수의 부분집합인 함수로 볼 수 있다. 예를 들어 1을 1에, 2를 3에, 3을 5에, 일반적으로 임의의 자연수 n을 $2n-1$에 대응시키는 함수를 f라면 정의역은 자연수 집합이고 관계식

$$f(x) = 2x-1$$

으로 표시한다. 이는 위의 수열 $a_n = 2n-1,\ n \geq 1$과 동일함을 알 수 있다. 그러나 수열에서는 정의역이 자연수라는 사실을 강조하기 위하여 변수를 x 대신 n으로 사용하고 전통적인 함수 표시 $f(n)$ 대신에 관습적으로 a_n으로 표시한다.

무한수열(infinite sequence)은 정의역이 자연수의 집합인 수열이다. 이 정의를 확장하여 어떤 특정한 정수보다 크거나 같은 모든 정수의 집합을

정의역으로 가지는 함수를 무한수열이라고 한다. 예를 들어

(1) $a_n = 2n,\ n \geq -1,$

(2) $b_n = 2n-2,\ n \geq 0,$

(3) $c_n = 2n-4,\ n \geq 1,$

은 모두 동일한 무한수열

$$-2,\ 0,\ 2,\ 4,\ 6,\ \cdots$$

을 다르게 표현한 것이다.

예제 1 다음 수열의 일반항 또는 점화식을 구하여라.

(1) 등차수열 : 첫 번째 항은 $a_1 = \alpha$이고 각 항은 바로 전 항에 a를 더하여 얻어지는 수열 $\{a_n\}_{n=1}^{\infty}$

(2) 등비수열 : 첫 번째 항이 $a_1 = \alpha$이고 각 항은 바로 전 항에 r을 곱하여 얻어지는 수열 $\{a_n\}_{n=1}^{\infty}$

(3) 피보나찌 수열 : $a_1 = a_2 = 1$이고 각 항은 바로 전 두 항의 합으로 주어지는 수열 $\{a_n\}_{n=1}^{\infty}$

풀이 (1) $a_n = \alpha + (n-1)a$ 또는 $\begin{cases} a_1 = \alpha \\ a_n = a_{n-1} + a,\ n \geq 2 \end{cases}$

(2) $a_n = \alpha r^{n-1}$ 또는 $\begin{cases} a_1 = \alpha \\ a_n = ra_{n-1},\ n \geq 2 \end{cases}$

(3) $\begin{cases} a_1 = a_2 = 1 \\ a_n = a_{n-1} + a_{n-2},\ n \geq 2 \end{cases}$ ■

수열의 수렴

수열의 극한에 대하여 논의하기 위하여 우선 수열

$$a_n = 1 + \frac{1}{n},\ n \geq 1$$

의 예를 살펴보자. 처음 1000개의 항 중에서 몇 개를 나열하면

$$2,\ \frac{3}{2},\ \frac{4}{3},\ \frac{5}{4},\ \cdots,\ \frac{1001}{1000},\ \cdots$$

로 n이 증가함에 따라 1에 한없이 가까워짐을 알 수 있다. 수열은 정의역이 자연수인 함수이므로 정의역이 실수인 함수의 극한의 정의를 정의역이

자연수인 경우에 적합하도록 변형하면

$$\lim_{n \to \infty} \left(1 + \frac{1}{n}\right) = 1$$

을 만족하는가를 증명할 수 있을 것이다. 우선 엄밀한 증명보다는 함수

$$f(x) = 1 + \frac{1}{x},\ x \geq 1$$

을 이용하여 직관적으로 살펴보자. 함수로서의 수열 $\{a_n\}_{n=1}^{\infty}$의 그래프는 순서쌍의 집합 $\{(n,\ 1+1/n)\}_{n=1}^{\infty}$을 xy 평면상에 나타낸 점들이므로 곡선 $y = 1+1/x,\ x \geq 1$ 위의 점들이다(그림 1). 그리고

$$\lim_{x \to \infty} \left(1 + \frac{1}{x}\right) = 1$$

이므로 수열 $a_n = 1+1/n$도 동일한 극한값을 가질 것이다.

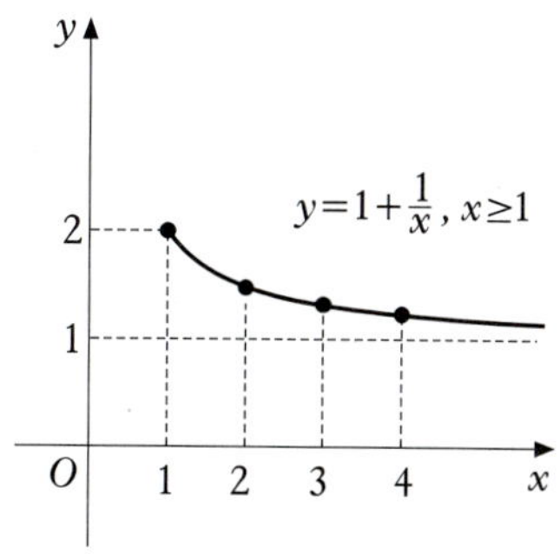

그림 1

정의 1 (수열의 수렴)

임의의 양의 실수 ϵ이 주어지면

"자연수 n이 N보다 크면 $|a_n - L| \leq \epsilon$이다"

를 만족하는 자연수 N이 존재할 때 "수열 $\{a_n\}$은 L로 **수렴**(converge)한다" 또는 "수열 $\{a_n\}$의 **극한**(limit)은 L이다"라고 말하고

$$\lim_{n \to \infty} a_n = L$$

로 표시한다. 수렴하지 않는 수열은 **발산**(diverge)한다고 한다.

수열의 극한 $\lim_{n \to \infty} a_n = L$에 대한 정의는 정의역을 자연수의 집합으로

제한하였을 뿐 나머지는 $\lim_{x \to \infty} f(x) = L$의 정의와 동일하다. 수열도 함수이므로 이는 자연스러운 정의이다. 따라서 1장의 함수의 극한에 대한 정리들이 수열에 대해서도 모두 성립하므로 다음의 정리 2는 증명없이 기술만 할 것이다.

정리 2 (수열의 극한에 대한 정리)

$\{a_n\}$과 $\{b_n\}$이 수렴하는 수열이면 다음이 성립한다. 단, k는 상수이다.

(1) $\lim_{n \to \infty} k = k$

(2) $\lim_{n \to \infty} ka_n = k \lim_{n \to \infty} a_n$

(3) $\lim_{n \to \infty} (a_n \pm b_n) = \lim_{n \to \infty} a_n \pm \lim_{n \to \infty} b_n$

(4) $\lim_{n \to \infty} (a_n \cdot b_n) = \lim_{n \to \infty} a_n \cdot \lim_{n \to \infty} b_n$

(5) $\lim_{n \to \infty} \dfrac{a_n}{b_n} = \dfrac{\lim_{n \to \infty} a_n}{\lim_{n \to \infty} b_n}$ $\left(단,\ \lim_{n \to \infty} b_n \neq 0\right)$

예제 2 $\lim_{n \to \infty} \dfrac{3n - 5n^2}{2 + 3n^2}$을 구하여라.

풀이 분모, 분자 모두 수렴하지 않으므로 정리 2를 사용할 수 없다. 따라서 분모의 최고차항 n^2으로 분자, 분모를 나누고 정리 2를 사용하자.

$$\begin{aligned}
\lim_{n\to\infty} \frac{3n-5n^2}{2+3n^2} &= \lim_{n\to\infty} \frac{3/n-5}{2/n^2+3} \\
&= \frac{\lim_{n\to\infty} (3/n-5)}{\lim_{n\to\infty} (2/n^2+3)} \\
&= \frac{\lim_{n\to\infty} (3/n) - \lim_{n\to\infty} (5)}{\lim_{n\to\infty} (2/n^2) + \lim_{n\to\infty} (3)} \\
&= \frac{0-5}{0+3} = -\frac{5}{3}
\end{aligned}$$

위에서 두 번째 등호부터 차례로 정리 2의 (5), (3), (1)을 사용하였다. ■

정리 3

적당한 자연수 n_0보다 큰 모든 자연수 n에 대하여 $a_n = f(n)$이고 $\lim_{x \to \infty} f(x) = L$이면 $\lim_{n \to \infty} a_n = L$이다.

정리 3의 유용성은 수열의 극한을 구하기 위하여 로피탈의 정리를 사용할 수 있다는 데에 있다.

정리 4

$\lim_{n \to \infty} a_n = a$이고 함수 $f(x)$가 a에서 연속이면

$$\lim_{n \to \infty} f(a_n) = f\left(\lim_{n \to \infty} a_n\right) = f(a)$$

이다.

예제 3 다음 수열의 극한을 구하여라.

(1) $a_n = \dfrac{\ln n}{n}$ (2) $b_n = \sqrt[n]{n}$

(3) $c_n = \sqrt[n]{x}$ (단, $x > 0$)

풀이 (1) 함수 $f(x) = \dfrac{\ln x}{x}$는 모든 자연수 n에 대하여 $a_n = f(n)$을 만족하므로 정리 3에 의하여 $\lim_{x \to \infty} f(x) = \lim_{n \to \infty} a_n$이다. 로피탈의 정리를 사용하면

$$\lim_{x \to \infty} f(x) = \lim_{x \to \infty} \frac{\ln x}{x} = \lim_{x \to \infty} \frac{1/x}{1} = 0$$

이므로 극한은

$$\lim_{n \to \infty} \frac{\ln n}{n} = 0$$

이다.

(2) 수열 b_n의 양변에 자연 로그를 취하면 $\ln b_n = (\ln n)/n = a_n$이므로 $b_n = e^{a_n}$이다. $\lim_{n \to \infty} a_n = 0$이고 $f(x) = e^x$는 0에서 연속이므로 정리 4에 의하여

$$\lim_{n \to \infty} b_n = \lim_{n \to \infty} e^{a_n} = e^0 = 1$$

이다.

(3) 수열 c_n의 양변에 자연 로그를 취하면 $\ln c_n = (\ln x)/n$이고 이의 극한

은 0이다. 따라서 정리 4에 의하여

$$\lim_{n\to\infty} \sqrt[n]{x} = \lim_{n\to\infty} [e^{(\ln x)/n}] = e^0 = 1$$

이다. ■

정의역이 실수인 함수에 대한 샌드위치 정리도 역시 수열에 대하여도 성립한다.

정리 5 (샌드위치 정리)

수열 $\{a_n\}$, $\{b_n\}$, $\{c_n\}$의 (처음 유한개의 항들을 제외한) 모든 항들이

$$b_n \le c_n \le a_n$$

을 만족하고 $\lim_{n\to\infty} a_n = L = \lim_{n\to\infty} b_n$이면 $\lim_{n\to\infty} c_n = L$이다.

예제 4 다음 수열의 극한을 구하여라.

(1) $a_n = x^n$ (단, $|x| < 1$) (2) $b_n = \dfrac{x^n}{n!}$

풀이 (1) $x = 0$이면 자명하므로 $x \ne 0$이라 가정하자. $|x| < 1$이므로

$$\frac{1}{|x|} = 1 + \alpha,\ \alpha > 0$$

즉

$$\frac{1}{|x|^n} = (1+\alpha)^n,\ \alpha > 0$$

를 만족하는 양의 실수 α가 존재하고 이항 정리에 의하면

$$\frac{1}{|x|^n} = (1+\alpha)^n = \sum_{k=0}^{n} \binom{n}{k} \alpha^k > 1 + n\alpha$$

이다. 따라서

$$0 < |x|^n < \frac{1}{1+n\alpha}$$

이고 이 부등식의 우변의 극한은 0이므로 샌드위치 정리 5에 의하여

$$\lim_{n\to\infty} |x|^n = 0$$

이고

$$-|x|^n \le x^n \le |x|^n$$

이므로 다시 샌드위치 정리에 의하여

$$\lim_{n\to\infty} x^n = 0$$

이다.

(2) $|x|$보다 큰 자연수 중에서 하나를 N이라고 하면 N보다 큰 모든 자연수 n에 대하여

$$0 \le \frac{|x|^n}{n!} = \frac{|x|}{1}\cdot\frac{|x|}{2}\cdot\cdots\cdot\frac{|x|}{N}\cdot\frac{|x|}{N+1}\cdot\cdots\cdot\frac{|x|}{n}$$
$$\le \frac{|x|^N}{N!}\cdot\left(\frac{|x|}{N}\right)^{n-N} = \frac{N^N}{N!}\cdot\left(\frac{|x|}{N}\right)^n$$

즉

$$0 \le \frac{|x|^n}{n!} \le \frac{N^N}{N!}\cdot\left(\frac{|x|}{N}\right)^n$$

이 성립한다. N^N/N은 상수이고

$$0 \le \frac{|x|}{N} < 1$$

이므로 (1)에 의하여 이 부등식의 우변은 극한이 0이다. 따라서 샌드위치 정리에 의하여

$$\lim_{n\to\infty} \frac{x^n}{n!} = 0$$

이다. ■

지금까지의 예제를 정리한 것이 다음 정리 6이다. (5)의 증명은 예제 3을 따라하면 된다.

정리 6

(1) $\lim_{n\to\infty} \sqrt[n]{x} = 1\,(x>0)$

(2) $\lim_{n\to\infty} \sqrt[n]{n} = 1$

(3) $|x|<1$이면 $\lim_{n\to\infty} x^n = 0$

(4) $\lim_{n\to\infty} \frac{x^n}{n!} = 0$

(5) $\lim_{n\to\infty} \left(1+\frac{x}{n}\right)^n = e^x$

$\lim_{n\to\infty} \left(1+\frac{1}{n}\right)^n = e$

예제 5 다음 수열의 극한을 구하여라.

(1) $\lim_{n\to\infty} \sqrt[3n]{5n^2}$ (2) $\lim_{n\to\infty} \left(\frac{n-3}{n}\right)^n$

(3) $\lim_{n\to\infty} \frac{10^{10n}}{n!}$

풀이 (1) $\lim_{n\to\infty} \sqrt[3n]{5n^2} = \lim_{n\to\infty} (5n^2)^{1/3n} = \lim_{n\to\infty} (5^{1/n})^{1/3} \cdot \lim_{n\to\infty} (\sqrt[n]{n})^{2/3}$이다. 이제 $a_n = 5^{1/n}$, $f(x) = x^{1/3}$, $b_n = \sqrt[n]{n}$, $g(x) = x^{2/3}$라 하고 정리 4와 정리 6의 (1)과 (2)를 사용하면

$$\lim_{n\to\infty} (5^{1/n})^{1/3} = \lim_{n\to\infty} f(a_n) = f\left(\lim_{n\to\infty} a_n\right) = \left[\lim_{n\to\infty} a_n\right]^{1/3} = (1)^{1/3} = 1$$

$$\lim_{n\to\infty} (\sqrt[n]{n})^{2/3} = \lim_{n\to\infty} g(b_n) = g\left(\lim_{n\to\infty} b_n\right) = \left[\lim_{n\to\infty} b_n\right]^{2/3} = (1)^{2/3} = 1$$

이다. 따라서

$$\lim_{n\to\infty} \sqrt[3n]{5n^2} = 1 \cdot 1 = 1$$

이다.

(2) 정리 6의 (5)에서 $x = -3$인 경우이다. 즉

$$\lim_{n\to\infty} \left(\frac{n-3}{n}\right)^n = \lim_{n\to\infty} \left(1 + \frac{-3}{n}\right)^n = e^{-3}$$

이다.

(3) 정리 6의 (4)에서 $x = 10^{10}$인 경우이므로

$$\lim_{n\to\infty} \frac{10^{10n}}{n!} = 0$$

이다. ■

단조 수열

이제 극한을 실제로 구하지 않고도 수렴성을 판단할 수 있는 특별한 성질을 갖는 수열에 대하여 논의할 것이다. 예를 들어 세 개의 수열

$$a_n = 1 - \frac{1}{n}, \quad b_n = \frac{2n+1}{n+1}, \quad c_n = n^2$$

중에서 $\{a_n\}$과 $\{b_n\}$은 수렴하고 n이 증가함에 따라 증가하지만 $\{a_n\}$은 1보다, $\{b_n\}$은 2보다 작다. 그러나 $\{c_n\}$은 무한대로 증가하고 극한은 존재하지 않는다. $\{a_n\}$과 $\{b_n\}$이 수렴한다는 것은 n이 증가함에 따라 증가하고 모든 항이 어떤 수보다 작은 모든 수열은 수렴한다는 다음의 정리 9에

의하여 알 수 있다.

정의 7 (단조수열)

모든 n에 대하여 $a_n \le a_{n+1}$이 성립하면 $\{a_n\}$은 **단조증가 수열**(nondecreasing sequence)이라 하고 $a_n \ge a_{n+1}$이 성립하면 **단조감소 수열**(nonincreasing sequence)이라고 한다. 단조증가 또는 단조감소 수열을 **단조수열**(monotonic sequence)이라 한다.

정의 8 (유계수열)

(1) 모든 n에 대하여 $a_n \le U$을 만족하는 실수 U가 존재하면 $\{a_n\}$은 **위로 유계**(bounded above)인 수열이라 하고 U를 이 수열의 **상계**(upper bound)라고 한다.

(2) 모든 n에 대하여 $a_n \ge L$을 만족하는 실수 L이 존재하면 $\{a_n\}$은 **아래로 유계**(bounded below)인 수열이라 하고 L를 이 수열의 **하계**(lower bound)라고 한다.

(3) 위로 유계이고 아래로 유계인 수열을 **유계수열**(bounded sequence)이라고 한다.

정리 9 (단조수열의 수렴)

유계이고 단조인 수열은 수렴한다.

정리 9는 실수의 집합은 상계가 존재하면 반드시 가장 작은 최소상계가 존재하고 하계가 존재하면 반드시 가장 큰 최대하계가 존재한다는 실수의 완비성 공리를 사용하여 증명한다. 수열의 수렴성은 n이 무한으로 커졌을 때의 성질이므로 처음 유한개의 항은 수렴 여부에 전혀 영향을 미치지 못한다. 따라서 처음 유한개의 항은 단조성을 만족하지 않아도 정리 9는 성립함에 유의하여야 한다.

예제 6 수열 $a_n = \dfrac{n^3}{8^n}$의 수렴 여부를 판단하여라.

풀이 처음 몇 항을 계산하면

$$a_1 = \frac{1}{8},\ a_2 = \frac{8}{64},\ a_3 = \frac{27}{512} = 0.0527\cdots$$

$$a_4 = \frac{64}{4096} = 0.015625$$

이므로 감소수열임을 추측할 수 있다. 실제로 $n \geq 2$이면

$$\frac{a_n}{a_{n+1}} = \frac{n^3}{8^n} \cdot \frac{8^{n+1}}{(n+1)^3} = \left(\frac{2n}{n+1}\right)^3 > 1$$

이므로 감소수열이고 또한 분명히 $0 < a_n \leq 1/8$ 즉 유계이므로 단조수열의 수렴 정리 9에 의하여 수렴한다. ■

연습문제 10.1

※ (1~20) 다음 수열의 수렴 여부를 판단하고 수렴하면 극한을 구하여라.

1. $a_n = \dfrac{2n^2+4}{n^2+n-1}$

2. $a_n = \dfrac{n^3+4}{7n^2+n-1}$

3. $a_n = \dfrac{\sqrt{3n^2+2}}{n^2+n-1}$

4. $a_n = \dfrac{(-1)^n n}{n-1}$

5. $a_n = \dfrac{n \cos n\pi}{n-1}$

6. $a_n = \dfrac{\sqrt{3n^2+2}}{4n-1}$

7. $a_n = \dfrac{\cos n}{n+2}$

8. $a_n = \dfrac{\ln n}{\sqrt{n}}$

9. $a_n = \dfrac{e^n}{n^3+2n}$

10. $a_n = 4^{1/n}$

11. $a_n = (100n)^{1/n}$

12. $a_n = (100n^3)^{1/n}$

13. $a_n = (3n)^{1/2n}$

14. $a_n = \left(1+\dfrac{2}{n}\right)^n$

15. $a_n = \ln\left(1+\dfrac{2}{n}\right)^{-n}$

16. $a_n = \left(\dfrac{2n-2}{2n+3}\right)^n$

17. $a_n = \ln\left(1+\dfrac{3}{n}\right)^{n/3}$

18. $a_n = n \sin \dfrac{1}{n}$

19. $a_n = \dfrac{2^n}{n^2}$

20. $a_n = \dfrac{n!}{n^n}$

21. 샌드위치 정리를 이용하여 $\displaystyle\lim_{n\to\infty} \frac{\cos n}{n} = 0$임을 증명하여라.

22. $\displaystyle\lim_{n\to\infty} |a_n| = 0$이면 $\displaystyle\lim_{n\to\infty} a_n = 0$임을 증명하여라.

23. 문제 22를 이용하여 $\displaystyle\lim_{n\to\infty} \frac{(-1)^n}{n} = 0$임을 증명하여라.

※ (24~25) 정리 9를 사용하여 다음 수열이 수렴함을 보여라.

24. $a_n = \dfrac{1 \cdot 3 \cdot 5 \cdots (2n-1)}{(2n)^n}$

25. $a_n = 1 + \dfrac{1}{2!} + \cdots + \dfrac{1}{n!}$

※ (26~29) 정리 9를 사용하여 다음 수열이 수렴함을 보이고 극한을 구하여라.

26. $a_1 = 3,\ a_{n+1} = 2 + \dfrac{1}{3}a_n \ (n \geq 1)$

27. $a_1 = 3,\ a_{n+1} = \dfrac{2}{4-a_n} \ (n \geq 1)$

28. $a_1 = \sqrt{2},\ a_2 = \sqrt{2\sqrt{2}},\ a_3 = \sqrt{2\sqrt{2\sqrt{2}}},\ \cdots$

29. $a_1 = \sqrt{3},\ a_{n+1} = \sqrt{3+2a_n} \ (n \geq 1)$

30. Newton 방법은 방정식 $f(x) = 0$의 해를 구하는 방법으로 점화식

$$x_{n+1} = x_n - \frac{f(x_n)}{f'(x_n)}$$

으로 주어진다. $f(x) = x^2 - 2$라고 하면 $\sqrt{2}$의 근사값을 구하는 Newton 방법은 수열

$$x_1 = 2,\ x_{n+1} = \frac{x_n}{2} + \frac{1}{x_n} \ (n \geq 1)$$

이다. 다음에 답하여라.

(1) 처음 다섯 항을 구하여라.

(2) 수열 $\{x_n\}$이 수렴한다면 $\sqrt{2}$에 수렴함을 보여라.

(3) 수열 $\{x_n\}$는 수렴함을 보여라.(힌트 : 함수 $g(x) =$

$\frac{x}{2}+\frac{1}{x}$는 구간 $x \geq \sqrt{2}$에서 단조증가하고 최소값이 $\sqrt{2}$임을 보이고 이 사실을 이용하여 귀납법으로 수열 $\{x_n\}$는 아래로 유계인 단조감소 수열임을 보여라.)

(4) 초기값이 $x_1=1$, $x_1=-1$인 경우에는 각각 어떤 값으로 수렴하는가?

31. 정리 3을 증명하여라.

32. 정리 5를 증명하여라.

33. 실수의 완비성 공리를 이용하여 정리 9를 증명하여라.

34. 수열 $\{a_n\}$의 짝수 번째 항으로 이루어진 수열 $\{a_{2k}\}$과 홀수 번째 항으로 이루어진 수열 $\{a_{2k+1}\}$이 모두 수렴하고 극한값이 같으면 $\{a_n\}$도 수렴하고 같은 극한값을 가진다. 즉 $\lim_{k\to\infty} a_{2k}=L$, $\lim_{k\to\infty} a_{2k+1}=L$이면 $\lim_{k\to\infty} a_{2k}=L$이다. 극한의 정의를 이용하여 이 사실을 증명하여라.

35. **피보나찌 수열**(Fibonacci Sequence)

$$a_1=a_2=1,\ a_{n+1}=a_n+a_{n-1}\ (n \geq 2)$$

에 대하여 다음에 답하여라.

(1) 인접한 두 항의 비를 $b_n=a_{n+1}/a_n$이라고 하면 수열 $\{b_n\}$은

$$b_1=1,\ b_{n+1}=1+\frac{1}{b_n}\ (n \geq 1)$$

임을 보여라.

(2) 처음 10항을 구하고 단조수열여부를 추측하여라.

(3) 문제 34의 결과를 이용하여 수열 $\{b_n\}$은 수렴하고 그 극한은 소위 말하는 **황금비**(golden ratio)

$$\frac{1+\sqrt{5}}{2}=1.61083\cdots$$

임을 보여라.

10.2 무한급수

9장에서 우리는 $\tan^{-1}x$의 테일러 다항식

$$\tan^{-1}x \approx x - \frac{x^3}{3} + \frac{x^5}{5} - \cdots (-1)^{n-1}\frac{x^{2n-1}}{2n-1}$$

과 $\frac{\pi}{4} = \tan^{-1}1$로부터 $\frac{\pi}{4}$의 근사값

$$\frac{\pi}{4} \approx 1 - \frac{1}{3} + \frac{1}{5} - \cdots + (-1)^{n-1}\frac{1}{2n-1}$$

을 구하였다. 만약 n을 무한히 크게 한다면 즉 무한개의 항을 더한다면 합은 $\frac{\pi}{4}$에 무한히 가까워질 것인가 즉

$$\begin{aligned}\frac{\pi}{4} &= 1 - \frac{1}{3} + \frac{1}{5} - \cdots + (-1)^{n-1}\frac{1}{2n-1} + \cdots \\ &= \lim_{n\to\infty}\left[1 - \frac{1}{3} + \frac{1}{5} - \cdots + (-1)^{n-1}\frac{1}{2n-1}\right]\end{aligned}$$

에 대하여 살펴봐야 할 것이다. 이는 일반항이

$$s_n = 1 - \frac{1}{3} + \frac{1}{5} - \cdots + (-1)^{n-1}\frac{1}{2n-1}$$

인 수열 $\{s_n\}$의 수렴 여부와 극한을 구하는 것과 같다. 다시 말하면 무한개의 항의 합을 처음 n번째 항까지의 부분합을 일반항으로 갖는 수열의 극한으로 정의한 것이다.

일반적으로 무한개의 항의 합

$$\sum_{n=1}^{\infty} a_n = a_1 + a_2 + \cdots + a_n + \cdots$$

을 **무한급수**(infinite series)라고 하며 처음 n번째 항까지의 합

$$s_n = a_1 + a_2 + \cdots + a_n$$

을 **부분합**(partial sum)이라고 한다.

정의 1 (무한급수의 합)

무한급수 $\sum_{n=1}^{\infty} a_n$의 부분합으로 이루어진 수열 $\{s_n\}$이 수렴하면 이 무한급수는 수렴한다고 한다. 이 경우 무한급수의 합은 수열 $\{s_n\}$의 극한값으로 즉

$$\sum_{n=1}^{\infty} a_n = \lim_{k \to \infty} s_k$$

로 정의한다. 수렴하지 않는 무한급수는 발산한다고 하며 발산하는 급수의 합은 정의하지 않는다.

정의 1에 의하면 무한급수의 합은

$$\sum_{n=1}^{\infty} a_n = \lim_{n \to \infty} \sum_{k=1}^{n} a_k = \lim_{n \to \infty} (a_1 + a_2 + \cdots + a_n)$$

으로 표시할 수 있다. 일반적으로 급수의 수렴 여부를 판단하는 것은 매우 어렵고 수렴하는 수열일지라도 합을 모르는 경우가 많은 것이 사실이다. 본 절에서는 잘 알려진 기하급수, 조화급수 등 수렴 여부를 쉽게 판단할 수 있는 수열에 대하여 살펴보고 다음 절(10장 3절)에서 여러 가지 수렴판정법에 대하여 논의할 것이다.

예제 1 기하급수(geometric series)

$$\sum_{n=1}^{\infty} ar^{n-1} = a + ar + ar^2 + \cdots + ar^{n-1} + \cdots, \quad a \neq 0$$

은 $|r| < 1$이면 수렴하며 합은 $S = a/(1-r)$이고 $|r| \geq 1$이면 발산함을 보여라.

풀이 부분합을 $s_n = a + ar + ar^2 + \cdots + ar^{n-1}$이라 하자. $r = 1$이면 $s_n = na$이고 $\lim_{n\to\infty} s_n = \infty$ 또는 $\lim_{n\to\infty} s_n = -\infty$이므로 급수는 발산한다. $r = -1$이면 부분합 s_n은 n이 홀수이면 a, n이 짝수이면 0이므로 급수는 발산한다. 따라서 $r \neq \pm 1$이라고 하자. 간단한 계산에 의하면

$$s_n - rs_n = a - ar^n$$

이므로

$$\lim_{n\to\infty} s_n = \lim_{n\to\infty} \frac{a(1-r^n)}{1-r}$$

이다. $|r|<1$인 경우에만 $\lim_{n\to\infty} r^n = 0$이므로 증명이 끝났다. ■

예제 2 순환소수 0.2343434⋯를 분수로 표시하여라.

풀이 순환소수 0.2343434⋯는 무한급수

$$\begin{aligned} 0.2343434\cdots &= 0.2+0.034+0.00034+0.0000034+\cdots \\ &= 0.2+34\cdot 10^{-3}+34\cdot 10^{-5}+34\cdot 10^{-7}+\cdots \end{aligned}$$

로 표시할 수 있다. 따라서 두 번째 항부터는 공비가 $r=10^{-2}$인 기하급수이므로

$$\begin{aligned} 0.2343434\cdots &= 0.2+\frac{34\cdot 10^{-3}}{1-10^{-2}} \\ &= 0.2+\frac{34}{990} \\ &= \frac{232}{990}=\frac{116}{495} \end{aligned}$$

이다. ■

예제 3 Koch의 눈송이(Koch snowflake)는 스웨덴의 수학자 Helge von Koch가 1904년에 처음으로 만든 이래로 프랙탈(fractal) 이론에서 해안선 즉 어느 부분을 확대해도 전체의 특성을 그대로 간직하고 유한한 영역을 둘러싸는 무한한 길이를 가지는 곡선의 모델로서 유명하다. 한 변의 길이가 1인 정삼각형의 각 변을 삼등분하고 각 변의 가운데 선분에 한 변의 길이가 1/3인 정삼각형을 붙이고 가운데 선분은 떼어낸다. 이렇게 만들어진 별모양 도형의 12개의 변에 대하여 같은 방법으로 삼각형을 붙이는 등 동일한 방법으로 각 변에 작은 삼각형을 붙이는 작업을 되풀이 하여 얻는 도형이 Koch의 눈송이다. Koch의 눈송이의 길이와 면적을 구하여라.

그림 1

풀이 k번째 도형의 면적, 길이, 변의 개수, 붙이는 정삼각형의 넓이를 각각 a_k, b_k, c_k, d_k라고 하자.

한 변의 길이가 a인 정삼각형의 넓이 : $\frac{\sqrt{3}}{4}a^2$

n번째 도형은 $n-1$번째 도형의 각 변에 넓이가 d_n인 정삼각형을 하나씩 붙이므로

$$a_1 = \frac{\sqrt{3}}{4},\ a_n = a_{n-1} + c_{n-1}d_n,\ n \geq 2$$

이고 또한 n번째 도형의 한 변의 길이는 $(1/3)^{n-1}$이므로

$$b_n = c_n\left(\frac{1}{3}\right)^{n-1},\ n \geq 1$$

이다. 한 변에 삼각형을 붙이고 가운데 선분을 떼어내면 그 변은 4개의 변을 갖는 도형으로 변하므로 $c_n = 4c_{n-1}$인데 $c_1 = 3$이므로 $c_n = 3 \cdot 4^{n-1}$이다. 또한 n번째 도형의 한 변에 붙이는 정삼각형의 한 변은 $n-1$번째 도형의 한 변의 1/3 즉 $(1/3)^{n-1}$이므로 넓이는

$$d_n = \frac{\sqrt{3}}{4}\left(\frac{1}{3^{n-1}}\right)^2 = \frac{9\sqrt{3}}{4}\left(\frac{1}{9}\right)^n$$

이다. c_n, d_n을 대입하면

$$\begin{aligned} a_n &= a_{n-1} + (3 \cdot 4^{n-2})\left(\frac{9\sqrt{3}}{4}\left(\frac{1}{9}\right)^n\right) \\ &= a_{n-1} + \frac{27\sqrt{3}}{64}\left(\frac{4}{9}\right)^n,\ n \geq 2 \\ b_n &= 3 \cdot 4^{n-1} \cdot \left(\frac{1}{3}\right)^{n-1} = 3 \cdot \left(\frac{4}{3}\right)^{n-1},\ n \geq 1 \end{aligned}$$

이다. 따라서 도형의 길이 b_n은 무한대로 발산하고 넓이는

$$a_n = \frac{\sqrt{3}}{4} + \frac{27\sqrt{3}}{64}\left[\left(\frac{4}{9}\right)^2 + \left(\frac{4}{9}\right)^3 + \cdots \left(\frac{4}{9}\right)^n\right]$$

이고 이 수열은 꺾쇠안의 급수가 공비가 4/9인 기하급수이므로

$$\lim_{n\to\infty} a_n = \frac{\sqrt{3}}{4} + \frac{27\sqrt{3}}{64}\ \frac{4^2/9^2}{1-4/9} = \frac{2\sqrt{3}}{5}$$

으로 수렴한다. ■

무한급수 $\sum a_n$의 일반항이 0이 아닌 실수, 예를 들어 0.1로 수렴한다면 이 급수는 수렴할 것인가를 생각해보자. 수열의 극한의 정의에 의하여 처음 유한개의 항을 제외하고는 모든 항 a_n이 $a_n \approx 0.1$이므로 급수는 0.1을 무한번 더한 것과 같을 것이므로 발산할 것이다. 이는 일반적으로 사실임을 증명할 수 있다. 급수의 일반항 a_n은 부분합 s_n을 이용하여 나타내면

$$a_n = (a_1 + \cdots + a_{n-1} + a_n) - (a_1 + \cdots + a_{n-1}) = s_n - s_{n-1}$$

이므로 급수 $\sum a_n$이 S로 수렴하면

$$\lim_{n\to\infty} a_n = \lim_{n\to\infty} s_n - \lim_{n\to\infty} s_{n-1} = S - S = 0$$

이다. 따라서 다음 정리 2가 증명되었다.

정리 2

무한급수 $\sum a_n$이 수렴하면 $\lim_{n\to\infty} a_n = 0$이다.

명제의 대우는 본 명제와 동치이고 다음 정리 3은 정리 2의 대우이므로 분명하다.

정리 3 (발산 판정법)

$\lim_{n\to\infty} a_n \neq 0$이면 무한급수 $\sum a_n$은 수렴하지 않는다.

예제 4 급수 $\sum_{n=1}^{\infty} \frac{n^2+1}{7n^2-2}$은 발산함을 보여라.

풀이 일반항의 극한값은

$$\lim_{n\to\infty} a_n = \lim_{n\to\infty} \frac{n^2+1}{7n^2-2} = \frac{1}{7}$$

으로 0이 아니다. 따라서 정리 3에 의하여 발산한다. ■

정리 2의 역 즉 "$\lim_{n\to\infty} a_n = 0$이면 무한급수 $\sum a_n$는 수렴한다"는 명제는 일반적으로 사실이 아님에 유의하여라. 다음 예제 5의 급수는 $\lim_{n\to\infty} a_n = 0$이지만 발산하는 예이다. 따라서 $\lim_{n\to\infty} a_n = 0$이면 수렴 여부를 판단할 수 없다.

예제 5 급수 $\sum_{n=1}^{\infty} \ln \frac{n+1}{n+2}$의 수렴 여부를 판단하여라.

풀이 급수의 일반항을 다시 표현하면

$$a_n = \ln \frac{n+1}{n+2} = \ln(n+1) - \ln(n+2)$$

이므로 부분합은

$$s_n = [\ln 2 - \ln 3] + [\ln 3 - \ln 4] + \cdots + [\ln(n) - \ln(n+1)] + [\ln(n+1) - \ln(n+2)]$$
$$= \ln 2 - \ln(n+2)$$

으로 $-\infty$로 발산한다. 따라서 급수도 발산한다. ■

유한급수를 항별로 더하거나 빼서 만들어진 유한급수는 유한개의 실수의 합 또는 차를 구하면 되므로 특별히 문제될 것이 없다. 하지만 무한급수에서도 별 생각 없이 항끼리 더하거나 빼도 되는가? 예를 들어 두 수열 $\sum n$와 $\sum(-n)$은 발산하는데 항끼리 합해서 만들어진 새로운 수열 즉 $\sum(n-n)$은 분명 0으로 수렴한다. 또한 발산하는 급수 $\sum n$와 수렴하는 급수 $\sum 2^{-n}$의 합 $\sum(n+2^{-n})$은 일반항의 극한이 존재하지 않으므로 발산한다. 수렴하지 않는 급수끼리는 유한급수에서처럼 항별로 더하거나 빼서는 안되지만 수렴하는 급수끼리는 이것이 가능하다.

정리 4

급수 $\sum a_n$, $\sum b_n$이 수렴하면 $\sum \alpha a_n$와 $\sum(a_n \pm b_n)$은 모두 수렴하고

(1) $\alpha \sum_{n=1}^{\infty} a_n = \sum_{n=1}^{\infty} \alpha a_n$

(2) $\sum_{n=1}^{\infty} a_n \pm \sum_{n=1}^{\infty} b_n = \sum_{n=1}^{\infty} (a_n \pm b_n)$

이 성립한다. 단, α는 임의의 실수이다.

증명 임의의 n에 대하여 부분합은 유한급수이므로

$$\sum_{j=1}^{n} \alpha a_j = \alpha \sum_{j=1}^{n} a_j, \quad \sum_{j=1}^{n} (a_j \pm b_j) = \sum_{j=1}^{n} a_j \pm \sum_{j=1}^{n} b_j$$

을 만족하고 따라서 10장 1절의 수열의 극한에 대한 정리 2에 의하여 증명이 되었다. ■

예제 6 급수 $\sum_{n=1}^{\infty} \frac{2^n+3}{4^n}$의 합을 구하여라.

풀이 주어진 급수를 다시 쓰면

$$\sum_{n=1}^{\infty} \frac{2^n+3}{4^n} = \sum_{n=1}^{\infty} \left[\left(\frac{1}{2}\right)^n + 3\left(\frac{1}{4}\right)^n\right]$$

이고 급수 $\sum_{n=1}^{\infty} \left(\frac{1}{2}\right)^n$과 $\sum_{n=1}^{\infty} \left(\frac{1}{4}\right)^n$은 공비가 1보다 작은 기하급수이므로 모

두 수렴한다. 따라서 정리 4에 의하여

$$\sum_{n=1}^{\infty} \frac{2^n+3}{4^n} = \sum_{n=1}^{\infty} \left[\left(\frac{1}{2}\right)^n + 3\left(\frac{1}{4}\right)^n\right]$$
$$= \sum_{n=1}^{\infty} \left(\frac{1}{2}\right)^n + 3\sum_{n=1}^{\infty} \left(\frac{1}{4}\right)^n$$
$$= \frac{1/2}{1-1/2} + 3\cdot\frac{1/4}{1-1/4} = 2$$

이다. ■

유한급수의 합은 결합법칙 때문에 더하는 순서에 관계없이 일정한데 무한급수에서도 이것이 가능한가? 예를 들어 수열 $\sum(-1)^n$의 일반항의 극한은 존재하지 않으므로 정리 3에 의하면 발산한다. 그러나 더하는 순서를 임의로 바꿀 수 있다면 예를 들어

$$\sum_{n=1}^{\infty} (-1)^n = -1 + (1-1) + (1-1) + \cdots = -1$$

$$\sum_{n=1}^{\infty} (-1)^n = (-1+1) + (-1+1) + \cdots = 0$$

처럼 바꾸면 $-1 = 0$과 같은 엉뚱한 결과를 얻는다. 이러한 모순된 결과는 한 급수의 합이 부분합의 극한이라는 정의를 사용하지 않았기 때문이고 일반적으로 더하는 순서를 임의로 바꿀 수 없음을 보여주고 있다. 하지만 수렴하는 무한급수는 유한급수에서처럼 항들을 인접한 항끼리만 묶으면 임의로 묶어서 더해도 문제가 없다.

정리 5

수렴하는 무한급수 $\sum a_n$의 항들을 인접한 항끼리 임의로 묶어서 만들어진 새로운 급수 $\sum b_n$은 수렴하고 극한값은 $\sum a_n$과 같다.

증명 급수 $\sum a_n$와 $\sum b_n$의 부분합으로 이루어진 수열을 각각 $\{s_n\}$, $\{t_m\}$이라고 하면 임의의 m에 대하여 유일한 $n \geq m$이 존재하여 $t_m = s_n$이 성립한다. 따라서 m이 무한대로 커지면 n도 무한대로 커지므로 $\lim_{m\to\infty} t_m = \lim_{n\to\infty} s_n$이다. ■

연습문제 10.2

※ (1~14) 다음 급수의 수렴 여부를 판정하고 수렴하면 합을 구하여라.

1. $\sum_{n=1}^{\infty} \frac{4}{5^n}$
2. $\sum_{n=1}^{\infty} \left(\frac{4}{3}\right)^n$
3. $\sum_{n=1}^{\infty} \frac{n+2}{4n-2}$
4. $\sum_{n=1}^{\infty} \frac{2}{n(n+2)}$
5. $\sum_{n=1}^{\infty} \left(1-\frac{1}{2n}\right)^n$
6. $\sum_{n=1}^{\infty} \left[5\left(\frac{1}{3}\right)^n + \left(\frac{1}{4}\right)^{n-1}\right]$
7. $\sum_{n=1}^{\infty} \frac{n!}{10000^n}$
8. $\sum_{n=1}^{\infty} \ln \frac{n}{4n+1}$
9. $\sum_{n=2}^{\infty} \frac{4n}{(n-1)^2(n+1)^2}$
10. $\sum_{n=1}^{\infty} \left(\frac{1}{\sqrt{n}} - \frac{1}{\sqrt{n+2}}\right)$
11. $\sum_{n=1}^{\infty} \sin \frac{n\pi+2}{4n}$
12. $\sum_{n=1}^{\infty} \frac{3^n}{3^{n+1}+1}$
13. $\sum_{n=1}^{\infty} \frac{\cos n\pi}{3^n}$
14. $\sum_{n=1}^{\infty} nr^n \ (|r|<1)$

※ (15~18) 다음의 순환소수를 분수로 표시하여라.

15. $0.999999\cdots$
16. $0.239239239\cdots$
17. $0.023232323\cdots$
18. $0.512232323\cdots$

※ (19~22) 다음 급수가 수렴하도록 x의 범위를 구하고 합을 구하여라.

19. $\sum_{n=1}^{\infty} (-x)^n$
20. $\sum_{n=1}^{\infty} x^{-2n}$
21. $\sum_{n=1}^{\infty} (1-x)^n$
22. $\sum_{n=1}^{\infty} \left(\frac{1-x}{2}\right)^n$

23. 조화급수

$$\sum_{n=1}^{\infty} \frac{1}{n} = 1 + \frac{1}{2} + \frac{1}{3} + \cdots$$

는 발산함을 보여라.(힌트 : 다음과 같이 그룹을 만들어서 합을 구하여라)

$$\sum_{n=1}^{\infty} \frac{1}{n} = 1 + \frac{1}{2} + \left(\frac{1}{3}+\frac{1}{4}\right) + \left(\frac{1}{5}+\frac{1}{6}+\frac{1}{7}+\frac{1}{8}\right) + \cdots$$

24. 급수 $\sum a_n$이 수렴하고 $\sum b_n$이 발산하면 급수 $\sum (a_n \pm b_n)$와 $\sum \alpha b_n (\alpha \neq 0)$는 발산함을 증명하여라.

25. 급수 $\sum_{n=5}^{\infty} \frac{1}{3n}$의 수렴성을 판정하여라.

26. 주어진 급수에 유한개의 항을 더하거나 소거하여도 수렴성은 변하지 않음을 보여라. 즉, 임의의 자연수 k에 대하여 다음 두 명제는 동치임을 증명하여라.

(1) 급수 $\sum_{n=1}^{\infty} a_n$이 수렴한다.

(2) 급수 $\sum_{n=k}^{\infty} a_n$이 수렴한다.

※ (27~29) 다음 급수의 수렴성을 판정하고 수렴하면 합을 구하여라.

27. $\sum_{n=4}^{\infty} \frac{1}{2^n}$
28. $\sum_{n=-1}^{\infty} \frac{1}{2^n}$
29. $\sum_{n=5}^{\infty} \frac{3}{n-4}$

30. 급수 $\sum_{n=1}^{\infty} \frac{n}{(n+1)!}$의 합을 구하여라.

31. 시어핀스키의 카펫(Sierpinski carpet) : 한 변의 길이가 1인 정사각형을 9개의 작은 정사각형으로 나누고 가운데 작은 정사각형을 제거한다. 그리고 나머지 남은 8개의 작은 정사각형에 대하여도 같은 방법으로 가운데 작은 정사각형을 제거한다. 이렇게 동일한 과정을 끝없이 반복하여 만들어지는 도형을 시어핀스키의 카펫이라고 한다. 이 카펫의 넓이는 0임을 보여라.

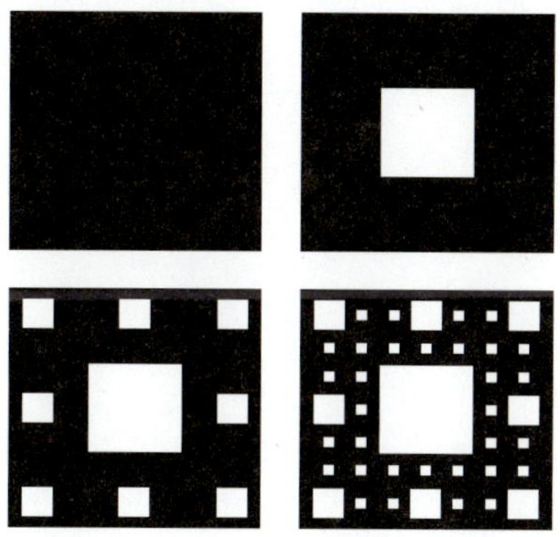

32. 멩거 스펀지(Menger sponge) : 한 변의 길이가 1인 정육면체를 27개의 작은 정육면체로 나누고 각 면의 가운데 작은 정육면체와 한가운데의 작은 정육면체를 제

거한다. 그리고 나머지 남은 20개의 작은 정육면체에 대하여도 같은 방법으로 작은 정육면체를 제거한다. 이렇게 동일한 과정을 끝없이 반복하여 만들어지는 도형을 멩거 스펀지라고 한다. 이 스펀지의 표면적은 무한대이고 부피가 0임을 보여라.

10.3 양항급수의 수렴판정법

일반적으로 급수의 합을 구하는 것은 대부분 불가능하다. 기하급수는 부분합 s_n을 구하기 쉬웠기 때문에 합을 구할 수 있었지만 이는 지극히 예외적인 경우이다. 따라서 우리는 합을 구하지 않고도 급수의 수렴 여부만을 판정할 수 있는 방법에 대하여 논의할 것이다.

모든 항이 음수가 아닌 급수를 양항급수라고 하는데 본 절에서는 우선 양항급수의 수렴 여부에 대한 판정법만을 다루고 다음 절에서는 이를 이용하여 일반 급수의 수렴 여부를 판정하는 방법을 다룰 것이다.

양항급수의 부분합은 단조증가 수열이기 때문에 10장 1절의 정리 9에 의하여 양항급수의 수렴 여부를 판정하려면 부분합이 위로 유계인지를 살피면 된다.

정리 1

부분합이 위로 유계인 양항급수는 수렴하고 역으로 수렴하는 양항급수의 부분합은 위로 유계이다.

예제 1 급수 $\sum_{n=1}^{\infty} \dfrac{1}{n^{3/2}}$는 수렴함을 보여라.

풀이 아래 그림 1에 의하면 부분합은

$$s_n = \sum_{k=1}^{n} \frac{1}{n^{3/2}} < 1 + \int_1^{\infty} \frac{1}{x^{3/2}} dx = 1 + 2 = 3$$

임을 알 수 있다. 따라서 정리 1에 의하여 수렴한다. ■

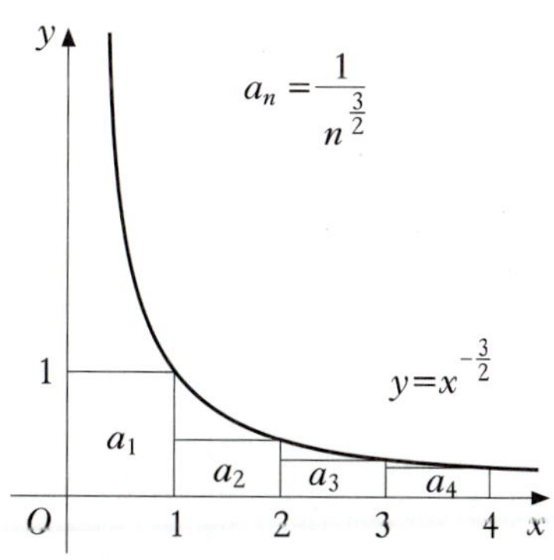

그림 1

적분판정법

위의 예제 1의 급수 $\sum_{n=1}^{\infty} \frac{1}{n^{3/2}}$와 적분 $\int_1^{\infty} \frac{1}{x^{3/2}} dx$는 둘 모두 수렴하였다. 또한 조화급수 $\sum_{n=1}^{\infty} \frac{1}{n}$와 적분 $\int_1^{\infty} \frac{1}{x} dx$는 둘 모두 발산함을 알 수 있다. 짐작했듯이 이는 전혀 우연이 아니다. 만약 $a_n = f(n)$이라면 적당한 조건하에서 양항급수 $\sum a_n$의 부분합 $s_n = \sum_{k=1}^{n} a_k$는 도형

$$1 \le x \le n,\ y = 0,\ y = f(x)$$

의 넓이의 근사값이다(그림 2, 3). 따라서 양항급수 $\sum a_n$과 특이적분 $\int_1^{\infty} f(x)dx$는 동시에 수렴하거나 동시에 발산함을 짐작할 수 있고 실제로 이는 사실이다.

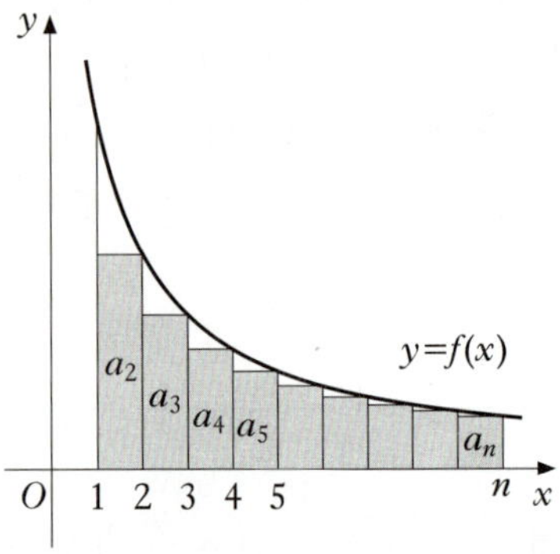

그림 2

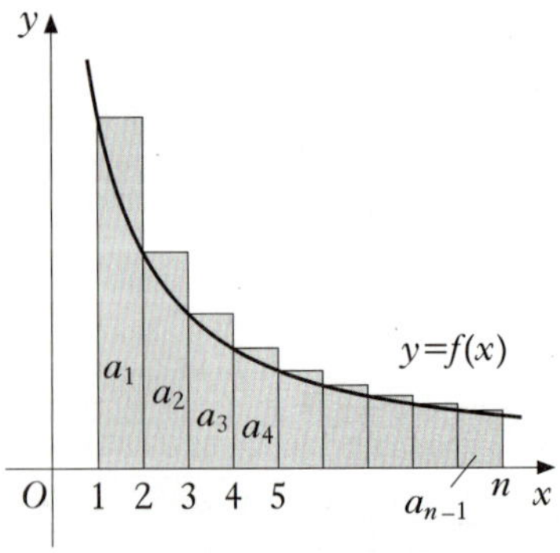

그림 3

> **정리 2 (적분판정법(Integral test))**
> 함수 f는 구간 $[1, \infty)$에서 (1) 연속이고, (2) 양수이고, (3) 단조감소한다고 하자. 만약 모든 자연수 n에 대하여 $a_n = f(n)$이면 급수 $\sum a_n$과 특이적분 $\int_1^{\infty} f(x)dx$는 동시에 수렴하거나 동시에 발산한다.

증명 그림 2, 3에 의하면

$$a_2 + a_3 + \cdots + a_n \le \int_1^n f(x)dx \le a_1 + a_2 + \cdots + a_{n-1}$$

또는

$$s_n - a_1 \le \int_1^n f(x)dx \le s_{n-1}$$

이다. 따라서 위 부등식의 첫 번째, 두 번째 부등식으로부터 각각 부등식

$$s_n \le a_1 + \int_1^n f(x)dx \le a_1 + \int_1^{\infty} f(x)dx$$

$$\int_1^n f(x)dx \le s_{n-1} \le \sum_{n=1}^{\infty} a_n$$

을 얻는다. 따라서 $\int_1^{\infty} f(x)dx$이 수렴하면 즉 유한이면 단조증가 수열인 부분합 s_n은 위로 유계가 되므로 정리 1에 의하여 $\sum a_n$도 수렴하고 역으로 $\sum a_n$이 수렴하면 단조증가수열인 $\int_1^n f(x)dx$이 위로 유계이므로 역시

정리 1에 의하여 $\int_1^\infty f(x)dx$도 수렴한다. ■

예제 2 p급수(p-series)

$$\sum_{n=1}^{\infty}\frac{1}{n^p}=1+\frac{1}{2^p}+\frac{1}{3^p}+\cdots$$

는 $p>1$이면 수렴하고 $p\le 1$이면 발산함을 보여라.

풀이 $p=1$이면 조화급수이므로 이미 알려진 대로 발산한다. 따라서 $p\neq 1$이라고 하자. 함수 $f(x)=1/x^p$는 구간 $[1, \infty)$에서 적분판정법의 세 가지 조건을 모두 만족하므로 즉 (1) 연속이고, (2) 양수이고, (3) 단조감소하므로 $\int_1^\infty \frac{1}{x^p}dx$가 유한임을 보이면 된다.

$$\begin{aligned}\int_1^\infty \frac{1}{x^p}dx &= \lim_{a\to\infty}\int_1^a \frac{1}{x^p}dx \\ &= \lim_{a\to\infty}\left[\frac{x^{-p+1}}{-p+1}\right]_1^a = \lim_{a\to\infty}\left[\frac{a^{-p+1}-1}{-p+1}\right]\end{aligned}$$

인데 a는 1보다 큰 양수이므로 $-p+1<0$이면 $\lim_{a\to\infty}a^{-p+1}=0$이고 $-p+1>0$이면 $\lim_{a\to\infty}a^{-p+1}=\infty$이다. 따라서 증명이 끝났다. ■

예제 3 급수 $\sum_{n=2}^{\infty}\frac{1}{n\sqrt{\ln n}}$의 수렴 여부를 판정하여라.

풀이 함수 $f(x)=1/(x\sqrt{\ln x})$는 구간 $[2, \infty)$에서 적분판정법의 세 가지 조건을 모두 만족한다.

$$\begin{aligned}\int_2^\infty \frac{1}{x\sqrt{\ln x}}dx &= \int_{\ln 2}^\infty \frac{1}{\sqrt{z}}dz \\ &= [2\sqrt{z}]_{\ln 2}^{\infty}=\infty\end{aligned}$$

이고 처음 유한개 항은 급수의 수렴 여부에 영향을 미치지 못하므로 정리 2에 의하여 발산한다. 치환 $z=\ln x$을 하면 위의 식에서 첫 번째 등호가 성립한다. ■

비교판정법과 극한비교 판정법

주어진 양항급수의 항들이 수렴하는 것으로 이미 알려진 급수의 항들보다 작다면 그 급수의 수렴 여부를 판단할 수 있는가에 대하여 알아보자.

예를 들어 양항급수

$$\sum_{n=1}^{\infty} \frac{1}{3^n+1}$$

의 일반항 $1/(3^n+1)$은 기하급수의 일반항 $1/3^n$보다 작다. 즉 임의의 n에 대하여

$$\frac{1}{3^n+1} < \frac{1}{3^n}$$

이다. 따라서 부분합 s_n은 부등식

$$s_n = \sum_{k=1}^{n} \frac{1}{3^k+1} < \sum_{k=1}^{n} \frac{1}{3^k} < \sum_{k=1}^{\infty} \frac{1}{3^k} = \frac{1/3}{1-1/3} = \frac{1}{2}$$

을 만족하므로 위로 유계이고 급수 $\sum \frac{1}{3^n+1}$은 정리 1에 의하여 수렴한다. 이런 사실을 일반화한 것이 다음의 정리 3이다.

정리 3 비교판정법(Comparison Test)

두 개의 양항급수 $\sum a_n$, $\sum b_n$이 처음 유한개의 항을 제외한 모든 항들이 $0 \le a_n \le b_n$을 만족한다고 하면 다음이 성립한다.

(1) $\sum b_n$이 수렴하면 $\sum a_n$도 수렴한다.

(2) $\sum a_n$이 발산하면 $\sum b_n$도 발산한다.

증명 (2)는 (1)의 대우이므로 (1)만 증명하면 된다. 처음 유한개의 항들은 급수의 수렴 여부에 영향을 미치지 못하므로 모든 항들이 $0 \le a_n \le b_n$을 만족한다고 하자. 급수 $\sum b_n$이 수렴하고 합을 S라고 하면 $\sum a_n$의 부분합 s_n은 부등식

$$s_n = \sum_{k=1}^{n} a_k < \sum_{k=1}^{n} b_k < \sum_{k=1}^{\infty} b_k = S$$

을 만족하므로 즉 부분합이 위로 유계이므로 정리 1에 의하여 $\sum a_n$은 수렴한다. ■

예제 4 급수 $\sum_{n=1}^{\infty} \frac{2n}{n^3+n+1}$의 수렴 여부를 판정하여라.

풀이 모든 n에 대하여 $n^3 < n^3+n+1$이므로

$$\frac{2n}{n^3+n+1} < \frac{2n}{n^3} = \frac{2}{n^2}$$

이다. 한편 $\sum_{n=1}^{\infty} \frac{2}{n^2}$은 $p=2$인 p급수이므로 수렴한다. 따라서 정리 3의 비교 판정법에 의하여 주어진 급수는 수렴한다. ■

예제 5 급수 $\sum_{n=2}^{\infty} \frac{n^2}{n^3-n}$의 수렴 여부를 판정하여라.

풀이 모든 $n>1$에 대하여 $n^3-n < n^3$이므로

$$\frac{n^2}{n^3-n} > \frac{n^2}{n^3} = \frac{1}{n}$$

이고 조화급수 $\sum_{n=1}^{\infty} \frac{1}{n}$은 발산하므로 정리 3의 비교 판정법에 의하여 주어진 급수는 발산한다. ■

비교판정법을 사용하자면 수렴 여부가 이미 알려진 급수, 예를 들어 기하급수, p급수, 조화급수들과 비교를 하여야 한다. 그리고 정리 3의 부등식을 정확히 만족하여야만 한다. 예를 들어 예제 4의 급수를 약간 변형하여 얻어진 급수

$$\sum_{n=1}^{\infty} \frac{2n}{n^3-n+1}$$

의 일반항은

$$\frac{2n}{n^3-n+1} \geq \frac{2n}{n^3} = \frac{2}{n^2}$$

이므로 이 급수에 정리 3의 비교판정법을 사용할 수 없다. 하지만 n이 충분히 크면

$$\frac{2n}{n^3-n+1} \approx \frac{2n}{n^3} = \frac{2}{n^2}$$

이므로 이 급수와 $\sum_{n=1}^{\infty} \frac{2}{n^2}$은 수렴 여부가 동일할 것으로 추측된다. 이러한 우리의 추측은 옳았음을 다음 정리 4에서 알 수 있다.

정리 4 극한 비교판정법(Limit Comparison Test)

두 양항급수의 일반항 a_n, b_n의 비의 극한값이 ρ 즉

$$\lim_{n\to\infty}\frac{a_n}{b_n}=\rho\geq 0$$

라고 하면 다음이 성립한다.

(1) $0<\rho<\infty$이면 두 급수의 수렴 여부는 동일하다.

(2) $\rho=0$이고 $\sum b_n$이 수렴하면 $\sum a_n$도 수렴한다.

(3) $\rho=\infty$이고 $\sum b_n$이 발산하면 $\sum a_n$도 발산한다.

정리 4의 증명은 연습문제로 남기고 직관적으로 이해하여 보자. (1)의 경우는 일반항 a_n, b_n이 처음 유한개를 제외하고는 하나가 다른 하나의 상수배로 보아도 될 것이다. 10장 2절의 정리 4에 의하면 급수의 모든 항에 상수를 곱하여도 수렴 여부는 변하지 않으므로 수렴 여부가 동일할 것이다. $\rho=0$이면 a_n이 b_n보다 작을 것이고 $\rho=\infty$이면 a_n이 b_n보다 클 것이므로 비교판정법에 의하여 (2), (3)의 결론이 나온다.

예제 6 다음 급수 $\sum a_n$의 수렴 여부를 판정하여라.

(1) $a_n=\dfrac{2n}{n^3-n+1}$ (2) $a_n=\dfrac{2n^2}{n^3-n+1}$

(3) $a_n=\dfrac{n\ln n}{n^{5/2}-n+1}$

풀이 (1) n이 충분히 크면 $a_n=2n/(n^3-n+1)$은 $2/n^2$과 거의 비슷하므로 p급수의 일반항 $b_n=1/n^2$과 비교하자.

$$\lim_{n\to\infty}\frac{a_n}{b_n}=\lim_{n\to\infty}\left(\frac{2n}{n^3-n+1}\div\frac{1}{n^2}\right)=2$$

이므로 정리 4의 극한 비교판정법 (1)에 의하여 $p=2$인 p급수와 마찬가지로 수렴한다.

(2) n이 충분히 크면 $a_n=2n^2/(n^3-n+1)$은 $2/n$과 거의 비슷하므로 조화급수의 일반항 $b_n=1/n$과 비교하자.

$$\lim_{n\to\infty}\frac{a_n}{b_n}=\lim_{n\to\infty}\left(\frac{2n^2}{n^3-n+1}\div\frac{1}{n}\right)=2$$

이므로 정리 4의 극한 비교판정법 (1)에 의하여 조화급수와 마찬가지로 발산한다.

(3) n이 충분히 크면

$$a_n = \frac{n \ln n}{n^{5/2} - n + 1} \approx \frac{n \ln n}{n^{5/2}} = \frac{\ln n}{n^{3/2}}$$

이다. 한편 로피탈의 정리를 사용하면 임의의 양수 α에 대하여

$$\lim_{x\to\infty} \frac{\ln x}{x^{\alpha}} = \lim_{x\to\infty} \frac{1/x}{\alpha x^{\alpha-1}} = \lim_{x\to\infty} \frac{1}{\alpha x^{\alpha}} = 0$$

임을 알 수 있다. 따라서 p급수의 일반항 $b_n = 1/n^p$, $p > 1$을

$$\frac{a_n}{b_n} \approx \frac{\ln n}{n^{1.5}} \div \frac{1}{n^p} = \frac{\ln n}{n^{1.5-p}},\ 1.5 - p > 0$$

이 되도록 p를 택하면 이의 극한값은 0일 것이다. 예를 들어 $p = 1.2$라면

$$\begin{aligned}
\lim_{n\to\infty} \frac{a_n}{b_n} &= \lim_{n\to\infty} \left(\frac{n \ln n}{n^{5/2} - n + 1} \div \frac{1}{n^{1.2}} \right) \\
&= \lim_{n\to\infty} \left(\frac{\ln n}{n^{0.3} - n^{-1.2} + n^{-2.2}} \right) \\
&= \lim_{n\to\infty} \left(\frac{1/n}{0.3n^{-0.7} + 1.2n^{-2.2} - 2.2n^{-3.2}} \right) \\
&= \lim_{n\to\infty} \left(\frac{1}{0.3n^{0.3} + 1.2n^{-1.2} - 2.2n^{-2.2}} \right) = 0
\end{aligned}$$

이다. 위의 식에서 로피탈의 정리를 이용하여 세 번째 등호를 얻었다. 따라서 정리 4의 극한 비교판정법 (2)에 의하여 급수 $\sum a_n$는 $p = 1.2$인 p급수 $\sum_{n=1}^{\infty} \frac{1}{n^{1.2}}$와 마찬가지로 수렴한다. ■

비판정법

비교판정법 또는 극한비교판정법을 사용하려면 수렴 여부가 이미 알려진 급수들 중에서 비교 대상을 찾아야하는데 이는 어떤 의미에서는 판정하려는 급수의 특성, 즉 수렴 여부를 이미 알고 있어야 가능한 것이다. 이렇게 급수의 수렴 여부에 대한 아무런 사전 지식 또는 추측 없이도 사용할 수 있는 방법이 존재한다. 만약 판정하려는 급수의 이웃한 두 항의 비의 극한값을

$$\lim_{n\to\infty} \frac{a_{n+1}}{a_n} = \rho$$

라고 하면 극한의 정의에 의하여 n이 충분히 크면

$$a_{n+1} \approx \rho a_n$$

이므로 이 급수는 궁극적으로 공비가 ρ인 기하급수와 동일한 특성을 가질 것으로 추측할 수 있다. 이러한 추측이 옳았다는 것이 다음 정리 5의 비판정법이다.

정리 5 비판정법(Ratio Test)

양항급수 $\sum a_n$의 이웃한 두 항의 비 a_{n+1}/a_n의 극한값을 ρ 즉

$$\lim_{n\to\infty} \frac{a_{n+1}}{a_n} = \rho$$

라고 하면 다음이 성립한다.

(1) $\rho < 1$이면 $\sum a_n$는 수렴한다.

(2) $\rho > 1$이면 $\sum a_n$는 발산한다.

(3) $\rho = 1$이면 $\sum a_n$는 수렴할 수도, 발산할 수도 있다.

증명 수열의 극한의 정의에 의하여 임의의 $\epsilon > 0$이 주어지면 자연수 N이 존재하여 모든 $n > N$에 대하여

$$\left| \frac{a_{n+1}}{a_n} - \rho \right| \le \epsilon$$

즉

$$(*) \qquad \rho - \epsilon \le \frac{a_{n+1}}{a_n} \le \rho + \epsilon$$

이 성립한다.

(1) $\rho < 1$이면 $\rho < r < 1$을 만족하는 r이 존재한다. 만약 $\epsilon = r - \rho$ 즉 $\rho + \epsilon = r$이라고 하면 위의 식 $(*)$의 두 번째 부등식에 의하여

$$a_{n+1} \le r a_n, \ n \ge N$$

이다. 따라서

$$\begin{aligned} &a_{N+1} \le r a_N \\ &a_{N+2} \le r a_{N+1} \le r(r a_N) < r^2 a_N \\ &a_{N+3} \le r a_{N+2} \le r(r^2 a_N) < r^3 a_N \\ &\vdots \end{aligned}$$

이므로 $\sum_{n=N}^{\infty} a_n = \sum_{n=0}^{\infty} a_{N+n}$과 공비가 $r < 1$인 수렴하는 기하급수 $\sum_{n=0}^{\infty} r^n a_N$

과 비교하면 정리 3 비교판정법에 의하여 $\sum_{n=N}^{\infty} a_n$은 수렴한다. 급수의 수렴은 처음 유한개의 항들과는 관계가 없으므로 $\sum_{n=1}^{\infty} a_n$은 수렴한다.

(2) $\rho > 1$이면 ϵ을 $0 < \epsilon = \rho - 1$(즉, $1 = \rho - \epsilon$)으로 택하면 위 부등식 (*)의 첫 번째 부등식에 의하여

$$0 < a_n \leq a_{n+1},\ n \geq N$$

이고 따라서 $a_N \leq \lim a_n$ 즉 $\lim a_n$은 0이 아니다. 따라서 10장 2절 정리 3의 발산판정법에 의하여 발산한다.

(3) 두 급수 $\sum_{n=1}^{\infty} \frac{1}{n}$과 $\sum_{n=1}^{\infty} \frac{1}{n^2}$의 경우 모두 $\rho = 1$이지만 전자는 발산하고 후자는 수렴한다. 따라서 $\rho = 1$만으로는 판정불가능이다. ■

예제 7 다음 급수의 수렴 여부를 판정하여라.

(1) $\sum_{n=1}^{\infty} \frac{3^n}{n^{100}}$ (2) $\sum_{n=1}^{\infty} \frac{3^n}{n!}$

풀이 (1) 일반항은 $a_n = 3^n/n^{100}$이므로

$$\lim_{n\to\infty} \frac{a_{n+1}}{a_n} = \lim_{n\to\infty} \left[\frac{3^{n+1}}{(n+1)^{100}} \times \frac{n^{100}}{3^n} \right] = \lim_{n\to\infty} \left[3\left(\frac{n}{n+1}\right)^{100} \right] = 3$$

이다. 따라서 비판정법에 의하여 발산한다.

(2) 일반항은 $a_n = 3^n/n!$이므로

$$\lim_{n\to\infty} \frac{a_{n+1}}{a_n} = \lim_{n\to\infty} \left[\frac{3^{n+1}}{(n+1)!} \times \frac{n!}{3^n} \right] = \lim_{n\to\infty} \frac{3}{n+1} = 0$$

이다. 따라서 비판정법에 의하여 수렴한다. ■

연습문제 10.3

※ (1~7) 적분판정법으로 다음 급수의 수렴 여부를 판정하여라.

1. $\sum_{n=1}^{\infty} \frac{1}{n+2}$
2. $\sum_{n=1}^{\infty} \frac{n}{n^2+2}$
3. $\sum_{n=1}^{\infty} \frac{n}{e^n}$
4. $\sum_{n=1}^{\infty} \frac{2n}{e^{n^2}}$
5. $\sum_{n=3}^{\infty} \frac{1}{n(\ln n)^3}$
6. $\sum_{n=1}^{\infty} \frac{\ln n}{n}$

7. $\sum_{n=1}^{\infty} \frac{\ln n}{n^2}$

※ (8~15) 비교 판정법 또는 극한 비교 판정법으로 다음 급수의 수렴 여부를 판정하여라.

8. $\sum_{n=1}^{\infty} \frac{1}{3n-2}$

9. $\sum_{n=1}^{\infty} \frac{1}{3n+2}$

10. $\sum_{n=1}^{\infty} \frac{n}{3n^3-n+2}$

11. $\sum_{n=1}^{\infty} \frac{1}{n\sqrt{n^2+1}}$

12. $\sum_{n=1}^{\infty} \frac{\sqrt{n+1}}{n^2}$

13. $\sum_{n=1}^{\infty} \frac{\ln n}{n^2}$

14. $\sum_{n=1}^{\infty} \sin\frac{1}{n}$

15. $\sum_{n=1}^{\infty} \left(1-\sin\frac{1}{n}\right)$

※ (16~25) 비판정법으로 다음 급수의 수렴 여부를 판정하여라.

16. $\sum_{n=1}^{\infty} \frac{10^n}{n!}$

17. $\sum_{n=1}^{\infty} \frac{10^n}{n^{10}}$

18. $\sum_{n=1}^{\infty} \frac{n^n}{n!}$

19. $\sum_{n=1}^{\infty} \frac{10^n}{n!}$

20. $\sum_{n=1}^{\infty} \frac{(2n)!}{n!n!}$

21. $\sum_{n=1}^{\infty} \frac{(2n)!}{4^n(n!)^2}$

22. $\sum_{n=1}^{\infty} \frac{e^n}{n^4}$

23. $\sum_{n=1}^{\infty} n\left(\frac{1}{2}\right)^n$

24. $\sum_{n=1}^{\infty} \frac{(n!)^2}{n^n}$

25. $\sum_{n=1}^{\infty} \frac{(n!)^2}{n^{2n}}$

※ (26~43) 다음 급수의 수렴 여부를 판정하여라.

26. $\sum_{n=1}^{\infty} \frac{1}{n(n+1)}$

27. $\sum_{n=1}^{\infty} \frac{n^2}{3n^2+n-2}$

28. $\sum_{n=1}^{\infty} \left(1-\frac{2}{n}\right)^n$

29. $\sum_{n=1}^{\infty} \frac{\tan^{-1}n}{1+n^2}$

30. $\sum_{n=1}^{\infty} \frac{\ln n}{\sqrt{n}}$

31. $\sum_{n=1}^{\infty} n\sin\frac{1}{n}$

32. $\sum_{n=1}^{\infty} \frac{\ln n}{2+n^3}$

33. $\sum_{n=2}^{\infty} \frac{\sqrt{n}}{\ln n}$

34. $\sum_{n=1}^{\infty} \frac{3e^n}{2+e^{2n}}$

35. $\sum_{n=1}^{\infty} \frac{4^n}{n!}$

36. $\sum_{n=1}^{\infty} \frac{n^n}{(3n)!}$

37. $\sum_{n=3}^{\infty} \frac{1}{\ln(\ln n)}$

38. $\sum_{n=1}^{\infty} \frac{3^n}{n^2 4^n}$

39. $\sum_{n=1}^{\infty} \frac{(\ln n)^2}{n(n+1)}$

40. $\sum_{n=1}^{\infty} \frac{1}{(\ln n)^3}$

41. $\sum_{n=1}^{\infty} \sqrt{n}\left(1-\cos\frac{1}{n}\right)$

42. $\sum_{n=1}^{\infty} \left(\frac{1}{2}+\frac{1}{n}\right)^{n/2}$

43. $a_1=1,\ a_{n+1}=\frac{n}{2n+1}a_n$

44. 정리 4를 증명하여라.

45. 다음을 증명하여라.

근판정법(Root Test) 양항급수 $\sum a_n$의 일반항의 n제곱근의 극한값 L즉

$$\lim_{n\to\infty} \sqrt[n]{a_n} = L$$

이라고 하면 다음이 성립한다.

(1) $\rho<1$이면 $\sum a_n$는 수렴한다.

(2) $\rho>1$이면 $\sum a_n$는 발산한다.

(3) $\rho=1$이면 $\sum a_n$는 수렴할 수도, 발산할 수도 있다.

※ (46~49) 근판정법에 의하여 다음 급수의 수렴 여부를 판정하여라.

46. $\sum_{n=1}^{\infty} \left(\frac{n}{2n+1}\right)^n$

47. $\sum_{n=1}^{\infty} \frac{n^3}{e^{2n}}$

48. $a_n=\begin{cases} n/3^n, & n=\text{짝수} \\ 1/3^n, & n=\text{홀수}\end{cases}$

49. $\sum_{n=1}^{\infty} \frac{3e^n}{2+e^{2n}}$

50. 적분판정법에 의하여 수렴하는 양항급수 $\sum a_n$의 합 S와 부분합 s_n의 오차를 e_n이라고 하면 부등식

(1) $\int_{n+1}^{\infty} f(x)dx \le e_n \le \int_{n}^{\infty} f(x)dx$

또는

(2) $s_n+\int_{n+1}^{\infty} f(x)dx \le S \le s_n+\int_{n}^{\infty} f(x)dx$

이 성립함을 보여라.

51. 급수 $\sum_{n=1}^{\infty} \frac{1}{n^2}$의 부분합을 s_n이라고 하자. 다음에 답하여라.

(1) 근사값으로 부분합 s_{20}을 사용하려고 한다. 문제 50의 (1)을 이용하여 오차의 한계를 구하여라.

(2) 문제 50의 (2)와 s_{20}을 이용하여 s_{20}보다 더 좋은 근사값과 그때의 오차의 한계를 구하여라.

52. 급수 $\sum_{n=2}^{\infty} \frac{1}{n(\ln n)^p}$은 $p>1$인 경우에만 수렴함을 증명하여라.

※ (53~56) 문제 52를 이용하여 다음 급수의 수렴 여부를 판정하여라.

53. $\sum_{n=2}^{\infty} \frac{1}{n(\ln n)^{1.001}}$

54. $\sum_{n=2}^{\infty} \frac{1}{n(\ln n)}$

55. $\sum_{n=2}^{\infty} \frac{1}{n(\ln n)^{2/3}}$

56. $\sum_{n=2}^{\infty} \frac{100}{n(\ln n)^2}$

57. 오일러 상수(Euler's Constant) 오일러 상수 $\gamma = 0.5772 \cdots$는 수열

$$a_n = \left(1+\frac{1}{2}+\cdots+\frac{1}{n}\right)-\ln n$$

의 극한값으로 유리수인지 무리수인지 아직 밝혀지지 않았다. 이 수열의 극한이 존재함을 다음과 같이 보여라.

(1) 정리 2의 적분판정법의 증명에서처럼 $y=1/x$의 그래프를 이용하여 부등식

$$\ln(n+1) < 1+\frac{1}{2}+\cdots+\frac{1}{n} < 1+\ln n$$

이 성립함을 보여라. 즉 $\{a_n\}$은 유계인 수열임을 보여라.

(2) 먼저 부등식

$$\frac{1}{n+1} < \ln(n+1)-\ln n$$

을 증명하고 이로부터 $\{a_n\}$은 단조감소 수열임을 보여라.

10.4 일반급수의 수렴판정 : 교대급수와 절대수렴

본 절에서는 항이 모두 음이 아니라는 제한이 없는 일반적인 급수의 수렴판정법에 대하여 알아보자. 먼저 양수인 항과 음수인 항이 교대로 나오는 급수에 대하여 알아보고 급수의 각 항의 절대값을 일반항으로 가지는 급수를 이용하여 본래 급수의 수렴 여부를 판정하는 방법을 논의할 것이다.

교대급수 판정법

우선 이웃한 두 항의 부호가 서로 다른 **교대급수**(alternating series)

$$\sum_{n=1}^{\infty}(-1)^{n+1}a_n = a_1 - a_2 + a_3 + \cdots + (-1)^n a_n + \cdots$$

$$(\text{단, } a_n > 0,\ n = 1,\ 2,\ \cdots)$$

의 수렴판정법에 대하여 살펴보자. 물론 첫 번째 항이 음수인 경우도 교대급수이지만 각 항에 -1을 곱하여도 수렴 여부에는 영향이 없으므로 첫 번째 항이 양수라고 가정한 것이다. 예를 들어

$$\sum_{n=1}^{\infty}\left(-\frac{1}{2}\right)^n = -\frac{1}{2} + \frac{1}{4} - \frac{1}{8} + \cdots + \left(-\frac{1}{2}\right)^n + \cdots$$

도 교대급수이다.

정리 1 (교대급수 판정법과 오차)

두 가지 조건

(1) $\lim_{n \to \infty} a_n = 0$

(2) $a_n \geq a_{n+1} \geq 0$ ($n \geq N$, N은 적당한 자연수)

을 만족하는 교대급수 $\sum(-1)^{n+1}a_n$은 수렴하고 부분합 s_n과 급수의 합 S와의 차이는 버린 첫 번째 항의 절대값 a_{n+1}보다 작다.

증명 처음 유한개의 항은 급수의 수렴 여부에 영향을 주지 못하므로 $N = 1$일 때 즉 모든 자연수에 대하여 조건 (2)가 성립한다고 가정하자. 부분합 s_{2n}은

$$\begin{aligned} s_{2n} &= s_{2n-2} + (a_{2n-1} - a_{2n}) \\ &= a_1 - (a_2 - a_3) - (a_4 - a_5) - \cdots - (a_{2n-2} - a_{2n-1}) - a_{2n} \le a_1 \end{aligned}$$

이고 조건 (2)에 의하여 모든 괄호 안의 수와 a_{2n}은 음이 아니므로 첫 번째 등식에 의하여 $\{s_{2n}\}$은 증가수열이고 두 번째 등식에 의하여 s_{2n}은 a_1보다 작음을 알 수 있다. 따라서 $\{s_{2n}\}$은 위로 유계인 증가수열이므로 수렴한다. 그 극한을 S라고 하면 극한의 성질에 의하여

$$\begin{aligned} \lim_{n\to\infty} s_{2n+1} &= \lim_{n\to\infty} (s_{2n} + a_{2n+1}) \\ &= \lim_{n\to\infty} s_{2n} + \lim_{n\to\infty} a_{2n+1} \\ &= S + 0 = S \end{aligned}$$

이고 따라서

$$\lim_{n\to\infty} s_{2n} = S = \lim_{n\to\infty} s_{2n+1}$$

이므로 10장 1절의 연습문제 34에 의하여 $\{s_n\}$은 S로 수렴한다. 부분합 s_{2n+1}은

$$\begin{aligned} s_{2n+1} &= s_{2n-1} - (a_{2n} - a_{2n+1}) \\ &= (a_1 - a_2) + (a_3 - a_4) + \cdots + (a_{2n-1} - a_{2n}) + a_{2n+1} \ge a_1 - a_2 \end{aligned}$$

이므로 $\{s_{2n+1}\}$은 아래로 유계인 감소수열이고 이로부터 임의의 자연수 n에 대하여

$$S \le s_{2n+1}$$

이 성립함을 알 수 있다. 또한 $\{s_{2n}\}$이 위로 유계인 증가수열이므로 임의의 자연수 k에 대하여

$$s_{2k} \le S$$

이 성립한다. 따라서 임의의 자연수 k, n에 대하여

$$s_{2k} \le S \le s_{2n+1}$$

이 성립하므로 이 부등식에 $k = n$, $n+1$을 대입하면 각각

$$\begin{aligned} 0 \le S - s_{2n} \le a_{2n+1} \\ -a_{2n+2} \le S - s_{2n+1} \le 0 \end{aligned}$$

을 얻는다. n이 임의의 자연수이므로 위의 두 부등식으로부터

$$|S - s_n| \le a_{n+1}$$

이 성립함을 알 수 있다. ■

정리 1의 증명과정에 의하면 교대급수의 부분합 s_n은 급수의 합 S보다 한 번은 큰 쪽에서, 그 다음은 작은 쪽에서 교대하면서 S로 무한히 가깝게 접근함을 알 수 있다. 따라서 오차 $S-s_n$은 0으로 수렴하는 교대수열이고 부호는 버린 첫 번째 항과 같음을 알 수 있다. 이러한 사실은 수렴하는 교대급수의 합을 예측하는데 유용하게 사용된다.

예제 1 교대조화급수(alternating harmonic series)

$$1-\frac{1}{2}+\frac{1}{3}-\frac{1}{4}+\cdots$$

은 수렴함을 보여라.

풀이 $a_n=1/n$은 감소수열이고 $\lim a_n=0$이므로 정리 1의 교대급수 판정법에 의하여 수렴한다. ■

예제 2 모든 x에 대하여

$$e^x=\sum_{k=0}^{\infty}\frac{x^k}{k!}$$

이 성립한다. 이를 이용하여 e^{-1}의 근사값을 소수점 아래 네 자리까지 구하여라.

풀이 위 식에 $x=-1$을 대입하면 정리 1의 교대급수 판정법에 의하여 수렴하는 교대 급수

$$e^{-1}=\sum_{k=0}^{\infty}\frac{(-1)^k}{k!}$$

를 얻고 부분합을 $s_n=\sum_{k=0}^{n-1}\frac{(-1)^k}{k!}$이라고 하면 오차는

$$|e^{-1}-s_n|\leq\frac{1}{n!}$$

이다. 근사값을 소수점 네 자리까지 구하려면 오차가 5×10^{-5}보다 작아야 되고

$$\frac{1}{7!}=\frac{1}{5040}=0.000198\cdots>5\times10^{-5}$$

$$\frac{1}{8!}=\frac{1}{40320}=0.0000248\cdots<5\times10^{-5}$$

이므로 $n=8$이면 충분하다. 따라서 e^{-1}의 근사값은

$$\sum_{k=0}^{7} \frac{(-1)^k}{k!} = 1 - \frac{1}{1!} + \frac{1}{2!} - \frac{1}{3!} + \frac{1}{4!} - \frac{1}{5!} + \frac{1}{6!} - \frac{1}{7!}$$
$$\approx 0.3682$$

이다. ■

절대수렴과 조건부수렴

교대급수가 아닌 일반급수는 이제까지 보아온 어떤 급수보다 수렴 판정이 더 어렵다. 하지만 양항급수의 판정법으로 수렴 여부를 판정할 수 있는 특별한 경우가 있는데 이에 대하여 논의할 것이다.

만약 급수 $\sum a_n$의 각 항의 절대값 $|a_n|$을 일반항으로 갖는 급수 $\sum |a_n|$이 수렴하면 원래의 급수 $\sum a_n$은 **절대수렴**(absolutely convergent)한다고 한다.

예제 3 다음 급수는 절대수렴함을 보여라.

$$\sum_{n=1}^{\infty} \frac{\cos n}{n^2}$$

풀이 주어진 급수의 각 항의 절대값 $|a_n|$은 부등식

$$|a_n| = \frac{|\cos n|}{n^2} \le \frac{1}{n^2}$$

을 만족하고 $\sum 1/n^2$은 $p=2$인 p급수로 수렴하므로 양항급수의 비교판정법(10장 3절의 정리 3)에 의하여 급수 $\sum |a_n|$은 수렴한다. ■

예제 3의 급수는 지금까지 보아온 양항급수도, 교대급수도 아니다. 따라서 이 급수의 수렴 여부를 직접 분석하기는 사실 어렵다. 하지만 각 항의 절대값을 일반항으로 갖는 급수가 수렴하므로 양수의 항과 음수의 항이 혼재하는 원래의 급수는 더 빠르게 수렴하지 않을까 추측하는 것은 양항급수에 적용되는 비교판정법에 비추어 볼 때 막연한 추측이라기보다는 훈련된 사람이 할 수 있는 이성적인 추측이라고 할 것이다. 다음의 정리 2는 이러한 추측이 옳았음을 보여준다.

정리 2

절대수렴하는 급수는 수렴한다. 즉 급수 $\sum |a_n|$이 수렴하면 원래의 급수 $\sum a_n$도 수렴한다.

증명 임의의 a_n에 대하여 부등식

$$0 \le a_n + |a_n| \le 2|a_n|$$

이 성립하므로 양항급수의 비교 판벙법(10장 3절의 정리 3)에 의하여 양항급수 $\sum (a_n + |a_n|)$은 수렴한다. 급수 $\sum a_n$은 수렴하는 두 급수 $\sum (a_n + |a_n|)$와 $\sum |a_n|$의 차 즉

$$\sum a_n = \sum (a_n + |a_n|) - \sum |a_n|$$

이므로 10장 1절의 정리 3에 의하여 수렴한다. ■

예제 4 예제 3의 급수

$$\sum_{n=1}^{\infty} \frac{\cos n}{n^2}$$

는 절대 수렴하므로 정리 2에 의하여 수렴한다.

모든 항들이 양수이므로 당연히 양항급수의 판정법을 이용하여 $\sum |a_n|$의 수렴 여부를 판정할 수 있다. 하지만 $\sum |a_n|$이 수렴하는 경우에는 정리 2에 의하여 $\sum a_n$이 수렴함을 알 수 있어 문제가 없으나 $\sum |a_n|$이 발산하면 원 급수 $\sum a_n$의 수렴 여부를 판정할 수 없다. 그러나 양항급수의 비판정법에 의하여 $\sum |a_n|$이 발산하는 경우에는 원래 급수 $\sum a_n$도 발산한다는 것을 다음 정리 3이 보여주고 있다.

정리 3 (절대 비판정법)

급수 $\sum a_n$의 항이

$$\lim_{n \to \infty} \left| \frac{a_{n+1}}{a_n} \right| = \rho$$

을 만족하면 다음이 성립한다.

(1) $\rho < 1$이면 $\sum a_n$은 절대수렴한다.

(2) $\rho > 1$이면 $\sum a_n$은 발산한다.

(3) $\rho = 1$이면 $\sum a_n$은 수렴할 수도, 발산할 수도 있다.

증명 (1)과 (3)은 양항급수의 비판정법(10장 3절 정리 3)에 의하여 분명하다. (2)의 경우 극한의 정의에 의하여 임의의 ϵ에 대하여 적당한 자연수 N이

존재하여 N보다 큰 모든 n에 대하여

$$\left|\left|\frac{a_{n+1}}{a_n}\right|-\rho\right|\le\epsilon \quad \text{또는} \quad \rho-\epsilon\le\left|\frac{a_{n+1}}{a_n}\right|\le\rho+\epsilon$$

이 성립한다. 따라서 ϵ을 $1<r=\rho-\epsilon$이 성립하도록 충분히 작게 택하면 ($\rho>1$이므로 이는 항상 가능하다)

$$|a_{n+1}|\ge r|a_n|>|a_n|>0,\ n\ge N$$

이므로 $\lim|a_n|>0$ 즉 $\lim a_n\ne 0$이다. 따라서 발산판정법(10장 2절 정리 3)에 의하여 $\sum a_n$는 발산한다. ■

예제 1의 교대조화급수

$$\sum_{n=1}^{\infty}\frac{(-1)^n}{n}$$

는 수렴하지만 각 항의 절대값을 항으로 가지는 조화수열은 수렴하지 않는다. 이와 같이 급수 $\sum a_n$은 수렴하지만 $\sum|a_n|$은 발산하면 급수 $\sum a_n$는 **조건부수렴**(conditionally convergent)한다고 한다.

예제 5 다음 급수의 수렴 여부를 판정하여라.

(1) $a_n=(-1)^n/\sqrt{n}$ (2) $a_n=(-2)^n/n^2$

(3) $a_n=(-1)^n\dfrac{n^2}{3^n}$

풀이 (1) 교대급수 판정법에 의하여 $\sum a_n$은 수렴하지만 $\sum|a_n|=\sum\dfrac{1}{\sqrt{n}}$은 $p=1/2$인 p급수이므로 발산한다. 따라서 주어진 급수는 조건부 수렴한다.

(2) $a_n=(-2)^n/n^2$은

$$\rho=\lim_{n\to\infty}\left|\frac{a_{n+1}}{a_n}\right|=\left|\frac{(-2)^{n+1}}{(n+1)^2}\cdot\frac{n^2}{(-2)^n}\right|=2>1$$

을 만족하므로 정리 3의 절대 비판정법에 의하여 $\sum a_n$은 발산한다.

(3) $a_n=(-1)^n\dfrac{n^2}{3^n}$은

$$\rho=\lim_{n\to\infty}\left|\frac{a_{n+1}}{a_n}\right|=\left|\frac{(n+1)^2}{3^{n+1}}\cdot\frac{3^n}{n^2}\right|=\frac{1}{3}<1$$

을 만족하므로 정리 3의 절대 비판정법에 의하여 $\sum a_n$은 절대수렴한다. ■

이제 수렴하는 급수에서 그 항들의 순서를 임의로 바꾸면 수렴성과 그 합이 어떻게 되는가에 대하여 알아보자. 다음의 제11장에 의하면

$$\frac{1}{x+1} = 1-x+x^2-x^3+\cdots+(-1)^n x^n+\cdots,\ |x|<1$$

이다. 이 식의 양변을 0에서부터 1까지 적분하면 교대 조화 급수의 합은 ln 2 즉

$$\ln 2 = \sum_{n=1}^{\infty} \frac{(-1)^{n+1}}{n}$$

이다. 그러나 이를 재배열하면,

$$\begin{aligned}
\ln 2 &= \sum_{n=1}^{\infty} \frac{(-1)^{n+1}}{n} \\
&= \left(1+\frac{1}{3}+\frac{1}{5}+\frac{1}{7}+\cdots\right)-\left(\frac{1}{2}+\frac{1}{6}+\frac{1}{10}+\frac{1}{14}+\cdots\right) \\
&\quad -\left(\frac{1}{4}+\frac{1}{8}+\frac{1}{12}+\frac{1}{16}+\cdots\right) \\
&= \left(1-\frac{1}{2}\right)-\frac{1}{4}+\left(\frac{1}{3}-\frac{1}{6}\right)-\frac{1}{8}+\left(\frac{1}{5}-\frac{1}{10}\right)-\frac{1}{12}+\left(\frac{1}{7}-\frac{1}{14}\right)-\frac{1}{16}+\cdots \\
&= \frac{1}{2}-\frac{1}{4}+\frac{1}{6}-\frac{1}{8}+\frac{1}{10}-\frac{1}{12}+\frac{1}{14}-\frac{1}{16}+\cdots \\
&= \frac{1}{2}\left(1-\frac{1}{2}+\frac{1}{3}-\frac{1}{3}+\frac{1}{5}-\frac{1}{6}+\frac{1}{7}-\frac{1}{8}+\cdots\right) \\
&= \frac{1}{2}\ln 2
\end{aligned}$$

으로 $\ln 2 = \frac{1}{2}\ln 2$라는 모순된 결과를 얻는다. 이는 조건부 수렴하는 급수는 그 항들을 재배열하면 원래의 급수와 다르다는 것을 보여주는 예이다. 하지만 다음의 정리 4는 절대수렴하는 급수는 그 항들을 임의로 재배열하여도 그 급수는 역시 절대수렴하고 합도 동일함을 보여준다. 이는 절대급수가 가지고 있는 중요한 성질이다. 증명은 고등미적분학을 참고하기 바란다.

정리 4 (절대급수의 재배열)

절대수렴하는 급수 $\sum a_n$의 항들을 임의로 **재배열**(rearrange)한 수열 $\sum b_n$은 역시 절대수렴하고 합도 동일하다. 즉,

$$\sum_{n=1}^{\infty} a_n = \sum_{n=1}^{\infty} b_n$$

연습문제 10.4

※ (1~14) 다음 각 급수가 조건부 수렴, 절대 수렴, 발산하는지를 조사하여라.

1. $\sum_{n=1}^{\infty} \frac{(-1)^n n}{2n+1}$

2. $\sum_{n=1}^{\infty} \frac{(-1)^n n}{n^2+1}$

3. $\sum_{n=1}^{\infty} \frac{(-1)^n n^3}{3^n}$

4. $\sum_{n=1}^{\infty} \frac{\cos n!}{n^2}$

5. $\sum_{n=1}^{\infty} \frac{(-1)^n 3^n}{n!}$

6. $\sum_{n=1}^{\infty} \frac{(-1)^n \sin n}{n\sqrt{n}}$

7. $\sum_{n=2}^{\infty} \frac{(-1)^n}{n \ln n}$

8. $\sum_{n=1}^{\infty} \frac{(-1)^n (3n)!}{3^n n! n}$

9. $\sum_{n=1}^{\infty} \frac{(-1)^n (n!)^3}{(3n)!}$

10. $\sum_{n=1}^{\infty} \frac{(-3)^n (n!)^3}{(3n+1)!}$

11. $\sum_{n=1}^{\infty} \frac{(-9)^n (n!)^3}{(3n)!}$

12. $\sum_{n=1}^{\infty} n \sin\left(\frac{1}{n}\right)$

13. $\sum_{n=1}^{\infty} \frac{(-1)^n}{\sqrt{n(n+1)}}$

14. $\sum_{n=1}^{\infty} \frac{(-1)^n \ln n}{n-\ln n}$

※ (15~17) 수렴하는 다음 급수들의 합의 오차가 주어진 한계보다 작게 되도록 하려고 하면 몇 번째 항까지 더하여야 하는가?

15. $\sum_{n=1}^{\infty} \frac{(-1)^n}{n^3}$, 오차의 한계$=0.001$

16. $\sum_{n=1}^{\infty} \frac{(-1)^n}{n!}$, 오차의 한계$=0.0001$

17. $\sum_{n=1}^{\infty} \frac{(-1)^n n}{2^n}$, 오차의 한계$=0.005$

※ (18~19) 다음 급수의 합을 소수점아래 세자리까지 정확하게 구하여라.

18. $\sum_{n=1}^{\infty} \frac{(-1)^n}{2^n}$

19. $\sum_{n=1}^{\infty} \frac{(-1)^n}{2^n n!}$

20. $\sum a_n$이 발산하면 $\sum |a_n|$도 발산함을 증명하여라.

제 11 장 멱급수

11.1 멱급수

제10장에서는 무한급수의 각 항을 상수로 제한하였지만 앞으로는 이러한 제한을 두지 않을 것이다. 제9장 1절의 예제 6에 의하면 $\ln(1+x)$의 n계 테일러 다항식은

$$\ln(1+x) \approx \sum_{k=1}^{n} (-1)^{k-1} \frac{x^k}{k}$$

이다. 만약 $n=\infty$라면 테일러 다항식은

$$\ln(1+x) \approx \sum_{k=1}^{\infty} (-1)^{k-1} \frac{x^k}{k}$$

가 되고 이 급수의 일반항

$$(-1)^{k-1} \frac{x^k}{k}$$

은 상수가 아닌 x의 함수이다. 물론 이 급수의 수렴성을 조사하고 이 급수가 $\ln(1+x)$와 과연 같은 값을 갖는지를 살펴야 할 것이다. 실제로 이러한 논의는 함수를 연구하는데 매우 중요한 역할을 한다.

위의 경우처럼 일반항이 $a_n x^n$인 무한급수 즉

$$\sum_{n=0}^{\infty} a_n x^n$$

을 **멱급수**(power series)라고 한다.

일반적으로 멱급수가 의미를 가지려면 수렴하여야 하는데 x의 값에 따라 수렴하기도 하고 발산하기도 할 것이다. 예를 들어 멱급수

$$\sum_{n=0}^{\infty} x^n$$

는 공비가 x인 기하급수이므로 $|x|<1$인 경우에만 $1/(1-x)$로 수렴하고 그 이외의 x에 대해서는 발산한다. 이렇게 멱급수가 수렴하는 x의 전체 집합을 그 멱급수의 **수렴집합**(convergence set)이라고 한다.

예제 1 다음 멱급수의 수렴집합을 구하여라.

(1) $\displaystyle\sum_{n=1}^{\infty} \frac{x^n}{n2^n}$ (2) $\displaystyle\sum_{n=1}^{\infty} n!\left(\frac{x}{2}\right)^n$

(3) $\sum_{n=0}^{\infty} \dfrac{(-1)^n x^{2n+1}}{n!(n+1)!2^{2n+1}}$

풀이 (1) $a_n = \dfrac{x^n}{n2^n}$이라 하고 비판정법을 사용하자. $x \neq 0$이면 비판정법에 의하여

$$\lim_{n\to\infty}\left|\frac{a_{n+1}}{a_n}\right| = \lim_{n\to\infty}\left|\frac{x^{n+1}}{(n+1)2^{n+1}}\cdot\frac{n2^n}{x^n}\right|$$
$$= \lim_{n\to\infty}\left|\frac{n}{n+1}\frac{x}{2}\right| = \left|\frac{x}{2}\right| < 1$$

을 만족하면 수렴한다. 따라서 $|x| < 2$이면 수렴한다. $x = 2$이면 조화급수이므로 발산하고 $x = -2$이면 교대조화급수이므로 수렴한다. 따라서 수렴집합은 $[-2, 2)$이다.

(2) $a_n = n!\left(\dfrac{x}{2}\right)^n$이라 하자. $x \neq 0$이면

$$\lim_{n\to\infty}\left|\frac{a_{n+1}}{a_n}\right| = \lim_{n\to\infty}\left|\frac{(n+1)!x^{n+1}}{2^{n+1}}\cdot\frac{2^n}{n!x^n}\right|$$
$$= \lim_{n\to\infty}\left|(n+1)\frac{x}{2}\right| = \infty$$

이므로 비판정법에 의하여 수렴집합은 $\{0\}$이다.

(3) $a_n = \dfrac{(-1)^n x^{2n+1}}{n!(n+1)!2^{2n+1}}$이라 하자. $x \neq 0$이면

$$\lim_{n\to\infty}\left|\frac{a_{n+1}}{a_n}\right| = \lim_{n\to\infty}\left|\frac{x^{2n+3}}{(n+1)!(n+2)!2^{2n+3}}\cdot\frac{n!(n+1)!2^{2n+1}}{x^{2n+1}}\right|$$
$$= \lim_{n\to\infty}\left|\frac{x^2}{4(n+1)(n+2)}\right| = 0$$

이므로 비판정법에 의하여 수렴집합은 $(-\infty, \infty)$이다. ■

멱급수의 수렴 반경

다음 정리 1은 멱급수의 수렴집합은 예제 1에서 나타나는 세 가지 유형 중의 한 가지임을 보여준다.

정리 1

멱급수 $\sum a_n x^n$이 $x = c \neq 0$에서 수렴하면 $|x| < |c|$에서 절대수렴하고, $x = d \neq 0$에서 발산하면 $|x| > |d|$에서 발산한다.

증명 멱급수 $\sum_{n=0}^{\infty} a_n x^n$이 $x = c \neq 0$에서 수렴하면 $\lim a_n c^n = 0$이므로 수열의 극한의 정의에 의하여

$$|a_n c^n| < 1, \; n \geq N$$

을 만족하는 자연수 N이 존재한다. 따라서 모든 $n \geq N$에 대하여 부등식

$$|a_n x^n| = \left| a_n c^n \cdot \frac{x^n}{c^n} \right| < \left| \frac{x}{c} \right|^n$$

이 성립하므로 비교판정법에 의하여 급수 $\sum \left| \frac{x}{c} \right|^n$이 수렴하면 $\sum |a_n x^n|$도 수렴한다. 그런데 $|x| < |c|$ 즉 $\left| \frac{x}{c} \right| < 1$이면 $\sum \left| \frac{x}{c} \right|^n$은 공비가 1보다 작은 기하급수이므로 수렴한다. 따라서 $\sum |a_n x^n|$도 수렴한다. 멱급수 $\sum_{n=0}^{\infty} a_n x^n$이 $x = d \neq 0$에서 발산한다고 하자. 만약 $|b| > |d|$이고 $x = b$에서 수렴한다면 방금 한 증명에 의하여 $x = d$에서도 수렴하여야 한다. 따라서 $|x| > |d|$에서 발산하여야 한다. ■

정리 1에 의하면 급수의 수렴집합이 예제 1의 (2)의 경우도 (3)의 경우도 아니면 즉 수렴집합이 $\{0\}$도 아니고 $(-\infty, \infty)$도 아니면 $(-r, r)$(단, 양 끝점은 각각 포함될 수도 있고 그렇지 않을 수도 있다)임을 알 수 있다. 다시 말하면

$$(2, 3) \cup (5, 7]$$

과 같이 중간이 빈 구간은 수렴집합이 될 수 없다는 것을 알 수 있다. 이를 보여주는 것이 다음 정리 2로 이는 정리 1의 따름정리이다.

정리 2

멱급수 $\sum a_n x^n$의 수렴집합은 다음 세 가지 중의 하나이다.

(1) 한 점 : $\{0\}$
(2) 모든 실수 : $(-\infty, \infty)$
(3) 개구간, 반개구간 또는 폐구간 : $(-r, r)$, $[-r, r)$, $(-r, r]$, $[-r, r]$

정리 2의 $r > 0$을 급수의 **수렴반경**(radius of convergence)이라고 한다. 단, (1), (2)의 경우 각각 $r = 0$, $r = \infty$로 정의한다. 또한 $(-r, r)$을 **수렴구간**(interval of convergence)이라고 한다.

수렴반경을 구하기 위하여 절대비판정법(10.4절 정리3)을 이용하는 방법을 다음 정리에서 소개한다. 이 정리는 절대비판정법을 사용하면 쉽게 증명할 수 있다.

정리 3 (수렴반경)

멱급수 $\sum a_n x^n$에 대하여

$$\lim_{n \to \infty} \left| \frac{a_{n+1}}{a_n} \right| = \rho$$

가 성립하면 멱급수 $\sum a_n x^n$의 수렴반경 r은 다음과 같다.

$$r = \begin{cases} \dfrac{1}{\rho}, & 0 < \rho < \infty \\ 0, & \rho = \infty \\ \infty, & \rho = 0 \end{cases}$$

x에 대한 멱급수 $\sum a_n x^n$에서 x 대신에 $x-c$(단, c는 상수)를 대입한

$$\sum_{n=0}^{\infty} a_n (x-c)^n$$

을 $x-c$에 대한 **멱급수**라고 한다. 따라서 x에 대한 멱급수에서 성립하는 모든 사실이 모두 $x-c$에 대한 멱급수에도 적용된다. 따라서 수렴반경이 r이면 수렴구간은 $(c-r, c+r)$이다.

예제 2 다음 멱급수의 수렴반경과 수렴집합을 구하여라.

$$\sum_{n=1}^{\infty} \frac{(x-1)^n}{n2^n}$$

풀이 예제 1에 의하면

$$\sum_{n=1}^{\infty} \frac{x^n}{n2^n}$$

의 수렴집합은 $[-2, 2)$, 수렴 반경은 $r = 2$이다. 따라서 주어진 멱급수는 고 $-2 \le x-1 < 2$에서 수렴하므로 $\sum_{n=1}^{\infty} \frac{(x-1)^n}{n2^n}$ 의 수렴집합은 즉 $[-1, 3)$이다. ■

수렴하는 멱급수로 정의된 함수의 미분, 적분

멱급수

$$\sum_{n=0}^{\infty} a_n (x-c)^n$$

의 수렴반경이 r이면 임의의 $x \in (c-r, c+r)$에 대하여 멱급수의 합은 유일하다. 따라서 함수의 정의에 의하여 멱급수는 정의역이 $(c-r, c+r)$인 함수이다. 이런 함수를 멱급수로 정의된 함수라고 하고

$$f(x) = \sum_{n=0}^{\infty} a_n (x-c)^n$$

처럼 표시한다. 이런 함수는 별도의 언급이 없어도 정의구역이 항상 수렴구간으로 한정됨에 유의하여야 한다.

예제 3 멱급수로 정의된 다음 함수를 구하여라.

$$f(x) = 1 + x + x^2 + x^3 + \cdots$$

풀이 $f(x)$는 공비가 x인 기하급수이다. 따라서 $|x| < 1$일 때 수렴하므로

$$f(x) = \frac{1}{1-x}, \quad |x| < 1$$

■

예제 4 다음 함수를 멱급수로 정의하여라.

$$g(x) = \frac{1}{1+2x^2}$$

풀이 예제 3에서 x 대신 $-2x^2$을 대입하면 되므로

$$g(x) = 1 + (-2x^2) + (-2x^2)^2 + (-2x^2)^3 + \cdots, \quad |-2x^2| < 1$$

즉,

$$g(x) = \sum_{n=0}^{\infty} (-2)^n x^{2n}$$

은 $|-2x^2| < 1$에서 수렴하므로 수렴구간은 $\left(\frac{-1}{\sqrt{2}}, \frac{1}{\sqrt{2}}\right)$이다. ■

멱급수로 정의된 함수의 미분, 적분은 마치 다항식에서 하듯이 항별로 미분, 적분하면 되고 미분 또는 적분한 급수는 원래급수와 수렴구간이 같다는 사실을 알려주는 것이 다음 정리 3이다. 증명은 고등미적분학을 참고하기 바란다.

정리 4 (멱급수로 정의된 함수)

$$f(x) = \sum_{n=0}^{\infty} a_n (x-c)^n$$

는 수렴구간 $(c-r, c+r)$에서 미분가능하고(따라서 연속이고) 적분가능하며 아래와 같이 **항별 미분 또는 적분**(term by term differentiation, integration)하면 함수 f의 미분 또는 적분이 된다. 또한 미분 또는 적분하여 얻은 급수는 원래의 급수와 같은 수렴구간을 갖는다.

(1) 항별미분 : $f'(x) = a_1 + 2a_2(x-c) + 3a_3(x-c)^2 + \cdots$

$$= \sum_{n=1}^{\infty} na_n (x-c)^{n-1}$$

(2) 항별적분 : $\int f(x)dx = \int\left(\sum_{n=0}^{\infty} a_n (x-c)^n\right)dx$

$$= \sum_{n=0}^{\infty}\left(a_n \int (x-c)^n dx\right)$$

$$= C + \sum_{n=0}^{\infty} a_n \frac{(x-c)^{n+1}}{n+1} \quad (\text{단, } C\text{는 적분상수})$$

위의 정리 4에 의하면 멱급수로 정의된 함수 $f(x)$의 1차 도함수 $f'(x)$는 $f(x)$와 같은 구간에서 수렴하므로 $f'(x)$도 멱급수로 정의된 함수이고 또 다시 미분할 수 있다. 따라서 멱급수로 정의된 함수는 수렴구간내에서 무한번 미분할 수 있다. 즉, 임의의 자연수 n에 대하여 $f^{(n)}(x)$는 미분가능하다. 마찬가지 이유로 멱급수로 정의된 함수는 수렴구간 내에서 무한번 적분할 수 있다.

예제 5 멱급수

$$f(x) = \frac{1}{1-x} = 1 + x + x^2 + x^3 + \cdots, \quad |x| < 1$$

을 이용하여 다음 함수를 멱급수로 전개하여라.

(1) $\dfrac{1}{(1-x)^2}$ (2) $\ln \dfrac{1}{1-x}$

풀이 (1) $f'(x) = 1/(1-x)^2$이므로 정리 3의 (1)의 항별미분에 의하여

$$\frac{1}{(1-x)^2} = f'(x) = \sum_{n=0}^{\infty} \frac{d}{dx}(x^n)$$

$$= 1+2x+3x^2+\cdots,\ |x|<1$$

(2) 5장 3절에 의하면

$$\int_0^x \frac{1}{1-t}dt = -\ln(1-t)\Big|_0^x = \ln\frac{1}{1-x}$$

이므로 정리 3의 (2)의 항별적분에 의하여

$$\begin{aligned}\ln\frac{1}{1-x} &= \int_0^x \frac{1}{1-t}dt \\ &= \int_0^x\left(\sum_{n=0}^{\infty} t^n\right)dt = \sum_{n=0}^{\infty}\left(\int_0^x t^n dt\right) \\ &= x+\frac{x^2}{2}+\frac{x^3}{3}+\cdots+\frac{x^n}{n}+\cdots,\ |x|<1\end{aligned}$$

■

예제 6 예제 5의 (2)를 사용하여 교대조화급수

$$1-\frac{1}{2}+\frac{1}{3}-\cdots+\frac{(-1)^n}{n}+\cdots$$

의 합을 구하여라.

풀이 예제 5의 (2)에 x 대신 $-x$를 대입하면

$$\ln\frac{1}{1+x} = -x+\frac{x^2}{2}-\frac{x^3}{3}+\cdots+\frac{(-x)^n}{n}+\cdots,\ |x|<1$$

즉

$$\ln(1+x) = x-\frac{x^2}{2}+\frac{x^3}{3}-\cdots+\frac{(-x)^n}{n}+\cdots,\ |x|<1$$

이다. 이 멱급수에 $x=1$을 대입하면 교대조화급수의 합은 $\ln 2$임을 알 수 있다. $x=1$은 이 멱급수의 수렴집합에 속함에 유의하여라. ■

예제 7 $\tan^{-1}x$를 멱급수로 표시하고 이를 이용하여 π의 값을 무한급수로 표시하여라.

풀이 치환($t=\tan\theta$)을 이용하면

$$\tan^{-1}x = \int_0^x \frac{1}{1+t^2}dt$$

임을 알 수 있다. 따라서 정리 3의 (2)에 의하여

$$\begin{aligned}\tan^{-1}x &= \int_0^x (1-t^2+t^4-t^6+\cdots)\,dt \\ &= x-\frac{x^3}{3}+\frac{x^5}{5}-\frac{x^7}{7}+\cdots,\ |x|<1\end{aligned}$$

이다. 이 멱급수는 $x=1$에서 수렴하고 $\tan^{-1}1=\pi/4$이므로 $x=1$을 대입하면

$$\frac{\pi}{4}=\tan^{-1}1=1-\frac{1}{3}+\frac{1}{5}-\frac{1}{7}+\cdots$$

즉,

$$\pi=4\left(1-\frac{1}{3}+\frac{1}{5}-\frac{1}{7}+\cdots\right)=4\sum_{n=0}^{\infty}\frac{(-1)^n}{2n+1}$$ ■

예제 7에서 구한 무한급수에서 k번째 항까지의 부분합을 π의 근사값으로 택하면 10장 4절 정리 1의 교대급수의 수렴판정법에 의하여 오차는 $4/(2k+1)$로 수렴속도가 매우 느려서 실용적이지 못하므로 다른 방법을 사용하여야 할 것이다. 실제로 π의 근사값을 구하는 보다 빠른 방법은 상당히 많이 존재한다.

멱급수의 연산

수렴하는 급수들의 합 또는 차는 항별로 더하거나 빼면 된다는 사실을 이미 알고 있다(10장 2절 정리 4). 따라서 공통 수렴구간 내에서는 멱급수의 합 또는 차도 항별로 더하거나 빼면 될 것이다. 공통 수렴구간 내에서는 멱급수의 곱셈 또는 나눗셈도 마치 유한차의 다항식의 곱셈 또는 나눗셈처럼 하면 된다는 사실을 다음 정리 5에 의하여 알 수 있다.

정리 5 (멱급수로 정의된 함수)

두 멱급수

$$f(x)=\sum_{n=0}^{\infty}a_n(x-c)^n,\quad g(x)=\sum_{n=0}^{\infty}b_n(x-c)^n$$

가 $(c-r,\ c+r)$에서 수렴한다면 다음이 성립한다. 즉,

$$f(x)\pm g(x)=\sum_{n=0}^{\infty}[a_n+b_n](x-c)^n$$

$$f(x)\cdot g(x)=\sum_{n=0}^{\infty}c_n(x-c)^n,\ c_n=\sum_{i=0}^{n}a_ib_{n-i}$$

$f(x)\div g(x)=$(11장 2절 예제 12 참조)

위의 멱급수들은 모두 $(c-r,\ c+r)$에서 수렴한다.

연습문제 11.1

※ (1~12) 다음 멱급수의 수렴반경 및 수렴집합을 구하여라.

1. $\sum_{n=0}^{\infty}(2x)^n$
2. $\sum_{n=0}^{\infty}\frac{n(x-1)^n}{2^n}$
3. $\sum_{n=0}^{\infty}\frac{(-1)^n x^{2n}}{(n!)^2 2^{2n}}$
4. $\sum_{n=0}^{\infty} n!(3x)^n$
5. $\sum_{n=0}^{\infty}\frac{(3x-1)^n}{\sqrt{n+1}}$
6. $\sum_{n=0}^{\infty}\frac{x^n}{n\ln n}$
7. $\sum_{n=0}^{\infty}\frac{(x+2)^n}{\sqrt{n^3+2}}$
8. $\sum_{n=0}^{\infty}\frac{2^n n!\,n(-x)^n}{(2n)!}$
9. $\sum_{n=0}^{\infty}\frac{(x-1)^n}{(n+2)^2-1}$
10. $\sum_{n=0}^{\infty}\frac{(x-2)^{n+1}\ln(n+1)}{(n+1)3^n}$
11. $\sum_{n=0}^{\infty}\frac{n!\,x^{2n+1}}{1\cdot 3\cdot\cdots\cdot(2n-1)}$
12. $\sum_{n=0}^{\infty}\frac{(1-3x)^n}{\sqrt[n]{n}}$

※ (13~25) 다음 함수를 멱급수로 표시하고 수렴반경을 구하여라.

13. $\frac{1}{1+x}$
14. $\frac{1}{1+x^3}$
15. $\frac{1}{(1-x)^3}$
16. $\frac{1}{1+2x}$
17. $\ln(2-x)$
18. $\ln(2-3x)$
19. $\tan^{-1}(3x)$
20. $\tan^{\,1}(x/2)$
21. $\int_0^x \ln(1-t)\,dt$
22. $\int_0^x \ln(2-3t)\,dt$
23. $\int_0^x \tan^{-1}t\,dt$
24. $\int_0^x \frac{1}{1+t^3}dt$
25. $\int_0^x \tan^{-1}t^2\,dt$

※ (26~29) 주어진 함수를 멱급수로 표현하고 이를 이용하여 주어진 급수의 합을 구하여라.

26. $\sum_{n=1}^{\infty}\frac{2^n}{n3^n},\ f(x)=\ln(1-x)$
27. $\sum_{n=1}^{\infty}\frac{n}{2^n},\ f(x)=1/(1-x)^2$
28. $\sum_{n=1}^{\infty}\frac{(-1)^n n(n+1)}{2^n},\ f(x)=1/(1-x)^3$
29. $\sum_{n=1}^{\infty}\frac{n^2}{2^n},\ f(x)=\frac{1}{(1-x)^2},\ g(x)=\frac{1}{(1-x)^3}$

※ (30~31) 다음 정적분의 값을 무한급수로 표시하여라.

30. $\int_0^{1/2}\frac{1}{1+t^4}dt$
31. $\int_0^{0.1}\frac{\tan^{-1}t^2}{t}dt$

32. 멱급수 $\sum a_n x^n$의 계수의 비 a_n/a_{n+1}가

$$\lim_{n\to\infty}\left|\frac{a_n}{a_{n+1}}\right|=\rho$$

일 때 이 멱급수의 수렴반경을 구하여라.

33. 멱급수로 정의된 함수

$$f(x)=\sum_{n=0}^{\infty}a_n(x-a)^n$$

의 계수 a_n은

$$a_n=\frac{f^{(n)}(a)}{n!}$$

임을 보여라.

34. (멱급수의 유일성) 문제 33을 이용하여 수렴하는 두 급수가 모든 $x\in(-r,r)$에 대하여

$$\sum_{n=0}^{\infty}a_n(x-a)^n=\sum_{n=0}^{\infty}b_n(x-a)^n$$

을 만족하면 모든 n에 대하여 $a_n=b_n$임을 보여라.

※ (35~38) 다음 관계식을 증명하고 $\tan^{-1}x$의 멱급수를 이용하여 π를 무한급수로 표시하고 이를 이용하여 π의 근사값을 원하는 만큼 정확하게 (예를 들어 소숫점 아래 5자리까지 정확하게) 구하여라. 또한 어느 것이 수렴속도가 가장 빠른지 추측하여라.

35. $\frac{\pi}{4}=\tan^{-1}\left(\frac{1}{2}\right)+\tan^{-1}\left(\frac{1}{3}\right)$
36. $\frac{\pi}{4}=3\tan^{-1}\left(\frac{1}{4}\right)+\tan^{-1}\left(\frac{5}{99}\right)$
37. $\frac{\pi}{4}=4\tan^{-1}\left(\frac{1}{5}\right)-\tan^{-1}\left(\frac{5}{239}\right)$
38. $\frac{\pi}{4}=12\tan^{-1}\left(\frac{1}{18}\right)+8\tan^{-1}\left(\frac{1}{57}\right)-5\tan^{-1}\left(\frac{1}{239}\right)$

11.2 테일러 급수와 이항 급수

11장 1절에서는 멱급수로 정의된 함수에 대하여 알아보았다. 본 절에서는 그 반대의 경우, 즉 주어진 함수, 예를 들어 $f(x)=\cos x$를 멱급수로 나타낼 수 있는가에 대하여 논의할 것이다.

정리 1 (유일성)

함수 $f(x)$를 멱급수로 표시할 수 있다면 그 멱급수는

$$f(x)=\sum_{n=0}^{\infty}\frac{f^{(n)}(a)}{n!}(x-a)^n$$

이다.

위의 정리 1은 만약 어떤 함수 $f(x)$를 멱급수로 표시할 수 있다면 그 멱급수는 오직 하나뿐이라는 사실을 말하고 있으며 이는 11장 1절의 문제 34에 의하여 분명하다. 위의 멱급수를 함수 f의 $x=a$에서의 테일러 급수(Taylor series of f at $x=a$)라고 하며 특히 $a=0$이면 함수 f의 맥클로린 급수(MacLaurin series)라고 한다. 즉 맥클로린 급수는

$$f(x)=\sum_{n=0}^{\infty}\frac{f^{(n)}(0)}{n!}x^n$$

이다.

다음 정리 2는 함수 f의 $x=a$에서의 테일러 급수가 존재할 조건을 알려주고 있다. 증명은 테일러 정리(9장 2절 정리 1)에 의하여 자명하다.

정리 2 (테일러 급수)

함수 f가 구간 $(a-r,\ a+r)$에서 무한번 미분 가능하고 모든 $x\in(a-r,\ a+r)$에 대하여 $\lim_{n\to\infty}R_n(x)=0$이면 f의 $x=a$에서의 테일러 급수는

$$f(x)=\sum_{n=0}^{\infty}\frac{f^{(n)}(a)}{n!}(x-a)^n,\quad x\in(a-r,\ a+r)$$

이다. 단, $R_n(x)$은 테일러 정리(9장 2절 정리 1)에 정의된 잉여항

$$R_n(x) = \frac{f^{(n+1)}(c)}{(n+1)!}(x-a)^{n+1}$$

이다.

예제 1 $f(x) = \sin x$의 MacLaurin 급수와 수렴구간을 구하여라.

풀이 $f(x) = \sin x$는 $(-\infty, \infty)$에서 무한번 미분가능하고

$$\begin{aligned} f(x) &= \sin x, & f(0) &= 0 \\ f'(x) &= \cos x, & f'(0) &= 1 \\ f''(x) &= -\sin x, & f''(0) &= 0 \\ f'''(x) &= -\cos x, & f'''(0) &= -1 \\ f^{(4)}(x) &= \sin x, & f^{(4)}(0) &= 0 \\ &\vdots & &\vdots \end{aligned}$$

이므로 임의의 n에 대하여

$$f^{(2n)}(0) = 0,\ f^{(2n+1)}(0) = (-1)^n,\ |f^{(n)}(x)| \le 1$$

이다. 따라서 MacLaurin 급수는

$$\sin x = x - \frac{x^3}{3!} + \frac{x^5}{5!} - \frac{x^7}{7!} + \cdots + (-1)^n \frac{x^{2n+1}}{(2n+1)!} + \cdots$$

이고 이 급수의 수렴구간은 $\lim_{n\to\infty} R_{2n+1}(x) = 0$이 되는 x의 구간이다. 임의의 x에 대하여

$\sum_{n=1}^{\infty} \frac{x^n}{n!}$은 모든 x에 대하여 수렴.

$$\begin{aligned} \lim_{n\to\infty} |R_{2n+1}(x)| &= \lim_{n\to\infty} \left| \frac{f^{(2n+2)}(c)}{(2n+2)!} x^{2n+2} \right| \\ &\le \lim_{n\to\infty} \frac{|x|^{2n+2}}{(2n+2)!} = 0 \end{aligned}$$

이다. 따라서 $\sin x$의 MacLaurin 급수는 모든 x에 대하여 $\sin x$로 수렴한다. 그러므로 수렴구간은 $(-\infty, \infty)$이다. ■

예제 2 $f(x) = \cos x$의 MacLaurin 급수와 수렴구간을 구하여라.

풀이 수렴하는 급수는 무한번 미분가능하고, 항별 미분이 가능하고, 수렴구간은 변하지 않으므로(11장 1절의 정리 4) 모든 x에 대하여

$$\begin{aligned} \cos x &= \frac{d}{dx} \sin x \\ &= \frac{d}{dx}\left(x - \frac{x^3}{3!} + \frac{x^5}{5!} - \frac{x^7}{7!} + \cdots + (-1)^n \frac{x^{2n+1}}{(2n+1)!} + \cdots \right) \end{aligned}$$

$$= 1 - \frac{x^2}{2!} + \frac{x^4}{4!} - \frac{x^6}{6!} + \cdots + (-1)^n \frac{x^{2n}}{(2n)!} + \cdots$$

이다. 물론 예제 1과 동일한 방법으로 $\cos x$의 MacLaurin 급수와 수렴구간을 구할 수 있다. ■

예제 3 $f(x) = e^x$의 MacLaurin 급수와 수렴구간을 구하여라.

풀이 $f(x) = e^x$는 $(-\infty, \infty)$에서 무한번 미분가능하고 임의의 n에 대하여

$$f^{(n)}(x) = e^x, \quad f^{(n)}(0) = 1$$

이다. 따라서 MacLaurin 급수는

$$\begin{aligned} e^x &= 1 + x + \frac{x^2}{2!} + \frac{x^3}{3!} + \cdots + \frac{x^n}{n!} + \cdots \\ &= \sum_{n=0}^{\infty} \frac{x^n}{n!} \end{aligned}$$

이고 모든 x에 대하여

$\lim_{n \to \infty} \frac{x^n}{n!} = 0$

$$\begin{aligned} \lim_{n \to \infty} |R_n(x)| &= \lim_{n \to \infty} \left| \frac{e^c}{(n+1)!} x^{n+1} \right| \quad (c\text{는 } 0\text{과 } x \text{ 사이의 수}) \\ &\le e^{|x|} \left(\lim_{n \to \infty} \frac{|x|^{n+1}}{(n+1)!} \right) = e^{|x|} \cdot 0 = 0 \end{aligned}$$

이 성립하므로 이 급수의 수렴구간은 $(-\infty, \infty)$이다. ■

예제 4 $f(x) = e^{-x^2}$의 MacLaurin 급수와 수렴구간을 구하여라.

풀이 예제 3에 x 대신 $-x^2$을 대입하면 e^{-x^2}의 MacLaurin 급수는

$$\begin{aligned} e^{-x^2} &= 1 + (-x^2) + \frac{(-x^2)^2}{2!} + \cdots + \frac{(-x^2)^n}{n!} + \cdots \\ &= \sum_{n=0}^{\infty} \frac{(-1)^n x^{2n}}{n!} \end{aligned}$$

이고 모든 x에 대하여 성립하므로 수렴구간은 $(-\infty, \infty)$이다. ■

예제 5 $f(x) = \sinh x$의 MacLaurin 급수와 수렴구간을 구하여라.

풀이 $\sinh x$의 정의

$$\sinh x = \frac{e^x - e^{-x}}{2}$$

와 11장 1절의 정리 5 그리고 예제 3에 의하여

$$\begin{aligned}\sinh x &= \frac{e^x - e^{-x}}{2} \\ &= \frac{1}{2}\left(\sum_{n=0}^{\infty} \frac{x^n}{n!} - \sum_{n=0}^{\infty} \frac{(-x)^n}{n!}\right) \\ &= \frac{1}{2}\sum_{n=0}^{\infty} \frac{[1-(-1)^n]x^n}{n!} \\ &= \sum_{n=0}^{\infty} \frac{x^{2n+1}}{(2n+1)!}\end{aligned}$$

이 모든 x에 대하여 성립하므로 수렴구간은 $(-\infty, \infty)$이다. ■

예제 6 $f(x) = \ln x$의 $x = 1$에서의 테일러 급수를 구하여라.

풀이 함수 $f(x) = \ln x$는 모든 $x > 0$에 대하여 무한번 미분가능하고

$$f^{(n)}(x) = (-1)^{n-1}(n-1)!x^{-n}, \ n = 1, 2, \cdots$$
$$f^{(n)}(1) = (-1)^{n-1}(n-1)!, \ n = 1, 2, \cdots$$

이므로 구하려고 하는 테일러 급수는

$$\begin{aligned}\ln x &= \ln 1 + \sum_{n=1}^{\infty} \frac{(-1)^{n-1}(n-1)!}{n!}(x-1)^n \\ &= \sum_{n=1}^{\infty} \frac{(-1)^{n-1}}{n}(x-1)^n\end{aligned}$$

이다. 수렴구간은 $(0, 2)$임을 즉, $x \in (0, 2)$에 대하여 $\lim_{n \to \infty} R_n(x) = 0$이 성립함을 보이는 것은 생략한다. ■

이항급수

자연수 n에 대하여

$$(1+x)^n = \sum_{k=0}^{n} \binom{n}{k} x^k$$

임을 우리는 알고 있다. 단,

$$\binom{n}{k} = \frac{n(n-1)(n-2)\cdots(n-k+1)}{k!}.$$

여기서 자연수 n을 다음 정리와 같이 임의의 실수 r로 확장할 수 있다.

정리 3 (이항급수)

임의의 실수 r에 대하여

$$(1+x)^r = \sum_{k=0}^{\infty} \binom{r}{k} x^k, \quad |x| < 1$$

이 성립한다. 단,

$$\binom{r}{k} = \begin{cases} \dfrac{r(r-1)(r-2)\cdots(r-k+1)}{k!}, & k \neq 0 \\ 1, & k = 0 \end{cases}$$

위 정리의 증명은 $\lim R_n(x) = 0$임을 보이는 것이 매우 어려우므로 생략한다.

r이 자연수 n이면 모든 자연수 $k > n = r$에 대하여 $\binom{n}{k} = 0$이 되므로 이항급수는 이미 알고 있는 이항정리

$$(1+x)^n = \sum_{k=0}^{n} \binom{n}{k} x^k$$

가 된다.

예제 7 $f(x) = (1+x)^{1/2}$의 MacLaurin 급수를 구하여라.

풀이 정리 3에서 $r = 1/2$이므로

$$\begin{aligned}(1+x)^{1/2} &= \sum_{k=0}^{\infty} \binom{1/2}{k} x^k \\ &= 1 + \frac{1}{2}x + \sum_{k=2}^{\infty} (-1)^{k-1} \frac{1 \cdot 3 \cdot \cdots \cdot (2k-3)}{2^k k!} x^k \\ &= 1 + \frac{1}{2}x - \frac{1}{8}x^2 + \frac{1}{16}x^3 - \frac{5}{128}x^4 + \cdots, \quad |x| < 1\end{aligned}$$

■

테일러 급수의 이용

테일러 급수를 다양하게 이용할 수 있지만 그 중에서 다음과 같은 경우에 대하여만 예를 살펴볼 것이다.

(1) 근사값 계산(예제 8 참조)

(2) 초등함수로 표시할 수 없는 적분(예제 9 참조)

(3) 극한(예제 10 참조)

예제 8 예제 7을 이용하여 (1) 오차가 10^{-4}보다 작게 되도록, (2) 소수 아래 네 자리까지 유효숫자가 되도록 $\sqrt{1.1}$의 근사값을 구하여라.

풀이 $\sqrt{1.1} = (1+0.1)^{1/2}$이므로 예제 7에 $x = 0.1$을 대입하면 된다.

$$\sqrt{1.1} = 1 + \frac{1}{2}\times 0.1 + \sum_{k=2}^{\infty}(-1)^{k-1}\frac{1\cdot 3\cdot \cdots \cdot (2k-3)}{2^k k!}(0.1)^k$$

(1) 오차가 10^{-4}보다 작게 되도록 하려면 교대급수의 정리에 의하여 버린 항 중에서 첫 번째 항의 크기가 10^{-4}보다 작으면 된다. 즉,

$$\frac{1\cdot 3\cdot \cdots \cdot (2k-3)}{2^k k!}(0.1)^k < 10^{-4}$$

을 만족하는 k를 찾으면 된다. $k = 2$, $k = 3$일 때 오차의 크기는 각각 $10^{-2}/8 = 1.25\times 10^{-3}$, $10^{-3}/16 = 6.25\times 10^{-5}$이므로

$$\begin{aligned}\sqrt{1.1} &\approx 1 + \frac{1}{2}\times 0.1 - \frac{1}{8}(0.1)^2 \\ &= 1 + 0.05 - 0.00125 = 1.04875\end{aligned}$$

이다.

(2) 소수 아래 네 자리까지 유효숫자가 되도록 하려면 오차가 5×10^{-5}보다 작으면 된다. $k = 3$, $k = 4$일 때 오차의 크기는 각각 $10^{-3}/16 = 6.25\times 10^{-5}$, $5\times 10^{-4}/128 = 3.90625\times 10^{-6}$이므로

$$\begin{aligned}\sqrt{1.1} &\approx 1 + \frac{1}{2}\times 0.1 - \frac{1}{8}(0.1)^2 + \frac{1}{16}(0.1)^3 \\ &= 1 + 0.05 - 0.00125 + 0.0000625 = 1.0488125\end{aligned}$$

이다. 따라서 소수 아래 네 자리까지 유효숫자인 근사값은 $\sqrt{1.1} \approx 1.0488$이다. 참값은 $\sqrt{1.1} = 1.048808848\cdots$이다. ■

다음 예제 9의 정적분의 역도함수 $F(x)$ 즉 $F'(x) = \cos x^2$를 만족하는 함수 $F(x)$는 초등함수(다항식, 삼각함수, 지수함수 또는 log 함수 또는 이들 함수의 사칙연산으로 얻어지는 함수)로 표시할 수 없다. 하지만 정적분의 값은 $y = \cos x^2$, $x = 0$, $x = 1$, x축으로 둘러싸인 도형의 면적이므로 존재한다. 이런 경우 멱급수가 종종 사용된다.

예제 9 다음 정적분을 급수로 표시하여라.

$$\int_0^1 \cos x^2 dx$$

풀이 $\cos x^2$의 멱급수는 $\cos x$의 멱급수전개식에 x 대신 x^2을 대입하면

$$\cos x^2 = 1 - \frac{x^4}{2!} + \frac{x^8}{4!} - \frac{x^{12}}{6!} + \cdots$$

이다. 따라서 11장 1절 정리 4의 항별 적분법에 의하여

$$\begin{aligned}\int_0^1 \cos x^2 dx &= \int_0^1 1 - \frac{x^4}{2!} + \frac{x^8}{4!} - \frac{x^{12}}{6!} + \cdots dx \\ &= \left[\frac{x}{1\cdot 0!} - \frac{x^5}{5\cdot 2!} + \frac{x^9}{9\cdot 4!} - \frac{x^{13}}{13\cdot 6!} + \cdots\right]_0^1 \\ &= \frac{1}{1\cdot 0!} - \frac{1}{5\cdot 2!} + \frac{1}{9\cdot 4!} - \frac{1}{13\cdot 6!} + \cdots\end{aligned}$$

이다. 무척 빠르게 수렴하는 교대수열이므로 이를 이용하면 원하는 만큼의 정확도를 가지는 근사값을 쉽게 구할 수 있다. ■

예제 10 멱급수를 이용하여 다음 극한을 구하여라.

$$\lim_{x\to 0} \frac{\sin x}{x}$$

풀이 $\sin x$의 멱급수를 x로 나누면 $\sin x/x$의 멱급수

$$\begin{aligned}\frac{\sin x}{x} &= \frac{1}{x}\left(x - \frac{x^3}{3!} + \frac{x^5}{5!} - \frac{x^7}{7!} + \cdots\right) \\ &= 1 - \frac{x^2}{3!} + \frac{x^4}{5!} - \frac{x^6}{7!} + \cdots\end{aligned}$$

를 얻는다. 따라서

$$\lim_{x\to 0}\frac{\sin x}{x} = \lim_{x\to 0}\left(1 - \frac{x^2}{3!} + \frac{x^4}{5!} - \frac{x^6}{7!} + \cdots\right) = 1$$ ■

멱급수의 연산

예를 들어 $f(x) = (1+x)^{1/2}\sin x$의 MacLaurin 급수를 정리 2에 의하여 구하여 보자.

$$f(x) = (1+x)^{1/2}\sin x$$

$$f'(x) = \frac{1}{2}(1+x)^{-1/2}\sin x + (1+x)^{1/2}\cos x,$$

$$f''(x) = -\left[\frac{1}{4}(1+x)^{-3/2} + (1+x)^{1/2}\right]\sin x + (1+x)^{-1/2}\cos x$$

$$f'''(x) = -\left[-\frac{3}{8}(1+x)^{-5/2} + \frac{3}{2}(1+x)^{-1/2}\right]\sin x$$
$$-\left[\frac{3}{4}(1+x)^{-3/2} + (1+x)^{1/2}\right]\cos x$$
$$f(0)=0,\ f'(0)=1,\ f''(0)=1,\ f'''(0)=-7/4$$

따라서 $f(x)=(1+x)^{1/2}\sin x$의 MacLaurin 급수의 처음 몇 개의 항을 구하면

$$(1+x)^{1/2}\sin x = x + \frac{1}{2}x^2 - \frac{7}{24}x^3 + \cdots$$

이상에서 본바와 같이 함수 $f(x)$가 두 개 또는 그 이상의 함수들의 곱 또는 몫이라면 $f^{(n)}(x)$을 구하는 것이 매우 번거롭고 고계로 갈수록 도함수를 구하는 것은 매우 많은 양의 계산을 요한다. 이런 어려움을 피할 수 있는 방법이 11장 1절의 정리 4로 이에 의하면 $(1+x)^{1/2}$, $\sin x$ 각각의 MacLaurin 급수를 먼저 구하고 이 멱급수들을 마치 유한차의 다항식처럼 여기고 곱셈과 나눗셈을 하면 된다.

예제 11 $(1+x)^{1/2}\sin x$의 MacLaurin 급수의 처음 몇 개의 항을 구하여라.

풀이 이미 알고 있는 $(1+x)^{1/2}$, $\sin x$의 MacLaurin 급수를 이용하면

$$(1+x)^{1/2}\sin x = \left(1+\frac{1}{2}x-\frac{1}{8}x^2+\frac{1}{16}x^3+\cdots\right)\left(x-\frac{1}{3!}x^3+\frac{1}{5!}x^5-\frac{1}{7!}x^7+\cdots\right)$$

이다. 다항식의 곱셈처럼 하고 동류항을 모으면 구하는 급수

$$(1+x)^{1/2}\sin x = x+\frac{1}{2}x^2-\frac{7}{24}x^3-\frac{1}{48}x^4+\frac{41}{1920}x^5+\cdots$$

를 얻는다. ■

예제 12 $e^x/(1+x)$의 MacLaurin 급수의 처음 몇 개의 항을 구하여라.

풀이 e^x의 MacLaurin 급수를 이용하면

$$\frac{e^x}{1+x} = \frac{1+x+x^2/2!+x^3/3!+\cdots}{1+x}$$

이고 다항식의 나눗셈처럼 계산하면 다음과 같다.

$$
\begin{array}{r|l}
 & 1 \quad + \dfrac{x^2}{2} - \dfrac{1}{3}x^3 + \dfrac{3}{8}x^4 + \cdots \\
\hline
1+x & 1+x+\dfrac{x^2}{2!} + \dfrac{x^3}{3!} + \dfrac{x^4}{4!} + \cdots \\
 & 1+x \\
\cline{2-2}
 & \qquad \dfrac{x^2}{2!} + \dfrac{x^3}{3!} + \cdots \\
 & \qquad \dfrac{x^2}{2!} + \dfrac{x^3}{2!} - \\
\cline{2-2}
 & \qquad\qquad -\dfrac{1}{3}x^3 + \dfrac{x^4}{4!} + \cdots \\
 & \qquad\qquad -\dfrac{1}{3}x^3 - \dfrac{x^4}{3} \\
\cline{2-2}
 & \qquad\qquad\qquad \dfrac{3}{8}x^4 + \cdots
\end{array}
$$

따라서

$$\frac{e^x}{1+x} = 1 + \frac{1}{2}x^2 - \frac{1}{6}x^3 + \frac{3}{8}x^4 + \cdots$$

중요한 MacLaurin 급수

1. $\ln(1+x) = \sum_{k=1}^{\infty} (-1)^{k-1} \frac{x^k}{k} = x - \frac{x^2}{2} + \frac{x^3}{3} - \frac{x^4}{4} \cdots \qquad (-1, 1]$

2. $\frac{1}{1-x} = \sum_{k=1}^{\infty} x^k = 1 + x + x^2 + \cdots \qquad (-1, 1)$

3. $e^x = \sum_{k=1}^{\infty} \frac{x^k}{k!} = 1 + \frac{x}{1!} + \frac{x^2}{2!} + \frac{x^3}{3!} + \cdots \qquad (-\infty, \infty)$

4. $\sin x = \sum_{n=0}^{\infty} (-1)^n \frac{x^{2n+1}}{(2n+1)!} = x - \frac{x^3}{3!} + \frac{x^5}{5!} - \frac{x^7}{7!} + \cdots \qquad (-\infty, \infty)$

5. $\cos x = \sum_{n=0}^{\infty} (-1)^n \frac{x^{2n}}{(2n)!} = 1 - \frac{x^2}{2!} + \frac{x^4}{4!} - \frac{x^6}{6!} + \cdots \qquad (-\infty, \infty)$

6. $(1+x)^r = \sum_{k=0}^{\infty} \binom{r}{k} x^k = 1 + \binom{r}{1}x + \binom{r}{2}x^2 + \binom{r}{3}x^3 + \cdots \qquad (-1, 1)$

연습문제 11.2

※ (1~16) 다음에 주어진 함수의 MacLaurin 급수를 구하여라.

1. e^{-2x}
2. $\sin x^2$
3. $\sin \dfrac{x}{\pi}$
4. $\dfrac{1}{\sqrt{2-3x^2}}$
5. $\ln(2-4x)$
6. $\cosh x$
7. $\tan x$
8. $\cos^2 x$
9. $\dfrac{e^x}{\sqrt{1-x}}$
10. $(1+x)\sin x$
11. $\dfrac{1-\cos x}{x^2}$
12. $\dfrac{1}{1-x^2+x^3}$
13. $\dfrac{x^2}{\sqrt{2-3x}}$
14. $\ln \dfrac{1+x}{1-x}$
15. $\ln\left(x+\sqrt{1+x^2}\right)$
16. $\cosh 2x$

17. 적분

$$\int_0^x \frac{1}{\sqrt{1-t^2}}\,dt$$

를 이용하여 $\sin^{-1}x$의 MacLaurin 급수를 구하여라.

18. 문제 17번을 이용하여 π를 유리수의 무한급수

$$\frac{\pi}{6} = \frac{1}{2} + \sum_{n=1}^{\infty} \frac{1\cdot 3\cdot 5\cdot \cdots \cdot (2n-1)}{16^n(4n+2)n!}$$

로 표시할 수 있음을 보여라.

19. 함수 $x/(1-x)^2$의 멱급수 전개식을 이용하여 무한급수

$$\sum_{n=1}^{\infty} \frac{n}{3^n}$$

의 합을 구하여라.

※ (20~27) 급수를 사용하여 소수 아래 4자리까지가 유효숫자가 되도록 즉 오차가 5×10^{-5}보다 작게 되도록 근사값을 구하여라.

20. $\cos 0.1$
21. $\sin 0.1$
22. $e^{-0.1}$
23. $\sqrt{1.05}$
24. $\displaystyle\int_0^{0.5} e^{-t^2}dt$
25. $\displaystyle\int_0^{0.5} \frac{1}{\sqrt{1+x^5}}dx$
26. $\displaystyle\int_0^{0.1} \frac{\sin t^2}{t^2}dt$
27. $\displaystyle\int_0^{0.5} \cos t^2 dt$

※ (28~30)급수를 사용하여 다음 극한값을 구하여라.

28. $\displaystyle\lim_{x\to 0} \frac{1-\cos x}{x}$
29. $\displaystyle\lim_{x\to 0} \frac{1-\cos x}{x^2}$
30. $\displaystyle\lim_{x\to 0} \frac{\tan^{-1}x - x}{x^3}$

※ (31~36) (미분 방정식의 멱급수 해법) 해의 멱급수가 존재한다고 가정하고 이를 미분방정식에 대입한 후 계수를 비교하여 해를 구하는 방법이다. 예를 들어 $y''-y=0$의 멱급수해를 구하여 보자. 멱급수 해 $y=\sum_{n=0}^{\infty} a_n x^n$을 항별 미분을 하고 미분방정식에 대입하면

$$\sum_{n=1}^{\infty} na_n x^{n-1} - \sum_{n=0}^{\infty} a_n x^n = 0$$

또는

$$\sum_{n=0}^{\infty} [(n+1)a_{n+1} - a_n]x^n = 0$$

이다. 이 항등식이 성립하려면 모든 계수가 0 즉

$$(n+1)a_{n+1} - a_n = 0,\ n = 0,\ 1,\ 2,\ \cdots$$

이어야 하므로

$$a_{n+1} = \frac{a_n}{n+1},\ n = 0,\ 1,\ 2,\ \cdots$$

이다. 따라서

$$a_n = \frac{1}{n!}a_0,\ n = 0,\ 1,\ 2,\ \cdots$$

이 된다. 그러므로

$$y = a_0 \sum_{n=0}^{\infty} \frac{x^n}{n!}$$

이다. 이 멱급수는 $y=a_0e^x$이다. 만약 초기값이 주어지면 상수 a_0은 유일하게 결정됨에 유의하여라. 예를 들어 $y(0)=1$이면 $a_0=1$이다. 다음 미분방정식의 멱급수 해를 구하라.

31. $y''-xy=0$
32. $y''-x^2y=0,\ y(0)=1$
33. $(1-x)y'-y=0,\ y(0)=3$
34. $y''-9y=0$
35. $y''+2y'-3y=0$
36. $y''+x^2y=0$

제 12 장 벡 터

12.1 벡 터

벡터와 벡터의 표현

벡터의 표현

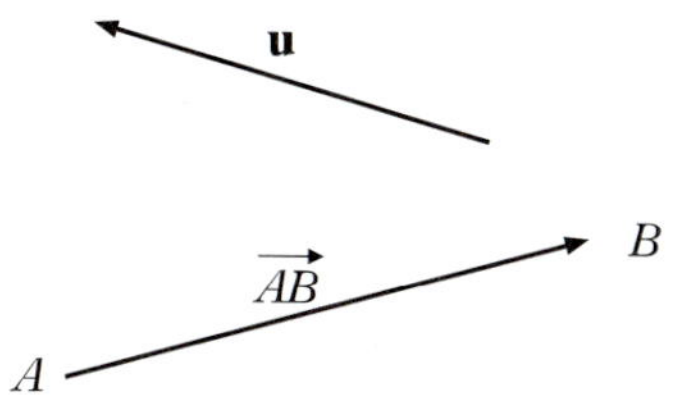

그림 1

과학의 세계에서는 면적, 길이, 질량, 온도, 힘, 속도, 가속도 등 여러 가지의 다양한 물리적 양을 관찰할 수 있다. 이들 중에서 면적, 길이, 질량, 온도 등과 같은 물리적 양은 그 크기를 나타내는 하나의 수를 사용하여 완전하게 표시할 수 있으며 이러한 양을 **스칼라**(scalar)라 한다. 반면에 힘, 속도, 가속도 등과 같은 물리적 양은 크기와 방향이 같이 제시되어야 완전하게 표시할 수 있으며 이러한 양을 **벡터**(vector)라 하고 화살표(방향을 가진 선분, directed line segment)로 나타내기도 한다. 이때 화살표의 길이는 벡터의 **크기**(magnitude)를 나타내고, 화살표의 방향은 벡터의 **방향**(direction)을 나타낸다. 그리고 화살표의 처음을 벡터의 **시점**(initial point)이라 하고 화살표의 끝을 벡터의 **종점**(terminal point)이라 한다.

동치인 벡터들

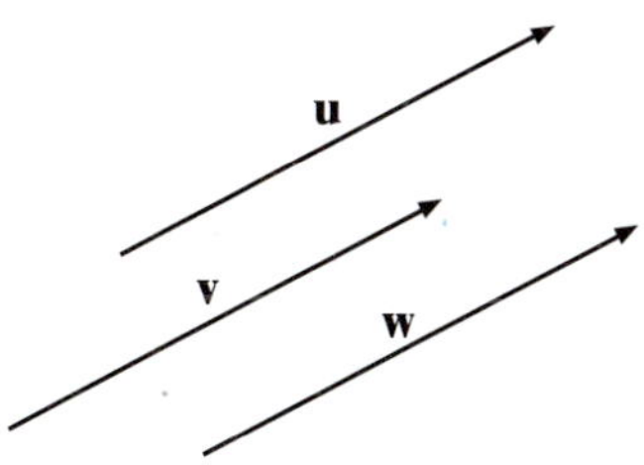

u = **v** = **w**

그림 2

벡터를 표시할 때 **u**, **v**, **w** 등 굵은 문자로 표시하거나, 벡터의 시점이 A, 종점이 B로 주어지면 $\overrightarrow{AB}$로 표시하기도 한다. 그리고 벡터 **u**의 **크기**(norm)를 $\|\mathbf{u}\|$로 표시한다.

두 벡터 **u**, **v**가 있을 때, 벡터 **u**를 평행이동(크기와 방향을 바꾸지 않고 이동)하여 벡터 **v**와 일치시킬 수 있다면 두 벡터 **u**, **v**는 크기가 같고 같은 방향을 가지는 벡터이다. 이때 두 벡터는 **동치**(equivalent)라 하고

$$\mathbf{u}=\mathbf{v}$$

로 나타낸다.

벡터의 연산

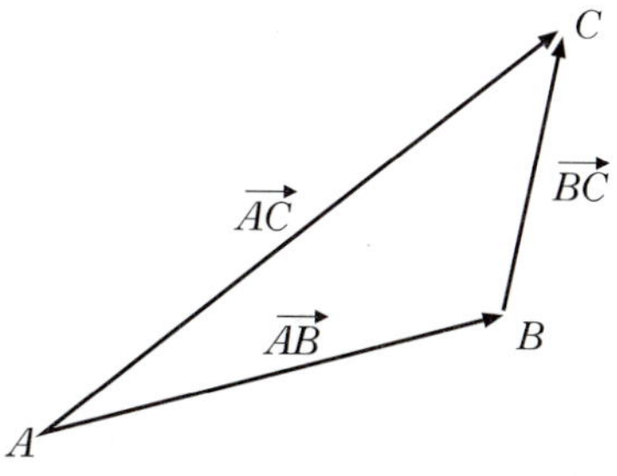

그림 3

어떤 물체가 A 지점에서 B 지점으로 움직이고 이어서 C 지점으로 움직였다면 이 물체는 결국 A 지점에서 C 지점으로 움직인 것이다.

이때 두 벡터 $\overrightarrow{AB}$와 $\overrightarrow{BC}$의 합이 $\overrightarrow{AC}$가 되었다고 볼 수 있으며 다음과 같이 표현한다.

$$\overrightarrow{AC}=\overrightarrow{AB}+\overrightarrow{BC}$$

두 벡터의 합은 합하는 순서에 상관없이 일정하다.

$\mathbf{u}+\mathbf{v}=\mathbf{v}+\mathbf{u}$

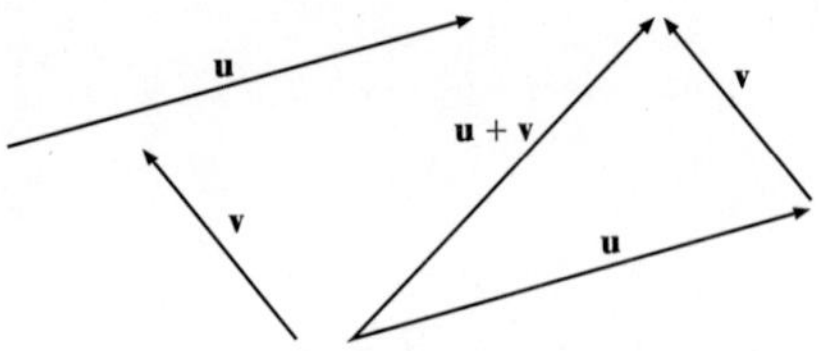

그림 4

정의 1 (벡터의 합)

두 벡터 $\mathbf{u}$, $\mathbf{v}$가 주어졌을 때 벡터 $\mathbf{v}$를 평행이동하여 $\mathbf{v}$의 시점과 $\mathbf{u}$의 종점을 일치시키자. 이때 $\mathbf{u}$의 시점에서 $\mathbf{v}$의 종점까지의 벡터를 두 벡터 $\mathbf{u}$, $\mathbf{v}$의 합(addition)이라 하고 $\mathbf{u}+\mathbf{v}$로 표시한다.

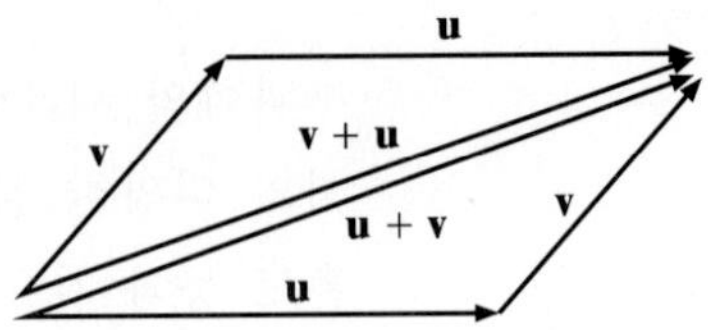

그림 5 벡터의 합 : 삼각형 법칙

위와 같이 벡터의 합을 구하는 방법을 **삼각형법칙**이라 한다.

두 벡터 $\mathbf{u}$, $\mathbf{v}$의 합에 대하여 다음이 성립한다.

$$\mathbf{u}+\mathbf{v}=\mathbf{v}+\mathbf{u}$$

벡터의 합을 구하는 또 다른 방법으로 평행사변형 법칙이 있다.

벡터의 합 : 평행사변형법칙

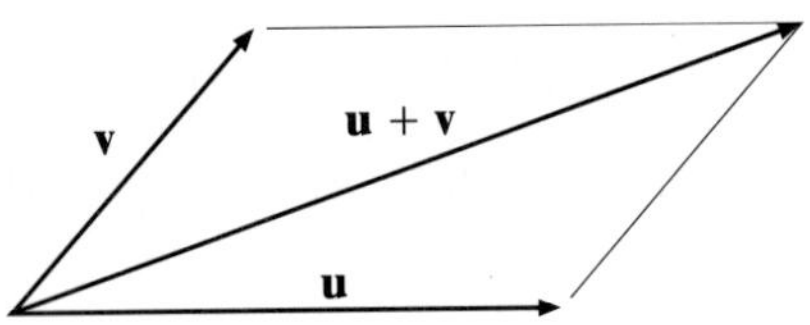

그림 6

두 벡터의 시점을 일치시키고 두 벡터를 두 변으로 하는 평행사변형을 그린다. 이때 평행사변형의 대각선으로 이루어지는 벡터가 두 벡터의 합이 된다.

길이가 0인 벡터를 **영 벡터**(zero vector)라 하고 $\mathbf{0}$으로 표시한다. 영 벡터 $\mathbf{0}$의 방향은 정해지지 아니하며 다음이 항상 성립한다.

$$\mathbf{u}+\mathbf{0}=\mathbf{0}+\mathbf{u}=\mathbf{u}$$

정의 2 (벡터의 스칼라배)

$\mathbf{u}$가 $\mathbf{0}$이 아닌 벡터이고 k가 수(스칼라)일 때 벡터 $\mathbf{u}$의 **스칼라배**(scalar multiple) $k\mathbf{u}$는 길이가 벡터 $\mathbf{u}$의 길이의 $|k|$배인 벡터이다. 이때 $k\mathbf{u}$의 방향은 $k>0$일 때 벡터 $\mathbf{u}$와 같은 방향이고 $k<0$일 때 벡터 $\mathbf{u}$와 반대 방향이다. $k=0$이거나 $\mathbf{u}=\mathbf{0}$일 때 $k\mathbf{u}=\mathbf{0}$로 정의한다.

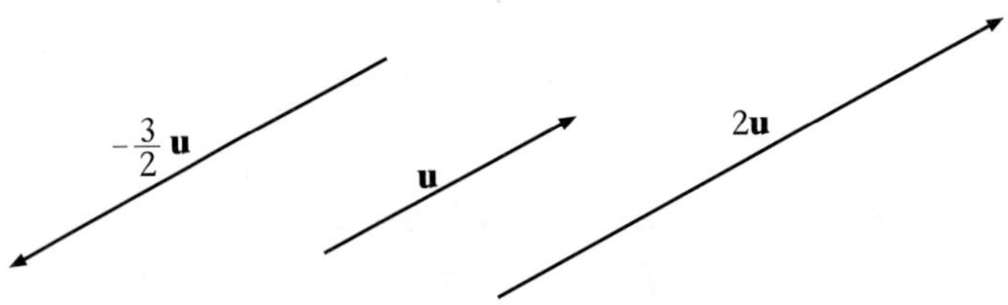

그림 7 벡터의 스칼라배

두 벡터 $\mathbf{u}$, $\mathbf{v}$가 같은 방향을 가지거나 서로 반대 방향을 가질 때 두 벡터는 평행하다고 하고

$$\mathbf{u} \,//\, \mathbf{v}$$

로 나타낸다.

두 벡터 $\mathbf{u}$, $\mathbf{v}$가 평행이기 위한 필요충분조건은 벡터 $\mathbf{u}$가 벡터 $\mathbf{v}$의 스칼라배가 되는 것이다. 즉

$$\mathbf{u} \,/\!/\, \mathbf{v} \Leftrightarrow \mathbf{u} = k\mathbf{v} \ (k\text{는 상수})$$

두 벡터의 평행

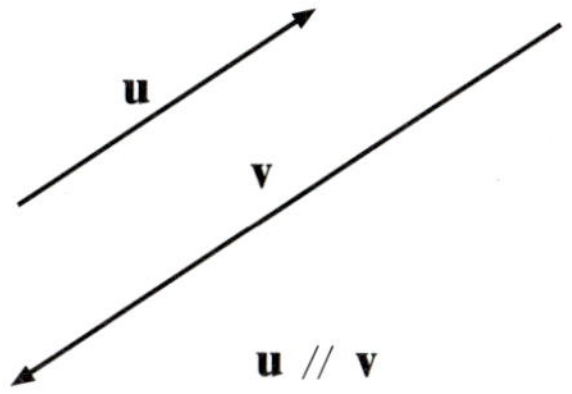

그림 8

$\mathbf{u}$를 영이 아닌 벡터라 할 때 $-\mathbf{u}$를 $\mathbf{u}$와 같은 크기를 갖고 방향이 반대인 벡터로 정의한다. 즉

$$-\mathbf{u} = (-1)\mathbf{u}$$

이때 다음이 성립한다.

$$\mathbf{u} + (-\mathbf{u}) = (-\mathbf{u}) + \mathbf{u} = \mathbf{0}$$

두 벡터 $\mathbf{u}$, $\mathbf{v}$가 있을 때 $\mathbf{u}-\mathbf{v}$를 다음과 같이 정의한다.

$$\mathbf{u} - \mathbf{v} = \mathbf{u} + (-1)\mathbf{v}$$

두 벡터의 차 $\mathbf{u}-\mathbf{v}$

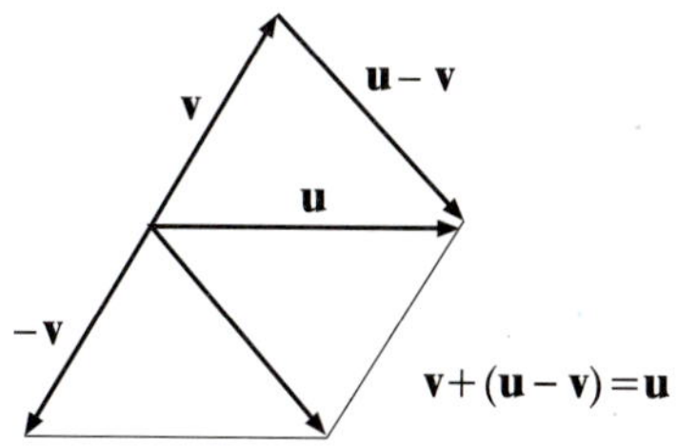

그림 9

예제 1 두 벡터 $\mathbf{u}$, $\mathbf{v}$가 다음과 같을 때 $\mathbf{u}-2\mathbf{v}$를 그려라.

그림 10

풀이 다음의 순서대로 벡터를 그린다.

(1) $\mathbf{v}$와 반대 방향이고 길이가 2배인 벡터 $-2\mathbf{v}$를 그린다.

(2) $-2\mathbf{v}$의 시점이 $\mathbf{u}$의 종점과 일치하도록 $-2\mathbf{v}$를 평행이동한다.

(3) $\mathbf{u}$의 시점에서 출발하여 $-2\mathbf{v}$의 종점으로 가는 벡터 $\mathbf{w}$를 그린다.

이때 벡터 $\mathbf{w}$가 구하는 벡터 $\mathbf{u}-2\mathbf{v}$이다.

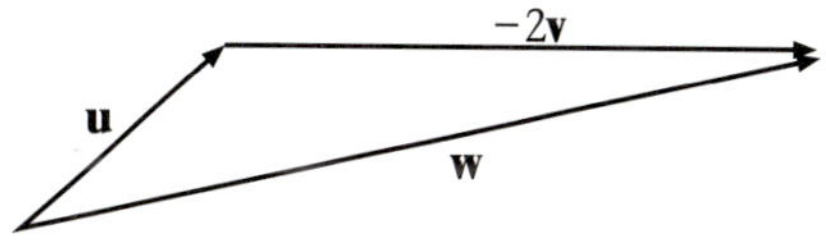

그림 11 ■

예제 2 그림과 같이 무게 200N인 물체를 두 개의 철사줄이 지탱하고 있다. 각각의 철사줄의 장력을 구하여라.

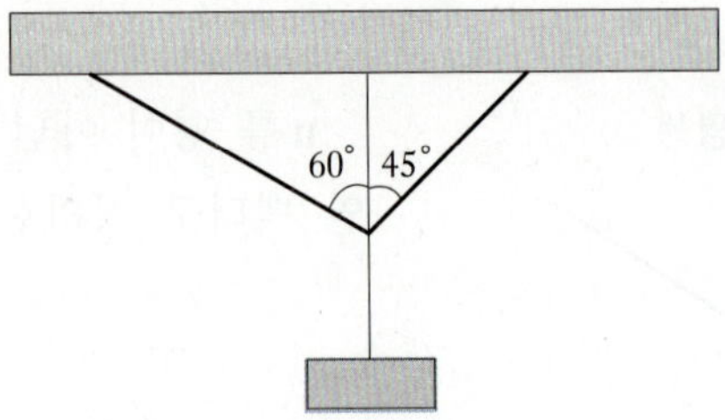

그림 12

풀이 두 철사줄에 작용하는 힘을 벡터 $\mathbf{u}$, $\mathbf{v}$로 물체에 작용하는 힘을 벡터 $\mathbf{w}$로 표시하면 두 철사줄의 장력은 각각 $\|\mathbf{u}\|$, $\|\mathbf{v}\|$이다.

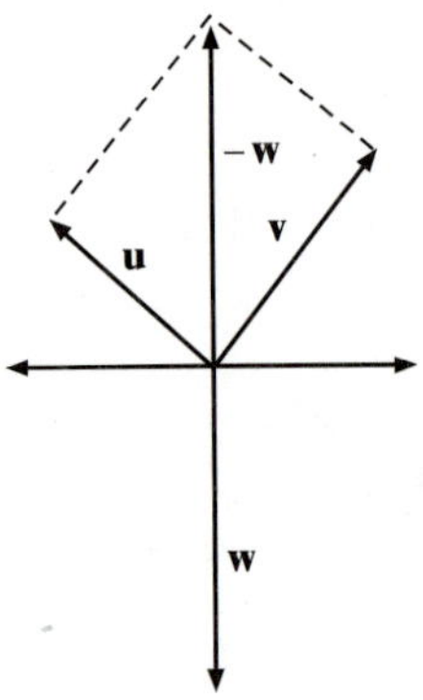

그림 13

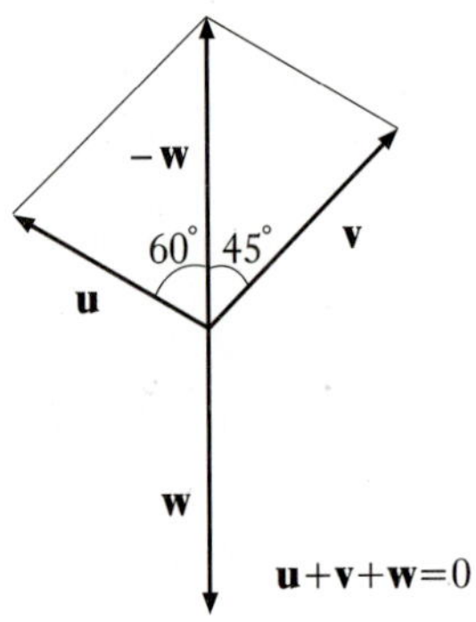

그림 14

평형상태

$\mathbf{u}+\mathbf{v}+\mathbf{w}=\mathbf{0}$일 때 세 벡터 $\mathbf{u}$, $\mathbf{v}$, $\mathbf{w}$는 평형상태를 이루고 있다고 한다. 이때

$$-\mathbf{w}=\mathbf{u}+\mathbf{v}$$

가 성립하며 $-\mathbf{w}$를 $\mathbf{u}+\mathbf{v}$로 분해한다고 한다.

세 벡터 $\mathbf{u}$, $\mathbf{v}$, $\mathbf{w}$는 평형상태를 유지하고 있으므로 세 벡터에 의하여
(1) 왼쪽으로 작용하는 힘과 오른쪽으로 작용하는 힘의 크기가 같다.
(2) 위쪽으로 작용하는 함과 아래쪽으로 작용하는 힘의 크기가 같다.
그러므로 다음 식이 성립한다.

$$\|\mathbf{u}\|\cos 30° = \|\mathbf{v}\|\cos 45°$$
$$\|\mathbf{u}\|\sin 30° + \|\mathbf{v}\|\sin 45° = \|\mathbf{w}\|$$

따라서

$$\frac{\sqrt{3}}{2}\|\mathbf{u}\| = \frac{1}{\sqrt{2}}\|\mathbf{v}\|$$
$$\frac{1}{2}\|\mathbf{u}\| + \frac{1}{\sqrt{2}}\|\mathbf{v}\| = 200$$

위의 식을 풀면

$$\|\mathbf{u}\| = \frac{400}{\sqrt{3}+1}N,$$
$$\|\mathbf{v}\| = \frac{200\sqrt{6}}{\sqrt{3}+1}N$$

공간벡터

3차원 공간 $\mathbf{R}^3$의 한 고정점 O에서 만나고 서로 수직인 세 좌표축 x축, y축, z축을 설정한다. 이때 세 좌표축 x축, y축, z축의 양의 방향이 오른손 법칙(right hand rule)을 만족하도록 각 좌표축의 방향을 정한다.

세 좌표축을 기준으로 하면 3차원 공간의 점은 세 성분을 가지는 좌표 $P(a, b, c)$로 나타낼 수 있다.

오른손 법칙

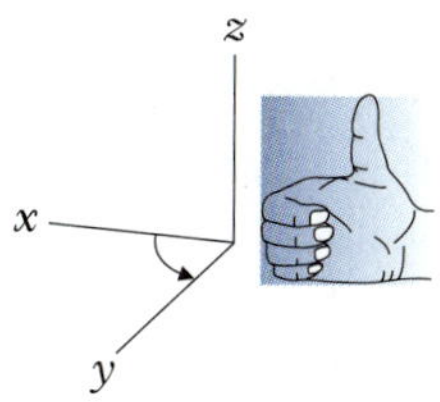

그림 15

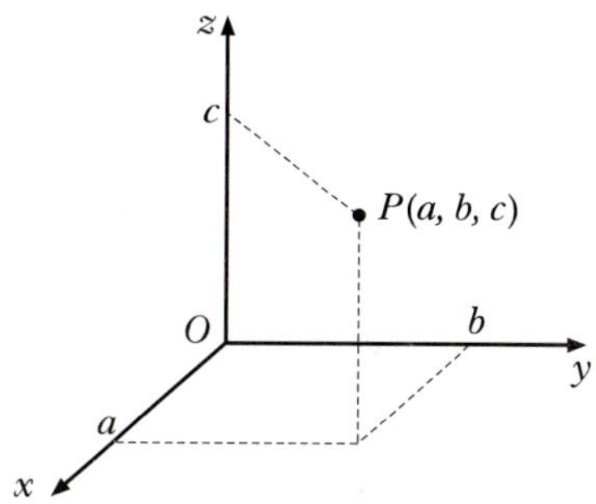

그림 16 3차원 공간의 점의 표시

3차원 공간의 원점 $\boldsymbol{O}$를 시점으로 하고 점 $P(a, b, c)$를 종점으로 하는 벡터를 점 P의 위치벡터(position vector)라 하고 (a, b, c)로 표시한다. 즉

$$\overrightarrow{OP}=(a, b, c)$$

이때 a, b, c를 각각 벡터 (a, b, c)의 x성분, y성분, z성분이라 한다.

위치벡터

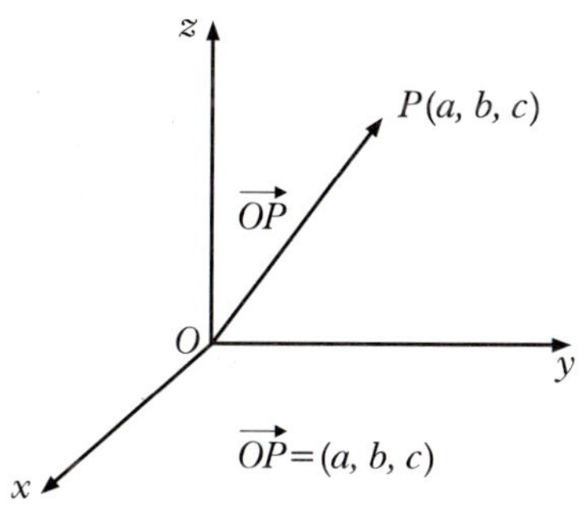

그림 17

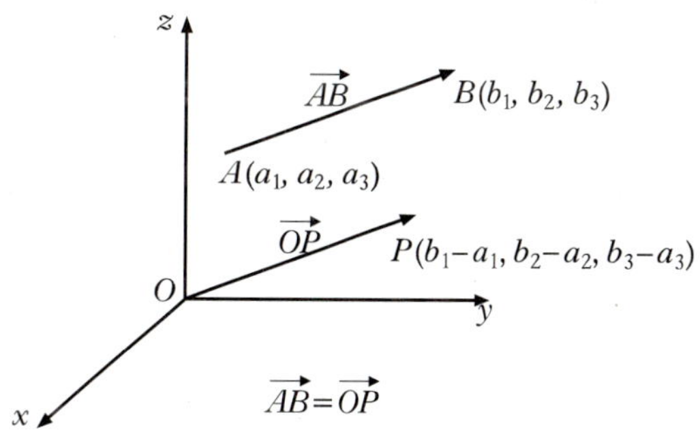

그림 18 3차원 공간의 위치벡터

정리 1 (위치벡터)

두 점 $A(a_1, a_2, a_3)$, $B(b_1, b_2, b_3)$에 대하여 다음이 성립한다.

$$\overrightarrow{AB}=(b_1-a_1,\ b_2-a_2,\ b_3-a_3)$$

기호 (a, b, c)는 3차원 공간의 점을 나타내기도 하고 3차원 공간의 벡터를 나타내기도 한다. 이 기호가 사용되는 경우 점을 나타내는지 벡터를 나타내는지를 판단하여야 하는데 이 기호를 사용하는 부분에서 전후관계를 살펴보고 판단하여야 한다.

앞에서 삼각형법칙, 평행사변형법칙 등 벡터를 화살표로 나타내고 그림을 그리는 방법으로 벡터의 연산을 구하였다. 이제부터는 벡터의 성분을 이용하여 벡터의 연산과 벡터의 크기를 구하는 방법을 소개한다.

벡터의 합

두 점 $A(a_1, a_2, a_3)$, $B(b_1, b_2, b_3)$와 원점 O 등 세 점을 이용하여 만든 평행사변형 $OACB$의 네 번째 점 C는 $C(a_1+b_1, a_2+b_2, a_3+b_3)$이다.

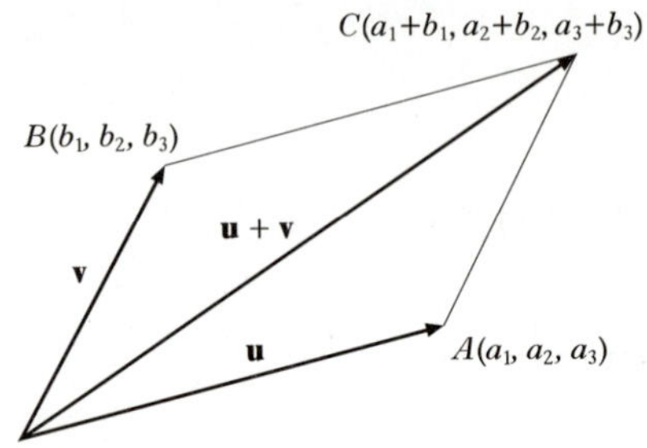

그림 19

삼각형법칙에 의한 벡터연산과 성분을 이용한 벡터연산의 결과는 서로 일치한다.

정의 3 (벡터의 연산)

두 벡터 $\mathbf{u}=(u_1, u_2, u_3)$, $\mathbf{v}=(v_1, v_2, v_3)$와 스칼라 k에 대하여 두 벡터의 합 $\mathbf{u}+\mathbf{v}$, 스칼라배 $k\mathbf{v}$를 각각 다음과 같이 정의한다.

$$\mathbf{u}+\mathbf{v}=(u_1+v_1, u_2+v_2, u_3+v_3),$$
$$k\mathbf{v}=(kv_1, kv_2, kv_3)$$

벡터 $\mathbf{u}$, $\mathbf{v}$에 대하여 $-\mathbf{u}$와 $\mathbf{u}-\mathbf{v}$를 다음과 같이 정의한다.

$$-\mathbf{u}=(-1)\mathbf{u}$$
$$\mathbf{u}-\mathbf{v}=\mathbf{u}+(-1)\mathbf{v}$$

예제 3 두 벡터 $\mathbf{u}=(u_1, u_2, u_3)$, $\mathbf{v}=(v_1, v_2, v_3)$에 대하여 다음이 성립함을 보여라.

$$-\mathbf{u}=(-u_1, -u_2, -u_3)$$
$$\mathbf{u}-\mathbf{v}=(u_1-v_1, u_2-v_2, u_3-v_3)$$

풀이

$$\begin{aligned}-\mathbf{u}&=(-1)\mathbf{u}\\&=(-1)(u_1, u_2, u_3)\\&=(-u_1, -u_2, -u_3)\end{aligned}$$

$$\begin{aligned}\mathbf{u}-\mathbf{v}&=\mathbf{u}+(-1)\mathbf{v}\\&=(u_1, u_2, u_3)+(-v_1, -v_2, -v_3)\\&=(u_1-v_1, u_2-v_2, u_3-v_3)\end{aligned}$$

■

정리 2의 벡터의 성질은 다음과 같은 법칙과 성질을 의미한다.

(1) 교환법칙
(2) 결합법칙
(3) 덧셈에 대한 항등원의 존재
(4) 덧셈에 대한 역원의 존재
(5)(6) 분배법칙
(7) 결합법칙
(8) 수의 곱셈의 항등원의 성질

정리 2 (벡터의 성질)

$\mathbf{u}$, $\mathbf{v}$, $\mathbf{w}$가 벡터, c, d가 스칼라일 때 다음이 성립한다.

1. $\mathbf{u}+\mathbf{v}=\mathbf{v}+\mathbf{u}$
2. $(\mathbf{u}+\mathbf{v})+\mathbf{w}=\mathbf{u}+(\mathbf{v}+\mathbf{w})$
3. $\mathbf{u}+\mathbf{0}=\mathbf{0}+\mathbf{u}=\mathbf{u}$
4. $\mathbf{u}+(-1)\mathbf{u}=\mathbf{0}$
5. $c(\mathbf{u}+\mathbf{v})=c\mathbf{u}+c\mathbf{v}$
6. $(c+d)\mathbf{u}=c\mathbf{u}+d\mathbf{u}$
7. $(cd)\mathbf{u}=c(d\mathbf{u})$
8. $1\mathbf{u}=\mathbf{u}$

증명 성질 5만 증명한다.

$\mathbf{u}=(u_1,\ u_2,\ u_3)$, $\mathbf{v}=(v_1,\ v_2,\ v_3)$라 하자.

$$\begin{aligned} c(\mathbf{u}+\mathbf{v}) &= c(u_1+v_1,\ u_2+v_2,\ u_3+v_3) \\ &= (c(u_1+v_1),\ c(u_2+v_2),\ c(u_3+v_3)) \\ &= (cu_1+cv_1,\ cu_2+cv_2,\ cu_3+cv_3) \\ &= (cu_1,\ cu_2,\ cu_3)+(cv_1,\ cv_2,\ cv_3) \\ &= c\mathbf{u}+c\mathbf{v} \end{aligned}$$

■

예제 4 $\mathbf{u}=(3,\ -2,\ 1)$, $\mathbf{v}=(2,\ 6,\ 1)$일 때, $\mathbf{u}+\mathbf{v}$, $\mathbf{u}-\mathbf{v}$, $3\mathbf{u}-5\mathbf{v}$를 구하여라.

풀이 정의에 따라 계산하면

$$\begin{aligned} \mathbf{u}+\mathbf{v} &= (3,\ -2,\ 1)+(2,\ 6,\ 1)=(5,\ 4,\ 2) \\ \mathbf{u}-\mathbf{v} &= (3,\ -2,\ 1)-(2,\ 6,\ 1)=(1,\ -8,\ 0) \\ 3\mathbf{u}-5\mathbf{v} &= (9,\ -6,\ 3)-(10,\ 30,\ 5)=(-1,\ -36,\ -2) \end{aligned}$$

■

벡터의 크기

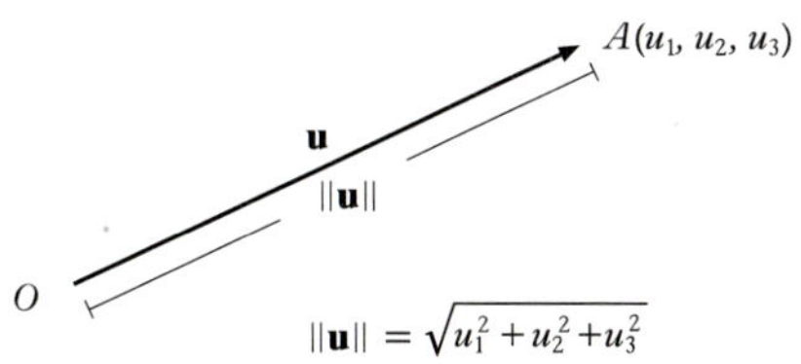

그림 20

정의 4 (벡터의 크기)

벡터 $\mathbf{u}=(u_1,\ u_2,\ u_3)$의 크기(norm) $\|\mathbf{u}\|$를 다음과 같이 정의한다.

$$\|\mathbf{u}\| = \sqrt{u_1^2+u_2^2+u_3^2}$$

크기가 1인 벡터를 단위벡터(unit vector)라 한다.

예제 5 $\mathbf{u}=(3,\ -2,\ 1)$일 때, $\|\mathbf{u}\|$와 $\|-4\mathbf{u}\|$를 구하고 비교하여라.

풀이 $\mathbf{u}=(3,\ -2,\ 1)$이므로

$$\begin{aligned} \|\mathbf{u}\| &= \|(3,\ -2,\ 1)\| = \sqrt{14} \\ \|-4\mathbf{u}\| &= \|(-12,\ 8,\ -4)\| = \sqrt{224}=4\sqrt{14} \end{aligned}$$

따라서

$$\|-4\mathbf{u}\| = 4\|\mathbf{u}\|$$

■

정리 3

$\mathbf{u}$가 벡터, c가 스칼라일 때 다음이 성립한다.

$$\|c\mathbf{u}\| = |c|\,\|\mathbf{u}\|$$

기본단위벡터 $\mathbf{i}, \mathbf{j}, \mathbf{k}$

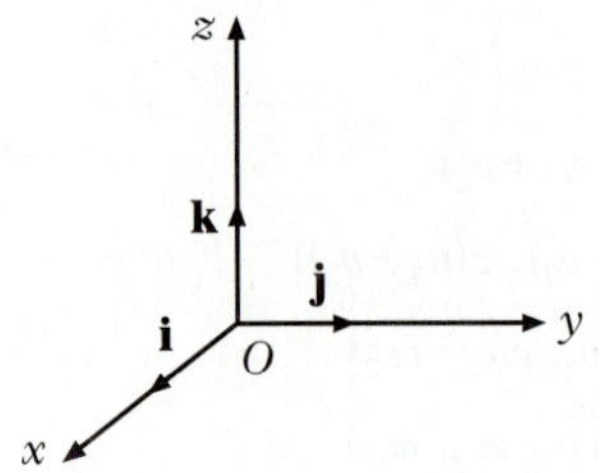

그림 21

다음과 같이 기본단위벡터(standard basis vector) $\mathbf{i}, \mathbf{j}, \mathbf{k}$를 정의한다.

$$\mathbf{i}=(1,\ 0,\ 0),\quad \mathbf{j}=(0,\ 1,\ 0),\quad \mathbf{k}=(0,\ 0,\ 1)$$

기본단위벡터를 사용하면 공간벡터 $\mathbf{u}=(u_1,\ u_2,\ u_3)$를 다음과 같이 나타낼 수 있다.

$$\mathbf{u}=u_1\mathbf{i}+u_2\mathbf{j}+u_3\mathbf{k}$$

이때 $u_1,\ u_2,\ u_3$를 각각 벡터 $\mathbf{u}$의 $\mathbf{i}$ 성분, $\mathbf{j}$ 성분, $\mathbf{k}$ 성분이라 한다.

예제 6 $\mathbf{u}=2\mathbf{i}-3\mathbf{j}+\mathbf{k}$, $\mathbf{v}=-3\mathbf{i}+2\mathbf{j}+4\mathbf{k}$일 때, $2\mathbf{u}+3\mathbf{v}$를 $\mathbf{i}, \mathbf{j}, \mathbf{k}$를 사용하여 나타내고 $\|2\mathbf{u}+3\mathbf{v}\|$을 구하여라.

풀이 벡터의 성질을 이용하면

$$\begin{aligned}2\mathbf{u}+3\mathbf{v}&=(\mathbf{i}-3\mathbf{j}+\mathbf{k})+3(-3\mathbf{i}+2\mathbf{j}+4\mathbf{k})\\&=(4\mathbf{i}-6\mathbf{j}+2\mathbf{k})+(-9\mathbf{i}+6\mathbf{j}+12\mathbf{k})\\&=(4\mathbf{i}-9\mathbf{i})+(-6\mathbf{j}+6\mathbf{j})+(2\mathbf{k}+12\mathbf{k})\\&=-5\mathbf{i}+14\mathbf{k}\end{aligned}$$

벡터 $\mathbf{u}$ 방향의 단위벡터

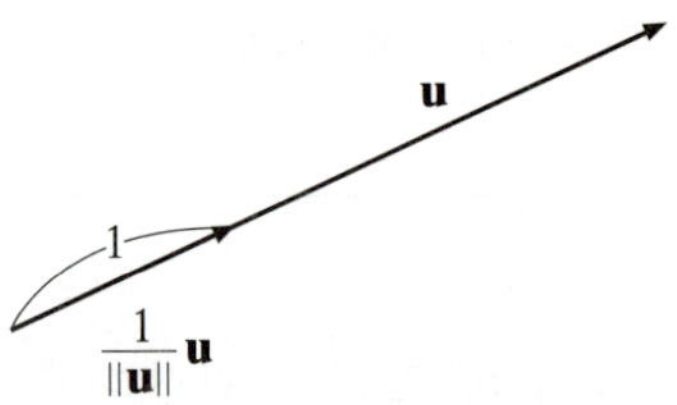

그림 22

따라서

$$\|2\mathbf{u}+3\mathbf{v}\|=\|-5\mathbf{i}+14\mathbf{k}\|=\sqrt{25+196}=\sqrt{221}$$

기본단위벡터 $\mathbf{i}, \mathbf{j}, \mathbf{k}$는 모두 단위벡터이다. 영벡터가 아닌 벡터 $\mathbf{u}$와 같은 방향의 단위벡터 $\mathbf{e}$는 다음과 같이 주어진다.

$$\mathbf{e}=\frac{1}{\|\mathbf{u}\|}\mathbf{u}$$

예제 7 벡터 $\mathbf{u}=2\mathbf{i}-3\mathbf{j}+\mathbf{k}$와 같은 방향을 가지는 단위벡터를 구하여라.

풀이 벡터 $\mathbf{u}$의 길이를 구하면

$$\begin{aligned}\|\mathbf{u}\|&=\|2\mathbf{i}-3\mathbf{j}+\mathbf{k}\|\\&=\sqrt{4+9+1}=\sqrt{14}\end{aligned}$$

따라서 벡터 $\mathbf{u}$와 같은 방향의 단위벡터 $\mathbf{e}$는 다음과 같다.

$$\begin{aligned}\mathbf{e}&=\frac{1}{\|\mathbf{u}\|}\mathbf{u}=\frac{1}{\sqrt{14}}(2\mathbf{i}-3\mathbf{j}+\mathbf{k})\\&=\frac{2}{\sqrt{14}}\mathbf{i}-\frac{3}{\sqrt{14}}\mathbf{j}+\frac{1}{\sqrt{14}}\mathbf{k}\end{aligned}$$

평면벡터는 두 성분을 가지는 순서쌍 $(a,\ b)$로 표시한다. 이러한 평면벡터는 3차원 공간 $\mathbf{R}^3$의 xy 평면 위에 있는 벡터 $(a,\ b,\ 0)$로 생각한다. 따라서 평면벡터 $(a,\ b)$는 공간벡터에서 $\mathbf{k}$ 성분이 0인 경우로 생각하며 다음과 같이 나타낼 수 있다.

$$(a,\ b) = a\mathbf{i} + b\mathbf{j}$$

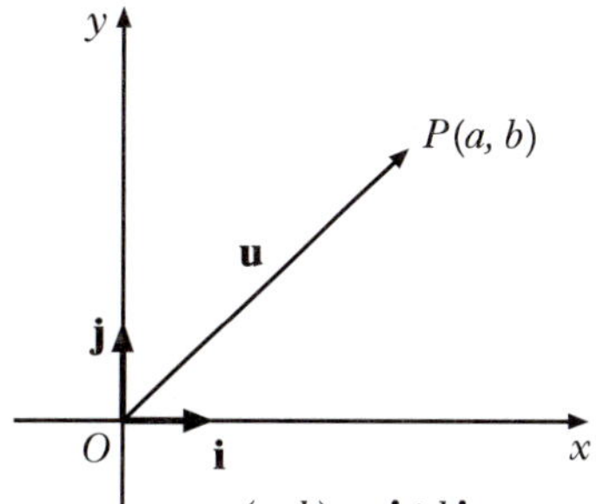

$\mathbf{u} = (a,\ b) = a\mathbf{i} + b\mathbf{j}$

그림 23

연습문제 12.1

1. 다음은 평행사변형이다. 동치인 벡터들을 모두 구하여라.

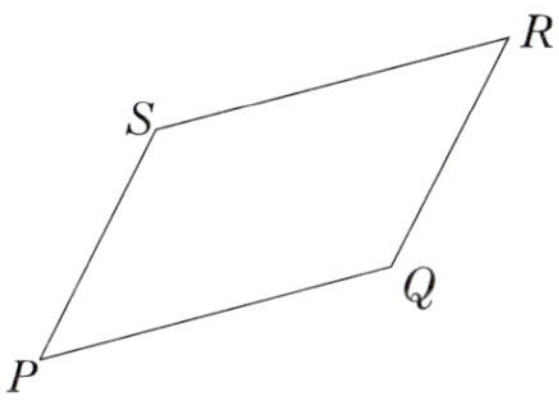

※ (2~5) 그림에서 다음 벡터를 구하여라.

2. $\overrightarrow{PQ} + \overrightarrow{QR}$
3. $\overrightarrow{RP} + \overrightarrow{PS}$
4. $\overrightarrow{QS} - \overrightarrow{PS}$
5. $\overrightarrow{RS} + \overrightarrow{SP} + \overrightarrow{PQ}$

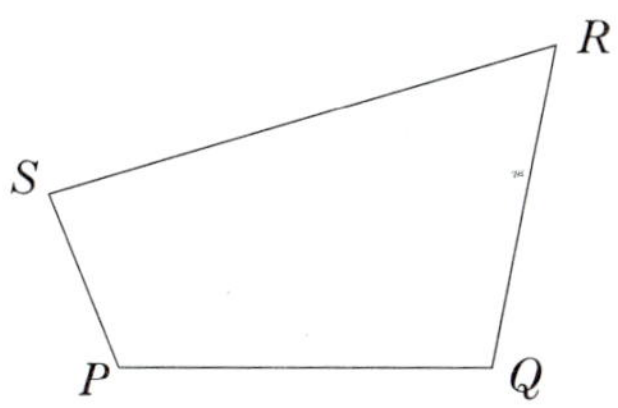

※ (6~11) 주어진 벡터를 이용하여 다음 벡터를 그려라.

6. $\mathbf{u} + \mathbf{v}$
7. $\mathbf{u} - \mathbf{v}$
8. $2\mathbf{u}$
9. $-\dfrac{1}{2}\mathbf{v}$
10. $2\mathbf{u} + \mathbf{v}$
11. $\mathbf{u} - 3\mathbf{v}$

※ (12~17) 다음에서 $\overrightarrow{AB}$의 성분을 구하여라.

12. $A(4,\ 8),\ B(3,\ 7)$
13. $A(3,\ -5),\ B(-4,\ -7)$
14. $A(-5,\ 0),\ B(-3,\ 1)$
15. $A(0,\ 0),\ B(a,\ b)$
16. $A(3,\ -7,\ 2),\ B(-2,\ 5,\ -4)$
17. $A(-1,\ 0,\ 2),\ B(0,\ -1,\ 0)$

※ (18~19) 다음에서 A 또는 B의 좌표를 구하여라.

18. $\overrightarrow{AB} = (6,\ 7,\ -3),\ A(-1,\ 3,\ -5)$
19. $\overrightarrow{AB} = (4,\ -2,\ -1),\ B(3,\ 0,\ -5)$

※ (20~25) $\mathbf{u} = (-3,\ 1,\ 2),\ \mathbf{v} = (4,\ 0,\ 1),\ \mathbf{w} = (6,\ -1,\ -4)$일 때 다음 벡터를 구하여라.

20 $\mathbf{u}+\mathbf{v}$

21. $\mathbf{u}-\mathbf{v}$

22. $2\mathbf{u}+\mathbf{v}$

23. $\mathbf{u}-3\mathbf{v}$

24. $5(\mathbf{u}-4\mathbf{v})$

25. $(2\mathbf{u}-7\mathbf{v})-(8\mathbf{v}+\mathbf{w})$

※ (26~29) $\mathbf{u}=(2,\ -2,\ 3)$, $\mathbf{v}=(1,\ -3,\ 4)$, $\mathbf{w}=(3,\ 6,\ -4)$ 일 때 다음을 구하여라.

26. $\|\mathbf{u}+\mathbf{v}\|$

27. $\|\mathbf{u}\|+\|\mathbf{v}\|$

28. $\|-2\mathbf{u}\|+\|2\mathbf{u}\|$

29. $\|3\mathbf{u}-5\mathbf{v}+\mathbf{w}\|$

30. $\mathbf{u}=(-1,\ 3,\ 5)$일 때 $\|k\mathbf{u}\|=6$인 k를 모두 구하여라.

31. 문제 (20~25)의 벡터에 대해서 다음 식이 성립하도록 스칼라 c_1, c_2, c_3를 구하여라.

$$c_1\mathbf{u}+c_2\mathbf{v}+c_3\mathbf{w}=(2,\ 0,\ 4)$$

32. 문제 (20~25)의 벡터에 대해서 다음 식을 만족하는 벡터 $\mathbf{x}$를 구하여라.

$$2\mathbf{u}-\mathbf{v}+\mathbf{x}=7\mathbf{x}+\mathbf{w}$$

33. 벡터 (9, −7)를 서로 수직인 벡터 (3, 1)과 (−1, 3)의 일차결합으로 표시하여라.

참고 두 벡터 $\mathbf{u}$와 $\mathbf{v}$의 일차결합이란 $c\mathbf{u}+d\mathbf{v}$ (c, d는 스칼라)와 같은 형태를 의미한다.

34. 평면단위벡터는 모두 $\cos\theta\mathbf{i}+\sin\theta\mathbf{j}$ 꼴임을 증명하여라.

35. 단위벡터 $\mathbf{u}$가 $\mathbf{i}$와 이루는 각을 α, $\mathbf{j}$와 이루는 각을 β, $\mathbf{k}$와 이루는 각을 γ라 하면

$$\mathbf{u}=\cos\alpha\mathbf{i}+\cos\beta\mathbf{j}+\cos\gamma\mathbf{k}$$

임을 증명하여라.

36. 벡터 $\mathbf{v}=x\mathbf{i}+y\mathbf{j}+z\mathbf{k}$가 $\mathbf{i}$와 이루는 각을 α, $\mathbf{j}$와 이루는 각을 β, $\mathbf{k}$와 이루는 각을 γ라 하면 다음 식이 성립함을 증명하여라.

$$\mathbf{v}=\|\mathbf{v}\|(\cos\alpha\mathbf{i}+\cos\beta\mathbf{j}+\cos\gamma\mathbf{k})$$

$$\cos^2\alpha+\cos^2\beta+\cos^2\gamma=1$$

이때 α, β, γ를 벡터 $\mathbf{v}$의 방향각(direction angles)이라 하며 다음 식이 성립한다.

$$\cos\alpha=\frac{x}{\sqrt{x^2+y^2+z^2}}$$

$$\cos\beta=\frac{y}{\sqrt{x^2+y^2+z^2}}$$

$$\cos\gamma=\frac{z}{\sqrt{x^2+y^2+z^2}}$$

12.2 벡터의 내적

벡터의 내적

1절에서 벡터의 연산으로 두 벡터의 합, 스칼라와 벡터를 곱하는 스칼라배 등 두 가지의 연산을 공부하였다. 이 절에서는 두 벡터의 곱을 구하는 연산인 내적을 공부한다. 이 연산의 특징은 연산의 결과가 벡터가 아닌 스칼라로 주어진다는 점이다.

정의 1 (내적)

두 벡터 $\mathbf{u}=(u_1, u_2, u_3)$, $\mathbf{v}=(v_1, v_2, v_3)$의 **내적**(inner product)을 다음과 같이 정의한다.

$$\mathbf{u}\cdot\mathbf{v}=u_1v_1+u_2v_2+u_3v_3$$

내적을 **점곱**(dot product), 또는 **스칼라곱**(scalar product)이라고도 한다.

예제 1 두 벡터 $\mathbf{u}=(1, 7, -4)$, $\mathbf{v}=(2, -3, 1)$의 내적을 구하여라.

풀이 내적의 정의에 따라 계산하면

$$\begin{aligned}\mathbf{u}\cdot\mathbf{v}&=(1, 7, -4)\cdot(2, -3, 1)\\&=1\times2+7\times(-3)+(-4)\times1=-23\end{aligned}$$

■

내적의 기본적인 성질을 다음 정리에서 소개한다.

정리 1 (내적의 성질)

$\mathbf{u}$, $\mathbf{v}$, $\mathbf{w}$가 벡터, c가 스칼라일 때 다음이 성립한다.

1. $\mathbf{u}\cdot\mathbf{v}=\mathbf{v}\cdot\mathbf{u}$
2. $\mathbf{u}\cdot(\mathbf{v}+\mathbf{w})=\mathbf{u}\cdot\mathbf{v}+\mathbf{u}\cdot\mathbf{w}$
3. $c(\mathbf{u}\cdot\mathbf{v})=(c\mathbf{u})\cdot\mathbf{v}=\mathbf{u}\cdot(c\mathbf{v})$
4. $\mathbf{0}\cdot\mathbf{u}=0$
5. $\mathbf{u}\cdot\mathbf{u}=\|\mathbf{u}\|^2$

증명 성질 2만 증명한다.

$\mathbf{u}=(u_1, u_2, u_3)$, $\mathbf{v}=(v_1, v_2, v_3)$, $\mathbf{w}=(w_1, w_2, w_3)$라 하면

$$\begin{aligned}\mathbf{u}\cdot(\mathbf{v}+\mathbf{w}) &= (u_1, u_2, u_3)\cdot(v_1+w_1, v_2+w_2, v_3+w_3)\\ &= u_1(v_1+w_1)+u_2(v_2+w_2)+u_3(v_3+w_3)\\ &= u_1v_1+u_1w_1+u_2v_2+u_2w_2+u_3v_3+u_3w_3\\ &= u_1v_1+u_2v_2+u_3v_3+u_1w_1+u_2w_2+u_3w_3\\ &= \mathbf{u}\cdot\mathbf{v}+\mathbf{u}\cdot\mathbf{w}\end{aligned}$$ ■

벡터의 사이각

벡터의 크기와 사이각을 이용하여 벡터의 내적을 나타낼 수 있다.

삼각형의 cosine 법칙

$\triangle ABC$에서 다음 성질이 성립한다.

$$a^2 = b^2+c^2-2bc\cos A$$
$$b^2 = c^2+a^2-2ca\cos B$$
$$c^2 = a^2+b^2-2bc\cos C$$

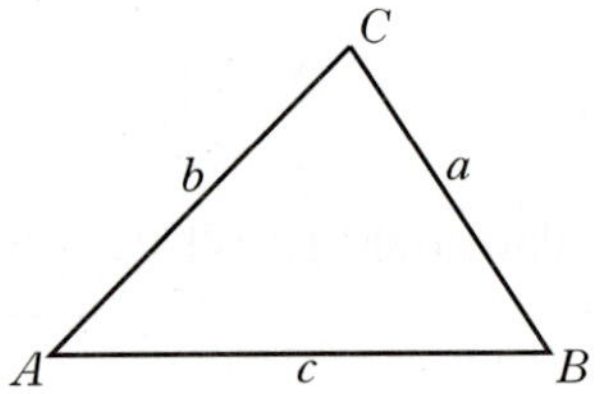

그림 1

정리 2 (벡터의 내적과 사이각)

영벡터가 아닌 두 벡터 $\mathbf{u}$, $\mathbf{v}$의 사이각이 θ $(0\le\theta\le\pi)$이면 다음 식이 성립한다.

$$\mathbf{u}\cdot\mathbf{v} = \|\mathbf{u}\|\,\|\mathbf{v}\|\cos\theta$$

증명 아래의 그림에 삼각형의 cosine법칙을 적용하면

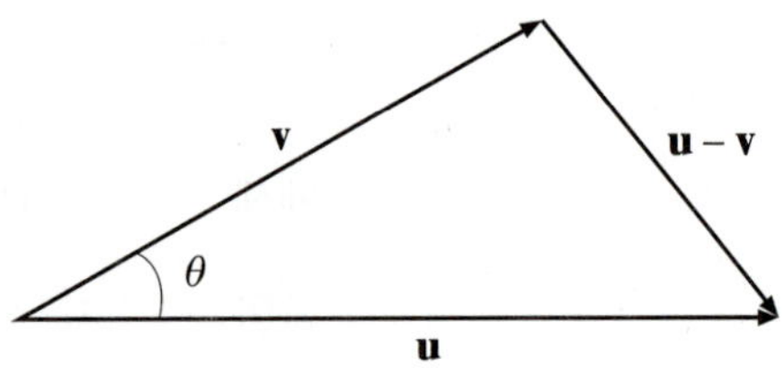

그림 2

$$\|\mathbf{u}-\mathbf{v}\|^2 = \|\mathbf{u}\|^2+\|\mathbf{v}\|^2-2\|\mathbf{u}\|\,\|\mathbf{v}\|\cos\theta$$

내적의 성질을 이용하면

$$\begin{aligned}\|\mathbf{u}-\mathbf{v}\|^2 &= (\mathbf{u}-\mathbf{v})\cdot(\mathbf{u}-\mathbf{v})\\ &= \mathbf{u}\cdot\mathbf{u}-2\mathbf{u}\cdot\mathbf{v}+\mathbf{v}\cdot\mathbf{v}\\ &= \|\mathbf{u}\|^2-2\mathbf{u}\cdot\mathbf{v}+\|\mathbf{v}\|^2\end{aligned}$$

위의 두 식을 비교하면 다음 식이 성립함을 알 수 있다.

$$\mathbf{u}\cdot\mathbf{v} = \|\mathbf{u}\|\,\|\mathbf{v}\|\cos\theta$$ ■

$|\cos\theta|\le 1$이므로 위의 정리에서 다음의 부등식을 얻을 수 있다. 이 부등식을 **코시-슈바르쯔 부등식**(Cauchy-Schwarz inequality)이라 한다.

정리 3 (코시-슈바르쯔 부등식)
두 벡터 $\mathbf{u}$, $\mathbf{v}$에 대하여 다음 부등식이 성립한다.

$$|\mathbf{u}\cdot\mathbf{v}| \leq \|\mathbf{u}\|\|\mathbf{v}\|$$

예제 2 두 벡터 $\mathbf{u}=(2, -1, 1)$, $\mathbf{v}=(2, 2, 4)$에 대하여 코시-슈바르쯔 부등식이 성립하는지 확인하고 두 벡터의 사이각을 구하여라.

풀이 두 벡터 $\mathbf{u}$, $\mathbf{v}$의 내적과 각각의 크기를 구하자.

$$\mathbf{u}\cdot\mathbf{v}=(2, -1, 1)\cdot(2, 2, 4)=6$$
$$\|\mathbf{u}\| = \sqrt{4+1+1}=\sqrt{6}$$
$$\|\mathbf{v}\| = \sqrt{4+4+16}=\sqrt{24}$$

$|\mathbf{u}\cdot\mathbf{v}|$와 $\|\mathbf{u}\|\|\mathbf{v}\|$을 비교하면

$$|\mathbf{u}\cdot\mathbf{v}|=6\leq 12=\|\mathbf{u}\|\|\mathbf{v}\|$$

따라서 코시 슈바르쯔 부등식이 성립함을 확인할 수 있다.
두 벡터 $\mathbf{u}$, $\mathbf{v}$의 사이각을 θ라 하면

$$\cos\theta=\frac{\mathbf{u}\cdot\mathbf{v}}{\|\mathbf{u}\|\|\mathbf{v}\|}=\frac{6}{\sqrt{6}\sqrt{24}}=\frac{1}{2}$$

$0\leq\theta\leq\pi$이므로 사이각 θ는 $\frac{\pi}{3}$이다. ■

영 벡터가 아닌 두 벡터 $\mathbf{u}$, $\mathbf{v}$의 사이각이 $90°$일 때 두 벡터 $\mathbf{u}$와 $\mathbf{v}$는 서로 수직(orthogonal)이라고 하며 $\mathbf{u}\perp\mathbf{v}$로 표시한다. 그리고 영벡터 $\mathbf{0}$은 모든 벡터에 수직하다고 정의한다.

정리 2에 의하여 두 벡터 $\mathbf{u}$, $\mathbf{v}$가 서로 수직이면

$$\mathbf{u}\cdot\mathbf{v}=\|\mathbf{u}\|\|\mathbf{v}\|\cos\frac{\pi}{2}=0$$

역으로 $\mathbf{u}\cdot\mathbf{v}=0$이면 $\cos\theta=0$ 즉, $\theta=\frac{\pi}{2}$이다.

따라서 다음 정리가 성립한다.

정리 4 (벡터의 수직)
두 벡터 $\mathbf{u}$, $\mathbf{v}$가 서로 수직이기 위한 필요충분조건은 $\mathbf{u}\cdot\mathbf{v}=0$이다.

예제 3 두 벡터 $\mathbf{u}=(2,\ 2,\ -1)$, $\mathbf{v}=(3,\ -4,\ -2)$는 서로 수직임을 보여라.

풀이 두 벡터 $\mathbf{u}$, $\mathbf{v}$의 내적을 구하면

$$\mathbf{u}\cdot\mathbf{v}=(2,\ 2,\ -1)\cdot(3,\ -4,\ -2)=6-8+2=0$$

그러므로 $\mathbf{u}$, $\mathbf{v}$는 서로 수직이다. ■

벡터의 사영

두 벡터 $\mathbf{u}$, $\mathbf{v}$의 사이각을 θ라 하면 $\mathbf{v}$ 방향으로의 $\mathbf{u}$의 성분 c의 부호에 대하여 다음이 성립한다.

$$c\geq 0 \Longleftrightarrow \theta\leq\frac{\pi}{2}$$

$$c\leq 0 \Longleftrightarrow \theta\geq\frac{\pi}{2}$$

그림과 같이 영벡터가 아닌 두 벡터 $\mathbf{u}$, $\mathbf{v}$가 주어졌을 때 벡터 $\mathbf{v}$의 연장선 위로 내린 벡터 $\mathbf{u}$의 사영(projection)을 생각하자.

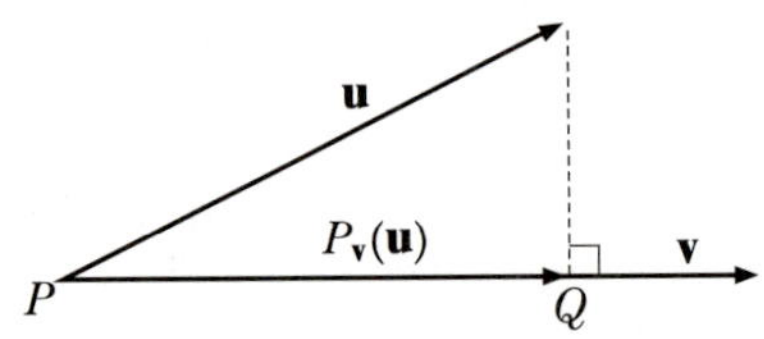

그림 3 벡터의 사영

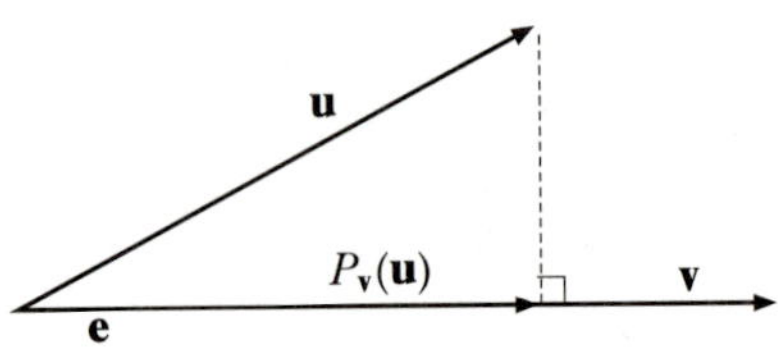

$P_{\mathbf{v}}(\mathbf{u})=c\mathbf{e},\ c>0$

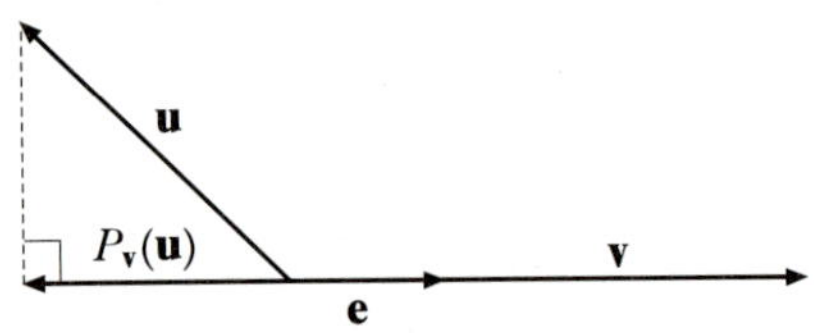

$P_{\mathbf{v}}(\mathbf{u})=c\mathbf{e},\ c<0$

그림 4

그림에서 벡터 $\mathbf{v}$의 연장선 위로 내린 벡터 $\mathbf{u}$의 사영에 해당하는 벡터는 $\overrightarrow{PQ}$이다. 이 벡터 $\overrightarrow{PQ}$를 $\mathbf{v}$ 방향으로의 $\mathbf{u}$의 사영(projection of $\mathbf{u}$ in the direction of $\mathbf{v}$)이라 하고 $\mathbf{P}_{\mathbf{v}}(\mathbf{u})$로 표시한다.

$\mathbf{P}_{\mathbf{v}}(\mathbf{u})$와 $\mathbf{v}$는 평행하므로 $\mathbf{v}$ 방향의 단위벡터를 $\mathbf{e}$라 하면 적당한 상수 c가 존재하여 다음이 성립한다.

$$\mathbf{P}_{\mathbf{v}}(\mathbf{u})=c\mathbf{e}$$

이때 c를 $\mathbf{v}$ 방향으로의 $\mathbf{u}$의 성분(component of $\mathbf{u}$ in the direction of $\mathbf{v}$)이라 한다.

정리 5 (벡터의 사영)
벡터 $\mathbf{v}$ 방향으로의 $\mathbf{u}$의 사영 $\mathbf{P}_{\mathbf{v}}(\mathbf{u})$와 성분 c는 다음과 같다.

$$\mathbf{P}_{\mathbf{v}}(\mathbf{u})=\frac{\mathbf{u}\cdot\mathbf{v}}{\|\mathbf{v}\|^2}\mathbf{v},\quad c=\frac{\mathbf{u}\cdot\mathbf{v}}{\|\mathbf{v}\|}$$

증명 벡터 $\mathbf{v}$ 방향으로의 $\mathbf{u}$의 성분 c의 성질에 의해 다음이 성립한다.

$$\mathbf{P}_{\mathbf{v}}(\mathbf{u})=c\mathbf{e}=\frac{c}{\|\mathbf{v}\|}\mathbf{v}$$

$\mathbf{u}-\mathbf{P}_{\mathbf{v}}(\mathbf{u})$와 $\mathbf{v}$는 서로 수직임을 이용하면

$$(\mathbf{u}-\mathbf{P_v}(\mathbf{u}))\cdot\mathbf{v}=(\mathbf{u}-c\mathbf{e})\cdot\mathbf{v}$$
$$=\mathbf{u}\cdot\mathbf{v}-c(\mathbf{e}\cdot\mathbf{v})=0$$

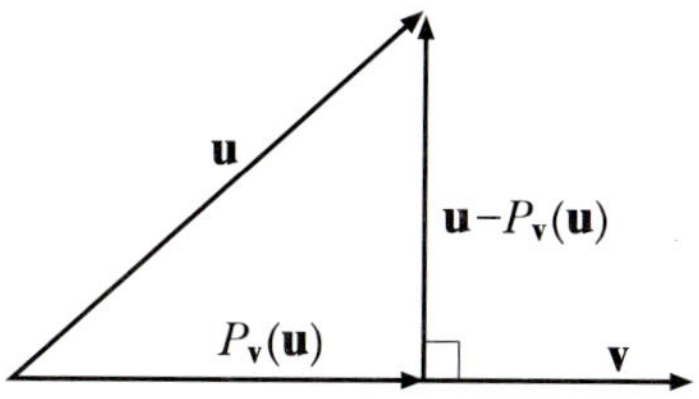

$(\mathbf{u}-\mathbf{P_v}(\mathbf{u}))\perp\mathbf{v}$
그림 5

$\mathbf{e}\cdot\mathbf{v}=\|\mathbf{v}\|$이므로 $\mathbf{v}$ 방향으로의 $\mathbf{u}$의 성분과 사영을 구하면

$$c=\frac{\mathbf{u}\cdot\mathbf{v}}{\mathbf{e}\cdot\mathbf{v}}=\frac{\mathbf{u}\cdot\mathbf{v}}{\|\mathbf{v}\|}$$
$$\mathbf{P_v}(\mathbf{u})=\frac{c}{\|\mathbf{v}\|}\mathbf{v}=\frac{\mathbf{u}\cdot\mathbf{v}}{\|\mathbf{v}\|^2}\mathbf{v}$$ ■

예제 4 $\mathbf{u}=(2,\ -1,\ 1)$, $\mathbf{v}=(2,\ 2,\ 4)$일 때 $\mathbf{v}$ 방향으로의 $\mathbf{u}$의 사영과 성분을 구하여라.

풀이 $\mathbf{v}$ 방향으로의 $\mathbf{u}$의 사영을 구하면

$$\mathbf{P_v}(\mathbf{u})=\frac{\mathbf{u}\cdot\mathbf{v}}{\|\mathbf{v}\|^2}\mathbf{v}$$
$$=\frac{(2,\ -1,\ 1)\cdot(2,\ 2,\ 4)}{\|(2,\ 2,\ 4)\|^2}\mathbf{v}$$
$$=\frac{6}{24}\mathbf{v}=\left(\frac{1}{2},\ \frac{1}{2},\ 1\right)$$

그리고 $\mathbf{v}$ 방향으로의 $\mathbf{u}$의 성분 c를 구하면

$$c=\frac{\mathbf{u}\cdot\mathbf{v}}{\|\mathbf{v}\|}=\frac{(2,\ -1,\ 1)\cdot(2,\ 2,\ 4)}{\|(2,\ 2,\ 4)\|}=\sqrt{\frac{3}{2}}$$ ■

$\mathbf{u}$의 성분 $c=\sqrt{\frac{3}{2}}$가 양수이므로 두 벡터 $\mathbf{u}=(2,\ -1,\ 1)$, $\mathbf{v}=(2,\ 2,\ 4)$의 위치는 다음 그림과 같다.

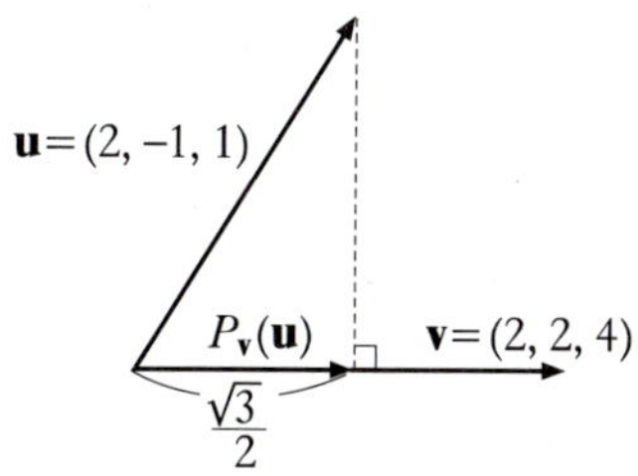

그림 6

정리 6 (직선의 법선벡터)
평면에서 벡터 $(a,\ b)$는 직선 $ax+by+c=0$에 수직하다.

증명 $P(x_1,\ y_1)$, $Q(x_2,\ y_2)$가 직선 $ax+by+c=0$ 위의 두 점이면

$$ax_1+by_1+c=0,\quad ax_2+by_2+c=0$$

따라서

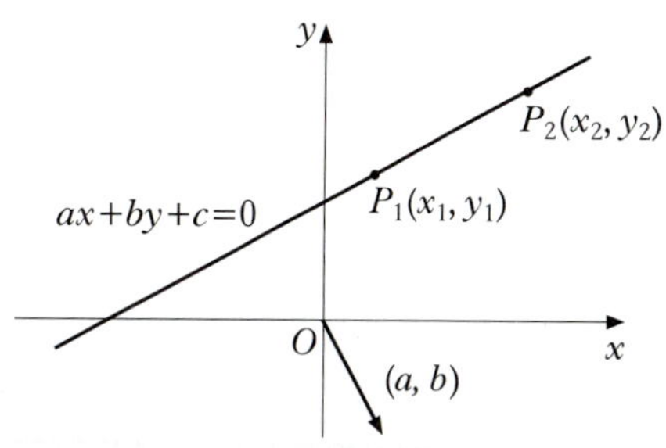

그림 7

$$\begin{aligned}\overrightarrow{PQ}\cdot(a,\ b)&=(x_2-x_1,\ y_2-y_1)\cdot(a,\ b)\\&=a(x_2-x_1)+b(y_2-y_1)\\&=(ax_2+by)_2-(ax_1+by_1)\\&=(-c)-(-c)=0\end{aligned}$$

그러므로 벡터 $(a,\ b)$는 직선 $ax+by+c=0$에 수직이다. ■

예제 5 평면에서 다음 두 직선이 만나서 이루는 사이각의 크기를 구하여라.

$$(\sqrt{3}-1)x+(\sqrt{3}+1)y+\sqrt{3}=0,$$
$$\sqrt{3}x+y-\sqrt{2}=0$$

풀이 다음의 두 벡터는 주어진 두 직선에 각각 수직하다.

$$\mathbf{u}=(\sqrt{3}-1,\ \sqrt{3}+1),\quad \mathbf{v}=(\sqrt{3},\ 1)$$

따라서 두 직선이 만나서 이루는 사이각은 두 벡터 $\mathbf{u}$, $\mathbf{v}$의 사이각과 같다. 두 벡터 $\mathbf{u}$, $\mathbf{v}$의 사이각을 θ라 하면

$$\cos\theta=\frac{\mathbf{u}\cdot\mathbf{v}}{\|\mathbf{u}\|\,\|\mathbf{v}\|}=\frac{4}{\sqrt{8}\ \sqrt{4}}=\frac{1}{\sqrt{2}}$$

$0\le\theta\le\pi$이므로 $\theta=\dfrac{\pi}{4}$.
그러므로 두 직선의 사이각은 45°이다. ■

정리 7 (점과 직선 사이의 거리)
점 $P(x_0,\ y_0)$에서 직선 $ax+by+c=0$까지 거리 d는 다음과 같다.

$$d=\frac{|\ ax_0+by_0+c\ |}{\sqrt{a^2+b^2}}$$

증명 $Q(x_1,\ y_1)$을 직선 $ax+by+c=0$ 위의 한 점이라고 하면

$$ax_1+by_1+c=0$$

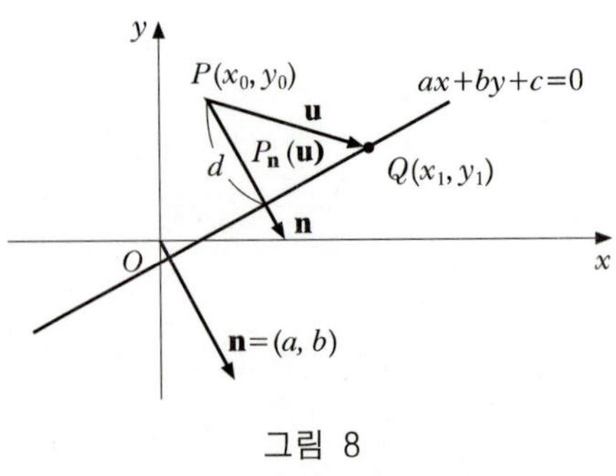

그림 8

$\mathbf{u}=\overrightarrow{PQ}$라 하자. 벡터 $\mathbf{n}=(a, b)$는 직선 $ax+by+c=0$에 수직하므로, 점 $P(x_0, y_0)$에서 직선 $ax+by+c=0$까지 거리 d는 벡터 $\mathbf{u}$의 $\mathbf{n}$ 위로의 사영의 크기와 같다.

따라서 $ax_1+by_1=-c$이므로

$$d=\|\mathbf{P_n}(\mathbf{u})\|=\frac{|\mathbf{u}\cdot\mathbf{n}|}{\|\mathbf{n}\|}$$
$$=\frac{|(x_1-x_0, y_1-y_0)\cdot(a, b)|}{\sqrt{a^2+b^2}}$$
$$=\frac{|(ax_1+by_1)-(ax_0+by_0)|}{\sqrt{a^2+b^2}}$$
$$=\frac{|ax_0+by_0+c|}{\sqrt{a^2+b^2}}$$

■

예제 6 다음 두 직선은 평행하다. 두 직선 사이의 거리를 구하여라.

$$2x+3y+1=0,\quad 2x+3y-1=0$$

두 직선 사이의 거리
두 직선이 평행할 경우 한 직선 위에 한 점에서 다른 직선까지의 거리가 두 직선 사이의 거리가 된다.

풀이 직선 $2x+3y+1=0$ 위에 있는 임의의 한 점을 잡자.
점 $(1, -1)$은 직선 $2x+3y+1=0$ 위에 있는 점이다.
따라서 점 $(1, -1)$에서 직선 $2x+3y-1=0$까지 거리가 두 직선 사이의 거리가 된다.

점 $(1, -1)$에서 직선 $2x+3y-1=0$까지 거리 d를 구하면

$$d=\frac{|ax_0+by_0+c|}{\sqrt{a^2+b^2}}$$
$$=\frac{|2-3-1|}{\sqrt{13}}=\frac{2}{\sqrt{13}}$$

그러므로 두 평행선 사이의 거리는 $\frac{2}{\sqrt{13}}$이다. ■

삼각부등식
삼각형의 세 변의 길이가 a, b, c이면 다음 부등식
$$a+b\ge c$$
이 성립한다.

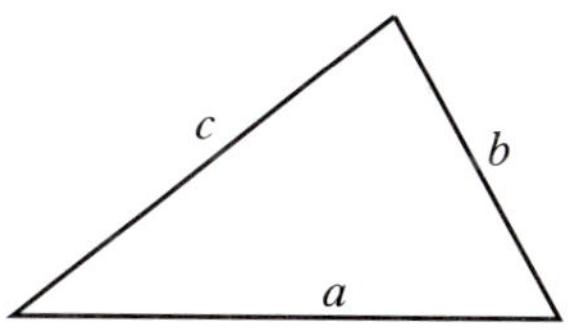

$a+b\geqq c$
그림 9

다음 정리에서 삼각부등식(Triangle inequality)을 소개한다.

정리 8 (삼각부등식)
두 벡터 $\mathbf{u}$, $\mathbf{v}$에 대하여 다음 부등식이 성립한다.

$$\|\mathbf{u}+\mathbf{v}\|\le\|\mathbf{u}\|+\|\mathbf{v}\|$$

증명 내적의 성질과 코시-슈바르쯔 부등식을 이용하면

$$\begin{aligned}\|\mathbf{u}+\mathbf{v}\|^2 &= (\mathbf{u}+\mathbf{v})\cdot(\mathbf{u}+\mathbf{v}) \\ &= \mathbf{u}\cdot\mathbf{u}+2\mathbf{u}\cdot\mathbf{v}+\mathbf{v}\cdot\mathbf{v} \\ &= \|\mathbf{u}\|^2+2\mathbf{u}\cdot\mathbf{v}+\|\mathbf{v}\|^2 \\ &\le \|\mathbf{u}\|^2+2|\mathbf{u}\cdot\mathbf{v}|+\|\mathbf{v}\|^2 \\ &\le \|\mathbf{u}\|^2+2|\mathbf{u}\|\mathbf{v}|+\|\mathbf{v}\|^2 \\ &= (\|\mathbf{u}\|+\|\mathbf{v}\|)^2\end{aligned}$$

따라서 삼각부등식이 성립한다. ■

연습문제 12.2

※ (1~4) 다음에서 $\mathbf{u}\cdot\mathbf{v}$를 구하여라.

1. $\mathbf{u}=(4,\ 7,\ -1)$ $\mathbf{v}=(-2,\ 1,\ 4)$
2. $\mathbf{u}=(-1,-2,-3)$ $\mathbf{v}=(2,\ 8,-6)$
3. $\mathbf{u}=(1,\ -1,\ 1)$ $\mathbf{v}=(\pi,\ 2\pi,\ 3\pi)$
4. $\mathbf{u}=(7\ ,6,\ 2)$ $\mathbf{v}=(3,\ 1,\ 2)$

※ (5~8) $\mathbf{u}=(3,\ 4)$, $\mathbf{v}=(5,\ -1)$, $\mathbf{w}=(7,\ 1)$일 때 다음을 구하여라.

5. $\mathbf{u}\cdot(7\mathbf{v}+\mathbf{w})$
6. $|(\mathbf{u}\cdot\mathbf{w})\mathbf{w}|$
7. $\|\mathbf{u}\|(\mathbf{v}\cdot\mathbf{w})$
8. $(\|\mathbf{u}\|\mathbf{v})\cdot\mathbf{w}$

※ (9~12) 두 벡터 $\mathbf{u}$, $\mathbf{v}$의 사이각을 구하여라.

9. $\mathbf{u}=(1,\ 2,\ 2)$ $\mathbf{v}=(3,\ 4,\ 0)$
10. $\mathbf{u}=(6,\ 0,\ 2)$ $\mathbf{v}=(5,\ 3,\ -2)$
11. $\mathbf{u}=(1,\ 2)$ $\mathbf{v}=(12,\ -5)$
12. $\mathbf{u}=(3,\ 1)$ $\mathbf{v}=(2,\ 4)$

※ (13~16) $\mathbf{v}$ 방향으로의 $\mathbf{u}$의 사영과 성분을 구하여라.

13. $\mathbf{u}=(6,\ 2)$ $\mathbf{v}=(3,\ 9)$
14. $\mathbf{u}=(-1,\ -2)$ $\mathbf{v}=(-2,\ 3)$
15. $\mathbf{u}=(3,\ 1,\ -1)$ $\mathbf{v}=(1,\ 0,\ 2)$
16. $\mathbf{u}=(1,\ 0,\ 0)$ $\mathbf{v}=(4,\ 3,\ 8)$

※ (17~20) 벡터 $\mathbf{u}$를 벡터 $\mathbf{v}$와 평행한 벡터 $\mathbf{x}$와 $\mathbf{v}$에 수직한 벡터 $\mathbf{y}$의 합으로 나타내어라.

17. $\mathbf{u}=(1,\ 2)$ $\mathbf{v}=(1,\ 0)$
18. $\mathbf{u}=(6,\ 2)$ $\mathbf{v}=(1,\ -1)$
19. $\mathbf{u}=(1,\ 2,\ 0)$ $\mathbf{v}=(1,\ 0,\ 1)$
20. $\mathbf{u}=(1,\ 3,\ 1)$ $\mathbf{v}=(0,\ 2,\ 4)$

※ (21~23) 두 벡터 $\mathbf{u}$, $\mathbf{v}$에 대하여 다음을 증명하여라.

21. $\|\mathbf{u}+\mathbf{v}\|^2+\|\mathbf{u}-\mathbf{v}\|^2=2\|\mathbf{u}\|^2+2\|\mathbf{v}\|^2$
22. $\|\mathbf{u}+\mathbf{v}\|^2=\|\mathbf{u}\|^2+\|\mathbf{v}\|^2+2\mathbf{u}\cdot\mathbf{v}$
23. $\|\mathbf{u}+\mathbf{v}\|^2-\|\mathbf{u}-\mathbf{v}\|^2=4\mathbf{u}\cdot\mathbf{v}$

※ (24~27) 다음에서 점 P와 직선 사이의 거리를 구하여라.

24. $x+3y=6$, $P(2,\ 8)$
25. $4x+3y+4=0$, $P(-3,\ 1)$
26. $4x+y-2=0$, $P(2,\ -5)$
27. $3x+y=5$, $P(1,\ 8)$

28. 점 $P(2,\ 4,\ -3)$에서 xy 평면 위의 직선 $y=x$ 위로 내린 수선의 발을 Q라 할 때 점 Q를 구하여라.

29. 정육면체에서 한 면의 대각선과 정육면체의 대각선이 한 점에서 만날 때 이들이 이루는 각을 구하여라.

30. 정육면체에서 한 변과 정육면체의 대각선이 한 점에서 만날 때 이들이 이루는 각을 구하여라.

31. 마름모(네 변의 길이가 같은 평행사변형)의 두 대각선은 서로 수직함을 증명하여라.

32. 두 대각선이 서로 수직한 직사각형은 정사각형이 됨을 증명하여라.

33. 두 벡터 $\mathbf{u}$, $\mathbf{v}$가 서로 수직이기 위한 필요충분조건은

$$(\mathbf{u}+\mathbf{v})^2 = \|\mathbf{u}\|^2 + \|\mathbf{v}\|^2$$

임을 증명하여라.

34. 두 벡터 $\mathbf{u}$, $\mathbf{v}$가 서로 평행이기 위한 필요충분조건은

$$|\mathbf{u}\cdot\mathbf{v}| = \|\mathbf{u}\|\|\mathbf{v}\|$$

임을 증명하여라.

35. 두 벡터 $\mathbf{u}$, $\mathbf{v}$의 크기가 같기 위한 필요충분조건은

$$(\mathbf{u}+\mathbf{v})\perp(\mathbf{u}-\mathbf{v})$$

임을 증명하여라.

36. 벡터 $\mathbf{w}=\|\mathbf{v}\|\mathbf{u}+\|\mathbf{u}\|\mathbf{v}$는 두 벡터 $\mathbf{u}$, $\mathbf{v}$의 사이각을 이등분함을 증명하여라.

37. 원의 한 지름의 양 끝을 각각 A, B라 하고 원주 위의 한 점 P가 주어졌을 때 두 벡터 $\overrightarrow{PA}$, $\overrightarrow{PB}$는 서로 수직임을 증명하여라.

38. $\mathbf{v}$ 방향으로의 $\mathbf{u}$의 사영 $\mathbf{P}_{\mathbf{v}}(\mathbf{u})$와 성분 c에 대하여 다음이 성립함을 보여라.

(a) $\mathbf{u}\cdot\mathbf{v}\geq 0$이면 $c=\|\mathbf{P}_{\mathbf{v}}(\mathbf{u})\|$

(b) $\mathbf{u}\cdot\mathbf{v}\leq 0$이면 $c=-\|\mathbf{P}_{\mathbf{v}}(\mathbf{u})\|$

39. 두 벡터 $\mathbf{u}$, $\mathbf{v}$의 사이각을 θ, $\mathbf{v}$ 방향으로의 $\mathbf{u}$의 성분을 c라 하면 다음이 성립함을 증명하여라.

(a) $c\geq 0$일 필요충분조건은 $\theta\leq\dfrac{\pi}{2}$이다.

(b) $c\leq 0$일 필요충분조건은 $\theta\geq\dfrac{\pi}{2}$이다.

40. 두 직선 $ax+by+c=0$과 $a'x+b'y+c'=0$이 수직할 필요충분조건은 $aa'+bb'=0$임을 증명하여라.

41. 정리 1을 증명하여라.

12.3 벡터곱

벡터곱

두 벡터의 곱을 구하는 또 다른 연산인 벡터곱에 대하여 공부한다.

연산의 결과가 스칼라로 주어지는 연산인 내적과 달리 벡터곱은 연산의 결과가 벡터로 주어진다. 그리고 내적은 평면벡터, 공간벡터, 4차원 벡터 등 모든 차원의 벡터에 대하여 생각할 수 있으나 이 절에서 배우는 벡터곱은 공간벡터(3차원 벡터)의 경우에 한하여 생각할 수 있다.

정의 1 (벡터곱)

두 벡터 $\mathbf{u}=(u_1, u_2, u_3)$, $\mathbf{v}=(v_1, v_2, v_3)$의 벡터곱(vector product)을 다음과 같이 정의한다.

$$\mathbf{u}\times\mathbf{v}=(u_2v_3-u_3v_2,\ u_3v_1-u_1v_3,\ u_1v_2-u_2v_1)$$

벡터곱을 외적(cross product)이라고도 부른다.

벡터곱의 결과는 공간벡터(3차원 벡터)가 되며 행렬식을 이용하여 나타낼 수 있다.

정리 1 (벡터곱)

$\mathbf{u}=(u_1, u_2, u_3)$, $\mathbf{v}=(v_1, v_2, v_3)$일 때 다음이 성립한다.

$$\mathbf{u}\times\mathbf{v}=\begin{vmatrix}\mathbf{i} & \mathbf{j} & \mathbf{k}\\ u_1 & u_2 & u_3\\ v_1 & v_2 & v_3\end{vmatrix}$$

증명 다음과 같이 3차 행렬식을 1행에 대하여 전개하면

$$\begin{aligned}\begin{vmatrix}\mathbf{i} & \mathbf{j} & \mathbf{k}\\ u_1 & u_2 & u_3\\ v_1 & v_2 & v_3\end{vmatrix} &= \begin{vmatrix}u_2 & u_3\\ v_2 & v_3\end{vmatrix}\mathbf{i}-\begin{vmatrix}u_1 & u_3\\ v_1 & v_3\end{vmatrix}\mathbf{j}+\begin{vmatrix}u_1 & u_2\\ v_1 & v_2\end{vmatrix}\mathbf{k}\\ &=\left(\begin{vmatrix}u_2 & u_3\\ v_2 & v_3\end{vmatrix}, -\begin{vmatrix}u_1 & u_3\\ v_1 & v_3\end{vmatrix}, \begin{vmatrix}u_1 & u_2\\ v_1 & v_2\end{vmatrix}\right)\\ &=(u_2v_3-u_3v_2,\ u_3v_1-u_1v_3,\ u_1v_2-u_2v_1)\\ &=\mathbf{u}\times\mathbf{v}\end{aligned}$$

■

2차 행렬식의 계산

2차 행렬식은 다음과 같이 계산한다.

$$\begin{vmatrix}a & b\\ c & d\end{vmatrix}=ad-bc$$

3차 행렬식의 계산

3차 행렬식을 행 또는 열에 대하여 2차 행렬식에 대한 식으로 전개하여 계산한다.

3차 행렬식

$$D=\begin{vmatrix}u_1 & u_2 & u_3\\ v_1 & v_2 & v_3\\ w_1 & w_2 & w_3\end{vmatrix}$$

의 행에 대한 전개식은 다음과 같다.

1행에 대한 전개식

$$D=u_1\begin{vmatrix}v_2 & v_3\\ w_2 & w_3\end{vmatrix}-u_2\begin{vmatrix}v_1 & v_3\\ w_1 & w_3\end{vmatrix}+u_3\begin{vmatrix}v_1 & v_2\\ w_1 & w_2\end{vmatrix}$$

2행에 대한 전개식

$$D=-v_1\begin{vmatrix}u_2 & u_3\\ w_2 & w_3\end{vmatrix}+v_2\begin{vmatrix}u_1 & u_3\\ w_1 & w_3\end{vmatrix}-v_3\begin{vmatrix}u_1 & u_2\\ w_1 & w_2\end{vmatrix}$$

3행에 대한 전개식

$$D=w_1\begin{vmatrix}u_2 & u_3\\ v_2 & v_3\end{vmatrix}-w_2\begin{vmatrix}u_1 & u_3\\ v_1 & v_3\end{vmatrix}+w_3\begin{vmatrix}u_1 & u_2\\ v_1 & v_2\end{vmatrix}$$

위에서 소개한 3가지 전개식, 즉 각 행에 대하여 전개한 3가지 방법의 결과는 모두 같음을 쉽게 확인할 수 있을 것이다.

행에 대한 전개식과 마찬가지 방법으로 열에 대한 전개식도 3가지 방법을 생각할 수 있으며 모두 같은 결과를 얻을 수 있다.

예제 1 $\mathbf{u}=(2,\ 1,\ -3)$, $\mathbf{v}=(3,\ 1,\ 1)$일 때 다음을 계산하여라.

(1) $\mathbf{u}\times\mathbf{v}$ (2) $\mathbf{v}\times\mathbf{u}$

(3) $\mathbf{u}\cdot(\mathbf{u}\times\mathbf{v})$ (4) $\mathbf{v}\cdot(\mathbf{u}\times\mathbf{v})$

풀이 행렬식을 이용하여 벡터곱을 구하면

$$(1)\ \mathbf{u}\times\mathbf{v}=\begin{vmatrix}\mathbf{i} & \mathbf{j} & \mathbf{k}\\ 2 & 1 & -3\\ 3 & 1 & 1\end{vmatrix}=\left(\begin{vmatrix}1 & -3\\ 1 & 1\end{vmatrix},\ -\begin{vmatrix}2 & -3\\ 3 & 1\end{vmatrix},\ \begin{vmatrix}2 & 1\\ 3 & 1\end{vmatrix}\right)$$
$$=(4,\ -11,\ -1)$$

$$(2)\ \mathbf{v}\times\mathbf{u}=\begin{vmatrix}\mathbf{i} & \mathbf{j} & \mathbf{k}\\ 3 & 1 & 1\\ 2 & 1 & -3\end{vmatrix}=\left(\begin{vmatrix}1 & 1\\ 1 & -3\end{vmatrix},\ -\begin{vmatrix}3 & 1\\ 2 & -3\end{vmatrix},\ \begin{vmatrix}3 & 1\\ 2 & 1\end{vmatrix}\right)$$
$$=(-4,\ 11,\ 1)$$

(3) $\mathbf{u}\cdot(\mathbf{u}\times\mathbf{v})=(2,\ 1,\ -3)\cdot(4,\ -11,\ -1)=0$

(4) $\mathbf{v}\cdot(\mathbf{u}\times\mathbf{v})=(3,\ 1,\ 1)\cdot(4,\ -11,\ -1)=0$ ■

3차원 공간의 기본단위벡터
$\mathbf{i}=(1,\ 0,\ 0)$
$\mathbf{j}=(0,\ 1,\ 0)$
$\mathbf{k}=(0,\ 0,\ 1)$

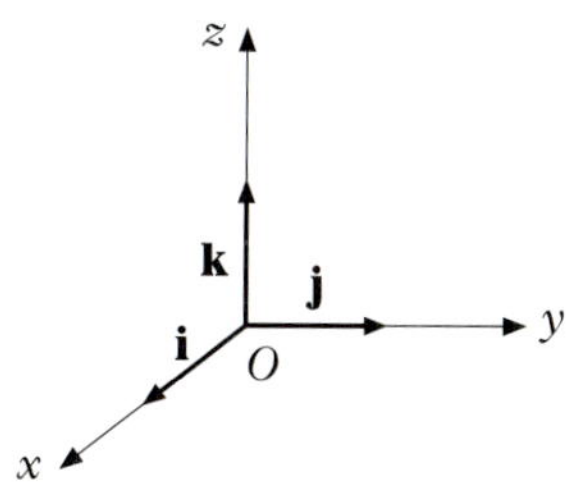

그림 1

3차원 공간 $\mathbb{R}^3$에서 **i, j, k**의 순서로 두 기본단위벡터의 벡터곱을 구하면 다른 기본단위벡터가 된다.

정리 2 (기본단위벡터의 벡터곱)

기본단위벡터 **i, j, k**에 대하여 다음이 성립한다.

(1) $\mathbf{i}\times\mathbf{j}=\mathbf{k}$

(2) $\mathbf{j}\times\mathbf{k}=\mathbf{i}$

(3) $\mathbf{k}\times\mathbf{i}=\mathbf{j}$

증명 $\mathbf{i}=(1,\ 0,\ 0)$, $\mathbf{j}=(0,\ 1,\ 0)$, $\mathbf{k}=(0,\ 0,\ 1)$이므로

$$\mathbf{i}\times\mathbf{j}=\begin{vmatrix}\mathbf{i} & \mathbf{j} & \mathbf{k}\\ 1 & 0 & 0\\ 0 & 1 & 0\end{vmatrix}=(0,\ 0,\ 1)=\mathbf{k}$$

$$\mathbf{j}\times\mathbf{k}=\begin{vmatrix}\mathbf{i} & \mathbf{j} & \mathbf{k}\\ 0 & 1 & 0\\ 0 & 0 & 1\end{vmatrix}=(1,\ 0,\ 0)=\mathbf{i}$$

$$\mathbf{k}\times\mathbf{i}=\begin{vmatrix}\mathbf{i} & \mathbf{j} & \mathbf{k}\\ 0 & 0 & 1\\ 1 & 0 & 0\end{vmatrix}=(0,\ 1,\ 0)=\mathbf{j}$$ ■

벡터의 합, 스칼라배 등 벡터연산에 대한 벡터곱의 기본적인 성질을 다음 정리에서 소개한다.

정리 3 (벡터곱의 성질)

$\mathbf{u}, \mathbf{v}, \mathbf{w}$가 3차원 벡터, c가 스칼라이면 다음이 성립한다.

(1) $\mathbf{u}\times\mathbf{u}=\mathbf{0}$ (2) $\mathbf{u}\times\mathbf{0}=\mathbf{0}\times\mathbf{u}=\mathbf{0}$

(3) $\mathbf{u}\times\mathbf{v}=-\mathbf{v}\times\mathbf{u}$ (4) $\mathbf{u}\times(\mathbf{v}+\mathbf{w})=\mathbf{u}\times\mathbf{v}+\mathbf{u}\times\mathbf{w}$

(5) $c(\mathbf{u}\times\mathbf{v})=(c\mathbf{u})\times\mathbf{v}=\mathbf{u}\times(c\mathbf{v})$

증명 (3)을 증명하고 나머지는 연습문제로 남긴다.

$\mathbf{u}=(u_1, u_2, u_3)$, $\mathbf{v}=(v_1, v_2, v_3)$라 하면

$$\mathbf{u}\times\mathbf{v}=\begin{vmatrix}\mathbf{i} & \mathbf{j} & \mathbf{k}\\ u_1 & u_2 & u_3\\ v_1 & v_2 & v_3\end{vmatrix}=\left(\begin{vmatrix}u_2 & u_3\\ v_2 & v_3\end{vmatrix}, -\begin{vmatrix}u_1 & u_3\\ v_1 & v_3\end{vmatrix}, \begin{vmatrix}u_1 & u_2\\ v_1 & v_2\end{vmatrix}\right)$$
$$=(u_2v_3-u_3v_2,\ u_3v_1-u_1v_3,\ u_1v_2-u_2v_1)$$

$$\mathbf{v}\times\mathbf{u}=\begin{vmatrix}\mathbf{i} & \mathbf{j} & \mathbf{k}\\ v_1 & v_2 & v_3\\ u_1 & u_2 & u_3\end{vmatrix}=\left(\begin{vmatrix}v_2 & v_3\\ u_2 & u_3\end{vmatrix}, -\begin{vmatrix}v_1 & v_3\\ u_1 & u_3\end{vmatrix}, \begin{vmatrix}v_1 & v_2\\ u_1 & u_2\end{vmatrix}\right)$$
$$=(v_2u_3-v_3u_2,\ v_3u_1-v_1u_3,\ v_1u_2-v_2u_1)$$

그러므로

$$\mathbf{u}\times\mathbf{v}=-\mathbf{v}\times\mathbf{u}$$ ■

예제 2 $\mathbf{u}=2\mathbf{i}+\mathbf{j}-3\mathbf{k}$, $\mathbf{v}=3\mathbf{i}+\mathbf{j}+\mathbf{k}$일 때 $\mathbf{u}\times\mathbf{v}$를 구하여라.

풀이 $\mathbf{i}\times\mathbf{i}=\mathbf{j}\times\mathbf{j}=\mathbf{k}\times\mathbf{k}=\mathbf{0}$이므로 정리 3을 이용하면

모든 공간벡터는 기본벡터를 이용하여 나타낼 수 있다.
$(x, y, z)=x\mathbf{i}+y\mathbf{j}+z\mathbf{k}$

$$\mathbf{u}\times\mathbf{v}=(2\mathbf{i}+\mathbf{j}-3\mathbf{k})\times(3\mathbf{i}+\mathbf{j}+\mathbf{k})$$
$$=(2\mathbf{i}\times\mathbf{j})+(2\mathbf{i}\times\mathbf{k})+(\mathbf{j}\times3\mathbf{i})+(\mathbf{j}\times\mathbf{k})+((-3\mathbf{k})\times3\mathbf{i})+((-3\mathbf{k})\times\mathbf{j})$$

정리 2를 이용하면

$$\mathbf{u}\times\mathbf{v}=2\mathbf{k}+(-2\mathbf{j})+(-3\mathbf{k})+\mathbf{i}+(-9\mathbf{j})+3\mathbf{i}$$
$$=4\mathbf{i}-11\mathbf{j}-\mathbf{k}$$

따라서

$$\mathbf{u}\times\mathbf{v}=4\mathbf{i}-11\mathbf{j}-\mathbf{k}=(4, -11, -1)$$ ■

다음 정리에서 벡터곱과 스칼라곱의 관계를 살펴본다.

정리 4 (벡터곱과 스칼라곱의 관계)

$\mathbf{u}, \mathbf{v}$가 공간벡터일 때 다음이 성립한다.

$$\|\mathbf{u}\times\mathbf{v}\|^2=\|\mathbf{u}\|^2\|\mathbf{v}\|^2-(\mathbf{u}\cdot\mathbf{v})^2$$

증명 $\mathbf{u}=(u_1, u_2, u_3)$, $\mathbf{v}=(v_1, v_2, v_3)$라 하면

$$\mathbf{u}\times\mathbf{v}=(u_2v_3-u_3v_2,\ u_3v_1-u_1v_3,\ u_1v_2-u_2v_1)$$

따라서

$$\begin{aligned}\|\mathbf{u}\|^2\|\mathbf{v}\|^2-(\mathbf{u}\cdot\mathbf{v})^2 &= (u_1^2+u_2^2+u_3^2)(v_1^2+v_2^2+v_3^2)-(u_1v_1+u_2v_2+u_3v_3)^2\\ &= (u_2v_3-u_3v_2)^2+(u_3v_1-u_1v_3)^2+(u_1v_2-u_2v_1)^2\\ &= \|\mathbf{u}\times\mathbf{v}\|^2\end{aligned}$$

■

벡터곱으로 주어지는 벡터의 방향과 크기에 대하여 살펴보자.

정리 5 (벡터곱의 성질)

$\mathbf{u}$, $\mathbf{v}$가 공간벡터이고 사이각이 θ일 때 다음이 성립한다.

(1) $\mathbf{u}\cdot(\mathbf{u}\times\mathbf{v})=0$ (2) $\mathbf{v}\cdot(\mathbf{u}\times\mathbf{v})=0$

(3) $\|\mathbf{u}\times\mathbf{v}\|=\|\mathbf{u}\|\|\mathbf{v}\|\sin\theta$

증명 (1) $\mathbf{u}=(u_1, u_2, u_3)$, $\mathbf{v}=(v_1, v_2, v_3)$라 하면

$$\begin{aligned}\mathbf{u}\cdot(\mathbf{u}\times\mathbf{v}) &= (u_1, u_2, u_3)\cdot(u_2v_3-u_3v_2,\ u_3v_1-u_1v_3,\ u_1v_2-u_2v_1)\\ &= u_1(u_2v_3-u_3v_2)+u_2(u_3v_1-u_1v_3)+u_3(u_1v_2-u_2v_1)\\ &= 0\end{aligned}$$

(2) 위와 마찬가지 방법으로 $\mathbf{v}\cdot(\mathbf{u}\times\mathbf{v})=0$임을 보일 수 있다.

(3) $\mathbf{u}\cdot\mathbf{v}=\|\mathbf{u}\|\|\mathbf{v}\|\cos\theta$이므로

$$\begin{aligned}(\|\mathbf{u}\|\|\mathbf{v}\|\sin\theta)^2 &= \|\mathbf{u}\|^2\|\mathbf{v}\|^2(1-\cos^2\theta)\\ &= \|\mathbf{u}\|^2\|\mathbf{v}\|^2-\|\mathbf{u}\|^2\|\mathbf{v}\|^2\cos^2\theta\\ &= \|\mathbf{u}\|^2\|\mathbf{v}\|^2-(\mathbf{u}\cdot\mathbf{v})^2\end{aligned}$$

따라서 정리 4에 의하여

$$\|\mathbf{u}\times\mathbf{v}\|^2=\|\mathbf{u}\|^2\|\mathbf{v}\|^2-(\mathbf{u}\cdot\mathbf{v})^2=(\|\mathbf{u}\|\|\mathbf{v}\|\sin\theta)^2$$

$0\le\theta\le\pi$이므로 $\sin\theta\ge0$, 따라서

$$\|\mathbf{u}\times\mathbf{v}\|=\|\mathbf{u}\|\|\mathbf{v}\|\sin\theta$$

■

정리 5에 의하면 두 공간벡터 $\mathbf{u}$, $\mathbf{v}$의 벡터곱 $\mathbf{u}\times\mathbf{v}$는 다음과 같은 성질을 가짐을 알 수 있다.

(1) 벡터곱 $\mathbf{u}\times\mathbf{v}$는 두 벡터 $\mathbf{u}$, $\mathbf{v}$ 각각에 수직하다.

(2) 벡터곱 $\mathbf{u}\times\mathbf{v}$의 크기는 두 벡터 $\mathbf{u}$, $\mathbf{v}$ 로 만들어지는 평행사변형의 넓이와 같다.

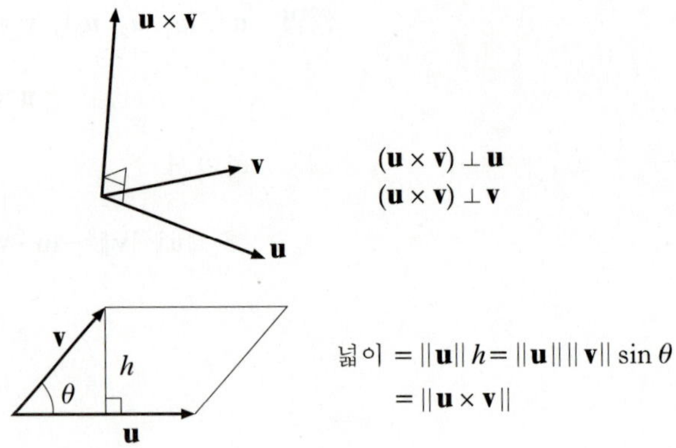

그림 2

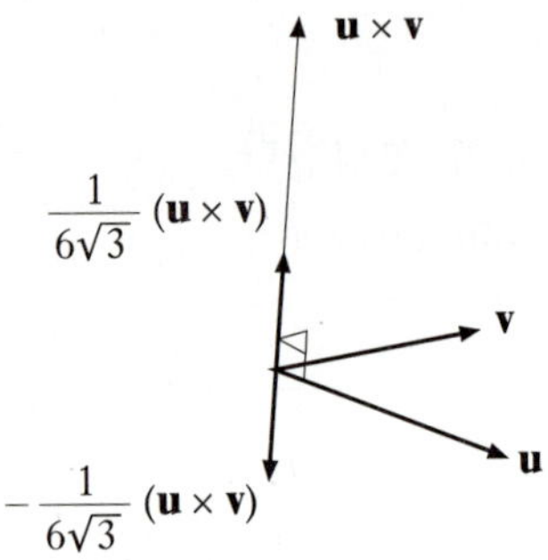

그림 3

예제 3 두 벡터 $\mathbf{u} = (1, -3, 2)$, $\mathbf{v} = (1, -1, 4)$에 동시에 수직한 단위벡터를 구하여라.

풀이 벡터곱 $\mathbf{u}\times\mathbf{v}$는 두 벡터 $\mathbf{u}$, $\mathbf{v}$에 동시에 수직한 벡터이다.

$$\mathbf{u}\times\mathbf{v} = \begin{vmatrix} \mathbf{i} & \mathbf{j} & \mathbf{k} \\ 1 & -3 & 2 \\ 1 & -1 & 4 \end{vmatrix}$$

$$= \left(\begin{vmatrix} -3 & 2 \\ -1 & 4 \end{vmatrix}, -\begin{vmatrix} 1 & 2 \\ 1 & 4 \end{vmatrix}, \begin{vmatrix} 1 & -3 \\ 1 & -1 \end{vmatrix} \right)$$

$$= (-10, -2, 2)$$

따라서

$$\|\mathbf{u}\times\mathbf{v}\| = \sqrt{108} = 6\sqrt{3}$$

그러므로 두 벡터 $\mathbf{u}$, $\mathbf{v}$에 동시에 수직인 단위벡터는 다음의 두 벡터이다.

$$\pm\frac{1}{6\sqrt{3}}(\mathbf{u}\times\mathbf{v}) = \pm\left(-\frac{5}{3\sqrt{3}}, -\frac{1}{3\sqrt{3}}, \frac{1}{3\sqrt{3}}\right)$$ ■

$\triangle PQR$의 넓이

$= \frac{1}{2}$(평행사변형 $PQSR$의 넓이)

$= \frac{1}{2}\|\overrightarrow{PQ}\times\overrightarrow{PR}\|$

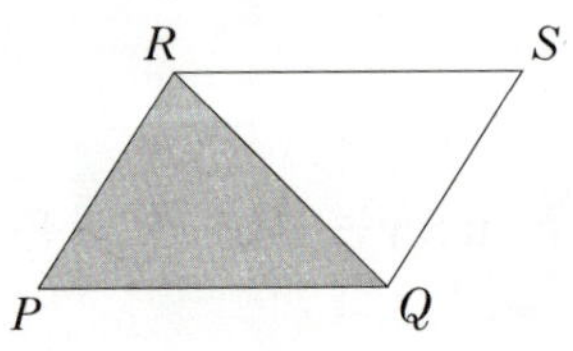

그림 4

예제 4 세 점 $P(1, 2, 0)$, $Q(2, 1, 1)$, $R(-1, 2, 2)$을 꼭지점으로 하는 삼각형 $\triangle PQR$의 넓이를 구하여라.

풀이 $\triangle PQR$의 넓이는 두 벡터 $\overrightarrow{PQ}$, $\overrightarrow{PR}$로 만들어지는 평행사변형의 넓이의 $\frac{1}{2}$이므로

$$\triangle PQR\text{의 넓이} = \frac{1}{2}\|\overrightarrow{PQ}\times\overrightarrow{PR}\|$$

$\overrightarrow{PQ} = (1, -1, 1)$, $\overrightarrow{PR} = (-2, 0, 2)$이므로

$$\overrightarrow{PQ}\times\overrightarrow{PR} = \begin{vmatrix} \mathbf{i} & \mathbf{j} & \mathbf{k} \\ 1 & -1 & 1 \\ -2 & 0 & 2 \end{vmatrix}$$

$$= \left(\begin{vmatrix} -1 & 1 \\ 0 & 2 \end{vmatrix}, -\begin{vmatrix} 1 & 1 \\ -2 & 2 \end{vmatrix}, \begin{vmatrix} 1 & -1 \\ -2 & 0 \end{vmatrix} \right)$$
$$= (-2, -4, -2)$$

따라서

$$\triangle PQR\text{의 넓이} = \frac{1}{2}\|(-2, -4, -2)\| = \sqrt{6}.$$

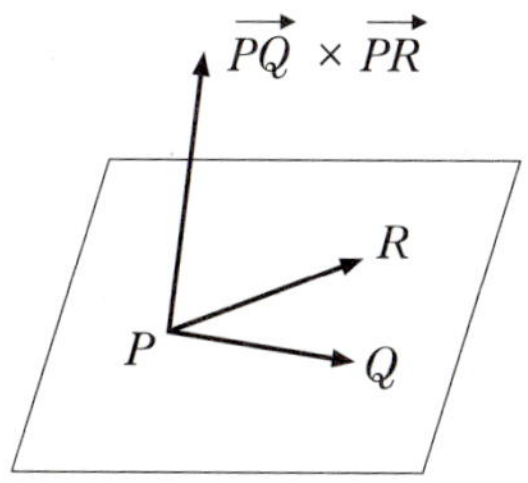

그림 5

예제 5 세 점 $P(1, 2, 0)$, $Q(2, 1, 1)$, $R(-1, 2, 2)$를 지나는 평면에 수직인 모든 벡터들의 집합을 구하여라.

풀이 세 점 P, Q, R을 지나는 평면을 p이라 하자. 두 벡터 $\overrightarrow{PQ}, \overrightarrow{PR}$은 평면 l 위에 놓여있으므로 $\overrightarrow{PQ} \times \overrightarrow{PR}$은 평면 p에 수직이다.
$\overrightarrow{PQ} = (1, -1, 1)$, $\overrightarrow{PR} = (-2, 0, 2)$이므로

$$\overrightarrow{PQ} \times \overrightarrow{PR} = \begin{vmatrix} \mathbf{i} & \mathbf{j} & \mathbf{k} \\ 1 & -1 & 1 \\ -2 & 0 & 2 \end{vmatrix}$$
$$= \left(\begin{vmatrix} -1 & 1 \\ 0 & 2 \end{vmatrix}, -\begin{vmatrix} 1 & 1 \\ -2 & 2 \end{vmatrix}, \begin{vmatrix} 1 & -1 \\ -2 & 0 \end{vmatrix} \right)$$
$$= (-2, -4, -2)$$

따라서 평면 p에 수직인 벡터는 $(-2, -4, -2)$와 평행이다.
그러므로 평면 p에 수직인 모든 벡터들의 집합은 다음과 같다.

$$\{(t, 2t, t) \mid t \in \mathbb{R}\}$$

기본단위벡터 **i**, **j**, **k**는 오른손 법칙을 만족한다.

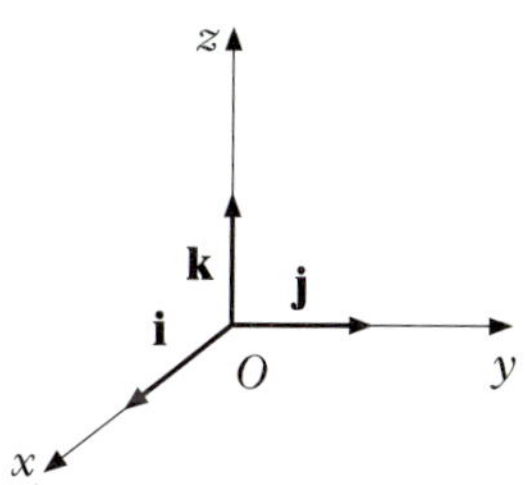

그림 7

그림에서 보는 바와 같이 두 공간벡터 **u**, **v**에 동시에 수직인 방향은 벡터 **n**과 −**n**의 방향등 두 가지 방향이 있다.

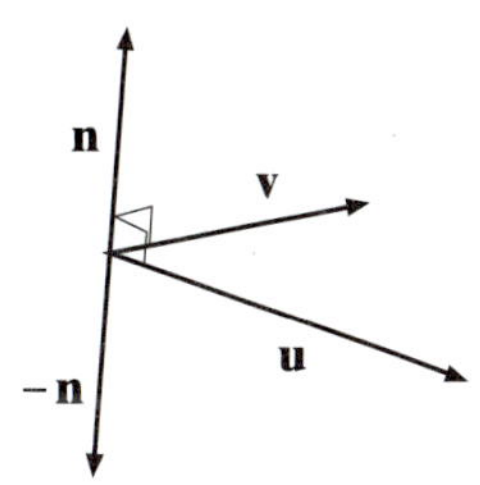

그림 6

이때 세 벡터 **u**, **v**, **n**은 오른손 법칙(right-hand rule)을 만족함을 알 수 있다. 정리 2에 의하면, 다음의 세 벡터들은 모두 오른손 법칙을 만족함을 알 수 있다.

$$\mathbf{i},\ \mathbf{j},\ \mathbf{i}\times\mathbf{j}$$
$$\mathbf{j},\ \mathbf{k},\ \mathbf{j}\times\mathbf{k}$$
$$\mathbf{k},\ \mathbf{i},\ \mathbf{k}\times\mathbf{i}$$

이러한 성질은 벡터곱에 대하여 일반적으로 성립한다.

> **정리 6**
>
> 세 벡터 $\mathbf{u}$, $\mathbf{v}$, $\mathbf{u}\times\mathbf{v}$는 오른손 법칙을 만족한다.

벡터의 삼중적

세 3차원 벡터 $\mathbf{u}$, $\mathbf{v}$, $\mathbf{w}$에 대하여

$$(\mathbf{u}\times\mathbf{v})\cdot\mathbf{w}$$

를 **삼중적**(triple scalar product)이라 하며 $\mathbf{u}\times\mathbf{v}\cdot\mathbf{w}$로 표시한다.

> **정리 7**
>
> 세 공간벡터 $\mathbf{u}$, $\mathbf{v}$, $\mathbf{w}$로 만들어진 평행육면체(parallelepiped)의 부피는 $|\mathbf{u}\times\mathbf{v}\cdot\mathbf{w}|$이다.

벡터의 삼중적

$\mathbf{u}\times\mathbf{v}\cdot\mathbf{w}$는 다음의 두 가지 경우 즉,

$$(\mathbf{u}\times\mathbf{v})\cdot\mathbf{w}$$

또는

$$\mathbf{u}\times(\mathbf{v}\cdot\mathbf{w})$$

로 생각할 수 있다. 그러나 두 번째의 경우는 $\mathbf{v}\cdot\mathbf{w}$가 스칼라이므로 잘못된 표현이다. 따라서 첫 번째 경우인 $(\mathbf{u}\times\mathbf{v})\cdot\mathbf{w}$만 가능한 식이므로 괄호를 생략하여

$$\mathbf{u}\times\mathbf{v}\cdot\mathbf{w}$$

로 표시한다.

증명 세 벡터 $\mathbf{u}$, $\mathbf{v}$, $\mathbf{w}$로 만들어진 평행육면체는 다음과 같다.

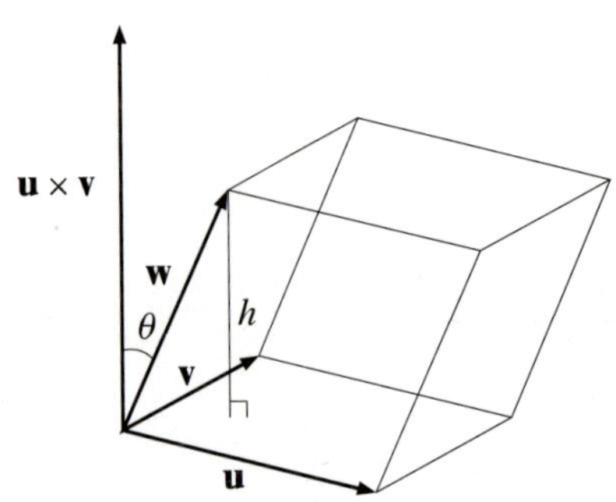

그림 8

두 벡터 $\mathbf{u}\times\mathbf{v}$와 $\mathbf{w}$ 사이의 각을 θ라 하면

$$|\mathbf{u}\times\mathbf{v}\cdot\mathbf{w}| = \|\mathbf{u}\times\mathbf{v}\|\|\mathbf{w}\||\cos\theta|$$

벡터 $\mathbf{w}$의 끝점에서 평행육면체의 밑면까지의 거리를 h라 하면

$$h = \|\mathbf{w}\||\cos\theta|$$

다음 그림은 두 벡터 $\mathbf{u}\times\mathbf{v}$와 $\mathbf{w}$ 사이의 각 θ가 둔각이 되는 경우이다.

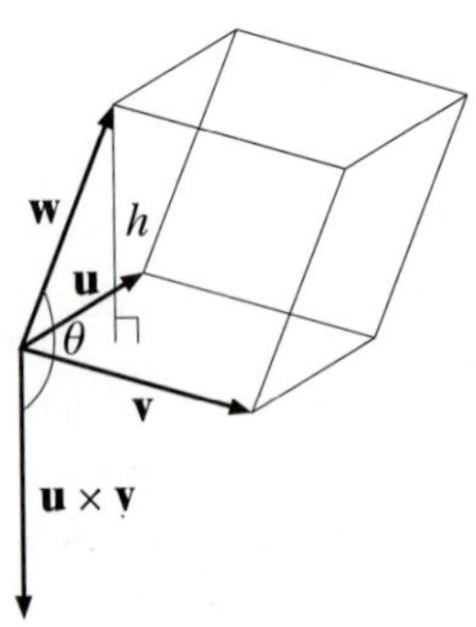

그림 9

θ는 둔각이므로

$$\cos\theta < 0.$$

따라서

$$\mathbf{u}\times\mathbf{v}\cdot\mathbf{w} = \|\mathbf{u}\times\mathbf{v}\|\|\mathbf{w}\|\cos\theta < 0$$

한편

$$h = \|\mathbf{w}\|\sin\left(\theta - \frac{\pi}{2}\right)$$
$$= -\|\mathbf{w}\|\cos\theta$$
$$= \|\mathbf{w}\||\cos\theta|$$

그러므로

평행육면체의 부피

$=$(밑면의 넓이)$\times$(높이)

$= \|\mathbf{u}\times\mathbf{v}\|\|\mathbf{w}\||\cos\theta|$

$= |\mathbf{u}\times\mathbf{v}\cdot\mathbf{w}|$

평행육면체의 밑면의 넓이는 $\|\mathbf{u}\times\mathbf{v}\|$이므로

$$\text{평행육면체의 부피} = (\text{밑면의 넓이})\times(\text{높이}) = \|\mathbf{u}\times\mathbf{v}\|\|\mathbf{w}\||\cos\theta| = |\mathbf{u}\times\mathbf{v}\cdot\mathbf{w}|$$

■

예제 6 공간에서 원점 O와 세 점 $P(1,\ 1,\ 2)$, $Q(2,\ 3,\ -1)$, $R(1,\ 2,\ 6)$로 만들어지는 사면체의 부피를 구하여라.

풀이 그림은 네 점 O, P, Q, R로 만들어지는 평행육면체이다.

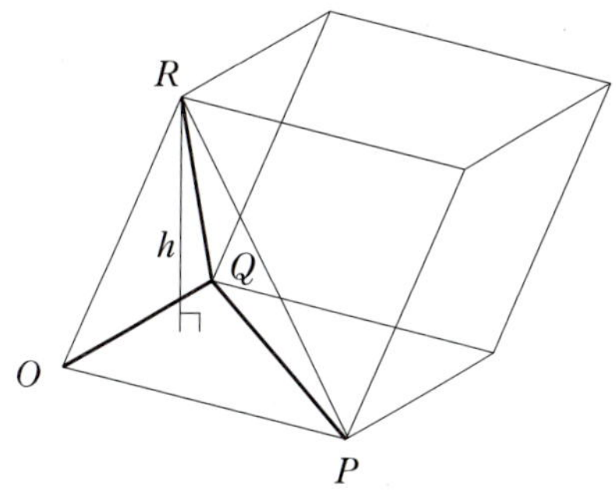

그림 51

꼭지점 R에서 밑면까지의 거리를 h라 하면

$$\text{사면체 } OPQR\text{의 부피} = \frac{1}{3}\times(\triangle OPQ\text{의 넓이})\times h$$
$$= \frac{1}{3}\times\frac{1}{2}\|\overrightarrow{OP}\times\overrightarrow{OQ}\|\times h$$
$$= \frac{1}{6}\times(\text{평행육면체의 부피})$$
$$= \frac{1}{6}|\overrightarrow{OP}\times\overrightarrow{OQ}\cdot\overrightarrow{OR}|$$

$$\overrightarrow{OP}\times\overrightarrow{QR} = \begin{vmatrix} \mathbf{i} & \mathbf{j} & \mathbf{k} \\ 1 & 1 & 2 \\ 2 & 3 & -1 \end{vmatrix}$$
$$= \left(\begin{vmatrix} 1 & 2 \\ 3 & -1 \end{vmatrix},\ -\begin{vmatrix} 1 & 2 \\ 2 & -1 \end{vmatrix},\ \begin{vmatrix} 1 & 1 \\ 2 & 3 \end{vmatrix}\right)$$
$$= (-7,\ 5,\ 1)$$

따라서

$$\text{사면체 } OPQR\text{의 부피} = \frac{1}{6}|(-7,\ 5,\ 1)\cdot(1,\ 2,\ 6)| = \frac{3}{2}$$

■

벡터곱을 행렬식으로 표현하는 방법을 이용하면 벡터의 삼중적도 행렬식으로 표시할 수 있다.

정리 8

$\mathbf{u}=(u_1, u_2, u_3)$, $\mathbf{v}=(v_1, v_2, v_3)$, $\mathbf{w}=(w_1, w_2, w_3)$일 때 다음이 성립한다.

$$\mathbf{u}\times\mathbf{v}\cdot\mathbf{w}=\begin{vmatrix} u_1 & u_2 & u_3 \\ v_1 & v_2 & v_3 \\ w_1 & w_2 & w_3 \end{vmatrix}$$

증명 3차 행렬식을 3행에 대하여 전개하면

$$\begin{aligned}\begin{vmatrix} u_1 & u_2 & u_3 \\ v_1 & v_2 & v_3 \\ w_1 & w_2 & w_3 \end{vmatrix} &= w_1\begin{vmatrix} u_2 & u_3 \\ v_2 & v_3 \end{vmatrix} - w_2\begin{vmatrix} u_1 & u_3 \\ v_1 & v_3 \end{vmatrix} + w_3\begin{vmatrix} u_1 & u_2 \\ v_1 & v_2 \end{vmatrix} \\ &= \left(\begin{vmatrix} u_2 & u_3 \\ v_2 & v_3 \end{vmatrix}, -\begin{vmatrix} u_1 & u_3 \\ v_1 & v_3 \end{vmatrix}, \begin{vmatrix} u_1 & u_2 \\ v_1 & v_2 \end{vmatrix}\right)\cdot(w_1, w_2, w_3) \\ &= \begin{vmatrix} \mathbf{i} & \mathbf{j} & \mathbf{k} \\ u_1 & u_2 & u_3 \\ v_1 & v_2 & v_3 \end{vmatrix}\cdot(w_1, w_2, w_3) \\ &= \mathbf{u}\times\mathbf{v}\cdot\mathbf{w}\end{aligned}$$

■

행렬식의 성질

(1) 행렬식에서 두 행이 같으면 행렬식의 값은 0이 된다.

$$\begin{vmatrix} a & b & c \\ d & e & f \\ a & b & c \end{vmatrix}=0,\quad \begin{vmatrix} a & b & c \\ a & b & c \\ d & e & f \end{vmatrix}=0$$

(2) 행렬식에서 두 행의 위치를 바꾸면 행렬식의 값은 부호가 바뀌게 된다.

(예) $$\begin{aligned}\begin{vmatrix} 1 & 1 & 2 \\ 2 & 3 & -1 \\ 1 & 2 & 6 \end{vmatrix} &= -\begin{vmatrix} 1 & 2 & 6 \\ 2 & 3 & -1 \\ 1 & 1 & 2 \end{vmatrix} \\ &= \begin{vmatrix} 1 & 2 & 6 \\ 1 & 1 & 2 \\ 2 & 3 & -1 \end{vmatrix} \\ &= -\begin{vmatrix} 1 & 1 & 2 \\ 1 & 2 & 6 \\ 2 & 3 & -1 \end{vmatrix} \\ &= \begin{vmatrix} 2 & 3 & -1 \\ 1 & 2 & 6 \\ 1 & 1 & 2 \end{vmatrix}\end{aligned}$$

정리 8과 행렬식의 성질을 이용하면 다음이 성립함을 알 수 있다.

정리 9

공간 벡터 $\mathbf{u}, \mathbf{v}, \mathbf{w}$에 대하여 다음이 성립한다.

$$\mathbf{u}\times\mathbf{v}\cdot\mathbf{w}=\mathbf{v}\times\mathbf{w}\cdot\mathbf{u}=\mathbf{w}\times\mathbf{u}\cdot\mathbf{v}$$

예제 7 $\mathbf{u}=(1, 1, 2)$, $\mathbf{v}=(2, 3, -1)$, $\mathbf{w}=(1, 2, 6)$일 때 $\mathbf{u}\times\mathbf{v}\cdot\mathbf{w}$와 $\mathbf{u}\times\mathbf{w}\cdot\mathbf{v}$를 구하여라.

풀이 정리 8을 이용하면

$$\begin{aligned}\mathbf{u}\times\mathbf{v}\cdot\mathbf{w} &= \begin{vmatrix} 1 & 1 & 2 \\ 2 & 3 & -1 \\ 1 & 2 & 6 \end{vmatrix} \\ &= \begin{vmatrix} 3 & -1 \\ 2 & 6 \end{vmatrix} - \begin{vmatrix} 2 & -1 \\ 1 & 6 \end{vmatrix} + 2\begin{vmatrix} 2 & 3 \\ 1 & 2 \end{vmatrix} \\ &= 20-13+2=9\end{aligned}$$

그리고 벡터곱의 성질과 정리 6을 이용하면

$$\begin{aligned}\mathbf{u}\times\mathbf{w}\cdot\mathbf{v} &= -(\mathbf{w}\times\mathbf{u}\cdot\mathbf{v}) \\ &= -(\mathbf{u}\times\mathbf{v}\cdot\mathbf{w})=-9\end{aligned}$$

■

연습문제 12.3

※ (1~2) 다음에서 $\mathbf{u}\times\mathbf{v}$를 구하여라.

1. $\mathbf{u}=(1,\ 0,\ 1)$ $\mathbf{v}=(0,\ 1,\ 0)$
2. $\mathbf{u}=(2,\ -1,\ -1)$ $\mathbf{v}=(-1,\ 2,\ 0)$

※ (3~4) 다음 두 벡터 $\mathbf{u}$, $\mathbf{v}$에 수직인 단위 벡터를 구하여라.

3. $\mathbf{u}=(2,\ -2,\ 4)$ $\mathbf{v}=(-1,\ 0,\ -2)$
4. $\mathbf{u}=(2,\ 1,\ -3)$ $\mathbf{v}=(1,\ 0,\ -2)$

※ (5~6) 다음에서 $\triangle PQR$의 넓이를 구하여라.

5. $P(1,\ -1,\ 2)$, $Q(2,\ 0,\ -1)$, $R(0,\ 2,\ 1)$
6. $P(1,\ 1,\ 1)$, $Q(2,\ 1,\ 3)$, $R(-3,\ 1,\ 1)$

※ (7~8) 세 점 P, Q, R을 지나는 평면에 수직인 단위 벡터를 구하여라.

7. $P(2,\ -2,\ 1)$, $Q(3,\ -1,\ 2)$, $R(3,\ -1,\ 1)$
8. $P(-2,\ 2,\ 0)$, $Q(0,\ 1,\ -1)$, $R(-1,\ 2,\ -2)$

※ (9~10) 다음에서 $\mathbf{u}\times\mathbf{v}\cdot\mathbf{w}$를 계산하여라.

9. $\mathbf{u}=(-1,\ 2,\ 4)$, $\mathbf{v}=(3,\ 4,\ -2)$, $\mathbf{w}=(-1,\ 2,\ 5)$
10. $\mathbf{u}=(3,\ -1,\ 6)$, $\mathbf{v}=(2,\ 4,\ 3)$, $\mathbf{w}=(5,\ -1,\ 2)$

※ (11~12) 세 벡터 $\mathbf{u}$, $\mathbf{v}$, $\mathbf{w}$로 만들어진 평행6면체의 부피를 구하여라.

11. $\mathbf{u}=(5,\ -2,\ 1)$, $\mathbf{v}=(4,\ 1,\ 1)$, $\mathbf{w}=(1,\ -1,\ 0)$
12. $\mathbf{u}=(3,\ 2,\ -1)$, $\mathbf{v}=(0,\ 2,\ -3)$, $\mathbf{w}=(2,\ 6,\ 7)$

※ (13~18) $\mathbf{u}\times\mathbf{v}\cdot\mathbf{w}=3$일 때 다음을 구하여라.

13. $\mathbf{u}\cdot(\mathbf{w}\times\mathbf{v})$
14. $(\mathbf{v}\times\mathbf{w})\cdot\mathbf{u}$
15. $\mathbf{v}\cdot(\mathbf{u}\times\mathbf{w})$
16. $(\mathbf{w}\times\mathbf{u})\cdot\mathbf{v}$
17. $\mathbf{w}\cdot(\mathbf{u}\times\mathbf{v})$
18. $(\mathbf{v}\times\mathbf{u})\cdot\mathbf{w}$

19. 세 점 $P(1,\ 2,\ -1)$ $Q(3,\ -1,\ 4)$ $R(2,\ 1,\ 2)$이 평행사변형$PQRS$의 세 꼭지점이다.
    (1) 점 S의 좌표를 구하라.
    (2) 평행사변형$PQRS$의 넓이를 구하여라.

20. $(\mathbf{u}\times\mathbf{v})\times\mathbf{w}=\mathbf{u}\times(\mathbf{v}\times\mathbf{w})$인 예를 들어라.

21. $\mathbf{u}\neq\mathbf{0}$이고 $\mathbf{u}\times\mathbf{v}=\mathbf{u}\times\mathbf{w}$이지만 $\mathbf{v}\neq\mathbf{w}$인 예를 들어라.

22. 두 공간벡터 $\mathbf{u}$, $\mathbf{v}$가 단위벡터일 때 벡터곱 $\mathbf{u}\times\mathbf{v}$이 단위벡터가 될 필요충분조건은 $\mathbf{u}\cdot\mathbf{v}=0$임을 보여라.

23. 공간벡터 $\mathbf{u}$, $\mathbf{v}$, $\mathbf{w}$가 한 평면 위에 있기 위한 필요충분조건은 $\mathbf{u}\times\mathbf{v}\cdot\mathbf{w}=0$임을 증명하여라.

※ (24~28) 공간벡터 $\mathbf{u}$, $\mathbf{v}$, $\mathbf{w}$, $\mathbf{p}$, $\mathbf{q}$에 대하여 다음 식이 성립함을 증명하여라.

24. $(\mathbf{u}-\mathbf{v})\times(\mathbf{u}+\mathbf{v})=2(\mathbf{u}\times\mathbf{v})$
25. $(\mathbf{u}\times\mathbf{v})\times\mathbf{w}=(\mathbf{w}\cdot\mathbf{u})\mathbf{v}-(\mathbf{w}\cdot\mathbf{v})\mathbf{u}$
26. $(\mathbf{u}\times\mathbf{v})\times\mathbf{w}=\mathbf{w}\times(\mathbf{v}\times\mathbf{u})$
27. (Jacobi Identity)
    $(\mathbf{u}\times\mathbf{v})\times\mathbf{w}+(\mathbf{v}\times\mathbf{w})\times\mathbf{u}+(\mathbf{w}\times\mathbf{u})\times\mathbf{v}=\mathbf{0}$
28. (Lagrange Identity)
    $(\mathbf{u}\times\mathbf{v})\cdot(\mathbf{p}\times\mathbf{q})=\begin{vmatrix}\mathbf{u}\cdot\mathbf{p} & \mathbf{v}\cdot\mathbf{p}\\ \mathbf{u}\cdot\mathbf{q} & \mathbf{v}\cdot\mathbf{q}\end{vmatrix}$

29. $\mathbf{u}$, $\mathbf{v}$가 공간벡터이고 $\mathbf{n}$이 단위벡터이면 $|\mathbf{u}\times\mathbf{v}\cdot\mathbf{n}|$은 $\mathbf{u}$, $\mathbf{v}$로 만들어지는 평행사변형을 $\mathbf{n}$에 수직한 평면으로 사영(projection)한 도형의 넓이가 됨을 증명하여라.

30. (Herron의 공식) 세 변의 길이가 각각 a, b, c인 삼각형의 넓이 A는 다음과 같이 주어짐을 증명하여라.
    $$A=\sqrt{s(s-a)(s-b)(s-c)}$$
    단, $s=\dfrac{a+b+c}{2}$이다.

31. (3차원 피타고라스 정리) 다음 그림은 세 면이 직각으로 만나는 직각 사면체이다.

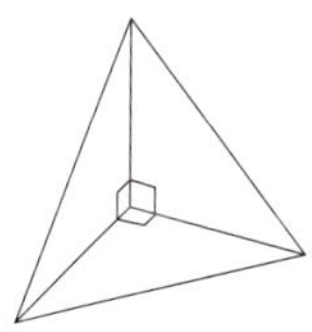

직각으로 만나는 세 면의 넓이를 각각 a, b, c, 나머지 한 면의 넓이를 d라 할 때 다음 식이 성립함을 증명하여라.

$$a^2+b^2+c^2=d^2$$

12.4 평면과 직선의 방정식

공간벡터를 이용하여 공간에 있는 평면과 직선의 방정식을 구하고 이를 응용하는 방법을 살펴본다.

평면의 방정식

공간에서 점 $P(x_0, y_0, z_0)$를 지나고 벡터 $\mathbf{n} = (a, b, c)$에 수직인 평면은 유일하게 결정된다. 이 평면을 p라 하고 평면 p의 방정식을 구해보자.

그림과 같이 평면 p 위의 임의의 점을 $Q(x, y, z)$라 하면 벡터 $\overrightarrow{PQ}$는 벡터 $\mathbf{n}$에 수직이다.

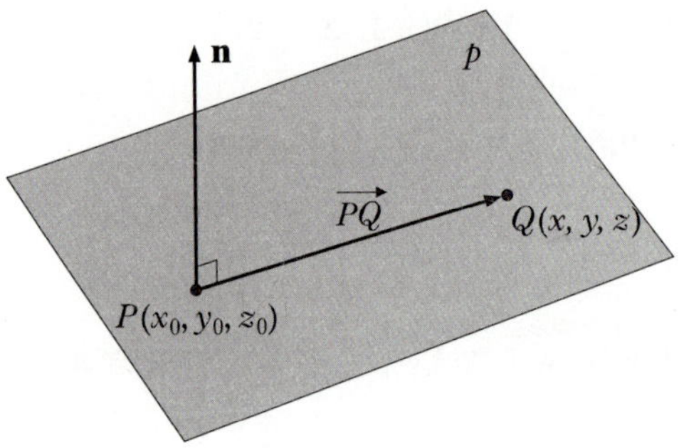

그림 1

$\overrightarrow{PQ} = (x-x_0,\ y-y_0,\ z-z_0)$이므로

$$\begin{aligned}\mathbf{n} \cdot \overrightarrow{PQ} &= (a,\ b,\ c) \cdot (x-x_0,\ y-y_0,\ z-z_0) \\ &= a(x-x_0)+b(y-y_0)+c(z-z_0) = 0\end{aligned}$$

따라서 다음 식

$$a(x-x_0)+b(y-y_0)+c(z-z_0) = 0$$

또는

$$ax+by+cz = ax_0+by_0+cz_0$$

을 얻을 수 있으며 **평면 p의 방정식**이라 한다.

이때 평면 p에 수직한 벡터 (a, b, c)를 평면 p의 **법선벡터**(normal vector)라 한다.

예제 1 점 $P(1, 1, 1)$을 지나고 벡터 $\mathbf{n}=(2, 1, 3)$에 수직인 평면의 방정식을 구하고 개형을 그려라.

풀이 구하는 평면을 p라 하고 평면 p 위의 임의의 점을 $Q(x, y, z)$라 하자. 벡터 $\overrightarrow{PQ}$는 벡터 $\mathbf{n}$에 수직이고 $\overrightarrow{PQ}=(x-1, y-1, z-1)$이므로

$$\mathbf{n}\cdot\overrightarrow{PQ}=(2, 1, 3)\cdot(x-1, y-1, z-1)=0$$

따라서

$$2(x-1)+(y-1)+3(z-1)=0$$

그러므로 평면 p의 방정식은

$$2x+y+3z-6=0$$

평면 p와 x축이 만나는 점의 좌표를 (x_0, y_0, z_0)라 하면 다음이 성립한다.

$$2x_0+y_0+3z_0-6=0,$$
$$y_0=0,\ z_0=0$$

따라서 $x_0=3,\ y_0=0,\ z_0=0.$

그러므로 평면 p와 x축이 만나는 점은 $(3, 0, 0)$이다.

마찬가지 방법으로 y축, z축과 만나는 점은 각각 다음과 같다.

$$(0, 6, 0),\ (0, 0, 2)$$

따라서 평면 p의 개형은 다음과 같다.

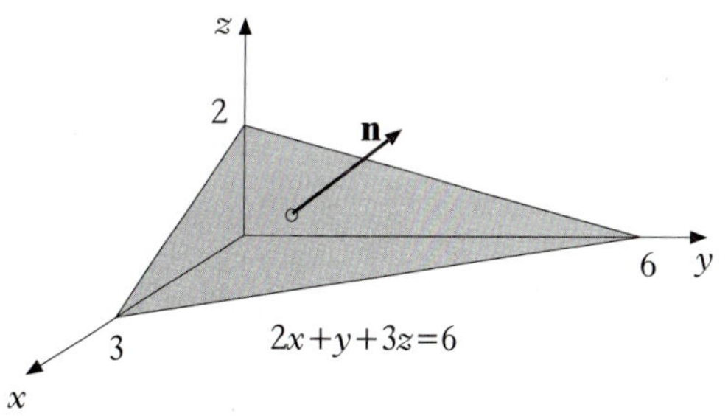

그림 2

서로 다른 세 점을 지나는 평면은 유일하게 결정됨을 알고 있다. 세 점을 지나는 평면의 방정식을 벡터의 성질을 이용하여 구해보자.

예제 2 세 점 $P(1, 2, -2)$, $Q(2, 2, 1)$, $R(3, -1, 1)$을 지나는 평면의 방정식을 구하여라.

풀이 세 점 P, Q, R을 지나는 평면을 p라 하면 벡터 $\overrightarrow{PQ}\times\overrightarrow{PR}$는 평면 p에 수직이다.

$\overrightarrow{PQ} = (1, 0, 3)$, $\overrightarrow{PR} = (2, -3, 3)$이므로 $\overrightarrow{PQ} \times \overrightarrow{PR}$를 구하면

$$\overrightarrow{PQ} \times \overrightarrow{PR} = (1, 0, 3) \times (2, -3, 3) = \begin{vmatrix} \mathbf{i} & \mathbf{j} & \mathbf{k} \\ 1 & 0 & 3 \\ 2 & -3 & 3 \end{vmatrix} = (9, 3, -3)$$

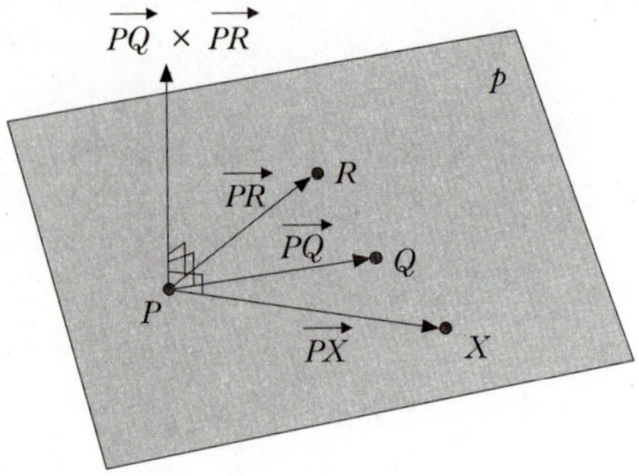

그림 3

따라서 평면 p는 점 $P(1, 2, -2)$를 지나고 벡터 $(9, 3, -3)$에 수직하다. 그러므로 평면 p 위의 임의의 점을 $X(x, y, z)$라 하면

$$\overrightarrow{PX} \cdot (9, 3, -3) = 0$$

따라서 다음 식이 성립한다.

$$9(x-1) + 3(y-2) - 3(z+2) = 0.$$

그러므로 평면 p의 방정식은 다음과 같다.

$$3x + y - z = 7$$

정리 1

벡터 $\mathbf{n} = (a, b, c)$은 평면 $ax + by + cz + d = 0$의 법선벡터이다.

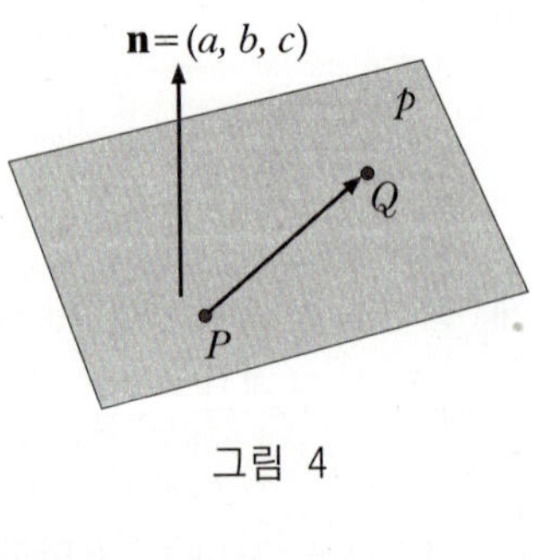

그림 4

벡터 $\mathbf{n}$과 평면 p위의 임의의 벡터 $\overrightarrow{PQ}$가 서로 수직하면 벡터 $\mathbf{n}$과 평면 p는 서로 수직하다. 즉, 벡터 $\mathbf{n}$은 평면 p의 법선벡터이다.

증명 평면 $ax + by + cz + d = 0$을 p라 하자.

두 점 $P(x_1, y_1, z_1)$과 $Q(x_2, y_2, z_2)$가 평면 p 위의 서로 다른 두 점이라고 하면 다음의 두 식이 성립한다.

$$ax_1 + by_1 + cz_1 = -d$$
$$ax_2 + by_2 + cz_2 = -d$$

$\overrightarrow{PQ} = (x_2 - x_1, y_2 - y_1, z_2 - z_1)$이므로

$$\begin{aligned} \mathbf{n} \cdot \overrightarrow{PQ} &= (a, b, c) \cdot (x_2 - x_1, y_2 - y_1, z_2 - z_1) \\ &= a(x_2 - x_1) + b(y_2 - y_1) + c(z_2 - z_1) \\ &= (ax_2 + by_2 + cz_2) - (ax_1 + by_1 + cz_1) \\ &= (-d) - (-d) = 0 \end{aligned}$$

즉, 벡터 $\mathbf{n}=(a, b, c)$와 평면 p 위의 임의의 벡터 $\overrightarrow{PQ}$는 서로 수직하다. 그러므로 벡터 $\mathbf{n}=(a, b, c)$은 평면 p의 법선벡터이다. ■

두 평면이 만나면 만나는 부분은 직선이 된다. 두 평면 p_1, p_2가 만나서 생기는 직선을 l이라 하자. 직선 l 위의 한 점 P를 지나고 평면 p_1, p_2 위에 있으며 직선 l에 수직한 직선을 각각 l_1, l_2라 하자. 두 직선 l_1, l_2의 사이각을 **두 평면의 사이각**이라 한다.

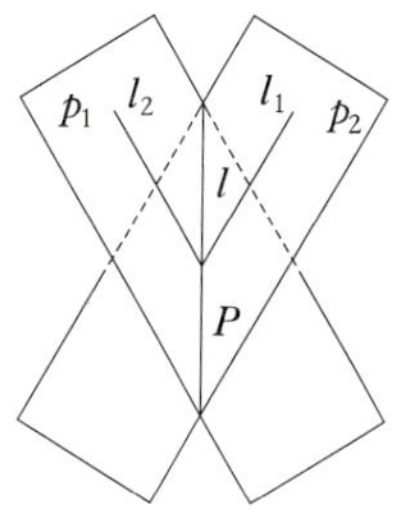

$l \perp l_1, l \perp l_2$

p_1, p_2의 사이각 $= l_1, l_2$의 사이각

그림 5

두 평면의 사이각

두 평면 p_1, p_2의 법선벡터가 각각 $\mathbf{n}_1$, $\mathbf{n}_2$이고 두 법선벡터의 사이각이 θ이면, 두 평면의 사이각 α는

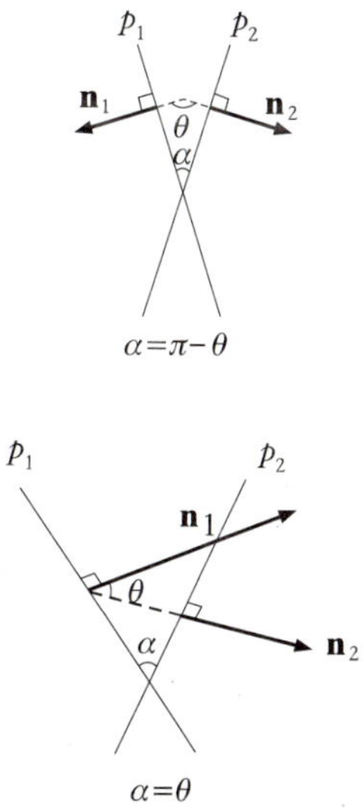

그림 6

θ가 둔각이면 $\alpha=\pi-\theta$
θ가 예각이면 $\alpha=\theta$

예제 3 두 평면 $x+2y-2z=3$과 $2x-4y-2z=8$의 사이각의 cosine을 구하여라.

풀이 두 평면 $x+2y-2z=3$, $2x-4y-2z=8$을 각각 p_1, p_2라 하자. 두 평면 p_1, p_2의 법선벡터를 각각 $\mathbf{n}_1$, $\mathbf{n}_2$라 하면

$$\mathbf{n}_1=(1,\ 2,\ -2), \quad \mathbf{n}_2=(2,\ -4,\ -2)$$

두 법선벡터 $\mathbf{n}_1$, $\mathbf{n}_2$의 사이각을 θ라 하면

$$\begin{aligned}\cos\theta &= \frac{\mathbf{n}_1 \circ \mathbf{n}_2}{\|\mathbf{n}_1\|\|\mathbf{n}_2\|} \\ &= \frac{(1,\ 2,\ -2)\circ(2,\ -4,\ -2)}{\|(1,\ 2,\ -2)\|\|(2,\ -4,\ -2)\|} \\ &= \frac{-2}{3\sqrt{24}} = -\frac{1}{3\sqrt{6}}\end{aligned}$$

$\cos\theta<0$이므로 $\frac{\pi}{2}<\theta<\pi$이다.

그러므로 두 평면 p_1, p_2의 사이각은 $\pi-\theta$이다. 사이각의 cosine을 구하면

$$\cos(\pi-\theta)=-\cos\theta=\frac{1}{3\sqrt{6}}$$

■

정리 2 (점에서 평면까지의 거리)

점 $P(x_0, y_0, z_0)$에서 평면 $ax+by+cz+d=0$까지의 거리 h는 다음과 같다.

$$h = \frac{|ax_0+by_0+cz_0+d|}{\sqrt{a^2+b^2+c^2}}$$

증명 방정식이 $ax+by+cz+d=0$인 평면을 p라 하자. 점 $Q(x_1, y_1, z_1)$가 평면 p 위의 한 점이면 다음이 성립한다.

$$ax_1+by_1+cz_1+d=0.$$

$\mathbf{u}=\overrightarrow{QP}$라 하자. 벡터 $\mathbf{n}=(a, b, c)$가 평면 p에 수직하므로 점 P에서 평면 p까지의 거리 h는 벡터 $\mathbf{u}$의 $\mathbf{n}$ 위로의 사영 $\mathbf{P_n}(\mathbf{u})$의 크기와 같다.

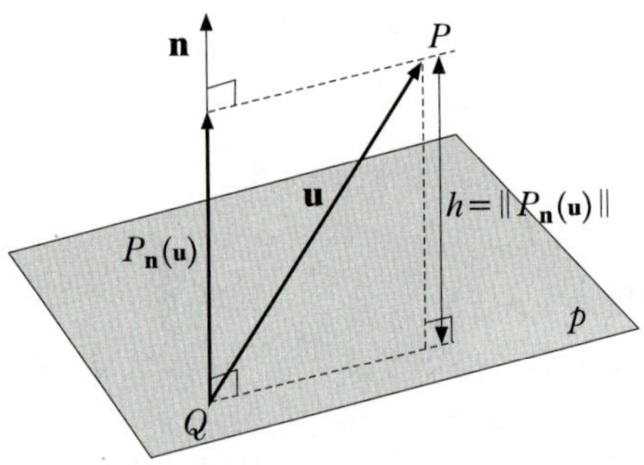

그림 7

$\mathbf{u}=\overrightarrow{QP}=(x_0-x_1, y_0-y_1, z_0-z_1)$이므로

$$\begin{aligned}\|\mathbf{P_n}(\mathbf{u})\| &= \left\| \frac{\mathbf{u}\cdot\mathbf{n}}{\|\mathbf{n}\|^2}\mathbf{n} \right\| = \frac{|\mathbf{u}\cdot\mathbf{n}|}{\|\mathbf{n}\|} \\ &= \frac{|a(x_0-x_1)+b(y_0-y_1)+c(z_0-z_1)|}{\sqrt{a^2+b^2+c^2}} \\ &= \frac{|ax_0+by_0+cz_0+d|}{\sqrt{a^2+b^2+c^2}}.\end{aligned}$$

그러므로 점 P에서 평면 p까지의 거리 h는 다음과 같다.

$$h = \|\mathbf{P_n}(\mathbf{u})\| = \frac{|ax_0+by_0+cz_0+d|}{\sqrt{a^2+b^2+c^2}}.$$ ■

예제 4 점 (1, 2, 1)에서 평면 $2x-3y+7z=-1$까지 거리를 구하여라.

풀이 정리 2를 이용하면, 점 (1, 2, 1)로부터 평면 $2x-3y+7z=-1$까지 거리 h는 다음과 같다.

$$h=\frac{|2-6+7+1|}{\sqrt{2^2+(-3)^2+7^2}}=\frac{|4|}{\sqrt{62}}=\frac{4}{\sqrt{62}}.$$ ■

예제 5 두 평면 $x+2y-2z=3$과 $2x+4y-4z=8$은 평행함을 보이고 두 평면 사이의 거리를 구하여라.

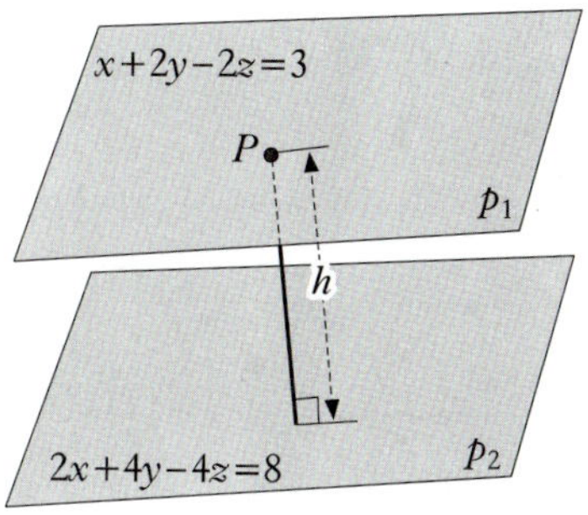

그림 8

$x+2y-2z=3$ 위의 점 $P(3, 0, 0)$에서 $2x+4y-4z=8$까지의 거리 h가 두 평면 사이의 거리가 된다.

풀이 방정식이 $x+2y-2z=3$, $2x+4y-4z=8$인 평면을 각각 p_1, p_2라 하면 두 평면 p_1, p_2의 법선벡터는 각각 다음과 같다.

$$\mathbf{n}_1=(1,\ 2,\ -2),\quad \mathbf{n}_2=(2,\ 4,\ -4)$$

$\mathbf{n}_2=2\mathbf{n}_1$이므로 두 법선벡터 $\mathbf{n}_1$, $\mathbf{n}_2$는 서로 평행하다.

따라서 두 평면 p_1, p_2은 서로 평행하며 두 평면 사이의 거리는 평면 p_1 위의 한 점에서 평면 p_2까지의 거리와 같다.

점 $P(3, 0, 0)$는 평면 p_1 위의 점이므로 점 $P(3, 0, 0)$에서 평면 p_2까지의 거리가 두 평면 p_1, p_2 사이의 거리가 된다. 점 $P(3, 0, 0)$에서 평면 $2x+4y-4z=8$까지 거리 h를 구하면

$$h=\frac{|2|}{\sqrt{4+16+16}}=\frac{1}{3}$$

따라서 두 평면 p_1, p_2 사이의 거리는 $\frac{1}{3}$이다. ■

직선의 매개방정식

공간의 한 점 $P(x_0, y_0, z_0)$를 지나고 $\mathbf{0}$이 아닌 벡터 $\mathbf{v}=(a, b, c)$에 평행한 직선은 유일하게 결정될 것이다. 이 직선 l의 방정식을 구해보자.

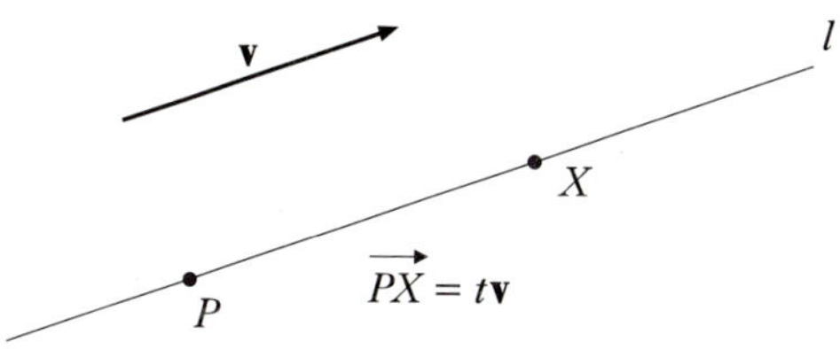

그림 9

점 $X(x, y, z)$를 직선 l 위의 점이라고 하면 벡터 $\overrightarrow{PX}$와 벡터 $\mathbf{v}$는 서로 평행하다. 따라서 적당한 스칼라 t에 대해서 다음이 성립한다.

$$\overrightarrow{PX}=t\mathbf{v}$$

$\overrightarrow{PX}=(x-x_0,\ y-y_0,\ z-z_0)$이므로

$$(x-x_0,\ y-y_0,\ z-z_0)=(ta,\ tb,\ tc).$$

그러므로 다음과 같이 쓸 수 있다.

$$x=x_0+at,\ y=y_0+bt,\ z=z_0+ct$$

이 식을 직선 l의 **매개방정식**(parametric equation)이라 한다. 그리고 벡터 $(a,\ b,\ c)$를 직선 l의 **방향벡터**(direction vector)라 한다.

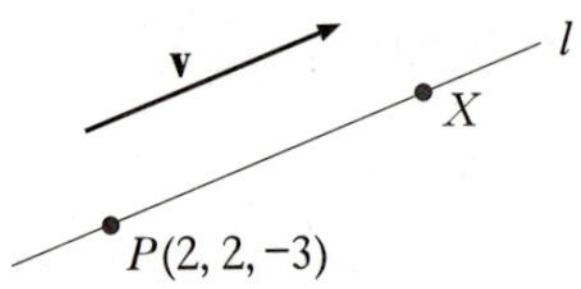

$\overrightarrow{PX}=t\mathbf{v}$

그림 10

직선 l이 점 P를 지나고 벡터 $\mathbf{v}$에 평행한 직선이고 점 X가 직선 l위의 점이라면 벡터 $\overrightarrow{PX}$와 벡터 $\mathbf{v}$는 평행하다.

예제 6 점 $P(2,\ 2,\ -3)$을 지나고 벡터 $\mathbf{v}=(2,\ 1,\ -1)$에 평행인 직선의 매개방정식을 구하여라.

풀이 구하는 직선을 l이라 하자. 점 $X(x,\ y,\ z)$를 직선 l 위의 점이라 하면 벡터 $\overrightarrow{PX}$는 벡터 $\mathbf{v}$에 평행하다. 따라서 적당한 스칼라 t에 대해서 다음이 성립한다.

$$\overrightarrow{PX}=t\mathbf{v}$$

$\overrightarrow{PX}=(x-2,\ y-2,\ z+3)$이므로

$$(x-2,\ y-2,\ z+3)=t(2,\ 1,\ -1).$$

그러므로 직선 l의 매개방정식은 다음과 같다.

$$x=2+2t,\ y=2+t,\ z=-3-t$$ ■

두 점을 지나는 직선은 유일하게 결정된다. 공간의 두 점을 지나는 직선의 방정식을 구해보자.

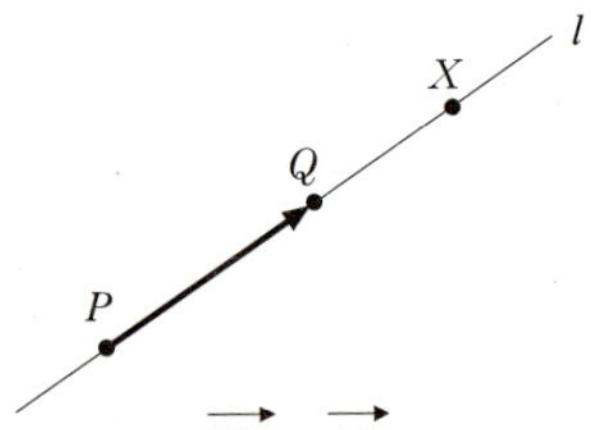

$\overrightarrow{PX}=t\overrightarrow{PQ}$

그림 11

두 점 $P,\ Q$를 지나는 직선은 점 P를 지나고 벡터 $\overrightarrow{PQ}$에 평행하다.

예제 7 두 점 $P(-3,\ 2,\ -1)$, $Q(1,\ 1,\ -1)$를 지나는 직선의 매개방정식을 구하여라.

풀이 두 점 $P,\ Q$를 지나는 직선을 l이라 하면 직선 l은 점 P를 지나고 벡터 $\overrightarrow{PQ}$에 평행하다.

따라서 직선 l 위의 점 $X(x,\ y,\ z)$에 대하여 다음 식이 성립한다.

$$\overrightarrow{PX}=t\overrightarrow{PQ}$$

$\overrightarrow{PX}=(x+3,\ y-2,\ z+1)$, $\overrightarrow{PQ}=(4,\ -1,\ 0)$이므로

$$(x+3,\ y-2,\ z+1)=t(4,\ -1,\ 0)$$

따라서 직선 l의 매개방정식은 다음과 같다.

$$x=-3+4t,\ y=2-t,\ z=-1$$ ■

직선의 대칭방정식

직선 l의 매개방정식이 다음과 같이 주어졌다고 하자.

$$x = x_0 + ta,\ y = y_0 + tb,\ z = z_0 + tc$$

여기서 $a \neq 0,\ b \neq 0,\ c \neq 0$이면

$$\frac{x - x_0}{a} = t, \quad \frac{y - y_0}{b} = t, \quad \frac{z - z_0}{c} = t.$$

따라서 다음의 식을 얻을 수 있다.

$$\frac{x - x_0}{a} = \frac{y - y_0}{b} = \frac{z - z_0}{c}.$$

이 방정식을 **직선의 대칭방정식**(symmetric equation)이라고 한다.

예제 8 예제 7에서 구한 직선의 대칭방정식을 구하여라.

> 두 벡터의 평행
> $\mathbf{u} // \mathbf{v} \Leftrightarrow \mathbf{u} = t\mathbf{v}$ (단, t는 상수)
> $\Leftrightarrow \mathbf{u} \times \mathbf{v} = \mathbf{0}$

풀이 예제 7에서 구한 직선의 매개방정식은 다음과 같다.

$$x = -3 + 4t,\ y = 2 - t,\ z = -1$$

여기서 매개변수 t를 풀면

$$t = \frac{x+3}{4} = 2 - y,\ z = -1$$

따라서 구하는 대칭방정식은 다음과 같다.

$$\frac{x+3}{4} = 2 - y,\ z = -1$$

■

연습문제 12.4

※ (1~2) 점 P를 지나고 벡터 $\mathbf{n}$에 수직인 평면의 방정식을 구하여라.

1. $P(-1,\ 3,\ -2),\ \mathbf{n} = (-2,\ 1,\ -1)$
2. $P(1,\ 1,\ 4),\ \mathbf{n} = (1,\ 9,\ 8)$

※ (3~4) 세 점 P, Q, R을 지나는 평면의 방정식을 구하여라.

3. $P(-4,\ -1,\ -1),\ Q(-2,\ 1,\ 1),\ R(-1,\ -2,\ -3)$
4. $P(5,\ 4,\ 3),\ Q(4,\ 3,\ 1),\ R(1,\ 5,\ 4)$

※ (5~6) 점 P에서 주어진 평면까지의 거리를 구하여라.

5. $P(3,\ 1,\ -2),\ x + 2y - 2z = 4$
6. $P(-1,\ 2,\ 1),\ 2x + 3y - 4z = 1$

※ (7~8) 점 P를 지나고, 주어진 평면에 평행인 평면의 방정식을 구하여라.

7. $P(0,\ 3,\ -2),\ x - y - z = 3$
8. $P(1,\ -2,\ 1),\ 2x + 4y + z = 1$

※ (9~10) 주어진 두 평면의 사이각의 cosine을 구하여라.

9. $x-2y+3z=-2,\ 3x+y+2z+5=0$

10. $3x-y+z-4=0,\ x+2y-z+7=0$

※ (11~12) 점 P를 지나고 벡터 $\mathbf{v}$에 평행인 직선의 매개방정식과 대칭방정식을 구하여라.

11. $P(-3,\ 2,\ 1),\ \mathbf{v}=(2,\ 1,\ 3)$

12. $P(-2,\ 3,\ 3),\ \mathbf{v}=(-1,\ -1,\ 2)$

※ (13~14) 주어진 두 직선이 만나는 점을 구하여라.

13. $x=3+t,\ y=1+3t,\ z=2-2t,$
$x=1-2t,\ y=2+t,\ z=4+2t$

14. $x=-9+4t,\ y=-1+2t,\ z=35-2t,$
$x=-3+2t,\ y=2+t,\ z=4+t$

※ (15~16) 점 P를 지나고, 주어진 직선에 수직인 평면의 방정식을 구하여라.

15. $P(-2,\ 1,\ 7),\ x=4+2t,\ y=2-3t,\ z=-5t$

16. $P(1,\ 1,\ -2),\ x=2-3t,\ y=3-2t,\ z=-1-t$

17. 점 P에서 방향벡터가 $\mathbf{v}$인 직선까지의 거리 d는 다음과 같음을 증명하여라.

$$d=\frac{\|\overrightarrow{QP}\times\mathbf{v}\|}{\|\mathbf{v}\|}$$

단, Q는 직선 위의 한 점이다.

18. 서로 다른 두 점 $P(a_1,\ b_1,\ c_1)$, $Q(a_2,\ b_2,\ c_2)$에서 같은 거리에 있는 점으로 이루어지는 평면의 방정식을 구하여라.

19. 평행한 두 평면 $ax+by+cz=d$, $ax+by+cz=e$ 사이의 거리 d는 다음과 같음을 증명하여라.

$$d=\frac{|d-e|}{\sqrt{a^2+b^2+c^2}}$$

12.5 보충자료

이 절에서는 벡터의 내적의 응용으로 일의 양, 벡터곱의 응용으로 토크, 평명과 직선의 방정식의 응용으로 직선과 평면의 평행, 사이각 등을 소개한다.

벡터의 내적의 응용-일의 양

직선 위를 움직이는 어떤 물체에 진행 방향으로 일정한 힘 F를 작용하여 거리 d 만큼 물체를 이동시켰다면 이때 이루어진 일의 양(work done) W는 다음과 같다.

$$W = Fd$$

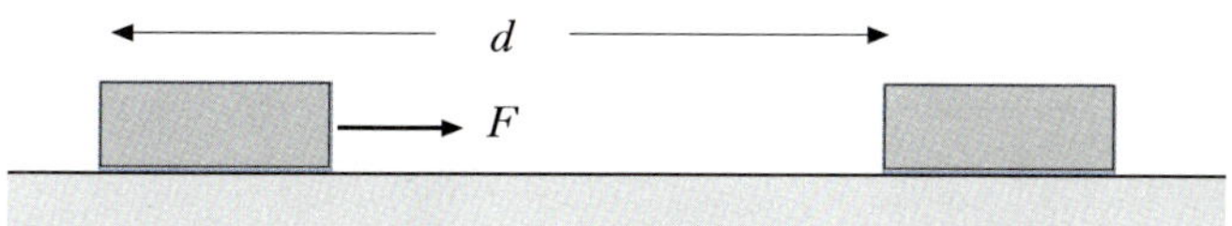

그림 1

벡터의 분해
벡터 $\mathbf{u}$를 다른 두 벡터 $\mathbf{v}$, $\mathbf{w}$의 합으로 나타낼 때 벡터 $\mathbf{u}$를 두 벡터 $\mathbf{v}$, $\mathbf{w}$의 합으로 분해한다고 한다.

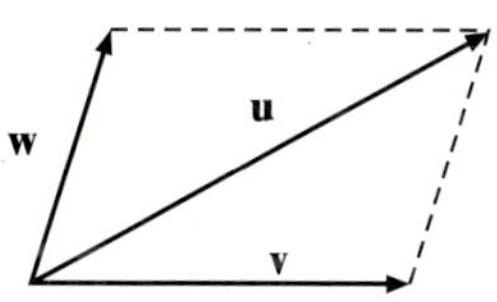

$\mathbf{u} = \mathbf{v} + \mathbf{w}$
그림 2

아래의 그림과 같이 어떤 상자를 직선경로와 일정한 각을 이루면서 일정한 힘 $\mathbf{F}$를 작용하여 직선경로를 따라 A 지점에서 B 지점까지 거리 d 만큼 물체를 이동시켰다고 하자. 이때 $\overrightarrow{AB}$를 변위벡터, 당기는 힘으로 작용한 벡터 $\mathbf{F}$를 힘벡터라 한다.

힘 벡터 $\mathbf{F}$를 상자가 진행하는 직선경로 방향의 벡터 $\mathbf{u}$와 수직방향의 벡터를 $\mathbf{v}$로 분해하자.

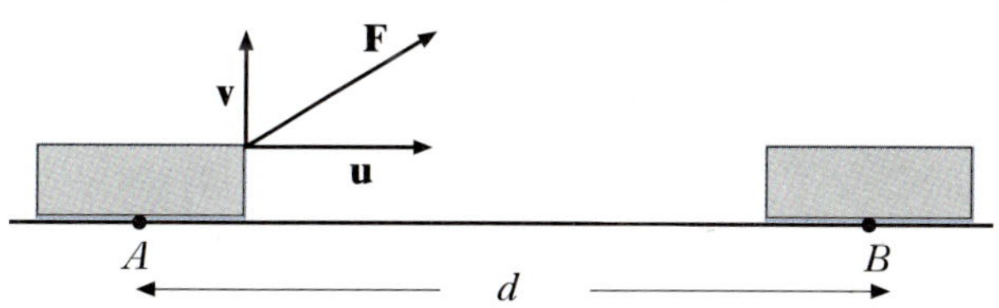

$W = \mathbf{F} \cdot \overrightarrow{AB}$
그림 3

이때 벡터 $\mathbf{u}$는 물체를 이동하는 동안 직선경로 방향으로 상자에 작용한 힘을 나타내는 벡터이고, 두 벡터 $\mathbf{F}$와 $\mathbf{u}$의 사이각을 θ라 하면 이동방향으로 물체에 가해진 힘 F는 다음과 같다.

$$F = \|\mathbf{u}\| = \|\mathbf{F}\| \cos\theta$$

$\|\overrightarrow{AB}\| = d$이므로 거리 d 만큼 물체를 이동하는 동안 한 일의 양 W는 다음과 같다.

$$\begin{aligned} W = Fd &= \|\overrightarrow{AB}\| \|\mathbf{F}\| \cos\theta \\ &= \overrightarrow{AB} \cdot \mathbf{F} \end{aligned}$$

그러므로 일의 양은 변위벡터와 힘벡터의 내적으로 주어진다.

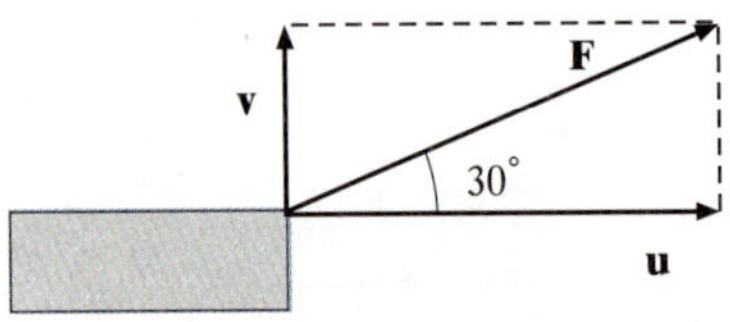

그림 4

$\|\mathbf{F}\| = 3000$이므로

$$\begin{aligned} \|\mathbf{u}\| &= \|\mathbf{F}\| \cos 30° \\ &= 1500\sqrt{3} \\ \|\mathbf{v}\| &= \|\mathbf{F}\| \sin 30° \\ &= 1500 \end{aligned}$$

예제 1 어떤 견인차가 고장난 승용차를 안전하게 옮기려면 지면에 대하여 30° 각도로 3000 lb의 힘을 지속적으로 작용하여야 한다고 한다. 이 견인차가 고장난 승용차를 20km 옮길 때 한 일의 양을 구하여라.

풀이 고장난 승용차를 x축을 따라 원점에서부터 $A(20, 0)$까지 이동하였다고 하자.

승용차에 작용한 힘 벡터 $\mathbf{F}$는 x축에 대하여 30°각도를 이루고 크기가 3000인 벡터이므로

$$\mathbf{F} = (1500\sqrt{3},\ 1500)$$

승용차를 원점에서 옮기는 A(20,0) 지점까지 이동하였으므로 변위벡터는

$$\overrightarrow{OA} = (20,\ 0)$$

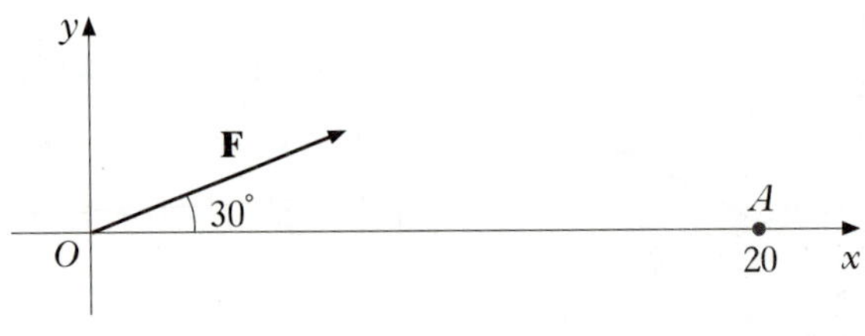

그림 5

따라서 고장난 승용차를 20km 옮길 때 한 일의 양 W는

$$W = \overrightarrow{OA} \cdot \mathbf{F} = 3\sqrt{3} \times 10^7 \mathrm{m} \cdot \mathrm{lb}$$ ■

벡터곱의 응용-토크

어떤 물체를 한 점 O를 축으로 하여 회전시키려고 한다. 회전축 O에서 떨어져 있는 한 지점 P에 힘을 가하여 물체가 회전하였다면 이때 물체를 회전시키는 힘을 **토크**(torque, moment, twisting force)라 한다.

토크는 물체의 중심에서 힘이 작용하는 지점까지의 거리와 물체가 회전하는 방향의 접선 방향으로 작용하는 힘의 곱이다.

그림에서 보면 힘 $\mathbf{F}$가 원판 위의 한 점 P에서 $\overrightarrow{OP}$와 θ의 사이각을 이루면서 작용하여 원판을 회전시키고 있다.

힘의 단위

1N(1 Newton) : 질량 1kg의 물체에 1m/s^2의 가속도가 생기게 하는 힘의 크기

$$1\text{N} = 1\text{Kg} \cdot \text{m/s}^2$$

1kgf(1kg force, kg중) : 질량 1kg의 물체에 작용하는 중력의 힘의 크기

$$\begin{aligned} 1\text{kgf} &= 1\text{kg} \times 9.8\text{m/s}^2 \\ &= 9.8\text{kg} \cdot \text{m/s}^2 \\ &= 9.8\text{N} \end{aligned}$$

1lbf(1 pound force) : 질량 1lb의 물체에 작용하는 중력의 힘의 크기
(1kg = 2.2lb)

$$\begin{aligned} 1\text{lbf} &= 1\text{lb} \times 9.8\text{m/s}^2 \\ &= 0.454\text{kg} \times 9.8\text{m/s}^2 \\ &= 4.45\text{kg} \cdot \text{m/s}^2 \\ &= 4.45\text{N} \end{aligned}$$

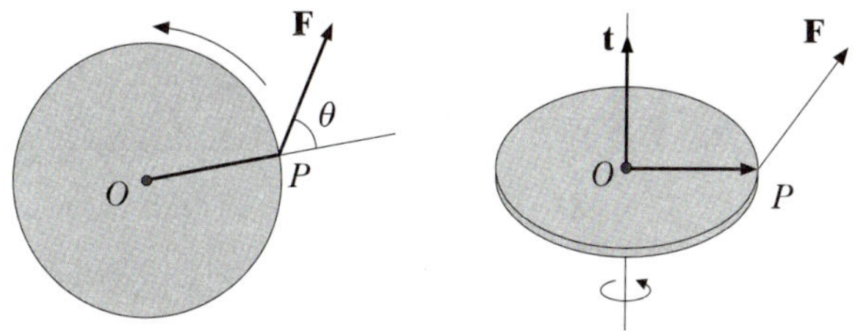

토크 $t = \|\overrightarrow{OP} \times \mathbf{F}\|$ 토크벡터 $\mathbf{t} = \overrightarrow{OP} \times \mathbf{F}$

그림 6

이때 토크 t와 토크벡터 $\mathbf{t}$는 다음과 같다.

토크 $t = \overline{OP} \times (\overline{OP}$에 수직한 방향으로 작용하는 힘의 크기)

$$= \|\overrightarrow{OP}\|\|\mathbf{F}\|\sin\theta \;\; = \|\overrightarrow{OP} \times \mathbf{F}\|$$

토크벡터 $\mathbf{t} = \overrightarrow{OP} \times \mathbf{F}$

이때 토크벡터 $\mathbf{t}$의 방향은 회전축의 방향이 된다.

예제 2 그림과 같이 길이가 20cm인 렌치를 사용하여 볼트를 끼우고 있다. 렌치에 대하여 60°의 각도을 이루면서 40N의 힘으로 볼트를 돌리고 있다고 한다. 볼트에 가해지는 토크와 토크벡터를 구하여라. 단, 볼트의 위치를 원점, 렌치가 x축을 이룬다고 하자.

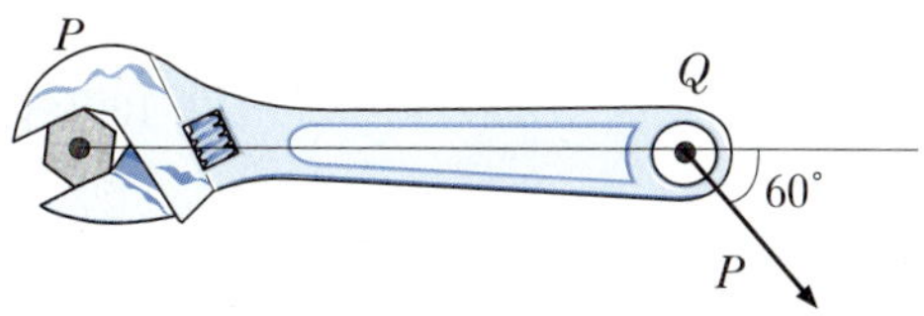

그림 7

풀이 렌치가 x축을 이루고 있으며 힘은 z축과 수직한 방향으로 작용한다고 하

자. 이때 토크벡터 **t**는 다음과 같다.

$$\mathbf{t} = \overrightarrow{PQ} \times \mathbf{F}$$

벡터 **F**는 렌치와 시계방향으로 60°의 각을 이루면서 $\|\mathbf{F}\| = 40(\mathrm{N})$이므로

$$\mathbf{F} = 20\mathbf{i} - 20\sqrt{3}\,\mathbf{j}$$

$\overrightarrow{PQ} = 20\mathbf{i}$이므로

$$\mathbf{t} = 20\mathbf{i} \times (20\mathbf{i} - 20\sqrt{3}\,\mathbf{j}) = -400\sqrt{3}\,\mathbf{k}$$

따라서 볼트에 가해지는 토크 t는 다음과 같다.

$$t = 400\sqrt{3}\,\mathrm{N \cdot cm} = 4\sqrt{3}\,\mathrm{N \cdot m}$$

■

일의 단위

1J(1 Joule) : 물체에 1N의 힘을 가하여 1m를 이동하는 동안 이루어진 일의 양

$$1\mathrm{J} = 1\mathrm{N} \times 1\mathrm{m} = 1\mathrm{N \cdot m} = 1\mathrm{Kg \cdot m^2/s^2}$$

예제 3 길이가 30cm인 렌치를 사용하여 원점에 있는 볼트를 돌리고 있다. 렌치의 끝에서 (0, 4, 3) 방향으로 힘을 가하여 100J의 일을 하도록 하려고 한다. 렌치에 어느 정도의 힘을 작용하여야 하는지 구하여라. 단, 볼트의 위치를 원점, 렌치가 x축을 이룬다고 하자.

풀이 원점을 O, 렌치의 끝을 점 P라 하면

$$\overrightarrow{OP} = (0.3,\ 0,\ 0) = 0.3\mathbf{i}$$

점 P에서 (0, 4, 3) 방향으로 힘을 작용하므로 렌치에 작용하는 힘을 벡터 **F**로 나타내면 다음과 같다. 단, $c > 0$.

$$\mathbf{F} = (0,\ 4c,\ 3c) = 4c\mathbf{j} + 3c\mathbf{k}$$

따라서 렌치에 작용하는 힘의 크기 f는 다음과 같다.

$$f = \|\mathbf{F}\| = 5c\mathrm{N}$$

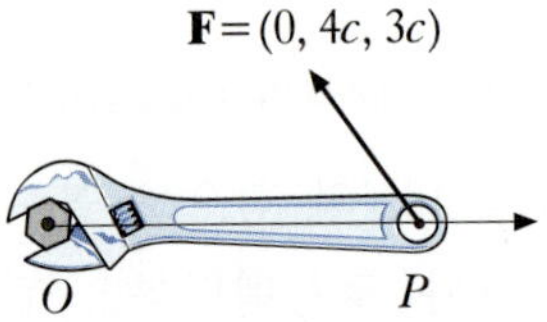

그림 8

토크벡터를 구하면

$$\mathbf{t} = \overrightarrow{OP} \times \mathbf{F} = 0.3\mathbf{i} \times (4c\mathbf{j} + 3c\mathbf{k}) = 1.2c\mathbf{k} - 0.9c\mathbf{j}$$

따라서 토크를 구하면

$$t = \|\mathbf{t}\| = \|1.2c\mathbf{k} - 0.9c\mathbf{j}\| = \sqrt{2.25}\,c = 1.5c\mathrm{N \cdot m} = 1.5c\mathrm{J}$$

토크가 100J이 되어야 하므로

$$1.5c = 100$$

따라서 렌치에 작용해야하는 힘의 크기 f는 다음과 같다.

$$f = 5c = \frac{1000}{3}\mathrm{N}$$

■

직선과 평면의 관계

두 평면의 교선

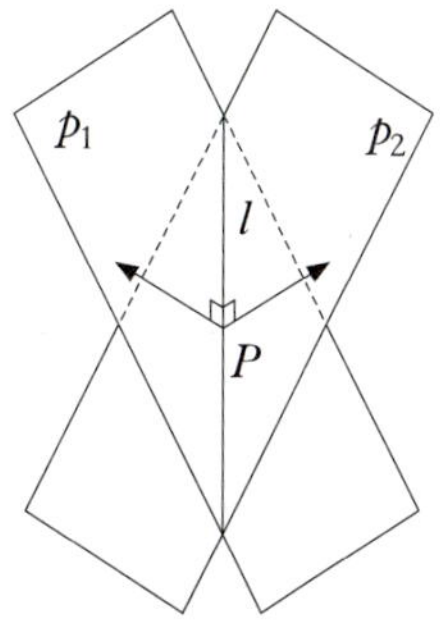

$l \perp \mathbf{n}_1, l \perp \mathbf{n}_2$

그림 9

두 평면 p_1, p_2의 교선 l은 두 법선벡터 $\mathbf{n}_1$, $\mathbf{n}_2$와 수직하다.

예제 4 두 평면 $x-2y-2z=2$와 $2x+4y-2z=8$이 만남을 보이고 두 평면이 만나서 생기는 직선의 방정식을 구하여라.

풀이 방정식이 $x-2y-2z=2$와 $2x+4y-2z=8$인 두 평면을 각각 p_1, p_2라 하자. 두 평면 p_1, p_2의 법선벡터를 각각 $\mathbf{n}_1$, $\mathbf{n}_2$라 하면 다음이 성립한다.

$$\mathbf{n}_1=(1,\ -2,\ -2), \quad \mathbf{n}_2=(2,\ 4,\ -2)$$

여기서 $\mathbf{n}_1=t\mathbf{n}_2$인 상수 t가 존재하지 않으므로 $\mathbf{n}_1$, $\mathbf{n}_2$는 서로 평행하지 않는다. 따라서 두 평면 p_1, p_2는 서로 평행하지 않으며 교차하게 된다.

두 평면 p_1, p_2가 교차하여 생기는 직선 l의 방정식을 구하자.

먼저 직선 l위의 한 점을 구하자. 두 평면의 방정식에서

$$x-2y-2z=2$$
$$2x+4y-2z=8$$

$z=0$이라 하면

$$x-2y=2$$
$$2x+4y=8$$

위의 연립방정식을 풀면

$$x=3,\ y=\frac{1}{2}$$

따라서 점 $P\left(3,\ \frac{1}{2},\ 0\right)$은 직선 l 위의 한 점이다.

직선 l은 두 평면 p_1, p_2의 법선벡터 $\mathbf{n}_1$, $\mathbf{n}_2$ 각각에 수직하므로 직선 l은 두 법선벡터 $\mathbf{n}_1$, $\mathbf{n}_2$의 벡터곱 $\mathbf{n}_1\times\mathbf{n}_2$에 평행하다.

$$\begin{aligned}\mathbf{n}_1\times\mathbf{n}_2&=(1,\ -2,\ -2)\times(2,\ 4,\ -2)\\&=\begin{vmatrix}\mathbf{i}&\mathbf{j}&\mathbf{k}\\1&-2&-2\\2&4&-2\end{vmatrix}=\left(\begin{vmatrix}-2&-2\\4&-2\end{vmatrix},-\begin{vmatrix}1&-2\\2&-2\end{vmatrix},\begin{vmatrix}1&-2\\2&4\end{vmatrix}\right)\\&=(12,\ -2,\ 8)\end{aligned}$$

따라서 직선 l은 점 $P\left(3,\ \frac{1}{2},\ 0\right)$을 지나고 벡터 $(12,\ -2,\ 8)$에 평행하다.

직선 l위의 임의의 점을 $X(x,\ y,\ z)$라 하면

$$\left(x-3,\ y-\frac{1}{2},\ z\right)=t(12,\ -2,\ 8)$$

그러므로 두 평면 p_1, p_2가 만나서 생기는 직선의 매개방정식은

$$x=3+12t, \quad y=\frac{1}{2}-2t, \quad z=8t$$

■

평면과 직선의 평행

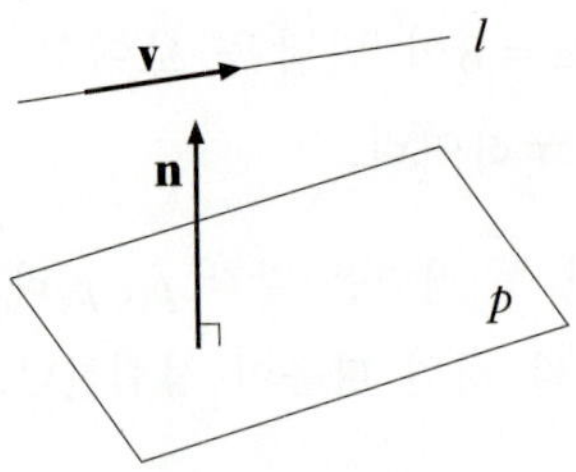

$p /\!/ l \Longleftrightarrow \mathbf{u} \perp \mathbf{v}$

그림 10

평면과 직선이 평행하려면 평면의 법선벡터와 직선의 방향벡터가 수직하여야 한다.

예제 5 직선 $x=3+t,\ y=1+3t,\ z=2-2t$와 평면 $x+y+2z=3$은 평행함을 보이고 직선과 평면 사이의 거리를 구하여라.

풀이 직선 $x=3+t,\ y=1+3t,\ z=2-2t$을 l, 평면 $x+y+2z=3$을 p, 직선 l의 방향벡터를 $\mathbf{v}$, 평면 p의 법선벡터를 $\mathbf{n}$이라 하면

$$\mathbf{v}=(1,\ 3,\ 2),\quad \mathbf{n}=(1,\ 1,\ 2)$$

방향벡터 $\mathbf{v}$와 법선벡터 $\mathbf{n}$의 내적을 구하면

$$\mathbf{v}\cdot\mathbf{n}=(1,\ 3,\ -2)\cdot(1,\ 1,\ 2)=0$$

즉, $\mathbf{v}\perp\mathbf{n}$, 그러므로

$$l /\!/ p.$$

따라서 직선 l과 평면 p 사이의 거리는 직선 l 위의 한 점에서 평면 p까지의 거리와 같다. 직선 l 위의 한 점을 구하자.

직선 l의 매개방정식 $x=3+t,\ y=1+3t,\ z=2-2t$에 $t=0$을 대입하면

$$x=3,\ y=1,\ z=2$$

따라서 점 $P(3,\ 1,\ 2)$는 직선 l 위의 점이다.

점 $P(3,\ 1,\ 2)$에서 평면 $x+y+2z=3$까지의 거리 h를 구하면

$$h=\frac{|3+1+2\cdot 2-3|}{\sqrt{1+1+4}}=\frac{5}{\sqrt{6}}$$

따라서 직선 l과 평면 p 사이의 거리는 $\dfrac{5}{\sqrt{6}}$이다. ■

직선 l과 평면 p가 점 P에서 만날 때 직선 위의 한 점 P_1에서 평면위에 내린 수선의 발이 P_2이면 $\angle P_1PP_2$를 **직선과 평면의 사이각**이라 한다.

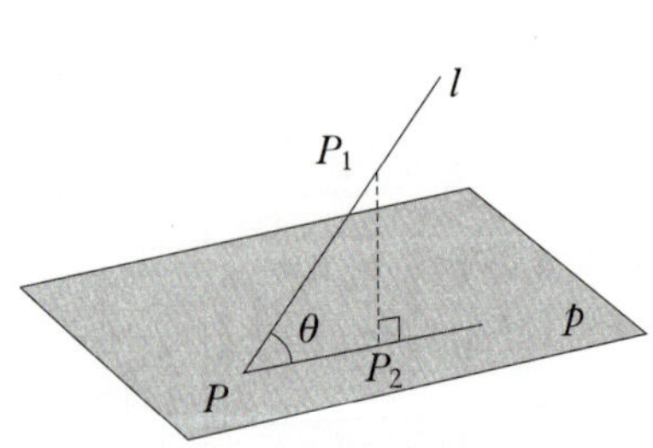

직선과 평면의 사이각$=\theta$

그림 11

예제 6 직선 $x=3+2t,\ y=1-2t,\ z=2+8t$와 평면 $x+2y-2z=10$이 만나는 점을 구하고 직선과 평면의 사이각을 구하여라.

풀이 직선 $x=3+2t,\ y=1-2t,\ z=2+8t$을 l, 평면 $x+2y-2z=10$을 p, 직선 l의

직선과 평면의 사이각

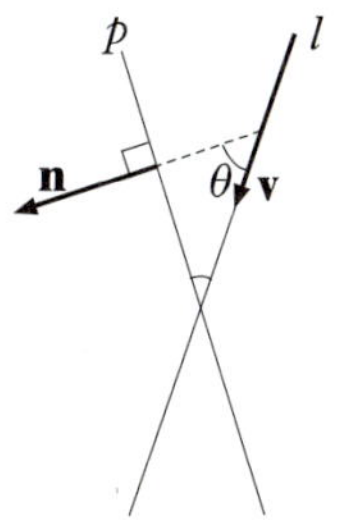

$\alpha = \frac{\pi}{2} - \theta$

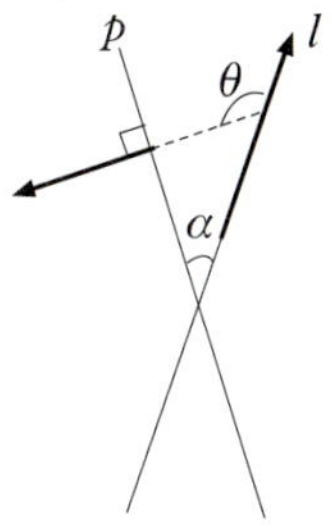

$\alpha = \theta - \frac{\pi}{2}$

그림 12

직선의 방향벡터 **v**와 평면의 법선벡터 **n**의 사이각이 θ이면 직선과 평면의 사이각은

$$\alpha = \left|\theta - \frac{\pi}{2}\right|$$

이다.

방향벡터를 **v**, 평면 p의 법선벡터를 **n**이라 하면

$$\mathbf{v} = (2,\ -2,\ 8), \quad \mathbf{n} = (1,\ 2,\ -2)$$

방향벡터 **v**와 법선벡터 **n**의 내적을 구하면

$$\mathbf{v} \cdot \mathbf{n} = (2,\ -2,\ 8) \circ (1,\ 2,\ -2) = -18$$

따라서 직선 l의 방향벡터와 평면 p의 법선벡터는 서로 수직하지 않으므로 직선 l과 평면 p는 서로 평행하지 않으며 한 점에서 만나게 된다.

직선 l의 방정식 $x = 3+2t,\ y = 1-2t,\ z = 2+8t$을 평면 p의 방정식 $x+2y-2z = 10$에 대입하면

$$3+2t+2(1-2t)-2(2+8t) = 10$$

이 식을 풀면

$$t = -\frac{1}{2}$$

직선 l의 방정식 $x = 3+2t,\ y = 1-2t,\ z = 2+8t$에 $t = -\frac{1}{2}$을 대입하면

$$x = 2,\ y = 2,\ z = -2$$

따라서 점$(2,\ 2,\ -2)$은 직선 l과 평면 p이 만나는 점이다.

방향벡터 **v**와 법선벡터 **n**의 사이각을 θ라 하면

$$\cos\theta = \frac{(2,\ -2,\ 8) \circ (1,\ 2,\ -2)}{\|(2,\ -2,\ 8)\|\|(1,\ 2,\ -2)\|} = \frac{-18}{3\sqrt{72}} = -\frac{1}{\sqrt{2}}$$

따라서 직선 l의 방향벡터 **v**와 평면 p의 법선벡터 **n**의 사이각은 $135°$이다.

그러므로 직선 l과 평면 p의 사이각은 $45°$이다. ■

공간에서 두 직선의 방향벡터가 평행할 때 두 직선은 **평행**(parallel)하다고 한다. 그리고 두 직선이 평행하지 않으면서 서로 만나지도 않는 경우가 있다. 이때 두 직선은 **꼬인**(skew) 위치에 있다고 한다.

예제 7 다음의 두 직선은 꼬인 위치에 있음을 보여라.

$$x = 3+2t,\ y = 1-2t,\ z = 2+8t$$
$$x = 1+t,\ y = 2+2t,\ z = 1-t$$

풀이 두 직선 $x = 3+2t,\ y = 1-2t,\ z = 2+8t$와 $x = 1+t,\ y = 2+2t,\ z = 1-t$을 각각 l_1, l_2라 하고 방향벡터를 각각 $\mathbf{v}_1$, $\mathbf{v}_2$라 하면

$$\mathbf{v}_1 = (2,\ -2,\ 8),\ \mathbf{v}_2 = (1,\ 2,\ -1)$$

여기서 두 방향벡터 $\mathbf{v}_1$, $\mathbf{v}_2$는 서로 평행하지 않음을 알 수 있다.

따라서 두 직선 l_1, l_2는 서로 평행하지 않다.

두 직선이 한 점 (x_0, y_0, z_0)에서 만난다고 하면 적당한 t_1, t_2에 대하여 다음이 성립한다.

$$x_0 = 3+2t_1, \quad y_0 = 1-2t_1, \quad z_0 = 2+8t_1$$
$$x_0 = 1+t_2, \quad y_0 = 2+2t_2, \quad z_0 = 1-t_2$$

따라서 다음의 식을 얻는다.

$$2t_1 - t_2 = -2$$
$$2t_1 + 2t_2 = -1$$
$$8t_1 + t_2 = -1$$

그러나 이 연립방정식에서 모순이 생기므로 이 연립방정식은 해를 갖지 않는다. 따라서 두 직선 l_1, l_2는 만나지 않는다.

그러므로 두 직선 l_1, l_2는 꼬인 위치에 있다. ■

연습문제 12.5

1. 평면 위의 어떤 물체에 힘 $\mathbf{F} = 3\mathbf{i} + 10\mathbf{j}$가 작용하여 이 물체가 북쪽으로 10m 움직였다. 이때 이루어진 일의 양을 구하여라. (단, 힘의 단위는 N)

2. 손잡이가 수평보다 30° 위쪽 방향으로 달려있는 수레를 일정한 힘 50N으로 밀어서 수평한 길을 따라 100m의 거리를 이동하였다. 이때 한 일의 양을 구하여라.

3. 자전거의 페달축과 60°의 각을 이루면서 60N의 힘으로 페달을 밟고 있다. 페달의 회전축에 작용하는 토크를 구하여라. 단, 회전축에서 페달의 끝까지의 거리는 20cm이다.

※ (4~5) 주어진 두 평면이 서로 만남을 보이고 교선의 매개방정식을 구하여라.

4. $x-2y+3z=4$, $-2x+5y+4z=-1$

5. $2x-y+z=1$, $x+y+2z=-1$

※ (6~7) 주어진 직선과 평면의 사이각을 구하여라.

6. $x=-5-4t$, $y=1-t$, $z=13+2t$,
   $x+2y+3z-5=0$

7. $x=3t$, $y=1+2t$, $z=2-t$
   $4x-y+2z=7$

제 13 장 벡터함수

13.1 벡터함수

벡터를 함수값으로 가지는 벡터함수를 소개하고 벡터함수의 연산, 벡터함수의 극한, 연속성 등 벡터함수의 성질을 살펴본다.

벡터함수

실수집합 $\mathbb{R}$의 부분집합을 정의역으로 하고 함수값이 실수인 함수를 **스칼라함수**(scalar function, scalar valued function)라 하고, 함수값이 벡터가 되는 함수를 **벡터함수**(vector function, vector valued function)라 한다.

함수값이 n차원 벡터, 즉 $\mathbb{R}^n$의 원소가 되는 함수를 **n차원 벡터함수**(n dimensional vector function)라 한다. 여기서는 함수값이 3차원 벡터 즉 $\mathbb{R}^3$의 원소가 되는 3차원 벡터함수를 중심으로 살펴보도록 한다.

다음은 실수집합 $\mathbb{R}$의 부분집합 D에서 정의되는 (3차원) 벡터함수 $\mathbf{r}$이다.

$$\mathbf{r} : D \to \mathbb{R}^3$$
$$t \mapsto \mathbf{r}(t)$$

벡터함수 $\mathbf{r}$의 함수값 $\mathbf{r}(t)$는 3차원 벡터이므로 세 성분으로 이루어진다. 그리고 $\mathbf{r}(t)$의 세 성분은 각각 변수 t에 따라 변하므로 t의 함수가 된다. 3차원 벡터 $\mathbf{r}(t)$의 세 성분을 각각 t의 함수 $f_1(t), f_2(t), f_3(t)$로 나타내면 벡터함수 $\mathbf{r}$을 다음과 같이

$$\mathbf{r}(t) = (f_1(t), f_2(t), f_3(t)),\ t \in D$$

또는

$$\mathbf{r}(t) = f_1(t)\mathbf{i} + f_2(t)\mathbf{j} + f_3(t)\mathbf{k},\ t \in D$$

로 표시한다. 이때 $f_1(t), f_2(t), f_3(t)$를 각각 벡터함수 $\mathbf{r}$의 첫째, 둘째, 셋째 성분함수라 한다.

n차원 벡터함수

다음은 n차원 벡터함수이다.

$$\mathbf{r} : D \to \mathbb{R}^n$$
$$t \mapsto \mathbf{r}(t)$$

n차원 벡터함수는 n개의 성분함수를 가지며 다음과 같이 나타낼 수 있다.

$$\mathbf{r}(t) = (f_1(t), f_2(t), \cdots, f_n(t))$$

예제 1 다음은 모두 벡터함수이다.

$$\mathbf{r}_1(t) = t^2\mathbf{i} + te^t\mathbf{j} + \frac{1}{t}\mathbf{k},\ t > 0$$

$$\mathbf{r}_2(t) = (t-2)\mathbf{i} + (t+2)\mathbf{j} + t\mathbf{k},\ -5 \le t \le 5$$

$$\mathbf{r}_3(t) = 3t^2\mathbf{i} + e^t\mathbf{j} + \sin t\mathbf{k},\ -\infty < t < \infty$$

위의 벡터함수들을 각각 다음과 같이 나타낼 수 있다.

$$\mathbf{r}_1(t) = \left(t^2,\ te^t,\ \frac{1}{t}\right),\ t > 0$$

$$\mathbf{r}_2(t) = (t-2,\ t+2,\ t),\ -5 \le t \le 5$$

$$\mathbf{r}_3(t) = (3t^2,\ e^t,\ \sin t),\ -\infty < t < \infty$$

공간곡선

3차원 공간의 곡선을 매개변수 t를 이용하여 다음과 같이 매개방정식으로 나타낼 수 있다.

$$x = f_1(t),\ y = f_2(t),\ z = f_3(t),\ a \le t \le b$$

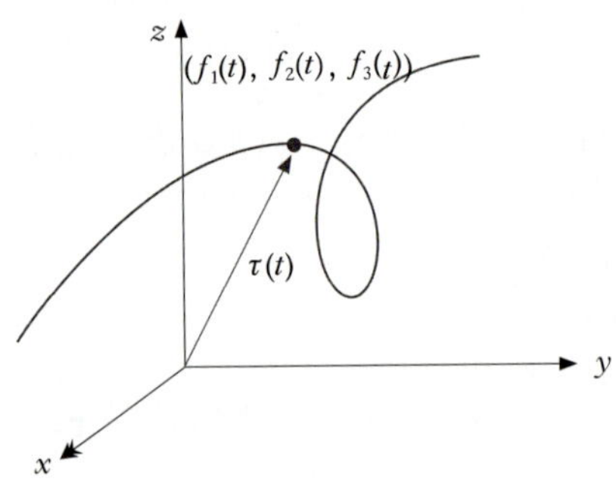

그림 1

이 곡선의 매개방정식을 다음과 같이 벡터함수로 표현할 수 있다.

$$\mathbf{r}(t) = f_1(t)\mathbf{i} + f_2(t)\mathbf{j} + f_3(t)\mathbf{k},\ a \le t \le b$$

이때 벡터함수의 상(image)은 다음 집합이 된다.

$$\{(f_1(t), f_2(t), f_3(t)) \mid a \le t \le b\}$$

이 벡터함수의 상을 좌표공간에 표시하면 위의 그림에서 보는 곡선이 되며 벡터함수 $\mathbf{r}$이 그리는 곡선이라 한다.

위에서 보는 바와 같이 벡터함수를 이용하여 공간곡선을 표시함으로써 시간 t에 따른 운동체의 움직임 등 물리적인 성질을 효과적으로 관찰하고 분석할 수 있다.

예제 2 벡터함수

$$\mathbf{r}(t) = \cos t\mathbf{i} + \sin t\mathbf{j} + t\mathbf{k},\ t \geq 0$$

가 그리는 곡선은 다음과 같다. 이 곡선을 **원나선**(circular helix)이라 한다.

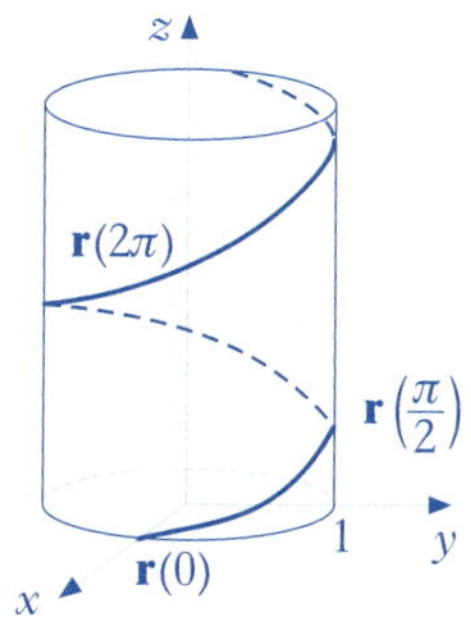

그림 2

예제 3 벡터함수

$$\mathbf{r}(t) = a\cos t\mathbf{i} + a\sin t\mathbf{j},\ 0 \leq t \leq 2\pi$$

가 그리는 곡선은 xy 평면위의 평면곡선으로 반지름이 a인 원이다.

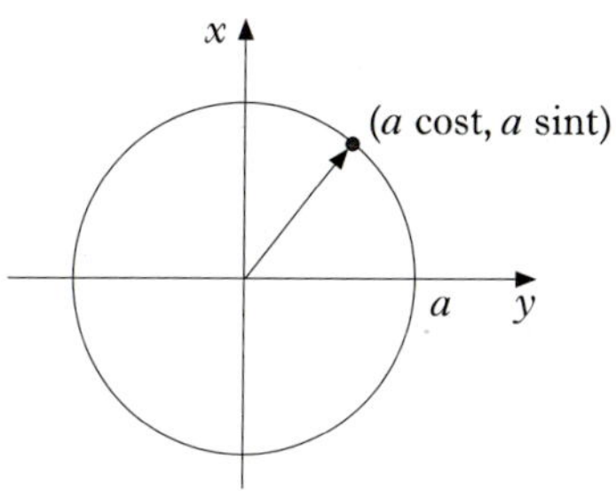

그림 3

예제 4 벡터함수

$$\mathbf{r}(t) = (1+t)\mathbf{i} + (2+4t)\mathbf{j} + (-1+3t)\mathbf{k},\ -\infty < t < \infty$$

가 그리는 곡선을 설명하여라.

풀이 이 곡선의 매개방정식은 다음과 같다.

$$x = 1+t,\ y = 2+4t,\ z = -1+3t,\ -\infty < t < \infty$$

따라서 이 곡선은 점 (1, 2, −1)을 지나고 벡터 (1, 4, 3)에 평행한 직선이다.

점 $P(x_0, y_0, z_0)$을 지나고 벡터 $\mathbf{v} = (a, b, c)$에 평행한 직선 l의 방정식은 $x = x_0 + at,\ y = y_0 + bt,\ z = z_0 + ct$

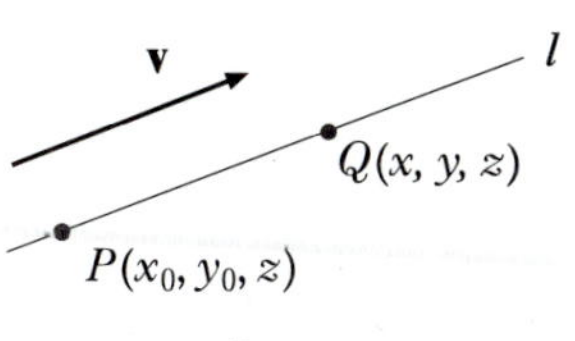

$\overrightarrow{PQ} = t\mathbf{v}$

그림 4

예제 5 실린더(cylinder) $x^2+y^2=1$과 평면 $y+z=2$가 만나서 생기는 곡선을 벡터함수로 나타내어라.

풀이 실린더 $x^2+y^2=1$을 평면 $y+z=2$로 비스듬하게 자르면 타원이 된다.

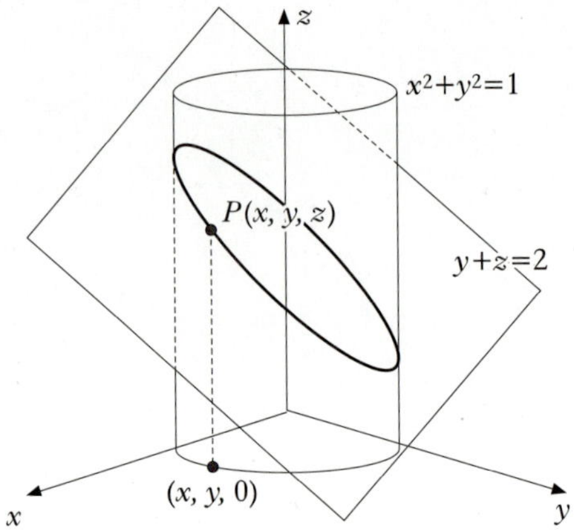

그림 5

곡선 위의 한 점 $P(x, y, z)$를 xy평면 위로 사영시킨 점 $(x, y, 0)$는 단위원 $x^2+y^2=1$ 위의 점이다. 따라서 x, y를 다음과 같이 표시할 수 있다.

$$x=\cos t,\ y=\sin t,\ 0\le t\le 2\pi$$

점 $P(x, y, z)$는 평면 $y+z=2$ 위의 점이므로

$$z=2-y=2-\sin t$$

따라서 곡선의 매개방정식은

$$x=\cos t,\ y=\sin t,\ z=2-\sin t,\ 0\le t\le 2\pi$$

그러므로 이 곡선을 그리는 벡터함수 $\mathbf{r}$은 다음과 같다.

$$\mathbf{r}(t)=(\cos t,\ \sin t,\ 2-\sin t),\ 0\le t\le 2\pi$$

벡터함수의 극한

벡터함수 $\mathbf{r}(t)$와 실수 c에 대하여, t가 c에 가까이 접근할수록 공간의 점 $\mathbf{r}(t)$가 공간의 점 $\mathbf{L}$에 가까이 접근할 때 벡터함수 $\mathbf{r}$은 c에서 극한 $\mathbf{L}$을 가진다고 하고 다음과 같이 표시한다.

$$\lim_{t\to c}\mathbf{r}(t)=\mathbf{L}$$

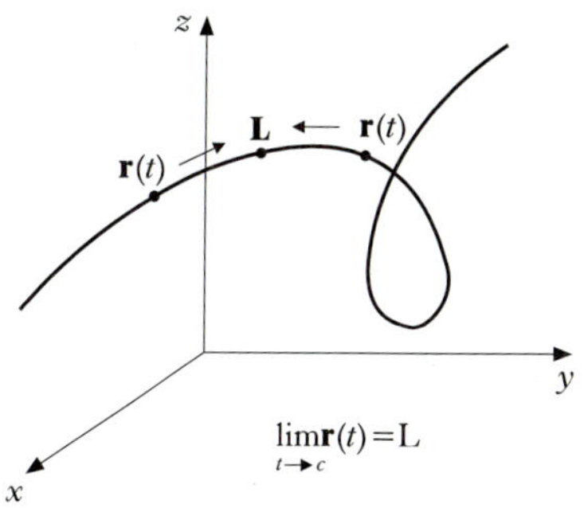

그림 6

극한의 엄밀한 정의는 $\epsilon-\delta$ 방법으로 전개하지만 여기서는 극한의 정의를 직관적으로 이해하도록 한다. $\epsilon-\delta$ 방법에 따른 극한의 정의는 뒤의 보충자료(13.4절)에서 소개한다.

다음 정리에서 소개하는 벡터함수의 극한에 대한 성질은 벡터함수의 극한을 성분함수의 극한으로 구할 수 있음을 보여준다.

정리 1 (벡터함수의 극한)

벡터함수 $\mathbf{r}(t) = (f_1(t), f_2(t), f_3(t))$의 c에서의 극한은 다음과 같다.

$$\lim_{t \to c} \mathbf{r}(t) = \left(\lim_{t \to c} f_1(t),\ \lim_{t \to c} f_2(t),\ \lim_{t \to c} f_3(t)\right)$$

위의 정리에 따르면 벡터함수 $\mathbf{r}(t) = (f_1(t), f_2(t), f_3(t))$의 극한이 존재하려면 벡터함수 $\mathbf{r}$의 성분함수 $f_1(t), f_2(t), f_3(t)$의 극한이 모두 존재하여야 함을 알 수 있다.

예제 6 0에서 벡터함수 $\mathbf{r}(t) = (t-2)\mathbf{i} + (e^t + \sin t)\mathbf{j} + \sqrt{t^2+1}\,\mathbf{k}$의 극한을 구하여라.

풀이 정리 1을 이용하여 계산한다.

$$\begin{aligned}
\lim_{t \to 0} \mathbf{r}(t) &= \lim_{t \to 0} \left((t-2)\mathbf{i} + (e^t + \sin t)\mathbf{j} + \sqrt{t^2+1}\,\mathbf{k}\right) \\
&= \lim_{t \to 0} \left(t-2,\ e^t + \sin t,\ \sqrt{t^2+1}\right) \\
&= \left(\lim_{t \to 0} (t-2),\ \lim_{t \to 0} (e^t + \sin t),\ \lim_{t \to 0} \sqrt{t^2+1}\right) \\
&= (-2,\ 1,\ 1) \\
&= -2\mathbf{i} + \mathbf{j} + \mathbf{k}
\end{aligned}$$

■

벡터의 연산인 내적, 벡터곱을 벡터함수에도 적용하면 벡터함수를 이용하여 새로운 스칼라함수, 벡터함수가 얻어질 수 있음을 알 수 있다.

벡터의 내적

$\mathbf{u}=(u_1, u_2, u_3)$, $\mathbf{v}=(v_1, v_2, v_3)$의 내적 $\mathbf{u}\cdot\mathbf{v}$은 다음과 같다.

$$\mathbf{u}\cdot\mathbf{v}=u_1v_1+u_2v_2+u_3v_3$$

정의 1 (벡터함수의 내적과 벡터곱)

두 벡터함수 $\mathbf{u}(t)=(f_1(t), f_2(t), f_3(t))$와 $\mathbf{v}(t)=(g_1(t), g_2(t), g_3(t))$의 내적 $(\mathbf{u}\cdot\mathbf{v})(t)$와 벡터곱 $(\mathbf{u}\times\mathbf{v})(t)$을 다음과 같이 정의한다.

$$(\mathbf{u}\cdot\mathbf{v})(t)=\mathbf{u}(t)\cdot\mathbf{v}(t)$$
$$(\mathbf{u}\times\mathbf{v})(t)=\mathbf{u}(t)\times\mathbf{v}(t)$$

벡터곱

벡터곱 $\mathbf{u}\times\mathbf{v}$은 $\mathbf{u}, \mathbf{v}$가 3차원의 경우에 한하여 정의한다. 따라서 벡터함수 $\mathbf{u}(t), \mathbf{v}(t)$가 3차원 벡터함수인 경우에만 $(\mathbf{u}\times\mathbf{v})(t)$을 정의할 수 있다.

$\mathbf{u}=(u_1, u_2, u_3)$, $\mathbf{v}=(v_1, v_2, v_3)$의 내적 $\mathbf{u}\cdot\mathbf{v}$과 벡터곱 $\mathbf{u}\times\mathbf{v}$은 각각 다음과 같다.

$$\mathbf{u}\cdot\mathbf{v}=u_1v_1+u_2v_2+u_3v_3$$

$$\begin{aligned}\mathbf{u}\times\mathbf{v}&=\begin{vmatrix}\mathbf{i}&\mathbf{j}&\mathbf{k}\\u_1&u_2&u_3\\v_1&v_2&v_3\end{vmatrix}\\&=\left(\begin{vmatrix}u_2u_3\\v_2v_3\end{vmatrix}, -\begin{vmatrix}u_1u_3\\v_1v_3\end{vmatrix}, \begin{vmatrix}u_1u_2\\v_1v_2\end{vmatrix}\right)\\&=(u_2v_3-u_3v_2, u_3v_1-u_1v_3,\\&\quad u_1v_2-u_2v_1)\end{aligned}$$

두 벡터함수 $\mathbf{u}(t)=(f_1(t), f_2(t), f_3(t))$와 $\mathbf{v}(t)=(g_1(t), g_2(t), g_3(t))$에 대하여 $(\mathbf{u}\cdot\mathbf{v})(t)$와 $(\mathbf{u}\times\mathbf{v})(t)$을 계산하면 다음과 같다.

$$\begin{aligned}(\mathbf{u}\cdot\mathbf{v})(t)&=(f_1(t), f_2(t), f_3(t))\cdot(g_1(t), g_2(t), g_3(t))\\&=f_1(t)g_1(t)+f_2(t)g_2(t)+f_3(t)g_3(t)\\(\mathbf{u}\times\mathbf{v})(t)&=(f_1(t), f_2(t), f_3(t))\times(g_1(t), g_2(t), g_3(t))\\&=\left(\begin{vmatrix}f_2(t)f_3(t)\\g_2(t)g_3(t)\end{vmatrix}, -\begin{vmatrix}f_1(t)f_3(t)\\g_1(t)g_3(t)\end{vmatrix}, \begin{vmatrix}f_1(t)f_2(t)\\g_1(t)g_2(t)\end{vmatrix}\right)\\&=(f_2(t)g_3(t)-f_3(t)g_2(t), f_3(t)g_1(t)-f_1(t)g_3(t),\\&\quad f_1(t)g_2(t)-f_2(t)g_1(t))\end{aligned}$$

두 (3차원) 벡터함수의 내적은 스칼라함수가 되고 벡터곱은 (3차원) 벡터함수가 됨을 알 수 있다.

다음 정리에서 벡터함수의 합, 스칼라배, 내적, 벡터곱의 극한에 대한 성질을 소개한다.

정리 2 (벡터함수의 극한의 성질)

두 벡터함수 $\mathbf{u}(t), \mathbf{v}(t)$가 각각 c에서 극한을 가지면 다음이 성립한다.

(1) $\lim_{t\to c}(\mathbf{u}(t)+\mathbf{v}(t))=\lim_{t\to c}\mathbf{u}(t)+\lim_{t\to c}\mathbf{v}(t)$

(2) $\lim_{t\to c}a\mathbf{u}(t)=a\lim_{t\to c}\mathbf{u}(t)$ (단, a는 실수이다)

(3) $\lim_{t\to c}(\mathbf{u}\cdot\mathbf{v})(t)=\lim_{t\to c}\mathbf{u}(t)\cdot\lim_{t\to c}\mathbf{v}(t)$

(4) $\lim_{t\to c}(\mathbf{u}\times\mathbf{v})(t)=\lim_{t\to c}\mathbf{u}(t)\times\lim_{t\to c}\mathbf{v}(t)$

예제 7 두 벡터함수 $\mathbf{u}(t)=3t^2\mathbf{i}+e^t\mathbf{j}+\sin t\mathbf{k}$, $\mathbf{v}(t)=e^t\mathbf{i}+(t^2+t)\mathbf{j}+\cos t\mathbf{k}$에 대하여 다음을 구하여라.

(1) $(\mathbf{u}\cdot\mathbf{v})(t)$, $(\mathbf{u}\times\mathbf{v})(\mathrm{t})$

(2) $\lim_{t\to 0}(\mathbf{u}\cdot\mathbf{v})(t)$, $\lim_{t\to 0}(\mathbf{u}\times\mathbf{v})(t)$

풀이 (1) $(\mathbf{u}\cdot\mathbf{v})(t)$와 $(\mathbf{u}\times\mathbf{v})(\mathrm{t})$을 구하면

$$\begin{aligned}(\mathbf{u}\cdot\mathbf{v})(t) &= (3t^2,\ e^t,\ \sin t)\cdot(e^t,\ t^2+t,\ \cos t)\\ &= 3t^2e^t+e^t(t^2+t)+\sin t\cos t\\ &= e^t(4t^2+t)+\sin t\cos t\end{aligned}$$

$$\begin{aligned}(\mathbf{u}\times\mathbf{v})(t) &= (3t^2,\ e^t,\ \sin t)\times(e^t,\ t^2+t,\ \cos t)\\ &= \left(\begin{vmatrix} e^t & \sin t\\ t^2+t & \cos t\end{vmatrix},\ -\begin{vmatrix} 3t^2 & \sin t\\ e^t & \cos t\end{vmatrix},\ \begin{vmatrix} 3t^2 & e^t\\ e^t & t^2+t\end{vmatrix}\right)\\ &= (e^t\cos t-(t^2+t)\sin t,\ e^t\sin t-3t^2\cos t,\ 3t^2(t^2+t)-e^{2t})\end{aligned}$$

(2) 두 벡터함수의 극한을 구하면

$$\lim_{t\to 0}\mathbf{u}(t)=\lim_{t\to 0}(3t^2,\ e^t,\ \sin t)=(0,\ 1,\ 0)$$

$$\lim_{t\to 0}\mathbf{v}(t)=\lim_{t\to 0}(e^t,\ t^2+t,\ \cos t)=(1,\ 0,\ 1)$$

따라서

$$\lim_{t\to 0}(\mathbf{u}\cdot\mathbf{v})(t)=(0,\ 1,\ 0)\cdot(1,\ 0,\ 1)=0$$

$$\begin{aligned}\lim_{t\to 0}(\mathbf{u}\times\mathbf{v})(t) &= (0,\ 1,\ 0)\times(1,\ 0,\ 1)\\ &= \left(\begin{vmatrix} 1 & 0\\ 0 & 1\end{vmatrix},\ -\begin{vmatrix} 0 & 0\\ 1 & 1\end{vmatrix},\ \begin{vmatrix} 0 & 1\\ 1 & 0\end{vmatrix}\right)=(1,\ 0,\ -1)\end{aligned}$$ ■

벡터함수의 연속성

벡터함수 $\mathbf{r}$이 다음 식

$$\lim_{t\to c}\mathbf{r}(t)=\mathbf{r}(c)$$

을 만족할 때 벡터함수 $\mathbf{r}$은 c에서 **연속**(continuous)이라 한다.

정리 1의 벡터함수의 극한의 성질을 이용하면 벡터함수의 연속성에 대한 다음의 정리가 성립함을 쉽게 증명할 수 있다.

정리 3 (벡터함수의 연속성)

벡터함수 $\mathbf{r}(t)=(f_1(t), f_2(t), f_3(t))$가 c에서 연속이기 위한 필요충분조건은 벡터함수 $\mathbf{r}$의 성분함수 $f_1(t), f_2(t), f_3(t)$가 c에서 연속이 되는 것이다.

예제 8 벡터함수 $\mathbf{r}(t)=\frac{1}{t+2}\mathbf{i}+\cos t\,\mathbf{j}+\ln(t+1)\mathbf{k}$가 연속이 되는 t의 범위를 구하여라.

풀이 각 성분함수가 연속이 되는 범위는 다음과 같다.

$$\frac{1}{t+2}:(-\infty,\,-2)\cup(-2,\,\infty)\text{에서 연속}$$
$$\cos t:(-\infty,\,\infty)\text{에서 연속}$$
$$\ln(1+t):(-1,\,\infty)\text{에서 연속}$$

따라서 성분함수들이 모두 연속이 되는 범위는 $(-1,\,\infty)$이다. 그러므로 벡터함수 $\mathbf{r}$은 $(-1,\,\infty)$에서 연속이다. ■

연습문제 13.1

※ (1~4) 다음 벡터함수의 극한을 구하여라.

1. $\lim_{t\to 2}\left(\frac{t+3}{t+2}\mathbf{i}+\frac{t^2-5t+6}{t^2-2}\mathbf{j}+\ln t\mathbf{k}\right)$
2. $\lim_{t\to 0}\left(\frac{2\sin t\cos t}{t}\mathbf{i}+\frac{\tan t}{t}\mathbf{j}+(t^2-4)\mathbf{k}\right)$
3. $\lim_{t\to 0}\left(t\cos t\mathbf{i}+\frac{\sin 2t}{t+1}\mathbf{j}+\frac{\cos 2t}{t^2-1}\mathbf{k}\right)$
4. $\lim_{t\to 1}(\cos t\mathbf{i}+\sin 2t\mathbf{j}+t\ln t\mathbf{k})$

※ (5~8) 다음 벡터함수가 나타내는 곡선을 그리고 주어진 t에서의 점을 각각 표시하여라.

5. $\mathbf{r}(t)=(t^2+1)\mathbf{i}+t\mathbf{j}+\mathbf{k},\ t=-1,\,0,\,1$
6. $\mathbf{r}(t)=(t+1)\mathbf{i}+t\mathbf{j}+(t+3)\mathbf{k},\ t=-1,\,0,\,1$
7. $\mathbf{r}(t)=2\sin t\mathbf{i}+3\cos t\mathbf{j},\ t=0,\,\frac{\pi}{2},\,\pi$
8. $\mathbf{r}(t)=e^t\mathbf{i}+e^{-t}\mathbf{j},\ t=-1,\,0,\,1$

※ (9~10) 두 벡터함수 $\mathbf{u}$, $\mathbf{v}$에 대하여

(a) $\lim_{t\to 0}(\mathbf{u}+\mathbf{v})(t)$

(b) $\lim_{t\to 0}(\mathbf{u}\cdot\mathbf{v})(t)$

(c) $\lim_{t\to 0}(\mathbf{u}\times\mathbf{v})(t)$

를 각각 구하여라.

9. $\mathbf{u}(t)=(t^2+t)\mathbf{i}+2t\mathbf{j}+3\mathbf{k}$
   $\mathbf{v}(t)=(t-1)\mathbf{i}+t^2\mathbf{j}+(t^2+3)\mathbf{k}$
10. $\mathbf{u}(t)=2\sin t\mathbf{i}+3\cos t\mathbf{j}+2t\mathbf{k}$
    $\mathbf{v}(t)=e^t\mathbf{i}+e^{-t}\mathbf{j}+t\mathbf{k}$

※ (11~14) 다음 벡터함수가 연속이 되는 범위를 구하여라.

11. $\mathbf{r}(t)=\sin t^2\mathbf{i}+\cos t\mathbf{j}+t\mathbf{k}$
12. $\mathbf{r}(t)=e^{-t}\mathbf{i}+\ln(t+3)\mathbf{j}+\frac{t-2}{t^2-4}\mathbf{k}$
13. $\mathbf{r}(t)=\frac{|t|}{t}\mathbf{i}+\frac{t\sin t}{t^2+2}\mathbf{j}+(t^3-4t+1)\mathbf{k}$
14. $\mathbf{r}(t)=\frac{1}{\sqrt{t}}\mathbf{i}+\frac{t+1}{t^2-4t+3}\mathbf{j}+3t\mathbf{k}$

※ (15~18) 다음 두 곡면이 만나서 생기는 곡선을 그리고 벡터함수로 나타내어라.

15. 실린더 $x^2+y^2=1$, 평면 $x+z=1$
16. 실린더 $x^2+y^2=1$, 평면 $y+z=1$
17. 원뿔 $z=\sqrt{x^2+y^2}$, 평면 $y+z=1$
18. 포물면 $z=2x^2+3y^2$, 곡면 $y=x^2$

19. 정리 2를 증명하여라.
20. 정리 3을 증명하여라.

13.2 벡터함수의 미분과 적분

벡터함수의 미분과 적분을 정의하고 연쇄법칙, 속도와 가속도 등 미분과 적분의 성질을 살펴보고 이를 응용한다.

정의 1 (벡터함수의 미분)

벡터함수 $\mathbf{r}(t)$의 c에서의 미분(derivative) $\mathbf{r}'(c)$를 다음과 같이 정의한다.

$$\mathbf{r}'(c) = \lim_{h \to 0} \frac{\mathbf{r}(c+h) - \mathbf{r}(c)}{h}$$

이때 벡터함수 $\mathbf{r}(t)$는 c에서 미분가능(differentiable)하다고 한다.

벡터함수 $\mathbf{r}(t)$의 미분 $\mathbf{r}'(t)$는 벡터함수 $\mathbf{r}(t)$가 미분가능한 범위에서 정의되는 새로운 벡터함수이다.

스칼라함수의 미분

$$f'(x_0) = \lim_{h \to 0} \frac{f(x_0+h) - f(x_0)}{h}$$

벡터함수 $\mathbf{r}(t)$의 1계 미분, 2계 미분 등을 다음과 같이 표시한다.

$$\mathbf{r}'(t) = \frac{d\mathbf{r}}{dt} = \frac{d}{dt}\mathbf{r}(t)$$

$$\mathbf{r}''(t) = \frac{d}{dt}\left(\frac{d\mathbf{r}}{dt}\right) = \frac{d^2\mathbf{r}}{dt^2} = \frac{d^2}{dt^2}\mathbf{r}(t)$$

벡터함수의 극한, 연속성은 벡터함수를 구성하는 성분함수에 의하여 결정됨을 보았다. 벡터함수의 미분도 각 성분함수들의 미분에 의하여 결정됨을 다음 정리에서 소개한다.

정리 1 (벡터함수의 미분)

벡터함수 $\mathbf{r}(t) = f_1(t)\mathbf{i} + f_2(t)\mathbf{j} + f_3(t)\mathbf{k}$ 가 c에서 미분가능하기 위한 필요충분조건은 각 성분함수 $f_1(t), f_2(t), f_3(t)$가 c에서 미분가능인 것이다. 이 경우 다음이 성립한다.

$$\frac{d\mathbf{r}}{dt} = \frac{df_1}{dt}\mathbf{i} + \frac{df_2}{dt}\mathbf{j} + \frac{df_3}{dt}\mathbf{k}$$

즉

$$\mathbf{r}'(t) = f_1{}'(t)\mathbf{i} + f_2{}'(t)\mathbf{j} + f_3{}'(t)\mathbf{k}$$

예제 1 벡터함수 $\mathbf{r}(t)=(t^2+t)\mathbf{i}+e^{-t}\mathbf{j}+\sin t\mathbf{k}$에 대하여 다음을 구하여라.

(1) $\dfrac{d\mathbf{r}}{dt}(0)$ (2) $\left\|\dfrac{d\mathbf{r}}{dt}(0)\right\|$

(3) $\dfrac{d^2\mathbf{r}}{dt^2}(0)$ (4) $\left\|\dfrac{d^2\mathbf{r}}{dt^2}(0)\right\|$

풀이 정리 1을 이용하여 $\dfrac{d\mathbf{r}}{dt}$와 $\dfrac{d^2\mathbf{r}}{dt^2}$를 구하면

$$\begin{aligned}\frac{d\mathbf{r}}{dt}(t) &= \frac{d}{dt}(t^2+t)\mathbf{i}+\frac{d}{dt}e^{-t}\mathbf{j}+\frac{d}{dt}\sin t\mathbf{k}\\ &=(2t+1)\mathbf{i}-e^{-t}\mathbf{j}+\cos t\mathbf{k}\\ \frac{d^2\mathbf{r}}{dt^2}(t) &= \frac{d}{dt}\left(\frac{d\mathbf{r}}{dt}\right)\\ &=\frac{d}{dt}((2t+1)\mathbf{i}+(-e^{-t})\mathbf{j}+\cos t\mathbf{k})\\ &=2\mathbf{i}+e^{-t}\mathbf{j}-\sin t\mathbf{k}\end{aligned}$$

따라서

$$\frac{d\mathbf{r}}{dt}(0)=\mathbf{i}-\mathbf{j}+\mathbf{k},$$

$$\left\|\frac{d\mathbf{r}}{dt}(0)\right\|=\|(1,\ -1,\ 1)\|=\sqrt{3}$$

$$\frac{d^2\mathbf{r}}{dt^2}(0)=2\mathbf{i}+\mathbf{j},$$

$$\left\|\frac{d^2\mathbf{r}}{dt^2}(0)\right\|=\|(2,\ 1,\ 0)\|=\sqrt{5}$$

■

벡터함수의 미분과 접선벡터

그림과 같이 벡터함수 $\mathbf{r}(t)$가 그리는 곡선 위의 점 P에서 접선 l, 접선 l위의 점 S가 주어져 있다고 하자.

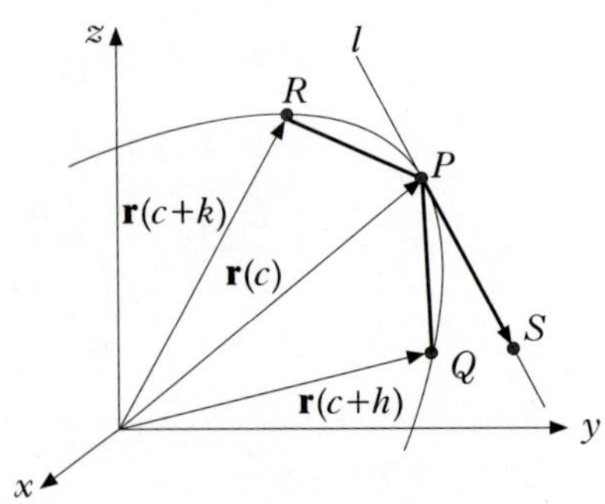

그림 1

곡선 위의 점 P, Q, R에서의 위치벡터를 각각 $\mathbf{r}(c)$, $\mathbf{r}(c+h)$, $\mathbf{r}(c+k)$ (단, $h>0$, $k<0$)라 하면

$$\overrightarrow{PQ}=\mathbf{r}(c+h)-\mathbf{r}(c),\ \ \overrightarrow{RP}=\mathbf{r}(c)-\mathbf{r}(c+k)$$

$h>0$, $k<0$이므로

벡터 $\dfrac{\mathbf{r}(c+h)-\mathbf{r}(c)}{h}$와 벡터 $\overrightarrow{PQ}$는 같은 방향

벡터 $\dfrac{\mathbf{r}(c+k)-\mathbf{r}(c)}{k}$와 벡터 $\overrightarrow{RP}$는 같은 방향

$h>0$가 0에 접근하면 점 Q는 곡선을 따라 점 P에 접근하게 되므로 벡터 $\dfrac{\mathbf{r}(c+h)-\mathbf{r}(c)}{h}$의 방향은 벡터 $\overrightarrow{PS}$의 방향에 가까워진다.

$k<0$가 0에 접근하면 점 R는 곡선을 따라 점 P에 접근하게 되므로 벡터 $\dfrac{\mathbf{r}(c+k)-\mathbf{r}(c)}{k}$의 방향은 벡터 $\overrightarrow{PS}$의 방향에 가까워진다.

따라서 $\mathbf{r}'(c)$는 벡터 $\overrightarrow{PS}$와 같은 방향이 되고 접선 l과 평행하게 된다. 그러므로 $\mathbf{r}'(c)$는 점 P에서 곡선 $\mathbf{r}(t)$의 **접선벡터**(tangent vector)가 된다.

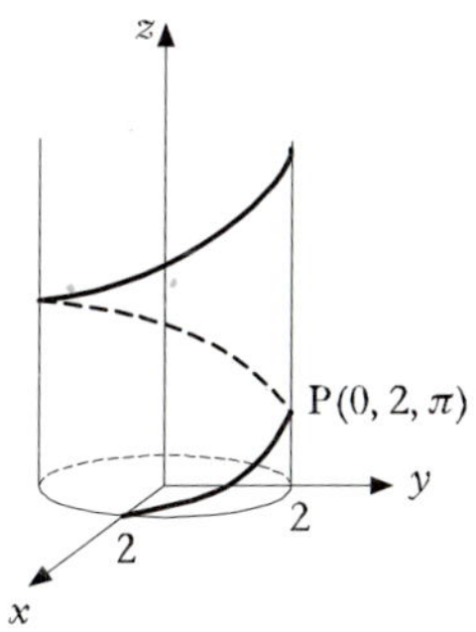

그림 2

예제 2 매개방정식

$$x=2\cos t,\quad y=2\sin t,\quad z=2t$$

으로 주어지는 곡선 위의 점 $P(0,\ 2,\ \pi)$에서 접선의 방정식을 구하여라.

풀이 주어진 곡선을 벡터함수로 나타내면 다음과 같다.

$$\mathbf{r}(t)=2\cos t\mathbf{i}+2\sin t\mathbf{j}+2t\mathbf{k}$$

따라서

$$P(0,\ 2,\ \pi)=\mathbf{r}\left(\frac{\pi}{2}\right)$$

그러므로 구하는 접선은 점 $P(0,\ 2,\ \pi)$를 지나고 벡터 $\mathbf{r}'\left(\dfrac{\pi}{2}\right)$에 평행한 직선이다.

벡터함수 $\mathbf{r}(t)$의 미분을 구하면

$$\mathbf{r}'(t)=(-2\sin t,\ 2\cos t,\ 2)$$

$\mathbf{r}'\left(\dfrac{\pi}{2}\right)=(-2,\ 0,\ 2)$이므로 접선 위의 점 $(x,\ y,\ z)$는 다음 식을 만족한다.

$$(x,\ y-2,\ z-\pi)=t(-2,\ 0,\ 2)$$

그러므로 점 $P(0,\ 2,\ \pi)$에서 접선의 매개방정식은 다음과 같다.

$$x=-2t,\ y=2,\ z=2t+\pi$$

■

다음 정리에서 벡터함수들의 연산 즉, 벡터함수들의 합, 스칼라배, 스칼라곱 그리고 벡터곱 등으로 얻어지는 함수들의 미분을 소개한다. 벡터함수의 미분의 경우에도 스칼라함수의 경우와 유사한 형식의 공식들이 성립함을 알 수 있다.

스칼라함수의 미분의 성질

두 함수 $f(t)$, $g(t)$가 미분가능하면 다음이 성립한다.

(1) $\dfrac{d}{dt}(cf(t)) = c\dfrac{df}{dt}$ (c : 상수)

(2) $\dfrac{d}{dt}(f(t)+g(t)) = \dfrac{d}{dt}f(t)+\dfrac{d}{dt}g(t)$

(3) $\dfrac{d}{dt}(f(t)g(t)) = \dfrac{df}{dt}g(t)+f(t)\dfrac{dg}{dt}$

정리 2 (벡터함수의 미분의 성질)

두 벡터함수 $\mathbf{u}(t)$, $\mathbf{v}(t)$가 미분가능하고, 스칼라함수 $f(t)$가 미분가능하면 다음이 성립한다.

(1) $\dfrac{d}{dt}(c\mathbf{u}) = c\dfrac{d\mathbf{u}}{dt}$, (단, c는 상수).

(2) $\dfrac{d}{dt}(\mathbf{u}+\mathbf{v}) = \dfrac{d\mathbf{u}}{dt}+\dfrac{d\mathbf{v}}{dt}$

(3) $\dfrac{d}{dt}(f\mathbf{u}) = \dfrac{df}{dt}\mathbf{u}+f\dfrac{d\mathbf{u}}{dt}$

(4) $\dfrac{d}{dt}(\mathbf{u}\cdot\mathbf{v}) = \dfrac{d\mathbf{u}}{dt}\cdot\mathbf{v}+\mathbf{u}\cdot\dfrac{d\mathbf{v}}{dt}$

(5) $\dfrac{d}{dt}(\mathbf{u}\times\mathbf{v}) = \dfrac{d\mathbf{u}}{dt}\times\mathbf{v}+\mathbf{u}\times\dfrac{d\mathbf{v}}{dt}$

증명 (4)를 증명하고 나머지는 연습문제로 남긴다.

$\mathbf{u}(t) = (f_1(t), f_2(t), f_3(t))$ $\mathbf{v}(t) = (g_1(t), g_2(t), g_3(t))$라 하면

$$\mathbf{u}(t)\cdot\mathbf{v}(t) = f_1(t)g_1(t)+f_2(t)g_2(t)+f_3(t)g_3(t)$$

따라서

$$\begin{aligned}\frac{d}{dt}(\mathbf{u}(t)\cdot\mathbf{v}(t)) &= \frac{d}{dt}(f_1(t)g_1(t)+f_2(t)g_2(t)+f_3(t)g_3(t))\\ &= \frac{df_1}{dt}g_1+f_1\frac{dg_1}{dt}+\frac{df_2}{dt}g_2+f_2\frac{dg_2}{dt}+\frac{df_3}{dt}g_3+f_3\frac{dg_3}{dt}\\ &= \frac{df_1}{dt}g_1+\frac{df_2}{dt}g_2+\frac{df_3}{dt}g_3+f_1\frac{dg_1}{dt}+f_2\frac{dg_2}{dt}+f_3\frac{dg_3}{dt}\\ &= \left(\frac{df_1}{dt}, \frac{df_2}{dt}, \frac{df_3}{dt}\right)\cdot(g_1, g_2, g_3)\\ &\quad +(f_1, f_2, f_3)\cdot\left(\frac{dg_1}{dt}, \frac{dg_2}{dt}, \frac{dg_3}{dt}\right)\\ &= \frac{d\mathbf{u}}{dt}\cdot\mathbf{v}+\mathbf{u}\cdot\frac{d\mathbf{v}}{dt}\end{aligned}$$

■

예제 3 $\mathbf{r}(t) = e^t\mathbf{i}+e^{-t}\mathbf{j}+\sin t\mathbf{k}$일 때 $\dfrac{d}{dt}(\ln t\mathbf{r}(t))$를 구하여라.

풀이 정리 2의 (3)에 의하여

$$\begin{aligned}\frac{d}{dt}(\ln t\,\mathbf{r}(t)) &= \frac{d}{dt}(\ln t)\mathbf{r}(t)+\ln t\frac{d\mathbf{r}}{dt}\\ &= \frac{1}{t}(e^t\mathbf{i}+e^{-t}\mathbf{j}+\sin t\mathbf{k})+\ln t(e^t\mathbf{i}-e^{-t}\mathbf{j}+\cos t\mathbf{k})\\ &= e^t\left(\frac{1}{t}+\ln t\right)\mathbf{i}+e^{-t}\left(\frac{1}{t}-\ln t\right)\mathbf{j}+\left(\frac{\sin t}{t}+\cos t\ln t\right)\mathbf{k}.\end{aligned}$$

■

예제 4 $\mathbf{r}(t)=a\cos t\mathbf{i}+a\sin t\mathbf{j}+b\mathbf{k}$ $(a>0,\ b>0)$일 때

(1) $\|\mathbf{r}(t)\|$는 상수함수임을 보여라.

(2) $\mathbf{r}(t)$와 $\dfrac{d\mathbf{r}}{dt}$는 서로 수직함을 보여라.

풀이 (1) $\|\mathbf{r}(t)\|$를 구하면

$$\|\mathbf{r}(t)\|=\sqrt{(a\cos t)^2+(a\sin t)^2+b^2}=\sqrt{a^2+b^2}$$

따라서 $\|\mathbf{r}(t)\|$는 상수함수이다.

(2) $\mathbf{r}(t)$의 미분을 구하면

$$\frac{d\mathbf{r}}{dt}=-a\sin t\mathbf{i}+a\cos t\mathbf{j}$$

따라서

$$\mathbf{r}(t)\cdot\frac{d\mathbf{r}}{dt}=(a\cos t,\ a\sin t,\ b)\cdot(-a\sin t,\ a\cos t,\ 0)=0$$

그러므로 $\mathbf{r}(t)$와 $\dfrac{d\mathbf{r}}{dt}$는 서로 수직하다. ■

예제 5 모든 t에 대하여 $\|\mathbf{r}(t)\|=c$ (c는 상수)이면 $\mathbf{r}(t)$와 $\dfrac{d\mathbf{r}}{dt}$는 서로 수직함을 증명하여라.

풀이 $\|\mathbf{r}(t)\|=c$ (c는 상수)이므로 양변을 제곱하면

$$\|\mathbf{r}(t)\|^2=\mathbf{r}(t)\cdot\mathbf{r}(t)=c^2$$

정리 2의 (4)를 이용하여 미분하면

$$\frac{d\mathbf{r}}{dt}\cdot\mathbf{r}(t)+\mathbf{r}(t)\cdot\frac{d\mathbf{r}}{dt}=0$$

따라서 $\mathbf{r}(t)\cdot\dfrac{d\mathbf{r}}{dt}=0.$

그러므로 $\mathbf{r}(t)$와 $\dfrac{d\mathbf{r}}{dt}$는 서로 수직이다. ■

연쇄법칙

벡터함수와 스칼라함수를 합성한 합성함수의 미분을 나타내는 식을 연쇄법칙(chain rule)이라 한다. 스칼라함수의 경우와 마찬가지로 벡터함수의 경우에도 합성함수의 미분은 합성한 두 함수의 미분의 곱으로 나타난다.

> **스칼라함수의 연쇄법칙**
>
> 두 함수 $y=f(x)$와 $z=g(y)$가 각각 $x=a$, $y=f(a)$에서 미분가능하면 합성함수
>
> $$z=(g\circ f)(x)$$
>
> 는 $x=a$에서 미분가능하며 다음이 성립한다.
>
> $$(g\circ f)'(a)=g'(f(a))f'(a)$$
>
> 위의 식을 다음과 같이 나타낼 수 있다.
>
> $$\frac{d(g\circ f)}{dx}(a)=\frac{dg}{dy}(f(a))\frac{df}{dx}(a)$$
>
> 또는
>
> $$\frac{dz}{dx}(a)=\frac{dz}{dy}(f(a))\frac{dy}{dx}(a)$$
>
> 위의 식을 간단히 표현하면 다음과 같다.
>
> $$\frac{dz}{dx}=\frac{dz}{dy}\frac{dy}{dx}$$

정리 3 (벡터함수의 연쇄법칙)

함수 $t=h(s)$가 $s=s_0$에서 미분가능하고 벡터함수 $\mathbf{r}(t)$가 $t=t_0(=h(s_0))$에서 미분가능하면 합성함수 $(\mathbf{r}\circ h)(s)=\mathbf{r}(h(s))$는 $s=s_0$에서 미분가능하다. 이때 $\mathbf{r}(h(s))$의 도함수 $\dfrac{d(\mathbf{r}\circ h)}{ds}$를 $\dfrac{d\mathbf{r}}{ds}$로 표시하며 다음이 성립한다.

$$\frac{d\mathbf{r}}{ds}(s_0)=\frac{d\mathbf{r}}{dt}(h(s_0))\frac{dh}{ds}(s_0)$$

즉, 다음이 성립한다.

$$\frac{d\mathbf{r}}{ds}=\frac{d\mathbf{r}}{dt}\frac{dt}{ds}$$

> **합성함수와 변수변환**
>
> 함수
>
> $$t=h(s)$$
>
> 와 벡터함수
>
> $$\mathbf{r}(t)=(f_1(t),\ f_2(t),\ f_3(t))$$
>
> 의 합성함수 $\mathbf{r}\circ h$는 다음과 같다.
>
> $$\begin{aligned}(\mathbf{r}\circ h)(s)&=\mathbf{r}(h(s))\\&=(f_1(h(s)),\ f_2(h(s)),\ f_3(h(s)))\end{aligned}$$
>
> 합성함수 $(\mathbf{r}\circ h)(s)$는 $\mathbf{r}(t)$에서 변수 t에 s의 식 $h(s)$를 대입한 것이다.
>
> 따라서 합성함수 $\mathbf{r}\circ h$의 변수가 원래의 변수 t에서 s로 변수가 변환되어 나타남을 알 수 있다.
>
> 이때 합성함수 $(\mathbf{r}\circ h)(s)$의 미분은 벡터함수 $\mathbf{r}(t)$를 새로운 변수 s에 대하여 미분하는 것임을 강조하여 $\dfrac{d\mathbf{r}}{ds}$로 표시한다. 즉,
>
> $$\frac{d\mathbf{r}}{ds}=\frac{d(\mathbf{r}\circ h)(s)}{ds}$$

증명 $\mathbf{r}(t)=(f_1(t),\ f_2(t),\ f_3(t))$라 하면

$$\begin{aligned}\mathbf{r}(h(s))&=(f_1(h(s)),\ f_2(h(s)),\ f_3(h(s)))\\&=((f_1\circ h)(s),\ (f_2\circ h)(s),\ (f_3\circ h)(s))\end{aligned}$$

스칼라함수의 연쇄법칙을 이용하여 $\mathbf{r}(h(s))$의 도함수를 구하면

$$\begin{aligned}\frac{d\mathbf{r}}{ds}(s_0)&=\frac{d}{ds}\mathbf{r}(h(s))\\&=\frac{d}{ds}((f_1\circ h)(s_0),\ (f_2\circ h)(s_0),\ (f_3\circ h)(s_0))\\&=\left(\frac{d}{ds}(f_1\circ h)(s_0),\ \frac{d}{ds}(f_2\circ h)(s_0),\ \frac{d}{ds}(f_3\circ h)(s_0)\right)\\&=\left(\frac{df_1}{dt}(h(s_0))\frac{dh}{ds}(s_0),\ \frac{df_2}{dt}(h(s_0))\frac{dh}{ds}(s_0),\ \frac{df_3}{dt}(h(s_0))\frac{dh}{ds}(s_0)\right)\\&=\left(\frac{df_1}{dt}(h(s_0)),\ \frac{df_2}{dt}(h(s_0)),\ \frac{df_3}{dt}(h(s_0))\right)\frac{dh}{ds}(s_0)\\&=\frac{d\mathbf{r}}{dt}(h(s_0))\frac{dh}{ds}(s_0)\ =\frac{d\mathbf{r}}{dt}(h(s_0))\frac{dt}{ds}(s_0)\end{aligned}$$

■

예제 6 $\mathbf{r}(t)=-\sin t\mathbf{i}+e^{-t}\mathbf{j}+\cos t\mathbf{k}$, $t=s^2+1$일 때, $\dfrac{d\mathbf{r}}{ds}$를 구하여라.

풀이 연쇄법칙을 이용하면

$$\begin{aligned}\frac{d\mathbf{r}}{ds}(s) &= \frac{d\mathbf{r}}{dt}(s^2+1)\frac{dt}{ds}(s)\\ &= (-\cos(s^2+1)\mathbf{i} - e^{s^2+1}\mathbf{j} - \sin t\mathbf{k})(2s)\\ &= -2s\cos(s^2+1)\mathbf{i} - 2se^{s^2+1}\mathbf{j} - 2s\sin t\mathbf{k}\end{aligned}$$

속도, 속력, 가속도

$\mathbf{r}(t) = (f_1(t), f_2(t), f_3(t))$가 시간이 t일 때 공간에서 움직이고 있는 물체의 위치를 나타낼 때, $\mathbf{r}'(t)$를 **속도**(velocity), $\mathbf{r}''(t)$를 **가속도**(acceleration)라 하고 각각 $\mathbf{v}(t)$, $\mathbf{a}(t)$로 표시한다. 즉,

$$\text{속도} : \mathbf{v}(t) = \frac{d\mathbf{r}}{dt}$$

$$\text{가속도} : \mathbf{a}(t) = \frac{d^2\mathbf{r}}{dt^2}$$

그리고 속도벡터의 크기 $\|\mathbf{v}(t)\|$를 **속력**(speed)이라 한다.

예제 7 움직이고 있는 물체의 위치가 시간이 t일 때 다음과 같다고 한다.

$$\mathbf{r}(t) = 3\cos t\mathbf{i} + 3\sin t\mathbf{j} + t^2\mathbf{k}$$

(1) $t=2$일 때 속력을 구하여라.

(2) 속도와 가속도가 서로 수직이 되는 시간을 구하여라.

풀이 물체의 속도 $\mathbf{v}(t)$와 가속도 $\mathbf{a}(t)$를 구하면

$$\mathbf{v}(t) = \frac{d\mathbf{r}}{dt} = -3\sin t\mathbf{i} + 3\cos t\mathbf{j} + 2t\mathbf{k}$$

$$\mathbf{a}(t) = \frac{d^2\mathbf{r}}{dt^2} = -3\cos t\mathbf{i} - 3\sin t\mathbf{j} + 2\mathbf{k}$$

(1) $t=2$일 때 속력은 $\|\mathbf{v}(2)\|$이므로

$$\begin{aligned}\|\mathbf{v}(2)\| &= |-3\sin 2\mathbf{i} + 3\cos 2\mathbf{j} + 4\mathbf{k}|\\ &= \sqrt{(-3\sin 2)^2 + (3\cos 2)^2 + 4^2}\\ &= 5\end{aligned}$$

(2) 속도 $\mathbf{v}(t)$와 가속도 $\mathbf{a}(t)$의 내적을 구하면

$$\mathbf{v}(t)\cdot\mathbf{a}(t) = (-3\sin t,\ 3\cos t,\ 2t)\cdot(-3\cos t,\ -3\sin t,\ 2) = 4t$$

따라서 속도 $\mathbf{v}(t)$와 가속도 $\mathbf{a}(t)$가 수직이 되는 시간은 $t=0$이다.

벡터함수의 적분

정의 2 (벡터함수의 적분)

벡터함수 $\mathbf{u}(t)=f_1(t)\mathbf{i}+f_2(t)\mathbf{j}+f_3(t)\mathbf{k}$에 대하여 부정적분과 정적분을 각각 다음과 같이 정의한다.

(1) $\dfrac{d}{dt}\mathbf{v}(t)=\mathbf{u}(t)$일 때 벡터함수 $\mathbf{v}(t)$를 $\mathbf{u}(t)$의 부정적분이라 한다.

(2) $\mathbf{u}(t)$의 성분함수 $f_1(t), f_2(t), f_3(t)$가 각각 $[a, b]$에서 적분가능할 때 벡터함수 $\mathbf{u}(t)$는 적분가능하다고 하며 $\mathbf{u}(t)$의 정적분을 다음과 같이 정의한다.

$$\int_a^b \mathbf{u}(t)dt=\left(\int_a^b f_1(t)dt\right)\mathbf{i}+\left(\int_a^b f_2(t)dt\right)\mathbf{j}+\left(\int_a^b f_3(t)dt\right)\mathbf{k}$$

예제 8 $\mathbf{r}(t)=(t^2+t)\mathbf{i}+e^{-t}\mathbf{j}+\sin t\mathbf{k}$에 대하여 $\int_0^1 \mathbf{r}(t)dt$을 구하여라.

풀이

$$\begin{aligned}\int_0^1 \mathbf{r}(t)dt &=\left(\int_0^1 (t^2+t)dt\right)\mathbf{i}+\left(\int_0^1 e^{-t}dt\right)\mathbf{j}+\left(\int_0^1 \sin t dt\right)\mathbf{k}\\ &=\left(\left[\frac{1}{3}t^3+\frac{1}{2}t^2\right]_0^1\right)\mathbf{i}+\left([-e^{-t}]_0^1\right)\mathbf{j}+\left([-\cos t]_0^1\right)\mathbf{k}\\ &=\frac{5}{6}\mathbf{i}+\left(1-\frac{1}{e}\right)\mathbf{j}+(1-\cos 1)\mathbf{k}.\end{aligned}$$

■

벡터함수 $\mathbf{u}(t)=f_1(t)\mathbf{i}+f_2(t)\mathbf{j}+f_3(t)\mathbf{k}$의 세 성분함수 $f_1(t), f_2(t), f_3(t)$ 각각의 부정적분 즉,

$$\int f_1(t)dt+c_1,\ \int f_2(t)dt+c_2,\ \int f_3(t)dt+c_3$$

을 구할 수 있다고 하자. 단, c_1, c_2, c_3는 적분상수이다.

다음의 벡터함수 $\mathbf{v}(t)$를 생각하자. 단, $\mathbf{c}=(c_1, c_2, c_3)$

$$\begin{aligned}\mathbf{v}(t) &=\left(\int f_1(t)dt+c_1\right)\mathbf{i}+\left(\int f_2(t)dt+c_2\right)\mathbf{j}+\left(\int f_3(t)dt+c_3\right)\mathbf{k}\\ &=\left(\int f_1(t)dt\right)\mathbf{i}+\left(\int f_2(t)dt\right)\mathbf{j}+\left(\int f_3(t)dt\right)\mathbf{k}+\mathbf{c}\end{aligned}$$

벡터함수 $\mathbf{v}(t)$의 미분을 구하면

$$\begin{aligned}\frac{d}{dt}\mathbf{v}(t) &=\frac{d}{dt}\left(\int f_1(t)dt+c_1\right)\mathbf{i}+\frac{d}{dt}\left(\int f_2(t)dt+c_2\right)\mathbf{j}+\frac{d}{dt}\left(\int f_3(t)dt+c_3\right)\mathbf{k}\\ &=f_1(t)\mathbf{i}+f_2(t)\mathbf{j}+f_3(t)\mathbf{k}=\mathbf{u}(t)\end{aligned}$$

따라서 벡터함수 $\mathbf{v}(t)$는 벡터함수 $\mathbf{u}(t)$의 부정적분이 된다.
그러므로 다음 정리가 성립한다.

정리 4 (벡터함수의 부정적분)

벡터함수 $\mathbf{u}(t)=f_1(t)\mathbf{i}+f_2(t)\mathbf{j}+f_3(t)\mathbf{k}$의 세 성분함수 $f_1(t), f_2(t), f_3(t)$ 각각의 부정적분이 존재하면 벡터함수 $\mathbf{u}(t)$의 부정적분은 다음과 같다.

$$\int \mathbf{r}(t)dt=\left(\int f_1(t)dt\right)\mathbf{i}+\left(\int f_2(t)dt\right)\mathbf{j}+\left(\int f_3(t)dt\right)\mathbf{k}+\mathbf{c}$$

단, $\mathbf{c}$는 벡터이다.

예제 9 움직이고 있는 물체의 가속도 $\mathbf{a}(t)$가 다음과 같다고 한다.

$$\mathbf{a}(t)=\cos t\mathbf{i}+\sin t\mathbf{j}$$

초기속도와 초기위치가 각각 $\mathbf{v}(0)=\mathbf{j}$, $\mathbf{r}(0)=2\mathbf{i}$이다. 시간이 t일 때 물체의 위치 $\mathbf{r}(t)$를 구하여라.

풀이 $\mathbf{v}'(t)=\mathbf{a}(t)$이므로 $\mathbf{a}(t)$를 적분하여 $\mathbf{v}(t)$를 구하면

$$\begin{aligned}\mathbf{v}(t)&=\int \mathbf{a}(t)dt+\mathbf{c}\\&=\left(\int \cos t dt\right)\mathbf{i}+\left(\int \sin t dt\right)\mathbf{j}+\mathbf{c}=\sin t\mathbf{i}-\cos t\mathbf{j}+\mathbf{c}\end{aligned}$$

$\mathbf{v}(0)=\mathbf{j}$이므로 $\mathbf{c}=2\mathbf{j}$, 따라서

$$\mathbf{v}(t)=\sin t\mathbf{i}+(-\cos t+2)\mathbf{j}$$

$\mathbf{r}'(t)=\mathbf{v}(t)$이므로 $\mathbf{v}(t)$를 적분하여 $\mathbf{r}(t)$를 구하면

$$\begin{aligned}\mathbf{r}(t)&=\int \mathbf{v}(t)dt+\mathbf{d}=\left(\int \sin t dt\right)\mathbf{i}+\left(\int(-\cos t+2)dt\right)\mathbf{j}+\mathbf{d}\\&=-\cos t\mathbf{i}+(-\sin t+2t)\mathbf{j}+\mathbf{d}\end{aligned}$$

$\mathbf{r}(0)=2\mathbf{i}$이므로 $\mathbf{d}=3\mathbf{i}$, 따라서

$$\mathbf{r}(t)=(3-\cos t)\mathbf{i}+(-\sin t+2t)\mathbf{j}$$

■

예제 10 좌표공간의 원점의 위치에서 x축의 양의 방향을 향하여 각 θ_0만큼 위를 향하여 야구공을 던졌다. 초기 속력이 $v_0$ft/sec일 때 다음 물음에 답하여라. 단, 공기저항은 무시하고 중력가속도는 -32 ft/sec^{2}으로 한다.

(1) 야구공의 위치 $\mathbf{r}(t)$와 속도 $\mathbf{v}(t)$를 구하여라.

(2) 야구공이 떨어지는 지점의 좌표를 구하여라.

(3) 야구공이 떨어질 때 지면이 이루는 각을 구하여라.

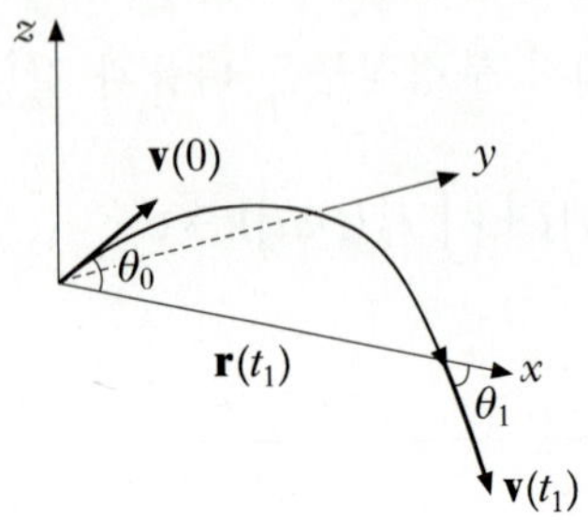

그림 3

풀이 (1) 야구공의 운동에 대한 초기조건은 다음과 같다.

$$\mathbf{v}(0) = v_0 \cos\theta_0 \mathbf{i} + v_0 \sin\theta_0 \mathbf{k},\ \ \mathbf{r}(0) = \mathbf{0}$$

$\mathbf{a}(0) = -32\mathbf{k}$이므로 속도 $\mathbf{v}(t)$를 구하면

$$\begin{aligned}\mathbf{v}(t) &= \int \mathbf{a}(t)dt = \left(\int -32dt\right)\mathbf{k} \\ &= -32t\mathbf{k} + \mathbf{c}\end{aligned}$$

$\mathbf{v}(0) = v_0 \cos\theta_0 \mathbf{i} + v_0 \sin\theta_0 \mathbf{k}$이므로

$$\mathbf{c} = v_0 \cos\theta_0 \mathbf{i} + v_0 \sin\theta_0 \mathbf{k}$$

따라서

$$\mathbf{v}(t) = v_0 \cos\theta_0 \mathbf{i} + (v_0 \sin\theta_0 - 32t)\mathbf{k}$$

위치 $\mathbf{r}(t)$를 구하면

$$\begin{aligned}\mathbf{r}(t) &= \int \mathbf{v}(t)dt \\ &= \left(\int v_0 \cos\theta_0 dt\right)\mathbf{i} + \left(\int (-32t + v_0 \sin\theta_0)dt\right)\mathbf{k} + \mathbf{d} \\ &= tv_0 \cos\theta_0 \mathbf{i} + (tv_0 \sin\theta_0 - 16t^2)\mathbf{k} + \mathbf{d}\end{aligned}$$

$\mathbf{r}(0) = \mathbf{0}$이므로 $\mathbf{d} = \mathbf{0}$, 따라서

$$\mathbf{r}(t) = tv_0 \cos\theta_0 \mathbf{i} + (tv_0 \sin\theta_0 - 16t^2)\mathbf{k}$$

(2) 시간이 t_1일 때 야구공이 떨어졌다고 하자.

야구공이 떨어지는 지점은 $\mathbf{r}(t_1)$이므로 $\mathbf{r}(t_1)$의 $\mathbf{k}$성분은 0이다. 즉

$$t_1 v_0 \sin\theta_0 - 16t_1^2 = t_1(v_0 \sin\theta_0 - 16t_1) = 0$$

따라서 야구공이 떨어지는 시간 t_1은 다음과 같다.

$$t_1 = \frac{v_0 \sin\theta_0}{16}$$

그러므로 야구공이 떨어지는 지점 $\mathbf{r}(t_1)$은

$$\begin{aligned}\mathbf{r}(t_1) &= t_1 v_0 \cos\theta_0 \mathbf{i} = \frac{1}{16} v_0^2 \cos\theta_0 \sin\theta_0 \mathbf{i} \\ &= \frac{1}{32} v_0^2 \sin 2\theta_0 \mathbf{i}\end{aligned}$$

즉, 야구공이 떨어지는 지점의 좌표는 $\left(\frac{1}{32} v_0^2 \sin 2\theta_0,\ 0,\ 0\right)$

(3) 야구공이 떨어지는 순간 지면과 이루는 각을 θ_1이라 하면

$\theta_1 = \mathbf{v}(t_1)$이 지면과 이루는 각
$= \mathbf{v}(t_1)$이 x축의 양의 방향과 이루는 각
$= \mathbf{v}(t_1)$이 벡터 $\mathbf{i}$와 이루는 각

두 벡터 $\mathbf{u}$, $\mathbf{v}$의 사이각이 θ이면

$$\cos\theta = \frac{\mathbf{u}\cdot\mathbf{v}}{\|\mathbf{u}\|\|\mathbf{v}\|}$$

야구공이 떨어지는 순간의 속도 $\mathbf{v}(t_1)$을 구하면

$$\begin{aligned}\mathbf{v}(t_1) &= v_0\cos\theta_0\mathbf{i} + (v_0\sin\theta_0 - 32t_1)\mathbf{k}\\ &= v_0\cos\theta_0\mathbf{i} - v_0\sin\theta_0\mathbf{k}\end{aligned}$$

따라서

$$\cos\theta_1 = \frac{\mathbf{v}(t_1)\cdot\mathbf{i}}{\|\mathbf{v}(t_1)\|} = \frac{v_0\cos\theta}{v_0} = \cos\theta_0$$

그러므로 야구공이 떨어질 때 지면과 이루는 각은 θ_0이다. ■

연습문제 13.2

※ (1~6) $\mathbf{u}(t) = t^2\mathbf{i} - 3t\mathbf{k}$, $\mathbf{v}(t) = -4t^3\mathbf{j} + \sin t\mathbf{k}$, $\mathbf{w}(t) = t\mathbf{i} + \mathbf{k}$일 때, 다음을 구하여라.

1. $\dfrac{d}{dt}(\mathbf{u}\cdot\mathbf{v})$
2. $\dfrac{d}{dt}(\mathbf{u}\times\mathbf{v})$
3. $\dfrac{d}{dt}(\mathbf{u}\cdot\mathbf{v}\times\mathbf{w})$
4. $\dfrac{d}{dt}\left(\mathbf{u}\cdot\dfrac{d\mathbf{u}}{dt}\right)$
5. $\dfrac{d}{dt}(\mathbf{u}\times\mathbf{v}\times\mathbf{w})$
6. $\dfrac{d}{dt}(\mathbf{u}\times(\mathbf{v}+\mathbf{w}))$

※ (7~10) 다음에서 $\dfrac{d}{dt}(h(t)\mathbf{r}(t))$을 구하여라.

7. $\mathbf{r}(t) = e^{-t}\mathbf{i} + 2\cos 3t\mathbf{j} + 2\sin 3t\mathbf{k}$, $h(t) = t^2$
8. $\mathbf{r}(t) = (1+t)\mathbf{i} + \sqrt{2}t^2\mathbf{j} + 3t^3\mathbf{k}$, $h(t) = e^t$
9. $\mathbf{r}(t) = 4\cos t\mathbf{i} - 3\sin t\mathbf{j} + 2t\mathbf{k}$, $h(t) = \tan t$
10. $\mathbf{r}(t) = \dfrac{1}{t+1}\mathbf{i} + t^2\mathbf{j} + 2\ln t\mathbf{k}$, $h(t) = \tan t$

※ (11~14) 다음에서 $\dfrac{d\mathbf{r}}{ds}$을 구하여라.

11. $\mathbf{r}(t) = \sin t\mathbf{i} + (t+1)\mathbf{j} - 3t\mathbf{k}$, $t = s^2$
12. $\mathbf{r}(t) = \tan^{-1}t\mathbf{i} + \ln(1+t)\mathbf{k}$, $t = e^s$
13. $\mathbf{r}(t) = t^2\mathbf{i} + t^3\mathbf{j} + t\mathbf{k}$, $t = \tan s$
14. $\mathbf{r}(t) = e^t\mathbf{i} + e^{-t}\mathbf{j} + \cos t\mathbf{k}$, $t = \tan s$

※ (15~18) 다음 주어진 곡선위의 점 P에서 접선의 매개방정식을 구하여라.

15. $x = t^2,\ y = t^3,\ z = t^4,\ P(1, -1, 1)$
16. $x = t^2 - 1,\ y = t^3 + 1,\ z = t + 1,\ P(0, 2, 2)$
17. $x = e^t\cos t,\ y = e^t\sin t,\ z = e^t,\ P(1, 0, 1)$
18. $x = t^2,\ y = \ln t,\ z = \sqrt{t},\ P(1, 0, 1)$

※ (19~22) 움직이는 물체의 가속도 $\mathbf{a}(t)$와 초기조건이 다음과 같이 주어졌을 때 물체의 위치 $\mathbf{r}(t)$를 구하여라.

19. $\mathbf{a}(t) = -3t\mathbf{i}$, $\mathbf{v}(0) = 2\mathbf{j}$, $\mathbf{r}(0) = 4\mathbf{i}$
20. $\mathbf{a}(t) = 3t\mathbf{i} + 2t\mathbf{j} + \mathbf{k}$, $\mathbf{v}(0) = -3\mathbf{j}$, $\mathbf{r}(0) = 2\mathbf{k}$
21. $\mathbf{a}(t) = e^{-t}\mathbf{i} + 2t\mathbf{j} + \cos t\mathbf{k}$, $\mathbf{v}(0) = \mathbf{k}$, $\mathbf{r}(0) = -\mathbf{i}$
22. $\mathbf{a}(t) = t^{-1/2}\mathbf{i} + \sin t\mathbf{j} + e^t\mathbf{k}$, $\mathbf{v}(0) = 2\mathbf{i}$, $\mathbf{r}(0) = -3\mathbf{k}$

23. 어떤 물체가 일정한 속력으로 움직이고 있다. 이 물체의 속도와 가속도는 서로 수직임을 증명하여라.

24. 어떤 물체가 평면 위에서 일정한 가속도 $\mathbf{a}(t) = a\mathbf{j}$로 움

직이고 있다. 이 물체가 움직이는 경로는 포물선 또는 직선임을 증명하여라.

25. 지표면에서 4 피트 높이의 수평한 탁자 위에서 작은 공이 초속 20 피트의 속력으로 굴러서 아래로 떨어졌다. 공이 지표면에 떨어지는 순간의 공의 속력과 지표면과 이루는 각을 구하여라.

26. $\mathbf{r}(t)$가 미분가능하고 모든 t에 대하여 $\mathbf{r}(t)\cdot\dfrac{d\mathbf{r}}{dt}=0$이면 $\|\mathbf{r}(t)\|$는 상수함수임을 증명하여라.

27. 벡터함수 $\mathbf{r}(t)$가 미분가능하고 모든 t에 대하여 $\mathbf{r}(t)\cdot\dfrac{d\mathbf{r}}{dt}=0$이면 $\|\mathbf{r}(t)\|$는 상수함수임을 증명하여라.

28. $\mathbf{a}$, $\mathbf{b}$가 벡터이고 ω는 상수이다. $\mathbf{r}(t)=\cos\omega t\mathbf{a}+\sin\omega t\mathbf{b}$에 대하여 다음 식을 증명하여라.

$$\mathbf{r}\times\frac{d\mathbf{r}}{dt}=\omega(\mathbf{a}\times\mathbf{b})$$

29. 벡터함수 $\mathbf{u}(t)$, $\mathbf{v}(t)$, $\mathbf{w}(t)$가 미분가능하면 다음 식이 성립함을 증명하여라.

$$\frac{d}{dt}(\mathbf{u}\cdot\mathbf{v}\times\mathbf{w})=\frac{d\mathbf{u}}{dt}\cdot\mathbf{v}\times\mathbf{w}+\mathbf{u}\cdot\frac{d\mathbf{v}}{dt}\times\mathbf{w}+\mathbf{u}\cdot\mathbf{v}\times\frac{d\mathbf{w}}{dt}$$

[참고] 위 식을 다음과 같이 나타낼 수 있다.

$$\frac{d}{dt}\begin{vmatrix} f_1 & f_2 & f_3 \\ g_1 & g_2 & g_3 \\ h_1 & h_2 & h_3 \end{vmatrix}=\begin{vmatrix} f_1' & f_2' & f_3' \\ g_1 & g_2 & g_3 \\ h_1 & h_2 & h_3 \end{vmatrix}+\begin{vmatrix} f_1 & f_2 & f_3 \\ g_1' & g_2' & g_3' \\ h_1 & h_2 & h_3 \end{vmatrix}+\begin{vmatrix} f_1 & f_2 & f_3 \\ g_1 & g_2 & g_3 \\ h_1' & h_2' & h_3' \end{vmatrix}$$

30. 벡터함수 $\mathbf{r}(t)$가 미분가능하고 $|\mathbf{r}(t)|\neq\mathbf{0}$이면 다음이 성립함을 증명하여라.

(1) $\dfrac{d}{dt}(|\mathbf{r}(t)|)=\dfrac{1}{|\mathbf{r}(t)|}\left(\mathbf{r}(t)\cdot\dfrac{d\mathbf{r}}{dt}\right)$

(2) $\dfrac{d}{dt}\left(\dfrac{\mathbf{r}(t)}{|\mathbf{r}(t)|}\right)=\dfrac{\dfrac{d\mathbf{r}}{dt}(\mathbf{r}(t)\cdot\mathbf{r}(t))-\mathbf{r}(t)\left(\mathbf{r}(t)\cdot\dfrac{d\mathbf{r}}{dt}\right)}{(\mathbf{r}(t)\cdot\mathbf{r}(t))^{3/2}}$

31. 벡터함수 $\mathbf{r}(t)$가 3차 미분가능하면 다음 식이 성립함을 증명하여라.

$$\frac{d}{dt}\left(\mathbf{r}\cdot\frac{d\mathbf{r}}{dt}\times\frac{d^2\mathbf{r}}{dt^2}\right)=\mathbf{r}\cdot\frac{d\mathbf{r}}{dt}\times\frac{d^3\mathbf{r}}{dt^3}$$

32. 정리 1을 증명하여라.

33. 정리 2를 증명하여라.

34. 정리 4를 증명하여라.

13.3 곡선의 길이와 곡률

공간 곡선의 길이와 곡률을 구하고 단위접선벡터, 단위법선벡터, 종법선벡터 등 곡선의 특징을 나타내는 벡터들을 구하는 방법을 소개한다.

곡선의 길이

평면곡선 C의 매개방정식이 다음과 같이 주어졌을 때

$$x = x(t),\ y = y(t)\ \ (a \le t \le b)$$

곡선 C의 길이 L은 다음과 같다.

$$L = \int_a^b \sqrt{\left(\frac{dx}{dt}\right)^2 + \left(\frac{dy}{dt}\right)^2}\, dt$$

곡선 C의 매개방정식을 다음과 같이 벡터함수로 나타내면

$$\mathbf{r}(t) = x(t)\mathbf{i} + y(t)\mathbf{j},\ \ a \le t \le b$$

따라서 다음 식이 성립한다.

$\mathbf{r}(t) = x(t)\mathbf{i} + y(t)\mathbf{j}$이면 $\dfrac{d\mathbf{r}}{dt} = \dfrac{dx}{dt}\mathbf{i} + \dfrac{dy}{dt}\mathbf{j}$

$$\left\| \frac{d\mathbf{r}}{dt} \right\| = \left\| \frac{dx}{dt}\mathbf{i} + \frac{dy}{dt}\mathbf{j} \right\| = \sqrt{\left(\frac{dx}{dt}\right)^2 + \left(\frac{dy}{dt}\right)^2}$$

그러므로 곡선 C의 길이 L을 다음과 같이 나타낼 수 있다.

$$L = \int_a^b \left\| \frac{d\mathbf{r}}{dt} \right\| dt$$

공간곡선의 경우에도 위와 같은 식이 성립함을 다음 정리에서 소개한다. 이 정리의 증명은 보충자료(13.4절)에서 찾아볼 수 있다.

정리 1 (곡선의 길이)

연속인 미분을 가지는 벡터함수 $\mathbf{r}(t) = x(t)\mathbf{i} + y(t)\mathbf{j} + z(t)\mathbf{k}\ \ (a \le t \le b)$로 표시되는 곡선 C의 길이 L은 다음과 같다.

$$L = \int_a^b \left\| \frac{d\mathbf{r}}{dt} \right\| dt$$

즉,

$$L = \int_a^b \sqrt{\left(\frac{dx}{dt}\right)^2 + \left(\frac{dy}{dt}\right)^2 + \left(\frac{dz}{dt}\right)^2}\, dt$$

예제 1 원 나선 $\mathbf{r}(t)=\cos 2t\mathbf{i}+\sin 2t\mathbf{j}+3t\mathbf{k}$ 위의 점 $(1,\ 0,\ 0)$에서 점 $(1,\ 0,\ 3\pi)$까지의 곡선의 길이를 구하여라.

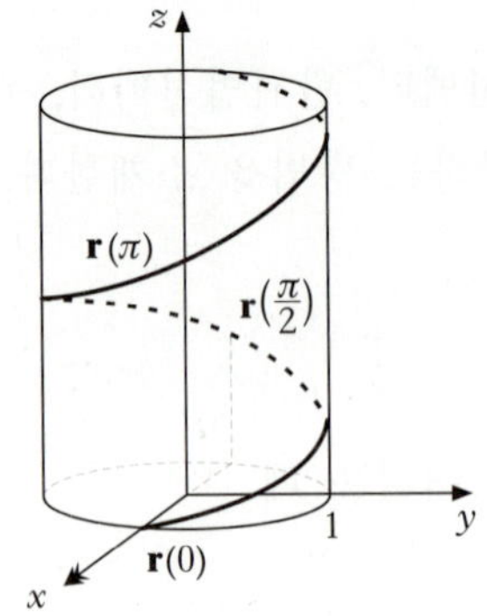

그림 1

풀이 $(1,\ 0,\ 0)=\mathbf{r}(0)$, $(1,\ 0,\ 3\pi)=\mathbf{r}(\pi)$이므로 곡선의 길이 L을 구하면

$$\begin{aligned} L &= \int_0^\pi \left\| \frac{d\mathbf{r}}{dt} \right\| dt \\ &= \int_0^\pi \left\| \frac{d}{dt}(\cos 2t\mathbf{i}+\sin 2t\mathbf{j}+3t\mathbf{k}) \right\| dt \\ &= \int_0^\pi \| -2\sin 2t\mathbf{i}+2\cos 2t\mathbf{j}+3\mathbf{k} \| dt \\ &= \int_0^\pi \sqrt{(-2\sin 2t)^2+(2\cos 2t)^2+9}\, dt \\ &= \int_0^\pi \sqrt{13}\, dt = \pi\sqrt{13} \end{aligned}$$

길이함수와 길이변수

벡터함수 $\mathbf{r}(t)=x(t)\mathbf{i}+y(t)\mathbf{j}+z(t)\mathbf{k}$ $(a \le t \le b)$로 표시되는 곡선 C를 따라 $\mathbf{r}(a)$에서 $\mathbf{r}(t)$까지의 곡선의 길이 $\sigma(t)$는 다음과 같다.

$$\sigma(t)=\int_a^t \left\| \frac{d\mathbf{r}}{du} \right\| du = \int_a^t \|\mathbf{r}'(u)\| du$$

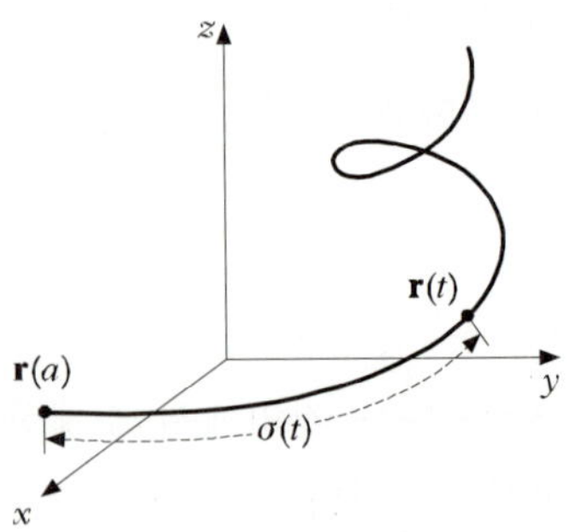

그림 2

즉,

$$\begin{aligned} \sigma(t) &= \int_a^t \sqrt{\frac{d\mathbf{r}}{du}\cdot\frac{d\mathbf{r}}{du}}\, du \\ &= \int_a^t \sqrt{\left(\frac{dx}{du}\right)^2+\left(\frac{dy}{du}\right)^2+\left(\frac{dz}{du}\right)^2}\, du \end{aligned}$$

곡선 전체의 길이를 L이라 하면, 함수 $s=\sigma(t)$는 정의역이 $[a,\ b]$이고 치역이 $[0,\ L]$인 증가함수가 된다.

$$\begin{aligned} \sigma : [a,\ b] &\to [0,\ L] \\ t &\mapsto s=\sigma(t)=\int_a^t \|\mathbf{r}'(u)\| du \end{aligned}$$

이때 함수 $s=\sigma(t)$를 **길이함수**(arc length function), 길이함수의 종속변수 s를 **길이변수**(arc length variable)라 한다.

벡터함수 $\mathbf{r}(t)=x(t)\mathbf{i}+y(t)\mathbf{j}+z(t)\mathbf{k}$가 $[a,\ b]$에서 연속인 미분을 가지면 성분함수 $x(t)$, $y(t)$, $z(t)$도 각각 $[a,\ b]$에서 연속인 미분을 가지므로

$$\left\| \frac{d\mathbf{r}}{dt} \right\| = \sqrt{\left(\frac{dx}{dt}\right)^2 + \left(\frac{dy}{dt}\right)^2 + \left(\frac{dz}{dt}\right)^2}$$

도 $[a, b]$에서 연속이다. 그러므로 길이함수

$$\sigma(t) = \int_a^t \left\| \frac{d\mathbf{r}}{du} \right\| du$$

는 $[a, b]$에서 연속이고 미분가능하다. 따라서 다음 식이 성립한다.

$$\frac{ds}{dt} = \sigma'(t) = \left\| \frac{d\mathbf{r}}{dt} \right\|$$

그러므로 다음 정리가 성립한다.

정리 2 (길이함수의 미분)

벡터함수 $\mathbf{r}(t) = x(t)\mathbf{i} + y(t)\mathbf{j} + z(t)\mathbf{k}$가 $[a, b]$에서 연속인 미분을 가지면 길이함수 $s = \sigma(t)$는 $[a, b]$에서 연속이고 미분가능하며 다음이 성립한다.

$$\frac{ds}{dt} = \left\| \frac{d\mathbf{r}}{dt} \right\|$$

예제 2 원 나선 $\mathbf{r}(t) = \cos at\mathbf{i} + \sin at\mathbf{j} + bt\mathbf{k}$, $(0 \le t \le 2\pi)$의 길이함수 $\sigma(t)$와 $\dfrac{ds}{dt}$를 구하여라.

풀이 $\left\| \dfrac{d\mathbf{r}}{dt} \right\|$를 구하면

$$\begin{aligned}
\left\| \frac{d\mathbf{r}}{dt} \right\| &= \left\| \frac{d}{dt}(\cos at\mathbf{i} + \sin at\mathbf{j} + bt\mathbf{k}) \right\| \\
&= \|-a \sin t\mathbf{i} + a \cos at\mathbf{j} + b\mathbf{k}\| \\
&= \sqrt{(-a \sin at)^2 + (a \cos at)^2 + b^2} \\
&= \sqrt{a^2 + b^2}
\end{aligned}$$

따라서

$$\sigma(t) = \int_0^t \left\| \frac{d\mathbf{r}}{du} \right\| du = \int_0^t \sqrt{a^2 + b^2}\, dt = \sqrt{a^2 + b^2}\, t$$

$$\frac{ds}{dt} = \left\| \frac{d\mathbf{r}}{dt} \right\| = \sqrt{a^2 + b^2}$$

■

접선벡터

곡선 C가 미분가능한 벡터함수 $\mathbf{r}(t)=x(t)\mathbf{i}+y(t)\mathbf{j}+z(t)\mathbf{k}$, $(a\le t\le b)$로 주어지면 $\mathbf{r}'(t)$는 점 $P(x(t),\, y(t),\, z(t))$에서 곡선 C의 접선벡터가 된다.

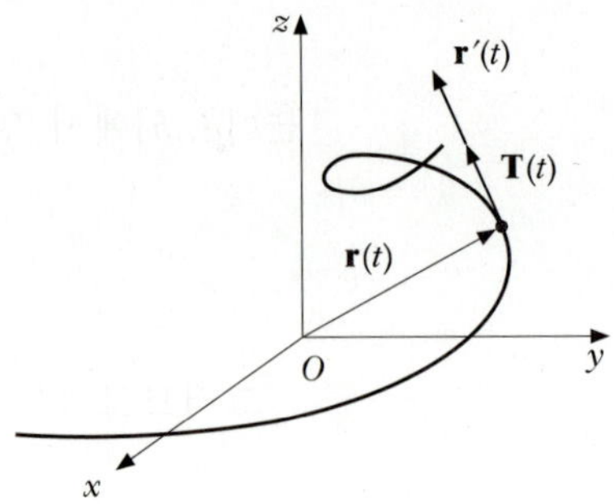

그림 3

이때 접선벡터 방향의 단위벡터

$$\mathbf{T}(t)=\frac{\mathbf{r}'(t)}{\|\mathbf{r}'(t)\|}$$

를 **단위접선벡터**(unit tangent vector)라 한다.

예제 3 $t=\dfrac{\pi}{6\omega}$에서 원나선 $\mathbf{r}(t)=a\cos\omega t\mathbf{i}+a\sin\omega t\mathbf{j}+b\omega t\mathbf{k}$의 단위접선벡터 $\mathbf{T}\left(\dfrac{\pi}{6\omega}\right)$를 구하여라. 단, $\omega>0$.

풀이 $\mathbf{r}'(t)$, $\|\mathbf{r}'(t)\|$를 구하자.

$$\begin{aligned}\mathbf{r}'(t)&=\frac{d}{dt}(a\cos\omega t\mathbf{i}+a\sin\omega t\mathbf{j}+b\omega t\mathbf{k})\\&=-a\omega\sin\omega t\mathbf{i}+a\omega\cos\omega t\mathbf{j}+b\omega\mathbf{k}\\\|\mathbf{r}'(t)\|&=\|-a\omega\sin\omega t\mathbf{i}+a\omega\cos\omega t\mathbf{j}+b\omega\mathbf{k}\|\\&=\sqrt{(-a\omega\sin\omega t)^2+(a\omega\cos\omega t)^2+(b\omega)^2}\\&=\omega\sqrt{a^2+b^2}\end{aligned}$$

따라서 단위접선벡터는

$$\begin{aligned}\mathbf{T}(t)&=\left\|\frac{d\mathbf{r}}{dt}\right\|^{-1}\frac{d\mathbf{r}}{dt}\\&=\frac{1}{\omega\sqrt{a^2+b^2}}(-a\omega\sin\omega t\mathbf{i}+a\omega\cos\omega t\mathbf{j}+b\omega\mathbf{k})\\&=\frac{1}{\sqrt{a^2+b^2}}(-a\sin\omega t\mathbf{i}+a\cos\omega t\mathbf{j}+b\mathbf{k})\end{aligned}$$

그러므로 $t=\dfrac{\pi}{6\omega}$에서의 단위접선벡터는 다음과 같다.

$$\mathbf{T}\left(\frac{\pi}{6\omega}\right)=\frac{-a\mathbf{i}+\sqrt{3}\,a\mathbf{j}+2b\mathbf{k}}{2\sqrt{a^2+b^2}}$$

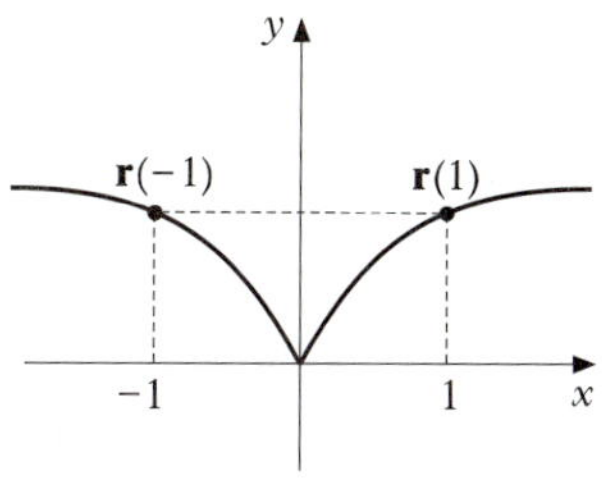

그림 4

곡선 $\mathbf{r}(t)=t^3\mathbf{i}+t^2\mathbf{j}$은 $y^3=x^2$의 그래프와 같다. $y^3=x^2$은 원점에서 미분 불가능하며 뾰족점(cusp)을 가진다.

곡선 C를 나타내는 벡터함수 $\mathbf{r}(t)$가 다음의 두 가지 성질

(a) 벡터함수 $\mathbf{r}(t)$는 연속인 2차 미분을 가진다.

(b) 모든 t에 대하여 $\left\|\dfrac{d\mathbf{r}}{dt}\right\|\neq 0$이다.

을 만족할 때 곡선 C를 **매끈한 곡선**(smooth curve)이라 한다.

예제 4 $\mathbf{r}(t)=t^3\mathbf{i}+t^2\mathbf{j}$는 매끈한 곡선이 아님을 증명하여라.

풀이 $\mathbf{r}(t)=t^3\mathbf{i}+t^2\mathbf{j}$의 두 성분함수 t^3, t^2은 모두 연속인 2차 미분을 가진다. 따라서 벡터함수 $\mathbf{r}(t)$는 연속인 2차 미분을 가진다.

$\dfrac{d\mathbf{r}}{dt}$를 구하면

$$\frac{d\mathbf{r}}{dt}=\frac{d}{dt}(t^3\mathbf{i}+t^2\mathbf{j})=3t^2\mathbf{i}+2t\mathbf{j}$$

따라서

$$\left\|\frac{d\mathbf{r}}{dt}\right\|=\|3t^2\mathbf{i}+2t\mathbf{j}\|=\sqrt{9t^4+4t^2}$$

$\mathbf{r}'(0)=\mathbf{0}$이므로 매끈한 곡선의 조건 (6)를 만족하지 않는다.
그러므로 이 곡선은 매끈한 곡선이 아니다.

역함수

연속함수 $f:[a,b]\to[c,d]$가
(1) 일대일함수
(2) $f(a)=c$
(3) $f(b)=d$
이면 함수 f는 역함수를 가진다.

곡선 C가 매끈한 곡선이면

$$\frac{ds}{dt}=\left\|\frac{d\mathbf{r}}{dt}\right\|>0$$

따라서 곡선 C의 길이를 L이라 하면 길이함수 $s=\sigma(t)$는

$$\sigma:[a,b]\longrightarrow[0,L]$$
$$t\longmapsto\sigma(t)$$

정의역이 $[a,b]$, 치역이 $[0,L]$인 일대일 증가함수이고 $\sigma(a)=0$, $\sigma(b)=L$이므로 미분가능한 역함수 $t=\sigma^{-1}(s)$를 갖는다.

그러므로

$$\frac{dt}{ds}=\frac{d\sigma^{-1}}{ds}=\left(\frac{d\sigma}{dt}\right)^{-1}=\left(\frac{ds}{dt}\right)^{-1}=\left\|\frac{d\mathbf{r}}{dt}\right\|^{-1}$$

역함수의 미분

미분가능함수 $y=f(x)$가 역함수 $x=f^{-1}(y)$를 가지면 역함수 f^{-1}도 미분가능하며 다음이 성립한다.

$$\frac{df^{-1}}{dy}(f(x_0))=\left(\frac{df}{dx}(x_0)\right)^{-1}$$

즉

$$\frac{dx}{dy}(f(x_0))=\left(\frac{dy}{dx}(x_0)\right)^{-1}$$

길이함수 $s=\sigma(t)$의 역함수 $\sigma^{-1}(s)$와 벡터함수 $\mathbf{r}(t)$의 합성함수 $\mathbf{r}(\sigma^{-1}(s))$를 $\mathbf{r}(t)$의 길이변수 s로의 변수변환이라 하고 $\mathbf{r}(s)$로 표시한다. 그리고 $\mathbf{r}(s)=\mathbf{r}(\sigma^{-1}(s))$의 미분을 $\dfrac{d\mathbf{r}}{ds}$로 표시한다. 즉,

$$\mathbf{r}(s)=\mathbf{r}(\sigma^{-1}(s))$$

$$\frac{d\mathbf{r}}{ds}=\frac{d}{ds}(\mathbf{r}\circ\sigma^{-1})(s)$$

변수변환

$\sigma^{-1}(s)$와 $\mathbf{r}(t)$의 합성함수를 $\mathbf{r}(s)$로 표시한다.

$$\begin{array}{ccccc} [0,L] & \xrightarrow{\sigma^{-1}} & [a,b] & \xrightarrow{\mathbf{r}} & \mathbb{R}^3 \\ s & \mapsto & \sigma^{-1}(s) & \mapsto & \mathbf{r}(s) \end{array}$$

즉,

$$\mathbf{r}(s)=(\mathbf{r}\circ\sigma^{-1})(s)$$

예제 5 벡터함수 $\mathbf{r}(t)=a\cos\omega t\mathbf{i}+a\sin\omega t\mathbf{j}+b\omega t\mathbf{k}$, $(0\le t\le 2\pi)$의 길이변수 s로의 변수변환 $\mathbf{r}(s)$를 구하고 $\dfrac{d\mathbf{r}}{ds}$를 구하여라. 단, $\omega>0$.

풀이 $\mathbf{r}'(t)$, $\|\mathbf{r}'(t)\|$를 구하면

$$\begin{aligned}\mathbf{r}'(t)&=(a\cos\omega t,\ a\sin\omega t,\ b\omega t)\\&=(-a\omega\sin\omega t,\ a\omega\cos\omega t,\ b\omega)\\ \|\mathbf{r}'(t)\|&=\sqrt{(-a\omega\sin\omega t)^2+(a\omega\cos\omega t)^2+(b\omega)^2}\\&=\omega\sqrt{a^2+b^2}\end{aligned}$$

따라서

$$\begin{aligned}s=\sigma(t)&=\int_0^t\|\mathbf{r}'(u)\|du=\int_0^t\omega\sqrt{a^2+b^2}\,du\\&=\omega\sqrt{a^2+b^2}\,t\end{aligned}$$

그러므로 $s=\sigma(t)$의 역함수 $t=\sigma^{-1}(s)$는 다음과 같다.

$$t=\sigma^{-1}(s)=\frac{s}{\omega\sqrt{a^2+b^2}},\quad 0\le s\le 2\pi\omega\sqrt{a^2+b^2}$$

그리고 $\mathbf{r}(t)$의 길이변수 s로의 변수변환 $\mathbf{r}(s)$는 다음과 같다.

$$\mathbf{r}(s)=\mathbf{r}(\sigma^{-1}(s))=\left(a\cos\frac{s}{\sqrt{a^2+b^2}},\ a\sin\frac{s}{\sqrt{a^2+b^2}},\ \frac{bs}{\sqrt{a^2+b^2}}\right)$$

$\mathbf{r}(s)$를 미분하여 $\dfrac{d\mathbf{r}}{ds}$를 구하면

$$\frac{d\mathbf{r}}{ds}=\left(\frac{-a}{\sqrt{a^2+b^2}}\sin\frac{s}{\sqrt{a^2+b^2}},\ \frac{a}{\sqrt{a^2+b^2}}\cos\frac{s}{\sqrt{a^2+b^2}},\ \frac{b}{\sqrt{a^2+b^2}}\right)$$ ■

변수변환

$\sigma^{-1}(s)$와 $\mathbf{T}(t)$의 합성함수를 $\mathbf{T}(s)$로 표시한다.

$$\begin{array}{ccccc} [0,L] & \xrightarrow{\sigma^{-1}} & [a,b] & \xrightarrow{\mathbf{T}} & \mathbb{R}^3 \\ s & \mapsto & \sigma^{-1}(s) & \mapsto & \mathbf{T}(s) \end{array}$$

즉,

$$\mathbf{T}(s)=\mathbf{T}(\sigma^{-1}(s))$$

길이함수의 역함수 $\sigma^{-1}(s)$와 벡터함수 $\mathbf{T}(t)$의 합성함수 $\mathbf{T}(\sigma^{-1}(s))$를 $\mathbf{T}(t)$의 길이변수 s로의 변수변환이라 하고 $\mathbf{T}(s)$로 표시한다. 즉,

$$\mathbf{T}(s)=\mathbf{T}(\sigma^{-1}(s))$$

실제로 $\mathbf{T}(s)$는 벡터함수 $\mathbf{r}(s)$의 미분이 됨을 다음 정리에서 소개한다.

정리 3 (단위접선벡터)

곡선 $\mathbf{r}(t)$가 매끈한 곡선이면, 다음이 성립한다.

$$\mathbf{T}(s) = \frac{d\mathbf{r}}{ds}$$

증명 연쇄법칙을 이용하여 $\mathbf{r}(s) = \mathbf{r}(\sigma^{-1}(s))$의 미분 $\dfrac{d\mathbf{r}}{ds}$를 구하자.

$$\frac{d\mathbf{r}}{ds} = \frac{d}{ds}\mathbf{r}(\sigma^{-1}(s)) = \frac{d(\mathbf{r}\circ\sigma^{-1})}{ds} = \frac{d\mathbf{r}}{dt}\frac{d\sigma^{-1}}{ds}$$

$s = \sigma(t)$의 역함수 $t = \sigma^{-1}(s)$의 미분

$$\frac{d\sigma^{-1}}{ds} = \frac{dt}{ds} = \left(\frac{ds}{dt}\right)^{-1} = \left\|\frac{d\mathbf{r}}{dt}\right\|^{-1}$$

$\dfrac{d\sigma^{-1}}{ds} = \left\|\dfrac{d\mathbf{r}}{dt}\right\|^{-1}$ 이므로

$$\frac{d\mathbf{r}}{ds} = \frac{d\mathbf{r}}{dt}\frac{d\sigma^{-1}}{ds} = \frac{d\mathbf{r}}{dt}\left\|\frac{d\mathbf{r}}{dt}\right\|^{-1}$$

그러므로

$$\mathbf{T}(s) = \mathbf{T}(\sigma^{-1}(s)) = \mathbf{T}(t) = \left\|\frac{d\mathbf{r}}{dt}\right\|^{-1}\frac{d\mathbf{r}}{dt} = \frac{d\mathbf{r}}{ds}$$ ■

곡률과 단위법선벡터

벡터함수 $\mathbf{r}(t)$로 주어진 곡선 위를 움직이면 각 점에서의 단위접선벡터가 변화할 것이다. 이러한 변화는 단위접선벡터의 방향이 바뀌기 때문에 일어나는 현상이다. 따라서 단위접선벡터의 변화는 곡선의 구부러진 정도를 반영한다.

정의 1 (곡률)

곡선 $\mathbf{r}(t)$의 단위접선벡터 $\mathbf{T}(t)$의 길이변수 s에 대한 변화율의 크기를 곡률(curvature)이라 하고 $\kappa(t)$로 표시한다. 즉

$$\kappa(t) = \left\|\frac{d\mathbf{T}}{ds}\right\|$$

단위접선벡터 $\mathbf{T}(t)$의 길이변수 s에 대한 변화율 $\dfrac{d\mathbf{T}}{ds}$은 벡터함수 $\mathbf{T}(t)$의 를 길이변수 s로의 변수변환 $\mathbf{T}(s) = \mathbf{T}(\sigma^{-1}(s))$를 길이변수 s에 대하여 미분한 것이다. 따라서 연쇄법칙을 이용하면 $\dfrac{d\mathbf{T}}{ds}$를 구할 수 있다.

$\dfrac{d\sigma^{-1}}{ds} = \left\| \dfrac{d\mathbf{r}}{dt} \right\|^{-1}$ 이므로

$$\frac{d\mathbf{T}}{ds} = \frac{d(\mathbf{T}\circ\sigma^{-1})}{ds} = \frac{d\mathbf{T}}{dt}\frac{d\sigma^{-1}}{ds} = \frac{d\mathbf{T}}{dt}\left\| \frac{d\mathbf{r}}{dt} \right\|^{-1}$$

곡률의 정의에서

$$\kappa(t) = \left\| \frac{d\mathbf{T}}{ds} \right\| = \left\| \frac{d\mathbf{T}}{dt} \right\| \left\| \frac{d\mathbf{r}}{dt} \right\|^{-1}$$

따라서 다음의 정리를 얻는다.

정리 4 (곡률)

매끈한 곡선 $\mathbf{r}(t)$의 곡률 $\kappa(t)$는 다음과 같다.

$$\kappa(t) = \left\| \frac{d\mathbf{T}}{dt} \right\| \left\| \frac{d\mathbf{r}}{dt} \right\|^{-1}$$

예제 6 $t = \dfrac{\pi}{6\omega}$에서 원나선 $\mathbf{r}(t) = a\cos\omega t\mathbf{i} + a\sin\omega t\mathbf{j} + b\omega t\mathbf{k}$의 곡률을 구하여라. 단, $a>0$, $\omega>0$.

풀이 $\|\mathbf{r}'(t)\|$, $\mathbf{T}(t)$, $\mathbf{T}'(t)$는 다음과 같다.

$$\|\mathbf{r}'(t)\| = \omega\sqrt{a^2+b^2}$$

$$\mathbf{T}(t) = \frac{1}{\sqrt{a^2+b^2}}(-a\sin\omega t\mathbf{i} + a\cos\omega t\mathbf{j} + b\mathbf{k})$$

$$\frac{d\mathbf{T}}{dt} = \frac{1}{\sqrt{a^2+b^2}}(-a\omega\cos\omega t\mathbf{i} - a\omega\sin\omega t\mathbf{j})$$

정리 4을 이용하여 곡률 $\kappa(t)$을 구하면

$$\begin{aligned}\kappa(t) &= \left\| \frac{d\mathbf{T}}{dt} \right\| \left\| \frac{d\mathbf{r}}{dt} \right\|^{-1} \\ &= \frac{1}{\omega(a^2+b^2)}\|-a\omega\cos\omega t\mathbf{i} - a\omega\sin\omega t\mathbf{j}\| \\ &= \frac{a}{a^2+b^2}\|\cos\omega t\mathbf{i} + \sin\omega t\mathbf{j}\| = \frac{a}{a^2+b^2}\end{aligned}$$

따라서 이 곡선은 모든 점에서 곡률이 같으며 곡률은 $\dfrac{a}{a^2+b^2}$이다. 그러므로 $\kappa\left(\dfrac{\pi}{6\omega}\right) = \dfrac{a}{a^2+b^2}$ ■

예제 7 반지름이 $a>0$인 원의 곡률은 $\dfrac{1}{a}$임을 증명하여라.

증명 xy 평면 위에서 원점을 중심으로 하고 반지름이 $a>0$인 원을 벡터함수로 다음과 같이 나타낼 수 있다.

$$\mathbf{r}(t)=a\cos t\mathbf{i}+a\sin t\mathbf{j}$$

$\mathbf{r}'(t)$, $\|\mathbf{r}'(t)\|$를 구하면

$$\mathbf{r}'(t)=-a\sin t\mathbf{i}+a\cos t\mathbf{j}$$
$$\|\mathbf{r}'(t)\|=\sqrt{(-a\sin t)^2+(a\cos t)^2}=a$$

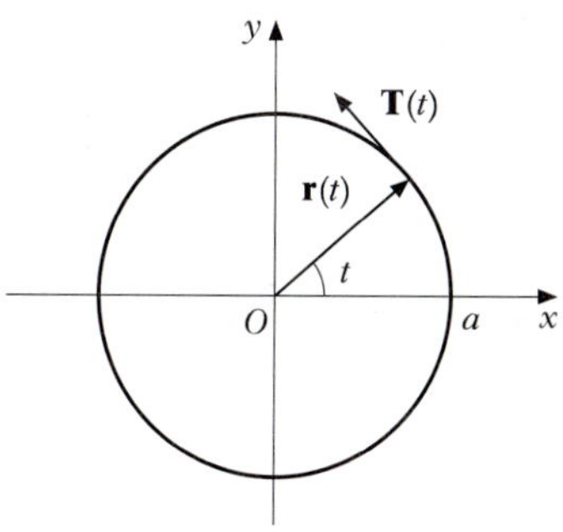

그림 5

따라서 $\mathbf{T}(t)$, $\dfrac{d\mathbf{T}}{dt}$는 다음과 같다.

$$\mathbf{T}(t)=\left\|\frac{d\mathbf{r}}{dt}\right\|^{-1}\frac{d\mathbf{r}}{dt}=-\sin t\mathbf{i}+\cos t\mathbf{j}$$
$$\frac{d\mathbf{T}}{dt}=-\cos t\mathbf{i}-\sin t\mathbf{j}$$

그러므로 곡률 $\kappa(t)$는 다음과 같다.

$$\kappa(t)=\left\|\frac{d\mathbf{T}}{dt}\right\|\left\|\frac{d\mathbf{r}}{dt}\right\|^{-1}=\frac{1}{a}\|-\cos t\mathbf{i}-\sin t\mathbf{j}\|=\frac{1}{a}$$

따라서 반지름이 a인 원은 모든 점에서 곡률이 $\dfrac{1}{a}$이다. ■

매끈한 곡선 $\mathbf{r}(t)$에서 단위접선벡터 $\mathbf{T}(t)$는 단위벡터이므로

$$\mathbf{T}(t)\cdot\mathbf{T}(t)=1$$

양변을 t에 대하여 미분하면

$$\frac{d\mathbf{T}}{dt}\cdot\mathbf{T}+\mathbf{T}\cdot\frac{d\mathbf{T}}{dt}=0$$

따라서 $\dfrac{d\mathbf{T}}{dt}\cdot\mathbf{T}=0$. 즉 단위접선벡터 $\mathbf{T}$와 $\dfrac{d\mathbf{T}}{dt}$는 서로 수직하다.

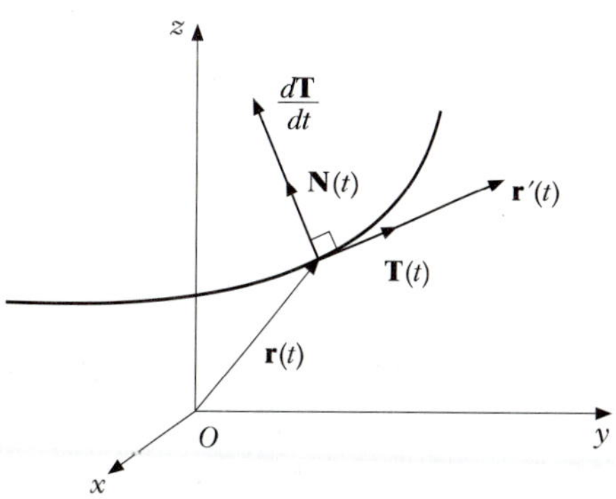

그림 6

곡선 $\mathbf{r}(t)$에서 단위접선벡터 $\mathbf{T}(t)$의 미분 $\dfrac{d\mathbf{T}}{dt}$와 같은 방향의 단위벡터를 단위법선벡터(unit normal vector)라 하고 $\mathbf{N}(t)$로 표시한다. 즉

$$\mathbf{N}(t) = \left\| \frac{d\mathbf{T}}{dt} \right\|^{-1} \frac{d\mathbf{T}}{dt}$$

$\dfrac{d\mathbf{T}}{ds} = \dfrac{d\mathbf{T}}{dt}\left\| \dfrac{d\mathbf{r}}{dt} \right\|^{-1}$에 의하면 $\dfrac{d\mathbf{T}}{ds}$와 $\dfrac{d\mathbf{T}}{dt}$는 같은 방향의 벡터이므로

$$\left\| \frac{d\mathbf{T}}{ds} \right\|^{-1} \frac{d\mathbf{T}}{ds} = \left\| \frac{d\mathbf{T}}{dt} \right\|^{-1} \frac{d\mathbf{T}}{dt}$$

따라서

$$\mathbf{N}(t) = \left\| \frac{d\mathbf{T}}{ds} \right\|^{-1} \frac{d\mathbf{T}}{ds}$$

$\kappa(t) = \left\| \dfrac{d\mathbf{T}}{ds} \right\|$이므로 다음 정리가 성립한다.

정리 5 (단위법선벡터)

매끈한 곡선 $\mathbf{r}(t)$에서 다음이 성립한다.

$$\frac{d\mathbf{T}}{ds} = \kappa(t)\mathbf{N}(t)$$

곡선 $\mathbf{r}(t)$에서 단위접선벡터 $\mathbf{T}(t)$와 단위법선벡터 $\mathbf{N}(t)$에 동시에 수직인 종법선벡터(binormal vector) $\mathbf{B}(t)$를 다음과 같이 정의한다.

$$\mathbf{B}(t) = \mathbf{T}(t) \times \mathbf{N}(t)$$

단위접선벡터 $\mathbf{T}(t)$와 단위법선벡터 $\mathbf{N}(t)$는 수직인 단위벡터이므로

$$\|\mathbf{B}(t)\| = \|\mathbf{T}(t) \times \mathbf{N}(t)\| = \|\mathbf{T}(t)\| \|\mathbf{N}(t)\| \sin\frac{\pi}{2} = 1$$

따라서 종법선벡터 $\mathbf{B}(t)$는 단위벡터이다. 그리고 벡터곱의 성질에 의하여 세 벡터 $\mathbf{T}(t)$, $\mathbf{N}(t)$, $\mathbf{B}(t)$는 서로 수직이고 오른손법칙을 만족한다.

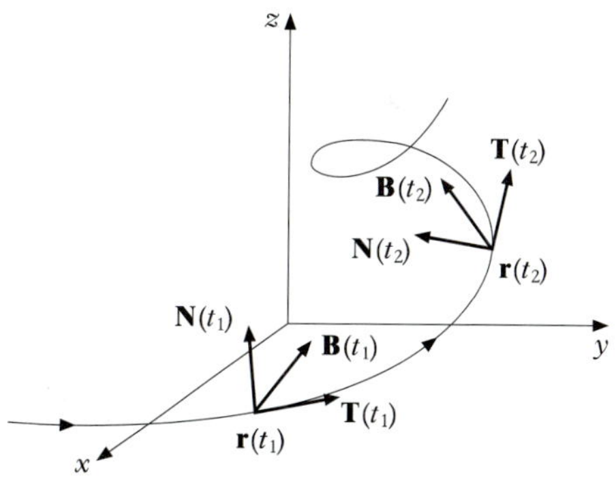

그림 7

예제 8 원나선 $\mathbf{r}(t)=a\cos\omega t\mathbf{i}+a\sin\omega t\mathbf{j}+b\omega t\mathbf{k}$의 곡률 $\kappa(t)$와 단위접선벡터 $\mathbf{T}(t)$, 단위법선벡터 $\mathbf{N}(t)$, 종법선벡터 $\mathbf{B}(t)$를 구하여라. 단, $a>0$, $\omega>0$.

풀이 $\|\mathbf{r}'(t)\|$, $\mathbf{T}(t)$, $\dfrac{d\mathbf{T}}{dt}$, $\dfrac{d\mathbf{T}}{ds}$를 구하면

$$\|\mathbf{r}'(t)\|=\omega\sqrt{a^2+b^2}$$
$$\mathbf{T}(t)=\frac{1}{\sqrt{a^2+b^2}}(-a\sin\omega t\mathbf{i}+a\cos\omega t\mathbf{j}+b\mathbf{k})$$
$$\frac{d\mathbf{T}}{dt}=\frac{1}{\sqrt{a^2+b^2}}(-a\omega\cos\omega t\mathbf{i}-a\omega\sin\omega t\mathbf{j})$$
$$\frac{d\mathbf{T}}{ds}=\frac{1}{\|\mathbf{r}'(t)\|}\frac{d\mathbf{T}}{dt}=\frac{a}{a^2+b^2}(-\cos\omega t\mathbf{i}-\sin\omega t\mathbf{j})$$

$\dfrac{d}{dt}$와 $\dfrac{d}{ds}$의 비교

$$\frac{d\mathbf{r}}{ds}=\frac{d\mathbf{r}}{dt}\frac{dt}{ds}=\left(\frac{ds}{dt}\right)^{-1}\frac{d\mathbf{r}}{dt}=\frac{1}{\|\mathbf{r}'(t)\|}\frac{d\mathbf{r}}{dt}$$
$$\frac{d\mathbf{T}}{ds}=\frac{d\mathbf{T}}{dt}\frac{dt}{ds}=\left(\frac{ds}{dt}\right)^{-1}\frac{d\mathbf{T}}{dt}=\frac{1}{\|\mathbf{r}'(t)\|}\frac{d\mathbf{T}}{dt}$$

따라서

$$\kappa(t)=\left\|\frac{d\mathbf{T}}{ds}\right\|=\frac{a}{a^2+b^2}$$

단위법선벡터 $\mathbf{N}(t)$, 종법선벡터 $\mathbf{B}(t)$는 각각 다음과 같다.

$$\mathbf{N}(t)=\frac{1}{\kappa(t)}\frac{d\mathbf{T}}{ds}=-\cos\omega t\mathbf{i}-\sin\omega t\mathbf{j}$$
$$\mathbf{B}(t)=\mathbf{T}(t)\times\mathbf{N}(t)=\frac{1}{\sqrt{a^2+b^2}}\begin{vmatrix}\mathbf{i}&\mathbf{j}&\mathbf{k}\\-a\sin\omega t&a\cos\omega t&b\\-\cos\omega t&-\sin\omega t&0\end{vmatrix}=\frac{1}{\sqrt{a^2+b^2}}(b\sin\omega t\mathbf{i}-b\cos\omega t\mathbf{j}+a\mathbf{k})$$ ■

곡률의 계산

정리 3과 곡률의 정의에서

$$\kappa(t) = \left\| \frac{d\mathbf{T}}{ds} \right\| = \left\| \frac{d}{ds}\frac{d\mathbf{r}}{ds} \right\| = \left\| \frac{d^2\mathbf{r}}{ds^2} \right\|$$

즉, 곡선 $\mathbf{r}(t)$의 곡률은 $\mathbf{r}(t)$의 s에 대한 2차 미분의 크기이다.

다음 정리에서 변수 t에 대한 곡선의 매개방정식의 미분을 이용하여 곡률을 구하는 방법을 소개한다.

정리 6 (곡률의 계산)

매끈한 곡선 $\mathbf{r}(t)$의 곡률 $\kappa(t)$는 다음과 같다.

$$\kappa(t) = \frac{\|\mathbf{r}'(t) \times \mathbf{r}''(t)\|}{\|\mathbf{r}'(t)\|^3}$$

예제 9 곡선 $\mathbf{r}(t) = e^t\mathbf{i} + e^{-t}\mathbf{j} + t\mathbf{k}$의 곡률을 구하여라.

풀이 $\mathbf{r}'(t) = e^t\mathbf{i} - e^{-t}\mathbf{j} + \mathbf{k}$, $\mathbf{r}''(t) = e^t\mathbf{i} + e^{-t}\mathbf{j}$이므로

$$\begin{aligned}\mathbf{r}'(t) \times \mathbf{r}''(t) &= \begin{vmatrix} \mathbf{i} & \mathbf{j} & \mathbf{k} \\ e^t & -e^{-t} & 1 \\ e^t & e^{-t} & 0 \end{vmatrix} \\ &= \left(\begin{vmatrix} -e^{-t} & 1 \\ e^{-t} & 0 \end{vmatrix}, -\begin{vmatrix} e^t & 1 \\ e^t & 0 \end{vmatrix}, \begin{vmatrix} e^t & -e^{-t} \\ e^t & e^{-t} \end{vmatrix} \right) \\ &= (-e^{-t}, e^t, 2)\end{aligned}$$

그러므로

$$\kappa(t) = \frac{\|-e^{-t}\mathbf{i} + e^t\mathbf{j} + 2\mathbf{k}\|}{\|e^t\mathbf{i} - e^{-t}\mathbf{j} + \mathbf{k}\|^3} = \frac{\sqrt{e^{-2t} + e^{2t} + 4}}{(e^{2t} + e^{-2t} + 1)^{3/2}}$$

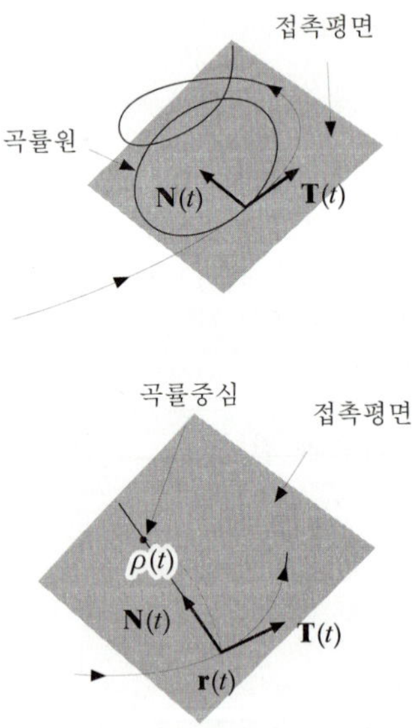

그림 8

정의 2 (접촉평면, 곡률원)

벡터함수 $\mathbf{r}(t)$로 주어지는 매끈한 공간곡선 C의 한 점 $\mathbf{r}(t)$를 지나고 두 벡터 $\mathbf{T}(t)$, $\mathbf{N}(t)$로 만들어지는 평면을 **접촉평면**(osculating plane)이라 한다. $\kappa(t) > 0$일 때 반지름이 $\rho(t) = \dfrac{1}{\kappa(t)}$, 중심이 $\mathbf{r}(t) + \rho(t)\mathbf{N}(t)$이고 접촉평면 위에 있는 원을 곡선 C의 **곡률원**(circle of curvature)이라 한다. 이때 곡률원의 반지름을 **곡률반경**(radius of curvature), 곡률원의 중심을 **곡률중심**(center of curvature)이라 한다.

$\mathbf{r}(t)$에 시점을 두는 법선벡터는 곡률원의 중심을 지나며 곡률중심은 $\mathbf{r}(t)$에서 법선벡터를 따라 $\rho(t)=\dfrac{1}{\kappa(t)}$만큼 떨어진 지점에 있다.

곡률원은 곡선과 한 점에서 만나며 곡률원과 곡선은 같은 단위접선벡터, 단위법선벡터를 가진다. 곡률원의 중심은 곡선의 법선 위에 있으며 반지름은 곡선의 곡률의 역수가 된다.

예제 10 곡선 $\mathbf{r}(t)=t^2\mathbf{i}+t\mathbf{j}+t\mathbf{k}$에 대하여 곡률, 곡률반경, 곡률중심, 접촉평면, 곡률원을 구하여라.

풀이 $\mathbf{r}'(t)=2t\mathbf{i}+\mathbf{j}+\mathbf{k},\ \mathbf{r}''(t)=2\mathbf{i}$이므로

$$\mathbf{r}'(t)\times\mathbf{r}''(t)=\begin{vmatrix}\mathbf{i} & \mathbf{j} & \mathbf{k}\\ 2t & 1 & 1\\ 2 & 0 & 0\end{vmatrix}=2\mathbf{j}-2\mathbf{k}$$

그러므로 곡률 $\kappa(t)$와 곡률반경 $\rho(t)$는 다음과 같다.

$$\kappa(t)=\frac{\|\mathbf{r}'(t)\times\mathbf{r}''(t)\|}{\|\mathbf{r}'(t)\|^3}$$

$$=\frac{\|2\mathbf{j}-2\mathbf{k}\|}{\|2t\mathbf{i}+\mathbf{j}+\mathbf{k}\|^3}=\frac{2\sqrt{2}}{(2+4t^2)^{3/2}}=\frac{1}{(1+2t^2)^{3/2}}$$

$$\rho(t)=(1+2t^2)^{\frac{3}{2}}$$

단위접선벡터 $\mathbf{T}(t)$와 미분 $\mathbf{T}'(t)$를 구하자.

$$\mathbf{T}(t)=\frac{1}{\|\mathbf{r}'(t)\|}\mathbf{r}'(t)=\frac{1}{\sqrt{2+4t^2}}(2t\mathbf{i}+\mathbf{j}+\mathbf{k})$$

$$\mathbf{T}'(t)=\frac{-4t}{(2+4t^2)^{3/2}}(2t\mathbf{i}+\mathbf{j}+\mathbf{k})+\frac{2}{\sqrt{2+4t^2}}\mathbf{i}$$

$$=\frac{4}{(2+4t^2)^{3/2}}(\mathbf{i}-t\mathbf{j}-t\mathbf{k})$$

$\dfrac{4}{(2+4t^2)^{3/2}}>0$이므로 $\mathbf{T}'(t)$는 $\mathbf{i}-t\mathbf{j}-t\mathbf{k}$와 같은 방향이다.

단위법선벡터 $\mathbf{N}(t)$는 $\mathbf{T}'(t)$와 같은 방향의 단위벡터이므로

$$\mathbf{N}(t)=\frac{1}{\|\mathbf{i}-t\mathbf{j}-t\mathbf{k}\|}(\mathbf{i}-t\mathbf{j}-t\mathbf{k})$$

$$=\frac{1}{\sqrt{1+2t^2}}(\mathbf{i}-t\mathbf{j}-t\mathbf{k})$$

따라서 곡률중심 $\mathbf{r}(t)+\rho(t)\mathbf{N}(t)$은 다음과 같다.

$$\mathbf{r}(t)+\rho(t)\mathbf{N}(t)=(t^2\mathbf{i}+t\mathbf{j}+t\mathbf{k})+\frac{(1+2t^2)^{3/2}}{\sqrt{1+2t^2}}(\mathbf{i}-t\mathbf{j}-t\mathbf{k})$$

$$=(t^2\mathbf{i}+t\mathbf{j}+t\mathbf{k})+(1+2t^2)(\mathbf{i}-t\mathbf{j}-t\mathbf{k})$$

$$=(1+3t^2)\mathbf{i}-2t^3\mathbf{j}-2t^3\mathbf{k}$$

$$=(1+3t^2,\ -2t^3,\ -2t^3)$$

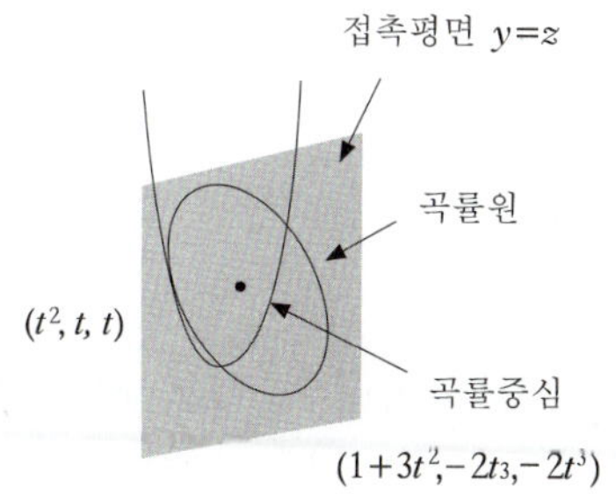

그림 9

접촉평면은 (t^2, t, t)을 지나고 $\mathbf{T}(t)$와 $\mathbf{N}(t)$로 만들어지는 평면이므로 $\mathbf{B}(t)$에 수직한 평면이다.

$\mathbf{B}(t)$를 구하면

$$\begin{aligned}\mathbf{B}(t) &= \mathbf{T}(t)\times\mathbf{N}(t)\\ &= \frac{1}{\sqrt{2}(1+2t^2)}(2t\mathbf{i}+\mathbf{j}+\mathbf{k})\times(\mathbf{i}-t\mathbf{j}-t\mathbf{k})\\ &= \frac{1}{\sqrt{2}(1+2t^2)}\begin{vmatrix}\mathbf{i} & \mathbf{j} & \mathbf{k}\\ 2t & 1 & 1\\ 1 & -t & -t\end{vmatrix} = \frac{1}{\sqrt{2}}(\mathbf{j}-\mathbf{k})\end{aligned}$$

곡선 $x=t^2$, $y=t$, $z=t$의 모든 점에서 접촉평면은 $y=z$이므로 곡선 $x=t^2$, $y=t$, $z=t$은 평면 $y=z$ 위에 있다.

따라서 점 (t^2, t, t)을 지나고 $\mathbf{B}(t)$에 수직한 평면의 방정식은

$$\frac{1}{\sqrt{2}}(\mathbf{j}-\mathbf{k})\cdot((x-t^2)\mathbf{i}+(y-t)\mathbf{j}+(z-t)\mathbf{k}) = 0$$

점 (t^2, t, t)에서의 곡률원은 중심이 $(1+3t^2, -2t^3, -2t^3)$, 반지름이 $(1+2t^2)^{3/2}$인 구와 평면 $y=z$이 만나서 생기는 원과 같다.

정리하면 $y-z=0$. 즉 점 (t^2, t, t)에서의 접촉평면의 방정식은 $y=z$이다. 그러므로 곡선위의 점 (t^2, t, t)에서의 곡률원은 평면 $y=z$ 위에 있으며 중심이 $(1+3t^2, -2t^3, -2t^3)$, 반지름이 $(1+2t^2)^{3/2}$인 원이다. ■

곡선운동의 속도와 가속도

곡선 C를 따라 동점 P가 움직이고 있다. 시간 t에서 동점 P의 위치가 $\mathbf{r}(t)$일 때 **속도벡터**(velocity vector) $\mathbf{v}(t)$를 다음과 같이 정의한다.

$$\mathbf{v}(t) = \frac{d\mathbf{r}}{dt}$$

속도벡터와 단위접선벡터

$$\mathbf{v}(t) = \frac{d\mathbf{r}}{dt} = \frac{ds}{dt}\mathbf{T}(t)$$

$$\|\mathbf{v}(t)\| = \frac{ds}{dt}$$

$$\frac{1}{\|\mathbf{v}(t)\|}\mathbf{v}(t) = \mathbf{T}(t)$$

속도벡터의 크기 $\|\mathbf{v}(t)\|$를 동점의 **속력**(speed)이라 한다.

그리고 시간에 대한 속도벡터의 미분을 **가속도벡터**(acceleration vector)라 정의하고 $\mathbf{a}(t)$로 표시한다. 즉,

$$\mathbf{a}(t) = \frac{d\mathbf{v}}{dt} = \frac{d^2\mathbf{r}}{dt^2}$$

$\frac{d\mathbf{r}}{ds} = \mathbf{T}(t)$이므로 연쇄법칙을 이용하면

$$\mathbf{v}(t) = \frac{d\mathbf{r}}{dt} = \frac{d\mathbf{r}}{ds}\frac{ds}{dt} = \frac{ds}{dt}\mathbf{T}(t)$$

$\frac{ds}{dt} = \|\mathbf{r}'(t)\| \geq 0$이고 $\mathbf{T}(t)$는 단위벡터이므로

$$\|\mathbf{v}(t)\| = \left\|\frac{d\mathbf{r}}{dt}\right\| = \frac{ds}{dt}$$

따라서 속도벡터는 단위접선벡터와 같은 방향을 가지며, 속력은 이동거리의 시간에 대한 미분이다.

가속도벡터 $\mathbf{a}(t)$는 단위접선벡터 $\mathbf{T}(t)$와 단위법선벡터 $\mathbf{N}(t)$의 일차결합으로 표시할 수 있다.

정리 7 (가속도 벡터와 T, N)

곡선을 따라 움직이고 있는 동점의 시간 t에서 위치를 $\mathbf{r}(t)$라 할 때 가속도벡터 $\mathbf{a}(t)$에 대하여 다음이 성립한다.

$$\mathbf{a}(t) = a_{\mathrm{T}}(t)\mathbf{T}(t) + a_{\mathrm{N}}(t)\mathbf{N}(t)$$

$$\|\mathbf{a}(t)\|^2 = a_{\mathrm{T}}(t)^2 + a_{\mathrm{N}}(t)^2$$

단, $a_{\mathrm{T}}(t) = \dfrac{d^2s}{dt^2}$, $a_{\mathrm{N}}(t) = \kappa(t)\left(\dfrac{ds}{dt}\right)^2$

증명 $\mathbf{v}(t) = \dfrac{ds}{dt}\mathbf{T}(t)$이므로 연쇄법칙을 이용하여 계산하면

$$\begin{aligned}\mathbf{a}(t) &= \frac{d\mathbf{v}}{dt} = \frac{d}{dt}\left(\frac{ds}{dt}\mathbf{T}(t)\right)\\ &= \frac{d^2s}{dt^2}\mathbf{T}(t) + \frac{ds}{dt}\frac{d\mathbf{T}}{dt}\\ &= \frac{d^2s}{dt^2}\mathbf{T}(t) + \frac{ds}{dt}\frac{d\mathbf{T}}{ds}\frac{ds}{dt}\\ &= \frac{d^2s}{dt^2}\mathbf{T}(t) + \left(\frac{ds}{dt}\right)^2\frac{d\mathbf{T}}{ds}\\ &= \frac{d^2s}{dt^2}\mathbf{T}(t) + \kappa(t)\left(\frac{ds}{dt}\right)^2\mathbf{N}(t)\end{aligned}$$

연쇄법칙을 이용하면

$$\frac{d\mathbf{T}}{dt} = \frac{d\mathbf{T}}{ds}\frac{ds}{dt}$$

곡률과 단위법선벡터의 성질에서

$$\frac{d\mathbf{T}}{ds} = \kappa(t)\mathbf{N}(t)$$

거리변수 s

$$s = \int_a^t \|\mathbf{r}'(u)\|\,du$$

$$\frac{ds}{dt} = \|\mathbf{r}'(t)\| = \|\mathbf{v}(t)\|$$

여기서 $a_{\mathrm{T}}(t) = \dfrac{d^2s}{dt^2}$, $a_{\mathrm{N}}(t) = \kappa(t)\left(\dfrac{ds}{dt}\right)^2$라 두면

$$\mathbf{a}(t) = a_{\mathrm{T}}(t)\mathbf{T}(t) + a_{\mathrm{N}}(t)\mathbf{N}(t).$$

그리고 단위접선벡터 $\mathbf{T}(t)$와 단위법선벡터 $\mathbf{N}(t)$는 서로 수직인 단위벡터이므로

$$\|\mathbf{a}(t)\|^2 = a_{\mathrm{T}}(t)^2 + a_{\mathrm{N}}(t)^2$$

■

예제 11 곡선운동 $\mathbf{r}(t) = t\cos t\mathbf{i} + t\sin t\mathbf{j} + t\mathbf{k}$에 대하여 속도벡터 $\mathbf{v}(t)$, 속력, 가속도벡터 $\mathbf{a}(t)$ 그리고 $a_{\mathrm{T}}(t)$, $a_{\mathrm{N}}(t)$을 구하여라.

풀이 속도벡터 $\mathbf{v}(t)$의 정의에 의하여

$$\mathbf{v}(t) = \mathbf{r}'(t) = (\cos t - t\sin t)\mathbf{i} + (\sin t + t\cos t)\mathbf{j} + \mathbf{k}$$

따라서 속력 $\|\mathbf{v}(t)\|$는 다음과 같다.

$$\|\mathbf{v}(t)\| = \sqrt{(\cos t - t\sin t)^2 + (\sin t + t\cos t)^2 + 1} = \sqrt{2+t^2}$$

가속도벡터 $\mathbf{a}(t)$를 구하면

$$\mathbf{a}(t) = \frac{d\mathbf{v}}{dt} = -(2\sin t + t\cos t)\mathbf{i} + (2\cos t - t\sin t)\mathbf{j}$$

따라서

$$\|\mathbf{a}(t)\|^2 = (2\sin t + t\cos t)^2 + (2\cos t - t\sin t)^2 = 4 + t^2$$

그러므로 정리 7에 의하여

$$a_{\mathrm{T}}(t) = \frac{d^2s}{dt^2} = \frac{d}{dt}\left(\frac{ds}{dt}\right) = \frac{d}{dt}\sqrt{2+t^2} = \frac{t}{\sqrt{2+t^2}}$$

$$a_{\mathrm{N}}(t) = \sqrt{\|\mathbf{a}\|^2 - a_{\mathrm{T}}^2} = \sqrt{\frac{t^4+5t^2+8}{t^2+2}}$$ ■

정리 6을 이용하면 곡선의 곡률을 속도벡터와 가속도벡터를 이용하여 나타낼 수 있다.

정리 8 (곡률과 속도, 가속도)

곡선을 따라 움직이고 있는 동점의 시간 t에서 위치를 $\mathbf{r}(t)$라 할 때 곡선의 곡률 $\kappa(t)$는 다음과 같다.

$$\kappa(t) = \frac{\|\mathbf{v}(t)\times\mathbf{a}(t)\|}{\|\mathbf{v}(t)\|^3}$$

증명 정리 6에서

$$\kappa(t) = \frac{\|\mathbf{r}'(t)\times\mathbf{r}''(t)\|}{\|\mathbf{r}'(t)\|^3}$$

$\mathbf{r}'(t) = \mathbf{v}(t)$, $\mathbf{r}''(t) = \mathbf{a}(t)$이므로

$$\kappa(t) = \frac{\|\mathbf{v}(t)\times\mathbf{a}(t)\|}{\|\mathbf{v}(t)\|^3}$$ ■

예제 12 $t=1$에서 곡선 $\mathbf{r}(t) = t\mathbf{i} + t^2\mathbf{j} + t^3\mathbf{k}$의 곡률을 구하여라.

풀이 속도벡터 및 가속도벡터는 각각 다음과 같다.

$$\mathbf{v}(t) = \mathbf{i} + 2t\mathbf{j} + 3t^2\mathbf{k}$$
$$\mathbf{a}(t) = 2\mathbf{j} + 6t\mathbf{k}$$

따라서

$$\mathbf{v}(1) = \mathbf{i}+2\mathbf{j}+3\mathbf{k}, \quad \mathbf{a}(1) = 2\mathbf{j}+6\mathbf{k}$$

$$\mathbf{v}(1)\times\mathbf{a}(1) = \begin{vmatrix} \mathbf{i} & \mathbf{j} & \mathbf{k} \\ 1 & 2 & 3 \\ 0 & 2 & 6 \end{vmatrix} = 6\mathbf{i}-6\mathbf{j}+2\mathbf{k}$$

그러므로

$$\kappa(1) = \frac{\|\mathbf{v}(1)\times\mathbf{a}(1)\|}{\|\mathbf{v}(1)\|^3} = \frac{\|6\mathbf{i}-6\mathbf{j}+2\mathbf{k}\|}{14^{3/2}} = \frac{\sqrt{266}}{98}$$

연습문제 13.3

※ (1~4) 다음 곡선의 길이를 구하여라.

1. $\mathbf{r}(t) = 2t^{3/2}\mathbf{i} + (t-3)\mathbf{j} + 3t\mathbf{k}$, $(3 \le t \le 6)$
2. $\mathbf{r}(t) = (\cos t + t\sin t)\mathbf{i} + (\sin t - t\cos t)\mathbf{j}$, $(0 \le t \le \pi)$
3. $\mathbf{r}(t) = e^t\cos t\mathbf{i} + e^t\sin t\mathbf{j} + e^t\mathbf{k}$, $(0 \le t \le \pi)$
4. $\mathbf{r}(t) = 3\cosh 2t\mathbf{i} + 3\sinh 2t\mathbf{j} + 6t\mathbf{k}$, $(0 \le t \le \pi)$

※ (5~8) 다음 곡선의 단위접선벡터 $\mathbf{T}(t)$, 단위법선벡터 $\mathbf{N}(t)$, 종법선벡터 $\mathbf{B}(t)$, 곡률 $\kappa(t)$를 구하여라.

5. $\mathbf{r}(t) = (\cos t + t\sin t)\mathbf{i} + (\sin t - t\cos t)\mathbf{j} + 4\mathbf{k}$ $(t > 0)$
6. $\mathbf{r}(t) = t^2\mathbf{i} + t^2\mathbf{j} + (1+2t)\mathbf{k}$
7. $\mathbf{r}(t) = (2-t)\mathbf{i} + 3\mathbf{j} + \ln t$ $(t > 0)$
8. $\mathbf{r}(t) = t\mathbf{i} + e^t\mathbf{j} + e^t\mathbf{k}$

※ (9~12) 점 P에서 다음 곡선의 접촉평면과 곡률원의 중심을 구하여라.

9. $\mathbf{r}(t) = (2-t^2)\mathbf{i} + 2t^3\mathbf{j} + t^2\mathbf{k}$, $P(1,\ 2,\ 1)$
10. $\mathbf{r}(t) = \sin t\mathbf{i} + \cos t + 6t\mathbf{k}$, $P(1/2,\ 1/2,\ \pi)$
11. $\mathbf{r}(t) = (t^2-t)\mathbf{i} + (t^2+t)\mathbf{j} + t^2\mathbf{k}$, $P(6,\ 2,\ 4)$
12. $\mathbf{r}(t) = t\mathbf{i} + e^t\mathbf{j} + e^{2t}\mathbf{k}$, $P(0,\ 1,\ 1)$

※ (13~16) 곡선을 따라 움직이고 있는 동점의 시간 t에서 위치가 $\mathbf{r}(t)$일 때 다음 주어진 t의 값에서 $\mathbf{v}(t)$, $\mathbf{a}(t)$, $a_T(t)$, $a_N(t)$를 구하여라.

13. $\mathbf{r}(t) = t\mathbf{i} + (4-2t)\mathbf{j}$, $t = 1$
14. $\mathbf{r}(t) = (\cos t + t\sin t)\mathbf{i} + (\sin t - t\cos t)\mathbf{j}$, $t = \dfrac{\pi}{2}$
15. $\mathbf{r}(t) = e^t\cos t\mathbf{i} + e^t\sin t\mathbf{j} + e^t\mathbf{k}$, $t = 0$
16. $\mathbf{r}(t) = 3\cosh 2t\mathbf{i} + 3\sinh 2t\mathbf{j} + 6t\mathbf{k}$, $t = 0$

17. 직선의 곡률은 0임을 증명하여라.

18. 매끈한 곡선 $\mathbf{r}(t)$의 곡률 $\kappa(t)$는 다음과 같음을 증명하여라.

$$\kappa(t) = \frac{\sqrt{(\|\mathbf{r}'(t)\|\|\mathbf{r}''(t)\|)^2 - (\mathbf{r}'(t)\cdot\mathbf{r}''(t))^2}}{\|\mathbf{r}'(t)\|^3}$$

19. 곡선운동을 하는 물체의 속력이 일정하면, 속도벡터와 가속도벡터는 서로 수직임을 증명하여라.

20. 정리 1을 증명하여라.
21. 정리 6을 증명하여라.

13.4 보충자료

이 절에서는 앞 절에서 생략하거나 간략하게 다룬 내용을 좀더 자세하게 소개하며 주요내용은 공간곡선의 길이, 벡터함수의 극한, 평면곡선의 곡률 등이다.

공간곡선의 길이

벡터함수 $\mathbf{r}(t)=x(t)\mathbf{i}+y(t)\mathbf{j}+z(t)\mathbf{k}$ $(a\le t\le b)$로 표시되는 공간곡선 C의 길이는 다음 정리와 같이 적분을 이용하여 구할 수 있다.

정리 1 (곡선의 길이)

연속인 미분을 가지는 벡터함수 $\mathbf{r}(t)=x(t)\mathbf{i}+y(t)\mathbf{j}+z(t)\mathbf{k}(a\le t\le b)$로 표시되는 곡선 C의 길이 L은 다음과 같다.

$$L=\int_a^b\left\|\frac{d\mathbf{r}}{dt}\right\|dt$$

즉

$$L=\int_a^b\sqrt{\left(\frac{dx}{dt}\right)^2+\left(\frac{dy}{dt}\right)^2+\left(\frac{dz}{dt}\right)^2}\,dt$$

증명 벡터함수 $\mathbf{r}(t)$의 정의구역 $[a, b]$를 다음과 같이 분할하자.

$$P: a=t_0<t_1<t_2<\cdots<t_n=b$$

$t_i-t_{i-1}=\Delta t_i$라 하고 t_i에 대응하는 점 $\mathbf{r}(t_i)$를 각각 곡선 위에 표시하면 다음 그림과 같다. $(i=0, 1, 2, \cdots, n)$

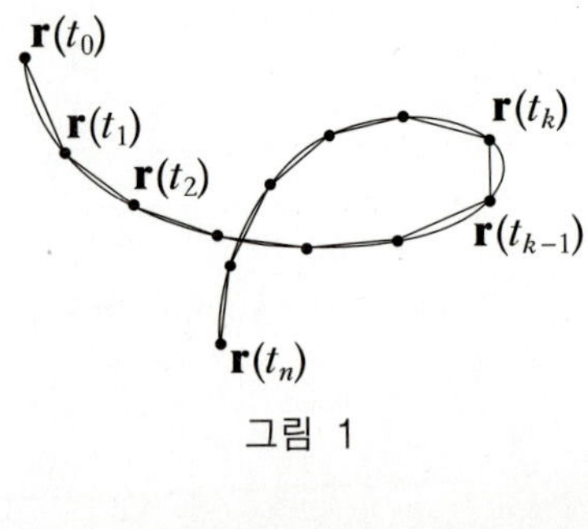

그림 1

곡선 위의 점 $\mathbf{r}(t_{i-1})$과 $\mathbf{r}(t_i)$ 사이의 직선거리 L_i를 구하면

$$\begin{aligned} L_i &= \| (x(t_i),\ y(t_i),\ z(t_i)) - (x(t_{i-1}),\ y(t_{i-1}),\ z(t_{i-1})) \| \\ &= \sqrt{[x(t_i)-x(t_{i-1})]^2 + [y(t_i)-y(t_{i-1})]^2 + [z(t_i)-z(t_{i-1})]^2} \end{aligned}$$

평균치 정리

함수 f가 $[a, b]$에서 미분가능하면 적당한 $c \in (a, b)$가 존재하여 다음이 성립한다.

$$f(b)-f(a) = f'(c)(b-a)$$

즉,

$$f'(c) = \frac{f(b)-f(a)}{b-a}$$

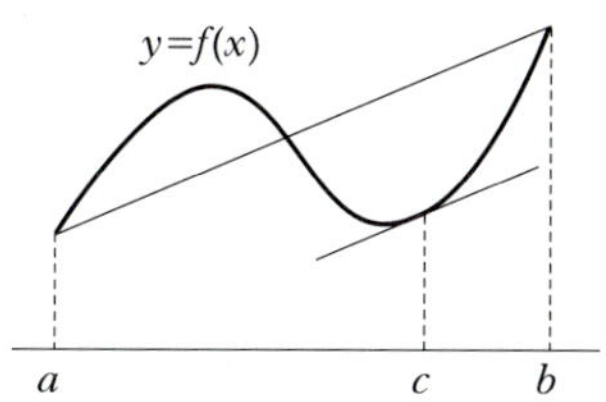

그림 2

벡터함수 $\mathbf{r}(t)$의 성분함수 $x(t)$, $y(t)$, $z(t)$는 $[a, b]$에서 미분가능하므로 평균치 정리에 의하여 적당한 t_i', t_i'', t_i'''가 (t_{i-1}, t_i)에 존재하여 다음이 성립한다.

$$\begin{aligned} x(t_i)-x(t_{i-1}) &= x'(t_i')(t_i - t_{i-1}) \\ y(t_i)-y(t_{i-1}) &= y'(t_i'')(t_i - t_{i-1}) \\ z(t_i)-z(t_{i-1}) &= z'(t_i''')(t_i - t_{i-1}) \end{aligned}$$

$t_i - t_{i-1} = \Delta t_i$이므로

$$L_i = \sqrt{x'(t_i')^2 + y'(t_i'')^2 + z'(t_i''')^2}\,\Delta t_i$$

그러므로

$$\sum_{i=1}^{n} L_i = \sum_{i=1}^{n} \sqrt{x'(t_i')^2 + y'(t_i'')^2 + z'(t_i''')^2}\,\Delta t_i$$

곡선의 실제 길이는 분할의 크기 $\|P\|$이 0으로 갈 때 $\sum_{i=1}^{n} L_i$의 극한이므로

$$L = \lim_{\|P\| \to 0} \sum_{i=1}^{n} \sqrt{x'(t_i')^2 + y'(t_i'')^2 + z'(t_i''')^2}\,\Delta t_i$$

벡터함수 $\mathbf{r}(t)$의 성분함수 $x(t)$, $y(t)$, $z(t)$는 $[a, b]$에서 연속인 미분을 가지므로 $\sqrt{x'(t)^2 + y'(t)^2 + z'(t)^2}$은 연속함수이고 따라서 적분가능하다. 그러므로

$$L = \int_a^b \sqrt{x'(t)^2 + y'(t)^2 + z'(t)^2}\,dt$$

■

벡터함수의 극한

벡터함수 $\mathbf{r}(t)$와 실수 c에 대하여, t가 c에 가까이 접근하면 곡선 위의 점 $\mathbf{r}(t)$가 점 $\mathbf{L}$에 가까이 접근할 때 벡터함수 $\mathbf{r}$은 c에서 극한 $\mathbf{L}$을 가진다 하고 다음과 같이 표시한다.

$$\lim_{t \to c} \mathbf{r}(t) = \mathbf{L}$$

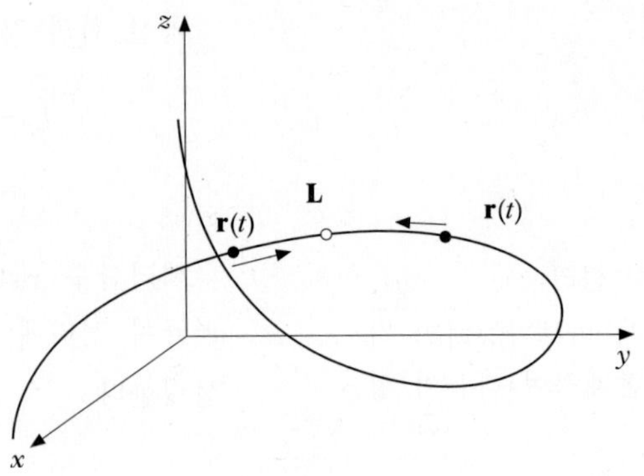

그림 3

위에서 극한의 직관적인 의미를 소개하였다. 극한의 엄밀한 정의는 다음과 같이 주어진다.

정의 1 (벡터함수의 극한)

벡터함수 $\mathbf{r}(t)$와 실수 c가 주어졌다. 임의의 양수 ϵ에 대하여 적당한 양수 δ가 존재하여 $0<|t-c|<\delta$인 t에 대하여 $|\mathbf{r}(t)-L|<\epsilon$가 성립할 때 L을 c에서 $\mathbf{r}(t)$의 극한이라 하고 다음과 같은 기호로 나타낸다.

$$\lim_{t\to c}\mathbf{r}(t)=\mathbf{L}$$

c에서 $\mathbf{r}(\mathrm{t})$의 극한이 L이라 하면 임의로 택한 $\epsilon>0$에 대하여 다음 식을 만족하는 $\delta>0$를 찾을 수 있다.

$$0<|t-c|<\delta \Rightarrow |\mathbf{r}(t)-\mathbf{L}|<\epsilon$$

즉, c를 중심으로 거리가 δ 이내에 있는 t의 함수값 $\mathbf{r}(t)$는 $\mathbf{L}$을 중심으로 반경 ϵ 범위 이내에 있다.

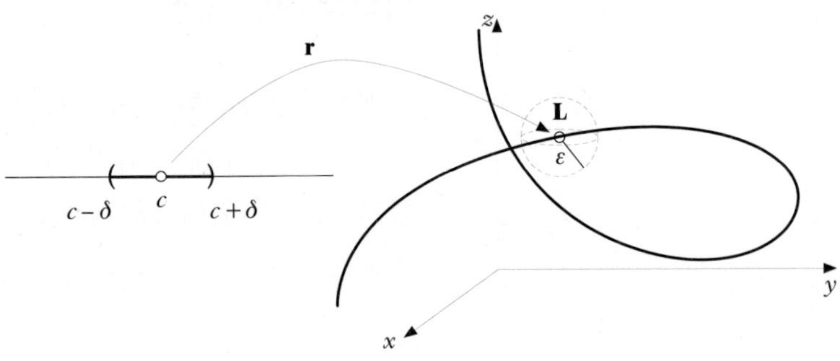

$0<|t-c|<\delta \Rightarrow |\mathbf{r}(t)-\mathbf{L}|<\epsilon$

그림 4

이때 δ는 ϵ에 따라 달라진다. 그리고 c에서 벡터함수 $\mathbf{r}(t)$가 정의되지 않아도 c에서의 극한을 생각할 수 있다.

예제 1 $\mathbf{r}(t) = (t-2)\mathbf{i} + (t+2)\mathbf{j} + t\mathbf{k}$일 때 다음 식을 증명하여라.

$$\lim_{t \to 2} \mathbf{r}(t) = 4\mathbf{j} + 2\mathbf{k}$$

풀이 임의의 $\epsilon > 0$에 대하여 적당한 $\delta > 0$가 존재하여 다음이 성립함을 보이자.

$$0 < |t-2| < \delta \Rightarrow |\mathbf{r}(t) - \mathbf{L}| < \epsilon$$

여기서 $\mathbf{L} = 4\mathbf{j} + 2\mathbf{k}$이다. 먼저 $\|\mathbf{r}(t) - \mathbf{L}\|$을 계산하면

$$\begin{aligned} \|\mathbf{r}(t) - \mathbf{L}\| &= \|(t-2)\mathbf{i} + (t+2)\mathbf{j} + t\mathbf{k} - (4\mathbf{j} + 2\mathbf{k})\| \\ &= \|(t-2)\mathbf{i} + (t-2)\mathbf{j} + (t-2)\mathbf{k}\| \\ &= |t-2|\,\|\mathbf{i} + \mathbf{j} + \mathbf{k}\| \\ &= \sqrt{3}\,|t-2| \end{aligned}$$

따라서 임의의 $\epsilon > 0$에 대하여 $\delta = \dfrac{\epsilon}{\sqrt{3}}$이라 하면 다음이 성립한다.

$$0 < |t-2| < \delta \Rightarrow |\mathbf{r}(t) - \mathbf{L}| < \epsilon$$

그러므로 극한식 $\lim_{t \to 2} \mathbf{r}(t) = \mathbf{L}$이 성립한다. ■

벡터함수의 극한은 성분함수의 극한으로 이루어진다.

정리 2 (벡터함수의 극한)
벡터함수 $\mathbf{r}(t) = f_1(t)\mathbf{i} + f_2(t)\mathbf{j} + f_3(t)\mathbf{k}$에 대하여 다음이 성립한다.

$$\lim_{t \to c} \mathbf{r}(t) = \lim_{t \to c} f_1(t)\mathbf{i} + \lim_{t \to c} f_2(t)\mathbf{j} + \lim_{t \to c} f_3(t)\mathbf{k}$$

함수의 극한

$$\lim_{x \to a} f(x) = L$$
$$\Updownarrow$$
$$\forall \epsilon > 0,\ \exists \delta > 0 \text{ s.t.}$$
$$0 < |x-a| < \delta \Rightarrow |f(x) - L| < \epsilon$$

증명 벡터함수 $\mathbf{r}(t) = f_1(t)\mathbf{i} + f_2(t)\mathbf{j} + f_3(t)\mathbf{k}$가 c에서 극한 $\mathbf{L} = L_1\mathbf{i} + L_2\mathbf{j} + L_3\mathbf{k}$을 갖는다 하자. 즉

$$\lim_{t \to c} \mathbf{r}(t) = L_1\mathbf{i} + L_2\mathbf{j} + L_3\mathbf{k}$$

다음 식이 성립함을 증명하면 충분하다.

$$\lim_{t \to c} f_i(t) = L_i.\ (i = 1,\ 2,\ 3)$$

극한식 $\lim_{t \to c} \mathbf{r}(t) = \mathbf{L}$이 성립하므로 극한의 정의에서 다음이 성립한다.

벡터 $\mathbf{u}=(u_1, u_2, u_3)$에 대하여
$\|\mathbf{u}\| = \sqrt{u_1^2+u_2^2+u_3^2} \geq |u_i|$
$(i=1, 2, 3)$

임의의 양수 ϵ에 대하여 다음 식이 성립하는 적당한 양수 δ가 존재한다.

$$0<|t-c|<\delta \Rightarrow |\mathbf{r}(t)-\mathbf{L}|<\epsilon$$

한편

$$\begin{aligned}|\mathbf{r}(t)-\mathbf{L}| &= |f_1(t)\mathbf{i}+f_2(t)\mathbf{j}+f_3(t)\mathbf{k}-(L_1\mathbf{i}+L_2\mathbf{j}+L_3\mathbf{k})| \\ &= |(f_1(t)-L_1)\mathbf{i}+(f_2(t)-L_2)\mathbf{j}+(f_3(t)-L_3)\mathbf{k}| \\ &\geq |f_i(t)-L_i|, \ (i=1, 2, 3)\end{aligned}$$

따라서, $0<|t-c|<\delta$이면

$$|f_i(t)-L_i| \leq |\mathbf{r}(t)-\mathbf{L}|<\epsilon \quad (i=1, 2, 3)$$

그러므로 함수의 극한의 정의에 의하여 다음식이 성립한다.

$$\lim_{t\to c} f_i(t)=L_i. \ (i=1, 2, 3)$$

■

평면곡선의 곡률

3절에서 곡선의 곡률을 정의하고 곡률원 등 곡률과 관련된 사항들을 배웠다. 평면곡선은 공간곡선의 경우에서 z성분이 0인 경우로 생각하면 된다. 하지만 평면곡선의 특성을 활용하여 평면곡선의 곡률을 구하는 방법을 살펴보는 것도 중요한 의미가 있다. 여기서는 xy 평면에 있는 평면곡선의 곡률을 구하는 방법을 여러 가지 소개한다.

xy평면에 있는 평면곡선 위의 한 점 $\mathbf{r}(t)$에서 그은 접선이 x축과 만나서 생기는 각을 $\mathbf{r}(t)$에서의 곡선의 **방향각**(direction angle)이라 하고 $\phi(t)$로 표시한다.

곡선을 따라 각 점에서 방향각의 변화를 살펴보면 곡선의 구부러질수록 방향각이 많이 변화함을 알 수 있다. 실제로 방향각의 변화율이 곡선의 구부러진 정도 즉, 곡률을 반영한다.

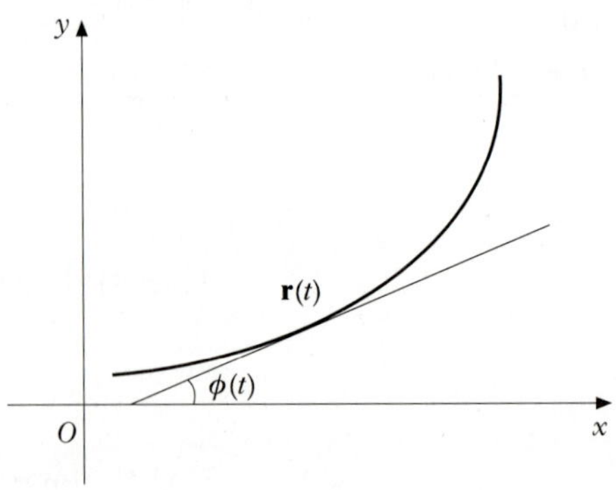

그림 5

단위접선벡터의 방향

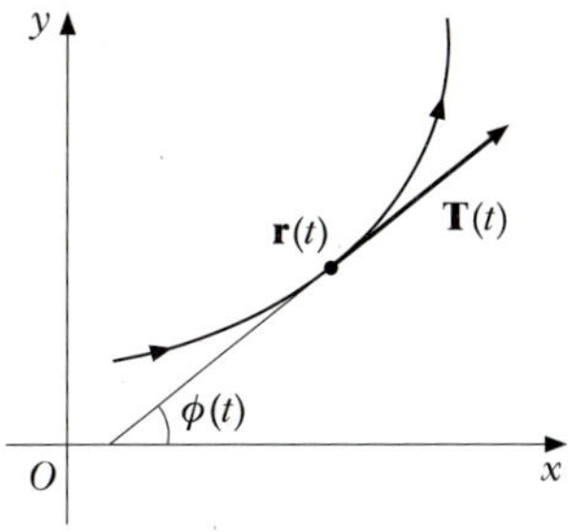

$\mathbf{T}(t) = \cos\phi(t)\mathbf{i} + \sin\phi(t)\mathbf{j}$

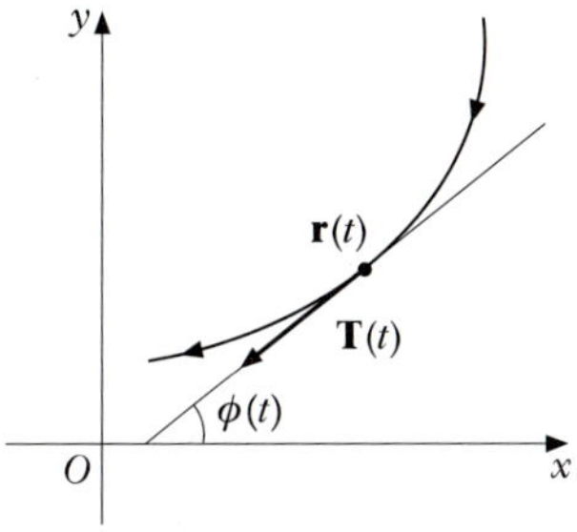

$\mathbf{T}(t) = -\cos\phi(t)\mathbf{i} - \sin\phi(t)\mathbf{j}$

그림 6

정리 3 (평면곡선의 곡률과 방향각)

xy평면에 있는 평면곡선의 곡률은 다음과 같다.

$$\kappa = \left| \frac{d\phi}{ds} \right|$$

증명 $\mathbf{r}(t)$에서의 방향각이 $\phi(t)$이므로 단위접선벡터 $\mathbf{T}(t)$는 다음과 같다.

$$\mathbf{T}(t) = \pm(\cos\phi(t)\mathbf{i} + \sin\phi(t)\mathbf{j})$$

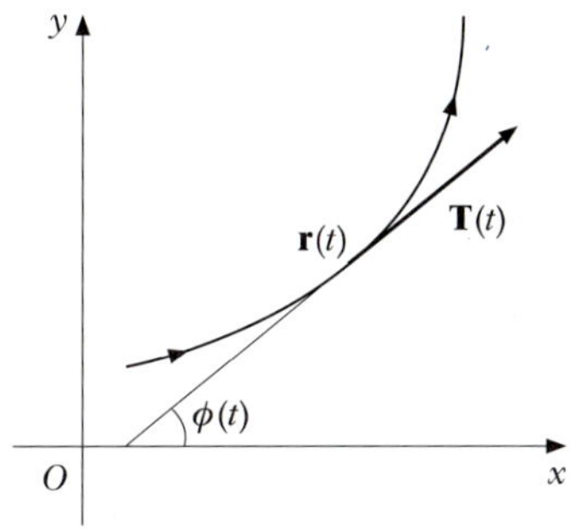

그림 7

$\mathbf{T}(t)$를 변수 ϕ에 대하여 미분하면

$$\frac{d\mathbf{T}}{d\phi} = \pm(-\sin\phi\mathbf{i} + \cos\phi\mathbf{j})$$

따라서

$$\left\| \frac{d\mathbf{T}}{d\phi} \right\| = 1$$

$\mathbf{T}(t)$를 길이변수 s에 대하여 미분하면, 연쇄법칙에 의하여

$$\frac{d\mathbf{T}}{ds} = \frac{d\mathbf{T}}{d\phi}\frac{d\phi}{ds}$$

따라서

$$\kappa = \left\| \frac{d\mathbf{T}}{ds} \right\| = \left\| \frac{d\mathbf{T}}{d\phi}\frac{d\phi}{ds} \right\| = \left| \frac{d\phi}{ds} \right| \quad \blacksquare$$

xy평면에 있는 평면곡선의 매개방정식

$$x = x(t), \quad y = y(t)$$

에 대하여 다음과 같은 기호($\dot{}$: dot)를 사용한다.

$$\dot{x} = \frac{dx}{dt}, \quad \dot{y} = \frac{dy}{dt}, \quad \ddot{x} = \frac{d^2x}{dt^2}, \quad \ddot{y} = \frac{d^2y}{dt^2}$$

평면곡선의 접선의 기울기
$\mathbf{r}(t) = (x(t),\ y(t))$

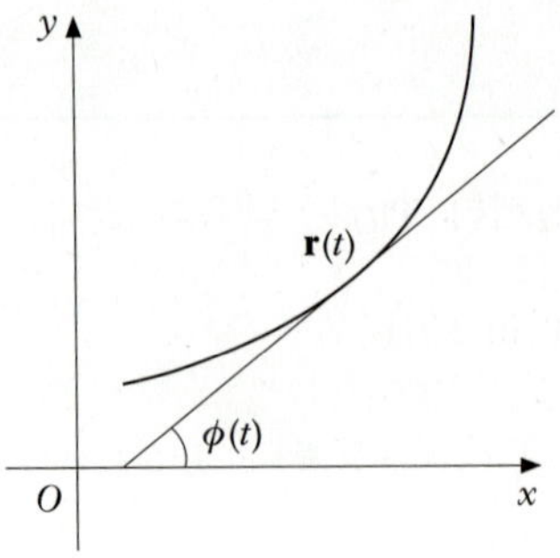

그림 8

$\mathbf{r}'(t) = (\dot{x},\ \dot{y})$이므로
$\mathbf{r}(t)$에서 접선의 기울기
$= \tan\phi(t)$
$= \dfrac{dy}{dt} \Big/ \dfrac{dx}{dt}$
$= \dfrac{\dot{y}}{\dot{x}}$

다음 정리에서 평면곡선의 매개방정식을 변수 t에 대하여 미분하여 곡률을 구하는 방법을 살펴본다.

정리 4 (평면곡선의 곡률)

xy평면에 있는 평면곡선 $x = x(t),\ y = y(t)$의 곡률은 다음과 같다.

$$\kappa(t) = \frac{|\dot{x}\ddot{y} - \ddot{x}\dot{y}|}{\left[\dot{x}^2 + \dot{y}^2\right]^{\frac{3}{2}}}$$

증명 곡선 위의 점 $\mathbf{r}(t)$에서의 접선의 기울기는

$$\frac{dy}{dx} = \frac{dy}{dt}\left(\frac{dx}{dt}\right)^{-1} = \frac{\dot{y}}{\dot{x}}$$

그리고 접선의 기울기는 방향각 $\phi(t)$의 tangent 값이다. 즉,

$$\tan\phi(t) = \frac{\dot{y}}{\dot{x}}$$

양변을 t에 대하여 미분하면

$$\sec^2\phi(t)\frac{d\phi}{dt} = \frac{\dot{x}\ddot{y} - \ddot{x}\dot{y}}{\dot{x}^2}$$

$\sec^2\theta = 1 + \tan^2\theta$이므로

$$\begin{aligned}\sec^2\phi(t) &= 1 + \tan^2\phi(t)\\ &= 1 + \left(\frac{\dot{y}}{\dot{x}}\right)^2\\ &= \frac{\dot{x}^2 + \dot{y}^2}{\dot{x}^2}\end{aligned}$$

따라서

$$\frac{d\phi}{dt} = \frac{1}{\sec^2\phi(t)}\,\frac{\dot{x}\ddot{y} - \ddot{x}\dot{y}}{\dot{x}^2} = \frac{\dot{x}^2}{\dot{x}^2 + \dot{y}^2}\,\frac{\dot{x}\ddot{y} - \ddot{x}\dot{y}}{\dot{x}^2} = \frac{\dot{x}\ddot{y} - \ddot{x}\dot{y}}{\dot{x}^2 + \dot{y}^2}$$

$\dfrac{ds}{dt} = \|\mathbf{r}'(t)\| = \left(\dot{x}^2 + \dot{y}^2\right)^{\frac{1}{2}}$이므로

$$\kappa(t) = \left|\frac{d\phi}{ds}\right| = \left|\frac{d\phi}{dt}\,\frac{dt}{ds}\right| = \left|\frac{d\phi}{dt}\left(\frac{ds}{dt}\right)^{-1}\right| = \left|\frac{d\phi}{dt}\right|\left|\frac{ds}{dt}\right|^{-1} = \frac{|\dot{x}\ddot{y} - \ddot{x}\dot{y}|}{\left[\dot{x}^2 + \dot{y}^2\right]^{\frac{3}{2}}}$$ ■

예제 2 평면곡선

$$x = 2t - 3,\quad y = t^2 - 1$$

의 최대곡률을 구하라.

풀이 정리 4을 이용하자. $\dot{x} = 2$, $\dot{y} = 2t$, $\ddot{x} = 0$, $\ddot{y} = 2$이므로

$$\kappa(t) = \frac{4}{(4 + 4t^2)^{3/2}} = \frac{1}{2(1 + t^2)^{3/2}}$$

따라서 이 곡선의 곡률은 $t = 0$일 때 최대가 된다. 즉, 점 $(-3,\ -1)$에서 최대의 곡률 1/2을 갖는다. ■

평면곡선 $x = 2t - 3$, $y = t^2 - 1$의 매개방정식에서 매개변수 t를 소거하면 다음과 같다.

$$y = \frac{1}{4}(x + 3)^2 - 1$$

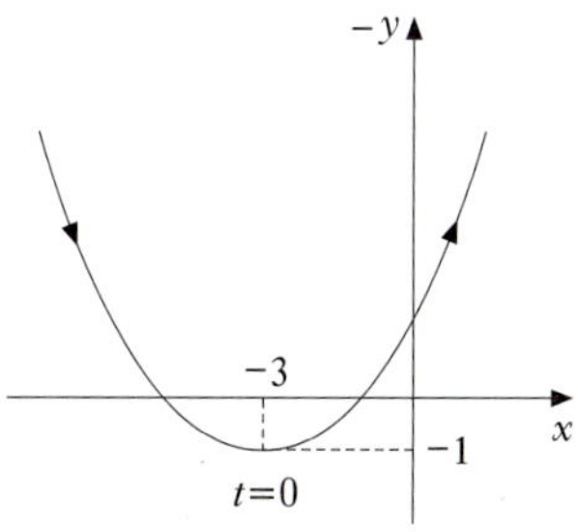

그림 9

이 곡선은 꼭지점 $(-3,\ -1)$에서 최대의 곡률을 가진다.

예제 3 내파선(hypocycloid)

$$\mathbf{r}(t) = 8\cos^3 t\,\mathbf{i} + 8\sin^3 t\,\mathbf{j}$$

의 곡률을 구하여라.

풀이 $x = 8\cos^3 t$, $y = 8\sin^3 t$이므로

$$\begin{aligned}
\dot{x} &= -24\cos^2 t \sin t \\
\dot{y} &= 24\sin^2 t \cos t \\
\ddot{x} &= 48\cos t \sin^2 t - 24\cos^3 t \\
\ddot{y} &= 48\sin t \cos^2 t - 24\sin^3 t
\end{aligned}$$

따라서

$$\begin{aligned}
\dot{x}\ddot{y} - \ddot{x}\dot{y} &= -24\cos^2 t \sin t(48\sin t\cos^2 t - 24\sin^3 t) \\
&\quad - 24\sin^2 t\cos t(48\cos t\sin^2 t - 24\cos^3 t) \\
&= -24^2(2\sin^2 t\cos^4 t - \sin^4 t\cos^2 t) - 24^2(2\sin^4 t\cos^2 t - \sin^2 t\cos^4 t) \\
&= -24^2\sin^2 t\cos^2 t \\
\dot{x}^2 + \dot{y}^2 &= 24^2(\cos^4 t\sin^2 t + \sin^4 t\cos^2 t) \\
&= 24^2\sin^2 t\cos^2 t
\end{aligned}$$

따라서

$$\kappa(t) = \frac{|\dot{x}\ddot{y} - \ddot{x}\dot{y}|}{\left[\dot{x}^2 + \dot{y}^2\right]^{\frac{3}{2}}} = \frac{1}{24\sin t\cos t} = \frac{1}{12\sin 2t}$$ ■

내파선

매개방정식

$$x = 8\cos^3 t,\ y = 8\sin^3 t$$

에서 매개변수 t를 소거하면

$$\left(\frac{x}{8}\right)^{\frac{2}{3}} + \left(\frac{y}{8}\right)^{\frac{2}{3}} = 1$$

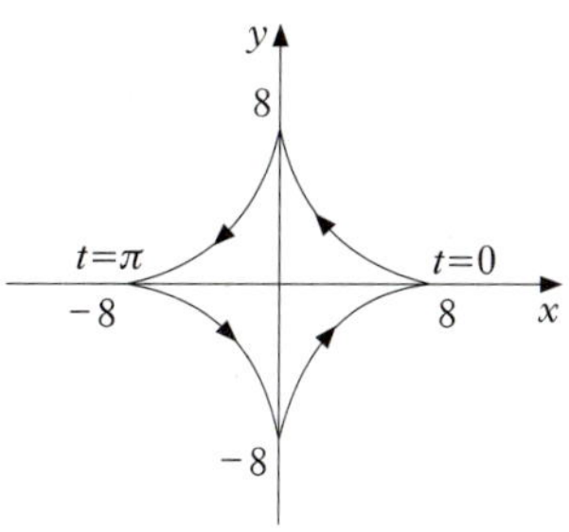

그림 10

예제 4 타원

$$\frac{x^2}{16}+\frac{y^2}{9}=1$$

에서 곡률의 최대값과 최소값을 구하여라.

타원 $\frac{x^2}{16}+\frac{y^2}{9}=1$의 매개방정식과 곡선의 그림은 다음과 같다.

$x=4\cos t,\ y=3\sin t$

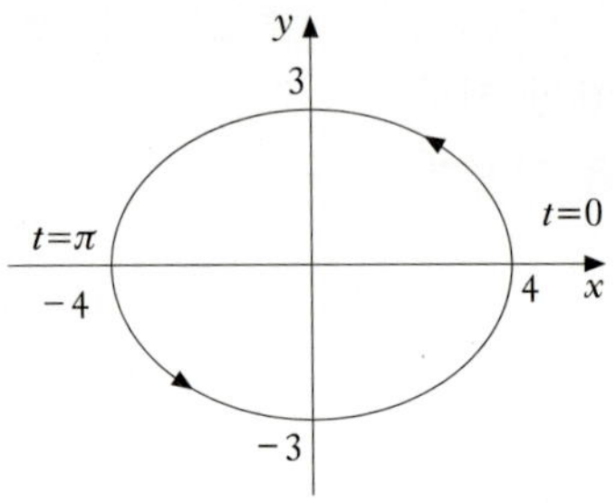

그림 11

점 (4, 0), (−4, 0)에서 곡률이 가장 크고 점 (0, 3), (0, −3)에서 곡률이 가장 작다.

풀이 타원 $\frac{x^2}{16}+\frac{y^2}{9}=1$의 매개방정식은 다음과 같다.

$$x=4\cos t,\quad y=3\sin t\ (0\le t\le 2\pi)$$

따라서

$$\dot{x}=-4\sin t,\quad \dot{y}=3\cos t$$

$$\ddot{x}=-4\cos t,\quad \ddot{y}=-3\sin t$$

정리 4를 이용하여 곡률을 구하면

$$\kappa(t)=\frac{12}{(9+7\sin^2 t)^{3/2}}$$

따라서 곡률 $\kappa(t)$는 $\sin t=0$일 때 최대값 $\frac{4}{9}$를 가지고 $\sin t=1$일 때 최소값 $\frac{3}{16}$을 가진다. 즉

$$\text{곡률의 최대값}=\kappa(0)=\kappa(\pi)=\frac{4}{9}$$

$$\text{곡률의 최소값}=\kappa\left(\frac{\pi}{2}\right)=\kappa\left(\frac{3\pi}{2}\right)=\frac{3}{16}$$

함수 $y=f(x)$, $(a\le x\le b)$의 그래프로 주어지는 평면곡선의 매개방정식은 $x=t$, $y=f(t)$, $(a\le t\le b)$이다. 이 매개방정식을 정리 4에 적용하면 다음의 정리를 얻을 수 있다.

정리 5 (함수의 그래프의 곡률)

함수 $y=f(x)$, $(a\le x\le b)$의 그래프로 주어지는 평면곡선의 곡률은 다음과 같다.

$$\kappa=\frac{|f''(x)|}{[1+\{f'(x)\}^2]^{3/2}}$$

예제 5 곡선 $y=\cos 2x$ 위의 점 $\left(\frac{\pi}{2}, -1\right)$에서의 곡률원을 구하여라.

풀이 정리 5를 이용하여 곡률을 구하자.

$f(x)=\cos 2x$의 미분을 구하면

$$f'(x)=-2\sin 2x,\quad f''(x)=-4\cos 2x$$

따라서

$$f'\left(\frac{\pi}{2}\right)=0,\quad f''\left(\frac{\pi}{2}\right)=-4$$

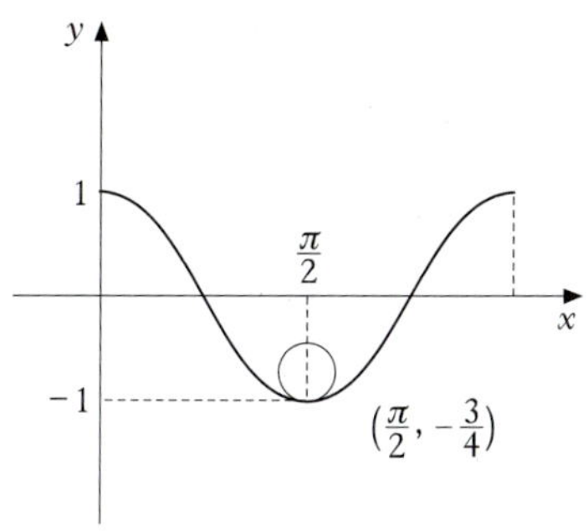

그림 12

그러므로 점 $\left(\frac{\pi}{2}, -1\right)$에서 곡률은

$$\kappa=\frac{\left|f''\left(\frac{\pi}{2}\right)\right|}{\left[1+\left\{f'\left(\frac{\pi}{2}\right)\right\}^2\right]^{3/2}}=4$$

$f'\left(\frac{\pi}{2}\right)=0$이므로 점 $\left(\frac{\pi}{2}, -1\right)$에서 곡선 $f(x)=\cos 2x$의 접선은 x축과 평행하므로 곡선 $f(x)=\cos 2x$의 단위법선벡터는 x축과 수직하다.

법선벡터는 곡선이 구부러지는 방향으로 향하므로 단위법선벡터는 $\mathbf{j}$이다. 그리고 점 $\left(\frac{\pi}{2}, -1\right)$에서 곡률반지름이 $\frac{1}{4}$이므로 곡률원의 중심은 법선벡터를 따라 $\frac{1}{4}$만큼 떨어진 점 $\left(\frac{\pi}{2}, -1+\frac{1}{4}\right)$이다. 즉 곡률원의 방정식은

$$\left(x-\frac{\pi}{2}\right)^2+\left(y+\frac{3}{4}\right)^2=\left(\frac{1}{4}\right)^2$$

■

연습문제 13.4

※ (1~2) 극한의 정의에 따라 다음 식을 증명하여라.

1. $\lim_{t\to 2}((t+3)\mathbf{i}+(t-5)\mathbf{j}+t\mathbf{k})=5\mathbf{i}-3\mathbf{j}+2\mathbf{k}$
2. $\lim_{t\to 1}((t\mathbf{i}+t^2\mathbf{j}+t\mathbf{k})=\mathbf{i}+\mathbf{j}+\mathbf{k}$

※ (3~6) 다음 평면곡선의 곡률을 구하여라.

3. $\mathbf{r}(t)=e^t\mathbf{i}+e^{2t}\mathbf{j}$
4. $\mathbf{r}(t)=\tan t\mathbf{i}+\sec t\mathbf{j}$
5. $\mathbf{r}(t)=t^{1/2}\mathbf{i}+t^{3/2}\mathbf{j}$
6. $\mathbf{r}(t)=a(\theta-\sin\theta)\mathbf{i}+a(1-\cos\theta)\mathbf{j}$

※ (7~10) 다음 평면곡선의 매개방정식을 구하고 곡선위의 점 P에서 곡률을 구하여라.

7. $x^{2/3}+y^{2/3}=1,\ P\left(\frac{1}{8}, \frac{3\sqrt{3}}{8}\right)$
8. $x^3+y^3=4xy,\ P(2, 2)$
9. $x(x+y)^2=9+(x+y)^2,\ P(2, 1)$
10. $y=x^4-x^2,\ P(0, 0)$

※ (11~16) 다음 평면곡선에서 곡률이 최대가 되는 점을 구하고 그 점에서 곡률원을 구하여라.

11. $y^2 = x$

12. $y = e^x$

13. $y = \ln x^2$

14. $y = \frac{1}{16}x^4 + \frac{1}{2}x^2$

15. $y = \ln \sec x$

16. $y = \sinh x$

17. 함수 $y = f(x)$에서 $f'(x)$, $f''(x)$가 모두 양수이면 곡선 $y = f(x)$의 곡률중심은 다음과 같음을 증명하여라.

$$\left(x - \frac{\dot{y}(1+\dot{y}^2)}{\ddot{y}},\ y + \frac{1+\dot{y}^2}{\ddot{y}}\right)$$

제 14 장 편도함수

14.1 다변수함수

함수

집합 A의 각 원소에 집합 B의 원소를 하나씩 대응시키는 대응관계 f를 **함수**(function)라 하고 다음과 같이 표시한다.

$$f : A \to B$$

이때 A를 f의 **정의역**(domain)이라 하고 $\text{Dom}(f)$로 표시한다. 그리고 B를 f의 **공역**(codomain)이라 한다.

함수 $f : A \to B$에서 A의 원소 x에 대응하는 B의 원소를 **함수값**이라 하고 $f(x)$로 표시한다.

함수 $f : A \to B$ 다음과 같이

$$f : A \to B$$
$$x \mapsto f(x)$$

또는 $y = f(x)$로 표시하고 x를 **독립변수**(independent variable), y를 **종속변수**(dependent variable)라 한다.

함수 f의 함수값 전체의 집합을 **치역**(range)이라 하고 $\text{Ran}(f)$로 표시한다. 즉

$$\text{Ran}(f) = \{f(x) \mid x \in \text{Dom}(f)\}$$

그리고 함수 f의 **그래프**(graph) $\text{G}(f)$를 다음과 같이 정의한다.

$$\text{G}(f) = \{(x, f(x)) \mid x \in \text{Dom}(f)\}$$

다변수함수의 그래프, 등고선, 극한, 연속성 등 **다변수함수**의 성질을 파악하는데 필요한 사항들을 두변수함수의 경우를 중심으로 배운다.

다변수함수

밑면의 반지름이 $x$cm, 높이가 $y$cm인 원뿔의 부피 $z\text{cm}^3$는 다음과 같다.

$$z = \frac{1}{3}\pi x^2 y$$

즉, 원뿔의 부피 z는 밑면의 반지름 x와 높이 y 등 두 가지 요소에 의하여 결정되며 부피의 식 $z = \frac{1}{3}\pi x^2 y$을 두변수함수라 한다.

두변수함수(function of two variables) f는 평면 $\mathbb{R}^2$의 부분집합 D를 정의역으로, 실수집합 $\mathbb{R}$을 공역으로 하는 함수이다. 평면의 부분집합 D의 원소는 순서쌍 (x, y)로 표시되므로 두 개의 독립변수 x, y와 종속변수 z를 사용하여

$$z = f(x, y)$$

로 나타낸다. 즉, 다음과 같이 나타낼 수 있다.

$$f : D \to \mathbb{R}$$
$$(x, y) \mapsto f(x, y)$$

이때 두변수함수 $z = f(x, y)$의 치역 $\text{Ran}(f)$은 다음과 같다.

$$\text{Ran}(f) = \{f(x, y) \mid (x, y) \in D\}$$

그리고 두변수함수 $z = f(x, y)$의 그래프 $\text{G}(f)$는 다음과 같이 주어지며

$$\text{G}(f) = \{(x, y, z) \mid z = f(x, y),\ (x, y) \in \text{Dom}(f)\}$$

3차원 공간 $\mathbb{R}^3$의 부분집합이 된다.

예제 1 2변수함수 $f(x, y) = \sqrt{x^2 - y^2}$의 정의역과 치역을 구하여라.

풀이 함수 f의 함수값 $f(x, y)$가 정의될 수 있으려면 $x^2 - y^2 \geq 0$이어야 한다.

함수의 정의역

함수의 정의역이 구체적으로 언급되지 않은 경우 함수값이 정의될 수 있는 모든 점들의 집합을 정의역으로 한다.

따라서 함수 f의 정의역 $\mathrm{Dom}(f)$는 다음과 같다.

$$\mathrm{Dom}(f) = \{(x,\ y) \mid x^2 - y^2 \geq 0\}$$

그리고 x, y를 적당히 주면 $\sqrt{x^2-y^2}$으로 0 이상의 모든 수를 만들 수 있다. 따라서 함수 f의 치역 $\mathrm{Ran}(f)$는 다음과 같다.

$$\mathrm{Ran}(f) = \{z \mid z \geq 0\} = [0,\ \infty)$$

예제 2 2변수함수 $f(x,\ y) = \sqrt{16-x^2-y^2}$의 정의역, 치역 및 그래프를 구하여라.

풀이 $\sqrt{\ }$의 내부는 0 이상이어야 하므로 함수 f의 정의역 $\mathrm{Dom}(f)$는 다음과 같다.

$$\mathrm{Dom}(f) = \{(x,\ y) \mid 16-x^2-y^2 \geq 0\}$$

$\mathbb{R}^3$, $\mathbb{R}^4$, $\mathbb{R}^n$의 원소의 표시

$\mathbb{R}^3$의 원소 : $(x,\ y,\ z)$

$\mathbb{R}^4$의 원소 : $(x_1,\ x_2,\ x_3,\ x_4)$

$\mathbb{R}^n$의 원소 : $(x_1,\ x_2,\ \cdots,\ x_n)$

정의역 $\mathrm{Dom}(f)$을 좌표평면에 표시하면 다음과 같다.

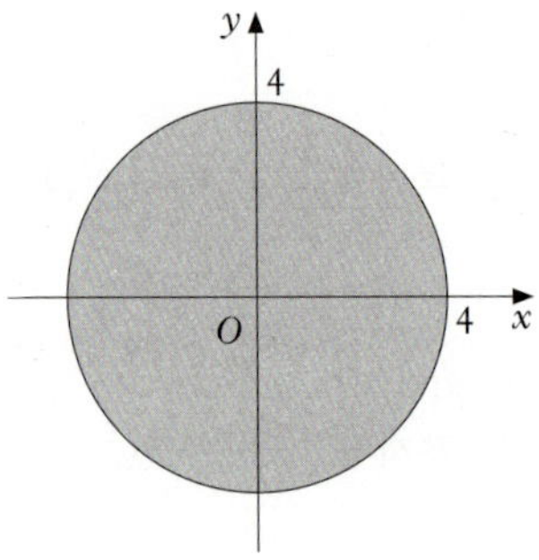

$\mathrm{Dom}(f) = \{(x,\ y) \mid x^2+y^2 \leqq 16\}$

그림 1

함수 f의 정의역에서 생각하면

$$0 \leq 16-x^2-y^2 \leq 16$$

따라서

$$0 \leq \sqrt{16-x^2-y^2} \leq 4$$

그러므로 함수 f의 치역 $\mathrm{Ran}(f)$은 다음과 같다.

$$\mathrm{Ran}(f) = \{\sqrt{16-x^2-y^2} \mid 16-x^2-y^2 \geq 0\} = [0,\ 4]$$

함수 f의 그래프 $G(f)$는 다음과 같이 3차원 공간 $\mathbb{R}^3$의 부분집합이 된다.

$$G(f) = \{(x,\ y,\ z) \mid 16-x^2-y^2 \geq 0,\ z = \sqrt{16-x^2-y^2}\}$$

그래프 $G(f)$를 3차원 공간에 표시하면 다음과 같이 반구를 이룬다.

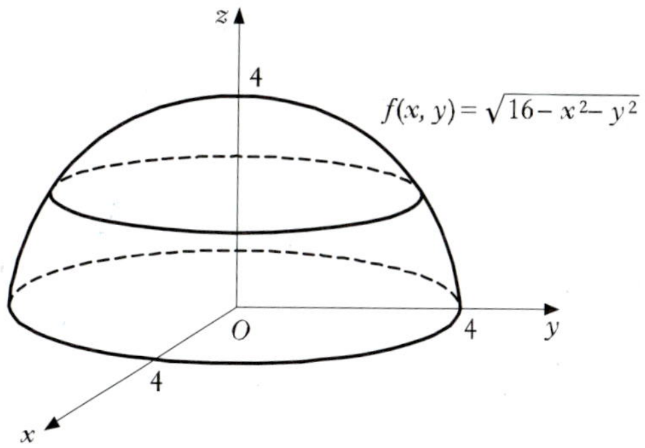

그림 2

두변수함수와 유사하게 세변수함수, 네변수함수 등 여러 가지의 다변수함수를 생각할 수 있다. 즉 함수의 정의역이 $\mathbb{R}^3$의 부분집합이면 세변수함수, $\mathbb{R}^4$의 부분집합이면 네변수함수가 된다.

예제 3 3변수함수 $f(x, y, z)=\sqrt{16-x^2-y^2-z^2}$ 의 정의역, 치역 및 그래프를 구하여라.

다변수함수의 표현

두변수함수

$z=f(x, y)$

세변수함수

$w=f(x, y, z)$

n변수함수

$y=f(x_1, x_2, \cdots, x_n)$

풀이 $\sqrt{\quad}$ 의 내부는 0 이상이어야 하므로 함수 f의 정의역 Dom(f)는 다음과 같다.

$$\text{Dom}(f)=\{(x, y, z)\,|\,16-x^2-y^2-z^2\geq 0\}$$

Dom(f)는 3차원 공간 $\mathbb{R}^3$의 부분집합으로 반지름이 2인 구의 내부이다.

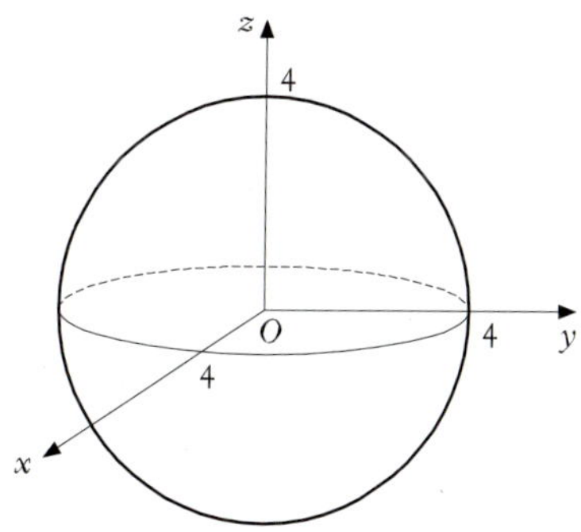

$\text{Dom}(f)=\{(x, y, z)\,|\,16-x^2-y^2-z^2\geq 0\}$

그림 3

함수 f의 정의역에서 생각하면

$$0\leq 16-x^2-y^2-z^2\leq 16$$

따라서

$$0\leq \sqrt{16-x^2-y^2-z^2}\leq 4$$

그러므로 함수 f의 치역 Ran(f)은 다음과 같다.

$$\begin{aligned}\mathrm{Ran}(f) &= \{f(x, y, z) \mid (x, y, z) \in \mathrm{Dom}(f)\} \\ &= \{\sqrt{16-x^2-y^2-z^2} \mid (x, y, z) \in \mathrm{Dom}(f)\} \\ &= [0, 4]\end{aligned}$$

함수 f의 그래프 G(f)는 다음과 같으며 4차원 공간 $\mathbb{R}^4$의 부분집합이다.

$$G(f) = \{(x, y, z, f(x, y, z)) \mid (x, y, z) \in \mathrm{Dom}(f)\}$$

이 경우 함수 f의 그래프 G(f)를 그림으로 표시하는 것은 불가능하다. ■

위의 예제에서 살펴본 두변수함수 $f(x, y) = \sqrt{16-x^2-y^2}$ 의 경우와 같이 일반적으로 두변수함수 $z=f(x, y)$는 3차원 공간 $\mathbb{R}^3$에서 곡면을 이룬다. 그러나 두변수함수의 그래프로 주어지는 곡면을 한눈에 보고 파악할 수 있도록 평면위에 그림으로 나타내기는 어렵다.

두변수함수의 그래프로 주어지는 곡면의 형태를 파악하는 방법으로 곡면을 잘라서 생기는 곡선의 형태를 파악하는 방법이 있다. 지도에서 사용하는 등고선이 바로 그러한 방법 중 하나로서 3차원공간의 입체도형인 곡면을 평면 위에 표시하는 방법이다.

두변수함수 $z=f(x, y)$의 치역에 있는 어떤 수 k에 대하여 다음의 식

$$f(x, y) = k$$

는 xy평면에서 곡선으로 나타나는데 이 곡선을 **등고선**(level curve)이라 부른다. 이 등고선은 함수 $z=f(x, y)$의 그래프를 평면 $z=k$로 잘라서 생긴 곡선을 xy평면으로 사영한 곡선이다. 이러한 등고선 여러 개를 적당한 간격으로 한 평면에 그린 것을 **등고선지도**라 부른다.

예제 4 함수 $f(x, y) = \sqrt{16-x^2-y^2}$ 의 등고선지도를 구하여라.

풀이 함수 f의 치역은 $[0, 4]$이므로 $z=0, 1, 2, 3, 4$ 등 5개의 등고선을 그려 등고선지도를 만들자.

$z=0$일 때 $\sqrt{16-x^2-y^2}=0$, 즉 $x^2+y^2=16$

$z=1$일 때 $\sqrt{16-x^2-y^2}=1$, 즉 $x^2+y^2=15$

$z=2$일 때 $\sqrt{16-x^2-y^2}=2$, 즉 $x^2+y^2=12$

$z=3$일 때 $\sqrt{16-x^2-y^2}=3$, 즉 $x^2+y^2=7$

$z=4$일 때 $\sqrt{16-x^2-y^2}=4$, 즉 $x^2+y^2=0$

위의 5개의 등고선은 모두 원점을 중심으로 하는 원이다. 이 5개의 등

고선을 한 평면에 모두 그린 등고선 지도는 다음과 같다.

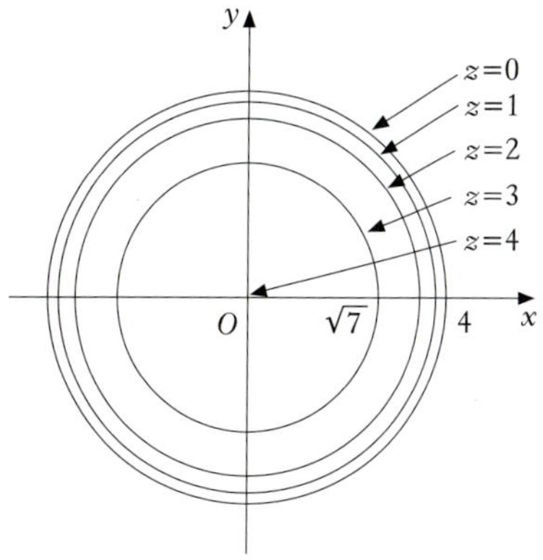

그림 4

예제 5 함수 $z=-x^2+y^2$의 등고선지도와 그래프를 그려라.

쌍곡선

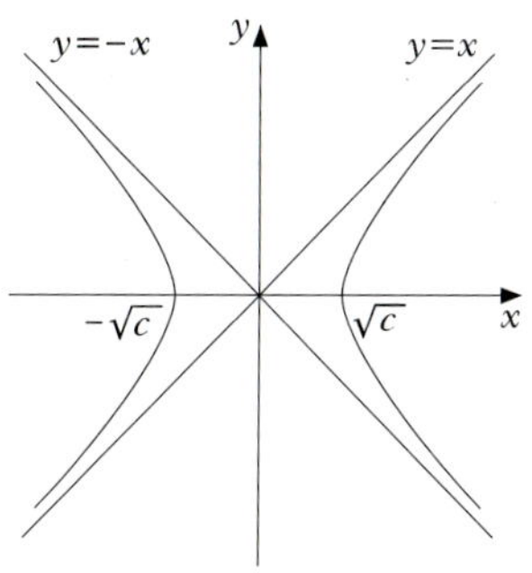

$x^2-y^2=c\ (c>0)$

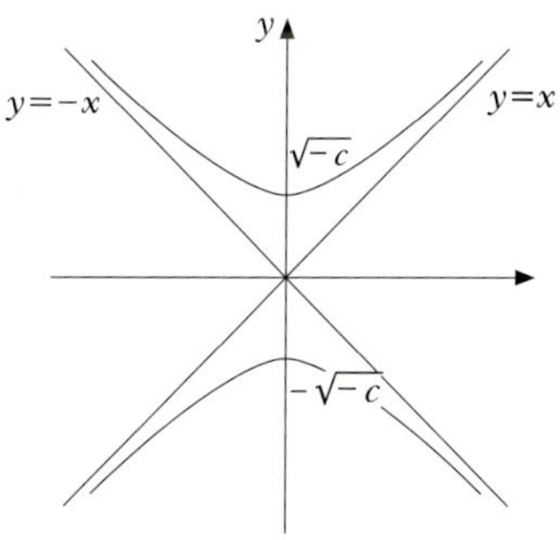

$x^2-y^2=c\ (c<0)$

그림 5

풀이 함수 $z=-x^2+y^2$의 두 변수 x, y 각각에 어떠한 수를 대입해도 문제가 발생하지 않는다. 따라서

$$\mathrm{Dom}(f)=\{(x,\ y)\,|\,x,\ y\in\mathbb{R}\}=\mathbb{R}^2$$

그리고 함수 $z=-x^2+y^2$의 함수값으로 모든 수가 가능하다. 즉

$$\mathrm{Ran}(f)=\{f(x,\ y)\,|\,(x,\ y)\in\mathbb{R}^2\}=\mathbb{R}$$

등고선 $z=k$의 방정식은 $-x^2+y^2=k$으로 쌍곡선이다.

따라서 함수 $z=-x^2+y^2$의 등고선 지도는 다음과 같다.

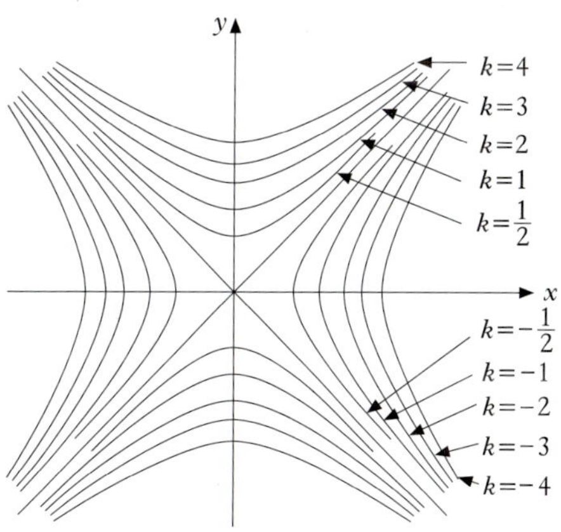

그림 6

함수 $z=-x^2+y^2$의 등고선 지도를 참고하여 $z=-x^2+y^2$의 그래프를 그리면 다음과 같다.

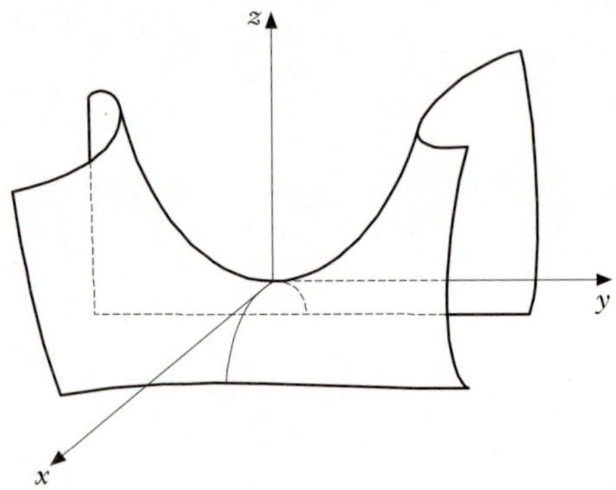

그림 7

세변수함수 $w=f(x, y, z)$의 경우 $f(x, y, z)=k$는 3차원공간의 곡면이 되며 이 곡면을 등고면(level surface)이라 한다.

두변수함수의 극한

평면에서 점 (x, y)가 점 (a, b)로 접근할 때 두변수함수 $z=f(x, y)$의 값이 어떤 수 L에 접근하면, L을 (a, b)에서 $f(x, y)$의 극한이라 하고 다음과 같이 나타낸다.

$$\lim_{(x, y)\to(a, b)} f(x, y)=L$$

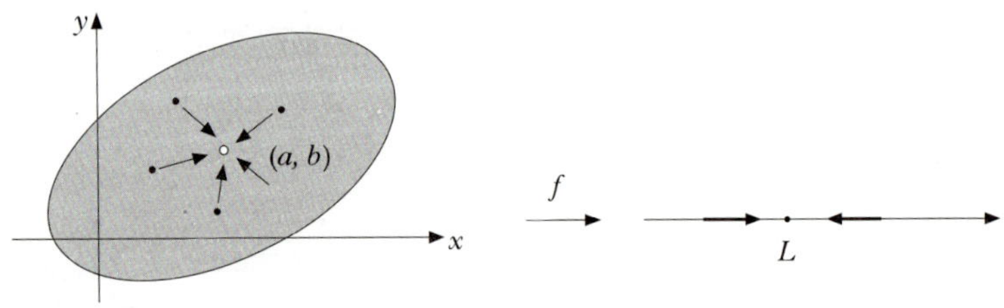

그림 8

두변수함수의 극한의 정의를 여기서는 직관적인 방법으로 소개하였다. 그러나 극한의 엄밀한 정의는 일변수함수의 경우와 마찬가지로 $\epsilon-\delta$방법으로 하며 이러한 정의는 보충자료(14.8절)에서 소개한다.

일변수함수의 극한

$$\lim_{x\to a} f(x)=L$$

$$\Updownarrow$$

$$\lim_{x\to a+} f(x)=\lim_{x\to a-} f(x)=L$$

$y=f(x)$의 극한이 존재하려면 좌극한과 우극한이 일치해야 한다.

일변수함수 $y=f(x)$의 경우 a에서의 극한을 생각할 때 x는 수직선을 따라 a에 접근하게 되며, 접근하는 방법은 왼쪽에서 접근하는 방법과 오른쪽에서 접근하는 방법 등 두 가지 방법이 있다. 그리고 극한이 존재하려면 좌극한과 우극한이 일치해야 한다.

그러나 두변수함수 $z=f(x, y)$의 경우 (a, b)에서 $f(x, y)$의 극한을 생각할 때 점 (x, y)는 평면에서 점 (a, b)로 접근하게 되며 이때 접근하는 방법의 가짓수는 무수히 많다. 하지만 극한이 존재하려면 접근하는 방법에 상관없이 $f(x, y)$의 값이 일정한 값으로 접근하여야 한다.

그리고 함수 f가 점 (a, b)에서 정의되지 않아도 (a, b)에서 함수 f의 극한을 생각할 수 있다.

극한의 정의를 이용하여 극한식을 증명하는 예제는 보충자료(14.8절)에서 찾아볼 수 있다. 다음 예제에서 극한이 존재하지 않는 경우를 살펴본다.

예제 6 함수 $f(x, y)=\dfrac{x^2-2y^2}{x^2+y^2}$은 원점 $(0, 0)$에서 극한을 갖지 않음을 보여라.

풀이 이 함수는 원점 $(0, 0)$에서 정의되지 않지만 극한을 생각할 수 있다. 점 (x, y)가 원점으로 접근하는 방법에 따라 $f(x, y)$의 값이 서로 다른 값으로 접근함을 보임으로써 $f(x, y)$가 원점에서 극한을 갖지 않음을 증명하자.

(1) 점 (x, y)가 x축을 따라 원점 $(0, 0)$로 접근할 때
$y=0$이고 x가 0으로 접근하므로

$$\lim_{\substack{(x, y)\to(0, 0)\\ x\text{축}}}\frac{x^2-2y^2}{x^2+y^2}=\lim_{\substack{(x, y)\to(0, 0)\\ y=0}}\frac{x^2-2y^2}{x^2+y^2}=\lim_{x\to 0}\frac{x^2}{x^2}=1$$

(2) 점 (x, y)가 y축을 따라 원점 $(0, 0)$로 접근할 때
$x=0$이고 y가 0으로 접근하므로

$$\lim_{\substack{(x, y)\to(0, 0)\\ y\text{축}}}\frac{x^2-2y^2}{x^2+y^2}=\lim_{\substack{(x, y)\to(0, 0)\\ x=0}}\frac{x^2-2y^2}{x^2+y^2}=\lim_{y\to 0}\frac{-2y^2}{y^2}=-2$$

따라서 접근하는 방법에 따라 그 결과가 다름을 알 수 있다.
그러므로 함수 $f(x, y)=\dfrac{x^2-2y^2}{x^2+y^2}$는 원점 $(0, 0)$에서 극한을 갖지 않는다. ■

일변수함수의 극한의 정리와 유사한 성질이 두변수함수의 극한의 경우에도 성립한다. 이 정리의 증명에는 극한의 정의 및 극한에 관련된 몇 가지의 성질이 필요하며 보충자료(14.8절)에서 소개한다.

정리 1 (두 변수 함수의 극한의 성질 1)

$\lim_{(x, y)\to(a, b)} f(x, y)=A$, $\lim_{(x, y)\to(a, b)} g(x, y)=B$이면 다음 식이 성립한다.

(1) $\lim_{(x, y)\to(a, b)} kf(x, y)=kA$ (k는 상수)

(2) $\lim_{(x, y)\to(a, b)} (f(x, y)+g(x, y))=A+B$

(3) $\lim_{(x, y)\to(a, b)} (f(x, y)-g(x, y))=A-B$

(4) $\lim_{(x, y)\to(a, b)} f(x, y)g(x, y)=AB$

(5) $\lim_{(x, y)\to(a, b)} \dfrac{f(x, y)}{g(x, y)}=\dfrac{A}{B}$ (단, $B\neq 0$)

(6) $\lim_{(x, y)\to(a, b)} \sqrt{f(x, y)}=\sqrt{A}$ (단, $A\geq 0$)

(7) $\lim_{(x, y)\to(a, b)} |f(x, y)|=|A|$

(8) $\lim_{(x, y)\to(a, b)} x=a$, $\lim_{(x, y)\to(a, b)} y=b$

(9) $\lim_{(x, y)\to(a, b)} k=k$ (k는 상수)

정리 1을 이용하여 두변수함수의 극한을 계산하여보자.

예제 7 $\lim_{(x, y)\to(1, -2)} \dfrac{x+y}{x^2+y^2+2}$을 구하여라.

풀이 정리 1을 이용하자.

$$\lim_{(x, y)\to(1, -2)} (x+y)=-1 \text{ (정리 1(2)(8))}$$

$$\lim_{(x, y)\to(1, -2)} (x^2+y^2+2)=7 \text{ (정리 1(2)(4)(8))}$$

따라서 정리 1(5)에 의하여

$$\lim_{(x, y)\to(1, -2)} \frac{x+y}{x^2+y^2+2}=\frac{\lim_{(x, y)\to(1, -2)} (x+y)}{\lim_{(x, y)\to(1, -2)} (x^2+y^2+2)}$$

$$=-\frac{1}{7}$$

■

예제 8 $\lim_{(x, y)\to(2, -3)} \sqrt{\dfrac{x^2-y^2}{x^3+3xy}}$ 을 구하여라.

풀이 정리 1을 이용하면

$$\lim_{(x,\ y)\to(2,\ -3)} (x^2-y^2) = -5,$$

$$\lim_{(x,\ y)\to(2,\ -3)} (x^3+3xy) = -10$$

따라서

$$\lim_{(x,\ y)\to(2,\ -3)} \frac{x^2-y^2}{x^3+3xy} = \frac{\displaystyle\lim_{(x,\ y)\to(2,\ -3)} (x^2-y^2)}{\displaystyle\lim_{(x,\ y)\to(2,\ -3)} (x^3+3xy)} = \frac{1}{2}$$

그러므로

$$\lim_{(x,\ y)\to(2,\ -3)} \sqrt{\frac{x^2-y^2}{x^3+3xy}} = \frac{1}{\sqrt{2}}$$ ■

다음 정리에서 극한을 구할 때 유용한 몇 가지 성질들을 소개한다. 이 정리의 증명은 보충자료(14.8절)에서 찾아볼 수 있다.

정리 2 (두 변수 함수의 극한의 성질 2)

(1) $\displaystyle\lim_{(x,\ y)\to(a,\ b)} |f(x,\ y)| = 0$이면 $\displaystyle\lim_{(x,\ y)\to(a,\ b)} f(x,\ y) = 0$이다.

(2) 점 $(a,\ b)$의 근방의 $(x,\ y)\neq(a,\ b)$에 대하여 $f(x,\ y)\leq g(x,\ y)$이면 다음이 성립한다.

$$\lim_{(x,\ y)\to(a,\ b)} f(x,\ y) \leq \lim_{(x,\ y)\to(a,\ b)} g(x,\ y)$$

정리 1의 (7)에서 극한이 0인 경우 역이 성립함을 정리 2의 (1)에서 알 수 있다. 그리고 점 $(a,\ b)$의 **근방**(neighborhood)이라 함은 점 $(a,\ b)$를 중심으로 하는 적당한 원의 내부를 의미한다.

예제 9 $\displaystyle\lim_{(x,\ y)\to(0,\ 0)} \frac{4x^2y}{x^2+y^2}$을 구하여라.

풀이 함수 $\dfrac{4x^2y}{x^2+y^2}$의 분자는 3차, 분모는 2차 전체적으로 1차이므로 극한이 0일 가능성이 크다. 정리 2의 (2)를 이용하자. $(x,\ y)\neq(0,\ 0)$이면

$$\left|\frac{x^2}{x^2+y^2}\right| \leq 1$$

따라서

$$\left|\frac{4x^2y}{x^2+y^2}\right| \le \left|4y\frac{x^2}{x^2+y^2}\right| \le |4y|, \quad (x, y) \ne (0, 0)$$

그러므로

$$\lim_{(x, y)\to(0, 0)} \left|\frac{4x^2y}{x^2+y^2}\right| \le \lim_{(x, y)\to(0, 0)} |4y| = 0$$

즉, $\displaystyle\lim_{(x, y)\to(0, 0)} \left|\frac{4x^2y}{x^2+y^2}\right| = 0$. 따라서 $\displaystyle\lim_{(x, y)\to(0, 0)} \frac{4x^2y}{x^2+y^2} = 0$ ■

두변수함수의 연속

일변수함수의 경우 함수값과 극한값이 같을 때 연속이라고 정의하였다. 두변수함수의 경우에도 같은 방법으로 연속성을 정의한다.

일변수함수의 연속
$y=f(x)$는 $x=a$에서 연속이다.
$\Leftrightarrow \displaystyle\lim_{x\to a} f(x) = f(a)$

정의 1 (두변수함수의 연속)
함수 $f(x, y)$가 다음 식을 만족할 때 점 (a, b)에서 **연속**(continuous)이라고 한다.

$$\lim_{(x, y)\to(a, b)} f(x, y) = f(a, b)$$

함수 $f(x, y)$가 영역 $D \subset \mathbb{R}^2$의 각 점에서 연속일 때 $f(x, y)$는 영역 D에서 **연속**(continuous)이라고 한다.

함수 $f(x, y)$가 점 (a, b)에서 정의가 되지 않아도 극한을 생각할 수 있다. 그러나 함수 $f(x, y)$가 점 (a, b)에서 연속이 되려면 점 (a, b)에서 정의되어야 하며 극한이 $f(a, b)$가 되어야 한다.

예제 10 다음 함수가 연속이 되는 점들의 집합을 구하여라.

$$f(x) = \begin{cases} \dfrac{x^2-2y^2}{x^2+y^2}, & (x, y) \ne (0, 0) \\ 0, & (x, y) = (0, 0) \end{cases}$$

풀이 $(a, b) \ne (0, 0)$이면

$$\begin{aligned} \lim_{(x, y)\to(a, b)} f(x, y) &= \lim_{(x, y)\to(a, b)} \frac{x^2-2y^2}{x^2+y^2} \\ &= \frac{a^2-2b^2}{a^2+b^2} \\ &= f(a, b) \end{aligned}$$

따라서 함수 f는 (a, b)에서 연속이다.

한편 f는 원점에서 극한을 가지지 않으므로(예제 6) 원점에서 연속이 아니다. 따라서 f가 연속이 되는 점들의 집합은 $\mathbb{R}^2-\{(0, 0)\}$이다. ■

예제 11 다음 함수가 연속이 되는 점들의 집합을 구하여라.

$$f(x)=\begin{cases} \dfrac{4x^2y}{x^2+y^2}, & (x, y)\neq(0, 0) \\ 0, & (x, y)=(0, 0) \end{cases}$$

풀이 $(a, b)\neq(0, 0)$이면

$$\begin{aligned} \lim_{(x, y)\to(a, b)} f(x, y) &= \lim_{(x, y)\to(a, b)} \frac{4x^2y}{x^2+y^2} \\ &= \frac{4a^2b}{a^2+b^2} \\ &= f(a, b) \end{aligned}$$

따라서 함수 f는 (a, b)에서 연속이다. 한편 예제 9에서

$$\lim_{(x, y)\to(0, 0)} \frac{4x^2y}{x^2+y^2}=0$$

따라서 함수 f는 원점에서도 연속이다.

그러므로 함수 f가 연속이 되는 점들의 집합은 $\mathbb{R}^2$이다. ■

다음 정리에서 두변수함수의 연속성이 합, 차, 곱, 나눗셈, 절대값 및 제곱근에서 보존됨을 소개한다. 이 정리는 극한의 성질(정리 1)을 사용하면 쉽게 증명할 수 있다.

정리 3 (연속함수의 성질)

두변수함수 $f(x, y)$와 $g(x, y)$가 평면영역 $D\subset\mathbb{R}^2$에서 연속이면

(1) $f(x, y)+g(x, y)$는 D에서 연속이다.

(2) $f(x, y)-g(x, y)$는 D에서 연속이다.

(3) $f(x, y)g(x, y)$는 D에서 연속이다.

(4) $|f(x, y)|$는 D에서 연속이다.

(5) $f(x, y)\geq 0$이면 $\sqrt{f(x, y)}$는 D에서 연속이다.

(6) D에서 $g(x, y)\neq 0$이면 $\dfrac{f(x, y)}{g(x, y)}$는 D에서 연속이다.

다음 정리에서 연속인 두변수함수와 일변수함수의 합성함수의 연속성에

대하여 소개한다. 이 정리의 증명은 보충자료(14.8절)에서 소개한다.

합성함수

두 함수

$$f: A \to B,\ g: C \to D$$

에서 $\mathrm{Ran}(f) \subset C$이면 합성함수

$$g \circ f: A \to D$$

가 정의된다.

정리 4 (합성함수의 연속성)

두변수함수 $z=f(x, y)$가 D에서 연속이고 $w=g(z)$가 f의 치역에서 연속이면 합성함수 $w=g(f(x, y))$도 D에서 연속이다.

합성함수의 연속

$D \subset \mathbb{R}^2$, $I \subset \mathbb{R}$일 때

$f: D \to I$: 연속

$g: J \to \mathbb{R}$: 연속

$\mathrm{Ran}(f) \subset J$

$\Rightarrow g \circ f: D \to \mathbb{R}$: 연속

예제 12 $z=e^{x+y}$는 $\mathbb{R}^2$에서 연속함수임을 증명하여라.

풀이 $f(x, y)=x+y$, $g(z)=e^z$라 하면

$$\mathrm{Dom}(f)=\mathbb{R}^2,\ \mathrm{Ran}(f)=\mathbb{R},\ \mathrm{Dom}(g)=\mathbb{R}$$

$\mathrm{Ran}(f) \subset \mathrm{Dom}(g)$이므로 합성함수 $g \circ f$가 정의되고

$$(g \circ f)(x, y)=g(f(x, y))=e^{x+y}$$

그리고

$$f(x, y)=x+y : \mathbb{R}^2\text{에서 연속}$$
$$g(z)=e^z : \mathbb{R}\text{에서 연속}$$

따라서 정리 2에 의하여 $g(f(x, y))=e^{x+y}$는 $\mathbb{R}^2$에서 연속이다. ■

예제 13 $z=\ln(x^2+y^2+1)$ $\mathbb{R}^2$에서 연속함수임을 증명하여라.

풀이 $f(x, y)=x^2+y^2+1$, $g(z)=\ln z$라 하면

$$\mathrm{Dom}(f)=\mathbb{R}^2,\ \mathrm{Ran}(f)=[1, \infty),\ \mathrm{Dom}(g)=(0, \infty)$$

$\mathrm{Ran}(f) \subset \mathrm{Dom}(g)$이므로 합성함수 $g \circ f$가 정의되고

$$(g \circ f)(x, y)=g(f(x, y))=\ln(x^2+y^2+1)$$

그리고

$$f(x, y)=x^2+y^2+1 : \mathbb{R}^2\text{에서 연속},$$
$$g(z)=\ln z : (0, \infty)\text{에서 연속}$$

따라서 정리 2에 의하여 $g(f(x, y))=\ln(x^2+y^2+1)$는 $\mathbb{R}^2$에서 연속이다. ■

연습문제 14.1

※ (1~4) 함수 f에 대하여 (1)~(4)를 구하여라.

1. $f(x, y)=x^2+y^2-4xy+7y+5$

   (1) $f(1, 0)$ (2) $f(2, -3)$

   (3) $f(0, 5)$ (4) $f(-3, -4)$

2. $f(x, y)=\ln(xy+x-1)$

   (1) $f(2, 0)$ (2) $f(1, e)$

   (3) $f(1, e^2)$ (4) $f(1, e^{-3})$

3. $f(x, y)=\dfrac{2x-3y}{x^2+y^2+2}$

   (1) $f(1, 0)$ (2) $f(3, 2)$

   (3) $f(-3, 2)$ (4) $f(5, -3)$

4. $f(x, y)=e^x \cos y$

   (1) $f(0, 0)$ (2) $f(1, \pi/3)$

   (3) $f(-1, \pi/4)$ (4) $f(-2, 5\pi/4)$

※ (5~8) 함수 f의 정의역을 그리고 치역을 구하여라.

5. $f(x, y)=2x^2+y^2-3$
6. $f(x, y)=\sqrt{36-4x^2-9y^2}$
7. $f(x, y)=\dfrac{1}{x+y}$
8. $f(x, y)=\dfrac{y}{x}$

※ (9~20) 함수 f의 등고선지도와 그래프를 그려라.

9. $f(x, y)=x^2+y^2+1$
10. $f(x, y)=-x-2y+4$
11. $f(x, y)=x^2+2y^2$
12. $f(x, y)=x^2+xy+2y^2$
13. $f(x, y)=x^3-x$
14. $f(x, y)=\sqrt{x^2+4y^2}$
15. $f(x, y)=x^2+xy^2$
16. $f(x, y)=\cos y$
17. $f(x, y)=xy$
18. $f(x, y)=\dfrac{y}{x}$
19. $f(x, y)=e^{xy}$
20. $f(x, y)=\dfrac{-5x}{x^2+y^2+1}$

※ (21~24) 함수 f의 등고면을 그려라.

21. $f(x, y, z)=-x^2-y^2-z^2$
22. $f(x, y, z)=4x^2+9y^2+z^2$
23. $f(x, y, z)=x^2+y^2$
24. $f(x, y, z)=xy+yz$

※ (25~30) 다음 극한을 구하여라.

25. $\displaystyle\lim_{(x, y)\to(1, -2)} (x^2+3y^2)y$
26. $\displaystyle\lim_{(x, y)\to(0, 1)} e^x y$
27. $\displaystyle\lim_{(x, y)\to(-3, 4)} \sqrt{x^2+y^2+4}$
28. $\displaystyle\lim_{(x, y)\to(0, 0)} \frac{x^2}{\sqrt{x^2+y^2}}$
29. $\displaystyle\lim_{(x, y)\to(2, 0)} \frac{x^2-y^2-2x+2y}{x+y-2}$
30. $\displaystyle\lim_{(x, y)\to(0, 2)} \frac{x^2-y^2-2x+2y}{x+y-2}$

※ (31~34) 다음 극한이 존재하는지 확인하여라.

31. $\displaystyle\lim_{(x, y)\to(0, 0)} \frac{\sin(2x+y)}{2x-y}$
32. $\displaystyle\lim_{(x, y)\to(0, 0)} \frac{2x-y}{x+y}$
33. $\displaystyle\lim_{(x, y)\to(0, 0)} \frac{(x+y)^2}{x^2+y^2}$
34. $\displaystyle\lim_{(x, y)\to(0, 0)} \frac{8x^2y^2}{x^4+y^4}$

※ (35~40) 함수 f가 연속이 되는 점들의 집합을 찾아라.

35. $f(x, y)=\dfrac{x^2+y^2+1}{x^2+y^2-1}$
36. $f(x, y)=\dfrac{x^4-y^4}{x^3+y^3}$
37. $f(x, y)=\dfrac{x^2+y^2}{e^{2x-3y}-1}$
38. $f(x, y)=\ln(x+2y)$
39. $f(x, y)=\sqrt{x+y}-\sqrt{x-y}$
40. $f(x, y)=\ln(4-x^2+2y^2)$

41. 정리 3을 증명하여라.

14.2 편도함수

함수 $y=f(x)$의 함수값의 변화에 변수 x가 미치는 영향 즉, 변수 x에 대한 f의 변화율을 미분이라 하고 $f'(x)$로 표시하였다.

두변수함수 $z=f(x, y)$에서는 두 변수 x, y가 각각 f의 함수값의 변화에 영향을 미친다. 두 변수 중 하나의 변수는 고정하고 나머지 하나의 변수가 함수값의 변화에 미치는 변화율인 편미분을 생각해보자.

함수 $z=f(x, y)$에서 y를 상수 b로 고정시키면 변수 x에 대한 일변수함수 $z=f(x, b)$가 된다. 이 함수의 미분은 변수 y를 b로 고정했을 때 변수 x에 대한 변화율이 된다. 마찬가지 방법으로 함수 $z=f(x, y)$에서 변수 x를 상수 a로 고정시키면 변수 y에 대한 일변수함수 $z=f(a, y)$가 되고 이 함수의 미분은 변수 x를 a로 고정했을 때 변수 y에 대한 변화율이 된다.

일변수함수의 미분계수

$$f'(a)=\lim_{\triangle x\to 0}\frac{f(a+\triangle x)-f(a)}{\triangle x}$$

정의 1 (두 변수 함수의 편미분계수)

두변수함수 $z=f(x, y)$에서 y를 상수 b로 고정시켜 얻은 일변수함수 $z=f(x, b)$가 $x=a$에서 미분가능할 때 함수 $z=f(x, y)$는 점(a, b)에서 x에 대하여 **편미분가능**(partial differentiable with respect to x)하다고 한다. 이때 함수 $z=f(x, b)$의 미분을 점 (a, b)에서 함수 $z=f(x, y)$의 x에 대한 **편미분계수**(partial differential coefficient)라 하고, $\frac{\partial f}{\partial x}(a, b)$로 나타낸다. 즉,

$$\frac{\partial f}{\partial x}(a, b)=\lim_{\triangle x\to 0}\frac{f(a+\triangle x, b)-f(a, b)}{\triangle x}$$

마찬가지 방법으로 $z=f(x, y)$에서 x를 상수 a로 고정시켜 얻은 일변수함수 $z=f(a, y)$가 $y=b$에서 미분가능할 때 함수 $z=f(x, y)$는 점 (a, b)에서 y에 대하여 **편미분가능**(partial differentiable with respect to y)하다고 한다. 이때 함수 $z=f(x, b)$의 미분을 점 (a, b)에서 함수 $z=f(x, y)$의 y에 대한 **편미분계수**(partial differential coefficient)라 하고, $\frac{\partial f}{\partial y}(a, b)$로 나타낸다. 즉,

$$\frac{\partial f}{\partial y}(a, b)=\lim_{\triangle y\to 0}\frac{f(a, b+\triangle y)-f(a, b)}{\triangle y}$$

예제 1 함수 $f(x, y)=x^2+4y^2-8xy+4$가 $(-2, 1)$에서 x에 대하여 그리고 y에 대하여 편미분가능함을 보이고 x에 대한 편미분계수와 y에 대한 편미분계수를 구하여라.

풀이 $(-2, 1)$에서 편미분가능함을 보이려면 y를 1로 고정할 때 $f(x, 1)$이 x에 대하여 미분가능하고 x를 -2로 고정할 때 $f(-2, y)$가 y에 대하여 미분가능함을 보여야 한다.

$z=f(x, y)$에서 y를 1로 고정하면

$$f(x, 1)=x^2-8x+8$$

$f(x, 1)$은 $x=-2$에서 미분가능하므로 $z=f(x, y)$는 $(-2, 1)$에서 x에 대하여 편미분가능하다. $(-2, 1)$에서 x에 대한 편미분계수를 구하면

$$\begin{aligned}\frac{\partial f}{\partial x}(-2, 1) &= \lim_{\triangle x\to 0}\frac{f(-2+\triangle x, 1)-f(-2, 1)}{\triangle x}\\ &= \lim_{\triangle x\to 0}\frac{[(-2+\triangle x)^2-8(-2+\triangle x)+8]-[(-2)^2-8(-2)+8])}{\triangle x}\\ &= \lim_{\triangle x\to 0}\frac{(\triangle x)^2-12(\triangle x)}{\triangle x}\\ &=-12\end{aligned}$$

$z=f(x, y)$에서 x를 -2로 고정하면

$$f(-2, y)=4y^2+16y+8$$

$f(-2, y)$은 $y=1$에서 미분가능하므로 $z=f(x, y)$는 $(-2, 1)$에서 y에 대하여 편미분가능하다. $(-2, 1)$에서 y에 대한 편미분계수를 구하면

$$\begin{aligned}\frac{\partial f}{\partial y}(-2, 1) &= \lim_{\triangle y\to 0}\frac{f(-2, 1+\triangle y)-f(-2, 1)}{\triangle y}\\ &= \lim_{\triangle y\to 0}\frac{[4(1+\triangle y)^2+16(1+\triangle y)+8]-[(4)^2+16(1)+8])}{\triangle y}\\ &= \lim_{\triangle y\to 0}\frac{(\triangle y)^2+24(\triangle y)}{\triangle y}\\ &=24\end{aligned}$$

■

함수 $z=f(x, y)$의 x에 대한 편미분 $\frac{\partial f}{\partial x}(x, y)$가 존재하는 점 (x, y) 전체의 집합을 D라 하면 $\frac{\partial f}{\partial x}$는 집합 D에서 정의되는 함수가 된다. 이 함수 $\frac{\partial f}{\partial x}$를 $z=f(x, y)$의 x에 대한 **편도함수**(partial derivative of f with respect to x) 또는 x에 대한 **1계 편도함수**(1st order partial derivative of f with respect to x)이라 한다.

$z=f(x, y)$의 y에 대한 **편도함수**(partial derivative of f with respect to y)과

일변수함수의 미분기호

$\dfrac{df}{dx}(x),\ f'(x),\ \dfrac{dy}{dx}(x),\ y'(x)$

y에 대한 1계 편도함수(1st order partial derivative of f with respect to y) $\dfrac{\partial f}{\partial y}$도 마찬가지 방법으로 정의한다.

두 변수 함수 $z=f(x, y)$의 편도함수를 나타낼 때 다음과 같은 기호를 사용한다.

$$x\text{에 대한 편도함수 : } \frac{\partial f}{\partial x}(x, y),\ f_x(x, y),\ \frac{\partial z}{\partial x}(x, y),\ z_x(x, y)$$

$$y\text{에 대한 편도함수 : } \frac{\partial f}{\partial y}(x, y),\ f_y(x, y),\ \frac{\partial z}{\partial y}(x, y),\ z_y(x, y)$$

세 면수 함수의 편미분기호

$w=f(x, y, z)$일 때

x에 대한 편미분 : $\dfrac{\partial f}{\partial x},\ f_x,\ \dfrac{\partial w}{\partial x},\ w_x$

y에 대한 편미분 : $\dfrac{\partial f}{\partial y},\ f_y,\ \dfrac{\partial w}{\partial y},\ w_y$

세변수함수 또는 그 이상의 다변수함수에 대한 편미분가능, 편미분도 위와 같은 방법으로 정의하고 표시한다.

편미분을 계산하는 방법

함수 $f(x, y)$, $g(x, y, z)$의 x에 대한 편도함수 f_x, g_x는 함수식 $f(x, y)$, $g(x, y, z)$를 각각 변수 x에 대하여 미분하여 계산한다. 이때 x 외의 다른 변수($f(x, y)$에서는 y, $g(x, y, z)$에서는 y와 z)는 모두 상수로 취급한다. 함수 f, g의 y에 대한 편도함수 f_y, g_y 그리고 함수 g의 z에 대한 편도함수 g_z도 마찬가지 방법으로 계산한다.

예제 2 함수 $f(x, y)=x^2+4y^2-8xy+4$의 1계 편도함수를 구하여라.

풀이 $f(x, y)$에서 y를 상수로 취급하고 변수 x에 대하여 미분하면

$$f_x(x, y)=2x-8y$$

$f(x, y)$에서 x를 상수로 취급하고 변수 y에 대하여 미분하면

$$f_y(x, y)=8y-8x$$

■

예제 3 함수 $f(x, y, z)=xy\cos(xy^2z)$의 1계 편도함수를 구하여라.

풀이 $f(x, y, z)$에서 y, z를 상수로 취급하고 변수 x에 대하여 미분하면

$$\begin{aligned} f_x(x, y, z) &= y\cos(xy^2z)-xy\sin(xy^2z)y^2z \\ &= y\cos(xy^2z)-xy^3z\sin(xy^2z) \end{aligned}$$

$f(x, y, z)$에서 x, z를 상수로 취급하고 변수 y에 대하여 미분하면

$$\begin{aligned} f_y(x, y, z) &= x\cos(xy^2z)-xy\sin(xy^2z)2xyz \\ &= x\cos(xy^2z)-2x^2y^2z\sin(xy^2z) \end{aligned}$$

$f(x, y, z)$에서 x, y를 상수로 취급하고 변수 z에 대하여 미분하면

$$\begin{aligned} f_z(x, y, z) &= -xy\sin(xy^2z)xy^2 \\ &= -x^2y^3\sin(xy^2z) \end{aligned}$$

■

예제 4 $f(x, y) = e^x(\cos x + \sin y)$의 편도함수 $f_x\left(0, \dfrac{2}{3}\pi\right)$, $f_y\left(0, \dfrac{2}{3}\pi\right)$를 구하여라.

풀이 편도함수를 구하면

$$\begin{aligned} f_x(x, y) &= e^x(\cos x + \sin y) + e^x(-\sin x) \\ &= e^x(\cos x - \sin x + \sin y) \\ f_y(x, y) &= e^x\cos y \end{aligned}$$

그러므로

$$\begin{aligned} f_x\left(0, \frac{2}{3}\pi\right) &= e^0\left(\cos 0 - \sin 0 + \sin\frac{2}{3}\pi\right) \\ &= 1 + \frac{\sqrt{3}}{2} \\ f_y\left(0, \frac{2}{3}\pi\right) &= e^0\cos\frac{2}{3}\pi \\ &= -\frac{1}{2} \end{aligned}$$

■

예제 5 세변수함수 $f(x, y, z) = e^{xy}\ln(y^2 + z^2)$의 편도함수 $f_x(1, 0, e)$, $f_y(1, 0, e)$, $f_z(1, 0, e)$를 구하여라.

풀이 $(1, 0, e)$에서의 편도함수 f_x, f_y, f_z를 각각 구하면

$$\begin{aligned} f_x(1, 0, e) &= \left[ye^{xy}\ln(y^2+z^2)\right]_{(x, y, z)=(1, 0, e)} = 0 \\ f_y(1, 0, e) &= \left[xe^{xy}\ln(y^2+z^2) + xe^{xy}\frac{2y}{y^2+z^2}\right]_{(x, y, z)=(1, 0, e)} = 2 \\ f_z(1, 0, e) &= \left[xe^{xy}\frac{2z}{y^2+z^2}\right]_{(x, y, z)=(1, 0, e)} = \frac{2}{e} \end{aligned}$$

■

편미분의 기하학적 의미

함수 $z = f(x, y)$가 점 (a, b)에서 편미분가능하다고 하자. 곡선 $z = f(x, b)$는 곡면 $z = f(x, y)$와 평면 $y = b$가 만나서 생긴 곡선이다.

도함수의 기하학적 의미

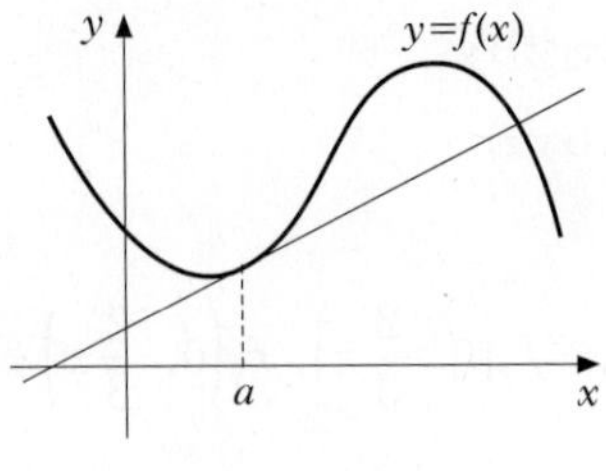

접선의 기울기$=f'(a)$

그림 1

$f'(a)$는 f의 그래프 위의 점 $(a, f(a))$에서 접선의 기울기가 된다.

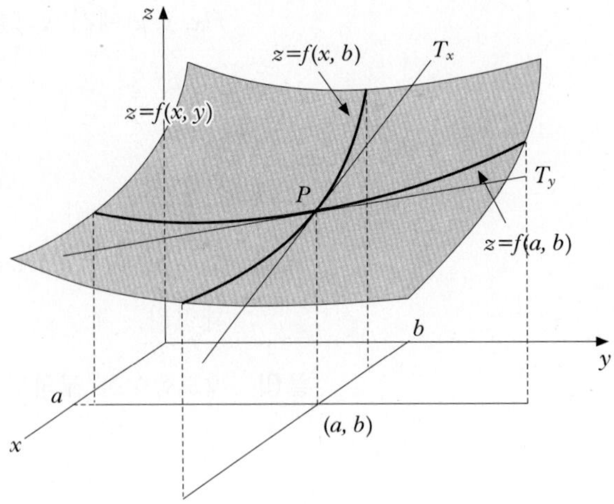

그림 2

점 P에서 곡선 $z=f(x, b)$의 접선 T_x의 기울기를 구해보자.

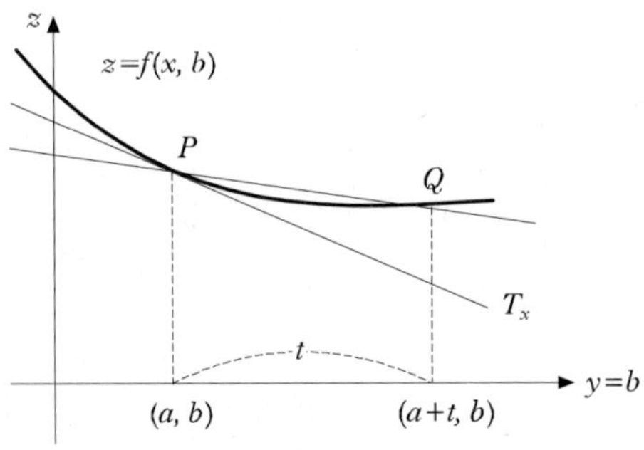

그림 3

그림 3과 같이 곡선 $z=f(x, b)$, 직선 $y=b$, 접선 T_x를 한 평면에 나타내고 직선 $y=b$를 따라 점 (a, b)에서 t만큼 떨어진 점 $(a+t, b)$에서 곡선 $z=f(x, b)$ 위의 점을 Q라 하자. 점 P, Q의 좌표는 각각 $(a, b, f(a, b))$, $(a+t, b, f(a+t, b))$이므로 두 점 P, Q를 지나는 직선의 기울기는

$$\frac{f(a+t, b)-f(a, b)}{t}$$

t가 0으로 접근하면 점 Q는 곡선 $z=f(x, b)$를 따라서 점 P에 접근하게 되고 두 점 P, Q를 지나는 직선은 점 P에서의 접선 T_x로 접근하게 된다. 따라서

$$T_x\text{의 기울기}=\lim_{t\to 0}\frac{f(a+t, b)-f(a, b)}{t}=f_x(a, b)$$

마찬가지 방법으로 다음을 얻을 수 있다.

$$T_y\text{의 기울기} = \lim_{t \to 0} \frac{f(a, b+t) - f(a, b)}{t} = f_y(a, b)$$

따라서 다음 정리가 성립한다.

정리 1 (편도함수의 기하학적 의미)
두변수함수 $z = f(x, y)$가 점 (a, b)에서 편미분가능하면 함수 f의 그래프 위의 점 $P(a, b, f(a, b))$에서 그래프의 접선에 대하여 다음이 성립한다.

점 P에서 x축 방향의 접선의 기울기 $= f_x(a, b)$
점 P에서 y축 방향의 접선의 기울기 $= f_y(a, b)$

예제 6 곡면 $f(x, y) = 9 - x^2 - \frac{1}{4}y^2$과 평면 $y = 3$이 만나서 생긴 곡선 C의 매개방정식을 구하여라. 또 곡선 C 위의 점 $(2, 3, 11/4)$에서 접선의 기울기를 구하여라.

풀이 $f(x, y)$에서 $y = 3$이면

$$f(x, 3) = -x^2 + \frac{27}{4}.$$

따라서 평면 $y = 3$과 곡면 $z = 9 - x^2 - \frac{1}{4}y^2$이 만나서 생긴 곡선 C는 다음의 성질을 만족한다.

$$y = 3, \ z = -x^2 + \frac{27}{4}$$

따라서 곡선 C의 매개방정식은

$$x = t, \ y = 3, \ z = -t^2 + \frac{27}{4}$$

$f(2, 3) = -2^2 + \frac{27}{4} = \frac{11}{4}$이므로, 점 $\left(2, 3, \frac{11}{4}\right)$는 곡선 C 위의 점이다.
그리고 점 $\left(2, 3, \frac{11}{4}\right)$에서 곡선 C의 접선의 기울기는 $\frac{\partial f}{\partial x}(2, 3)$이다.

$$\frac{\partial f}{\partial x}(2, 3) = \Big[-2x \Big]_{\substack{x=2 \\ y=3}} = -4$$

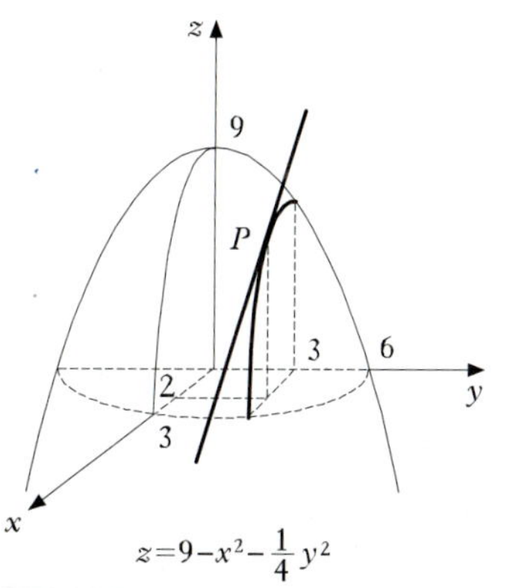

$z = 9 - x^2 - \frac{1}{4}y^2$

그림 4

그러므로 점 $\left(2, 3, \frac{11}{4}\right)$에서 곡선 C의 접선의 기울기는 -4이다. ■

고계 편도함수

두변수함수 $z=f(x, y)$의 1계 편도함수 $f_x(x, y), f_y(x, y)$도 x, y에 대한 두변수함수이다. 두변수함수 $f_x(x, y), f_y(x, y)$를 다시 x 또는 y에 대하여 편미분하여 얻은 결과를 f의 **2계 편도함수**(2nd order partial derivative of f)이라 한다. 2계 편도함수는 다음과 같은 기호를 사용하여 나타낸다.

$$\frac{\partial}{\partial x}\left(\frac{\partial f}{\partial x}\right)=\frac{\partial^2 f}{\partial x^2}=f_{xx}=\frac{\partial^2 z}{\partial x^2}=z_{xx}$$

$$\frac{\partial}{\partial y}\left(\frac{\partial f}{\partial x}\right)=\frac{\partial^2 f}{\partial y\partial x}=f_{xy}=\frac{\partial^2 z}{\partial y\partial x}=z_{xy}$$

$$\frac{\partial}{\partial x}\left(\frac{\partial f}{\partial y}\right)=\frac{\partial^2 f}{\partial x\partial y}=f_{yx}=\frac{\partial^2 z}{\partial x\partial y}=z_{yx}$$

$$\frac{\partial}{\partial y}\left(\frac{\partial f}{\partial y}\right)=\frac{\partial^2 f}{\partial y^2}=f_{yy}=\frac{\partial^2 z}{\partial y^2}=z_{yy}$$

예제 7 $f(x, y)=xe^y-\sin x+x^2y$의 2계 편도함수를 구하여라.

풀이 1계 편도함수를 먼저 구하자.

$$f_x(x, y)=e^y-\cos x+2xy$$

$$f_y(x, y)=xe^y+x^2$$

2계 편도함수를 구하면

$$f_{xx}(x, y)=\sin x+2y$$

$$f_{xy}(x, y)=e^y+2x$$

$$f_{yx}(x, y)=e^y+2x$$

$$f_{yy}(x, y)=xe^y$$

■

2계 편도함수와 마찬가지 방법으로 3계 편도함수 등 **고계 편도함수**도 마찬가지 방법으로 정의하며 다음과 같이 표시한다.

$$\frac{\partial}{\partial x}\left(\frac{\partial^2 f}{\partial x^2}\right)=\frac{\partial^3 f}{\partial x^3}=f_{xxx}=\frac{\partial^3 z}{\partial x^3}=z_{xxx}$$

$$\frac{\partial}{\partial y}\left(\frac{\partial^2 f}{\partial x^2}\right)=\frac{\partial^3 f}{\partial y\partial x^2}=f_{xxy}=\frac{\partial^3 z}{\partial y\partial x^2}=z_{xxy}$$

$$\frac{\partial}{\partial x}\left(\frac{\partial^2 f}{\partial y\partial x}\right)=\frac{\partial^3 f}{\partial x\partial y\partial x}=f_{xyx}=\frac{\partial^3 z}{\partial x\partial y\partial x}=z_{xyx}$$

$$\frac{\partial}{\partial y}\left(\frac{\partial^3 f}{\partial x\partial y^2}\right)=\frac{\partial^4 f}{\partial y\partial x\partial y^2}=f_{yyxy}=\frac{\partial^4 z}{\partial y\partial x\partial y^2}=z_{yyxy}$$

예제 8 함수 $f(x, y)=e^{2x}\cos y$의 편도함수 $\dfrac{\partial^3 f}{\partial x^3}$, $\dfrac{\partial^3 f}{\partial y \partial x^2}$, $\dfrac{\partial^4 f}{\partial x \partial y \partial x^2}$를 구하여라.

풀이 $f_x, f_{xx}, f_{xxx}, f_{xxy}, f_{xxyx}$의 순서로 편도함수를 구하자.

$$\frac{\partial f}{\partial x}=2e^{2x}\cos y$$

$$\frac{\partial^2 f}{\partial x^2}=\frac{\partial}{\partial x}(2e^{2x}\cos y)=4e^{2x}\cos y$$

$$\frac{\partial^3 f}{\partial x^3}=\frac{\partial}{\partial x}(4e^{2x}\cos y)=8e^{2x}\cos y$$

$$\frac{\partial^3 f}{\partial y \partial x^2}=\frac{\partial}{\partial y}\left(\frac{\partial^2 f}{\partial x^2}\right)=\frac{\partial}{\partial y}(4e^{2x}\cos y)=-4e^{2x}\sin y$$

$$\frac{\partial^4 f}{\partial x \partial y \partial x^2}=\frac{\partial}{\partial x}(-4e^{2x}\sin y)=-8e^{2x}\sin y$$ ■

예제 7의 풀이에서 $f_{xy}(x, y)=f_{yx}(x, y)$가 성립함을 보았다. 그러나 이러한 성질이 항상 성립하지는 않는다. 다음 정리에서 이러한 성질이 성립하기 위한 조건을 소개한다. 이 정리의 증명은 보충자료(14.8절)에서 소개한다.

정리 2

두 변수 함수 $z=f(x, y)$의 2계 편도함수 $f_{xy}(x, y), f_{yx}(x, y)$가 xy평면의 영역 D에서 연속이면 영역 D 내부의 모든 점에서 다음이 성립한다.

$$f_{xy}(x, y)=f_{yx}(x, y)$$

예제 9 · $f(x, y)=x\cos y+ye^x$에서 $f_{xy}(x, y), f_{yx}(x, y)$를 구하고 같음을 밝혀라. 그리고 $f_{xyy}(x, y)=f_{yyx}(x, y)=f_{yxy}(x, y)$임을 확인하여라.

풀이 $f_{xy}(x, y), f_{yx}(x, y)$를 구하면

$$f_x=\cos y+ye^x, \quad f_{xy}=-\sin y+e^x$$

$$f_y=-x\sin y+e^x, \quad f_{yx}=-\sin y+e^x$$

따라서 $f_{xy}=f_{yx}$.

그리고 $f_{xyy}, f_{yyx}, f_{yxy}$를 구하면

$$f_{xyy}=-\cos y$$

$$f_{yy}=-x\cos y, \quad f_{yyx}=-\cos y$$

$$f_{yxy}=-\cos y$$

그러므로 $f_{xyy}=f_{yyx}=f_{yxy}$. ■

연습문제 14.2

※ (1~4) 함수 $f(x, y)$와 $P(a, b)$에 대하여 $g(x)=f(x, b)$, $h(y)=f(a, y)$라 하고 $g'(a)=f_x(a, b)$, $h'(b)=f_y(a, b)$임을 확인하여라.

1. $f(x, y)=2+2xy^2-y$, $P(1, 2)$
2. $f(x, y)=xy\cos(xy)$, $P(1, 0)$
3. $f(x, y)=xy\ln(xy)$, $P(2, e)$
4. $f(x, y)=\dfrac{x-2y}{1+2x+3y}$, $P(-1, -2)$

※ (5~8) 함수 f의 1계편도함수를 구하여라.

5. $f(x, y)=2x^2+2xy^2-y^3$
6. $f(x, y)=\tan(x^2y)$
7. $f(x, y)=e^x\cos 2y$
8. $f(x, y)=\ln(xy-y^2)$

※ (9~12) 함수 f에 대하여 f_{xy}, f_{yx}를 각각 구하고 비교하여라.

9. $f(x, y)=\sin^2 x\cos y$
10. $f(x, y)=\sqrt{2x^2+5xy+y^2}$
11. $f(x, y)=\tan(x^2+y^{2)}$
12. $f(x, y)=\dfrac{x-y}{1-xy}$

※ (13~16) 함수 f의 2계 편도함수를 모두 구하여라.

13. $f(x, y, z)=\sin(xy)\cos(yz)$
14. $f(x, y, z)=2x^2y+yz+z^2$
15. $f(x, y, z)=\ln(x^2+y^2+z^2)$
16. $f(x, y, z)=e^{x^2+y^2+z^2}$

※ (17~20) 함수 f의 그래프를 주어진 평면 $x=a$ 또는 $y=b$로 잘랐을 때 생기는 곡선의 매개방정식을 구하고 그림을 그려라. 그리고 곡선 위의 점 $P(a, b)$에서 접선의 기울기를 구하여라.

17. $f(x, y)=\dfrac{1}{9}x^2+\dfrac{1}{4}y^2$, $x=1$, $P(1, 2)$
18. $f(x, y)=4-x^2-2y^2$, $y=2$, $P(2, 2)$
19. $f(x, y)=x^2+4y^2$, $x=2$, $P(2, 1)$
20. $f(x, y)=1-4x^2-y^2$, $y=3$, $P(2, 3)$

※ (21~24) 함수 f에 대하여 다음의 편도함수들을 구하여라.

21. $f(x, y, s, t)=\dfrac{x^2+y^2}{s^2+t^2}$, $\dfrac{\partial^2 f}{\partial x\partial s}$, $\dfrac{\partial^2 f}{\partial s\partial x}$
22. $f(x, y)=x^3\sin 2y+e^x\cos 2y$, $\dfrac{\partial^5 f}{\partial x^2\partial y^3}$, $\dfrac{\partial^5 f}{\partial x\partial y\partial x\partial y^2}$
23. $f(x, y)=e^x(e^y+e^{-y})$, $\dfrac{\partial^3 f}{\partial x^2\partial y}$, $\dfrac{\partial^3 f}{\partial y\partial x^2}$
24. $f(x, y)=x^2y+\cos y+y\sin x$, $\dfrac{\partial^3 f}{\partial x^2\partial y}$, $\dfrac{\partial^3 f}{\partial y\partial x\partial y}$

[정의] 다음 식을 만족하는 함수 두변수함수 $u(x, y)$를 조화함수(harmonic function)라 한다.

$$\frac{\partial^2 u}{\partial x^2}+\frac{\partial^2 u}{\partial y^2}=0$$

※ (25~28) 함수 $u(x, y)$가 조화함수임을 보여라.

25. $u(x, y)=x^2-y^2$
26. $u(x, y)=xy$
27. $u(x, y)=e^x\cos y$
28. $u(x, y)=\ln(x^2+y^2)$

29. 함수 f가 다음과 같이 정의되어 있다.

$$f(x, y)=\begin{cases}\dfrac{xy}{x^2+y^2} & (x, y)\neq(0, 0)\\ 0 & (x, y)=(0, 0)\end{cases}$$

(1) $(x, y)\neq(0, 0)$일 때 $f_x(x, y)$, $f_y(x, y)$를 구하여라.

(2) 편미분계수의 정의를 이용하여 $f_x(0, 0)$, $f_y(0, 0)$를 구하여라.

(3) 함수 f가 $(0, 0)$에서 불연속임을 보여라.

(4) 함수 f_x, f_y가 각각 $(0, 0)$에서 불연속임을 보여라.

30. 함수 f가 다음과 같이 정의되어 있다.

$$f(x, y)=\begin{cases}\dfrac{xy(x^2-y^2)}{x^2+y^2} & (x, y)\neq(0, 0)\\ 0 & (x, y)=(0, 0)\end{cases}$$

(1) $(x, y)\neq(0, 0)$일 때 $f_x(x, y)$, $f_y(x, y)$를 구하여라.

(2) 편미분계수의 정의를 이용하여 $f_x(0, 0)$, $f_y(0, 0)$를 구하여라.

(3) $f_{xy}(0, 0)=-1$, $f_{yx}(0, 0)=1$임을 보여라.

(4) 함수 f에 대하여 정리 1이 성립하지 않는 이유를 설명하여라.

14.3 연쇄법칙

이 절에서는 두변수함수 또는 세변수함수를 변수변환한 후 새로운 변수에 대한 편도함수를 구하는 방법인 연쇄법칙을 소개한다. 그리고 세변수의 음함수에 대한 음함수 정리를 이용하여 특정 변수에 대한 편도함수를 구하는 음함수 편미분법을 소개한다.

연쇄법칙

연쇄법칙은 합성함수의 미분을 나타내는 식을 의미하며 일변수함수의 연쇄법칙(2.4절), 벡터함수의 연쇄법칙(13.2절)을 앞에서 배웠다. 여기서는 다변수함수의 연쇄법칙을 소개한다.

두변수함수 $z=f(x, y)$의 두 변수 x, y가 각각 다음의 두 함수

$$x=x(s), \quad y=y(s)$$

에 의하여 변수 s로 표시된다고 하자. 두 변수 x, y대신 위의 두 식을 $z=f(x, y)$에 대입하면

$$z=f(x(s), y(s))$$

따라서 f는 변수변환에 의하여 변수 s에 의한 일변수함수가 되므로 변수 s에 대한 f의 미분을 생각할 수 있으며 다음과 같이 표시한다.

$$\frac{df}{ds} \quad \text{또는} \quad \frac{dz}{ds}$$

일변수함수의 연쇄법칙

두 함수

$$y=f(x), \quad x=g(t)$$

가 미분가능하면 합성함수

$$y=f(g(t))$$

도 미분가능하며 다음이 성립한다.

$$\frac{d}{dt}(f\circ g)(t)=f'(g(t))g'(t)=\frac{df}{dx}(g(t))\frac{dg}{dt}(t)$$

즉,

$$\frac{dy}{dt}=\frac{dy}{dx}\frac{dx}{dt}$$

예제 1 $f(x, y)=xy$, $x=\cos t$, $y=\sin t$일 때 $\frac{df}{dt}$와 $\frac{df}{dt}\left(\frac{\pi}{3}\right)$를 구하여라.

풀이 $f(x, y)=xy$에 $x=\cos t$, $y=\sin t$를 대입하면

$$f(x(t), y(t))=\cos t\sin t$$

변수 t에 대하여 미분하면

$$\frac{df}{dt}=\frac{d}{dt}(\cos t\sin t)=-\sin^2 t+\cos^2 t$$

따라서

$$\frac{df}{dt}\left(\frac{\pi}{3}\right)=-\sin^2\frac{\pi}{3}+\cos^2\frac{\pi}{3}=-\left(\frac{\sqrt{3}}{2}\right)^2+\left(\frac{1}{2}\right)^2=-\frac{1}{2}$$ ■

예제 1에서는 $f(x, y)$에 x, y를 t의 식으로 나타낸 변수변환식을 직접 대입하여 얻은 t의 함수를 미분하여 t에 대한 f의 도함수를 구하였다. 다음 정리에서는 변수변환식을 대입하지 않고 이러한 미분을 계산하는 방법을 소개한다. 이 정리의 증명은 보충자료(14.8절)에서 다룬다.

정리 1 (두변수함수의 연쇄법칙 1)

두변수함수 $z=f(x, y)$가 미분가능하고, 두 함수

$$x=x(s), \quad y=y(s)$$

가 각각 미분가능하면 변수 s에 대한 일변수함수 $z=f(x(s), y(s))$도 미분가능하다. 이때 $z=f(x(s), y(s))$의 미분에 대하여 다음 식이 성립한다.

$$\frac{dz}{ds}=\frac{\partial z}{\partial x}\frac{dx}{ds}+\frac{\partial z}{\partial y}\frac{dy}{ds}$$

예제 2 $f(x, y)=xy,\ x=\cos t,\ y=\sin t$일 때 $\dfrac{df}{dt}$와 $\dfrac{df}{dt}\left(\dfrac{\pi}{3}\right)$를 구하여라.

풀이 정리 1을 이용하자.

$$\begin{aligned}\frac{dz}{dt}&=\frac{\partial f}{\partial x}\frac{dx}{dt}+\frac{\partial f}{\partial y}\frac{dy}{dt}=y(-\sin t)+x(\cos t)\\&=-\sin^2 t+\cos^2 t\end{aligned}$$

따라서

$$\begin{aligned}\frac{df}{dt}\left(\frac{\pi}{3}\right)&=-\sin^2\frac{\pi}{3}+\cos^2\frac{\pi}{3}\\&=-\left(\frac{\sqrt{3}}{2}\right)^2+\left(\frac{1}{2}\right)^2=-\frac{1}{2}\end{aligned}$$

■

두변수함수를 일변수함수로 변수변환하고 미분을 구하는 방법을 알아보았다. 이번에는 두변수함수 $z=f(x, y)$를 다른 두 변수 s, t에 의한 두변수함수로 변수변환하고 새로운 변수에 대한 편도함수를 구해보자.

두변수함수 $z=f(x, y)$의 두 변수 x, y가 각각 다음의 두 함수

$$x=x(s, t), \quad y=y(s, t)$$

에 의하여 두 변수 s, t에 의하여 표시된다. 두 변수 x, y 대신 위의 두 식을 $z=f(x, y)$에 대입하면

$$z = f(x(s,\ t),\ y(s,\ t))$$

따라서 f는 s, t에 대한 두변수함수로 변수변환되므로 두 변수 s, t에 대한 편도함수를 생각할 수 있으며 다음과 같이 표시한다.

$$\frac{\partial f}{\partial s} \text{ 또는 } \frac{\partial z}{\partial s},\quad \frac{\partial f}{\partial t} \text{ 또는 } \frac{\partial z}{\partial t}$$

다음 정리에서 이러한 편도함수를 계산하는 방법을 소개한다.

정리 2 (두변수함수의 연쇄법칙 2)

두변수함수 $z = f(x, y)$가 미분가능하고, 두 함수

$$x = x(s,\ t), \quad y = y(s,\ t)$$

가 각각 미분가능하면 s, t에 대한 두변수함수 $z = f(x(s,\ t),\ y(s,\ t))$도 미분가능하며 다음 식이 성립한다.

$$\frac{\partial z}{\partial s} = \frac{\partial z}{\partial x}\frac{\partial x}{\partial s} + \frac{\partial z}{\partial y}\frac{\partial y}{\partial s}$$

$$\frac{\partial z}{\partial t} = \frac{\partial z}{\partial x}\frac{\partial x}{\partial t} + \frac{\partial z}{\partial y}\frac{\partial y}{\partial t}$$

예제 3 $z = \ln(x^2 + y^2)$, $x = se^{-t}$, $y = -te^{s}$일 때 $\dfrac{\partial z}{\partial s}$, $\dfrac{\partial z}{\partial t}$를 구하여라.

풀이 정리 2의 연쇄법칙을 이용하여 계산한다.

$$\begin{aligned}
\frac{\partial z}{\partial s} &= \frac{\partial z}{\partial x}\frac{\partial x}{\partial s} + \frac{\partial z}{\partial y}\frac{\partial y}{\partial s} \\
&= \frac{2x}{x^2+y^2}e^{-t} + \frac{2y}{x^2+y^2}(-te^{s}) \\
&= \frac{2}{x^2+y^2}(xe^{-t} - yte^{s}) \\
&= \frac{2}{s^2e^{-2t}+t^2e^{2s}}(se^{-2t} + t^2e^{2s}) \\
\frac{\partial z}{\partial t} &= \frac{\partial z}{\partial x}\frac{\partial x}{\partial t} + \frac{\partial z}{\partial y}\frac{\partial y}{\partial t} \\
&= \frac{2x}{x^2+y^2}se^{-t} + \frac{2y}{x^2+y^2}(-e^{s}) \\
&= \frac{2}{x^2+y^2}(xse^{-t} - ye^{s}) \\
&= \frac{2}{s^2e^{-2t}+t^2e^{2s}}(s^2e^{-2t} + te^{2s})
\end{aligned}$$

n변수함수를 새로운 변수에 대한 일변수함수 또는 m변수함수로 변수변환하고 새로운 변수에 대한 미분 또는 편도함수를 구하는 방법을 소개한다.

정리 3 (두변수함수의 연쇄법칙 3)

n변수함수 $w=f(x_1, x_2, \cdots, x_n)$가 미분가능하다.

(1) 함수

$$x_1=x_1(t),\ x_2=x_2(t),\ \cdots,\ x_n=x_n(t)$$

가 각각 미분가능하면 t에 대한 일변수함수 $f(x_1(t), x_2(t), \cdots, x_n(t))$는 미분가능하며 다음이 성립한다.

$$\frac{dw}{dt}=\frac{\partial w}{\partial x_1}\frac{dx_1}{dt}+\frac{\partial w}{\partial x_2}\frac{dx_2}{dt}+\cdots+\frac{\partial w}{\partial x_n}\frac{dx_n}{dt}$$

(2) 함수

$$x_1=x_1(t_1, t_2, \cdots, t_m),\ x_2=x_2(t_1, t_2, \cdots, t_m),\ \cdots,\ x_n=x_n(t_1, t_2, \cdots, t_m)$$

가 각각 미분가능하면 $t_1, t_2, \cdots, t_m$에 대한 m변수함수

$$f(x_1(t_1, t_2, \cdots, t_m), x_2(t_1, t_2, \cdots, t_m), \cdots, x_n(t_1, t_2, \cdots, t_m))$$

도 미분가능하며 다음의 식이 성립한다.

$$\frac{\partial w}{\partial t_1}=\frac{\partial w}{\partial x_1}\frac{\partial x_1}{\partial t_1}+\frac{\partial w}{\partial x_2}\frac{\partial x_2}{\partial t_1}+\cdots+\frac{\partial w}{\partial x_n}\frac{\partial x_n}{\partial t_1}$$

$$\frac{\partial w}{\partial t_2}=\frac{\partial w}{\partial x_1}\frac{\partial x_1}{\partial t_2}+\frac{\partial w}{\partial x_2}\frac{\partial x_2}{\partial t_2}+\cdots+\frac{\partial w}{\partial x_n}\frac{\partial x_n}{\partial t_2}$$

$$\cdots$$

$$\frac{\partial w}{\partial t_m}=\frac{\partial w}{\partial x_1}\frac{\partial x_1}{\partial t_m}+\frac{\partial w}{\partial x_2}\frac{\partial x_2}{\partial t_m}+\cdots+\frac{\partial w}{\partial x_n}\frac{\partial x_n}{\partial t_m}$$

예제 4 $w=x^2y^2+y^2z^2+x^2z^2$, $x=st$, $y=s+t$, $z=s-t$일 때 $w(s, t)$의 편미분 $\frac{\partial w}{\partial s}(1, 2)$과 $\frac{\partial w}{\partial t}(2, 1)$을 구하여라.

풀이 정리 3의 연쇄법칙을 이용하여 계산하자.

$$\begin{aligned}\frac{\partial w}{\partial s}&=\frac{\partial w}{\partial x}\frac{\partial x}{\partial s}+\frac{\partial w}{\partial y}\frac{\partial y}{\partial s}+\frac{\partial w}{\partial z}\frac{\partial z}{\partial s}\\&=(2xy^2+2xz^2)t+(2x^2y+2yz^2)+(2y^2z+2x^2z)\\&=2x(y^2+z^2)t+2y(x^2+z^2)+2z(y^2+x^2)\end{aligned}$$

$$
\begin{aligned}
&= 4st^2(s^2+t^2)+2(s+t)((st)^2+(s-t)^2)+2(s-t)((s+t)^2+(st)^2) \\
&= 4st^2(s^2+t^2)+4s(s^2t^2+s^2+t^2)-8st^2
\end{aligned}
$$

$$
\begin{aligned}
\frac{\partial w}{\partial t} &= \frac{\partial w}{\partial x}\frac{\partial x}{\partial t}+\frac{\partial w}{\partial y}\frac{\partial y}{\partial t}+\frac{\partial w}{\partial z}\frac{\partial z}{\partial t} \\
&= (2xy^2+2xz^2)s+(2x^2y+2yz^2)-(2y^2z+2x^2z) \\
&= 2x(y^2+z^2)s+2y(x^2+z^2)-2z(y^2+x^2) \\
&= 4s^2t(s^2+t^2)+2(s+t)((st)^2+(s-t)^2)-2(s-t)((s+t)^2+(st)^2) \\
&= 4s^2t(s^2+t^2)-8s^2t+4t(s^2t^2+s^2+t^2)
\end{aligned}
$$

따라서

$$
\frac{\partial w}{\partial s}(1,\ 2)=80+36-32=84.
$$

$$
\frac{\partial w}{\partial t}(2,\ 1)=80-32+36=84.
$$

■

압력의 단위

Pa(pascal)

$1\text{Pa}=1\text{N/m}^2$

$1\text{KPa}=1000\text{Pa}$

1m^2에 1N의 힘이 작용

PSI(Pounds per sqare inch)

$1\text{PSI}=1\text{lb/in}^2$

1in^2에 1lb(pound)의 힘이 작용

예제 5 이상적인 기체 1몰(mole)의 압력 PKpa, 부피 Vl, 절대온도 T°K의 관계는 $PV=8.31T$의 방정식으로 나타내어진다. $T=300$°K일 때 온도의 증가율이 0.1°K/sec이고, $V=100l$일 때 체적의 증가율이 $0.2l$/sec이다. 이때 압력 P의 변화율을 구하여라.

풀이 t가 시간(초)을 나타낸다면,

$$
\left.\frac{dT}{dt}\right|_{T=300}=0.1,\quad \left.\frac{dV}{dt}\right|_{V=100}=0.2
$$

$P=8.31\dfrac{T}{V}$이고 T와 V는 t의 함수이므로 연쇄법칙을 이용하면

$$
\frac{dP}{dt}=\frac{\partial P}{\partial T}\frac{dT}{dt}+\frac{\partial P}{\partial V}\frac{dV}{dt}
$$

$T=300$°K, $V=100l$일 때 $\dfrac{dT}{dt}=0.1$, $\dfrac{dV}{dt}=0.2$이므로

$$
\begin{aligned}
\frac{dP}{dt} &= \frac{\partial P}{\partial T}\frac{dT}{dt}+\frac{\partial P}{\partial V}\frac{dV}{dt} \\
&= 8.31\frac{1}{V}0.1-8.31\frac{T}{V^2}0.2 \\
&= 8.31\frac{1}{100}0.1-8.31\frac{300}{100^2}0.2 \\
&= \frac{0.831}{100}-\frac{0.831\times 6}{100} \\
&= -0.04155(\text{KPa/Sec})
\end{aligned}
$$

■

음함수의 미분

일반적으로 함수의 함수식은 $y=f(x)$, $z=f(x, y)$, $w=f(x, y, z)$ 등과 같이 종속변수가 독립변수들의 식으로 표시되어 있으며 이러한 함수를 **양함수**(explicit function)라 한다. 그러나 **음함수**(implicit function)와 같이 독립변수와 종속변수가 구분되어 있지 않은 식에서 변수들 사이의 관계를 생각하여야 하는 경우도 있다. 예를 들면 다음의 식

$$x^2+y^2+z^2-1=0$$

에서는 독립변수와 종속변수가 구분되어있지 않다. 이 식은 그림과 같이 3차원 공간의 **단위구**(unit sphere)를 나타낸다.

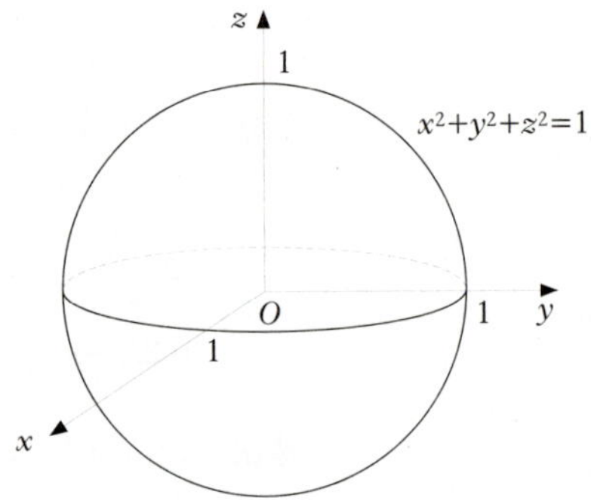

그림 1

구면 전체는 두변수함수의 그래프가 될 수 없으나 구면을 좌표평면으로 나누면 각각의 반구면은 두변수함수의 그래프가 된다. 실제로

xy 평면으로 나누면

윗부분 : $z=\sqrt{1-x^2-y^2}$ 의 그래프

아랫부분 : $z=-\sqrt{1-x^2-y^2}$ 의 그래프

xz 평면으로 나누면

오른쪽부분 : $y=\sqrt{1-x^2-z^2}$ 의 그래프

왼쪽부분 : $y=-\sqrt{1-x^2-z^2}$ 의 그래프

yz 평면으로 나누면

앞쪽부분 : $x=\sqrt{1-y^2-z^2}$ 의 그래프

뒤쪽부분 : $x=-\sqrt{1-y^2-z^2}$ 의 그래프

따라서 구면 위의 모든 점은 적당한 두변수함수의 그래프 위에 있다. 구면 위의 점 (x_0, y_0, z_0) 근처의 구면의 일부분이 두변수함수 $z=f(x, y)$

의 그래프가 될 때, 방정식 $x^2+y^2+z^2-1=0$은 점 (x_0, y_0, z_0)에서 z를 x, y의 함수로 **음함수적으로**(implicitly) 정의한다고 한다.

다음의 **음함수정리**(implicit function theorem)는 고등미적분학에서 자세하게 배우게 되며 여기서는 이해를 돕기 위해 간단하게 소개한다.

정리 4 (음함수 정리)

미분가능한 세변수함수 $F(x, y, z)$와 다음 식이 주어졌다.

$$F(x, y, z)=0$$

점 $P_0(x_0, y_0, z_0)$가 위의 방정식이 나타내는 곡면 S 위의 한 점일 때

(1) $F_z(x_0, y_0, z_0) \neq 0$이면 점 P_0 근방의 곡면 S의 일부분은 적당한 두 변수함수 $z=f(x, y)$의 그래프가 된다. 즉, $F(x, y, z)=0$는 점 P_0에서 z를 x, y의 함수로 음함수적으로(implicitly) 정의한다.

(2) $F_x(x_0, y_0, z_0) \neq 0$이면 $F(x, y, z)=0$은 점 P_0에서 x를 y, z의 함수로 음함수적으로(implicitly) 정의한다.

(3) $F_y(x_0, y_0, z_0) \neq 0$이면 $F(x, y, z)=0$은 점 P_0에서 y를 x, z의 함수로 음함수적으로(implicitly) 정의한다.

예제 6 구면 $x^2+y^2+z^2-1=0$에 음함수정리를 적용하고 확인하여라.

풀이 $F(x, y, z)=x^2+y^2+z^2-1$이라 하면 구면의 방정식은 $F(x, y, z)=0$이다. 그리고

$$\frac{\partial F}{\partial x}=2x, \quad \frac{\partial F}{\partial y}=2y, \quad \frac{\partial F}{\partial z}=2z$$

점 $P_0(x_0, y_0, z_0)$가 구면 위의 점이라 하자.

(1) $P_0(x_0, y_0, z_0)$가 xy 평면의 위쪽에 있으면

$$F_z(x_0, y_0, z_0)=2z_0>0$$

점 P_0의 근방 : $z=\sqrt{1-x^2-y^2}$의 그래프

$P_0(x_0, y_0, z_0)$가 xy 평면의 아래쪽에 있으면

$$F_z(x_0, y_0, z_0)=2z_0<0$$

점 P_0의 근방 : $z=-\sqrt{1-x^2-y^2}$의 그래프

(2) $P_0(x_0, y_0, z_0)$가 xz 평면의 오른쪽에 있으면

$F_y(x_0, y_0, z_0) = 2y_0 > 0$

점 P_0의 근방 : $y = \sqrt{1-x^2-z^2}$ 의 그래프

$P_0(x_0, y_0, z_0)$가 xz 평면의 왼쪽에 있으면

$F_y(x_0, y_0, z_0) = 2y_0 < 0$

점 P_0의 근방 : $y = -\sqrt{1-x^2-z^2}$ 의 그래프

(3) $P_0(x_0, y_0, z_0)$가 yz 평면의 앞쪽에 있으면

$F_x(x_0, y_0, z_0) = 2x_0 > 0$

점 P_0의 근방 : $x = \sqrt{1-y^2-z^2}$ 의 그래프

$P_0(x_0, y_0, z_0)$가 yz 평면의 뒤쪽에 있으면

$F_x(x_0, y_0, z_0) = 2x_0 < 0$

점 P_0의 근방 : $x = -\sqrt{1-y^2-z^2}$ 의 그래프

그러므로 음함수 정리의 결과와 일치함을 알 수 있다. ■

미분가능한 함수 $F(x, y, z)$에 대하여 다음의 식을 생각하자.

$$F(x, y, z) = 0$$

위의 방정식 $F(x, y, z) = 0$이 나타내는 곡면 S 위의 점 $P_0(x_0, y_0, z_0)$에서

$$F_z(x_0, y_0, z_0) \neq 0$$

이라 하자. 즉,

$$F(x_0, y_0, z_0) = 0, \quad F_z(x_0, y_0, z_0) \neq 0$$

음함수정리에 의하여 점 P_0 근방의 곡면 S의 일부분은 적당한 두변수함수 $z = f(x, y)$의 그래프가 된다. 즉, 점 P_0 근방에서 다음이 성립한다.

$$F(x, y, z) = 0, \quad z = f(x, y)$$

여기서 연쇄법칙을 사용하여 $\dfrac{\partial z}{\partial x}$, $\dfrac{\partial z}{\partial y}$를 구할 수 있다.

함수 $F(x, y, z)$를 다음과 같이 두변수함수로 변수변환하자.

$$F(x, y, z) = x^2 + y^2 + z^2 - 1$$
$$x = x,\ y = y,\ z = f(x, y)$$

연쇄법칙을 사용하여 $\dfrac{\partial F}{\partial x}$, $\dfrac{\partial F}{\partial y}$를 구하면, $F(x, y, z) = 0$이므로

$$\frac{\partial F}{\partial x} = \frac{\partial F}{\partial x}\frac{\partial x}{\partial x} + \frac{\partial F}{\partial y}\frac{\partial y}{\partial x} + \frac{\partial F}{\partial z}\frac{\partial z}{\partial x} = 0$$

$$\frac{\partial F}{\partial y} = \frac{\partial F}{\partial x}\frac{\partial x}{\partial y} + \frac{\partial F}{\partial y}\frac{\partial y}{\partial y} + \frac{\partial F}{\partial z}\frac{\partial z}{\partial y} = 0$$

$\frac{\partial x}{\partial x} = 1$, $\frac{\partial y}{\partial x} = 0$이므로 위 식에서 $\frac{\partial z}{\partial x}$, $\frac{\partial z}{\partial y}$를 구하면 다음과 같다.

$$\frac{\partial z}{\partial x} = -\frac{\frac{\partial F}{\partial x}}{\frac{\partial F}{\partial z}},$$

$$\frac{\partial z}{\partial y} = -\frac{\frac{\partial F}{\partial y}}{\frac{\partial F}{\partial z}}$$

따라서 다음의 정리가 성립한다.

정리 5 (음함수 미분)

$F(x, y, z)$가 미분가능하고 점 $P_0(x_0, y_0, z_0)$가 방정식

$$F(x, y, z) = 0$$

을 만족한다. $F_z(x_0, y_0, z_0) \neq 0$이면 $P_0(x_0, y_0, z_0)$에서 다음이 성립한다.

$$\frac{\partial z}{\partial x} = -\frac{\frac{\partial F}{\partial x}}{\frac{\partial F}{\partial z}},$$

$$\frac{\partial z}{\partial y} = -\frac{\frac{\partial F}{\partial y}}{\frac{\partial F}{\partial z}}$$

실제로 방정식 $F(x, y, z) = 0$에서 변수 z 자리에 두변수함수 $f(x, y)$가 있다고 생각하고 편도함수를 계산하면 $\frac{\partial z}{\partial x}$, $\frac{\partial z}{\partial y}$를 구할 수 있다.

예제 7 $x^2 + y^2 + z^2 - 1 = 0$에서 $\frac{\partial z}{\partial x}$, $\frac{\partial z}{\partial y}$를 구하여라.

풀이 방정식 $x^2 + y^2 + z^2 - 1 = 0$에서 변수 z 자리에 두변수함수 $f(x, y)$가 있다고 생각하고 편도함수를 계산하자.

$x^2+y^2+z^2-1=0$이고 $\dfrac{\partial x}{\partial x}=1$, $\dfrac{\partial y}{\partial x}=0$이므로

$$\begin{aligned}\frac{\partial}{\partial x}(x^2+y^2+z^2-1) &= \frac{\partial}{\partial x}(x^2)+\frac{\partial}{\partial x}(y^2)+\frac{\partial}{\partial x}(z^2-1)\\ &= 2x+2z\frac{\partial z}{\partial x}\\ &=0\end{aligned}$$

$x^2+y^2+z^2-1=0$이고 $\dfrac{\partial y}{\partial y}=1$, $\dfrac{\partial y}{\partial x}=0$이므로

$$\begin{aligned}\frac{\partial}{\partial y}(x^2+y^2+z^2-1) &= \frac{\partial}{\partial y}(x^2)+\frac{\partial}{\partial y}(y^2)+\frac{\partial}{\partial y}(z^2-1)\\ &= 2y+2z\frac{\partial z}{\partial y}\\ &=0\end{aligned}$$

따라서 $z\neq0$이면 $\dfrac{\partial z}{\partial x}=-\dfrac{x}{z}$, $\dfrac{\partial z}{\partial y}=-\dfrac{y}{z}$ ■

예제 8 $x^3+y^3+z^3-3xyz=1$에서 $\dfrac{\partial z}{\partial x}$, $\dfrac{\partial z}{\partial y}$를 구하여라.

풀이 $F(x, y, z)=x^3+y^3+z^3-3xyz-1$이라 하면 정리 7에 의하여

$$\begin{aligned}\frac{\partial z}{\partial x} &= -\frac{F_x}{F_z}\\ &= -\frac{3x^2-3yz}{3z^2-3xy}\\ &= -\frac{x^2-yz}{z^2-xy}\\ \frac{\partial z}{\partial y} &= -\frac{F_y}{F_z}\\ &= -\frac{3y^2-3xz}{3z^2-3xy}\\ &= -\frac{y^2-xz}{z^2-xy}\end{aligned}$$

■

연습문제 14.3

※ (1~6) 연쇄법칙을 사용하여 $\dfrac{dz}{dt}$ 또는 $\dfrac{dw}{dt}$를 구하여라.

1. $z=xy^2+x^2y$, $x=1+2t^2$, $y=1-2t^2$
2. $z=\sqrt{x^2+y^2}$, $x=e^t$, $y=e^{-t^2}$
3. $z=\ln(x^2+y^2)$, $x=\sqrt{1+t^2}$, $y=1-t^2$

4. $w=x^2yz+xy^2z+xyz^2,\ x=1+t,\ y=1-t,\ z=t^2$

5. $w=x^3+y^3+z^3+4z+4,\ x=2t,\ y=t-1,\ z=t^2$

6. $w=xy+yz+zx,\ x=e^t,\ y=\cos t,\ z=\sin t$

※ (7~10) 연쇄법칙을 사용하여 $\dfrac{\partial z}{\partial s},\ \dfrac{\partial z}{\partial t}$를 구하여라.

7. $z=x^2+y^2,\ x=s+2t,\ y=3st$

8. $z=\sin x\cos y,\ x=s-t,\ y=s^2+t^2$

9. $z=e^{xy}\tan y,\ x=st,\ y=s^2+2t$

10. $z=xe^y-ye^x,\ x=st,\ y=s^2+t^2$

※ (11~14) 주어진 점에서 다음의 편도함수를 구하여라.

11. $w=x^2+y^2+z^2-2x,\ x=st,\ y=\sin t,\ z=\cos t$

$\dfrac{\partial w}{\partial s},\ \dfrac{\partial w}{\partial t},\ (s,\ t)=\left(2,\ \dfrac{2\pi}{3}\right)$

12. $z=x^2\tan y,\ x=t^2u+v^2,\ y=u^2+t^2v$

$\dfrac{\partial z}{\partial t},\ \dfrac{\partial z}{\partial u},\ \dfrac{\partial z}{\partial v},\ (t,\ u,\ v)=(-1,\ 1,\ 1)$

13. $w=xy+yz+zx,\ x=e^{st},\ y=s^2+t^2,\ z=\ln st$

$\dfrac{\partial w}{\partial s},\ \dfrac{\partial w}{\partial t},\ (s,\ t)=(-1,\ -2)$

14. $w=\dfrac{x+y}{y+z},\ x=s^2+t^2+u+v,\ y=s+t^2+u^2+v,$

$z=s+t+u^2+v^2,\ \dfrac{\partial w}{\partial s},\ \dfrac{\partial w}{\partial t},\ \dfrac{\partial w}{\partial u},\ \dfrac{\partial w}{\partial v},$

$(s,\ t,\ u,\ v)=(1,\ -1,\ -1,\ 1)$

※ (15~18) 음함수미분으로 $\dfrac{\partial z}{\partial x},\ \dfrac{\partial z}{\partial y}$를 구하여라.

15. $x^2-3xy+y^2z^2+z^3=1$

16. $x^4+2x^3y^2+3y^2z^2+xz^3+y^3=3$

17. $\sin(x^2+y^2+z^2)=xyz$

18. $\ln(x^2y+y^2z)=xy+yz+zx$

※ (19~22) f가 미분가능함수일 때 물음에 답하여라.

19. $z=f(x,\ y),\ =r\cos\theta,\ y=r\sin\theta$일 때 다음 식이 성립함을 증명하여라.

$$\left(\frac{\partial z}{\partial x}\right)^2+\left(\frac{\partial z}{\partial y}\right)^2=\left(\frac{\partial z}{\partial r}\right)^2+\frac{1}{r^2}\left(\frac{\partial z}{\partial \theta}\right)^2$$

20. $z=f(x,\ y),\ x=e^s\cos t,\ y=e^s\sin t$일 때 다음 식이 성립함을 증명하여라.

$$\left(\frac{\partial z}{\partial x}\right)^2+\left(\frac{\partial z}{\partial y}\right)^2=e^{-2s}\left[\left(\frac{\partial z}{\partial s}\right)^2+\left(\frac{\partial z}{\partial t}\right)^2\right]$$

21. $z=f(x,\ y),\ x=s+t,\ y=s-t$이면 다음 식이 성립함을 증명하여라.

$$\left(\frac{\partial z}{\partial x}\right)^2-\left(\frac{\partial z}{\partial y}\right)^2=\frac{\partial z}{\partial s}\frac{\partial z}{\partial t}$$

22. $z=f(x-y)$이면 다음 식이 성립함을 증명하여라.

$$\frac{\partial z}{\partial x}+\frac{\partial z}{\partial y}=0$$

14.4 방향도함수와 그래디언트

두변수함수 $z=f(x, y)$의 편도함수 $f_x(x, y)$, $f_y(x, y)$는 각각 x축 방향, y축방향의 f의 변화율이 된다. 이 절에서는 좌표축 방향이 아닌 다른 방향으로의 변화율인 방향도함수에 대하여 살펴본다.

방향도함수

$\mathbf{u}=(a, b)$가 xy 평면의 단위벡터일 때 $P(x_0, y_0)$에서 함수 $z=f(x, y)$의 $\mathbf{u}$방향으로의 변화율을 살펴보자.

$z_0=f(x_0, y_0)$라 하면 점 $Q(x_0, y_0, z_0)$는 함수 f의 그래프 위의 점이다. xy 평면에서 점 $P(x_0, y_0)$를 지나고 단위벡터 $\mathbf{u}$에 평행한 직선 L은 함수 f에 의하여 f의 그래프 위에 곡선으로 나타난다. 이 곡선을 C라 하면 점 Q에서 곡선 C의 접선의 기울기가 함수 $z=f(x, y)$의 $\mathbf{u}$방향으로의 변화율을 나타낸다.

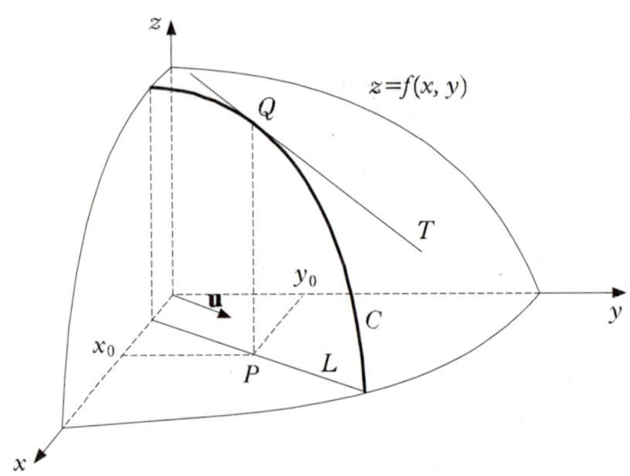

그림 1

점 Q에서 곡선 C의 접선 T의 기울기를 구하기 위해 그림과 같이 곡선 C, 직선 L, 접선 T를 한 평면에 나타내자.

직선 L을 따라 점 P에서 t만큼 떨어진 점을 P_1이라 하면 $\mathbf{u}$가 단위벡터이므로

$$\overrightarrow{PP_1}=t\mathbf{u}=(ta, tb)$$

$\overrightarrow{PP_1}=P_1-P$이므로 P_1의 좌표는

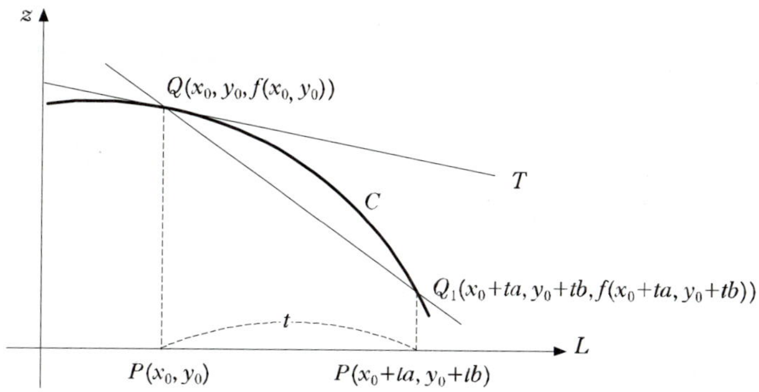

그림 2

$$P_1 = P + t\mathbf{u} = (x_0,\ y_0) + (ta,\ tb) = (x_0 + ta,\ y_0 + tb)$$

P_1에 대응하는 곡선 C 위의 점을 Q_1이라 하자. 점 Q, Q_1의 좌표는 각각 $(x_0,\ y_0,\ f(x_0,\ y_0))$, $(x_0 + ta,\ y_0 + tb,\ f(x_0 + ta,\ y_0 + tb))$이므로 두 점 Q, Q_1을 지나는 직선의 기울기는 다음과 같다.

$$\frac{f(x_0 + ta,\ y_0 + tb) - f(x_0,\ y_0)}{t}$$

t가 0으로 접근하면 점 Q_1은 곡선 C를 따라 점 Q에 접근하게 되고 두 점 Q, Q_1을 지나는 직선은 점 Q에서의 접선 T로 접근하게 된다. 따라서

$$\text{접선 } T\text{의 기울기} = \lim_{t \to 0} \frac{f(x_0 + ta,\ y_0 + tb) - f(x_0,\ y_0)}{t}$$

위에서 구한 접선 T의 기울기는 점 $P(x_0,\ y_0)$에서 단위벡터 $\mathbf{u} = (a,\ b)$방향으로의 함수 $z = f(x,\ y)$의 변화율이다. 이 변화율을 방향도함수라 하며 다음과 같이 정의한다.

정의 1 (방향도함수)

$\mathbf{u} = (a,\ b)$가 단위벡터일 때 점 $P(x_0,\ y_0)$에서 함수 $z = f(x,\ y)$의 $\mathbf{u}$방향으로의 **방향도함수**(directional derivative) $D_{\mathbf{u}} f(x_0,\ y_0)$를 다음과 같이 정의한다.

$$D_{\mathbf{u}} f(x_0,\ y_0) = \lim_{t \to 0} \frac{f(x_0 + ta,\ y_0 + tb) - f(x_0,\ y_0)}{t}$$

벡터 $\mathbf{i} = (1,\ 0)$, $\mathbf{j} = (0,\ 1)$ 방향으로의 방향도함수를 구해보면

$$D_{\mathbf{i}}f(x_0, y_0) = \lim_{t \to 0} \frac{f(x_0+t, y_0) - f(x_0, y_0)}{t} = f_x(x_0, y_0)$$

$$D_{\mathbf{j}}f(x_0, y_0) = \lim_{t \to 0} \frac{f(x_0, y_0+t) - f(x_0, y_0)}{t} = f_y(x_0, y_0)$$

즉, 함수 $z = f(x, y)$의 x 편도함수는 $\mathbf{i}$방향으로의 방향도함수, y 편도함수는 $\mathbf{j}$방향으로의 방향도함수임을 알 수 있다.

다음 정리에서 방향도함수를 구하는 방법을 소개한다.

정리 1

함수 $z = f(x, y)$가 연속인 편도함수를 가지면 점 $P(x_0, y_0)$에서 단위벡터 $\mathbf{u} = (a, b)$ 방향으로 f의 방향도함수는 다음과 같다.

$$D_{\mathbf{u}}f(x_0, y_0) = \mathbf{u} \cdot (f_x(x_0, y_0), f_y(x_0, y_0)) = af_x(x_0, y_0) + bf_y(x_0, y_0)$$

증명 다음과 같이 함수 g를 정의하자.

$$g(t) = f(x_0 + ta, y_0 + tb)$$

방향미분의 정의에 의하여

$$\begin{aligned} D_{\mathbf{u}}f(x_0, y_0) &= \lim_{t \to 0} \frac{f(x_0+ta, y_0+tb) - f(x_0, y_0)}{t} \\ &= \lim_{t \to 0} \frac{g(t) - g(0)}{t} \\ &= g'(0) \end{aligned}$$

연쇄법칙

$z = f(x, y)$, $x = x(t)$, $y = y(t)$

$\Rightarrow \dfrac{dz}{dt} = \dfrac{\partial z}{\partial x}\dfrac{dx}{dt} + \dfrac{\partial z}{\partial y}\dfrac{dy}{dt}$

한편, $g(t) = f(x_0 + ta, y_0 + tb)$는 $f(x, y)$에 $x = x_0 + ta$, $y = y_0 + tb$를 대입하여 얻어진 함수이다. 따라서 연쇄법칙을 이용하면

$$\begin{aligned} g'(t) &= \frac{d}{dt} f(x_0+ta, y_0+tb) \\ &= \frac{\partial f}{\partial x}\frac{dx}{dt} + \frac{\partial f}{\partial y}\frac{dy}{dt} \\ &= f_x(x_0+ta, y_0+tb)a + f_y(x_0+ta, y_0+tb)b \end{aligned}$$

따라서

$$g'(0) = af_x(x_0, y_0) + bf_y(x_0, y_0)$$

그러므로

$$D_{\mathbf{u}}f(x_0, y_0) = af_x(x_0, y_0) + bf_y(x_0, y_0)$$ ■

예제 1 $f(x, y)=x^2-y^2$, $\mathbf{u}=\left(\sqrt{\frac{2}{5}}, \sqrt{\frac{3}{5}}\right)$일 때 f의 방향도함수 $D_{\mathbf{u}}f(x, y)$와 $D_{\mathbf{u}}f(1, 2)$를 구하여라.

풀이 정리 1을 이용하자. $f_x=2x$, $f_y=-2y$이므로

$$\begin{aligned} D_{\mathbf{u}}f(x, y) &= \left(\sqrt{\frac{2}{5}}, \sqrt{\frac{3}{5}}\right)\cdot(f_x(x, y), f_y(x, y)) \\ &= \sqrt{\frac{2}{5}}f_x(x, y)+\sqrt{\frac{3}{5}}f_y(x, y) \\ &= \frac{2\sqrt{2}x-2\sqrt{3}y}{\sqrt{5}} \end{aligned}$$

그러므로 $D_{\mathbf{u}}f(1, 2)=\dfrac{2\sqrt{2}-4\sqrt{3}}{\sqrt{5}}$. ■

예제 2 단위벡터 $\mathbf{u}$가 x축과 이루는 각이 $\pi/3$일 때 $f(x, y)=x^2+4xy+6y^2$의 방향미분 $D_{\mathbf{u}}f(x, y)$와 $D_{\mathbf{u}}f(1, 0)$를 구하여라.

풀이 x축과 이루는 각이 $\pi/3$이므로 단위벡터 $\mathbf{u}$는 다음과 같다.

$$\mathbf{u}=\left(\cos\frac{\pi}{3}, \sin\frac{\pi}{3}\right)=\left(\frac{1}{2}, \frac{\sqrt{3}}{2}\right)$$

$f_x=2x+4y$, $f_y=4x+12y$이므로

$$\begin{aligned} D_{\mathbf{u}}f(x, y) &= \frac{1}{2}f_x(x, y)+\frac{\sqrt{3}}{2}f_y(x, y) \\ &= x+2y+\sqrt{3}(2x+6y) \\ &= (1+2\sqrt{3})x+(2+6\sqrt{3})y \end{aligned}$$

그러므로 $D_{\mathbf{u}}f(1, 0)=1+2\sqrt{3}$. ■

예제 3 함수 $f(x, y)=x^3+x^2y+y^3$의 벡터 $(1, 2)$ 방향으로의 방향도함수를 구하여라.

벡터 $\mathbf{v}$와 같은 방향의 단위벡터 $\dfrac{1}{\|\mathbf{v}\|}\mathbf{v}$

풀이 벡터 $(1, 2)$와 같은 방향의 단위벡터를 $\mathbf{u}$라 하면 벡터 $(1, 2)$ 방향의 방향도함수는 단위벡터 $\mathbf{u}$ 방향의 방향도함수이다. $\mathbf{u}$를 구하면

$$\mathbf{u}=\left(\frac{1}{\sqrt{5}}, \frac{2}{\sqrt{5}}\right)$$

$f_x=3x^2+2xy$, $f_y=x^2+3y^2$이므로

$$\begin{aligned} D_{\mathbf{u}}f(x, y) &= \mathbf{u}\cdot(f_x(x, y), f_y(x, y)) \\ &= \left(\frac{1}{\sqrt{5}}, \frac{2}{\sqrt{5}}\right)\cdot(3x^2+2xy, x^2+3y^2) \end{aligned}$$

$$= \frac{5x^2 + 2xy + 6y^2}{\sqrt{5}}$$

그러므로 (1.2) 방향의 방향도함수 $= \dfrac{5x^2 + 2xy + 6y^2}{\sqrt{5}}$ ■

예제 4 점 (2, 1)에서 2변수함수 $f(x, y) = x^2 + 2y^2$의 방향도함수의 최대값과 최소값을 구하고 그때의 방향을 구하여라.

풀이 단위벡터 $\mathbf{u}$가 x축과 이루는 각을 θ라 하면

$$\mathbf{u} = (\cos\theta, \sin\theta)$$

$f_x = 2x$, $f_y = 4y$이므로

$$D_{\mathbf{u}} f(x, y) = 2x\cos\theta + 4y\sin\theta$$
$$D_{\mathbf{u}} f(2, 1) = 4\cos\theta + 4\sin\theta.$$

이제 $g(\theta) = 4\cos\theta + 4\sin\theta$의 최대값과 최소값을 구해보자.

$$g'(\theta) = -4\sin\theta + 4\cos\theta$$

따라서

$$g'(\theta) = 0 \Leftrightarrow \sin\theta = \cos\theta \Leftrightarrow \theta = \frac{\pi}{4}, \frac{5\pi}{4}$$

$\theta = 0, \dfrac{\pi}{4}, \dfrac{5\pi}{4}, 2\pi$에서 $g(\theta)$의 값을 구하면

$$\begin{aligned}
g(0) &= 4(\cos 0 + \sin 0) = 4 \\
g\left(\frac{\pi}{4}\right) &= 4\left(\cos\frac{\pi}{4} + \sin\frac{\pi}{4}\right) \\
&= 4\left(\frac{\sqrt{2}}{2} + \frac{\sqrt{2}}{2}\right) \\
&= 4\sqrt{2} \\
g\left(\frac{5\pi}{4}\right) &= 4\left(\cos\frac{5\pi}{4} + \sin\frac{5\pi}{4}\right) \\
&= 4\left(-\frac{\sqrt{2}}{2} - \frac{\sqrt{2}}{2}\right) \\
&= -4\sqrt{2} \\
g(2\pi) &= 4(\cos 2\pi + \sin 2\pi) = 4
\end{aligned}$$

따라서

$$g(\theta)\text{의 최대값} = g\left(\frac{\pi}{4}\right) = 4\sqrt{2}$$

$$g(\theta)\text{의 최소값} = g\left(\frac{5\pi}{4}\right) = -4\sqrt{2}$$

$\theta=\frac{\pi}{4}$ 이면 $M=\left(\frac{1}{\sqrt{2}}, \frac{1}{\sqrt{2}}\right)$, $\theta=\frac{5\pi}{4}$ 이면 $M=\left(-\frac{1}{\sqrt{2}}, -\frac{1}{\sqrt{2}}\right)$ 이므로

$\mathbf{u}=\left(\frac{1}{\sqrt{2}}, \frac{1}{\sqrt{2}}\right)$ 일 때 $D_{\mathbf{u}}f(2, 1)$은 최대값 $4\sqrt{2}$를 갖는다.

$\mathbf{u}=\left(-\frac{1}{\sqrt{2}}, -\frac{1}{\sqrt{2}}\right)$ 일 때 $D_{\mathbf{u}}f(2, 1)$은 최소값 $-4\sqrt{2}$를 갖는다. ■

그래디언트

그래디언트의 표시
$\nabla f(x, y)=\text{grad}(f)(x, y)$

두변수함수 $z=f(x, y)$에 대하여 벡터함수 $\nabla f(x, y)$를 다음과 같이 정의하며 **그래디언트**(gradient)라 한다.

$$\nabla f(x, y)=(f_x(x, y), f_y(x, y))=f_x(x, y)\mathbf{i}+f_y(x, y)\mathbf{j}$$

∇f는 "del f"로 읽는다.

그래디언트를 사용하면 방향도함수를 다음과 같이 나타낼 수 있다.

$$D_{\mathbf{u}}f(x, y)=\mathbf{u}\cdot(f_x(x, y), f_y(x, y))=\mathbf{u}\cdot\nabla f(x, y)$$

예제 5 $f(x, y)=\cos 2x+e^{xy}$에 대하여 $\nabla f(x, y)$를 구하여라. 그리고 $\mathbf{u}=\left(-\frac{3}{5}, \frac{4}{5}\right)$일 때 $D_{\mathbf{u}}f\left(\frac{\pi}{3}, 0\right)$를 구하여라.

풀이 $f_x=-2\sin 2x+ye^{xy}$, $f_y=xe^{xy}$이므로

$$\nabla f(x, y)=(-2\sin 2x+ye^{xy}, xe^{xy})$$
$$\nabla f\left(\frac{\pi}{3}, 0\right)=\left(-2\sin\frac{2\pi}{3}, \frac{\pi}{3}\right)=\left(-\sqrt{3}, \frac{\pi}{3}\right)$$

따라서

$$\begin{aligned} D_{\mathbf{u}}f\left(\frac{\pi}{3}, 0\right) &= \mathbf{u}\cdot\nabla f\left(\frac{\pi}{3}, 0\right) \\ &= \left(-\frac{3}{5}, \frac{4}{5}\right)\cdot\left(-\sqrt{3}, \frac{\pi}{3}\right) \\ &= \frac{9\sqrt{3}+4\pi}{15} \end{aligned}$$

■

두변수함수에 대하여 정의한 방향도함수, 그래디언트를 3변수함수, 일반적으로 n변수함수의 경우에도 비슷한 방법으로 정의할 수 있다.

$\mathbf{u}=(a, b, c)$가 단위벡터일 때 $P(x_0, y_0, z_0)$에서 $\mathbf{u}$ 방향으로 $w=f(x, y, z)$의 **방향도함수** $D_{\mathbf{u}}f(P)$를 다음과 같이 정의한다.

$$D_{\mathbf{u}}f(P)=\lim_{t\to 0}\frac{f(x_0+ta,\ y_0+tb,\ z_0+tc)-f(x_0,\ y_0,\ z_0)}{t}$$
$$=\lim_{t\to 0}\frac{f(P+t\mathbf{u})-f(P)}{t}$$

$\mathbf{u}\in\mathbb{R}^n$가 단위벡터일 때 점 $P\in\mathbb{R}^n$에서 $\mathbf{u}$방향으로 함수 $y=f(x_1,\ x_2,\ \cdots,\ x_n)$의 **방향도함수** $D_{\mathbf{u}}f(P)$를 다음과 같이 정의한다.

$$D_{\mathbf{u}}f(P)=\lim_{t\to 0}\frac{f(P+t\mathbf{u})-f(P)}{t}$$

세변수함수 $w=f(x,\ y,\ z)$의 점 $P\in\mathbb{R}^3$에서의 **그래디언트** $\nabla f(P)$를 다음과 같이 정의한다.

$$\nabla f(P)=(f_x(P),\ f_y(P),\ f_z(P))$$

n변수함수 $y=f(x_1,\ x_2,\ \cdots,\ x_n)$의 점 $P\in\mathbb{R}^n$에서의 **그래디언트** $\nabla f(P)$를 다음과 같이 정의한다.

$$\nabla f(P)=(f_{x_1}(P),\ f_{x_2}(P),\ \cdots,\ f_{x_n}(P))$$

일반적으로 n변수함수의 방향도함수에 대하여 정리 1과 같은 성질이 성립하며 다음 정리에서 소개한다.

정리 2

세변수함수 $w=f(x,\ y,\ z)$가 연속인 편도함수를 가지면 점 P에서 단위벡터 $\mathbf{u}\in\mathbb{R}^3$의 방향으로 f의 방향도함수는 다음과 같다.

$$D_{\mathbf{u}}f(P)=\mathbf{u}\cdot(f_x(P),\ f_y(P),\ f_z(P))=\mathbf{u}\cdot\nabla f(P)$$

n변수함수 $y=f(x_1,\ x_2,\ \cdots,\ x_n)$가 연속인 편도함수를 가지면 점 P에서 단위벡터 $\mathbf{u}\in\mathbb{R}^n$의 방향으로 f의 방향도함수는 다음과 같다.

$$D_{\mathbf{u}}f(P)=\mathbf{u}\cdot(f_{x_1}(P),\ f_{x_2}(P),\ \cdots,\ f_{x_n}(P))=\mathbf{u}\cdot\nabla f(P)$$

예제 6 점 $\left(1,\ 2,\ \frac{\pi}{6}\right)$에서 벡터 $(1,\ 2,\ -1)$ 방향으로 $f(x,\ y,\ z)=x\cos yz$의 방향도함수를 구하여라.

풀이 벡터 $(1,\ 2,\ -1)$ 방향의 단위벡터를 $\mathbf{u}$라 하면

$$\mathbf{u}=\left(\frac{1}{\sqrt{6}},\ \frac{2}{\sqrt{6}},\ -\frac{1}{\sqrt{6}}\right)$$

따라서 구하는 방향도함수는 $D_{\mathbf{u}}f\left(1,\ 2,\ \frac{\pi}{6}\right)$이다.
점 $\left(1,\ 2,\ \frac{\pi}{6}\right)$에서 f의 그래디언트 $\nabla f\left(1,\ 2,\ \frac{\pi}{6}\right)$를 구하면

$$\begin{aligned}\nabla f(x,\ y,\ z)&=(\cos yz,\ -xz\sin yz,\ -xy\sin yz)\\ \nabla f\left(1,\ 2,\ \frac{\pi}{6}\right)&=\left(\cos\frac{\pi}{3},\ -\frac{\pi}{6}\sin\frac{\pi}{3},\ -2\sin\frac{\pi}{3}\right)\\ &=\left(\frac{1}{2},\ -\frac{\sqrt{3}}{12}\pi,\ -\sqrt{3}\right)\end{aligned}$$

따라서

$$\begin{aligned}D_{\mathbf{u}}f\left(1,\ 2,\ \frac{\pi}{6}\right)&=\mathbf{u}\cdot\nabla f\left(1,\ 2,\ \frac{\pi}{6}\right)\\ &=\left(\frac{1}{\sqrt{6}},\ \frac{2}{\sqrt{6}},\ -\frac{1}{\sqrt{6}}\right)\cdot\left(\frac{1}{2},\ -\frac{\sqrt{3}}{12}\pi,\ -\sqrt{3}\right)\\ &=\frac{3-\sqrt{3}\pi+6\sqrt{3}}{6\sqrt{6}}\end{aligned}$$

■

방향도함수의 최대값, 최소값

위의 정리 1, 정리 2에 의하면 함수 f의 정의역에 있는 점 P에서 단위벡터 $\mathbf{u}$의 방향으로 f의 방향도함수는 다음과 같다.

$$D_{\mathbf{u}}f(P)=\mathbf{u}\cdot\nabla f(P)$$

따라서 θ가 단위벡터 $\mathbf{u}$와 $\nabla f(P)$의 사이각일 때 방향도함수의 크기는

$$\begin{aligned}|D_{\mathbf{u}}f(P)|&=|\mathbf{u}\cdot\nabla f(P)|\\ &=\|\mathbf{u}\|\|\nabla f(P)\|\cos\theta\\ &=\|\nabla f(P)\|\cos\theta\end{aligned}$$

따라서 방향도함수는

$$\cos\theta=1\text{일 때 최대값 }\|\nabla f(P)\|$$
$$\cos\theta=-1\text{일 때 최소값 }-\|\nabla f(P)\|$$

을 가진다. 한편 $0\le\theta\le\pi$이므로

$$\cos\theta=1\ \Leftrightarrow\ \theta=0\ \Leftrightarrow\ \mathbf{u}\text{는 }\nabla f(P)\text{와 같은 방향}$$
$$\cos\theta=-1\ \Leftrightarrow\ \theta=\pi\ \Leftrightarrow\ \mathbf{u}\text{는 }\nabla f(P)\text{와 반대 방향}$$

그러므로

$$D_{\mathbf{u}}f(P)\text{의 최대값} = \nabla f(P) \text{ 방향의 방향도함수} = \|\nabla f(P)\|$$
$$D_{\mathbf{u}}f(P)\text{의 최소값} = -\nabla f(P) \text{ 방향의 방향도함수} = -\|\nabla f(P)\|$$

따라서 다음 정리가 성립한다.

정리 3

함수 f가 연속인 편도함수를 가지면 f의 정의역의 점 P에서 f의 방향도함수의 최대값, 최소값은 다음과 같다.

(1) 방향도함수의 최대값 $= \nabla f(P)$방향으로의 방향도함수 $= \|\nabla f(P)\|$

(2) 방향도함수의 최소값 $= -\nabla f(P)$방향으로의 방향도함수 $= -\|\nabla f(P)\|$

예제 7 점 $(1, -1, 1)$에서 $f(x, y, z) = x^2y + y^2z + z^2x$의 방향미분의 최대값과 최소값을 구하고 그 때의 방향을 구하여라.

풀이 정리 3을 이용하자.

$\nabla f(x, y, z) = (2xy + z^2, x^2 + 2yz, y^2 + 2zx)$이므로

$$\nabla f(1, -1, 1) = (-1, -1, 3)$$

따라서 $\nabla f(1, -1, 1)$방향의 단위벡터는 다음과 같다.

$$\mathbf{u} = \left(-\frac{1}{\sqrt{11}}, -\frac{1}{\sqrt{11}}, \frac{3}{\sqrt{11}}\right)$$

따라서 점 $(1, -1, 1)$에서 f의 방향미분의 최대값과 최소값은 다음과 같다.

방향도함수의 최대값 $=\mathbf{u}$방향의 방향도함수 :

$$= D_{\mathbf{u}}f(-1, -1, 1) = \sqrt{11}$$

방향도함수의 최소값 $=-\mathbf{u}$방향의 방향도함수 :

$$= D_{-\mathbf{u}}f(-1, -1, 1) = -\sqrt{11}$$

예제 8 어느 지방의 지형이 함수 $z = 9 - 2x^2 - 4y^2$의 그래프로 나타난다. 그래프 위의 점 $(1, 1, 3)$에서 가장 경사가 가파르게 올라가는 방향과 가정 경사가 가파르게 내려오는 방향을 구하고 각각의 경사도를 구하여라.

풀이 점 $(1, 1)$에서 두변수함수 $f(x, y) = 9 - 2x^2 - 4y^2$의 방향도함수는 최대, 최소가 되는 방향과 그때의 방향도함수를 구하면 된다.

$\nabla f(x, y) = (-4x, -8y)$이므로

$$\nabla f(1, 1) = (-4, -8)$$

$$\|\nabla f(1,\ 1)\| = \|(-4,\ -8)\| = 4\sqrt{5}$$

따라서

방향도함수가 최대가 되는 방향 : $\nabla f(1,\ 1)$,
방향도함수의 최대값 : $4\sqrt{5}$
방향도함수가 최소가 되는 방향 : $-\nabla f(1,\ 1)$,
방향도함수의 최소값 : $-4\sqrt{5}$

그러므로

가장 경사가 가파르게 올라가는 방향 : $(-4,\ -8)$, 경사도 $4\sqrt{5}$
가장 경사가 가파르게 내려가는 방향 : $(4,\ 8)$, 경사도 $-4\sqrt{5}$ ■

등고선과 그래디언트

입체적인 지형을 평면에 나타내는 지도에서 등고선은 해발높이가 같은 지점을 곡선으로 표시한 것이다. 따라서 등고선을 따라 움직이면 계속 같은 경로를 반복하여 움직이게 될 것이다. 그러므로 산악지형에서 가장 경사가 가파른 방향은 등고선과 수직한 방향이 되리라는 것을 짐작할 수 있다. 그리고 예제 8에서 보는 바와 같이 두변수함수 f의 그래프로 나타나는 지형에서 경사가 가장 가파른 방향은 함수 f의 그래디언트 방향이다. 따라서 그래디언트는 등고선과 수직한 방향임을 짐작할 수 있다. 이러한 성질이 실제로 성립함을 확인해보자.

두변수함수 $z=f(x,\ y)$의 정의역의 한 점 $P(x_0,\ y_0)$을 지나는 등고선을 L이라 하고 L의 매개방정식이 다음과 같이 주어졌다고 하자.

$$\mathbf{r}(t) = (x(t),\ y(t))$$

$\mathbf{r}(t_0) = (x_0,\ y_0)$, $f(x_0,\ y_0) = k$라 하면 다음이 성립한다.

$$f(x(t),\ y(t)) = k$$

연쇄법칙
$z=f(x,\ y)$, $x=x(t)$, $y=y(t)$
이면 다음이 성립한다.
$$\frac{df}{dt} = \frac{\partial f}{\partial x}\frac{dx}{dt} + \frac{\partial f}{\partial y}\frac{dy}{dt}$$

연쇄법칙을 사용하면

$$\begin{aligned}\frac{d}{dt}[f(x(t_0),\ y(t_0))] &= \frac{\partial f}{\partial x}(x(t_0),\ y(t_0))\frac{dx}{dt}(t_0) + \frac{\partial f}{\partial y}(x(t_0),\ y(t_0))\frac{dy}{dt}(t_0) \\ &= \frac{\partial f}{\partial x}(x_0,\ y_0)\frac{dx}{dt}(t_0) + \frac{\partial f}{\partial y}(x_0,\ y_0)\frac{dy}{dt}(t_0) \\ &= \left(\frac{\partial f}{\partial x}(x_0,\ y_0),\ \frac{\partial f}{\partial y}(x_0,\ y_0)\right)\cdot\left(\frac{dx}{dt}(t_0),\ \frac{dy}{dt}(t_0)\right) \\ &= \nabla f(x_0,\ y_0)\cdot\mathbf{r}'(t_0)\end{aligned}$$

$f(x(t),\ y(t)) = k$ (k는 상수)이므로

$$\nabla f(x_0, y_0) \cdot \mathbf{r}'(t_0) = 0$$

즉, $P(x_0, y_0)$에서 f의 그래디언트 $\nabla f(x_0, y_0)$와 등고선 L의 접선벡터 $\mathbf{r}'(t_0)$는 서로 수직이다. 따라서 다음 정리가 성립한다.

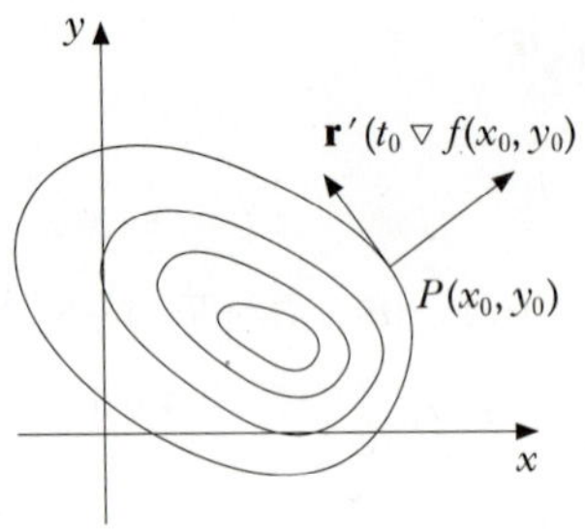

그림 3

> **정리 4**
>
> $z = f(x, y)$의 정의역의 한 점 $P(x_0, y_0)$을 지나는 등고선을 L이라 하면 점 $P(x_0, y_0)$에서 등고선 L의 접선과 f의 그래디언트 $\nabla f(x_0, y_0)$은 서로 수직이다.

예제 9 방정식 $x^2 + 5y^2 = 9$로 주어지는 xy 평면의 곡선 C가 있다. 곡선위의 점 (2, 1)에서 곡선에 수직한 직선의 방정식을 구하여라.

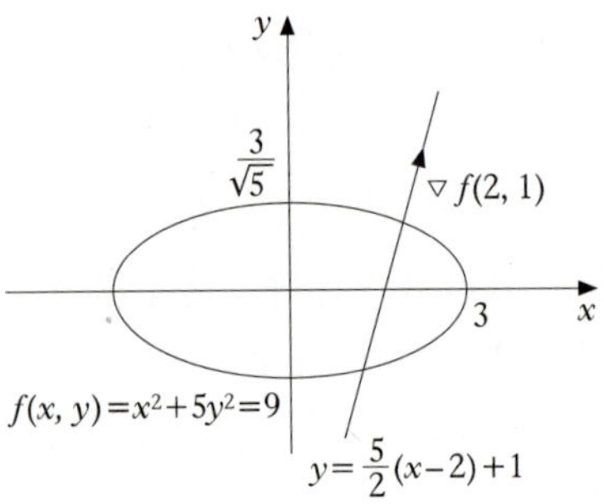

그림 4

풀이 $f(x, y) = x^2 + 5y^2$라 하면 곡선 C를 점 $f(x, y) = 9$인 등고선이 된다.
그리고 등고선 위의 점 (2, 1)에서 등고선에 수직한 방향은 $\nabla f(2, 1)$이다.
$\nabla f(x, y) = (2x, 10y)$이므로

$$\nabla f(2, 1) = (4, 10)$$

따라서 점 (2, 1)에서 곡선 C에 수직한 방향은 벡터 (4, 10)방향이다.
즉, 점 (2, 1)에서 곡선 C에 수직한 직선의 기울기는 10/4이다.
그러므로 점 (2, 1)에서 곡선 C에 수직한 직선의 방정식은 다음과 같다.

$$y = \frac{5}{2}(x-2) + 1$$

연습문제 14.4

※ (1~4) 함수 f의 방향도함수 $D_{\mathbf{u}} f(P)$을 구하여라.

1. $f(x, y) = x^2y - y^3x$, $P(2, -3)$, $\mathbf{u} = (-6/10, 8/10)$
2. $f(x, y) = x\ln(x^2 + y^2)$, $P(2, 4)$, $\mathbf{u} = (4/5, 3/5)$
3. $f(x, y) = \cos(x^2 - y^2)$, $P(\sqrt{\pi}, \sqrt{\pi}/2)$, $\mathbf{u} = (1/\sqrt{2}, -1/\sqrt{2})$
4. $f(x, y) = \dfrac{x+y}{x-y}$, $P(4, 5)$, $\mathbf{u} = (\sqrt{3}/2, -1/2)$

※ (5~8) 벡터 $\mathbf{v}$방향으로 점 P에서 함수 f의 방향도함수를 구하여라.

5. $f(x, y) = \dfrac{1}{x^2 + y^2}$, $P(2, 3)$, $\mathbf{v} = (0, 2)$
6. $f(x, y) = \dfrac{\sin xy}{x+y}$, $P(1, 0)$, $\mathbf{v} = (1, -1)$
7. $f(x, y) = (x-y)\ln(x+y)$, $P(1, 1)$, $\mathbf{v} = (1, 2)$
8. $f(x, y) = e^{xy-x}$, $P(\ln 2, 1)$, $\mathbf{v} = (-2, 1)$

※ (9~12) 점 P에서 함수 f의 방향도함수가 최대가 되는 방향과 최소가 되는 방향을 구하고 방향도함수의 최대값과 최소값을 구하여라.

9. $f(x, y)=x^3y^2-xy$, $P(-1, 1)$

10. $f(x, y)=\dfrac{\sin(x+y)}{\cos(x-y)}$, $P(\pi/2, \pi/4)$

11. $f(x, y)=e^x\cos y$, $P(1, \pi)$

12. $f(x, y)=\dfrac{\ln(x+y)}{x+y}$, $P(1, 2)$

※ (13~16) 벡터 $\mathbf{v}$방향으로 점 P에서 함수 f의 방향도함수를 구하여라.

13. $f(x, y, z)=xyz^3$, $P(2, 3, 1)$, $\mathbf{v}=(0, 2, 1)$

14. $f(x, y, z)=x\sin yz$, $P(1, 2, \pi/4)$, $\mathbf{v}=(1, 0, -1)$

15. $f(x, y, z)=\ln(x+y^2+z)$, $P(1, 0, 1)$, $\mathbf{v}=(1, 2, 1)$

16. $f(x, y, z)=e^{xy-yz}$, $P(2, -1, 1)$, $\mathbf{v}=(-2, 0, 1)$

※ (17~20) 점 P에서 함수 f의 방향도함수가 최대가 되는 방향과 최소가 되는 방향을 구하고 방향도함수의 최대값과 최소값을 구하여라.

17. $f(x, y, z)=x^3y^2+yz^3$, $P(2, -1, 1)$

18. $f(x, y, z)=\sin(x+y+z^2)$, $P(\pi/2, \pi/4, \pi/2)$

19. $f(x, y, z)=e^x\cos y\sin z$, $P(1, \pi/3, \pi/6)$

20. $f(x, y, z)=\dfrac{\ln(x+y)}{y+z}$, $P(1, 1, 2)$

※ (21~24) 주어진 성질을 이용하여 함수 $f(x, y)$의 편도함수 $f_x(P)$, $f_y(P)$를 구하여라.

21. $\mathbf{u}=(0, 1)$, $\mathbf{v}=(1/\sqrt{2}, 1/\sqrt{2})$
$D_{\mathbf{u}}f(P)=2\sqrt{2}$, $D_{\mathbf{v}}f(P)=3\sqrt{2}$

22. $\mathbf{u}=(3/5, 4/5)$, $\mathbf{v}=(1/\sqrt{2}, 1/\sqrt{2})$
$D_{\mathbf{u}}f(P)=2\sqrt{2}$, $D_{\mathbf{v}}f(P)=\sqrt{2}$

23. $\mathbf{u}=(5/13, 12/13)$, $\mathbf{v}=(-12/13, 5/13)$
$D_{\mathbf{u}}f(P)=19$, $D_{\mathbf{v}}f(P)=22$

24. $\mathbf{u}=(1/2, -\sqrt{3}/2)$, $\mathbf{v}=(1/\sqrt{2}, 1/\sqrt{2})$
$D_{\mathbf{u}}f(P)=3$, $D_{\mathbf{v}}f(P)=0$

25. 곡면 $z=x^2+y^2$과 평면 $x+2y=2$의 만나서 생긴 곡선 위의 점 $P(-2, 2, 8)$에서 곡선의 접선의 기울기를 구하여라.

26. 점 $(2, -1)$에서 $z=9x^2+4y^2$의 방향도함수가 최대가 되는 방향각(벡터가 x축과 이루는 각)을 구하여라.

27. 점 $(2, -1)$에서 함수 $z=x^2y+2xy^2$의 증가율이 최대가 되는 방향을 구하여라.

28. 점 $(1, -1)$에서 함수 $z=x^2+2xy^2$의 방향도함수가 4가 되는 방향을 구하여라.

14.5 접평면과 전미분

함수 $y=f(x)$의 그래프 등 곡선 위의 점에서 접선을 구하고 접선을 이용하여 함수값의 증분의 근사값인 전미분을 구하는 방법을 2.4절에서 소개하였다. 여기서는 곡면 위의 점에서 접평면을 구하고 접평면을 이용하여 두 변수함수의 증분의 근사값으로 전미분을 구하는 방법을 소개한다.

접평면

공간에 있는 곡면 S의 방정식이 $F(x, y, z)=0$이고 점 $P(a, b, c)$가 곡면 S 위의 점이라 하자. 이때 함수 $F(x, y, z)$는 연속인 편도함수를 가진다고 하자.

곡선 C가 곡면 위에 있고 점 P를 지나며 다음의 미분가능한 벡터함수 $\mathbf{r}(t)$로 표시된다고 하자.

연쇄법칙

$w=F(x, y, z)$

$x=x(t),\ y=y(t),\ z=z(t)$

$\Rightarrow \dfrac{dF}{dt}=\dfrac{\partial F}{\partial x}\dfrac{dx}{dt}+\dfrac{\partial F}{\partial y}\dfrac{dy}{dt}+\dfrac{\partial F}{\partial z}\dfrac{dz}{dt}$

$$\mathbf{r}(t)=(x(t),\ y(t),\ z(t))$$

이때 $\mathbf{r}(t_0)=(a, b, c)$라 하자. 곡선 C는 곡면 위에 있으므로 모든 t에 대하여 다음 식이 성립한다.

$$F(x(t),\ y(t),\ z(t))=0$$

연쇄법칙을 이용하여 변수 t에 대하여 미분하면

$$\begin{aligned}&\frac{d}{dt}F(x(t),\ y(t),\ z(t))\\&\quad=F_x(x(t),\ y(t),\ z(t))x'(t)+F_y(x(t),\ y(t),\ z(t))y'(t)\\&\qquad+F_z(x(t),\ y(t),\ z(t))z'(t)\\&\quad=0\end{aligned}$$

$t=t_0$이면

$$F_x(a, b, c)x'(t_0)+F_y(a, b, c)y'(t_0)+F_z(a, b, c)z'(t_0)=0$$

따라서 다음 식이 성립한다.

$$\nabla F(a, b, c)\cdot(x'(t_0),\ y'(t_0),\ z'(t_0))=0$$

즉

$$\nabla F(a, b, c)\cdot\mathbf{r}'(t_0)=0$$

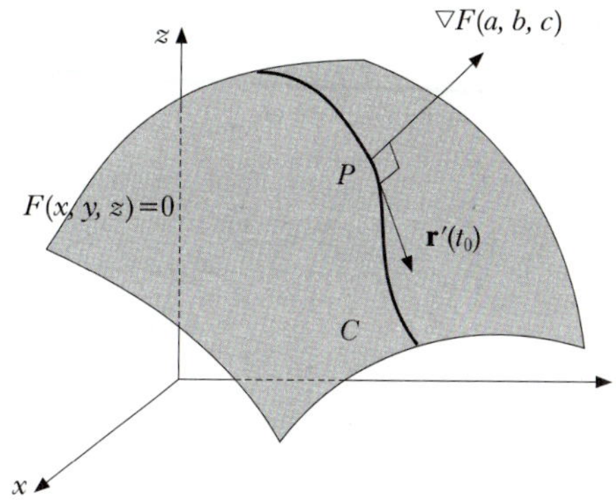

그림 1

그러므로 점 P에서 함수 $F(x, y, z)$의 그래디언트와 곡선 $\mathbf{r}(t)$의 접선이 수직함을 알 수 있다. 따라서 다음 정리를 얻을 수 있다.

정리 1

$F(x, y, z)$는 미분가능한 함수이다. 곡선 $\mathbf{r}(t)$가 곡면 $F(x, y, z)=0$의 위에 있는 곡선이고 점 $P=\mathbf{r}(t_0)$를 지나면 점 P에서 F의 그래디언트는 곡선의 접선에 수직하다. 즉

$$\nabla F(P)\cdot\mathbf{r}'(t_0)=0$$

정리 1에 의하면 곡면 $F(x, y, z)=0$ 위에 있고 점 P를 지나는 모든 곡선의 점 P에서의 접선은 $\nabla F(P)$에 수직하다. 따라서 이러한 접선들은 모두 점 P를 지나고 $\nabla F(P)$에 수직한 평면 위에 있게 된다. 이 평면을 곡면의 접평면이라 한다.

정의 1 (접평면)

공간에 있는 곡면 S의 방정식이 $F(x, y, z)=0$일 때 곡면 S위의 점 $P(a, b, c)$에서곡면 S의 **접평면**(tangent plane)은 점 P를 지나고 $\nabla F(a, b, c)$에 수직인 평면이다. 즉, 접평면의 방정식은 다음과 같다.

$$F_x(a, b, c)(x-a)+F_y(a, b, c)(y-b)+F_z(a, b, c)(z-c)=0$$

예제 1 곡면 $2x^2+y^2+z^2=4$ 위의 점 $(1, 1, 1)$에서의 접평면의 방정식을 구하여라.

풀이 $F(x, y, z)=2x^2+y^2+z^2-4$라 하면 곡면의 식은 $F(x, y, z)=0$이다.

그리고 $F_x = 4x$, $F_y = 2y$, $F_{z=2z}$이므로

$$\nabla F(1,\ 1,\ 1) = (4,\ 2,\ 2)$$

그러므로 (1, 1, 1)에서의 접평면은 점 (1, 1, 1)을 지나고 (4, 2, 2)에 수직한 평면이다.

따라서 접평면의 방정식은

$$4(x-1)+2(y-1)+2(z-1)=0$$

즉, $4x+2y+2z=8$이다. ■

두변수함수 $z=f(x,\ y)$의 그래프로 주어지는 곡면의 방정식은 다음과 같다.

$$f(x,\ y)-z=0$$

따라서 접평면의 정의에서 다음 정리를 얻을 수 있다.

정리 2

함수 $z=f(x,\ y)$의 그래프 위의 점 $P(a,\ b,\ c)$에서 접평면의 방정식은 다음과 같다.

$$f_x(a,\ b)(x-a)+f_y(a,\ b,\ c)(y-b)-(z-c)=0$$

단, $c=f(a,\ b)$이다.

예제 2 함수 $z=3x^2+2y^2$의 그래프 위의 점 (1, 1, 5)에서의 접평면의 방정식을 구하여라.

풀이 $f(x,\ y)=3x^2+2y^2$에 정리 2를 적용하자.

$f_x(1,\ 1)=6$, $f_y(1,\ 1)=4$이므로 접평면의 방정식은

$$6(x-1)+4(y-1)-(z-5)=0$$

■

전미분

두변수함수 $z=f(x,\ y)$에서 x의 증분이 Δx, y의 증분이 Δy일 때 z의 증분(increment) Δz는 다음과 같다.

$$\Delta z=f(x+\Delta x,\ y+\Delta y)-f(x,\ y)$$

그림은 평면 T는 함수 $z=f(x,\ y)$의 그래프 위의 점 $P(a,\ b,\ f(a,\ b))$에서

의 접평면이다. 따라서 평면 T의 방정식은

$$f_x(a,\ b)(x-a)+f_y(a,\ b)(y-b)-(z-f(a,\ b))=0$$

xy 평면의 점 $(a+\triangle x,\ b+\triangle y)$에 대응하는 그래프 위의 점 Q와 접평면 위의 점 Q'의 좌표는 각각 다음과 같다.

$$Q=(a+\triangle x,\ b+\triangle y,\ f(a+\triangle x,\ b+\triangle y))$$
$$Q'=(a+\triangle x,\ b+\triangle y,\ f(a,\ b)+f_x(a,\ b)\triangle x+f_y(a,\ b)\triangle y)$$

일변수함수의 전미분

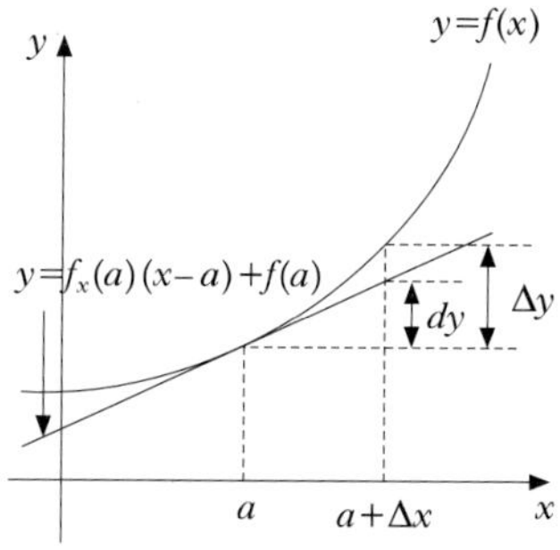

그림 2

증분 $\triangle y=f(a+\triangle x)-f(a)$
전미분 $dy=f_x(a)dx$

전미분에서 $dx=\triangle x$이다. 그리고 $\triangle x$가 작을수록 전미분 dy는 증분 $\triangle y$에 가까워진다.

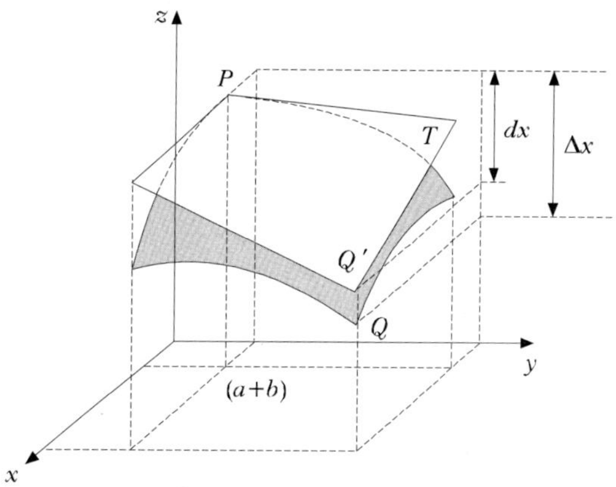

그림 3

그림 3에서 $\triangle z$는 점 $P(a,\ b,\ f(a,\ b))$에 대한 점 Q의 z 좌표의 증분이다. 즉

$$\triangle z=f(x+\triangle x,\ y+\triangle y)-f(x,\ y)$$

그리고 dz는 점 $P(a,\ b,\ f(a,\ b))$에 대한 점 Q'의 z 좌표의 증분이다. 즉

$$dz=f_x(a,\ b)\triangle x+f_y(a,\ b)\triangle y$$

그림에서 보는 바와 같이 x 증분 $\triangle x$, y 증분 $\triangle y$가 작을수록 점 Q와 점 Q' 사이의 거리는 가까워짐을 알 수 있다. 따라서 $\triangle x$, $\triangle y$가 작을수록 $\triangle z$와 dz의 값은 가까워지므로 $\triangle x$, $\triangle y$가 작으면 증분 $\triangle z$의 근사값으로 dz를 사용할 수 있음을 알 수 있다.

위의 식에서 $\triangle x=dx$, $\triangle y=dy$라 하면 dz는 다음과 같다.

$$dz=f_x(a,\ b)dx+f_y(a,\ b)dy$$

dz를 $(a,\ b)$에서 $f(x,\ y)$의 **전미분**(total differential)이라 하며 $\triangle x$, $\triangle y$가 작을수록 dz의 값은 $\triangle z$에 가까워진다.

예제 3 (x, y)가 $(2, 3)$에서 $(2.05, 2.96)$으로 변할 때 함수 $f(x, y)=2x^3+xy-y^3$의 증분과 전미분을 구하여라.

풀이 z의 증분 Δz를 구하자.

$$\begin{aligned}\Delta z &= f(x+\Delta x, y+\Delta y)-f(x, y)\\ &= 2(x+\Delta x)^3+(x+\Delta x)(y+\Delta y)-(y+\Delta y)^3-2x^3-xy+y^3\end{aligned}$$

x가 2에서 2.05로, y가 3에서 2.96으로 변하므로

$$\Delta x=0.05,\ \Delta y=-0.04$$

따라서

$$\begin{aligned}\Delta z &= f(2.05, 2.96)-f(2, 3)\\ &= 2(2.05)^3+(2.05)(2.96)-(2.96)^3-2\cdot 2^3-2\cdot 3+3^3\\ &= 2.36391\end{aligned}$$

전미분 dz를 구하면

$$\begin{aligned}dz &= f_x(x, y)dx+f_y(x, y)dy\\ &= (6x^2+y)dx+(x-3y^2)dy\end{aligned}$$

$x=2,\ y=3,\ dx=\Delta x=0.05,\ dy=\Delta y=-0.04$이므로

$$dz=(6\cdot 2^2+3)(0.05)+(2-3\cdot 3^2)(-0.04)=2.35$$ ■

예제 4 어떤 기체의 부피 V, 압력 P, 온도 T 사이에 다음과 같은 관계식이 성립한다.

$$P=k\frac{T}{V}$$

단, k는 상수이다. 온도를 측정할 때 0.5%의 오차가 생기고 부피를 측정할 때 0.7%의 오차가 발생한다면 압력을 계산할 때 생기는 최대 오차율의 근사값을 구하여라.

풀이 압력을 계산할 때 생기는 오차를 ΔP라 하면, ΔP의 근사값은 dP이다. $P=k\frac{T}{V}$에서 dP를 구하면

$$dP=\frac{\partial P}{\partial T}dT+\frac{\partial P}{\partial V}dV=\frac{k}{V}dT-\frac{kT}{V^2}dV$$

온도를 측정할 때 0.5%의 오차가, 부피를 측정할 때 0.7%의 오차가 발생하므로

$$dT=\Delta T=0.005T,\ dV=\Delta V=0.007V$$

따라서 $|dP|$의 범위를 구하면,

$$\begin{aligned}|dP| &= \left|\frac{k}{V}dT - \frac{kT}{V^2}dV\right| \\ &\le \left|\frac{k}{V}dT\right| + \left|\frac{kT}{V^2}dV\right| \\ &= \left|\frac{k}{V}0.005T\right| + \left|\frac{kT}{V^2}0.007V\right| = 0.012\left|k\frac{T}{V}\right| \\ &= 0.012|P|\end{aligned}$$

따라서 최대 오차율의 근사값은 1.2%이다. ■

세 개 이상의 변수를 가지는 함수에 대한 전미분도 두변수함수의 경우와 같이 정의한다. 즉, 세변수함수 $w=f(x, y, z)$의 증분(increment) Δw와 전미분(total differential) dw는 각각 다음과 같다.

$$\Delta w = f(x+\Delta x, y+\Delta y, z+\Delta z) - f(x, y, z)$$
$$dw = f_x(x, y, z)dx + f_y(x, y, z)dy + f_z(x, y, z)dz$$

여기서 $dx=\Delta x$, $dy=\Delta y$, $dz=\Delta z$이다. 그리고 Δx, Δy, Δz가 작을수록 전미분 dw는 증분 Δw에 가까워진다.

예제 5 직육면체의 부피를 구하기 위하여 변의 길이를 측정하였더니 가로 70cm, 세로 60cm, 높이 40cm로 측정되었다. 측정하는 과정에서 생기는 오차의 한계가 0.2cm라 한다. 부피를 구할 때 생기는 오차를 구하여라.

풀이 직육면체의 가로를 $x$cm, 세로를 $y$cm, 높이를 $z$cm, 부피를 V라 하면

$$V = xyz$$

따라서 $x=70$, $y=60$, $z=40$일 때 V의 전미분 dV를 구하면 된다.
V의 전미분 dV를 구하면

$$\begin{aligned}dV &= V_x(x, y, z)dx + V_y(x, y, z)dy + V_z(x, y, z)dz \\ &= yzdx + xzdy + xydz\end{aligned}$$

따라서 $|dx| \le 0.2$, $|dy| \le 0.2$, $|dz| \le 0.2$이므로 $x=70$, $y=60$, $z=40$일 때 V의 전미분 dV의 크기 $|dV|$는

$$\begin{aligned}|dV| &= |2400dx + 2800dy + 4200dz| \\ &\le 9400 \times 0.2 = 1880\end{aligned}$$

따라서 변의 길이의 측정에서 생기는 오차의 한계가 0.2cm이면 부피의 계산에서 생기는 오차의 한계는 1880cm^3이다. ■

연습문제 14.5

※ (1~4) 곡면 위의 점 P에서 접평면의 식을 구하여라.

1. $x^2+y^2+z^2=16$, $P(2,\ 3,\ \sqrt{3})$
2. $x^2-y^2+z^2=16$, $P(1,\ 3,\ \sqrt{7})$
3. $x^2+y^2-z^2-2xy+4xz=4$, $P(1,\ 0,\ 1)$
4. $x=y^2+z^2-2$, $P(-1,\ 1,\ 0)$

※ (5~12) 함수 f의 그래프 위의 점 $(P,\ f(P))$에서 곡면에 수직한 벡터와 곡면의 접평면을 구하여라.

5. $f(x,\ y)=xy-x^3+y^2$, $P(1,\ 2)$
6. $f(x,\ y)=\dfrac{\sin x}{\cos y}$, $P(\pi/3,\ \pi/3)$
7. $f(x,\ y)=\ln(2+x^2+y^2)$, $P(1,\ 3)$
8. $f(x,\ y)=e^{x^2+xy-y^2}$, $P(1,\ 1)$
9. $f(x,\ y)=\dfrac{x^2}{4}+\dfrac{y^2}{4}$, $P(2,\ 2)$
10. $f(x,\ y)=2e^{3y}\cos 2x$, $P(\pi/3,\ 0)$
11. $f(x,\ y)=x^2+y^3$, $P(3,\ 1)$
12. $f(x,\ y)=x^2+y^4+e^{xy}$, $P(1,\ 0)$

※ (12~16) $(x,\ y)$가 P에서 Q로 변할 때 함수 f의 전미분을 구하여라.

13. $f(x,\ y)=x^2+4y^2$, $P(2,\ 3)$, $Q(2.02,\ 2.98)$
14. $f(x,\ y)=\sin(x+y)$, $P(\pi/2,\ \pi/4)$, $Q(6\pi/10,\ 11\pi/60)$
15. $f(x,\ y)=\dfrac{x}{\sqrt{1+x^2+y^2}}$, $P(2,\ 2)$, $Q(1.9,\ 2.1)$
16. $f(x,\ y)=\ln(1+\sqrt{x}-y)$, $P(9,\ 3)$, $Q(9.3,\ 3.2)$

※ (17~20) 전미분을 이용하여 다음의 근사값을 구하여라.

17. $8.98\sqrt{9.98-1.02}$
18. $\sqrt{0.89}\,e^{0.02}$
19. $\sqrt{3.02^2+4.03^2+5.98^2}$
20. $\dfrac{\ln 1.02}{2.97^2}$

21. 원통의 반지름을 측정할 때 1%의 오차가 발생하고 높이를 재는데 2%의 오차가 발생하였다면 원통의 부피을 계산하는데 발생하는 오차비율을 수하여라.

22. 곡면 $z=x^2-2xy-y^2-8x+4y$ 위의 점으로 접평면이 xy 평면과 평행한 점을 모두 구하여라.

23. 두 곡면
$$x^2+4y+z^2-13=0,\ x^2+y^2+z^2-9=0$$
은 점 $(1,\ -2,\ 2)$에서 서로 접하고 있음을 보여라.

24. 직선 $x=1+2t$, $y=3+8t$, $z=2-6t$에 수직인 접평면을 가지는 곡면 $x^2+2y^2+3z^2=12$ 위의 점을 구하여라.

[정의] 두 곡면이 만날 때 만나는 점에서 두 곡면의 접평면의 사이각을 그 점에서 두 곡면의 사이각이라 한다. 곡면과 직선이 만날 때 만나는 점에서 곡면의 접평면과 직선이 이루는 각을 곡면과 직선의 사이각이라 한다.

25. 두 곡면
$$9x^2+4y^2+4z^2-41=0,\quad 2x^2-y^2+3z^2-10=0$$
이 점$(1,\ 2,\ 2)$에서 만남을 보이고 점$(1,\ 2,\ 2)$에서 두 곡면의 사이각을 구하여라.

26. 두 곡면
$$x^2+y^2+z^2-16=0,\quad x-2y+3z=0$$
이 만나는 점에서 두 곡면의 사이각을 구하여라.

27. 다음의 구면과 직선
$$x^2+y^2+z^2-25=0$$
$$x=3t+6,\ y=4t+8,\ z=5t+5$$
이 만나는 두 점에서 구면과 직선의 사이각을 구하여라.

14.6 극대값과 극소값

일변수함수 $y=f(x)$, $x\in[a, b]$의 최대값이나 최소값을 구할 때 함수 f의 극값, 즉 극대값이나 극소값을 먼저 구하였다. 그리고 극값과 끝점, 즉 $x=a$, $x=b$에서의 함수값을 비교하여 최대값과 최소값을 구하였다. 그리고 미분을 이용하여 극대점, 극소점을 구하는 방법을 배웠다(3.5절).

이 절에서는 일변수함수의 경우와 유사하게 두변수함수의 극대점, 극소점을 정의하고 편도함수를 이용하여 극대점, 극소점을 구하는 방법을 소개한다.

두변수함수의 극대값, 극소값

두변수함수의 최대값, 최소값, 극대값, 극소값을 다음과 같이 정의한다.

점 (a, b)의 근방
점 (a, b)를 중심으로 하는 적당한 원의 내부

정의 1

두변수함수 $z=f(x, y)$가 xy 평면의 부분집합 D를 정의역으로 하고 (a, b)가 정의역 D의 한 점이라 하자.

$f(a, b)$가 정의역 D에서 함수 f의 가장 큰 함수값일 때 즉,

$$f(a, b)\geq f(x, y),\ (x, y)\in D$$

$f(a, b)$를 함수 f의 **최대값**(maximum value)이라 한다. 반대로 $f(a, b)$가 정의역 D에서 함수 f의 가장 작은 함수값일 때 즉,

$$f(a, b)\leq f(x, y),\ (x, y)\in D$$

$f(a, b)$를 함수 f의 **최소값**(minimum value)이라 한다.

$f(a, b)$가 점 (a, b)의 근방 N에서 함수 f의 최대값이 될 때 즉,

$$f(a, b)\geq f(x, y),\ (x, y)\in N$$

일 때 $f(a, b)$를 함수 f의 **극대값**(local maximum value), 점 (a, b)를 **극대점**(local maximum point)이라 한다.

$f(a, b)$가 점 (a, b)의 근방 N에서 함수 f의 최소값이 될 때 즉,

$$f(a, b)\leq f(x, y),\ (x, y)\in N$$

일 때 $f(a, b)$를 함수 f의 **극소값**(local minimum value), 점 (a, b)를 **극소점**(local minimum point)이라 한다.

그리고 극대값, 극소값을 **극값**(extreme value), 극대점, 극소점을 **극점**(extreme point)이라 한다.

함수 $z=f(x, y)$의 최대값 또는 최소값은 당연히 극대값 또는 극소값이 된다. 따라서 극대값 또는 극소값을 모두 찾으면 그 중에 최대값 또는 최소값이 포함되어 있다.

예제 1 함수 $f(x, y)=x^2-2x+2y^2-1$의 편도함수 $f_x(x, y)$, $f_y(x, y)$의 값이 모두 0이 되는 점과 최대값 또는 최소값을 구하여라.

풀이 $f(x, y)=x^2-2y+2y^2-1$의 편도함수를 구하면

$$f_x(x, y)=2x-2, \quad f_y(x, y)=4y$$

따라서 $f_x(1, 0)=f_y(1, 0)=0$. 한편, f의 함수식에서

$$\begin{aligned} f(x, y) &= x^2-2x+2y^2-1 \\ &= (x^2-2x+1)+2y^2-2 \geq -2 \end{aligned}$$

따라서 함수 $f(x, y)$의 함수값은 -2보다 작지 않으므로 -2가 함수값이 된다면 바로 최소값이 될 것이다.

한편 $f(1, 0)=-2$이므로 함수 $f(x, y)$의 최소값은 -2이다.

그리고 함수 f는 $(1, 0)$에서 편도함수가 0이 된다. ■

일변수함수 $y=f(x)$가 $x=x_0$에서 미분가능하고 극값을 가질 경우 $f'(x_0)=0$이 성립함을 배웠다(3장 4절의 정리 3 참고). 이러한 성질은 두변수함수 $z=f(x, y)$의 경우에도 성립한다.

정리 1

함수 $z=f(x, y)$가 (x_0, y_0)에서 편미분가능하고 극값을 가지면

$$f_x(x_0, y_0)=f_y(x_0, y_0)=0$$

증명 함수 $z=f(x, y)$가 (x_0, y_0)에서 극대값을 가진다고 하자.

다음과 같이 함수 $\phi(x)$와 $\psi(y)$를 정의하자.

$$\phi(x)=f(x, y_0)$$
$$\psi(y)=f(x_0, y)$$

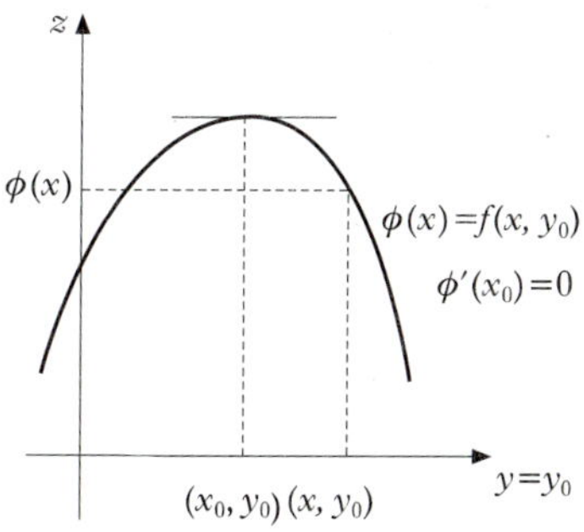

그림 1

따라서

함수 ϕ의 그래프$=f(x, y)$의 그래프와 평면 $y=y_0$가 만나서 생기는 곡선
함수 ψ의 그래프$=f(x, y)$의 그래프와 평면 $x=x_0$가 만나서 생기는 곡선

그리고 f가 (x_0, y_0)에서 편미분가능하므로 $\phi(x)$는 $x=x_0$에서 $\psi(y)$는 $y=y_0$에서 미분가능하고 다음이 성립한다.

$$\phi'(x_0) = \frac{\partial f}{\partial x}(x_0, y_0)$$

$$\psi'(y_0) = \frac{\partial f}{\partial y}(x_0, y_0)$$

한편 f가 (x_0, y_0)에서 극대값을 가지므로 $\phi(x)$는 $x=x_0$에서 $\psi(y)$는 $y=y_0$ 각각 극대값을 가진다. 따라서 일변수함수의 극값에 대한 성질(3장 4절의 정리 3)을 이용하면

$$\phi'(x_0)=0, \ \psi'(y_0)=0$$

그러므로 $f_x(x_0, y_0)=0, \ f_y(x_0, y_0)=0$ ■

두변수함수 $z=f(x, y)$에 대하여 점 $P_0(x_0, y_0)$에서

(1) $f_x(P_0)=0, f_y(P_0)=0$일 때 점 P_0를 **정점**(stationary point).

(2) $f_x(P_0)$ 또는 $f_y(P_0)$가 존재하지 않을 때 점 P_0를 **특이점**(singular point)이라 한다.

그리고 정점과 특이점을 **임계점**(critical point)이라 한다.

정리 1에 의하면 두변수함수 $f(x, y)$가 극점을 가질 경우 극점은 임계점이 됨을 알 수 있다. 따라서 함수 $f(x, y)$의 극점을 구하려면 먼저 함수의 임계점을 찾아야 함을 알 수 있다.

예제 2 함수 $f(x, y)=-x^2+y^2$의 임계점을 모두 구하고 임계점 중에 극점이 있는지 확인하여라.

풀이 $f(x, y)=-x^2+y^2$는 편미분 가능하므로 특이점은 존재하지 않는다.
따라서 임계점은 함수 f의 정점이어야 한다. 함수 f의 편도함수를 구하면

$$f_x(x, y)=-2x, \ f_y(x, y)=2y$$

따라서 함수 f의 임계점은 하나이고 $(0, 0)$이다.

함수 $f(x, y)=-x^2+y^2$의 그래프의 개형은 다음과 같다.

곡면 $z=-x^2+y^2$을 xz평면으로 자른 단면

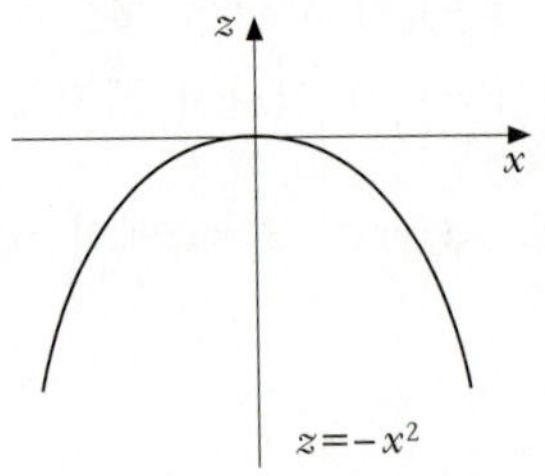

곡면 $z=-x^2+y^2$을 yz평면으로 자른 단면

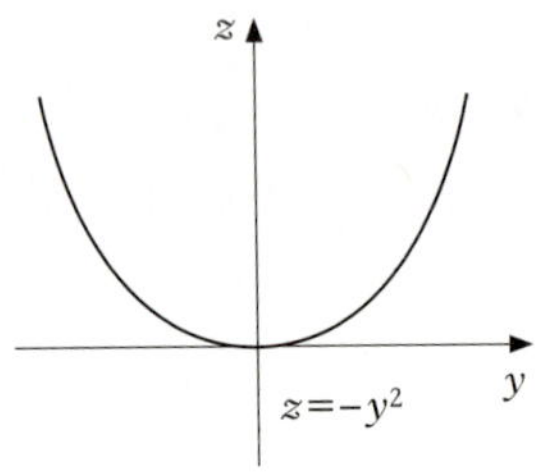

그림 3

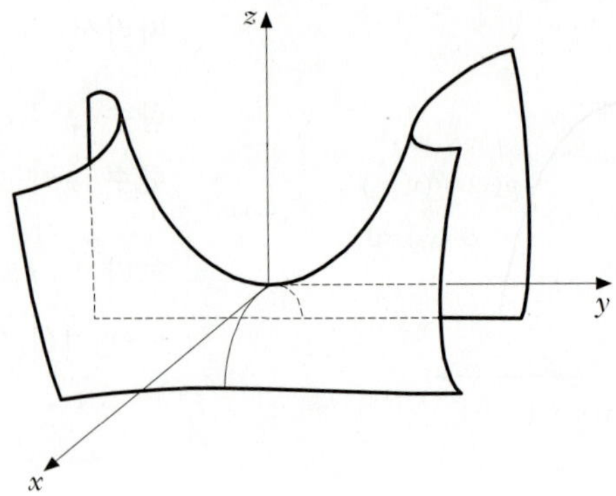

그림 2

x축과 y축 위에서 $f(x, y)=-x^2+y^2$의 함수값을 살펴보면

x축 방향 : $f(x, 0)=-x^2$, $f(0, 0)=0$은 최대값

y축 방향 : $f(0, y)=y^2$, $f(0, 0)=0$은 최소값

따라서 원점의 어떠한 근방에서도 $f(0, 0)$는 최대값이나 최소값이 될 수 없다.

그러므로 $f(0, 0)$는 극값이 아니다. ■

예제 2에서 함수 $f(x, y)=-x^2+y^2$는 $(0, 0)$에서 편도함수는 모두 0이지만 $(0, 0)$에서의 함수값은 방향에 따라 극대값도 되고 극소값도 된다. 이러한 점을 **안장점**(saddle point)이라 한다.

두변수함수의 극값 판정법

함수 $y=f(x)$에서 $f'(x_0)=0$이 성립할 때 f가 $x=x_0$에서 극점을 가지는지의 여부를 f의 2계미분으로 판단할 수 있다. (3장 4절의 정리 4) 즉,

$f''(x_0)>0$이면 $x=x_0$는 극소점이다.

$f''(x_0)<0$이면 $x=x_0$는 극대점이다.

$f''(x_0)=0$이면 $x=x_0$는 변곡점이다.

두변수함수 $z=f(x, y)$의 경우에도 2계 편도함수를 이용하여 극값을 가지는지 여부를 판단할 수 있으며 다음 정리에서 이러한 방법을 소개한다. 이 정리의 증명은 고등미적분학에서 찾아볼 수 있다.

두변수함수 $z=f(x, y)$가 점 P_0에서 연속인 2계편미분을 가질 때 f의 **판별식**(discreminant) $D(f, P_0)$을 다음과 같이 정의한다.

$$D(f,\ P_0) = \begin{vmatrix} f_{xx}(P_0) & f_{xy}(P_0) \\ f_{xy}(P_0) & f_{yy}(P_0) \end{vmatrix}$$
$$= f_{xx}(P_0) f_{yy}(P_0) - (f_{xy}(P_0))^2$$

정리 2 (두변수함수의 극값판정법)

두변수함수 $z=f(x,\ y)$가 점 P_0의 근방에서 연속인 2계편도함수를 가지고 $f_x(P_0)=f_y(P_0)=0$이면 다음이 성립한다.

(1) $D(f,\ P_0)>0,\ f_{xx}(P_0)<0$이면 $f(P_0)$는 극대값이다.

(2) $D(f,\ P_0)>0,\ f_{xx}(P_0)>0$이면 $f(P_0)$는 극소값이다.

(3) $D(f,\ P_0)<0$이면 점 P_0는 안장점이 된다.

(4) $D(f,\ P_0)=0$이면 판정할 수 없다.

예제 3 함수 $f(x,\ y)=x^2+3y^3+4x-9y$의 극점, 안장점을 찾아라.

풀이 f의 편도함수가 0이 되는 점을 찾자.

$f_x(x,\ y)=2x+4$, $f_y(x,\ y)=9y^2-9$이므로 $f_x(x,\ y)=f_y(x,\ y)=0$에서

$$x=-2,\ y=\pm 1$$

두 임계점 $(-2,\ 1)$, $(-2,\ -1)$이 극점이 되는지 판정해보자.

$f_{xx}(x,\ y)=2,\ f_{xy}(x,\ y)=0,\ f_{yy}(x,\ y)=18y$이므로

$$D=f_{xx}f_{yy}-(f_{xy})^2=36y$$

점 $(-2,\ 1)$에서

$$D=36>0,\ f_{xx}(-2,\ 1)=2>0$$

따라서 $(-2,\ 1)$은 극소점이고 극소값은 $f(-2,\ 1)=-10$이다.

점 $(-2,\ -1)$에서

$$D=-36<0$$

따라서 $(-2,\ -1)$은 안장점이다. ■

평면에서 연속이고 최대값 또는 최소값을 가지는 두변수함수 $z=f(x,\ y)$가 점 P_0에서 유일한 극점을 가진다면 점 P_0에서 최대값 또는 최소값을 가질 것이다. 그러나 유일한 극점을 가지지만 최대값 또는 최소값을 가지지 않는 경우도 있다(14.8절 보충자료 예제 4, 예제 5 참고). 따라서 최대값 또는 최소값을 찾는 문제의 경우 최대값 또는 최소값의 존재 여부를 먼저 확인할 필요가 있다.

예제 4 원점에서 곡면 $z^2=-2x-4y+12$까지의 최소거리를 구하고 원점에서 가장 가까이 있는 곡면 위의 점을 구하여라.

풀이 원점에서 곡면 위의 점 (x, y, z)까지의 거리를 $d(x, y, z)$라 하면

$$d^2=x^2+y^2+z^2=x^2+y^2-2x-4y+12$$

다음과 같이 함수 f를 정의하자.

$$f(x, y)=x^2+y^2-2x-4y+12$$

$x^2+y^2-2x-4y+12$
$=(x-1)^2+(y-2)^2+7$
함수 $f(x, y)=x^2+y^2-2x-4y+12$의 그래프는 $z=x^2-y^2$의 그래프를 x축으로 1만큼 y으로 2만큼, z축으로 7만큼 평행이동한 곡면이다.

함수 f의 그래프는 $z=x^2+y^2$과 유사하므로 최소값을 가진다.
따라서 함수 f의 최소값은 극소값 중 가장 작은 값이다.
$f_x(x, y)=2x-2$, $f_y(x, y)=2y-4$이므로

$$f_x(1, 2)=f_y(1, 2)=0$$

그러므로 f의 극점이 될 수 있는 점은 $(1, 2)$이다. 그리고

$$f_{xx}(1, 2)=2,\ f_{yy}(1, 2)=2,\ f_{xy}(1, 2)=0$$

따라서

$$D(f, (1, 2))=4>0,$$
$$f_{xx}(1, 2)>0$$

그러므로 f는 하나의 극점$(1, 2)$에서 극소값 $f(1, 2)=7$을 가진다.
따라서 함수 f는 $(1, 2)$에서 최소값 7을 가진다.
그리고 곡면의 식에서 $x=1$, $y=2$이면 $z=\pm\sqrt{2}$이므로

$$d(x, y, z)\text{의 최소값} = d(1, 1, \pm\sqrt{2})=\sqrt{7}\ .$$

즉, 곡면에서 원점에 가장 가까이 있는 점은 $(1, 1, \pm\sqrt{2})$이다. ■

예제 5 용량이 20m^3이고 뚜껑이 있는 직육면체의 상자를 만들려고 한다. 상자를 만드는데 사용되는 재료의 가격이 뚜껑이나 바닥 재료는 20원/m^2이고 앞, 뒤, 좌, 우면의 재료는 30원/m^2이다. 가장 비용을 적게 들이고 상자를 만들려면 상자의 규격을 어떻게 하여야 하는가?

풀이 상자의 가로, 세로, 높이의 길이를 각각 x, y, z(m)라 하면

$$xyz=20,\ z=\frac{20}{xy}$$

따라서

$$\text{뚜껑과 바닥 재료의 비용}:2\times20xy=40xy$$

$$\text{앞면과 뒷면 재료의 비용}:2\times30xz=60xz=\frac{1200}{y}$$

$$\text{좌, 우 옆면 재료의 비용}: 2\times 30yz = 60yz = \frac{1200}{x}$$

따라서 총 소요비용 $f(x, y)$는 다음과 같다.

$$f(x, y) = 40xy + \frac{1200}{x} + \frac{1200}{y}$$

함수 f의 정의역은 $x>0,\ y>0$이다. 그리고

$$x \to 0\text{이면 } f(x, y) \to \infty,\ y \to 0\text{이면 } f(x, y) \to \infty$$
$$x \to \infty\text{이면 } f(x, y) \to \infty,\ y \to \infty\text{이면 } f(x, y) \to \infty$$

따라서 함수 f는 정의역의 경계, $x=0,\ y=0,\ x=\infty,\ y=\infty$, 부분으로 갈수록 함수 값이 무한대로 커진다. 그리고 함수 f는 연속이고 $f(x, y)>0$이므로 함수 f는 최소값을 가진다.

함수 $f(x, y)$의 1계 편도함수는

$$f_x(x, y) = 40y - \frac{1200}{x^2}$$

$$f_y(x, y) = 40x - \frac{1200}{y^2}$$

$f_x(x, y) = f_y(x, y) = 0$에서

$$y = \frac{30}{x^2},\quad x = \frac{30}{y^2}$$

위 식을 x에 대하여 정리하면

$$30x = x^4$$

$x>0$이므로

$$x = 30^{1/3},\quad y = 30^{1/3}$$

따라서 함수 f는 하나의 임계점을 $P_0(30^{1/3}, 30^{1/3})$에서 갖는다.

함수 f의 2계편미분을 구하면

$$f_{xx}(x, y) = \frac{2400}{x^3},\quad f_{yy}(x, y) = \frac{2400}{y^3},\quad f_{xy}(x, y) = 40$$

판별식을 구하면

$$D(f, (x, y)) = f_{xx}f_{yy} - (f_{xy})^2 = \frac{576\times 10^4}{x^3y^3} - 1600$$

따라서

$$D(f, P_0) = \frac{576\times 10^4}{30^2} - 1600 = 192\times 10^2 - 1600 > 0$$

$$f_{xx}(P_0) = \frac{2400}{30} > 0$$

정리 2에 의하여 임계점 $P_0(30^{1/3}, 30^{1/3})$는 함수 f의 극소점이 된다.

함수 f가 유일한 극점을 가지므로 점 $P_0(30^{1/3}, 30^{1/3})$는 함수 f의 최소점이 된다. 그러므로 비용이 최소인 경우의 가로(x), 세로(y), 높이(z)의 길이는 다음과 같다.

$$x = 30^{1/3},\ y = 30^{1/3},\ z = 20 \cdot 30^{-2/3}$$

그리고 이 경우의 소요비용은 다음과 같다.

$$\begin{aligned} f(x, y) &= 40xy + \frac{1200}{x} + \frac{1200}{y} \\ &= 40 \times 30^{2/3} + 40 \times 30^{2/3} + 40 \times 30^{2/3} \\ &= 120 \times 30^{2/3} \end{aligned}$$

■

연습문제 14.6

※ (1~10) 함수 f의 극대, 극소, 안장점을 구하여라.

1. $f(x, y) = -2x^2 - 2y^2 + 4x + 8y + 7$
2. $f(x, y) = x^2 - 4xy + y^2 + 6x + 8y + 6$
3. $f(x, y) = x^3 - y^3 - 6xy + 8$
4. $f(x, y) = 3x^3 + 2y^3 - 6xy$
5. $f(x, y) = \dfrac{-5x}{x^2 + y^2 + 1}$
6. $f(x, y) = 3xy + 3/x + 2/y$
7. $f(x, y) = (x-2)(y+1)x$
8. $f(x, y) = (3 + x + y)xy$
9. $f(x, y) = \sin x + \cos y$
10. $f(x, y) = \ln(1 + x^2 + y^2)$

※ (11~14) 함수 f의 극대점, 극소점, 안장점을 구하여라.

11. $f_x(x, y) = 2x - 4y,\ f_y(x, y) = 2y - 4x$
12. $f_x(x, y) = 2(x-1),\ f_y(x, y) = 2(y-2)$
13. $f_x(x, y) = 9x^2 - 9,\ f_y(x, y) = 2y + 4$
14. $f_x(x, y) = 3x^2 - 4y^2,\ f_y(x, y) = x^3 - 8y$
15. 평면 $3x + 2y + z = 6$ 위의 점으로서 원점에서 가장 가까이 있는 점을 구하여라.
16. 곡면 $z = x^2 + 8y^2$ 위의 점으로서 원점에서 가장 가까이 있는 점을 구하여라.
17. 구면 $(x-4)^2 + (y-2)^2 + (z-3)^2 = 1$ 위의 점으로서 원점에서 가장 가까이 있는 점을 구하여라.
18. 합이 100인 세 양수로서 곱이 최대가 되는 경우를 구하여라.
19. 타원면 $4x^2 + 9y^2 + 36z^2 = 36$에 내접하고 각 변이 좌표축과 평행한 직육면체로서 최대의 부피를 가지는 직육면체를 구하여라.

14.7 Lagrange 승수

제약조건이 주어졌을 때 두변수함수 및 세변수함수의 극대값, 극소값을 찾는 방법을 소개하고 이를 이용하여 단힌 유계영역에서 최대값과 최소값을 구하는 방법을 소개한다.

다음 문제를 생각해보자.

xy 평면에서 점 $(0, 2)$에서 가장 가까이 있는 쌍곡선 $x^2-y^2=4$ 위의 점을 구하고 점 $(0, 2)$에서 쌍곡선까지의 거리를 구하여라.

이 문제는 다음과 같이 바꾸어 나타낼 수 있다.

$$f(x, y)=x^2+(y-2)^2,$$
$$g(x, y)=x^2-y^2-4$$
$$D=\{(x, y)\,|\,g(x, y)=x^2-y^2-4=0\}$$

일 때 영역 D에서 함수 $f(x, y)$의 최소값과 최소값을 구하여라.
이때 구하는 거리는 $f(x, y)$의 최소값의 제곱근이다.

영역 D에서 정의되는 함수 $z=f(x, y)$의 최대값 또는 최소값을 찾는 문제를 다룰 때 주어진 함수 f의 최대값 또는 최소값의 존재 여부를 먼저 판단하여야 한다. 다음 정리에서 함수 f가 최대값 또는 최소값을 가지는 경우를 소개한다. 이 정리의 증명은 고등미적분학에서 찾아볼 수 있다.

정리 1
함수 $z=f(x, y)$가 닫힌 유계집합 D에서 연속이면 함수 f는 D에서 최대값과 최소값을 갖는다.

닫힌 유계집합 D에서 연속인 함수 $z=f(x, y)$의 최대값, 최소값의 존재는 정리 1을 이용하면 그 존재성을 판단할 수 있다. 그러나 최대값, 최소값을 구체적으로 구하는 문제는 간단하지 않으며 여러 가지 방법이 사용된다. 최대값, 최소값을 구하는 일반적인 과정은 다음과 같다.

정점, 특이점, 임계점

P_0 : $f(x, y)$의 정점
$\Leftrightarrow$ $f_x(P_0)=0, f_y(P_0)=0$

P_0 : $f(x, y)$의 특이점
$\Leftrightarrow$ $f_x(P_0)$ 또는 $f_y(P_0)$가 존재하지 않을 때

P_0 : $f(x, y)$의 임계점
$\Leftrightarrow$ P_0 : 정점 또는 특이점

임계점과 극점

$f(x, y)$의 극점은 모두 임계점이 되므로 임계점을 찾으면 극점이 모두 포함되어 있다.

닫힌 유계집합 D에서 연속인 함수 f의 최대값과 최소값 찾기

(1) 영역 D의 내부에서 함수 f의 극점(또는 임계점)을 모두 찾는다.
(2) 영역 D의 경계에서 함수 f의 극점을 모두 찾는다.
(3) (1), (2)의 과정에서 찾은 임계점과 극점에서의 함수값 중에서 가장 큰 값이 최대값이고 가장 작은 값이 최소값이다.

위의 (1) 단계에서 함수 f의 극점을 모두 찾으면 충분하지만 임계점은 극점을 모두 포함되므로 임계점을 찾아도 된다. 임계점은 편도함수는 모두 0이거나 편도함수가 존재하지 않는 경우이므로 편도함수의 계산을 통하여 찾을 수 있다. (2) 단계 즉, 영역의 경계에서 f의 극점을 찾아보자.

영역 D의 경계가 $g(x, y)=0$으로 주어지고 함수 $z=f(x, y)$가 영역 D의 경계점 P_0에서 극값을 가지면 함수 f는 $g(x, y)=0$라는 조건 하에 P_0에서 극값을 가지는 것이다. 이때 $g(x, y)=0$을 **제약조건**(constraint)이라 하며 함수 f는 제약조건 $g(x, y)=0$하에 P_0에서 극값을 가진다고 한다.

다음 정리에서 제약조건하에서 극값을 가질 때 극점의 성질을 소개한다.

정리 2 (두변수함수의 라그랑주 승수)

함수 $f(x, y)$와 $g(x, y)$가 미분가능한 함수이다. 함수 f가 제약조건 $g(x, y)=0$하에 점 P_0에서 극값을 가진다면 적당한 상수 λ가 존재하여 다음이 성립한다.

$$\nabla f(P_0)=\lambda \nabla g(P_0),\ g(P_0)=0$$

이때 λ를 **라그랑주 승수**(Lagrange multiplier)라 한다.

증명 그림 1은 f의 등고선과 곡선 $g(x, y)=0$을 그린 것이다. 등고선과 곡선 $g(x, y)=0$이 교차하는 점 P_1은 극점이 아니며, 등고선과 $g(x, y)=0$이 접하는 점인 P_0는 극점이 됨을 보이자.

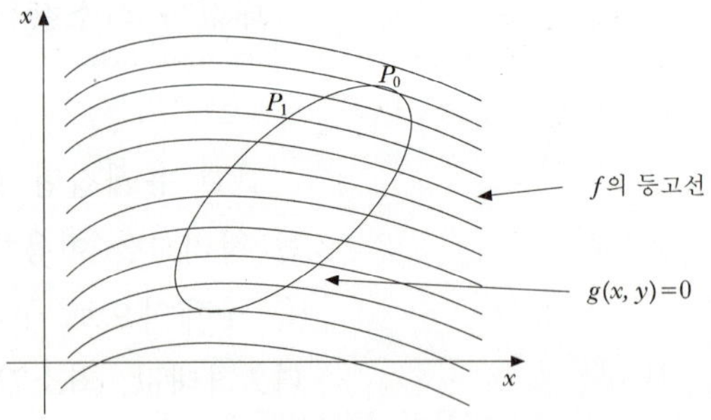

그림 1

함수값이 증가하는 방향

점 P에서 함수 $f(x, y)$의 방향미분이 최대(최소)가 되는 방향은 $\nabla f(P)$ $(-\nabla f(P))$이다.

즉, 함수값이 가장 빨리 증가(감소)하는 방향은 $\nabla f(P)\,(-\nabla f(P))$이다. 이 방향은 등고선과 수직한 방향이다.

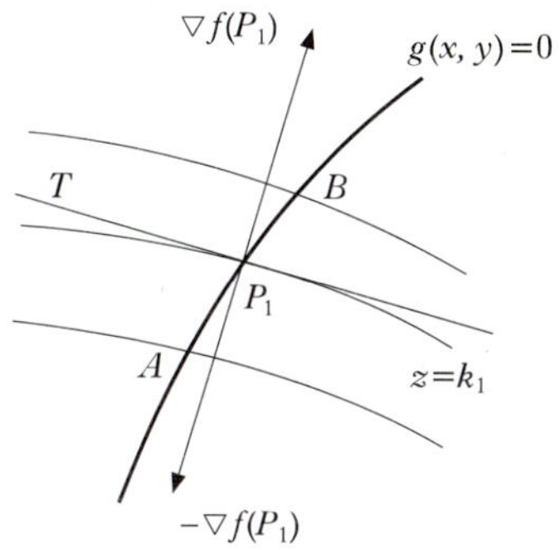

그림 2

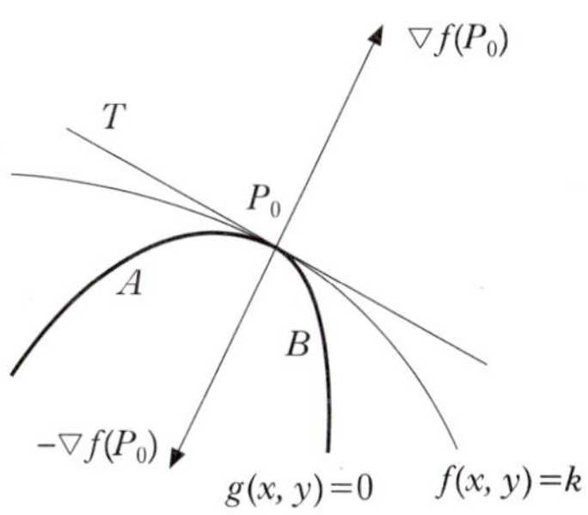

그림 3

함수 f의 등고선 $f(x, y)=k$ 위의 점 P_0에서 $\nabla f(P_0)$는 등고선에 수직하다(14.4절 정리 4).

곡선 $g(x, y)=0$은 함수 g의 등고선이므로 $\nabla g(P_0)$는 곡선 $g(x, y)=0$에 수직하다.

점 P_1에서는 등고선 $f(x, y)=k_1$과 곡선 $g(x, y)=0$이 교차하고 있다.

그림 2에서 $\nabla f(P_1)$은 점 P_1에서 f의 함수값이 가장 빨리 증가하는 방향이고 $-\nabla f(P_1)$은 f의 함수값이 가장 빨리 감소하는 방향이다. 그리고 등고선 방향 즉, 등고선의 접선 T의 방향은 함수값의 변화가 없는 방향이다.

그러므로 P_1에서 곡선 $g(x, y)=0$을 따라 위쪽(점 B로 향하는 방향)으로 조금 이동하면 함수값이 증가하게 되고, 아래쪽(점 A로 향하는 방향)으로 조금 이동하면 함수값이 감소하게 될 것이다.

따라서 $g(x, y)=0$을 따라 위쪽, 아래쪽으로 점 P_1 근방의 점을 각각 A, B라 하면

$$f(A)\le f(P_1)\le f(B)$$

즉, $f(P_1)$은 $g(x, y)=0$을 따라 점 P_1의 근방에서 최대값도 최소값도 아니다. 그러므로 곡선 $g(x, y)=0$을 따라서 함수 f는 점 P_1에서 극값을 가지지 않는다.

그림 3에서 곡선 $g(x, y)=0$은 등고선 $f(x, y)=k$의 아래쪽에 위치하고 있으며 등고선 $f(x, y)=k$과 점 P_0에서 접하고 있다. T는 두 곡선의 공통 접선이다.

$\nabla f(P_0)$은 점 P_0에서 f의 함수값이 가장 빨리 증가하는 방향이고 $-\nabla f(P_0)$은 f의 함수값이 가장 빨리 감소하는 방향이다. 그리고 접선 T의 방향은 함수값의 변화가 없는 방향이다.

따라서 $g(x, y)=0$을 따라 P_0의 근방에서 $-\nabla f(P_0)$의 영향으로 f의 함수값이 감소하게 된다. 즉, $g(x, y)=0$을 따라 P_0의 근방에서 $f(P_0)$가 최대값이 된다. 그러므로 곡선 $g(x, y)=0$을 따라서 함수 f는 점 P_0에서 극대값 가진다.

점 P_0에서 두 곡선 $f(x, y)=k$과 $g(x, y)=0$이 접하므로 $\nabla f(P_0)$는 등고선 $f(x, y)=k$와 수직하고 $\nabla g(P_0)$는 곡선 $g(x, y)=0$과 수직하다. 따라서 $\nabla f(P_0)$와 $\nabla g(P_0)$는 서로 평행하다. 그러므로 적당한 상수 λ가 존재하여 $\nabla f(P_0)=\lambda\nabla g(P_0)$이 성립한다. ■

예제 1 xy 평면에서 점 $(0, 2)$에서 가장 가까이 있는 쌍곡선 $x^2-y^2=4$ 위의 점을 구하고 점 $(0, 2)$에서 쌍곡선까지의 거리를 구하여라.

풀이 $f(x, y)=x^2+(y-2)^2$, $g(x, y)=x^2-y^2-4$라 하고 제약조건

$$g(x, y)=x^2-y^2-4=0$$

하에 함수 f의 극값을 구하자.

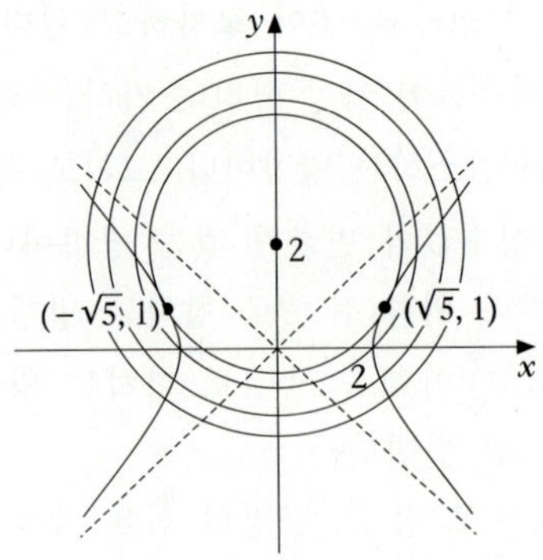

그림 4

점 (0, 2)를 중심으로 하는 원이 $x^2-y^2-4=0$과 접하는 점은 $(\sqrt{5}, 1)$, $(-\sqrt{5}, 1)$이다.

제약조건하에 함수 f가 점 (x, y)에서 극값을 가진다면 다음 식이 성립한다.

$$\nabla f(x, y)=\lambda \nabla g(x, y)$$
$$x^2-y^2-4=0$$

$\nabla f(x, y)=\lambda \nabla g(x, y)$을 풀면

$$(2x,\ 2(y-2))=\lambda(2x,\ -2y)$$

따라서

$$(1-\lambda)x=0,$$
$$(1+\lambda)y=2$$

$x^2-y^2-4=0$에서 $x\neq 0$이므로

$$\lambda=1,$$

따라서

$$y=1, \quad x=\pm\sqrt{5}.$$

그러므로 구하는 극점과 극값은 다음과 같다.

극점 : $(\sqrt{5}, 1)$, $(-\sqrt{5}, 1)$
극값 : $f(\sqrt{5}, 1)=f(-\sqrt{5}, 1)=6$

따라서 좌, 우 쌍곡선 각각에 극점이 하나씩 있고 극값은 6이다.

먼저 오른쪽 쌍곡선에 대하여 생각하자.

오른쪽 쌍곡선 위의 점에서 점 (0, 2)까지의 거리의 최소값이 존재함은 분명하다. 그림에서 볼 때 오른쪽 쌍곡선 위에 있는 함수 f의 극점 $(\sqrt{5}, 1)$은 극소점이다. 따라서 함수 f는 $(\sqrt{5}, 1)$에서 최소값을 가지며 최소값은 $f(\sqrt{5}, 1)=6$이다. 그러므로 점 (0, 2)에서 가장 가까이 있는 오른쪽 쌍곡선 위의 점은 $(\sqrt{5}, 1)$이고 쌍곡선까지의 거리는 $\sqrt{6}$이다.

마찬가지 방법으로 계산하면 점 (0, 2)에서 가장 가까이 있는 왼쪽 쌍곡선 위의 점은 $(-\sqrt{5}, 1)$이고 쌍곡선까지의 거리는 $\sqrt{6}$이다. ■

유계집합에서 연속인 함수의 최대값과 최소값을 찾는 문제를 라그랑주 승수의 방법을 이용하여 풀어보자.

예제 2 타원판 $D=\{(x, y)\,|\,x^2+4y^2\leq 36\}$ 위에서 함수 $f(x, y)=3x^2+y^2$의 최대값과 최소값을 구하여라.

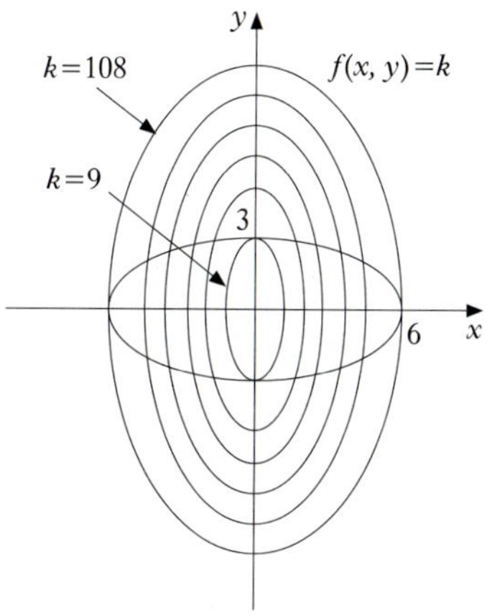

그림 5

풀이 타원판 D는 닫힌 유계영역이고 함수 f는 영역 D 위에서 연속이므로 최대값과 최소값을 가진다. 따라서 영역 D에서 함수 f의 극점을 모두 구해야 한다.

(1) 영역의 내부에 있는 f의 임계점

$f_x = 6x$, $f_y = 2y$이므로 영역의 내부에서 함수 f의 임계점은 $(0,\ 0)$이다.

(2) 영역의 경계에 있는 f의 극점

라그랑주 승수방법을 이용하자.

$g(x,\ y) = x^2 + 4y^2 - 36$이라 하고 제약조건

$$g(x,\ y) = x^2 + 4y^2 - 36 = 0$$

하에 함수 f의 극값을 구하자.

제약조건 하에 함수 f가 점 $(x,\ y)$에서 극값을 가진다면 다음 식이 성립한다.

$$\begin{gathered} g(x,\ y) = x^2 + 4y^2 - 36 = 0 \\ \nabla f(x,\ y) = \lambda \nabla g(x,\ y) \end{gathered}$$

즉,

$$\begin{gathered} x^2 + 4y^2 - 36 = 0 \\ (6x,\ 2y) = \lambda(2x,\ 4y) \end{gathered}$$

따라서

$$\begin{gathered} x^2 + 4y^2 = 36 \\ (3-\lambda)x = 0, \\ (1-2\lambda)y = 0 \end{gathered}$$

$(3-\lambda)x = 0$에서

$$\lambda = 3 \text{ 또는 } x = 0.$$

$\lambda = 3$이면

$$y = 0 \text{ 그리고 } x = \pm 6.$$

따라서

$$(x,\ y) = (6,\ 0),\ (-6,\ 0)$$

$x = 0$이면

$$y = \pm 3.$$

따라서

$$(x,\ y) = (0,\ 3),\ (0,\ -3)$$

그러므로 영역의 경계에 있는 극점은 $(6,\ 0)$, $(-6,\ 0)$, $(0,\ 3)$, $(0,\ -3)$이다.

(3) 임계점과 극점에서의 함수값

영역 내부의 임계점과 영역 경계의 극점에서 함수값을 구하면 다음과 같다.

$$f(0,\ 0)=0,$$
$$f(6,\ 0)=108,\quad f(-6,\ 0)=108$$
$$f(0,\ 3)=9,\quad f(0,\ -3)=9$$

따라서

최대값은 $f(6,\ 0)=f(-6,\ 0)=108$,
최소값은 $f(0,\ 0)=0$이다. ■

앞에서 제약조건 하에서 두변수함수의 극값을 구하는 라그랑주 승수법을 배웠다. 제약조건 하에서 세변수함수의 경우에도 두변수함수의 경우와 유사한 방법으로 극값을 구할 수 있다. 다음 정리에서 세변수함수 경우의 라그랑주 승수법을 소개한다. 증명은 보충자료(3.8절)에서 찾아볼 수 있다.

정리 3 (세변수함수의 라그랑주 승수)

함수 $f(x,\ y,\ z)$와 $g(x,\ y,\ z)$가 미분가능한 함수이다. 함수 f가 제약조건 $g(x,\ y,\ z)=0$하에 점 P_0에서 극값을 가진다면 적당한 상수 λ가 존재하여 다음이 성립한다.

$$\nabla f(P_0)=\lambda\nabla g(P_0),\ \ g(P_0)=0$$

이때 λ를 라그랑주 승수(Lagrange multiplier)라 한다.

예제 3 구면 $x^2+y^2+z^2=9$ 위의 점으로 점 $(1,\ -2,\ 1)$에서 가장 가까이 있는 점과 가장 멀리 있는 점을 구하여라.

풀이 $f(x,\ y,\ z)$, $g(x,\ y,\ z)$를 다음과 같이 정의하자.

$$f(x,\ y,\ z)=(x-1)^2+(y+2)^2+(z-1)^2$$
$$g(x,\ y,\ z)=x^2+y^2+z^2-9$$

구면 $x^2+y^2+z^2-9=0$은 닫힌 유계집합이고 함수 f는 구면 위에서 연속이므로 정리 1에 의하여 함수 f는 구면 위에서 최대값과 최소값을 갖는다.

먼저, 구면 위에서 함수 f의 극값을 라그랑주 승수의 방법으로 찾아보자. 제약조건

$$g(x,\ y,\ z)=x^2+y^2+z^2-9=0$$

하에서 함수 f가 점 $(x,\ y,\ z)$에서 극값을 가진다면 다음 식이 성립한다.

$$\nabla f(x, y, z) = \lambda \nabla g(x, y, z)$$
$$g(x, y, z) = x^2 + y^2 + z^2 - 9 = 0$$

$\nabla f(x, y, z) = \lambda \nabla g(x, y, z)$을 풀면

$$(2x-2,\ 2y+4,\ 2z-2) = \lambda(2x,\ 2y,\ 2z)$$

따라서

$$(1-\lambda)x = 1,\ (1-\lambda)y = -2,\ (1-\lambda)z = 1$$

다음과 같이 x, y, z를 λ의 식으로 나타낼 수 있다.

$$x = \frac{1}{1-\lambda},\quad y = \frac{-2}{1-\lambda},\quad z = \frac{1}{1-\lambda}$$

위의 식을 제약조건식 $x^2+y^2+z^2-9=0$에 대입하여 정리하면

$$\frac{6}{(1-\lambda)^2} = 9$$

즉, $\lambda = 1 \pm \frac{\sqrt{6}}{3}$, 따라서 극점은 다음과 같다.

$$\left(\frac{\sqrt{6}}{2}, -\sqrt{6}, \frac{\sqrt{6}}{2}\right),\quad \left(-\frac{\sqrt{6}}{2}, \sqrt{6}, -\frac{\sqrt{6}}{2}\right)$$

각 점에서의 극값을 구하면

$$f\left(\frac{\sqrt{6}}{2}, -\sqrt{6}, \frac{\sqrt{6}}{2}\right) = 15 - 6\sqrt{6}$$
$$f\left(-\frac{\sqrt{6}}{2}, \sqrt{6}, -\frac{\sqrt{6}}{2}\right) = 15 + 6\sqrt{6}$$

그러므로 구면 위에서

함수 f의 최대값 : $f\left(-\frac{\sqrt{6}}{2}, \sqrt{6}, -\frac{\sqrt{6}}{2}\right) = 15 + 6\sqrt{6}$

함수 f의 최소값 : $f\left(\frac{\sqrt{6}}{2}, -\sqrt{6}, \frac{\sqrt{6}}{2}\right) = 15 - 6\sqrt{6}$

따라서

점 $(1, -2, 1)$에서 가장 가까이 있는 점 : $\left(\frac{\sqrt{6}}{2}, -\sqrt{6}, \frac{\sqrt{6}}{2}\right)$

점 $(1, -2, 1)$에서의 거리 : $\sqrt{15-6\sqrt{6}} = \sqrt{15-2\sqrt{54}} = \sqrt{9} - \sqrt{6}$

그리고

점 $(1, -2, 1)$에서 가장 멀리 있는 점 : $\left(-\frac{\sqrt{6}}{2}, \sqrt{6}, -\frac{\sqrt{6}}{2}\right)$

점 $(1, -2, 1)$에서의 거리 : $\sqrt{15+6\sqrt{6}} = \sqrt{15+2\sqrt{54}} = \sqrt{9} + \sqrt{6}$ ■

$(\sqrt{a} \pm \sqrt{b})^2 = (a+b) \pm 2\sqrt{ab}$
따라서 $a \geq b$이면
$\sqrt{(a+b) \pm 2\sqrt{ab}} = \sqrt{a} \pm \sqrt{b}$

경우에 따라 제약조건이 2개 이상 주어지는 경우도 있을 것이다. 다음 정리에서 제약조건이 두 개인 경우에 극값을 구하는 방법을 소개한다.

정리 4

함수 $f(x, y, z)$, $g(x, y, z)$, $h(x, y, z)$가 미분가능한 함수이다. 함수 f가 두 제약조건

$$g(x, y, z)=0,\ h(x, y, z)=0$$

하에 점 P_0에서 극값을 가진다면 적당한 상수 λ, μ가 존재하여 다음이 성립한다.

$$\nabla f(P_0)=\lambda\nabla g(P_0)+\mu\nabla h(P_0),$$
$$g(P_0)=0,\ h(P_0)=0$$

이때 λ, μ를 **라그랑주 승수(Lagrange multiplier)**라 한다.

예제 4 평면 $2x+y+z=16/5$과 곡면 $x^2+y^2+z=2$이 만나서 만들어진 곡선 위의 점에 대하여 z성분의 최대값과 최소값을 구하여라.

풀이 두 곡면이 만나서 생기는 곡선 위에서 함수 $f(x, y, z)=z$의 최대값, 최소값을 구하는 문제이다. 먼저 최대값과 최소값의 존재여부를 판단해보자.

두 곡면의 식 $2x+y+z=16/5$, $x^2+y^2+z=2$에서 z를 소거하면

$$x^2+y^2-2x-y+6/5=0$$

정리하면 $(x-1)^2+\left(y-\frac{1}{2}\right)^2=\frac{1}{20}$.

이 곡선은 평면 $2x+y+z=16/5$ 위에 있으면서 xy평면으로 내린 사영이 원 $(x-1)^2+\left(y-\frac{1}{2}\right)^2=\frac{1}{20}$이 되는 곡선이며(그림 5) 닫힌 유계집합이다.

그리고 함수 f는 이 곡선 위에서 연속이므로 최대값과 최소값을 가진다.

곡선 위에서 함수 f의 극점을 라그랑주 승수의 방법으로 찾아보자.

$g(x, y, z)$, $h(x, y, z)$를 다음과 같이 정의하자.

$$g(x, y, z)=2x+y+z-16/5$$
$$h(x, y, z)=x^2+y^2+z-2$$

제약조건

$$g(x, y, z)=2x+y+z-16/5=0$$
$$h(x, y, z)=x^2+y^2+z-2=0$$

하에서 함수 f가 점 (x, y, z)에서 극값을 가진다면 다음 식이 성립한다.

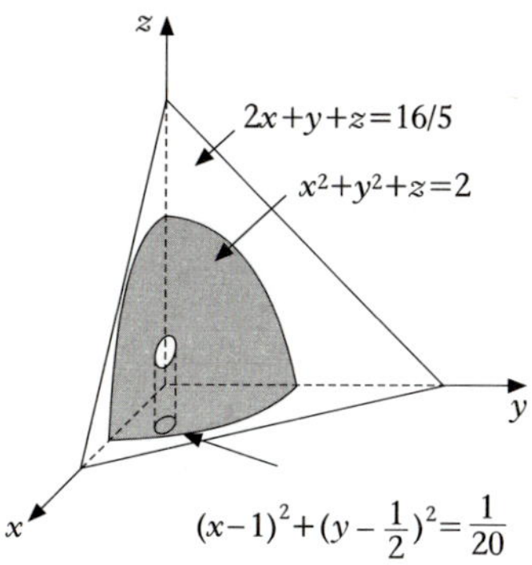

그림 6

$$\nabla f(x,\ y,\ z)=\lambda\nabla g(x,\ y,\ z)+\mu\nabla h(x,\ y,\ z)$$
$$g(x,\ y,\ z)=2x+y+z-16/5=0$$
$$h(x,\ y,\ z)=x^2+y^2+z-2=0$$

$\nabla f=\lambda\nabla g+\mu\nabla h$을 풀면

$$(0,\ 0,\ 1)=\lambda(2,\ 1,\ 1)+\mu(2x,\ 2y,\ 1)$$

즉,

$$2\lambda+2\mu x=0,$$
$$\lambda+2\mu y=0,$$
$$\lambda+\mu=1$$

$\lambda+\mu=1$이므로 $\lambda=1-\mu$를 대입하면

$$\mu(1-x)=1,\quad \mu(1-2y)=1$$

따라서

$$\mu\neq0,\ x=2y.$$

$x=2y$를 두 제약조건에 대입하여 정리하면

$$5y+z-16/5=0,$$
$$5y^2+z-2=0$$

z를 소거하면 다음의 이차방정식을 얻는다.

$$5y^2-5y+6/5=0$$

위의 이차방정식의 해를 구하면 $y=\frac{2}{5},\ \frac{3}{5}$.
그러므로 구하는 극점은 $\left(\frac{2}{5},\ \frac{4}{5},\ \frac{6}{5}\right),\ \left(\frac{3}{5},\ \frac{6}{5},\ \frac{1}{5}\right)$.
따라서 f의 극값은

$$f\left(\frac{2}{5},\ \frac{4}{5},\ \frac{1}{5}\right)=\frac{6}{5}$$
$$f\left(\frac{3}{5},\ \frac{6}{5},\ -\frac{4}{5}\right)=\frac{1}{5}$$

그러므로 f의 최대값은 $\frac{6}{5}$, f의 최소값은 $\frac{1}{5}$. ■

연습문제 14.7

※ (1~4) 제약조건 $g(x, y)=0$하에서 $z=f(x, y)$의 극값을 구하여라.

1. $f(x, y)=9-x^2-y^2$, $g(x, y)=x+3y-12$
2. $f(x, y)=x^2y$, $g(x, y)=x+y-3$
3. $f(x, y)=\sin^2x+\sin^2y$, $g(x, y)=x+y-\pi$
4. $f(x, y)=y^2-x^2$, $g(x, y)=2x+y-4$

※ (5~8) 제약조건 $g(x, y)=0$ 하에서 $z=f(x, y)$의 최대값과 최소값을 구하여라.

5. $f(x, y)=xy$, $g(x, y)=x^2+2y^2-1$
6. $f(x, y)=xy+y^2$, $g(x, y)=2x^2+y^2-2$
7. $f(x, y)=x^2+y^2$, $g(x, y)=x^2-2x+y^2-4y$
8. $f(x, y)=(x+1)^2+y^2$, $g(x, y)=x^2+4y^2-16$

※ (9~12) 제약조건 $g(x, y, z)=0$하에서 $w=f(x, y, z)$의 극값을 구하여라.

9. $f(x, y, z)=2x+6y+10z$, $g(x, y, z)=x^2+y^2+z^2-35$
10. $f(x, y, z)=xyz$, $g(x, y, z)=x+y+z^2-16$
11. $f(x, y, z)=x^2+y^2+z^2$, $g(x, y, z)=x^4+y^4+z^4-1$
12. $f(x, y, z)=x^2y^2z^2$, $g(x, y, z)=x^2+y^2+z^2-1$

※ (13~16) 두 제약조건 $g(x, y, z)=0$, $h(x, y, z)=0$하에서 $w=f(x, y, z)$의 극값을 구하여라.

13. $f(x, y, z)=2x+y$,
    $g(x, y, z)=x+y+z-1$, $h(x, y, z)=y^2+z^2-4$
14. $f(x, y, z)=3x-3y-z$,
    $g(x, y, z)=x-y+z-1$, $h(x, y, z)=x^2+2y^2-2$
15. $f(x, y, z)=xy+yz$,
    $g(x, y, z)=yz-1$, $h(x, y, z)=x^2+y^2-1$
16. $f(x, y, z)=x^2+y^2$,
    $g(x, y, z)=x+y+z-6$, $h(x, y, z)=x+3y-z-12$

※ (17~20) 영역 D에서 $z=f(x, y)$의 최대값과 최소값을 구하여라.

17. $f(x, y)=2x^2+3y^2-2x+3y+5$,
    $D: 2x^2+3y^2\le 25$
18. $f(x, y)=e^{-2xy}$,
    $D: 9x^2+4y^2\le 36$
19. $f(x, y)=x^2+2y^2$,
    $D: x^2+4y^2\le 1$
20. $f(x, y)=x^2+2y^2-2xy+3y$,
    $D: 4x^2+y^2\le 1$

21. 곡선 $x^2+xy+y^2=1$ 위의 점으로서 원점에서 가장 가까이 있는 점과 가장 멀리 있는 점을 구하여라.
22. 곡면 $z^2=xy+4$ 위의 점으로서 원점에서 가장 가까운 점을 구하여라.
23. 타원 $\frac{x^2}{16}+\frac{y^2}{9}=1$에 내접되어 있고 각 변이 좌표축에 평행한 직사각형으로 면적이 최대가 되는 경우를 구하여라.
24. 철판 위의 점 (x, y)에서의 온도 $T(x, y)$가
    $$T(x, y)=4x^2-4xy+y^2$$
    이다. 철판 위에 원점을 중심으로 하고 반경이 5인 원에서 가장 높은 온도와 낮은 온도를 구하여라.
25. 평면 $x+2y+3z=13$ 위의 점으로서 점 $(1, 1, 1)$에서 가장 가까운 점을 구하여라.
26. 곡면 $x^2+y^2-z^2=1$ 위의 점으로서 원점에서 가장 가까운 점을 구하여라.
27. 공간의 점 (x, y, z)에서 온도가 $T(x, y, z)=400xyz^2$ 나타난다. 단위구 $x^2+y^2+z^2=1$ 위에서 온도가 가장 높은 점과 낮은 점을 구하여라.
28. 곡면 $z=x^2+y^2$과 평면 $z=x+y+1$이 만나서 생기는 곡선 위의 점으로서 원점에서 가장 가까운 점을 구하여라.
29. 곡면 $x^2+y^2+z=1$과 평면 $x-y+2z=1$이 만나서 생기는 곡선 위의 점으로서 원점에 가장 가까운 점을 구하여라.

14.8 보충자료

이 절에서는 앞 절에서 생략하거나 간략하게 다룬 내용을 자세하게 소개하며 학생들의 필요에 따라 스스로 공부할 수 있도록 한다. 주요내용은 다음과 같다.

두변수함수의 극한, 편도함수, 미분, 최소제곱법, 라그랑주 승수

두변수함수의 극한

평면에서 점 (x, y)가 점 (a, b)로 접근할 때 2변수함수 $z=f(x, y)$의 값이 어떤 수 L에 접근하면, L을 (a, b)에서 $f(x, y)$의 극한이라 하고 다음과 같이 나타낸다.

$$\lim_{(x, y)\to(a, b)} f(x)=L$$

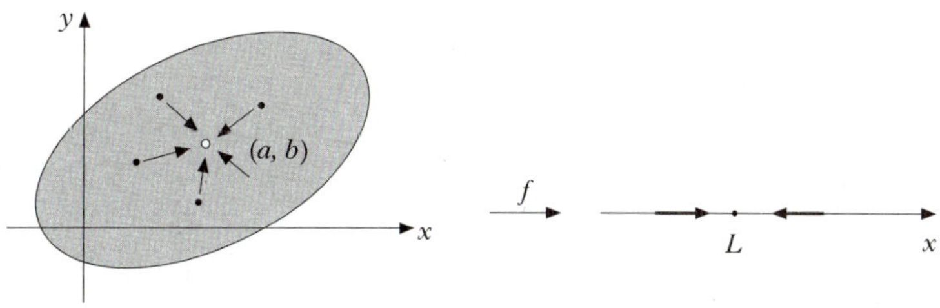

그림 1

위에서 두변수함수의 극한의 직관적인 의미를 소개하였다. 극한의 엄밀한 정의는 다음과 같다.

정의 1 (두변수함수의 극한)

두변수함수 $f(x, y)$와 점 (a, b)가 주어졌다. 임의의 $\epsilon>0$에 대하여 적당한 $\delta>0$ 존재하여 $0<\sqrt{(x-a)^2+(y-b)^2}<\delta$이면 $|f(x, y)-L|<\epsilon$가 성립할 때 함수 f는 (a, b)에서 극한 L을 가진다 하고 다음과 같이 나타낸다.

$$\lim_{(x, y)\to(a, b)} f(x, y)=L$$

δ 근방

부등식

$$\sqrt{(x-a)^2+(y-b)^2}<\delta$$

을 만족하는 (x, y)의 범위로 점 (a, b)가 중심이고 반지름이 δ인 원의 내부이다. 즉

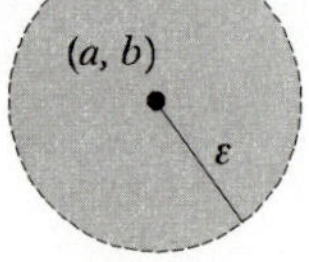

그림 3

즉, 극한식 $\lim_{(x, y)\to(a, b)} f(x, y)=L$ 이 성립한다면 임의로 택한 $\epsilon>0$에 대하여 다음을 만족하는 $\delta>0$를 항상 찾을 수 있다.

$$0<\sqrt{(x-a)^2+(y-b)^2}<\delta \Rightarrow |f(x, y)-L|<\epsilon$$

즉, 점 (a, b)의 δ 근방에 있는 (x, y)에서 함수 f의 함숫값 $f(x, y)$는 L을 중심으로 반경 ϵ 범위 이내에 있게 된다.

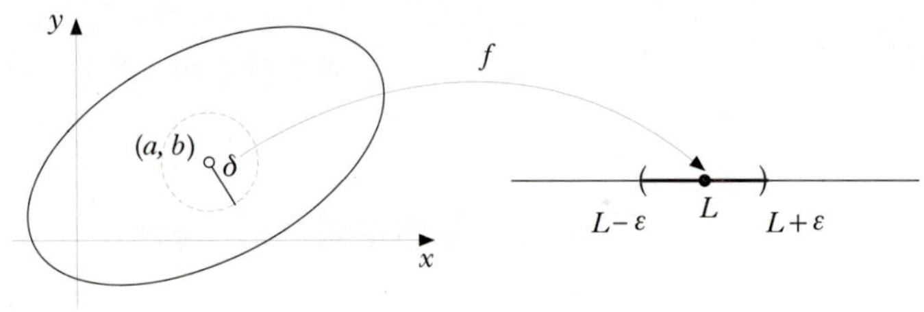

$0<\sqrt{(x-a)^2+(y-b)^2}<\delta \Rightarrow |f(x, y)-L|<\epsilon$

그림 2

이때 δ는 ϵ에 따라 달라지는 수이다. 그리고 점 (a, b)에서 함수 f가 정의되지 않아도 점 (a, b)에서의 극한을 생각할 수 있다.

예제 1 다음 식을 증명하여라.

$$\lim_{(x, y)\to(0, 0)} \frac{x+y}{x^2+y^2+2}=0$$

풀이 임의의 $\epsilon>0$에 대하여 적당한 $\delta>0$가 존재하여 다음이 성립함을 보이자.

$$0<\sqrt{x^2+y^2}<\delta \Rightarrow \left|\frac{x+y}{x^2+y^2+2}\right|<\epsilon$$

$2xy\le x^2+y^2$이므로

$$(x+y)^2=x^2+2xy+y^2 \le 2(x^2+y^2) \le 4(x^2+y^2)$$

따라서

$$|x+y|\le 2\sqrt{x^2+y^2}$$

$|x+y|\le 2\sqrt{x^2+y^2}$ 이므로

$$\left|\frac{x+y}{x^2+y^2+2}\right|\le\left|\frac{x+y}{2}\right|\le\sqrt{x^2+y^2}$$

따라서 $0<\delta\le\epsilon$이라 하면

$$0<\sqrt{x^2+y^2}<\delta \Rightarrow 0<\sqrt{x^2+y^2}<\epsilon$$
$$\Rightarrow \left|\frac{x+y}{x^2+y^2+2}\right|\le\left|\frac{x+y}{2}\right|\le\sqrt{x^2+y^2}<\epsilon$$

그러므로 $\lim_{(x, y)\to(0, 0)} \frac{x+y}{x^2+y^2+2}=0$이 성립한다. ■

예제 2 다음 식을 증명하여라.

$$\lim_{(x,\, y) \to (0,\, 0)} \frac{x^2y^2}{x^2+y^2} = 0$$

풀이 임의의 $\epsilon > 0$에 대하여 적당한 $\delta > 0$가 존재하여 다음이 성립함을 보이자.

$$0 < \sqrt{x^2+y^2} < \delta \Rightarrow \left| \frac{x^2y^2}{x^2+y^2} \right| < \epsilon$$

$x^2 \le x^2+y^2$, $y^2 \le x^2+y^2$이므로

$$\left| \frac{x^2y^2}{x^2+y^2} \right| \le \left| \frac{(x^2+y^2)^2}{x^2+y^2} \right| = x^2+y^2$$

한편

$$x^2+y^2 \le \epsilon \Leftarrow \sqrt{x^2+y^2} \le \sqrt{\epsilon}$$

따라서 $0 < \delta \le \sqrt{\epsilon}$이라 하면

$$\begin{aligned} 0 < \sqrt{x^2+y^2} \le \delta &\Rightarrow 0 < \sqrt{x^2+y^2} \le \sqrt{\epsilon} \\ &\Rightarrow x^2+y^2 \le \epsilon \\ &\Rightarrow \left| \frac{x^2y^2}{x^2+y^2} \right| \le x^2+y^2 \le \epsilon \end{aligned}$$

그러므로 $\displaystyle\lim_{(x,\, y) \to (0,\, 0)} \frac{x^2y^2}{x^2+y^2} = 0$이 성립한다. ■

예제 2의 경우 함수 $f(x, y) = \dfrac{x^2y^2}{x^2+y^2}$는 $(0, 0)$에서 정의되지 않지만 극한을 가짐을 알 수 있다.

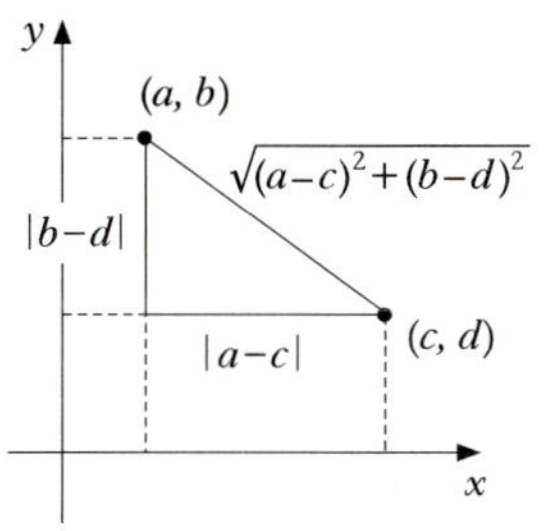

그림 4

$|a-c| \le \sqrt{(a-c)^2+(b-d)^2}$
$|b-d| \le \sqrt{(a-c)^2+(b-d)^2}$

예제 3 다음 식을 증명하여라. (단, $c \ne 0$ 또는 $d \ne 0$)

$$\lim_{(x,\, y) \to (a,\, b)} (cx+dy) = ca+db$$

풀이 임의의 $\epsilon > 0$에 대하여 적당한 $\delta > 0$가 존재하여 다음이 성립함을 보이자.

$$0 < \sqrt{(x-a)^2+(y-b)^2} < \delta \Rightarrow |(cx+dy)-(ca+db)| < \epsilon$$

다음 부등식이 성립한다.

$$|x-a| \le \sqrt{(x-a)^2+(y-b)^2}$$
$$|y-b| \le \sqrt{(x-a)^2+(y-b)^2}$$

따라서

$$\begin{aligned} |(cx+dy)-(ca+db)| &= |c(x-a)+d(y-b)| \\ &\le |c||x-a|+|d||y-b| \\ &\le (|c|+|d|)(|x-a|+|y-b|) \\ &\le 2(|c|+|d|)\sqrt{(x-a)^2+(y-b)^2} \end{aligned}$$

한편 $|c|+|d| \neq 0$이므로

$$\begin{aligned} &2(|c|+|d|)\sqrt{(x-a)^2+(y-b)^2} < \epsilon \\ &\Leftarrow \sqrt{(x-a)^2+(y-b)^2} < \frac{\epsilon}{2(|c|+|d|)} \end{aligned}$$

따라서 $0 < \delta \le \dfrac{\epsilon}{2(|c|+|d|)}$이라 하면

$$\begin{aligned} 0 < \sqrt{(x-a)^2+(y-b)^2} < \delta &\Rightarrow \sqrt{(x-a)^2+(y-b)^2} < \frac{\epsilon}{2(|c|+|d|)} \\ &\Rightarrow 2(|c|+|d|)\sqrt{(x-a)^2+(y-b)^2} < \epsilon \\ &\Rightarrow |(cx+dy)-(ca+db)| < \epsilon \end{aligned}$$

그러므로 $\displaystyle\lim_{(x,\,y)\to(a,\,b)}(cx+dy)=ca+db$이 성립한다. ■

정리 1 (극한의 성질)

$\displaystyle\lim_{(x,\,y)\to(a,\,b)} f(x,\,y)=A,\quad \lim_{(x,\,y)\to(a,\,b)} g(x,\,y)=B$이면 다음 식이 성립한다.

(1) $\displaystyle\lim_{(x,\,y)\to(a,\,b)} kf(x,\,y)=kA$ (k는 0이 아닌 상수)

(2) $\displaystyle\lim_{(x,\,y)\to(a,\,b)} (f(x,\,y)+g(x,\,y))=A+B$

(3) $\displaystyle\lim_{(x,\,y)\to(a,\,b)} (f(x,\,y)-g(x,\,y))=A-B$

(4) $\displaystyle\lim_{(x,\,y)\to(a,\,b)} f(x,\,y)g(x,\,y)=AB$

(5) $\displaystyle\lim_{(x,\,y)\to(a,\,b)} \frac{f(x,\,y)}{g(x,\,y)}=\frac{A}{B}$ (단, $B\neq 0$)

(6) $\displaystyle\lim_{(x,\,y)\to(a,\,b)} \sqrt{f(x,\,y)}=\sqrt{A}$ (단, $A\ge 0$)

(7) $\displaystyle\lim_{(x,\,y)\to(a,\,b)} |f(x,\,y)|=|A|$

(8) $\displaystyle\lim_{(x,\,y)\to(a,\,b)} x=a,\quad \lim_{(x,\,y)\to(a,\,b)} y=b$

증명 (1) 임의의 $\epsilon>0$에 대하여

$$0 < \sqrt{(x-a)^2+(y-b)^2} < \delta \Rightarrow |kf(x,\,y)-kA| < \epsilon$$

이 성립하는 $\delta>0$가 존재함을 보여야 한다.

$|kf(x, y)-kA| = |k||f(x, y)-A|$ 이므로

$$|f(x, y)-A| < \frac{\epsilon}{|k|} \Rightarrow |kf(x, y)-kA| < \epsilon$$

$\lim_{(x, y)\to(a, b)} f(x, y) = A$ 이므로 $\epsilon/|k|$ 에 대응하는 $\delta>0$ 이 존재하여

$$0< \sqrt{(x-a)^2+(y-b)^2}<\delta \Rightarrow |f(x, y)-A|< \frac{\epsilon}{|k|}$$

따라서

$$\begin{aligned} 0< \sqrt{(x-a)^2+(y-b)^2}<\delta &\Rightarrow |f(x, y)-A|< \frac{\epsilon}{|k|} \\ &\Rightarrow |kf(x, y)-kA|<\epsilon \end{aligned}$$

그러므로 $\lim_{(x, y)\to(a, b)} kf(x, y) = kA.$

(2) 임의의 $\epsilon>0$ 에 대하여

$$0< \sqrt{(x-a)^2+(y-b)^2}<\delta \Rightarrow |f(x, y)+g(x, y)-(A+B)|<\epsilon$$

이 성립하는 $\delta>0$ 가 존재함을 보여야 한다.

$|f(x, y)+g(x, y)-(A+B)| \le |f(x, y)-A|+|g(x, y)-B|$ 이므로

$$|f(x, y)-A| < \frac{\epsilon}{2},\ |g(x, y)-B| < \frac{\epsilon}{2} \Rightarrow |f(x, y)+g(x, y)-(A+B)|<\epsilon$$

$\lim_{(x, y)\to(a, b)} f(x, y) = A$ 이므로 $\epsilon/2$ 에 대응하는 $\delta_1>0$ 이 존재하여

$$0< \sqrt{(x-a)^2+(y-b)^2}<\delta_1 \Rightarrow |f(x, y)-A|< \frac{\epsilon}{2}$$

$\lim_{(x, y)\to(a, b)} g(x, y) = B$ 이므로 $\epsilon/2$ 에 대응하는 $\delta_2>0$ 이 존재하여

$$0< \sqrt{(x-a)^2+(y-b)^2}<\delta_2 \Rightarrow |g(x, y)-B|< \frac{\epsilon}{2}$$

따라서 $\delta = \min\{\delta_1, \delta_2\}$ 라 하면,

$$\begin{aligned} 0< \sqrt{(x-a)^2+(y-b)^2}<\delta_2 &\Rightarrow |f(x, y)-A| < \frac{\epsilon}{2},\ |g(x, y)-B| < \frac{\epsilon}{2} \\ &\Rightarrow |f(x, y)+g(x, y)-(A+B)|<\epsilon \end{aligned}$$

그러므로 $\lim_{(x, y)\to(a, b)} (f(x, y)+g(x, y)) = A+B$

(3) (1)과 (2)를 이용하여 증명할 수 있다.

(1)에 의하여

$$\lim_{(x, y)\to(a, b)} (-1)g(x, y) = -B$$

(2)를 이용하면

$$\begin{aligned}\lim_{(x,y)\to(a,b)}(f(x,y)-g(x,y)) &= \lim_{(x,y)\to(a,b)}(f(x,y)+(-1)g(x,y))\\ &= \lim_{(x,y)\to(a,b)} f(x,y)+\lim_{(x,y)\to(a,b)}(-1)g(x,y)\\ &=A-B\end{aligned}$$

(4)~(6)의 증명은 생략한다. 이 부분의 증명은 극한에 대한 또 다른 성질을 필요로 하며 고등미적분학에서 찾아볼 수 있다.

(7) 임의의 $\epsilon>0$에 대하여

$$0<\sqrt{(x-a)^2+(y-b)^2}<\delta \Rightarrow ||f(x,y)|-|A||<\epsilon$$

이 성립하는 $\delta>0$가 존재함을 보여야 한다.

$||f(x,y)|-|A||\le|f(x,y)-A|$이므로

$$|f(x,y)-A|<\epsilon \Rightarrow ||f(x,y)|-|A||<\epsilon$$

$\lim_{(x,y)\to(a,b)} f(x,y)=A$이므로 ϵ에 대응하는 $\delta>0$이 존재하여

$$0<\sqrt{(x-a)^2+(y-b)^2}<\delta \Rightarrow |f(x,y)-A|<\epsilon$$

따라서

$$\begin{aligned}0<\sqrt{(x-a)^2+(y-b)^2}<\delta &\Rightarrow |f(x,y)-A|<\epsilon\\ &\Rightarrow ||f(x,y)|-|A||<\epsilon\end{aligned}$$

그러므로 $\lim_{(x,y)\to(a,b)}|f(x,y)|=|A|$.

(8) 예제 3에서 $c=1$, $d=0$ 또는 $c=0$, $d=1$이라 두면

$$\lim_{(x,y)\to(a,b)} x=a, \quad \lim_{(x,y)\to(a,b)} y=b$$

이 성립한다. ■

$|a|=|a-b+b|\le|a-b|+|b|$

따라서

$|a|-|b|\le|a-b|$

a와 b를 바꾸면

$|b|-|a|\le|a-b|$

즉

$-|a-b|\le|a|-|b|\le|a-b|$

그러므로

$||a|-|b||\le|a-b|$

다음 정리에서 부등식과 관련된 극한의 성질을 증명한다.

정리 2

함수 f, g는 각각 점 (a, b)에서 극한을 갖는다고 하자.

(1) $\lim_{(x,y)\to(a,b)}|f(x,y)|=0$이면 $\lim_{(x,y)\to(a,b)} f(x,y)=0$이다.

(2) 점 (a, b)의 근방의 $(x,y)\ne(a,b)$에 대하여 $f(x,y)\ge0$이면 다음이 성립한다.

$$\lim_{(x,y)\to(a,b)} f(x,y)\ge0$$

(3) 점 (a, b)의 근방의 $(x, y) \neq (a, b)$에 대하여 $f(x, y) \leq g(x, y)$이면 다음이 성립한다.

$$\lim_{(x, y) \to (a, b)} f(x, y) \leq \lim_{(x, y) \to (a, b)} g(x, y)$$

증명 (1) $\lim_{(x, y) \to (a, b)} f(x, y) = 0$을 증명하려면 임의의 $\epsilon > 0$에 대하여

$$0 < \sqrt{(x-a)^2 + (y-b)^2} < \delta \Rightarrow |f(x, y)| < \epsilon$$

이 성립하는 $\delta > 0$가 존재함을 보여야 한다.

$\lim_{(x, y) \to (a, b)} |f(x, y)| = 0$이 성립하므로 임의의 $\epsilon > 0$에 대하여

$$0 < \sqrt{(x-a)^2 + (y-b)^2} < \delta \Rightarrow |f(x, y)| < \epsilon$$

이 성립하는 $\delta > 0$가 존재한다.

그러므로 다음 식이 성립한다.

$$\lim_{(x, y) \to (a, b)} f(x, y) = 0$$

(2) $\lim_{(x, y) \to (a, b)} f(x, y) = A$라 하고 $A < 0$이라 가정하자.

$\lim_{(x, y) \to (a, b)} f(x, y) = A$이므로 $\epsilon = -\frac{A}{2} > 0$에 대하여 적당한 $\delta > 0$에 대하여

$$0 < \sqrt{(x-a)^2 + (y-b)^2} < \delta \Rightarrow |f(x, y) - A| < \epsilon$$

가 성립한다. 따라서

$$\begin{aligned} 0 < \sqrt{(x-a)^2 + (y-b)^2} < \delta &\Rightarrow |f(x, y) - A| < \epsilon \\ &\Rightarrow -\epsilon < f(x, y) - A < \epsilon \\ &\Rightarrow \frac{A}{2} < f(x, y) - A \leftarrow \frac{A}{2} \\ &\Rightarrow \frac{3A}{2} < f(x, y) < \frac{A}{2} < 0 \end{aligned}$$

즉, 점 (a, b)의 δ 근방에 있는 $(x, y) \neq (a, b)$에 대하여 $f(x, y) < 0$이 되므로 주어진 조건에 모순이다. 따라서 $A \geq 0$이다.

(3) 함수 $g(x, y) - f(x, y)$에 대하여 (2)를 적용하면

$$\lim_{(x, y) \to (a, b)} f(x, y) \leq \lim_{(x, y) \to (a, b)} g(x, y)$$

이 성립한다. ■

합성함수의 연속

일변수함수의 경우와 마찬가지로 두 연속함수를 합성하여 얻어진 함수는 연속함수가 된다.

합성함수

두 함수

$$f: A \to B,\ g: C \to D$$

에서 $\mathrm{Ran}(f) \subset C$이면 합성함수

$$g \circ f: A \to D$$

가 정의된다.

정리 3 (합성함수의 연속)

두변수함수 $z=f(x, y)$가 D에서 연속이고 $w=g(z)$가 f의 치역에서 연속이면 합성함수 $w=g(f(x, y))$도 D에서 연속이다.

증명 $z=f(x, y)$가 $(a, b) \in D$에서 연속이고 $w=g(z)$가 $f(a, b)=z_0$에서 연속이면 합성함수 $w=g(f(x, y))$도 (a, b)에서 연속임을 보이자.

$$D \xrightarrow{f} I \subset J \xrightarrow{g} \mathbb{R}$$
$$(a, b) \to f(a, b)=z_0 \to g(z_0)$$

즉, $\lim_{(x, y) \to (a, b)} f(x, y)=f(a, b)$, $\lim_{z \to z_0} g(z)=g(z_0)$일 때

$$\lim_{(x, y) \to (a, b)} g(f(x, y))=g(f(a, b))$$

이 성립함을 증명하여야 한다. 즉, 다음을 증명하여야 한다.

임의의 $\epsilon>0$에 대하여

$$0<\sqrt{(x-a)^2+(y-b)^2}<\delta \Rightarrow |g(f(x, y))-g(f(a, b))|<\epsilon$$

이 성립하는 $\delta>0$가 존재한다.

$\lim_{z \to z_0} g(z)=g(z_0)$이 성립하므로, 다음이 성립한다.

임의의 $\epsilon>0$에 대하여

$$0<|z-z_0|<\delta_1 \Rightarrow |g(z)-g(z_{0)}|<\epsilon$$

이 성립하는 $\delta_1>0$이 존재한다.

$\lim_{(x, y) \to (a, b)} f(x, y)=f(a, b)$이 성립하므로, 다음이 성립한다.

$\delta_1>0$에 대하여

$$0<\sqrt{(x-a)^2+(y-b)^2}<\delta \Rightarrow |f(x, y)-f(a, b)|<\delta_1$$

이 성립하는 $\delta>0$가 존재한다.

따라서 $f(x, y)=z$, $f(a, b)=z_0$이므로

$$0<\sqrt{(x-a)^2+(y-b)^2}<\delta \Rightarrow |f(x, y)-f(a, b)|<\delta_1$$
$$\Rightarrow |g(f(x, y))-g(f(x_0, y_0))|<\epsilon$$

그러므로 다음 식이 성립한다.

$$\lim_{(x,\ y)\to(a,\ b)} g(f(x,\ y)) = g(f(a,\ b))$$

따라서 합성함수 $w = g(f(x,\ y))$는 $(a,\ b)$에서 연속이 된다. ■

2계편미분의 성질

2계편미분에서 편미분의 순서에 상관없이 같은 결과가 얻어지는 즉,

$$f_{xy}(x,\ y) = f_{yx}(x,\ y)$$

이 성립하기 위한 조건을 증명한다.

정리 4 (2계편미분의 성질)

두변수함수 $z = f(x,\ y)$의 2계 편도함수 $f_{xy}(x,\ y)$, $f_{yx}(x,\ y)$가 xy평면의 영역 D에서 연속이면 영역 D 내부의 모든 점에서 다음이 성립한다.

$$f_{xy}(x,\ y) = f_{yx}(x,\ y)$$

증명 점 $(x_0,\ y_0)$를 영역 D 내부의 점이라 하자. $(x_0 + \Delta x,\ y_0 + \Delta y)$가 영역 D의 내부에 있도록 Δx와 Δy를 충분히 작을 때 다음과 같이 함수 G를 정의한다.

$$G(\Delta x,\ \Delta y) = f(x_0 + \Delta x,\ y_0 + \Delta y) - f(x_0 + \Delta x,\ y_0) - f(x_0,\ y_0 + \Delta y) + f(x_0,\ y_0)$$

그리고 함수 ϕ를 다음과 같이 정의한다.

$$\phi(x) = f(x,\ y_0 + \Delta y) - f(x,\ y_0)$$

함수 ϕ를 이용하면 함수 G를 다음과 같이 쓸 수 있다.

$$G(\Delta x,\ \Delta y) = \phi(x_0 + \Delta x) - \phi(x_0)$$

구간 $[x_0,\ x_0 + \Delta x]$에서 함수 ϕ에 평균값정리를 적용하면

$$\phi(x_0 + \Delta x) - \phi(x_0) = \Delta x \phi'(x_0 + \theta \Delta x)$$

여기서 θ는 0과 1 사이의 적당한 수이다. 함수 ϕ의 미분을 구하면

$$\begin{aligned}\phi'(x) &= \frac{d}{dx}(f(x,\ y_0 + \Delta y) - f(x,\ y_0)) \\ &= f_x(x,\ y_0 + \Delta y) - f_x(x,\ y_0)\end{aligned}$$

그러므로

$$\begin{aligned} G(\Delta x,\ \Delta y) &= \phi(x_0+\Delta x)-\phi(x_0) \\ &= \Delta x\phi'(x_0+\theta\Delta x) \\ &= \Delta x[f_x(x_0+\theta\Delta x,\ y_0+\Delta y)-f_x(x_0+\theta\Delta x,\ y_0)] \end{aligned}$$

이제 함수 ψ를 다음과 같이 정의한다.

$$\psi(y)=f_x(x_0+\theta\Delta x,\ y)$$

함수 ψ를 이용하면 함수 G를 다음과 같이 쓸 수 있다.

$$G(\Delta x,\ \Delta y)=\Delta x(\psi(y_0+\Delta y)-\psi(y_0))$$

구간 $[y_0,\ y_0+\Delta y]$에서 함수 ψ에 평균값정리를 적용하면

$$\psi(y_0+\Delta y)-\psi(y_0)=\Delta y\psi'(y_0+\theta'\Delta y)$$

여기서 θ'은 0과 1 사이의 적당한 수이다. 함수 ψ의 미분을 구하면

$$\begin{aligned} \psi'(y) &= \frac{d}{dy}(f_x(x_0+\theta\Delta x,\ y)) \\ &= f_{xy}(x_0+\theta\Delta x,\ y) \end{aligned}$$

위에서 구한 식들을 종합하면

$$\begin{aligned} G(\Delta x,\ \Delta y) &= \Delta x(\psi(y_0+\Delta y)-\psi(y_0)) \\ &= \Delta x\Delta y\psi'(y_0+\theta'\Delta y) \\ &= \Delta x\Delta y f_{xy}(x_0+\theta\Delta x,\ y_0+\theta'\Delta y) \end{aligned}$$

따라서 다음 식을 얻는다.

$$G(\Delta x,\ \Delta y)=\Delta x\Delta y f_{xy}(x_0+\theta\Delta x,\ y_0+\theta'\Delta y)$$

여기서 θ, θ'은 0과 1 사이의 적당한 수이다.

위에서 $G(\Delta x,\ \Delta y)$의 식을 구하는 과정에서 x에 대한 함수 ϕ를 정의하고 나중에 y에 대한 함수 ψ를 정의하였다. 이번에는 y에 대한 함수 Φ를 먼저 정의하고 x에 대한 함수 Ψ를 나중에 정의하는 방법으로 $G(\Delta x,\ \Delta y)$의 식을 구하면 다음과 같은 식을 얻을 수 있다.

$$G(\Delta x,\ \Delta y)=\Delta x\Delta y f_{yx}(x_0+\lambda\Delta x,\ y_0+\lambda'\Delta y)$$

여기서 λ, λ'은 0과 1 사이의 적당한 수이다.

그러므로 다음 식이 성립한다.

$$f_{xy}(x_0+\theta\Delta x,\ y_0+\theta'\Delta y)=f_{yx}(x_0+\lambda\Delta x,\ y_0+\lambda'\Delta y)$$

$\Delta x\to 0$, $\Delta y\to 0$이면 $f_{xy}(x,\ y)$, $f_{yx}(x,\ y)$가 $(x_0,\ y_0)$에서 연속이므로

$$f_{xy}(x_0,\ y_0)=f_{yx}(x_0,\ y_0)$$

■

미분가능성

다음의 두변수함수 $f(x, y)$는 $(0, 0)$에서 편미분가능하지만 $(0, 0)$에서 불연속이다(14.2절 연습문제 29번).

$$f(x, y)=\begin{cases} \dfrac{xy}{x^2+y^2} & (x, y)\neq(0, 0) \\ 0 & (x, y)=(0, 0) \end{cases}.$$

이 함수의 경우에서 보는 바와 같이 편미분가능이 연속성을 보장하지 않음을 알 수 있다. 하지만 일변수함수의 경우에는 미분가능성이 연속성을 보장함을 잘 알고 있다. 따라서 두변수함수의 편미분가능성은 일변수함수의 미분가능성과는 성질이 다름을 알 수 있다.

두변수함수의 경우 미분가능성을 다음과 같이 정의한다.

정의 2 (두변수함수의 미분)

두변수함수 $f(x, y)$가 점 (x_0, y_0)의 근방 D에서 정의되고 다음 성질이 성립할 때 점 (x_0, y_0)에서 미분가능(differentiable)하다고 한다.

(1) 함수 f는 점 (x_0, y_0)에서 편미분가능하다.

(2) 점 (x_0, y_0) 근방의 점 $(x_0+\triangle x, y_0+\triangle y)$에 대하여 다음이 성립한다.

$$\begin{aligned} & f(x_0+\triangle x, y_0+\triangle y)+\epsilon_1\triangle x+\epsilon_{2\triangle}y \\ &\quad =f(x_0, y_0)+f_x(x_0, y_0)\triangle x+f_y(x_0, y_0)\triangle y \end{aligned}$$

$$\text{단, } \lim_{(x, y)\to(x_0, y_0)} \epsilon_1=0, \quad \lim_{(x, y)\to(x_0, y_0)} \epsilon_2=0$$

이때 점 (x_0, y_0)에서 함수 $f(x, y)$의 미분 $Df(x_0, y_0)$는 다음과 같다.

$$Df(x_0, y_0)=(f_x(x_0, y_0), f_y(x_0, y_0))$$

두변수함수 $f(x, y)$가 영역 D의 모든 점에서 미분가능하면 함수 $f(x, y)$는 D에서 미분가능하다고 한다.

두변수 함수의 미분은 숫자가 아니라 2차원 벡터로 주어진다.

미분가능한 일변수함수는 연속함수가 된다. 미분가능한 두변수함수도 연속함수가 됨을 다음 정리에서 소개한다.

정리 5 (미분과 연속성)

함수 $f(x, y)$가 점 $P_0(x_0, y_0)$에서 미분가능하면 함수 f는 점 $P_0(x_0, y_0)$에서 연속이다.

증명 점 $P_0(x_0, y_0)$에서 미분가능하므로 점 $P_0(x_0, y_0)$의 근방에서

$$f(x, y)=f(P_0)+f_x(P_0)(x-x_0)+f_y(P_0)(y-x_0)+\epsilon_1(x-x_0)+\epsilon_2(y-y_0)$$

한편

$$\lim_{(x, y)\to(x_0, y_0)} f_x(P_0)(x-x_0)=0$$

$$\lim_{(x, y)\to(x_0, y_0)} f_y(P_0)(y-x_0)=0$$

$$\lim_{(x, y)\to(x_0, y_0)} \epsilon_1=0, \quad \lim_{(x, y)\to(x_0, y_0)} \epsilon_2=0$$

따라서

$$\lim_{(x, y)\to(x_0, y_0)} f(x, y)=f(P_0)$$

그러므로 함수 f는 점 $P_0(x_0, y_0)$에서 연속이다. ■

함수 $f(x, y)$가 점 $P_0(x_0, y_0)$에서 미분가능하면 함수 f는 점 $P_0(x_0, y_0)$에서 편미분가능함을 알 수 있다. 그러나 편미분가능함이 미분가능함을 보장하지는 않는다. 예를 들면 함수

$$f(x, y)=\begin{cases} \dfrac{xy}{x^2+y^2} & (x, y)\neq(0, 0) \\ 0 & (x, y)=(0, 0) \end{cases}$$

는 (0, 0)에서 편미분가능하지만 (0, 0)에서 연속이 아니다. 따라서 $f(x, y)$는 므로 (0, 0)에서 미분가능하지 않다.

따라서 미분가능성은 편미분가능성보다 더 강한 성질임을 알 수 있다. 실제로 미분가능성은 편미분의 연속성과 밀접한 관계가 있다.

정의에 의한 방법으로는 미분가능성을 판단하기가 쉽지 않다. 다음의 정리는 편미분의 연속성으로 미분가능성을 판단할 수 있음을 보여주며 미분가능성을 판단하는 편리한 방법이기도 하다. 정리의 증명은 고등미적분학에서 찾아볼 수 있다.

정리 6 (두변수함수의 미분가능성)
함수 $f(x, y)$가 점 $P_0(x_0, y_0)$에서 연속인 편미분을 가지면 함수 f는 점 $P_0(x_0, y_0)$에서 미분가능하다.

예제 4 함수 $f(x, y)=\dfrac{y}{1+x^2}$가 평면 전체에서 미분가능함을 보이고 미분을 구하여라.

풀이 정리 2를 이용하자. 편미분을 구하면

$$f_x(x, y)=\frac{-2xy}{(1+x^2)^2}, \quad f_y(x, y)=\frac{1}{1+x^2}$$

따라서 $f_x(x, y)$, $f_y(x, y)$는 평면 전체에서 연속이다.
그러므로 함수 f는 평면 전체에서 미분가능하고 f의 미분 $Df(x, y)$은 다음과 같다. $Df(x, y)=\left(\dfrac{-2xy}{(1+x^2)^2}, \dfrac{1}{1+x^2}\right)$ ■

두변수함수와 마찬가지 방법으로 n변수함수의 미분가능과 미분을 정의할 수 있다.

n변수함수 $f(x_1, x_2, \cdots, x_n)$가 점 $P_0(a_1, a_2, \cdots, a_n)$의 적당한 근방에서 다음 성질이 성립할 때 점 P_0에서 **미분가능**(differentiable)하다고 한다.

(1) 함수 f는 점 P_0에서 편미분가능하다.

(2) 점 P_0의 근방의 점 P에 대하여 다음 식이 성립한다.

$$\begin{aligned} f(P) = & f(P_0)+f_{x_1}(P_0)(x_1-a_1)+f_{x_2}(P_0)(x_2-a_2)+\cdots+f_{x_n}(P_0)(x_n-a_n) \\ & +\epsilon_1(x_1-a_1)+\epsilon_2(x_2-a_2)+\cdots+\epsilon_n(x_n-a_n) \end{aligned}$$

단, $\displaystyle\lim_{(x, y)\to(x_0, y_0)} \epsilon_i=0\,(i=1, 2, \cdots, n)$

이때 점 P_0에서 함수 f의 미분 $Df(P_0)$는 다음과 같이 주어진다.

$$Df(P_0)=(f_{x_1}(P_0), f_{x_2}(P_0), \cdots, f_{x_n}(P_0))$$

따라서 n변수함수의 미분은 n차원 벡터로 주어진다.

n변수함수 $f(x_1, x_2, \cdots, x_n)$의 경우에도 정리 1, 정리 2와 같은 성질이 성립한다. 이러한 성질들의 증명은 고등미적분학에서 다루게 된다.

(1) 함수 $f(x_1, x_2, \cdots, x_n)$가 점 P_0에서 미분가능하면 함수 f는 점 P_0에서 연속이다.

(2) 함수 $f(x_1, x_2, \cdots, x_n)$가 점 P_0에서 연속인 편미분을 가지면 함수 f는 점 P_0에서 미분가능하다.

예제 5 함수 $f(x, y, z)=\ln(x^2+y^2+z^2+1)$가 평면 전체에서 미분가능함을 증명하고 미분을 구하여라.

풀이 함수 f의 편미분을 구하면

$$f_x(x, y, z)=\frac{2x}{x^2+y^2+z^2+1}$$

$$f_y(x, y, z)=\frac{2y}{x^2+y^2+z^2+1}$$

$$f_z(x, y, z)=\frac{2z}{x^2+y^2+z^2+1}$$

따라서 $f_x(x, y, z)$, $f_y(x, y, z)$, $f_y(x, y, z)$는 평면 전체에서 연속이다.

그러므로 함수 f는 평면 전체에서 미분가능하며 미분은 다음과 같다.

$$Df(x, y, z)=\left(\frac{2x}{x^2+y^2+z^2+1}, \frac{2y}{x^2+y^2+z^2+1}, \frac{2z}{x^2+y^2+z^2+1}\right)$$ ■

연쇄법칙

다변수함수를 일변수함수 또는 다른 변수로의 다변수함수로 변수변환하여 미분하는 방법을 연쇄법칙이라 한다.

정리 7 (연쇄법칙)

두변수함수 $z=f(x, y)$가 미분가능하고, 두 함수

$$x=x(s),\ y=y(s)$$

가 각각 미분가능하면 변수 s에 대한 일변수함수 $z=f(x(s), y(s))$도 미분가능하다. 이때 $z=f(x(s), y(s))$의 미분에 대하여 다음 식이 성립한다.

$$\frac{dz}{ds}=\frac{\partial z}{\partial x}\frac{dx}{ds}+\frac{\partial z}{\partial y}\frac{dy}{ds}$$

증명 변수 s에 대한 일변수함수 $z(s)$의 미분은 다음과 같다.

$$\frac{dz}{ds}=\lim_{\Delta s\to 0}\frac{z(s+\Delta s)-z(s)}{\Delta s}$$

$z(s)=f(x(s),\ y(s))$이므로

$$z(s+\triangle s)-z(s)=f(x(s+\triangle s),\ y(s+\triangle s))-f(x(s),\ y(s))$$

다음의 기호를 사용하자.

$$\triangle x=x(s+\triangle s)-x(s)$$
$$\triangle y=y(s+\triangle s)-y(s)$$

함수 $z=f(x,\ y)$가 미분가능하므로

$$\begin{aligned}&f(x(s+\triangle s),\ y(s+\triangle s))\\&=f(x(s),\ y(s))+f_x(x(s),\ y(s))\triangle x+f_y(x(s),\ y(s))\triangle y+\epsilon_1\triangle x+\epsilon_2\triangle y\end{aligned}$$

여기서

$$\begin{aligned}&\triangle x\to 0\Rightarrow \epsilon_1\to 0,\\&\triangle y\to 0\Rightarrow \epsilon_2\to 0,\\&\triangle s\to 0\Rightarrow \triangle x\to 0,\ \triangle y\to 0\end{aligned}$$

따라서

$$\lim_{\triangle s\to 0}\epsilon_1=\lim_{\triangle s\to 0}\epsilon_2=0$$

그리고

$$\lim_{\triangle s\to 0}\frac{\triangle x}{\triangle s}=\lim_{\triangle s\to 0}\frac{x(s+\triangle s)-x(s)}{\triangle s}=\frac{dx}{ds}$$
$$\lim_{\triangle s\to 0}\frac{\triangle y}{\triangle s}=\lim_{\triangle s\to 0}\frac{y(s+\triangle s)-y(s)}{\triangle s}=\frac{dy}{ds}$$

따라서

$$\begin{aligned}\frac{dz}{ds}&=\lim_{\triangle s\to 0}\frac{z(s+\triangle s)-z(s)}{\triangle s}\\&=\lim_{\triangle s\to 0}\frac{f_x(x(s),\ y(s))\triangle x+f_y(x(s),\ y(s))\triangle y+\epsilon_1\triangle x+\epsilon_2\triangle y}{\triangle s}\\&=f_x(x(s),\ y(s))\lim_{\triangle s\to 0}\frac{\triangle x}{\triangle s}+f_y(x(s),\ y(s))\lim_{\triangle s\to 0}\frac{\triangle y}{\triangle s}\\&\quad+\lim_{\triangle s\to 0}\epsilon_1\frac{\triangle x}{\triangle s}+\lim_{\triangle s\to 0}\epsilon_2\frac{\triangle y}{\triangle s}\\&=f_x(x(s),\ y(s))\frac{dx}{ds}+f_y(x(s),\ y(s))\frac{dy}{ds}\end{aligned}$$

그러므로 일변수함수 $z=f(x(s),\ y(s))$는 미분가능하고 다음 식이 성립한다.

$$\frac{dz}{ds}=f_x(x(s),\ y(s))\frac{dx}{ds}+f_y(x(s),\ y(s))\frac{dy}{ds}$$ ■

정리 8 (연쇄법칙)

두변수함수 $z=f(x, y)$가 미분가능하고, 두 함수

$$x=x(s, t), \ y=y(s, t)$$

가 각각 미분가능하면 변수 s, t에 대한 두변수함수 $z=f(x(s, t), y(s, t))$도 미분가능하며 다음 식이 성립한다.

$$\frac{\partial z}{\partial s}=\frac{\partial z}{\partial x}\frac{\partial x}{\partial s}+\frac{\partial z}{\partial y}\frac{\partial y}{\partial s}$$

$$\frac{\partial z}{\partial t}=\frac{\partial z}{\partial x}\frac{\partial x}{\partial t}+\frac{\partial z}{\partial y}\frac{\partial y}{\partial t}$$

증명 $z=f(x(s, t), y(s, t))$의 미분가능성에 대한 증명은 생략하고 편미분에 대한 식만 증명한다.

$z=f(x(s, t), y(s, t))$의 s에 대한 편미분을 구하자.

$$\frac{\partial z}{\partial s}=\lim_{\Delta s\to 0}\frac{z(s+\Delta s, t)-z(s, t)}{\Delta s}$$

$$=\lim_{\Delta s\to 0}\frac{f(x(s+\Delta s, t), y(s+\Delta s, t))-f(x(s, t), y(s, t))}{\Delta s}$$

다음의 기호를 사용하자.

$$\Delta x=x(s+\Delta s, t)-x(s, t)$$

$$\Delta y=y(s+\Delta s, t)-y(s, t)$$

$z=f(x, y)$가 미분가능하므로

$$f(x(s+\Delta s, t), y(s+\Delta s, t))$$
$$=f(x(s, t), y(s, t))+f_x(x(s, t), y(s, t))\Delta x+f_y(x(s, t), y(s, t))\Delta y$$
$$+\epsilon_1\Delta x+\epsilon_2\Delta y$$

여기서

$$\Delta x\to 0\Rightarrow \epsilon_1\to 0$$

$$\Delta y\to 0\Rightarrow \epsilon_2\to 0$$

두 함수 $x=x(s, t)$, $y=y(s, t)$가 연속이므로

$$\Delta s\to 0\Rightarrow \Delta x\to 0, \ \Delta y\to 0$$

따라서

$$\lim_{\Delta s\to 0}\epsilon_1=\lim_{\Delta s\to 0}\epsilon_2=0$$

그리고

$$\lim_{\Delta s \to 0} \frac{\Delta x}{\Delta s} = \lim_{\Delta s \to 0} \frac{x(s+\Delta s, t) - x(s, t)}{\Delta s} = \frac{\partial x}{\partial s}$$

$$\lim_{\Delta s \to 0} \frac{\Delta y}{\Delta s} = \lim_{\Delta s \to 0} \frac{y(s+\Delta s, t) - y(s, t)}{\Delta s} = \frac{\partial y}{\partial s}$$

따라서

$$\begin{aligned}
\frac{\partial z}{\partial s} &= \lim_{\Delta s \to 0} \frac{z(s+\Delta s, t) - z(s, t)}{\Delta s} \\
&= \lim_{\Delta s \to 0} \frac{f_x(x(s, t), y(s, t))\Delta x + f_y(x(s, t), y(s, t))\Delta y + \epsilon_1 \Delta x + \epsilon_2 \Delta y}{\Delta s} \\
&= f_x(x(s, t), y(s, t)) \lim_{\Delta s \to 0} \frac{\Delta x}{\Delta s} + f_y(x(s, t), y(s, t)) \lim_{\Delta s \to 0} \frac{\Delta y}{\Delta s} \\
&\quad + \lim_{\Delta s \to 0} \epsilon_1 \frac{\Delta x}{\Delta s} + \lim_{\Delta s \to 0} \epsilon_2 \frac{\Delta y}{\Delta s} \\
&= f_x(x(s, t), y(s, t)) \frac{\partial x}{\partial s} + f_y(x(s, t), y(s, t)) \frac{\partial y}{\partial s}
\end{aligned}$$

그러므로 다음 식이 성립한다.

$$\frac{\partial z}{\partial s} = f_x(x(s, t), y(s, t)) \frac{\partial x}{\partial s} + f_y(x(s, t), y(s, t)) \frac{\partial y}{\partial s}$$

마찬가지 방법으로 $z = f(x(s, t), y(s, t))$의 t에 대한 편미분을 구하면

$$\frac{\partial z}{\partial t} = f_x(x(s, t), y(s, t)) \frac{\partial x}{\partial t} + f_y(x(s, t), y(s, t)) \frac{\partial y}{\partial t}$$

즉 다음 식이 성립한다.

$$\frac{\partial z}{\partial s} = \frac{\partial z}{\partial x}\frac{\partial x}{\partial s} + \frac{\partial z}{\partial y}\frac{\partial y}{\partial s}$$

$$\frac{\partial z}{\partial t} = \frac{\partial z}{\partial x}\frac{\partial x}{\partial t} + \frac{\partial z}{\partial y}\frac{\partial y}{\partial t}$$

극값의 존재와 최대값, 최소값의 존재

미분가능한 일변수함수가 단 하나의 임계점을 극대값으로 가진다면 극대값은 최대값이 된다. 그리고 단 하나의 임계점을 극소값으로 가진다면 극소값은 최소값이 된다. 그러나 이러한 성질은 두변수함수의 경우에는 성립하지 않는다.

예제 6 함수 $f(x, y) = 3xe^y - x^3 - e^{3y}$는 단 하나의 임계점을 가지고, 임계점에서는 극대값을 가지지만 최대값을 가지지 않는다.

풀이 함수 f의 편미분이 0이 되는 점을 찾자.

$$f_x(x, y) = 3e^y - 3x^2 = 0,$$
$$f_y(x, y) = 3xe^y - 3e^{3y} = 0$$

정리하면 $x = e^{2y}$, $x^2 = e^y$, 따라서 $x = 1$, $y = 0$.

그러므로 함수 f는 하나의 임계점을 가지며 임계점은 $(1, 0)$이다.

임계점 $(1, 0)$의 극대, 극소 여부를 판별하자.

$$f_{xx}(x, y) = -6x,\ f_{xy}(x, y) = 3e^y,\ f_{yy}(x, y) = 3xe^y - 9e^{3y}$$

따라서

$$D(f, (1, 0)) = 27,$$
$$f_{xx}(1, 0) = -6 < 0$$

그러므로 $f(1, 0)$는 극대값이다.

한편 $f(x, 0) = 3x - x^3 - 1$이므로

$$x \to -\infty \Rightarrow f(x, 0) \to \infty$$

그러므로 함수 f는 최대값을 가지지 않는다. ■

예제 7 함수 $f(x, y) = -y^4 - e^{-x^2} + 2y^2\sqrt{e^x + e^{-x^2}}$는 단 하나의 임계점을 가지고, 임계점에서는 극소값을 가지지만 최소값을 가지지 않는다.

풀이 $f_x(x, y) = 0$, $f_y(x, y) = 0$에서

$$y = 0,\ x = 0.$$

따라서 함수 f는 하나의 임계점을 가지며 임계점은 $(0, 0)$이다.

$f_{xx}(0, 0) = 2$, $f_{yy}(0, 0) = 4$, $f_{xy}(0, 0) = 0$이므로

$$D(f, (0, 0)) = 8 > 0,$$
$$f_{xx}(0, 0) = 2 > 0$$

그러므로 $f(0, 0)$는 극소값이다.

한편 $f(0, y) = -y^4 - 1 + 2\sqrt{2}\,y^2 = -(y^2 - \sqrt{2})^2 + 1$이므로

$$y \to \infty \Rightarrow f(0, y) \to -\infty$$

그러므로 함수 f는 최소값을 가지지 않는다. ■

[문제] 함수 $y = f(x)$가 미분가능하고 $x = x_0$에서 단 하나의 임계점을 가지고, 임계점에서는 극대값을 가지면 함수 f는 $x = x_0$에서 최대값을 가짐을 증명하여라.

극대극소문제의 응용 - 최소제곱법

평면 위에 있는 점들의 분포를 직선으로 나타내는 방법을 생각해보자.

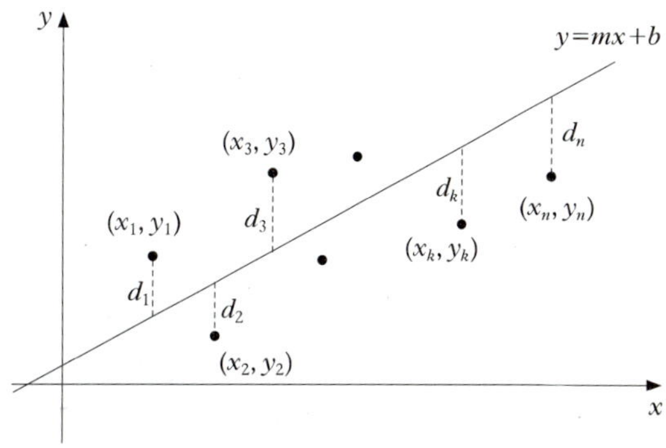

그림 5

평면 위에 있는 점이 두 개라면 두 점은 하나의 직선 위에 있게 된다. 하지만 한 직선위에 있지 않은 3개 이상의 점

$$(x_1,\ y_1),\ (x_2,\ y_2),\ \cdots\ (x_n,\ y_n)$$

이 그림과 같이 평면 위에 흩어져 있을 때 이 점들의 분포를 직선을 이용하여 나타내보자.

평면 위에 있는 직선 $y=mx+b$와 평면위의 점들 사이의 편차를 다음과 같이 점과 직선 사이의 수직편차의 제곱의 합을 다음과 같이 두 변수 m, b의 함수로 나타내자.

$$f(m,\ b)=\sum_{i=1}^{n} d_i^2=\sum_{i=1}^{n}(y_i-(mx_i+b))^2$$

함수 $f(m,\ b)$가 $(m_0,\ b_0)$에서 최소값을 가진다면 직선 $y=m_0x+b_0$은 n개의 점 $(x_1,\ y_1),\ (x_2,\ y_2),\ \cdots\ (x_n,\ y_n)$과 직선 사이의 수직편차를 최소화하는 직선일 것이다. 이 직선을 **최소제곱직선**(least square line)이라 하며 이 직선을 구하는 방법을 **최소제곱법**(least square method)이라 한다.

다음과 같은 기호를 사용하자.

$$\mathbf{x}=(x_1,\ x_2,\ \cdots,\ x_n)$$

$$\mathbf{y}=(y_1,\ y_2,\ \cdots,\ y_n)$$

$$\bar{x}=\frac{1}{n}\sum_{i=1}^{n}(x_1+x_2+\cdots+x_n) : x_1,\ x_2,\ \cdots,\ x_n\text{의 평균}$$

$$\bar{y}=\frac{1}{n}\sum_{i=1}^{n}(y_1+y_2+\cdots+y_n) : y_1,\ y_2,\ \cdots,\ y_n\text{의 평균}$$

따라서 다음 식이 성립한다.

$$\sum_{i=1}^{n} x_i y_i = \mathbf{x}\cdot\mathbf{y}, \quad \sum_{i=1}^{n} x_i^2 = \mathbf{x}\cdot\mathbf{x}$$

$$\sum_{i=1}^{n} x_i = n\bar{x}, \quad \sum_{i=1}^{n} y_i = n\bar{y}$$

다음 정리에서 최소제곱법에 의한 최소제곱직선의 방정식을 소개한다.

정리 9 (최소제곱법)

평면 위에 있고 한 직선 위에 있지 않은 $n \geq 3$개의 점

$$(x_1, y_1), (x_2, y_2), \cdots (x_n, y_n)$$

에 대한 최소제곱직선은 $y = m_0 x + b_0$이다.

$$m_0 = \frac{\mathbf{x}\cdot\mathbf{y} - n\bar{x}\bar{y}}{\mathbf{x}\cdot\mathbf{x} - n\bar{x}\bar{x}}, \quad b_0 = \frac{\bar{y}(\mathbf{x}\cdot\mathbf{x}) - \bar{x}(\mathbf{x}\cdot\mathbf{y})}{\mathbf{x}\cdot\mathbf{x} - n\bar{x}\bar{x}}$$

증명 다음과 같이 두변수함수 $f(m, b)$를 정의하자.

$$f(m, b) = \sum_{i=1}^{n} d_i^2 = \sum_{i=1}^{n} (y_i - (mx_i + b))^2$$

$f(m, b) = \sum_{i=1}^{n} [(mx_i + b)^2 - 2y_i(mx_i + b) + y_i^2]$이므로

$$\begin{aligned} &m \to \pm\infty \Rightarrow f(m, b) \to \infty \\ &b \to \pm\infty \Rightarrow f(m, b) \to \infty, \\ &f(m, b) > 0 \end{aligned}$$

따라서 $f(m, b)$는 최소값을 가진다.

$f(m, b)$의 최소점을 구하여 보자. 함수 f를 편미분하면

$$\begin{aligned} \frac{\partial f}{\partial m} &= -2\sum_{i=1}^{n} x_i(y_i - mx_i - b) \\ &= -2\sum_{i=1}^{n} x_i y_i + 2m\sum_{i=1}^{n} x_i^2 + 2b\sum_{i=1}^{n} x_i \end{aligned}$$

$$\begin{aligned} \frac{\partial f}{\partial b} &= -2\sum_{i=1}^{n} (y_i - mx_i - b) \\ &= -2\sum_{i=1}^{n} y_i + 2m\sum_{i=1}^{n} x_i + 2nb \end{aligned}$$

$\frac{\partial f}{\partial m}(m, b) = 0$, $\frac{\partial f}{\partial b}(m, b) = 0$을 간단히 나타내면

$$-\mathbf{x}\cdot\mathbf{y}+m\mathbf{x}\cdot\mathbf{x}+n\bar{x}b=0$$
$$-\bar{y}+m\bar{x}+b=0$$

$\frac{\partial f}{\partial m}(m, b)=0,\ \frac{\partial f}{\partial b}(m, b)=0$의 해를 m_0, b_0라 하면 다음과 같다.

$$m_0=\frac{\mathbf{x}\cdot\mathbf{y}-n\bar{x}\bar{y}}{\mathbf{x}\cdot\mathbf{x}-n\bar{x}\bar{x}}$$
$$b_0=\frac{\bar{y}(\mathbf{x}\cdot\mathbf{x})-\bar{x}(\mathbf{x}\cdot\mathbf{y})}{\mathbf{x}\cdot\mathbf{x}-n\bar{x}\bar{x}}$$

한편

$$f_{mm}=2\sum_{i=1}^{n}x_i^2,\quad f_{bb}=2n,\quad f_{mb}=2\sum_{i=1}^{n}x_i$$

따라서 판별식을 구하면

$$D(f,\ (m_0,\ b_0))=4n\sum_{i=1}^{n}x_i^2-\left(2\sum_{i=1}^{n}x_i\right)^2$$

한편

$$\begin{aligned}\sum_{i=1}^{n}(x_i-\bar{x})^2&=\sum_{i=1}^{n}(x_i^2-2x_i\bar{x}+\bar{x}^2)\\&=\sum_{i=1}^{n}x_i^2-2\bar{x}\sum_{i=1}^{n}x_i+\sum_{i=1}^{n}\bar{x}^2\\&=\sum_{i=1}^{n}x_i^2-2\bar{x}\sum_{i=1}^{n}x_i+n\bar{x}^2\\&=\sum_{i=1}^{n}x_i^2-\frac{1}{n}\left(\sum_{i=1}^{n}x_i\right)^2\end{aligned}$$

n개의 점이 한 직선 위에 있지 않으므로

$$\sum_{i=1}^{n}(x_i-\bar{x})^2>0$$

따라서

$$D(f,\ (m_0,\ b_0))=4n\left[\sum_{i=1}^{n}x_i^2-\frac{1}{n}\left(\sum_{i=1}^{n}x_i\right)^2\right]>0$$
$$f_{mm}(m_0,\ b_0)=2\sum_{i=1}^{n}x_i^2>0$$

따라서 $f(m_0, b_0)$는 함수 $f(m, b)$의 극소값이 된다.
$f(m, b)$는 하나의 극값을 가지므로 극소값 $f(m_0, b_0)$는 최소값이 된다.
그러므로 직선 $y=m_0x+b_0$는 최소제곱직선이다.

세변수함수에 대한 라그랑주 승수

두변수함수에 대한 라그랑주 승수 해법은 14.7절에서 자세하게 설명하였다. 여기서는 세변수함수에 대한 라그랑주 승수법을 증명한다.

정리 10 (세변수함수의 라그랑주 승수)

함수 $f(x, y, z)$와 $g(x, y, z)$가 미분가능한 함수이다. 함수 f가 제약조건 $g(x, y, z)=0$하에 점 P_0에서 극값을 가진다면 적당한 상수 λ가 존재하여 다음이 성립한다.

$$\nabla f(P_0)=\lambda \nabla g(P_0), \quad g(P_0)=0$$

이때 λ를 라그랑주 승수(Lagrange multiplier)라 한다.

증명 함수 f가 제약조건 $g(x, y, z)=0$ 하에 점 P_0에서 극값을 가진다고 하자. 즉, 곡면 $g(x, y, z)=0$ 위에서 함수 f가 P_0에서 극값을 가진다.

따라서 곡면 $g(x, y, z)=0$ 위에 있는 곡선 $\mathbf{r}(t)=(x(t), y(t), z(t))$가 $t=t_0$에서 점 P_0를 지나면 t에 대한 일변수함수 $f(\mathbf{r}(t))$는 t_0에서 극값을 가진다. 그러므로

$$\frac{df}{dt}(t_0)=0$$

연쇄법칙에 의하여

$$\begin{aligned}\frac{d}{dt}f(x(t), y(t), z(t)) &= \frac{\partial f}{dx}(\mathbf{r}(t))\frac{dx}{dt}+\frac{\partial f}{dy}(\mathbf{r}(t))\frac{dy}{dt}+\frac{\partial f}{dz}(\mathbf{r}(t))\frac{dz}{dt} \\ &= \left(\frac{\partial f}{dx}, \frac{\partial f}{dx}, \frac{\partial f}{dx}\right)\cdot\left(\frac{dx}{dt}, \frac{dy}{dt}, \frac{dz}{dt}\right) \\ &= \nabla f(\mathbf{r}(t))\cdot \mathbf{r}'(t)\end{aligned}$$

$\frac{df}{dt}(t_0)=0$이므로

$$\nabla f(\mathbf{r}(t_0))\cdot \mathbf{r}'(t_0)=0$$

그리고 (14.5절 정리 1)에 의해

$$\nabla g(\mathbf{r}(t_0))\cdot \mathbf{r}'(t_0)=0$$

그러므로 두 벡터 $\nabla f(\mathbf{r}(t_0))$, $\nabla g(\mathbf{r}(t_0))$는 모두 $\mathbf{r}'(t_0)$에 수직하다.
따라서 두 벡터 $\nabla f(\mathbf{r}(t_0))$, $\nabla g(\mathbf{r}(t_0))$는 서로 평행하므로 적당한 상수 λ가 존재하여 다음 식이 성립한다.

$$\nabla f(P_0)=\lambda \nabla g(P_0)$$ ■

연습문제 14.8

※ (1~8) f가 정의역에서 미분가능함수임을 증명하고 미분을 구하여라.

1. $f(x, y) = \dfrac{2xy}{(x^2+y^2)^2}$

2. $f(x, y) = \dfrac{xy}{\sqrt{x^2+y^2}}$

3. $f(x, y) = \dfrac{x^2y}{x^4+y^2}$

4. $f(x, y) = \dfrac{x}{y} + \dfrac{y}{x}$

5. $f(x, y, z) = xe^{-x^2-y^2-z^2}$

6. $f(x, y, z) = \dfrac{xyz}{x^2+y^2+z^2}$

7. $f(x, y, z) = z^2e^x \cos y$

8. $f(x, y, z) = (x+z)e^{x-y}$

제 15 장 중적분

15.1 반복적분

두변수함수의 적분인 이중적분의 개념과 정의를 소개하기 전에 직사각형 영역에서 양수값을 가지는 함수의 경우를 중심으로 중적분의 기하학적 의미를 소개한다. 그리고 일변수 적분을 이용하여 입체의 부피를 계산하는 Cavalieri 원리, 적분을 반복하여 계산하는 반복적분을 소개한다.

입체의 부피와 반복적분

직사각형 영역의 표시방법

직사각형 영역

$R=\{(x, y)|a\le x\le b,\ c\le y\le d\}$

을 다음과 같이 표시한다.

$R=[a, b]\times[c, d]$

두변수함수 $f(x, y)$는 사각형 영역 $R=\{(x, y)|a\le x\le b,\ c\le y\le d\}$에서 연속이고 $f(x, y)\ge 0$이다. 그리고 영역 R 위에서 함수 $f(x, y)$의 그래프로 만들어지는 입체영역를 V라 하자. 즉,

$$V=\{(x, y, z)|(x, y)\in R,\ 0\le z\le f(x, y)\}$$

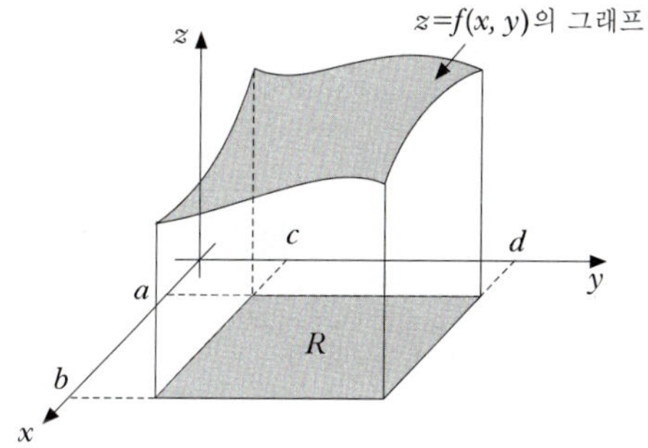

그림 1

입체영역 V의 부피를 함수 f의 영역 R 위에서의 **이중적분**(double integral)이라 하고 다음과 같이

$$\iint_R f(x, y)dA$$

또는

$$\iint_R f(x, y)dxdy$$

로 나타낸다.

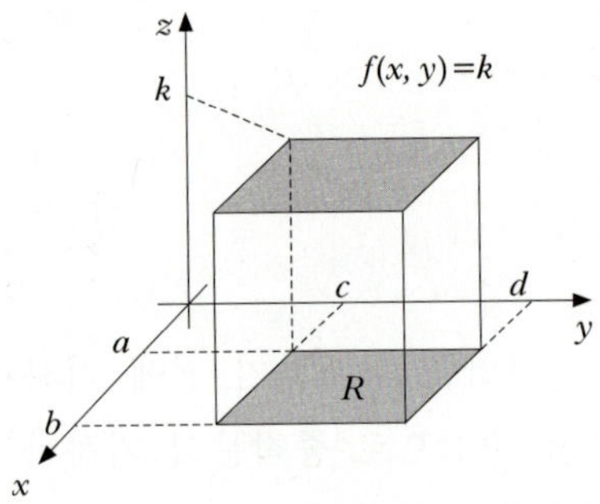

그림 2

예제 1 함수 $f(x, y)=k\ (k>0)$의 $R=[a, b]\times[c, d]$ 위에서의 중적분을 구하여라.

풀이 영역 $R=[a, b]\times[c, d]$ 위에서 함수 $f(x, y)=k$의 그래프로 만들어지는 입체는 직사각형 R이 밑면이 되고 높이가 k인 직육면체이다.
이 입체의 부피는 $k(b-a)(d-c)$이므로

$$\iint_R k\,dA=k(b-a)(d-c)$$

■

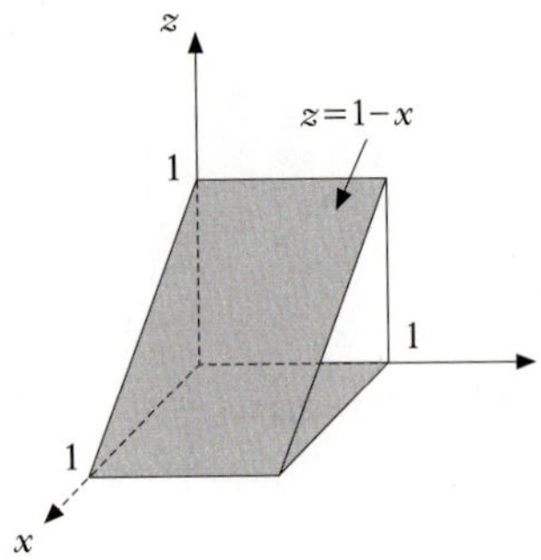

그림 3

예제 2 함수 $f(x, y)=1-x$의 $R=[0, 1]\times[0, 1]$ 위에서의 중적분을 구하여라.

풀이 영역 $R=[0, 1]\times[0, 1]$ 위에서 함수 $f(x, y)=1-x$의 그래프로 만들어지는 입체는 그림 2에서 보는 바와 같이 삼각기둥이 된다.
이 입체의 부피는 1/2이므로

$$\iint_R (1-x)\,dA=\frac{1}{2}$$

■

입체도형의 단면적이 일변수함수로 표시가 되면 일변수함수의 적분을 이용하여 그 부피를 구할 수 있다. 다음 정리는 5.3절의 정리 1이다.

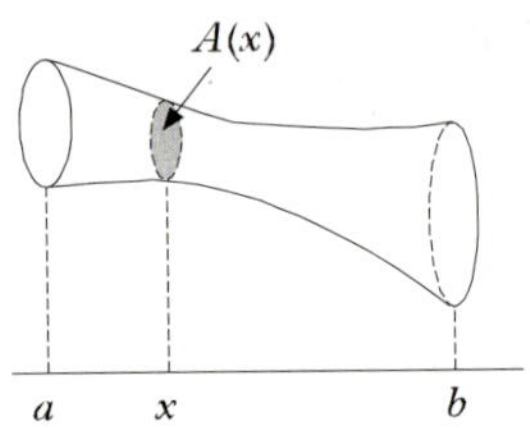

그림 4

정리 1 (Cavalieri 정리)

x축 위의 점 x, $a\le x\le b$에서 x축에 수직인 평면으로 자른 단면적이 $A(x)$인 입체도형의 부피는 $\int_a^b A(x)\,dx$이다.

Cavalieri 정리를 이용하여 영역 R 위에서 함수 $f(x, y)$의 그래프로 만들어지는 입체영역의 부피를 구해보자.

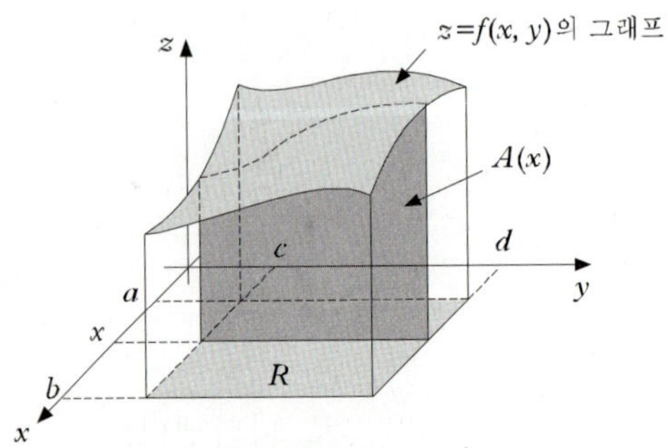

그림 5

앞의 그림에서 x축의 한 점 $a \le x \le b$에서 x축에 수직한 평면으로 자른 단면의 넓이 $A(x)$는 다음과 같다.

$$A(x) = \int_c^d f(x, y)dy$$

따라서 Cavalieri 정리에 의하여

$$V\text{의 부피} = \int_a^b A(x)dx = \int_a^b \left(\int_c^d f(x, y)dy \right) dx$$

위 식의 $\int_a^b \left(\int_c^d f(x, y)dy \right) dx$을 **반복적분**(iterated integral)이라 하며 괄호를 생략하여 $\int_a^b \int_c^d f(x, y)dydx$으로 표시한다. 즉,

$$V\text{의 부피} = \int_a^b A(x)dx = \int_a^b \int_c^d f(x, y)dydx$$

입체영역 V의 부피를 구하는 과정에서 x와 y의 역할을 바꾸어 같은 방법으로 계산하면 다음 식을 얻는다.

$$V\text{의 부피} = \int_c^d A(y)dy = \int_c^d \int_a^b f(x, y)dxdy$$

따라서 다음의 정리가 성립한다.

정리 2 (반복적분)

두변수함수 $f(x, y)$가 $R=[a, b]\times[c, d]$에서 연속이고 $f(x, y) \ge 0$이면 다음 식이 성립한다.

$$\iint_R f(x, y)dxdy = \int_a^b \int_c^d f(x, y)dydx = \int_c^d \int_a^b f(x, y)dxdy$$

예제 3 영역 $[0, 1]\times[0, 2]$ 위에서 함수 $z=4-y^2$의 그래프로 둘러싸인 입체도형의 부피를 구하여라.

풀이 영역 $[0, 1]\times[0, 2]$에서 $z=4-y^2 \ge 0$이므로 정리 2를 이용하면

$$\begin{aligned}\text{부피} &= \iint_R (4-y^2)dxdy \\ &= \int_0^1 \int_0^2 (4-y^2)dydx\end{aligned}$$

$$= \int_0^1 \left[4y - \frac{1}{3}y^3\right]_{y=0}^{2} dx$$

$$= \int_0^1 \frac{16}{3} dx = \frac{16}{3}$$

예제 4 $R=[-1, 1]\times[0, 1]$일 때 $\iint_R (x^2+y^2)dxdy$를 두 가지 반복적분으로 계산하고 비교하여라.

풀이 $\int_{-1}^1\int_0^1 (x^2+y^2)dydx$, $\int_0^1\int_{-1}^1 (x^2+y^2)dxdy$을 계산하자.

$$\int_{-1}^1\int_0^1 (x^2+y^2)dydx = \int_{-1}^1 \left[x^2y + \frac{1}{3}y^3\right]_{y=0}^{1} dx$$

$$= \int_{-1}^1 \left(x^2 + \frac{1}{3}\right) dx$$

$$= \left[\frac{1}{3}x^3 + \frac{1}{3}x\right]_{x=-1}^{1}$$

$$= \frac{4}{3}$$

$$\int_0^1\int_{-1}^1 (x^2+y^2)dxdy = \int_0^1 \left[\frac{1}{3}x^3 + y^2x\right]_{x=-1}^{1} dy$$

$$= \int_0^1 \left(\frac{2}{3} + 2y^2\right) dy$$

$$= \left[\frac{2}{3}y + \frac{2}{3}y^3\right]_0^1$$

$$= \frac{4}{3}$$

그러므로

$$\iint_R (x^2+y^2)dxdy = \int_{-1}^1\int_0^1 (x^2+y^2)dydx = \int_0^1\int_{-1}^1 (x^2+y^2)dxdy$$

예제 5 $R=[0, \pi/2]\times[0, \pi/2]$일 때 $\iint_R \cos x \sin y dxdy$를 계산하여라.

풀이 정리 2를 이용하여 중적분을 반복적분으로 바꾸면

$$\iint_R \cos x \sin y dxdy = \int_0^{\pi/2}\left[\int_0^{\pi/2} \cos x \sin y\, dx\right] dy$$

$$= \int_0^{\pi/2} \sin y \left[\int_0^{\pi/2} \cos x\, dx\right] dy$$

$$= \int_0^{\pi/2} \sin y \left[\sin x\right]_{x=0}^{\frac{\pi}{2}} dy$$

$$= \int_0^{\pi/2} \sin y\,dy$$

$$= \Big[-\cos y\Big]_0^{\frac{\pi}{2}}$$

$$= 1$$

연습문제 15.1

※ (1~6) 다음 반복적분을 계산하여라.

1. $\int_0^1\int_2^3 e^{x+y}dxdy$
2. $\int_2^3\int_0^1 e^{x+y}dydx$
3. $\int_0^1\int_{-2}^2 (4-2x-3y^2)dxdy$
4. $\int_{-2}^2\int_0^1 (4-2x-3y^2)dydx$
5. $\int_{-1}^1\int_0^2 (1-3x^2y)dxdy$
6. $\int_0^2\int_{-1}^1 (1-3x^2y)dydx$
7. $\int_1^2\int_{-1}^0 (-x\ \ln y)dxdy$
8. $\int_{-1}^0\int_1^2 (-x\ \ln y)dydx$

※ (9~12) $R=[0,\ 2]\times[-1,\ 0]$일 때 다음 이중적분을 계산하여라.

9. $\iint_R (x^2y^2+x)dxdy$
10. $\iint_R \left(|y|\cos\frac{1}{4}\pi x\right)dxdy$
11. $\iint_R \left(-xe^x\sin\frac{1}{2}\pi y\right)dxdy$
12. $\iint_R (x^2+y^2+2x)dxdy$
13. $\iint_R (xye^{2x+y})dxdy$
14. $\iint_R (x^2y^2-2xy)dxdy$

※ (15~18) 영역 R 위에서 함수 $f(x,\ y)$의 그래프로 만들어지는 입체영역의 부피를 구하여라.

15. $f(x,\ y)=1+2x+3y,\ R=[0,\ 1]\times[0,\ 2]$
16. $f(x,\ y)=4-2x-y,\ R=[0,\ 2]\times[0,\ 4]$
17. $f(x,\ y)=x^4+y^2,\ R=[-1,\ 1]\times[-3,\ -2]$
18. $f(x,\ y)=4-x-\left(1-\frac{x}{4}\right)y^2,\ R=[0,\ 1]\times[0,\ 2]$

15.2 이중적분

구간 $[a, b]$에서 일변수함수 $y=f(x)$의 정적분은 다음과 같이

$$\int_a^b f(x)dx = \lim_{\|P\| \to 0} \sum_{k=1}^{n} f(\overline{x_k}) \triangle x_k$$

리만합의 극한으로 정의하였다(5.2절). 여기서는 두변수함수 $z=f(x, y)$의 적분인 이중적분을 마찬가지 방법으로 정의하고 그 성질을 살펴본다.

15.1절에서는 직사각형 영역 위에서 $f(x, y) \geq 0$인 함수에 대하여 이중적분을 직관적으로 정의하였다. 이제부터는 이러한 조건 "$f(x, y) \geq 0$"을 가정하지 않으며 영역의 형태도 직사각형 영역의 경우에서 시작하여 일반적인 영역의 경우까지 이중적분의 정의를 확장한다.

유계함수

적당한 양수 M에 대하여 함수 $f(x, y)$가 다음의 성질

$$|f(x, y)| \leq M, \quad (x, y) \in R$$

을 만족할 때 함수 f는 영역 R에서 유계함수라고 한다.

직사각형영역에서의 이중적분

두변수함수 $z=f(x, y)$가 직사각형 영역 $R=[a, b] \times [c, d]$에서 정의되는 유계함수라 하자. 다음과 같이 구간 $[a, b]$에서의 분할 P_x와 구간 $[c, d]$에서의 분할 P_y가 주어졌다고 하자.

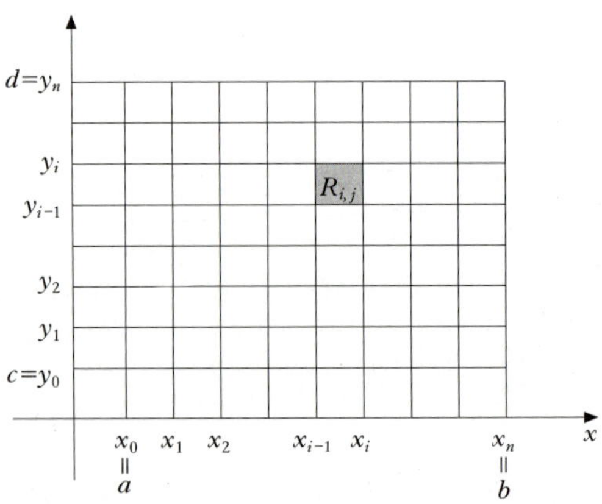

그림 1

$$P_x : a = x_0 < x_1 < \cdots < x_i < \cdots < x_m = b$$
$$P_y : c = y_0 < y_1 < \cdots < y_j < \cdots < y_n = d$$

구간에서의 분할 P_x와 P_y에 의하여 다음과 같이 영역 R의 분할(partition)

P가 주어진다.

$$P : \{R_{i,j} : 1 \le i \le m,\ 1 \le j \le n\}$$

단, $R_{i,j} = [x_{i-1}, x_i] \times [y_{j-1}, y_j]$

$\mathrm{diag}(R_{ij}) = R_{i,j}$의 대각선 길이 $= \sqrt{(\triangle x_i)^2 + (\triangle y_j)^2}$

그리고 다음과 같은 기호를 사용한다.

$$\triangle x_i = x_i - x_{i-1},\ \triangle y_j = x_j - x_{j-1},\ \triangle A_{i,j} = \triangle x_i \triangle y_j$$
$$\|P\| = \max\{\mathrm{diag}(R_{ij}) : 1 \le i \le m,\ 1 \le j \le n\}$$

여기서 $\triangle A_{i,j}$는 $R_{i,j}$의 넓이이다. 그리고 $\|P\|$를 분할의 크기라 한다. 각각의 $R_{i,j}$에서 임의로 택한 **표본점**(sample point) $P_{i,j}(\bar{x}_{i,j}, \bar{y}_{i,j})$에 대하여 다음을 분할 P에 대한 **리만합**(Riemann sum)이라 한다.

$$S_P = \sum_{i=1}^{m}\sum_{j=1}^{n} f(\bar{x}_{i,j}, \bar{y}_{i,j})\triangle A_{i,j} = \sum_{i=1}^{m}\sum_{j=1}^{n} f(\bar{x}_{i,j}, \bar{y}_{i,j})\triangle y_j \triangle x_i$$

$f(x, y) \ge 0$인 경우를 생각하자. 영역 R 위에서 함수 f의 그래프로 만들어지는 입체영역의 부피를 V, 영역 $R_{i,j}$ 위에서 함수 f의 그래프로 만들어지는 입체영역의 부피를 $V_{i,j}$라 하면

$$V = \sum_{i,j} V_{i,j}$$

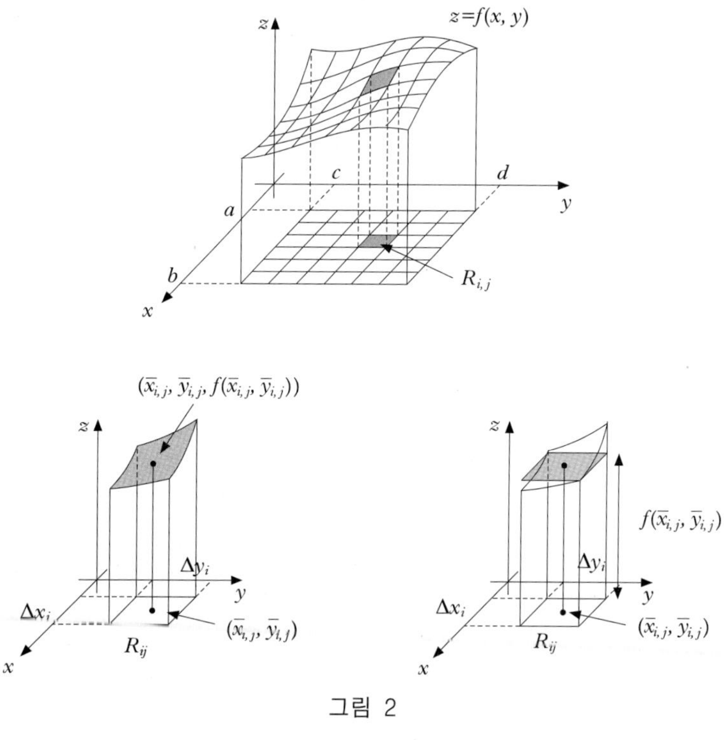

그림 2

높이가 $f(\bar{x}_{i,j}, \bar{y}_{i,j})$인 직육면체의 부피를 $V_{i,j}$의 근사값으로 택하면

$$V_{i,j} \approx f(\bar{x}_{i,j}, \bar{y}_{i,j})\Delta x_i \Delta y_j$$

다음과 같이 입체영역의 부피 V의 근사값을 구하게 된다.

$$V \approx \sum_{i=1}^{m} \sum_{j=1}^{n} f(\bar{x}_{i,j}, \bar{y}_{i,j})\Delta x_i \Delta y_j$$

즉, 함수 f의 그래프로 만들어지는 입체의 부피의 근사값으로 리만합을 사용할 수 있다. 하지만 리만합을 이용하여 부피의 근사값을 구하면 오차가 많이 발생할 것이다. 그러나 분할의 크기 $\|P\|$가 작아지면 오차가 줄어들게 됨을 알 수 있다. 따라서 분할의 크기 $\|P\|$가 작아질수록 리만합이 특정한 값으로 접근한다면 그 값은 입체의 부피일 것이다.

"$f(x, y) \geq 0$"이 아닌 일반적인 경우의 이중적분을 리만합의 극한으로 다음과 같이 정의한다.

정의 1 (이중적분)

영역 $R=[a, b]\times[c, d]$에서 정의되는 유계함수 $z=f(x, y)$에 대하여 분할의 크기가 0으로 접근할 때 표본점의 선택에 무관하게 리만합의 극한

$$\lim_{\|P\| \to 0} \sum_{i=1}^{m} \sum_{j=1}^{n} f(\bar{x}_{i,j}, \bar{y}_{i,j})\Delta x_i \Delta y_j$$

이 존재할 때 함수 f는 영역 R에서 **적분가능**(integrable)하다고 한다. 이때 극한값을 R에서의 f의 **이중적분**(double integral)이라 하며,

$$\iint_R f(x, y)dA \text{ 또는 } \iint_R f(x, y)dxdy$$

로 표시한다.

이중적분의 정의에서 다음 정리가 성립함을 알 수 있다.

정리 1 (이중적분과 입체의 부피)

함수 $z=f(x, y)$가 영역 $R=[a, b]\times[c, d]$에서 적분가능하고 $f(x, y) \geq 0$이면 영역 R 위에서 함수 $f(x, y)$의 그래프로 만들어지는 입체의 부피 V는 다음과 같다.

$$V = \iint_R f(x, y)dA$$

구간 $[a, b]$에서의 분할 P_x와 구간 $[c, d]$에서의 분할 P_y가 각각 정칙분할로 주어졌다면

정칙분할
구간 $[a, b]$를 등분하는 분할을 정칙분할(regular partition)이라 한다.

$$P_x = \{x_0, x_1, \cdots, x_n\}, \quad x_i = a + \frac{b-a}{m} i, \quad i = 0, 1, 2, \cdots, n$$

$$P_y = \{y_0, y_1, \cdots, y_n\}, \quad y_j = c + \frac{d-c}{n} j, \quad i = 0, 1, 2, \cdots, m$$

$$\Delta x_i = \frac{b-a}{m}, \quad \Delta y_j = \frac{d-c}{n}, \quad \Delta A_{i,j} = \Delta x_i \Delta y_j$$

각각의 $R_{i,j}$에서 표본점을 오른쪽 위의 꼭지점, 즉,

$$(\bar{x}_{i,j}, \bar{y}_{i,j}) = (x_i, y_j)$$

으로 택하면, 분할 P에 대한 리만합은 다음과 같다.

$$\begin{aligned} S_P &= \sum_{i=1}^{m} \sum_{j=1}^{n} f(\bar{x}_{i,j}, \bar{y}_{i,j}) \Delta y_j \Delta x_i \\ &= \sum_{i=1}^{m} \sum_{j=1}^{n} f\left(a + \frac{b-a}{m} i, c + \frac{d-c}{n} j\right) \frac{b-a}{m} \frac{d-c}{n} \end{aligned}$$

이때 $\|P\|$가 0으로 접근하려면 n, m이 한없이 커져야 함을 알 수 있다. 즉

$$\|P\| \to 0 \Leftrightarrow n \to \infty, m \to \infty$$

적분가능한 함수의 경우 정칙분할을 사용하고 표본점을 오른쪽 위의 점을 택하여 리만합의 극한을 구함으로서 이중적분을 구할 수 있다. 따라서 다음 정리가 성립한다.

정리 2 (정칙분할)

함수 $z = f(x, y)$가 영역 $R = [a, b] \times [c, d]$에서 적분가능하면 다음이 성립한다.

$$\iint_R f(x, y) dA = \lim_{\substack{m \to \infty \\ n \to \infty}} \sum_{i=1}^{m} \sum_{j=1}^{n} f\left(a + \frac{b-a}{m} i, c + \frac{d-c}{n} j\right) \frac{b-a}{m} \frac{d-c}{n}$$

두변수함수 $z = f(x, y)$의 적분가능성을 판단하는 방법을 다음 정리에서 소개한다. 이 정리의 증명은 고등미적분학에서 찾아볼 수 있다.

정리 3 (적분가능성)

함수 $z=f(x, y)$는 직사각형 영역 R에서 정의된 유계함수이다. 함수 f의 불연속점들의 집합이 유한개의 연속인 일변수함수의 그래프에 포함되면 함수 f는 영역 R에서 적분가능하다.

이중적분의 성질

이중적분은 극한을 이용하여 정의되므로 극한의 성질이 이중적분의 성질에 영향을 미친다. 다음 정리에 이중적분의 성질을 소개한다. 정리의 증명은 보충자료(15.7절)에서 소개한다.

정리 4 (이중적분의 성질)

(1) 함수 $f(x, y)$, $g(x, y)$가 직사각형 영역 R에서 적분가능한 함수이고 k가 상수이면 $f+g$, kf도 적분가능하고 다음이 성립한다.

(a) $\displaystyle\iint_R [f(x, y)+g(x, y)]dA=\iint_R f(x, y)dA+\iint_R g(x, y)dA$

(b) $\displaystyle\iint_R kf(x, y)dA=k\iint_R f(x, y)dA$

(c) 영역 R에서 $f(x, y)\le g(x, y)$이면

$$\iint_R f(x, y)dA\le\iint_R g(x, y)dA$$

(2) 직사각형 영역 R이 여러 개의 직사각형 영역 R_i, $(i=1, 2, \cdots, n)$로 나누어져 있다. 즉 $R=\bigcup_{i=1}^{n}R_i$, $R_i\cap R_j$는 R_i의 경계의 일부이다. 함수 $f(x, y)$가 각각의 직사각형 영역 R_i에서 적분가능하면 함수 f는 영역 R에서도 적분가능하며 다음 식이 성립한다.

$$\iint_R f(x, y)dA=\sum_{i=1}^{m}=1^n\iint_{R_i} f(x, y)dA$$

이중적분과 반복적분

14.1절에서 직사각형 영역 R에서 연속이고 $f(x, y)\ge 0$인 함수의 그래프로 만들어지는 입체의 부피가 반복적분으로 표시됨을 배웠다. 즉

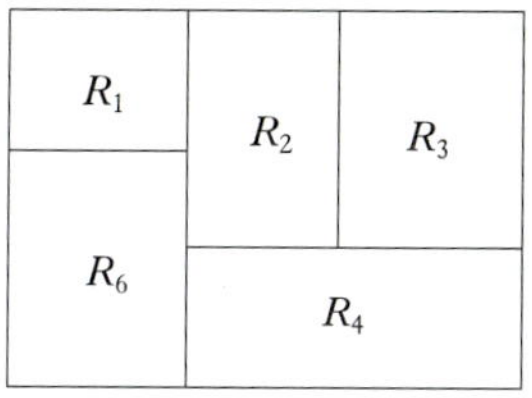

그림 3

$$\iint_R f(x, y)dA = \sum_{i=1}^{5} \iint_{R_i} f(x, y)dA$$

$$\iint_R f(x, y)dxdy = \int_a^b \int_c^d f(x, y)dydx = \int_c^d \int_a^b f(x, y)dxdy$$

이러한 성질은 "$f(x, y) \geq 0$"이 아닌 함수의 경우에도 성립함을 다음 정리에서 소개한다. 이 정리의 증명은 고등미적분학에서 찾아볼 수 있다.

정리 5 (Fubini 정리)

함수 $f(x, y)$가 영역 $R = [a, b] \times [c, d]$에서 적분가능하면

$$\iint_R f(x, y)dxdy = \int_a^b \int_c^d f(x, y)dydx = \int_c^d \int_a^b f(x, y)dxdy$$

예제 1 $R = [0, 2] \times [-1, 1]$, $f(x, y) = y^2 - x^2 + xy$일 때 $\iint_R f(x, y)dxdy$를 구하여라.

풀이 Fubini 정리를 사용하자.

$$\begin{aligned}\iint_R f(x, y)dxdy &= \int_0^2 \int_{-1}^1 (y^2 - x^2 + xy)dydx \\ &= \int_0^2 \left[\frac{y^3}{3} - x^2y + \frac{xy^2}{2}\right]_{y=-1}^1 dx \\ &= 2\int_0^2 \left(\frac{1}{3} - x^2\right)dx \\ &= 2\left[\frac{x}{3} - \frac{x^3}{3}\right]_0^2 \\ &= -4\end{aligned}$$

적분 순서를 바꾸어서 계산해도 같은 결과를 얻는다.

$$\begin{aligned}\int_{-1}^1 \int_0^2 (y^2 - x^2 + xy)dxdy &= \int_{-1}^1 \left[y^2x - \frac{x^3}{3} + \frac{y}{2}x^2\right]_{x=0}^2 dy \\ &= \int_{-1}^1 \left(2y^2 - \frac{8}{3} + 2y\right)dy \\ &= \left[\frac{2}{3}y^3 - \frac{8}{3}y + y^2\right]_{-1}^1 \\ &= -4\end{aligned}$$

■

예제 2 곡면 $4x^2 + y^2 + 4z = 36$, 평면 $x = 2$, $y = 3$ 그리고 세 좌표평면으로 둘러싸인 입체의 부피를 구하여라.

풀이 주어진 입체는 직사각형 영역 $[0, 2] \times [0, 3]$에서 함수 $z = -x^2 - \frac{1}{4}y^2 + 9$의 그래프로 만들어지는 영역이다(그림 4). 따라서 입체의 부피는

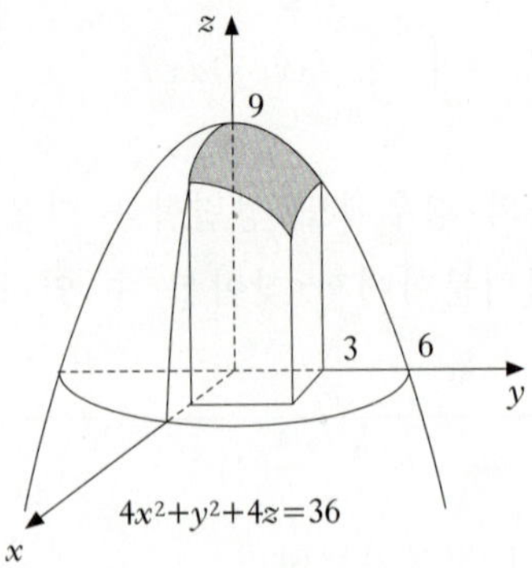

그림 4

$$\int_0^3\int_0^2\left(-x^2-\frac{1}{4}y^2+9\right)dxdy=\int_0^3\left[-\frac{1}{3}x^3-\frac{1}{4}y^2x+9x\right]_{x=0}^{2}=dy$$
$$=\int_0^3\left(\frac{46}{3}-\frac{1}{2}y^2\right)dy$$
$$=\left[\frac{46}{3}y-\frac{1}{6}y^3\right]_0^3$$
$$=\frac{83}{2}$$

연속함수 $f(x, y)$가 $R=[a, b]\times[c, d]$에서 x의 함수와 y의 함수의 곱으로 되어있는 경우가 있다. 즉 $f(x, y)=g(x)h(y)$인 경우 Fubini 정리에 의하여

$$\iint_R f(x, y)dxdy=\int_a^b\int_c^d f(x, y)dydx$$
$$=\int_a^b\left[\int_c^d g(x)h(y)dy\right]dx$$
$$=\int_a^b\left[g(x)\int_c^d h(y)dy\right]dx$$
$$=\int_a^b g(x)dx\int_c^d h(y)dy$$

따라서 다음 정리가 성립한다.

정리 6

함수 $g(x)$가 $[a, b]$에서 연속이고, $h(x)$가 $[c, d]$에서 적분가능하면

$$\iint_R g(x)h(y)dxdy=\int_a^b g(x)dx\int_c^d h(y)dy$$

단, $R=[a, b]\times[c, d]$.

예제 3 영역 $[0, \pi]\times[0, \pi]$에서 함수 $f(x, y)=\sin x\cos\frac{1}{2}y$의 그래프로 만들어지는 입체의 부피를 구하여라.

풀이 $f(x, y)$가 x의 함수와 y의 함수의 곱으로 되어있으므로

$$\iint_R \sin x\cos\frac{1}{2}ydxdy=\int_0^\pi \sin xdx\int_0^\pi \cos\frac{1}{2}ydy$$
$$=\Big[-\cos x\Big]_0^\pi\left[2\sin\frac{1}{2}y\right]_0^\pi=4$$

그러므로 입체의 부피는 4이다.

일반적인 영역에서의 이중적분

단순영역

y-단순영역은 x축의 같은 구간에서 정의되고, 그래프가 위, 아래에 있으면서 연속인 두 함수의 그래프 사이의 영역이다.

x-단순영역은 y축의 같은 구간에서 정의되고, 그래프가 위, 아래에 있으면서 연속인 두 함수의 그래프 사이의 영역이다.

지금까지는 직사각형 영역에서 이중적분을 생각하였다. 직사각형이 아닌 영역에서의 이중적분을 다루기 위하여 영역을 x-단순영역, y-단순영역 등 두 가지의 유형으로 나눈다.

$\phi_1(x)$, $\phi_2(x)$가 $[a, b]$에서 연속이고 $\phi_1(x) \le \phi_2(x)$일 때 다음의 평면영역

$$D = \{(x, y) | x \in [a, b],\ \phi_1(x) \le y \le \phi_2(x)\}$$

를 ***y*-단순영역**(y-simple region)이라 한다.

예제 4 다음의 영역들은 모두 y-단순영역이다.

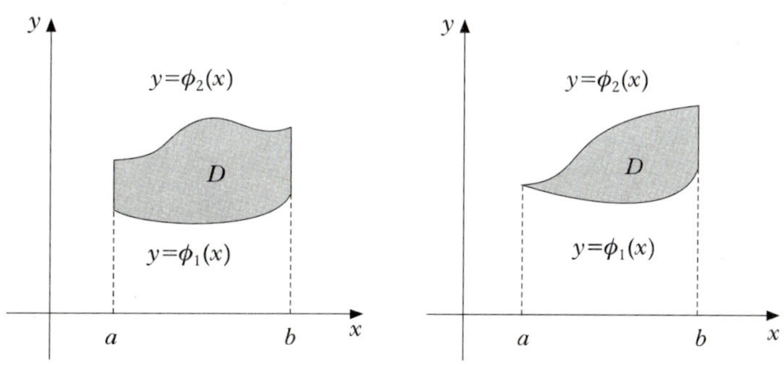

그림 5

$\psi_1(y)$, $\psi_2(y)$가 $[c, d]$에서 연속이고 $\psi_1(y) \le \psi_2(y)$일 때 다음의 평면영역

$$D = \{(x, y) | \psi_1(y) \le x \le \psi_2(y),\ y \in [c, d]\}$$

를 ***x*-단순영역**(y-simple region)이라 한다.

예제 5 다음의 영역들은 모두 x-단순영역이다.

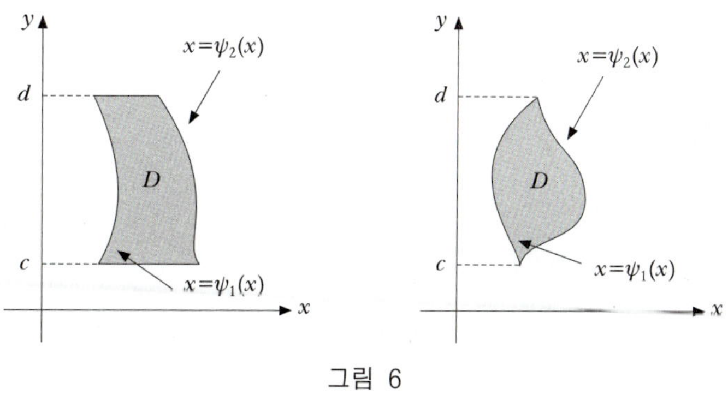

그림 6

원은 단순영역이다.

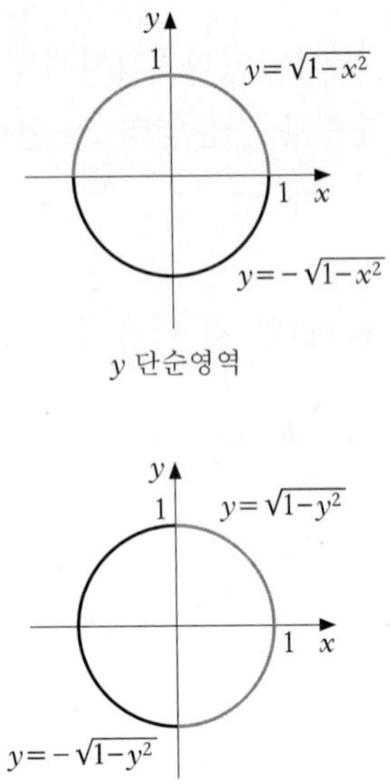

그림 7

x-단순영역 또는 y-단순영역인 영역을 **기본영역**(elementary region)이라 하고, 두 가지 단순영역의 성질을 모두 가지는 영역을 **단순영역**(simple region)이라 한다.

닫힌 기본영역 D에서 연속인 함수 $z=f(x, y)$를 생각하자. 영역 D를 포함하는 직사각형 영역 R을 정하고 다음과 같이 함수 f^*를 정의하자.

$$f^*(x, y)=\begin{cases} f(x, y) & (x, y)\in D \\ 0 & (x, y)\in R-D \end{cases}$$

함수 f^*는 R에서 D의 경계를 제외한 나머지 부분에서 연속이다. 그리고 영역 D의 경계는 연속함수들의 그래프로 이루어져 있으므로 정리 3에 의하여 함수 f^*는 적분가능하다.

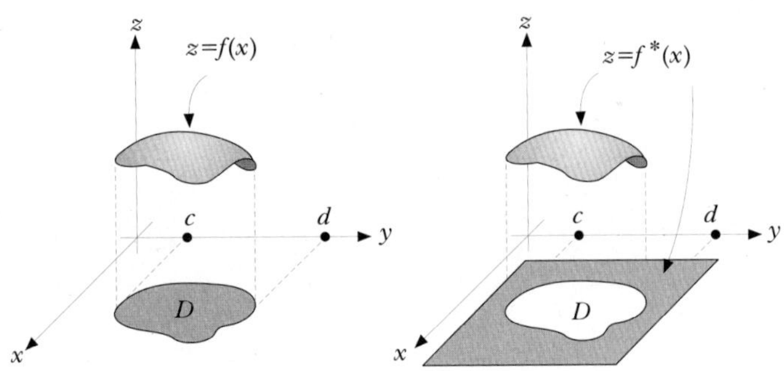

그림 8

단순영역 D에서 연속인 함수 $f(x, y)$의 이중적분을 다음과 같이 정의한다.

정의 2 (기본영역에서의 이중적분)

닫힌 기본영역 D에서 연속인 함수 $z=f(x, y)$의 이중적분을 다음과 같이 정의한다.

$$\iint_D f(x, y)dxdy=\iint_R f^*(x, y)dxdy$$

직사각형 영역 $R=[a, b]\times[c, d]$에서의 이중적분을 다음과 같이 반복적분으로 분해할 수 있었다(정리 5).

$$\iint_R f(x, y)dxdy=\int_a^b\int_c^d f(x, y)dydx=\int_c^d\int_a^b f(x, y)dxdy$$

다음 정리에서는 기본영역에서 연속인 함수의 이중적분을 반복적분으로 분해하는 방법을 소개한다.

정리 7 (이중적분과 반복적분)

함수 $f(x, y)$가 기본영역 D에서 연속이면 다음이 성립한다.

(1) D가 y-단순영역 즉, $D=\{(x, y) | x \in [a, b],\ \phi_1(x) \le y \le \phi_2(x)\}$ 이면

$$\iint_D f(x, y)dxdy = \int_a^b \int_{\phi_1(x)}^{\phi_2(x)} f(x, y)dydx$$

(2) D가 x-단순영역 즉, $D=\{(x, y) | \psi_1(y) \le x \le \psi_2(y),\ y \in [c, d]\}$ 이면

$$\iint_D f(x, y)dxdy = \int_c^d \int_{\psi_1(y)}^{\psi_2(y)} f(x, y)dxdy$$

증명 (1)만 증명한다. 영역 D을 포함하는 직사각형 영역을 $R=[a, b]\times[c, d]$이라 하면 정리 5에 의하여

$$\iint_D f(x, y)dxdy = \iint_R f^*(x, y)dxdy = \int_a^b \int_c^d f^*(x, y)dydx$$

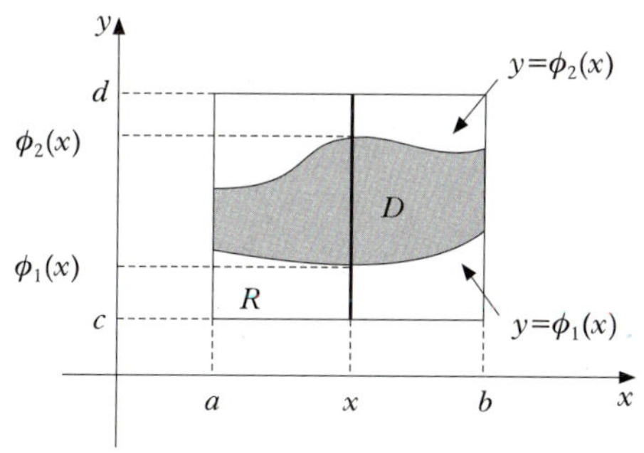

그림 9

영역 R에서 x를 고정하면 구간 $[c, d]$는 다음의 세 부분으로 나누어진다.

$$[c, d] = [c, \phi_1(x)] \cup [\phi_1(x), \phi_2(x)] \cup [\phi_2(x), d]$$

x를 고정하고 구간 $[c, d]$에서 $f^*(x, y)$를 y에 대하여 적분하면

$$\int_c^d f^*(x, y)dy = \int_c^{\phi_1(x)} f^*(x, y)dy + \int_{\phi_1(x)}^{\phi_2(x)} f^*(x, y)dy + \int_{\phi_2(x)}^d f^*(x, y)dy$$

$[c, \phi_1(x)]$, $[\phi_2(x), d]$에서 $f^*(x, y)=0$이므로

$$\int_c^{\phi_1(x)} f^*(x, y)dy = \int_{\phi_2(x)}^d f^*(x, y)dy = 0$$

$[\phi_1(x), \phi_2(x)]$에서 $f^*(x, y) = f(x, y)$이므로

$$\int_c^d f^*(x, y)dy = \int_{\phi_1(x)}^{\phi_2(x)} f(x, y)dy$$

그러므로

$$\iint_D f(x, y)dxdy = \iint_R f^*(x, y)dxdy$$
$$= \int_a^b \int_c^d f^*(x, y)dydx$$
$$= \int_a^b \int_{\phi_1(x)}^{\phi_2(x)} f(x, y)dydx$$

예제 6 곡선 $y=x^2$과 직선 $y=2x+3$으로 둘러싸인 영역 D 위에서 $f(x, y)=4xy$의 이중적분을 구하여라.

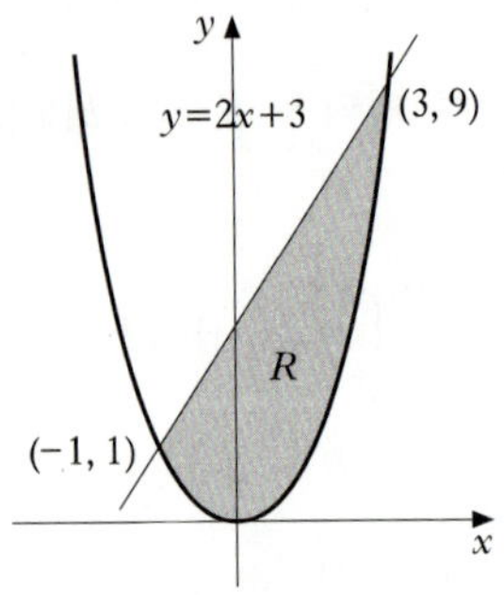

그림 10

풀이 곡선 $y=x^2$과 직선 $y=2x+3$의 교점을 구하자.

$x^2=2x+3$에서 $x=-1, 3$. 따라서 교점은 $(-1, 1)$, $(3, 9)$이다.

영역 D은 y-단순영역이므로(그림 10) 이중적분을 분해하여 계산하면

$$\iint_D 4xydxdy = \int_{-1}^{3}\int_{x^2}^{2x+3} 4xydydx$$
$$= \int_{-1}^{3} [2xy^2]_{y=x^2}^{2x+3}dx$$
$$= \int_{-1}^{3} 2x[(2x+3)^2 - x^4]dx$$
$$= \int_{-1}^{3} (-2x^5+8x^3+24x^2+18x)dx$$
$$= \left[-\frac{2}{6}x^6+\frac{8}{4}x^4+\frac{24}{3}x^3+\frac{18}{2}x^2\right]_{-1}^{3}$$
$$= \frac{640}{3}$$

예제 7 곡선 $y^2=2x+6$과 직선 $y=x-1$으로 둘러싸인 영역 D 위에서 $f(x, y)=2x+y$의 이중적분을 구하여라.

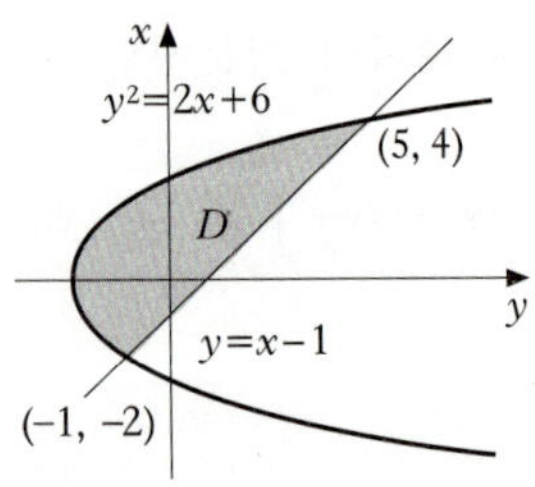

그림 11

풀이 곡선 $y^2=2x+6$과 직선 $y=x-1$의 교점을 구하자.

$2x+6=(x-1)^2$에서 $x^2-4x-5=0$ 따라서 $x=-1, 5$.

그러므로 구하는 교점은 $(-1, 1)$, $(5, 4)$이다.

영역 D는 x-단순영역이므로(그림 11) 이중적분을 반복적분으로 분해하면

$$\iint_D (2x+y)dxdy = \int_{-2}^{4}\int_{\frac{1}{2}y^2-3}^{y+1} (2x+y)dxdy$$
$$= \int_{-2}^{4}\left[x^2+yx\right]_{x=\frac{1}{2}y^2-3}^{y+1}dy$$
$$= \int_{-2}^{4}\left[(y+1)^2+y(y+1)-\left(\left(\frac{1}{2}y^2-3\right)^2+y\left(\frac{1}{2}y^2-3\right)\right)\right]dy$$

$$= \int_{-2}^{4} \left[-\frac{1}{4}y^4 - \frac{1}{2}y^3 + 5y^2 + 6y - 8 \right] dy$$

$$= \left[-\frac{1}{20}y^5 - \frac{1}{8}y^4 + \frac{5}{3}y^3 + 3y^2 - 8y \right]_{-2}^{4} = 25.2$$ ■

예제 8 좌표평면과 평면 $6x+3y+2z=6$으로 둘러싸인 입체의 부피를 구하여라.

풀이 평면 $6x+3y+2z=6$이 세 좌표축과 만나는 점은 각각 $(1, 0, 0)$, $(0, 2, 0)$, $(0, 0, 3)$이므로 주어진 입체는 세 점 $(1, 0, 0)$, $(0, 2, 0)$, $(0, 0, 3)$과 원점을 꼭지점으로 하는 삼각뿔이 된다(그림 12).

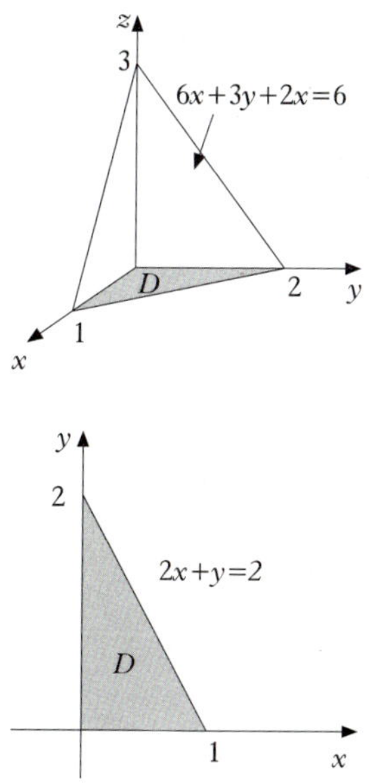

그림 12

이 삼각뿔은 밑면인 영역 D와 함수 $z=-3x-\frac{3}{2}y+3$으로 만들어지는 입체이다. 이 입체의 부피는 다음의 이중적분이 된다.

$$\iint_D \left(-3x - \frac{3}{2}y + 3 \right) dxdy$$

영역 D는 x축, y축, 직선 $2x+y=2$로 둘러싸인 삼각형으로 x-단순영역이면서 y-단순영역이 된다. x-단순영역의 방법으로 이중적분을 분해하여 계산하자.

$$\iint_D \left(-3x - \frac{3}{2}y + 3 \right) dxdy = \int_0^2 \int_0^{1-\frac{1}{2}y} \left(-3x - \frac{3}{2}y + 3 \right) dxdy$$

$$= \int_0^2 \left[-\frac{3}{2}x^2 - \frac{3}{2}yx + 3x \right]_{x=0}^{1-\frac{1}{2}y} dy$$

$$= \int_0^2 \left[-\frac{3}{2}(1-\frac{1}{2}y)^2 - (\frac{3}{2}y-3)(1-\frac{1}{2}y) \right] dy$$

$$= \int_0^2 \frac{3}{8}(y-2)^2 dy$$

$$= \left[\frac{1}{8}(y-2)^3 \right]_0^2 = 1$$ ■

반복적분의 적분순서

적분영역이 단순영역, 즉 x-단순영역이면서 y-단순영역인 경우 이중적분을 두 가지 방법의 반복적분으로 분해할 수 있다. 하지만 반복적분으로 분해하는 방법에 따라 적분의 계산이 어려운 경우도 있고 쉬운 경우도 있다. 따라서 적분의 계산이 어려운 경우 반복적분으로 분해하는 방법을 바꾸어서 시도해볼 필요가 있다.

예제 9 영역 D가 x축, 직선 $y=x$와 직선 $x=1$로 둘러싸인 삼각형일 때 함수 $f(x, y)=e^{x^2}$의 이중적분을 구하여라.

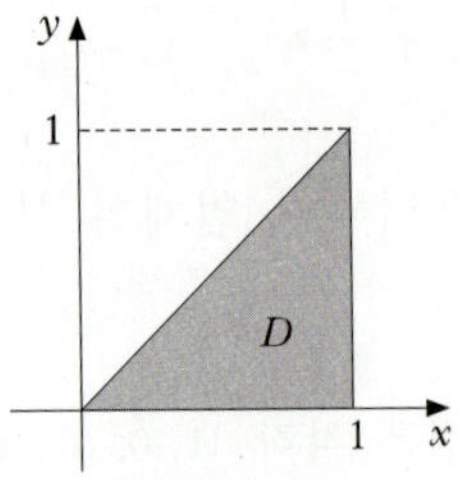

그림 13

풀이 영역 D는 x-단순영역이면서 y-단순영역인 단순영역이다(그림 13). 영역 D를 x-단순영역으로 이해하면 다음과 같이 분해할 수 있다.

$$\iint_D e^{x^2}dxdy=\int_0^1\int_0^y e^{x^2}dxdy$$

적분 $\int e^{x^2}dx$을 계산하기 어려우므로 분해하는 방법을 바꾸어 보자. 영역 D를 y-단순영역으로 하여 분해하고 계산하면

$$\begin{aligned}\iint_D e^{x^2}dxdy &= \int_0^1\int_0^x e^{x^2}dydx=\int_0^1\left[e^{x^2}y\right]_{y=0}^{x}dx\\ &=\int_0^1 xe^{x^2}dx=\left[\frac{1}{2}e^{x^2}\right]_0^1\\ &=\frac{1}{2}(e-1)\end{aligned}$$

■

반복적분의 적분순서를 바꾸는 방법

함수 $f(x, y)$의 반복적분이 다음과 같이 주어졌다.

$$\int_a^b\int_{\phi_1(x)}^{\phi_2(x)}f(x, y)dydx$$

위에서 적분순서는 y 적분, x 적분의 순서로 되어있다. 현재의 적분순서를 바꾸어서 x 적분, y 적분의 순서가 되도록 바꾸어 보자. 적분의 순서를 바꾸려면 다음과 같이 한다.

(1) 적분영역 D를 찾는다. 즉 다음과 같이 나타낸다.

$$\int_a^b\int_{\phi_1(x)}^{\phi_2(x)}f(x, y)dydx=\iint_D f(x, y)dxdy$$

(2) 영역 D를 다음과 같이 x-단순영역의 형태로 표시한다.

$$D=\{(x, y)\,|\,\psi_1(y)\le x\le\psi_2(y),\ y\in[c, d]\}$$

(3) x-단순영역 D에서의 이중적분을 반복적분으로 분해한다.

$$\iint_D f(x, y)dxdy=\int_c^d\int_{\psi_1(y)}^{\psi_2(y)}f(x, y)dxdy$$

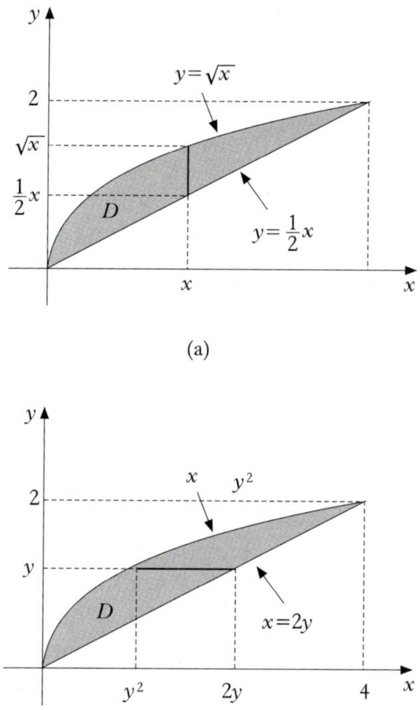

(a)
(b)
그림 14

예제 10 $\int_0^4\int_{\frac{1}{2}x}^{\sqrt{x}} f(x, y)dydx$에서 적분순서를 바꾸어 나타내어라.

풀이 주어진 반복적분의 적분영역 D를 구하자.

$0 \le x \le 4$인 x에 대하여 $\frac{1}{2}x \le y \le \sqrt{x}$이므로 영역 D은 (그림 19(a))와 같다.

영역 D는 y-단순영역이고 다음과 같이 쓸 수 있다(그림 19(b)).

$$D = \{(x, y) \mid y \in [0, 2],\ y^2 \le x \le 2y\}$$

따라서 반복적분으로 분해하면

$$\iint_D f(x, y)dxdy = \int_0^2\int_{y^2}^{2y} f(x, y)dxdy$$

그러므로 적분순서를 바꾸면 다음과 같다.

$$\int_0^4\int_{\frac{1}{2}x}^{\sqrt{x}} f(x, y)dydx = \int_0^2\int_{y^2}^{2y} f(x, y)dxdy$$

영역의 면적

평면영역 D의 넓이는 영역 D를 밑면으로 하고 높이가 1인 입체의 부피를 구하면 된다. 즉

$$\text{영역 } D\text{의 넓이} = \iint_D dxdy$$

예제 11 곡선 $y=x^2$과 직선 $y=x+2$로 둘러싸인 영역의 면적을 구하여라.

풀이 영역 D는 y-단순영역이다(그림 15). 이중적분을 분해하여 넓이를 구하면

$$\text{넓이} = \iint_D dxdy = \int_{-1}^2\int_{x^2}^{x+2} dydx$$

$$= \int_{-1}^2 (x+2-x^2)dx = \left[\frac{1}{2}x^2 + 2x - \frac{1}{3}x^3\right]_{-1}^2 = \frac{9}{2}$$

적분순서를 바꾸어 계산하려면 영역 D를 (그림 15)과 같이 영역 D를 D_1, D_2등 두 영역으로 나누어야 계산을 할 수 있다.

$$\text{넓이} = \iint_D dxdy = \iint_{D_1} dxdy + \iint_{D_2} dxdy$$

$$= \int_0^1\int_{-\sqrt{y}}^{\sqrt{y}} dxdy + \int_1^4\int_{y-2}^{\sqrt{y}} dxdy = \frac{9}{2}$$

따라서 y-단순영역으로 이중적분을 구하는 방법이 효율적임을 알 수 있다.

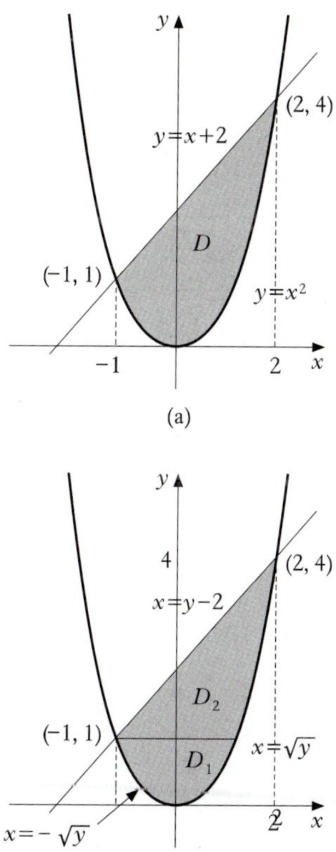

(a)
(b)
그림 15

연습문제 15.2

※ (1~10) 반복적분을 계산하고 적분영역을 구하여라.

1. $\int_0^{\pi}\int_0^{\sin x} y\,dydx$

2. $\int_0^1\int_0^{y^3} e^{x/y}dxdy$

3. $\int_{-3}^3\int_{-x}^{x} (e^x+e^y)dydx$

4. $\int_0^{\pi}\int_0^{x} x\sin y\,dydx$

5. $\int_{-1}^1\int_{(x+1)^2}^{8-(x+1)^2} 3x\,dydx$

6. $\int_1^{64}\int_{x^{1/2}}^{x^{1/3}} \frac{y}{x}dydx$

7. $\int_0^2\int_{x/4}^{4x} (2x-1)y^{1/2}dydx$

8. $\int_0^1\int_y^{\sqrt{y}} 2xe^y dxdy$

9. $\int_{\pi/2}^{\pi}\int_0^{\sin x} 4x\,dydx$

10. $\int_1^3\int_{x-1}^{x+1} y^{1/2}(x+1)dydx$

※ (11~16) 영역 D에서 함수 $z=f(x, y)$의 이중적분을 구하여라. (단, D는 주어진 곡선으로 둘러싸인 영역이다.)

11. $z=6x-4y$

    $D: y=x+1,\ y=x^2-1$

12. $z=\cos x$

    $D: y=x,\ y=2x,\ x=\pi$

13. $z=xe^y$

    $D: y=0,\ y=2x-6,\ x=4,\ x=7$

14. $z=y\sqrt{x}$

    $D: x=3,\ x=4,\ y=x^3-3x,\ y=x^2+8$

15. $z=y^2/x^2$

    $D: y=-5,\ y=-3,\ x=y^2,\ x=25$

16. $z=y\sin x$

    $D: y=\cos x,\ y=\sin x,\ x=0,\ x=\pi/4$

※ (17~24) 주어진 곡면으로 둘러싸인 입체의 부피를 구하여라.

17. $z=x^2+y^2,\ z=0,\ y=x^2,\ x=y^2$

18. $z=x^2+3y^2,\ z=0,\ y=x,\ y=x^2-x$

19. $z=x^2+y^2+2,\ x=0,\ y=0,\ z=0,\ x+y=1$

20. $x^2+y^2=4,\ z+y=3,\ x=0,\ y=0,\ z=0$

21. $z=y-x^2,\ z=0,\ y=1$

22. $z=xy,\ z=0,\ x=1,\ y=1,\ x+3y=7$

23. $z=4-x^2-y,\ y=0,\ z=0$

24. $z=x^2+y^2,\ z=4$

※ (25~28) 반복적분의 적분순서를 바꾸어서 나타내어라.

25. $\int_0^1\int_{x^2}^{x} f(x, y)dydx$

26. $\int_0^1\int_{\sqrt{x}}^{1} f(x, y)dydx$

27. $\int_0^1\int_{-\sqrt{1-x^2}}^{\sqrt{1-x^2}} f(x, y)dydx$

28. $\int_0^1\int_{-\sqrt{y}}^{2\sqrt{y}} f(x, y)dxdy$

※ (29~32) 반복적분의 적분순서를 바꾸어서 계산하여라.

29. $\int_0^{\pi}\int_x^{\pi} \frac{\sin y}{y}dydx$

30. $\int_0^1\int_y^1 x^2e^{xy}dxdy$

31. $\int_0^1\int_y^1 \frac{1}{\sqrt{x^2+1}}dxdy$

32. $\int_0^1\int_{2y}^{y} \cos x^2dxdy$

※ (33~39) 주어진 곡선으로 둘러싸인 영역의 면적을 구하여라.

33. $\frac{x}{a}+\frac{y}{b}=1,\ x=0,\ y=0$

34. $y=3x,\ y=5,\ x=0$

35. $y=e^x,\ x=0,\ x=1,\ y=0$

36. $y=\ln x,\ x=0,\ x=e,\ y=0$

37. $x=y^2,\ x=2y+3$

38. $y=\sqrt{a^2-x^2},\ x=\pm\frac{1}{2}a,\ y=0$

39. $x=y^2,\ x=2y-y^2$

15.3 삼중적분

일변수함수의 정적분, 두변수함수의 이중적분을 정의하는 방법과 유사하게 세변수함수의 삼중적분을 정의하고 그 성질을 살펴보자.

직육면체 영역에서의 삼중적분

세변수함수 $w=f(x, y, z)$가 직육면체 영역 $B=[a, b]\times[c, d]\times[p, q]$에서 정의되는 유계함수라 하자. 다음과 같이 구간 $[a, b]$에서의 분할 P_x, 구간 $[c, d]$에서의 분할 P_y, 구간 $[p, q]$에서의 분할 P_z가 주어졌다고 하자.

$$P_x : a=x_0<x_1<\cdots<x_i<\cdots<x_l=b$$
$$P_y : c=y_0<y_1<\cdots<y_j<\cdots<y_m=d$$
$$P_z : p=z_0<z_1<\cdots<z_k<\cdots<z_n=q$$

구간에서의 분할 P_x, P_y, P_z에 의하여 다음과 같이 영역 B가 작은 직육면체 $B_{i,j,k}$로 나누어진다. 이때 작은 직육면체 $B_{i,j,k}$들의 집합을 영역 B의 분할(partition)이라 하고 P로 표시한다. 즉,

$$P : \{B_{i,j,k} : 1\le i\le l,\ 1\le j\le m,\ 1\le k\le n\}$$

단, $B_{i,j,k}=[x_{i-1}, x_i]\times[y_{j-1}, y_j]\times[z_{k-1}, z_k]$

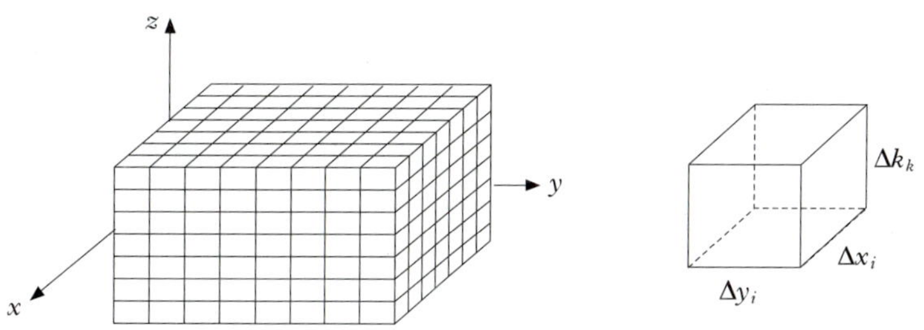

$B=[a, b]\times[c, d]\times[p, q]$ $V_{i,j,k}=\Delta x_i\,\Delta y_i\,\Delta z_k$

그림 1

diag($B_{i,j,k}$)
$=B_{i,j,k}$의 대각선 길이
$=\sqrt{(\Delta x_i)^2+(\Delta y_j)^{2+}(\Delta z_k)^2}$

다음과 같은 기호를 사용한다.

$$\Delta x_i=x_i-x_{i-1},\ \Delta y_j=x_j-x_{j-1},\ \Delta z_k=z_k-z_{k-1}$$
$$\Delta V_{i,j,k}=\Delta x_i\Delta y_j\Delta z_k$$
$$\|P\|=\max\{\mathrm{diag}(B_{i,j,k}) : 1\le i\le l,\ 1\le j\le m,\ 1\le k\le n\}$$

여기서 $\Delta V_{i,j,k}$는 $B_{i,j,k}$의 부피이다. 그리고 $\|P\|$를 분할의 크기라 한다.

영역 B를 분할하여 얻은 작은 직육면체 $B_{i,j,k}$에서 임의로 한 점 $(\bar{x}_{i,j,k}, \bar{y}_{i,j,k}, \bar{z}_{i,j,k})$을 택하여 **표본점**(sample point)이라 하고 다음과 같이 분할 P에 대한 **리만합**(Riemann sum) S_P를 정의한다.

$$\begin{aligned} S_P &= \sum_{i=1}^{l}\sum_{j=1}^{m}\sum_{k=1}^{n} f(\bar{x}_{i,j,k}, \bar{y}_{i,j,k}, \bar{z}_{i,j,k})\Delta V_{i,j,k} \\ &= \sum_{i=1}^{l}\sum_{j=1}^{m}\sum_{k=1}^{n} f(\bar{x}_{i,j,k}, \bar{y}_{i,j,k}, \bar{z}_{i,j,k})\Delta z_k \Delta y_j \Delta x_i \end{aligned}$$

두변수함수의 경우 그래프로 만들어지는 입체도형의 부피의 근사값으로 리만합을 생각하고 리만합의 극한을 구함으로써 근사값의 오차를 줄여 입체의 부피를 구하여 이중적분으로 정의하였다.

세변수함수의 경우 그래프로 만들어지는 도형이 4차원공간의 부분집합이 되므로 그래프의 그림을 그려서 시각적으로 이해하는 방법을 사용할 수 없다. 따라서 3차원공간에서 이루어진 이중적분의 경우와 유사하게 4차원공간의 경우로 일반화하여 삼중적분을 정의한다.

정의 1 (삼중적분)

영역 $B=[a, b]\times[c, d]\times[p, q]$에서 정의되는 유계함수 $w=f(x, y, z)$에 대하여 분할의 크기가 0으로 접근할 때 표본점의 선택에 무관하게 리만합의 극한

$$\lim_{\|P\|\to 0}\sum_{i=1}^{l}\sum_{j=1}^{m}\sum_{k=1}^{n} f(\bar{x}_{i,j,k}, \bar{y}_{i,j,k}, \bar{z}_{i,j,k})\Delta z_k \Delta y_j \Delta x_i$$

이 존재할 때 함수 f는 영역 B에서 **적분가능**(integrable)하다고 한다. 이때 극한값을 B에서 f의 **삼중적분**(triple integral)이라 하며,

$$\iiint_B f(x, y, z)dV \quad \text{또는} \quad \iiint_B f(x, y, z)dxdydz$$

로 표시한다.

두변수함수 $z=f(x, y)$가 불연속인 점들의 집합이 유한개의 곡선(연속인 일변수함수의 그래프가 되는 곡선)으로 구성되면 함수 $z=f(x, y)$는 적분가능하다. (15.2절, 정리 3) 세변수함수 $w=f(x, y, z)$의 적분가능성도 이중적분의 경우와 유사한 방법으로 판단할 수 있으며 다음 정리에서 소개한다. 이 정리의 증명은 고등미적분학에서 찾아볼 수 있다.

정리 1 (적분가능성)

함수 $w=f(x, y, z)$는 직육면체 영역 B에서 정의된 유계함수이다. 함수 f의 불연속점들의 집합이 유한개의 연속인 두변수함수의 그래프에 포함되면 함수 f는 영역 B에서 적분가능하다.

삼중적분의 성질

삼중적분의 성질도 이중적분의 경우와 유사하다. 다음 정리에서 삼중적분의 성질을 소개하며 정리의 증명은 이중적분의 경우와 비슷하다.

정리 2 (삼중적분의 성질)

(1) 함수 $f(x, y, z)$, $g(x, y, z)$가 직사각형 영역 B에서 적분가능한 함수이고 k가 상수이면 $f+g$, kf도 적분가능하고 다음이 성립한다.

(a) $$\iiint_B [f(x, y, z)+g(x, y, z)]dV = \iiint_B f(x, y, z)dV + \iiint_B g(x, y, z)dV$$

(b) $$\iiint_B kf(x, y, z)dV = k\iiint_B f(x, y, z)dV$$

(c) 영역 B에서 $f(x, y, z) \le g(x, y, z)$이면

$$\iiint_B f(x, y, z)dV \le \iiint_B g(x, y, z)dV$$

(2) 직사각형 영역 B이 여러 개의 직육면체 영역 B_i, $(i=1, 2, \cdots, n)$로 나누어져있다. 즉 $B=\bigcup_{i=1}^{n} B_i$, $B_i \cap B_j$는 B_i의 경계의 일부이다. 함수 $f(x, y, z)$가 각각의 직사각형 영역 B_i에서 적분가능하면 함수 f는 영역 B에서도 적분가능하며 다음 식이 성립한다.

$$\iiint_B f(x, y, z)dV = \sum_{i=1}^{n} \iiint_{B_i} f(x, y, z)dV$$

삼중적분과 반복적분

직사각형 영역 $R=[a, b]\times[c, d]$에서 연속인 두변수함수 $f(x, y)$의 이중적분은 다음과 같이 반복적분으로 표시됨을 보았다. (15.2절 정리 5)

$$\iint_R f(x, y)dxdy = \int_a^b \int_c^d f(x, y)dydx = \int_c^d \int_a^b f(x, y)dxdy$$

이러한 성질이 삼중적분에서도 성립함을 다음 정리에서 소개한다. 이 정리의 증명은 고등미적분학에서 찾아볼 수 있다.

> 정리 3 (Fubini 정리)
>
> 함수 $w=f(x, y, z)$가 영역 $B=[a, b]\times[c, d]\times[p, q]$에서 연속이면
>
> $$\begin{aligned}\iiint_B f(x, y, z)dxdydz &= \int_a^b \int_c^d \int_p^q f(x, y, z)dzdydx \\ &= \int_p^q \int_c^d \int_a^b f(x, y, z)dxdydz\end{aligned}$$

실제로 직육면체 영역에서의 삼중적분을 반복적분으로 분해하는 방법은 세 변수 x, y, z에 대한 적분의 순서에 따라 6가지 방법이 있으나 6가지 방법에 의한 계산의 결과는 모두 일치한다.

예제 1 $B=[1, 2]\times[0, 1]\times[0, 2]$에서 $f(x, y, z)=xyz$의 삼중적분을 구하여라.

풀이 Fubini 정리(정리 3)을 이용하여 삼중적분을 반복적분으로 분해하여 계산하면

$$\begin{aligned}\iiint_B xyzdxdydz &= \int_1^2 \int_0^1 \int_0^2 xyzdzdydx \\ &= \int_1^2 \int_0^1 \left[\frac{1}{2}xyz^2\right]_{z=0}^2 dydx \\ &= \int_1^2 \int_0^1 2xydydx \\ &= \int_1^2 \left[xy^2\right]_{y=0}^1 dx \\ &= \int_1^2 xdx = \left[\frac{1}{2}x^2\right]_1^2 = \frac{2}{3}\end{aligned}$$

■

일반적인 영역에서의 삼중적분

지금까지는 직육면체 영역에서 삼중적분을 생각하였지만 직육면체가 아닌 영역에서의 삼중적분을 다루어 보자. 3차원 공간의 일반적인 영역에서 적분을 계산하기 위하여 영역의 형태에 따라 영역을 x-단순영역, y-단순

영역, z-단순영역 등 세 가지 유형으로 나눈다.

두변수함수 $\phi_1(x, y)$와 $\phi_2(x, y)$가 xy평면의 영역 D에서 연속이고 $\phi_1(x, y) \leq \phi_2(x, y)$일 때 다음과 같은 입체영역

$$W = \{(x, y, z) \mid (x, y) \in D, \ \ \phi_1(x, y) \leq z \leq \phi_2(x, y)\}$$

를 **z-단순영역**(z-simple region)이라 한다. 즉 z-단순영역은 xy평면의 영역 D에서 연속인 두변수함수 $\phi_1(x, y)$의 그래프와 $\phi_2(x, y)$의 그래프 사이의 영역이다. 이때 영역 W를 xy평면으로 사영하면 영역 D가 된다.

z-단순영역과 마찬가지의 방법으로 x-단순영역, y-단순영역을 정의하며 세 가지 유형의 단순영역을 모두 **기본영역**(elementary region)이라 한다. 그리고 **x-단순영역, y-단순영역, z-단순영역**의 성질을 모두 가지는 영역을 **단순영역**(simple region)이라 한다.

다음의 영역은 z-단순영역이다.

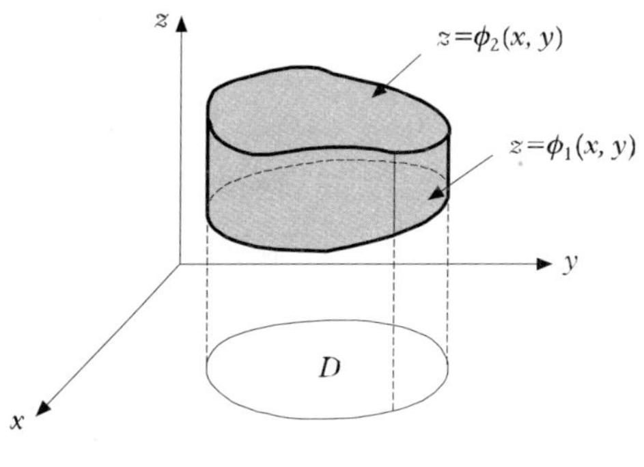

$W=\{(x, y, z) \mid (x, y) \in D, \phi_1(x, y) \leqq z \leqq \phi_2(x, y)\}$

그림 2

닫힌 기본영역 W에서 연속인 함수 $w=f(x, y, z)$를 생각하자. 영역 W를 포함하는 직육면체 영역 B를 정하고 다음과 같이 함수 f^*를 정의하자.

$$f^*(x, y, z) = \begin{cases} f(x, y, z) & (x, y, z) \in W \\ 0 & (x, y, z) \in B-W \end{cases}$$

함수 f^*는 B에서 W의 경계를 제외한 나머지 부분에서 연속이다. 그리고 영역 W의 경계는 연속함수들의 그래프로 이루어져 있으므로 정리 1에 의하여 함수 f^*는 적분가능하다.

기본영역 W에서 연속인 세변수함수 $w=f(x, y, z)$의 삼중적분을 다음과 같이 정의한다.

정의 2 (기본영역에서의 삼중적분)

닫힌 기본영역 W에서 연속인 함수 $w=f(x, y, z)$의 삼중적분을 다음과 같이 정의한다.

$$\iiint_W f(x, y, z)dxdydz=\iiint_B f^*(x, y, z)dxdydz$$

기본영역에서 연속인 두변수함수의 이중적분을 반복적분으로 분해하여 적분을 계산할 수 있다(4.2절 정리 7). 예를 들면 함수 $f(x, y)$가 y-단순영역 $D=\{(x, y)|x\in[a, b], \phi_1(x)\le y\le \phi_2(x)\}$에서 연속이면

$$\iint_D f(x, y)dxdy=\int_a^b\int_{\phi_1(x)}^{\phi_2(x)} f(x, y)dydx$$

삼중적분의 경우에도 기본영역 위에서는 반복적분으로 분해할 수 있음을 다음 정리에서 소개한다. 증명은 이중적분의 경우와 유사하다.

정리 4 (삼중적분과 반복적분)

W가 z-단순영역 즉,

$$W=\{(x, y, z)|(x, y)\in D, \phi_1(x, y)\le z\le \phi_2(x, y)\}$$

이고 함수 $f(x, y, z)$가 W에서 연속이면 함수 $f(x, y, z)$의 삼중적분은 다음과 같이 이중적분과 정적분의 반복적분으로 분해된다.

$$\iiint_W f(x, y, z)dxdydz=\iint_D\int_{\phi_1(x, y)}^{\phi_2(x, y)} f(x, y, z)dzdydx$$

W가 y-단순영역W 또는 x-단순영역일 때도 비슷한 방법으로 이중적분과 정적분의 반복적분으로 분해된다.

입체영역 W가 다음과 같은 z-단순영역이면

$$W=\{(x, y, z)|(x, y)\in D, \phi_1(x, y)\le z\le \phi_2(x, y)\}$$

영역 W를 xy평면으로 사영한 영역 D가 다음과 같은 y-단순영역이라면

$$D=\{(x, y)|x\in[a, b], \psi_1(x)\le y\le \psi_2(x)\}$$

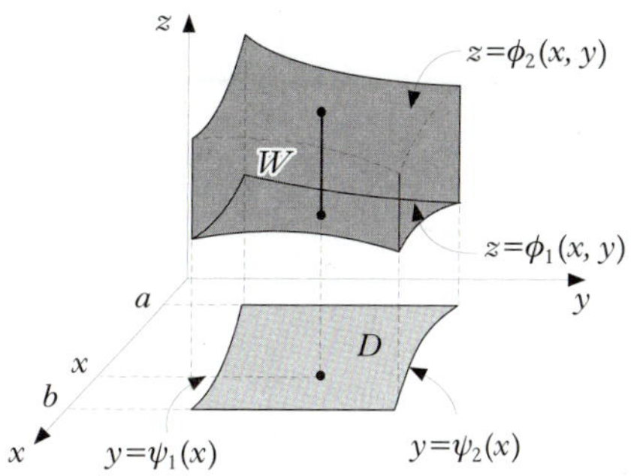

그림 3

다음과 같이 반복적분으로 분해됨을 알 수 있다.

$$\iiint_W f(x, y, z)dxdydz = \iint_D \int_{\phi_1(x, y)}^{\phi_2(x, y)} f(x, y, z)dzdydx$$
$$= \int_a^b \int_{\psi_1(x)}^{\psi_2(x)} \int_{\phi_1(x, y)}^{\phi_2(x, y)} f(x, y, z)dzdydx$$

예제 2 포물면 기둥 $z=2-\frac{1}{2}x^2$과 평면 $z=0$, $y=x$, $y=0$으로 둘러싸인 입체영역 W에서 $f(x, y, z)=2xyz$의 삼중적분을 계산하여라.

풀이 영역 W는 z-단순영역이다(그림 7). W에서의 삼중적분을 반복적분으로 분해하여 계산하면

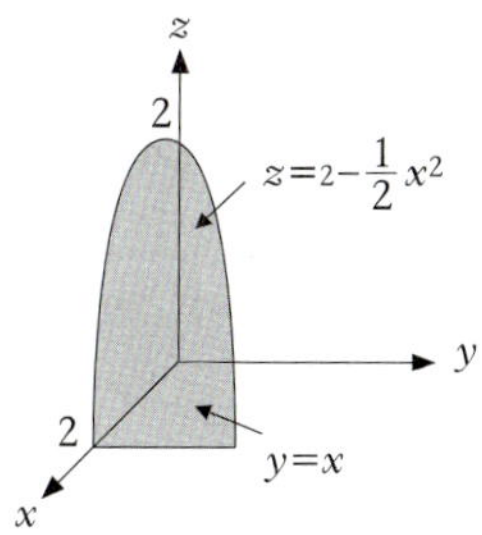

그림 4

$$\iiint_W f(x, y, z)dxdydz = \int_0^2\int_0^x\int_0^{2-\frac{1}{2}x^2} 2xyzdzdydx$$
$$= \int_0^2\int_0^x \left[xyz^2\right]_{z=0}^{2-\frac{1}{2}x^2} dydx$$
$$= \int_0^2\int_0^x xy\left(2-\frac{1}{2}x^2\right)^2 dydx$$
$$= \int_0^2\int_0^x \left(4xy-2x^3y+\frac{1}{4}x^5y\right)dydx$$
$$= \int_0^2 \left[2xy^2-x^3y^2+\frac{1}{8}x^5y^2\right]_{y=0}^{x} dx$$
$$= \int_0^2 \left(2x^3-x^5+\frac{1}{8}x^7\right)dx$$
$$= \left[\frac{1}{2}x^4-\frac{1}{6}x^6+\frac{1}{64}x^8\right]_0^2$$
$$= \frac{8}{3}$$ ■

연습문제 15.3

※ (1~10) 다음 반복적분을 계산하여라.

1. $\int_0^1\int_0^1\int_0^1 (x+2y+3z)dzdydx$
2. $\int_0^1\int_0^2\int_0^3 (x^2+y^2+z^2)dzdydx$
3. $\int_4^2\int_x^{x+1}\int_x^{x+y} (6x-3z)dzdydx$
4. $\int_{-2}^2\int_0^{2+y}\int_{y-x}^{y} 3xdzdxdy$
5. $\int_1^4\int_{-z}^{z}\int_{y-z}^{y+z} (x+3)dxdydz$
6. $\int_3^5\int_2^z\int_0^{\sqrt{z^2-x^2}} 6ydydxdz$
7. $\int_e^{e^2}\int_{1/2y}^{1/y}\int_1^y \frac{4}{z}dzdxdy$
8. $\int_0^3\int_y^{2y}\int_z^{z+y} 8xyzdxdzdy$
9. $\int_0^{\pi/2}\int_0^x\int_x^z 2\cos ydydzdx$
10. $\int_{-3}^{-2}\int_0^{2y}\int_0^z 16ye^{-z^2}xdxdzdy$

※ (11~16) 주어진 곡면으로 둘러싸인 입체의 부피를 삼중적분으로 나타내고 부피를 구하여라.

11. $y=x^2,\ z=1-y,\ z=-1+y$
12. $y=x^2,\ z=-y+4,\ z=0$
13. $x+2y+4z=8,\ y=x/2,\ x=0,\ z=0$
14. $6x+3y+2z=6,\ x=0,\ y=0,\ z=0$
15. $z=5-x^2,\ z=4x^2,\ y=0,\ x+y=1$
16. $x=y^2,\ z=0,\ x+z=1$

※ (17~20) 영역 W가 주어진 곡면으로 둘러싸인 입체일 때 다음 삼중적분을 계산하여라.

17. $\iiint_W (x+2y)dV$

    $W: x=z,\ z=0,\ y=x,\ y=x^2$
18. $\iiint_W 2x^2dV$

    $W: x=0,\ x=1,\ y=0,\ y=2-x,\ z=0,\ z=2-x-y$
19. $\iiint_W (xy+z)dV$

    $W: x=0,\ y=0,\ z=0,\ z=2+x,\ y=4-x^2$
20. $\iiint_W \sqrt{x+2y+3z}\,dV$

    $W: x=0,\ x=1,\ y=0,\ y=x,\ z=-2y/3,\ z=2y$

※ (21~24) 다음 반복적분의 적분영역을 그려라.

21. $\int_0^2\int_x^{x+1}\int_x^y f(x, y, z)dydzdx$
22. $\int_{-1}^1\int_y^{y+3}\int_{x+2}^{x+4} f(x, y, z)dydzdx$
23. $\int_{-3}^3\int_{-\sqrt{9-y^2}}^{\sqrt{9-y^2}}\int_{-x-y-2}^{x+y+2} f(x, y, z)dydzdx$
24. $\int_1^4\int_y^6\int_y^{x^2} f(x, y, z)dydzdx$

※ (25~28) 다음 반복적분의 적분순서를 바꾸어서 표시하여라.

25. $\int_0^1\int_0^{x^2}\int_0^y f(x, y, z)dzdydx$
26. $\int_{-1}^0\int_2^{37}\int_{x+1}^{\sqrt{x+1}} f(x, y, z)dzdydx$
27. $\int_0^1\int_0^{\sqrt{1-x^2}}\int_0^{1-x^2-y^2} f(x, y, z)dzdydx$
28. $\int_{-4}^4\int_9^{25-x^2}\int_{-\sqrt{25-x^2-y}}^{\sqrt{25-x^2-y}} f(x, y, z)dzdydx$

※ (29~36) 다음 영역의 부피를 반복적분으로 나타내어라.

29. 원기둥 $x^2+z^2=4$와 평면 $y=3$으로 둘러싸인 제일팔분공간의 영역
30. 아래로 xy평면, 위로 포물면 $z=x^2+y^2$ 그리고 옆면이 원기둥 $x^2+y^2=4$인 영역
31. 두 곡면 $z=8-x^2-y^2$과 $z=x^2+3y^2$으로 둘러싸인 영역
32. 구 $x^2+y^2+z^2=4a^2$와 원기둥 $x^2+y^2=a^2$의 공통부분
33. 원뿔 $z^2=x^2+y^2$위로 구 $x^2+y^2+z^2=8$로 둘러싸인 제일팔분공간의 영역
34. 두 곡면 $z=5-x^2-y^2$, $z=4x^2-4y^2$으로 둘러싸인 영역
35. 타원면 $\frac{x^2}{a^2}+\frac{y^2}{b^2}+\frac{z^2}{c^2}=1$으로 둘러싸인 영역
36. 원기둥 $x^2+y^2=a^2$과 평면 $x=a,\ y=a,\ z=0,\ z=x+y$로 둘러싸인 제일팔분공간의 영역

15.4 중적분과 변수변환

정적분을 계산할 때 치환적분 즉, 피적분함수를 다른 변수의 함수로 바꾸어서 나타내는 방법을 사용하여 적분계산을 쉽게 하는 경우가 많다.

이중적분, 삼중적분도 변수변환을 통하여 피적분함수와 적분영역의 형태를 바꾸어서 이중적분, 삼중적분을 쉽게 계산할 수 있다.

이중적분의 변수변환은 두변수 2차원 벡터함수의 미분의 성질을 이용하며 삼중적분의 변수변환은 세변수 3차원 벡터함수의 미분의 성질을 이용한다. 이러한 내용은 고등미적분학에서 자세하게 다루며 여기서는 적분의 변수변환에 대한 사항만 간략하게 요점만 소개한다.

이중적분의 변수변환

평면영역 $E \subset \mathbb{R}^2$에서 정의되는 함수 $T : E \to \mathbb{R}^2$가 주어졌다. 함수 T는 두변수함수이고 2차원벡터함수이므로 다음과 같이 표현할 수 있다.

$$T(u, v) = (x(u, v), y(u, v))$$

함수 T의 두 성분함수 $x(u, v)$, $y(u, v)$가 각각 연속인 편미분을 가지면 다음과 같이 Jacobian을 정의한다.

$$\frac{\partial(x, y)}{\partial(u, v)} = \begin{vmatrix} \dfrac{\partial x}{\partial u} & \dfrac{\partial x}{\partial v} \\ \dfrac{\partial y}{\partial u} & \dfrac{\partial y}{\partial v} \end{vmatrix}$$

함수 T가 uv평면의 영역 $R = \Delta u \times \Delta v$을 xy평면의 영역 $T(R)$로 대응하면

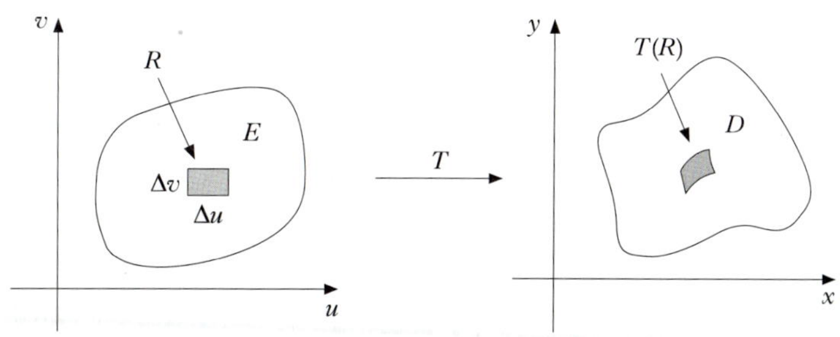

그림 1

다음이 성립한다.

$$T(R)\text{의 면적} = \Delta x \Delta y \approx \left| \frac{\partial(x, y)}{\partial(u, v)} \right| \Delta u \Delta v$$

여기서 Δu, Δv가 작아질수록 근사값의 오차가 적어지며 다음과 같이 쓸 수 있다.

$$dxdy = \left| \frac{\partial(x, y)}{\partial(u, v)} \right| dudv$$

이 식을 **면적요소**(area element)의 변환식이라 한다. 즉, 변환 T에 의하여 변환 후의 면적과 변환 전의 면적의 비는 Jacobian의 절대값과 같다. 따라서 다음과 같이 이중적분의 변수변환에 대한 정리를 얻을 수 있다.

일대일대응

함수 $T: E \to D$가 일대일대응
$\Leftrightarrow$ 1) T : 일대일 함수
2) $T(E) = D$

함수의 변수변환

변환 $T: E \to D$가 uv좌표계에서 xy좌표계로 가는 일대일대응일 때 $f: D \to \mathbb{R}$의 uv 변수변환은 다음의 합성함수이다.

$$f \circ T : E \to \mathbb{R}$$

정리 1 (이중적분의 변수변환)

$E, D \subset \mathbb{R}^2$가 기본영역이고 일대일대응 $T: E \to D$가 연속인 편미분을 가진다. 함수 f가 D에서 적분가능하면 다음이 성립한다.

$$\iint_D f(x, y)dxdy = \iint_E f(x(u, v), y(u, v)) \left| \frac{\partial(x, y)}{\partial(u, v)} \right| dudv$$

즉

$$\iint_D f(x, y)dxdy = \iint_E (f \circ T)(u, v) \left| \frac{\partial(x, y)}{\partial(u, v)} \right| dudv$$

이때 위 식의 우변을 변환 T에 대한 이중적분의 변수변환이라 한다.

이중적분의 극좌표변환

이중적분의 극좌표변환은 직교좌표계(x, y 좌표계)에서 극좌표계(r, θ 좌표계)로의 변수변환이며 이때 사용되는 대응관계는 다음과 같다.

$$T(r, \theta) = (r\cos\theta, r\sin\theta)$$

즉,

$$x = r\cos\theta, \ y = r\sin\theta$$

극좌표변환에 따른 Jacobian을 구하면

$$\frac{\partial(x,\ y)}{\partial(r,\ \theta)}=\begin{vmatrix}\frac{\partial x}{\partial r} & \frac{\partial x}{\partial \theta}\\ \frac{\partial y}{\partial r} & \frac{\partial y}{\partial \theta}\end{vmatrix}=\begin{vmatrix}\cos\theta & -r\sin\theta\\ \sin\theta & r\cos\theta\end{vmatrix}=r$$

극좌표에서 $r\geq 0$이므로 면적요소의 변환식은 다음과 같다.

$$dxdy=rdrd\theta$$

따라서 극좌표변환에 대한 다음의 정리를 얻을 수 있다.

정리 2 (이중적분의 극좌표변환)

극좌표변환에 의하여 $r\theta$평면(극좌표계)의 영역 E가 xy평면(직교좌표계)의 영역 D로 일대일대응되고 함수 f가 D에서 미분가능하면 다음이 성립한다.

$$\iint_D f(x,\ y)dxdy=\iint_E f(r\cos\theta,\ r\sin\theta)rdrd\theta$$

예제 1 원기둥 $x^2+y^2=1$, xy 평면, 평면 $x-y+z=0$으로 둘러싸인 영역의 부피를 구하여라.

풀이 주어진 입체영역(그림 2(a))은 평면영역 D(그림 2(b))를 정의역으로 하는 함수 $z=y-x$의 그래프로 만들어지는 영역과 같다.

영역 D의 극좌표변환은 다음의 일대일대응으로 주어진다.

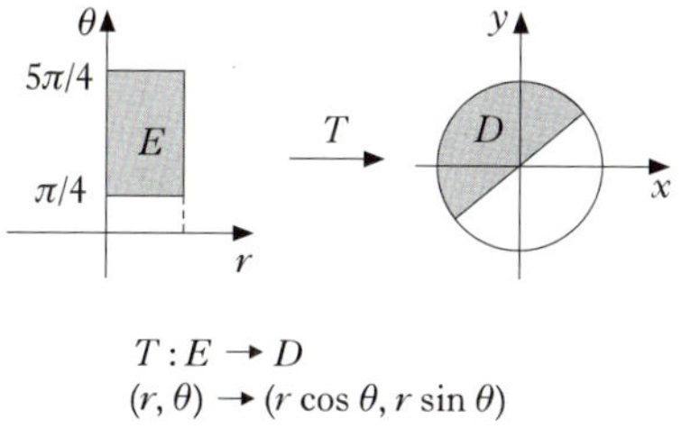

그림 3

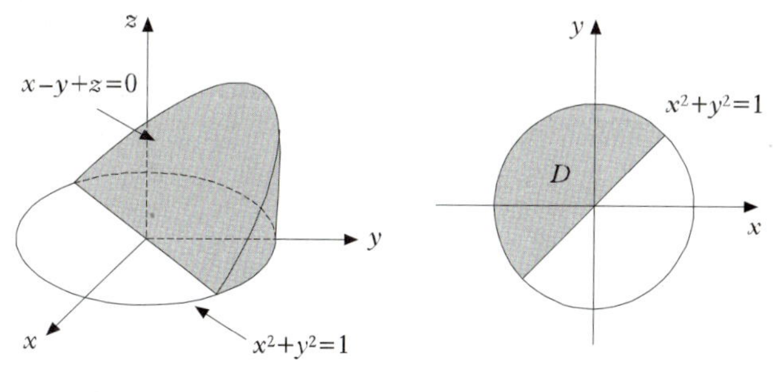

(a) (b)

그림 2

따라서 영역의 부피 V는 다음의 이중적분으로 표현된다.

$$V=\iint_D (y-x)dxdy$$

영역 D를 극좌표로 표시하면 다음 영역과 같다.

$$E=\{(r,\ \theta)\,|\,0\leq r\leq 1,\ \pi/4\leq\theta\leq 5\pi/4\}=[0,\ 1]\times[\pi/4,\ 5\pi/4]$$

그리고 $x=r\cos\theta$, $y=r\sin\theta$, $dxdy=rdrd\theta$이므로 이중적분을 극좌표로 변수변환하여 계산하면

$$\begin{aligned}V&=\iint_D (y-x)dxdy\\&=\iint_E (r\sin\theta-r\cos\theta)rdrd\theta\\&=\int_{\pi/4}^{5\pi/4}\int_0^1 (r\sin\theta-r\cos\theta)rdrd\theta\\&=\int_{\pi/4}^{5\pi/4}(\sin\theta-\cos\theta)\left[\frac{r^3}{3}\right]_{r=0}^1 d\theta\\&=\frac{1}{3}\int_{\pi/4}^{5\pi/4}(\sin\theta-\cos\theta)d\theta\\&=\frac{1}{3}\Big[-\cos\theta-\sin\theta\Big]_{\frac{\pi}{4}}^{\frac{5\pi}{4}}=\frac{2\sqrt{2}}{3}.\end{aligned}$$

■

예제 2 두 타원 포물면 $z=4x^2+y^2$과 $z=10-x^2-4y^2$으로 둘러싸인 입체의 체적을 구하여라.

풀이 두 식을 연립하여 두 곡면이 만나는 점을 구하면

$$4x^2+y^2=10-x^2-4y^2$$

따라서

$$x^2+y^2=2.$$

즉 두 곡면이 만나는 부분을 xy 평면으로 사영하면 원 $x^2+y^2=2$이 된다.

그리고 두 곡면으로 둘러싸인 입체 W(그림 4(a))는 평면영역 D(그림 4(b)) 위에서 함수 $z=4x^2+y^2$의 그래프와 $z=10-x^2-4y^2$의 그래프 사이의 영역이다.

영역 D의 극좌표변환은 다음의 일대일대응으로 주어진다.

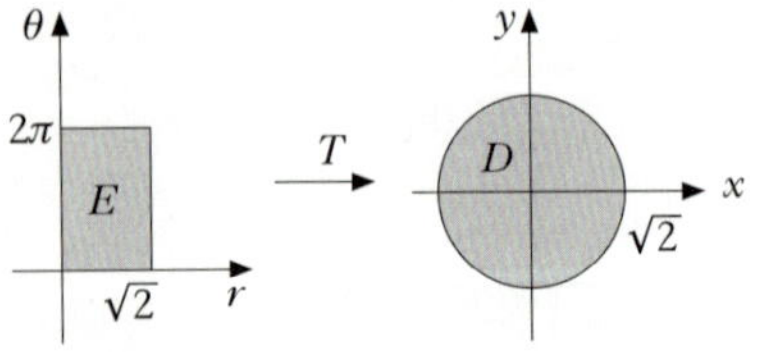

그림 5

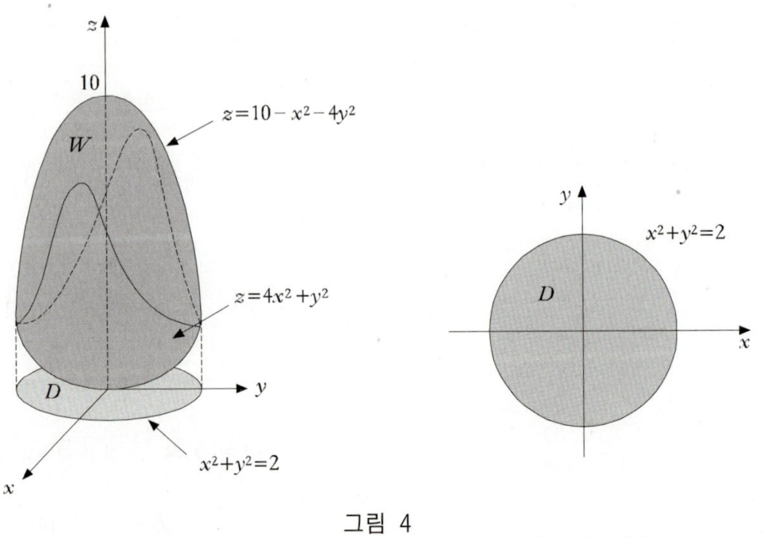

그림 4

따라서 입체영역 W의 부피는 다음과 같다.

$$W\text{의 부피} = \iint_D [(10-x^2-4y^2)-(4x^2+y^2)]dxdy$$
$$= \iint_D (10-5x^2-5y^2)dxdy$$

영역 D를 극좌표로 표시하면 다음 영역과 같다.

$$E=\{(r,\ \theta)|0\le r\le \sqrt{2},\ 0\le\theta\le 2\pi\}=[0,\ 1]\times[0,\ 2\pi]$$

그리고 $x=r\cos\theta,\ y=r\sin\theta,\ dxdy=rdrd\theta$이므로 이중적분을 극좌표로 변수변환하여 계산하면

$$W\text{의 부피} = \iint_D (10-5x^2-5y^2)dxdy$$
$$= \iint_E (10-5r^2)rdrd\theta$$
$$= \int_0^{2\pi}\int_0^{\sqrt{2}} (10-5r^2)rdrd\theta$$
$$= \int_0^{2\pi}\left[5r^2-\frac{5}{4}r^4\right]_0^{\sqrt{2}} d\theta$$
$$= \int_0^{2\pi} 5d\theta = 10\pi$$

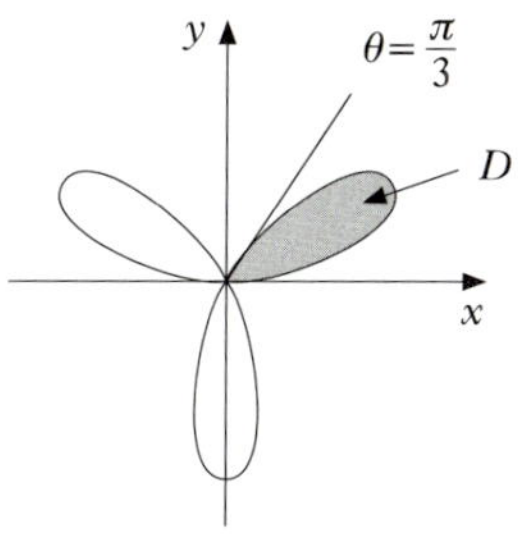

그림 6

예제 3 극방정식 $r=3\sin\theta$의 그래프에서 한 잎의 넓이를 하여라.

풀이 xy 평면에 그린 극방정식 $r=3\sin\theta$의 그래프에서 한 잎을 그리는 범위는 $0\le\theta\le\pi/3$이다. (그림 6) 따라서 한 잎의 내부영역 D의 넓이는

$$\text{넓이} = \iint_D dxdy$$

영역 D를 극좌표로 표시하면 다음 영역과 같다.

$$E=\left\{(r,\ \theta)\middle|0\le r\le 3\sin\theta,\ 0\le\theta\le\frac{\pi}{3}\right\}$$

영역 D의 극좌표변환은 다음의 일대일대응으로 주어진다.

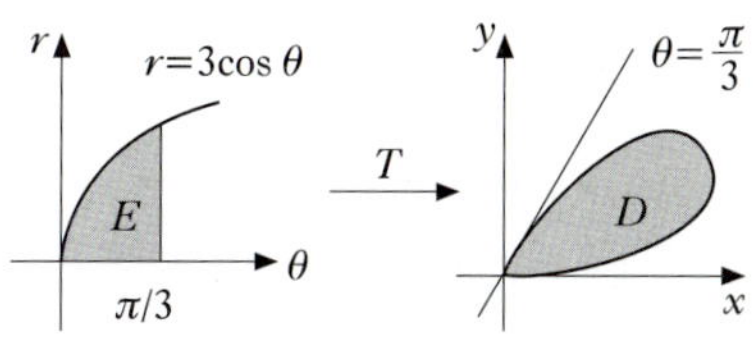

그림 7

그리고 $x=r\cos\theta,\ y=r\sin\theta,\ dxdy=rdrd\theta$이므로 이중적분을 극좌표로 변수변환하여 계산하면

$$\text{넓이} = \iint_D dxdy = \iint_E rdrd\theta$$
$$= \int_0^{\pi/3}\int_0^{3\sin 3\theta} rdrd\theta$$
$$= \int_0^{\pi/3}\left[\frac{1}{2}r^2\right]_{r=0}^{3\sin 3\theta} d\theta$$
$$= \frac{9}{2}\int_0^{\pi/3}\sin^2 3\theta d\theta$$

$$= \frac{9}{2}\int_0^{\pi/3} \frac{1-\cos 6\theta}{2} d\theta$$

$$= \frac{9}{2}\left[\frac{1}{2}\theta - \frac{1}{6}\sin 6\theta\right]_0^{\pi/3} = \frac{3}{4}\pi$$ ■

예제 4 원 $r=2$의 바깥부분과 심장형그래프 $r=2(1+\cos\theta)$의 내부와의 공통부분중 제1사분면에 있는 영역을 D라 할 때 $\iint_D ydxdy$를 계산하여라.

풀이 주어진 영역 D는 다음과 같다.

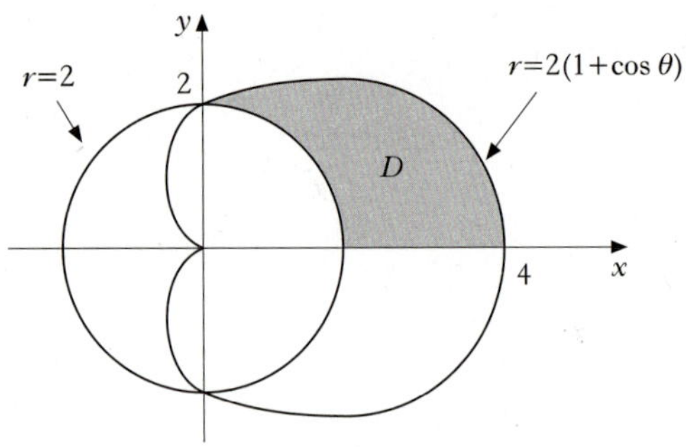

그림 8

영역 D의 극좌표변환은 다음의 일대일대응으로 주어진다.

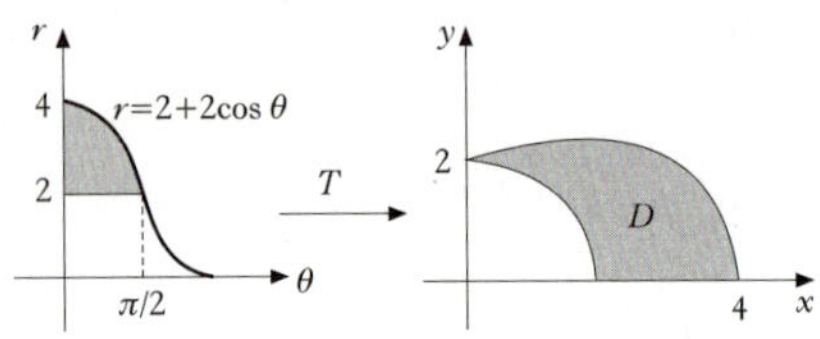

그림 9

영역 D를 극좌표로 표시하면 다음 영역과 같다.

$$E = \left\{(r,\ \theta) \middle| 2 \le r \le 2(1+\cos\theta),\ 0 \le \theta \le \frac{\pi}{2}\right\}$$

그리고 $x = r\cos\theta$, $y = r\sin\theta$, $dxdy = rdrd\theta$이므로 이중적분을 극좌표로 변수변환하여 계산하면

$$\iint_D ydxdy = \iint_E r^2 \sin\theta drd\theta$$

$$= \int_0^{\pi/2}\int_2^{2(1+\cos\theta)} r^2 \sin\theta drd\theta$$

$$= \int_0^{\pi/2}\left[\frac{r^3}{3}\sin\theta\right]_2^{2(1+\cos\theta)} d\theta$$

$$= \frac{8}{3}\int_0^{\pi/2}[((1+\cos\theta)^3\sin\theta - \sin\theta]d\theta$$

$$= \frac{8}{3}\left[-\frac{1}{4}(1+\cos\theta)^4 + \cos\theta\right]_0^{\pi/2} = \frac{22}{3}$$ ■

삼중적분의 변수변환

입체영역 $E \subset \mathbb{R}^3$에서 정의되는 함수 $T : E \to \mathbb{R}^3$가 주어졌다. 함수 T는 세변수함수이고 3차원벡터함수이므로 다음과 같이 표현할 수 있다.

$$T(u, v, w) = (x(u, v, w), y(u, v, w), z(u, v, w))$$

함수 T의 성분함수 $x(u, v, w)$, $y(u, v, w)$, $z(u, v, w)$가 각각 연속인 편미분을 가지면 다음과 같이 Jacobian을 정의한다.

$$\frac{\partial(x, y, z)}{\partial(u, v, w)} = \begin{vmatrix} \frac{\partial x}{\partial u} & \frac{\partial x}{\partial v} & \frac{\partial x}{\partial w} \\ \frac{\partial y}{\partial u} & \frac{\partial y}{\partial v} & \frac{\partial y}{\partial w} \\ \frac{\partial z}{\partial u} & \frac{\partial z}{\partial v} & \frac{\partial z}{\partial w} \end{vmatrix}$$

함수 T가 uvw공간의 영역 $B = \Delta u \times \Delta v \times \Delta w$를 xyz공간의 영역 $T(B)$로 대응한다면

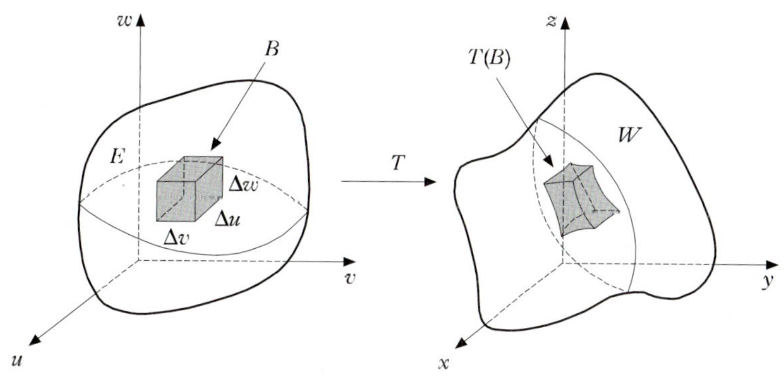

그림 10

다음이 성립한다.

$$T(B)\text{의 부피} = \Delta x \Delta y \Delta z \approx \left| \frac{\partial(x, y, z)}{\partial(u, v, w)} \right| \Delta u \Delta v \Delta w$$

여기서 Δu, Δv, Δw가 작아질수록 근사값의 오차가 적어진다. 따라서 다음과 같이 쓸 수 있다.

$$dxdydz = \left| \frac{\partial(x, y, z)}{\partial(u, v, w)} \right| dudvdz$$

이 식을 **부피요소**(area element)의 변화식이라 한다. 즉, 변환 T에 의한 변환 후의 부피와 변환 전의 부피의 비는 Jacobian의 절대값과 같다. 따라서 다음과 같이 삼중적분의 변수변환에 대한 정리를 얻을 수 있다.

> **정리 3 (삼중적분의 변수변환)**
>
> $E, W \subset \mathbb{R}^3$가 기본영역이고 일대일대응 $T: E \to W$이고 연속인 편미분을 가진다. 함수 f가 W에서 적분가능하면 다음이 성립한다.
>
> $$\iiint_W f(x, y, z)dxdydz$$
>
> $$= \iiint_W f(x(u, v, w), y(u, v, w), y(u, v, w))\left|\frac{\partial(x, y, z)}{\partial(u, v, w)}\right|dudvdw$$

원기둥좌표계

공간의 점의 좌표를 다음과 같이 나타내는 내는 좌표계를 **원기둥좌표계**(Cylindrical coordinate system)라 한다.

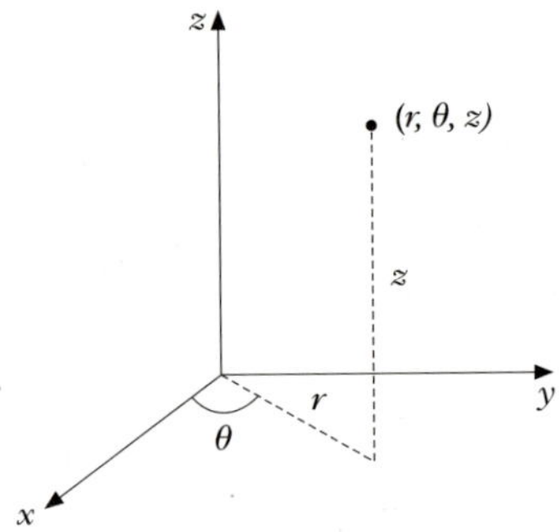

그림 11

즉 원기둥좌표계는 xy평면에서는 극좌표계를 사용하는 좌표계이다. 직교좌표계와 원기둥 좌표계의 관계는 다음과 같다.

$$T(r, \theta, z) = (r\cos\theta, r\sin\theta, z)$$

즉,

$$x = r\cos\theta, y = r\sin\theta, z = z$$

원기둥좌표계로의 변환에 따른 Jacobian을 구하면

$$\frac{\partial(x, y, z)}{\partial(r, \theta, z)} = \begin{vmatrix} \frac{\partial x}{\partial r} & \frac{\partial x}{\partial \theta} & \frac{\partial x}{\partial z} \\ \frac{\partial y}{\partial r} & \frac{\partial y}{\partial \theta} & \frac{\partial y}{\partial z} \\ \frac{\partial y}{\partial r} & \frac{\partial y}{\partial \theta} & \frac{\partial z}{\partial z} \end{vmatrix} = \begin{vmatrix} \cos\theta & -r\sin\theta & 0 \\ \sin\theta & r\cos\theta & 0 \\ 0 & 0 & 1 \end{vmatrix} = r$$

원기둥좌표계

원기둥좌표계에서 $r = r_0$, $\theta = \theta_0$가 나타내는 도형은 각각 다음과 같다.

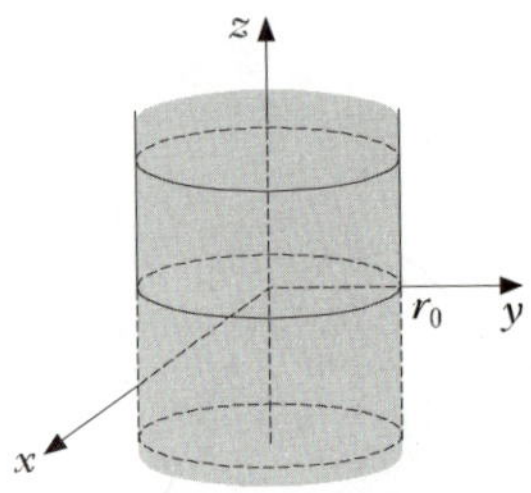

$r=r_0$: 반지름이 r_0인 원기둥

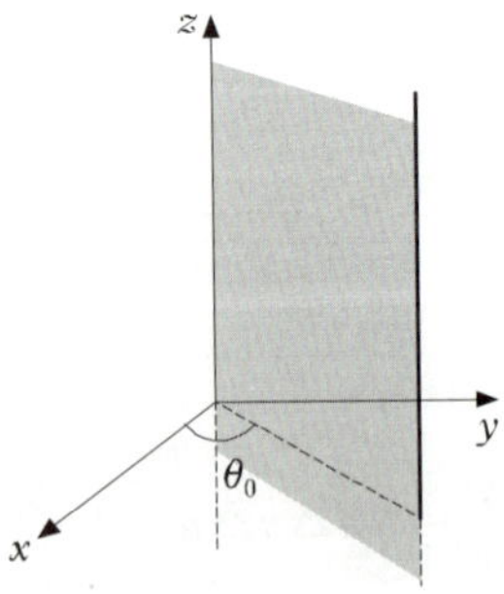

$\theta=\theta_0$: x축과의 사이각이 θ_0인 평면

그림 12

$r \geq 0$이므로 부피요소의 변환식은 다음과 같다.

$$dxdydz = rdrd\theta dz$$

따라서 원기둥좌표변환에 대한 다음의 정리를 얻을 수 있다.

평면에서 극방정식 $r=2a\sin\theta$은 중심이 $(a, 0)$ 반지름이 $2a$인 원을 나타낸다.

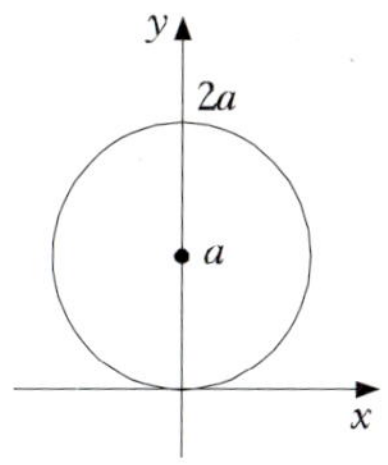

$r=2a\sin\theta$

그림 14

정리 1 (삼중적분의 원기둥좌표변환)

원기둥좌표계로의 변환에 의하여 xyz공간(직교좌표계)의 영역 W와 $r\theta z$공간(원기둥좌표계)의 영역 E가 일대일대응하고 함수 f가 W에서 미분가능하면 다음이 성립한다.

$$\iiint_W f(x, y, z)dxdydz = \iiint_E f(r\cos\theta, r\sin\theta, z)rdrd\theta dz$$

예제 5 xy평면, 구면 $x^2+y^2+z^2=4a^2$과 원주면 $r=2a\sin\theta$로 둘러 싸이고 xy 평면 위에 있는 영역 W의 부피를 구하여라. (단, $a>0$)

풀이 주어진 입체영역 W는 그림과 같다.

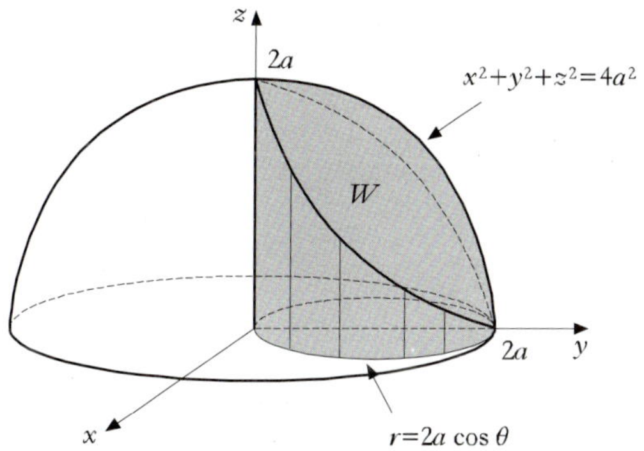

그림 13

영역 W의 원기둥좌표변환은 다음의 일대일대응으로 주어진다.

$$T(r, \theta, z) = (r\cos\theta, r\sin\theta, z)$$

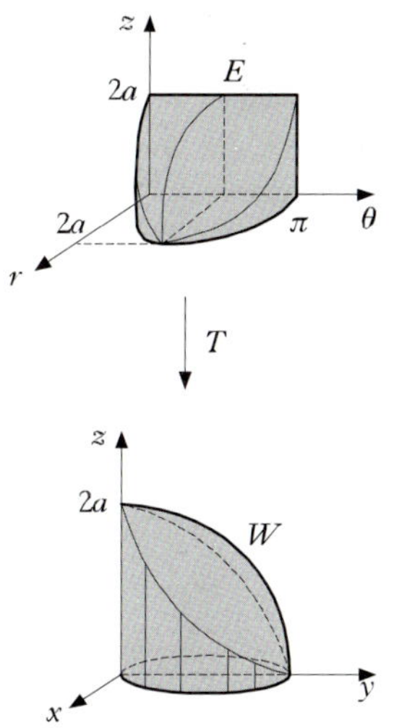

그림 15

그리고 영역 W의 부피는 다음과 같이 삼중적분으로 주어진다.

$$W\text{의 부피} = \iiint_W dxdydz$$

영역 W를 원기둥좌표로 표시하면 다음의 영역 E와 같다.

$$E = \left\{(r, \theta, z) \,\middle|\, 0 \leq r \leq 2a\sin\theta,\ 0 \leq \theta \leq \pi,\ 0 \leq z \leq \sqrt{4a^2-r^2}\right\}$$

$r\theta z$공간의 입체영역 E는 $r\theta$평면의 평면영역 D에서 정의되는 함수 $z=\sqrt{4a^2-r^2}$의 그래프로 만들어지는 입체이다.

원기둥좌표로 변수변환하여 W의 부피를 계산하면

$$\iiint_W dxdydz = \iiint_E rdrd\theta dz$$

$$= \int_0^{\pi} \int_0^{2a\sin\theta} \int_0^{\sqrt{4a^2 - r^2}} r\,dz\,dr\,d\theta$$

$$= \int_0^{\pi} \int_0^{2a\sin\theta} r\sqrt{4a^2 - r^2}\,dr\,d\theta$$

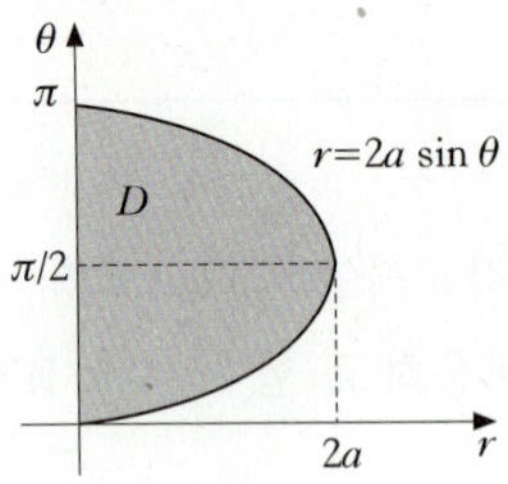

그림 16

$\sqrt{4a^2 - r^2} = t$로 치환하여 $\int_0^{2a\sin\theta} r\sqrt{4a^2 - r^2}\,dr$를 계산하자.

$$\sqrt{4a^2 - r^2} = t \Rightarrow 4a^2 - r^2 = t^2$$
$$\Rightarrow r\,dr = -t\,dt$$
$$r = 2a\sin\theta \Rightarrow t = 2a\sqrt{1 - \sin^2\theta} = 2a|\cos\theta|$$
$$r = 0 \Rightarrow t = 2a$$

따라서

$$\int_0^{2a\sin\theta} r\sqrt{4a^2 - r^2}\,dr = \int_{2a}^{2a|\cos\theta|} (-t^2)\,dt$$
$$= \frac{8a^3}{3}(1 - |\cos^3\theta|)$$

cos³θ의 적분

$$\int \cos^3\theta\,d\theta = \frac{1}{3}(2 + \cos^2\theta)\sin\theta + C$$

그러므로

$$\iiint_W dxdydz = \int_0^{\pi} \frac{8a^3}{3}(1 - |\cos^3\theta|)\,d\theta$$
$$= \frac{8a^3}{3}\left(\pi - \int_0^{\pi} |\cos^3\theta|\,d\theta\right)$$
$$= \frac{8a^3}{3}\left(\pi - 2\int_0^{\frac{\pi}{2}} \cos^3\theta\,d\theta\right)$$
$$= \frac{8a^3}{3}\left(\pi - \frac{4}{3}\right)$$
■

예제 6 구면 $x^2 + y^2 + z^2 = 2$ 과 포물면 $z = x^2 + y^2$으로 둘러싸인 영역 W의 부피를 구하여라.

풀이 두 곡면의 식을 연립하면

$$x^2 + y^2 + z^2 = 2, \quad z = x^2 + y^2$$

$z^2 + z - 2 = 0$에서 $z = 1$. 따라서 두 곡면의 교선은

$$x^2 + y^2 = 1, \quad z = 1$$

영역 W의 원기둥좌표변환은 다음의 일대일대응으로 주어진다.
$T(r, \theta, z) = (r\cos\theta, r\sin\theta, z)$

그러므로 주어진 입체영역 W는 그림과 같다.

그리고 영역 W의 부피는 다음과 같이 삼중적분으로 주어진다.

$$W\text{의 부피} = \iiint_W dxdydz$$

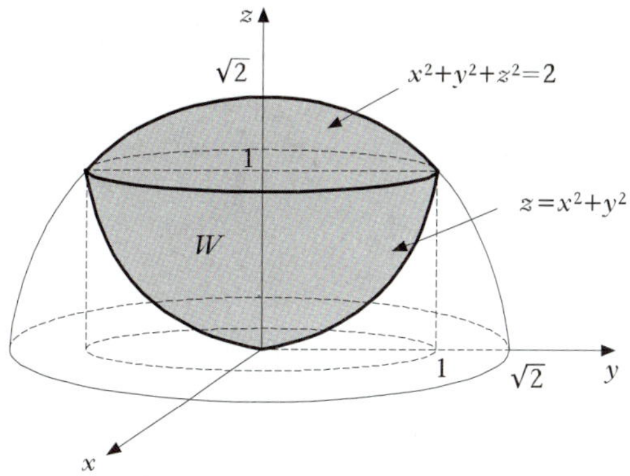

그림 17

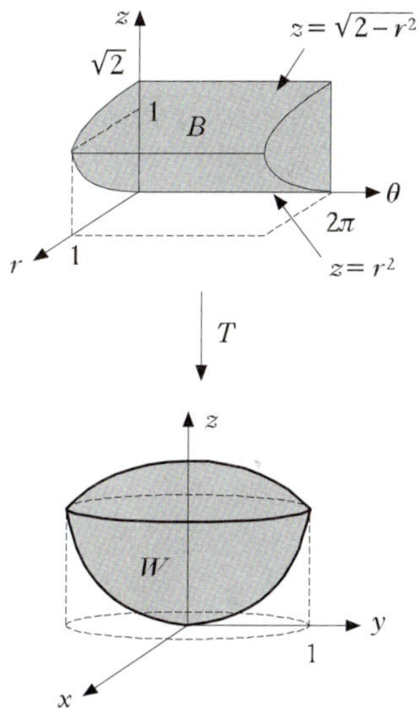

그림 18

영역 W를 원기둥좌표로 표시하면 다음의 영역 E와 같다.

$$E=\{(r,\ \theta,\ z)\,|\,0\le r\le 1,\ 0\le\theta\le 2\pi,\ r^2\le z\le\sqrt{2-r^2}\}$$

원기둥좌표로 변수변환하여 W의 부피를 계산하면

$$\begin{aligned}\iiint_W dxdydz &= \iiint_E rdrd\theta dz\\ &=\int_0^{2\pi}\int_0^1\int_{r^2}^{\sqrt{2-r^2}} rdzdrd\theta\\ &=\int_0^{2\pi}\int_0^1(\sqrt{2-r^2}-r^2)rdrd\theta\\ &=\int_0^{2\pi}\left[-\frac{1}{3}(2-r^2)^{3/2}-\frac{1}{4}r^4\right]_0^1 d\theta\\ &=\frac{8\sqrt{2}-7}{6}\pi\end{aligned}$$

$r\theta z$공간의 입체영역 E는 $r\theta$평면의 평면영역 D에서 정의되는 두 함수 $z=\sqrt{2-r^2}$, $z=r^2$의 그래프 사이의 영역이다.

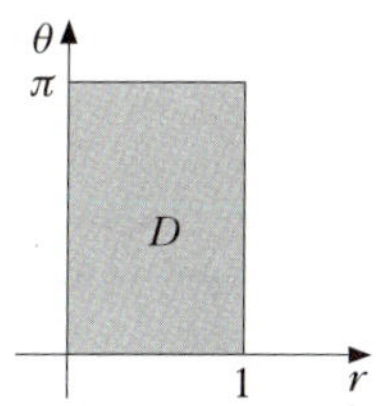

그림 19

구면좌표계

구면좌표계

구면좌표계에서 $\rho=\rho_0$, $\phi=\phi_0$, $\theta=\theta_0$가 나타내는 도형

공간의 점의 좌표를 다음과 같이 나타내는 내는 좌표계를 **구면좌표계** (Spherical coordinate system)라 한다.

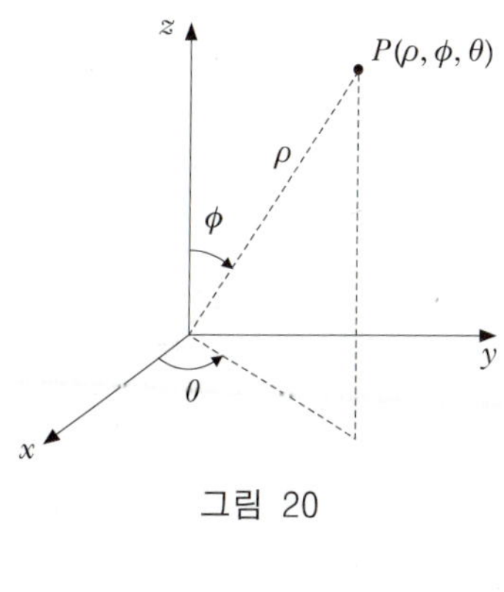

그림 20

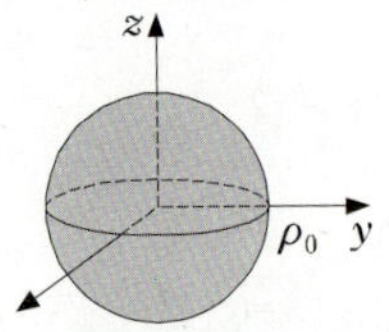

$\rho=\rho_0$: 반지름이 ρ_0인 구면

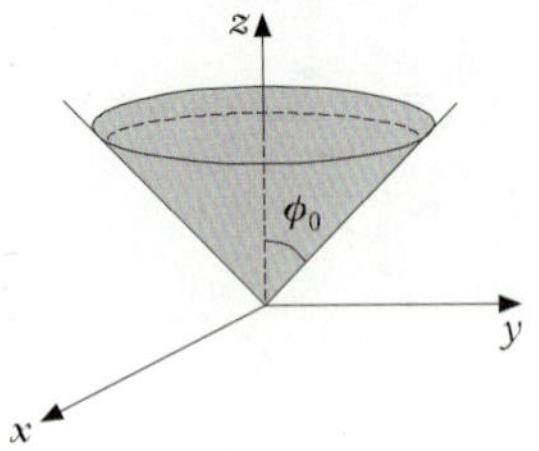

$\phi=\phi_0$: 꼭지각이 ϕ_0인 원뿔

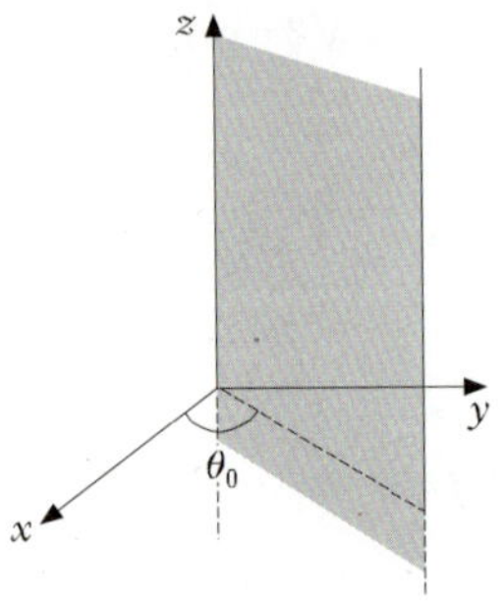

$\theta=\theta_0$: x축과의 사이각이 θ_0인 평면

그림 21

직교좌표계와 구면좌표계의 관계는 다음과 같다.

$$T(\rho,\ \phi,\ \theta)=(\rho\sin\phi\cos\theta,\ \rho\sin\phi\sin\theta,\ \rho\cos\phi)$$

즉,

$$x=\rho\sin\phi\cos\theta,\ y=\rho\sin\phi\sin\theta,\ z=\rho\cos\phi$$

구면좌표계로의 변환에 따른 Jacobian을 구하면

$$\begin{aligned}\frac{\partial(x,\ y,\ z)}{\partial(\rho,\ \phi,\ \theta)}&=\begin{vmatrix}\frac{\partial x}{\partial\rho} & \frac{\partial x}{\partial\phi} & \frac{\partial x}{\partial\theta}\\ \frac{\partial y}{\partial\rho} & \frac{\partial y}{\partial\phi} & \frac{\partial y}{\partial\theta}\\ \frac{\partial z}{\partial\rho} & \frac{\partial z}{\partial\phi} & \frac{\partial z}{\partial\theta}\end{vmatrix}\\ &=\begin{vmatrix}\sin\phi\cos\theta & \rho\cos\phi\cos\theta & -\rho\sin\phi\sin\theta\\ \sin\phi\sin\theta & \rho\cos\phi\sin\theta & \rho\sin\phi\cos\theta\\ \cos\phi & -\rho\sin\phi & 0\end{vmatrix}\\ &=\rho^2\sin\phi\end{aligned}$$

따라서 부피요소의 변환식은 다음과 같다.

$$dxdydz=\rho^2\sin\phi d\rho d\phi d\theta$$

그러므로 구면좌표변환에 대한 다음의 정리를 얻을 수 있다.

정리 5 (삼중적분의 구면좌표변환)

구면좌표계로의 변환에 의하여 xyz공간(직교좌표계)의 영역 W와 $\rho\phi\theta$공간(구면좌표계) 영역 E가 일대일대응하고 함수 f가 W에서 미분가능하면 다음이 성립한다.

$$\begin{aligned}&\iiint_W f(x,\ y,\ z)dxdydz\\ &=\iiint_E f((\rho\sin\phi\cos\theta,\ \rho\sin\phi\sin\theta,\ \rho\cos\phi))\rho^2\sin\phi d\rho d\phi d\theta\end{aligned}$$

예제 7 구면 $\rho=a$와 원뿔 $\phi=\alpha$ 사이 영역의 부피를 구하여라.

풀이 구면 $\rho=a$와 원뿔 $\phi=\alpha$ 사이 영역은 그림과 같다.

그리고 영역 W의 부피는 다음과 같이 삼중적분으로 주어진다.

$$W\text{의 부피}=\iiint_W dxdydz$$

영역 W를 구면좌표로 표시하면 다음의 영역 E와 같다.

영역 W의 구면좌표변환은 다음의 일대일대응으로 주어진다.

$T(\rho,\ \phi,\ \theta)$
$=(\rho \sin \phi \cos \theta,\ \rho \sin \phi \sin \theta,\ \rho \cos \phi)$

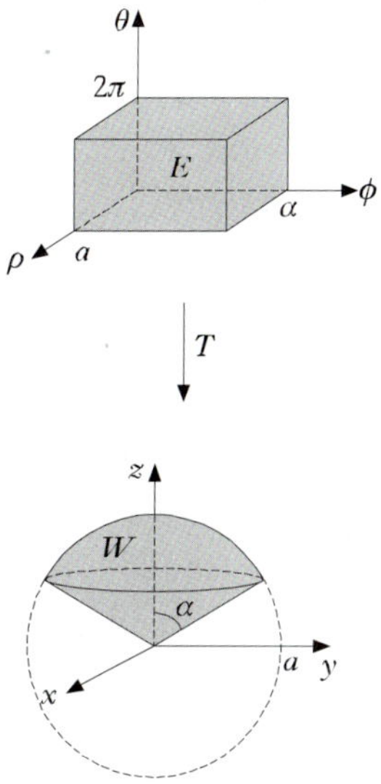

그림 23

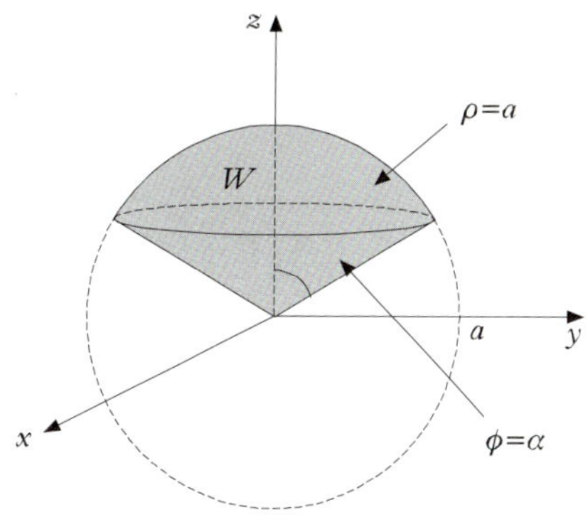

그림 22

$$E=\{(\rho,\ \phi,\ \theta) \mid 0 \le \rho \le 1,\ 0 \le \phi \le \alpha,\ 0 \le \theta \le 2\pi\}$$

구면좌표계로 변수변환하여 W의 부피를 계산하면

$$\begin{aligned}
\iiint_W dxdydz &= \iiint_E \rho^2 \sin \phi d\rho d\phi d\theta \\
&= \int_0^{2\pi} \int_0^{\alpha} \int_0^{a} \rho^2 \sin \phi d\rho d\phi d\theta \\
&= \int_0^{2\pi} \int_0^{\alpha} \left[\frac{1}{3} \rho^3 \sin \phi \right]_{\rho=0}^{a} d\phi d\theta \\
&= \int_0^{2\pi} \int_0^{\alpha} \left(\frac{a^3}{3} \sin \phi \right) d\phi d\theta \\
&= \int_0^{2\pi} \left[-\frac{a^3}{3} \cos \phi \right]_{\phi=0}^{\alpha} d\theta \\
&= \int_0^{2\pi} \frac{a^3}{3} (1-\cos \alpha) d\theta \\
&= \frac{2\pi a^3}{3} (1-\cos \alpha)
\end{aligned}$$

예제 7에서 $\alpha=\pi$이면 영역 W는 반지름이 a인 구가 된다. 따라서 반지름이 a인 구의 부피는 $\dfrac{4\pi a^3}{3}$임을 알 수 있다.

예제 8 영역 W가 단위구(unit ball)이다. 즉,

$$W=\{(x,\ y,\ z) \mid x^2+y^2+z^2 \le 1\}$$

다음 삼중적분을 계산하여라.

$$\iiint_W e^{(x^2+y^2+z^2)^{3/2}} dxdydz$$

풀이 영역 W를 구면좌표계로 나타내면 다음의 영역 E가 되며 직육면체영역으로 나타난다.

$$E = \{(\rho,\ \phi,\ \theta) | 0 \le \rho \le 1,\ 0 \le \phi \le \pi,\ 0 \le \theta \le 2\pi\}$$

따라서 구면좌표계로 변수변환하여 적분을 계산하자.
$x = \rho \sin\phi \cos\theta$, $y = \rho \sin\phi \sin\theta$, $z = \rho\cos\phi$이므로

$$x^2 + y^2 + z^2 = \rho^2$$

따라서

$$\begin{aligned}\iiint_W e^{(x^2+y^2+z^2)^{3/2}} dxdydz &= \iiint_E e^{\rho^3}\rho^2 \sin\phi d\rho d\phi d\theta \\ &= \int_0^{2\pi}\int_0^{\pi}\int_0^1 e^{\rho^3}\rho^2 \sin\phi d\rho d\phi d\theta \\ &= \int_0^{2\pi}\int_0^{\pi}\left[\frac{1}{3}e^{\rho^3}\sin\phi\right]_{\rho=0}^{1} d\phi d\theta \\ &= \int_0^{2\pi}\int_0^{\pi}\left(\frac{e-1}{3}\sin\phi\right) d\phi d\theta \\ &= \int_0^{2\pi}\frac{2(e-1)}{3}d\theta \\ &= \frac{4(e-1)}{3}\pi\end{aligned}$$

예제 9 원뿔 $z = \sqrt{x^2+y^2}$과 반구면 $z = 1 + \sqrt{1-x^2-y^2}$으로 둘러싸인 영역의 부피를 원기둥좌표계, 구면좌표계로의 변수변환 등 두 가지 방법으로 구하여라.

풀이 $z = 1 + \sqrt{1-x^2-y^2}$의 그래프는 (0, 0, 1)을 중심으로 반지름이 1인 구면의 윗부분이다. 그리고 영역 W는 다음 그림과 같다.

원뿔과 구면의 식을 연립하면

$$\sqrt{x^2+y^2} = 1 + \sqrt{1-x^2-y^2}$$

따라서

$$x^2 + y^2 = 1,\ z = 1$$

원뿔과 구면이 만나서 생기는 곡선은 반지름이 1인 원이다.

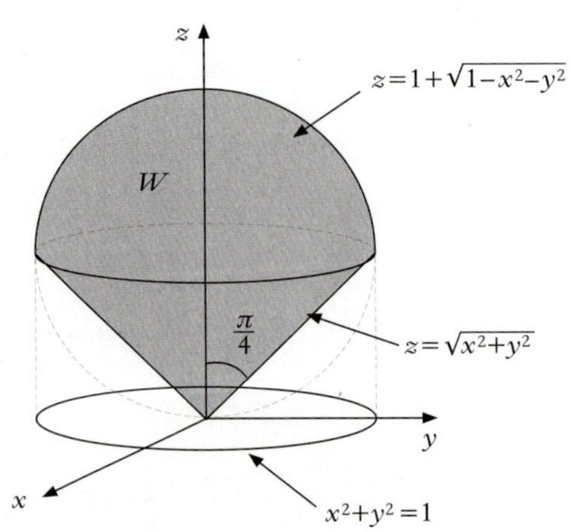

그림 24

(1) 영역 W를 원기둥좌표계로 나타내면 다음의 영역 E와 같다.

$$E = \left\{(r,\ \theta,\ z) \middle| 0 \le r \le 1,\ 0 \le \theta \le 2\pi,\ r \le z \le 1 + \sqrt{1-r^2}\right\}$$

원기둥좌표로 변수변환하여 W의 부피를 계산하면

$$\iiint_W dxdydz = \iiint_E rdrd\theta dz$$
$$= \int_0^{2\pi}\int_0^1\int_r^{1+\sqrt{1-r^2}} rdzdrd\theta$$
$$= \int_0^{2\pi}\int_0^1 (1+\sqrt{1-r^2}-r)rdrd\theta$$
$$= \int_0^{2\pi}\left[\frac{1}{2}r^2-\frac{1}{3}(1-r^2)^{3/2}-\frac{1}{3}r^3\right]_0^1 d\theta$$
$$= \int_0^{2\pi}\frac{1}{2}d\theta = \pi$$

(2) 영역 W를 구면좌표계로 나타내면 다음의 영역 E와 같다.

$$E=\{(\rho,\ \phi,\ \theta)\,|\,0\le\rho\le 2\cos\phi,\ 0\le\phi\le\pi/4,\ 0\le\theta\le 2\pi\}$$

구면좌표계로 변수변환하여 W의 부피를 계산하면

$$\iiint_W dxdydz = \iiint_E \rho^2\sin\phi d\rho d\phi d\theta$$
$$= \int_0^{2\pi}\int_0^{\pi/4}\int_0^{2\cos\phi}\rho^2\sin\phi d\rho d\phi d\theta$$
$$= \int_0^{2\pi}\int_0^{\pi/4}\left[\frac{1}{3}\rho^3\sin\phi\right]_{\rho=0}^{2\cos\phi} d\phi d\theta$$
$$= \int_0^{2\pi}\int_0^{\pi/4}\left(\frac{8}{3}\cos^3\phi\sin\phi\right)d\phi d\theta$$
$$= \int_0^{2\pi}\left[-\frac{2}{3}\cos^4\phi\right]_0^{\pi/4} d\theta$$
$$= \int_0^{2\pi}\frac{1}{2}d\theta = \pi$$

그림에서 $\rho=2\cos\phi$

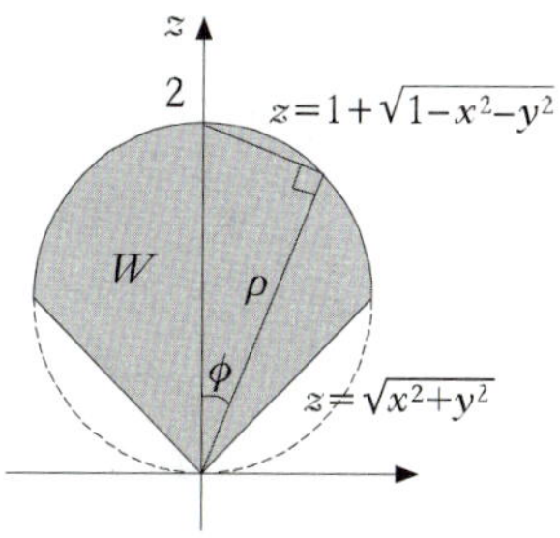

그림 25

따라서 영역 W에서 ρ의 범위는

$$0\le\rho\le 2\cos\phi$$

이다.

연습문제 15.4

※ (1~6) 적분영역을 그리고 적분을 계산하여라.

1. $\displaystyle\int_{-a}^{a}\int_{-\sqrt{a^2-x^2}}^{\sqrt{a^2-x^2}}(x^2+y^2)dydx$

2. $\displaystyle\int_0^{2a}\int_0^{\sqrt{2ay-y^2}}y^2dxdy$

3. $\displaystyle\int_0^2\int_0^{\sqrt{4-x^2}}\frac{xy}{\sqrt{x^2+y^2}}dydx$

4. $\displaystyle\int_0^2\int_{-\sqrt{4-y^2}}^{\sqrt{4-y^2}}x^2y^2dxdy$

5. $\displaystyle\int_0^2\int_0^{\sqrt{2x-x^2}}\sqrt{x^2+y^2}\,dydx$

6. $\displaystyle\int_{-a}^{a}\int_0^{\sqrt{a^2-y^2}}(x^2+y^2)^{3/2}dxdy$

※ (7~10) 주어진 곡선으로 둘러싸인 영역 D에서 적분을 계산하여라.

7. $\displaystyle\iint_D\frac{1}{1-x^2-y^2}dA,\ D: x^2+y^2=a^2\quad(0<a<1)$

8. $\iint_D e^{-x^2-y^2}dA,\ D: x=\sqrt{4-y^2},\ x=0$

9. $\iint_D \sqrt{x^2+y^2}\,dA,\ D: 1\le x^2+y^2\le 9,\ y\ge 0$

10. $\iint_D (x^2+y^2)dA,\ D: r=\theta,\ r=2\theta\ (0\le\theta\le 2\pi)$

※ (11~16) 주어진 곡선으로 둘러싸인 영역의 넓이를 계산하여라.

11. $r^2=2a^2\cos 2\theta$

12. $r=1-\cos\theta$

13. $r=4\sin 3\theta$

14. $r=1+\cos\theta,\ r=6-\sin\theta$

※ (15~20) 주어진 곡면으로 둘러싸인 영역의 부피를 계산하여라.

15. $z=4-x^2-y^2$, xy평면

16. $(x-2)^2+y^2=4,\ z=x^2+y^2$, xy평면

17. $z=2x^2+2y^2+4,\ z=-4x^2-4y^2-4,\ x^2+y^2=16$

18. $z^2-x^2-y^2=1,\ z=4$

19. $x^2+y^2+z^2=20,\ z=x^2+y^2$

20. $x^2+y^2+z^2=4,\ x^2+(y-1)^2=1$

※ (21~22) 다음 반복적분의 적분영역을 그리고 주어진 좌표계로 변수변환하여 나타내어라.

21. $\int_0^{2\pi}\int_0^1\int_0^{\sqrt{4-r^2}} r\,dz\,dr\,d\theta$ (직교좌표계)

22. $\int_0^a\int_0^{\sqrt{a^2-x^2}}\int_0^{\sqrt{a^2-x^2-y^2}} dz\,dy\,dx$ (구면좌표계)

※ (23~26) 영역 W에서 f의 삼중적분을 계산하여라.

23. $f(x, y, z)=x^2+y^2+z^2$
$W: x^2+y^2\le 1,\ 0\le z\le 2$

24. $f(x, y, z)=x^2+y^2+z^2$
$W: b^2\le x^2+y^2+z^2\le a^2$

25. $f(x, y, z)=xz+yz$
$W: 0\le x\le 2,\ 0\le y\le\sqrt{4-x^2},\ 0\le z\le x^2+y^2$

26. $f(x, y, z)=z$
$W: \rho\le 2a\sin\phi$

※ (27~32) 주어진 영역의 부피를 계산하여라.

27. 구 $x^2+y^2+z^2=4a^2$와 원기둥 $x^2+y^2=a^2$의 공통부분

28. 원뿔 $z^2=x^2+y^2$과 구 $x^2+y^2+z^2=8$로 둘러싸인 제일팔분공간의 영역

29. 포물면 $z=5-x^2-y^2$과 포물면 $z=4x^2+4y^2$으로 둘러싸인 영역

30. 구 $\rho=2$의 내부와 평면 $z=\sqrt{2}$의 윗 부분

31. 구 $\rho=a$와 평면 $\theta=0,\ \theta=\dfrac{\pi}{6}$로 둘러싸인 제일팔분공간 안의 영역

32. 곡면 $\rho=1+\cos\phi$의 내부와 구 $\rho=2$의 외부의 영역

15.5 중적분의 응용

그래프의 넓이를 이중적분을 이용하여 계산하는 방법을 소개한다. 그리고 평면영역과 입체영역의 질량, 모멘트와 질량중심, 관성모멘트 등을 이중적분, 삼중적분을 이용하여 계산한다.

그래프의 넓이

직사각형 영역 $R=[a, b]\times[c, d]$에서 정의되는 두변수함수 $z=f(x, y)$의 그래프 S의 넓이를 계산해보자.

중적분을 정의할 때와 같이 구간 $[a, b]$와 구간 $[c, d]$을 각각 분할하고 이를 이용하여 다음과 같이 영역 R의 분할(partition) P가 주어졌다고 하자.

$$P : \{R_{i,j} : 1 \le i \le m,\ 1 \le j \le n\}$$

영역 R의 분할에 따라 함수 f의 그래프도 아래의 그림처럼 분할된다.

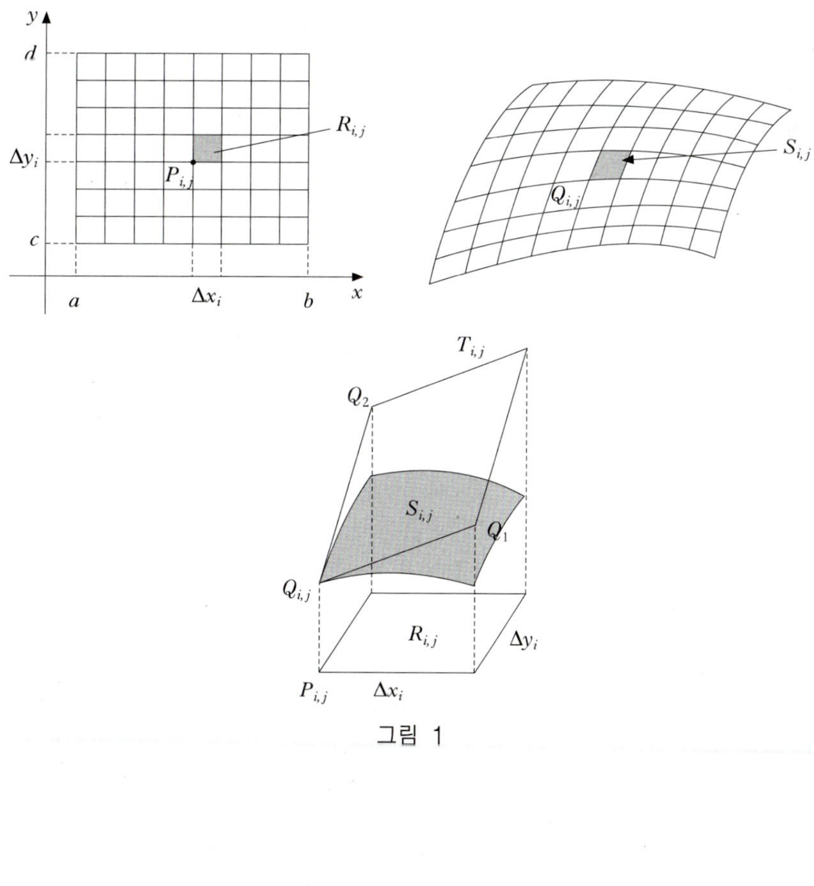

그림 1

함수 f에 의하여 xy 평면의 영역 $R_{i,j}$는 그래프 조각 $S_{i,j}$에 대응한다.

그림에서 $T_{i,j}$는 점 $Q_{i,j}$에서의 접평면의 조각으로 xy 평면으로 사영하면 $R_{i,j}$와 일치한다. 여기서 $T_{i,j}$의 넓이 $A(T_{i,j})$를 $S_{i,j}$의 넓이 $A(S_{i,j})$의 근사값으로 택하자. 즉

$$A(S_i, j) \approx A(T_i, j)$$

$T_{i,j}$는 두 벡터 $\overrightarrow{Q_{i,j}Q_1}$와 $\overrightarrow{Q_{i,j}Q_2}$로 만들어지는 평행사변형이므로

$$A(T_{i,j}) = \|\overrightarrow{Q_{i,j}Q_1} \times \overrightarrow{Q_{i,j}Q_2}\|$$

두 벡터 $\mathbf{u}$와 $\mathbf{v}$로 만들어지는 평행사변형의 넓이 A는

$$A = \|\mathbf{u} \times \mathbf{v}\|$$

한편 점 Q_i, j에서의 접평면의 방정식은

$$z = f_x(x_i, y_i)(x - x_i) + f_y(x_i, y_i)(y - y_j) + f(x_i, y_i)$$

따라서 두 점 Q_1, Q_2의 좌표는 각각 다음과 같다.

$$Q_1 = (x_i + \triangle x_i, y_j, f_x(x_i, y_i)\triangle x_i + f(x_i, y_i)$$
$$Q_2 = (x_i, y_j + \triangle y_j, f_y(x_i, y_i)\triangle y_j + f(x_i, y_i))$$

$\overrightarrow{Q_{i,j}Q_1} \times \overrightarrow{Q_{i,j}Q_2}$을 계산하면

$$\begin{aligned}\overrightarrow{Q_{i,j}Q_1} \times \overrightarrow{Q_{i,j}Q_2} &= (\triangle x_i, 0, f_x(x_i, y_i)\triangle x_i) \times (0, \triangle y_j, f_y(x_i, y_i)\triangle y_j) \\ &= \triangle x_i \triangle y_j(-f_x(x_i, y_i), -f_y(x_i, y_i), 1)\end{aligned}$$

따라서

$$A(T_{i,j}) = \sqrt{(f_x(x_i, y_i))^2 + (f_y(x_i, y_i))^2 + 1}\, \triangle x_i \triangle y_j$$

그러므로

$$A(S_{i,j}) \approx \sqrt{(f_x(x_i, y_i))^2 + (f_y(x_i, y_i))^2 + 1}\, \triangle x_i \triangle y_j$$

여기서 다음과 같이 $A(S)$의 근사값을 얻는다.

$$\begin{aligned}A(S) &= \sum_{i,j} A(S_{i,j}) \\ &\approx \sum_{i,j} \sqrt{(f_x(x_i, y_i))^2 + (f_y(x_i, y_i))^2 + 1}\, \triangle x_i \triangle y_j\end{aligned}$$

한편 함수 f가 연속인 일계편미분을 가지면 함수 $\sqrt{(f_x)^2 + (f_y)^2 + 1}$는 적분가능하므로 이중적분의 정의에 따라 다음이 성립한다.

$$\lim_{\|P\| \to 0} \sum_{i,j} \sqrt{(f_x(x_i, y_i))^2 + (f_y(x_i, y_i))^2 + 1}\, \triangle x_i \triangle y_j$$

$$= \iint_R \sqrt{(f_x(x,\ y))^2 + (f_y(x,\ y))^2 + 1}\, dxdy$$

그러므로 다음 식이 성립한다.

$$A(S) = \iint_R \sqrt{(f_x(x,\ y))^2 + (f_y(x,\ y))^2 + 1}\, dxdy$$

위에서 직사각형 영역에서 정의된 함수의 그래프의 넓이를 구해보았다. 실제로 직사각형이 아닌 일반적인 영역에서도 위와 같은 식이 성립한다.

정리 1 (그래프의 넓이)
영역 D에서 연속인 미분을 가지는 함수 $z = f(x,\ y)$의 그래프 S의 넓이 $A(S)$는 다음과 같다.

$$A(S) = \iint_D \sqrt{(f_x(x,\ y))^2 + (f_y(x,\ y))^2 + 1}\, dxdy$$

예제 1 포물면 $z = x^2 + y^2$을 평면 $z = 1$로 자른 아래 부분의 넓이를 구하여라.

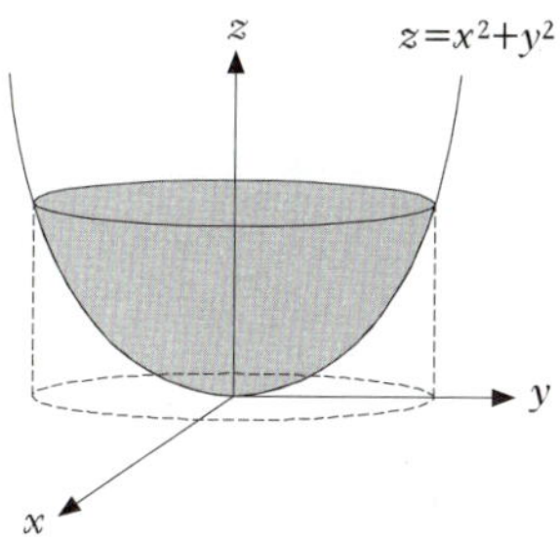

그림 2

풀이 주어진 곡면 S는 $D = \{(x,\ y) : x^2 + y^2 \le 1\}$에서 정의된 함수 $f(x,\ y) = x^2 + y^2$의 그래프이다(그림 2). 따라서 곡면의 넓이 $A(S)$는 다음과 같다.

$$A(S) = \iint_D \sqrt{(f_x(x,\ y))^2 + (f_y(x,\ y))^2 + 1}\, dxdy$$

한편

$$\sqrt{(f_x(x,\ y))^2 + (f_y(x,\ y))^2 + 1} = \sqrt{4x^2 + 4y^2 + 1}$$

그러므로

$$A(S) = \iint_D \sqrt{4x^2 + 4y^2 + 1}\, dxdy$$

영역 D를 극좌표로 표시하면 다음 영역 E와 같다.

$$E = \{(r,\ \theta) \mid 0 \le r \le 1,\ 0 \le \theta \le 2\pi\}$$

따라서 극좌표변환하여 이중적분을 계산하면

$$A(S) = \iint_E \sqrt{4r^2 + 1}\, rdrd\theta$$

$$= \int_0^{2\pi} \int_0^1 \sqrt{4r^2 + 1}\, rdrd\theta$$

$$= \int_0^{2\pi} \frac{1}{12}(5\sqrt{5}-1)d\theta = \frac{\pi}{6}(5\sqrt{5}-1)$$ ■

예제 2 구면 $x^2+y^2+z^2=a^2$ $(z \geq 0)$이 원주면 $x^2+y^2=b^2$ $(0<b<a)$에 의하여 잘려진 곡면의 넓이를 구하여라.

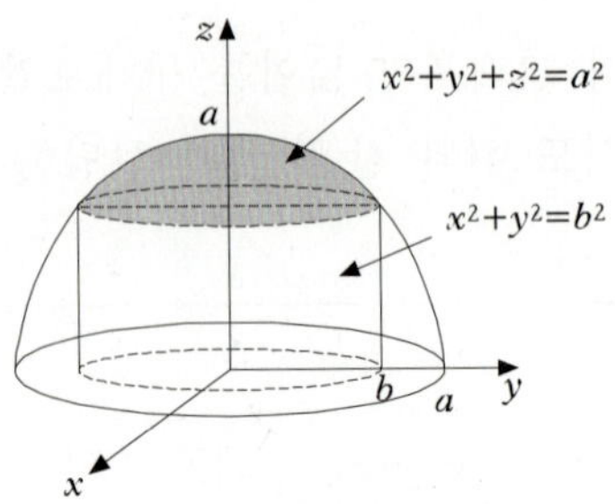

그림 3

풀이 주어진 곡면 S는 $D=\{(x, y) : x^2+y^2 \leq b^2\}$에서 정의된 함수

$$f(x, y) = \sqrt{a^2-x^2-y^2}$$

의 그래프이다. (그림 3) 따라서 곡면의 넓이 $A(S)$는 다음과 같다.

$$A(S) = \iint_D \sqrt{(f_x(x, y))^2+(f_y(x, y))^2+1}\,dxdy$$

한편

$$f_x(x, y) = -\frac{x}{\sqrt{a^2-x^2-y^2}}$$
$$f_y(x, y) = -\frac{y}{\sqrt{a^2-x^2-y^2}}$$

따라서

$$\sqrt{(f_x(x, y))^2+(f_y(x, y))^2+1} = \left[\frac{x^2+y^2}{a^2-x^2-y^2}+1\right]^{\frac{1}{2}} = \frac{a}{\sqrt{a^2-x^2-y^2}}$$

그러므로

$$A(S) = \iint_D \frac{a}{\sqrt{a^2-x^2-y^2}}dxdy$$

영역 D를 극좌표로 표시하면 다음 영역 E와 같다.

$$E = \{(r, \theta) | 0 \leq r \leq b,\ 0 \leq \theta \leq 2\pi\}$$

따라서 극좌표로 변환하여 이중적분을 계산하면

$$\begin{aligned} A(S) &= \iint_E \frac{a}{\sqrt{a^2-r^2}}rdrd\theta \\ &= \int_0^{2\pi}\int_0^b \frac{a}{\sqrt{a^2-r^2}}rdrd\theta \\ &= a\int_0^{2\pi}(-\sqrt{a^2-b^2}+a)d\theta \\ &= 2\pi a(a-\sqrt{a^2-b^2}) \end{aligned}$$

그러므로 곡면 S의 넓이는 $2\pi a(a-\sqrt{a^2-b^2})$이다. ■

구의 겉넓이

예제 1에서 $b=a$인 경우를 생각하면

반구의 겉넓이 $=2\pi a^2$

따라서

구의 겉넓이 $=4\pi a^2$

질량

xy 평면의 직사각형 영역 R의 각 점에서의 밀도를 나타내는 밀도함수가 연속함수 $\delta(x, y)$로 주어질 때 영역의 질량(mass) M을 구해보자.

영역 R을 작은 직사각형 영역 $R_{i,j}$로 분할하고

$$P : \{R_{i,j} : 1 \le i \le m,\ 1 \le j \le n\}$$

각각의 $R_{i,j}$에서 표본점 $(\overline{x}_{i,j}, \overline{y}_{i,j})$를 택하면

$$R_{i,j}\text{의 질량} \approx \delta(\overline{x}_{i,j}, \overline{y}_{i,j})\triangle A_{i,j}$$

따라서

$$R\text{의 질량} \approx \sum_{i,j} \delta(\overline{x}_{i,j}, \overline{y}_{i,j})\triangle A_{i,j}$$

한편 $\delta(x, y)$가 연속함수이므로

$$\lim_{\|P\| \to 0} \sum_{i,j} \delta(\overline{x_{i,j}}, \overline{y_{i,j}})\triangle A_{i,j} = \iint_R \delta(x, y)dA$$

그러므로 영역의 질량 M은 다음과 같다.

$$M = \iint_R \delta(x, y)dA$$

일반적인 평면영역이나 입체의 질량도 마찬가지 방법으로 정의한다.

정의 1 (질량)

(1) xy 평면의 평면영역 D에서의 밀도함수가 연속함수 $\delta(x, y)$로 주어진다면 평면영역 D의 **질량**(mass) M은 다음과 같다.

$$M = \iint_D \delta(x, y)dA$$

(2) xyz 공간의 입체영역 W에서의 밀도함수가 연속함수 $\delta(x, y, z)$로 주어진다면 입체영역 W의 **질량**(mass) M은 다음과 같다.

$$M = \iiint_D \delta(x, y, z)dV$$

예제 3 꼭지점이 $(0, 0)$, $(1, 0)$, $(0, 2)$인 삼각형 영역 D에서의 밀도함수가 $\delta(x, y) = 1 + 4x + y$로 주어진다. 영역 D의 질량을 구하여라.

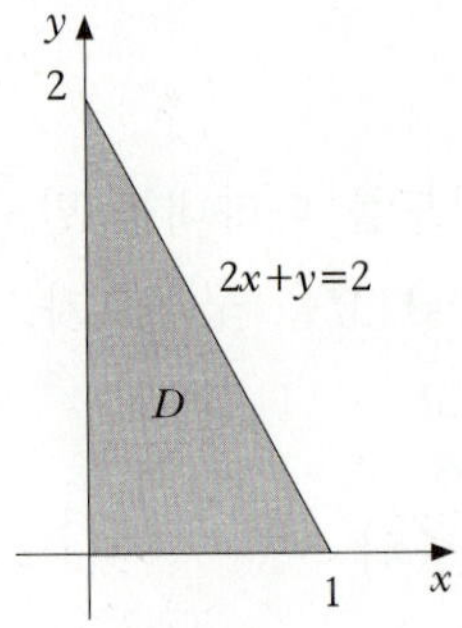

그림 4

풀이 영역 D는 $2x+y=2$, x축, y축으로 둘러싸인 영역이다(그림 4).
영역 D의 질량 M을 계산하면

$$M = \iint_D (1+4x+y)\,dA$$
$$= \int_0^1 \int_0^{2-2x} (1+4x+y)\,dy\,dx$$
$$= \int_0^1 (-6x^2+2x+4)\,dx = 3$$

■

예제 4 다음과 같이 주어진 입체영역 W

$$W = \{(x,\ y,\ z)\,|\,0 \le x \le z+y,\ 1 \le y \le 2,\ -1 \le z \le 1\}$$

에서 밀도함수가 $\delta(x,\ y,\ z) = 2x+y$일 때 W의 질량을 구하여라.

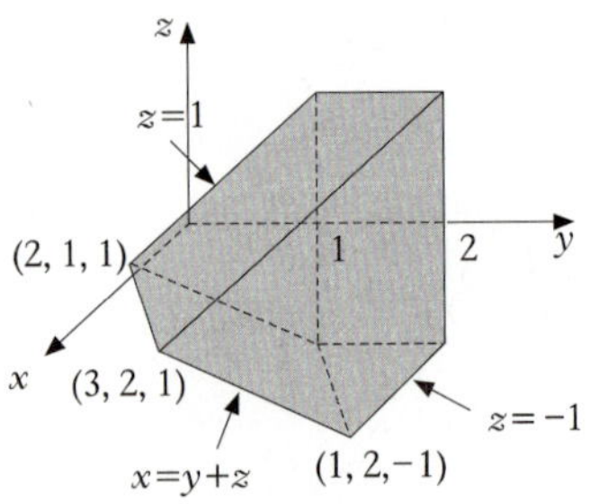

그림 5

풀이 입체영역 W는 6개의 평면 $x=0$, $x=z+y$, $y=1$, $y=2$, $z=-1$, $z=1$으로 둘러싸인 영역이다. (그림 5) 영역 W의 질량 M을 구하면

$$M = \iiint_W (2x+y)\,dV$$
$$= \int_{-1}^1 \int_1^2 \int_0^{y+z} (2x+y)\,dx\,dy\,dz$$
$$= \int_{-1}^1 \int_1^2 (2y^2+3yz+z^2)\,dy\,dz$$
$$= \int_{-1}^1 \left(z^2+\frac{9}{2}z+\frac{14}{3}\right) dz = 10$$

■

모멘트와 질량중심

xy 평면 위의 점 $(x_1,\ y_1), \cdots, (x_n,\ y_n)$에 질량이 각각 $m_1, \cdots, m_n$인 n개의 입자들이 있다고 하자. n개의 입자들의 x축에 대한 **모멘트**(moment) M_x는 각 입자들의 질량과 x축까지의 거리의 곱을 합한 것이다. 즉,

$$M_x = \sum_{k=1}^{n} y_k m_k$$

마찬가지 방법으로 y축에 대한 모멘트 M_y는 다음과 같다.

$$M_y = \sum_{k=1}^{n} x_k m_k$$

그리고 **질량중심**(center of mass)의 좌표 $(\bar{x},\ \bar{y})$는 다음과 같다.

$$\bar{x} = \frac{M_y}{M} = \frac{\sum_{k=1}^{n} x_k m_k}{\sum_{k=1}^{n} m_k}, \quad \bar{y} = \frac{M_x}{M} = \frac{\sum_{k=1}^{n} y_k m_k}{\sum_{k=1}^{n} m_k}$$

이제 영역에서의 모멘트와 질량중심을 생각해보자.

xy 평면의 직사각형 영역 R에서 밀도함수가 연속함수인 $\delta(x, y)$로 주어진다고 하자. 영역 R을 작은 직사각형 영역 $R_{i,j}$로 분할하고

$$P : \{R_{i,j} : 1 \le i \le m,\ 1 \le j \le n\}$$

각각의 직사각형 영역 $R_{i,j}$에서 표본점 $(\bar{x}_{i,j}, \bar{y}_{i,j})$를 택하면

$$R_{i,j}\text{의 질량} \approx \delta(\bar{x}_{i,j}, \bar{y}_{i,j})\triangle A_{i,j}$$

$$x\text{축에 대한 } R_{i,j}\text{의 모멘트} \approx \bar{y}_{i,j}\delta(\bar{x}_{i,j}, \bar{y}_{i,j})\triangle A_{i,j}$$

따라서

$$x\text{축에 대한 } R\text{의 모멘트} \approx \sum_{i,j}{}' \bar{y}_{i,j}\,\delta(\bar{x}_{i,j}, \bar{y}_{i,j})\triangle A_{i,j}$$

한편 $\delta(x, y)$가 연속함수이므로

$$\lim_{\|P\| \to 0} \sum_{i,j}{}' \bar{y}_{i,j}\,\delta(\bar{x}_{i,j}, \bar{y}_{i,j})\triangle A_{i,j} = \iint_R y\delta(x, y)\,dA$$

그러므로

$$x\text{축에 대한 모멘트} : M_x = \iint_R y\delta(x, y)\,dA$$

마찬가지 방법으로 다음을 얻을 수 있다.

$$y\text{축에 대한 모멘트} : M_y = \iint_R x\delta(x, y)\,dA$$

그리고 영역 R의 질량을 M이라 하면 영역 R의 질량중심(center of mass)의 좌표 $(\bar{x}, \bar{y})$는 다음과 같다.

$$\bar{x} = \frac{M_y}{M}, \quad \bar{y} = \frac{M_x}{M}$$

일반적인 평면영역의 경우에도 마찬가지 방법으로 각 좌표축에 대한 모멘트와 질량중심을 정의한다. 그리고 입체영역의 경우에는 각 좌표평면에 대한 모멘트를 정의하고 이를 이용하여 질량중심을 정의한다.

정의 2 (모멘트와 질량중심)

(1) xy 평면의 평면영역 D에서 밀도함수가 연속함수 $\delta(x, y)$로 주어진다면 평면영역 D의 좌표축에 대한 **모멘트**(moment)와 **질량중심**(center of mass)의 좌표 $(\bar{x}, \bar{y})$는 다음과 같다.

$$x\text{축에 대한 모멘트} : M_x = \iint_D y\delta(x, y)dA$$

$$y\text{축에 대한 모멘트} : M_y = \iint_D x\delta(x, y)dA$$

$$\text{질량중심} : \bar{x} = \frac{M_y}{M}, \quad \bar{y} = \frac{M_x}{M}$$

단, M은 D의 질량이다.

(2) xyz 공간의 입체영역 W에서의 밀도함수가 연속함수 $\delta(x, y, z)$로 주어진다면 입체영역 W의 각 좌표평면에 대한 **모멘트**(moment)와 **질량중심**(center of mass)의 좌표 $(\bar{x}, \bar{y}, \bar{z})$는 다음과 같다.

$$xy\text{평면에 대한 모멘트} : M_{xy} = \iiint_W z\delta(x, y, z)dV$$

$$yz\text{평면에 대한 모멘트} : M_{yz} = \iiint_W x\delta(x, y, z)dV$$

$$xz\text{평면에 대한 모멘트} : M_{xz} = \iiint_W y\delta(x, y, z)dV$$

$$\text{질량중심} : \bar{x} = \frac{M_{yz}}{M}, \quad \bar{y} = \frac{M_{xz}}{M}, \quad \bar{z} = \frac{M_{xy}}{M}$$

단, M은 W의 질량이다.

예제 5 예제 3의 평면영역 D의 질량중심을 구하여라.

풀이 $\delta(x, y) = 1 + 4x + y$이므로 x축, y축에 대한 모멘트 M_x, M_y를 각각 구하면

$$\begin{aligned} M_x &= \iint_D (1+4x+y)y\,dA \\ &= \int_0^1 \int_0^{2-2x} (1+4x+y)y\,dy\,dx \\ &= \frac{2}{3}\int_0^1 (x-1)^2(8x+7)\,dx = 2 \end{aligned}$$

$$\begin{aligned} M_y &= \iint_D (1+4x+y)x\,dA \\ &= \int_0^1 \int_0^{2-2x} (1+4x+y)x\,dy\,dx \\ &= \int_0^1 (-6x^3+2x^2+4x)\,dx = \frac{7}{6} \end{aligned}$$

영역 D의 질량은 3이므로 질량중심 $(\bar{x}, \bar{y})$은 다음과 같다.

$$(\bar{x}, \bar{y}) = \left(\frac{M_x}{M}, \frac{M_y}{M}\right) = \left(\frac{2}{3}, \frac{7}{18}\right)$$ ■

예제 6 예제 4의 입체영역 W의 질량중심을 구하여라.

풀이 $\delta(x, y, z) = 2x + y$이므로 좌표평면에 대한 모멘트 M_{xy}, M_{yz}, M_{xz}를 각각 구하면

$$\begin{aligned}
M_{xy} &= \iiint_W z(2x+y)\,dV \\
&= \int_{-1}^{1}\int_{1}^{2}\int_{0}^{y+z} z(2x+y)\,dxdydz \\
&= \int_{-1}^{1}\int_{1}^{2}(2zy^2 + 3yz^2 + z^3)\,dydz \\
&= \int_{-1}^{1}\left(\frac{14}{3}z + \frac{9}{2}z^2 + z^3\right)dz = 3 \\
M_{yz} &= \iiint_W x(2x+y)\,dV \\
&= \int_{-1}^{1}\int_{1}^{2}\int_{0}^{y+z} x(2x+y)\,dxdydz \\
&= \int_{-1}^{1}\int_{1}^{2}\left(\frac{7}{6}y^3 + 3zy^2 + \frac{5}{2}z^2y + \frac{2}{3}z^3\right)dydz \\
&= \int_{-1}^{1}\left(\frac{35}{8} + 7z + \frac{15}{4}z^2 + \frac{2}{3}z^3\right)dz = \frac{45}{4} \\
M_{xz} &= \iiint_W y(2x+y)\,dV \\
&= \int_{-1}^{1}\int_{1}^{2}\int_{0}^{y+z} y(2x+y)\,dxdydz \\
&= \int_{-1}^{1}\int_{1}^{2}(2y^3 + 3zy^2 + yz^2)\,dydz \\
&= \int_{-1}^{1}\left(\frac{15}{2} + 7z + \frac{3}{2}z^2\right)dz = 16
\end{aligned}$$

영역 D의 질량은 10이므로 질량중심 $(\bar{x}, \bar{y}, \bar{z})$은 다음과 같다.

$$(\bar{x}, \bar{y}, \bar{z}) = \left(\frac{M_x}{M}, \frac{M_y}{M}, \frac{M_z}{M}\right) = \left(\frac{3}{10}, \frac{9}{8}, \frac{8}{5}\right)$$ ■

관성모멘트

xy 평면 위의 점 $(x_1, y_1), \cdots, (x_n, y_n)$에 질량이 각각 $m_1, \cdots, m_n$인 n개의 입자들의 x축에 대한 관성모멘트(moment of inertia) I_x는 각 입자들의 질량과 x축까지의 거리의 제곱을 곱하여 합한 것이다. 즉,

$$I_x = \sum_{k=1}^{n} y_k^2 m_k$$

마찬가지로 y축에 대한 관성모멘트(moment of inertia) I_y는

$$I_y = \sum_{k=1}^{n} x_k^2 m_k$$

이제 영역에서의 관성모멘트와 질량중심을 생각해보자.

xy 평면의 직사각형 영역 R에서 밀도함수가 연속함수인 $\delta(x, y)$로 주어진다고 하자. 영역 R를 작은 직사각형 영역 $R_{i,j}$로 분할하고

$$P : \{R_{i,j} : 1 \le i \le m,\ 1 \le j \le n\}$$

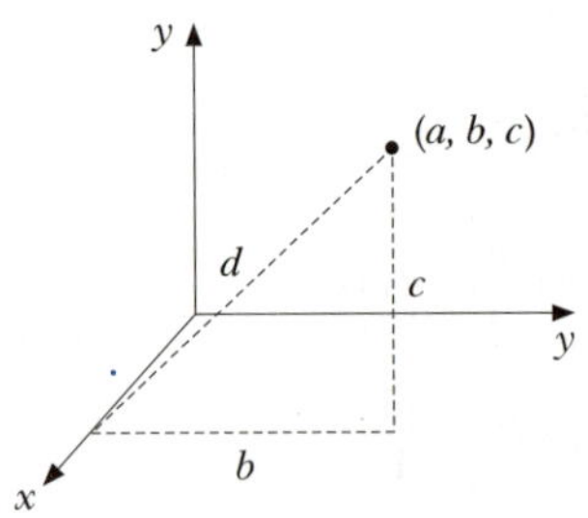

$d=\sqrt{b^2+c^2}$

그림 6

점 (a, b, c)에서

x축까지의 거리 : $\sqrt{b^2+c^2}$

y축까지의 거리 : $\sqrt{a^2+c^2}$

z축까지의 거리 : $\sqrt{a^2+b^2}$

각각의 $R_{i,j}$에서 표본점 $(\bar{x}_{i,j}, \bar{y}_{i,j})$를 택하면

$$x\text{축에 대한 } R_{i,j}\text{의 관성모멘트} \approx \bar{y}_{i,j}^2\, \delta(\bar{x}_{i,j}, \bar{y}_{i,j}) \triangle A_{i,j}$$

따라서

$$x\text{축에 대한 } R\text{의 관성모멘트} \approx \sum_{i,j} \bar{y}_{i,j}^2\, \delta(\bar{x}_{i,j}, \bar{y}_{i,j}) \triangle A_{i,j}$$

한편 $\delta(x, y)$가 연속함수이므로

$$\lim_{\|P\| \to 0} \sum_{i,j} \bar{y}_{i,j}^2 \delta(\bar{x}_{i,j}, \bar{y}_{i,j}) \triangle A_{i,j} = \iint_R y^2 \delta(x, y)\, dA$$

그러므로

$$x\text{축에 대한 관성모멘트} : I_x = \iint_R y^2 \delta(x, y)\, dA$$

마찬가지 방법으로 다음을 얻을 수 있다.

$$y\text{축에 대한 관성모멘트} : I_y = \iint_R x^2 \delta(x, y)\, dA$$

일반적인 평면영역이나 입체영역의 경우에도 마찬가지 방법으로 각 좌표축에 대한 관성모멘트를 정의한다.

정의 (관성모멘트)

(1) xy 평면의 평면영역 D에서 밀도함수가 $\delta(x, y)$로 주어지면 평면영역 D의 각 좌표축에 대한 **관성모멘트**(moment of inertia)는 다음과 같다.

$$x\text{축에 대한 관성모멘트} : I_x = \iint_D y^2 \delta(x, y)\,dA$$

$$y\text{축에 대한 관성모멘트} : I_y = \iint_D x^2 \delta(x, y)\,dA$$

(2) xyz 공간의 입체영역 W에서의 밀도함수가 $\delta(x, y, z)$이면 입체영역 W의 각 좌표축에 대한 **관성모멘트**(moment of inertia)는 다음과 같다.

$$x\text{축에 대한 관성모멘트} : I_x = \iiint_W (y^2 + z^2)\delta(x, y, z)\,dV$$

$$y\text{축에 대한 관성모멘트} : I_x = \iiint_W (z^2 + x^2)\delta(x, y, z)\,dV$$

$$z\text{축에 대한 관성모멘트} : I_z = \iiint_W (x^2 + y^2)\delta(x, y, z)\,dV$$

예제 7 예제 3의 영역 D의 관성모멘트를 구하여라.

풀이 영역 D의 x축, y축에 대한 관성모멘트 I_x, I_y를 각각 구하면 다음과 같다.

$$\begin{aligned} I_x &= \iint_D y^2(1+4x+y)\,dA \\ &= \int_0^1 \int_0^{2-2x} y^2(1+4x+y)\,dy\,dx \\ &= \frac{20}{3}\int_0^1 (x-1)^3(x+1)\,dx = 2 \end{aligned}$$

$$\begin{aligned} I_y &= \iint_D x^2(1+4x+y)\,dA \\ &= \int_0^1 \int_0^{2-2x} x^2(1+4x+y)\,dy\,dx \\ &= \int_0^1 (-6x^4+2x^3+4x^2)\,dx = \frac{19}{30} \end{aligned}$$

예제 8 예제 4의 입체영역 W의 관성모멘트를 구하여라.

풀이 영역 W의 좌표축에 대한 관성모멘트 I_x, I_y, I_z를 각각 구하면 다음과 같다.

$$I_x = \iiint_W (y^2+z^2)(2x+y)dV$$
$$= \int_{-1}^{1}\int_{1}^{2}\int_{0}^{y+z}(y^2+z^2)(2x+y)dxdydz$$
$$= \int_{-1}^{1}\int_{1}^{2}(2y^4+3zy^3+3z^2y^2+3yz^3+z^4)dydz$$
$$= \int_{-1}^{1}\left(\frac{62}{5}+\frac{45}{4}z+7z^2+\frac{9}{2}z^3+z^4\right)dz = \frac{448}{15}$$

마찬가지방법으로 삼중적분을 풀면

$$I_y = \iiint_W (z^2+x^2)(2x+y)dV$$
$$= \int_{-1}^{1}\int_{1}^{2}\int_{0}^{y+z}(z^2+x^2)(2x+y)dxdydz = \frac{304}{15}$$
$$I_z = \iiint_W (x^2+y^2)(2x+y)dV$$
$$= \int_{-1}^{1}\int_{1}^{2}\int_{0}^{y+z}(x^2+y^2)(2x+y)dxdydz = \frac{388}{9}$$

■

연습문제 15.5

※ (1~10) 곡면의 면적을 구하여라.

1. 포물면 $z=x^2+y^2$에서 평면 $z=4$으로 잘린 아래 부분
2. 포물면 $z=9-x^2-y^2$에서 두 평면 $z=0$, $z=8$사이의 부분
3. xy평면에서 $x=1$, $y=0$, $y=x$로 유계된 삼각형 위에 있는 곡면 $x^2+z^2=1$
4. $z=x^2+2y^2$에서 원기둥 $(x-1)^2+y^2=1$로 잘린 안쪽 부분
5. 반구면 $z=\sqrt{4-x^2-y^2}$에서 $r=2\cos\theta$로 잘린 안쪽 부분
6. 구면 $x^2+y^2+z^2=2a^2$에서 원뿔 $x^2+y^2=z^2$의 윗부분
7. 평면 $ax+by+cz=d$ $(a,\ b,\ c,\ d>0)$을 좌표 평면으로 잘라서 만든 삼각형
8. 곡면 $z=y^2-x^2$에서 원기둥 $x^2+y^2=a^2$으로 잘린 안쪽 부분

※ (9~16) 밀도함수가 δ인 평면영역 D의 질량, 질량중심, 그리고 관성모멘트를 구하여라.

9. D : $y=0$, $x=2$, $y=\dfrac{x^2}{2}$으로 둘러싸인 영역
   $\delta(x,\ y)=\dfrac{xy}{2}$
10. D : $x=0$, $x=y$, $y=1$로 둘러싸인 영역
    $\delta(x,\ y)=x+y$
11. D : $y=x$, $y=x^2$으로 둘러싸인 영역
    $\delta(x,\ y)=1$
12. D : $\dfrac{x}{a}+\dfrac{y}{b}=1$로 잘린 제일사분면의 삼각형 영역
    $\delta(x,\ y)=1$, (단, $a>0$, $b>0$)
13. D : 꼭지점이 $(0,\ 0)$, $(1,\ 0)$, $(1,\ 1)$, $(0,\ 1)$인 사각형
    $\delta(x,\ y)=x^2$
14. D : $y=a$, $y=x/2$, $y=x$로 둘러싸인 영역
    $\delta(x,\ y)=y^2$
15. D : $x=y^2$, $y=x-2$로 둘러싸인 영역
    $\delta(x,\ y)=1$
16. D : $-1\le x\le 1$, $0\le y\le 1/\sqrt{1+x^2}$
    $\delta(x,\ y)=y$

※ (17~22) 밀도함수가 δ인 입체영역 W의 질량과 질량중심 그리고 관성모멘트를 구하여라.

17. W : 가로, 세로 높이가 각각 a, b, c인 직육면체
$\delta(x, y, z) = 1$

18. W : 밑면이 반지름이 a, 높이가 h인 원기둥
$\delta(x, y, z) = 1$

19. W : 좌표평면과 $\frac{x}{a} + \frac{y}{b} + \frac{z}{c} = 1$로 둘러싸인 사면체
$\delta(x, y, z) = 1$ (단, a, b, $c > 0$)

20. W : 좌표평면과 $x + y + z = 1$로 둘러싸인 사면체
$\delta(x, y, z) = x + y + z$

21. W : xy 평면과 포물면 $z = 4 - x^2 - y^2$으로 둘러싸인 영역
$\delta(x, y, z) = 1$

22. W : $x^2 + y^2 + z^2 = a^2$, $0 \le z \le \sqrt{x^2 + y^2}$
$\delta(x, y, z) = 1$

적분표

▶ 삼각함수의 적분

1. $\int \sin x\,dx = -\cos x + C$

2. $\int \cos x\,dx = \sin x + C$

3. $\int \tan x\,dx = -\ln|\cos x| + C$

4. $\int \csc x\,dx = -\ln|\csc x + \cot x| + C$

5. $\int \sec x\,dx = \ln|\sec x + \tan x| + C$

6. $\int \cot x\,dx = \ln|\sin x| + C$

7. $\int \sin^2 x\,dx = \frac{1}{2}x - \frac{1}{4}\sin 2x + C$

8. $\int \cos^2 x\,dx = \frac{1}{2}x + \frac{1}{4}\sin 2x + C$

9. $\int \tan^2 x\,dx = \tan x - x + C$

10. $\int \csc^2 x\,dx = -\cot x + C$

11. $\int \sec^2 x\,dx = \tan x + C$

12. $\int \cot^2 x\,dx = -\cot x - x + C$

13. $\int \sin^3 x\,dx = -\frac{1}{3}(2 + \sin^2 x)\cos x + C$

14. $\int \cos^3 x\,dx = \frac{1}{3}(2 + \cos^2 x)\sin x + c$

15. $\int \tan^3 x\,dx = \frac{1}{2}\tan^2 x + \ln|\cos x| + C$

16. $\int \csc^3 x\,dx = -\frac{1}{2}\csc x \cot x + \frac{1}{2}\ln|\csc x - \cot x| + C$

17. $\int \sec^3 x\,dx = \frac{1}{2}\sec x \tan x + \frac{1}{2}\ln|\sec x + \tan x| + C$

18. $\int \cot^3 x\,dx = -\frac{1}{2}\cot^2 x - \ln|\sin x| + C$

19. $\int \sin^n x\,dx = -\frac{1}{n}\sin^{n-1} x \cos x + \frac{n-1}{n}\int \sin^{n-2} x\,dx$

20. $\int \cos^n x\,dx = \frac{1}{n}\cos^{n-1} x \sin x + \frac{n-1}{n}\int \cos^{n-2} x\,dx$

21. $\int \tan^n x\,dx = \frac{1}{n-1}\tan^{n-1} x - \int \tan^{n-2} x\,dx$

22. $\int \csc^n x\,dx = -\frac{1}{n-1}\csc^{n-2} x \cot x + \frac{n-2}{n-1}\int \csc^{n-2} x\,dx$

23. $\int \sec^n x\,dx = \frac{1}{n-1}\sec^{n-2} x \tan x + \frac{n-2}{n-1}\int \sec^{n-2} x\,dx$

24. $\int \cot^n x\,dx = -\frac{1}{n-1}\cot^{n-1} x - \int \cot^{n-2} x\,dx$

25. $\int \sin ax \sin bx\,dx = -\frac{1}{2(a+b)}\sin(a+b)x + \frac{1}{2(a-b)}\sin(a-b)x + C$

26. $\int \cos ax \cos bx\,dx = \frac{1}{2(a+b)}\sin(a+b)x + \frac{1}{2(a-b)}\sin(a-b)x + C$

27. $\int \sin ax \cos bx\,dx = -\frac{1}{2(a+b)}\cos(a+b)x - \frac{1}{2(a-b)}\cos(a-b)x + C$

28. $\int \sin^m x \cos^n x\,dx = -\dfrac{\sin^{m-1}x \cos^{n+1}x}{m+n} + \dfrac{m-1}{m+n}\int \sin^{m-2}x \cos^n x\,dx$

$= \dfrac{\sin^{m+1}x \cos^{n-1}x}{m+n} + \dfrac{n-1}{m+n}\int \sin^m x \cos^{n-2}x\,dx$

29. $\int \sec x \tan x\,dx = \sec x + C$

30. $\int \csc x \cot x\,dx = -\csc x + C$

31. $\int x \sin x\,dx = -x\cos x + \sin x + C$

32. $\int x \cos x\,dx = x\sin x + \cos x + C$

33. $\int x^2 \sin x\,dx = -x^2\cos x + 2x\sin x + 2\cos x + C$

34. $\int x^2 \cos x\,dx = x^2\sin x + 2x\cos x - 2\sin x + C$

35. $\int x^n \sin x\,dx = -x^n\cos x + n\int x^{n-1}\cos x\,dx$

36. $\int x^n \cos x\,dx = x^n\sin x - n\int x^{n-1}\sin x\,dx$

▶ 역삼각함수의 적분

37. $\int \sin^{-1}x\,dx = x\sin^{-1}x + \sqrt{1-x^2} + C$

38. $\int \cos^{-1}x\,dx = x\cos^{-1}x - \sqrt{1-x^2} + C$

39. $\int \tan^{-1}x\,dx = x\tan^{-1}x - \dfrac{1}{2}\ln(x^2+1) + C$

40. $\int \csc^{-1}x\,dx = x\csc^{-1}x + \ln|x + \sqrt{x^2-1}| + C$

41. $\int \sec^{-1}x\,dx = x\sec^{-1}x - \ln|x + \sqrt{x^2-1}| + C$

42. $\int \cot^{-1}x\,dx = x\cot^{-1}x + \dfrac{1}{2}\ln(x^2+1) + C$

43. $\int x\sin^{-1}x\,dx = \dfrac{2x^2-1}{4}\sin^{-1}x + \dfrac{x\sqrt{1-x^2}}{4} + C$

44. $\int x\cos^{-1}x\,dx = \dfrac{2x^2-1}{4}\cos^{-1}x - \dfrac{x\sqrt{1-x^2}}{4} + C$

45. $\int x\tan^{-1}x\,dx = \dfrac{x^2+1}{2}\tan^{-1}x - \dfrac{x}{2} + C$

46. $\int x^n\sin^{-1}x\,dx = \dfrac{1}{n+1}\left[x^{n+1}\sin^{-1}x - \int \dfrac{x^{n+1}}{\sqrt{1-x^2}}dx\right]$

47. $\int x^n\cos^{-1}x\,dx = \dfrac{1}{n+1}\left[x^{n+1}\cos^{-1}x + \int \dfrac{x^{n+1}}{\sqrt{1-x^2}}dx\right]$

48. $\int x^n\tan^{-1}x\,dx = \dfrac{1}{n+1}\left[x^{n+1}\tan^{-1}x - \int \dfrac{x^{n+1}}{1+x^2}dx\right]$

▶ 지수함수 및 로그함수의 적분

49. $\int e^x\,dx = e^x + C$

50. $\int a^x\,dx = \dfrac{a^x}{\ln a} + C$

51. $\int xe^x\,dx = xe^x - e^x + C$

52. $\int x^n e^x\,dx = x^n e^x - n\int x^{n-1}e^x\,dx$

53. $\int x^n a^x\,dx = \dfrac{x^n a^x}{\ln a} - \dfrac{n}{\ln a}\int x^{n-1}a^x\,dx + C$

54. $\int \dfrac{1}{x}dx = \ln|x| + C$

55. $\int \ln x\,dx = x\ln x - x + C$

56. $\int (\ln x)^n\,dx = x(\ln x)^n - n\int (\ln x)^{n-1}\,dx$

57. $\displaystyle\int \frac{1}{x \ln x} dx = \ln|\ln x| + C$

58. $\displaystyle\int x^n \ln x\, dx = \frac{1}{n+1} x^{n+1} \ln x - \frac{1}{(n+1)^2} x^{n+1} + C$

59. $\displaystyle\int e^{ax} \sin bx\, dx = \frac{e^{ax}}{a^2+b^2}(a \sin bx - b \cos bx) + C$

60. $\displaystyle\int e^{ax} \cos bx\, dx = \frac{e^{ax}}{a^2+b^2}(a \cos bx + b \sin bx) + C$

▶ 쌍곡선함수의 적분

61. $\displaystyle\int \sinh x\, dx = \cosh x + C$

62. $\displaystyle\int \cosh x\, dx = \sinh x + C$

63. $\displaystyle\int \tanh x\, dx = \ln \cosh x + C$

64. $\displaystyle\int \sinh^2 x\, dx = \frac{1}{4} \sinh 2x - \frac{1}{2} x + C$

65. $\displaystyle\int \cosh^2 x\, dx = \frac{1}{4} \sinh 2x + \frac{1}{2} x + C$

66. $\displaystyle\int \operatorname{csch} x\, dx = \ln \left|\tanh \frac{1}{2} x\right| + C$

67. $\displaystyle\int \operatorname{sech} x\, dx = \arctan(\sinh x) + C$

68. $\displaystyle\int \coth x\, dx = \ln|\sinh x| + C$

69. $\displaystyle\int \operatorname{sech}^2 x\, dx = \tanh x + C$

70. $\displaystyle\int \operatorname{csch}^2 x\, dx = -\coth x + C$

71. $\displaystyle\int \operatorname{sech} x \tanh x\, dx = -\operatorname{sech} x + C$

72. $\displaystyle\int \operatorname{csch}^2 x \coth x\, dx = -\operatorname{csch} x + C$

73. $\displaystyle\int e^{ax} \sinh bx\, dx = \frac{e^{ax}}{a^2-b^2}(a \sinh bx - b \cosh bx) + C$

74. $\displaystyle\int e^{ax} \cosh bx\, dx = \frac{e^{ax}}{a^2-b^2}(a \cosh bx - b \sinh bx) + C$

▶ $a^2 - x^2$ 형태의 적분

75. $\displaystyle\int \frac{1}{a^2-x^2} dx = \frac{1}{2a} \ln \left| \frac{x+a}{x-a} \right| + C$

76. $\displaystyle\int \frac{1}{\sqrt{a^2-x^2}} dx = \arcsin \frac{x}{a} + C$

77. $\displaystyle\int \sqrt{a^2-x^2}\, dx = \frac{x}{2} \sqrt{a^2-x^2} + \frac{a^2}{2} \arcsin \frac{x}{a} + C$

78. $\displaystyle\int x^2 \sqrt{a^2-x^2}\, dx = \frac{x}{8}(2x^2-a^2) \sqrt{a^2-x^2} + \frac{a^4}{8} \arcsin \frac{x}{a} + C$

79. $\displaystyle\int \frac{\sqrt{a^2-x^2}}{x} dx = \sqrt{a^2-x^2} - a \ln \left| \frac{a+\sqrt{a^2-x^2}}{x} \right| + C$

80. $\displaystyle\int \frac{\sqrt{a^2-x^2}}{x^2} dx = -\frac{1}{x} \sqrt{a^2-x^2} - \arcsin \frac{x}{a} + C$

81. $\displaystyle\int \frac{x^2}{\sqrt{a^2-x^2}} dx = -\frac{x}{2} \sqrt{a^2-x^2} + \frac{a^2}{2} \arcsin \frac{x}{a} + C$

82. $\displaystyle\int \frac{1}{x\sqrt{a^2-x^2}} dx = -\frac{1}{a} \ln \left| \frac{a+\sqrt{a^2-x^2}}{x} \right| + C$

83. $\int \frac{1}{x^2\sqrt{a^2-x^2}}dx = -\frac{1}{a^2x}\sqrt{a^2-x^2}+C$

84. $\int (a^2-x^2)^{3/2}\,dx = -\frac{x}{8}(2x^2-5a^2)\sqrt{a^2-x^2}+\frac{3a^4}{8}\arcsin\frac{x}{a}+C$

85. $\int \frac{1}{(a^2-x^2)^{3/2}}dx = \frac{x}{a^2\sqrt{a^2-x^2}}+C$

▶ x^2+a^2 형태의 적분

86. $\int \frac{1}{x^2+a^2}dx = \frac{1}{a}\tan^{-1}\frac{x}{a}+C$

87. $\int \sqrt{x^2+a^2}\,dx = \frac{x}{2}\sqrt{x^2+a^2}+\frac{a^2}{2}\ln|x+\sqrt{x^2+a^2}\,|+C$

88. $\int x^2\sqrt{x^2+a^2}\,dx = \frac{x}{8}(2x^2+a^2)\sqrt{x^2+a^2}-\frac{a^4}{8}\ln|x+\sqrt{x^2+a^2}\,|+C$

89. $\int \frac{\sqrt{x^2+a^2}}{x}dx = \sqrt{x^2+a^2}-a\ln\left|\frac{a+\sqrt{x^2+a^2}}{x}\right|+C$

90. $\int \frac{\sqrt{x^2+a^2}}{x^2}dx = -\frac{\sqrt{x^2+a^2}}{x}+\ln|x+\sqrt{x^2+a^2}\,|+C$

91. $\int (x^2+a^2)^{3/2}\,dx = \frac{x}{8}(2x^2+5a^2)\sqrt{x^2+a^2}+\frac{3a^4}{8}\ln|x+\sqrt{x^2+a^2}\,|+C$

92. $\int \frac{1}{\sqrt{x^2+a^2}}dx = \ln|x+\sqrt{x^2+a^2}\,|+C = \sinh^{-1}\frac{x}{a}+C$

93. $\int \frac{x^2}{\sqrt{x^2+a^2}}dx = \frac{x}{2}\sqrt{x^2+a^2}-\frac{a^2}{2}\ln|x+\sqrt{x^2+a^2}\,|+C$

94. $\int \frac{1}{x\sqrt{x^2+a^2}}dx = -\frac{1}{a}\ln\left|\frac{a+\sqrt{x^2+a^2}}{x}\right|+C = -\frac{1}{a}\sinh^{-1}\frac{a}{x}+C$

95. $\int \frac{1}{x^2\sqrt{x^2+a^2}}dx = -\frac{\sqrt{x^2-a^2}}{a^2x}+C$

96. $\int \frac{1}{(x^2+a^2)^{3/2}}dx = \frac{x}{a^2\sqrt{x^2+a^2}}+C$

▶ x^2-a^2 형태의 적분

97. $\int \frac{1}{x^2-a^2}dx = \frac{1}{2a}\ln\left|\frac{x-a}{x+a}\right|+C$

98. $\int \frac{1}{x\sqrt{x^2-a^2}}dx = \frac{1}{a}\sec^{-1}\left|\frac{x}{a}\right|+C$

99. $\int \sqrt{x^2-a^2}\,dx = \frac{x}{2}\sqrt{x^2-a^2}-\frac{a^2}{2}\ln|x+\sqrt{x^2-a^2}\,|+C$

100. $\int x^2\sqrt{x^2-a^2}\,dx=\frac{x}{8}(2x^2-a^2)\sqrt{x^2-a^2}-\frac{a^4}{8}\ln|x+\sqrt{x^2-a^2}|+C$

101. $\int\frac{\sqrt{x^2-a^2}}{x}dx=\sqrt{x^2-a^2}-a\sec^{-1}\left|\frac{x}{a}\right|+C$

102. $\int\frac{\sqrt{x^2-a^2}}{x^2}dx=-\frac{\sqrt{x^2-a^2}}{x}+\ln|x+\sqrt{x^2-a^2}|+C$

103. $\int(x^2-a^2)^{3/2}\,dx=\frac{x}{8}(2x^2-5a^2)\sqrt{x^2-a^2}+\frac{3a^4}{8}\ln|x+\sqrt{x^2-a^2}|+C$

104. $\int\frac{1}{\sqrt{x^2-a^2}}dx=\ln|x+\sqrt{x^2-a^2}|+C=\cosh^{-1}\frac{x}{a}+C$

105. $\int\frac{x^2}{\sqrt{x^2-a^2}}dx=\frac{x}{2}\sqrt{x^2-a^2}+\frac{a^2}{2}\ln|x+\sqrt{x^2-a^2}|+C$

106. $\int\frac{1}{x^2\sqrt{x^2-a^2}}dx=\frac{\sqrt{x^2-a^2}}{a^2x}+C$

107. $\int\frac{1}{(x^2-a^2)^{3/2}}dx=-\frac{x}{a^2\sqrt{x^2-a^2}}+C$

▶ $a+bx$ 형태의 적분

108. $\int\frac{x}{a+bx}\,dx=\frac{1}{b^2}(a+bx-a\ln|a+bx|)+C$

109. $\int\frac{x^2}{a+bx}\,dx=\frac{1}{b^3}\left[\frac{1}{2}(a+bx)^2-2a(a+bx)+a^2\ln|a+bx|\right]+C$

110. $\int\frac{x}{(a+bx)^2}\,dx=\frac{1}{b^2}\left(\frac{a}{a+bx}+\ln|a+bx|\right)+C$

111. $\int\frac{x}{(a+bx)^2}\,dx=\frac{1}{b^3}\left(a+bx-\frac{a^2}{a+bx}-2a\ln|a+bx|\right)+C$

112. $\int\frac{1}{x(a+bx)}dx=\frac{1}{a}\ln\left|\frac{x}{a+bx}\right|+C$

113. $\int\frac{1}{x^2(a+bx)}dx=-\frac{1}{ax}+\frac{b}{a^2}\ln\left|\frac{a+bx}{x}\right|+C$

114. $\int\frac{1}{x(a+bx)^2}dx=\frac{1}{a(a+bx)}+\frac{1}{a^2}\ln\left|\frac{x}{a+bx}\right|+C$

▶ $\sqrt{a+bx}$ 형태의 적분

115. $\int x\sqrt{a+bx}\,dx=\frac{2}{15b^3}(3bx-2a)(a+bx)^{3/2}+C$

116. $\int x^n\sqrt{a+bx}\,dx=\frac{2x^n(a+bx)^{3/2}}{b(2n+3)}-\frac{2an}{b(2n+3)}\int x^{n-1}\sqrt{a+bx}\,dx$

117. $\displaystyle\int \frac{x}{\sqrt{a+bx}}dx = \frac{2}{3b^2}(bx-2a)\sqrt{a+bx}+C$

118. $\displaystyle\int \frac{x^n}{\sqrt{a+bx}}dx = \frac{2x^n\sqrt{a+bx}}{b(2n+1)} - \frac{2an}{b(2n+1)}\int \frac{x^{n-1}}{\sqrt{a+bx}}dx$

119. $\displaystyle\int \frac{1}{x\sqrt{a+bx}}dx = \begin{cases} \dfrac{1}{\sqrt{a}}\ln\left|\dfrac{\sqrt{a+bx}-\sqrt{a}}{\sqrt{a+bx}+\sqrt{a}}\right| + C & \text{if } a>0 \\ \dfrac{2}{\sqrt{-a}}\tan^{-1}\sqrt{\dfrac{a+bx}{-a}}+C & \text{if } a<0 \end{cases}$

120. $\displaystyle\int \frac{1}{x^n\sqrt{a+bx}}dx = -\frac{\sqrt{a+bx}}{a(n-1)x^{n-1}} - \frac{b(2n-3)}{2a(n-1)}\int \frac{1}{x^{n-1}\sqrt{a+bx}}dx$

121. $\displaystyle\int \frac{\sqrt{a+bx}}{x}dx = 2\sqrt{a+bx}+a\int \frac{1}{x\sqrt{a+bx}}dx$

122. $\displaystyle\int \frac{\sqrt{a+bx}}{x^n}dx = -\frac{(a+bx)^{3/2}}{a(n-1)x^{n-1}} - \frac{b(2n-5)}{2a(n-1)}\int \frac{\sqrt{a+bx}}{x^{n-1}}dx$

▶ $\sqrt{2ax-x^2}$ 형태의 적분

123. $\displaystyle\int \sqrt{2ax-x^2}\,dx = \frac{x-a}{2}\sqrt{2ax-x^2}+\frac{a^2}{2}\cos^{-1}\left(\frac{1-x}{a}\right)+C$

124. $\displaystyle\int x\sqrt{2ax-x^2}\,dx = \frac{2x^2-ax-3a^2}{6}\sqrt{2ax-x^2}+\frac{a^3}{2}\cos^{-1}\left(1-\frac{x}{a}\right)+C$

125. $\displaystyle\int \frac{\sqrt{2ax-x^2}}{x}dx = \sqrt{2ax-x^2}+a\cos^{-1}\left(1-\frac{x}{a}\right)+C$

126. $\displaystyle\int \frac{\sqrt{2ax-x^2}}{x^2}dx = \frac{2\sqrt{2ax-x^2}}{x} - \cos^{-1}\left(1-\frac{x}{a}\right)+C$

127. $\displaystyle\int \frac{1}{\sqrt{2ax-x^2}}dx = \arccos\left(1-\frac{x}{a}\right)+C$

128. $\displaystyle\int \frac{x}{\sqrt{2ax-x^2}}dx = -\sqrt{2ax-x^2}+a\cos^{-1}\left(1-\frac{x}{a}\right)+C$

129. $\displaystyle\int \frac{x^2}{\sqrt{2ax-x^2}}dx = -\frac{x+3a}{2}\sqrt{2ax-x^2}+\frac{3a^2}{2}a\cos^{-1}\left(1-\frac{x}{a}\right)+C$

130. $\displaystyle\int \frac{1}{x\sqrt{2ax-x^2}}dx = -\frac{\sqrt{2ax-x^2}}{ax}+C$

131. $\displaystyle\int \frac{1}{(2ax-x^2)^{3/2}}dx = \frac{x-a}{a^2\sqrt{2ax-x^2}}+C$

연습문제 풀이

제 1 장 함수와 극한

연습문제 1.1

1. (1) 정의역 $\{x \in R : -3 \le x \le 3\}$, 치역 $\{y \in R : 0 \le y \le 3\}$
   (3) 정의역 $\{x \in R : x \ne 2\}$, 치역 $\{y \in R : y \ne 0\}$
3. (1) $(f \cdot g)(x) = \sqrt{(x+1)^2 - 4}$ (2) $(g \circ f)(x) = |\sqrt{x^2-4}+1$
5. (1) 기함수 (2) 우함수 (3) 우함수도 기함수도 아니다. (4) 기함수
11. $V(x) = 4x^3 - 64x^2 + 240x,\ 0 < x < 6$

연습문제 1.2

1. (1) 0 (3) 0 (5) $-\frac{1}{2}$ 3. (1) 1 (3) 존재하지 않는다. (5) $f(2) = 2$
5. (1) 0 (2) 0 (3) 1 (4) 1 7. (1) 존재하지 않는다. (2) 0 9. $a \ne \pm 1$

연습문제 1.3

1. (1) 6 (3) $\frac{15}{2}$ (5) 1 3. (1) 32 (2) $4\sqrt{5}$ 7. $a = 15$, 극한값 : -1 9. $\frac{1}{2}$

연습문제 1.4

1. (1) $\frac{2}{7}$ (3) 0 (5) ∞ 3. (1) $x = 1,\ y = 1$ (3) $x = -1,\ y = 0$ 5. (1) $x = -1, y = 0$ (3) $x = \pm 3, y = 0$
7. 수평점근선 : $y = \pm\frac{\sqrt{2}}{3}$, 수직점근선 : $x = \frac{5}{3}$

   $\lim_{x \to \infty} \frac{\sqrt{2x^2+1}}{3x-5} = \frac{\sqrt{2}}{3},\ \lim_{x \to -\infty} \frac{\sqrt{2x^2+1}}{3x-5} = -\frac{\sqrt{2}}{3}$

연습문제 1.5

1. $(-\infty, 0), [0, 1), (1, 2), (2, \infty)$ 3. 6 5. $c = \frac{1}{3}$

9. 불연속점 0, 1; $x=0$에서 우연속, $x=1$에서 좌연속

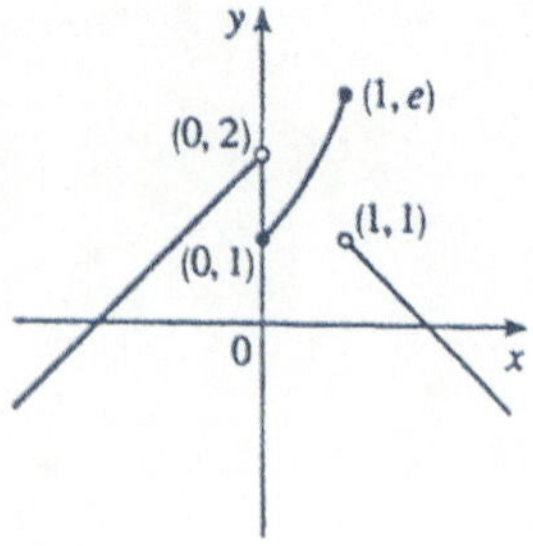

11. $a=4,\ b=-2$

연습문제 1.6

1. (1) 0.00125 (2) 0.000125 (3) 0.0000125
3. (1) $\forall M<0,\ \exists\delta>0 : 0<x-c<\delta \Rightarrow f(x)<M$ (2) $\forall M>0,\ \exists\delta>0 : 0<c-x<\delta \Rightarrow f(x)>M$
5. (1) $\forall\epsilon>0,\ \exists\delta>0 : 0<\ u-a\ <\delta \Rightarrow\ g(u)-M\ <\epsilon$ (2) $\forall\epsilon>0,\ \exists\delta>0 : 0<a-x<\delta \Rightarrow\ f(x)-L\ <\epsilon$
7. $|\sqrt{x}-\sqrt{c}|=\left|\dfrac{(\sqrt{x}-\sqrt{c})(\sqrt{x}+\sqrt{c})}{\sqrt{x}+\sqrt{c}}\right|=\left|\dfrac{x-c}{\sqrt{x}+\sqrt{c}}\right|=\dfrac{|x-c|}{\sqrt{x}+\sqrt{c}}\le\dfrac{|x-c|}{\sqrt{c}}$

   이므로 임의의 $\epsilon>0$에 대하여 $\delta=\epsilon\sqrt{c}$라 두자. 그러면 $0<|x-c|<\delta$이면

   $|\sqrt{x}-\sqrt{c}|=\left|\dfrac{(\sqrt{x}-\sqrt{c})(\sqrt{x}+\sqrt{c})}{\sqrt{x}+\sqrt{c}}\right|=\left|\dfrac{x-c}{\sqrt{x}+\sqrt{c}}\right|=\dfrac{|x-c|}{\sqrt{x}+\sqrt{c}}\le\dfrac{|x-c|}{\sqrt{c}}<\dfrac{\delta}{\sqrt{c}}=\epsilon$

10. x가 무리수일 때, $f(x)=1$이므로, $\lim\limits_{x\to 0} f(x)=1$ x가 유리수일 때, $f(x)=0$이므로, $\lim\limits_{x\to 0} f(x)=0$

    따라서, $\lim\limits_{x\to 0} f(x)$는 존재하지 않는다.

13. (1) $\dfrac{x^3-x^2-2x-4}{x^4-4x^3+x^2+x+6}$ (2) 없다. (3) 3

제 2 장 도함수

연습문제 2.1

1. (1) $f'(x)=2x\,;\ m=6\,;\ y=6x-9$ (2) $f'(x)=2\,;\ m=2\,;\ y=2x+3$

   (3) $f'(x)=-1/x^2\,;\ m=-\dfrac{1}{9}\,;\ y=-\dfrac{1}{9}x+\dfrac{2}{3}$ (4) $f'(x)=-2/(2x+1)^2\,;\ m=-\dfrac{2}{49}\,;\ y=-\dfrac{2}{49}x+\dfrac{13}{49}$

   (5) $f'(x)=1/\sqrt{2x+3}\,;\ m=\dfrac{1}{3}\,;\ y=\dfrac{1}{3}x+2$

2. (2) -1 (3) -2 (4) $y=-2(x-1)$ 3. -1

4. $y=3x+2\,(x=-1)$, $y=0\,(x=0)$, $y=3x-2\,(x=1)$, $y=12x-16\,(x=2)$

7. (1) 6 (2) 5 8. (1) $2\pi r+\pi(\Delta r)$ (2) $2\pi r$ 9. πh^2

11. (1) (a) 20.25 (b) 20.05 (2) 20

연습문제 2.2

1. (1) $f'(1)=\lim_{x\to 1}\dfrac{(x^2-2x)-(1-2)}{x-1}=0$ (3) $f'(1)=\lim_{x\to 1}\dfrac{\dfrac{x}{x-5}-\dfrac{1}{1-5}}{x-1}=-\dfrac{5}{16}$ (5) 1 (7) 2 (9) 2

2. (1) $f(x)=x^{10},\ a=1$ (3) $f(x)=2^x,\ a=5$ (5) $f(x)=\cos x,\ a=\pi$

3. (1) $-2\,(m/s)$ (2) $23\,(m/s)$ 4. $f_+'(1)=3\neq f_-'(1)=2$이므로 $f'(1)$은 존재하지 않는다.

6. $m=4,\ b=-4$ 7. (1) $\dfrac{1}{3}a^{-2/3}$

8. $f'(x)=\begin{cases}-1 & x<6\\ 1 & x>6\end{cases}$ 또는 $f'(x)=\dfrac{x-6}{|x-6|}$

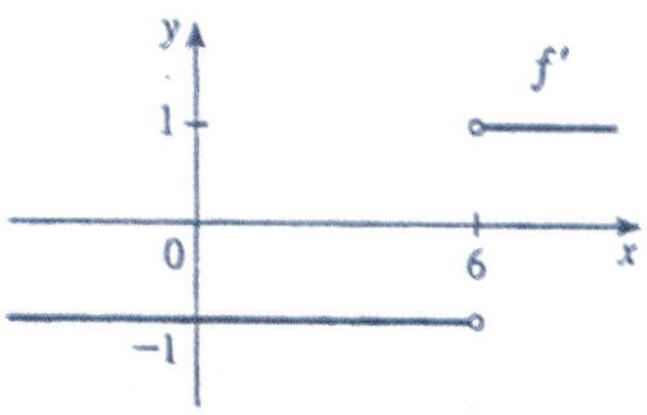

연습문제 2.3

1. (1) $y'=9x^2-30x-4$ (3) $y'=(7x+2)(x-1)^2(x+2)^3$ (5) $y'=2(x+1)(x^2+1)^{-3}(x^2-x)$

(7) $y'=\dfrac{-2(x^2+x+1)}{(x^2-1)^2}$ (9) $y'=\dfrac{x(2-x)}{(x+1)^4}$ (11) $y'=\dfrac{-2(3x^2+1)}{(x+1)^3(x-1)^3}$ (13) $y'=10x(x^2+1)^4$

(15) $y'=-4(6x^2+2)(3x^3+x^2-1)^{-5}$

2. (1) -5 (2) -7 (3) $\dfrac{7}{25}$ (4) -225 3. (1) 23 (2) 4 (3) $-\dfrac{17}{9}$ 6. $(0,\ 0)$, $\left(\dfrac{2}{3},\ -\dfrac{4}{27}\right)$

7. $x=-1\pm\sqrt{3}$ 8. (1) $-24m/$초 (2) 1.25초 9. $y=2x+1$, $y=-2x+9$

연습문제 2.4

1. (1) $\dfrac{dy}{dt}=\dfrac{dy}{du}\dfrac{du}{dt}=\dfrac{t^4+1}{t^2\sqrt{t^2+1}}$ (3) $\dfrac{dy}{dt}=\dfrac{dy}{dx}\dfrac{dx}{dt}=\dfrac{1}{2(t+1)^2}$

(5) $\frac{dy}{dt}=\frac{dy}{dw}\frac{dw}{dt}=\frac{(2(t^2+1)^3+1)2t}{(t^2+1)^2}$ (7) $\frac{dy}{dt}=\frac{dy}{du}\frac{du}{dt}=\frac{-t}{4(t+1)(t+2)^2}$

(9) $\frac{dy}{dt}=\frac{dy}{dx}\frac{dx}{dt}=\frac{2t}{(\sqrt{t^2+1}+1)^2\sqrt{t^2+1}}$

2. (1) $\frac{dy}{dx}=5(x^2-2x^2+1)^4(3x^2-4x)$ (3) $\frac{dy}{dx}=\frac{(x^2-1)^3(7x^2+32x+1)}{(x+4)^2}$

3. 28 5. $18x+\frac{1}{3}x^{-2}$ 7. $(16t^2-20t+1)^{-1/2}(16t-10)$ 8. $y-32=224(x-1)$ 9. 16 10. 0.0405cm/sec

연습문제 2.5

1. (1) $\frac{dy}{dx}=6x(\sin^2 x^2)(\cos x^2)$ (3) $\frac{dy}{dx}=\sin x+x\cos x-\frac{1}{x^2}\tan x+\frac{1}{x}\sec^2 x$

(5) $\frac{dy}{dx}=\frac{2\cos 3x+6x\sin 3x}{(\cos 3x)^2}$ (7) $\frac{dy}{dx}=-\frac{3\sin 3x}{2\sqrt{2+\cos 3x}}$

(9) $\frac{dy}{dx}=-\frac{2x\csc x^2(\cot x^2(x^2+1)+1)}{(x^2+1)^2}$ (11) $\frac{dy}{dx}=2\sec^2 x\tan x$

3. (1) 접선 : $y-\frac{1}{\sqrt{2}}=\frac{1}{\sqrt{2}}(x-\frac{\pi}{4})$, 법선 : $y-\frac{1}{\sqrt{2}}=-\sqrt{2}(x-\frac{\pi}{4})$

(3) 접선 : $y-2=2\left(x-\frac{\pi}{4}\right)$, 법선 : $y-2=-\frac{1}{2}\left(x-\frac{\pi}{4}\right)$

6. $x_0=\frac{\pi}{3}$, $\tan^{-1}(-3)$ 7. (1) $(10\sqrt{3}, 10)$ (2) $10\sqrt{3}$ (3) 20 9. (1) 1 (2) 1

연습문제 2.6

1. (1) $\frac{dy}{dx}=\frac{1}{y(x+1)^2}$ (3) $\frac{dy}{dx}=-\frac{\sqrt{y}}{\sqrt{x}}$ (5) $\frac{dy}{dx}=\frac{1-3x^2-2xy}{x^2+1}$ (7) $\frac{dy}{dx}=\frac{2x}{y(x^2+1)}$

2. (1) $\frac{dy}{dx}=-\frac{x^2}{y^2}$, $\frac{d^2y}{dx^2}=-\frac{2xy^3-2x^4}{y^5}$ (3) $\frac{dy}{dx}=-\frac{y}{x+2y}$, $\frac{d^2y}{dx^2}=\frac{2(yx+y^2)}{(x+2y)^3}$

3. (1) 접선 : $y=-\frac{4}{5}x+\frac{14}{5}$ 법선 : $y=\frac{5}{4}x+\frac{3}{4}$ (3) 접선 : $y=3x+6$ 법선 : $y=-\frac{1}{3}x+\frac{8}{3}$

(5) 접선 : $y=x-2$ 법선 : $y=-x+4$

4. $\frac{dy}{dx}=\frac{3x^2}{2y}$, (0, 0)

6. $2x^2+y^2=6$에서, $4x+2yy'=0$ ∴ $y'=-\frac{2x}{y}$

$y^2=4x$에서, $2yy'=4$ $\therefore$ $y'=\frac{2}{y}\left(-\frac{2x}{y}\right)\times\frac{2}{y}=-\frac{4x}{y^2}=-\frac{4x}{4x}=-1$이므로, 두 그래프는 직교한다.

8. $m(v^2-v_0^2)=k(x_0^2-x^2)$의 양변을 t로 미분하면 $2mv\frac{dv}{dt}=-2kx\frac{dx}{dt}$ $v=\frac{dx}{dt}$이므로, $mv\frac{dv}{dt}=-kx$

9. 2

연습문제 2.7

1. (1) $x^2+y^2=1$ $(x\geq 0)$ (3) $\frac{x^2}{2^2}-\frac{y^2}{3^2}=1$ $(x>0)$ (5) $y=\left(\frac{x-1}{2}\right)^2$

3. (1) $\frac{dy}{dx}=\frac{3t}{2}$, $\frac{d^2y}{dx^2}=\frac{3}{4t}$ (3) $\frac{dy}{dx}=-\frac{(t+1)^2}{(t-1)^2}$, $\frac{d^2y}{dx^2}=\frac{-2(t+1)}{t-1}$

5. 1 7. $y-1=x-2$ 9. -3

제 3 장 도함수의 응용

연습문제 3.1

1. (1) 극소값 : 2 극대값 : 3, 4 최소값 : 2 최대값 : 4
   (2) 극소값 : 0 극대값 : 2 최소값 : 0 최대값 : 2
   (3) 극소값 : 3, $\sqrt{6}$ 극대값 : $\sqrt{10}$ 최소값 : $\sqrt{6}$ 최대값 : 10

5. 모든 x에 대하여 $f(c)\geq f(x)$이므로, $-f(c)\leq -f(x)$ $\therefore$ $g(c)\leq g(x)$

9. 5, 5 11. 45cm, 45cm 13. $\sqrt{2}r$, $\frac{r}{\sqrt{2}}$ 14. $P(2\sqrt{2}, 2)$, $Q(0, 0)$

연습문제 3.2

1. (1) $c=1$ (2) $c=1+\sqrt{6}$ (3) $c=\pi$ (4) $c=\frac{16}{27}$ 8. $f(0)=0$

9. $\left|\frac{\cos b-\cos a}{b-a}\right|=|-\sin c|\leq 1$ (단, $c\in(a, b)$)

연습문제 3.3

1. (1) 증가 : $(-\infty, -1]$ 감소 : $[-1, \infty)$ 극대값 : 3

(2) 모든 x에 대하여 증가 극대, 극소값 없음

(3) 증가 : $[-1, 0]\cup[4, \infty)$ 감소 : $(-\infty, -1]\cup[0, 4]$ 극대값 : 1 최소값 : -127 or -2

(4) 증가 : $[-\frac{1}{6}, \infty)$ 감소 : $(-\infty, -\frac{1}{6}]$ 극소값 : $f\left(-\frac{1}{6}\right)=-5\left(\frac{1}{6}\right)^{\frac{6}{5}}$

3. $a=6$, $b=9$ 5. 단 한 개의 실근 8. $f(x)=\frac{1}{9}(2x^3+3x^2-12x+7)$ 11. $a>0$, $b^2-3ac<0$

연습문제 3.4

1. (1) 위로 오목 : $(0, \infty)$, 아래로 오목 : $(-\infty, 0)$, 변곡점 : $(0, 0)$, 극점 : 없음

(2) 위로 오목 : $(1, \infty)\cup(-\infty, -1)$, 아래로 오목 : $(-1, 1)$, 변곡점 : $(-1, -5)$, $(1, -5)$

극소점 : -9($x=\pm\sqrt{3}$일 때), 극대값 : 0($x=0$일 때)

(3) 위로 오목 : $\left(n\pi-\frac{\pi}{4}, n\pi+\frac{\pi}{4}\right)$, 아래로 오목 : $\left(n\pi+\frac{\pi}{4}, n\pi+\frac{3\pi}{4}\right)$,

변곡점 : $\left(n\pi\pm\frac{\pi}{4}, \frac{1}{2}\right)$, 극소값 : 0 ($x=n\pi$일 때),

극대값 : $1\left(x=n\pi+\frac{\pi}{2}\right)$ $n=0, 1, 2, \cdots$

(4) 위로 오목 : $(2n\pi+\pi, 2n\pi+2\pi)$, 아래로 오목 : $(2n\pi, 2n\pi+\pi)$, 변곡점 : $(n\pi, n\pi)$, 극값 : 없음

(5) 위로 오목 : $(\sqrt{3}, \infty)\cup(-\infty, -\sqrt{3})$, 아래로 오목 : $(-\sqrt{3}, \sqrt{3})$, 변곡점 : $(-\sqrt{3}, \sqrt{3})$, 극값 : 없음

(7) 위로 오목 : $\left(\frac{8}{3}, \infty\right)$, 아래로 오목 : $\left(2, \frac{8}{3}\right)$, 변곡점 : $\left(\frac{8}{3}, \frac{8\sqrt{6}}{9}\right)$, 극값 : 없음

3. $x=1, 7$ 6. 최소값 : $2\sqrt{2}\left(x=\frac{\pi}{4}\right.$일 때$\left.\right)$, 최대값 : 없음 8. $x=3$일 때 극소값, $x=-1$일 때 극대값

9. $\left(\frac{2a-1}{2}, \sqrt{\frac{2a-1}{2}}\right)$ 11. $a=\frac{39}{8}$, $b=\frac{13}{2}$

연습문제 3.5

1. 15, 15 2. -4, 4 3. $\left(-\frac{3}{\sqrt{2}}, \frac{9}{2}\right)$, $\left(\frac{3}{\sqrt{2}}, \frac{9}{2}\right)$ 5. $\frac{4}{9}\sqrt{3}\pi r^3$ 9. $\frac{10}{3}$ 11. $5\sqrt{11}$ m/sec

15. $r=\sqrt{A}$, $\theta=2$

연습문제 3.6

1. (1) 2 (2) $\frac{1}{2}$ (3) 0 (4) $-\frac{1}{4}$ (5) 6 (6) 없음(∞) (7) $-\frac{1}{2}$ (8) 0

3. $\lim\limits_{x \to 0}\dfrac{f'(x)}{g'(x)} = 2$, $\lim\limits_{x \to 0}\dfrac{f(x)}{g(x)} = \dfrac{2}{5}$ 이므로 성립하지 않는다.

제 4 장 적 분

연습문제 4.1

1. (1) $\sum\limits_{n=2}^{10} \sqrt{n}$ (3) $\sum\limits_{k=1}^{n} x^k$ (5) $\sum\limits_{i=1}^{n} f(c_i)$

2. (1) 155 (3) $\dfrac{1}{6}(2n^3+21n^2+63n)$ (5) $\dfrac{1}{24}n(n+1)(3n^2-5n+20)$

3. (1) 90 (3) -10 5. (1) $\dfrac{5}{6}$ (3) $\dfrac{11}{4}$ 6. (1) $\dfrac{40}{41}$ (3) $-\dfrac{16}{147}$ 7. $\bar{x} = 7.86$; $s^2 \approx 12.41$

연습문제 4.2

1. (1) $\dfrac{15}{4}$ (3) $\dfrac{17}{4}$ 2. (1) $\dfrac{5}{2}$ (3) $\dfrac{4}{3}$ (5) $\dfrac{1}{4}$ 5. $\lim\limits_{n \to \infty} nr^2 \tan\left(\dfrac{\pi}{n}\right) = \pi r^2 \lim\limits_{n \to \infty} \dfrac{\sin\left(\dfrac{\pi}{n}\right)}{\dfrac{\pi}{n}} \dfrac{1}{\cos\left(\dfrac{\pi}{n}\right)} = \pi r^2$

6. 0에서 $\pi/4$ 사이의 $y = \tan x$ 아래 부분의 영역

7. (1) $\lim\limits_{n \to \infty} \sum\limits_{i=1}^{n} \left(\dfrac{i}{n}\right)^3 \dfrac{1}{n}$ (2) $\dfrac{1}{4}$

연습문제 4.3

1. (1) 15.6875 (2) 15.925 2. (1) $\int_0^1 x^4\,dx$ (3) $\int_0^2 [(1+x)^3+2]\,dx$

3. (1) $\dfrac{a}{2}+b$ (3) $\dfrac{13}{3}$ (5) $\dfrac{15}{4}P+\dfrac{7}{3}Q$

5. 0 7. (1) 0 (3) 6 (5) 0 9. (1) 4 (2) 10 (3) -3 (4) 2

연습문제 4.4

2. (1) 14 (3) -31 (5) 23 3. (1) 10 (3) 4 5. -0.8

연습문제 4.5

1. (1) $\frac{1}{3}$ (3) $\frac{4\sqrt{2}}{3}$ (5) 0 (7) $\frac{7\sqrt{7}-3\sqrt{3}}{3}$

2. (1) $\tan^2 x \sec^2 x$ (3) $2x\sin(x^2)$ (4) $\frac{2x^5}{1+x^4}+\frac{x^2}{1+x^2}$

3. (1) $\frac{115}{81}$ (3) 1

5. (1) 0, 2, 5, 7, 3 (2) (0, 3) (3) $x=3$ (4)

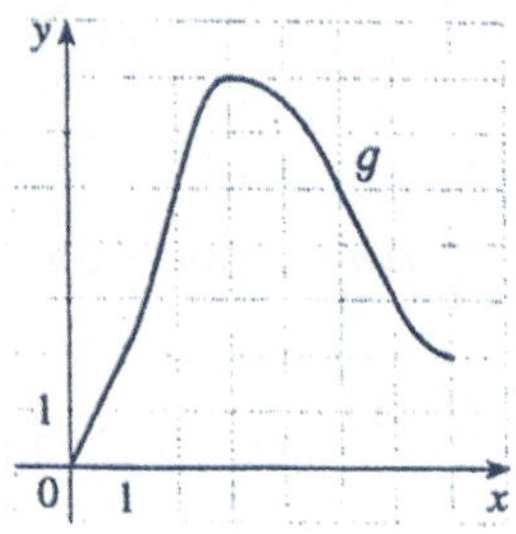

7. (1) $g(x)=\begin{cases} 0 & (x<0) \\ \frac{x^2}{2} & (0\le x<1) \\ -\frac{x^2}{2}+2x-1 & (1\le x<2) \\ 1 & (x\ge 2) \end{cases}$

(2) $x\neq 0, 1, 2$인 모든 실수에서 f와 g는 미분가능

8. $f(x)=x^{3/2}$, $a=9$

연습문제 4.6

1. (1) $\frac{6\sqrt{6}-8}{3}$ (3) $\frac{2}{3}$ (5) $\frac{1}{3}$ (7) $\frac{3}{14}$ (9) $\frac{2}{3}(\sqrt{2}-1)$ 2. (1) 0 (3) $\frac{1}{2}$ 3. $\int_1^{1+\pi}|\sin x|\,dx=2$

5. 883.2 6. 5 7. 2

제 5 장 적분의 응용

연습문제 5.1

1. (1) $\frac{4}{3}$ (3) $\frac{9}{2}$ (5) $-\frac{9}{2}$ (7) 4 2. $\frac{1}{2}$ 3. 22 5. 10

8. $A(A)=9$; $A(B)=\frac{37}{6}$; $A(C)=\frac{37}{6}$; $A(D)=\frac{44}{3}$; $A(A+B+C+D)=36$

9. $r\sqrt{R^2-r^2}+\pi r^2/2-R^2\arcsin(r/R)$ 10. πab 11. ± 6 12. $4^{2/3}$

연습문제 5.2

1. (1) 6, 6 (3) 2, 6   3. 130m, 194m   5. 6초, $(2+2\sqrt{2})$초

연습문제 5.3

1. $\frac{256\pi}{15}$ 3. (1) $\frac{64\pi}{5}$ (3) 9π 5. $\frac{4}{3}\pi ab^2$ 7. $\frac{2\pi}{3}$ 9. 2   11. $\frac{5}{12}\pi r^3$

13. (1) $8\pi R\int_0^r \sqrt{r^2-y^2}\,dy$ (2) $2\pi^2 r^2 R$

연습문제 5.4

1. (1) 24π (3) $\frac{256\pi}{15}$ (5) 8π

3. (1) $\int_1^3 \frac{1}{x^3}dx$ (2) $2\pi\int_1^3 \frac{1}{x^2}dx$ (3) $\pi\int_1^3 [(\frac{1}{x^3}+1)^2-1]dx$ (4) $\pi\int_1^3 [9-(4-x)^2]dx$

5. $\frac{4}{3}\pi(b^3-a^3)$ 7. (1) $\frac{2\pi}{15}$ (2) $\frac{8\pi}{15}$

연습문제 5.5

1. (1) 12 (3) $\frac{14}{3}$ 3. 2π 5. (1) $\frac{2}{5}(4\sqrt{2}-1)$ (2) 16   6. $209.1m$ 7. $6a$ 9. $\frac{21}{2}$

연습문제 5.6

1. (1) $6\sqrt{37}\pi$ (5) $\frac{\pi(10\sqrt{10}-1)}{27}$

2. (2) $2\pi\int_0^{\pi}\sin x\sqrt{1+\cos^2 x}\,dx$ (4) $2\pi\int_0^{\pi}(1+\sin t)\sqrt{4t^2+\cos^2 t}\,dt$

5. 3π

제 6 장 초월함수

연습문제 6.1

1. (1) 2.485 (3) $\sqrt{2}$ (3) -1.386 3. (1) $y'=\ln x$ (3) $y'=-\dfrac{1}{2\sqrt{x}\sqrt{x-1}}$ (5) $y'=\dfrac{1}{x\ln x}$ (7) $y'=\sec x$

5. (1) $y'=\dfrac{1}{2}\sqrt{\dfrac{x^2+1}{x+1}}\left(\dfrac{2x}{x^2+1}-\dfrac{1}{x+1}\right)$ (3) $y'=\dfrac{(x^3+1)^4\sin^2 x}{\sqrt[3]{x}}\left(\dfrac{12x^2}{x^3+1}+\dfrac{2\cos x}{\sin x}-\dfrac{1}{3x}\right)$

(5) $y'=\dfrac{1}{2}\sqrt{\dfrac{(x+1)^5}{(x+2)^{10}}}\left(\dfrac{1}{x+1}-\dfrac{2}{x+2}\right)$

7. (1) $\ln 2$ (2) $\pi\left(\sqrt{3}-\dfrac{\pi}{3}\right)$ 9. $x=1$일 때 극소값 -1 11. $x=\pm 3$ 15. $\dfrac{3}{4}+\dfrac{1}{2}\ln 2$

연습문제 6.2

1. (1) $2x$ (3) $-x$ (5) x^3 (7) $\cos x$ (9) $3\ln x-3x$ (11) $3x^2$

3. (1) $\dfrac{1}{3}e^{3x+1}+c$ (3) $\dfrac{1}{2e^2}-\dfrac{1}{e}+\dfrac{1}{2}$ (5) $\dfrac{1}{2}e^{x^2+6x}+c$ (7) $e^{-\frac{1}{x}}+c$ (9) $\dfrac{e^3(e^2-1)}{2}$

5. 극대점 $\left(\dfrac{\pi}{2}, e\right)$, 극소점 $\left(-\dfrac{\pi}{2}, \dfrac{1}{e}\right)\left(\dfrac{3\pi}{2}, \dfrac{1}{e}\right)$ 최대점$\left(\dfrac{\pi}{2}, e\right)$, 최소점 $\left(-\dfrac{\pi}{2}, \dfrac{1}{e}\right)\left(\dfrac{3\pi}{2}, \dfrac{1}{e}\right)$

7. $\pi\left(1-\dfrac{1}{e}\right)$ 9. $f'(x)=\dfrac{-xe^x}{(e^x-1)^2}<0$ 11. (1) $\dfrac{e}{2}-1$ (2) $\dfrac{\pi(e^2-3)}{6}$

연습문제 6.3

1. (1) 8 (3) 3 (5) $\dfrac{1}{2}(3+\log_5^4)$ (7) 9 (9) 1 3. (1) $\dfrac{3^{x^2}}{2\ln 3}+c$ (3) $\dfrac{2\cdot 10^{\sqrt{x}}}{\ln 10}+c$ (5) $\dfrac{10^{5x-1}}{5\ln 10}+c$

7. $\log_{10}^{99}<\log_9^{82}$ 9. $f^{-1}(x)=\log_a^{\left(\frac{1+x}{1-x}\right)}$

연습문제 6.4

1. (1) $y(t)=500e^{\frac{t}{3}\ln 16}=500\cdot 16^{\frac{t}{3}}$ (2) $y(4)=500e^{\frac{4}{3}\ln 16}\approx 20.159$(개) (3) $\frac{3\ln 60}{4\ln 2}\approx 44$(시간)

3. (1) $y(t)=50e^{-\frac{\ln 2}{1.4\times 10^{-4}}t}=50\times 2^{\frac{-t}{0.00014}}$ (2) $y(0.01)=50e^{-\frac{\ln 2}{1.4\times 10^{-2}}}\approx 1.57\times 10^{-20}(mg)$

 (3) $\frac{1.4\times 10^{-4}(\ln 5-2\ln 2)}{\ln 2}\approx 4.5\times 10^{-5}$(초)

5. $P(6187)=101.3e^{-\frac{6187}{1000}\ln\left(\frac{87.14}{101.3}\right)}=101.3\left(\frac{87.14}{101.3}\right)^{6.187}$ 7. $\frac{-2\ln 2}{\ln(0.85)}$(일) 9. $\frac{\ln 2}{\ln(1.04)}\approx 17.67$(년)

연습문제 6.5

1. (1) $\frac{\pi}{3}$ (3) $\frac{\pi}{4}$ (5) $\frac{\pi}{4}$ (7) 0.3 (9) $\frac{1}{2}$ (11) $\frac{4\sqrt{5}}{9}$ (13) $\frac{56}{65}$

3. ∞ 5. (1) $\tan^{-1}\frac{x}{6}$ (3) $\cos^{-1}\frac{4}{x}$

9. 함수 f의 정의역 : $-\frac{\pi}{4}\le x\le\frac{\pi}{4}$, $f^{-1}(x)=\frac{1}{2}\sin^{-1}\frac{x}{3}(-3\le x\le 3)$

연습문제 6.6

5. (1) $f'(x)=\frac{4x}{\sqrt{1-(2x^2-1)^2}}$ (3) $g'(x)=\frac{e^x}{1+e^{2x}}$ (5) $y'=\frac{-2x}{(x^2+1)\sqrt{(x^2+1)^2-1}}$ (7) $y'=\frac{\cos x}{1+\sin^2 x}$

 (9) $y'=\frac{4}{x^2+4}$ (11) $y'=\frac{\sin^{-1}x+\cos^{-1}x}{(\cos^{-1}x)^2\sqrt{1-x^2}}$

6. (1) $\frac{\pi}{12}$ (3) $\tan^{-1}(e^x)+c$ (5) $2\sin^{-1}\sqrt{x}+c$ (7) $\frac{\pi^2}{72}$

연습문제 6.7

1. $\frac{4}{3}$ 3. $\ln\left(\frac{11+2\sqrt{10}}{9}\right)$ 5. $\frac{1}{x}$ $(x>0)$, $-x(x<0)$ 19. $2\cosh 2x$ 21. $-\sec^2 x\,\mathrm{csch}^2(\tan x)$

23. $2x\ln(x+\sqrt{x^2+1})$ 25. $2x\sinh x+x^2\cosh x$ 27. $-\frac{1}{3}\coth 3x+C$ 29. $\cosh e^x+C$

31. $\cosh(\sin x)+C$ 33. $\sinh^{-1}\frac{x}{a}+C$ 35. $\frac{20}{9}$

제 7 장 적분법과 특이적분

연습문제 7.1

1. $\frac{2}{3}x^{3/2}+c$ 3. $2\sqrt{x}+c$ 5. $\frac{3}{5}x^5-\frac{3}{4}x^4-2x+c$ 7. $\frac{1}{3}x^3-\frac{1}{3x^3}+c$ 9. $-\frac{1}{3}\cos(3x-1)+c$

11. $-\frac{1}{2}\ln|\cos 2x|+C$ 13. $\frac{1}{2}\ln 3$ 15. $\frac{1}{6}\tan^{-1}\left(\frac{2x}{3}\right)+c$ 17. $\frac{1}{3}\sec^{-1}\left|\frac{x}{3}\right|+c$ 19. $x=\sec\theta$로 치환

21. $x=\tan\theta$로 치환 23. $x=a\tan\theta$로 치환

연습문제 7.2

1. $-2\cos\sqrt{x}+c$ 3. $\frac{1}{3}(1+x^2)^{3/2}+c$ 5. $\frac{1}{2}\sin(2t+5)+c$ 7. $-\frac{1}{4}(x^2+6x-7)^{-2}+c$

9. $\sin^{-1}\left(\frac{3x}{2}\right)+c$ 11. $\tan^{-1}e^x+c$ 13. $\ln(x^2+1)-3\tan^{-1}x+c$ 15. $\tan^{-1}(x-3)+c$

17. $\frac{1}{2}\left(4\sqrt[3]{x^2}+7\right)^{3/2}+c$ 19. $\ln(\ln x)+c$ 21. $-\frac{1}{3}\cos^3 x+c$ 23. $-\frac{1}{(1+\sqrt{x})^2}+c$ 25. $-\cos(\sec^{-1}x)+c$

27. $\frac{1}{3}\tan^{-1}\left(\frac{x+2}{3}\right)+c$ 29. $-\frac{6}{5}(1-x^{2/3})^{5/2}+c$ 31. $\sin x-\frac{1}{3}\sin^3 x+c$

연습문제 7.3

1. $x^2\sin x+2x\cos x-2\sin x+c$ 3. $(x^3-3x^2+6x-6)e^x$

5. $\frac{1}{8}(-4x^3\cos 2x+6x^2\sin 2x-6\cos 2x-3\sin 2x)+c$ 7. $\frac{3}{7}\left(-\frac{1}{3}\cos 2x-\frac{2}{9}\sin 2x\right)e^{-3x}+c.$

9. $\frac{1}{5}\cos^4 x\sin x+\frac{4}{15}\cos^2 x\sin x+\frac{8}{15}\sin x+c$ 11. $\frac{1}{2}(\sec x\tan x+\ln|\sec x+\tan x|)+c$

13. $\frac{1}{2}\left(2x\cos^{-1}2x-\sqrt{1-2x^2}\right)+c$ 15. $\frac{x^2}{2}[(\ln x)^4-2(\ln x)^3+3(\ln x)^2-3\ln x+3/2]+c$

17. $81\ln 3-26$ 19. $\frac{\pi}{3\sqrt{3}}-\frac{1}{2}\ln 3+\ln 2$ 21. $1-2e^{-1}$ 29. $\frac{1}{2}(\sec x\tan x+\ln|\sec x+\tan x|)+c$

31. $\left[\frac{1}{2}x^9-\sum_{k=2}^{10}(-1)^k\frac{9\cdot 8\cdot\cdots\cdot(9-k+2)}{2^k}x^{10-k}\right]e^{2x}+c$ 33. $-\frac{1}{2}\left[\frac{\cos(a+b)x}{(a+b)x}+\frac{\cos(a-b)x}{(a-b)x}\right]+c$

35. $\frac{1}{2}\left[\frac{\sin(a+b)x}{(a+b)x}+\frac{\sin(a-b)x}{(a-b)x}\right]+c$ 37. $0\,(m!=n)$, $\pi/2\,(m=n)$

연습문제 7.4

1. $-\frac{1}{15}(3\sin^4 x+4\sin^2 x+8)\cos x+c$ 3. $\frac{x}{2}-\frac{\sin(6x-10)}{12}$ 5. $3\pi/16$

7. $-\frac{1}{45}(3\sin^4 3x+4\sin^2 3x+8)\cos 3x+c$ 9. $\frac{\tan^3 x}{3}-\tan x+x+c$

11. $-\frac{1}{7}\cos^7 x+\frac{2}{5}\cos^5 x-\frac{1}{3}\cos^3 x+c$ 13. $-\frac{1}{4}\cos^4 x+\frac{1}{6}\cos^6 x+c$

15. $\frac{1}{4}\cos 2x-\frac{1}{16}\cos 8x+c$ 17. $\frac{1}{2}\left[\frac{\sin 8x}{8}+\frac{\sin 2x}{2}\right]+c$ 19. $2\sqrt{2}$ 21. $2\sqrt{2}$

23. $\frac{\ln|\sec 3x+\tan 3x|}{6}+c$ 25. $\frac{1}{4}\tan^4 x+\frac{1}{6}\tan^6 x+c$ 27. $-\frac{1}{4}\sec^4 x+\frac{1}{6}\sec^6 x+c$

29. $\frac{\pi}{2}+\frac{2}{\pi}\sum_{k=1}^{\infty}\frac{(-1)^k-1}{k^2}\cos kx$ 31. $\frac{\pi^2}{3}+2\sum_{k=1}^{\infty}\frac{(-1)^k}{k^2}\cos kx$

연습문제 7.5

1. $3\left(\sin^{-1}\frac{x}{3}+\frac{x\sqrt{9-x^2}}{3}\right)+c$ 3. $\ln\left|\frac{\sqrt{4+x^2}+x}{2}\right|+c$ 5. $\frac{1}{4}\ln\left|\frac{\sqrt{16x^2-9}+4x}{3}\right|+c$

7. $\frac{\sqrt{x^2-1}}{x}+c$ 9. $\ln\left|\sqrt{1+(\ln x)^2}+\ln x\right|+c$ 11. $\sin^{-1}\frac{x}{2}-\frac{x\sqrt{4-x^2}}{2}+c$

13. $\sin^{-1}\left(\frac{e^x}{2}\right)+c$ 15. $-\sin^{-1}\frac{x}{3}-\frac{\sqrt{9-x^2}}{x}+c$ 17. $\ln\left|\frac{\sqrt{9+(x+1)^2}+(x+1)}{3}\right|+c$

19. $2\left(\sin^{-1}\frac{x+1}{2}+\frac{(x+1)\sqrt{4-(x+1)^2}}{2}\right)+c$ 21. πab 23. $9(\tan^{-1}2-\pi/4)$

연습문제 7.6

1. $2\ln|x+3|+\ln|x-2|+c$ 3. $2\ln|x-3|+\ln|x+2|+c$

5. $\frac{1}{9}\left(-\ln|x+1|+27\ln|x-1|-26\ln|x+2|+\frac{24}{x+2}\right)$

7. $\frac{1}{3}\ln|x-1|-\frac{1}{6}\ln(x^2+2)+\frac{\sqrt{2}}{30}\tan^{-1}\frac{x}{\sqrt{2}}+c$ 9. $5x+4\ln(x-1)^2-\frac{7}{x-1}+c$

11. $2\sqrt{x}-\ln|x-9|+3\ln\left|\frac{\sqrt{x}-3}{\sqrt{3}+3}\right|+c$ 15. $\frac{1}{13}\left[\ln\left|3\tan\frac{x}{2}+2\right|-\ln\left|2\tan\frac{x}{2}-3\right|\right]+c.$ 17. $-\cot\frac{x}{2}-x+c$

연습문제 7.7

1. 발산 3. $3/2$ 5. $\pi/2$ 7. 1 9. 발산 11. 발산 13. 발산 15. $\sqrt{2}\pi/2$
17. 발산 19. 발산 21. 수렴 23. 발산 25. 수렴 27. 수렴 29. 수렴

제 8 장 극좌표계

연습문제 8.1

21. $\theta=\frac{\pi}{2}$ 23. $\theta=\frac{\pi}{4}$ 25. $r=1$ 27. $r=4\sec\theta\tan\theta$ 29. $x^2+y^2=16$ 31. $x^2+y^2=4x$
33. $\sqrt{3}x+y=6$ 39. $\theta=\frac{3\pi}{4}$ 41. $-2=r\,\theta\sin$ 43. $r=\frac{5}{\cos(\theta+\pi/3)}$ 45. $r=4\cos\theta$ 47. $r=6\sin\theta$
49. $r=8\cos(\theta-\pi/6)$ 51. $r=\frac{-1}{1+0.5\cos(\theta-3\pi/2)}$ 53. $r=\frac{-2}{1+\cos(\theta-\pi)}$ 55. $r=\frac{3\sqrt{2}/2}{1+\cos(\theta-\pi/4)}$
57. $r=\frac{3\sqrt{2}/2}{1+\cos(\theta-5\pi/4)}$ 59. 원 61. 직선 63. 원 65. 타원 (이심률 : $e=1/4$, 준선 $l: x=8$)
67. 쌍곡선 (이심률 : $e=3/2$, 준선 $l: x=8/3$) 69. 쌍곡선 (이심률 : $e=2$, 준선 $l: x=1/2$)
71. 타원 (이심률 : $e=3/5$, 준선 $l: \sqrt{3}x+y=4$)

연습문제 8.2

1. $\sqrt{2}+\ln(1+\sqrt{2})$ 3. $8a$ 5. $35\sqrt{2}+\ln(7+35\sqrt{2})$ 7. $\sqrt{2}(e^{2\pi}-1)$ 9. $\frac{1}{2}r\theta$ 11. $\frac{\pi+3\sqrt{3}}{2}$
13. 11π 15. $8-\pi$ 17. $\frac{\pi}{2}$ 19. $\frac{3\pi}{2}-2\sqrt{2}+\frac{1}{4}$ 21. 2 23. $6\sqrt{3}-2\pi$ 25. $3\sin^{-1}\left(\frac{\sqrt{5}}{5}\right)+\frac{\pi}{2}-2$
27. $r^2=4\cos 2\theta$, 넓이$=4$ 29. $r^2=3-\tan^2\theta$, 넓이$=\frac{4\pi}{3}-\sqrt{3}$

제 9 장 테일러정리와 응용

연습문제 9.2

3. $1+x+x^2+x^3+x^4$ 5. $1+2x^3+3x^6+4x^9+5x^{12}+6x^{15}$

7. $\frac{1}{4}\left[1-\left(\frac{x}{2}\right)+\left(\frac{x}{2}\right)^2-\left(\frac{x}{2}\right)^3+\left(\frac{x}{2}\right)^4-\left(\frac{x}{2}\right)^5\right]$ 9. $\frac{x^3}{3}-\frac{x^7}{6\cdot 3!}$ 11. $x+\frac{x^3}{3}+\frac{2x^5}{15}+\frac{17x^7}{315}$ 13. $\sum_{k=0}^{5}\frac{x^{2k}}{(2k)!}$

15. $x-\left(\frac{1}{2!}+\frac{1}{3!}\right)x^3$ 17. $x-\frac{x^2}{2}+\frac{5x^3}{24}+\frac{x^4}{12}$ 19. $1+\frac{2}{3}x^2-\frac{1}{9}x^4$ 21. $1+\frac{x^2}{2}$ 23. $1-x+x^3-x^4$

연습문제 9.3

1. 근사값 : $\frac{137}{750}=0.18266\cdots$, 오차의 한계 : $\frac{(0.2)^4}{4(1+c)^4}\le\frac{(0.2)^4}{4}=0.0004$

3. 근사값 : 0.1, 오차의 한계 : $\frac{|\cos c|}{2!}(0.1)^2\le 0.005$

5. 근사값 : 0.8, 오차의 한계 : $\frac{e^{-c}}{2!}(-0.2)^2\le 0.02e^{0.2}$

7. 근사값 : $\frac{1}{2}-\frac{\sqrt{3}}{2}\left(\frac{\pi}{90}\right)-\frac{1}{4}\left(\frac{\pi}{90}\right)^2+\frac{\sqrt{3}}{12}\left(\frac{\pi}{90}\right)^3+\frac{1}{48}\left(\frac{\pi}{90}\right)^4$ 오차의 한계 : $\frac{|\sin c|}{5!}\left(\frac{\pi}{90}\right)^5\le\frac{1}{5!}\left(\frac{\pi}{90}\right)^5$

9. 근사값 : $\frac{233}{225}=1.03555\cdots$, 오차의 한계 : $\frac{28}{27(3!)(0.9)^{10/3}10^3}$ 11. $\frac{e^c}{3!}(0.1)^3\le\frac{e^{0.1}}{10^3(3!)}$

13. $\frac{|-\cos c|}{4!}(0.2)^4\le\frac{16}{10^4(4!)}=0.000066\cdots$ 15. $\frac{15}{8(3!)(0.9)^{7/2}10^3}$ 19. $|x|\le\frac{\sqrt[4]{120}}{10}\approx 0.330975$

21. $n=3$ 23. $n=3$ 25. $n=4$ 27. 0 29. 0

제 10 장 무한수열

연습문제 10.1

1. 수렴, 극한값 : 2 3. 수렴, 극한값 : 0 5. 발산 7. 수렴, 극한값 : 0 9. 발산 11. 수렴, 극한값 : 1
13. 수렴, 극한값 : 1 15. 수렴, 극한값 : −2 17. 수렴, 극한값 : 1 19. 발산 27. $2-\sqrt{2}$ 29. 3

연습문제 10.2

1. 1 3. 발산 5. 발산 7. 발산 9. 5/4 11. 발산 13. $-\frac{1}{4}$ 15. 1 17. $\frac{23}{990}$

19. $-\frac{x}{1+x}$, $|x|<1$ 21. $1-\frac{1}{x}$, $|1-x|<1$ 25. 발산(조화수열) 27. $\frac{1}{8}$ 29. 발산

연습문제 10.3

1. 발산 3. 수렴 5. 수렴 7. 수렴 9. 발산 11. 수렴 13. 수렴 15. 발산 17. 발산 19. 수렴
21. 판정불능 23. 수렴 25. 판정불능 27. 발산 29. 수렴 31. 발산 33. 발산 35. 수렴 37. 발산
39. 수렴 41. 수렴 43. 수렴 47. 수렴 49. 수렴

51. (1) $\frac{1}{21} \le e_{20} \le \frac{1}{20}$, 오차의 한계 : $\frac{1}{20}$

(2) $S \approx \left(s_{20} + \frac{1}{21}\right) + \frac{1}{2}\left(\frac{1}{20} - \frac{1}{21}\right) = s_{20} + \frac{41}{840}$, 오차의 한계 : $\frac{1}{840}$

53. 수렴 55. 발산

연습문제 10.4

1. 발산 3. 절대수렴 5. 절대수렴 7. 조건부 수렴 9. 절대수렴 11. 절대수렴 13. 조건부 수렴
15. 8 번째 항 17. 18 번째 항 19. -0.393

제11장 멱급수

연습문제 11.1

1. 수렴반경 : $\frac{1}{2}$, 수렴집합 : $\left[-\frac{1}{2}, \frac{1}{2}\right]$ 3. 수렴반경 : ∞, 수렴집합 : $(-\infty, \infty)$

5. 수렴반경 : $\frac{1}{3}$, 수렴집합 : $[0, 2)$ 7. 수렴반경 : 1, 수렴집합 : $[-3, -1]$

9. 수렴반경 : 1, 수렴집합 : $[0, 2]$ 11. 수렴반경 : $\sqrt{2}$, 수렴집합 : $(-\sqrt{2}, \sqrt{2})$

13. $\sum_{n=0}^{\infty} (-1)^n x^n$, $r = 1$ 15. $\frac{1}{2}\sum_{n=0}^{\infty} (n+1)(n+2)x^n$, $r = 1$ 17. $-\sum_{n=1}^{\infty} \frac{x^n}{n2^n}$, $r = 2$

19. $\sum_{n=0}^{\infty} (-1)^n \frac{(3x)^{2n+1}}{2n+1}$, $r = \frac{1}{3}$ 21. $-\sum_{n=2}^{\infty} \frac{x^n}{n(n-1)}$, $r = 2$ 23. $\sum_{n=0}^{\infty} (-1)^n \frac{x^{2n+2}}{(2n+1)(2n+2)}$, $r = 1$

25. $\sum_{n=0}^{\infty} (-1)^n \frac{x^{4n+3}}{(2n+1)(4n+3)}$, $r = 1$ 27. $\frac{1}{(1-x)^2} = \sum_{n=0}^{\infty} (n+1)x^n$, $\sum_{n=1}^{\infty} \frac{n}{2^n} = 2$

29. $\frac{1}{(1-x)^3} = \frac{1}{2}\sum_{n=1}^{\infty} n(n+1)x^{n-1}$, $\sum_{n=1}^{\infty} \frac{n^2}{2^n} = 6$ 31. $\frac{1}{200}\sum_{n=0}^{\infty} \frac{(-1)^n}{(2n+1)^2 10^{4n}}$

35. $\pi = 4\sum_{n=0}^{\infty} (-1)^n \frac{1}{2n+1}\left(\frac{1}{2^{2n+1}} + \frac{1}{3^{2n+1}}\right)$ 37. $\pi = 4\sum_{n=0}^{\infty} (-1)^n \frac{1}{2n+1}\left(\frac{4}{5^{2n+1}} - \left(\frac{5}{239}\right)^{2n+1}\right)$

연습문제 11.2

1. $\sum_{n=0}^{\infty}(-1)^n\dfrac{2^n x^n}{n!}$ 3. $\sum_{n=0}^{\infty}(-1)^n\dfrac{x^{2n+1}}{\pi^{2n+1}(2n+1)!}$ 5. $\ln 2-\sum_{n=1}^{\infty}\dfrac{2^n x^n}{n}$

7. $x+\dfrac{x^3}{3}+\dfrac{2x^5}{15}+\dfrac{17x^7}{315}+\cdots$ 9. $1+\dfrac{3}{2}x+\dfrac{11}{8}x^2+\dfrac{53}{48}x^3+\cdots$ 11. $\sum_{n=2}^{\infty}(-1)^n\dfrac{x^{2n}}{(2n+2)!}$

13. $\dfrac{1}{\sqrt{2}}\sum_{n=2}^{\infty}\left(\dfrac{3}{2}\right)^{n-2}x^n$ 15. $\sum_{n=0}^{\infty}(-1)^n\dfrac{1\cdot3\cdot\cdots\cdot(2n-1)}{2^n n!(2n+1)}x^{2n+1}$ 17. $\sum_{n=0}^{\infty}\dfrac{1\cdot3\cdot\cdots\cdot(2n-1)}{2^n n!(2n+1)}x^{2n+1}$

19. $\dfrac{3}{4}$ 21. 0.0998 23. 1.0246 25. 0.4986 27. 0.0414 29. $\dfrac{1}{2}$

31. $y=a_0\left[1+\sum_{n=1}^{\infty}\dfrac{1\cdot4\cdot\cdots\cdot(3n-2)}{(3n)!}x^{3n}\right]+a_1\left[x+\sum_{n=1}^{\infty}\dfrac{2\cdot5\cdot\cdots\cdot(3n-1)}{(3n+1)!}x^{3n+1}\right]$

33. $y=3\sum_{n=0}^{\infty}x^n$ 35. $y=a_0\sum_{n=0}^{\infty}(-3)^n\dfrac{x^n}{n!}+a_1\sum_{n=0}^{\infty}\dfrac{x^n}{n!}$

제12장 벡 터

연습문제 12.1

1. $\overrightarrow{PS}=\overrightarrow{QR}$, $\overrightarrow{SP}=\overrightarrow{RQ}$, $\overrightarrow{PQ}=\overrightarrow{SR}$, $\overrightarrow{RS}=\overrightarrow{QP}$ 3. $\overrightarrow{RS}$ 5. $\overrightarrow{RQ}$ 13. $(-7, -2)$ 15. (a, b)
17. $(1, -1, -2)$ 19. $A(-1, 2, -4)$ 21. $(-7, 1, 1)$ 23. $(-15, 1, -1)$ 25. $(-72, 3, -7)$
27. $\sqrt{17}+\sqrt{26}$ 29. $\sqrt{466}$ 33. $(9, -7)=2(3, 1)-3(-1, 3)$

연습문제 12.2

1. -5 3. 2π 5. 102 7. 170 9. $\cos^{-1}\dfrac{11}{15}$ 11. $\cos^{-1}\dfrac{2}{13\sqrt{5}}$ 13. $\mathbf{P_v(u)}=\left(\dfrac{6}{5}, \dfrac{18}{5}\right)$, 성분 $=\dfrac{12}{\sqrt{10}}$

15. $\mathbf{P_v(u}=(1, 0, 2)$, 성분$=\sqrt{5}$ 17. $\mathbf{u}=(1, 0)+(0, 2)$ 19. $\mathbf{u}=\left(\dfrac{1}{2}, 0, \dfrac{1}{2}\right)+\left(\dfrac{1}{2}, 2, -\dfrac{1}{2}\right)$ 25. 1

27. $\dfrac{6}{\sqrt{10}}$ 29. $\cos^{-1}\sqrt{\dfrac{2}{3}}$

연습문제 12.3

1. $(-1, 0, 1)$ 3. $\left(\frac{2}{\sqrt{5}}, 0, -\frac{1}{\sqrt{5}}\right), \left(-\frac{2}{\sqrt{5}}, 0, \frac{1}{\sqrt{5}}\right)$ 5. $2\sqrt{6}$ 7. $\left(\frac{1}{\sqrt{2}}, -\frac{1}{\sqrt{2}}, 0\right), \left(-\frac{1}{\sqrt{2}}, \frac{1}{\sqrt{2}}, 0\right)$

9. -10 11. 2 13. -3 15. -3 17. 3 19. (a) $S(0, 4, -3)$ (b) $3\sqrt{2}$

연습문제 12.4

1. $2x-y+z=-7$ 3. $-2x+10y-8z=6$ 5. $\frac{5}{3}$ 7. $x-y-z=-1$ 9. $\frac{25}{2\sqrt{217}}$

11. $x=2t-3,\ y=t+2,\ z=3t+1\ (t\in\mathrm{R}),\ \frac{x+3}{2}=y-2=\frac{z-1}{3}$ 13. $(3, 1, 2)$ 15. $2x-3y-5z+42=0$

연습문제 12.5

1. $10\,\mathrm{N}\cdot m$ 3. $6\sqrt{3}\,\mathrm{N}\cdot m$ 5. $x=-t, y=-t-1, z=t$ 7. $\cos^{-1}\frac{8}{7\sqrt{6}}$

제13장 벡터함수

연습문제 13.1

1. $\frac{5}{4}\mathbf{i}+\ln 2\mathbf{k}$ 3. $-\mathbf{k}$ 9. (a) $-\mathbf{i}+6\mathbf{k}$, (b) 9, (c) $3\mathbf{j}$ 11. $(-\infty, \infty)$ 13. $(-\infty, 0)\cup(0, \infty)$

15. $\mathbf{r}(t)=\cos t\mathbf{i}+\sin t\mathbf{j}+(1-\cos t)\mathbf{k}\ (0\le t\le 2\pi)$ 17. $\mathbf{r}(t)=t\mathbf{i}+\frac{1}{2}(1-t^2)\mathbf{j}+\frac{1}{2}(1+t^2)\mathbf{k}\ (-\infty<t<\infty)$

연습문제 13.2

1. $-3\sin t-3t\cos t$ 3. $-80t^4$ 5. $(-2t\sin t-t^2\cos t)\mathbf{i}+(48t^3+24t^5)\mathbf{j}+(3t^2\sin t+t^3\cos t)\mathbf{k}$

7. $(2t-t^2)e^{-t}\mathbf{i}+(4t\cos 3t-6t^2\sin 3t)\mathbf{j}+(4t\sin 3t+6t^2\cos 3t)\mathbf{k}$

9. $4\cos t\mathbf{i}-3(\sec^2 t\sin t+\tan t\cos t)\mathbf{j}+2(t\sec^2 t+\tan t)\mathbf{k}$, 11. $\cos(s^2)\mathbf{i}+2s\mathbf{j}-6s\mathbf{k}.\ t=s^2$

13. $2\tan s\sec^2 s\mathbf{i}+3\tan^2 s\sec^2 s\mathbf{j}+\sec^2 s\mathbf{k}$ 15. $x=-2t+1,\ y=3t-1,\ z=-4t+1\ (-\infty<=t<=\infty)$

17. $x=t+1,\ y=t,\ z=t+1\ (-\infty<=t<=\infty)$ 19. $\left(-\frac{1}{2}t^3+4\right)\mathbf{i}+2t\mathbf{j}$ 21. $(e^{-t}+t-2)\mathbf{i}+\frac{1}{3}t^3\mathbf{j}+(-\cos t+t+1)\mathbf{k}$

연습문제 13.3

1. $\frac{1024-74\sqrt{37}}{27}$ 3. $\sqrt{3}(e^{\pi}-1)$ 5. $\mathbf{T}(t)=\cos t\mathbf{i}+\sin t\mathbf{j}$, $\mathbf{N}(t)=-\sin t\mathbf{i}+\cos t\mathbf{j}$, $\mathbf{B}(t)=\mathbf{k}$, $\kappa(t)=\frac{1}{t}$

7. $\mathbf{T}(t)=-\frac{t}{\sqrt{1+t^2}}\mathbf{i}+\frac{1}{\sqrt{1+t^2}}\mathbf{k}$, $\mathbf{N}(t)=-\frac{1}{\sqrt{1+t^2}}\mathbf{i}-\frac{t}{\sqrt{1+t^2}}\mathbf{k}$, $\mathbf{B}(t)=-\mathbf{j}$, $\kappa(t)=\frac{t}{t\sqrt{1+t^2}}$

9. 접촉평면 $x+z=2$, 곡률중심 $\left(12, \frac{28}{3}, -10\right)$

11. 접촉평면 $x+y-2z=0$, 곡률중심$=(6,2,4)+\frac{125}{3\sqrt{649}}(31, 19.25)$

13. $\mathbf{v}(1)=(2,-2)$, $\mathbf{a}(1)=(2,0)$, $a_T(1)=\sqrt{2}$, $a_N(1)=\sqrt{2}$

15. $\mathbf{v}(0)=(1,1,1)$, $\mathbf{a}(0)=(0,2,1)$, $a_T(0)=\sqrt{3}$, $a_N(0)=\sqrt{2}$

연습문제 13.4

3. $\frac{2}{(1+4e^{2t})^{3/2}}$ 5. $\frac{6\sqrt{t}}{(1+9t^2)^{3/2}}$ 7. $x=\cos^2\theta$, $y=\sin^3\theta$, $\kappa\left(\frac{1}{8}, \frac{3\sqrt{3}}{8}\right)=\frac{3\sqrt{3}}{4}$

9. $x=t$, $y=\frac{3}{\sqrt{t-1}}-t$, $\kappa(2,1)=\frac{18}{29\sqrt{29}}$ 11. $(0,0)$, $\left(x-\frac{1}{2}\right)^2+y^2=\frac{1}{4}$

13. $\left(\frac{1}{\sqrt{2}}, -\frac{\ln^2}{2}\right)$, $(x-2\sqrt{2})^2+\left(y+\frac{\ln^{2+3}}{2}\right)^2=\frac{27}{4}$ 15. $\left(\frac{\pi}{2}, 1\right)$, $\left(x-\frac{\pi}{2}\right)^2+y^2=1$

17. $\frac{ab}{\left(\frac{1}{2}(a^2+b^2)\right)^{\frac{3}{2}}}$

제14장 편도함수

연습문제 14.1

1. (1) 6 (2) 21 (3) 65 (4) −46 3. (1) $\frac{2}{3}$ (2) 0 (3) $-\frac{4}{5}$ (4) $\frac{19}{36}$ 5. 정의역$=\mathbb{R}^2$, 치역$=[-3, \infty)$

7. 정의역$=\{(x,y)\mid x+y!=0\}$, 치역 $=\mathbb{R}-\{0\}$ 25. −26 27. $\sqrt{29}$ 29. 2

31. 극한이 존재하지 않음 33. 극한이 존재하지 않음 35. $\{(x,y)\mid x^2+y^2\neq 1\}$

37. $\{(x,y)\mid 2x+3y\neq 0\}$ 39. $\{(x,y)\mid x+y>=0\}\cap\{(x,y)\mid x-y>=0\}$

연습문제 14.2

1. $g'(1)=8=f_x(1,\ 2),\ h'(2)=7=f_y(1,\ 2)$ 3. $g'(2)=e(\ln 2+2)=f_x(2,\ e),\ h'(e)=2(\ln 2+2)=f_y(2,\ e)$

5. $f_x(x,\ y)=4x+2y^2,\ f_y(x,\ y)=4xy-3y^2$ 7. $f_x(x,\ y)=e^x\cos 2y,\ f_y(x,y)=-2e^x\sin 2y$

9. $f_{xy}(x,y)=-2\sin x\cos x\sin y=f_{yx}(x,y)$ 11. $f_{xy}(x,\ y)=8xy\sec^3(x^2+y^2)\sin(x^2+y^2)=f_{yx}(x,\ y)$

13. $f_{xy}(x,\ y,\ z)=f_{yx}(x,\ y,\ z)=\cos(xy)\cos(yz)-xy\sin xy\cos yz-yz\cos xy\sin yz$

$f_{yz}(x,\ y,\ z)=f_{zy}(x,\ y,\ z)=-xy\cos(xy)\sin(yz)-\sin xy\sin yz-yz\sin xy\cos yz$

$f_{zx}(x,\ y,\ z)=f_{xz}(x,\ y,\ z)=-y^2\cos(xy)\sin(yz)$

15. $f_{xy}(x,\ y,\ z)=f_{yx}(x,\ y,\ z)=-\dfrac{4xy}{(x^2+y^2+z^2)^2},\ f_{yz}(x,\ y,\ z)=f_{zy}(x,\ y,\ z)=-\dfrac{4yz}{(x^2+y^2+z^2)^2}$

$f_{zx}(x,\ y,\ z)=f_{xz}(x,\ y,\ z)=-\dfrac{4zx}{(x^2+y^2+z^2)^2}$

17. 곡선의 매개방정식 : $x=1,\ y=t,\ z=\dfrac{1}{4}t^2+\dfrac{1}{9}$, 접선의 기울기$=f_y(1,\ 2)=1$

19. 곡선의 매개방정식 : $x=2,\ y=t,\ z=4+4t^2$, 접선의 기울기$=f_y(2,\ 1)=8$

21. $\dfrac{\partial^2 f}{\partial x\partial s}(x,\ y,\ s,\ t)=\dfrac{\partial^2 f}{\partial s\partial x}(x,\ y,\ s,\ t)=-\dfrac{4sx}{(s^2+t^2)^2}$ 23. $\dfrac{\partial^3 f}{\partial x^2\partial y}(x,y)=\dfrac{\partial^3 f}{\partial y\partial x^2}(x,y)=e^x(e^y-e^{-y})$

연습문제 14.3

1. $\dfrac{dz}{dt}=-32t^3$ 3. $\dfrac{dz}{dt}=\dfrac{4t^3-2t}{t^4-t^2+2}$ 5. $\dfrac{dw}{dt}=6t^5+27t^2+2t+3$ 7. $\dfrac{\partial z}{\partial s}=18st^2+2s+4t,\ \dfrac{\partial z}{\partial t}=4s+8t+18s^2t$

9. $\dfrac{\partial z}{\partial s}=e^{st(s^2+2t)}(ty\tan y+2sx\tan y+2s\sec^2 y)$ $\dfrac{\partial z}{\partial t}=e^{st(s^2+2t)}(sy\tan y+2x\tan y+2\sec^2 y)$

11. $\dfrac{\partial w}{\partial s}\left(2,\ \dfrac{2\pi}{3}\right)=\dfrac{16}{9}\pi^2-\dfrac{4}{3}\pi,\ \dfrac{\partial w}{\partial t}\left(2,\ \dfrac{2\pi}{3}\right)=\dfrac{16}{3}\pi-4$

13. $\dfrac{\partial w}{\partial s}(-1,\ -2)=-e^2(13+2\ln 2)-2\ln 2-5$ $\dfrac{\partial w}{\partial t}(-1,\ -2)=-e^2(\dfrac{19}{2}+\ln 2)-4\ln 2-\dfrac{5}{2}$

15. $\dfrac{\partial z}{\partial x}=\dfrac{3y-2x}{2y^2z+3z^2},\ \dfrac{\partial z}{\partial y}=\dfrac{3x-2yz^2}{2y^2z+3z^2}$ 17. $\dfrac{\partial z}{\partial x}=\dfrac{-2x\cos(x^2+y^2+z^2)+yz}{2z\cos(x^2+y^2+z^2)-xy},\ \dfrac{\partial z}{\partial x}=\dfrac{-2y\cos(x^2+y^2+z^2)+xz}{2z\cos(x^2+y^2+z^2)-xy}$

연습문제 14.4

1. -49, 3. 0 5. $-\dfrac{6}{169}$ 7. $-\ln\dfrac{2}{\sqrt{5}}$

9. 최대가 되는 방향 : $(2,\ -1)$, 최대값 : $\sqrt{5}$, 최소가 되는 방향 : $(-2,\ 1)$, 최대값 : $-\sqrt{5}$

11. 최대가 되는 방향 : $(-1,\ 0)$, 최대값 : e, 최소가 되는 방향 : $(1,\ 0)$, 최대값 : $-e$

13. $\dfrac{22}{\sqrt{5}}$ 15. $\dfrac{1}{\sqrt{6}}$

17. 최대가 되는 방향 : $(4,\ -5,\ -1)$, 최대값 : $3\sqrt{42}$, 최소가 되는 방향 : $(-4,\ 5,\ 1)$, 최대값 : $-3\sqrt{42}$

19. 최대가 되는 방향 : $(1, -\sqrt{3}, \sqrt{3})$, 최대값 : $\dfrac{\sqrt{7}}{4}e$, 최소가 되는 방향 : $(-1, \sqrt{3}, -\sqrt{3})$, 최대값 : $-\dfrac{\sqrt{7}}{4}e$

21. $f_x(P) = 6-2\sqrt{2}, f_y(P) = 2\sqrt{2}$ 23. $f_x(P) = -13, f_y(P) = 26$

25. $\dfrac{12}{\sqrt{5}}$ 또는 $-\dfrac{12}{\sqrt{5}}$ 27. $(-1,\ -2)$

연습문제 14.5

1. $4x+6y+2\sqrt{3}z = 32$ 3. $6x-2y+2z = 8$ 5. 곡면에 수직한 벡터 : $(1,\ -5,\ 1)$, 접평면 : $x-5y+z = -4$
7. 곡면에 수직한 벡터 : $(1,\ 3,\ -6)$, 접평면 : $x+3y-6z = 10-6\ln 12$
9. 곡면에 수직한 벡터 : $(1,\ 1,\ -1)$, 접평면 : $x+y-z = 2$

11. 곡면에 수직한 벡터 : $(6,\ 3,\ -1)$, 접평면 : $6x+3y-z = 11$ 13. -0.4 15. $-\dfrac{1}{10\sqrt{5}}$

17. 26.88 19. $\dfrac{6}{100\sqrt{61}}$ 21. 4% 25. $\cos^{-1}\dfrac{25}{11\sqrt{19}}$ 27. $\dfrac{\pi}{4}$

연습문제 14.6

1. 극대점 : $(1,\ 2)$ 3. 극대점 : $(-2,\ 2)$, 안장점 : $(0,\ 0)$ 5. 극대점 : $(-1,\ 0)$, 극소점 : $(1,\ 0)$
7. 안장점 : $(0,\ -1)$, $(2,\ -1)$
9. 극대점 : $\left(n\pi+\dfrac{\pi}{2},\ m\pi\right)$ (n, m은 짝수), 극소점 : $\left(n\pi+\dfrac{\pi}{2},\ m\pi\right)$ (n,m은 홀수),

   안장점 : $\left(n\pi+\dfrac{\pi}{2},\ m\pi\right)$ (n, m에서 하나는 짝수, 하나는 홀수)

11. 안장점 : $(0,\ 0)$ 13. 극소점 : $(1,\ -2)$, 안장점 : $(-1,\ -2)$ 15. $(9,-12,3)$ 17. $(4t, 2t, 3t)$, $t = \dfrac{\sqrt{29}-1}{\sqrt{29}}$

19. 타원면에 내접하고 한 꼭지점의 좌표가 $\left(\sqrt{3},\ \dfrac{2}{\sqrt{3}},\ \sqrt{\dfrac{2}{3}}\right)$인 직육면체

연습문제 14.7

1. 극소값 : $f\left(\dfrac{6}{5},\ \dfrac{18}{5}\right) = -\dfrac{27}{5}$ 3. 극대값 : $f\left(\dfrac{\pi}{2},\ \dfrac{\pi}{2}\right) = 2$

5. 최대값 : $f\left(\pm\frac{1}{\sqrt{2}}, \pm\frac{1}{2}\right)=\frac{1}{2\sqrt{2}}$ 최소값 : $f\left(\pm\frac{1}{\sqrt{2}}, \mp\frac{1}{2}\right)=-\frac{1}{2\sqrt{2}}$

7. 최대값 : $f(2, 4)=20$, 최소값 : $f(0, 0)=0$

9. 극대값 : $f(1, 3, 5)=70$, 극소값 : $f(-1, -3, -5)=-70$

11. 극대값 : $f(x, y, z)=\frac{1}{\sqrt{3}}$, $\left(x^2=y^2=z^2=\frac{1}{\sqrt{3}}\right)$, 극소값 : $f(-0, 0, 0)=0$

13. $f\left(1-\frac{6}{\sqrt{5}}, \frac{2}{\sqrt{5}}, \frac{4}{\sqrt{5}}\right)=2-\frac{10}{\sqrt{5}}$, $f\left(1+\frac{6}{\sqrt{5}}, -\frac{2}{\sqrt{5}}, -\frac{4}{\sqrt{5}}\right)=2+\frac{10}{\sqrt{5}}$

15. $f\left(\pm\frac{1}{\sqrt{2}}, \pm\frac{1}{\sqrt{2}}, \pm\sqrt{2}\right)=\frac{3}{2}$, $f\left(\pm\frac{1}{\sqrt{2}}, \pm\frac{1}{\sqrt{2}}, \pm\sqrt{2}\right)=\frac{1}{2}$

17. 최대값 : $f(-\sqrt{5}, \sqrt{5})=30+5\sqrt{5}$, 최소값 $f\left(\frac{1}{2}, -\frac{1}{2}\right)=\frac{15}{4}$

19. 최대값 : $f(\pm 1, 0)=1$, 최소값 $f(0, 0)=0$

21. 원점에서 가장 가까이 있는 점 : $\left(\pm\frac{1}{\sqrt{3}}, \pm\frac{1}{\sqrt{3}}\right)$, 원점에서 가장 멀리 있는 점 : $(\pm 1, \mp 1)$

23. 타원에 접하고 제1사분면에 있는 꼭지점이 $\left(2\sqrt{2}, \frac{3\sqrt{2}}{2}\right)$인 직사각형

25. $\left(\frac{3}{2}, 2, \frac{5}{2}\right)$

27. 최대값 : $f\left(\pm\frac{1}{2}, \pm\frac{1}{2}, \frac{1}{\sqrt{2}}\right)=f\left(\pm\frac{1}{2}, \pm\frac{1}{2}, -\frac{1}{\sqrt{2}}\right)=50$,

최소값 : $f\left(\pm\frac{1}{2}, \pm\frac{1}{2}, \frac{1}{\sqrt{2}}\right)=f\left(\pm\frac{1}{2}, \mp\frac{1}{2}, -\frac{1}{\sqrt{2}}\right)=-50$

29. $\left(\frac{1-\sqrt{5}}{4}, \frac{-1+\sqrt{5}}{4}, \frac{1+\sqrt{5}}{4}\right)$

연습문제 14.8

1. $Df(x, y)=\left(\frac{2y(-3x^2+y^2)}{(x^2+y^2)^3}, \frac{2x(x^2-3y^2)}{(x^2+y^2)^3}\right)$ 3. $Df(x, y)=\left(\frac{2xy(-x^4+y^2)}{(x^4+y^2)^2}, \frac{x^2(x^4+y-2y^2)}{(x^4+y^2)^2}\right)$

5. $Df(x, y, z)=\left((1-2x^2)e^{-x^2-y^2-z^2}, -2xye^{-x^2-y^2-z^2}, -2xze^{-x^2-y^2-z^2}\right)$

7. $Df(x, y, z)=(z^2e^x\cos y, -z^2e^x\sin y, 2ze^x\cos y)$

제15장 중적분

연습문제 15.1

1. $e^4-2e^3+e^2$ 3. 12 5. 4 7. $\ln 2-\frac{1}{2}$ 9. $\frac{26}{9}$ 11. $\frac{2}{\pi}(e^2+1)$ 13. $\frac{1}{4}(3e^4+1)(2e^{-1}-1)$

15. 10 17. $\frac{196}{15}$

연습문제 15.2

1. $\frac{\pi}{4}$ 3. $4e^3+8e^{-3}$ 5. -8 7. $\frac{78}{5}\sqrt{2}$ 9. $4(\pi-1)$ 11. $\frac{27}{10}$ 13. $\frac{13}{4}e^8-\frac{7}{4}e^2-\frac{33}{2}$ 15. $\frac{52}{75}$

17. $\frac{33}{70}$ 19. $\frac{7}{6}$ 21. $\frac{8}{15}$ 23. $\frac{256}{15}$ 25. $\int_0^1\int_y^{\sqrt{y}} f(x, y)\,dx\,dy$ 27. $\int_{-1}^1\int_0^{\sqrt{1-y^2}} f(x, y)\,dx\,dy$ 29. 2

31. $\sqrt{2}-1$ 33. $\frac{1}{2}ab$ 35. $e-1$ 37. $\frac{32}{3}$ 39. $\frac{1}{3}$

연습문제 15.3

1. 3 3. -27 5. 252 7. 3 9. $\pi-4$ 11. $\int_{-1}^1\int_{x^2}^1\int_{-1+y}^{1-y} dz\,dy\,dx=\frac{16}{15}$

13. $\int_0^4\int_{\frac{x}{2}}^{-\frac{x}{2}+4}\int_0^{2-\frac{x}{4}-\frac{y}{2}} dz\,dy\,dx=\frac{16}{3}$ 15. $\int_{-1}^1\int_0^{1-x}\int_{4x^2}^{5-x^2} dz\,dy\,dx=\frac{20}{3}$

17. $\int_0^1\int_{x^2}^x\int_0^x (x+2y)\,dz\,dy\,dx=\frac{2}{15}$ 19. $\int_{-2}^0\int_0^{4-x^2}\int_0^{2+x}(xy+z)\,dz\,dy\,dx=-\frac{313}{210}$

25. $\int_0^1\int_{\sqrt{y}}^1\int_0^y f(x, y, z)\,dz\,dx\,dy$ 27. $\int_0^1\int_0^{\sqrt{1-y^2}}\int_0^{1-x^2-y^2} f(x, y, z)\,dz\,dx\,dy$

29. $\int_0^2\int_0^3\int_0^{\sqrt{4-x^2}} dz\,dy\,dx$ 31. $\int_{-2}^2\int_{-\sqrt{2-x^2/2}}^{\sqrt{2-x^2/2}}\int_{x^2+3y^2}^{8-x^2-y^2} dz\,dy\,dx$ 33. $\int_0^2\int_0^{\sqrt{4-y^2}}\int_{\sqrt{x^2+y^2}}^{\sqrt{8-x^2-y^2}} dz\,dy\,dx$

35. $\int_{-a}^a\int_{-\sqrt{b^2-b^2x^2/a^2}}^{\sqrt{b^2-b^2x^2/a^2}}\int_{-\sqrt{c^2-c^2x^2/a^2-c^2y^2/b^2}}^{\sqrt{c^2-c^2x^2/a^2-c^2y^2/b^2}} dz\,dy\,dx$

연습문제 15.4

1. $\frac{a^4}{2}\pi$ 3. $\frac{4}{3}$ 5. $\frac{16}{9}$ 7. $-\pi\ln(1-a^2)$ 9. $\frac{728}{3}\pi$ 11. $4\int_0^{\frac{\pi}{2}}\int_0^{\sqrt{2}a\sqrt{\cos\theta}} rdrd\theta = 4a^2$

13. $6\int_0^{\frac{\pi}{6}}\int_0^{4\sin 3\theta} rdrd\theta = 4\pi$ 15. $\int_0^{2\pi}\int_0^{2}\int_0^{4-r^2} rdzdrd\theta = 8\pi$ 17. $\int_0^{2\pi}\int_0^{4}\int_{-4r^2-4}^{2r^2+4} rdzdrd\theta = 896\pi$

19. $\int_0^{2\pi}\int_0^{2}\int_{r^2}^{\sqrt{20-r^2}} rdzdrd\theta = \frac{2}{3}(40\sqrt{5}-76)\pi$ 21. $\int_{-1}^{1}\int_{-\sqrt{1-x^2}}^{\sqrt{1-x^2}}\int_0^{\sqrt{4-x^2-y^2}} dzdydx$ 23. $\frac{11}{3}\pi$

25. $\frac{32}{5}$ 27. $\frac{32-12\sqrt{3}}{3}\pi a^3$ 29. $\frac{5}{2}\pi$ 31. $\frac{1}{18}\pi a^3$

연습문제 15.5

1. $\frac{17\sqrt{17}-1}{6}\pi$ 3. 1 5. $8\pi-16$ 7. $\frac{d^2\sqrt{a^2+b^2+c^2}}{2abc}$

9. 질량 $M=\frac{2}{3}$, 질량중심 $\left(\frac{12}{7}, 1\right)$, 관성모멘트 $I_x=\frac{4}{5}$, $I_y=2$

11. 질량 $M=\frac{1}{6}$, 질량중심 $\left(\frac{1}{2}, \frac{2}{5}\right)$, 관성모멘트 $I_x=\frac{1}{28}$, $I_y=\frac{1}{20}$

13. 질량 $M=\frac{1}{3}$, 질량중심 $\left(\frac{3}{4}, \frac{1}{2}\right)$, 관성모멘트 $I_x=\frac{1}{9}$, $I_y=\frac{1}{5}$

15. 질량 $M=\frac{9}{2}$, 질량중심 $\left(\frac{8}{5}, \frac{1}{2}\right)$, 관성모멘트 $I_x=\frac{63}{20}$, $I_y=\frac{423}{28}$

17. 질량 $M=abc$, 질량중심 $\left(\frac{a}{2}, \frac{b}{2}, \frac{c}{2}\right)$, 관성모멘트 $I_x=\frac{abc}{3}(b^2+c^2)$, $I_y=\frac{abc}{3}(c^2+a^2)$, $I_z=\frac{abc}{3}(a^2+b^2)$

19. 질량 $M=\frac{abc}{6}$, 질량중심 $\left(\frac{a}{4}, \frac{b}{4}, \frac{c}{4}\right)$, 관성모멘트 $I_x=\frac{abc}{60}(b^2+c^2)$, $I_y=\frac{abc}{60}(c^2+a^2)$, $I_z=\frac{abc}{60}(a^2+b^2)$

21. 질량 $M=8\pi$, 질량중심 $\left(0, 0, \frac{4}{3}\right)$, 관성모멘트 $I_x=\frac{80}{3}\pi$, $I_y=\frac{80}{3}\pi$, $I_z=\frac{32}{3}\pi$

찾아보기

[ㅇ]

[ㅈ]

미분적분학

2009년 3월 2일 1판1쇄 발행
2012년 3월 2일 1판3쇄 발행

저 자 / 박재명·정세영·부덕훈
발행자 / 오판근
발행처 / 교우사

주 소 / 서울 동대문구 제기2동 148-19
전 화 / 925-2861(代), 편집부 / 925-2825
팩 스 / 925-2860
E-mail / kyowoo @ kyowoo.co.kr
http: // www. kyowoo. co. kr
등록 / 1994. 3. 24 제6-0256호

ISBN 978-89-8172-785-7 (93410)

값 **33,000**원

Table of Integrals

ELEMENTARY FORMS

1 $\displaystyle\int u\,dv = uv - \int v\,du$

2 $\displaystyle\int u^n\,du = \frac{1}{n+1}u^{n+1} + C \quad \text{if } n \neq -1$

3 $\displaystyle\int \frac{du}{u} = \ln|u| + C$

4 $\displaystyle\int e^u\,du = e^u + C$

5 $\displaystyle\int a^u\,du = \frac{a^u}{\ln a} + C$

6 $\displaystyle\int \sin u\,du = -\cos u + C$

7 $\displaystyle\int \cos u\,du = \sin u + C$

8 $\displaystyle\int \sec^2 u\,du = \tan u + C$

9 $\displaystyle\int \csc^2 u\,du = -\cot u + C$

10 $\displaystyle\int \sec u \tan u\,du = \sec u + C$

11 $\displaystyle\int \csc u \cot u\,du = -\csc u + C$

12 $\displaystyle\int \tan u\,du = -\ln|\cos u| + C$

13 $\displaystyle\int \cot u\,du = \ln|\sin u| + C$

14 $\displaystyle\int \sec u\,du = \ln|\sec u + \tan u| + C$

15 $\displaystyle\int \csc u\,du = \ln|\csc u - \cot u| + C$

16 $\displaystyle\int \frac{du}{\sqrt{a^2 - u^2}} = \sin^{-1}\frac{u}{a} + C$

17 $\displaystyle\int \frac{du}{a^2 + u^2} = \frac{1}{a}\tan^{-1}\frac{u}{a} + C$

18 $\displaystyle\int \frac{du}{a^2 - u^2} = \frac{1}{2a}\ln\left|\frac{u+a}{u-a}\right| + C$

19 $\displaystyle\int \frac{du}{u\sqrt{u^2 - a^2}} = \frac{1}{a}\sec^{-1}\left|\frac{u}{a}\right| + C$

TRIGONOMETRIC FORMS

20 $\displaystyle\int \sin^2 u\,du = \frac{1}{2}u - \frac{1}{4}\sin 2u + C$

21 $\displaystyle\int \cos^2 u\,du = \frac{1}{2}u + \frac{1}{4}\sin 2u + C$

22 $\displaystyle\int \tan^2 u\,du = \tan u - u + C$

23 $\displaystyle\int \cot^2 u\,du = -\cot u - u + C$

24 $\displaystyle\int \sin^3 u\,du = -\frac{1}{3}(2 + \sin^2 u)\cos u + C$

25 $\displaystyle\int \cos^3 u\,du = \frac{1}{3}(2 + \cos^2 u)\sin u + C$

26 $\displaystyle\int \tan^3 u\,du = \frac{1}{2}\tan^2 u + \ln|\cos u| + C$

27 $\displaystyle\int \cot^3 u\,du = -\frac{1}{2}\cot^2 u - \ln|\sin u| + C$

28 $\displaystyle\int \sec^3 u\,du = \frac{1}{2}\sec u \tan u + \frac{1}{2}\ln|\sec u + \tan u| + C$

29 $\displaystyle\int \csc^3 u\,du = -\frac{1}{2}\csc u \cot u + \frac{1}{2}\ln|\csc u - \cot u| + C$

30 $\displaystyle\int \sin au \sin bu\,du = \frac{\sin(a-b)u}{2(a-b)} - \frac{\sin(a+b)u}{2(a+b)} + C \quad \text{if } a^2 \neq b^2$

31 $\displaystyle\int \cos au \cos bu\,du = \frac{\sin(a-b)u}{2(a-b)} + \frac{\sin(a+b)u}{2(a+b)} + C \quad \text{if } a^2 \neq b^2$

32 $\displaystyle\int \sin au \cos bu\,du = -\frac{\cos(a-b)u}{2(a-b)} - \frac{\cos(a+b)u}{2(a+b)} + C \quad \text{if } a^2 \neq b^2$

33 $\displaystyle\int \sin^n u\,du = -\frac{1}{n}\sin^{n-1} u \cos u + \frac{n-1}{n}\int \sin^{n-2} u\,du$

34 $\displaystyle\int \cos^n u\,du = \frac{1}{n}\cos^{n-1} u \sin u + \frac{n-1}{n}\int \cos^{n-2} u\,du$

35 $\displaystyle\int \tan^n u\,du = \frac{1}{n-1}\tan^{n-1} u - \int \tan^{n-2} u\,du \quad \text{if } n \neq 1$

36 $\displaystyle\int \cot^n u\,du = \frac{-1}{n-1}\cot^{n-1} u - \int \cot^{n-2} u\,du \quad \text{if } n \neq 1$

37 $\displaystyle\int \sec^n u\,du = \frac{1}{n-1}\sec^{n-2} u \tan u + \frac{n-2}{n-1}\int \sec^{n-2} u\,du \quad \text{if } n \neq 1$

38 $\displaystyle\int \csc^n u\,du = \frac{-1}{n-1}\csc^{n-2} u \cot u + \frac{n-2}{n-1}\int \csc^{n-2} u\,du \quad \text{if } n \neq 1$

39a $\displaystyle\int \sin^n u \cos^m u\,du = -\frac{\sin^{n-1} u \cos^{m+1} u}{n+m} + \frac{n-1}{n+m}\int \sin^{n-2} u \cos^m u\,du \quad \text{if } n \neq -m$

39b $\displaystyle\int \sin^n u \cos^m u\,du = \frac{\sin^{n+1} u \cos^{m-1} u}{n+m} + \frac{m-1}{n+m}\int \sin^n u \cos^{m-2} u\,du \quad \text{if } m \neq -n$

40 $\displaystyle\int u \sin u\,du = \sin u - u\cos u + C$

41 $\displaystyle\int u \cos u\,du = \cos u + u\sin u + C$

42 $\displaystyle\int u^n \sin u\,du = -u^n \cos u + n\int u^{n-1}\cos u\,du$

43 $\displaystyle\int u^n \cos u\,du = u^n \sin u - n\int u^{n-1}\sin u\,du$

FORMS INVOLVING $\sqrt{u^2 \pm a^2}$

44 $\displaystyle\int \sqrt{u^2 \pm a^2}\, du = \frac{u}{2}\sqrt{u^2 \pm a^2} \pm \frac{a^2}{2}\ln\left|u + \sqrt{u^2 \pm a^2}\right| + C$

45 $\displaystyle\int \frac{du}{\sqrt{u^2 \pm a^2}} = \ln\left|u + \sqrt{u^2 \pm a^2}\right| + C$

46 $\displaystyle\int \frac{\sqrt{u^2 + a^2}}{u}\, du = \sqrt{u^2 + a^2} - a\ln\left(\frac{a + \sqrt{u^2 + a^2}}{u}\right) + C$

47 $\displaystyle\int \frac{\sqrt{u^2 - a^2}}{u}\, du = \sqrt{u^2 - a^2} - a\sec^{-1}\frac{u}{a} + C$

48 $\displaystyle\int u^2\sqrt{u^2 \pm a^2}\, du = \frac{u}{8}(2u^2 \pm a^2)\sqrt{u^2 \pm a^2} - \frac{a^4}{8}\ln\left|u + \sqrt{u^2 \pm a^2}\right| + C$

49 $\displaystyle\int \frac{u^2\, du}{\sqrt{u^2 \pm a^2}} = \frac{u}{2}\sqrt{u^2 \pm a^2} \mp \frac{a^2}{2}\ln\left|u + \sqrt{u^2 \pm a^2}\right| + C$

50 $\displaystyle\int \frac{du}{u^2\sqrt{u^2 \pm a^2}} = \mp\frac{\sqrt{u^2 \pm a^2}}{a^2 u} + C$

51 $\displaystyle\int \frac{\sqrt{u^2 \pm a^2}}{u^2}\, du = -\frac{\sqrt{u^2 \pm a^2}}{u} + \ln\left|u + \sqrt{u^2 \pm a^2}\right| + C$

52 $\displaystyle\int \frac{du}{(u^2 \pm a^2)^{3/2}} = \frac{\pm u}{a^2\sqrt{u^2 \pm a^2}} + C$

53 $\displaystyle\int (u^2 \pm a^2)^{3/2}\, du = \frac{u}{8}(2u^2 \pm 5a^2)\sqrt{u^2 \pm a^2} + \frac{3a^4}{8}\ln\left|u + \sqrt{u^2 \pm a^2}\right| + C$

FORMS INVOLVING $\sqrt{a^2 - u^2}$

54 $\displaystyle\int \sqrt{a^2 - u^2}\, du = \frac{u}{2}\sqrt{a^2 - u^2} + \frac{a^2}{2}\sin^{-1}\frac{u}{a} + C$

55 $\displaystyle\int \frac{\sqrt{a^2 - u^2}}{u}\, du = \sqrt{a^2 - u^2} - a\ln\left|\frac{a + \sqrt{a^2 - u^2}}{u}\right| + C$

56 $\displaystyle\int \frac{u^2\, du}{\sqrt{a^2 - u^2}} = -\frac{u}{2}\sqrt{a^2 - u^2} + \frac{a^2}{2}\sin^{-1}\frac{u}{a} + C$

57 $\displaystyle\int u^2\sqrt{a^2 - u^2}\, du = \frac{u}{8}(2u^2 - a^2)\sqrt{a^2 - u^2} + \frac{a^4}{8}\sin^{-1}\frac{u}{a} + C$

58 $\displaystyle\int \frac{du}{u^2\sqrt{a^2 - u^2}} = -\frac{\sqrt{a^2 - u^2}}{a^2 u} + C$

59 $\displaystyle\int \frac{\sqrt{a^2 - u^2}}{u^2}\, du = -\frac{\sqrt{a^2 - u^2}}{u} - \sin^{-1}\frac{u}{a} + C$

60 $\displaystyle\int \frac{du}{u\sqrt{a^2 - u^2}} = -\frac{1}{a}\ln\left|\frac{a + \sqrt{a^2 - u^2}}{u}\right| + C$

61 $\displaystyle\int \frac{du}{(a^2 - u^2)^{3/2}} = \frac{u}{a^2\sqrt{a^2 - u^2}} + C$

62 $\displaystyle\int (a^2 - u^2)^{3/2}\, du = \frac{u}{8}(5a^2 - 2u^2)\sqrt{a^2 - u^2} + \frac{3a^4}{8}\sin^{-1}\frac{u}{a} + C$

EXPONENTIAL AND LOGARITHMIC FORMS

63 $\displaystyle\int ue^u\, du = (u - 1)e^u + C$

64 $\displaystyle\int u^n e^u\, du = u^n e^u - n\int u^{n-1}e^u\, du$

65 $\displaystyle\int \ln u\, du = u\ln u - u + C$

66 $\displaystyle\int u^n \ln u\, du = \frac{u^{n+1}}{n+1}\ln u - \frac{u^{n+1}}{(n+1)^2} + C$

67 $\displaystyle\int e^{au}\sin bu\, du = \frac{e^{au}}{a^2 + b^2}(a\sin bu - b\cos bu) + C$

68 $\displaystyle\int e^{au}\cos bu\, du = \frac{e^{au}}{a^2 + b^2}(a\cos bu + b\sin bu) + C$

INVERSE TRIGONOMETRIC FORMS

69 $\displaystyle\int \sin^{-1}u\, du = u\sin^{-1}u + \sqrt{1 - u^2} + C$

70 $\displaystyle\int \tan^{-1}u\, du = u\tan^{-1}u - \frac{1}{2}\ln(1 + u^2) + C$

71 $\displaystyle\int \sec^{-1}u\, du = u\sec^{-1}u - \ln\left|u + \sqrt{u^2 - 1}\right| + C$

72 $\displaystyle\int u\sin^{-1}u\, du = \frac{1}{4}(2u^2 - 1)\sin^{-1}u + \frac{u}{4}\sqrt{1 - u^2} + C$

73 $\displaystyle\int u\tan^{-1}u\, du = \frac{1}{2}(u^2 + 1)\tan^{-1}u - \frac{u}{2} + C$

74 $\displaystyle\int u\sec^{-1}u\, du = \frac{u^2}{2}\sec^{-1}u - \frac{1}{2}\sqrt{u^2 - 1} + C$

75 $\displaystyle\int u^n\sin^{-1}u\, du = \frac{u^{n+1}}{n+1}\sin^{-1}u - \frac{1}{n+1}\int \frac{u^{n+1}}{\sqrt{1 - u^2}}\, du \quad \text{if } n \neq -1$

76 $\displaystyle\int u^n\tan^{-1}u\, du = \frac{u^{n+1}}{n+1}\tan^{-1}u - \frac{1}{n+1}\int \frac{u^{n+1}}{1 + u^2}\, du \quad \text{if } n \neq -1$

77 $\displaystyle\int u^n\sec^{-1}u\, du = \frac{u^{n+1}}{n+1}\sec^{-1}u - \frac{1}{n+1}\int \frac{u^n}{\sqrt{u^2 - 1}}\, du \quad \text{if } n \neq -1$

HYPERBOLIC FORMS

78 $\int \sinh u\,du = \cosh u + C$

79 $\int \cosh u\,du = \sinh u + C$

80 $\int \tanh u\,du = \ln(\cosh u) + C$

81 $\int \coth u\,du = \ln|\sinh u| + C$

82 $\int \operatorname{sech} u\,du = \tan^{-1}|\sinh u| + C$

83 $\int \operatorname{csch} u\,du = \ln\left|\tanh \frac{u}{2}\right| + C$

84 $\int \sinh^2 u\,du = \frac{1}{4}\sinh 2u - \frac{u}{2} + C$

85 $\int \cosh^2 u\,du = \frac{1}{4}\sinh 2u + \frac{u}{2} + C$

86 $\int \tanh^2 u\,du = u - \tanh u + C$

87 $\int \coth^2 u\,du = u - \coth u + C$

88 $\int \operatorname{sech}^2 u\,du = \tanh u + C$

89 $\int \operatorname{csch}^2 u\,du = -\coth u + C$

90 $\int \operatorname{sech} u \tanh u\,du = -\operatorname{sech} u + C$

91 $\int \operatorname{csch} u \coth u\,du = -\operatorname{csch} u + C$

MISCELLANEOUS ALGEBRAIC FORMS

92 $\int u(au+b)^{-1}\,du = \frac{u}{a} - \frac{b}{a^2}\ln|au+b| + C$

93 $\int u(au+b)^{-2}\,du = \frac{1}{a^2}\left[\ln|au+b| + \frac{b}{au+b}\right] + C$

94 $\int u(au+b)^n\,du = \frac{(au+b)^{n+1}}{a^2}\left(\frac{au+b}{n+2} - \frac{b}{n+1}\right) + C \quad \text{if } n \neq -1, -2$

95 $\int \frac{du}{(a^2 \pm u^2)^n} = \frac{1}{2a^2(n-1)}\left(\frac{u}{(a^2 \pm u^2)^{n-1}} + (2n-3)\int \frac{du}{(a^2 \pm u^2)^{n-1}}\right) \quad \text{if } n \neq 1$

96 $\int u\sqrt{au+b}\,du = \frac{2}{15a^2}(3au-2b)(au+b)^{3/2} + C$

97 $\int u^n\sqrt{au+b}\,du = \frac{2}{a(2n+3)}\left(u^n(au+b)^{3/2} - nb\int u^{n-1}\sqrt{au+b}\,du\right)$

98 $\int \frac{u\,du}{\sqrt{au+b}} = \frac{2}{3a^2}(au-2b)\sqrt{au+b} + C$

99 $\int \frac{u^n\,du}{\sqrt{au+b}} = \frac{2}{a(2n+1)}\left(u^n\sqrt{au+b} - nb\int \frac{u^{n-1}\,du}{\sqrt{au+b}}\right)$

100a $\int \frac{du}{u\sqrt{au+b}} = \frac{1}{\sqrt{b}}\ln\left|\frac{\sqrt{au+b}-\sqrt{b}}{\sqrt{au+b}+\sqrt{b}}\right| + C \quad \text{if } b > 0$

100b $\int \frac{du}{u\sqrt{au+b}} = \frac{2}{\sqrt{-b}}\tan^{-1}\sqrt{\frac{au+b}{-b}} + C \quad \text{if } b < 0$

101 $\int \frac{du}{u^n\sqrt{au+b}} = -\frac{\sqrt{au+b}}{b(n-1)u^{n-1}} - \frac{(2n-3)a}{(2n-2)b}\int \frac{du}{u^{n-1}\sqrt{au+b}} \quad \text{if } n \neq 1$

102 $\int \sqrt{2au-u^2}\,du = \frac{u-a}{2}\sqrt{2au-u^2} + \frac{a^2}{2}\sin^{-1}\frac{u-a}{a} + C$

103 $\int \frac{du}{\sqrt{2au-u^2}} = \sin^{-1}\frac{u-a}{a} + C$

104 $\int u^n\sqrt{2au-u^2}\,du = -\frac{u^{n-1}(2au-u^2)^{3/2}}{n+2} + \frac{(2n+1)a}{n+2}\int u^{n-1}\sqrt{2au-u^2}\,du$

105 $\int \frac{u^n\,du}{\sqrt{2au-u^2}} = -\frac{u^{n-1}}{n}\sqrt{2au-u^2} + \frac{(2n-1)a}{n}\int \frac{u^{n-1}\,du}{\sqrt{2au-u^2}}$

106 $\int \frac{\sqrt{2au-u^2}}{u}\,du = \sqrt{2au-u^2} + a\sin^{-1}\frac{u-a}{a} + C$

107 $\int \frac{\sqrt{2au-u^2}}{u^n}\,du = \frac{(2au-u^2)^{3/2}}{(3-2n)au^n} + \frac{n-3}{(2n-3)a}\int \frac{\sqrt{2au-u^2}}{u^{n-1}}\,du$

108 $\int \frac{du}{u^n\sqrt{2au-u^2}} = \frac{\sqrt{2au-u^2}}{a(1-2n)u^n} + \frac{n-1}{(2n-1)a}\int \frac{du}{u^{n-1}\sqrt{2au-u^2}}$

109 $\int (\sqrt{2au-u^2})^n\,du = \frac{u-a}{n+1}(2au-u^2)^{n/2} + \frac{na^2}{n+1}\int (\sqrt{2au-u^2})^{n-2}\,du$

110 $\int \frac{du}{(\sqrt{2au-u^2})^n} = \frac{u-a}{(n-2)a^2}(\sqrt{2au-u^2})^{2-n} + \frac{n-3}{(n-2)a^2}\int \frac{du}{(\sqrt{2au-u^2})^{n-2}}$

DEFINITE INTEGRALS

111 $\int_0^\infty u^n e^{-u}\,du = \Gamma(n+1) = n! \quad (n \geq 0)$

112 $\int_0^\infty e^{-au^2}\,du = \frac{1}{2}\sqrt{\frac{\pi}{a}} \quad (a > 0)$

113 $$\int_0^{\pi/2} \sin^n u\,du = \int_0^{\pi/2} \cos^n u\,du = \begin{cases} \dfrac{1\cdot 3\cdot 5\cdot \cdots \cdot (n-1)}{2\cdot 4\cdot 6\cdot \cdots \cdot n}\,\dfrac{\pi}{2} & \text{if } n \text{ is an even integer and } n \geq 2 \\ \dfrac{2\cdot 4\cdot 6\cdot \cdots \cdot (n-1)}{3\cdot 5\cdot 7\cdot \cdots \cdot n} & \text{if } n \text{ is an odd integer and } n \geq 3 \end{cases}$$